Joachim Grehn – Joachim Krause

Metzler Physik

Joachim Gomoletz, Joachim Grehn

Joachim Krause, Georg Peters

Dr. Herbert Kurt Schmidt, Dr. Heiner Schwarze

Schroedel

Metzler Physik

4. Auflage

herausgegeben von Joachim Grehn und Joachim Krause

bearbeitet von:
Joachim Gomoletz
Joachim Grehn
Joachim Krause
Georg Peters
Dr. Herbert Kurt Schmidt
Dr. Heiner Schwarze

© 2007 Bildungshaus Schulbuchverlage
Westermann Schroedel Diesterweg Schöningh Winklers GmbH, Braunschweig
www.schroedel.de

Das Werk und seine Teile sind urheberrechtlich geschützt. Jede Nutzung in anderen als den gesetzlich zugelassenen Fällen bedarf der vorherigen schriftlichen Einwilligung des Verlages. Hinweis zu § 52 a UrhG: Weder das Werk noch seine Teile dürfen ohne eine solche Einwilligung gescannt und in ein Netzwerk eingestellt werden. Dies gilt auch für Intranets von Schulen und sonstigen Bildungseinrichtungen.
Auf verschiedenen Seiten dieses Buches befinden sich Verweise (Links) auf Internet-Adressen. Haftungshinweis: Trotz sorgfältiger inhaltlicher Kontrolle wird die Haftung für die Inhalte der externen Seiten ausgeschlossen. Für den Inhalt dieser externen Seiten sind ausschließlich deren Betreiber verantwortlich. Sollten sie bei dem angegebenen Inhalt des Anbieters dieser Seite auf kostenpflichtige, illegale oder anstößige Inhalte treffen, so bedauern wir dies ausdrücklich und bitten Sie, uns umgehend per E-Mail davon in Kenntnis zu setzen, damit beim Nachdruck der Verweis gelöscht wird.

Druck A ^{4} / Jahr 2009
Alle Drucke der Serie A sind im Unterricht parallel verwendbar.

Redaktion: Bernd Trambauer
Herstellung: Dirk Walter - von Lüderitz
Fotos: Michael Fabian, Hans Tegen
Grafik: New Vision, Bernhard Peter; Günter Schlierf; 2&3d. design, R. Diener, W. Gluszak; take five, J. Seifried
Computergrafik: Dr. Joachim Bolz; Joachim Krause; Dr. Monika Scholz-Zemann; Dr. Heiner Schwarze
Umschlaggestaltung: Janssen Kahlert Design & Kommunikation GmbH, Hannover
Satz: Cross Media Solutions GmbH, Würzburg
Druck und Bindung: westermann druck GmbH, Braunschweig

ISBN 978-3-507-**10710**-6

Vorwort

Liebe Schülerin, lieber Schüler!

Die „Metzler-Physik" möchte Ihnen in Ihrem Physikunterricht auf der gymnasialen Oberstufe ein verlässlicher und hilfreicher Begleiter sein.

In der Sekundarstufe I haben Sie die Physik als eine Wissenschaft kennengelernt, die sich mit einer z. T. verwirrenden Vielfalt natürlicher Gegebenheiten und technischer Anwendungen befasst. Sie haben erfahren, dass die Physik in allen Bereichen von der Mathematik begleitet wird. Das macht einerseits ihre besondere Leistungsfähigkeit aus, lässt aber andererseits die Physik zu einem nicht einfachen Unterrichtsfach werden.

In die Vielzahl der Erscheinungen haben wir in diesem Buch durch die systematische Darstellung der Physik eine hilfreiche Ordnung gebracht, anhand der Sie Ihren Unterricht nacharbeiten können, einen Unterricht, der vielleicht in anderer Reihenfolge vor sich geht und keineswegs vollständig alle in diesem Buch enthaltenen Gebiete umfassen wird. Besonderen Wert haben wir darauf gelegt, bei der Untersuchung der physikalischen Phänomene den Gedankengang, vom Experiment ausgehend, über die Beschreibung mit geeigneten Begriffen und Größen bis hin zur meistens mathematisch formulierten Gesetzmäßigkeit begründend und nachvollziehbar darzustellen.

Wir sind uns bewusst, dass Physik kaum allein durch Lesen und Arbeiten mit einem Buch verstanden werden kann, sondern dass möglichst selbstständiges Experimentieren und Diskutieren über Beobachtung und Erklärung im Unterricht eine wichtige Voraussetzung für ein Verstehen von Physik bilden.

So soll Ihnen dieses Buch einerseits zum Nacharbeiten und Vertiefen des im Unterricht Behandelten und andererseits als Anregung und Vorbereitung auf den Unterricht oder zu seiner Ergänzung dienen.

Ziel ist es, dass Sie durch die Physik unsere komplizierte Welt, die von Naturwissenschaft und Technik geprägt ist, besser verstehen und auch später kompetent Nutzen und Gefahren beurteilen können.

Lassen Sie sich also auf das geistige Abenteuer mit der Physik, dieser höchst interessanten und faszinierenden Wissenschaft, ein.
Wir wünschen Ihnen dabei viel Freude und Gewinn.

Zu diesem Buch

Die 4. Auflage der „Metzler-Physik" behält die bewährte, an Experimenten orientierte Konzeption ihrer Vorgänger bei. Die systematische Anordnung und klare Strukturierung der Inhalte sowie die Hereinnahme von Methoden und Exkursen, von Wissenstests und Abituraufgaben sind wesentliche Merkmale der Neubearbeitung.

Durch eine stärker herausgearbeitete Differenzierung in zwei unterschiedliche Niveaustufen, kenntlich durch Schriftgröße und grüne Punktung am Rand, stellt die Neubearbeitung für alle Schülerinnen und Schülern der gymnasialen Oberstufe ein individuelles Lernangebot mit zusätzlichen Inhalten für einen anspruchsvollen Unterricht bereit. Beide Teile, der in Normalschrift und zusätzlich der markierte in Kleindruck, decken jeweils die Stoffpläne für die Sekundarstufe II sämtlicher Bundesländer ab.

Am Ende eines Kapitels wird das Gelernte abgefragt und an übergreifenden Fragestellungen überprüft. Aufgaben zur Abiturvorbereitung lassen einen Nachweis der Fähigkeiten in den vier Kompetenzbreichen zu. Grundlegende mathematische Verfahren sind auf separaten Methodenseiten aus dem Lehrtext ausgegliedert. Exkurse über technische Entwicklungen und Anwendungen, auch in Medizin oder Musik, ebenso wie historische und wissenschaftsphilosophische Betrachtungen sind Anlass und Ausgangspunkt für Vertiefungen, auch um die Physik in einen größeren Rahmen zu stellen. Besondere Beachtung ist der Bedeutung der Physik für Umwelt und Technik gewidmet.

Das Buch ist Arbeits- und Lehrbuch für Schülerinnen und Schüler der Oberstufe der Gymnasien und Fachgymnasien. Es kann aber auch zum Selbststudium oder zur Wiederholung benutzt werden.

Dank gilt wieder dem Verlag für die intensive Betreuung und die hervorragende Ausstattung des Buches. Dank gilt ebenso allen Persönlichkeiten, die mit Rat und Auskunft geholfen haben.

Kiel, Neumünster im Sommer 2007
Joachim Grehn und Joachim Krause

INHALTSVERZEICHNIS

Einleitung   10

1   Mechanik

1.1   Kinematik   12
1.1.1   Beschreibung von Bewegungen   12
1.1.2   Die geradlinige Bewegung mit konstanter Geschwindigkeit   14
    Exkurs: Die Basiseinheiten der Zeit und der Länge   16
1.1.3   Durchschnittsgeschwindigkeit und Momentan-geschwindigkeit   17
1.1.4   Die geradlinige Bewegung mit konstanter Beschleunigung   18
1.1.5   Der freie Fall   20
    Exkurs: Galilei und die Fallgesetze   21
    Methode: Berechnung von Bewegungen mit mathematischen Methoden   22
1.1.6   Allgemeine Bewegungsgesetze   24
    Methode: Iterative Berechnung einer Bewegung   25
    Exkurs: Verhalten im Straßenverkehr   26
    Methode: Messprozess und Fehlerrechnung   27
1.1.7   Nichtlineare Bewegungen – Wurfbewegungen   28
    Exkurs: Physik und Sport I   31
1.1.8   Die gleichförmige Kreisbewegung   32
    Methode: Vektorielle Darstellung von Bewegungen   34
    Exkurs: Segeln – Kursnehmen mit Geschwindigkeitsvektoren   35

1.2   Dynamik   36
1.2.1   Das Trägheitsprinzip   36
1.2.2   Masse und Impuls   38
    Exkurs: Die Grundgröße Masse   39
1.2.3   Impuls und Impulserhaltung   40

1.2.4   Der Impuls als Vektor   42
1.2.5   Die Definition der Kraft   44
1.2.6   Wechselwirkungskräfte   47
1.2.7   Haftkräfte und Reibungskräfte   50
    Exkurs: Antriebs- und Fahrtwiderstandskräfte   51
1.2.8   Kräfte bei der Kreisbewegung   52
1.2.9   Scheinkräfte und Inertialsysteme   54
    Exkurs: Die rotierende Erde – ein beschleunigtes Bezugssystem   56
1.2.10   Strömende Medien   57
    Exkurs: Vom Fliegen, Segeln und anderen Strömungseffekten   58

1.3   Energie und Energieerhaltung   60
1.3.1   Mechanische Energie   60
1.3.2   Kinetische und potentielle Energie   62
1.3.3   Energieübertragung bei Reibung   64
1.3.4   Energieerhaltung   65
1.3.5   Energiestrom – Leistung   68
    Exkurs: Physik und Sport II   69
1.3.6   Stoßvorgänge   70

1.4   Die Rotation starrer Körper   72
1.4.1   Die gleichmäßig beschleunigte Drehbewegung   72
    Exkurs: Fahrleistung eines Autos   74
1.4.2   Drehimpuls und Drehimpulserhaltung   75
    Exkurs: Kreisel   76
    Exkurs: Über Drehmomente und Drehimpulse   77

Grundwissen   78
Wissenstest   80

2   Gravitation

2.1   Die Gravitationskraft   82
2.1.1   Das Sonnensystem   82
2.1.2   Erde und Planetenbewegung in der Vorstellung von der Antike bis zur Neuzeit   83
2.1.3   NEWTONS Gravitationsgesetz   86
2.1.4   Massenbestimmung und Gezeiten   88
    Exkurs: Aufbau des Erdkörpers   88
    Exkurs: Schweremessung und Gravimetrie   89

2.2   Das Gravitationsfeld   92
2.2.1   Feldbegriff und Feldstärke   92
2.2.2   Potentielle Energie im Gravitationsfeld   94

2.3   Bewegungen im Gravitationsfeld   96
2.3.1   Zentralkraft; Kepler'sche Gesetze   96
2.3.2   Raketen in der Weltraumfahrt   99
2.3.3   Bahnform und Bahnenergie   100
2.3.4   Satellitenmanöver   102

Grundwissen   104
Wissenstest   105

Exkurs: Geschichte der Mechanik und die klassische Physik; Kausalität und Determinismus   106

Inhaltsverzeichnis

3 Mechanische Schwingungen und Wellen

3.1	**Schwingungen**	108
3.1.1	Schwingungsvorgänge und Schwingungsgrößen	108
3.1.2	Gesetze der harmonischen Schwingung	110
3.1.3	Die Energie des harmonischen Oszillators	113
3.1.4	Beispiele harmonischer Schwingungen	114
3.1.5	Die gedämpfte harmonische Schwingung	116
	Methode: Differentialgleichungen in der Physik	117

3.2	**Überlagerung von Schwingungen**	118
3.2.1	Überlagerung zweier harmonischer Schwingungen	118
3.2.2	Fourier-Analyse	120
3.2.3	Die akustische Unschärfe	121
3.2.4	Erzwungene Schwingungen	122
	Exkurs: Der Einsturz der Tacoma-Brücke – eine Resonanzkatastrophe	123

3.3	**Entstehung und Ausbreitung von Wellen**	124
3.3.1	Lineare Wellen; Transversal- und Longitudinalwellen	124
3.3.2	Eigenschaften von Wellen	126

	Exkurs: Erdbebenwellen (seismische Wellen)	127
3.3.3	Der Doppler-Effekt	128
	Exkurs: Überschallknall	128
	Exkurs: Ultraschall in der Medizin	129
3.3.4	Phasen- und Gruppengeschwindigkeit; Dispersion	130
	Exkurs: Entstehung von Wasserwellen	131

3.4	**Wechselwirkung von Wellen**	132
3.4.1	Interferenz zweier Kreiswellen	132
3.4.2	Das Huygens'sche Prinzip	135
3.4.3	Reflexion und Brechung	136
3.4.4	Beugung von Wellen; Streuung	138
	Exkurs: Schallintensität und Lautstärke	139
3.4.5	Stehende Wellen; Eigenschwingungen	140
	Exkurs: Physik und Musik	144
	Exkurs: Musikinstrumente und menschliche Stimme	146

	Grundwissen	148
	Wissenstest	150

4 Thermodynamik

4.1	**Grundlagen**	152
4.1.1	Temperaturmessung	152
4.1.2	Die Gasgleichung	154
4.1.3	Der atomistische Aufbau der Materie	156

4.2	**Die kinetische Gastheorie**	158
4.2.1	Die Grundgleichung der kinetischen Gastheorie	158
4.2.2	Kinetische Gastheorie und Molekülbewegung	160

4.3	**Energieumwandlungen**	162
4.3.1	Der erste Hauptsatz der Thermodynamik	162
	Exkurs: Zur Geschichte des ersten Hauptsatzes der Thermodynamik	163
4.3.2	Energieumwandlung bei Volumenänderung	165
4.3.3	Eine Wärmekraftmaschine	166
4.3.4	Wirkungsgrad von Energieumwandlungsprozessen	168

4.4	**Die Entropie**	169
4.4.1	Irreversible Vorgänge	169
4.4.2	Definition der Entropie	170
4.4.3	Entropieerzeugung und Energieentwertung	172
	Exkurs: Der Verbrauch fossiler Primärenergie und die Konsequenzen für die Atmosphäre	173
4.4.4	Entropie und Wahrscheinlichkeit	174
	Exkurs: Entropie und Information	175

4.5	**Wärmekraftmaschinen**	176
4.5.1	Der Viertaktmotor	176
4.5.2	Kraftwerke	178

4.6	**Die Strahlungsgesetze**	180
	Exkurs: Der Treibhauseffekt und die Bewohnbarkeit von Planeten	182

	Grundwissen	184
	Wissenstest	185

5 Elektrische Ladung und elektrisches Feld

5.1	**Das elektrische Feld**	186
5.1.1	Elektrische Ladungen	186
5.1.2	Messung elektrischer Ladungen	188
	Exkurs: Die gesetzliche Ampere-Definition	189
5.1.3	Die elektrische Feldstärke	190
	Exkurs: Die Entstehung von Gewittern	191
5.1.4	Radialsymmetrische Felder	192
5.1.5	Messung elektrischer Felder	194
	Exkurs: Der Laserdrucker	194
5.1.6	Das Coulomb'sche Gesetz	195
5.1.7	Darstellung elektrischer Felder	196

5.2	**Energie im elektrischen Feld**	198
5.2.1	Potential und Spannung im homogenen elektrischen Feld	198

5.2.2	Potential im radialsymmetrischen Feld	200
5.2.3	Das elektrische Feld als Energiespeicher	202

5.3	**Bewegung elektrischer Ladungen im elektrischen Feld**	204
5.3.1	Die Elementarladung	204
5.3.2	Elektrische Leitungsvorgänge und das Ohm'sche Gesetz	206
5.3.3	Elektrische Spannungsquellen	208
	Exkurs: Die Wasserstoff-Sauerstoff-Brennstoffzelle	212
	Exkurs: Reizleitung in Nervenzellen	213
5.3.4	Austritt von Elektronen aus Leiteroberflächen	214
	Exkurs: Das Feldelektronenmikroskop	215

Inhaltsverzeichnis

5.3.5	Bewegte Elektronen in elektrischen Feldern	214
	Exkurs: Das Oszilloskop	215
5.4	**Elektrische Netzwerke**	216
5.4.1	Die Kirchhoff'schen Gesetze	216
5.4.2	Kapazität von Kondensatoren	220
	Exkurs: Bauformen von Kondensatoren	222

5.4.3	Schaltung elektrischer Zweipole	223
5.4.4	Auf- und Entladung eines Kondensators	224
	Exkurs: Fotoblitz und Defibrillator	225
	Grundwissen	226
	Wissenstest	228

6 Bewegte Ladungsträger und magnetisches Feld

6.1	**Kräfte im Magnetfeld**	230
61.1	Magnetfelder	230
	Exkurs: Erdmagnetismus	231
6.1.2	Die magnetische Feldstärke	232
	Methode: Das Vektorprodukt	233
6.1.3	Lorentz-Kraft	234
	Exkurs: Die Fernsehröhre	235
6.1.4	Der Hall-Effekt	236
6.1.5	Die Masse geladener Teilchen	238
	Exkurs: Massenspektrografie	239
6.1.6	Das Zyklotron	240
	Exkurs: Teilchenbeschleuniger – Riesenwerkzeuge für kleinste Teilchen	241
	Exkurs: Elektronenmikroskopie	242
	Exkurs: Polarlicht und Van-Allen'scher Strahlungsgürtel	244

6.2	**Magnetfelder von Strömen**	246
6.2.1	Magnetfeld von Leiter und Spule	246
6.2.2	Das Durchflutungsgesetz	248
6.2.3	Ferromagnetismus	250
	Exkurs: Ferromagnetische Domänen (Weiß'sche Bezirke)	251
6.3	**Elektromagnetische Induktion**	252
6.3.1	Induktionsversuche	252
6.3.2	Das Induktionsgesetz	254
6.3.3	Kräfte als Ursache der Induktion	258
6.3.4	Die Selbstinduktion	260
6.3.5	Energie des Magnetfeldes	262
	Exkurs: Magnetisch gespeicherte Information	263
6.3.6	Die Maxwell'schen Gleichungen	264
6.3.7	Ausbreitung von Feldern	266
	Grundwissen	268
	Wissenstest	270

7 Elektromagnetische Schwingungen und Wellen

7.1	**Wechselstromtechnik**	272
7.1.1	Erzeugung von Wechselspannung	272
	Exkurs: Von den Anfängen der Stromversorgung	273
7.1.2	Phasenbeziehungen zwischen Strom und Spannung	274
7.1.3	Wechselstromwiderstände	276
7.1.4	Die Leistung im Wechselstromkreis	278
7.1.5	Wechselstromschaltungen	280
7.1.6	Der Transformator	282
	Exkurs: Die öffentliche Versorgung mit elektrischer Energie	284
7.2	**Elektrische Schwingungen und elektromagnetische Wellen**	286
7.2.1	Der elektrische Schwingkreis	286
7.2.2	Elektrische Schwingungen	288
7.2.3	Ungedämpfte Schwingungen	290
7.2.4	Elektromagnetische Wellen	292
7.2.5	Mikrowellen	296
7.2.6	Rundfunktechnik	298
	Exkurs: Rundfunk und Fernsehen in Deutschland	299
7.3	**Wellenoptik**	300
7.3.1	Die Lichtgeschwindigkeit	300
	Exkurs: Historische Experimente zur Bestimmung der Lichtgeschwindigkeit	301
7.3.2	Beugung und Interferenz am Doppelspalt	302

7.3.3	Beugung und Interferenz am Gitter	304
7.3.4	Beugung und Interferenz am Spalt	306
7.3.5	Intensitätsverlauf bei Gitter und Spalt	308
7.3.6	Intensitätsverlauf hinter einer Kreisblende	310
7.3.7	Das Auflösungsvermögen optischer Instrumente und des Auges	311
	Exkurs: Das Auflösungsvermögen großer Teleskope	313
7.3.8	Interferenzen an dünnen Schichten	314
7.3.9	Kohärenz	316
	Exkurs: Holografie	318
7.3.10	Polarisiertes Licht	320
	Exkurs: Polarisationsfolien – Das Polaroid®-Verfahren	320
	Exkurs: Warum ist der Himmel blau?	322
7.3.11	Doppelbrechung und optische Aktivität	323
	Exkurs: Flüssigkristalle und LCD-Anzeigen	325
7.3.12	Strahlenoptik	326
	Exkurs: Geschichte der Optik	329
7.4	**Das elektromagnetische Spektrum**	330
7.4.1	Überblick über das elektromagnetische Spektrum	330
7.4.2	Das optische Spektrum	332
7.4.3	Röntgenstrahlung	334
	Grundwissen	336
	Wissenstest	338

8 Chaotische Vorgänge

8.1	Das deterministische Chaos	340
8.2	Ein einfaches System mit chaotischem Verhalten	342
8.3	Wege ins Chaos – Verhulst-Dynamik und Feigenbaum-Szenario	346

8.4	Chaos und Fraktale	348
	Exkurs: Das gesunde Herz – die richtige Dosis Chaos	349

9 Die spezielle Relativitätstheorie

9.1	Die Relativitätspostulate	350
	Exkurs: Das Michelson-Experiment – Abschied von der Äthervorstellung	351
9.2	Relativistische Kinematik	352
9.2.1	Die relative Gleichzeitigkeit	352
	Exkurs: Navigation mit Satelliten: Das Global Positioning System (GPS)	353
9.2.2	Die Zeitdilatation	354
9.2.3	Myonen im Speicherring	356
	Exkurs: Das Hafele-Keating-Experiment (Atomuhren messen erstmals die Zeitdilatation)	357
9.2.4	Die Längenkontraktion	358
9.2.5	Raum-Zeit-Diagramme	359
9.2.6	Minkowski-Diagramme	360
9.2.7	Die Lorentz-Transformation	362
9.2.8	Addition der Geschwindigkeiten	363

9.2.9	Der optische Doppler-Effekt	364
	Exkurs: Die Raum-Zeit – eine absolute Größe der relativistischen Physik	365
9.3	Relativistische Dynamik	366
9.3.1	Die Gesetze der Dynamik – hergeleitet aus Postulaten	366
9.3.2	Die Gesetze der Dynamik – hergeleitet aus der Kinematik	368
9.3.3	Die Impuls-Energie	370
	Exkurs: Die allgemeine Relativitätstheorie: Grundlagen der Theorie	371
	Exkurs: Die allgemeine Relativitätstheorie: Experimentelle Tests der Theorie	372
	Grundwissen	374
	Wissenstest	375

10 Einführung in die Quantenphysik

10.1	Die Quantelung der Strahlung	376
10.1.1	Der lichtelektrische Effekt	376
10.1.2	Das Planck'sche Wirkungsquantum	378
10.1.3	Die Lichtquantenhypothese	380
10.1.4	Umkehrung des lichtelektrischen Effekts mit Leuchtdioden	381
10.1.5	Die kurzwellige Grenze der Röntgenstrahlung	382
10.1.6	Der Compton-Effekt	384
10.2	Verteilung der Photonen im Raum	386
10.2.1	Die Photonenverteilung hinter dem Doppelspalt	286
10.2.2	Photonenverteilung bei geringer Intensität	388
10.2.3	Simulation der Photonenverteilung	389
10.3	Welleneigenschaften der Elektronen	390
10.3.1	De-Broglie-Wellen	390

10.3.2	Das Elektron – kein klassisches Teilchen	392
	Exkurs: Interferenzen von Neutronen	393
	Exkurs: Grenzgänger: Welleneigenschaften großer Moleküle	394
10.4	Quantenphysik und klassische Physik	396
10.4.1	Das Unschärfeprinzip	396
10.4.2	Messung der Unschärfe bei Photonen	398
	Exkurs: Der Welle-Teilchen-Dualismus	399
10.4.3	Die Wellenfunktion	400
	Grundwissen	401
	Wissenstest	402
	Exkurs: Interpretationsprobleme der Quantenphysik	404

11 Atomphysik

11.1	Energieaustausch mit Atomen	406
11.1.1	Die quantenhafte Absorption	406
11.1.2	Die quantenhafte Emission	409
11.1.3	Die Resonanzabsorption	410
11.2	Die Entwicklung der Atommodelle	411
11.2.1	Erforschung des Atoms mit Streuversuchen	411
11.2.2	Der Rutherford'sche Streuversuch	412
11.2.3	Das Atommodell von Rutherford	413
11.2.4	Das Bohr'sche Atommodell	414
11.2.5	Die Spektralserien des Wasserstoffatoms	416
	Exkurs: Messungen an gebundenen Systemen	417
11.2.6	Vom klassischen zum quantenphysikalischen Atommodell	418

11.3	Das Atommodell der Quantenphysik	420
11.3.1	Der lineare Potentialtopf	420
11.3.2	Anwendungen des Potentialtopfmodells	422
11.3.3	Die Schrödinger-Gleichung	424
11.3.4	Numerische Lösungen der Schrödinger-Gleichung	424
11.3.5	Analytische Lösung der Schrödinger-Gleichung für den linearen Potentialtopf	428
11.3.6	Analytische Lösung der Schrödinger-Gleichung für Wasserstoff	430
11.3.7	Die Winkelabhängigkeit der Antreffwahrscheinlichkeit im H-Atom	432
11.3.8	Quantenzahlen des Atoms	433

7

Inhaltsverzeichnis

11.3.9	Das Periodensystem der Elemente	434
	Exkurs: Verschränkte Zustände und spukhafte Fernwirkung	436
11.4	**Leistungen der Atommodelle**	438
11.4.1	Die charakteristische Röntgenstrahlung und das Moseley'sche Gesetz	438
11.4.2	Absorption von Röntgenstrahlung	439
11.4.3	Spektren im sichtbaren Bereich	440

11.4.4	Der Helium-Neon-Laser	442
11.4.5	Berechnung der Absorptionsspektren von Farbstoffmolekülen	444
	Exkurs: CD-R – die beschreibbare CD	445
	Grundwissen	446
	Wissenstest	448

---

12 Festkörperphysik und Elektronik

12.1	**Halbleiter**	450
12.1.1	Ionen und Elektronen im Festkörper	450
12.1.2	Halbleiter und Dotierung	452
12.1.3	p-n-Übergang und Dioden	454
12.1.4	Der bipolare Transistor	456
12.1.5	Der Feldeffekttransistor	458
12.2	**Das quantenphysikalische Modell des Festkörpers**	460
12.2.1	Energiezustände im Elektronengas	460
12.2.2	Die Fermi-Energie	462
	Exkurs: Supraleitung	464

12.2.3	Energiebänder im Halbleiter	466
12.2.4	n- und p-Halbleiter	469
12.2.5	Kontaktspannung	471
12.3	**Analoge Signalverarbeitung**	472
12.3.1	Der Operationsverstärker	472
12.3.2	AD- und DA-Wandler	474
12.3.3	RAM und ROM	475
	Exkurs: Aufbau eines Computers	476
	Exkurs: Computerspeicher	478
	Grundwissen	479

---

13 Kernphysik

13.1	**Radioaktivität**	480
13.1.1	Die ionisierende Wirkung radioaktiver Strahlung	480
13.1.2	Strahlungsarten	482
13.1.3	Kernbausteine	483
13.1.4	Ordnung der Nuklide	484
	Exkurs: Auf der Suche nach neuen Elementen	485
13.1.5	Arten der Kernumwandlung	486
13.1.6	Das Zerfallsgesetz	488
13.2	**Wechselwirkung von Strahlung mit Materie**	490
13.2.1	Wechselwirkungsprozesse geladener Teilchen	490
	Exkurs: Das Geiger-Müller-Zählrohr	491
13.2.2	Energieabgabe von γ-Quanten	492
13.2.3	Energiemessung und Dosimetrie	493
	Exkurs: Strahlungsdetektoren	494
	Exkurs: Biologische Wirkung von Strahlung	496
	Exkurs: Strahlenschutz	497
13.3	**Aufbau und Energie der Kerne**	498
13.3.1	Masse und Massendefekt	498
13.3.2	Größe der Atomkerne	499

13.3.3	Das Tröpfchenmodell des Atomkerns	500
13.3.4	Energiezustände des Kerns	502
13.3.5	Das Potentialtopfmodell	504
13.4	**Nutzung der Kernenergie**	507
13.4.1	Kernreaktionen	507
13.4.2	Kernspaltung	510
13.4.3	Aktivierungsenergie und Multiplikationsfaktor	512
13.4.4	Technische Nutzung der Kernenergie	514
13.4.5	Probleme und Risiken bei der Nutzung der Kernenergie	516
13.4.6	Kernfusion	517
13.4.7	Technik der Fusion	518
13.5	**Anwendungen der Kernphysik**	520
13.5.1	Radionuklide als Strahlungsquellen	520
13.5.2	Altersbestimmung	521
13.5.3	Tracermethoden	522
	Exkurs: Kernspintomografie	523
	Grundwissen	524
	Wissenstest	526

---

14 Elementarteilchenphysik

14.1	**Vom Elektron zum Teilchenzoo**	528
14.2	**Das Standardmodell**	530
14.2.1	Quarks im Standardmodell	530
	Exkurs: Collider, Speicherringe und Riesendetektoren	533

14.2.2	Gebundene Systeme	534
14.2.3	Die Leptonen	535
14.2.4	Reaktionen im Standardmodell	536

15 Astrophysik

15.1	**Die Erforschung des Weltalls**	538		**15.2**	**Die Sterne**	546
15.1.1	Optische Astronomie heute	538		15.2.1	Leuchtkraft und Temperatur der Sterne	546
15.1.2	Extraterrestrische Observatorien	540		15.2.2	Die scheinbare Helligkeit	548
	Exkurs: Quasare – Strahlungsmonster im			15.2.3	Die Masse der Sterne	549
	fernen Universum	541		15.2.4	Radius und Dichte der Sterne	550
15.1.3	Die Entfernungen der Sterne und der Galaxien	542		15.2.5	Sternmasse und Sterneigenschaften	551
	Exkurs: Warum pulsieren die Cepheiden?	543		15.2.6	Interstellare Materie	552
15.1.4	Die Expansion des Universums	544		15.2.7	Die Sternentstehung	554
				15.2.8	Endstadien der Sterne	556

15.3	**Die Entwicklung des Universums**	560

16 Physik und Wissenschaftstheorie

16.1	**Theorie – Hypothese – Gesetz – Modell**	562		**16.2**	**Philosophische Strömungen der Erkenntnisgewinnung**	564

17 Aufgaben zur Abiturvorbereitung

566-569

18 Anhang

570-579

Bildquellenverzeichnis

C. Addams in „The New Yorker" 12. Januar 1940: 404.2 – action press, Hamburg: 13.2 (Actionplus) – Prof. Dr. Markus Arndt, Institut für Physik, Universität Wien: 394.1 b); 394.1 d) – Astrofoto, Sörth: 183.2 (NASA); 244.1; 244.2; 245.2; 299.1 (Boeing); 538.1 (Bernd Koch); 539.2 (Bernd Koch); 540.2 (ESA); 543.1; 545.2; 552.2; 556.1; 559.1 a) – BFA Education Media, New York, USA: 123.3 – J. Bolz, Lohmar: 307.1; 337.4; 341.2; 348.1 – c´t Magazin für Computertechnik, Heft 5/1997, Verlag Hans Heise, Hannover: 263.2 – Close et al. „Spurensuche im Teilchenzoo", Spektrum Akademischer Verlag, Heidelberg, Berlin, Oxford: 528.1; 529.1 – Corbis, Düsseldorf: 13.3 (Patrick Ward) – DaimlerChrysler AG, Stuttgart: 57.1 – DESY, Hamburg: 241.1; 402.1; 533.1; 533.2 – Elwe Lehrsysteme, Cremlingen: 381.1 – Ferries „Galaxien", Birkhäuser Verlag, Basel: 541.2 – Focus, Hamburg: 313.4 (NRAO/AUI/NSF/SPL); 56.2 b) (SPL) – Forschungszentrum Karlsruhe: 497.2; 522.1 – Fotostudio Blitzlicht, Bordesholm: 225.2 – FRD Freier Redaktionsdienst, Berlin: 497.1 – French „Die spezielle Relativitätstheorie", 1971: 375.2 – Gehrtsen, Vogel „Physik", 18. Auflage, Springer Verlag, Berlin, Heidelberg 1995: 243.1 – Grehn, Harbeck, Wessels „Physik", Friedr. Vieweg & Sohn, Verlagsgesellschaft mbH, Braunschweig: 80.4 – Halliday, Resnick, Walter „Physik", Wiley-VCH GmbH & Co, Weinheim 2003: 70.1; 70.2; 80.1; 169.1 – „Handbuch der Experimentellen Physik SII", Aulis Verlag, Köln 1992: 325.1 a), b) – Prof. Dr. Ing. Hans Herzog, Institut für Neurowissenschaften und Biophysik/Medizin Forschungszentrum Jülich: 522.2 – IBM Deutschland: 419.1; 478.1 a); 478.1 b); 478.1 c) – Intel: 477.2 – Jet Propulsion Laboratory, Pasadena, USA: 183.1 – LD Didactic, Hürth: 157.2; 215.2; 314.1 a); 314.4 a); 334.1 a); 407.1; 464.1; 465.2; 76.2 a) – Lufthansa, Frankfurt/Main: 13.4 (G. Rebenich) – Max-Planck-Institut für Astronomie, Heidelberg: 313.2; 539.1 – Müller-Krumbhaar „Was die Welt zusammenhält", Wiley-VCH GmbH & Co, Weinheim 2001: 485.1 – Museum & Art Gallery, State Bank of Pakistan, Karachi: 521.1 (Dr. Asma Ibrahim) – National Geographic Vol. 184, Heft 1/1993, National Geographic Society, Washington, USA: 191.1; 191.2 – Orear „Grundlagen der modernen Physik", Hauser Verlag, München 1971: 42.2 a) – Philips GmbH, Hamburg: 523.2; 523.3 – „Physik in unserer Zeit" 3/1996, Wiley-VCH GmbH & Co, Weinheim: 465.3 – Physikalisch-Technische Bundesanstalt, Braunschweig: 16.1 – Phywe Systeme GmbH, Göttingen: 76.2 b) – picture-alliance, Frankfurt: 243.3 (dpa-Fotoreport) – PSSC: 42.1 a); 43.1 a); 43.2 – Resnick, Halliday, Krane „Physics", Fifth Edition, John Wiley & Sons, Inc.: 81.3 – T. Savas, NanoStructures Laboratory, MIT, Cambridge: 394.1 f) – Schäfer „Astronomische Probleme und ihre physikalischen Grundlagen", Friedr. Vieweg & Sohn, Verlagsgesellschaft mbH, Braunschweig 1978: 566.1 a) – Schlosser, Schmidt-Kaler „Astronomische Musterversuche", Hirschgraben-Verlag, Frankfurt/Main 1982: 566.2 – H. K. Schmidt, Darmstadt: 288.1 b) – H. Schwarze, Neumünster: 478.1 d) – Sexl, Raab, Streeruwitz „Das mechanische Universum – Eine Einführung in die Physik" Band I, Verlag Diesterweg, Frankfurt 1980: 71.1 – Sexl, Schmidt „Raum, Zeit, Relativität", Friedr. Vieweg & Sohn, Verlagsgesellschaft mbH, Braunschweig/Wiesbaden 1991: 375.2 – S. Seip: 313.1 – Siemens AG KWU, Erlangen: 284.1 a) – Spektrum der Wissenschaft Heft 1/1985: 541.1 – Spektrum der Wissenschaft, Digest „Astrophysik": 538.2; 546.1; 552.1; 553.1 – Thomson Tubes & Displays GmbH, Norderstedt: 235.1 a) – TIME, 18. Oktober 1971: 357.1 – Tipler „Physik", Spektrum Akademischer Verlag, Heidelberg, Berlin, Oxford 1994: 263.1 b); 332.1 d); 419.2; 465.4 – Tritthart „Medizinische Physik und Biophysik", 1. Auflage, Verlag Schattauer, Stuttgart 2001: 129.1 – Weltner „Flugphysik" aus „Handbuch des Physikunterrichts Band 2", Aulis-Verlag, Köln 2000: 58.1 (Schell-Film)

Es war nicht in allen Fällen möglich, die Inhaber der Bildrechte ausfindig zu machen und um Abdruckgenehmigung zu bitten. Berechtigte Ansprüche werden selbstverständlich im Rahmen der üblichen Konditionen abgegolten.

Einleitung

Die Naturwissenschaften befassen sich mit der systematischen Erforschung der Natur und der in ihr geltenden Naturgesetze. Sie lassen sich einteilen in die mathematisch erfassbaren exakten Naturwissenschaften, zu denen die Physik und die Chemie, des Weiteren Astronomie und Astrophysik, Geologie und Geophysik, Kristallographie und Mineralogie zählen, und in die biologischen, weniger mathematisch strukturierten Naturwissenschaften wie die Allgemeine Biologie, die Botanik und die Zoologie, die Molekulargenetik, die Biochemie, Teile der Medizin u. a. m.

Diese empirisch-analytisch vorgehenden Naturwissenschaften grenzen sich durch ihre Gegenstandsbereiche und ihre Methoden von den Geistes- und den Sozialwissenschaften ebenso wie von den axiomatischen Wissenschaften ab. Zu letzteren – und nicht zu den Naturwissenschaften – zählt vor allem die Mathematik, die ausgehend von einem System von Sätzen, den *Axiomen*, allein mit den Gesetzen der Logik ihre Aussagen herleitet. Die Geistes- und Sozialwissenschaften analysieren und strukturieren primär die Kulturentwicklung und die Ordnungen des menschlichen Lebens in Geschichte, Staat, Gesellschaft, Recht, Erziehung und die Deutungen der Welt in Sprache, Religion, Kunst und Philosophie.

Was ist Physik?

Die Physik als eine Wissenschaft „von der Natur" befasst sich heute weniger als früher mit Vorgängen und Objekten aus der uns umgebenden Natur. Sie ist vielmehr in die Bereiche des Mikrokosmos ein- wie in die Weite des Universums vorgedrungen, die sich beide der direkten Beobachtung entziehen. Zu ihrer Erforschung werden die ihr eigenen Prozesse in sehr aufwändigen Experimenten im Labor untersucht oder mit besonderen Methoden der Beobachtung zugänglich gemacht. Dadurch haftet der modernen Physik oft etwas Unnatürliches und Künstliches an. Es ist aber gerade diese Vorgehensweise, die uns zu grundlegenden Erkenntnissen zu führen vermag.

Die Physik ist wie alle anderen Wissenschaften dem historischen Wandel unterworfen. Sie ist eine sich stets weiterentwickelnde Wissenschaft. Im Altertum umfasste die Physik (physis, griech.: Natur) die Lehre von der gesamten Natur. In der berühmtesten Bibliothek des Altertums, in Alexandrien, standen hinter den Schriften der Physik die über die *Meta*physik, die nicht von der Natur handelten. Die Griechen sind die Begründer der exakten Wissenschaften wie der Physik und Mathematik. Zwar verfügten schon die Völker vor ihnen auf vielen Gebieten über profunde Kenntnisse, so z. B. die Ägypter über die Mechanik – wie hätten sie sonst die Pyramiden bauen können – oder die Babylonier über die Astronomie. Während Ägypter und Babylonier aber noch ein mythisch verklärtes Verhältnis zur Natur besaßen und in ihr das (unerklärliche) Walten von Gottheiten sahen, fragten die Griechen als Erste nach dem Grund für die Erscheinungen und nach Zusammenhängen. Ihre entscheidende Erkenntnis war, dass die Welt *verstanden* werden kann und dass der Ablauf des Naturgeschehens sich *erklären* und *begründen* lässt. Antrieb waren für sie die Neugier und das unermüdliche Bestreben, die Gesetze der Natur herauszufinden – eine Grundeinstellung, die für den Naturwissenschaftler bis auf den heutigen Tag gilt. Mit den Griechen beginnt daher das wissenschaftliche Denken.

Die Begründer der neuzeitlichen Physik waren Galileo GALILEI und Isaac NEWTON. GALILEI führte das *Experiment* als wichtiges Mittel zur Erforschung und Begründung der Naturgesetze ein; NEWTON schuf die Grundlage der klassischen Physik, die ihren Höhepunkt im 19. Jahrhundert fand. Die Gebiete der klassischen Physik sind Mechanik, Akustik, Wärmelehre, Optik, Elektrizitätslehre und Magnetismus. Ausgangspunkt für diese Einteilung waren Wahrnehmungen und Beobachtungen mithilfe der Sinnesorgane; lediglich die beiden letzten Gebiete passen nicht in dieses Schema.

Das 19. Jahrhundert mit seinen Erfolgen in Wissenschaft und Technik wähnte sich auf dem Gipfel und als Endpunkt der Entwicklung. So wurde dem jungen Max PLANCK (1874) dringend vom Studium der Physik abgeraten: Das Wesentliche sei erforscht.

Die Relativitätstheorie Einsteins sowie die Entdeckung des Atombaus durch BOHR und in ihrem Gefolge die Quantentheorie SCHRÖDINGERS und HEISENBERGS haben die Physik zu Beginn des 20. Jahrhunderts revolutioniert. Seitdem befindet sie sich in einer stürmischen Entwicklung. Am Anfang des vorigen Jahrhunderts stand die Atomhülle im Mittelpunkt der Forschung, in den dreißiger und vierziger Jahren der Atomkern; seitdem sind es Elementarteilchen- und Festkörperphysik und schließlich die Quantentheorie mit ihren Weiterentwicklungen. Mit großem finanziellem Aufwand, den die Grundlagenforschung heute erfordert, hat die Hochenergiephysik beim Vorstoß in immer kleinere Welten, vom Atom zum Kern, vom Kern zu den Elementarteilchen, den Blick in das

Einleitung

Innere und in den Aufbau der Materie immer weiter vorangetrieben. Genauso hat die Entwicklung von Radioteleskopen, Satelliten und Raumsonden im Verbund mit modernen physikalischen Beobachtungstechniken beim Vorstoß in den Weltraum ungeahnte Kenntnisse über das Universum in der Astrophysik und über die Entstehung der Welt in der Kosmologie gebracht, gestützt auf neue Erkenntnisse aus allen Gebieten der Physik und untersucht durch die Berechnung komplizierter Sternmodelle, nicht zuletzt dank immer weiter entwickelter Computer.

Jahr für Jahr wird in der Physik ein ungeheures Maß an neuem Wissen produziert. Wissenschaftliche Zeitschriften und Handbücher wachsen ins Unermessliche. Auf Kongressen werden die Forschungsergebnisse innerhalb der weltumspannenden Forschergemeinschaft diskutiert. Die heutige Wissenschaft ist in der Hauptsache das Ergebnis von globaler Teamarbeit, in der Theoretiker, Experimentalphysiker und Techniker zusammenwirken.

Die Physik ist *die* grundlegende Naturwissenschaft. Sie ist Grundlage der Technik und nimmt unter den Naturwissenschaften eine zentrale Stellung ein. Ihr Studium ist für fast alle naturwissenschaftlichen Disziplinen unabdingbare Voraussetzung. Ohne Kenntnis moderner Atomphysik und Quantenmechanik sind viele Forschungsgebiete, die häufig in den Grenzbereichen der Wissenschaften liegen, nicht zu verstehen. So unterliegt die gesamte Chemie den Gesetzen der Quantenmechanik. Alle Verbindungen ergeben sich „im Prinzip" als Lösungen quantenmechanischer Grundgleichungen. Die Gesetze der Physik gelten aber auch in der belebten Natur. In den Wissenschaften vom Lebendigen bildet die Physik als Biophysik eine Basis für das Verständnis biologischer Prozesse.

Die moderne Technik ist ohne die exakten Naturwissenschaften, insbesondere ohne die Physik, nicht denkbar. Naturwissenschaften und Technik haben die Welt verändert. Ihre Errungenschaften sind Bestandteil unserer modernen Zivilisation. Technik ist weitgehend angewandte Physik. Der technisch-wissenschaftliche Fortschritt beruht auf den Ergebnissen der Grundlagenwissenschaften, vor allem auch der Physik. Halbleiter- und Festkörperphysik mit ihren Anwendungen aus allen Bereichen der Kommunikationstechniken, Laserphysik, Nanotechnologie, Weltraumtechnik, Medizintechnik und Umweltforschung sind nur einige Bereiche, in denen die Forschungsergebnisse der Physik der Bewältigung der Zukunftsaufgaben dienen.

Wir sind uns heute der Gefährdungen bewusst, die mit einer unkontrollierten Umsetzung naturwissenschaftlicher Erkenntnisse und der Technik verbunden sein können. Selbstbegrenzung in der Anwendung von Forschung und Technik ist unabdingbar. Wir sind uns aber auch bewusst, dass zur Bewältigung der Zukunft der Menschheit die technisch-zivilisatorische Entwicklung weitergehen muss.

Die Physik bildet ein geschlossenes und weitreichendes Erklärungssystem für einen bestimmten Teil unserer Welt. Das Universum und das Atom, die klassischen und die modernen Gebiete der Physik werden von einheitlichen Begriffsbildungen und von gleichen Gesetzmäßigkeiten erfasst. Die moderne Physik, insbesondere die Quantenmechanik, hat neue Denkformen geschaffen, die weit über die Physik hinausreichen. Die Methode der Physik ist prinzipiell von hoher Bedeutung und beispielhaft für die Frage, wie der Mensch die „Wirklichkeit" erforschen und erkennen kann. Die moderne Erkenntnistheorie und wichtige Fragen der Philosophie lassen sich ohne Kenntnis der heutigen Physik nicht verstehen.

Was also ist Physik?

Eine exakte Begriffsbestimmung dessen, was Physik ist, ist nicht einfach zu formulieren. In dieser Einleitung wurden einige Aspekte aufgezeigt, die zur Beantwortung dieser Frage erörtert werden müssten. Einige werden in diesem Buch weitergeführt; für andere Fragestellungen wird der konkrete Unterricht Antworten versuchen. Dennoch soll hier am Ende dieser kurzen Betrachtung über die Physik eine Definition gewagt werden:

Die Physik erforscht mit experimentellen und theoretischen Methoden die messend erfassbaren und mathematisch beschreibbaren Erscheinungen und Vorgänge in der Natur, insbesondere die Zustände und Zustandsänderungen der (unbelebten) Materie sowie die Bewegungen und die Wechselwirkungen ihrer Bausteine, ohne dabei auf stoffliche Veränderungen dieser Materie einzugehen.

Wie die Physik nun im Einzelnen vorgeht und womit sie sich konkret beschäftigt, welche Erkenntnisse sie über die Natur und die Welt vermittelt – in dieses eindrucksvolle Gedankengebäude der zentralen Naturwissenschaft Physik führt dieses Buch ein.

1 MECHANIK

Die Mechanik wurde von Galileo GALILEI (1564–1642) und Isaac NEWTON (1643–1727) als Wissenschaft begründet. GALILEI fand die Gesetze für die Fallbewegung auf der Erde, und NEWTON entwickelte die Grundlagen zum Verständnis der Bewegungen auf der Erde und der Bewegung der Planeten um die Sonne. Die physikalischen Begriffe und Größen der Mechanik sind auch in allen anderen Bereichen der Physik von Bedeutung. An Problemen und Fragestellungen aus der Mechanik kann die Denk- und Arbeitsweise der Physik exemplarisch gezeigt werden.

Die Mechanik wird eingeteilt in die Kinematik und in die Dynamik. Die Kinematik beschreibt, wie sich Körper bewegen und nach welchen Gesetzen Bewegungen ablaufen. Die Dynamik fragt nach den Ursachen für bestimmte Bewegungen, also nach dem Zusammenhang zwischen Kräften und Bewegungsformen.

1.1 Kinematik

Die **Bewegungen,** die Körper in unserer Umwelt ausführen, sind durchweg kompliziert. In allen Einzelheiten lassen sich ihre Abläufe nur mit großem mathematischen Aufwand beschreiben und erklären. In diesem Kapitel werden die Größen zur quantitativen Beschreibung von Bewegungen eingeführt und die Gesetzmäßigkeiten einfacher **Grundformen der Bewegungen** behandelt. Es ist zu erwarten, dass dann viele konkret ablaufende Bewegungen auf die Grundformen zurückgeführt und mit ihrer Hilfe erklärt oder vorhergesagt werden können.

1.1.1 Beschreibung von Bewegungen

An den Beispielen eines 100 m-Laufes (**Abb. 13.2**), der Fahrt eines Segelbootes (**Abb. 13.3**) und des Fluges einer Verkehrsmaschine (**Abb. 13.4**) soll gezeigt werden, wie Bewegungen registriert und festgehalten werden.

Sie werden folgendermaßen beschrieben:
• Die Läufer werden gefilmt; die Zeitlupenaufnahme zeigt sie zu vorgegebenen Zeiten vor den Markierungen der 100 m-Strecke.
• Die jeweilige Position des Segelbootes, d. h. die geografische Länge und Breite, wird zu bestimmten Zeiten durch Peilungen oder mithilfe des Global Positioning Systems (GPS → S. 353) bestimmt.
• Für die Position des Flugzeugs wird zusätzlich zur geografischen Länge und Breite die Höhe über dem Meeresspiegel festgehalten.

Alle Bewegungen werden durch die Registrierung von Ort und Zeit erfasst. Für jede Registrierung wird ein Bezugssystem gewählt – die 100 m-Bahn, die Erdoberfläche bzw. die Erdoberfläche mit dem Raum darüber –, auf das sich die Angaben von Ort und Zeit beziehen.

> In der Physik wird unter einer **Bewegung** eines Körpers die **Veränderung** seines **Ortes mit der Zeit** relativ zu einem **Bezugssystem** (Koordinatensystem) verstanden.

• Im Falle des 100 m-Läufers ist die Gerade vom Start- bis zum Zielpunkt das *eindimensionale Koordinatensystem.*
• Für das Segelboot ist die Erdoberfläche mit ihren Längen- und Breitengraden das *zweidimensionale Koordinatensystem.*
• Die Bahn des Flugzeugs wird in einem *dreidimensionalen Koordinatensystem* aus geografischer Länge und Breite sowie Höhe über dem Meeresspiegel festgehalten.

Für Ortsangaben spielen im Allgemeinen Form und Ausdehnung des bewegten Körpers keine Rolle. In vielen Fällen ist es praktisch, sich auf seinen *Schwerpunkt* zu beziehen, auf den Punkt, in dem die gesamte Masse des Körpers vereinigt gedacht werden kann.

> Zur **Beschreibung der Bewegung** eines Körpers genügt es in vielen Fällen, die Ortsangaben **auf einen bestimmten Punkt,** z. B. den Schwerpunkt, des Körpers zu beziehen.

Kinematik

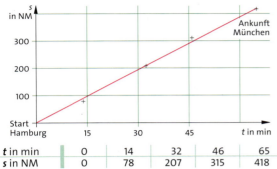

t in min	0	14	32	46	65
s in NM	0	78	207	315	418

13.1 Zeit-Weg-Tabelle und Zeit-Weg-Diagramm eines Fluges von Hamburg nach München. Als Zeit-Weg-Diagramm ergibt sich durch Mittelung eine Ursprungsgerade. Die Zeit-Weg-Funktion hat die Funktionsgleichung $s = (385{,}8 \text{ NM/h}) \cdot t$ mit s in NM und t in h.

13.2 Der 100 m-Lauf ist ein Beispiel für eine eindimensionale Bewegung, eine Bewegung längs einer Geraden.

An den Bewegungen interessiert nicht nur, welche Orte erreicht, sondern auch welche *Strecken* oder **Wege** s *zwischen den Orten* in bestimmten **Zeiten** t zurückgelegt werden (*s spatium*, lat.: Weg; *t tempus*, lat.: Zeit). Ein Flug von Hamburg nach München z. B. kann mit den in der Luftfahrt üblichen Einheiten nach Flugzeit t in Stunden (h) und Flugweg s in *Nautical miles* (1 NM = 1,852 km) als *Tabelle,* als *Diagramm* oder als *Gleichung* festgehalten werden (**Abb. 13.1**).

> Die **Bewegung eines Körpers** wird durch die Angabe seines Weges s als Funktion der Zeit t beschrieben. Die Funktionsgleichung $s = s(t)$ heißt **Zeit-Weg-Gesetz.**

Die *Zuordnung von Zeit und Weg* kann gegeben sein:
- durch eine Wertetabelle, die **Zeit-Weg-Tabelle,**
- durch ein Diagramm, das **Zeit-Weg-Diagramm,**
- durch eine Gleichung, das **Zeit-Weg-Gesetz.**

Zeit t und Weg s sind **physikalische Größen.** Ihr **Größenwert ist das Produkt aus Zahlenwert und Einheit,** z. B. $s = 1{,}5 \cdot 1 \text{ m} = 1{,}5 \text{ m}$. Da für eine Ortsveränderung nicht nur der Betrag des Weges, sondern auch die Richtung bedeutsam ist, ist die physikalische Größe Weg ein Vektor $\vec{s}$. Die physikalische Größe Zeit t ist dagegen ein **Skalar:** Sie ist eindeutig durch den Größenwert der Zeitangabe allein bestimmt (→ S. 34).
In der Physik hat man sich auf ein **System physikalischer Einheiten** geeinigt, das **Système International d'Unités,** abgekürzt **SI** (→ S. 16). Die in diesem System festgelegte Einheit der Zeit ist die Sekunde: $[t] = 1 \text{ s}$, die Einheit des Weges ist das Meter: $[s] = 1 \text{ m}$. Die ein physikalisches Symbol umschließende eckige Klammer [ ] hat die Bedeutung „*Einheit der dieses Symbol bezeichnenden physikalischen Größe*".

13.3 Segelboote können je nach Windverhältnissen auf verschiedenen Kursen in unterschiedliche Richtungen segeln. Ihre Bewegung ist ein Beispiel für eine zweidimensionale Bewegung, eine Bewegung in einer Fläche.

13.4 Ein Flugzeug steigt auf und fliegt in unterschiedlichen Höhen und Richtungen seinem Ziel zu. Seine Bewegung ist ein Beispiel für eine dreidimensionale Bewegung, eine Bewegung im Raum.

Aufgaben

1. In einem auf gerader Strecke mit konstanter Geschwindigkeit fahrenden Zug wird ein Ball fallen gelassen.
   a) Beschreiben Sie seine Bewegung vom Zug und vom Gleis als Bezugssystem.
   b) Geben Sie den Unterschied der vom Ball zurückgelegten Wege in den beiden Bezugssystemen an.
2. Beschreiben Sie die Bewegung eines Punktes auf dem Umfang eines Rades, das mit konstanter Geschwindigkeit längs einer Geraden abrollt.

Kinematik

1.1.2 Die geradlinige Bewegung mit konstanter Geschwindigkeit

Ein ICE fährt eine kurze Zeit auf einer geraden Strecke mit gleichbleibender Geschwindigkeit. Dies ist ein Beispiel für die einfachste Form einer Bewegung. Es ist eine *geradlinige und gleichförmige Bewegung*.

Wird in der Zeit t der Weg s durchfahren, so ist die Geschwindigkeit v (v velocitas, lat.: Geschwindigkeit) durch den Quotienten s/t bestimmt, also

$$\text{Geschwindigkeit} = \frac{\text{Weg}}{\text{Zeit}} \text{ oder } v = \frac{s}{t}.$$

Dabei können die Werte für den Weg s mit der zugehörigen Zeit t beliebig gewählt werden. Stets ist der Quotient v aus dem Weg s und der Zeit t derselbe, also konstant. D. h. der Weg s und die Zeit t sind zueinander proportional. Aus $v = s/t$ folgt $s = v\,t$.
Um deutlich zu machen, dass der Weg s eine Funktion der Zeit t ist, wird auch $s(t) = v\,t$ geschrieben. Dieser Zusammenhang ist das **Zeit-Weg-Gesetz** der geradlinigen gleichförmigen Bewegung.

Eine Bewegung mit konstanter Geschwindigkeit kann auch im Experiment nachgestellt werden. Bei einem Messwagen mit Elektroantrieb, der auf einer Metallschiene rollt, werden die Reibungskräfte, die eine Bewegung verlangsamen, durch die Kraft des Elektromotors kompensiert.

Versuch 1: Auf einer waagrecht aufgebauten Metallschiene fährt ein Messwagen mit einem Elektroantrieb (**Abb. 14.1**). Die Bewegung wird durch Funkenmarken auf einem Spezialpapier registriert. Die Funken haben einen zeitlichen Abstand $\Delta t = 0{,}1$ s.
Eine beliebige Marke wird zum Nullpunkt der Zeit- und Wegmessung gewählt. **Tab. 14.2** zeigt den erwarteten Zusammenhang der Werte s und t: Der Quotient v aus den gemessenen Wegen s und Zeiten t ist konstant.
Ergebnis: Im **Zeit-Weg-Diagramm** (**Abb. 14.3**) liegen die Messpunkte $(t\,|\,s)$ auf einer Geraden mit der Funktionsgleichung $s(t) = v\,t$ durch den Koordinatenursprung. Der Wert der konstanten Geschwindigkeit v ist die Steigung dieser Geraden. Die Steigung ist der Quotient $\Delta s / \Delta t$ aus den Wegdifferenzen z. B. $\Delta s = s_5 - s_2$ zwischen zwei beliebigen Messpunkten und den zugehörigen Zeitdifferenzen $\Delta t = t_5 - t_2$: $v = \Delta s / \Delta t$. ◂

> Eine Bewegung mit konstanter Geschwindigkeit heißt **geradlinig gleichförmig.** Ihr **Zeit-Weg-Gesetz** lautet $s(t) = v\,t$. Kennzeichen dieser Bewegung ist: In gleichen Zeitabschnitten Δt werden gleiche Wegstrecken Δs in gleicher Richtung zurückgelegt. Die Geschwindigkeit ist gleich der Steigung der Geraden im Zeit-Weg-Diagramm: $v = \Delta s / \Delta t$.

Die Geschwindigkeit ist eine **abgeleitete Größe,** da sie mithilfe zweier anderer Größen, Weg und Zeit, definiert ist. Ihre Einheit ergibt sich aus den Einheiten der Grundgrößen Zeit und Weg: $[v] = [s]/[t] = 1$ m/1 s $= 1$ m/s.

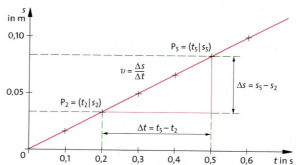

14.1 a) Untersuchung einer Bewegung mit konstanter Geschwindigkeit. **b)** Die Bewegung wird durch Marken registriert, die ein Funkenschreiber in konstanten Zeitabständen erzeugt.

14.3 Darstellung der gleichförmigen Bewegung: Die Messpunkte liegen auf einer Geraden durch den Koordinatenursprung. Die Steigung der t-s-Geraden, die sich im Steigungsdreieck aus dem Verhältnis von Gegenkathete Δs zu Ankathete Δt berechnet, entspricht der Geschwindigkeit $v = \Delta s / \Delta t$.

14.2 Die Quotienten aus den Wegen s und den zugehörigen Zeiten t sowie aus den Wegdifferenzen Δs und den Zeitdifferenzen Δt ergeben jeweils den Wert der konstanten Geschwindigkeit v

t in s	0,0	0,1	0,2	0,3	0,4	0,5
s in m	0,000	0,019	0,038	0,57	0,76	0,95
$v = s/t$ in m/s	–	0,19	0,19	0,19	0,19	0,19
$\Delta s/\Delta t$ in m/s		0,19	0,19	0,19	0,19	0,19

Kinematik

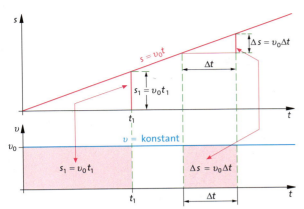

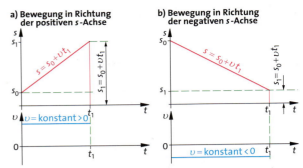

15.1 Zeit-Weg-Diagramm und Zeit-Geschwindigkeit-Diagramm einer gleichförmigen Bewegung. Die markierten Rechtecksflächen unter der t-v-Kurve entsprechen Strecken im t-s-Diagramm.

15.2 Zeit-Weg- und Zeit-Geschwindigkeit-Diagramm zweier gleichförmiger Bewegungen mit Start an der Stelle $s = s_0$.
a) Bewegung in Richtung der positiven x-Achse: Die Geschwindigkeit v und entsprechend die Steigung der Geraden sind positiv. **b)** Bewegung in umgekehrter Richtung: Die Geschwindigkeit v und damit auch die Steigung der Geraden sind negativ. Die Beträge der Geschwindigkeiten sind verschieden.

In andere Einheiten wird die Geschwindigkeit umgerechnet, indem Weg und Zeit in den gewünschten Einheiten eingesetzt werden. So ergibt sich z. B. mit 1 m = $\frac{1}{1000}$ km und 1 s = $\frac{1}{(60 \cdot 60)}$ h: 1 m/s = 3,6 km/h.

Die Geschwindigkeit lässt sich in einem **Zeit-Geschwindigkeit-Diagramm** (t-v-Diagramm) darstellen (**Abb. 15.1 unten**). Die t-v-Kurve der gleichförmigen Bewegung ist eine Gerade parallel zur t-Achse: Die Geschwindigkeit v hat zu allen Zeiten t den gleichen (konstanten) Wert. – Die Rechtecksfläche unter der Zeit-Geschwindigkeit-Geraden stellt den zurückgelegten Weg dar, wie sich aus $s = v\,t$ ergibt.

Bewegungen mit unterschiedlicher Richtung

Bei Bewegungen ist auch deren Richtung von Bedeutung, sodass der Weg außer durch seinen *Betrag* oder *Größenwert* auch durch seine *Richtung* bestimmt ist. Also ist auch die *Geschwindigkeit* wie der Weg ein **Vektor**.
Bei einer eindimensionalen Bewegung wird die Vektoreigenschaft des Weges und der Geschwindigkeit am Vorzeichen deutlich (**Abb. 15.2**). Bei der Bewegung in positiver Richtung der Messstrecke ist $\Delta s = s_2 - s_1 > 0$ und wegen $t_2 > t_1$ ist $v = \Delta s/\Delta t$ positiv; in umgekehrter Bewegungsrichtung wird $\Delta s = s_2 - s_1 < 0$ und wegen $t_2 > t_1$ ist $v = \Delta s/\Delta t$ negativ.
Beide Bewegungen beginnen zur Zeit $t = 0$ an der Stelle $s_0 = s(0) > 0$, für beide gilt das gleiche Zeit-Weg-Gesetz $s(t) = s_0 + v\,t$, einmal in **Abb. 15.2 a)** mit $v > 0$, einmal in **Abb. 15.2 b)** mit $v < 0$.

> Das allgemeine Zeit-Weg-Gesetz einer geradlinig gleichförmigen Bewegung, die zur Zeit $t = 0$ an der Stelle $s(0)$ beginnt, heißt $s(t) = s_0 + v\,t$.

Aufgaben

1. Ein Wagen durchfährt eine 1,6 km lange Strecke in 24 s. Berechnen Sie die Geschwindigkeit in m/s, km/h, m/min.
2. Berechnen Sie die Geschwindigkeiten in m/s und km/h, mit der **a)** die Erde um die Sonne, **b)** der Mond um die Erde läuft. (Astronomische Daten im Anhang).
3. Zu einer geradlinigen Bewegung gehört das folgende Zeit-Weg-Diagramm.

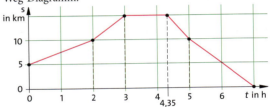

   a) Berechnen Sie die Intervallgeschwindigkeiten.
   b) Zeichnen Sie das Zeit-Geschwindigkeit-Diagramm.
4. **a)** Zeichnen Sie das Zeit-Weg-Diagramm der folgenden linearen Bewegung (zwischen den Punkten verläuft die Bewegung gleichförmig):

	P_0	P_1	P_2	P_3	P_4	P_5
t in s	0,0	1,5	4,5	6,0	9,0	10,5
s in m	4,0	5,0	6,0	6,0	3,0	0,0

   b) Berechnen Sie die Wege und Zeiten zwischen je zwei aufeinanderfolgenden Punkten und die zugehörigen Geschwindigkeiten.
   c) Stellen Sie die Zeit-Weg-Gesetze für die fünf Wegabschnitte auf. Beachten Sie die Vorzeichen.
5. In A startet um 9.00 Uhr ein LKW und fährt mit der Geschwindigkeit $v_1 = 50$ km/h zum 80 Kilometer entfernten B. 30 Minuten später startet ein zweiter LKW mit der Geschwindigkeit $v_2 = 78$ km/h von B aus nach A.
   a) Berechnen Sie Zeit und Ort der Begegnung der LKWs.
   b) Zeichnen Sie das Zeit-Weg-Diagramm und lösen Sie die Aufgabe auch grafisch.

Kinematik

Exkurs

Die Basiseinheiten der Zeit und der Länge

Zeit und **Länge** gehören zu den sieben in Naturwissenschaft und Technik verwendeten *Grundgrößen* des *Internationalen Einheitensystems* (SI), das 1960 von der 11. Generalkonferenz für Maß und Gewicht (CGPM) geschaffen wurde. Zu den Grundgrößen gehören ferner die *Masse*, die *elektrische Stromstärke*, die *Temperatur*, die *Stoffmenge* und die *Lichtstärke*.

Die **Basiseinheiten** der Grundgrößen sind durch ein sogenanntes **Normal** definiert. Ein Normal ist ein Objekt bzw. ein festgelegtes Messverfahren. Die Realisierung der Normale wird ständig dem neuesten Stand der Mess- und Experimentiertechnik angepasst. Die *abgeleiteten Einheiten* aller anderen physikalischen Größen sind Produkte oder Quotienten von Basiseinheiten.

Basiseinheit der Zeit t im SI-System ist die Sekunde: $[t] = 1$ s. Das Zeitnormal ist seit 1967 über die Strahlung des Caesiumatoms definiert:
*Die **Sekunde** ist das 9 192 631 770-Fache der Periodendauer der dem Übergang zwischen den beiden Hyperfeinstrukturniveaus des Grundzustandes von Atomen des Nuklids ^{133}Cs entsprechenden Strahlung.*

Die Sekunde und die Minute sind als Unterteilung der Stunde seit dem Mittelalter gebräuchlich. Bis 1960 war die Sekunde als der 86 400ste Teil des mittleren Sonnentags festgelegt. Der mittlere Sonnentag ist der Jahresdurchschnitt der wahren Sonnentage, wobei der wahre Sonnentag die Zeitdauer zwischen zwei aufeinanderfolgenden Höchstständen der Sonne ist. Die wahren Sonnentage haben keine konstante Länge, da sich die um ihre eigene Achse rotierende Erde mit unterschiedlicher Geschwindigkeit auf ihrer elliptischen Bahn um die Sonne bewegt. Doch auch die Dauer des mittleren Sonnentages ändert sich fortlaufend, denn die Erde rotiert nicht gleichmäßig: Abbremsung durch Gezeitenreibung, Rotationsschwankungen aufgrund von Masseverlagerungen im Erdinnern, jahreszeitliche Schwankungen aufgrund von Luftmassenverlagerungen und Abschmelzungen an den Polen sind dafür verantwortlich.

Daher ist die Sekunde über eine atomphysikalische Konstante definiert. Die Resonanzfrequenz zwischen zwei ausgewählten Energiezuständen des nicht radioaktiven Isotops Caesium 133 (→ 13.1.3) wurde zu 9 192 631 770 Hz festgelegt. In einer sogenannten Atomuhr (siehe Abbildung) werden Caesiumatome verdampft und durch elektromagnetische Strahlung in einen höheren Energiezustand gebracht. Dieser Übergang geschieht bei einer ganz bestimmten Frequenz der Strahlung, die exakt bestimmt wird.

Die Unsicherheit der Atomuhr in der Physikalisch-Technischen Bundesanstalt (PTB) in Braunschweig, die für die Bereitstellung eines Zeitnormals zuständig ist, beträgt $1,5 \cdot 10^{-14}$, d. h. im Laufe eines Jahres beträgt die Abweichung relativ zu einer idealen Uhr eine Millionstel Sekunde.
Die in der PTB realisierte Zeit heißt *koordinierte Weltzeit* UTC (Coordinated Universal Time). An die Weltzeit angeschlossen sind die mitteleuropäische Zeit MEZ = UTC + 1 h und die mitteleuropäische Sommerzeit MESZ = UTC + 2 h.

Die große Genauigkeit der Zeitmessung ist die Grundlage des *Global Positioning Systems* (GPS) (→ S. 351). Durch die Laufzeit der von den Satelliten ausgestrahlten Signale können die Abstände des Empfängers von den Satelliten und daraus dessen genaue Position auf der Erde bestimmt werden.

Basiseinheit der Länge l ist das Meter: $[l] = 1$ m. Das Längennormal ist seit 1983 über die Lichtgeschwindigkeit im Vakuum definiert:
*Das **Meter** ist die Länge der Strecke, die Licht im Vakuum während der Dauer von 1/299 792 458 Sekunden durchläuft.*

Das Meter wurde 1791 von der französischen Nationalversammlung als der vierzigmillionste Teil der Länge des durch Paris gehenden Erdmeridians als einheitliches Maß vorgeschlagen. Im Jahre 1889 wurde der Erdmeridian als Bezugsgröße verworfen und durch den Abstand zweier Striche auf einem Platin-Iridium-Stab ersetzt. 1960 wurde schließlich auch dieses von Materialeigenschaften abhängige Normal aufgegeben und durch eine Wellenlängendefinition ersetzt. Die Entwicklung von immer genaueren Laserwellenlängen-Normalen und Fortschritte bei der optischen Frequenzmessung eröffneten die Möglichkeit, das Meter durch die Festlegung eines Wertes für die Lichtgeschwindigkeit $c = 299\,792\,458$ m/s zu definieren. Durch diese Definition ist die Längeneinheit über die Lichtgeschwindigkeit mit der Zeiteinheit verknüpft.

Große Entfernungen zwischen zwei Messpunkten werden direkt durch die Laufzeit eines Lichtsignals bestimmt. So wird z. B. die Entfernung Erde – Mond durch die Laufzeit eines kurzen Laserimpulses mit einer relativen Unsicherheit von weniger als $3 \cdot 10^{-10}$ gemessen.
Für Längenmessungen im Laboratorium werden Präzisionsinterferometer benutzt (→ 7.3.9), indem die Länge des „Prüflings" mit der Länge eines Normals verglichen wird. Dabei sind die Messungenauigkeiten kleiner als 10^{-8} auf einen Meter.

1.1.3 Durchschnittsgeschwindigkeit und Momentangeschwindigkeit

Im Allgemeinen ist die Geschwindigkeit eines Körpers nicht konstant. Wird bei einer Bewegung mit nicht konstanter Geschwindigkeit der in dem *Zeitintervall* $\Delta t = t_2 - t_1$ durchlaufene *Weg* $\Delta s = s_2 - s_1$ bestimmt, so gibt der Quotient $\bar{v} = \Delta s / \Delta t$ die sogenannte **Durchschnitts-** oder **Intervallgeschwindigkeit** an.

> Die **Durchschnittsgeschwindigkeit** oder **Intervallgeschwindigkeit** $\bar{v}$ zwischen zwei beliebigen Messpunkten $P_1(t_1|s_1)$ und $P_2(t_2|s_2)$ einer Bewegung ist der Quotient aus der zurückgelegten Strecke $\Delta s = s_2 - s_1$ und der dazu benötigten Zeit $\Delta t = t_2 - t_1$:
>
> $$\bar{v} = \frac{\Delta s}{\Delta t} = \frac{s_2 - s_1}{t_2 - t_1}$$

Die Darstellung einer Bewegung mit veränderlicher Geschwindigkeit in einem *t-s*-Diagramm ergibt keine Gerade, sondern eine irgendwie gekrümmte Kurve. In **Abb. 17.1** befindet sich der Körper zum Zeitpunkt t_1 am Ort s_1 und zum Zeitpunkt t_2 am Ort s_2. Er legt also das Wegintervall Δs im Zeitintervall Δt zurück. Seine Durchschnittsgeschwindigkeit $\bar{v} = \Delta s / \Delta t$ ist gleich der *Steigung der Sekante* durch die Punkte P_1 und P_2.

Der Tachometer eines Autos zeigt nicht die Durchschnitts- oder Intervallgeschwindigkeit, sondern die **Momentangeschwindigkeit** an. Auch bei der in **Abb. 17.1** durch die Kurve dargestellten Bewegung hat der Körper zu jedem zwischen t_1 und t_2 liegenden Zeitpunkt eine bestimmte Geschwindigkeit.

Soll die Geschwindigkeit zum *Zeitpunkt* t_1 durch eine Messung bestimmt werden, so kann das Weg- und damit auch das Zeitintervall Δt immer kleiner gemacht werden, sodass der Punkt P_2 im Graphen immer näher an den Punkt P_1 heranrückt (**Abb. 17.2**). Es ergibt sich eine Folge von Durchschnittsgeschwindigkeiten bzw. Sekantensteigungen, die sich der *Momentangeschwindigkeit* zum Zeitpunkt t_1, also der *Steigung der Tangente* bzw. der Steigung der Kurve im Punkt P_1, immer stärker annähern. Die Momentangeschwindigkeit ist der Grenzwert dieses unendlich fortgesetzten Prozesses.

> Die **Momentangeschwindigkeit** ist der Grenzwert der Folge der Intervall- oder Durchschnittsgeschwindigkeiten:
>
> $$v = \lim_{\Delta t \to 0} \frac{\Delta s}{\Delta t} = \lim_{t_2 \to t_1} \frac{s_2 - s_1}{t_2 - t_1}$$
>
> gesprochen „limes Δs durch Δt für Δt gegen null". Sie ist die Steigung der Tangente im Zeit-Weg-Diagramm im Punkt $P_1(t_1|s_1)$.

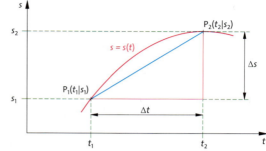

17.1 Die Steigung der Sekante gibt die Durchschnitts- oder Intervallgeschwindigkeit $\bar{v} = \Delta s / \Delta t$ an und zwar unabhängig vom Verlauf der Zeit-Weg-Kurve zwischen den Messpunkten.

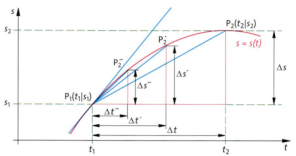

17.2 Werden die Zeitintervalle Δt immer kleiner gewählt, so nähern sich die Werte der Durchschnittsgeschwindigkeit $\bar{v} = \Delta s / \Delta t$ immer mehr dem Wert der Momentangeschwindigkeit v zum Zeitpunkt t_1 an. Die Steigungen der Sekanten nähern sich immer mehr der Steigung der Tangente in P_1.

17.3 Zeit-Weg- und Zeit-Geschwindigkeit-Diagramm der Bewegung eines Körpers mit veränderlicher Geschwindigkeit. Die Momentangeschwindigkeit eines Körpers mit veränderlicher Geschwindigkeit ist zu jedem Zeitpunkt gleich der Tangentensteigung der Zeit-Weg-Funktion zu dem Zeitpunkt.

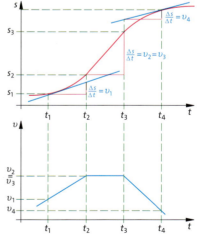

Abb. 17.3 zeigt für einen Körper, der sich mit veränderlicher Geschwindigkeit bewegt, die Graphen der Zeit-Weg-Funktion und der Zeit-Geschwindigkeit-Funktion.

Kinematik

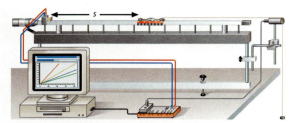

18.1 Luftkissenfahrbahn zur Untersuchung von Bewegungsvorgängen mit computerunterstützter Messwerterfassung. Auf dem Monitor können die Messwerte, Messwerttabellen oder Diagramme wie hier das Zeit-Geschwindigkeit-Diagramm dargestellt werden.

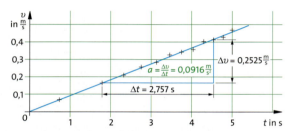

18.2 Der Graph der Intervallgeschwindigkeiten in Abhängigkeit von der Zeit ist eine Gerade. Die Werte für $\Delta s/\Delta t$ sind jeweils in der Mitte der Zeitintervalle aufgetragen.

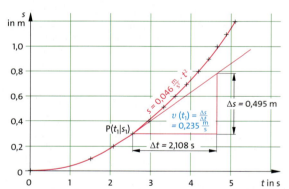

18.3 t-s-Diagramm zu **Tab. 18.4**. Die Geschwindigkeit im Messpunkt $P(t_1|s_1)$ ist gleich der Tangentensteigung.

1.1.4 Die geradlinige Bewegung mit konstanter Beschleunigung

Ein Zug verlässt den Bahnhof und nimmt Fahrt auf; ein Autofahrer fährt bei Grün an der Ampel los; ein Läufer startet zum 100 m-Lauf. In allen drei Fällen wird die Geschwindigkeit eine Zeitlang von null an ständig gesteigert. Solch ein Startvorgang soll in einfacher Form im Experiment untersucht werden.

Versuch 1: Auf einer waagerecht justierten Luftkissenfahrbahn (**Abb. 18.1**) wirkt die Gewichtskraft eines angehängten Wägestücks durch einen Faden, der über eine Rolle läuft, auf den Gleiter. Der Gleiter wird auf der Messstrecke immer schneller.
Ergebnis: Aus der computerunterstützten Erfassung der Messwerte ergibt sich, dass die Geschwindigkeit v des Gleiters proportional zur Zeit t wächst (**Abb. 18.2**). Auch die Berechnung der Durchschnittsgeschwindigkeit $\bar{v} = \Delta s/\Delta t$ aus den Messwerten in **Tab. 18.4** zeigt, dass diese proportional zur Zeit t wächst. Also $v \sim t$ oder $v/t = c_1$.
Die Darstellung des Weges s in Abhängigkeit von der Zeit t liefert eine parabelförmige Kurve (**Abb. 18.3**), was die Vermutung zulässt, dass der Weg s proportional zum Quadrat der Zeit t ist, also $s \sim t^2$ oder $s/t^2 = c_2$. Dies wird durch die Berechnung der Quotienten s/t^2 in **Tab. 18.4** bestätigt. ◄

Die Tabelle zeigt, dass die Konstante $c_2 = s/t^2$ halb so groß ist wie die Konstante $c_1 = v/t$: $c_2 = \frac{1}{2}c_1$. Der Wert der Konstanten c_1 ist gleich der Steigung der Geraden im Zeit-Geschwindigkeit-Diagramm (**Abb. 18.2**). Für c_1 gilt also auch

$$c_1 = \frac{v_2 - v_1}{t_2 - t_1} = \frac{\Delta v}{\Delta t}.$$

Der Quotient $\Delta v/\Delta t$ gibt die Änderung der Geschwindigkeit v innerhalb der Zeit Δt an, für die der Begriff **Beschleunigung** a (a accelerare, lat.: beschleunigen) eingeführt ist.

t in s	0,000	1,476	2,085	2,561	2,950	3,301	3,605	3,895	4,172	4,418	4,658	4,890	5,102
s in m	0,000	0,100	0,200	0,300	0,400	0,500	0,600	0,700	0,800	0,900	1,000	1,100	1,200
Δt in s		1,476	0,609	0,476	0,389	0,351	0,304	0,290	0,277	0,246	0,240	0,232	0,212
$\Delta s/\Delta t$ in 10^{-1} m/s		0,678	1,642	2,101	2,571	2,849	3,289	3,448	3,610	4,065	4,167	4,310	4,717
t_m in s		0,738	1,781	2,323	2,756	3,126	3,453	3,750	4,034	4,295	4,538	4,774	4,996
$\bar{v}/t_m$ in 10^{-2} m/s^2		9,19	9,22	9,04	9,33	9,11	9,53	9,19	8,95	9,46	9,18	9,03	0,944	9,22
s/t^2 in 10^{-2} m/s^2		4,59	4,60	4,57	4,60	4,59	4,62	4,61	4,60	4,61	4,61	4,60	4,60	4,60

18.4 Zeit-Weg-Tabelle einer Messung nach Versuch 1 und ihre Auswertung. In der letzten Spalte stehen die errechneten Mittelwerte für $c_1 = \bar{v}/t$ bzw. $c_2 = s/t^2$.

Die **Intervall-** oder **Durchschnittsbeschleunigung** $\bar{a}$ zwischen zwei beliebigen Messpunkten $(t_1|v_1)$ und $(t_2|v_2)$ ist der Quotient aus der Geschwindigkeitsänderung $\Delta v = v_2 - v_1$ und der dazu benötigten Zeit $\Delta t = t_2 - t_1$:
$\bar{a} = \frac{\Delta v}{\Delta t} = \frac{v_2 - v_1}{t_2 - t_1}$ mit der Einheit $[a] = \frac{[\Delta v]}{[\Delta t]} = \frac{1 \text{ m/s}}{1 \text{ s}} = \frac{1 \text{ m}}{\text{s}^2}$

Eine Beschleunigung von 1 m/s² bedeutet, dass sich in der Zeit $\Delta t = 1$ s die Geschwindigkeit v um $\Delta v = 1$ m/s ändert.

$c_1 = \Delta v/\Delta t$ ist also die Intervallbeschleunigung $\bar{a}$. Da die Intervallbeschleunigung hier konstant ist, gibt c_1 die Beschleunigung zu jedem Zeitpunkt an. Die untersuchte Bewegung ist folglich durch eine konstante Beschleunigung charakterisiert. Eine solche Bewegung wird auch *gleichmäßig* beschleunigt genannt.

> Eine geradlinige **Bewegung mit konstanter Beschleunigung** (bei der die Beschleunigung nach Betrag und Richtung konstant bleibt) heißt **geradlinig gleichmäßig beschleunigte Bewegung**.

Bei der Anfangsgeschwindigkeit $v = 0$ ergibt sich aus der Proportionalität von Geschwindigkeit v und Zeit t das Zeit-Geschwindigkeit-Gesetz $v(t) = at$.
Mit der Interpretation der Konstanten c_1 als Beschleunigung a hat dann der Quotient $c_2 = s/t^2$ (**Tab 18.4**) den Wert $\frac{1}{2}a$ und das Zeit-Weg-Gesetz lautet: $s(t) = \frac{1}{2}at^2$.
Das bestätigt auch die folgende Überlegung:
Aus $v = at$ folgt die Durchschnittsgeschwindigkeit als Mittelwert der Geschwindigkeiten in der Zeit von 0 bis t:
$\bar{v} = (0 + at)/2 = \frac{1}{2}at$ und mit $s = \bar{v}t$ ergibt sich $s = \frac{1}{2}at^2$.

> Die **Bewegungsgesetze** der **geradlinig gleichmäßig** aus der Ruhe **beschleunigten Bewegung** lauten:
> Zeit-Weg-Gesetz $\qquad s(t) = \frac{1}{2}at^2$
> Zeit-Geschwindigkeit-Gesetz $\qquad v(t) = at$
> mit konstanter Beschleunigung a.
> Kennzeichen dieser Bewegung ist: Der Weg s ist proportional zum Quadrat der Zeit t^2 und die Geschwindigkeit v proportional zur Zeit t (**Abb. 19.1**).

Weg und Geschwindigkeit der gleichmäßig beschleunigten Bewegung sind beide Funktionen des sogenannten *Parameters t*. Aus der Gleichung $v = at$ ergibt sich $t = v/a$ und eingesetzt in $s = \frac{1}{2}at^2$ folgt
$$v^2 = 2as \quad \text{oder} \quad v = \sqrt{2as}.$$

v ist die Geschwindigkeit, die ein Körper erreicht, wenn er den Weg s mit konstanter Beschleunigung a durchläuft.

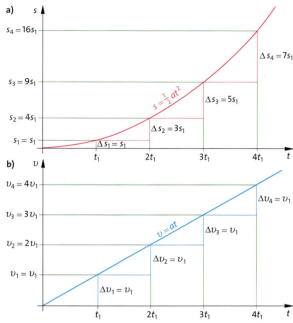

19.1 Grafische Darstellung des Zeit-Weg- und des Zeit-Geschwindigkeit-Gesetzes der geradlinig gleichmäßig beschleunigten Bewegung. Ändern sich die Zeiten vom Beginn der Bewegung an um gleiche Beträge $\Delta t = t_1$, so nehmen die Wege wie die ungeraden Zahlen zu **(a)**, während die Geschwindigkeiten immer um den stets gleichen Betrag $\Delta v = a \Delta t = a t_1 = v_1$ ansteigen **(b)**.

Aufgaben

1. Ein Bob hat vom Start an die gleichbleibende Beschleunigung von 2 m/s². Berechnen Sie
   a) seine Geschwindigkeit 5 Sekunden nach dem Start;
   b) den bis zu diesem Zeitpunkt zurückgelegten Weg;
   c) seine Durchschnittsgeschwindigkeit auf diesem Weg;
   d) den zurückgelegten Weg, wenn seine Geschwindigkeit auf 20 m/s angewachsen ist.

2. Die folgende Tabelle zeigt die Wertetabelle eines Fahrbahnversuchs.

t in s	0,0	0,2	0,4	0,6	0,8	1,0	1,2	1,4	1,6	1,8	2,0
s in cm	3,2	4,5	8,4	14,8	23,8	35,4	49,6	65,1	80,6	96,0	111,5

   a) Zeichnen Sie das Zeit-Weg-Diagramm.
   b) Berechnen Sie die Intervallgeschwindigkeiten und zeichnen Sie das zu a) gehörige Zeit-Geschwindigkeit-Diagramm. Tragen Sie dazu die Geschwindigkeiten über der Mitte der Intervallzeiten ab.
   c) Beschreiben und charakterisieren Sie die Bewegung.

3. Auf einer geneigten Luftkissenfahrbahn erreicht ein Gleiter nach einer Strecke von 50 cm aus der Ruhe heraus eine Geschwindigkeit von 24 cm/s. Berechnen Sie
   a) die Beschleunigung und die Zeit, bis diese Geschwindigkeit erreicht wurde;
   b) die Zeit, die er für weitere 50 cm braucht.

Kinematik

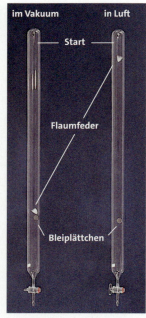

20.1 Fallröhre: Im Schwere- oder Gravitationsfeld der Erde fallen alle Körper „gleich schnell".

20.2 Kugelfallgerät: Mit Auslöser und Digitalzähler wird die Beschleunigung bei der Fallbewegung bestimmt.

1.1.5 Der freie Fall

Versuch 1: In einer (längeren) Glasröhre beginnen eine Flaumfeder und ein Bleiplättchen gleichzeitig zu fallen, indem die senkrecht gehaltene Röhre schnell um 180° gedreht wird (**Abb. 20.1**). Der Versuch wird zunächst mit luftgefüllter Röhre und ein zweites Mal, nachdem die Röhre (fast) luftleer gepumpt wurde, durchgeführt.
Beobachtung und Deutung: Feder und Bleiplättchen erreichen in der luftleeren Röhre den Boden zur gleichen Zeit, da hier Auftrieb und Luftwiderstand (fast) ausgeschaltet sind. ◄

> Die Fallbewegung eines Körpers im luftleeren Raum heißt **freier Fall**. Alle Körper fallen im luftleeren Raum gleich schnell.

Eine fallende Stahlkugel führt auch in der Luft angenähert diese Bewegung aus, da wegen Form und Dichte der Stahlkugel der Luftwiderstand die Fallbewegung fast nicht beeinflusst. Im Folgenden wird die Fallbewegung mit einer Stahlkugel untersucht.

Versuch 2: Eine Stahlkugel wird im Auslöser zwischen Stift und Stößel eines Fallgeräts gehalten und schließt über diese einen elektrischen Kontakt. Beim Freigeben der Kugel mit dem Auslöser wird der Kontakt unterbrochen und der Digitalzähler gestartet. Die Kugel fällt in den Fangteller des Fangschalters, durch den die Zeit gestoppt wird (**Abb. 20.2**).
Für jede Fallhöhe (**Tab. 20.3**) wird die Zeit mehrmals gemessen und der Mittelwert registriert.
Auswertung: Die Messungen legen die Vermutung nahe, dass die Wege proportional zum Quadrat der Zeiten sind.
Bestätigung bringt das t^2-s-Diagramm (**Abb. 20.4**): Die Messpunkte liegen auf einer Ursprungsgeraden, woraus folgt, dass der Weg s proportional zu t^2 ist. Damit ergibt sich das Zeit-Weg-Gesetz zu $s = k\,t^2$ mit $k = 4{,}91$ m/s². Es liegt eine gleichmäßig beschleunigte Bewegung vor, für die nach $s = \frac{1}{2} a\,t^2$ die Beschleunigung $a = 9{,}82$ m/s² ermittelt wird. Die Beschleunigung heißt **Fall-** oder **Erdbeschleunigung g**. ◄

> Der **freie Fall** ist eine gleichmäßig beschleunigte Bewegung mit der *für alle Körper am gleichen Ort konstanten Fall-* oder *Erdbeschleunigung g*.
> Die **Fall-** oder **Erdbeschleunigung** beträgt in Meereshöhe auf 45° geografischer Breite $g = 9{,}81$ m/s².
> Die **Bewegungsgesetze des freien Falls** lauten:
> $s = \frac{1}{2} g t^2, \quad v = g t, \quad a = g$

Endgeschwindigkeit v und Fallweg s hängen wie folgt zusammen: $v^2 = 2\,g\,s$ oder $v = \sqrt{2\,g\,s}$ (→ 1.1.4).

t in s	0,203	0,247	0,286	0,319	0,347
s in m	0,2	0,3	0,4	0,5	0,6
t^2 in s²	0,041	0,061	0,082	0,102	0,120
t in s	0,378	0,404	0,429	0,452	
s in m	0,7	0,8	0,9	1,0	
t^2 in s²	0,143	0,163	0,184	0,204	

20.3 Freier Fall: t-s-Tabelle zu Versuch 2

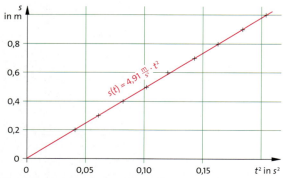

20.4 t^2-s-Diagramm zu Versuch 2. Über den aus mehreren Zeitmessungen gemittelten Quadraten der Fallzeiten werden die Fallwege abgetragen. Aus dem linearen Verlauf der Geraden, die durch die Messpunkte gelegt wird, ergibt sich mit $s = k\,t^2$ das Zeit-Weg-Gesetz einer gleichmäßig beschleunigten Bewegung.

Eine stroboskopische Aufnahme zeigt eindrucksvoll, wie verschiedene Körper die gleiche Fallbewegung ausführen (**Abb. 21.1**). Bei bekannter Blitzfrequenz kann der Aufnahme Zeit und Weg entnommen werden. Die **Fall**- oder **Erdbeschleunigung** g ist ortsabhängig. Sie hängt sowohl von der geografischen Breite als auch von der Höhe über dem Meeresspiegel ab. Die Ortsabhängigkeit beruht auf der Abplattung der Erde und der Drehung der Erde um ihre Achse. Am Äquator gilt $g = 9{,}78 \text{ m/s}^2$ und am Pol $g = 9{,}83 \text{ m/s}^2$. Ferner ändert sich g mit dem Abstand vom Erdmittelpunkt und bildet daher für die Raumfahrt eine wichtige Größe.

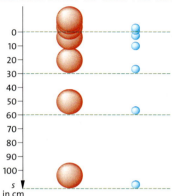

21.1 Stroboskopische Aufnahme des freien Falls zweier Kugeln verschiedener Masse. Zur Bestimmung des Fallweges wird jeweils die untere Kante der Kugeln benutzt.

Aufgaben

1. Ein Körper fällt aus einer Höhe von 130 m frei (ohne Luftwiderstand) herab.
   a) Berechnen Sie, die Fallstrecke und die Geschwindigkeit nach 2 bzw. 4 Sekunden.
   b) Bestimmen Sie, nach welcher Zeit und mit welcher Geschwindigkeit er auf den Boden trifft.
2. Von der Spitze eines Turms wird ein Stein fallen gelassen. Nach 4 Sekunden *sieht* ein Beobachter ihn auf den Boden aufschlagen. (Vom Luftwiderstand werde abgesehen.)
   Berechnen Sie
   a) die Höhe des Turms;
   b) die Geschwindigkeit, mit der der Stein auf dem Erdboden auftrifft;
   c) die Zeit für die erste Hälfte seines Fallweges;
   d) die Zeit, die der Stein zum Durchfallen der letzten 20 m benötigt;
   e) die Zeit (seit dem Loslassen), nach der man den Stein aufschlagen *hört*. (Schallgeschwindigkeit 320 m/s)
3. Zur Bestimmung der Erdbeschleunigung wird mehrmals ein Stein von einem $s = 19{,}85$ m hohen Turm herabfallen gelassen und mit verschiedenen Stoppuhren jeweils die Fallzeit bestimmt.
   Bestimmen Sie die Fallbeschleunigung aus dem Mittel von neun Zeitmessungen: $t_i = 2{,}00$ s; $2{,}04$ s; $1{,}99$ s; $2{,}02$ s; $2{,}06$ s; $1{,}96$ s; $1{,}97$ s; $2{,}01$ s; $2{,}07$ s.

Exkurs

GALILEI und die Fallgesetze

Die Fallgesetze hat GALILEI (1564–1642) durch Überlegung und nicht durch Versuche am Schiefen Turm von Pisa – so will es nur die Legende – gewonnen. Er stützte sich auf folgende Beobachtungen: In Quecksilber sinkt ein Goldstück, während ein Körper aus Blei auf dem Quecksilber schwimmt. Im Wasser „fallen" beide, und zwar das Goldstück deutlich dem Blei voraus. Beim Fall in Luft bewegen sich beide fast „gleich schnell". „Angesichts dessen glaube ich, dass, wenn man den Widerstand der Luft ganz aufhöbe, alle Körper gleich schnell fallen" (GALILEI in den „*Discorsi*", „*Unterredungen und mathematische Demonstrationen über zwei neue Wissenszweige, die Mechanik und die Fallgesetze betreffend*", 1638).

GALILEI war überzeugt, dass die Fallgeschwindigkeit einem besonders einfachen Gesetz genügt, und verwarf von den Alternativen, dass sie direkt proportional entweder zum Fallweg oder zur Fallzeit wächst, die erste. Wenn aber die Geschwindigkeit gleichmäßig von der Anfangsgeschwindigkeit $v_0 = 0$ bis zur Endgeschwindigkeit v_e mit der Fallzeit ansteigt, d.h. dass $v = C t$ ist,

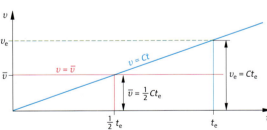

dann legt ein fallender Körper in der Zeit t_e dieselbe Strecke s_e zurück wie ein anderer, der sich während dieser Zeit gleichförmig mit der mittleren Fallgeschwindigkeit $\bar{v}$ bewegt.
Daraus folgt, dass bei der gleichmäßig beschleunigten Bewegung aus der Ruhe heraus die mittlere Geschwindigkeit gleich der halben Endgeschwindigkeit ist.
Mit $\bar{v} = \frac{1}{2}(0 + v_e) = \frac{1}{2} v_e$ folgt aus $s_e = \bar{v} t_e$: $s_e = \frac{1}{2} v_e t_e$ und mit $v_e = C t_e$ schließlich $s_e = \frac{1}{2} C t_e^2$.

GALILEI erhielt aus dieser Überlegung das bekannte Zeit-Weg-Gesetz $s = \frac{1}{2} a t^2$ der gleichmäßig beschleunigten Bewegung.

GALILEI überprüfte die Fallgesetze an der berühmten Fallrinne. Statt direkt den freien Fall zu untersuchen, ließ er Kugeln auf einer schräg gestellten Holzrinne hinablaufen. Die Laufzeiten auf der Fallrinne müssten gegenüber den Fallzeiten im Verhältnis der Neigung der Fallrinne gedehnt sein, die sich so messen ließen, so GALILEI. Er bestimmte die Zeiten aus der Menge Wasser, das gleichmäßig aus einer kleinen Bohrung eines mit Wasser gefüllten Eimers floss.

Kinematik

Methode

Berechnung von Bewegungen mit mathematischen Methoden

Die Differentialrechnung als Hilfsmittel der Physik

Eine experimentelle Bestimmung der Geschwindigkeit eines Körpers durch Messung des Zeitintervalls Δt, in dem das Wegintervall Δs zurückgelegt wird, liefert stets nur die Intervall- oder Durchschnittsgeschwindigkeit. Ist die Geschwindigkeit des Körpers nicht konstant, so wird mit diesem Verfahren die Momentangeschwindigkeit zu einem bestimmten Zeitpunkt näherungsweise bestimmt, indem das Zeitintervall (und damit auch das Wegintervall) immer kleiner gemacht wird. Es besteht kein Zweifel daran, dass für immer kleiner werdendes Δt die Folge der Intervallgeschwindigkeiten sich immer mehr dem Wert der Momentangeschwindigkeit nähert und dass dieser Grenzwert wirklich existiert.

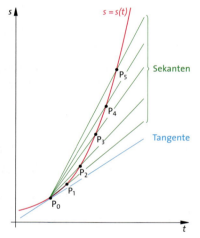

Im Zeit-Weg-Diagramm rechts ergibt sich bei immer kleiner werdendem Zeitintervall Δt eine Folge von Sekantensteigungen $\Delta s / \Delta t$, deren Wert sich immer mehr der Steigung der Tangente im Punkt P_0 annähert.

Die mathematische Formulierung für diesen Prozess ist
$$v = \lim_{\Delta t \to 0} \frac{\Delta s}{\Delta t} = \lim_{t_i \to t_0} \frac{s_i - s_0}{t_i - t_0} = \dot{s},$$
der als Ableitung der Funktion $s(t)$ bezeichnet wird.

> Die Geschwindigkeit ist die erste Ableitung der Zeit-Weg-Funktion nach der Zeit: $v = \dot{s}(t)$.

Für das Ableiten bzw. das Differenzieren von Funktionen stellt die Mathematik Regeln zur Verfügung.
Die Zeit-Weg-Funktion der Bewegung mit konstanter Geschwindigkeit heißt $s(t) = v\,t$ mit $v = $ konstant. Die erste Ableitung dieser Funktion nach t, die in der Physik durch einen Punkt gekennzeichnet wird, ist $\dot{s} = v = $ konstant.
Für die gleichmäßig beschleunigte Bewegung mit der Zeit-Weg-Funktion $s(t) = \frac{1}{2}a\,t^2$ und $a = $ konstant ist die erste Ableitung $\dot{s}(t) = v(t) = a\,t$. Es ergibt sich die bekannte Zeit-Geschwindigkeit-Funktion.

Ein entsprechender Prozess wie bei der Geschwindigkeit führt für die Beschleunigung von der Intervallbeschleunigung $\bar{a} = \frac{\Delta v}{\Delta t}$ zur Momentanbeschleunigung, die als Grenzwert der Intervallbeschleunigungen definiert ist:
$$a = \lim_{\Delta t \to 0} \frac{\Delta v}{\Delta t} = \lim_{t_i \to t_0} \frac{v_i - v_0}{t_i - t_0} = \dot{v}$$

> Die Beschleunigung ist die erste Ableitung der Zeit-Geschwindigkeit-Funktion nach der Zeit und die zweite Ableitung der Zeit-Weg-Funktion nach der Zeit: $a = \dot{v}(t) = \ddot{s}(t)$.

Für die Bewegung mit konstanter Geschwindigkeit, also $v = $ konstant, und mit der Zeit-Weg-Funktion $s(t) = v\,t$ folgt $a = \dot{v} = \ddot{s} = 0$.
Für die Bewegung mit konstanter Beschleunigung, also $a = $ konstant, und mit der Zeit-Weg-Funktion $s = \frac{1}{2}a\,t^2$ folgt $a = \dot{v} = \ddot{s} = $ konstant.

Den Zusammenhang zwischen den Zeit-Weg-Gesetzen, den Zeit-Geschwindigkeit-Gesetzen und den Zeit-Beschleunigung-Gesetzen veranschaulicht die unten stehende Abbildung a) für die gleichförmige Bewegung mit konstanter Geschwindigkeit und b) für die gleichmäßig beschleunigte Bewegung mit konstanter Beschleunigung. Der Graph des Zeit-Weg-Gesetzes ist rot dargestellt, der Graph der ersten Ableitung, also des Zeit-Geschwindigkeit-Gesetzes, blau und der Graph der zweiten Ableitung, des Zeit-Beschleunigung-Gesetzes, grün.

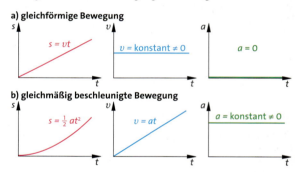

a) gleichförmige Bewegung

b) gleichmäßig beschleunigte Bewegung

Ist das Zeit-Weg-Gesetz einer Bewegung bekannt, so können durch Ableiten die Geschwindigkeit und Beschleunigung als Funktionen der Zeit berechnet werden. Geometrisch heißt das: Die Geschwindigkeit v zur Zeit t ist gleich der Steigung der Tangente im t-s-Diagramm, die Beschleunigung a gleich der Steigung der Tangente im t-v-Diagramm.

Aufgaben

1. Ein Körper bewegt sich längs der s-Achse nach dem Zeit-Weg-Gesetz $s = (\frac{1}{3}\,\text{m/s}^3)\,t^3 + (2\,\text{m/s}^2)\,t^2 + 3\,\text{m}$.
Bestimmen Sie Geschwindigkeit und Beschleunigung und berechnen Sie ihre Werte für **a)** $t = 2{,}0$ s, **b)** $t = 3{,}0$ s.

2. Zu gleicher Zeit starten bei $t_0 = 0$ zwei Körper nach den Zeit-Weg-Gesetzen $s_1 = (\frac{1}{20}\,\text{m/s}^2)\,t^2$ und $s_2 = (\frac{1}{2}\,\text{m/s})\,t$.
a) Berechnen Sie Geschwindigkeit und Beschleunigung und zeichnen Sie die Diagramme bis $t_e = 12$ s.
b) Ermitteln Sie analytisch und zeichnerisch: Wann und wo überholt der erste Körper den zweiten? Wo haben beide dieselbe Geschwindigkeit?

Die Integralrechnung als Hilfsmittel der Physik

Bei vielen Bewegungen ist die Geschwindigkeit nicht konstant, sodass der in einer bestimmten Zeit t zurückgelegte Weg nicht einfach als Produkt $v\,t$ aus Geschwindigkeit und Zeit berechnet werden kann. Nimmt z. B. die Geschwindigkeit linear mit der Zeit zu, wie es das Beispiel in der nebenstehenden Abbildung zeigt, so werden die Wegintervalle Δs in den Zeitintervallen Δt immer größer.

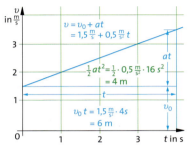

Zur näherungsweisen Berechnung des in der Zeit t zurückgelegten Weges kann die Zeit in kleine Intervalle Δt eingeteilt werden, in denen die Geschwindigkeit näherungsweise als konstant angenommen wird. Mithilfe der Beziehung $\Delta s = v\,\Delta t$ werden die Wegstrecken Δs berechnet und addiert:

$s_1 = s_0 + v_0\,\Delta t$;

$s_2 = s_0 + v_0\,\Delta t + v_1\,\Delta t$;

$s_3 = s_0 + v_0\,\Delta t + v_1\,\Delta t + v_2\,\Delta t$ usw.

Diese Summe kann allgemein geschrieben werden als $s_n = s_0 + \sum_{i=1}^{n} v_i\,\Delta t$.

Da sich auch innerhalb des Zeitintervalls Δt die Geschwindigkeit verändert, wird die Näherung umso besser, je kleiner die Zeitintervalle sind. Die Abbildung zeigt für den Anfangswert $s_0 = 2$ m zwei Näherungen für $\Delta t = 1$ s (blau), für $\Delta t = 0{,}5$ s (rot) und den Graphen der genauen Zeit-Weg-Funktion (grün).

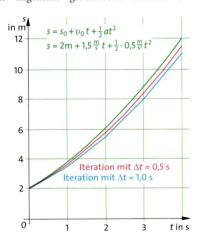

> Das oben beschriebene Verfahren wird als **numerische Integration** bezeichnet. Der berechnete Streckenzug, ein sogenannter Euler'scher Polygonzug, ergibt eine umso bessere Näherung, je kleiner die Zeitintervalle sind.

In der Mathematik wird gezeigt, dass die obige Summe für immer kleiner werdendes Δt in das *bestimmte Integral*

$$s = s_0 + \int_0^t v(t)\,dt$$

übergeht. Für das Beispiel $v(t) = v_0 + a\,t$ aus der nebenstehenden Abbildung kann eine Stammfunktion angegeben werden:

$$s = s_0 + \int_0^t (v_0 + a\,t)\,dt;\quad s = s_0 + \left[v_0\,t + \tfrac{1}{2}\,a\,t^2\right]_0^t$$

$$s = s_0 + v_0\,t + \tfrac{1}{2}\,a\,t^2$$

Mit $s_0 = 2$ m, $v_0 = 1{,}5$ m/s, $a = 0{,}5$ m/s² folgt:

$$s = 2\text{ m} + 1{,}5\,\tfrac{\text{m}}{\text{s}}\,t + \tfrac{1}{2}\cdot 0{,}5\,\tfrac{\text{m}}{\text{s}^2}\,t^2$$

In dem nebenstehenden Diagramm entspricht der Flächeninhalt unter dem Geschwindigkeitsgraphen dem in der Zeit von 0 bis 4 s zurückgelegten Weg, die Rechtecksfläche dem Weg aufgrund der konstanten Anfangsgeschwindigkeit v_0 und die Dreiecksfläche dem Weg aufgrund der mit der Beschleunigung a wachsenden Geschwindigkeit $a\,t$.

> Ist die Geschwindigkeit einer Bewegung als Funktion der Zeit bekannt, so ist in einfachen Fällen die Zeit-Weg-Funktion durch das bestimmte Integral gegeben:
>
> $$s = s_0 + \int_0^t v(t)\,dt$$

Für eine Bewegung mit nicht konstanter Beschleunigung, die eine Funktion der Zeit oder des Ortes ist, lässt sich mit dem iterativen Verfahren auch die Geschwindigkeit bestimmen.

Eine iterative Berechnung führt zu $v_n = v_0 + \sum_{i=1}^{n} a_i\,\Delta t$.

Ist die Funktion $a(t)$ mit einem bestimmten Integral zu berechnen, so gilt:

$$v = v_0 + \int_0^t a(t)\,dt$$

Aufgaben

3. Berechnen Sie iterativ die Zeit-Weg-Tabelle der gleichmäßig beschleunigten Bewegung für $s_0 = 0{,}2$ m, $v_0 = 1{,}5$ m/s und $a_0 = -0{,}4$ m/s² mit $\Delta t = 1$ s von $t_0 = 2$ s bis $t_8 = 10$ s und zeichnen Sie den Graphen.

4. Berechnen Sie mit $s_0 = 0{,}5$ m, $v_0 = 0{,}25$ m/s und $a_0 = -0{,}1$ m/s² iterativ die ersten zehn Schritte einer gleichmäßig beschleunigten Bewegung von $t = 0$ bis $t = 10\,\Delta t$. Wählen Sie
   a) $\Delta t = 1$ s, b) $\Delta t = 0{,}1$ s, c) $\Delta t = 0{,}01$ s und vergleichen Sie.

5. Die Beschleunigung eines Körpers auf der s-Achse nimmt ständig proportional zur Zeit nach der Gleichung $a = 4{,}0\text{ m/s}^2 - (2{,}0\text{ m/s}^3)\,t$ vom Anfangswert $a_0 = 4{,}0$ m/s² ab. Zur Zeit $t_0 = 0$ besitzt der Körper im Nullpunkt der s-Achse die Geschwindigkeit $v_0 = -\tfrac{5}{3}$ m/s.
   a) Geben Sie die Bewegungsgleichungen an.
   b) Bestimmen Sie Zeit und Ort, an denen der Körper seine Bewegungsrichtung ändert.
   c) Bestimmen Sie den Zeitpunkt und die Geschwindigkeit, wenn der Körper den Nullpunkt der s-Achse passiert.
   d) Zeichnen Sie die zugehörigen Diagramme. Erläutern Sie, wie an ihnen die Antwort zu b) zu erkennen ist.

Kinematik

1.1.6 Allgemeine Bewegungsgesetze

Die bisher betrachteten geradlinigen Bewegungen mit konstanter Geschwindigkeit und mit konstanter Beschleunigung aus der Ruhe heraus sind Spezialfälle allgemeiner Bewegungen. Solche allgemeinen Bewegungen sind z. B. das Abbremsen eines Fahrzeugs oder der Wurf eines Balles lotrecht nach oben oder unten, wobei am Anfang der Beschreibung der Bewegung der Körper bereits eine Geschwindigkeit hat.

Für den Fall, dass diese Bewegungen mit konstanter Beschleunigung erfolgen, wird die Beschleunigung bestimmt durch den bekannten Ausdruck

$$a = \frac{\Delta v}{\Delta t} = \frac{v_2 - v_1}{t_2 - t_1}.$$

Die Orientierung der Wegachse sei so gewählt, dass die Anfangsgeschwindigkeit einen positiven Wert hat. Dann ist beim nach unten geworfenen Körper ($v_2 > v_1$) die Beschleunigung positiv, beim abbremsenden Fahrzeug ($v_2 < v_1$) aber negativ. Eine Bewegung mit negativer Beschleunigung heißt *verzögerte Bewegung*.

Wird die Anfangsgeschwindigkeit mit v_0 bezeichnet und startet die Zeitmessung mit dem Beginn der Beschleunigung, so gilt nach der obigen Definitionsgleichung

$$a = \frac{\Delta v}{\Delta t} = \frac{v(t) - v_0}{t}.$$

Daraus folgt für das Zeit-Geschwindigkeit-Gesetz dieser Bewegung die Gleichung

$$v(t) = v_0 + a t.$$

Abb. 24.1 zeigt die Graphen des Zeit-Geschwindigkeit-Gesetzes für eine negative Beschleunigung und für eine positive Beschleunigung. Die Flächeninhalte unter den Geraden von 0 bis t_1 entsprechen den in dieser Zeit zurückgelegten Wegen. Sie ergeben sich jeweils als Flächeninhalt eines Trapezes zu

$$s_1 = \frac{v_0 + v_0 + a t_1}{2} t_1 = v_0 t_1 + \frac{1}{2} a t_1^2.$$

Damit heißt die Gleichung des Zeit-Weg-Gesetzes

$$s = v_0 t + \frac{1}{2} a t^2$$

und für den Fall, dass sich der Körper bei Beginn der Zeitzählung beim Ort s_0 befindet,

$$s = s_0 + v_0 t + \frac{1}{2} a t^2.$$

> **Allgemeine Bewegungsgesetze für geradlinige Bewegungen mit konstanter Beschleunigung:**
> Zeit-Weg-Gesetz $\quad s = s_0 + v_0 t + \frac{1}{2} a t^2$
> Zeit-Geschwindigkeit-Gesetz $\quad v = v_0 + a t$
> Zeit-Beschleunigung-Gesetz $\quad a = $ konstant.
> Diese Gesetze beschreiben Bewegungen, die zur Zeit $t_0 = 0$ an der Stelle $s(t_0) = s_0$ mit der Geschwindigkeit $v(t_0) = v_0$ beginnen und eine konstante Beschleunigung haben, die jedoch auch null sein kann. Im letzten Fall ergibt sich eine gleichförmige Bewegung.

Bei geradlinigen eindimensionalen Bewegungen wird die *Vektoreigenschaft* der Größen *Weg*, *Geschwindigkeit* und *Beschleunigung* dadurch berücksichtigt, dass diese *positiv* oder *negativ* sein können. Damit ist ihre Richtung in Bezug auf einen *Einheitsvektor* gegeben.

— Aufgaben

1. Zu einer bestimmten Zeit $t_1 = 3{,}0$ s bewegt sich ein Körper mit der Geschwindigkeit $v_1 = 2{,}6$ m/s; zur Zeit $t_2 = 8{,}0$ s ist seine Geschwindigkeit $v_2 = -1{,}5$ m/s. Berechnen Sie seine mittlere Beschleunigung.

2. Ein Auto wird aus dem Stand in 10,2 s auf eine Geschwindigkeit von 100 km/h konstant beschleunigt und dann nach einem Bremsweg von 96 m wieder zum Stehen gebracht.
   a) Berechnen Sie die Beschleunigungen.
   b) Bestimmen Sie den Weg beim Anfahren und die Zeit beim Bremsen.

3. Ein Körper bewegt sich mit konstanter Beschleunigung $a_0 = -3{,}0$ m/s². Zu Beginn hat er die Ausgangslage $s_0 = 24$ m und die Anfangsgeschwindigkeit $v_0 = 6$ m/s.
   a) Stellen Sie die drei Bewegungsgleichungen auf.
   b) Bestimmen Sie Ort und Zeit, wenn sich die Bewegungsrichtung des Körpers umkehrt.
   c) Wann erreicht er wieder die Ausgangslage?
   d) Zeichnen Sie die drei Diagramme der *t*-*s*-, der *t*-*v*- und der *t*-*a*-Funktion.

4. Eine U-Bahn legt zwischen zwei Stationen einen Weg von 3 km zurück. Berechnen Sie aus der mittleren (betragsmäßig gleichen) Anfahr- und Bremsbeschleunigung $a = 0{,}6$ m/s² und der Höchstgeschwindigkeit $v_{max} = 90$ km/h Anfahrweg, Bremsweg, Wegstrecke der gleichförmigen Bewegung und die einzelnen Fahrzeiten.

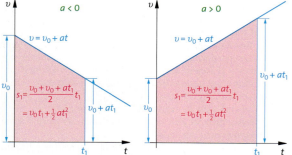

24.1 Zeit-Geschwindigkeit-Gesetze für Bewegung mit einer Anfangsgeschwindigkeit v_0 und der Beschleunigung a. Die Flächeninhalte unter den Geraden 0 bis t_1 entsprechen den Wegen, die in der Zeit t_1 zurückgelegt werden.

Kinematik

Methode

Iterative Berechnung einer Bewegung

Die Bewegung von Körpern lässt sich mit den Bewegungsgesetzen nur dann berechnen, wenn die Beschleunigung konstant ist. Bei vielen realen Bewegungen ist die Beschleunigung jedoch veränderlich und z. B. vom Ort oder der Geschwindigkeit abhängig. Bei Bewegungen in Luft macht sich der Luftwiderstand bemerkbar. So gilt für das Fallen eines Körpers im lufterfüllten Raum die Beschleunigung $a = g(1 - kv^2)$. Für die Konstante k gilt: $k = \frac{1}{2} c_w \rho A / G$, dabei ist c_w der Widerstandsbeiwert, der von der Form des fallenden Körpers abhängt, $\rho = 1{,}29$ kg/m^3 die Dichte der Luft, A die Querschnittsfläche des Körpers und $G = mg$ die Gewichtskraft auf den fallenden Körper.

Mithilfe des auf → S. 23 dargestellten iterativen Verfahrens können z. B. für den Fall eines Tischtennisballs in Luft die zeitlichen Funktionen der Beschleunigung, der Geschwindigkeit und des Ortes berechnet werden.

Für einen Tischtennisball vom Radius $r = 2$ cm und der Gewichtskraft $G \approx 2 \cdot 10^{-2}$ N wäre mit dem Widerstandsbeiwert $c_w = 0{,}45$ die Konstante $k \approx 2 \cdot 10^{-2}$ s^2/m^2.

Wird die Berechnung in den Zeitschritten $\Delta t = 0{,}1$ s und mit den Anfangswerten $v(0) = 0$; $s(0) = 10$ m und $a(0) = -9{,}81$ m/s^2 durchgeführt, so ergeben sich durch wiederholte Anwendung der Gleichungen

- $a(t) = g(1 - kv^2(t))$
- $v(t + \Delta t) = v(t) + a(t)\Delta t$
- $s(t + \Delta t) = s(t) + v(t)\Delta t$

die Graphen für die Beträge der Beschleunigung und der Geschwindigkeit sowie die Höhe. Die gestrichelten Graphen geben die Bewegung im freien Fall wieder.

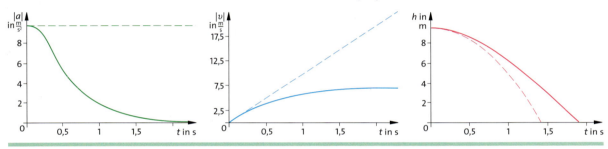

---

5. Geben Sie an, welche der dargestellten Kurven das Zeit-Geschwindigkeit-Diagramm eines Steines darstellt, der zur Zeit $t = 0$ senkrecht in die Höhe geworfen wird und zur Zeit $t = t_e$ wieder den Boden erreicht. Beschreiben Sie die Bewegungen in den beiden anderen Diagrammen.

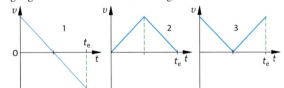

6. Zu einer geradlinigen Bewegung gehört das Zeit-Geschwindigkeit-Diagramm der folgenden Abbildung:

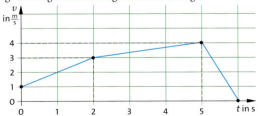

a) Berechnen Sie die Beschleunigungen in den drei Intervallen und zeichnen Sie das zugehörige Zeit-Beschleunigung-Diagramm.

b) Stellen Sie die Bewegungsgleichungen für die drei Intervalle auf.

c) Berechnen Sie die Teilwege und den Gesamtweg.

7. Der ICE 3 beschleunigt in 50 Sekunden auf eine Geschwindigkeit von 100 km/h, in 130 s auf 200 km/h, in 6 min auf 300 km/h und in 11 min auf seine Höchstgeschwindigkeit von 330 km/h.

a) Berechnen Sie die (mittleren) Beschleunigungen.

b) Stellen Sie den zeitlichen Verlauf der Geschwindigkeit grafisch dar und berechnen Sie in den Intervallen jeweils die mittlere Beschleunigung.

c) Aus der Höchstgeschwindigkeit von 330 km/h bremst der ICE 3, wenn Generator-, Wirbelstrom- und Druckluftbremsen 100 %ig wirksam sind, mit der mittleren Beschleunigung von 1,24 m/s^2. Berechnen Sie die Länge des Bremswegs und die Zeit, bis der Zug zum Stehen kommt.

8. Vor einem Zug, der mit einer Geschwindigkeit $v_1 = 120$ km/h dahinfährt, taucht plötzlich aus dem Nebel in 1 km Entfernung ein Güterzug auf, der in derselben Richtung mit $v_2 = 40$ km/h fährt. Der Zug bremst mit konstanter Beschleunigung, sodass sein Bremsweg 4 km beträgt.

a) Berechnen Sie die Dauer des Bremsvorgangs.

b) Berechnen Sie mithilfe der Lösung aus a), ob es zu einem Zusammenstoß kommt.

c) Lösen Sie die Frage nach einem möglichen Zusammenstoß mithilfe der Bewegungsgesetze.

Kinematik

Exkurs

Verhalten im Straßenverkehr

In der Fahrschule werden die folgenden Regeln für das Verhalten im Straßenverkehr gelernt:

Sicherheitsabstand

Als Sicherheitsabstand zu einem vorausfahrenden Fahrzeug gilt außerhalb geschlossener Ortschaften der *„Zwei-Sekunden-Abstand"* und innerhalb der *„Ein-Sekunden-Abstand"*, d. h. die Strecke, die in dieser Zeit durchfahren wird.

Bremsweg

Beim Bremsen setzt sich der *Anhalteweg* aus dem *Reaktionsweg* und dem (eigentlichen) *Bremsweg* zusammen. Für die beiden Teilwege gelten die folgenden Faust-Formeln:
- Reaktionsweg = 3 · (Geschwindigkeit /10)
- Bremsweg = (Geschwindigkeit /10)^2

Weg in m, Geschwindigkeit in km/h, Reaktionszeit 1 s.

Überholen

Beim Überholen muss mindestens der doppelte Überholweg frei vom Gegenverkehr eingesehen werden können. Der Überholvorgang beginnt mit dem Sicherheitsabstand zwischen beiden Fahrzeugen.

Überholt man bei gleichbleibender Geschwindigkeit, sollte man mindestens um ein Drittel schneller fahren als das überholte Fahrzeug.

Überschätzen Sie nie die Entfernung des Gegenverkehrs!

Unterschätzen Sie nie die Geschwindigkeit des Gegenverkehrs!

Bremsbeschleunigungen
(Richtwerte)

Motorroller, trockene Straße, gute Reifen:
- Bremsen mit beiden Rädern $a = 8$ m/s^2
- Bremsen mit Vorderrad allein $a = 5{,}2$ m/s^2
- Bremsen mit Hinterrad allein $a = 2{,}8$ m/s^2

PKW, gute Reifen
- trockener Beton, Sommerreifen $a = 8$ m/s^2
- nasser Beton $a = 4$ m/s^2
- Neuschnee, Sommerreifen $a = 2$ m/s^2
- Eis, Winterreifen $a = 2$ m/s^2
- Glatteis $a = 1$ m/s^2

Aufgaben

1. Berechnen Sie mithilfe der Bewegungsgesetze Reaktions- und Anhalteweg für einen Motorroller und einen PKW auf trockner Straße, die bei 30 km/h bzw. 50 km/h zu bremsen beginnen.

2. Stellen Sie tabellarisch die Anhaltewege zusammen
   a) für die angegebenen Bremsbeschleunigungen des Motorrollers bei 30 km/h, 50 km/h, 70 km/h, 90 km/h;
   b) für die angegebenen Bremsbeschleunigungen des PKWs bei 30 km/h, 50 km/h, 80 km/h, 100 km/h, 140 km/h.

3. Ein Motorroller überholt auf einer Landstraße mit 50 km/h einen Trecker, der mit 25 km/h dahinfährt.
   a) Berechnen Sie Überholzeit und Überholweg, wenn der Motorroller beim Aus- und Einscheren den Sicherheitsabstand einhält.
   b) Zeichnen Sie das zugehörige *t-s*-Diagramm.

*4. Berechnen Sie, welche Beschleunigung sich aus der Regel für den Anhalteweg bei a) 50 km/h, b) 100 km/h ergibt.

*5. Im Moment, als ein PKW einen anderen überholt, erkennen beide Fahrer ein Hindernis vor sich und bremsen. Der langsamere Wagen kommt kurz vor dem Hindernis zum Stehen. Berechnen Sie die Geschwindigkeit, mit der der schnellere am Hindernis vorbeifährt für die Geschwindigkeit $v_1 = 50$ km/h des langsameren und $v_2 = 60$ km/h bzw. 70 km/h des schnelleren bei gleicher Bremsbeschleunigung $a = 6$ m/s^2.

*6. Ein PKW ($l_A = 5{,}0$ m) fährt einige Zeit hinter einem LKW ($l_B = 18$ m) mit der Geschwindigkeit $v_A = v_B = 90$ km/h her und überholt dann den LKW mit der als konstant angesetzten Beschleunigung $a_A = 1{,}86$ m/s^2. Der PKW berücksichtigt beim Aus- und Einscheren den geforderten Sicherheitsabstand.
   a) Berechnen Sie Überholzeit, Überholstrecke sowie die Geschwindigkeit des PKW am Ende des Überholens.
   b) Zeichnen Sie das *t-s-*, *t-v-* und *t-a*-Diagramm des Überholvorgangs im Bezugssystem Straße und LKW.
   c) Formulieren Sie die Zusammenhänge beim Überholen im Bezugssystem Straße und LKW.
   (Hinweis zur Abbildung: s_1 und s_2 sind die Sicherheitsabstände, $s_ü$ ist der Überholweg des überholenden, s_b der des überholten Wagens, l_A und l_B sind die Wagenlängen.)

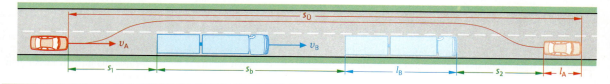

Kinematik

MECHANIK

Methode

Messprozess und Fehlerrechnung

Messen

GALILEIS Forderung, alles zu messen, was messbar ist, ist auch heute noch Ausgangspunkt für die experimentelle Forschung. Eine Messung ist die empirische Bestimmung des tatsächlichen Größenwertes einer physikalischen Größe. Messen heißt Vergleichen: Das beobachtete Merkmal, z. B. die Länge eines Weges, wird mit dem Normal der physikalischen Größe des Merkmals, das wäre hier das Meter, verglichen und zahlenmäßig bestimmt.

Fehlerrechnung

Für die Messung gilt, dass jede Einzelmessung mit systematischen und zufälligen Fehlern behaftet ist. Systematische Messfehler, z. B. infolge von Ungenauigkeiten der Messapparatur, verfälschen alle Messwerte in derselben Richtung und sind häufig nicht zu erkennen. Zufällige Messfehler liegen in unkontrollierbaren Einflüssen wie Temperaturschwankungen, mechanischen Erschütterungen, elektrischen und magnetischen Störfeldern, in Ableseungenauigkeiten und im Schätzen von Skalenteilen. Die zufälligen Messfehler lassen sich durch mehrfaches Messen weitgehend minimieren.

Sind in einer Messreihe n voneinander unabhängige Einzelwerte $x_1, x_2, \ldots x_n$ eines Merkmals, z. B. einer Länge, gemessen worden, so gilt als Ergebnis das arithmetische Mittel oder der Mittelwert $\bar{x}$ aus diesen n Einzelwerten:

$$\bar{x} = \frac{1}{n}(x_1 + x_2 + \ldots + x_n) = \frac{1}{n}\sum_{i=1}^{n} x_i$$

Die Genauigkeit des Mittelwertes wird durch die **Standardabweichung** Δx des Mittelwertes beurteilt, die sich aus den zufälligen Abweichungen der Einzelwerte von ihrem Mittelwert $x_i - \bar{x}$ errechnet:

$$\Delta x = \sqrt{\frac{1}{n(n-1)}\left[(x_1 - \bar{x})^2 + (x_2 - \bar{x})^2 + \ldots + (x_n - \bar{x})^2\right]}$$

$$\Delta x = \sqrt{\frac{1}{n(n-1)}\sum_{i=1}^{n}(x_i - \bar{x})^2}$$

Das Ergebnis der Messreihe wird in der Form $x = \bar{x} \pm \Delta x$ angegeben. Damit ist der Bereich bestimmt, in dem mit hoher Wahrscheinlichkeit der wahre Wert liegt.

Δx wird auch als **absoluter Fehler** der Messreihe bezeichnet. Häufig wird der **relativer Fehler** $\Delta x/x$ oder der **prozentuale Fehler** $(\Delta x/x) \cdot 100\,\%$ angegeben.

Fehler zusammengesetzter Größen

Ist ein Größenwert gesucht, der aus anderen Größenwerten mithilfe einer Formel (einer Größengleichung) errechnet wird, so wird der Fehler des Endergebnisses mithilfe der Fehler aus den Einzelergebnissen abgeschätzt. Für die Einzelwerte werden die nach der Fehlerangabe möglichen Größenwerte so eingesetzt, dass für das Endergebnis einmal der größte und einmal der kleinste Größenwert errechnet wird.

Beispiel: Messung der Beschleunigung nach $a = v^2/(2\,s)$. Die Geschwindigkeit sei zu $v = (5{,}0 \pm 0{,}2)$ m/s und der Weg zu $s = (9{,}0 \pm 0{,}03)$ m gemessen. Dann ergibt sich

$$a_{\max} = \frac{(5{,}2\ \text{m/s})^2}{2 \cdot (8{,}97\ \text{m})} = 1{,}507\ \text{m/s}^2\quad \text{bzw.}$$

$$a_{\min} = \frac{(4{,}8\ \text{m/s})^2}{2 \cdot (9{,}03\ \text{m})} = 1{,}276\ \text{m/s}^2.$$

Nach der Abschätzung liegt damit die Beschleunigung in den Grenzen $1{,}3\ \text{m/s}^2 < a < 1{,}5\ \text{m/s}^2$.

Rechnen mit Größenwerten

Der Größenwert einer physikalischen Größe ist das Produkt aus Zahlenwert und Einheit, z. B. $h = 0{,}0045$ m: Zahlenwert 0,0045, Einheit 1 m. Der Physiker schreibt die Zahlenwerte bevorzugt in Zehnerpotenzen: $h = 4{,}5 \cdot 10^{-3}$ m. Diese *wissenschaftliche Darstellung* hat viele Vorteile:

● Bei Überschlagsrechnungen werden lediglich die Zehnerpotenzen berücksichtigt, sodass sich schnell die Größenordnung ergibt. *Beispiel* Wurfweite (→ 1.1.7):

$$s = \sqrt{\frac{2h}{g}}\,v = \sqrt{\frac{2 \cdot 8{,}35 \cdot 10^2\ \text{m}}{9{,}81\ \text{m/s}^2}} \cdot 20\ \text{m/s} \approx \sqrt{\frac{10^3}{10^1}} \cdot 10\ \text{m} = 10^2\ \text{m}$$

● In der Schreibweise mit Zehnerpotenzen ist zu erkennen, wie genau ein Größenwert angegeben ist. *Beispiel*: Die (mittlere) Entfernung Erde–Mond kann auf zweierlei Weise geschrieben werden: $e = 384\,400$ km oder $e = 3{,}844 \cdot 10^8$ m. In der ersten Schreibweise bleibt unklar, ob die beiden Nullen gesichert oder nur ergänzt sind; nach der zweiten ist davon auszugehen, dass die Angabe auf die dritte Nachkommastelle genau ist.

● Bei Rechnungen mit Zahlenwerten ist die Anzahl der Stellen eines Ergebnisses nur so weit gesichert, wie es der Zahlenwert mit der kleinsten Stellenanzahl angibt.

Aber Vorsicht: Taschenrechner und Computer verführen häufig zur Angabe unsinnig vieler Stellen! Daher muss die Stellenzahl eines Rechenergebnisses immer kritisch überprüft werden.

Beispiel für die Berechnung von Mittelwert, Standardabweichung des Mittelwerts und Ergebnis einer Messreihe:

x_i in m	$\Delta x_i = x_i - x$ in m	Δx_i^2 in m^2
5,90	−0,00143	0,000002
5,87	−0,03143	0,000988
5,93	+0,02857	0,000816
5,92	+0,01857	0,000345
5,88	−0,02143	0,000459
5,96	+0,05857	0,003431
5,85	−0,05143	0,002645
$\sum_{i=1}^{7} x_i = 41{,}31$ m	$\sum_{i=1}^{7} \Delta x_i = 0$ m	$\sum_{i=1}^{7} \Delta x_i^2 = 0{,}008686$ m^2

Die Auswertung ergibt:

Mittelwert: $\bar{x} = 41{,}31$ m : $7 \approx 5{,}90$ m

Standardabweichung des Mittelwerts:

$$\Delta x = \sqrt{\frac{1}{7(7-1)} \cdot 0{,}0087\ \text{m}^2} \approx 0{,}01\ \text{m}$$

Ergebnis: $x = (5{,}90 \pm 0{,}01)$ m.

Der Mittelwert und damit das Ergebnis der Messung liegt zwischen 5,89 m und 5,91 m.

Kinematik

1.1.7 Nicht lineare Bewegungen – Wurfbewegungen

Als Beispiel einer Bewegung, die nicht mehr nur in einer Richtung – eindimensional – entlang einer Geraden vor sich geht, sondern sich zweidimensional in einer Ebene abspielt, soll der Wurf untersucht werden. Die wichtigste Erkenntnis wird sein, dass sich die Wurfbewegungen durch die Kombination eindimensionaler Bewegungen beschreiben lassen.

Der waagerechte Wurf

Sehr einfach ist der waagerechte Wurf zu verstehen. Der Vorgang wird idealisiert, d. h. von störenden Einflüssen wie dem Luftwiderstand wird abgesehen.

Versuch 1: Auf einer waagerechten Rampe erhält eine Kugel einen Stoß (**Abb. 28.1**). Beim Verlassen der Rampe öffnet sie einen Kontakt und unterbricht damit den Stromkreis eines Elektromagneten, an dem eine zweite Kugel auf der Höhe der Rampe hängt.

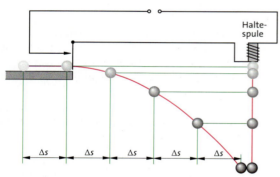

28.1 Vergleich von freiem Fall und waagerechtem Wurf. Bei stroboskopischer Beleuchtung ist zu sehen, wie während des Fallens beide Kugeln immer auf gleicher Höhe bleiben.

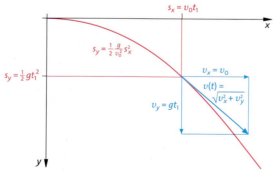

28.2 Zur Analyse der Wurfparabel. Die Geschwindigkeit in x-Richtung und in y-Richtung werden vektoriell addiert. Der Geschwindigkeitsvektor liegt tangential zur Bahnkurve.

Beobachtung: Ist die Geschwindigkeit der ersten Kugel genügend groß, so stoßen beide Kugeln im Fallen stets zusammen. Die Höhe des Zusammenstoßes hängt von der Geschwindigkeit der ersten Kugel ab.
Eine stroboskopische Aufnahme verdeutlicht den Vorgang: Beide Kugeln vollführen in vertikaler Richtung dieselbe gleichmäßig beschleunigte Bewegung des freien Falls. Die erste Kugel bewegt sich aber zusätzlich horizontal mit konstanter Geschwindigkeit. Horizontale und vertikale Bewegung dieser Kugel laufen offenbar ohne gegenseitige Beeinträchtigung ab. ◂

Unter Verwendung dieser Beobachtung kann die Bahn der ersten Kugel konstruiert werden (**Abb. 28.2**) und die Gesetze der Bewegung lassen sich in einfacher Weise aufstellen. Die Bewegung heißt **waagerechter Wurf**; die Bahn ist die (Hälfte einer) *Wurfparabel*.

Die Analyse der Bewegung ergibt:
In *horizontaler* x-Richtung verlässt die Kugel die Rampe mit der konstanten Geschwindigkeit v_0; es gelten die Gesetze der gleichförmigen Bewegung:

$$s_x = v_0 t, \quad v_x = v_0, \quad a = 0$$

In *vertikaler* y-Richtung (y-Achse nach unten) fällt die Kugel; es gelten die Gesetze des freien Falls:

$$s_y = \tfrac{1}{2} g t^2, \quad v_y = g t, \quad a_y = g$$

Wird aus den Gleichungen für s_x und s_y der Parameter Zeit eliminiert, indem s_x nach t aufgelöst und der Term für t in die Gleichung für s_y eingesetzt wird, so ergibt sich die Gleichung der **Wurfparabel** (**Abb. 28.2**):

$$s_y = \tfrac{1}{2} g \left(\frac{s_x}{v_0}\right)^2 = \tfrac{1}{2} \frac{g}{v_0^2} s_x^2 \quad \text{oder} \quad s_y = \text{konstant} \cdot s_x^2$$

mit dem Scheitelpunkt im Startpunkt der Bewegung. Durchfällt der Körper die Höhe $s_y = h$, so legt er in x-Richtung die Strecke s_{xw}, die **Wurfweite,** zurück:

$$s_{xw} = \sqrt{\frac{2 v_0^2 h}{g}} = \sqrt{\frac{2h}{g}} \, v_0$$

Mithilfe der Höhe $s_y = h$, die der Körper durchfällt (oder auf anderem Wege mithilfe der Wurfweite), ergibt sich die *Wurfzeit* t_w aus der Gleichung für den freien Fall in y-Richtung für $h = \tfrac{1}{2} g t_w^2$ zu

$$t_w = \sqrt{\frac{2h}{g}}.$$

Der Betrag der *Bahngeschwindigkeit* $v(t)$ wird mithilfe des Satzes des Pythagoras bestimmt zu

$$v(t) = \sqrt{v_x^2 + v_y^2} = \sqrt{v_0^2 + g^2 t^2}.$$

Zu beachten ist: Diese wie auch die folgenden Formeln beschreiben den Wurf idealisiert ohne Berücksichtigung des Luftwiderstandes.

Die Vektoreigenschaften von Weg, Geschwindigkeit und Beschleunigung

Der waagerechte Wurf wurde mithilfe von zwei Bewegungen analysiert und formelmäßig beschrieben, einer in horizontaler und einer in vertikaler Richtung. Beide Bewegungen sind dabei einzeln und als unabhängig voneinander betrachtet worden. Die tatsächlichen Werte der Größen Weg, Geschwindigkeit und Beschleunigung ergaben sich dann aus der Überlagerung der jeweiligen sogenannten *Komponenten*.

Diese Vorgehensweise kann bei vielen anderen Bewegungen ebenfalls angewandt werden:
Der Ruderer, der von einem zum anderen Ufer eines Flusses rudert (**Abb. 29.1**), hat den Eindruck, den Fluss senkrecht zu seiner Strömungsrichtung zu überqueren. Gleichzeitig bewegt er sich mit dem Fluss in Strömungsrichtung stromabwärts. Der tatsächliche Weg und die tatsächliche Geschwindigkeit über Grund lassen sich *vektoriell* in die Weg- und die Geschwindigkeitskomponenten beider Teilbewegungen *zerlegen*.

Grund für die Zerlegung der Größen Weg, Geschwindigkeit und Beschleunigung in Komponenten vorgegebener Richtung ist die *Vektoreigenschaft* der Größen.

> Weg, Geschwindigkeit und Beschleunigung sind Vektoren und lassen sich dementsprechend in Komponenten zerlegen. Sind die Komponenten bekannt, so ergibt deren vektorielle Addition die tatsächlichen Werte der Größen.

Wenn allerdings wie bei einem Wurf in Luft der Reibungswiderstand von der Geschwindigkeit abhängt, können nicht einfach die Geschwindigkeitskomponenten vektoriell addiert werden, sondern es sind die Kräfte und damit die Beschleunigungen zu betrachten. Reale „Würfe", z.B. mit einem Fußball, folgen daher komplizierteren Gesetzen (→ S. 25 und → S. 59).

Senkrechter Wurf

Die Bewegung des senkrechten Wurfes wird zerlegt in eine Bewegung mit konstanter Geschwindigkeit v_0 nach oben in positiver Richtung der s-Achse (**Abb. 29.2**)

$$s = v_0 t, \quad v = v_0, \quad a = 0$$

und in eine Fallbewegung in *entgegengesetzter* Richtung nach unten (daher das Minuszeichen):

$$s = -\tfrac{1}{2}gt^2, \quad v = -gt, \quad a = -g$$

Die Bewegungsgleichungen ergeben sich durch Addition der einzelnen Komponenten von Weg, Geschwindigkeit und Beschleunigung:

$$s = v_0 t - \tfrac{1}{2}gt^2, \quad v = v_0 - gt, \quad a = -g$$

Im höchsten Punkt der Bahn ist die Geschwindigkeit null. Durch Nullsetzen von v in der t-v-Gleichung folgt für die **Steigzeit** $t_h = v_0/g$, in der der Körper den höchsten Punkt seiner Bahn erreicht.

Wird der Term für t_h in die t-s-Gleichung eingesetzt, so ergibt sich die **Wurfhöhe**

$$h = v_0 t_h - \tfrac{1}{2}g t_h^2 = \tfrac{1}{2}\frac{v_0^2}{g}.$$

Der Wurf ist beendet, wenn der Körper wieder den Boden erreicht: Der Weg s ist null. Die t-s-Gleichung liefert für $s = 0$ neben der trivialen Lösung $t_0 = 0$, dem Beginn des Wurfes, als Zweites die **Wurfdauer** t_e

$$t_e = 2\frac{v_0}{g} = 2 t_h.$$

Wird dieser Wert für t_e in die t-v-Gleichung eingesetzt, so ergibt sich die Endgeschwindigkeit zu

$$v_e = v_0 - gt = v_0 - g\left(2\frac{v_0}{g}\right) = -v_0.$$

Die **Wurfbahn** im Zeit-Weg-Diagramm verläuft symmetrisch. Der zweite Teil des senkrechten Wurfes entspricht dem freien Fall aus der Wurfhöhe h.

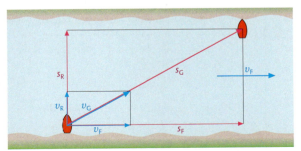

29.1 Die Wegkomponenten s_R und s_F und die Geschwindigkeitskomponenten v_R und v_F addieren sich vektoriell zu den tatsächlichen Größen von Weg s_G und Geschwindigkeit v_G über dem Grund.

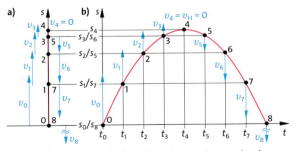

29.2 Senkrechter Wurf: **a)** Die Bahnkurve, eine zweimal durchlaufene Strecke, **b)** das t-s-Diagramm. Zusätzlich sind die Geschwindigkeitsvektoren in den markierten Punkten der Bahnkurve und des t-s-Diagramms eingetragen.

Kinematik

Schräger Wurf ohne Luftwiderstand

Versuch 2: Mit einem Wurfgerät wird eine Kugel durch eine gespannte Feder mit konstanter Anfangsgeschwindigkeit v_0 unter dem Abwurfwinkel α abgeschossen (**Abb. 30.1**). Die Bahn der Kugel wird mithilfe eines senkrecht stehenden Auffangbrettes registriert, auf dem die Kugel eine Markierung hinterlässt. Das Brett wird in verschiedenen Entfernungen aufgestellt. Die Wurfweiten werden mit einem waagerecht liegenden Brett bestimmt. Die Anfangsgeschwindigkeit v_0 des Wurfgerätes kann über Wurfweite und Wurftiefe in einem waagerechten Wurf ermittelt werden.

Ergebnis: Die aufgenommene Bahnkurve stimmt mit der mithilfe der Vektorkomponenten des Wegs konstruierten Kurve überein (**Abb. 30.1**): Weg in Abwurfrichtung mit konstanter Geschwindigkeit $s_0 = v_0 t$, Weg senkrecht nach unten $s = \frac{1}{2}gt^2$. ◂

Das experimentelle Ergebnis lässt sich anhand der Bewegungsgleichungen bestätigen:
Der Körper werde mit der Anfangsgeschwindigkeit v_0 unter dem Wurfwinkel α (gegenüber der Horizontalen) abgeworfen (**Abb. 30.2**). Die Komponenten von Weg, Geschwindigkeit und Beschleunigung in x- und y-Richtung sind:

$s_x = v_0 t \cos\alpha, \quad v_x = v_0 \cos\alpha, \quad a_x = 0$

$s_y = v_0 t \sin\alpha - \frac{1}{2}gt^2, \quad v_y = v_0 \sin\alpha - gt, \quad a_y = -g$

Die **Gleichung der Bahnkurve** ergibt sich durch Eliminieren des Parameters t aus den Zeit-Weg-Gleichungen, indem die Gleichung für s_x nach t aufgelöst und der resultierende Term $t = s_x/(v_0 \cos\alpha)$ in die Gleichung für s_y eingesetzt wird:

$$s_y = s_x \tan\alpha - \frac{1}{2}\frac{g}{v_0^2 \cos^2\alpha}s_x^2$$

Das ist die Gleichung einer nach unten geöffneten Parabel nach der allgemeinen Gleichungsform $y = Ax - Bx^2$. Ihr höchster Punkt S, der *Scheitelpunkt* der Bahn, zeichnet sich dadurch aus, dass der Körper in diesem Punkt in y-Richtung die Geschwindigkeit $v_y = 0$ besitzt:

$$v_y = v_0 \sin\alpha - gt_s = 0.$$

Die dadurch bestimmte Steigzeit $t_s = (v_0 \sin\alpha)/g$ wird in die beiden Gleichungen für die x- und die y-Komponente des Weges eingesetzt und mit $2\sin\alpha\cos\alpha = \sin(2\alpha)$ ergeben sich die Koordinaten x_S, y_S des Scheitelpunktes S:

$$x_S = \frac{1}{2}(v_0^2/g)\sin\alpha, \quad y_S = \frac{1}{2}(v_0^2/g)\sin^2\alpha$$

Die Wurfhöhe y_S wird maximal für $\sin\alpha = 1$ oder $\alpha = 90°$, nämlich wie erwartet beim Wurf senkrecht nach oben.
Für den Auftreffpunkt E mit den Koordinaten x_E, y_E (**Abb. 30.2**) ist die y-Komponente des Weges wieder null. Für die *Wurfzeit* t_E folgt mit $s_y = 0$ aus der t-s_y-Gleichung $s_y = (v_0 \sin\alpha)t_E - \frac{1}{2}gt_E^2$ außer der trivialen Lösung $t_E = 0$ als Zweites $t_E = 2v_0 \sin\alpha/g$. Aus der t-s_x-Gleichung ergibt sich mit der Umformung $2\sin\alpha\cos\alpha = \sin(2\alpha)$ die *Wurfweite*

$$s_x(t_E) = v_0 \cos\alpha(2v_0 \sin\alpha)/g = (v_0^2/g)\sin(2\alpha).$$

Der Term $\sin(2\alpha)$ wird maximal gleich 1 für $\alpha = 45°$. Für die Winkel α und $(90° - \alpha)$ ergeben sich gleiche Wurfweiten, da $\sin[2(90° - \alpha)] = \sin(180° - 2\alpha) = \sin(2\alpha)$ ist (**Abb. 30.3**).

> Beim schrägen Wurf stellt sich die größte Wurfweite bei einem Wurfwinkel von 45° ein; gleiche Wurfweiten ergeben sich für einen beliebigen Wurfwinkel α und seinen Ergänzungswinkel zu 90°, nämlich 90° − α.

Schräger Wurf mit Luftwiderstand

Bei größeren Wurfweiten und -höhen muss der Luftwiderstand berücksichtigt werden. Die Bahnen sind daher keine Parabeln, sondern (unsymmetrische) sogenannte *ballistische Kurven* (**Abb. 30.3**). Sie können wie das Fallen mit Luftwiderstand (→ S. 25) iterativ berechnet werden.

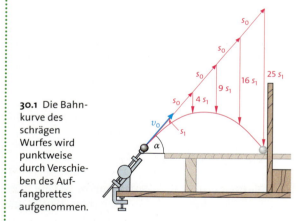

30.1 Die Bahnkurve des schrägen Wurfes wird punktweise durch Verschieben des Auffangbrettes aufgenommen.

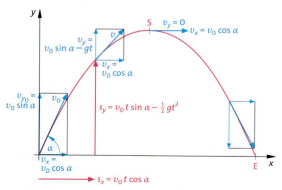

30.2 Bahnkurve des schrägen Wurfes. Die Geschwindigkeit v ist an einigen Stellen in Komponenten zerlegt.

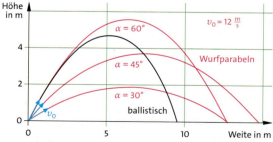

30.3 Bahnkurven des schrägen Wurfes für Abwurfwinkel $\alpha = 30°, 45°, 60°$. Die ballistische Kurve berücksichtigt den Luftwiderstand.

Exkurs

Physik und Sport I

Weitsprung kann als „Werfen des eigenen Körpers" beschrieben werden. Nach einem schnellen Anlauf muss der Sportler beim Absprung eine möglichst große Geschwindigkeitskomponente in der Vertikalen gewinnen. Die Erfahrung zeigt, dass bei einer Anlaufgeschwindigkeit von 10 m/s eine vertikale Komponente von $v_{0z} = 3{,}1$ m/s erreicht werden kann, wobei die horizontale Komponente auf $v_{0x} = 8{,}5$ m/s abnimmt. Daraus ergibt sich mit $\tan\alpha = v_{0z}/v_{0x}$ ein Absprungwinkel von $\alpha = 20°$. Wegen der vektoriellen Addition der Geschwindigkeiten ist die Geschwindigkeit in Richtung des Absprungwinkels

$$v_0 = \sqrt{v_{0x}^2 + v_{0z}^2} = 9{,}05 \text{ m/s.}$$

Bei einer Anwendung der Formel für den schrägen Wurf muss berücksichtigt werden, dass der Schwerpunkt beim Absprung etwa um $h_0 = 1$ m höher liegt als bei der Landung (siehe Abbildung). Mit den angegebenen Werten und mit der Bedingung $y(x_W) = 0$ liefert die Gleichung

$$y(x) = x\tan\alpha - \frac{g}{2v_0^2\cos^2\alpha}x^2 + h_0$$

eine Sprungweite von $x_W = 7{,}37$ m. Die größte Weite von 9,29 m ist bei diesen Daten theoretisch bei einem Absprungwinkel von 42° möglich.

Durch besondere Sprungtechniken wie das Hochwerfen der Arme beim Sprung und die weit vorgestreckten Füße bei der Landung versuchen Weitspringer, ihre Weiten zu vergrößern.

Für das Kugelstoßen, das Diskuswerfen und das Speerwerfen gilt wie für den Weitsprung, dass nicht der Abwurfwinkel 45° die größte Wurfweite bringt. Beim Kugelstoßen liegt der günstigste Abwurfwinkel bei 38° bis 39°, beim Diskuswerfen werden maximale Weiten für 33° bis 36° und beim Speerwerfen bei 35° bis 38° erreicht.

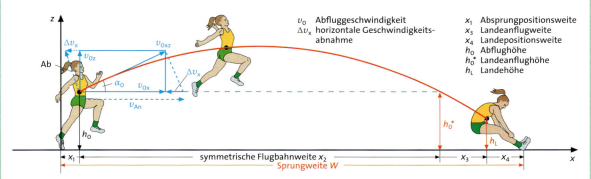

v_0 Abfluggeschwindigkeit
Δv_x horizontale Geschwindigkeitsabnahme

x_1 Absprungpositionsweite
x_3 Landeanflugweite
x_4 Landepositionsweite
h_0 Abflughöhe
h_0^* Landeanflughöhe
h_L Landehöhe

Aufgaben

1. **a)** Berechnen Sie Wurfweiten und Fallwege der waagerechten Würfe für $v_0 = 5$ m/s bzw. 10 m/s nach $t = 0{,}1$ s; 0,5 s; 1,0 s; 1,5 s; 2,0 s. Zeichnen Sie die Bahnkurven.
   b) Berechnen Sie die Wurfweiten und Wurfzeiten, wenn die geworfenen Körper 5 m; 10 m gefallen sind.

2. Ein Körper wird mit der Geschwindigkeit $v_0 = 18$ m/s senkrecht nach oben geworfen (kein Luftwiderstand).
   a) Stellen Sie die speziellen Bewegungsgleichungen auf.
   b) Berechnen Sie die Wurfhöhe, Wurfzeit und die Zeit bis zum Erreichen des höchsten Punktes der Bahn.

3. Ein Stein wird mit der Geschwindigkeit $v_0 = 20$ m/s horizontal von der Höhe h aus abgeworfen. Er erreicht in der Horizontalen eine Wurfweite von $x_E = 40$ m.
   a) Berechnen Sie die Abwurfhöhe und die Flugzeit.
   b) Bestimmen Sie die Geschwindigkeit und den Winkel zur Horizontalen, unter dem der Stein auf den Boden trifft.
   c) Geben Sie die Lösungen zu a) und b) allgemein an.

4. Ein Wasserstrahl, der unter einem Winkel von 40° zur Horizontalen die Düse eines Gartenschlauchs verlässt, erreicht das in 30 m Entfernung stehende Buschwerk in gleicher Höhe wie die Düse.
   Berechnen Sie ohne Berücksichtigung des Luftwiderstands
   a) die Geschwindigkeit des Wasserstrahls;
   b) die Gipfelhöhe des Wasserstrahls;
   c) die Flugzeit eines Wassertropfens.

5. Ein Körper wird von einer Klippe der Höhe h mit der Geschwindigkeit v_0 unter dem Winkel α (von der Horizontalen nach unten gemessen) abgeschossen.
   Stellen Sie die Gleichungen auf, die die Bewegung in horizontaler und vertikaler Richtung beschreiben, und ermitteln Sie die Gleichung der Wurfparabel.

*6. Ein Motorrad fährt mit der Geschwindigkeit v_0 auf eine unter dem Winkel α gegenüber der Horizontalen ansteigenden Rampe an einen Graben mit der Breite b heran und landet auf der gegenüberliegenden Seite des Grabens auf einem Plateau, das um die Höhe h höher gelegen ist als die höchste Stelle der Absprungrampe.
   a) Bestimmen Sie bei gegebener Endgeschwindigkeit $v_0 = 50$ km/h auf der Rampe, bei gegebenem $\alpha = 30°$ und $b = 5{,}0$ m die obere Grenze für die Höhe h, bei der das Motorrad den Graben noch überspringen kann.
   b) Berechnen Sie, wie groß die Geschwindigkeit v_0 mindestens sein muss, wenn die Höhe $h = 1{,}0$ m beim Winkel $\alpha = 20°$ und der Breite $b = 5{,}0$ m erreicht werden soll.
   Vernachlässigen Sie die Ausmaße des Motorrads und lösen Sie die Aufgabe allgemein und mit Zahlenwerten.

Kinematik

1.1.8 Die gleichförmige Kreisbewegung

Viele Bewegungsabläufe in Umwelt und Technik sind **Kreisbewegungen**. Ein Stein, der an einer Schnur im Kreise herumgeschleudert wird, ein Jahrmarktsbesucher in der Kabine eines Riesenrades, das Flügelende eines Windrotors, allen diesen Bewegungen ist gemeinsam, dass sich die Körper (zeitweise) gleichförmig auf einem Kreis bewegen (**Abb. 32.1**). Für ihre Umlaufzeit T und ihre Frequenz f gilt:

> Die **Umlaufzeit** T einer Kreisbewegung ist der Quotient aus der Zeit t von n Umläufen und der Anzahl n. Der Kehrwert der Umlaufzeit T ist die **Frequenz** f der Kreisbewegung:
>
> Umlaufzeit $T = \frac{t}{n}$; Frequenz $f = \frac{1}{T} = \frac{n}{t}$

Die Einheit der Frequenz $[f] = 1$ Hz, 1 Hz $= 1$ s^{-1}, ist nach dem Physiker Heinrich HERTZ (1857–1894) benannt.
Je mehr Umläufe in gleicher Zeit t stattfinden, umso kleiner ist die Umlaufzeit T und umso größer die Frequenz f. Der Zahlenwert der Frequenz gibt die Anzahl der Umläufe in der Sekunde an.

> Bei einer **gleichförmigen Kreisbewegung** sind Umlaufzeit bzw. Frequenz konstant.

Bei einer Kreisbewegung werden Bahngeschwindigkeit v und Winkelgeschwindigkeit ω unterschieden.
Die *Bahngeschwindigkeit* ist die Geschwindigkeit eines Punktes auf der Kreisbahn mit dem Radius r. Sie ergibt sich aus dem Weg des Punktes bei einem Umlauf $\Delta s = 2\pi r$ und der Umlaufzeit $\Delta t = T$: Für die Bahngeschwindigkeit gilt

$$v = \frac{\Delta s}{\Delta t} = \frac{2\pi r}{T} = 2\pi r f.$$

Die *Winkelgeschwindigkeit* gibt an, wie „schnell" der Radiusvektor $\vec{r}$ (**Abb. 32.1**) den Mittelpunktswinkel $\Delta\varphi$ überstreicht. Der Radiusvektor zeigt vom Mittelpunkt zu einem Punkt der Kreisbahn.

> Die **Winkelgeschwindigkeit** ω ist der Quotient aus dem vom Radiusvektor überstrichenen Winkel $\Delta\varphi$ und der dabei verflossenen Zeit Δt
>
> $\omega = \frac{\Delta\varphi}{\Delta t}$ (ω griech. „Omega", φ „Phi").

Ihre Einheit ist $[\omega] = [\Delta\varphi]/[\Delta t] = 1/1$ s $= 1$ s^{-1}. Der Winkel $\Delta\varphi$ wird nicht in Grad, sondern in Bogenmaß angegeben. Das Bogenmaß $\Delta\varphi$ ist der Quotient aus dem Kreisbogen Δs, der zum Winkel $\Delta\varphi$ gehört, und dem Radius r: $\Delta\varphi = \Delta s/r$. (Für 90° z.B. ist das Bogenmaß $\Delta\varphi = \frac{1}{2}\pi r/r$, also $\Delta\varphi = \frac{1}{2}\pi$). Mit $[\Delta\varphi] = [\Delta s]/[r] = 1$ m/1 m $= 1$ hat das Bogenmaß $\Delta\varphi$ keine Einheit. Da für einen Umlauf $\Delta\varphi = 2\pi$ und $\Delta t = T$ gilt, ergeben sich mit dem Bogen $\Delta s = r\Delta\varphi$ die wichtigen Beziehungen zwischen der Winkelgeschwindigkeit ω und der Frequenz f

$$\omega = \frac{\Delta\varphi}{\Delta t} = \frac{2\pi}{T} = 2\pi f$$

bzw. zwischen der Bahngeschwindigkeit v und der Winkelgeschwindigkeit ω

$$v = \frac{\Delta s}{\Delta t} = \frac{r\Delta\varphi}{\Delta t} = r\omega.$$

> Die **Bahngeschwindigkeit** v ist das Produkt aus der Winkelgeschwindigkeit ω und dem Bahnradius r:
> $v = \omega r$

Die *Bahngeschwindigkeit* ist ein *Vektor*. Sie hat zwar stets den gleichen Größenwert (Betrag), ändert aber ständig ihre Richtung (**Abb. 32.1**). Ihr Vektor zeigt in jedem Bahnpunkt in Richtung der Tangente senkrecht zum Radiusvektor. Anschaulich: Beim Hammerwerfen fliegt die Kugel nach dem Loslassen tangential zum Schwungkreis davon. Beim Schleifen sprühen die Funken tangential vom Schleifstein weg. Bei Verlust der Bodenhaftung wird ein Auto tangential zu seiner Bahn „aus der Kurve getragen".

Jede zeitliche Änderung der Geschwindigkeit, gleich ob durch eine Änderung ihres Größenwertes oder ihrer Richtung, bedeutet eine *Beschleunigung*.
Die Beschleunigung der Kreisbewegung ergibt sich wie folgt (**Abb. 33.1a**): Dreht sich der Punkt an der Spitze des Radiusvektors von P$_1$ nach P$_2$, so legt er in der Zeit Δt den Weg Δs zurück. Die Radiusvektoren zu P$_1$ und P$_2$ schließen denselben Winkel $\Delta\varphi$ ein wie die beiden Geschwindigkeitsvektoren $\vec{v}(t_i)$ in diesen Punkten. Werden die Geschwindigkeitsvektoren $\vec{v}(t_i)$ vom selben

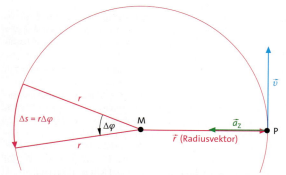

32.1 *Radiusvektor* $\vec{r}$ (Vektor vom Mittelpunkt des Kreises zum betrachteten Punkt), *Geschwindigkeitsvektor* $\vec{v}$ und *Beschleunigungsvektor* $\vec{a}_z$ bei der gleichmäßigen Kreisbewegung.

Anfangspunkt aus abgetragen, so liegen ihre Spitzen alle auf einem Kreis mit dem Radius $|\vec{v}|$ (**Abb. 33.1b**). Dann entspricht die Verbindung ihrer Endpunkte der (vektoriellen) Geschwindigkeitsänderung $\Delta \vec{v}$.

Bei kleinem Winkel $\Delta\varphi$ (in Bogenmaß!) ist Δv ungefähr gleich dem Kreisbogen mit dem Winkel $\Delta\varphi$ und dem Radius v: $\Delta v = v\,\Delta\varphi$. Die Beschleunigung ist $a_Z = \Delta v/\Delta t$, sodass sich ergibt $a_Z = \Delta v/\Delta t = v\,\Delta\varphi/\Delta t = v\,\omega$. Mathematisch exakt gilt:

$$a_Z = \lim_{\Delta t \to 0} \frac{\Delta v}{\Delta t} = \lim_{\Delta t \to 0} v \frac{\Delta\varphi}{\Delta t} = v \lim_{\Delta t \to 0} \frac{\Delta\varphi}{\Delta t} = v\,\omega$$

Mit $v = \omega\,r$ folgt $a_Z = \omega^2 r$ oder $a_Z = v^2/r$.

Über die Richtung der Beschleunigung $\vec{a}_Z$ gibt die **Abb. 33.1b** Auskunft. Da der Betrag der Geschwindigkeit konstant ist, steht der Vektor der Beschleunigung $\vec{a}_Z$ in jedem Augenblick senkrecht auf dem Geschwindigkeitsvektor $\vec{v}$, d. h. er zeigt zum Zentrum des Kreises (**Abb. 33.1a**): Die Beschleunigung der gleichförmigen Kreisbewegung heißt daher *Zentripetalbeschleunigung*.

> Die **Zentripetalbeschleunigung** einer gleichförmigen Kreisbewegung hat den Größenwert (Betrag)
>
> $a_Z = \dfrac{v^2}{r}$ oder $a_Z = \omega^2 r$.
>
> Der Vektor der Zentripetalbeschleunigung ist stets zum Mittelpunkt (Zentrum) der Kreisbahn gerichtet.

Verläuft eine Kreisbewegung nicht gleichförmig, so kann der Beschleunigungsvektor in eine Komponente tangential zur Bahn (*Bahnbeschleunigung* a_B) und in eine zum Mittelpunkt (*Zentripetal-* oder *Normalbeschleunigung* a_Z) zerlegt werden (**Abb. 33.2**). Dies ist beispielsweise in der Beschleunigungsphase beim Hammerwerfen der Fall.

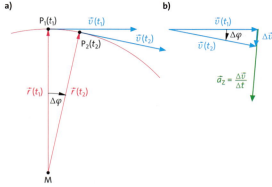

33.1 Zur Bestimmung der Zentripetalbeschleunigung aus der Differenz der Bahngeschwindigkeiten. Die Radiusvektoren $\vec{r}(t_1)$ und $\vec{r}(t_2)$ schließen in **a)** den gleichen Winkel $\Delta\varphi$ ein wie die Geschwindigkeitsvektoren $\vec{v}(t_1)$ und $\vec{v}(t_2)$ in b). In **b)** ergibt sich nach der Vektoraddition $\vec{v}(t_1) + \Delta\vec{v} = \vec{v}(t_2)$ oder $\Delta\vec{v} = \vec{v}(t_2) - \vec{v}(t_1)$.

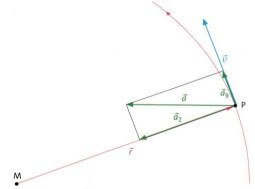

33.2 Ungleichförmige Kreisbewegung: Der Vektor der Beschleunigung zeigt nicht zum Mittelpunkt. Die Komponente $\vec{a}_B$, die Bahnbeschleunigung, verändert den Betrag der Bahngeschwindigkeit. Die Komponente a_Z ist die Zentripetalbeschleunigung, die den Körper auf seiner Bahn hält.

Aufgaben

1. Berechnen Sie die Winkelgeschwindigkeit des Sekunden-, Minuten- und Stundenzeigers einer Uhr.
2. Berechnen Sie die Zentripetalbeschleunigungen absolut und im Vergleich zur Erdbeschleunigung ($g = 9{,}81\,\text{m/s}^2$)
   a) einer Wäschetrommel ($d = 32$ cm, 1600 U/min);
   b) einer Astronautentestmaschine (Abstand Drehachse–Kabine 6,5 m, 20 U/min);
   c) auf der Erde am Äquator bzw. auf 45° Breite infolge der Drehung der Erde um ihre Achse;
   d) des Mondes infolge seines Umlaufs um die Erde;
   e) der Erde infolge ihrer Bewegung um die Sonne.
3. Berechnen Sie die Winkelgeschwindigkeit, die Bahngeschwindigkeit und die Zentripetalbeschleunigung eines Punktes auf dem Radkranz ($d = 875$ mm) eines ICE 3, der mit 330 km/h fährt.
*4. Ein Körper durchläuft mit konstanter Winkelgeschwindigkeit einen Kreis. Drücken Sie die Umlaufzeit T, die Frequenz f und die Anzahl der Umläufe n in einer Minute durch die Winkelgeschwindigkeit aus.
*5. a) Beschreiben Sie, wie sich im weiteren Verlauf die Bahnkurve in **Abb. 33.2** bei der angegebenen Lage von a ändert.
   b) Geben Sie an, welche Bewegung vorliegt, wenn der Beschleunigungsvektor von konstantem Betrag ständig ① parallel oder ② senkrecht zum Geschwindigkeitsvektor zeigt.
*6. Entwickeln Sie ein Computerprogramm zur iterativen Berechnung der Kreisbewegung: Radius $r = 1$ m, Bahngeschwindigkeit $v = 2\pi$ m/s, Startpunkt $(x_0 = 1\text{ m}\,|\,y_0 = 0)$ und $\Delta t = 0{,}001$ s. (*Hinweis:* Bei konstanter Beschleunigung steht der Beschleunigungsvektor stets senkrecht zum Geschwindigkeitsvektor.)

Kinematik

Methode

Vektorielle Darstellung von Bewegungen

Bei der Behandlung der Wurfbewegungen und der Kreisbewegung wird bei den Größen Weg, Geschwindigkeit und Beschleunigung neben dem sogenannten Größenwert bzw. Betrag auch deren Richtung berücksichtigt.

Denn sobald es sich um Bewegungen in der *Ebene* oder im *Raum*, also um *mehrdimensionale Bewegungen* handelt, reicht für ihre vollständige Charakterisierung die Angabe ihres Größenwertes allein nicht aus. Bei linearen, also eindimensionalen Bewegungen wird die Richtung einer Größe durch das Vorzeichen berücksichtigt.

> Physikalische Größen, die durch Größenwert (Betrag) *und* Richtung gekennzeichnet sind, heißen **Vektoren**. Größen, die bereits durch ihren Größenwert vollständig bestimmt sind, heißen **Skalare**.

Weg $\vec{s}$, Geschwindigkeit $\vec{v}$ und Beschleunigung $\vec{a}$ sind Vektoren, gekennzeichnet durch einen Pfeil über dem Formelzeichen. Der Größenwert bzw. Betrag ist definiert als Produkt aus Zahlenwert und Einheit. Beispiele für skalare Größen sind Zeit, Temperatur und Masse.

Viele Gesetze und Zusammenhänge erhalten durch die Vektorschreibweise eine kompakte und elegante Form. Außerdem wird durch die Vektorschreibweise ein physikalischer Begriff vollständig erfasst.

Dennoch wird in diesem Buch die Vektorschreibweise nicht durchgängig verwendet, denn die meisten in diesem Buch aufgeführten Zusammenhänge lassen sich ohne sie darstellen. Es wird jedoch stets vermerkt, ob es sich bei einer neu eingeführten Größe um eine solche mit Vektorcharakter handelt oder nicht.

Das Wichtige an Größen mit Vektorcharakter ist nicht so sehr, dass sie eine Richtung besitzen, sondern dass sie sich nach den Gesetzen der Vektorrechnung addieren oder subtrahieren und in Komponenten zerlegen lassen.

a) Addition **b) Subtraktion**

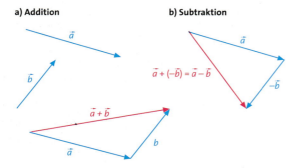

In der *vektoriellen Schreibweise* der *Definitionen* von (Intervall bzw. Momentan-)*Geschwindigkeit* und *Beschleunigung* (→ 1.1.3 und 1.1.4) wird auch die Richtungsänderung von Weg und Geschwindigkeit berücksichtigt:

$$\vec{v} = \frac{\Delta \vec{s}}{\Delta t} \quad \text{bzw.} \quad \vec{v} = \lim_{\Delta t \to 0} \frac{\vec{s}(t + \Delta t) - \vec{s}(t)}{\Delta t} = \lim_{\Delta t \to 0} \frac{\Delta \vec{s}}{\Delta t} = \dot{\vec{s}}(t)$$

$$\vec{a} = \frac{\Delta \vec{v}}{\Delta t} \quad \text{bzw.} \quad \vec{a} = \lim_{\Delta t \to 0} \frac{\vec{v}(t + \Delta t) - \vec{v}(t)}{\Delta t} = \lim_{\Delta t \to 0} \frac{\Delta \vec{v}}{\Delta t} = \dot{\vec{v}}(t)$$

Eine Beschleunigung liegt danach auch dann vor, wenn die Größenwerte von $\vec{v}(t)$ und $\vec{v} = (t + \Delta t)$ übereinstimmen, die Richtungen sich aber unterscheiden. Bei der gleichförmigen Kreisbewegung (→ 1.1.8) bleibt der Größenwert der Geschwindigkeit beim Umlauf eines Körpers auf einem Kreis konstant, ihre Richtung ändert sich ständig:

$$|\vec{v}(t + \Delta t)| - |\vec{v}(t)| = 0, \quad \text{aber} \quad \Delta \vec{v} = \vec{v}(t + \Delta t) - \vec{v}(t) \neq 0$$

Für die Beschleunigung bei der gleichförmigen Kreisbewegung gilt das Gleiche: Ihr Größenwert bleibt konstant, ihre Richtung ändert sich ständig.

Mit *Vektoren* lassen sich die Gesetze der *Bewegung mit konstanter Beschleunigung* vollständig und übersichtlich schreiben:

t-$\vec{s}$-Gleichung: $\quad \vec{s} = \vec{s}_0 + \vec{v}_0 t + \frac{1}{2} \vec{a}_0 t^2$

t-$\vec{v}$-Gleichung: $\quad \vec{v} = \vec{v}_0 + \vec{a}_0 t$

t-$\vec{a}$-Gleichung: $\quad \vec{a} = \vec{a}_0$

$\vec{s}_0, \vec{v}_0, \vec{a}_0$ sind konstante Vektoren, die die Anfangswerte zur Zeit $t = 0$ wiedergeben, nämlich den Ort $\vec{s}_0$ des Startes, die Anfangsgeschwindigkeit $\vec{v}_0$ und die Anfangsbeschleunigung $\vec{a}_0$.

Die Gleichungen gelten jetzt für eine Bewegung längs einer Geraden ebenso wie für eine solche in einer Ebene oder im Raum. Dazu müssen nur die Vektoren entsprechend interpretiert werden.

Für eine Bewegung in einer Ebene, die in einem x-y-Koordinatensystem beschrieben werden kann, lauten die Gleichungen für die x- und die y-Komponente:

$s_x = s_{0x} + v_{0x} t + \frac{1}{2} a_{0x} t^2 \qquad s_y = s_{0y} + v_{0y} t + \frac{1}{2} a_{0y} t^2$

$v_x = v_{0x} + a_{0x} t \qquad\qquad\quad v_y = v_{0y} + a_{0y} t$

$a_x = a_{0x}, \qquad\qquad\qquad\quad a_y = a_{0y}$

Die Gesetze der *geradlinigen Bewegung mit konstanter Beschleunigung*, z. B. in x-Richtung, sind hierin als Sonderfall enthalten. Die y-Komponenten sind dann alle gleich null und es ist $v_{0x} = v_0$ und $a_{0x} = a_0$.

Wird $s_{0x} = s_{0y} = 0$, $v_{0x} = v_0 \cos\alpha$, $v_{0y} = v_0 \sin\alpha$, $a_{0x} = 0$ und $a_{0y} = -g$ gesetzt, so ergeben sich aus der Komponentenzerlegung die bekannten *Gesetze des schrägen Wurfes* (→ **Abb. 30.2**):

$s_x = v_0 t \cos\alpha \quad s_y = v_0 t \sin\alpha - \frac{1}{2} g t^2$

$v_x = v_0 \cos\alpha \quad v_y = v_0 \sin\alpha - g t$

$a_x = 0 \quad a_y = -g$

Die vorliegenden Beispiele zeigen:

> Durch die vektorielle Schreibweise können physikalische Größen umfassender beschrieben und physikalische Gesetzmäßigkeiten allgemeiner formuliert werden.

Kinematik

Aufgaben

1. Ein Schiff steuert auf See mit 10 Knoten den Kurs N 100° O (1 Knoten = 1 Seemeile/Stunde; 1 Seemeile = 1,852 km). Die See weist eine Strömung von 3 Knoten in Richtung N 20° W auf.
   a) Zeichnen Sie den Weg des Schiffes in einer Stunde über dem Grund (der See) und bestimmen Sie aus der Zeichnung Kurs und Geschwindigkeit (in Knoten) über dem Grund (1 Knoten ≙ 1 cm).
   b) Lösen Sie die Fragen zu a) rechnerisch und geben Sie die Geschwindigkeit auch in km/h an.

2. Ein Flugzeug startet von einem Flugplatz aus in westlicher Richtung mit 300 km/h Fluggeschwindigkeit und steigt dabei 500 m pro Minute. Nach 20 Minuten Flugzeit dreht es nach Norden ab und steigt weiter zu denselben Bedingungen.
   a) Berechnen Sie die Höhe des Flugzeugs 30 Minuten nach dem Start.
   b) Bestimmen Sie die direkte Entfernung und Richtung (Höhenwinkel zur Horizontalen, Winkel zur Nordrichtung) des Flugzeugs zu diesem Zeitpunkt vom Startpunkt aus gesehen.
   c) Berechnen Sie die Orts- und Geschwindigkeitsvektoren vom Startpunkt bis zum Ort nach 20 min und nach 30 min mit ihren drei Komponenten.

3. Die Spitze des Vektors $\vec{r}$ beschreibt als Funktion der Zeit t einen Kreis mit dem Radius r um den Nullpunkt eines x-y-Koordinatensystems (siehe Abbildung rechts):
   $\vec{r} = (r \cos \omega t)\vec{e}_x + (r \sin \omega t)\vec{e}_y$

   Der Vektor $\vec{r}$ rotiert bei der gleichförmigen Kreisbewegung mit der Winkelgeschwindigkeit ω um den Nullpunkt des Koordinatensystems; $\vec{e}_x$ und $\vec{e}_y$ sind sogenannte Einheitsvektoren (Vektoren der Länge 1).
   a) Fertigen Sie eine Zeichnung an und tragen Sie für die Zeiten $t = 0, \frac{1}{12}T, \frac{1}{4}T, \frac{1}{2}T$ den Vektor $\vec{r}$ ein.
   b) Einen Vektor leitet man nach der Zeit ab, indem man die Komponenten nach der Zeit ableitet. Bilden Sie den Geschwindigkeitsvektor $\vec{v} = \dot{\vec{r}}$ und den Beschleunigungsvektor $\vec{a} = \dot{\vec{v}}$ und zeigen Sie, dass $\vec{a} = -\omega^2 \vec{r}$ ist.
   c) Berechnen Sie für $t = \frac{1}{12}T$ die Vektoren $\vec{v}$ und $\vec{a}$ sowie ihre Komponenten und tragen Sie die Ergebnisse in die Zeichnung zu a) ein ($T = 3\pi$ s, $r = 5$ cm).

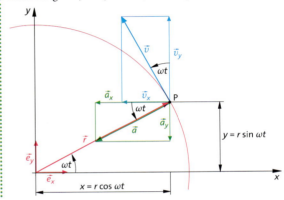

Exkurs

Segeln – Kursnehmen mit Geschwindigkeitsvektoren

Vor Anker, am Steg oder an der Boje nimmt der Segler den *wahren Wind*, Geschwindigkeit v_W, wahr. Auf einem Motorboot, das bei Flaute mit großer Geschwindigkeit dahinbraust, misst man den *Fahrtwind*, Geschwindigkeit v_F. Auf einem Segelboot in Fahrt beobachtet man einzig den *scheinbaren Wind*, Geschwindigkeit v_S. Der Segler registriert also niemals den wahren Wind und seine Richtung. Der beobachtete scheinbare Wind kann durchaus größer als der wahre Wind sein.
Ein Segelboot fährt in den meisten Fällen nicht in Richtung der Mittschiffsachse, es sei denn, es segelt genau vor dem Wind. Normalerweise wird das Boot durch den Wind seitlich verschoben. Der Winkel zwischen gesteuertem und gesegeltem Kurs ist die *Abdrift*, die je nach Windstärke 4° bis 7° betragen kann. Bei Strömung, die nicht nur auf Flüssen, sondern auch auf Seen und dem Meer dadurch zustande kommt, dass der Wind das Wasser bewegt, ist zusätzlich die *Stromversetzung* zu berücksichtigen.

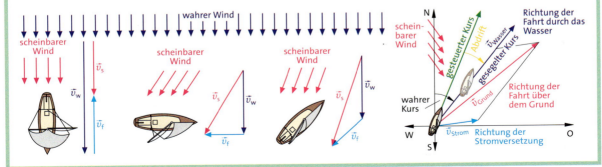

35

1.2 Dynamik

Die **Kinematik** beschäftigt sich mit Bewegungen von Körpern, ohne die Frage zu stellen, wie diese Bewegungen zustande kommen, welches die Ursachen für die Bewegungen sind und warum sich Bewegungen im Laufe der Zeit verändern.

Die **Dynamik,** die Lehre vom Impuls und von den Kräften, fragt nach den Ursachen für die unterschiedlichen Bewegungsabläufe und Bewegungsformen. NEWTON (1643–1727) hat mit den Grundgesetzen der Dynamik in seinem Hauptwerk „*Philosophiae naturalis principiis mathematica*" 1686 eine auch heute noch gültige Antwort auf diese Fragen gegeben.

Die Grundgesetze der Dynamik gelten sowohl für die Bewegung der Planeten am Himmel als auch für die Bewegung aller Körper auf der Erde. Sie sind die Grundpfeiler der Mechanik sowie der gesamten Physik.

1.2.1 Das Trägheitsprinzip

Nach alltäglicher Erfahrung kommt jeder in Bewegung befindliche Körper, der sich selbst überlassen wird, nach einiger Zeit zur Ruhe. Das gilt für den Fußball, der über den Sportplatz rollt, ebenso wie für den Eishockeypuck, der über die spiegelglatte Eisfläche gleitet. Lange wurde dies für eine grundlegende Eigenschaft aller Körper gehalten: Alle Körper müssten natürlicherweise dem Zustand der Ruhe zustreben, wenn sie nicht ständig wieder angestoßen oder angetrieben würden.

GALILEI brach als Erster mit dieser Vorstellung. Er erkannte, dass bewegte Körper nur durch die Einwirkung anderer Körper zur Ruhe kommen, also durch auf sie ausgeübte Kräfte, wie z. B. Reibungskräfte durch den Untergrund oder die Luft. Könnte man diese Kräfte ausschalten, würde sich ein einmal in Bewegung gesetzter Körper ständig weiterbewegen. Als „Beweis" idealisierte er folgenden Versuch:

Versuch 1: Eine Kugel rollt aus einer bestimmten Höhe auf einem Glasstreifen herab, läuft auf einem zweiten horizontal weiter und rollt auf einem dritten wieder hinauf (**Abb. 36.1**).

Beobachtung: Auf der abwärtsgeneigten Ebene wird die Geschwindigkeit der Kugel immer größer, auf der aufwärtsgeneigten Ebene nimmt die Geschwindigkeit ab, bis die Kugel stets *fast* wieder die Ausgangshöhe erreicht hat. ◄

GALILEI erkannte: Auf einer nicht geneigten horizontalen Ebene ohne Hindernisse und ohne Einwirkung der Luft würde die Kugel mit konstanter Geschwindigkeit geradeaus weiterrollen ohne jemals anzuhalten. Aus diesem Gedankenexperiment schloss er auf die *Trägheit* als eine grundlegende Körpereigenschaft:

> **Galilei'sches Trägheitsprinzip:** Ein sich selbst überlassener Körper bewegt sich ohne äußere Einwirkung geradlinig gleichförmig oder bleibt in Ruhe.

Die Trägheit zeigt sich auch in folgenden Versuchen:
- Eine Kugel, die sich frei beweglich auf einem Wagen befindet (**Abb. 37.1**), rollt vom Wagen, sobald dieser bremst, schneller wird oder in eine Kurve fährt. Die Kugel behält ihre ursprüngliche Bewegung bei.
- Wird im Aufbau nach **Abb. 37.2** der Griff langsam nach unten gezogen, reißt die obere Schnur. Wird er ruckartig nach unten gezogen, reißt die untere. Im ersten Fall hat der Faden die Zugkraft und Gewichtskraft der Kugel auszuhalten. Im zweiten Fall folgt die Kugel nicht sofort dem plötzlichen Anziehen durch die Hand. Sie ist träge.
- Beim Anfahren eines Autos werden die Insassen in die Sitze gedrückt, beim Bremsen fallen sie nach vorne. Auf glatter Straße wird ein Auto „aus der Kurve getragen".

Allgemein gilt: Die Eigenschaft der Trägheit zeigt sich darin, dass zur Änderung des Betrags oder der Richtung der Geschwindigkeit eine Kraft notwendig ist. Dies wird umso deutlicher, je schwerer ein Körper ist, d. h. je größer seine Masse ist.

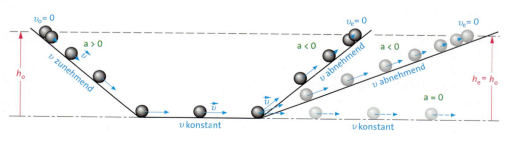

36.1 GALILEIS Gedankenexperiment: Aus der Beobachtung der Bewegung auf geneigten Ebenen schloss GALILEI, dass die Kugel auf einer horizontalen Ebene ohne Reibung ständig weiterrollen müsse.

Trägheitsprinzip und Inertialsystem

Das Verhalten der Kugel auf dem durch eine Kurve fahrenden Wagen wird nun von zwei verschiedenen Bezugssystemen aus betrachtet (**Abb. 37.1**).

1. In einem mit den Schienen verbundenen ruhenden Bezugssystem I, gegenüber dem sich der Wagen bewegt, gilt für die Kugel das Trägheitsprinzip. Denn auch bei Beschleunigung des Wagens bewegt sie sich – zumindest anfänglich – geradeaus mit konstanter Geschwindigkeit weiter. Sie ändert also gegenüber dem Bezugssystem I ihre Geschwindigkeit nicht.

2. In einem mit dem bewegten Wagen verbundenen Bezugssystem II urteilt der *mitfahrende* Beobachter nur nach dem, was er sieht: Obwohl es keine äußere Einwirkung auf die Kugel gibt, bleibt sie nicht in Ruhe, sondern bewegt sich gegenüber dem Wagen. Sie ändert also gegenüber dem mitbewegten Bezugssystem II ihre Geschwindigkeit. Das Trägheitsprinzip gilt in diesem System nicht. Die Ursache dafür ist die Beschleunigung des mit dem Wagen verbundenen Bezugssystems bei der Kurvenfahrt.

Bezugssysteme werden unterschieden in solche, in denen für „frei" bewegliche Körper das Trägheitsprinzip gilt, und in solche Bezugssysteme, in denen das Trägheitsprinzip nicht gilt. In beschleunigten Bezugssystemen gilt das Trägheitsprinzip nicht.

> Ein Bezugssystem, in dem „frei" bewegliche Körper dem Trägheitsprinzip folgen, heißt **Inertialsystem** (inertia, lat.: Trägheit).

Bewegt sich ein Körper in einem Inertialsystem mit konstanter Geschwindigkeit $\vec{v}$, so ist seine Geschwindigkeit $\vec{v}\,'$ in jedem anderen System, das sich relativ zum ersten mit konstanter Geschwindigkeit $\vec{v}_r$ bewegt, ebenfalls konstant: $\vec{v}\,' = \vec{v} + \vec{v}_r$. Daher gibt es unendlich viele Inertialsysteme. Denn gilt für einen Körper in einem System das Trägheitsprinzip, so gilt es auch in allen anderen Systemen, die sich relativ zum ersten mit konstanter Geschwindigkeit bewegen.

> **Galilei'sches Relativitätsgesetz:** Es gibt unendlich viele gleichberechtigte Inertialsysteme. Mit keinem Experiment der Mechanik lässt sich feststellen, ob ein Inertialsystem in Ruhe oder in Bewegung ist.

Für fast alle Versuche kann der Physikraum, das *Laborsystem,* näherungsweise als Inertialsystem gelten, solange die Rotationsbewegung der Erde, bei der sich die Richtung der Geschwindigkeit ständig ändert, vernachlässigbar ist. Der Foucault'sche Pendelversuch (→ S. 56) zeigt z. B., dass die Erde genau genommen kein Inertialsystem ist.

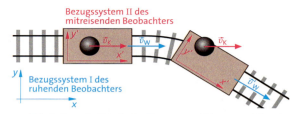

37.1 Trägheitsverhalten in der Bewegung. Wagen und Kugel haben zunächst gleiche Geschwindigkeit. Ändert der Wagen seine Bewegungsrichtung, so behält die Kugel im Raum – im ruhenden Bezugssystem – ihre Geschwindigkeit bei.

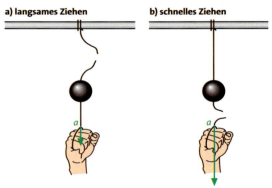

37.2 Trägheitsverhalten in Ruhe. In **a)** reißt der obere Faden, weil Gewichts- *und* Zugkraft wirken. In **b)** reißt der untere Faden, weil die Kugel der plötzlichen Bewegungsänderung nicht sofort folgt.

Aufgaben

1. Beschreiben Sie das Verhalten eines Mitfahrers in einem Auto bei verschiedenen Verkehrssituationen und begründen Sie es mit dem Trägheitsprinzip.
2. Geben Sie drei Beispiele aus anderen Bereichen als oben erwähnt für die Gültigkeit des Trägheitsprinzips an (mit Begründung).
3. Wird eine Postkarte zusammen mit einem Geldstück auf ein Glas gelegt, so fällt das Geldstück ins Glas, wenn die Karte ruckartig weggezogen wird. Führen Sie den Versuch aus und begründen Sie das Geschehen.
4. Eine dünne schmale Holzplatte, über der eine Zeitung liegt, ragt über eine Tischkante hinaus. Beim langsamen Herunterdrücken der Latte hebt sich die Zeitung, beim Schlag auf die Latte zerbricht diese. Führen Sie den Versuch aus und begründen Sie das Geschehen.
*5. In einem mit der konstanten Geschwindigkeit v_Z fahrenden Zug wird ein Ball mit der Geschwindigkeit v_0 **a)** senkrecht hochgeworfen, **b)** unter dem Winkel α nach hinten geworfen. Geben Sie die Bewegungsgleichungen im Bezugssystem eines Beobachters an, der den Zug an sich vorbeifahren sieht, für a) und für b), wenn in diesem Fall der Beobachter den Ball senkrecht nach oben geworfen sieht.

Dynamik

1.2.2 Masse und Impuls

Die Masse

Neben der Zeit und der Länge ist die *Masse* eines Körpers die dritte wichtige Grundgröße der Physik. Die Masse eines Körpers wird mit der Balken- oder Tafelwaage durch Vergleich mit Wägestücken normierter Massen bestimmt. Bei dieser sogenannten *statischen Massenbestimmung* wird die Tatsache genutzt, dass auf alle Körper eine *Gewichtskraft*, die Schwerkraft der Erde, wirkt.

Das folgende Experiment, bei dem die Wirkung der Gewichtskraft durch die Fahrbahn aufgehoben ist, zeigt eine weitere Eigenschaft der Masse.

Versuch 1: Auf einer Luftkissenfahrbahn werden zwei mit Wägestücken belastete Gleiter an den einander zugewandten Seiten mit elastischen Federbügeln versehen. Die Gleiter werden durch einen Faden so verbunden, dass beide Federbügel gespannt sind. Zu Beginn des Versuchs befinden sich die Gleiter in Ruhe. Nach dem Durchbrennen des Fadens entspannen sich die Federn, die Gleiter stoßen sich voneinander ab und bewegen sich schließlich mit konstanten Geschwindigkeiten. Ihre Geschwindigkeiten v_1 und v_2 werden mit Lichtschranken gemessen (**Abb. 38.1**). Werden die Gesamtmassen der Gleiter durch zusätzliche Wägestücke geändert, so ergeben sich andere Geschwindigkeiten.
Ergebnis: Die unterschiedlichen Endgeschwindigkeiten der beiden Körper beruhen auf ihren unterschiedlichen Massen. Der Gleiter mit der größeren Masse hat nach dem Abstoßen die kleinere Geschwindigkeit und umgekehrt. ◄

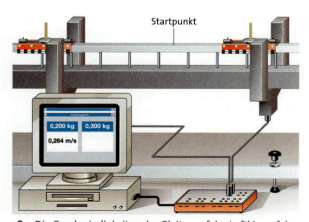

38.1 Die Geschwindigkeiten der Gleiter auf der Luftkissenfahrbahn werden nach dem Abstoßen im computerunterstützten Messverfahren registriert. Die beiden Lichtschranken messen die Verdunklungszeiten, welche die Fahnen beim Vorbeifahren hervorrufen.

Wird berücksichtigt, dass die Geschwindigkeiten der beiden Gleiter entgegengesetzte Richtungen haben und die Geschwindigkeiten wie üblich nach rechts positiv und nach links negativ gezählt werden, so zeigt die Auswertung der Versuche:

> Die Geschwindigkeiten der Gleiter stehen im umgekehrten Verhältnis zu ihren Massen:
>
> $\frac{m_1}{m_2} = \frac{-v_2}{v_1}$ ($-v_2$ wegen entgegengesetzter Richtung zu v_1)

Diese Experimente hätten die gleichen Ergebnisse, wenn sie weit entfernt von allen Planeten oder Sternen im Weltraum durchgeführt würden, wenn also keine Gewichtskraft wirkte. Die in diesem Verhalten der Körper sichtbare Eigenschaft ist die **Trägheit.**

Mit dieser Versuchsanordnung, dem sogenannten *dynamischen Messverfahren* der Masse, kann die Trägheit eines Körpers gemessen werden. Zwei Körper haben die gleiche Trägheit, wenn sie im obigen Versuch auf die betragsmäßig gleiche Geschwindigkeit beschleunigt werden. Da alle Körper mit *gleicher Trägheit* auch *gleich schwer* sind, ist es naheliegend, die Trägheit wie auch die Schwere als verschiedene Merkmale der Masse anzusehen (→ 2.1.4). Die *schwere Masse* eines Körpers zeigt sich in Anwesenheit eines anderen sehr massereichen Körpers, z. B. eines Planeten, in der Gewichtskraft; die *träge Masse* eines Körpers zeigt sich bei Vorgängen, in denen seine Geschwindigkeit verändert wird.

Da zwei gleich schwere Körper auch stets gleich träge sind, sind *schwere Masse* und *träge Masse* eines Körpers zueinander proportional. Diese Proportionalität ist durchaus nicht selbstverständlich, sondern ein experimentelles Ergebnis, das durch eine Vielzahl von Versuchen mit großer Genauigkeit bestätigt worden ist (→ S. 89). Daher kann für die *träge Masse* dieselbe Einheit 1 kg benutzt werden wie für die *schwere Masse*, sodass beide Messverfahren – das eine unter Verwendung der Schwere, das andere unter Verwendung der Trägheit – zu demselben Wert für die Masse eines Körpers führen. Die Größe *Masse* umfasst also die Eigenschaften der *Trägheit* und *der Schwere*.
Diese Äquivalenz hat EINSTEIN zum Ausgangspunkt der Allgemeinen Relativitätstheorie genommen (→ S. 371).

> *Schwere* und *Trägheit* sind Eigenschaften der *Masse* eines Körpers. Die Einheit der Masse ist das Kilogramm: $[m] = 1$ kg.

Die physikalische Größe Masse m ist wie die Zeit t ein Skalar.

Dynamik

MECHANIK

Der Impuls

Die aus den Messungen des Versuchs 1 gewonnene Gleichung über das Verhältnis der Massen und der Geschwindigkeiten kann so umgeformt werden, dass die Größen, die sich auf denselben Körper beziehen, einen Term bilden:

$$m_1 v_1 = - m_2 v_2$$

Die Beträge des Produkts aus *Masse m* und *Geschwindigkeit v* sind für beide Körper gleich. Das Produkt $m v$ wird als neue physikalische Größe eingeführt und als **Impuls** (impulsus, lat.: Stoß) eines Körpers bezeichnet. Den Versuch 1 beschreibt dann die Aussage, dass die beiden Körper einen betragsmäßig gleichen aber entgegengesetzt gerichteten Impuls erhalten haben.

> Der Impuls p eines Körpers ist das Produkt aus seiner Masse m und seiner Geschwindigkeit v:
>
> $p = m v$
>
> Die Einheit des Impulses ist $[p] = 1 \frac{m \, kg}{s}$.

Die folgenden Experimente geben Hinweise auf die Bedeutung des Impulsbegriffs:

Versuch 2: Auf einer Luftkissenfahrbahn stößt ein Gleiter der Masse m, der an seiner Vorderseite mit einer elastischen Feder versehen ist, mit der Geschwindigkeit v auf einen ruhenden Gleiter gleicher Masse.
Beobachtung: Nach dem Stoß ruht der stoßende Gleiter, und der zuvor ruhende Gleiter bewegt sich nun mit der gleichen Geschwindigkeit v. Der Impuls $p = m v$ ist vom ersten auf den zweiten Gleiter übergegangen. ◄

Versuch 3: Ein Gleiter der Masse m_1 stößt mit der Geschwindigkeit v_1 auf einen ruhenden Gleiter der Masse m_2, wobei sich zwischen den Gleitern anstelle einer Feder verformbare Knetmasse befindet.
Beobachtung: Nach dem Stoß bewegen sich beide Gleiter zusammen mit der Geschwindigkeit v'_{12}. Eine Messung der Geschwindigkeiten v_1 und v'_{12} zeigt, dass der Impuls $p_1 = m_1 v_1$ vor dem Stoß gleich dem Impuls $p'_{12} = (m_1 + m_2) v'_{12}$ nach dem Stoß ist. Der Impuls hat sich auf beide Gleiter verteilt. ◄

Der Impuls ist geeignet, Experimente sowohl mathematisch als auch sprachlich in einfacher Weise zu beschreiben.
Umgangssprachlich verwenden wir den Begriff Impuls selten, umschreiben ihn aber häufig mit einem sinnverwandten Begriff. Man sagt z. B.: „Ein Auto stößt mit großer *Wucht* (großem Impuls) gegen eine Mauer", oder: „Man gibt einem auf einer Schaukel sitzenden Kind einen *Schwung* (Impuls)." Der Impuls eines Kör-

pers, z. B. eines Wagens oder eines Balls, ist umso größer, je größer seine Masse und je höher seine Geschwindigkeit sind. Man empfindet dies besonders beim Versuch, einen solchen bewegten Körper abzubremsen.

Aufgaben

1. Zwei Gleiter A ($m_A = 0,4$ kg) und B bewegen sich nach dem Abbrennen der Schnur (Versuch 1) mit den Geschwindigkeiten $v_A = -3,2$ m/s und $v_B = 4,8$ m/s in entgegengesetzter Richtung voneinander fort.
   a) Berechnen Sie die Masse von B.
   b) Berechnen Sie die Impulse und zeichnen Sie beide als Vektoren in eine Skizze des Versuchs ein.

2. Ein Eisenbahnwaggon der Masse 40 t stößt mit der Geschwindigkeit $v = 1,5$ m/s auf drei andere miteinander verbundene Waggons der Gesamtmasse 150 t und bleibt ebenfalls mit diesen verbunden. Berechnen Sie die Geschwindigkeit der vier Waggons nach dem Stoß.

3. Ein Gleiter der Masse $m = 240$ g stößt mit der Geschwindigkeit $v = 15$ cm/s auf einen ruhenden anderen Gleiter. Beide haben nach dem Stoß gemeinsam eine Geschwindigkeit $v' = 9$ cm/s. Berechnen Sie die Masse des ruhenden zweiten Gleiters.

Exkurs

Die Grundgröße Masse

Das Normal für die Masse ist im Internationalen Einheitensystem (SI) festgelegt worden. **Basiseinheit der Masse m** ist das Kilogramm: $[m] = 1$ kg: 1 Kilogramm ist die Masse des Internationalen Prototyps. Prototyp ist seit 1901 ein Platin-Iridium-Zylinder, das sogenannte *Urkilogramm*, das in Sèvres bei Paris aufbewahrt wird. In der Bundesrepublik Deutschland lagert die Kopie Nr. 52 in der Physikalisch-Technischen Bundesanstalt in Braunschweig.
Die Ambivalenz (*Trägheit* bzw. *Schwere*) der Masse kommt auch in der DIN-Norm zum Ausdruck: „Die physikalische Masse m ist die Eigenschaft eines Körpers, die sich sowohl in Trägheitswirkungen gegenüber einer Änderung seines Bewegungszustandes als auch in der Anziehung auf andere Körper äußert. Die Masse ist ortsunabhängig."
Massen der Körper werden danach auch entweder durch ihre Trägheit oder durch ihre Gewichtskraft bestimmt. Messungen mithilfe von Waagen können in einem Bereich von 10^{-14} kg bis 10^7 kg ausgeführt werden. Eines der empfindlichsten Messgeräte, das je gebaut worden ist, kann noch Messungen von 20 Pikogramm ($20 \cdot 10^{-15}$ kg) durch die Frequenzänderungen eines schwingenden Quarzes messen.
Eine andere Bezeichnung für die Masse ist das immer noch gebräuchliche *Gewicht*, das im Alltag (Handel usw.) synonym für die *Masse* gesetzlich verwendet werden darf.

Dynamik

1.2.3 Impuls und Impulserhaltung

Die Auswertung des Versuchs 1 (→ S. 38) ergibt, dass die Impulse p_1 und p_2 entgegengesetzt gleich sind:

$$p_1 = -p_2 \quad \text{oder umgeformt} \quad p_1 + p_2 = 0.$$

Die zweite Gleichung lässt sich folgendermaßen deuten: Bevor die beiden Gleiter auseinanderschnellen, also vor der Wechselwirkung, sind sie in Ruhe. Beide Gleiter haben jeweils den Impuls null. p_1 und p_2 sind die Impulse nach der Wechselwirkung und $p_1 + p_2$ ist null. Also ist die Summe der Impulse vor der Wechselwirkung gleich der Summe der Impulse nach der Wechselwirkung.

Auch die Versuche 2 und 3 (→ S. 39) zeigen, dass der Impuls vor der Wechselwirkung der beiden Körper gleich dem Impuls nach der Wechselwirkung ist. Im Versuch 2 übernimmt der gestoßene Körper den ganzen Impuls des stoßenden Körpers, im Versuch 3 ist der Impuls beider Gleiter zusammen gleich dem Impuls des Gleiters vor dem Stoß.

Stöße zwischen Körpern werden mithilfe der folgenden Definitionen unterschieden:

- Ein Stoß heißt **elastisch,** wenn sich die Stoßpartner nach dem Stoß wieder trennen.
- Ein Stoß heißt **unelastisch,** wenn die Körper nach dem Zusammentreffen verbunden bleiben.
- Ein Stoß heißt **zentral,** wenn sich die stoßenden Körper (mit ihren Schwerpunkten) entlang einer Geraden aufeinander zu bewegen.

Wenn die miteinander wechselwirkenden Körper sich längs einer Geraden bewegen, so werden entgegengesetzte Geschwindigkeiten bzw. Impulse in Rechnungen mit unterschiedlichen Vorzeichen berücksichtigt.

Versuch 1: Auf einer Luftkissenfahrbahn werden zwei Gleiter, von denen einer an der Frontseite mit einem Federbügel versehen ist, mit verschiedenen und entgegengesetzten Geschwindigkeiten gestartet (**Abb. 40.1**).
Die Geschwindigkeiten v_1 und v_2 vor sowie v_1' und v_2' nach dem Stoß und die Massen der Gleiter werden bestimmt und die Impulse p_1 und p_2 vor sowie p_1' und p_2' nach dem Stoß berechnet.
Ergebnis: Die Summe der Impulse vor dem Stoß ist gleich der Summe der Impulse nach dem Stoß
$m_1 v_1 + m_2 v_2 = m_1 v_1' + m_2 v_2'$ oder
$p_1 + p_2 = p_1' + p_2'$. ◂

> Beim **zentralen elastischen Stoß** ist die Summe der Impulse vor dem Stoß gleich der Summe der Impulse nach dem Stoß: $p_1 + p_2 = p_1' + p_2'$.

Versuch 2: Beide Gleiter werden nun an der Frontseite mit einer plastischen Masse versehen, sodass sie nach dem Stoß aneinandergekoppelt bleiben (**Abb. 40.2**).
Bei verschiedenen Geschwindigkeiten und Massen werden die Impulse vor und nach dem Stoß bestimmt. Nach dem Stoß gilt für den Impuls der gekoppelten Gleiter $p_{12}' = (m_1 + m_2) v_{12}'$, wenn mit v_{12}' die gemeinsame Geschwindigkeit beider Gleiter bezeichnet wird.
Ergebnis: $m_1 v_1 + m_2 v_2 = (m_1 + m_2) v_{12}'$ ◂

> Im **zentralen unelastischen Stoß** ist die Summe der beiden Impulse vor dem Stoß gleich dem Impuls des Gesamtkörpers nach dem Stoß: $p_1 + p_2 = p_{12}'$.

Alle Versuche, die sich bisher allerdings immer auf Wechselwirkungen zwischen Körpern längs einer Geraden beschränkten, zeigen, dass der Impuls eine *Erhaltungsgröße* ist. Die Voraussetzung ist, dass die Impulse *aller* an der Wechselwirkung beteiligten Körper berücksichtigt werden.

40.1 Impulssumme beim zentralen elastischen Stoß:
a) vor dem Stoß: $3m_0 v_0 + 2m_0 (-0{,}5 v_0) = 2m_0 v_0$
b) nach dem Stoß: $3m_0 (-0{,}2 v_0) + 2m_0 \cdot 1{,}3 v_0 = 2m_0 v_0$

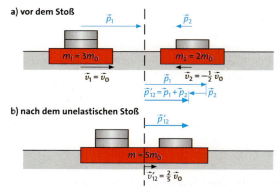

40.2 Impulssumme beim zentralen unelastischen Stoß:
a) vor dem Stoß: $3m_0 v_0 + 2m_0 (-0{,}5 v_0) = 2m_0 v_0$
b) nach dem Stoß: $5m_0 (0{,}4 v_0) = 2m_0 v_0$

Dynamik

Impulserhaltungssatz:
In einem abgeschlossenen System ist die Summe der Impulse vor dem Stoß gleich der Summe der Impulse nach dem Stoß:

$p_1 + p_2 = p'_1 + p'_2$

Eine räumlich begrenzte Anordnung von Körpern, die nur untereinander in Wechselwirkung stehen, wird als abgeschlossenes System bezeichnet.

Der Impulserhaltungssatz ermöglicht beim *unelastischen zentralen Stoß* (→ 1.3.6) Voraussagen über die Geschwindigkeit nach dem Stoßvorgang.
Aus $m_1 v_1 + m_2 v_2 = v'_{12}(m_1 + m_2)$ folgt durch Umformung

$v'_{12} = \dfrac{m_1 v_1 + m_2 v_2}{m_1 + m_2}$.

Das Raketenprinzip

Mit dem Impulserhaltungssatz lässt sich auch das Prinzip des *Raketenantriebs* verstehen. Die Verbrennungsgase werden mit hoher Geschwindigkeit vom Triebwerk ausgestoßen und erteilen der Rakete einen entgegengesetzten Impuls (**Abb. 41.1**). Rakete und ausgestoßenes Gas bilden ein *abgeschlossenes System*. Die Rakete der Masse m bewege sich in einem Bezugssystem, z. B. dem der Sonne, mit der Geschwindigkeit v. In der Zeit Δt werde das Gas der Masse Δm mit der Relativgeschwindigkeit $w < 0$ ausgestoßen. Dadurch erhält die Rakete den Geschwindigkeitszuwachs Δv. Die Geschwindigkeit des ausgestoßenen Gases in dem gewählten Bezugssystem ist v_{Gas}. Nach dem Impulserhaltungssatz gilt mit $\Delta m = m_2 - m_1 < 0$

$m v = -\Delta m \, v_{Gas} + (m + \Delta m)(v + \Delta v)$.

Die Geschwindigkeit v_{Gas} ergibt sich aus der Beziehung

$v_{Gas} = v_{Rakete} + w$ zu $v_{Gas} = (v + \Delta v) + w$.

Mit dieser Ersetzung für v_{Gas} folgt nach einigen Umformungen

$0 = -\Delta m \, w + m \Delta v$

und hieraus nach Division durch Δt

$m \dfrac{\Delta v}{\Delta t} = \dfrac{\Delta m}{\Delta t} w$.

Die Beschleunigung der Rakete ist $a = \Delta v / \Delta t$ und der Quotient $\Delta m / \Delta t$ ist die Rate des Brennstoffverbrauchs.

$m a = \dfrac{\Delta m}{\Delta t} w$.

Also ist die Beschleunigung proportional zum Betrag der Ausströmgeschwindigkeit $|w|$ und zur Rate des Brennstoffverbrauchs. $T = |w| |\Delta m|/\Delta t$ ist die sogenannte *Schubkraft* der Rakete.

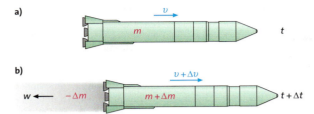

41.1 Eine Rakete in einem beliebigen Bezugssystem zu zwei verschiedenen Zeitpunkten t und $t + \Delta t$. Rakete und Treibgas bilden ein abgeschlossenes System, sodass der Impulserhaltungssatz angewendet werden kann.

Aufgaben

1. Ein stehender Güterwagen ($m_1 = 20$ t) wird durch einen anderen Güterwagen ($m_2 = 30$ t) mit einer Geschwindigkeit von $v_2 = 5$ km/h gerammt. Berechnen Sie die Geschwindigkeit der Wagen, wenn diese nach dem Zusammenstoß miteinander zusammengekoppelt sind.

2. Zwei Gleiter ($m_1 = 200$ g, $m_2 = 500$ g) bewegen sich mit $v_1 = 32$ cm/s und $v_2 = -21$ cm/s aufeinander zu. Bestimmen Sie die Geschwindigkeit nach einem unelastischen Stoß.

3. Vater ($m_1 = 70$ kg) und Tochter ($m_2 = 30$ kg) stehen zusammen auf Schlittschuhen auf dem Eis und stoßen sich voneinander ab. Berechnen Sie den Abstand der beiden nach 5 s, wenn der Vater sich mit $v'_1 = 0,3$ m/s wegbewegt.

4. Von einem Rollwagen ($m_1 = 20$ kg), der sich mit einer Geschwindigkeit $v_1 = 2,0$ m/s bewegt, springt ein Junge ($m_2 = 60$ kg) in Fahrtrichtung oder in Gegenrichtung ab. Beim Auftreffen auf den Boden
   a) bewegt der Junge sich mit der gleichen Geschwindigkeit, die der Wagen hat, bevor der Junge abspringt;
   b) ist der Junge gegenüber dem Boden in Ruhe;
   c) bewegt sich der Junge mit der doppelten Anfangsgeschwindigkeit des Wagens.
   Berechnen Sie jeweils die Geschwindigkeit des Wagens, nachdem der Junge abgesprungen ist.

5. Ein Motorboot der Masse $m = 2000$ kg wird nach dem Raketenprinzip angetrieben, indem ein Motor angesaugtes Wasser mit einer Geschwindigkeit $w = 25$ m/s nach hinten ausstößt. Berechnen Sie die pro Sekunde ausgestoßene Wassermasse, wenn eine Beschleunigung von 1,5 m/s² erreicht werden soll.

6. Aus einem Jagdgewehr der Masse 4,4 kg wird ein Geschoss der Masse 5,2 g mit einer Geschwindigkeit von 672 m/s abgefeuert.
   a) Berechnen Sie die Geschwindigkeit des Gewehrs, wenn es beim Schuss frei beweglich wäre.
   b) Begründen Sie, dass der Jäger beim Schuss die Waffe fest in die Schulter zieht.

*7. Zwei Wagen mit den Massen m_1 und m_2, zwischen denen sich eine gespannte Feder befindet, stehen auf einer Fahrbahn. Fahrbahn und Wagen befinden sich durch eine Unterstützung unter dem gemeinsamen Schwerpunkt im labilen Gleichgewicht. Zeigen Sie, dass sich die Lage des gemeinsamen Schwerpunktes der Wagen nicht ändert, wenn sich die Feder entspannt hat.

Dynamik

1.2.4 Der Impuls als Vektor

Der Impuls ist als Produkt aus dem Geschwindigkeitsvektor $\vec{v}$ und dem Skalar Masse m ebenfalls ein Vektor, also müssen bei einer Wechselwirkung von Körpern auch die Richtungen der Impulse berücksichtigt werden.

Abb. 42.1a zeigt die stroboskopische Aufnahme eines Stoßes zwischen zwei Kugeln unterschiedlicher Masse und Geschwindigkeit, die beide am oberen Rand in das Bild eintreten. Aus den unter der Abbildung angegebenen Daten lassen sich die Impulse berechnen. **Abb. 42.1b** zeigt die Bewegungsrichtungen der Kugeln und auf den Richtungen abgetragen die Impulse der Kugeln vor und nach dem Stoß. Aus der Abbildung ergibt sich, dass die vektorielle Summe der Impulse vor und nach der Wechselwirkung gleich ist:

$$\vec{p}_1 + \vec{p}_2 = \vec{p}\,'_1 + \vec{p}\,'_2$$

Der Impulserhaltungssatz ist von fundamentaler Bedeutung. Seine Gültigkeit ist auf allen Gebieten der Physik, von der Astrophysik bis zur Mikrophysik (**Abb. 42.2**), immer wieder als zentraler Erhaltungssatz bestätigt worden. Für ein abgeschlossenes System (→ 1.2.3) gilt der

> **Allgemeine Impulserhaltungssatz:**
> In einem abgeschlossenen System aus n Körpern ist die (vektorielle) Summe der Impulse zeitlich konstant:
> $$m_1\vec{v}_1 + m_2\vec{v}_2 + m_3\vec{v}_3 + \ldots + m_n\vec{v}_n = \text{konstant} \quad \text{oder}$$
> $$\vec{p}_1 + \vec{p}_2 + \vec{p}_3 + \ldots + \vec{p}_n = \text{konstant}$$

Aus der vektoriellen Formulierung des Impulserhaltungssatzes ergibt sich, dass der Impuls auch komponentenweise erhalten bleibt, also ist z. B. in einem räumlichen Koordinatensystem jeweils die Summe der x-Komponenten, der y-Komponenten und der z-Komponenten zeitlich konstant.

Schiefer elastischer Stoß auf eine Wand

Ein Beispiel, bei dem die Vektoreigenschaft des Impulses berücksichtigt werden muss, ist der schiefe elastische Stoß eines Körpers mit einer Wand. Jeder Impulsvektor kann in Komponenten zerlegt werden, z. B. eine Komponente parallel und eine Komponente senkrecht zur Wand. Durch diese beiden Vektoren ist eine Ebene, die sogenannte Einfallsebene, definiert, die senkrecht zur Wand steht. Diese Ebene ist die Zeichenebene in **Abb. 42.3**.

Aus dem Impulserhaltungssatz folgt, dass die Komponente des Impulses p_par parallel zur Wand beim Stoß unverändert bleibt: $p_\text{par} = p'_\text{par}$. Für die senkrechte Impulskomponente gilt $p_\text{senk} = -p'_\text{senk}$, was auf der gegenüber der Masse des stoßenden Körpers sehr viel größeren Masse der Wand beruht, wie in → 1.3.6 gezeigt wird.

Das bedeutet, dass auch nach der Reflexion der Vektor des Impulses p' bzw. der Geschwindigkeit v' in der oben definierten Einfallsebene liegt. Für den Einfallswinkel α gilt $\tan\alpha = |p_\text{par}|/|p_\text{senk}|$, für den Reflexionswinkel $\tan\beta = |p'_\text{par}|/|p'_\text{senk}|$. Wegen der Beziehungen zwischen den Impulskomponenten folgt $\alpha = \beta$, d. h. der Einfallswinkel ist gleich dem Ausfallswinkel. Für den elastischen Stoß eines Körpers auf eine Wand gilt das Reflexionsgesetz, das dem Reflexionsgesetz der Optik entspricht.

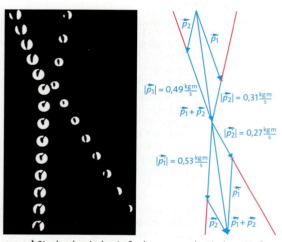

42.1 a) Stroboskopische Aufnahme vom elastischen Stoß zweier Kugeln, die von oben in das Bild eintreten. Die Masse der großen Kugel beträgt $m_1 = 0{,}200$ kg, die Masse der kleinen $m_2 = 0{,}085$ kg. Die Blitzfrequenz ist $30\,\text{s}^{-1}$, der Abbildungsmaßstab ist 1:20. **b)** Die Impulse haben dieselben Richtungen wie die Geschwindigkeiten und addieren sich vektoriell.

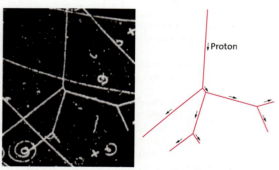

42.2 In einer Blasenkammer stößt ein vom oberen Bildrand einfallendes Proton nacheinander elastisch mit weiteren ruhenden Protonen zusammen. Die Winkel der Bahnen der Teilchen nach dem Stoß betragen nahezu 90°. Dies beruht u. a. darauf, dass die wechselwirkenden Körper gleiche Masse haben.

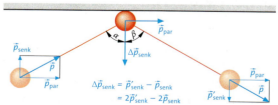

42.3 Schiefer elastischer Stoß mit einer Wand. Die Zeichenebene ist die Einfallsebene. Wegen $p_\text{senk} = -p'_\text{senk}$ gilt das Reflexionsgesetz: $\tan\alpha = |p_\text{par}|/|p_\text{senk}| = \tan\beta = |p'_\text{par}|/|p'_\text{senk}|$, also Einfallswinkel α = Ausfallswinkel β.

Schwerpunktsatz

Abb. 43.1a zeigt noch einmal die stroboskopische Aufnahme des Stoßes zweier Kugeln. In **Abb. 43.1b** sind die zu gleichen Zeiten aufgenommenen Bilder der beiden Kugeln durch Strecken verbunden. Der gemeinsame Schwerpunkt der Kugeln teilt diese Strecken im umgekehrten Verhältnis der Massen der Kugeln (→ Aufg. 7, S. 41). Die rote Linie bezeichnet den Weg des Schwerpunktes. Der Schwerpunkt bewegt sich unbeeinträchtigt vom Stoßvorgang auf der Linie der Impulssummenvektoren vor und nach dem Stoß (**Abb. 42.1b**).
Dieser Stoßvorgang ist ein Beispiel für eine Wechselwirkung in einem abgeschlossenen System. Nur die beiden Kugeln stehen miteinander in Wechselwirkung.

> Der (gemeinsame) Schwerpunkt von Körpern eines abgeschlossenen Systems bewegt sich unabhängig von den Wechselwirkungen der Körper untereinander mit (nach Betrag und Richtung) konstanter Geschwindigkeit.

Ein weiteres Beispiel für den Schwerpunktsatz ist die Flugbahn der Trümmer eines Satelliten, der vor dem Absturz zur Explosion gebracht wurde. Seine Einzelteile werden zwar in alle Richtungen gesprengt und beschreiben unterschiedliche Bahnen, der Schwerpunkt aller Einzelteile bleibt jedoch auf der gleichen Bahn, die der Satellit vorgezeichnet hat (Aufgabe 2).

Die Raketengleichung

Im Bezugssystem, in dem der Schwerpunkt der Rakete ruht, ist der Gesamtimpuls zur Zeit t gleich null. In der Zeit Δt wird die Gasmasse Δm mit der Relativgeschwindigkeit $w < 0$ ausgestoßen, wodurch sich die Geschwindigkeit der Rakete um Δv ändert. Also gilt mit $\Delta m = m_2 - m_1 < 0$ und der Geschwindigkeit der Gasmasse relativ zum Schwerpunkt $\Delta v + w$:

$$0 = -\Delta m (\Delta v + w) + (m + \Delta m) \Delta v, \ (w < 0, \Delta v > 0),$$

woraus mit einer Umformung

$0 = -\Delta m\, w + m\, \Delta v$ folgt und nach Division durch Δt

$m \frac{\Delta v}{\Delta t} = \frac{\Delta m}{\Delta t} w$ (→ 1.2.3).

Während des Brennstoffverbrauchs verringert sich die Masse m der Rakete und die Geschwindigkeitsänderungen Δv werden bei gleicher Ausströmgeschwindigkeit w und gleicher Rate des Brennstoffverbrauchs $\Delta m / \Delta t$ immer größer:

$\Delta v = w \frac{\Delta m}{m}$

Die gesamte Geschwindigkeitsänderung, eine Summation der Änderungen Δv, lässt sich mithilfe der Integralrechnung bestimmen. Aus

$\mathrm{d} v = w \frac{\mathrm{d} m}{m}$ folgt $\int_{v_1}^{v_2} \mathrm{d} v = w \int_{m_1}^{m_2} \frac{\mathrm{d} m}{m}.$

Die Integration ergibt die sogenannte *zweite Raketengleichung*

$v_2 - v_1 = w \left[\ln m\right]_{m_1}^{m_2} = w (\ln m_2 - \ln m_1) = -w \ln \frac{m_1}{m_2} \ (w < 0).$

Die Formel gibt an, um wie viel die Geschwindigkeit zunimmt, wenn die Masse der Rakete durch den Ausstoß der Verbrennungsgase von m_1 auf m_2 abnimmt. Bei einer mehrstufigen Rakete wird die Masse m_2 noch zusätzlich durch Abstoßen der ausgebrannten Stufe verringert.

Dynamik

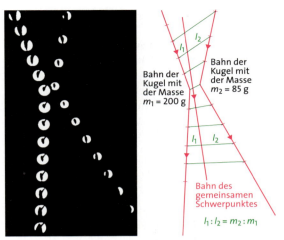

43.1 Der gemeinsame Schwerpunkt zweier Kugeln bewegt sich unabhängig von der Wechselwirkung in Richtung der Impulssumme. Der Schwerpunkt teilt die Verbindungsstrecke der Kugeln im umgekehrten Verhältnis der Massen der Kugeln. In Teilchenbeschleunigern werden die kollidierenden Teilchen gegeneinander geschossen, da dann bei einer Kollision die kinetische Energie des Schwerpunktes null ist (→ 1.3.2 und 14.1).

Aufgaben

1. a) Zeigen Sie ohne Kenntnis der Blitzfrequenz und des Abbildungsmaßstabs, dass für den im Bild rechts dargestellten Stoß einer Kugel mit einer zweiten ruhenden Kugel gleicher Masse der Impulserhaltungssatz gilt. Die stoßende Kugel kommt von oben.
   b) Bestimmen Sie die Geschwindigkeit (Betrag und Richtung) des gemeinsamen Schwerpunktes der beiden Kugeln vor und nach dem Stoß.

2. Eine Explosion zersprengt einen Stein in drei Teile. Zwei Stücke ($m_1 = 1{,}0$ kg, $m_2 = 2{,}0$ kg) fliegen rechtwinklig zueinander mit $v_1 = 12$ m/s bzw. mit $v_2 = 8{,}0$ m/s fort. Das dritte Stück fliegt mit $v_3 = 40$ m/s weg.
Ermitteln Sie aus einem Diagramm die Richtung der Geschwindigkeit und die Masse des dritten Stücks.

3. Ein Satellit bewegt sich horizontal mit einer Geschwindigkeit $v_1 = 8$ km/s relativ zur Erde. Er soll eine Ladung in horizontaler Richtung rückwärts ausstoßen, sodass diese senkrecht auf die Erde fällt. Satellit und Ladung wiegen 450 kg, die Ladung allein 50 kg. Berechnen Sie die Geschwindigkeit relativ zum Satelliten, mit der die Ladung ausgestoßen werden muss, sowie die Geschwindigkeit des Satelliten relativ zur Erde nach dem Anstoßen.

Dynamik

1.2.5 Die Definition der Kraft

Das erste Newton'sche Axiom

Nach dem Galilei'schen Trägheitsprinzip wie auch nach dem Impulserhaltungssatz bleibt der Impuls eines Körpers unverändert, solange der Körper keinen äußeren Einwirkungen unterliegt. „Äußere Einwirkungen", die den Impuls eines Körpers, z. B. eines Fußballs, eines Elektrons oder eines Satelliten, ändern können, sind Wechselwirkungen zwischen dem Körper und seiner Umgebung, zwischen Fußball und Spieler, Elektron und elektrischem Feld, Satelliten und Schwerefeld der Erde.

NEWTONS Gedanke war es, die Wechselwirkung zwischen Körpern und ihrer Umgebung unter dem Begriff **Kraft** zusammenzufassen und diese an ihrer zeitlichen Impulsänderung zu messen. Er hat bewusst nicht die Frage gestellt, wie Kräfte zustande kommen und welcher Natur sie sind.

NEWTON hat dazu als Erstes das Galilei'sche Trägheitsprinzip mit der Feststellung erweitert, dass ein Körper, auf den *keine* Kraft wirkt, sich nach dem Trägheitsprinzip verhält und dass sich daher sein Impuls nicht ändert.

> **Erstes Newton'sches Axiom (Trägheitsprinzip):**
> Ein Körper verharrt im Zustand der Ruhe oder der gleichförmig geradlinigen Bewegung, solange keine äußeren Kräfte auf ihn wirken.

Ist ein Körper kräftefrei, dann bleibt sein Impuls konstant (einschließlich $p = 0$). Umgekehrt kann keinesfalls aus der Konstanz des Impulses geschlossen werden, dass keine Kräfte auf den Körper wirken. Ist nämlich die (Vektor-)Summe der äußeren Kräfte null, so bewegt sich der Körper, als wäre er kräftefrei.

Das zweite Newton'sche Axiom

Von einer Kraft haben wir aufgrund unserer körperlichen Erfahrung eine unmittelbare Vorstellung. Die Empfindung in unseren Muskeln sagt uns auch, wozu mehr und wozu weniger Kraft nötig ist. Zum Aufheben und Tragen eines Gegenstandes wird ebenso Kraft benötigt wie zum Anschieben eines Autos.

Wir wissen, dass wir Kraft benötigen, um die Geschwindigkeit eines Körpers zu erhöhen oder um den Körper aus einer Bewegung abzubremsen. Die zu einer Geschwindigkeitsänderung nötige Kraft ist dabei von der Masse des Körpers abhängig. Es geht also um eine *Änderung des Impulses* des Körpers. So überträgt z. B. der Athlet beim Kugelstoßen der Kugel mit seiner Muskelkraft einen Impuls. Ist die Kraft groß, so ist auch die bewirkte Impulsänderung groß.

Der Impuls eines Körpers bleibt so lange unverändert, wie keine Kraft auf ihn einwirkt. Den genauen Zusammenhang zwischen der Kraft und der Impulsänderung zeigt die Auswertung des folgenden Versuchs.

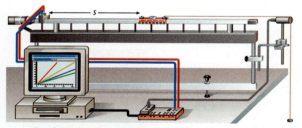

44.1 Ein Gleiter wird von einem Wägestück beschleunigt. Während des Vorgangs wirkt eine unveränderliche Kraft auf den Gleiter. Die Geschwindigkeit des Gleiters wird mithilfe des Computers registriert.

Versuch 1: Ein Gleiter auf einer Luftkissenfahrbahn wird über eine Rolle durch die Gewichtskraft auf ein Wägestück beschleunigt (**Abb. 44.1**). Die computergestützte Erfassung und Auswertung der Messwerte bei der Beschleunigung durch zwei verschieden große Wägestücke ist in **Abb. 44.2** wiedergegeben.
Ergebnis: Bei der Beschleunigung eines Körpers durch eine konstante Gewichtskraft wächst der Impuls proportional zur Zeit. **Abb. 44.2** zeigt ferner, dass die größere Kraft einen stärkeren Anstieg des Impulses verursacht. ◂

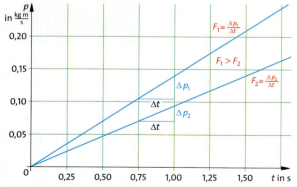

44.2 Der Impuls wächst proportional zur Zeit aufgrund der Wirkung der Gewichtskraft. Die Impulsänderung pro Zeit ist konstant. Die Impulsänderung pro Zeit ist bei der größeren Gewichtskraft größer als bei der geringeren.

Beide Geraden unterscheiden sich durch den Wert ihrer Steigung. Die Steigung in dem Zeit-Impuls-Graphen wird durch den Quotienten $\Delta p / \Delta t$ wiedergegeben.

$\Delta p/\Delta t$ ist konstant, wenn eine konstante Kraft wirkt. Auf diesem offensichtlichen Zusammenhang zwischen Kraft und zeitlicher Impulsänderung beruht die von NEWTON stammende *Definition der Kraft*:

> **Zweites Newton'sches Axiom (Aktionsprinzip):**
> Die Kraft $\vec{F}$ ist der Quotient aus der Impulsänderung $\Delta \vec{p}$ und der Zeit Δt, in der diese Änderung erfolgt:
> $$F = \frac{\Delta p}{\Delta t} \quad \text{oder vektoriell} \quad \vec{F} = \frac{\Delta \vec{p}}{\Delta t}$$

Die Kraft ist ein *Vektor*, der in die Richtung der Impulsänderung weist. Die Kraft ist eine abgeleitete Größe, für die zu Ehren NEWTONS die Einheit Newton (1 N) eingeführt ist: $[F] = 1 \, \text{kg m/s}^2 = 1 \, \text{N}$.

Das Ergebnis des Versuchs 1 legt noch eine andere Interpretationsmöglichkeit nahe. Während des gesamten Vorgangs vergrößert sich der Impuls des Gleiters durch die Einwirkung der Gewichtskraft. Es kann also gesagt werden, dass *Impuls in den Gleiter fließt*. Die zeitliche Änderung des Impulses $\Delta p/\Delta t$ kann analog zu anderen Begriffsbildungen als **Impulsstromstärke** bezeichnet werden. So wird z. B. in der Elektrizitätslehre die zeitliche Änderung der Ladung als (Ladungs-) Stromstärke $I = \Delta Q/\Delta t$ definiert. Mit dieser Interpretation ist dann die **Kraft** eine **Impulsstromstärke**. Diese Erklärung besitzt den anschaulichen Nutzen, dass der Vorgang einer Beschleunigung als ein Zufluss (oder Abfluss) von Impuls vorstellbar ist. Im Versuch 1 fließt der Impuls vom Wägestück durch den Faden zum Gleiter. Die Quelle des Impulses ist das Schwerefeld.

Versuch 2: Die Beschleunigung des Gleiters aus Versuch 1 wird nun durch eine weiche Feder vorgenommen, die sich während der Beschleunigung des Gleiters entspannt. Während der Entspannung wird die Kraft, mit der die Feder auf den Wagen wirkt, immer geringer. Die Änderung des Impulses in Abhängigkeit von der Zeit zeigt **Abb. 45.1**.
Ergebnis: Die im Versuch 2 wirkende Federkraft ist zeitlich veränderlich. Auch die Steigung des Graphen der Impuls-Zeit-Funktion ist veränderlich. Die Steigung einer Kurve in einem Punkt ergibt sich als Steigung der Tangente in diesem Punkt durch den Grenzwert des Differentialquotienten. ◄

Damit heißt die exakte, auch auf zeitlich veränderliche Kräfte anwendbare

> **Definition der Kraft** $\quad F = \lim\limits_{\Delta t \to 0} \frac{\Delta p}{\Delta t} = \frac{dp}{dt} = \dot{p}$.
> Die Kraft ist die erste Ableitung des Impulses nach der Zeit.

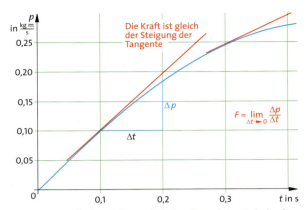

45.1 Der Impuls des Gleiters wächst aufgrund der Federkraft. Die Impulsänderung durch Zeit ist am Anfang am größten, wenn auch die wirkende Kraft am größten ist.

Die Grundgleichung der Mechanik

In der Newton'schen Definition der Kraft ist zugelassen, dass sich nicht nur die Geschwindigkeit v ändert, sondern auch die Masse m. Dies geschieht z. B. beim Raketenantrieb durch den Ausstoß der Verbrennungsgase (→ 1.2.3 und 1.2.4).

Die zeitliche Impulsänderung $\Delta p/\Delta t = \Delta(m v)/\Delta t$ kann sowohl durch eine zeitliche Geschwindigkeitsänderung $\Delta v/\Delta t$ als auch durch eine zeitliche Massenänderung $\Delta m/\Delta t$ zustande kommen. Entsprechend der Regel für die Ableitung eines Produkts gilt:

$$\frac{\Delta p}{\Delta t} = \frac{m \Delta v}{\Delta t} + \frac{v \Delta m}{\Delta t}$$

Im Allgemeinen bleibt jedoch die Masse des Körpers, auf den die Kraft wirkt, konstant: $\Delta m/\Delta t = 0$. Dann ist die zeitliche Impulsänderung gleich dem Produkt aus der Masse m und der Beschleunigung $\Delta v/\Delta t = a$:

$$F = \frac{\Delta p}{\Delta t} = \frac{\Delta(mv)}{\Delta t} = \frac{m \Delta v}{\Delta t} = m\, a$$

Für den Fall konstanter Masse folgt aus der Definitionsgleichung der Kraft die nicht von NEWTON stammende oft genannte und sehr einprägsame Kurzform „*Kraft gleich Masse mal Beschleunigung*".

> **Grundgleichung der Mechanik:**
> Die Kraft F, die einem Körper der Masse m die Beschleunigung $a = \Delta v/\Delta t$ erteilt, ist das Produkt aus der Masse m und der Beschleunigung a: $F = m\,a$.

Gesetzlich ist festgelegt:
Die Krafteinheit 1 Newton (N) ist gleich der konstanten Kraft, die das Urkilogramm (→ 1.2.2) in der Zeit 1 s aus der Ruhe auf die Geschwindigkeit 1 m/s beschleunigt.

Dynamik

Kraft $\vec{F}$ und Beschleunigung $\vec{a}$ sind Vektoren und haben, da die Masse m ein Skalar ist, beide dieselbe Richtung. Die Richtung des Kraftvektors $\vec{F}$ ist keineswegs immer gleich der Richtung des Geschwindigkeitsvektors $\vec{v}$, sondern kann z.B. wie bei der Bewegung eines Körpers auf einer Kreisbahn senkrecht zur Richtung des Geschwindigkeitsvektors stehen (→ 1.1.8 und → 1.2.8).

Die **Grundgleichung der Mechanik** $F = ma$ ist eine der wichtigsten Beziehungen der Physik. Sie gibt den Zusammenhang zwischen der Kraft, der Beschleunigung eines Körpers und seiner Masse an und lässt verschiedene Anwendungen zu:

- Sind die Kraft F auf einen Körper und die Beschleunigung a des Körpers bekannt, so ergibt sich aus beiden seine Masse $m = F/a$.
Beispiel: Die Massen von Elementarteilchen (Elektron, Proton usw.) sind aus der Messung ihrer Beschleunigung durch bekannte Kräfte in elektrischen oder magnetischen Feldern bestimmt worden.
- Aus der beobachteten Beschleunigung a, die ein Körper bekannter Masse m erfährt, kann auf die wirkende Kraft $F = ma$ geschlossen werden.
Beispiel **Gewichtskraft:** Im freien Fall (→ 1.1.5) fällt ein Körper der Masse m mit der ortsabhängigen konstanten Beschleunigung $a = g$. Folglich wirkt nach der Grundgleichung auf ihn ständig eine ortsabhängige Kraft $F = mg$, nämlich die Gewichtskraft $G = mg$.

> Die ortsabhängige **Gewichtskraft G**, die auf einen Körper der Masse m wirkt, ist das Produkt aus seiner Masse m und der Fallbeschleunigung g am Beobachtungsort: $G = mg$.

- Sind die auf einen Körper wirkende Kraft F und dessen Masse m bekannt, so ergibt sich seine Beschleunigung zu $a = F/m$.
Beispiel: Bei der Bewegung eines Körpers der Masse m unter dem Einfluss der Kraft F ist $a = F/m$. Wenn die Beschleunigung a als Konstante oder als Funktion der Zeit vorliegt, können die übrigen Bewegungsgesetze mit der Integralrechnung bestimmt werden. Andernfalls können Geschwindigkeit und Bahn des Körpers iterativ berechnet werden (→ S. 23).

Die Grundgleichung $F = ma$ enthält als *Sonderfall* das *Trägheitsgesetz*. Wenn auf einen Körper keine äußeren Kräfte wirken oder aber die Summe der äußeren Kräfte null ist: $F = 0$, so ist mit der (Gesamt-)Kraft F auch die Beschleunigung a null, d.h. die Geschwindigkeit ändert sich nicht oder ist ebenfalls null.

Aufgaben

1. Ein PKW ($m = 900$ kg) erfährt eine Beschleunigung $a = 4,5$ m/s². Berechnen Sie die Kraft, die dabei von den Rädern auf den Wagen übertragen werden muss.
2. Ein Junge bringt einen Ball der Masse $m = 0,5$ kg in der Zeit $t = 0,2$ s auf die Geschwindigkeit $v = 8$ m/s. Berechnen Sie die (durchschnittliche) Kraft, die er auf den Ball ausübt.
3. Ein Zug der Gesamtmasse $m = 600$ t erreicht beim Anfahren von der Haltestelle aus auf der Strecke von 2,45 km die Geschwindigkeit 120 km/h. Bestimmen Sie die als konstant angenommene Kraft, mit der die Lokomotive den Zug zieht.
4. Ein PKW mit der Masse $m = 600$ kg wird auf einer Strecke von 50 m durch die konstante Kraft $F = 900$ N abgebremst. Berechnen Sie die Anfangsgeschwindigkeit.
5. Ein Körper der Masse $m = 2$ kg wird geradlinig nach dem folgenden Zeit-Geschwindigkeit-Diagramm bewegt. Bestimmen Sie daraus für die einzelnen Bewegungsabschnitte die wirkende Kraft und zeichnen Sie das Zeit-Kraft-Diagramm.

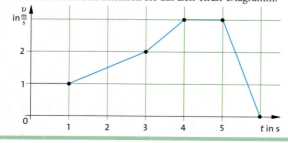

*6. Ein PKW ($m = 1000$ kg) fährt bergan auf einer Straße mit dem Steigungswinkel $\alpha = 20°$. Bestimmen Sie die Kraft (ohne Berücksichtigung von Reibungskräften), die der Motor erzeugt, wenn das Auto bergan fährt
a) mit konstanter Geschwindigkeit;
b) mit einer (konstanten) Beschleunigung von 0,2 m/s².
c) Berechnen Sie die Kraft, mit der das Auto in beiden Fällen auf die Straße drückt.
d) Berechnen Sie die Lösungen, wenn das Auto unter den Bedingungen a) und b) bergab fährt.

*7. Im Aufbau → **Abb. 44.1** wird ein Gleiter der Masse $m = 200$ g durch ein Massenstück von $\Delta m = 10$ g beschleunigt. Berechnen Sie die Beschleunigung.

*8. Über eine feste Rolle läuft eine Schnur, an deren beiden Enden zwei Körper mit den Massen m_1 und m_2 ($m_1 < m_2$) gehängt werden. Beschreiben und analysieren Sie den Bewegungsvorgang, wenn diese Anordnung freigegeben wird.

*9. Ein PKW ($m = 720$ kg) wird durch eine (konstante) Bremskraft $F = 4,37$ kN auf einem Weg $s = 68$ m auf die Hälfte seiner Geschwindigkeit abgebremst. Berechnen Sie
a) die Geschwindigkeit, aus der er abgebremst wurde;
b) die Dauer des Bremsvorgangs.

*10. Ein PKW ($m = 900$ kg) soll auf einer Strecke von $l = 150$ m von der Geschwindigkeit $v_1 = 10$ m/s auf die Geschwindigkeit $v_2 = 40$ m/s beschleunigt werden.
Bestimmen Sie die konstante Beschleunigung, die Kraft und die Dauer des Vorgangs.

1.2.6 Wechselwirkungskräfte

Kräfte zwischen Körpern treten nie einzeln, sondern immer paarweise auf. Dies zeigt ein Versuch mit Fahrtischen (**Abb. 47.1**). Immer ist die Kraft, die von der Person auf der einen Seite ausgeübt wird, entgegengesetzt gleich der von der anderen Seite ausgeübten Kraft. Das gilt auch für abstoßende Kräfte.

Versuch 1: Auf einer Luftkissenfahrbahn werden zwei Gleiter, zwischen denen eine Feder gespannt ist, durch einen Faden zusammengehalten (**Abb. 47.2**).
Beobachtung: Wird der Faden durchtrennt, so erhalten beide Gleiter durch die sich entspannende Feder während der gleichen Zeit entgegengesetzt gerichtete Impulse. Danach bewegen sie sich mit konstanter Geschwindigkeit.
Ergebnis: Die Impulse sind, nachdem sich die Feder zwischen den Gleitern entspannt hat, betragsmäßig gleich groß, sodass also in Vektorschreibweise ausgedrückt gilt: $\vec{p}_1 = -\vec{p}_2$. ◂

Das Ergebnis entspricht dem Impulserhaltungssatz, nach dem in einem abgeschlossenen System die Summe der Impulse nach der Wechselwirkung genauso groß ist wie vorher, in diesem Fall nämlich null:

$$\vec{p}_1 + \vec{p}_2 = 0$$

Während des Versuchs ändern sich die Impulse der Gleiter von 0 auf $\vec{p}_1$ bzw. von 0 auf $\vec{p}_2$. Auch die *Impulsänderungen* $\Delta\vec{p}_1 = \vec{p}_1 - 0$ und $\Delta\vec{p}_2 = \vec{p}_2 - 0$ sind betragsmäßig gleich und haben entgegengesetzte Richtungen, sodass gilt:

$$\Delta\vec{p}_1 + \Delta\vec{p}_2 = 0$$

Da beide Impulsänderungen in der gleichen Zeit Δt vor sich gehen, ergibt sich durch Division der obigen Gleichung mit Δt

$$\frac{\Delta\vec{p}_1}{\Delta t} = -\frac{\Delta\vec{p}_2}{\Delta t}$$

und mit $\vec{F}_1 = \frac{\Delta\vec{p}_1}{\Delta t}$ bzw. $\vec{F}_2 = \frac{\Delta\vec{p}_2}{\Delta t}$ (→ 1.2.5) schließlich

$$\vec{F}_1 = -\vec{F}_2$$

Die Erkenntnis, dass zu jeder Kraft (*actio*) auf einen Körper stets eine Gegenkraft (*reactio*) auf einen anderen Körper existiert, formulierte erstmals NEWTON als Axiom von der *Gleichheit von actio und reactio*:

> **Drittes Newton'sches Axiom (Reaktionsprinzip):**
> Übt der Körper A die Kraft $\vec{F}_A$ auf den Körper B aus (actio), so übt auch B auf A die Gegenkraft $\vec{F}_B$ aus (reactio), die entgegengesetzt gleich der ersten Kraft ist: $\vec{F}_A = -\vec{F}_B$.

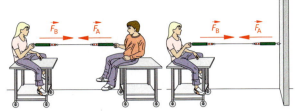

47.1 Unabhängig davon, ob auf beiden Seiten je eine Person wirkt, oder ob die Gegenkraft von der Wand ausgeht, immer sind Kraft und Gegenkraft entgegengesetzt gleich.

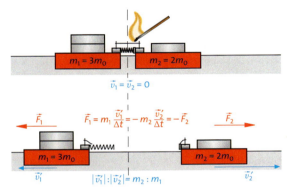

47.2 Wird der Faden zwischen den Gleitern durchgebrannt, so übt die Feder, die sich nun entspannt, auf beide Gleiter gleich große, aber entgegengerichtete Kräfte aus: Die Impulse sind entgegengesetzt gleich.

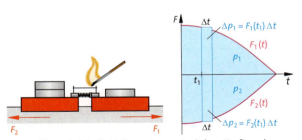

47.3 Während sich die Feder entspannt, sinken Kraft und Gegenkraft vom Höchstwert auf null. Dabei wächst nach $F = \Delta p / \Delta t$ der Impuls in der Zeit Δt jeweils um $\Delta p = F \Delta t$. Der gesamte Impuls entspricht der Fläche unter der Kurve $F(t)$.

Eine genauere Analyse des Versuchs 1 ergibt, dass beim Entspannen der Feder zwar in jedem Zeitpunkt betragsmäßig gleich große, aber entgegengesetzte Kräfte auf die Gleiter ausgeübt werden, dass beide Kräfte sich aber vom Höchstwert zu Beginn des Versuchs bis auf den Wert null ändern (**Abb. 47.3**). Die Kräfte sind zeitabhängig: $F_1 = F_1(t)$ und $F_2 = F_2(t)$. In der Formulierung des Ergebnisses ist der durchschnittliche Wert beider Kräfte gemeint.

Dynamik

Die beiden Kräfte $\vec{F}_A$ und $\vec{F}_B$ werden als **Wechselwirkungskräfte** bezeichnet. Wechselwirkungskräfte greifen immer an zwei verschiedenen Körpern an.

Beispiele für Wechselwirkungskräfte sind:
- Jeder Körper wird von der Erde mit seiner Gewichtskraft $G = mg$ angezogen. Umgekehrt zieht auch jeder Körper mit der entgegengesetzt gleichen Kraft $\vec{F} = -\vec{G}$ die Erde an. Angriffspunkt der Gewichtskraft ist der Schwerpunkt des Körpers, Angriffspunkt der Gegenkraft der Schwerpunkt (Mittelpunkt) der Erde (**Abb. 48.1 a**).
- Stemmt man sich mit der Hand gegen eine Wand (**Abb. 48.1 b**), so übt die Hand eine Kraft $\vec{F}_H$ auf die Wand aus. Eine gleich große, entgegengesetzt gerichtete Kraft $\vec{F}_W$ wirkt von der Wand auf die Hand.
- Beim Zusammenstoß zweier Autos sind die Kräfte, die beide Wagen erfahren, entgegengesetzt gleich groß, und zwar unabhängig von den möglicherweise unterschiedlichen Impulsen (Masse und Geschwindigkeit) der Wagen, mit denen sie zusammenstoßen (**Abb. 48.1 c**).

Wechselwirkungskräfte dürfen nicht mit *Kompensationskräften* verwechselt werden. Die Wechselwirkungskräfte greifen nie am selben Körper an. Jedoch kann eine Kraft durch eine **Kompensationskraft,** die *am selben Körper in entgegengesetzter Richtung* angreift, aufgehoben, d. h. kompensiert werden.

Kräfte zwischen den Körpern eines Systems heißen **innere Kräfte.** Zu jeder inneren Kraft auf einen Körper des Systems gibt es immer die entgegengesetzt gleiche Wechselwirkungskraft auf einen anderen Körper des Systems.
Kräfte, die über eine Systemgrenze an Körpern des Systems angreifen, heißen **äußere Kräfte.** Wechselwirkungskräfte zu äußeren Kräften wirken auf Körper, die nicht zum System gehören.

Dynamische Kraftmessung

Die Definition der Kraft als Impulsänderung durch Zeit geht davon aus, dass eine auf einen Körper wirkende Kraft diesen beschleunigt. Im Versuch 1 auf → S. 44 wird ein Körper über einen Faden mithilfe der Gewichtskraft auf ein Wägestück beschleunigt. Der aus der → **Abb. 44.2** zu entnehmende Quotient der Impulsänderung durch Zeit ist gleich der auf den Gleiter wirkenden Kraft. Dieses Verfahren der Kraftmessung wird als *dynamisches Messverfahren* bezeichnet.

Im **dynamischen Messverfahren** wird eine Kraft durch den Quotienten $\Delta p/\Delta t$ aus der Impulsänderung Δp und der zugehörigen Zeit Δt oder durch das Produkt ma aus Masse und Beschleunigung gemessen:

$$F = \frac{\Delta p}{\Delta t} \quad \text{oder} \quad F = ma$$

Statische Kraftmessung

Wirkt eine Gewichtskraft G auf eine fest aufgehängte Schraubenfeder (**Abb. 48.2**), so verformt bzw. dehnt sich die Feder so lange, bis die durch die Dehnung erzeugte Kraft der Feder F_s der Gewichtskraft G das Gleichgewicht hält. Die auf die Feder wirkende Gewichtskraft G und die auf das Wägestück wirkende Federkraft F_s sind Wechselwirkungskräfte, die im Gleichgewichtszustand entgegengesetzt gleich groß sind.

Wegen des einfachen Zusammenhangs zwischen einer auf eine Schraubenfeder wirkenden Kraft F und ihrer Dehnung bzw. Verlängerung s eignen sich Schraubenfedern besonders zur Messung von Kräften. Innerhalb eines von der jeweiligen Feder abhängigen Bereiches ist die Verlängerung s der Feder der wirkenden Kraft F und damit auch der entgegengesetzten Federkraft F_s proportional. Diese Gesetzmäßigkeit ist bekannt als

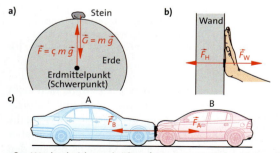

48.1 Wechselwirkungskräfte: **a)** Die Erde zieht den Stein mit gleich großer Kraft an wie der Stein die Erde. **b)** Die Hand übt auf die Wand die gleich große Kraft aus wie die Wand auf die Hand. **c)** Beim Zusammenstoß übt jedes Auto auf das andere eine gleich große Kraft aus.

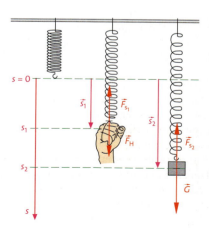

48.2 Hooke'sches Gesetz: Die Dehnung $\vec{s}$ der Feder ist proportional zum Betrag der Federkraft $\vec{F}_s$. Federkraft $\vec{F}_s$ und Dehnung $\vec{s}$ sind entgegengesetzt gerichtet. Die äußere Kraft – Spannkraft $\vec{F}_H$ oder Gewichtskraft $\vec{F}_G$ – kompensiert die Federkraft.

Dynamik

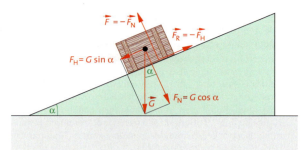

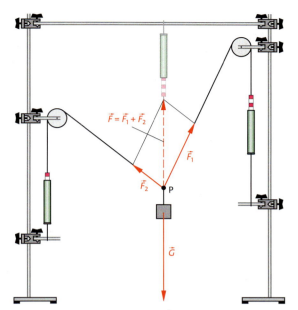

49.1 Kräfteparallelogramm: Die im Punkt P angreifenden Kräfte (Komponenten) $\vec{F}_1$ und $\vec{F}_2$ haben als Resultierende die Kraft $\vec{F}$, die der Gewichtskraft $\vec{G}$ das Gleichgewicht hält. $\vec{F}$ und $\vec{G}$ sind Kompensationskräfte.

49.2 Kraftkomponenten, Wechselwirkungskräfte und Kompensationskräfte. Die Gewichtskraft G einer Kiste, gezeichnet als im Schwerpunkt S angreifender Vektor, wird in die beiden Komponenten Normalkraft F_N senkrecht und Hangabtriebskraft F_H parallel zur schiefen Ebene zerlegt. Die Normalkraft $F_N = G \cos \alpha$ wird durch die Wechselwirkungskraft F der Unterlage kompensiert. In der Realität wirken beide Kräfte zerlegt in zahlreiche Teilkräfte auf viele Punkte der gegenseitigen Berührungsfläche der Kiste und der Unterlage. Die Hangabtriebskraft $F_H = G \sin \alpha$ ist diejenige Kraft, welche die Kiste hangabwärts beschleunigt. Sie erzeugt beim Herabgleiten die Wechselwirkungskraft F_R, eine Reibungskraft ($\rightarrow$ 1.2.7), die ebenfalls an der gesamten Kistenunterfläche angreift und welche die Hangabtriebskraft kompensiert. Dadurch bewegt sich die Kiste mit konstanter Geschwindigkeit, also unbeschleunigt die Ebene herab.

> **Hooke'sches Gesetz:**
> Wird eine elastische Schraubenfeder innerhalb ihres Elastizitätsbereichs um die Strecke s verlängert, so ist die Federkraft F_s der Verlängerung s der Schraubenfeder proportional:
> $$\vec{F}_s = -D\vec{s}$$

Federkraft $\vec{F}_s$ und Verlängerung $\vec{s}$ sind entgegengesetzt gerichtet, daher das Minuszeichen (**Abb. 48.2**).
Der Proportionalitätsfaktor D ist die **Federkonstante**, Einheit $[D] = 1$ N/m $= 1$ kg/s^2.

> Im **statischen Messverfahren** wird eine Kraft F z. B. durch die von ihr erzeugte Verlängerung s einer Feder gemessen. Dabei hält die Federkraft F_s der zu messenden Kraft F das Gleichgewicht. Kraft F und Federkraft F_s sind Kompensationskräfte.

Damit steht zur Kraftmessung auch das aus der Sekundarstufe I bekannte *statische Messverfahren* zur Verfügung. Bei der statischen Kraftmessung wird z. B. die Gewichtskraft G auf einen Körper durch die Federkraft F_s gemessen. Wegen der Proportionalität zwischen Verlängerung s und Federkraft F_s kann die Kraft nach Eichung direkt an der Verlängerung der Schraubenfeder abgelesen werden. Dies gilt allerdings nur bis zu ihrer Elastizitätsgrenze.

Komponentenzerlegung einer Kraft

Kräfte sind Vektoren. Sie lassen sich im Kräfteparallelogramm addieren und in Komponenten zerlegen (**Abb. 49.1**). Die Wirkung einer Kraft hängt von ihrem Größenwert, von ihrer Richtung und von ihrem Angriffspunkt ab. **Abb. 49.2** zeigt die Kräfteverhältnisse einer Kiste, die eine schiefe Ebene herabgleitet.

Aufgaben

1. Eine Schraubenfeder an einem Stativ wird durch ein Wägestück gedehnt. Zeichnen Sie in eine Skizze die in dem System Erde, Stativ, Feder, Wägestück wirkenden Kräfte ein.
2. Zwei gleiche Schraubenfedern mit der Federkonstante D werden nebeneinander bzw. hintereinander zusammengefügt. Bestimmen Sie für beide Fälle die Federkonstanten der Kombination der Federn.
3. Auf einer schiefen Ebene, die mit der Waagerechten einen Winkel von 30° bildet, wird ein Wagen der Masse $m = 60$ kg durch eine parallel zur Ebene wirkende Kraft gehalten. Da sich der Wagen nicht bewegt, muss die Summe aller Kräfte null sein. Bestimmen Sie Betrag und Richtung aller Kräfte.
*4. Ein Wagen der Masse $m_w = 200$ g auf einer waagerechten Fahrbahn wird von einem Wägestück der Masse $m = 20$ g mithilfe eines über eine Rolle laufenden Fadens beschleunigt. Die auf den Wagen wirkende Kraft wird von einem am Wagen befestigten Federkraftmesser angezeigt. Zeigen Sie, dass diese Kraft während der Beschleunigung kleiner ist als im Ruhezustand.

Dynamik

1.2.7 Haftkräfte und Reibungskräfte

Haftkräfte und Reibungskräfte treten dort auf, wo sich Körper berühren. Haftkräfte, üblicherweise Haftreibungskräfte genannt, sind von großer praktischer Bedeutung, weil ohne sie das Gehen und Laufen und ein Antrieb mit Rädern auf Straße oder Schiene nicht möglich wäre. Auch Nägel und Schrauben, Keilriemen und Kupplungen halten nur, weil es Haftkräfte gibt. Reibungskräfte treten auf, wenn sich berührende Körper gegeneinander bewegen, was zu Materialverschleiß und Energieverlust führt.

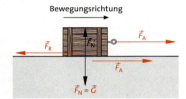

50.1 Die Antriebskraft $\vec{F}_A$ und ihre Gegenkraft, die Gleitreibungskraft $\vec{F}_R$, ist nur von der Normalkraft $\vec{F}_N$ abhängig

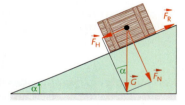

50.2 Bestimmung der Haftreibungszahl f_H und der Gleitreibungszahl f_G durch Einstellung des Neigungswinkels α

		f_H	f_G
Stahl auf Stahl	trocken	0,15 – 0,5	0,1 – 0,4
	gefettet	0,1	0,01
Stahl auf Teflon		0,04	0,04
Holz auf Holz		0,5	0,3
Ski auf Schnee		0,1 – 0,3	0,04 – 0,2
Reifen auf Straße	trocken	0,7 – 0,9	0,5 – 0,8
	nass	0,1 – 0,8	
	vereist	0,1 – 0,4	

50.3 Tabelle einiger Haftreibungszahlen f_H und Gleitreibungszahlen f_G

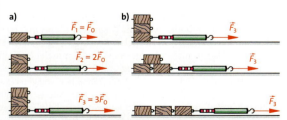

50.4 Versuch zur Gleitreibungskraft: Die Gleitreibungskraft $\vec{F}_R$ ist **a)** proportional der Normalkraft $\vec{F}_N$, aber **b)** unabhängig von der Größe der Berührungsfläche und der Geschwindigkeit.

Versuch 1: Auf einer ebenen Platte wird einem Holzklotz auf einer glatten Unterfläche der Impuls p_0 erteilt, sodass er über die Platte gleitet. Nach kurzer Zeit Δt kommt der Klotz zur Ruhe. Sein Impuls hat sich in der Zeit Δt um $\Delta p = (0 - p_0)$ geändert, d.h. auf den Klotz hat die Gleitreibungskraft $F_R = \Delta p / \Delta t = - p_0 / \Delta t$ gewirkt. ◂

Wird ein Körper durch die Antriebskraft F_A mit konstanter Geschwindigkeit gleitend über eine Unterlage gezogen (**Abb. 50.1**), so übt er auf die Unterlage eine Kraft F_A aus. Die Unterlage übt ihrerseits auf den Körper eine entgegengesetzt gleich große Wechselwirkungskraft, die *Gleitreibungskraft* F_R aus. Die Gleitreibungskraft F_R ist proportional zur *Normalkraft* F_N senkrecht auf die Unterlage.
Soll ein zunächst ruhender Körper auf einer ebenen Unterlage gleitend in Bewegung gesetzt werden, so wird dazu eine größere Kraft benötigt, als wenn er sich schon in Bewegung befindet. Die *Haftkraft* F_H kann größer werden als die *Gleitreibungskraft* und ist stets kleiner oder gleich der *maximalen Haftkraft* $F_{H\,max}$: $F_H \leq F_{H\,max}$.
Solange die Zugkraft F_A die maximale Haftkraft $F_{H\,max}$ nicht übersteigt, bleibt der Körper in Ruhe. Ist der Körper in Bewegung, so muss die Zugkraft F_A bei konstanter Gleitgeschwindigkeit lediglich die kleinere Gleitreibungskraft F_R kompensieren.

Versuch 2: Die maximale Haftkraft $F_{H\,max}$ und die Gleitreibungskraft F_R werden mithilfe einer schiefen Ebene bestimmt (**Abb. 50.2**). Der Neigungswinkel α wird so lange erhöht, bis sich der Körper gerade in Bewegung setzt. Dann ist die Hangabtriebskraft F_A entgegengesetzt gleich der maximalen Haftreibungskraft $F_{H\,max}$. Gleitet der Körper bei verringertem Neigungswinkel nach einem Stoß mit konstanter Geschwindigkeit hinab, so ist die Hangabtriebskraft F_A gleich der Gleitreibungskraft F_R. ◂

Die Gleitreibungskraft hängt nicht von der Größe der Berührungsfläche, sondern nur von der Beschaffenheit der sich berührenden Flächen sowie von der **Normalkraft** F_N ab (**Abb. 50.4**).

> Die **maximale Haftkraft** $F_{H\,max}$ und die **Gleitreibungskraft** F_R sind direkt proportional der Normalkraft F_N, mit der ein Körper auf seine Unterlage drückt: $F_{H\,max} = f_H F_N$ bzw. $F_R = f_G F_N$.
> Die **Haftreibungszahl** f_H und die **Gleitreibungszahl** f_G hängen nur von der Beschaffenheit der Berührflächen zwischen Körper und Unterlage ab. Die Gleitreibungskraft F_R ist unabhängig von der Geschwindigkeit eines Körpers.

Die Haftkräfte sind unerlässlich für viele Bewegungen. Ihre Bedeutung zeigt sich besonders, wenn sie durch Glatteis oder Wasser auf der Fahrbahn verringert sind. Gleitreibungskräfte, z.B. zwischen Kolben und Zylinderwand oder in Rollen- und Kugellagern, werden dagegen gezielt durch Schmiermittel vermindert.

Haftreibungszahl f_H und **Gleitreibungszahl** f_G (**Tab. 50.3**) werden aus dem Neigungswinkel nach **Abb. 50.2** bestimmt. Aus $F_{H\,max} = f_H F_N$ und $F_{H\,max} = \tan \alpha_H F_N$ folgt $f_H = \tan \alpha_H$ und entsprechend $f_G = \tan \alpha_G$.

Dynamik

Aufgaben

1. Legt man einen Besenstiel waagerecht auf die beiden Zeigefinger bei vorgestreckten Armen und bewegt die Hände nun langsam aufeinander zu, bleibt der Besenstiel stets im Gleichgewicht. Erklären Sie dieses Verhalten.

2. Ein Schlepper zieht vier hintereinander gekoppelte Lastkähne (gleiche Masse, gleicher Widerstand bei der Fahrt durch das Wasser) mit der Kraft $F = 2000$ N.
   a) Bestimmen Sie jeweils die Kraft, die das Seil zwischen dem ersten und zweiten, dem zweiten und dritten und dem dritten und vierten Kahn belastet.
   b) Untersuchen Sie, ob es einen Unterschied macht, wenn der Schlepper den Zug beschleunigt oder ihn mit konstanter Geschwindigkeit zieht.

3. Auf einer schiefen Ebene aus Holz (Neigungswinkel $\alpha = 30°$) ruht ein Holzklotz mit der Gewichtskraft $G = 2{,}0$ N, an dem zusätzlich parallel zur schiefen Ebene nach oben eine Kraft F angreift.
   a) Bestimmen Sie, wie groß die Kraft F mindestens und höchstens sein darf, damit der Klotz auf der Unterlage haften bleibt.
   b) Untersuchen Sie, was sich bei $\alpha = 20°$ ergibt.

Zu Aufgabe 4, 5 und 6 siehe den Exkurs unten.

4. Für ein Auto ($m = 1000$ kg) mit Hinterradantrieb betrage die Normalkraft auf die Hinterachse die Hälfte der Gesamtnormalkraft ($f_H = 0{,}7$).
   Berechnen Sie die maximale Beschleunigung beim Anfahren auf ebener Straße und beim Anfahren auf einer Straße mit 20% Steigung.

5. Bestimmen Sie, welche Antriebskraft erforderlich ist, um ein Auto ($m = 1300$ kg) auf horizontaler Straße unter Berücksichtigung seines Luftwiderstandes ($A = 1{,}9$ m^2, $c_W = 0{,}4$) und seiner Rollreibung ($f_R = 0{,}03$) auf der Geschwindigkeit $v = 50$; 100; 150; 200 km/h zu halten.

6. Ein Auto ($m = 1000$ kg, $A = 2{,}0$ m^2, $c_W = 0{,}4$, $f_R = 0{,}03$) mit Allradantrieb fährt auf einer Straße ($f_H = 0{,}6$) mit dem Steigungswinkel $\alpha = 10°$ bergauf.
   Berechnen Sie einschließlich Luftwiderstand und Rollreibung, welche Beschleunigung aus der Geschwindigkeit $v = 0$; 50; 100; 150; 200 km/h noch möglich wäre.
   (Allradantrieb heißt: Das gesamte Gewicht trägt zur Normalkraft bei.)

Exkurs

Antriebs- und Fahrtwiderstandskräfte

Fahrzeuge bewegen sich, weil der von den Rädern auf den Untergrund ausgeübten Antriebskraft F_A als Wechselwirkungskraft die gleich große Haftkraft F_H zwischen Rad und Untergrund entgegenwirkt. Die Haftkraft auf die Antriebsräder treibt das Fahrzeug an.

Die Antriebskraft F_A, die vom Motor über das Getriebe auf die Räder übertragen wird, kann höchstens gleich der maximalen Haftkraft $F_{H\,max}$ sein. Das Beschleunigungsvermögen, vor allem aber die Steigfähigkeit werden durch die *maximale Haftkraft* begrenzt. Eine größere Kraft kann durch das Rad nicht auf die Fahrbahn übertragen werden. Bei Glatteis z.B. ist die Haftkraft (fast) null und die Räder drehen durch.
Kommt es beim Bremsen zu einem Blockieren der Räder, tritt also Gleitreibung an die Stelle der Haftung, so ist die bremsende Kraft auf das Fahrzeug stark herabgesetzt, da die Gleitreibungskraft kleiner ist als die maximale Haftkraft.
Die maximale Haftkraft $F_{H\,max}$ hängt von der Haftreibungszahl f_H, die den Reifenzustand und den Straßenzustand wiedergibt, sowie von der Normalkraft F_N ab: $F_{H\,max} = f_H F_N$. Die Haftreibungszahl f_H liegt bei trockener Straße bei 0,7 bis 0,9, bei nasser Straße je nach Wassertiefe und Geschwindigkeit z.B. bei 0,6 für 40 km/h und bei 0,1 für 120 km/h. Für Glatteis hängt sie von der Temperatur ab und beträgt bei 0 °C ca. 0,1, bei –20 °C etwa 0,4.

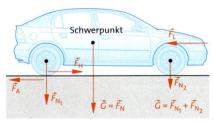

Die Antriebskraft F_A ist gleich der Summe der *Fahrwiderstandskräfte*:
Die **Rollreibungskraft** $F_R = f_R F_N$ tritt auf durch die Verformung der Reifen und den Zustand der Straße. Sie ist proportional zur Normalkraft, ist aber auch von der Geschwindigkeit abhängig.
Die Rollreibungszahl f_R liegt bei guten Reifen (und normaler Straße) bei 0,01 bis 0,03.

Die **Luftwiderstandskraft** F_L eines Fahrzeugs ist proportional dem *Luftwiderstandsbeiwert* c_W (er liegt abhängig von der Form des PKW zwischen 0,3 und 0,4), der Querschnittsfläche A des Fahrzeugs, der Dichte ρ der Luft und dem Quadrat der Geschwindigkeit v^2: $F_L = \frac{1}{2} c_W A \rho v^2$. Die Querschnittsfläche A (beim PKW zwischen 1,7 m^2 und 2,0 m^2) ergibt sich aus der Projektion des Fahrzeugs auf eine Ebene senkrecht zur Fahrtrichtung.
Fährt das Fahrzeug einen Berg hinauf, ist die **Hangabtriebskraft** $F_{HA} = mg \sin \alpha$, bei Beschleunigung die **Beschleunigungswiderstandskraft** (Trägheitswiderstand $F_B = \lambda m a$) hinzuzufügen, wobei durch λ die „Trägheit" aller rotierenden Teile (im Motor usw.) berücksichtigt wird.

Damit gilt für die Antriebskraft $F_A = F_R + F_L + F_{HA} + F_B$ und für die Fahrleistung aus $P = Fv$ (→ 1.3.5) schließlich
$$P = F_R v + F_L v + F_{HA} v + F_B v.$$

Während alle anderen Größen linear von der Geschwindigkeit abhängen, steigt die gegen den Luftwiderstand aufzubringende Leistung mit v^3 an.

Dynamik

1.2.8 Kräfte bei der Kreisbewegung

Der Hammerwerfer, der die Kugel nach einer mehrfachen Drehung fortschleudert, übt während des Drehens auf die Kugel eine Kraft aus, zum einen, um sie auf ihrer Bahn zu beschleunigen, und zum anderen, um sie auf der Kreisbahn zu halten. Diese Kraft ist zu den Händen des Hammerwerfers hin gerichtet und nicht zum Zentrum der Drehung (**Abb. 52.1**).

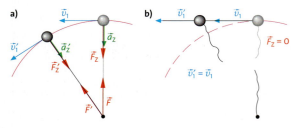

52.1 Beim Hammerwurf wird die antreibende Kraft $\vec{F}$ in die beiden Komponenten Zentripetalkraft $\vec{F}_Z$ und die tangentiale Kraft $\vec{F}_T$ zerlegt

$\vec{v}_1' \neq \vec{v}_1$ aber $|\vec{v}_1'| = |\vec{v}_1|$

52.2 a) Die Zentripetalkraft $\vec{F}_Z$ der gleichförmigen Kreisbewegung ist zum Zentrum hin gerichtet. **b)** Ist die Zentripetalkraft plötzlich null, so bewegt sich der Körper nach dem Trägheitsgesetz in tangentialer Richtung weiter.

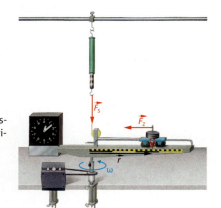

52.3 Am Kraftmesser wird die Zentripetalkraft abgelesen. Die Zentripetalkraft F_Z und die Spannkraft F_s sind Wechselwirkungskräfte.

Wenn sich ein Körper gleichförmig auf einer Kreisbahn bewegt, ändert sich fortlaufend die Richtung seiner Geschwindigkeit und damit auch sein Impuls. Dies wird durch eine radial zum Kreiszentrum gerichtete Kraft bewirkt, durch die **Zentripetalkraft** (**Abb. 52.2 a**).

Die Zentralbeschleunigung einer gleichförmigen Kreisbewegung (→ 1.1.8) ergab sich zu

$$a_Z = \omega^2 r = v^2/r \quad \text{oder} \quad \vec{a}_Z = -\omega^2 \vec{r}.$$

Der Betrag der Zentripetalbeschleunigung bleibt konstant, aber ihre Richtung ändert sich ständig. Sie zeigt in jedem Augenblick entgegengesetzt dem Radiusvektor zum Zentrum der Kreisbahn, was in der Vektorgleichung durch das Minuszeichen ausgedrückt wird.

Nach dem Grundgesetz der Mechanik $F = m a$ folgt daraus für die Zentripetalkraft

$$F_Z = m \omega^2 r = m v^2/r \quad \text{oder} \quad \vec{F}_Z = - m \omega^2 \vec{r}.$$

Versuch 1: Die Formel für die Zentripetalkraft wird bestätigt, indem die Kraft F_Z in Abhängigkeit vom Bahnradius r, von der Winkelgeschwindigkeit ω und von der Masse m des Wagens gemessen wird (**Abb. 52.3**).
Ergebnis: Der Versuch zeigt:
1. $F_Z \sim m$, wenn ω und r konstant bleiben,
2. $F_Z \sim \omega^2$, falls m und r konstant sind,
3. $F_Z \sim r$, wenn ω und m konstant sind.
Einsetzen von Messwerten ergibt $F_Z/(m \omega^2 r) = 1$. ◂

> Die zum Zentrum gerichtete **Zentripetalkraft**, die einen Körper der Masse m bei konstanter Winkelgeschwindigkeit ω bzw. Bahngeschwindigkeit v auf einer Kreisbahn mit dem Radius r hält, ist
> $$F_Z = m \omega^2 r = m v^2/r \quad \text{oder} \quad \vec{F}_Z = - m \omega^2 \vec{r}.$$

Hört die Wirkung der Zentripetalkraft auf, so behält der Körper nach dem Trägheitsgesetz seinen momentanen Impuls bei: Er bewegt sich auf gerader Linie tangential zur Kreisbahn weiter (**Abb. 52.2 b**).

Nicht geradlinige Bewegungen können abschnittsweise durch Kreisbewegungen angenähert werden, bei denen eine entsprechende Zentripetalkraft zum augenblicklichen Zentrum hin gerichtet ist. Ist, wie beim Hammerwerfer, bei konstantem Bahnradius die antreibende Kraft $\vec{F}$ auf einen Punkt M_1 gerichtet, der selbst auf einem Kreis um M wandert, so lässt sich die Kraft $\vec{F}$ in zwei Komponenten zerlegen: in die Zentripetalkraft $\vec{F}_Z$ zum Kreiszentrum, die den Körper auf der Kreisbahn hält, und in die tangential wirkende Kraft $\vec{F}_T$, durch die sich die Bahngeschwindigkeit erhöht (**Abb. 52.1**).

Dynamik

Die Rolle einer Zentripetalkraft kann jede Kraft übernehmen, zum Beispiel die Federkraft in Versuch 1, die Zugkraft des Hammerwerfers oder die von der Trommelwand einer Wäscheschleuder auf die Wäschestücke ausgeübte Kraft. Bei der Kurvenfahrt eines Autos oder eines Motorrades ist die Haftkraft auf die Räder die Zentripetalkraft. Ein Motorradfahrer erzeugt die zur Kurvenfahrt nötige Zentripetalkraft durch seine Schräglage (**Abb. 53.1**). Dabei wirkt auf die Fahrbahn die Querkraft F_Q und auf das Motorrad nach dem 3. Newton'schen Axiom die betragsmäßig gleiche Haftkraft F_Z.

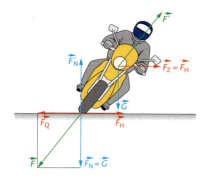

53.1 Der Motorradfahrer erzeugt bei einer Kurvenfahrt durch seine Schräglage die auf die Fahrbahn wirkende Querkraft F_Q. Die Wechselwirkungskraft zu F_Q ist die als Zentripetalkraft wirkende Haftkraft F_Z.

Zur Zentripetalkraft, die einen Körper bei seiner gleichförmigen Bewegung auf der Kreisbahn hält, gibt es in allen Fällen entsprechend dem 3. Newton'schen Axiom die zugehörige *Wechselwirkungskraft* entgegengesetzter Richtung, die an einem anderen Körper angreift. Sie ist eine vom Zentrum aus gesehen radial nach außen gerichtete Kraft $\vec{F}$, die der Zentripetalkraft $\vec{F}_Z$ entgegengesetzt ist (**Abb. 52.2 a**).
Die Wechselwirkungskraft zur Zentripetalkraft ist nicht mit der *Zentrifugalkraft* zu verwechseln, die es nur für einen mitbewegten Beobachter gibt (→ 1.2.9).

Die Zentripetalkraft gehört zu den **Zentralkräften.** Zentralkräfte sind auf einen festen Punkt gerichtet, in dem sich kein anderer Körper befinden muss, und sie müssen keinen konstanten Betrag haben. Beispiele für Zentralkräfte sind die Gravitationskraft der Sonne auf die Erde bei deren jährlichem Umlauf oder die elektrische Kraft des Atomkerns auf das Elektron. Die Bahn, die ein Körper unter dem Einfluss einer Zentralkraft beschreibt, kann ein Kreis, aber auch eine Ellipse wie die Erdbahn oder eine andere Kurve sein.

Aufgaben

1. Ein Körper ($m = 0{,}4$ kg) wird an einer 0,8 m langen Schnur 80-mal in der Minute auf einem Kreis, der in einer waagerechten Ebene liegt, herumgeschleudert. Berechnen Sie
   a) die Zentripetalkraft,
   b) die Umdrehungszahl, bei der die Schnur reißt, wenn ihre Zugfestigkeit mit 500 N angegeben ist.

2. Ein Körper bewegt sich mit konstanter Geschwindigkeit v auf einer Kreisbahn mit dem Radius r.
   a) Erläutern Sie, wie sich die Zentripetalbeschleunigung ändert, wenn sich die Geschwindigkeit bzw. der Radius verdoppelt.
   b) Begründen Sie, dass sich kein Körper exakt rechtwinklig um eine Ecke bewegen kann.

*3. Ein Körper ($m = 0{,}1$ kg) wird an einer Schnur ($l = 0{,}5$ m) auf einem Kreis herumgeschleudert, dessen Ebene senkrecht zur Erdoberfläche steht.
   a) Bestimmen Sie, wie groß die Winkelgeschwindigkeit und die Drehzahl pro Minute mindestens sein müssen, damit der Körper im oberen Punkt seiner Bahn nicht herunterfällt.
   b) Berechnen Sie die Reißfestigkeit (in N) der Schnur.

*4. Bestimmen Sie, welche Zentripetalkraft aufgrund der täglichen Drehung der Erde um ihre Achse auf einen mit ihr fest verbundenen Körper ($m = 70$ kg) auf der geografischen Breite $\varphi = 0°$; $30°$; $60°$; $90°$ ausgeübt wird.

5. Ein Schnellzug durchfährt mit der Geschwindigkeit $v = 120$ km/h eine Kurve vom Radius $r = 2500$ m. Berechnen Sie die Überhöhung $ü$ (in mm) der äußeren Schiene (Spurweite $w = 1435$ mm), damit beide Schienen gleich belastet werden.

6. Eine Straßenkurve mit dem Radius 300 m sei nicht überhöht, sodass ein Auto ($m = 900$ kg) in der Kurve allein durch die Haftkraft zwischen Reifen und Straße gehalten wird. Berechnen Sie die Höchstgeschwindigkeit, mit der ein Auto die Kurve auf
   a) trockener ($f_H = 0{,}8$), **b)** nasser ($f_H = 0{,}5$) und **c)** vereister ($f_H = 0{,}1$) Straße durchfahren kann.

7. Ein PKW ($m = 1300$ kg) fährt mit konstanter Geschwindigkeit $v = 40$ km/h über eine gewölbte Brücke. Der Radius des Brückenbogens beträgt $R = 50$ m. Bestimmen Sie die Normalkraft des PKW auf die Brückenmitte und die Geschwindigkeit, bei der der PKW abheben würde.

*8. Wird ein Fadenpendel (Masse m, Pendellänge l) so angestoßen, dass sich das Pendel mit der Winkelgeschwindigkeit ω auf einem Kreis bewegt, wobei Pendelfaden und Drehachse den Winkel α bilden, so gehört zu jeder Winkelgeschwindigkeit ω ein fester Winkel α.
   a) Berechnen Sie die Zentripetalkraft F_Z und zeigen Sie, dass $\cos\alpha = g/(\omega^2 l)$ gilt.
   b) Berechnen Sie Winkelgeschwindigkeit, Bahngeschwindigkeit und die Zugkraft auf den Pendelfaden ($l = 0{,}6$ m), wenn das Kreispendel ($m = 2$ kg) einen Winkel $\alpha = 15°$ mit der Drehachse bildet.

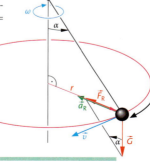

Dynamik

1.2.9 Scheinkräfte und Inertialsysteme

Ein Beobachter, der sich mit größerer Geschwindigkeit auf einer kreisförmigen Bahn bewegt, nimmt eine auf seinen Körper wirkende, zum momentanen Zentrum hin gerichtete (Zentripetal-)Kraft wahr. Da er sich *in Bezug* auf seine unmittelbare Umgebung, z. B. den Bus, in dem er die Kurve durchfährt, in Ruhe befindet, schließt er, dass diese (Zentripetal-)Kraft durch eine radial nach außen gerichtete Kraft, die sogenannte *Zentrifugalkraft*, kompensiert wird. Von entscheidender Bedeutung für diesen Schluss auf die Existenz der Zentrifugalkraft ist der *Bezug* auf seine unmittelbare Umgebung und dass diese Umgebung eine beschleunigte Bewegung ausführt.

Die Zentrifugalkraft gehört zu den sogenannten *Scheinkräften* oder *Trägheitskräften*, die nur in beschleunigten Bezugssystemen auftreten. Dies sind keine *Inertialsysteme*, also keine Bezugssysteme, in denen das Trägheitsprinzip (→ 1.2.1) bzw. das 1. Newton'sche Axiom gilt.

Die folgenden Versuche werden in zwei verschiedenen Bezugssystemen betrachtet, in einem (unbeschleunigten) *Inertialsystem* und in einem *beschleunigten Bezugssystem*.

Versuch 1: Auf einem Fahrtisch liegt eine Kugel der Masse m. Der Tisch wird nach rechts mit konstanter Beschleunigung a bewegt. Den Vorgang verfolgen die Beobachterin A im Inertialsystem des unbeschleunigten Physikraums und der Beobachter B im beschleunigten Bezugssystem des Tisches (**Abb. 54.1**).
1. *Beobachterin A* stellt fest: Während der Tisch nach rechts beschleunigt wird, bleibt die Kugel relativ zum Physikraum in Ruhe. Es wirkt keine Kraft auf die Kugel, d. h. es gilt das 1. Newton'sche Axiom (**Abb. 54.1 a**).
2. *Beobachter B* stellt fest: Die Kugel wird von ihm weg beschleunigt, obwohl keine von einem anderen Körper ausgeübte Kraft feststellbar ist. Das 1. Newton'sche Axiom gilt nicht (**Abb. 54.1 b**). ◂

Versuch 2: Der Versuch 1 wird wiederholt, wobei die Kugel der Masse m jedoch mit einem Federkraftmesser am Tisch befestigt ist (**Abb. 54.1**).
1. *Beobachterin A* stellt fest: Während der Beschleunigung zeigt der Kraftmesser eine Kraft $F = m a$ an, die die Kugel zusammen mit dem Tisch beschleunigt.
2. *Beobachter B* stellt fest: Der Kraftmesser zeigt eine Kraft $F = m a$ an. Da die Kugel relativ zu ihm in Ruhe bleibt, schließt er auf die Existenz einer entgegengesetzt gerichteten Kraft F_T, die die Kraft F kompensiert. ◂

Das beobachtete Verhalten der Kugel beruht auf ihrer Trägheit. Wird im beschleunigten Bezugssystem angenommen, dass eine Kraft $F_T = -m a$ auf die Kugel wirkt, so gilt auch in diesem System das 1. Newton'sche Axiom.

Versuch 3: Auf einer Kreisscheibe, die sich mit konstanter Winkelgeschwindigkeit ω dreht, wird eine Kugel mit Schnur und Kraftmesser gehalten, sodass sie mitrotiert. Wieder beurteilen die Beobachterin A in ihrem Inertialsystem und der Beobachter B im mitbewegten beschleunigten System der Kreisscheibe den Vorgang (**Abb. 55.1**).
1. *Beobachterin A* erkennt am Kraftmesser, dass ständig eine Kraft, die Zentripetalkraft F_Z, auf die Kugel wirkt, die für deren Kreisbewegung verantwortlich ist (**Abb. 55.1 a**).
2. *Beobachter B* erkennt am Kraftmesser, dass auf die Kugel eine Kraft F_Z zum Mittelpunkt hin wirkt. Er sieht aber, dass in seinem System die Kugel in Ruhe ist. Soll auch in seinem Bezugssystem das 1. Newton'sche Axiom gelten, so muss er auf eine betragsmäßig gleiche Kompensationskraft schließen, die *Zentrifugalkraft* oder *Fliehkraft* $F'_Z = m \omega^2 r$, die radial nach außen wirkt. (**Abb. 55.1 b**). ◂

Alle Versuche zeigen, dass in einem (nicht beschleunigten) Inertialsystem die Vorgänge so ablaufen, wie sie nach den Newton'schen Axiomen erwartet werden. Soll im beschleunigten Bezugssystem ebenfalls das 1. Newton'sche Axiom gelten, so müssen zusätzlich Scheinkräfte oder Trägheitskräfte eingeführt werden.

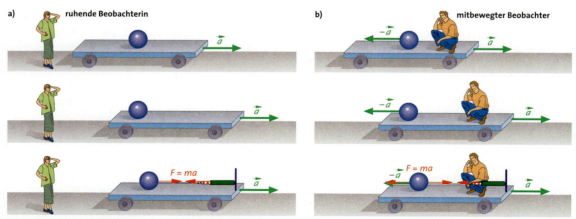

54.1 a) Für die ruhende Beobachterin im Inertialsystem bleibt die Kugel in Ruhe; auf die Kugel wirkt keine Kraft.
b) Für den Beobachter im beschleunigten Bezugssystem wird die Kugel beschleunigt; er schließt auf die Existenz einer Kraft. Da im beschleunigten Bezugssystem die Kugel relativ zu ihm in Ruhe bleibt, wenn sie durch den Federkraftmesser mit dem Wagen verbunden ist, schließt er auf die Existenz einer entgegengesetzt gerichteten Kraft.

Dynamik

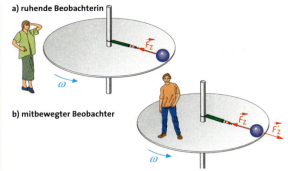

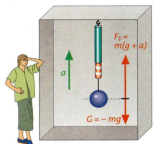

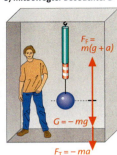

55.1 a) Im Inertialsystem wirkt auf die rotierende Kugel die Zentripetalkraft F_Z. **b)** Im beschleunigten Bezugssystem der rotierenden Scheibe ruht die Kugel. Daher schließt der mitrotierende Beobachter auf die Existenz einer Zentrifugalkraft F'_Z, also einer Trägheitskraft.

55.2 a) Die Beobachterin im Inertialsystem schließt, dass beim Beschleunigen des Fahrstuhls auf die mitbeschleunigte Kugel die Kraft $F = ma$ wirkt. **b)** Der mitbeschleunigte Beobachter schließt auf die Existenz einer Trägheitskraft $F_T = -ma$.

Nach dem 3. Newton'schen Axiom gibt es zu jeder Kraft auf einen Körper eine Gegen- oder Wechselwirkungskraft auf einen *anderen* Körper. Zu der Trägheitskraft $F_T = -ma$, die im beschleunigten System bei den Versuchen 1 und 2 festgestellt wird, wie auch zu der Zentrifugalkraft $F'_Z = m\omega^2 r$ im beschleunigten System der Kreisscheibe gibt es keine Gegenkraft auf einen anderen Körper.

> In beschleunigten Bezugssystemen werden zur Beschreibung des Verhaltens von Körpern **Scheinkräfte** oder **Trägheitskräfte** eingeführt. Für Schein- oder Trägheitskräfte gilt das 3. Newton'sche Axiom nicht.

Für den Besucher eines Karussells ist die Zentrifugalkraft ebenso existent wie für den Autofahrer bei der Kurvenfahrt. Beim plötzlichen Anfahren oder Bremsen erfährt der Autofahrer die Trägheitskräfte ebenso wie der Benutzer eines Fahrstuhls (**Abb. 55.2**). Alle werden beschleunigt und schließen daher auf die Existenz einer Trägheitskraft $F_T = -ma$.

GALILEI-Transformation und Inertialsysteme

In einem Inertialsystem gelten die Newton'schen Axiome. Wenn ein Inertialsystem I_A bekannt ist, so gibt es unendlich viele weitere Inertialsysteme I, die sich mit konstanter Geschwindigkeit gegenüber I_A bewegen.

Bewegt sich das Bezugssystem I_A mit konstanter Geschwindigkeit $\vec{v}$ gegenüber dem Bezugssystem I_B, so gilt zwischen den Ortsvektoren eines Körpers in den Bezugssystemen die sogenannte **Galilei-Transformation** $\vec{s}_B = \vec{s}_A + \vec{v}\,t$. Durch Differenzieren ergibt sich für die Geschwindigkeiten des Körpers $\dot{\vec{s}}_B = \dot{\vec{s}}_A + \vec{v}$ bzw. $\vec{v}_B = \vec{v}_A + \vec{v}$ und für die Beschleunigungen $\dot{\vec{v}}_B = \dot{\vec{v}}_A$ bzw. $\vec{a}_B = \vec{a}_A$. Also ist im System I_A die Kraft $\vec{F}_A = m\vec{a}_A$ auf den Körper gleich der Kraft $\vec{F}_B = m\vec{a}_B$ im System I_B.

> In allen Inertialsystemen gelten die Gesetze der klassischen Newton'schen Mechanik. Alle Inertialsysteme sind gleichwertig, d. h. alle Vorgänge laufen in ihnen in der gleichen Weise ab.

Aufgaben

1. Ein Fahrzeug durchfährt eine Kurve mit der konstanten Geschwindigkeit $v = 90$ km/h. Ein Kraftmesser, an dem eine Kugel ($m = 500$ g) hängt, zeigt während der Kurvenfahrt die Kraft $F = 6{,}0$ N an.
Beschreiben Sie den Vorgang im Inertialsystem und im mitrotierenden System und berechnen Sie den Kurvenradius.

2. In einem Fahrstuhl steht ein Mann auf einer Personen(Feder-)waage. Sie zeigt beim Anfahren des Fahrstuhls $F = 950$ N, beim Halten $F = 880$ N an.
   a) Bestimmen Sie die Fahrtrichtung des Fahrstuhls.
   b) Berechnen Sie die Beschleunigung.
   c) Bestimmen Sie die Anzeige der Waage, wenn der Fahrstuhl mit einer betragsmäßig gleichen Beschleunigung anhält.

*3. In einer Halbkugelschale liegt eine kleine Kugel. Wird die Halbkugelschale in schnelle Rotation versetzt, so stellt sich die kleine Kugel in einer bestimmten Höhe je nach der Rotationsgeschwindigkeit ein. Bestimmen Sie diese Höhe, indem Sie berücksichtigen, dass die resultierende Kraft dann senkrecht zur Kugelebene steht. Lösen Sie die Aufgabe im Inertialsystem und im mitrotierenden System.

*4. Ein Körper wird mit der Geschwindigkeit v_0 unter dem Winkel α zur Horizontalen abgeworfen. Bestimmen Sie das Bezugssystem, von dem aus die Bewegung
   a) als freier Fall;
   b) als waagerechter Wurf;
   c) als senkrechter Wurf erscheint.

*5. In einem Inertialsystem I_A, das sich mit der Geschwindigkeit $\vec{v}$ gegenüber dem Inertialsystem I_B bewegt, gilt der Impulserhaltungssatz $m_1\vec{v}_1 + m_2\vec{v}_2 = m_1\vec{v}'_1 + m_2\vec{v}'_2$. Zeigen Sie durch Anwenden der Galilei-Transformation, dass der Impulserhaltungssatz auch im System I_B gilt.

Dynamik

Exkurs

Die rotierende Erde – ein beschleunigtes Bezugssystem

Da die Erde sich dreht, ist sie kein Inertialsystem, sondern ein beschleunigtes Bezugssystem, in dem Trägheitskräfte auftreten. Dies ist zum einen die *Zentrifugalkraft* und zum anderen die *Corioliskraft*, so genannt nach ihrem Entdecker Gaspard Gustave CORIOLIS (1792–1843).

Die **Corioliskraft** bewirkt bei Bewegungen im beschleunigten Bezugssystem eine Ablenkung senkrecht zur Richtung der Geschwindigkeit. Das Zustandekommen dieser Ablenkung zeigt die folgende Abbildung.

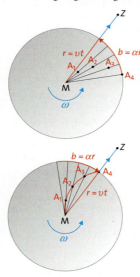

Bewegt sich ein Körper in einem ruhenden Bezugssystem I geradlinig mit der Geschwindigkeit v vom Punkt M zu einem festen Punkt Z, so hat er nach der Zeit t die Strecke $r = v\,t$ zurückgelegt. Während dieser Zeit dreht sich das Bezugssystem II mit der Winkelgeschwindigkeit um den Winkel $\alpha = \omega\,t$, und der Punkt A_4 des Bezugssystems II liegt auf der Linie MZ. Relativ zum rotierenden Bezugssystem II hat der Körper also zusätzlich den Bogen $b = r\alpha = v\,t\,\omega\,t = v\,\omega\,t^2$ zurückgelegt. Wird diese Bewegung als eine gleichmäßig beschleunigte mit der Gleichung $b = \tfrac{1}{2} a_C t^2$ gedeutet, so ergibt der Vergleich die Coriolisbeschleunigung $a_C = 2\,v\,\omega$. Die Corioliskraft auf einen Körper der Masse m ist dann $F_C = 2\,m\,v\,\omega$. Die Punkte A_1, A_2 und A_3 liegen jeweils nach $\tfrac{1}{4}t$, $\tfrac{1}{2}t$ und $\tfrac{3}{4}t$ auf der Linie MZ. Die Bahn des Körpers im rotierenden System ist eine Kurve. Für einen Beobachter im rotierenden Bezugssystem erscheint die gekrümmte Bahn durch die Corioliskraft senkrecht zur Geschwindigkeit verursacht.

Die Corioliskraft ist eine Trägheitskraft, die in rotierenden Bezugssystemen auftritt. Sie wirkt senkrecht zur Richtung der Relativgeschwindigkeit eines Körpers im bewegten Bezugssystem. Auf der Nordhalbkugel der Erde bewirkt sie eine Rechtsablenkung, auf der Südhalbkugel eine Linksablenkung.

Die Wirkung der Corioliskraft zeigt sich auf der Erde in der Ablenkung von Wind- und Wasserströmungen. Die in das äquatoriale Tiefdruckgebiet auf der Nordhalbkugel einströmende Luft wird durch Rechtsablenkung zum Nordost-Passat. Auf der Südhalbkugel erfährt die zum Äquator strömende Luft in entsprechender Weise eine Linksablenkung, sodass sie zum Südost-Passat wird. Dies erklärt sich in folgender Weise: Die Lufthülle über einem Ort der Breite φ der Erdoberfläche rotiert mit derselben Geschwindigkeit wie der Ort. Die Bahngeschwindigkeit der Orte der Breite φ ist $v = \omega\,r = \omega\,R_E \cos\varphi$, wobei ω die Winkelgeschwindigkeit der Erde ist. Die Bahngeschwindigkeit nimmt also vom Äquator zum Pol hin ab. Luftpakete, die aufgrund eines Druckgefälles auf der Nordhalbkugel von Norden nach Süden strömen, haben eine kleinere Bahngeschwindigkeit als die überströmten Orte. Sie bleiben also hinter diesen zurück, was die Rechtsablenkung ergibt. Für Luftmassen, die von Süden nach Norden strömen, die eine größere Bahngeschwindigkeit als die überströmten Orte haben und daher diesen vorauseilen, ergibt sich ebenfalls eine Rechtsablenkung.

Die Abbildungen zeigen, wie durch die Rechtsablenkung der Luftmassen beim Einströmen in ein Tiefdruckgebiet auf der Nordhalbkugel ein linksdrehender Zyklon entsteht.

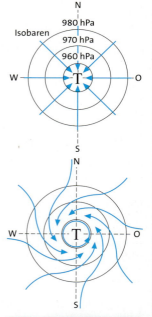

Die Drehung der Erde wurde von FOUCAULT im Jahre 1850 im Pariser Pantheon eindrucksvoll mit einem 67 m langen Pendel und einem 28 kg schweren Pendelkörper nachgewiesen. Auf den schwingenden Pendelkörper scheint die Corioliskraft zu wirken, die an einem Ort auf der Erde mit der geografischen Breite φ den Betrag $F_C = 2\,m\,v\,\omega \sin\varphi$ hat. Die Abbildung zeigt die prinzipielle Bahn des Pendels, wenn der Pendelkörper die Pendelbewegung beginnt:

a) ausgelenkt   b) aus der Ruhelage heraus

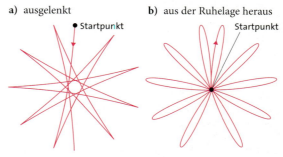

Dynamik

1.2.10 Strömende Medien

Das Verhalten strömender Medien, z. B. Flüssigkeiten oder Gase, lässt sich mithilfe der Größen Geschwindigkeit und Druck beschreiben. Idealisierend wird angenommen:
1. Die Strömung ist in jedem Raumpunkt *gleichmäßig*, d. h. weder Betrag noch Richtung der Geschwindigkeit sind zeitlich veränderlich.
2. Das Medium ist inkompressibel.
3. Im Medium bestehen keine Reibungskräfte.

Abb. 57.1 zeigt den Verlauf der Luftströmung über einer Autokarosserie. Unter den obigen Annahmen gibt eine Stromlinie die Bahn von Teilchen des Mediums an. In jedem Punkt der Stromlinie sind Betrag und tangential verlaufende Richtung der Geschwindigkeit zeitlich konstant (**Abb. 57.2**). Grundsätzlich kann durch jeden Punkt des strömenden Mediums eine Stromlinie gezeichnet werden. **Abb. 57.3** zeigt eine sogenannte Flussröhre, die von Stromlinien begrenzt ist. Da Stromlinien einander nicht kreuzen, tritt keine Materie durch die Mantelfläche der Flussröhre. Daraus ergibt sich ein Zusammenhang zwischen dem Röhrenquerschnitt und der Strömungsgeschwindigkeit:

An der Stelle P tritt in der Zeit Δt durch die Querschnittsfläche A_1 das Volumen $\Delta V_1 = A_1 v_1 \Delta t$ mit der Masse $\Delta m_1 = \rho_1 \Delta V_1$ und bei Q durch die Querschnittsfläche A_2 das Volumen $\Delta V_2 = A_2 v_2 \Delta t$ mit der Masse $\Delta m_2 = \rho_2 \Delta V_2$. Da keine Materie durch die Grenzfläche tritt, ist die eintretende Masse gleich der austretenden:

$$\Delta m_1 = \Delta m_2 \text{ bzw. } \rho_1 A_1 v_1 \Delta t = \rho_2 A_2 v_2 \Delta t$$

Unter der Annahme der Inkompressibilität, d. h. bei konstanter Dichte ρ, folgt daraus die

> **Kontinuitätsgleichung:** In einer idealen Strömung verhalten sich die Geschwindigkeiten an verschiedenen Punkten einer Stromlinie zueinander umgekehrt wie die Querschnittsflächen der Flussröhre:
>
> $$A_1 v_1 = A_2 v_2 \quad \text{bzw.} \quad v_1 : v_2 = A_2 : A_1$$

Diese Gleichung wird durch alltägliche Erfahrungen bestätigt: Um z. B. mit einem Gartenschlauch weiter spritzen zu können, muss die Austrittsgeschwindigkeit des Wassers erhöht werden. Dies geschieht durch Verkleinern der Austrittsöffnung. In einem fließenden Gewässer ist die Fließgeschwindigkeit an einer Engstelle sehr viel größer als im breiten Flussbett.

Aus der Kontinuitätsgleichung ergibt sich eine wichtige Interpretation der Stromlinienbilder:

> An Orten mit eng liegenden Stromlinien ist die Fließgeschwindigkeit größer als an Orten mit weit auseinanderliegenden Stromlinien.

In einer Strömung ohne Einfluss der Schwerkraft sind Strömungsgeschwindigkeit und Druck durch das nach dem Mathematiker und Physiker Daniel BERNOULLI (1700–1782) benannte Gesetz miteinander verknüpft. Der Druck p in einem Medium übt auf eine beliebige Fläche A stets die Kraft F senkrecht zur Fläche aus. Für den Druck p gilt die Definitionsgleichung $p = F/A$.

57.1 Untersuchung der Strömung um eine Autokarosserie im Windkanal. Der Strömungsverlauf wird durch zugesetzte Rauchteilchen sichtbar gemacht.

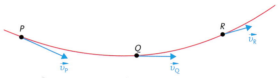

57.2 Eine Stromlinie kennzeichnet die Bahn eines Teilchens des strömenden Mediums und durch die Tangente die Richtung der Geschwindigkeit.

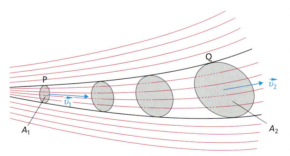

57.3 Stromlinien begrenzen eine Flussröhre, durch deren Mantelfläche keine Materie tritt. Materie, die an der Stelle P eintritt, tritt an der Stelle Q wieder aus.

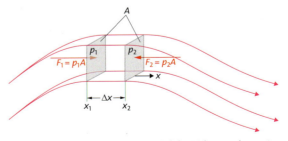

57.4 In einer idealen Strömung wird das Volumenelement $\Delta V = A \Delta x$ mit der Masse $\Delta m = \rho \Delta V$ durch die Druckdifferenz an den Stellen x_1 und x_2 in x-Richtung beschleunigt.

Dynamik

Ein Volumenelement $\Delta V = A \Delta x$ (→ **Abb. 57.4**) mit der Masse $\Delta m = \rho A \Delta x$ wird in Richtung der Stromlinien beschleunigt, wenn die Kraft $F_1 = p_1 A$ auf die Querschnittsfläche an der Stelle x_1 größer ist als die Kraft $F_2 = p_2 A$ an der Stelle x_2, d. h. wenn in Richtung der Stromlinien ein Druckgefälle besteht. Nach der Grundgleichung der Mechanik $F = ma$ ergibt sich damit $\Delta m \Delta v/\Delta t = A p_1 - A p_2$ oder $\Delta m \Delta v/\Delta t = -A \Delta p$ mit $\Delta p = p_2 - p_1$. Einsetzen für Δm und umformen führt mit $\Delta x/\Delta t = v$ über $\rho A \Delta x \Delta v/\Delta t = -A \Delta p$ zu $\rho v \Delta v = -\Delta p$. Für beliebig kleine Zeit- und Wegintervalle werden aus den Differenzenquotienten Differentialquotienten $\rho v dv = -dp$. Diese Gleichung kann von der Stelle 1 nach 2 integriert werden:

$$\int_{v_1}^{v_2} \rho v\, dv = -\int_{p_1}^{p_2} dp \quad \text{bzw.} \quad \tfrac{1}{2}\rho(v_2^2 - v_1^2) = p_1 - p_2.$$

Eine Umformung ergibt das

Gesetz von Bernoulli:

$$\tfrac{1}{2}\rho v_1^2 + p_1 = \tfrac{1}{2}\rho v_2^2 + p_2$$

Dieses Gesetz sagt aus, dass in einer Strömung ohne Einfluss der Schwerkraft der Druck in Bereichen hoher Strömungsgeschwindigkeit kleiner ist als in Bereichen geringer Strömungsgeschwindigkeit.

Exkurs

Vom Fliegen, Segeln und anderen Strömungseffekten

Die aerodynamische Auftriebskraft

Die dynamische Auftriebskraft, die ein Flugzeug gegen seine Gewichtskraft in der Luft hält, entsteht durch die schnelle Bewegung des Flugzeugflügels gegenüber der Luft. Dabei ist das Profil des Flügels für die Luftströmung von entscheidender Bedeutung. Die Abbildung zeigt, dass die Stromlinien dem Flügelprofil folgen. Ursache dafür ist, dass die Luft in einer dünnen Grenzschicht am Flügelmaterial haftet. Aus der Markierung von Luftteilchen (a) vor und (b) nach der Umströmung ist zu erkennen, dass die Luft an der gewölbten Oberseite des Flügels schneller als an der Unterseite fließt.

Die größere Geschwindigkeit der Strömung an der Oberseite des Flügels entsteht durch einen gegenüber dem Normaldruck geringeren Luftdruck. Dafür ist die Krümmung der Stromlinien verantwortlich, wie die folgende Rechnung zeigt.

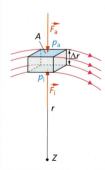

Damit das Luftvolumen $\Delta V = \Delta r A$ mit der Masse $\Delta m = \rho \Delta V$ der Krümmung folgt, muss eine Beschleunigung zum Krümmungszentrum existieren. Diese Zentripetalbeschleunigung entsteht durch eine Druckdifferenz $\Delta p = p_a - p_i$ in Richtung des Krümmungsradius. Die zur konkaven Seite der Stromlinien gerichtete Kraft ist dann $F_Z = F_a - F_i = p_a A - p_i A = \Delta p A$. Für die Masse Δm des Luftvolumens ergibt sich $\Delta m\, v^2/r = \Delta p A$ bzw.

$$\rho A \Delta r \frac{v^2}{r} = \Delta p A, \quad \text{woraus folgt } \frac{\Delta p}{\Delta r} = \rho \frac{v^2}{r}.$$

Δp ist die Druckdifferenz zwischen r und $r + \Delta r$. Sie ist direkt proportional zum Quadrat der Strömungsgeschwindigkeit und umgekehrt proportional zum Krümmungsradius der Stromlinien.

In einigem Abstand oberhalb des gekrümmten Flügelprofils herrscht der Normaldruck p_0. An der Flügeloberfläche ist der Druck also geringer als der Normaldruck. Das führt dazu, dass aufgrund des Druckgefälles in Strömungsrichtung die Luft an der Flügeloberfläche beschleunigt wird und so mit größerer Geschwindigkeit strömt als an der Flügelunterfläche. Nach dem Gesetz von Bernoulli ist der Druck an der Flügeloberfläche kleiner als an der Flügelunterfläche. Diese Druckdifferenz ist die Ursache für die dynamische Auftriebskraft F_A.

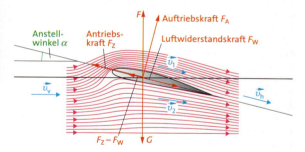

Die Auftriebskraft eines schräg angestellten Flügels ist dadurch erhöht, dass die Luftmassen einen nach unten gerichteten Impuls erhalten. Der entgegengerichtete Impuls wirkt nach oben auf den Flügel. Dieser Effekt kann durch ausgefahrene Landeklappen noch verstärkt werden. Die gesamte Auftriebskraft entsteht dann durch die auf den Geschwindigkeitsunterschieden beruhende Druckdifferenz zwischen Flügelunterseite und Flügeloberseite und durch die Reaktionskraft der nach unten umgelenkten Luftmasse.

Auftriebskraft F_A und Luftwiderstandskraft F_L bestimmen zusammen mit der Zug- oder Schubkraft F_Z des Antriebs die Gesamtkraft F, die das Flugzeug (Gewichtskraft G) tragen muss.

Aufgaben

1. Der Innendurchmesser eines Gartenschlauchs beträgt 1,5 cm. Er ist an einen Sprenger mit 24 Öffnungen von 1 mm Durchmesser angeschlossen. Bestimmen Sie die Geschwindigkeit, mit der das Wasser aus den Öffnungen des Sprengers austritt, wenn es im Schlauch mit 1 m/s fließt.
2. Bei einem Hurrikan strömt die Luft (Dichte $\rho = 1{,}2$ kg/m^3) mit einer Geschwindigkeit von 90 km/h über ein Hausdach.
   a) Berechnen Sie die Druckdifferenz zwischen innen und außen, die dazu führen kann, dass das Dach abgerissen wird.
   b) Bestimmen Sie die Kraft, die auf ein Dach von 100 m^2 Fläche wirkt.
3. Bei einem Flugzeug beträgt die Strömungsgeschwindigkeit der Luft ($\rho = 1{,}2$ kg/m^3) an der Flügeloberseite 50 m/s, an der Unterseite 40 m/s. Die beiden Tragflächen haben zusammen eine Querschnittsfläche von 25 m^2.
   a) Leiten Sie mithilfe der Bernoulli-Gleichung eine Formel für die Auftriebskraft her.
   b) Bestimmen Sie die Masse des Flugzeugs unter der vereinfachenden Annahme, dass der Flugzeugrumpf und das Heckleitwerk nichts zur Auftriebskraft beitragen.

Der Luftwiderstand

Neben der durch die Flügelform erzeugten Auftriebskraft wirkt die **Luftwiderstandskraft** $F_L = \frac{1}{2} c_W \rho A v^2$ auf Flugzeug und Flügel. Dabei sind c_W der sogenannte Widerstandsbeiwert, ρ die von Höhe, Luftdruck usw. abhängige Dichte der Luft, v die Relativgeschwindigkeit von Luft und Flugzeug und A die Querschnittsfläche des Profils.

Kräfte beim Segeln

Beim Segeln werden die Antriebskräfte beim „Am-Wind-Kurs" und bei „Raumschots" durch die Verformung der Luftströmung erzeugt.

Bedingt durch das gewölbte Profil des Segels und den Anströmwinkel des Windes strömt die Luft an der Luvseite mit geringerer Geschwindigkeit als an der Leeseite am Segel vorbei. Dadurch entsteht auf der Luvseite ein Überdruck und auf der Leeseite ein Unterdruck. Dieser Druckunterschied führt zur aerodynamischen Kraft, zu der die Reaktionskraft der umgelenkten Luft hinzukommt.

Ein weiterer Effekt ist die sogenannte „Düse" zwischen Fock und Großsegel, die zum Zusammenpressen der Stromlinien und damit zu großer Strömungsgeschwindigkeit und damit zu einem noch geringeren Druck auf der Leeseite des Großsegels führt.

Diese Kräfte setzen sich zur sogenannten *Gesamtkraft* zusammen, die jedoch nicht in Fahrtrichtung des Segelbootes wirkt. Erst durch das Unterwasserschiff, das zusammen mit dem Kiel eine Abdrift in Richtung der Gesamtkraft verhindert, ergibt sich eine Komponente der Gesamtkraft in Fahrtrichtung, die sogenannte **Vortriebskraft**. Der Winkel zwischen der Fahrtrichtung und der Windrichtung ist im Allgemeinen größer als 40°.

Stromlinienprofil — $c_W = 0{,}06$

Tragfläche mit gewölbter Unterseite — $c_W = 0{,}10$

Tragfläche mit geradflacher Unterseite — $c_W = 0{,}20$

Kugel — $c_W = 0{,}40$

Halbkugel — $c_W = 0{,}80$

Scheibe — $c_W = 1{,}20$

hohle Halbkugel — $c_W = 1{,}40$

Kräfte auf rotierende Bälle

Bei Ballspielen wie Fuß- und Handball, Tennis, aber vor allem beim Golf bringt die als **Magnus-Effekt** bezeichnete aerodynamische Erscheinung entscheidende Abweichungen von der Bahn. Ein Tennisball, Golfball oder Fußball kann beim Schlag absichtlich oder unabsichtlich in eine Drehbewegung versetzt werden. Der rotierende Ball nimmt bei seiner Drehung die in einer Grenzschicht an der Balloberfläche haftende Luft mit. Die Abbildung zeigt (a) die Luftströmung um einen nicht rotierenden Ball, (b) die Strömung um einen rotierenden Ball und (c) die Überlagerung beider Strömungen. Dadurch ist die Strömungsgeschwindigkeit in Bezug auf die Bewegungsrichtung nicht mehr symmetrisch, und es tritt eine Kraft zur Seite mit der größeren Strömungsgeschwindigkeit auf. Diese Kraft sorgt je nach der Lage der Rotationsachse für eine seitliche Abweichung von der Flugbahn oder für eine vertikale Abweichung von der normalen, etwa parabelförmigen Flugbahn. Ein Golfball dreht sich 2000- bis 4000-mal in der Minute und fliegt bei 200 m Reichweite mit einem Back-Spin etwa 20 m bis 30 m weiter als nach dem theoretischen Bahnverlauf.

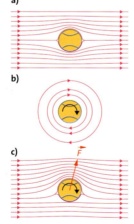

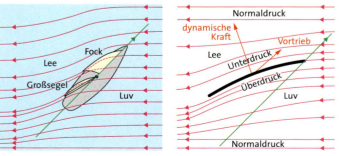

1.3 Energie und Energieerhaltung

Energie ist die Voraussetzung für alle wirtschaftlich-technischen Prozesse. Energie existiert als mechanische, elektrische, magnetische und chemische Energie, als Gravitations-, Wärme-, Kern- und Strahlungsenergie.
Die Physik kann als die Wissenschaft von der Energie bezeichnet werden. Sie hat definiert, was Energie ist, und verschiedene Formeln gefunden, die Energie messbar machen und durch deren Anwendung physikalische Vorgänge erklärt werden können.

1.3.1 Mechanische Energie

Mechanische Energie kann in Wasserkraftwerken in elektrische Energie umgewandelt werden. Das aus einem Stausee *herab*fließende Wasser treibt über die Turbine den Generator an, der die elektrische Energie erzeugt. Bei einem entgegengesetzt verlaufenden Vorgang, dem *Anheben* eines Containers durch einen Kran, wird elektrische Energie benötigt, um den Motor des Krans anzutreiben.

Die Kraft zum Anheben eines Körpers, auf den die Gewichtskraft G wirkt, um die Höhe h kann durch den Einsatz von Rollen und Flaschenzügen verringert werden. Dies wird aber dadurch erkauft, dass der *Weg s*, in dessen Richtung die Kraft am Seil beim Anheben wirkt, im gleichen Verhältnis wächst, wie die *Kraft F* abnimmt

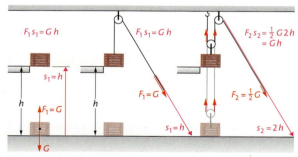

60.1 Beim Anheben eines Körpers um die Höhe h ist das Produkt aus der wirkenden Kraft F und dem zurückgelegten Weg s konstant

(**Abb. 60.1**). Wie dieser Vorgang auch ausgeführt wird, stets ist das Produkt aus der *Kraft F* und der Länge des *Weges s* konstant: $Fs = Gh$. Die Erfahrung, dass für den Vorgang des Anhebens immer derselbe Wert des Produkts Fs kennzeichnend ist, führt u. a. zur *Definition der mechanischen Energie*.

> Wirkt eine *Kraft F* auf einen Körper in Richtung des *Weges s*, so gibt das Produkt $E = Fs$ die für diesen Vorgang notwendige **mechanische Energie** an.

Das Produkt Fs wird auch als *Arbeit* bezeichnet, eine historische Bezeichnung, die in diesem Buch nicht weiter verwendet werden soll.

Kraft und Weg sind vektorielle Größen. Daher ist der Winkel zwischen der Richtung der Kraft F und der Richtung des Weges s für das Produkt Fs von Bedeutung:
Gleitet ein Körper unter Wirkung der Gewichtskraft $\vec{G}$ eine schiefe Ebene hinab, so haben die Kraft $\vec{G}$ und der Weg $\vec{s}$ nicht mehr die gleiche Richtung. *In Richtung der Bewegung* wirkt bei diesem Vorgang die Hangabtriebskraft $\vec{F}_H$. Die Hangabtriebskraft $\vec{F}_H$ ist die Komponente der Gewichtskraft $\vec{G}$ in Bewegungsrichtung, für die nach **Abb. 60.2** gilt:

$$F_H/G = \cos \alpha \quad \text{bzw.} \quad F_H = G \cos \alpha$$

Damit ergibt sich die mechanische Energie zu

$$E = F_H s = (G \cos \alpha) s = G s \cos \alpha.$$

Daraus folgt die die Vektoreigenschaft berücksichtigende

> **Definition der mechanischen Energie:**
> Wird ein Körper mit der Kraft $\vec{F}$ entlang des Weges $\vec{s}$ bewegt, so ist die dafür nötige **mechanische Energie** E das Produkt aus der Kraftkomponente F_s parallel zum Weg und dem Weg s:
>
> $$E = F_s s = Fs \cos \alpha$$
>
> α ist der Winkel zwischen der Richtung der Kraft $\vec{F}$ und der Richtung des Weges $\vec{s}$.

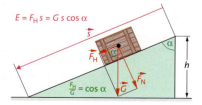

60.2 Wirksam für die übertragene Energie ist die Komponente F_H der Kraft in Richtung des Weges s. Es gilt $F_H = G \cos \alpha$.

60.3 Die Fläche $E = F_s (s_2 - s_1) = F_s \Delta s$ stellt grafisch die mechanische Energie dar. (F_s ist die Komponente der Kraft in Richtung des Weges.)

Die Energie ist eine abgeleitete skalare Größe, für die zu Ehren des englischen Physikers James Prescott Joule (1818–1889) die Einheit Joule (J) eingeführt ist: $[E] = [F][s] = 1\,\text{Nm} = 1\,\text{J}$.
Geometrisch wird die mechanische Energie (bzw. die Arbeit) im Weg-Kraft-Diagramm als Fläche dargestellt (**Abb. 60.3**).

Die Vektoreigenschaft von Kraft und Weg ist die Ursache dafür, dass die mechanische Energie $E = F s \cos\alpha$ positiv, negativ oder null sein kann.
- Für $0 \leq \alpha < 90°$ ist $\cos\alpha > 0$. Die Kraftkomponente F_s zeigt in Richtung des Weges (**Abb. 61.1a**). Also ist $E = F s \cos\alpha > 0$.
- Für $90° < \alpha \leq 180°$ ist $\cos\alpha < 0$. In **Abb. 61.1b** ist die Kraft, die den Eimer beim Herablassen hält, nach oben gerichtet, demnach ist $\alpha = 180°$, also $E = F s \cos\alpha < 0$.
- Für $\alpha = 90°$ (**Abb. 61.1c**) wird $\cos\alpha = 0$. Obwohl zum Tragen des Eimers Kraft nötig ist, wird im physikalischen Sinn keine Energie übertragen, also ist $E = F s \cos\alpha = 0$. Der physikalische Inhalt dieser Aussagen über das Vorzeichen von Energie wird im folgenden Kapitel deutlich werden, wenn gezeigt wird, dass der Term $E = F s \cos\alpha$ eine Energieänderung beschreibt.

Berechnung der mechanischen Energie mit skalarem Produkt und durch Integration

Die Definition der mechanischen Energie E als Produkt aus der Komponente der Kraft $\vec{F}$ in Richtung des Weges und dem Weg $\vec{s}$ entspricht in Vektorschreibweise dem skalaren Produkt aus $\vec{F}$ und $\vec{s}$.

> Die mechanische Energie E ist das skalare Produkt aus der äußeren Kraft $\vec{F}$ und dem Weg $\vec{s}$:
> $$E = \vec{F} \cdot \vec{s} = F s \cos \sphericalangle(\vec{F}, \vec{s})$$
> F und s sind in dieser Definition die absoluten Beträge von Kraft und Weg, $\sphericalangle(\vec{F}, \vec{s})$ ist der Winkel zwischen den Vektoren $\vec{F}$ und $\vec{s}$.

Die Berechnung der mechanischen Energie nach dieser Definition setzt voraus, dass die Kraft $\vec{F}$, die nicht parallel zu $\vec{s}$ gerichtet sein muss, längs des Weges $\vec{s}$ konstant ist. Ändert sich die Kraft längs des Weges (**Abb. 61.2**), so können näherungsweise auf den Teilstrecken $\Delta \vec{s}_i$ die Teilenergien $\Delta E_i = \vec{F}_i \cdot \Delta \vec{s}_i$ berechnet werden, indem für jede Teilstrecke $\Delta \vec{s}_i$ die Kraft $\vec{F}_i$ als konstant angenommen wird und dann die Teilenergien addiert werden. Der genaue Wert der gesamten Energie ergibt sich durch Integration (**Abb. 61.3**).

> Die mechanische Energie ist das (sogenannte) **Wegintegral der Kraft**
> $$E = \lim_{n \to \infty} \sum_{i=1}^{n} \vec{F}(s_i) \cdot \Delta \vec{s}_i = \int_{s_1}^{s_2} \vec{F}(\vec{s}) \cdot d\vec{s} = \int_{s_1}^{s_2} F_s(s)\,ds,$$
> wobei $F_s(s)$ jeweils die Komponente der Kraft $F(s)$ in Richtung des Weges ist.

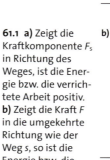

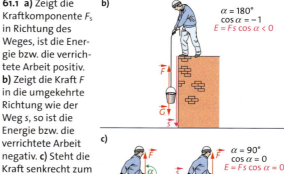

61.1 a) Zeigt die Kraftkomponente F_s in Richtung des Weges, ist die Energie bzw. die verrichtete Arbeit positiv. **b)** Zeigt die Kraft F in die umgekehrte Richtung wie der Weg s, so ist die Energie bzw. die verrichtete Arbeit negativ. **c)** Steht die Kraft senkrecht zum Weg, ist die Energie bzw. die verrichtete Arbeit null.

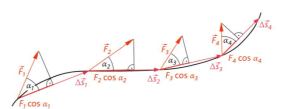

61.2 Berechnung der mechanischen Energie aus Teilsummen

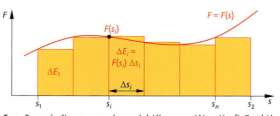

61.3 Energiediagramm einer nichtlinearen Weg-Kraft-Funktion

Aufgaben

1. Ein Körper der Masse m werde auf lotrechtem Wege von der Höhe h_1 auf die Höhe h_2 gebracht. Dabei gelte $h_1 < h_2$ (Fall I) und $h_1 > h_2$ (Fall II).
   Fertigen Sie für beide Fälle eine Zeichnung an und berechnen Sie die erforderliche mechanische Energie.

2. Ein Körper der Masse m wird um die Strecke s eine schiefe Ebene hinaufgezogen bzw. hinabgelassen. (Die schiefe Ebene bilde mit der Waagerechten den Winkel β.)
   Fertigen Sie eine Zeichnung an und berechnen Sie für beide Fälle die mechanische Energie.

Energie und Energieerhaltung

1.3.2 Kinetische und potentielle Energie

Mechanische Energie wird u. a. zur Beschleunigung eines Körpers benötigt, zum Anheben eines Körpers oder auch zum Spannen einer Feder. In jedem dieser Fälle ist die Energie nach dem Vorgang in einer bestimmten charakteristischen Form gespeichert.

Kinetische Energie

Wir betrachten die Beschleunigung eines Autos (**Abb. 62.1**) in einfacher idealisierter Form:
Ein Körper der Masse m wird durch eine konstante Kraft F in Richtung des Weges s aus der Ruhe ($v_0 = 0$) auf die Geschwindigkeit $v_e = v$ beschleunigt, wobei von Reibung abgesehen werde. Die für diesen Beschleunigungsvorgang auf waagerechter Strecke benötigte mechanische Energie ist wegen der gleichen Richtung von Kraft und Weg $E = F s$. Wird die Beschleunigung mit konstanter Kraft durchgeführt, so gelten neben der Grundgleichung der Mechanik $F = m a$ auch die Gesetze der gleichmäßig geradlinig beschleunigten Bewegung: $s = \frac{1}{2} a t^2$ und $v = a t$. Damit ist die für den Beschleunigungsvorgang nötige mechanische Energie

$$E = F s = (m a)\left(\tfrac{1}{2} a t^2\right) = \tfrac{1}{2} m (a t)^2 = \tfrac{1}{2} m v^2.$$

Die bei dem Vorgang zugeführte mechanische Energie ist demnach allein durch die *Endgeschwindigkeit v* und die *Masse m* des beschleunigten Körpers bestimmt. Der Term $E = \tfrac{1}{2} m v^2$ heißt *kinetische Energie*.
Da die Geschwindigkeit eines Körpers relativ zu einem Bezugssystem angegeben wird, ist auch die kinetische Energie eine Größe relativ zu diesem Bezugssystem.

> Die **kinetische Energie** eines Körpers der Masse m, der sich mit der Geschwindigkeit v bewegt, ist
>
> $$E_{\text{kin}} = \tfrac{1}{2} m v^2.$$
>
> Diese Energie ist im Körper gespeichert.

Dieser Term für die kinetische Energie ergibt sich auch ohne die Voraussetzung, dass die Beschleunigung mit *konstanter* Kraft erfolgt:

Wirkt auf einen Körper der Masse m in Richtung des kleinen Wegabschnitts Δs die Kraft F, so wird die Energie $\Delta E = F \Delta s$ übertragen. Es ändern sich Geschwindigkeit und Impuls des Körpers. Wird in diesem Term die Kraft durch $F = \Delta p / \Delta t$ ersetzt, so ergibt sich

$$\Delta E = \frac{\Delta p}{\Delta t} \Delta s.$$

In dieser Gleichung ist Δs der Weg, den der Körper in der Zeit Δt zurücklegt, während der die Impulsänderung Δp erfolgt. Mit $\Delta s / \Delta t = v$ folgt:

> $\Delta E = v \Delta p$ gibt die **Änderung der kinetischen Energie** eines Körpers an, wenn sich sein Impuls um Δp ändert. Die Energieänderung wächst mit der Geschwindigkeit, bei der die Impulsänderung erfolgt.

Die grafische Darstellung der Geschwindigkeit v in Abhängigkeit vom Impuls p ist wegen $v = p/m$ eine Gerade (**Abb. 62.2**). Wird die Geschwindigkeit durch die Impulsänderung $\Delta p = p_2 - p_1$ von v_1 auf v_2 erhöht, so ist die Energieänderung $\Delta E = v \Delta p$ in **Abb. 62.2** durch den hell dargestellten Flächeninhalt gegeben. Da während der Impulserhöhung auch die Geschwindigkeit v zunimmt, ist $v_2 \Delta p$ gegenüber dem wahren Wert zu groß und $v_1 \Delta p$ zu klein. Wegen v proportional zu p ist die Energieänderung ΔE gleich dem Mittelwert

$$\Delta E = \tfrac{1}{2}(v_2 \Delta p + v_1 \Delta p) = \tfrac{1}{2}(v_2 + v_1) \Delta p.$$

Für konstante Masse ist $\Delta p = m \Delta v = m(v_2 - v_1)$, also

$$\Delta E = \tfrac{1}{2}(v_2 + v_1)\, m(v_2 - v_1) = \tfrac{1}{2} m (v_2^2 - v_1^2),\ \text{d.h.}$$

$$\Delta E = \tfrac{1}{2} m v_2^2 - \tfrac{1}{2} m v_1^2 = E_{\text{kin}2} - E_{\text{kin}1}.$$

Der Term $\tfrac{1}{2} m v^2$ ist gleich dem Flächeninhalt des Dreiecks $\tfrac{1}{2} p v$ unter der Geraden von 0 bis zur Stelle p. Da der Impuls p gleich $m v$ ist, wächst die kinetische Energie mit dem Quadrat der Geschwindigkeit.

> Bewirkt eine *beliebige* Kraft F auf einen Körper der Masse m eine Änderung der Geschwindigkeit von v_1 auf v_2, so ist die Änderung der kinetischen Energie gegeben durch $\Delta E = \tfrac{1}{2} m v_2^2 - \tfrac{1}{2} m v_1^2$.

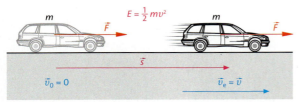

62.1 Ein Körper der Masse m, der durch die konstante Kraft F in Richtung des Weges s auf die Geschwindigkeit v beschleunigt wird, hat die kinetische Energie $E_{\text{kin}} = \tfrac{1}{2} m v^2$ gespeichert.

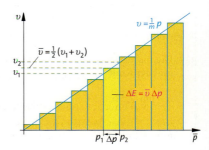

62.2 In einem p-v-Diagramm ist die übertragene Energie $\Delta E = v \Delta p$ durch den Flächeninhalt unter der $v(p)$-Geraden von p_1 bis p_2 gegeben.

Potentielle Energie im Gravitationsfeld

Auf der Erde wirkt auf einen Körper der Masse m die Gewichtskraft $G = mg$. Um einen solchen Körper zu heben, ist die entgegengerichtete Kraft $\vec{F} = -\vec{G}$ nötig. Die Kräfte $\vec{F}$ und $\vec{G}$ kompensieren sich, sodass die Geschwindigkeit der Hubbewegung konstant ist und sich die kinetische Energie nicht ändert. Die Energie allein für das Hochheben um die Höhe h ist

$$E = Fs = Gh = mgh.$$

Diese Energie ist als sogenannte *Lageenergie* oder *potentielle Energie* gespeichert. Dies ist nur möglich, weil zwischen dem Körper und der Erde die *Gravitationskraft* wirkt. *Erde mit Gravitationsfeld* und *Körper der Masse m* bilden ein *System*. In diesem *System Erde–Körper, nicht aber im Körper*, ist die potentielle Energie gespeichert.

Abb. 63.1 zeigt, wie auf drei verschiedenen Wegen ein Körper im Gravitationsfeld um die Höhe h angehoben wird. Die Kraft ist stets $F = mg$.
a) Weg $\vec{s}$ und Kraft $\vec{F}$ haben dieselbe Richtung, also ist $E = Fs = mgh$.
b) Weg und Kraft schließen den konstanten Winkel $\alpha \neq 0°$ ein. Aus $E = Fs\cos\alpha$ folgt mit $s\cos\alpha = h$: $E = mgh$.
c) Der Winkel α ist auf dem Weg veränderlich. Wird der gekrümmte Weg durch beliebig kleine gerade Wegstrecken $\Delta\vec{s}_i$ ersetzt, die mit $\vec{F}$ die Winkel α_i einschließen, so gilt $\Delta s_i \cos\alpha_i = \Delta h_i$. Summe der Teilhöhen Δh_i ist aber h. So ergibt sich auch in diesem Fall

$$E = \sum_i \Delta E_i = \sum_i F \Delta s_i \cos\alpha_i = F \sum_i \Delta h_i = mgh.$$

> Wird ein Körper der Masse m im Gravitationsfeld auf einem *beliebigen* Weg um die Höhe h angehoben, so ist *unabhängig* vom Weg die dazu nötige Energie stets $E = mgh$.

Nur die *Änderung der potentiellen Energie* des Systems *Körper–Erde* hat eine physikalische Bedeutung, denn in dem Term mgh ist das Niveau, gegenüber dem die Höhe h gemessen wird, willkürlich gewählt. Bei einer Veränderung der Höhe des Körpers von h_1 nach h_2 ist die Änderung der potentiellen Energie jedoch unabhängig von der Wahl des Bezugsniveaus:

$$\Delta E = E_{\text{pot}}(h_2) - E_{\text{pot}}(h_1) = mg(h_2 - h_1) = mg\Delta h$$

Bezogen auf ein anzugebendes Niveau wird aber auch von *der* potentiellen Energie des Systems gesprochen.

> Die **Lageenergie** oder **potentielle Energie** des *Systems Erde–Körper der Masse m* in Bezug auf ein frei wählbares Bezugsniveau beträgt $E_{\text{pot}} = \boldsymbol{mgh}$.

Spannenergie oder potentielle Federenergie

Die Kraft F beim Spannen einer Feder ist in jedem Augenblick entgegengesetzt gleich der Federkraft F_s, für die das Hooke'sche Gesetz $F_s = -Ds$ gilt. Wird die Feder vom entspannten Zustand ($s_0 = 0$) um die Strecke s gedehnt, so wächst dabei die Kraft F proportional zum Weg s (**Abb. 63.2**). Die zum Spannen nötige Energie $E = Fs\cos\alpha$ ($\alpha = 0°$) wird im Weg-Kraft-Diagramm durch die Fläche des Dreiecks unter der Geraden $F = Ds$ von $s_0 = 0$ bis $s = s_1$ dargestellt:

$$E_{s_1} = \tfrac{1}{2} D s_1^2$$

Die in dem System *Feder–Körper* gespeicherte sogenannte *Spannenergie* ist ebenfalls eine *potentielle Energie*, da zwischen der Feder und dem Körper die anziehende Federkraft wirkt. Bei einer Veränderung der Lage des Körpers von s_1 nach s_2 ist die Änderung der potentiellen Federenergie:

$$\Delta E = E_{s_2} - E_{s_1} = \tfrac{1}{2} D s_2^2 - \tfrac{1}{2} D s_1^2$$

Bezogen auf die entspannte Feder wird von *der* Spannenergie bzw. potentiellen Federenergie gesprochen.

> Die **Spannenergie** oder **potentielle Federenergie** einer Feder mit der Federkonstanten D, die vom entspannten Zustand um die Strecke s gespannt wird, beträgt $E_s = \tfrac{1}{2} \boldsymbol{D s^2}$.

Insgesamt gesehen beruht also die Existenz potentieller Energie auf der Konfiguration eines Systems von Körpern, die Kräfte aufeinander ausüben.

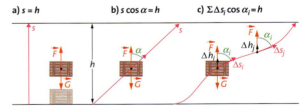

63.1 Wird ein Körper der Masse m im Gravitationsfeld der Erde um die Höhe h angehoben, so ist die dazu nötige Energie unabhängig vom Weg: $E = mgh$

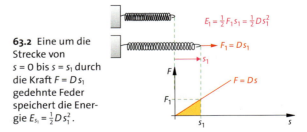

63.2 Eine um die Strecke von $s = 0$ bis $s = s_1$ durch die Kraft $F = Ds_1$ gedehnte Feder speichert die Energie $E_{s_1} = \tfrac{1}{2} D s_1^2$.

Energie und Energieerhaltung

Aufgaben

1. Ein Auto (m = 950 kg) wird in 4 s von v_1 = 50 km/h auf v_2 = 90 km/h beschleunigt.
   a) Berechnen Sie die dazu erforderliche Energie.
   b) Bestimmen Sie die Geschwindigkeit, die der Wagen mit der gleichen Energie erreicht hätte, wenn er aus dem Stand beschleunigt worden wäre.
   c) Zeichnen Sie das zugehörige Impuls-Geschwindigkeit-Diagramm und zeigen Sie, dass der Flächeninhalt unter der Geraden von p_1 bis p_2 der übertragenen Energie entspricht.

2. Ein Gleiter der Masse m = 200 g bewegt sich auf einer Luftkissenfahrbahn, die auf einer Strecke von 1,00 m einen Höhenunterschied von 5 cm besitzt.
   a) Berechnen Sie die Hangabtriebskraft und die Beschleunigung des Gleiters.
   b) Bestimmen Sie mithilfe der Gesetze für die gleichmäßig beschleunigte Bewegung seine Geschwindigkeit, wenn er aus der Ruhe 1 m zurückgelegt hat.
   c) Bestimmen Sie die auf dieser Strecke auf den Gleiter übertragene Energie und seine kinetische Energie nach 1 m.

3. Ein Körper (m = 25 kg) wird reibungsfrei eine 5,0 m lange schiefe Ebene (Steigungswinkel α = 30°) hinaufgezogen.
   a) Bestimmen Sie die parallel zur Ebene wirkende Zugkraft.
   b) Berechnen Sie die Änderung der potentiellen Energie.

4. Ein Stein (m = 0,2 kg) wird an einer 0,5 m langen Schnur mit 2 Umdrehungen pro Sekunde auf einer waagerechten Kreisbahn herumgeschleudert.
   a) Berechnen Sie seine kinetische Energie.
   b) Bestimmen Sie die Zentripetalkraft.
   c) Erläutern Sie, dass von der Zentripetalkraft bei einer Umdrehung keine Energie übertragen wird.

5. Ein Ziegel der Masse m = 5 kg fällt bei einem Sturm von einem 20 m hohen Dach zu Boden.
   a) Bestimmen Sie die Energie, die dabei vom System Ziegel – Gravitationsfeld der Erde auf den Ziegel übertragen wird.
   b) Berechnen Sie die Geschwindigkeit, mit der der Ziegel aufschlägt.

6. Berechnen Sie die Energie, die erforderlich ist, um eine Schraubenfeder um 2 cm zu dehnen. Für die Feder gelte, dass ein Körper der Masse 4 kg, an die Feder gehängt, diese um 1,5 cm verlängert.

7. Eine Schraubenfeder wird durch eine Kraft F = 0,6 N um s = 3,5 cm gedehnt. Berechnen Sie die Energie, um die Feder um weitere 7,0 cm zu dehnen.

8. Eine Schraubenfeder erhält schrittweise durch Wägestücke der Masse m die Dehnung s.

m in g	50	100	150	200	250	300
s in cm	1,6	3,15	4,8	6,3	7,85	9,35

   a) Ermitteln Sie die Federkonstante D und berechnen Sie die Energie, die erforderlich ist, um die Feder auf die Endlänge zu dehnen.
   b) Berechnen Sie zu jeder Teilstrecke Δs die Teilenergie ΔE, die beim Auflegen eines neuen Wägestücks übertragen wird, und vergleichen Sie die Summe der Teilenergien mit dem Ergebnis aus a).

9. Eine vertikal aufgehängte Feder wird von einem Körper der Masse m = 50 g um s = 12 cm verlängert. Vergleichen Sie die Änderung der Lageenergie des Systems Erde – Massenstück bei der Verlängerung mit der Federenergie.

1.3.3 Energieübertragung bei Reibung

In der Realität laufen die meisten Bewegungen von Körpern nicht ohne Reibung ab. Alle Reibungsvorgänge machen sich durch eine Temperaturerhöhung der beteiligten Körper bemerkbar. Um die Temperatur eines Körpers zu erhöhen, ist Energie nötig, die als sogenannte *thermische Energie* (→ 4.3.1) in den an der Reibung beteiligten Körpern enthalten ist.

Wird z. B. ein Körper mit konstanter Geschwindigkeit über eine waagerechte Ebene geschoben, so muss aufgrund der Reibung zwischen dem Körper und der Unterlage auf den Körper eine Kraft F wirken, welche die entgegengesetzt gerichtete Reibungskraft F_R kompensiert: $F = -F_R$ (**Abb. 64.1**). Dabei wird die Energie $E = Fs$ zugeführt, die bei dem Reibungsvorgang in Wärmeenergie umgewandelt wird. Diese Wärmeenergie fließt in die an der Reibung beteiligten Körper.

> Wird ein Körper mit der Kraft F mit konstanter Geschwindigkeit entlang des Weges s gegen die Reibungskraft F_R bewegt, so ist die dazu nötige Energie
>
> $E = Fs = F_R s$.
>
> Diese Energie wird in Wärmeenergie umgewandelt und fließt in die am Reibungsvorgang beteiligten Körper.

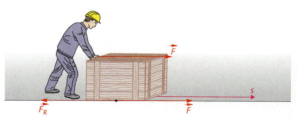

64.1 Wird ein Körper mit der Kraft F gegen die Reibungskraft F_R um den Weg s bewegt, so ist dazu die Energie $E = Fs = F_R s$ notwendig

Aufgaben

1. Ein Körper der Masse 40 kg werde auf horizontaler Fläche (Gleitreibungszahl f_G = 0,25; → 1.2.7) über eine Strecke von 5 m mit konstanter Geschwindigkeit durch eine Kraft bewegt, die mit der Horizontalen einen Winkel von 30° einschließt. Bestimmen Sie die Kraft und die durch sie übertragene Energie.

2. Ein Güterzug (m = 500 t) erhöht auf einer Strecke von 1,8 km Länge und 8 % Steigung die Geschwindigkeit von 30 km/h auf 55 km/h (Rollreibungszahl 0,005). Berechnen Sie die Reibungsenergie, den Zuwachs an Lageenergie und an kinetischer Energie sowie die gesamte übertragene Energie.

1.3.4 Energieerhaltung

Eine grundlegende Erkenntnis der Physik lautet: Energie kann weder erzeugt noch vernichtet werden. Gleichwertig mit dieser Aussage ist der Satz von der *Erhaltung der Energie*, der in sogenannten *abgeschlossenen Systemen* gilt.

> *Abgeschlossene Systeme* sind Anordnungen von Körpern, auf die keine Kräfte von Körpern außerhalb dieser Anordnung wirken.

Energieumwandlung im Gravitationsfeld

Beim freien Fall bilden die *Erde* und der *Körper der Masse m* ein abgeschlossenes System. In diesem System gibt es *potentielle* und *kinetische* Energie. Während des Fallens aus der Höhe h wird potentielle Energie in kinetische Energie umgewandelt. Solange der Körper in der Höhe h ruht, ist die kinetische Energie null und die Gesamtenergie des Systems, Körper in der Höhe h, ist

$$E = E_{\text{pot}} = mgh.$$

Ist der Körper um die Strecke $s < h$ gefallen, so ist zu diesem Zeitpunkt die potentielle Energie auf den Wert

$$E'_{\text{pot}} = mg(h-s) = mgh - mgs$$

gesunken, dafür aber die kinetische Energie auf

$$E'_{\text{kin}} = \tfrac{1}{2} m v_s^2$$

angewachsen. Aus den Gesetzen für die gleichmäßig beschleunigte Bewegung $s = \tfrac{1}{2} g t_s^2$ und $v_s = g t_s$ ergibt sich die Geschwindigkeit v_s zu diesem Zeitpunkt zu $v_s = \sqrt{2gs}$, sodass für die kinetische Energie gilt:

$$E'_{\text{kin}} = \tfrac{1}{2} m v_s^2 = \tfrac{1}{2} m 2gs = mgs$$

Um denselben Wert hat die potentielle Energie abgenommen. Die Gesamtenergie des Systems zu diesem Zeitpunkt ist

$$E' = E'_{\text{pot}} + E'_{\text{kin}} = mg(h-s) + mgs = mgh = E.$$

Dies gilt für alle Werte s mit $0 < s < h$.

Ergebnis: Im System *Erde – Körper* wird während des Fallvorgangs potentielle in kinetische Energie umgewandelt. Zu jedem Zeitpunkt ist die Summe aus potentieller und kinetischer Energie konstant.

Energieumwandlung am Federpendel

Ein senkrecht hängendes Federpendel bildet ein abgeschlossenes System, das aus der *Feder mit der Federkonstanten D*, dem *Pendelkörper der Masse m* und der *Erde* besteht (**Abb. 65.1**).

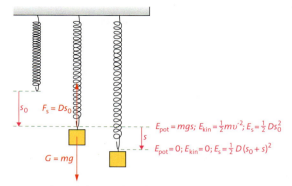

65.1 In der Ruhelage stehen die Federkraft $F_s = D s_0$ und die Gewichtskraft $G = mg$ im Gleichgewicht. Die Feder wird aus der Ruhelage um die Strecke s ausgelenkt und dann losgelassen.

Wird das Pendel aus der Gleichgewichtslage um die Strecke s nach unten ausgelenkt und losgelassen, so werden während der Pendelbewegung ständig potentielle Energie im Gravitationsfeld, Spannenergie und kinetische Energie ineinander umgewandelt.
Im ausgelenkten Zustand wird die potentielle Energie im Gravitationsfeld null gesetzt, die kinetische Energie ist ebenfalls null, die Energie des Systems besteht nur aus Spannenergie

$$E = E_s = \tfrac{1}{2} D (s_0 + s)^2.$$

Beim Durchgang durch die Gleichgewichtslage ist die Energie des Systems

$$E' = E'_{\text{pot}} + E'_s + E'_{\text{kin}} \quad \text{bzw.}$$

$$E' = mgs + \tfrac{1}{2} D s_0^2 + \tfrac{1}{2} m v'^2.$$

Unter der Annahme, dass die Energie während des ganzen Vorgangs erhalten bleibt, $E = E'$, folgt

$$\tfrac{1}{2} D (s_0 + s)^2 = mgs + \tfrac{1}{2} D s_0^2 + \tfrac{1}{2} m v'^2.$$

Mit der Gleichung für die Kräfte in der Gleichgewichtslage $mg = D s_0$ ergibt sich nach dem Ausmultiplizieren und Umformen

$$\tfrac{1}{2} D s^2 = \tfrac{1}{2} m v'^2, \quad \text{also} \quad v' = \sqrt{\tfrac{D}{m}} s = \sqrt{\tfrac{g}{s_0}} s.$$

Versuch 1: Die entspannte Feder wird durch die Gewichtskraft auf einen Körper der Masse $m = 0{,}050$ kg um $s_0 = 0{,}138$ m in die Gleichgewichtslage ausgelenkt (→ **Abb. 66.1**). Nach einem weiteren Auslenken aus der Gleichgewichtslage um $s = 0{,}057$ m schwingt das Federpendel nach oben, wobei beim Durchgang durch die Gleichgewichtslage mit einer Lichtschranke für einen Pappstreifen der Breite $\Delta s = 0{,}015$ m die Dunkelzeit $\Delta t = 0{,}0304$ s gemessen wird. Aus der Messung der Dunkelzeit ergibt sich die Geschwindigkeit zu $v = \Delta s / \Delta t = 0{,}015$ m$/0{,}0304$ s $= 0{,}493$ m/s.

Energie und Energieerhaltung

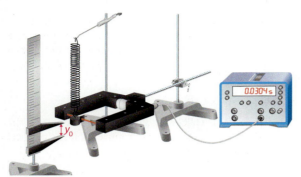

66.1 Die Geschwindigkeit eines Pendelkörpers wird beim Durchgang durch die Gleichgewichtslage mit einer Lichtschranke bestimmt.

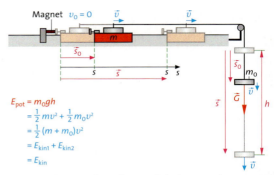

66.2 Energieumwandlung beim Fahrbahnversuch. Die potentielle Energie wird in gleich große kinetische Energie von Gleiter und Antriebskörper umgewandelt.

Unter der Annahme, dass die Energie erhalten bleibt, folgt:

$$v' = \sqrt{\frac{g}{s_0}}\, s = \sqrt{\frac{9{,}81\ \text{m/s}^2}{0{,}138\ \text{m}}} \cdot 0{,}057\ \text{m} = 0{,}481\ \text{m/s}$$

Ergebnis: Die beiden Werte der Geschwindigkeit stimmen im Rahmen der Messgenauigkeit überein, sodass die Annahme, dass die Energie erhalten bleibt, als bestätigt angesehen werden kann. ◂

Der Energieerhaltungssatz

Die Untersuchungen der Energieumwandlung beim freien Fall und am Federpendel führen zu folgenden Verallgemeinerungen:

1. Die Energie eines mechanischen Systems tritt in den einzelnen Zuständen in wechselnden Größen als kinetische Energie und als potentielle Energie, also als Lageenergie bzw. als Spannenergie, auf.

> Mechanische Energie tritt in Form von potentieller und kinetischer Energie auf und kann von einer Form in eine andere umgewandelt werden.

2. Wird von Energieverlusten durch Reibungsvorgänge abgesehen, so ist bei Vorgängen in abgeschlossenen Systemen die Summe aus kinetischer Energie und potentieller Energie konstant. Anders formuliert: Die Summe der mechanischen Energien bleibt erhalten.

> **Energieerhaltungssatz der Mechanik:** In einem abgeschlossenen System ist zu jedem Zeitpunkt die Summe der mechanischen Energien, d. h. die Summe aus kinetischer und potentieller Energie, konstant, solange die Vorgänge im System *reibungsfrei* ablaufen:
>
> $E_{\text{kin}}(t) + E_{\text{pot}}(t) = E(t) =$ **konstant**

Nach diesem Satz gibt es für ein *abgeschlossenes System* ohne Reibung eine **Erhaltungsgröße,** die **mechanische Energie.** Energie geht weder verloren noch entsteht sie neu, sie tritt nur in unterschiedlichen Anteilen von potentieller und kinetischer Energie auf.

Der *verallgemeinerte Energieerhaltungssatz,* der außer der *potentiellen* und der *kinetischen* Energie alle anderen auch nicht mechanischen Energieformen umfasst, gilt für alle abgeschlossenen physikalischen Systeme. Er ist neben dem *Impulserhaltungssatz* das zweite Fundamentalprinzip der Physik.

Anwendungen des Energieerhaltungssatzes

Die folgenden Beispiele zeigen, wie sich mit dem Energieerhaltungssatz der Mechanik ohne Anwendung der Newton'schen Axiome zahlreiche Probleme der Mechanik einfach lösen lassen.

Beispiel 1: Auf einer Luftkissenbahn wird ein Gleiter der Masse m durch die Gewichtskraft eines um die Strecke h fallenden Wägestücks der Masse m_0 beschleunigt (**Abb. 66.2**). Welche Endgeschwindigkeit wird dabei erreicht?

Lösung: Das abgeschlossene System besteht aus *Gleiter, Wägestück* und *Erde.* Die auch auf den Gleiter wirkende Gravitationskraft wird durch eine von der Schiene ausgeübte Gegenkraft kompensiert und bleibt daher wirkungslos. Während der Beschleunigung des Wagens nimmt die kinetische Energie des Systems ständig zu, während die potentielle Energie (Lageenergie) entsprechend abnimmt.

Betrachtet wird die Energie des Systems am Anfang (ungestrichene Größen) und am Ende (gestrichene Größen) des Vorgangs. Als Nullpunkt für die potentielle Energie wird die Endlage des Wägestücks gewählt. Nach dem Energiesatz gilt dann

$E_{\text{pot}} + E_{\text{kin}} = E'_{\text{pot}} + E'_{\text{kin}}$.

Hieraus folgt mit $E_{\text{kin}} = 0$ und $E'_{\text{pot}} = 0$

$$m_0 g h = \frac{1}{2}(m + m_0)\,v'^2,$$

woraus sich für die Geschwindigkeit ergibt

$$v' = \sqrt{\frac{2\,m_0\,g\,h}{m + m_0}}.$$

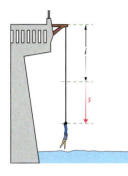

Beispiel 2: Eine Bungeespringerin beabsichtigt, von einer Brücke herabzuspringen. Das Bungeeseil hat im entspannten Zustand eine Länge von $l = 25$ m und der Abstand zur Erdoberfläche beträgt 45 m. Wie hoch liegt der tiefste Punkt des an den Füßen befestigten Seils beim Sprung?

Lösung: Im tiefsten Punkt ist die Spannenergie maximal und die kinetische Energie null. Die Lageenergie hat jedoch um einen Wert abgenommen, der proportional zur Summe aus der Seillänge l und der Seilverlängerung s ist:

$$\Delta E_{\text{pot}} = m g (l + s)$$

Diese Energie ist im tiefsten Punkt in Spannenergie umgewandelt, wobei angenommen wird, dass für das Seil das Hooke'sche Gesetz gilt:

$$E_s = \tfrac{1}{2} D s^2, \text{ also } \tfrac{1}{2} D s^2 = m g (l + s)$$

Um die Seilverlängerung zu berechnen, werden die Masse $m = 60$ kg der Springerin und die Federkonstante $D = 160$ N/m für das Seil benötigt. Einsetzen dieser Werte und Auflösung der quadratischen Gleichung in s ergibt $s = 17{,}73$ m. (Die zweite Lösung ist negativ und damit ohne reale Bedeutung.) Der tiefste Punkt des Seils liegt also 45 m − (25 m + 17,73 m) = 2,27 m über der Wasseroberfläche.

Aufgaben

1. Ein Schlitten der Masse 60 kg startet aus der Ruhe von einem Hügel aus 20 m Höhe und erreicht den Fuß des Hügels mit einer Geschwindigkeit von 16 m/s. Bestimmen Sie die Energie, die er durch Reibung usw. verloren hat.
2. Ein kleines Auto ($m = 800$ kg) prallt mit der Geschwindigkeit $v = 60$ km/h gegen eine Mauer.
   a) Berechnen Sie seine kinetische Energie.
   b) Bestimmen Sie die Höhe, aus der das Auto frei fallen müsste, um beim Auftreffen auf den Boden die gleiche kinetische Energie zu besitzen.
3. Bei einem Lastwagen der Masse $m = 5000$ kg versagen auf einer Gefällestrecke bei einer Geschwindigkeit von 90 km/h die Bremsen. Für solche Fälle sind von der Straße abzweigende Notfallspuren mit einer Steigung von 30° eingerichtet. Bestimmen Sie die Mindestlänge der Spur, um diesen LKW auf die Geschwindigkeit null herunterzubremsen.
4. Ein Stein ($m = 100$ g) wird von einem hohen Turm fallen gelassen. Er erreicht nach einem Fallweg von 100 m die Geschwindigkeit $v = 20$ m/s. Berechnen Sie die Energie, die an die Luft übertragen worden ist.
5. Eine Pendelkugel ($d = 2{,}4$ cm, $m = 300$ g) wird an einem Band ($l = 1{,}20$ m) auf die Höhe $h = 20$ cm gehoben. Im untersten Punkt braucht sie zum Durchlaufen der Lichtschranke ($\Delta s = d$) die Zeit $\Delta t = 0{,}012$ s. Vergleichen Sie den Messwert für die kinetische Energie mit dem theoretischen Wert.
6. Berechnen Sie die Steighöhe für den senkrechten und den schiefen Wurf mithilfe des Energieerhaltungssatzes.
7. Ein Wagen ($m = 0{,}32$ kg) rollt reibungsfrei eine schiefe Ebene (Steigungswinkel $\alpha = 30°$) herab.
   a) Bestimmen Sie die Geschwindigkeiten v_1 und v_2, die er nach Durchlaufen der Strecken $s_1 = 15$ cm bzw. $s_2 = 65$ cm erreicht hat.
   b) Berechnen Sie den Zuwachs an kinetischer Energie von s_1 nach s_2.
8. Ein Fahrbahnwagen ($m = 0{,}5$ kg) wird längs einer horizontalen Strecke $s = 1{,}00$ m durch Wägstücke (m_W), die auf den Auflageteller ($m_T = 5$ g) gelegt werden, beschleunigt. Am Ende der Strecke misst ein Kurzzeitmesser die Zeit Δt, während der $\Delta s = 1{,}45$ cm breite Bügel des Wagens die Lichtschranke durchläuft:

m_W in g	20	30	40	50
Δt in ms	15,12	12,54	11,38	10,09

Berechnen Sie für jeden Versuch am Ende der Strecke die Änderung der potentiellen Energie und die kinetische Energie und vergleichen Sie die Ergebnisse.

*9. Berechnen Sie mithilfe des Energiesatzes: Von welcher Höhe h (über dem tiefsten Punkt der Schleifenbahn) muss eine Kugel der Masse m entlang einer Schiene auf einer schiefen Ebene herablaufen, um danach eine kreisförmige Schleifenbahn ($d = 2\,r = 0{,}2$ m) zu durchlaufen, ohne im oberen Punkt der Schleifenbahn herabzufallen? (Von der Rotationsenergie sehe man ab.)

*10. Ein Pendel der Länge $l = 95$ cm wird um 15 cm angehoben und dann losgelassen. Im tiefsten Punkt der Bahn wird der Pendelkörper ($m = 150$ g) durch eine Rasierklinge vom Faden getrennt und fällt auf den 1,6 m tiefer gelegenen Boden.
   a) Berechnen Sie den Auftreffpunkt des Körpers.
   b) Bestimmen Sie die Geschwindigkeit (insgesamt und horizontal), die er beim Auftreffen auf den Boden besitzt.

*11. Hakt man eine Kugel an eine entspannte Schraubenfeder, die an einem Stativ hängt, und lässt die Kugel los, so zieht sie die Feder um das Doppelte der Strecke nach unten, die sich ergibt, wenn man die Kugel langsam mit der Hand nach unten führt, bis sie ihre Gleichgewichtslage, an der Feder hängend, erreicht hat. Zeigen Sie, dass diese Beobachtung mit dem Energieerhaltungssatz übereinstimmt.

1.3.5 Energiestrom – Leistung

Bei vielen Anwendungen und Vorgängen ist es wichtig zu wissen, welcher Energiebetrag ΔE in einer bestimmten Zeit Δt einem System zugeführt bzw. entzogen wird. Wird z. B. beim Heben einer Last mit einem Kran vom Motor eine Kraft F ausgeübt und der Hubvorgang über die Strecke Δs in der Zeit Δt durchgeführt, so ist der Quotient $P = \Delta E/\Delta t$ ein Maß für die durchschnittliche in der Zeiteinheit zugeführte Energie. Bei diesem Vorgang fließt also Energie von dem System *Elektromotor des Krans* in das System *Last – Erde*.

> Der **Energiestrom** oder die **Leistung** P ist der Quotient aus der zugeführten Energie ΔE und der Zeit Δt, in der dies geschieht: $P = \Delta E/\Delta t$.

Die Einheit des Energiestroms bzw. der Leistung ist $[P] = [\Delta E]/[\Delta t] = 1$ Nm/s $= 1$ J/s und wird als Watt bezeichnet: $[P] = 1$ J/s $= 1$ W. Die Einheit Watt ist aus dem Umgang mit elektrischen Geräten vertraut. Insbesondere wird die elektrische Energie aufgrund der Beziehung $\Delta E = P \Delta t$ in den Einheiten Ws bzw. kWh angegeben:

$$1 \text{ kWh} = 10^3 \text{ W} \cdot 3600 \text{ s} = 3{,}6 \cdot 10^6 \text{ J}$$

Wie in dem obigen Beispiel des Krans werden Motoren in zahlreichen Anwendungen eingesetzt, bei denen Kräfte ausgeübt werden: Lokomotiven ziehen erzbeladene Güterzüge, Fräsen bearbeiten Holz oder Metall usw. Der Zusammenhang der Leistung mit der Kraft wird erkennbar, wenn ΔE in der Definitionsgleichung $P = \Delta E/\Delta t$ durch $F\Delta s$ und der Term $\Delta s/\Delta t$ durch die Geschwindigkeit v ersetzt wird: $P = F\Delta s/\Delta t = Fv$.

> Wird ein Körper unter Einwirkung einer Kraft F mit der Geschwindigkeit v bewegt, so ist bei diesem Vorgang die Leistung durch $P = Fv$ gegeben.

Wird z. B. ein Fahrzeug von seinem Motor mit konstanter Leistung P beschleunigt, so nimmt die Geschwindigkeit v fortlaufend zu und aufgrund der Gleichung $P = Fv$ die beschleunigende Kraft entsprechend ab. Dass trotz geringer werdender, aber immer noch vorhandener, beschleunigender Kraft die Geschwindigkeit einen endlichen Wert hat, liegt an der Reibungskraft. **Abb. 68.1** zeigt den iterativ berechneten Abfall der Beschleunigung sowie den Verlauf der Geschwindigkeit, die gegen einen Grenzwert strebt. Bei der Berechnung der beschleunigenden Kraft wird vereinfachend nur die Luftwiderstandskraft $F_L = \frac{1}{2} c_W \rho A v^2$ berücksichtigt, die mit dem Quadrat der Geschwindigkeit wächst, sodass sich für die beschleunigende Kraft ergibt:

$$F = P/v - F_L$$

Diese Gleichung beschreibt zwei sich in gleicher Richtung auswirkende Effekte: die Verringerung der Motorkraft P/v aufgrund der zunehmenden Geschwindigkeit und die mit dem Geschwindigkeitsquadrat zunehmende Gegenkraft der Luftreibung.

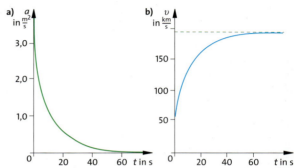

68.1 Unter der (idealisierten) Annahme einer von der Motordrehzahl unabhängigen Leistung von 100 kW wird für ein Auto der Masse 1600 kg iterativ **a)** die Beschleunigung und **b)** die Geschwindigkeit berechnet. Es gelten die Gleichungen $F(t) = P/v(t) - \frac{1}{2} c_W \rho A v^2(t)$, $a(t) = F(t)/m$ und $v(t + \Delta t) = v(t) + a(t) \Delta t$. Die Beschleunigung beginnt bei einer Anfangsgeschwindigkeit von 54 km/h.

Aufgaben

1. Eine Diesellokomotive zieht mit der Kraft 60 000 N einen Güterzug auf ebener Strecke mit der konstanten Geschwindigkeit 50 km/h. Berechnen Sie die Energie, die die Maschine auf 1 km Länge aufbringt, und ihre Leistung (ohne Berücksichtigung der Reibung usw.).

2. Ein vollbeladener Lastenaufzug hat eine Masse von 1600 kg. Das Gegengewicht der Kabine hat eine Masse von nur 900 kg. Berechnen Sie die durchschnittliche Leistung des Motors, wenn der Aufzug aus der Ruhe in 3 Minuten auf eine Höhe von 54 m gebracht werden soll.

3. Ein Mann ($m = 80$ kg) geht mit einer Geschwindigkeit $v = 6$ km/h auf einer Straße mit der Steigung $\alpha = 10°$ bergan. Berechnen Sie seine Leistung.

4. Ein Bootsmotor besitzt die Leistung 3000 W. Er treibt das Boot mit einer (konstanten) Geschwindigkeit von $v = 9$ km/h an. Berechnen Sie die Kraft (Wasserwiderstandskraft), die der Bewegung entgegenwirkt.

5. Ein Auto ($m = 1{,}2$ t) wird vom Stand aus in 12 s auf 100 km/h beschleunigt. Berechnen Sie die mittlere beschleunigende Kraft, den Weg, auf dem die Endgeschwindigkeit erreicht wird, und die mittlere Leistung des Motors sowie die kinetische Energie des Autos nach 12 s.

6. Ein Lastwagen ($m = 3{,}5$ t) fährt 4,8 km auf einer Straße mit 8 % Steigung mit 40 km/h bergauf.
   a) Berechnen Sie die Änderung der potentiellen Energie.
   b) Bestimmen Sie die mittlere Leistung des Motors, wenn man davon ausgeht, dass $\frac{1}{3}$ für die potentielle Energie und $\frac{2}{3}$ für Reibungsenergie (Rollreibung, Luftwiderstand) zu veranschlagen sind.

Energie und Energieerhaltung

Exkurs

Physik und Sport II

Gehen

Das Gehen ist keineswegs eine streng horizontale Bewegung. Stetig wird der Körper gehoben und gesenkt, es muss also ständig beim Wiederanheben des Körpers Energie in das System Körper – Erde gesteckt werden. Die Hubhöhe beim Gehen kann am einfachsten mit einem Stück Kreide in der Hand in Gürtelhöhe bestimmt werden, mit dem man an einer Tafel entlanggeht. Eine mittlere Hubhöhe wäre $\Delta h = 3$ cm. Mit zwei Schritten in der Sekunde, also einer Schrittfrequenz von $f = 1/\Delta t = 2$ s^{-1}, wäre bei einem Geher mit der Masse 70 kg die Hubleistung

$$P = mg\Delta h/\Delta t$$
$$= 70 \text{ kg} \cdot 9{,}81 \text{ m/s}^2 \cdot 0{,}03 \text{ m} \cdot 2 \text{ s}^{-1}$$
$$= 41{,}2 \text{ W}.$$

Da nach Messungen beim Gehen die Leistung ca. 350 W beträgt, gehen damit gut 12 % in die Hubleistung.
Von den 350 W benötigt ein Erwachsener ungefähr 85 W für den Grundumsatz. Das ist die Leistung, die der Körper auch bei absoluter Ruhe aufbringt. Es ist bekannt, dass vom Rest nur 20 % in Muskelenergie umgewandelt wird, also ca. 53 W. Von den 53 W Muskelleistung werden demnach 41 W für die Hubenergie und 12 W hauptsächlich zur Beschleunigung der Beine verwendet.

Kurzstreckenlauf

Ein durchtrainierter Sportler kann seine maximale Muskelkraft höchstens für eine Distanz von 290 m aufrechterhalten, bei längerer Strecke muss er seine Energie dosiert einsetzen. Die maximale Kraft eines Beines $F_B = 1{,}5\,mg$ setzt ein Sportler bei jedem Schritt längs der Strecke ein, die sich beim Strecken seines Beines (ein Drittel der Beinlänge) ergibt. Beim 100 m-Lauf wird die Energie bei den ersten 10 bis 20 Schritten vorwiegend zur Beschleunigung verwendet, bis die Höchstgeschwindigkeit v_e erreicht ist (Grafik in der Abb. unten links). Von dort ab wird die eingesetzte Energie ausschließlich für die Überwindung der Reibungskräfte (Muskel-, Gelenkreibungs-, Luftwiderstandskraft) aufgebracht. Aus

$$n E_B = n\left(\tfrac{3}{2}mg\right)\left(\tfrac{1}{3}l_B\right) = n\tfrac{1}{2}mg l_B$$
$$= \tfrac{1}{2}m v_e^2$$

ergibt sich bei 10 Schritten die Höchstgeschwindigkeit

$$v_e = \sqrt{n g l_B} \approx 10 \text{ m/s}.$$

Hochsprung

Die Sprungkraft *beider* Beine F_B wird bestimmt, indem man in diejenige Hockstellung hineingeht, aus der man am höchsten hochspringen kann (Abb. unten Mitte). Das macht man mit ausgestreckten Armen vor einer Wand und tippt beide Male an. Die Strecke zwischen den Marken ist die Sprunghöhe h_1. Genauso wird die Strecke h_2 bestimmt aus der Hocke bis zu der Stellung, bei der der Körper voll ausgestreckt ist und die Füße noch auf dem Boden stehen. Auf dieser Strecke stößt sich der Körper mit den Beinen während des Beschleunigungsvorgangs vom Boden ab. Die Beinkraft liefert in der Beschleunigungsphase die Energie $E_B = F_B h_2$. Sie wandelt sich beim Sprung in Lageenergie um: $E_{pot} = mgh_1$. Mit einer Sprungkraft von ca. 2500 N und einer Hocktiefe $h_2 = 0{,}35$ m ergibt sich durch Gleichsetzen $F_B h_2 = mgh_1$ die Sprunghöhe $h_1 = 0{,}90$ m.

Damit könnte der Körperschwerpunkt auf die Höhe $h = 1{,}1$ m $+ 0{,}9$ m gehoben werden. In senkrechter Haltung könnte der Sportler mit gestrecktem Körper die Höhe 0,9 m überspringen. Die Technik des Hochspringens besteht nun darin, die Differenzhöhe – oben als 1,1 m angenommen – zwischen Latte und Schwerpunkt, die *Lattenüberhöhung* – zu minimieren. Durch geeignete Sprungtechniken ist die Lattenüberhöhung sogar zu negativen Werten verringert.

Stabhochsprung

Wie bei vielen Sprungarten geht es auch hier darum, den Impuls beim Anlauf in die Vertikale umzulenken. Könnte die kinetische Energie des Anlaufs vollständig in potentielle Energie umgesetzt werden, so ergäbe sich bei 10 m/s Anlaufgeschwindigkeit nach der Gleichung $\tfrac{1}{2}mv^2 = mgh$ eine Höhe von $h = 5$ m. Da sich diese Angabe auf die Erhöhung des Schwerpunktes bezieht, wäre eine Gesamthöhe von etwa 6 m zu erreichen. Die Glasfiberstäbe sind derart elastisch, dass sie die gesamte kinetische Energie beim Biegen aufnehmen und in Richtung nach oben wieder abgeben.

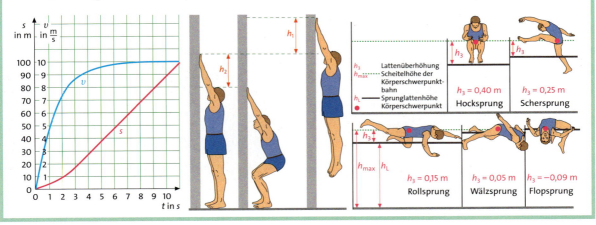

1.3.6 Stoßvorgänge

Üben zwei oder mehrere Körper kurzzeitig Kräfte aufeinander aus, so wird dieses Ereignis als *Stoß* bezeichnet. Ein Stoß ist z. B. die Kollision zweier Billardkugeln oder zweier Kraftfahrzeuge (**Abb. 70.1**), der Zusammenprall zweier Gleiter, zwischen denen sich eine Feder befindet, auf der Luftkissenfahrbahn oder die Wechselwirkung eines α-Teilchens mit einem Atomkern (**Abb. 70.2**). Bei einem Stoß müssen die beteiligten Körper nicht notwendig Kontakt haben, sondern die Kraft zwischen ihnen kann auch wie im Beispiel des α-Teilchens durch ein Feld übertragen werden.

Stoßprozesse stellen eine wesentliche Forschungsmethode der modernen Physik dar (→ S. 530). In Teilchenbeschleunigern werden z.B. Elektronen auf hohe Energien beschleunigt und mit anderen Teilchen zur Kollision gebracht. Aus den Resultaten dieser Stoßprozesse werden wichtige Erkenntnisse über die Bausteine der Materie und die zwischen ihnen wirkenden Kräfte gewonnen.

Alle Stoßvorgänge lassen sich ohne Kenntnis dessen, was beim Stoß im Einzelnen vor sich geht, allein durch die beiden *Erhaltungssätze* für den Impuls und für die Energie genau beschreiben. Dabei muss sichergestellt sein, dass es sich um *abgeschlossene Systeme* handelt, also um Systeme, die alle am Stoß beteiligten Körper umfassen und in denen zwischen den Körpern nur innere Kräfte (→ 1.2.6) wirksam sind.

Ein Stoß zwischen Körpern setzt die Bewegung mindestens eines Körpers voraus, d.h. es existiert kinetische Energie. Es werden *elastische* Stöße und *unelastische* Stöße unterschieden, je nachdem ob die kinetische Energie erhalten bleibt oder nicht.

> Bei einem **elastischen** Stoß bleibt die kinetische Energie erhalten, bei einem **unelastischen** Stoß gilt der Energieerhaltungssatz der Mechanik nicht.

Zentraler unelastischer Stoß

Beim *vollkommen unelastischen Stoß* zweier Körper bewegen sich beide Körper nach dem Stoß gemeinsam weiter. Nach dem Impulserhaltungssatz ist die Summe der Impulse der beiden Körper vor dem Stoß gleich dem Impuls des Körpers, der sich aus den beiden Körpern zusammensetzt, nach dem Stoß.

Für einen zentralen Stoß, also einen Stoß längs einer Geraden, lässt sich die Vektoreigenschaft der Impulse durch das Vorzeichen erfassen:

$$m_1 v_1 + m_2 v_2 = m_1 v_1' + m_2 v_2'$$

Da die Geschwindigkeiten beider Körper nach dem Stoß gleich sind, also $v_1' = v_2' = v'$, gilt:

$$m_1 v_1 + m_2 v_2 = (m_1 + m_2) v'$$

Damit ist die Geschwindigkeit nach dem Stoß

$$v' = \frac{m_1 v_1 + m_2 v_2}{m_1 + m_2}.$$

Die kinetische Energie nach dem Stoß

$$E_{kin}' = \tfrac{1}{2}(m_1 + m_2) v'^2$$

ist kleiner als die vor dem Stoß

$$E_{kin} = \tfrac{1}{2} m_1 v_1^2 + \tfrac{1}{2} m_2 v_2^2.$$

Die Differenz der kinetischen Energien

$$\Delta E = E_{kin} - E_{kin}' = \tfrac{1}{2} \frac{m_1 m_2}{m_1 + m_2} (v_1 - v_2)^2$$

ist beim Stoß in Wärmeenergie umgewandelt worden und als thermische Energie in den am Stoß beteiligten Körpern enthalten (→ 4.3.1).

Ein Sonderfall liegt vor, wenn die beiden stoßenden Körper gleiche Masse und entgegengesetzt gleiche Geschwindigkeiten haben. In diesem Fall ist $v' = 0$ und auch die kinetische Energie nach dem Stoß $E_{kin}' = 0$. Die gesamte kinetische Energie der stoßenden Körper wird in eine andere Energieform umgewandelt. Dieser Effekt wird in Teilchenbeschleunigern zur Erzeugung neuer Teilchen benutzt.

70.1 Vollkommen unelastischer Stoß zweier Autos. Die kinetische Energie wird bei der Verformung in Wärmeenergie umgewandelt.

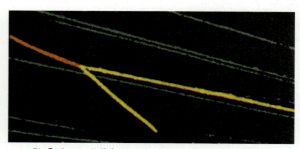

70.2 Stoß eines α-Teilchens mit einem Stickstoffkern. Die Bahn des α-Teilchens ist gelb, die des Stickstoffkerns rot dargestellt.

Zentraler elastischer Stoß

Im Gegensatz zum unelastischen Stoß, bei dem kinetische Energie in innere, nicht mechanische Energie umgewandelt wird, kann der elastische Stoß dadurch charakterisiert werden, dass bei ihm im Idealfall die Summe der kinetischen Energien der Stoßpartner vor und nach dem Stoß gleich bleibt.

> Für den **elastischen Stoß** gilt neben dem Erhaltungssatz für den Impuls auch die Erhaltung der kinetischen Energie:
> $\vec{p}_1 + \vec{p}_2 = \vec{p}'_1 + \vec{p}'_2$ und $E_{kin\,1} + E_{kin\,2} = E'_{kin\,1} + E'_{kin\,2}$

Für einen zentralen Stoß ergibt sich ein System von zwei Gleichungen, aus denen die Geschwindigkeiten v'_1 und v'_2 nach dem Stoß berechnet werden können:

$m_1 v_1 + m_2 v_2 = m_1 v'_1 + m_2 v'_2$ und

$\frac{1}{2} m_1 v_1^2 + \frac{1}{2} m_2 v_2^2 = \frac{1}{2} m_1 v'^2_1 + \frac{1}{2} m_2 v'^2_2$

Eine Umformung beider Gleichungen führt zu

$m_1 (v_1 - v'_1) = m_2 (v'_2 - v_2)$ und

$m_1 (v_1^2 - v'^2_1) = m_2 (v'^2_2 - v_2^2)$.

Eine einfache Auflösung dieses Gleichungssystems ergibt sich, wenn beide Seiten der zweiten Gleichung durch die Terme auf beiden Seiten der ersten Gleichung dividiert werden (Voraussetzung $v_1 \neq v'_1$):

$v_1 + v'_1 = v'_2 + v_2$

Zusammen mit der Gleichung für die Impulse ergibt sich ein lineares Gleichungssystem:

$v_1 + v'_1 = v'_2 + v_2$ und $m_1 v_1 + m_2 v_2 = m_1 v'_1 + m_2 v'_2$,

aus dem die Geschwindigkeiten v'_1 und v'_2 folgen:

$v'_1 = \frac{m_1 v_1 + m_2 (2 v_2 - v_1)}{m_1 + m_2}$, $v'_2 = \frac{m_2 v_2 + m_1 (2 v_1 - v_2)}{m_1 + m_2}$

Senkrechter elastischer Stoß auf eine Wand

Die Terme für die Geschwindigkeiten zweier Körper nach einem elastischen Stoß beschreiben auch den elastischen Stoß eines Körpers mit einer Wand. Dieser Vorgang ist dadurch gekennzeichnet, dass die Masse der Wand m_2 sehr viel größer ist als die Masse des stoßenden Körpers m_1. Mit $v_2 = 0$ folgt

$v'_1 = \frac{m_1 v_1 + m_2 (-v_1)}{m_1 + m_2}$ und $v'_2 = \frac{m_1 (2 v_1)}{m_1 + m_2}$.

Division von Zähler und Nenner durch m_2 ergibt

$v'_1 = \frac{\frac{m_1}{m_2} v_1 + (-v_1)}{\frac{m_1}{m_2} + 1}$ und $v'_2 = \frac{\frac{m_1}{m_2}(2 v_1)}{\frac{m_1}{m_2} + 1}$.

In beiden Gleichungen steht im Zähler und Nenner der Quotient m_1/m_2, der aufgrund des Massenverhältnisses de facto den Wert null hat. Damit ergibt sich das mit der Erfahrung übereinstimmende Ergebnis

$v'_1 = -v_1$ und $v'_2 = 0$.

Der Körper wird mit entgegengesetzter Geschwindigkeit von der Wand reflektiert.

Aufgaben

1. Ein Wagen (Masse $m_1 = 4$ kg) prallt mit einer Geschwindigkeit $v_1 = 1{,}2$ m/s auf einen zweiten ($m_2 = 5$ kg), der sich in gleicher Richtung mit der Geschwindigkeit $v_2 = 0{,}6$ m/s bewegt.
   a) Berechnen Sie die Änderungen der kinetischen Energien beim zentralen elastischen Stoß.
   b) Bestimmen Sie die Lösungen, wenn die Wagen aufeinander zulaufen.

2. Eine Stahlkugel der Masse m stößt zentral mit der Geschwindigkeit v gegen mehrere gleiche, die hintereinanderliegen und sich berühren. Begründen Sie, dass nur eine Kugel fortfliegt.

3. Ein leerer Güterwagen A mit der Masse $m_A = 2{,}5 \cdot 10^4$ kg rollt auf einer horizontalen Strecke mit $v_A = 2{,}0$ m/s gegen einen stehenden Wagen B mit der Masse $m_B = 5{,}0 \cdot 10^4$ kg. Beide Wagen sind sogleich gekoppelt. Berechnen Sie die gesamte kinetische Energie vor und nach dem Stoß.

4. Vor der Entwicklung der elektronischen Zeitmessung wurde die Geschwindigkeit von Geschossen dadurch bestimmt, dass das Projektil in einen Pendelkörper geschossen wurde. Das Geschoss blieb im Pendelkörper stecken und verursachte dadurch eine gemeinsame Schwingung. Bestimmen Sie die Geschwindigkeit des Geschosses vor dem Aufprall, wenn die Masse des Projektils $m = 9{,}5$ g und die Masse des Pendelkörpers $M = 5{,}4$ kg betrug und das Pendel bei der Schwingung eine Hubhöhe von $\Delta h = 6{,}3$ cm erreichte.

5. Eine Kugel mit der Masse $m_1 = 3$ kg stößt mit der Geschwindigkeit $v_1 = 6$ m/s gegen eine zweite mit der Masse $m_2 = 2$ kg, die ihr mit der Geschwindigkeit $v_2 = -8$ m/s genau entgegenkommt. Nach dem Stoß hat die erste die Geschwindigkeit $v'_1 = -2{,}4$ m/s, die zweite die Geschwindigkeit $v'_2 = 4{,}6$ m/s, beide in umgekehrter Richtung als ursprünglich.
   a) Berechnen Sie Impuls- und Energiesumme vor und nach dem Stoß.
   b) Bestimmen Sie die Art des Stoßes und geben Sie den möglicherweise vorhandenen Unterschied betragsmäßig an.

6. Bei realen elastischen Stößen setzt sich stets ein mehr oder weniger großer Teil der kinetischen Energie in thermische Energie um.
   Bestimmen Sie aus der stroboskopischen Aufnahme einer springenden Stahlkugel die sogenannte Stoßzahl $e = v'/v$.

1.4 Die Rotation starrer Körper

Die Bewegung eines realen Körpers ist erst dann vollständig beschrieben, wenn nicht nur seine Translationsbewegung, sondern auch seine Rotation berücksichtigt wird. Für den Konstrukteur eines Fahrzeuges ist die „Geradeausfahrt" nur ein Teilproblem. Viel schwieriger sind die anderen Bewegungen des Fahrzeugs wie Drehungen um Längs- und Querachsen und Schwingungen (→ Kap. 3) zu beherrschen.

1.4.1 Die gleichmäßig beschleunigte Drehbewegung

Bei der Rotation ausgedehnter Körper sind die Form des Körpers und die Verteilung seiner Masse von entscheidender Bedeutung: Rollen z. B. ein Hohl- und ein Vollzylinder von gleicher Masse und sonst gleichen Maßen eine schiefe Ebene herunter, so kommt der Vollzylinder als Erster unten an (**Abb. 72.1**).

Ausgedehnte Körper stellen wir uns als sogenannte *starre Körper* vor, die (auch bei Belastung und schnellen Drehungen) keinen Formveränderungen unterliegen.

72.1 Ein Hohlzylinder und ein Vollzylinder mit gleicher Masse und gleichem Radius rollen eine schiefe Ebene hinab.

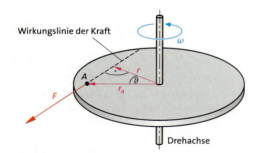

72.2 Drehmoment $M = rF$ oder $M = r_a \cos \vartheta\, F$

72.3 Beschleunigte Drehbewegung unter Einfluss eines Drehmomentes. Die Winkelbeschleunigung α ist dem Drehmoment M direkt proportional: $\alpha \sim M$.

Das Drehmoment

Um einen starren Körper, der um eine feste Achse drehbar ist, in Rotation zu versetzen, muss eine Kraft in einem Punkt außerhalb der Drehachse auf den Körper wirken. Für das Drehmoment ist nach dem Hebelgesetz außer der Kraft der Abstand der Wirkungslinie der Kraft von der Achse entscheidend (**Abb. 72.2**).

> Das **Drehmoment** M ist das Produkt aus der Kraft F und dem Abstand r ihrer Wirkungslinie von der Drehachse:
>
> $M = rF$ mit der Einheit $[M] = 1\,\text{Nm}$

Das Drehmoment M spielt für die Rotation eines starren Körpers dieselbe Rolle wie die Kraft F für die Translation.

Bei der Rotation eines starren Körpers um eine feststehende Achse bewegen sich alle seine Teile mit der gleichen Winkelgeschwindigkeit ω. Für die Änderung der Winkelgeschwindigkeit mit der Zeit ist analog zur Bahnbeschleunigung a die Winkelbeschleunigung α der Rotationsbewegung definiert.

> Die **Winkelbeschleunigung** α der Rotation ist der Quotient aus der Änderung der Winkelgeschwindigkeit $\Delta\omega$ und der dabei verflossenen Zeit Δt:
>
> $\alpha = \Delta\omega/\Delta t$ mit der Einheit $[\alpha] = 1/\text{s}^2$

Versuch 1: Mithilfe einer drehbaren Kreisscheibe werden die Gesetze der Drehbewegung untersucht (**Abb. 72.3**). Dabei erzeugt die Gewichtskraft $F = G$ auf ein kleines Massenstück mit einem Faden, der über eine sehr leichte Rolle läuft, im Abstand r von der Drehachse ein konstantes Drehmoment $M = rF$. Vom Start an werden die Zeiten t_n für die Drehwinkel $\varphi_n = n\,2\pi$ bei n Umdrehungen und die Dunkelzeiten Δt einer Fahne der Breite Δs im Abstand R von der Drehachse gemessen. Aus $\Delta s = R\,\Delta\varphi$ und $\omega = \Delta\varphi/\Delta t$ ergibt sich die Winkelgeschwindigkeit ω.
Ergebnis: Bei konstantem Drehmoment ist die Winkelgeschwindigkeit ω proportional zur Zeit t und der Drehwinkel φ proportional zum Quadrat der Zeit t^2. Die Drehscheibe vollführt eine gleichmäßig beschleunigte Drehbewegung. Die konstante Winkelbeschleunigung ergibt sich aus $\alpha = \Delta\omega/\Delta t$ bzw. $\alpha = \omega/t$ und wird mit dem Quotienten $\alpha = 2\varphi/t^2$ bestätigt. ◄

> Ein konstantes Drehmoment $M = rF$ erzeugt eine gleichmäßig beschleunigte Drehbewegung.

> Die **Bewegungsgesetze** der gleichmäßig beschleunigten Drehbewegung lauten:
>
> $\varphi = \tfrac{1}{2}\alpha t^2,\ \ \omega = \alpha t,\ \ \alpha = \text{konstant}$

Die Rotation starrer Körper

Das Trägheitsmoment

Messungen mit dem Aufbau von Versuch 1 mit unterschiedlichen Drehmomenten M ergeben, dass die Winkelbeschleunigung α zum Drehmoment M proportional ist: $\alpha \sim M$. Diese Proportionalität ist analog zu der für die Translationsbewegung geltenden $a \sim F$. An die Stelle der trägen Masse $m = F/a$ tritt bei der beschleunigten Drehbewegung das Trägheitsmoment $J = M/\alpha$. Das Trägheitsmoment hängt von der jeweiligen Drehachse ab.

> Das **Trägheitsmoment J** eines starren Körpers in Bezug auf eine bestimmte Drehachse ist der Quotient aus dem wirkenden Drehmoment M und der dadurch erzeugten Winkelbeschleunigung α:
>
> $J = M/\alpha$ mit der Einheit $[J] = 1\ \text{Nm}\,\text{s}^2 = 1\ \text{kg}\,\text{m}^2$

Mit dem Trägheitsmoment J ergibt sich das sogenannte zweite Newton'sche Axiom der Drehbewegung, das der Grundgleichung der Mechanik für die Translation $F = ma$ entspricht:

> **Grundgesetz der Rotation:** Wirkt auf einen starren Körper das Drehmoment M, so erfährt der Körper eine Winkelbeschleunigung α, die dem Trägheitsmoment J umgekehrt proportional ist: $M = J\alpha$.

Die kinetische Energie der Rotation

Für einen nahezu punktförmigen Körper der Masse m, der auf einer Kreisbahn unter Wirkung einer tangentialen Kraft F beschleunigt umläuft (**Abb. 73.1**), gilt $F = ma$. Auf den Körper wirkt das Drehmoment $M = rF = r(ma)$. Aus $a = \Delta v/\Delta t$ mit $\Delta v = \Delta\omega\, r$ folgt $a = r\Delta\omega/\Delta t = r\alpha$. Damit ergibt sich $M = r(mr\alpha) = mr^2\alpha = J\alpha$ mit $J = mr^2$. Die kinetische Energie ist $E_{\text{kin}} = \tfrac{1}{2}mv^2 = \tfrac{1}{2}m(\omega r)^2 = \tfrac{1}{2}J\omega^2$.

> Das Trägheitsmoment eines punktförmigen Körpers der Masse m, der auf einer Kreisbahn vom Radius r umläuft, ist $J = mr^2$, seine Rotationsenergie beträgt
>
> $E_{\text{kin}} = \tfrac{1}{2}J\omega^2$.

Nach **Abb. 73.2** kann die kinetische Energie eines starren Körpers, der um eine Achse rotiert, als Summe der kinetischen Energien der Teilmassen Δm_i bestimmt werden:

$$E_{\text{kin}} = \tfrac{1}{2}\Delta m_1 v_1^2 + \tfrac{1}{2}\Delta m_2 v_2^2 + \ldots + \tfrac{1}{2}\Delta m_n v_n^2$$

Mit $v_i = r_i\omega$ ergibt sich

$$E_{\text{kin}} = \tfrac{1}{2}\Delta m_1 r_1^2 \omega^2 + \tfrac{1}{2}\Delta m_2 r_2^2 \omega^2 + \ldots + \tfrac{1}{2}\Delta m_n r_n^2 \omega^2$$

oder $\quad E_{\text{kin}} = \tfrac{1}{2}\left(\sum_{i=1}^{n}\Delta m_i r_i^2\right)\omega^2$.

Der Term $J = \sum_{i=1}^{n}\Delta m_i r_i^2$ ist das Trägheitsmoment des starren Körpers in Bezug auf diese Rotationsachse.
Exakt lässt sich das Trägheitsmoment mithilfe der Integralrechnung angeben:

$$J = \int_0^m r^2\, dm$$

Für einige Körper konstanter Dichte und symmetrischer Formen ergeben sich folgende Trägheitsmomente:

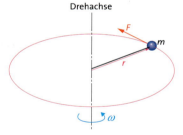

73.1 Die tangential wirkende Kraft F erzeugt das Drehmoment $M = rF$. Das Trägheitsmoment des Körpers der Masse m auf der Kreisbahn ist $J = mr^2$.

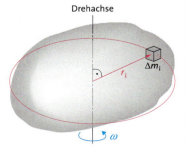

73.2 Das Trägheitsmoment eines starren Körpers ist gleich der Summe der Trägheitsmomente der Teilmassen. r_i ist der Abstand der Teilmasse Δm_i von der Drehachse.

- Vollzylinder des Radius R bei Rotation um die Mittelachse: $J = \tfrac{1}{2}mR^2$
- Hohlzylinder mit dem Innenradius R_i und dem Außenradius R_a: $J = \tfrac{1}{2}m(R_i^2 + R_a^2)$
- Kugel mit dem Radius R: $J = \tfrac{2}{5}mR^2$

Im Max-Planck-Institut für Plasmaphysik wird für Fusionsexperimente kurzzeitig eine sehr große elektrische Leistung benötigt. Würde diese Leistung aus dem örtlichen elektrischen Netz genommen, so würde die Spannung zusammenbrechen. Um diese Leistung dennoch zur Verfügung zu haben, verwendet das MPI einen zylindrischen Rotor der Masse 40 000 kg, der auf hohe Drehzahl gebracht wird. Die in diesem Rotor gespeicherte Energie wird bei Bedarf durch Ankoppeln eines Generators als elektrische Energie frei.

Aufgaben

*1. Berechnen Sie die Höhe, auf die die Kugel in einer Schleifenbahn vom Durchmesser d (→ Aufgabe 9, S. 67) mindestens gebracht werden muss, wenn die Rotationsenergie berücksichtigt wird.

*2. Von einer schiefen Ebene (Länge $l = 1{,}2$ m, Neigungswinkel 30°) rollen eine Kugel, ein Hohlzylinder und ein Vollzylinder von gleicher Masse und gleichem Radius ($m = 300$ g, $r = 2{,}1$ cm) herab (von Reibungskräften sehe man ab).
a) Bestimmen Sie mithilfe des Energieerhaltungssatzes die Bahn- und die Winkelgeschwindigkeit sowie die kinetische Energie der Translation und der Rotation am Ende der Strecke.
b) Bestimmen Sie die Zeiten, nach denen die Körper am Ende der schiefen Ebenen eintreffen, sowie ihre Bahn- und Winkelbeschleunigungen.

Exkurs

Fahrleistung eines Autos

Entscheidend für die Fahrleistung P_A eines Autos ist das Motordrehmoment M_M, das über das Getriebe (Wirkungsgrad η) in die Antriebskraft F_A umgesetzt wird, mit der die Antriebsräder (Radius r_A) auf die Straße wirken ($\rightarrow$ S. 51).

Das Drehmoment M_M eines Motors wird in Abhängigkeit von der Drehzahl auf dem Motorprüfstand aufgenommen. Das Prinzip der Messung zeigt der sogenannte *Prony'sche Zaum*, für den gilt:

$$F_M r = F d = M_M$$

Das Ergebnis der Messung des Drehmoments eines Automotors zeigt die Grafik unten links, aus der sich ergibt, dass das Drehmoment von der Drehzahl n_M abhängig ist.
Die Leistung eines Motors ergibt sich mit $P = Fv$, $v = r\omega$ und $\omega = 2\pi/T$ zu

$$P = F r \omega = M_M 2\pi/T.$$

Die Umlaufdauer T (in 1/s) wird aus der Motordrehzahl n_M (in 1/min) über $T = 60 \text{ s}/(n_M \text{ min})$ berechnet. Die Grafik zeigt, dass die Motorleistung mit der Drehzahl anwächst und erst im hohen Drehzahlbereich wieder abfällt.

Für die Übertragung des Drehmoments vom Motor über das Getriebe – in der folgenden Abbildung rechts mit Zahnrad M (Radius z_M) und Zahnrad A (Radius z_A) vereinfacht dargestellt – auf die Antriebsachse gilt wegen

$$F_M = F_A \quad \text{oder} \quad M_M/z_M = M_A/z_A$$

die Beziehung

$$M_A = M_M z_A/z_M = M_M i.$$

Der Term $i = z_A/z_M$ heißt Übersetzung. Das Drehmoment M_A ist an den Antriebsrädern wirksam, sodass sich für die Antriebskraft F_A ergibt:

$$F_A = \eta M_M i / r_A$$

Die Fahrgeschwindigkeit eines Autos ist gleich der Bahngeschwindigkeit eines Punktes auf seinen Rädern, so-

Prony'scher Zaum   **Drehmomentwandler**

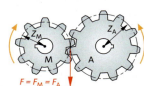

dass mit der Umlaufzeit T_A der Räder gilt: $v = 2\pi r/T_A$. Die Umlaufzeit des Rades ist über die Beziehung $T_A = T_M i$ mit der Umlaufzeit T_M des Motors verknüpft. Damit ergibt sich für die Fahrgeschwindigkeit

$$v = \frac{2\pi r_A}{T_M i}.$$

Der Antriebskraft F_A wirken auf ebener Strecke die Rollwiderstandskraft $F_R = m g f_R$ und die Luftwiderstandskraft $F_L = \frac{1}{2} c_W A \rho v^2$ entgegen. Dazu kommt bei Bergfahrt mit einer Steigung von $p\%$ die Hangabtriebskraft $F_H = m g \sin\alpha$. Für den Steigungswinkel α gilt: $\tan\alpha = p/100$.

In der Grafik unten rechts (rote Kurven) ist die Antriebskraft für vier Gänge in Abhängigkeit von der Fahrgeschwindigkeit eingezeichnet. Die Angaben beziehen sich auf einen Motor mit dem dargestellten Drehmomentverlauf, einen Wirkungsgrad η des Getriebes von 90 %, einen Radius der Antriebsräder r_A von 0,28 m und auf folgende Übersetzungen:
1. Gang $i_1 = 15{,}40$; 2. Gang $i_2 = 9{,}43$; 3. Gang $i_3 = 6{,}12$; 4. Gang $i_4 = 4{,}10$.

Die Kurvenschar (blau) gibt für verschiedene Steigungen die Summe der Fahrtwiderstandskräfte ebenfalls in Abhängigkeit von der Geschwindigkeit an. Sie beziehen sich auf eine Fahrzeugmasse $m = 1380$ kg, eine Querschnittsfläche $A = 2{,}3$ m^2 sowie die Werte $f_R = 0{,}01$ und $c_W = 0{,}42$.

Aus dem Schaubild können nun zu Gang und Steigung für jede Geschwindigkeit die Antriebskraft F_A und die Fahrtwiderstandskraft entnommen werden: Z.B. ist bei 100 km/h die Antriebskraft im 4. Gang $F_A = 1435$ N und bei einer Steigung von 0 % die Fahrtwiderstandskraft $F_W = 617$ N. Für die Beschleunigung des Fahrzeugs steht also die Differenz $F_B = F_A - F_W = 818$ N zur Verfügung.

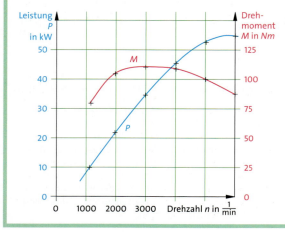

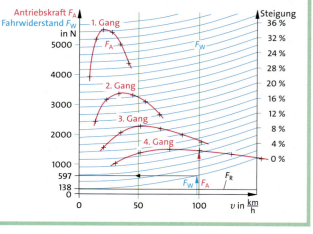

1.4.2 Drehimpuls und Drehimpulserhaltung

Der *Drehimpuls L* charakterisiert die Rotationsbewegung in ähnlicher Form wie der Impuls *p* die Translationsbewegung. In der Gleichung $p = mv$ werden die Masse *m* durch das Trägheitsmoment *J* und die Geschwindigkeit *v* durch die Winkelgeschwindigkeit *ω* als analoge Größen ersetzt.

> Der **Drehimpuls L** eines um eine feste Achse rotierenden Körpers ist das Produkt aus seinem Trägheitsmoment *J* (bezüglich dieser Achse) und seiner Winkelgeschwindigkeit *ω*:
>
> $L = J\omega$ mit der Einheit $[L] = 1\,\text{Nms} = 1\,\text{kg}\,\text{m}^2/\text{s}$

Analog zur Definition der Kraft als zeitliche Änderung des Impulses $F = \Delta p/\Delta t$ (→ 1.2.5) ergibt sich als Zusammenhang zwischen Drehimpuls *L* und Drehmoment *M*:

> Das an einem Körper wirkende Drehmoment *M* ist gleich dem Quotienten aus der Änderung ΔL des Drehimpulses und der dazu benötigten Zeit Δt: $M = \Delta L/\Delta t$.

Beweis für folgenden Sonderfall: Ein Körper der Masse *m* im Abstand *r* wird durch die Kraft *F* senkrecht zum Radiusvektor *r* auf einer Kreisbahn mit der Winkelgeschwindigkeit *ω* in Bewegung gesetzt. Die Formel für den Drehimpuls vereinfacht sich über $L = J\omega = (mr^2)\omega = r[m(r\omega)]$ zu $L = r(mv)$ oder $L = rp$ mit *p* senkrecht zu *r*. Damit wird

$$\frac{\Delta L}{\Delta t} = \frac{\Delta(pr)}{\Delta t} = \frac{r\Delta p}{\Delta t} = r\frac{\Delta p}{\Delta t} = rF = M.$$

Aus dieser Beziehung ergibt sich: Wirkt auf einen starren Körper kein Drehmoment, ist die Änderung ΔL des Drehimpulses in der Zeit Δt null. Das ist der

> **Drehimpulserhaltungssatz:** Der Drehimpuls eines starren Körpers bezüglich einer festen Achse ist konstant, solange kein äußeres Drehmoment auf ihn wirkt:
>
> $L = J\omega$ = konstant

Die Gleichung kann auch als **Trägheitsgesetz der Rotation** aufgefasst werden, analog dem Trägheitssatz $p = mv =$ *konstant* der Translation. Das bedeutet für einen Körper von konstantem Trägheitsmoment *J*, dass Betrag und Richtung seiner Winkelgeschwindigkeit *ω* erhalten bleiben. Der Drehimpulserhaltungssatz gilt allgemein. Er gilt auch für ein System mehrerer sich drehender Körper, solange das System nicht in Wechselwirkung mit der Außenwelt tritt.

> **Drehimpulserhaltungssatz:** In einem abgeschlossenen System bleibt der Gesamtdrehimpuls konstant, wenn keine äußeren Drehmomente wirken.

Folgende Beispiele bestätigen den Drehimpulserhaltungssatz qualitativ: Ein Schwungrad behält seine Drehung bei. Der Teller eines Jongleurs, der Kinderspielreifen, das Fahrrad und die Diskusscheibe behalten die Richtung ihrer Rotationsachse im Raum bei, wenn sie rotieren. Die Richtung der Erdachse zeigt aufgrund der täglichen Drehung der Erde unverändert auf den Polarstern. Das Mädchen auf dem

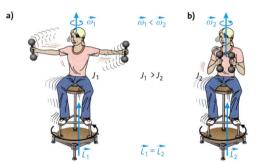

75.1 Drehimpulserhaltung: Ist das Trägheitsmoment groß (**a**), so ist die Winkelgeschwindigkeit klein und umgekehrt (**b**).

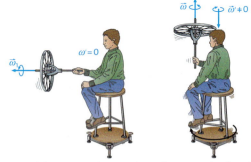

75.2 Wird der rotierende Kreisel aus der zur Drehachse des Schemels senkrechten Stellung in die parallele Stellung gedreht, so dreht sich der Schemel mit der Person entgegengesetzt, sodass die Summe der beiden Drehimpulse weiterhin null ist

Drehschemel (**Abb. 75.1**) erhöht ihre Winkelgeschwindigkeit, wenn sie die Hanteln zu sich heranzieht und so ihr Trägheitsmoment verringert.

Dass der Drehimpuls Vektoreigenschaften besitzt, zeigt der Versuch nach **Abb. 75.2**: Der Junge auf dem Drehschemel hält ein rotierendes Rad, dessen Achse senkrecht zur Drehachse des Schemels steht. Bringt er die Radachse nun in eine parallele Stellung zur Schemelachse, so drehen sich beide in entgegengesetzter Richtung.

Aufgaben

1. Ein Vollzylinder ($m = 350$ g, $r = 2{,}7$ cm) rollt mit einer konstanten Geschwindigkeit $v = 0{,}9$ m/s auf der Tischfläche. Berechnen Sie seinen Drehimpuls.
2. Berechnen Sie den Drehimpuls eines Körpers der Masse 1 kg, der sich am Erdäquator auf Meereshöhe befindet.
3. Vergleichen Sie den Drehimpuls der Erde aufgrund ihrer täglichen Umdrehung mit dem Drehimpuls des Mondes aufgrund seines Umlaufs um die Erde. Die Erde soll dabei als homogene Kugel betrachtet werden.

Die Rotation starrer Körper

Vektorielle Größen der Drehbewegung

Das Drehmoment M ist definiert als das Produkt aus der Kraft F und dem Abstand d ihrer Wirkungslinie von der Drehachse: $M = dF$. Greift die Kraft F im Punkt A in der Entfernung r von der Drehachse an (**Abb. 76.1**), so gilt mit $d = r \sin\varphi$: $M = rF \sin\varphi$. Dies ist der Betrag des Vektorproduktes $\vec{M} = \vec{r} \times \vec{F}$. Der Vektor $\vec{M}$ zeigt senkrecht zu $\vec{r}$ und $\vec{F}$ in Richtung der Drehachse.

Die **Winkelgeschwindigkeit** $\vec{\omega}$ gibt neben dem Betrag ω die Richtung der Drehachse und den Drehsinn an (**Abb. 76.1**). Wegen $\Delta\vec{\omega}/\Delta t = \vec{\alpha}$ ist auch die Winkelbeschleunigung ein Vektor, woraus aber zugleich folgt, dass eine **Winkelbeschleunigung** $\vec{\alpha}$ neben dem Betrag auch die Richtung des Vektors der Winkelgeschwindigkeit ändern kann.

Für den Drehimpuls gilt $\vec{L} = J\vec{\omega}$ und wegen $\vec{M} = \Delta\vec{L}/\Delta t = \Delta(J\vec{\omega})/\Delta t = J\Delta\vec{\omega}/\Delta t$ auch $\vec{M} = J\vec{\alpha}$.

Der Drehimpulserhaltungssatz in vektorieller Fassung sagt, dass auch die Richtung der Drehachse unverändert bleibt, solange kein Drehmoment wirkt. Auf der Gültigkeit des Drehimpulserhaltungssatzes beruht die Stabilität in Rotation befindlicher starrer Körper. Z. B. behält ein Diskus beim Flug seine für Auftrieb sorgende Schräglage bei, da er beim Abwurf in Rotation versetzt wurde.

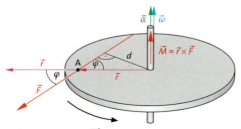

76.1 Das Drehmoment $\vec{M}$ ist das Vektorprodukt aus dem Vektor $\vec{r}$ und der Kraft F: $\vec{M} = \vec{r} \times \vec{F}$ mit dem Betrag $|\vec{M}| = |\vec{r}||\vec{F}| \sin\varphi$

Exkurs

Kreisel

Auf einen *drehmomentfreien (kräftefreien)* **Kreisel** wirkt kein äußeres Drehmoment, da er im Schwerpunkt unterstützt wird wie das Speichenrad (**a**). Wird ein solcher Kreisel vorsichtig in Rotation versetzt, sodass Drehimpulsvektor $\vec{L}$, Winkelgeschwindigkeit $\vec{\omega}$ und Drehachse zusammenfallen, bleiben sie wegen des Drehimpulserhaltungssatzes raumfest konstant. Fallen die drei Achsen nicht zusammen – wie normalerweise beim Anwerfen des Speichenrades –, beschreibt die *Figurenachse* eine kreisende Bewegung, die **Nutation**. Damit sich der kräftefreie Kreisel frei um alle drei Raumachsen bewegen kann, wird er *kardanisch* (**b**) aufgehängt. Man verwendet ihn in der Technik als *Lagekreisel* in der Navigation, besonders bei schnellen Fahr- oder Fluggeräten, als *Kurskreisel*, wenn man ihn mit horizontaler Startrichtung anwirft, oder als *künstlichen Horizont*, der die Lage eines Flugzeugs anzeigt.

Beim nicht drehmomentfreien Kegel wie dem Spielkreisel (**c**) übt die Gewichtskraft $\vec{G}$ über den Abstand des Schwerpunkts S vom Auflagepunkt A das Drehmoment $\vec{M} = \vec{r} \times \vec{G}$ mit $M = rmg \sin\vartheta$ aus, dem der Drehimpulsvektor $\vec{L}$ mit $\Delta\vec{L}$ in Richtung $\vec{M}$ senkrecht zu $\vec{L}$ ausweicht. Für den Winkel $\Delta\varphi$ der Präzessionsgeschwindigkeit $\omega_P = \Delta\varphi/\Delta t$ wird mit $\Delta\varphi = \Delta L/(L \sin\vartheta) = (M\Delta t)/(L \sin\vartheta)$ nach Einsetzen von $M = rmg \sin\vartheta$ schließlich $\omega_P = rmg/L$. Der Kreisel präzediert um eine senkrechte Achse mit der Winkelgeschwindigkeit ω_P unabhängig vom Winkel ϑ.

Die **Präzession** der Erde ist ein Beispiel. Ferner spielt die Präzision eine wichtige Rolle bei den „Kreiseln" der Atom- und Kernphysik, auf die Magnetfelder ein Drehmoment ausüben und so auch gemessen werden können. Der *Kreiselkompass* (**d**) ist die wichtigste technische Anwendung. Auf seine anfangs Ost-West ausgerichtete Achse, die in A unterstützt wird, greift im Schwerpunkt S des Kreisels infolge der Erdumdrehung die Kraft $\vec{F}$ senkrecht zur Erdachse an. Das so entstehende Drehmoment $\vec{M} = \vec{r} \times \vec{F}$ mit $r = AM$ bewirkt, dass der Drehimpulsvektor $\vec{L}$ so lange um $\Delta\vec{L}$ in Richtung Norden gedreht wird, bis die Achse parallel zur Erdachse steht und nach Norden zeigt. Der Kreiselkompass ersetzt den von magnetischen Störungen anfälligen Magnetkompass. Er versagt allerdings bei höheren Geschwindigkeiten und in Polnähe.

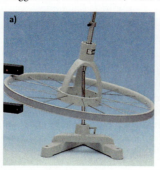
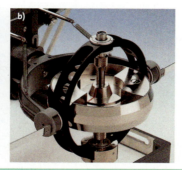
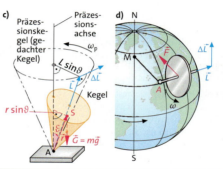

Die Rotation starrer Körper

Exkurs

Über Drehmomente und Drehimpulse

Ein Schiff schwimmt, weil nach dem Archimedes'schen Prinzip die (statische) Auftriebskraft F_A der verdrängten Wassermenge gleich der Gewichtskraft G des Schiffes ist. Seine Stabilität in Bezug auf Drehungen um seine Längsachse gewinnt es aus dem Gegeneinander von Auftriebs- und Gewichtskraft. Die Auftriebskraft F_A greift im Schwerpunkt S_A der verdrängten Wassermenge, die Gewichtskraft G des Schiffes in seinem Schwerpunkt S_G an. Während S_G bei Krängung an gleicher Stelle des Schiffes bleibt, rückt S_A aus der Symmetrieachse des Schiffes. Entscheidend für die Stabilität ist der Schnittpunkt M, das **Megazentrum**, der Wirkungslinie von F_A mit der Symmetrieachse des Schiffes. Solange M über S_G liegt, entsteht ein Drehmoment, das der Krängung entgegenwirkt und das Schiff richtet sich wieder auf. Liegt aber S_G oberhalb M, weil das Schiff hoch beladen oder weil es ungünstig gebaut ist, richtet sich das Schiff bei größerer Krängung nicht wieder auf.

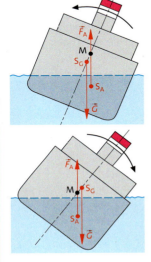

Die Balancierstange

Der Gesamtschwerpunkt der Artistin auf dem Hochseil befindet sich oberhalb der auf dem Drahtseil liegenden Drehachse, sodass jede seitliche Verschiebung zu einem Drehmoment M führt, das die Artistin vom Seil kippt.
Die Balancierstange der Hochseilartistin bewirkt zweierlei: Durch seitliche Verschiebung der Stange kann sie den Gesamtschwerpunkt wieder in die Lage über die Drehachse bringen. Ferner erhöht die Balancierstange das Gesamtträgheitsmoment J, denn Teile ihrer Masse haben einen großen Abstand von der Drehachse. Das große Trägheitsmoment macht die Winkelbeschleunigung $\alpha = M/J$ klein, sodass die Artistin die Möglichkeit hat, die Lage des Schwerpunktes zu korrigieren.

Das Radfahren

Mit Geschicklichkeit gelingt es, auf einem stehenden Fahrrad für einige Zeit das Gleichgewicht zu halten, was im Fahren jedoch keine Schwierigkeit bereitet. Bei einer Neigung des fahrenden Rades aufgrund der im Schwerpunkt angreifenden Gewichtskraft wird durch einen Lenkeinschlag eine Kurvenfahrt mit einem solchen Radius erzeugt, der der Zentripetalkomponente der Gewichtskraft gerade entspricht ($\rightarrow$ S. 53). Auch ein bewegtes Fahrrad ohne einen Radler besitzt eine erstaunliche Stabilität, wie übrigens auch ein einzelnes rollendes Rad. Für deren Stabilität ist der Drehimpuls $\vec{L}$ verantwortlich, der bei Geradeausfahrt waagerecht nach links zeigt. Wirkt z. B. durch das Kippen des Fahrrades nach links auf die Nabe eine Kraft $\vec{F}$ nach unten, so entsteht ein Drehmoment $\vec{M}$, das nach hinten gerichtet ist und wegen $\vec{M} = \Delta \vec{L}/\Delta t$ den Drehimpulsvektor in die gedrehte Lage $\vec{L}'$ bringt. Dies ergibt einen entsprechenden Lenkeinschlag zur Kurvenfahrt, sodass der Kurvenradius der Zentripetalkomponente der Gewichtskraft entspricht. Dieser Effekt liefert einen Beitrag zur Stabilität des Radfahrers.

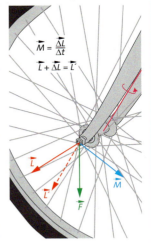

Pirouetten und Salti

Die Veränderung des Trägheitsmoments J schließlich ist für viele Disziplinen wie Kunstturnen, Turmspringen oder Eislaufen bei gleichzeitiger Erhaltung des Drehimpulses $L = J\omega$ der physikalische Grund für eindrucksvolle Bewegungsabläufe. Sehr schnelle Drehungen mit großer Winkelgeschwindigkeit werden dadurch erzeugt, dass der Sportler am Anfang der Bewegung in gestreckter Haltung eine Drehung herbeiführt und dann das Trägheitsmoment durch Anziehen der Arme und Beine und durch Einnehmen einer Hockstellung so klein wie möglich macht.

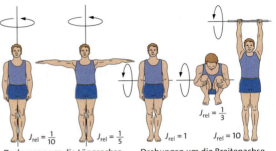

Drehungen um die Längsachse   Drehungen um die Breitenachse

Grundwissen Mechanik

Kinematik

Gleichförmige Bewegung: v = konstant

Zeit-Weg-Gesetz $\qquad s = s_0 + v\,t$

Gleichmäßig beschleunigte Bewegung: a = konstant

Zeit-Weg-Gesetz $\qquad s = s_0 + v_0\,t + \frac{1}{2}a\,t^2$

Zeit-Geschwindigkeit-Gesetz $\qquad v = v_0 + a\,t$

Weg-Geschwindigkeit-Gesetz $\qquad v = \sqrt{2\,a\,s}$

a) gleichförmige Bewegung

b) gleichmäßig beschleunigte Bewegung

Freier Fall: $s = \frac{1}{2}g\,t^2$, $v = g\,t$, $g = 9{,}81\,\text{m/s}^2$

Gleichförmige Kreisbewegung: ω = konstant

$v = \omega\,r$, $\quad a_Z = \dfrac{v^2}{r}\quad$ oder $\quad a_Z = \omega^2\,r$.

Zusammenhang der Bewegungsgrößen

$v(t) = \dfrac{ds(t)}{dt}$, $\quad a(t) = \dfrac{dv(t)}{dt}$,

$v(t) = v_0 + \int_0^t a(t)\,dt$, $\quad s(t) = s_0 + \int_0^t v(t)\,dt$ bzw.

$v(t+\Delta t) = v(t) + a(t)\,\Delta t$, $\quad s(t+\Delta t) = s(t) + v(t)\,\Delta t$

Dynamik

Der **Impuls** eines Körpers ist das Produkt aus seiner Masse m und seiner Geschwindigkeit v:

$p = m\,v\quad$ oder vektoriell $\quad \vec{p} = m\,\vec{v}$

Impulserhaltungssatz

In einem abgeschlossenen System ist die (vektorielle) Summe der Impulse zeitlich konstant:

$m_1\vec{v}_1 + m_2\vec{v}_2 + m_3\vec{v}_3 + \ldots + m_n\vec{v}_n$ = konstant
$\vec{p}_1 + \vec{p}_2 + \ldots + \vec{p}_n$ = konstant

Ein *abgeschlossenes System* ist eine räumlich begrenzte Anordnung von Körpern, die nur untereinander in Wechselwirkung stehen, von außerhalb des Systems aber nicht beeinflusst werden.

Erstes Newton'sches Axiom (Trägheitsprinzip)

Ein Körper verharrt im Zustand der Ruhe oder der gleichförmig geradlinigen Bewegung, solange keine äußeren Kräfte auf ihn wirken: $\vec{p}$ = konstant.

Zweites Newton'sches Axiom (Aktionsprinzip)

Die *zeitlich konstante* Kraft $\vec{F}$ ist der Quotient aus der Impulsänderung $\Delta\vec{p}$ und der Zeit Δt, in der diese Änderung erfolgt:

$F = \dfrac{\Delta p}{\Delta t}\quad$ oder vektoriell $\quad \vec{F} = \dfrac{\Delta \vec{p}}{\Delta t}$

Allgemein, also auch für eine *zeitlich veränderliche* Kraft, gilt: Die Kraft $\vec{F}$ ist gleich der ersten Ableitung des Impulses $\vec{p}$ nach der Zeit t:

$\vec{F} = \lim\limits_{\Delta t \to 0} \dfrac{\Delta \vec{p}}{\Delta t} = \dfrac{dp}{dt} = \dot{\vec{p}}$

Für konstante Masse des Körpers, m = konstant, folgt:

$\vec{F} = \dfrac{d(m\vec{v})}{dt} = m\dfrac{d\vec{v}}{dt} = m\,\vec{a}$

Grundgleichung der Mechanik

Die Kraft F, die einem Körper der Masse m die Beschleunigung a erteilt, ist das Produkt aus Masse und Beschleunigung:

$F = m\,a$

Im Gravitationsfeld der Erde ist die Gewichtskraft auf einen Körper der Masse m: $\quad G = m\,g$.

Drittes Newton'sches Axiom (Reaktionsprinzip)

Übt der Körper A die Kraft $\vec{F}_A$ auf den Körper B aus (actio), so übt B auf A die Gegenkraft $\vec{F}_B$ aus (reactio), die entgegengesetzt gleich der ersten Kraft ist:

$\vec{F}_A = -\vec{F}_B$

Kräfte bei der Kreisbewegung

Die zum Drehzentrum Z gerichtete **Zentripetalkraft** F_Z, die einen Körper der Masse m bei konstanter Winkelgeschwindigkeit ω bzw. Bahngeschwindigkeit v auf einem Kreis mit dem Radius r hält, ist

$F_Z = m\,\omega^2\,r = m\,v^2/r\quad$ oder vektoriell $\quad \vec{F}_Z = -m\,\omega^2\,\vec{r}$.

Trägheits- oder Scheinkräfte treten nur in beschleunigten Bezugssystemen, nicht in Inertialsystemen auf. Für Scheinkräfte gibt es keine Wechselwirkungskräfte wie sonst nach dem 3. Newton'schen Axiom. Im beschleunigten System der Kreisbewegung ist die **Zentrifugalkraft** $\vec{F}'_Z$ als Scheinkraft die Kompensationskraft zur Zentripetalkraft $\vec{F}_Z = -m\,\omega^2\,\vec{r}$, sodass für die Zentrifugalkraft gilt: $\vec{F}'_Z = m\,\omega^2\,\vec{r}$.

Grundwissen Mechanik

Energie

Die **mechanische Energie E,** die erforderlich ist, um einen Körper mit der konstanten äußeren Kraft $\vec{F}$ entlang dem Weg $\vec{s}$ zu verschieben, ist das Produkt aus der Komponente F_s der Kraft parallel zum Weg und dem Betrag des Weges s:

$$E = F_s\, s = F_s \cos\alpha$$

Energie als skalares Produkt: Die mechanische Energie E ist das skalare Produkt aus der äußeren Kraft $\vec{F}$ und dem Weg $\vec{s}$:

$$E = \vec{F} \cdot \vec{s} = F s \cos \sphericalangle (\vec{F}, \vec{s})$$

Bei mit dem Weg s veränderlicher Kraft F, berechnet sich die mechanische Energie als Integral der Kraft über dem Weg: Die mechanische Energie ist das (sogenannte) **Wegintegral der Kraft**

$$E = \lim_{n \to \infty} \sum_{i=1}^{n} \vec{F}(s_i) \cdot \Delta \vec{s}_i = \int_{s_1}^{s_2} \vec{F}(s) \cdot \mathrm{d}\vec{s} = \int_{s_1}^{s_2} F_s(s)\,\mathrm{d}s.$$

Energieformen

Kinetische Energie: Ein Körper der Masse m hat in dem Bezugssystem, gegenüber dem seine Geschwindigkeit v beträgt, die kinetische Energie $E_{\text{kin}} = \frac{1}{2} m v^2$.

Lageenergie oder **potentielle Energie:** Befindet sich ein Körper im Gravitationsfeld der Erde gegenüber einem Niveau in der Höhe h, so ist in dem System *Erde – Körper* die Lageenergie oder potentielle Energie $E_{\text{pot}} = m g h$ gespeichert.

Spannenergie oder **potentielle Federenergie:** In einer Feder mit der Federkonstanten D, die vom entspannten Zustand um die Strecke s gedehnt ist, ist die Spannenergie oder potentielle Federenergie $E_s = \frac{1}{2} D s^2$ gespeichert.

Reibungsenergie: Wird ein Körper mit der konstanten (äußeren) Kraft F entlang dem Weg s gegen die Reibungskraft F_R bewegt, so wird die *Reibungsenergie* $E_R = F_R s$ in *Wärmeenergie* umgewandelt.

Energieerhaltungssatz der Mechanik: In einem abgeschlossenen System, in dem keine Reibung auftritt, ist zu jedem Zeitpunkt t die Summe der mechanischen Energien, d. h. die Summe aus kinetischer und potentieller Energie konstant:

$$E_{\text{kin}}(t) + E_{\text{pot}}(t) = E(t) = \text{konstant}$$

Die **Leistung** bzw. der **Energiestrom P** ist der Quotient aus der Energie ΔE, die auf ein System übertragen wird, und der Zeit Δt, in der dies geschieht:

$$P = \frac{\Delta E}{\Delta t}$$

Stoßvorgänge

Beim **zentralen unelastischen Stoß** zweier Körper der Massen m_1 und m_2 ist die Geschwindigkeit nach dem Stoß

$$v'_{12} = \frac{m_1 v_1 + m_2 v_2}{m_1 + m_2}.$$

Ein Teil der kinetischen Energie vor dem Stoß zweier Körper wird in Wärmeenergie umgesetzt.

Beim vollkommen **zentralen elastischen Stoß** zweier Körper der Massen m_1 und m_2 sind die Geschwindigkeiten nach dem Stoß

$$v'_1 = \frac{m_1 v_1 + m_2 (2 v_2 - v_1)}{m_1 + m_2}, \quad v'_2 = \frac{m_2 v_2 + m_1 (2 v_1 - v_2)}{m_1 + m_2}.$$

Die Summe der kinetischen Energien vor und nach dem vollkommen elastischen Stoß ist konstant.

Vergleich von Translationsbewegung und Rotationsbewegung

Translation		Rotation	
Weg	$\vec{s}$	Winkel	φ
Geschwindigkeit	$\vec{v} = \dfrac{\mathrm{d}\vec{s}}{\mathrm{d}t} = \dot{\vec{s}}$	Winkelgeschwindigkeit	$\omega = \dfrac{\mathrm{d}\varphi}{\mathrm{d}t} = \dot{\varphi}$
Beschleunigung	$\vec{a} = \dfrac{\mathrm{d}\vec{v}}{\mathrm{d}t} = \dfrac{\mathrm{d}^2\vec{s}}{\mathrm{d}t^2} = \ddot{\vec{s}}$	Winkelbeschleunigung	$\alpha = \dfrac{\mathrm{d}\omega}{\mathrm{d}t} = \dfrac{\mathrm{d}^2\varphi}{\mathrm{d}t^2} = \ddot{\varphi}$
Masse	m	Trägheitsmoment	$J = \int_{0}^{m} r^2\,\mathrm{d}m$
Impuls	$\vec{p} = m\vec{v}$	Drehimpuls	$\vec{L} = J\vec{\omega}$
Kraft	$\vec{F} = \dfrac{\mathrm{d}\vec{p}}{\mathrm{d}t} = \dot{\vec{p}}$	Drehmoment	$\vec{M} = \dfrac{\mathrm{d}\vec{L}}{\mathrm{d}t} = \dot{\vec{L}}$
(im Sonderfall m = konstant)	$\vec{F} = m\vec{a}$	(im Sonderfall J = konstant)	$\vec{M} = J\vec{\alpha}$
kinetische Energie	$E_{\text{kin}} = \frac{1}{2} m v^2$	Rotationsenergie	$E_{\text{rot}} = \frac{1}{2} J \omega^2$

Wissenstest Mechanik

1. Erklären Sie, warum bei einem Foto eines rollenden Rades die Speichen unterschiedlich scharf abgebildet sind.

2. Zeigen Sie, dass der Impulserhaltungssatz, angewandt auf einen einzelnen Körper, zum 1. Newton'schen Axiom äquivalent ist.

3. Stellen Sie Gemeinsamkeiten bzw. Unterschiede dar, die zwischen der Gravitationskraft, einer Federkraft und einer Gleitreibungskraft bestehen.

4. Ein Stein wird von einem Turm mit der Anfangsgeschwindigkeit v_0 in unterschiedlicher Weise geworfen: a) vertikal nach oben, b) vertikal nach unten, c) waagerecht und d) in einem Winkel von 45°. Vergleichen Sie die kinetische Energie des Steins in den vier Fällen beim Aufprall auf den um die Strecke h tieferliegenden Boden.

*5. In einem System *Körper – Erde* oder *Körper – Feder* gilt für die Änderung der potentiellen Energie $\Delta E_{pot} = -F\Delta x$. Durch das Minuszeichen wird die Richtung der Verschiebung Δx in Bezug auf die Richtung der Kraft F auf den Körper berücksichtigt.
Die Abbildung zeigt die potentielle Energie ΔE_{pot} eines Systems in Abhängigkeit von der Lage x des Körpers.

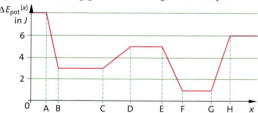

a) Ordnen Sie die in den Abschnitten AB, BC, CD und DE auf den Körper wirkenden Kräfte der Größe nach.
b) Bestimmen Sie den maximalen Wert der gesamten mechanischen Energie des Systems, wenn der Körper ① den linken Potentialtopf, ② den rechten Potentialtopf, ③ den Bereich beider Potentialtöpfe nicht verlassen soll.
c) Geben Sie den Ort der kleinsten bzw. der größten kinetischen Energie des Körpers an, wenn dessen Aufenthalt auf den Bereich der beiden Potentialtöpfe beschränkt ist.

*6. Ein Federpendel wird nach unten aus seiner Gleichgewichtslage ausgelenkt und losgelassen.
Beschreiben Sie die Bewegung bis zum oberen Umkehrpunkt des Pendels energetisch, wenn die Systemgrenzen in der abgebildeten Weise definiert sind.

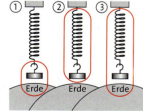

7. Ein Wagen wird auf einer waagerechten Fahrbahn durch eine weiche Feder beschleunigt. Die Bewegung ist durch die folgende Zeit-Weg-Tabelle beschrieben:

t in s	0	0,08	0,16	0,24	0,32	0,40	0,48	0,56	0,64
s in cm	0	0,85	3,4	7,4	12,8	19,1	26,1	33,3	40,5

a) Bestimmen Sie die Durchschnittsgeschwindigkeiten und mit deren Hilfe die Durchschnittsbeschleunigungen und fertigen Sie ein Weg-Beschleunigungs-Diagramm, ein Zeit-Geschwindigkeits-Diagramm und ein Zeit-Beschleunigungs-Diagramm an.
b) Erläutern Sie, in welchem Zusammenhang die drei Diagramme stehen.

8. Die nebenstehende Abbildung zeigt die stroboskopische Aufnahme des Stoßes zweier Kugeln. Die Blitzfrequenz betrug $f = \frac{1}{30}\,s^{-1}$. Die Strecken in der Aufnahme haben eine Länge von 6% ihrer natürlichen Größe. Die große Kugel mit der Masse $m_1 = 0{,}201$ kg kommt von oben, die kleine Kugel mit der Masse $m_2 = 0{,}0845$ kg kommt von unten ins Bild.

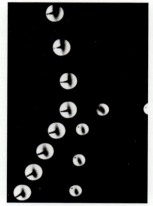

a) Bestimmen Sie die Geschwindigkeiten und die Impulse der Kugeln vor und nach der Wechselwirkung und zeigen Sie mithilfe einer Grafik, dass der Impulserhaltungssatz gilt. Verwenden Sie zur Darstellung der Impulsvektoren den Maßstab 1 kg m/s ≙ 4 cm.
b) Zeichnen Sie in die Grafik zum Impulserhaltungssatz für jede Kugel die Impulsänderung $\Delta \vec{p} = \vec{p}\,' - \vec{p}$ ein und erläutern Sie das Ergebnis.

9. Ein Wagen der Masse $m_1 = 500$ g, an dessen Frontseite eine Feder mit der Federkonstanten $D = 15$ cN/cm befestigt ist, trifft mit der Geschwindigkeit $v_1 = 0{,}3$ m/s auf einen stehenden Wagen der Masse $m_2 = 300$ g.
a) Berechnen Sie die Energieverteilung nach der Wechselwirkung.
b) Bestimmen Sie die Längenänderung der Feder, wenn beide Wagen gleiche Geschwindigkeit haben.
c) Beschreiben Sie den zeitlichen Verlauf der Energieverteilung beim Stoßvorgang.
d) Skizzieren Sie den zeitlichen Verlauf der Kraft zwischen den Wagen beim Stoßvorgang.

*10. Für den Spaltungsprozess in Kernreaktoren sind die bei der Spaltung entstehenden Neutronen verantwortlich, die durch elastische Stöße mit den Kernen sogenannter Moderatoren abgebremst werden müssen. Die bei einem Stoß vom Neutron auf den Moderatorkern übertragene Energie ist vom Verhältnis der Massen des Neutrons m_1 und des Moderatorkerns m_2 abhängig.

Wissenstest Mechanik

Zeigen Sie, dass
a) für die bei einem Stoß übertragene Energie gilt:
$$E_{kin\,2} = E_{kin\,1} \frac{4\,m_1\,m_2}{(m_1 + m_2)^2}$$
b) die beim Stoß übertragene Energie für $m_1 = m_2$ maximal wird.

*11. Fallen zwei aufeinanderliegende hochelastische (Super)-Bälle in der dargestellten Lage, so bleibt der größere von beiden am Boden liegen, während der kleinere ein Vielfaches der Fallhöhe emporspringt. Dies geschieht allerdings nur, wenn die Massen der beiden Bälle in einem bestimmten Verhältnis zueinander stehen.
Berechnen Sie mithilfe des Impuls- und des Energieerhaltungssatzes das Massenverhältnis. Gehen Sie davon aus, dass der größere der beiden Bälle vor dem Zusammenstoß mit dem kleineren am Boden reflektiert worden ist.

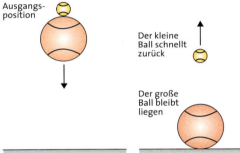

12. Ein Affe der Masse 10 kg klettert ein Seil hinauf, das über einen Ast läuft und an einer auf dem Boden stehenden Kiste der Masse 15 kg befestigt ist. Das Seil soll als masselos angesehen und seine Reibung am Ast vernachlässigt werden.
a) Bestimmen Sie die Beschleunigung, mit der der Affe mindestens klettern muss, damit die Kiste vom Boden angehoben wird.
b) Bestimmen Sie den Bewegungszustand der angehobenen Kiste, wenn der Affe zu klettern aufhört und sich am Seil festhält, sowie die Zugspannung im Seil.

13. Eine Kugel der Masse $m = 100$ g drückt eine vertikal stehende Feder um 5 cm zusammen. Nachdem die Feder um weitere 25 cm zusammengedrückt wurde, entspannt sie sich und schleudert die Kugel vertikal in die Höhe.
a) Berechnen Sie unter Anwendung des Energieerhaltungssatzes die größte Höhe h der Kugel, von der entspannten Feder an gemessen, und stellen Sie die Energieterme im Intervall $[-0{,}3\text{ m}; h]$ grafisch dar.

b) Zeichnen Sie ein Weg-Kraft-Diagramm des gesamten Vorgangs und deuten Sie die Flächeninhalte unter dem Graphen für die Kraft für $-0{,}3\text{ m} \le x \le h$.

14. Beim Stoß eines Deuterons D2 (schwerer Wasserstoff mit einem Proton und einem Neutron im Kern) mit einem anderen Deuteron entstehen die Teilchen Tritium T3 (überschwerer Wasserstoff aus einem Proton und zwei Neutronen) und ein Proton p: D2 + D2 → T3 + p.
Das stoßende Deuteron hat vor dem Stoß eine kinetische Energie von 1,2 MeV. Bei der Teilchenumwandlung entsteht eine Energie von 4,04 MeV, die nach dem Stoß ebenfalls als kinetische Energie der Teilchen vorliegt. Die Bewegungsrichtung des stoßenden Deuterons und des entstehenden Protons stehen senkrecht aufeinander.
Berechnen Sie die kinetische Energie des Protons. Verwenden Sie zur Lösung den Zusammenhang $p^2 = 2\,m\,E_{kin}$. Die Massen des Protons und des Neutrons sind jeweils 1 u (atomare Masseneinheit); 1 MeV ist eine in der Teilchenphysik verwendete Energieeinheit.

*15. Bei der Sprengung hoher Fabrikschornsteine zerbrechen diese häufig beim Fallen in der Art, wie die nebenstehende Abbildung es zeigt.
Erklären Sie dies, indem Sie die Rotationsbewegung des Schornsteins mit der Fallbewegung vergleichen.
Nehmen Sie dazu vereinfachend an, dass sich der Schornstein in Bezug auf die Drehung wie eine mit Masse belegte dünne Stange verhält.

*16. Die untenstehende Abbildung zeigt zwei gleiche Sanduhren auf einer Tafelwaage.
a) Begründen Sie, dass die Waage im Gleichgewicht ist, während der Sand in der rechten Sanduhr aus dem oberen in den unteren Teil fließt.
b) Was würde eine sehr empfindliche Tafelwaage beim Beginn des Versuchs anzeigen, wenn der fallende Sand noch nicht auf dem Boden angekommen ist; was würde sie am Ende anzeigen, wenn sich noch Sand im Fall befindet?

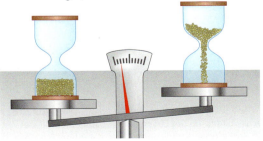

2 GRAVITATION

Als Gravitation wird die gegenseitige Anziehung von Körpern allein aufgrund ihrer Masse bezeichnet. Die Gravitation gehört zu den Fundamentalkräften (→ Kap. 14). Die Gewichtskraft auf die Körper und die Fallgesetze finden durch sie ihre Erklärung (→ Kap. 1). Für Satelliten und Himmelskörper im Sonnensystem wie auch für Sterne und Galaxien im Weltraum (→ Kap. 15) stellt die Gravitation die entscheidende Wechselwirkung dar.
Dieses Kapitel handelt vom Gravitationsgesetz, vom Gravitationsfeld als Überträger der Gravitationskräfte im Raum und von den Bewegungen der Planeten und Satelliten im Gravitationsfeld des Sonnensystems.

2.1 Die Gravitationskraft

Die Entdeckung des Gravitationsgesetzes durch NEWTON steht am Ende einer langen historischen Entwicklung, in der die Menschen sich eine Vorstellung über ihren Heimatplaneten Erde und seine Umgebung, das Sonnensystem, machten.

2.1.1 Das Sonnensystem

Die Erde läuft in einem *siderischen Jahr* (bis die Sonne wieder vor demselben Sternbild steht) auf elliptischer Bahn um die Sonne. In einem der beiden Brennpunkte der Bahnellipse steht die Sonne (**Abb. 82.1**). Die *inneren Planeten* Merkur und Venus bewegen sich mit Umlaufzeiten von ca. einem Viertel bzw. fast zwei Dritteln der Erdumlaufzeit, die *äußeren Planeten* wie Mars mit dem fast Zweifachen und Jupiter, Saturn, Uranus, Neptun

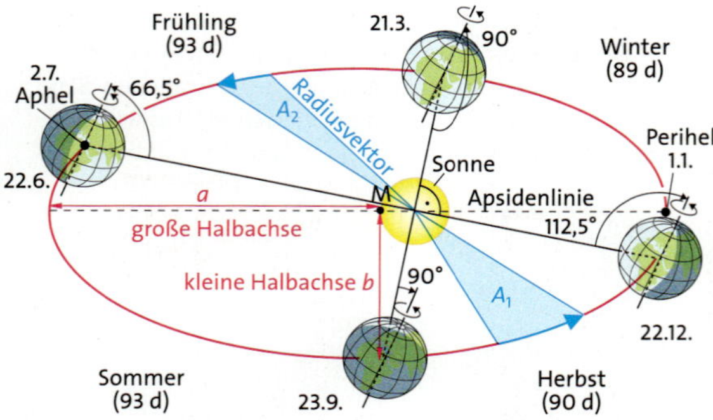

und Pluto mit dem 10- bis zum 250-Fachen um die Sonne. Außer den neun *großen Planeten* bewegen sich mehrere tausend *kleine Planeten*, die *Planetoiden* oder *Asteroiden*, auf elliptischen Bahnen um die Sonne – vorwiegend zwischen Mars und Jupiter.

Zum Sonnensystem gehören ferner die etwa 1300 *Kometen*, die sich auf lang gestreckten, meistens parabelnahen Ellipsen mit Umlaufzeiten von einigen bis zu mehreren Tausend Jahren ebenfalls um die Sonne bewegen.

Schließlich zählen noch die *Meteore* oder *Sternschnuppen* zum Sonnensystem, die jeweils an bestimmten Tagen des Jahres die Bahn der Erde kreuzen und nichts anderes als Bruchstücke von Kometen sind.

Dazu kommen noch die *Monde* der Planeten (außer für Merkur und Venus), angefangen von der Erde mit einem, über Jupiter mit 16, Saturn mit 21 bis zu Pluto mit einem, die als sogenannte *Satelliten* (*satelles*, lat. Trabant, Begleiter) ihre Planeten umkreisen (→ S. 576). Für jede Bewegung eines Satelliten um ein Zentralgestirn – Planeten und Kometen um die Sonne, Monde um Planeten, (technische) Satelliten um die Erde – gelten die **Kepler'schen Gesetze.** Für die Planeten formuliert lauten sie (Beispiel Erde **Abb. 82.1**):

> **1.** Die Planeten bewegen sich auf Ellipsen, in deren einem Brennpunkt die Sonne steht.
> **2.** Der Radiusvektor von der Sonne zum Planeten überstreicht in gleichen Zeiten gleiche Flächen.
> **3.** Das Verhältnis aus den 3. Potenzen der großen Bahnhalbachsen a und den Quadraten der Umlaufzeiten T ist für alle Planeten konstant:

$$\frac{a_1^3}{T_1^2} = \frac{a_2^3}{T_2^2} = \text{konstant} \quad \text{oder} \quad \frac{a^3}{T^2} = \text{konstant}$$

82.1 Die Bewegung der Erde um die Sonne. Die raumfeste Erdachse bildet mit der Ebene der Erdbahn einen Winkel von 66,5°. Bei Frühlings- und Herbstanfang steht die Erdachse senkrecht zur Verbindungslinie Sonne−Erde.

2.1.2 Erde und Planetenbewegung in der Vorstellung von der Antike bis zur Neuzeit

Die Griechen übernahmen das Weltbild der Ägypter und Babylonier. Sie stellten sich die Erde als flache Scheibe vor, im Mittelpunkt den Olymp, ringsherum den Okeanos, darüber das Himmelsgewölbe. Doch schon die *Pythagoräer* (um 500 v. Chr.) waren von der Kugelgestalt der Erde überzeugt. ARISTOTELES (384–322 v. Chr.) nennt als Beweis: Ein Beobachter an Land sieht von einem ankommenden Schiff zuerst die Masten über der „Kimm"; bei Mondfinsternis zeichnet sich der Erdschatten auf dem Mond kreisförmig ab; Auf- und Untergang der Sonne (und der Sterne) finden für Orte gleicher Breite zu verschiedenen Zeiten statt; bei Veränderung des Standpunktes nach Süden oder Norden tauchen am Horizont Sterne auf oder verschwinden hinter ihm.

Den Erdumfang bestimmte als Erster ERATOSTHENES (um 275–195 v. Chr.). Wenn zur Zeit der Sommersonnenwende die Sonne in Syene (Ägypten) senkrecht über dem Beobachter kulminiert (**Abb. 83.1**), beträgt die Mittagshöhe im nördlich davon gelegenen Alexandria 82,8°. Dem Winkel von 7,2°, den die nach Syene und Alexandria weisenden Erdradien einschließen, entspricht auf der Erdoberfläche die Entfernung von Syene nach Alexandria, die ERATOSTHENES mit 5000 Stadien angab. (Ein Stadion entsprach zu seiner Zeit vermutlich 157,5 m.) Er erhielt für den Erdumfang 250 000 Stadien oder umgerechnet 39 375 km (40 076 km – in Klammern im Folgenden die heute bekannten Werte) (→ Aufgabe 1 Seite 85).

Die *relative Größe und Entfernung von Sonne und Mond* ermittelte ARISTARCH von Samos (um 320–250 v. Chr.) mithilfe des rechtwinkligen Dreiecks (**Abb. 83.2**), das der Mond im ersten oder letzten Viertel mit Erde und Sonne bildet. Aus dem Winkel von 87° (89° 51′), unter dem Mond und Sonne bei Halbmond erscheinen, schloss er auf ein Entfernungsverhältnis Erde–Mond zu Erde–Sonne von 1 : 19 (1 : 382), das noch bis in KEPLERS Zeiten als gültig angenommen wurde. Da Mond- und Sonnenscheibe dem Beobachter auf der Erde unter gleichen Winkeldurchmessern erscheinen (0,52° bzw. 0,53°), galt – so ARISTARCH – das Verhältnis 1 : 19 auch für ihre Durchmesser.

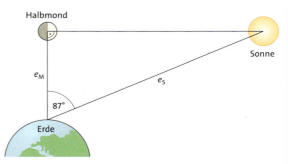

83.2 Bestimmung der relativen Entfernung von Mond und Sonne nach ARISTARCH: Er beobachtete den Halbmond im ersten Viertel gegen Abend, im letzten gegen Morgen. Aus dem Winkel von 87°, unter dem ihm Mond und Sonne erschienen, schloss ARISTARCH auf ein Verhältnis der Entfernungen zu beiden von $e_M : e_S = 1 : 19$.

Auch *die absolute Größe und Entfernung von Sonne und Mond* bestimmte ARISTARCH als Erster. Aus der Dauer der Mondfinsternis gelang es ihm, den Radius des Mondes zu 0,35 (0,27) Erdradien und den der Sonne zu 6,67 (109) Erdradien und damit die Entfernungen in Erdradien anzugeben. Mit dem Wert für den Erdradius nach ERATOSTHENES berechnete er schließlich die absoluten Entfernungen zu diesen beiden Himmelskörpern (→ Aufgabe 2, S. 85).

ARISTARCH wurde zum Vorläufer von KOPERNIKUS. Er hielt entgegen allgemeiner Lehrmeinung nicht die Erde, sondern die nach seinen Berechnungen wesentlich größere Sonne für den Mittelpunkt der Welt. Seine **heliozentrische Theorie** (*helios*, griech. Sonne) setzte sich nicht durch. Denn – so die Gegenargumente – die Wolken müssten bei einer täglichen Drehung der Erde um ihre Achse zurückbleiben und ständig nach Westen wandern, und die erdnächsten Sterne müssten sich bei der jährlichen Bewegung der Erde um die Sonne vor dem Himmelsgewölbe verschieben, also eine **Parallaxe** aufweisen (**Abb. 83.3**). ARISTARCHS Einwand, dass selbst die nächsten Sterne wegen ihrer großen Entfernung keine Parallaxe zeigen könnten, blieb unglaubwürdig. (Eine solche Sternparallaxe wurde erst 1838 von BESSEL nachgewiesen.)

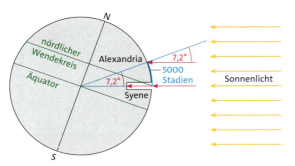

83.1 Messung des Erdumfangs durch ERATOSTHENES. Die Sonne, die sich in Syene zur Zeit der Sommersonnenwende „um Mittag in einem tiefen Brunnen spiegelt", steht zur selben Zeit in dem 5000 Stadien weiter nördlich gelegenen Alexandria um 7,2° tiefer als die Senkrechte.

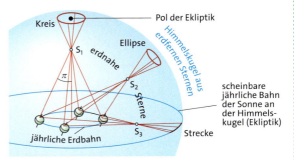

83.3 Fixsternparallaxe. Im Laufe eines Jahres beschreibt ein erdnaher Stern scheinbar einen Kreis, eine Ellipse oder in der *Ekliptik*, der *Erdbahnebene*, eine Strecke vor dem Hintergrund des Himmels. Die Entfernung d des Sterns ergibt sich aus Erdbahnradius a und Sternparallaxe π zu $\sin \pi = a/d$.

Die Gravitationskraft

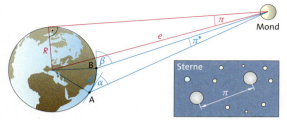

84.1 Horizontalparallaxe. Der Winkel π (π in Bogenmaß), unter dem von einem Himmelskörper z. B. vom Mond aus der Erdradius R erscheint, dient im Sonnensystem als Entfernungsmaß $e = R/\pi$. Sie berechnet sich aus einer beliebigen Parallaxe π^* durch die Winkel α und β.

Die größte Leistung der griechischen Astronomie war eine vollständige **Theorie der Planetenbewegung.** Die Griechen suchten nach keiner physikalischen Erklärung; sie versuchten sich den Mechanismus der Planetenbewegung nur rein kinematisch-geometrisch mithilfe von Kreisen vorzustellen. Denn die Kreise sahen sie als die vollkommenste aller Bahnformen an. HIPPARCH (um 190–125 v. Chr.), der u. a. mithilfe der *Horizontalparallaxe* (**Abb. 84.1**) die Entfernung Erde – Mond zu 59 (60) Erdradien und die zur Sonne mit 1200 (23 466) Erdradien berechnete, lieferte wesentliche Beiträge und Erkenntnisse über die Bewegung von Sonne, Mond und Planeten und stellte einen Katalog zusammen, in dem fast 1000 Sterne und ihre Positionen am Fixsternhimmel verzeichnet waren.

Darauf fußend begründete PTOLEMÄUS (um 100–178 n. Chr.) mit seinem Werk *„Almagest"* das **geozentrische Weltbild** (*geos*, griech.: Erde) (**Abb. 85.1a**):
- Die Erde steht im Mittelpunkt der Welt.
- Die Planeten, zu denen im Altertum Sonne, Mond und die (eigentlichen) Planeten Merkur, Venus, Mars, Jupiter und Saturn zählten, bewegen sich auf (sieben) Kristallkugeln um die Erde.
- Umschlossen ist das Weltall von einer (achten) Kugel, die die Fixsterne trägt.

Scheinbar bewegt sich für den Beobachter auf der Erde die Sonne über den Himmel und wandert während des Jahres einmal durch die zwölf Tierkreiszeichen, während die Planeten (die „Wandelsterne") zusätzlich noch rückläufige Bahnen beschreiben oder sogar zeitweilig stehen bleiben. PTOLEMÄUS ließ dazu in seiner *Epizykeltheorie* Sonne und Mond direkt auf Kreisen um die Erde laufen. Die (anderen) Planeten bewegten sich jeweils auf einem Beikreis (Epizykel), dessen immaterieller Mittelpunkt seinerseits auf einem Trägerkreis (Deferent) mit der Erde als Mittelpunkt abrollt. Mit Zusätzen, dass die Erde nicht im Mittelpunkt Z des Deferenten stehe und dieser sich nicht mit gleicher Winkelgeschwindigkeit um Z, sondern um den Äquanten Ä bewege, glich PTOLEMÄUS das System den Beobachtungen an. Daher benötigte er schließlich 80 Kreise (**Abb. 84.2**).

Das ptolemäische Weltbild (**Abb. 85.1a**) galt bis ins 15. Jahrhundert unangefochten. Ein verändertes Denken, demzufolge nicht mehr versucht wurde, die Natur aus den Schriften der „Alten" zu erforschen, und bessere Beobachtungsmethoden leiteten den Umbruch ein.

Nikolaus KOPERNIKUS (1473–1543) hat mit dem in seinem Todesjahr 1543 erschienenen Werk *„De revolutionibus orbium coelestium libri"* das **heliozentrische Weltbild** mit der Sonne im Mittelpunkt der Welt begründet (**Abb. 85.1b**):
- Die Erde dreht sich täglich einmal um ihre Achse.
- Die Erde bewegt sich einmal im Jahr um die Sonne.
- Die Planeten bewegen sich auf Kreisen um die Sonne.

KOPERNIKUS ging es in erster Linie um eine einfachere Theorie, die die Bewegung der Planeten und den Kalender hinreichend genau vorauszuberechnen gestattete. Er fand sie durch einen Standortwechsel des Beobachters von der Erde zur Sonne. An der Kreisbewegung als der natürlichsten Bewegungsform hielt er fest. Statt der früheren achtzig ptolemäischen brauchte er nur noch vierunddreißig Kreise.

Das kopernikanische System war allerdings vom Prinzip her nicht einfacher als das ptolemäische und auf Dauer auch nicht besser in der Berechnung von Planetenorten, aber es konnte vor allem durch die Annahme einer 24-stündigen

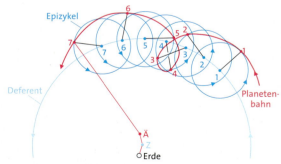

84.2 PTOLEMÄUS' Erklärung für die rückläufige Schleifenbahn eines Planeten: Der Planet bewegt sich auf einem kleinen Kreis, dem Epizykel, dessen Mittelpunkt M auf einem großen Kreis, dem Deferenten, umläuft. Kompliziert wird die Epizykeltheorie durch die Annahme, dass die Erde nicht im Mittelpunkt Z des Deferenten steht und der Planet sich nicht gleichmäßig um ihn dreht.

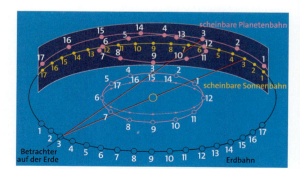

84.3 KOPERNIKUS' Erklärung der rückläufigen Schleifenbahn eines inneren Planeten durch Projektion der Planetenbahn auf den Fixsternhimmel. Die Schleife bildet sich, weil die Planetenbahn nicht ständig in der Bahnebene der Erde liegt. – Die Beobachtung eines inneren Planeten findet kurz vor Sonnenaufgang oder kurz nach Sonnenuntergang statt.

Rotation der Erde um ihre Achse und eines jährlichen Umlaufs (*Revolution*) der Erde um die Sonne die scheinbaren Bewegungen der Planeten allein durch das gleiche Prinzip der Relativbewegung zur Erde erklären. Im Übrigen führte auch KOPERNIKUS die fehlende Fixsternparallaxe als Argument für die Größe des Weltraums an.

Durch die Annahme, dass sich die Erde um die Sonne bewegt – KOPERNIKUS hatte sich auf ARISTARCH berufen –, konnte er die scheinbare Schleifenbewegung der Planeten (**Abb. 84.3**) und die scheinbare Ungleichheit ihrer Umlaufzeiten ohne Zuhilfenahme von Epizykeln und Deferenten erklären. Tycho BRAHE (1546–1601) bestimmte mithilfe neuer Beobachtungsmethoden (ohne Fernrohr!) Planeten- und Sternorte mit einer bis dahin nicht gekannten Genauigkeit von bis zu einer Bogenminute, die an das Auflösungsvermögen des Auges heranreicht, während die Genauigkeit astronomischer Messungen vom Altertum bis KOPERNIKUS nicht über 10 Bogenminuten Genauigkeit hinausreichte.

Johannes KEPLER (1571–1630) leitete den Schritt zu einer physikalischen Erklärung des Planetensystems ein. Er wertete in jahrzehntelanger Arbeit das Beobachtungsmaterial von BRAHE aus. In den „Astronomia nova" 1609 und in den „Harmonices mundi" 1619 legte er die nach ihm benannten **Kepler'schen Gesetze** vor (→ 2.1.1 und 2.3.1). Das erste Gesetz, das die *Form der Bahnkurve* festlegt, ermittelte er u. a. aus der Veränderung des scheinbaren Sonnendurchmessers (→ Aufgabe 4). Das zweite Gesetz, der *Flächensatz*, beschreibt die Geschwindigkeit, in der die Bahnkurve durchlaufen wird. Das dritte Gesetz weist auf den Zusammenhang im Sonnensystem durch die für alle Planeten gleiche Konstante $C = a^3/T^2$ aus den *Bahnparametern* hin.

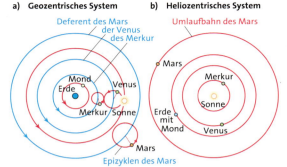

85.1 a) Geozentrisches Weltbild nach PTOLEMÄUS: Die Planeten und die Sonne bewegen sich auf Epizykeln mit dem Mittelpunkt der Erde als Zentrum.
b) Heliozentrisches Weltbild nach KOPERNIKUS: Die Planeten bewegen sich auf kreisförmigen Bahnen um die Sonne als Zentrum.

Den entscheidenden Beweis gegen das geozentrische und für das heliozentrische Weltbild lieferten aber nicht die kinematisch-geometrischen Theorien von KOPERNIKUS bis KEPLER, sondern die **Beobachtungen** GALILEIS (1564–1642) und die Mechanik NEWTONS (1642–1727), die KEPLER vorgedacht hat. GALILEI entdeckte 1609 mit dem von dem Holländer LIPPERSHEY 1608 erfundenen Fernrohr vier Monde des Jupiter und ihren Umlauf um den Planeten, ein kopernikanisches System im Kleinen. Er beobachtete u. a. die Mondgebirge und die Sonnenflecken und sah im Fernrohr zum ersten Male, dass die Milchstraße aus unzähligen Sternen besteht.

Aufgaben

1. Bestimmen Sie den Erdumfang nach ERATOSTHENES.
2. ARISTARCH beobachtete bei einer Mondfinsternis, bei der der Mond durch die Mitte des Erdschattens ging, dass die Zeit zwischen dem Eintritt des Mondrandes in den Erdschatten und dem Beginn der totalen Mondfinsternis gleich der Dauer der totalen Verfinsterung war.
a) Erläutern Sie an der nachfolgenden Skizze die Angaben ARISTARCHS und bestimmen Sie die Durchmesser von Mond und Sonne in Erdbahndurchmessern.
b) Die scheinbaren Durchmesser von Mond und Sonne nahm ARISTARCH als gleich groß zu 0,5° an. Berechnen Sie die Entfernungen Erde–Mond und Erde–Sonne in Erdbahndurchmessern und geben Sie die Distanzen mithilfe des Wertes für den Erdradius nach ERATOSTHENES in Kilometern an.

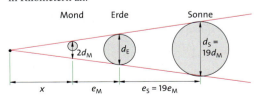

3. **a)** Zeigen Sie, dass die (mittlere) Entfernung Erde–Sonne, die sogenannte astronomische Einheit (AE), einer Horizontalparallaxe der Sonne von 8,7964 Bogensekunden entspricht (**Abb. 84.1**).
b) Die Parallaxe des erdnächsten Sterns Proxima Centauri beträgt 0,754 Bogensekunden. Ermitteln Sie, welcher Entfernung in Metern bzw. Lichtjahren das entspricht und bis zu welchen Entfernungen sich der Weltraum mit der kleinstmöglichen (messbaren) Sonnenparallaxe von 0,016 Bogensekunden ausmessen lässt.
4. **a)** Bestimmen Sie aus dem scheinbaren Sonnenradius die relative Entfernung Erde–Sonne vom sonnennächsten ($r_{\min}$, Perihel) zum sonnenfernsten ($r_{\max}$, Aphel) Punkt der Erdbahn (*peri, apo*, griech. bei, weg).

1. Januar	16,3′	1. Juli	15,8′
1. Februar	16,3′	1. August	15,8′
1. März	16,2′	1. September	15,9′
1. April	16,0′	1. Oktober	16,0′
1. Mai	15,9′	1. November	16,1′
1. Juni	15,8′	1. Dezember	16,2′

b) Die (numerische) Exzentrizität e der Ellipsenbahn der Erde um die Sonne wird errechnet aus
$e = (r_{\max} - r_{\min})/(r_{\max} + r_{\min})$.
Vergleichen Sie den Wert mit dem genauen Wert $e = 0{,}01674$. (Zur Bezeichnung von e → **Abb. 100.2**)

Die Gravitationskraft

2.1.3 Newtons Gravitationsgesetz

Newton hat als Erster die Gesetze der Mechanik auf die Bewegung der Himmelskörper angewandt und gezeigt, dass im Sonnensystem wie auf der Erde dieselben Gesetze gelten. In seiner berühmten „Mondrechnung" von 1666 (auf die er durch einen herabfallenden Apfel gebracht worden sein wollte) kam er zum Gravitationsgesetz über Keplers Vermutung, dass die Anziehung zwischen zwei Körpern umgekehrt zum Quadrat ihrer Entfernung abnimmt.

Newton argumentierte: Wie der Apfel „fällt" auch der Mond ständig zur Erde, wenn er jeweils nach einem Wegstück in Richtung der Bahntangente von dort wieder in Richtung zum Erdschwerpunkt auf seine Umlaufbahn zurückkommt. Die Zentripetalbeschleunigung des Mondes und die Fallbeschleunigung des Apfels, so Newton, rühren von der gleichen Anziehungskraft her; beide nehmen mit dem Kehrwert des Quadrats der Entfernung vom Erdschwerpunkt ab.

Der Mond umläuft im mittleren Abstand $r = 3{,}84 \cdot 10^8$ m (rund 60 Erdradien) die Erde in 27,32 Tagen, bis er wieder die gleiche Stellung vor den Sternen einnimmt (*siderischer* Monat). Seine Zentripetalbeschleunigung beträgt $a_M = \omega^2 r = 2{,}72 \cdot 10^{-3}$ m/s², die Fallbeschleunigung des Apfels ist $a_A = g = 9{,}81$ m/s². Damit stimmt das Verhältnis der Beschleunigungen, nämlich $a_A : a_M = 9{,}81$ m/s² : $2{,}72 \cdot 10^{-3}$ m/s² $= 3600 = 60^2$, mit dem Kehrwert des Verhältnisses aus den Quadraten der Entfernungen Erdschwerpunkt-Erdoberfläche und Erde-Mond, nämlich $R^2 : (60\,R)^2 = 1 : 60^2$, überein. Newton schloss aus seiner „Mondrechnung":

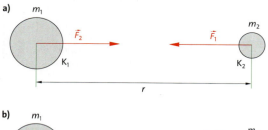

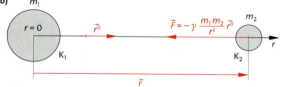

86.1 Das Gravitationsgesetz. **a)** Der Körper K₁ zieht den Körper K₂ mit der Kraft $\vec{F}_1$ an, die gleich groß, aber entgegengesetzt gerichtet ist wie die Kraft $\vec{F}_2$, mit der K₂ seinerseits K₁ anzieht.
b) In Vektorschreibweise ist die Kraft dargestellt, mit der Körper K₁ den Körper K₂ anzieht: $\vec{F} = -\gamma (m_1 m_2 / r^2) \vec{r}^{\,0}$. ($\vec{r}^{\,0} = \vec{r}/|\vec{r}|$ ist der von K₁ ausgehende Einheitsvektor.)

Die Kraft, die den freien Fall eines Körpers auf der Erdoberfläche verursacht, und die Kraft, die den Mond auf seiner Kreisbahn um die Erde hält, sind gleichen physikalischen Ursprungs: In beiden Fällen ist es die Gravitationskraft der Erde.

Zwanzig Jahre nach seiner Mondrechnung, 1686, legte Newton in seinem Hauptwerk „*Philosophiae naturalis principia mathematica*" seine Gravitationstheorie vor. Mithilfe des dritten Kepler'schen Gesetzes leitete er das Gravitationsgesetz her:
Ein Planet mit der Masse m bewege sich mit der Bahngeschwindigkeit v auf einem Kreis um die Sonne mit der Masse M. Auf ihn wirkt die Sonne mit der Zentripetalkraft $F = m(2\pi/T)^2 r$. Mit dem dritten Kepler'schen Gesetz $C = r^3/T^2$, wobei C eine für alle Planeten gleiche Konstante ist, ergibt sich:

$$F_1 = m\frac{4\pi^2}{T^2}r = m\frac{4\pi^2 C}{r^3}r = C_1 \frac{m}{r^2}$$

Der Faktor C_1 hängt nicht vom Abstand r und von der Masse m des angezogenen Körpers ab. Nach dem Wechselwirkungsgesetz (→ 1.2.6) übt aber auch der umlaufende Körper auf den Zentralkörper eine entgegengesetzt gerichtete, gleich große Kraft aus; sie ist nach derselben Überlegung proportional zur Masse M des Zentralkörpers: $F_2 = C_2 M/r^2$. Die Beträge beider Kräfte sind nach demselben Gesetz gleich: $C_1 m/r^2 = C_2 M/r^2$. Da C_2 wieder unabhängig von M ist, muss C_1 proportional zu M sein, d. h. $C_1 = \gamma M$. Die Kraft, die von der Sonne auf den Planeten ausgeübt wird, ist also $F_1 = \gamma m M/r^2$.

Nach Newton gilt dieses Gesetz nicht nur für die Sonne und jeden Planeten. Die Gravitationskraft wirkt vielmehr als universelle Kraft zwischen allen Körpern. Sie greift am Schwerpunkt der Körper an und hängt, wie Newton bewies, nur von deren Gesamtmasse ab, unabhängig davon, ob Körper ausgedehnt sind oder nur Massenpunkte darstellen.

Gravitationsgesetz: Zwei Körper der Masse m_1 und m_2 ziehen sich gegenseitig mit der Gravitationskraft F in Richtung der Verbindungslinie ihrer Schwerpunkte an. Die Gravitationskraft ist proportional dem Produkt der Massen m_1 und m_2 und umgekehrt proportional zum Quadrat des Abstands r ihrer Schwerpunkte (**Abb. 86.1**):

$$F = \gamma \frac{m_1 m_2}{r^2}, \quad \text{vektoriell} \quad \vec{F} = -\gamma \frac{m_1 m_2}{r^2} \vec{r}^{\,0}$$

Die **Gravitationskonstante** γ hat den Wert $\gamma = 6{,}674 \cdot 10^{-11}$ Nm²/kg².

Zwei Körper der Masse 1 kg ziehen sich im Abstand 1 m demnach mit der Kraft $6{,}674 \cdot 10^{-11}$ N an.

Messung der Gravitationskonstanten

Die Gravitationskonstante γ kann grundsätzlich nicht aus astronomischen Messungen gewonnen werden. Denn sie tritt in astronomischen Rechnungen nur in Verbindung mit der Masse des anziehenden Himmelskörpers auf, die zur Bestimmung von γ bekannt sein müsste. In einem terrestrischen Experiment bestimmte erstmalig 1798 CAVENDISH die Gravitationskonstante. Ihm gelang es, die äußerst geringe Anziehungskraft zweier Körper mithilfe der von ihm entwickelten Drehwaage zu messen. Sie enthält im Wesentlichen eine Querstange mit zwei kleinen Bleikugeln der Masse m im Abstand $2d$, die an einem Torsionsfaden aufgehängt ist (**Abb. 87.1** und **87.2**).

Versuch I: Zuerst werden die großen Kugeln in Stellung I auf den Abstand r der Kugelschwerpunkte gebracht. Wenn der Lichtzeiger zur Ruhe gekommen ist, werden (vorsichtig) die großen Kugeln in Stellung II herumgeschwenkt, sodass die Kugelmittelpunkte wieder den Abstand r besitzen.
Beobachtung: In Stellung I (**Abb. 87.2**, blau) wirken auf die beiden kleinen Kugeln die Gravitationskräfte $2F_G = 2\gamma m M/r^2$. Ihnen hält die Kraft $2F_D = 2F_G$ (rot) durch die Verdrillung des Fadens das Gleichgewicht.
Werden nun vorsichtig die großen Kugeln in die Stellung II (rot) gedreht, so werden die kleinen Kugeln an der Querstange sowohl von den beiden frei werdenden Drillkräften $2F_D = 2F_G$ (rot) als auch von den beiden nun in der anderen Richtung auftretenden Gravitationskräften $2F_G$ (rot) beschleunigt, mit der die großen Kugeln in ihrer neuen Stellung auf die kleinen Kugeln einwirken.
Insgesamt erzeugt die Kraft $4F_G = 4\gamma m M/r^2$ eine anfangs gleichmäßig beschleunigte Bewegung der Kugeln. Sie lässt sich wie folgt messen: r ist dabei ein mittlerer Abstand zwischen kleiner und großer Kugel, der vereinfacht als konstant angenommen wird. Der direkt nicht zu messende Weg s, den die kleinen Kugeln beschleunigt zurücklegen (für die rechte Kugel ist er in **Abb. 87.2** eingezeichnet), ergibt sich aus dem Weg x des Lichtzeigers an der Wand $s:(x/2) = d:e$ oder $s = dx/(2e)$ (**Abb. 87.2**). Aus der Beschleunigung $a = 2s/t^2$ und dem Ansatz $(2m) a = 4\gamma m M/r^2$ folgt die Gravitationskonstante. ◂

Die *Gravitationskonstante* ist auch heute wegen der geringen Größe der Kräfte nur schwierig zu bestimmen. Nach wie vor ist sie nur im Labor zu messen. Genauer bekannt ist das Produkt γM (M Masse der Erde) ($\rightarrow$ 2.3.1), mit dem grundsätzlich in der Astronomie gearbeitet wird.

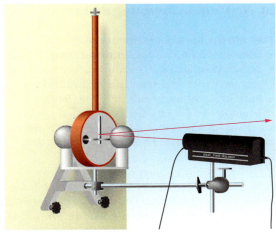

87.1 Gravitationsdrehwaage. Im Gehäuse hängt an einem Faden, der oben im Rohr befestigt ist, eine Querstange mit zwei kleinen Bleikugeln, die frei um die Achse des Fadens beweglich sind.

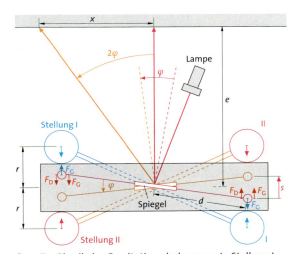

87.2 Zur Physik der Gravitationsdrehwaage: In Stellung I (blau) halten sich Drill- und Gravitationskräfte das Gleichgewicht. In Stellung II (rot) beschleunigen sie die Bleikugeln an der Querstange.

▦ Aufgaben

1. Berechnen Sie die Gravitationskraft zwischen
   a) zwei Schiffen von je 100 000 t, die sich mit dem Schwerpunktabstand $d = 200$ m begegnen;
   b) zwei Autos von je 900 kg, die im (Schwerpunkt-)Abstand von 5 m aneinander vorbeifahren;
   c) zwei Wasserstoffatomen ($m_H = 1{,}6734 \cdot 10^{-27}$ kg) im Abstand von $d = 10^{-8}$ cm.

2. Bestimmen Sie die Kraft, mit der sich die kleine ($m_1 = 20$ g) und die große ($m_2 = 1{,}46$ kg) Bleikugel der Gravitationsdrehwaage im Abstand $r = 4{,}5$ cm anziehen.

3. Mit der Gravitationsdrehwaage werden der Weg x, den der Lichtzeiger auf der $e = 8{,}90$ m entfernten Skala zurücklegt, und die Zeit t gemessen. Die halbe Länge des Querarms ist $d = 5{,}0$ cm, der mittlere Abstand zwischen großer und kleiner Kugel $r = 4{,}5$ cm; jede große Kugel hat die Masse $M = 1{,}46$ kg. Werten Sie die Messreihe aus und vergleichen Sie mit dem Literaturwert.

x in cm	0	1,3	2,8	4,9	7,4	11,3	15,0	19,2
t in s	0	30	45	60	75	90	105	120

Die Gravitationskraft

2.1.4 Massenbestimmung und Gezeiten

Astronomische Massenbestimmung

Die Sonnenmasse M wird aus der Betrachtung des Systems Sonne (Zentralkörper) – Erde (Satellit) berechnet. Die Zentripetalkraft $F_Z = m\omega^2 r$, die die Erde (Masse m) – vereinfacht – auf ihrer Kreisbahn hält, ist durch die Gravitationskraft $F = \gamma m M/r^2$ der Sonne gegeben. Gleichsetzen beider Terme – die Erdmasse m kürzt sich heraus – ergibt die Masse M der Sonne zu

$$M = \frac{\omega^2 r^3}{\gamma} = \frac{4\pi^2 r^3}{\gamma T^2}.$$

Aus der Erdumlaufzeit T, dem *siderischen Jahr* (→ S. 576), und der mittleren Entfernung r der Erde von der Sonne, der *astronomischen Längeneinheit* (→ S. 576), folgt für die **Masse der Sonne** $M_\odot = 1{,}989 \cdot 10^{30}$ kg. Dieses Verfahren zur Massenbestimmung lässt sich immer dann anwenden, wenn zu einem Zentralkörper Bahnradius und Umlaufzeit eines Satelliten bekannt sind – so auch zur Massenbestimmung der äußeren Planeten, die einen Mond besitzen.

Während die *Verhältnisse der Radien* der Planetenbahnen (ihrer großen Halbachsen) über das dritte Kepler'sche Gesetz schon früh sehr genau bekannt waren, wurde die (mittlere) Entfernung Erde–Sonne erstmals durch HALLEY 1761 und 1769 mithilfe der Venusdurchgänge angegeben: Von zwei Orten der Erde aus wird vor dem Hintergrund der Sonnenscheibe die Venusparallaxe und über das dritte Kepler'sche Gesetz die Entfernung zur Sonne in einem komplizierten und aufwändigen Messvorgang bestimmt. Die heutigen Werte für die astronomische Einheit stammen aus den viel einfacheren Radarmessungen.

Die Berechnung der **Masse der Erde** durch Gleichsetzen der Terme von Gewichtskraft $G = mg$ auf einen beliebigen Körper (Masse m) im Abstand R vom Erdmittelpunkt (R Erdradius) und Gravitationskraft $F = \gamma m M/R^2$ liefert nur den groben Näherungswert $M = 5{,}966 \cdot 10^{24}$ kg. Er weicht vom Tabellenwert **Masse der Erde** $M_E = 5{,}976 \cdot 10^{24}$ kg nicht unbeträchtlich ab, weil u. a. die Erde keine Kugel mit homogener Massenverteilung ist. Aus Masse und Volumen ergibt sich die **mittlere Dichte der Erde** zu $\rho = 5{,}52 \cdot 10^3$ kg/m³.

Bei der Ermittlung der **Masse des Mondes** wird berücksichtigt, dass sich Erde und Mond um einen gemeinsamen, innerhalb der Erde liegenden Schwerpunkt drehen. Die Gravitationskraft $F = \gamma m_M M_E/r^2$ ist die Zentripetalkraft $F = m_M \omega^2 r_2$, die den Mond auf seiner Bahn hält. Die einzusetzenden Entfernungen zeigt → **Abb. 90.1**. Durch Gleichsetzen ergibt sich die Summe der Massen zu $M_E + m_M = \omega^2 r^3/\gamma$ und aus der Differenz $(m_M + M_E) - M_E$ die Mondmasse $m_M = 6{,}50 \cdot 10^{22}$ kg als Näherung statt des aus Satellitenbeobachtungen bekannten, genaueren Wertes der **Masse des Mondes** $m_M = 7{,}35 \cdot 10^{22}$ kg. Die Ungenauigkeit liegt darin begründet, dass das System Erde – Mond eines der schwierigsten himmelsmechanischen Probleme ist.

Exkurs

Aufbau des Erdkörpers

Wichtigste Aufschlüsse über den Aufbau der Erdkugel liefern Erdbeben. Zwei Arten von Erdbebenwellen, die *Kompressionswellen,* P-Wellen, und die *Scherungswellen,* S-Wellen, (→ 3.3.2) werden in einem erdumspannenden Netz von Seismografen ständig registriert. Aus den Messungen lassen sich die Tiefenschichten erschließen. Denn die Wellen haben in den Schichten unterschiedliche Geschwindigkeiten.
Die Geschwindigkeiten und ihre ausgeprägten Sprungstellen geben Aufschluss über den Verlauf von Druck, Temperatur und Schwerebeschleunigung und dadurch über den Gesteinsaufbau des Erdinneren. Danach ist der Erdkörper schalenförmig aufgebaut. Bis etwa 2900 km Tiefe, der *Kernmantelgrenze,* ist die Erde von ähnlicher Zusammensetzung wie die Erdkruste. Der innere Kern ab 2900 km Tiefe mit einem abrupten Wechsel im Erdaufbau besteht im Wesentlichen aus Eisen, wie aus mehreren Überlegungen folgt. Denn zum einen müssten sich die Elementhäufigkeiten im Kosmos auch in der Erde widerspiegeln. Zum anderen kann aus dem Trägheitsmoment des gesamten Erdkörpers auf eine wesentlich größere Dichte im Erdinnern gefolgert werden.

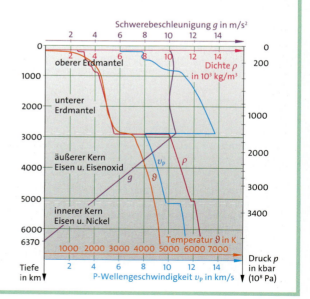

Die Gravitationskraft

Schwere und träge Masse

Seit NEWTON wird zwischen träger (m_t) und schwerer (m_s) Masse als verschiedenen Eigenschaften eines Körpers unterschieden. (Die Bezeichnungen m_t und m_s für schwere Masse gelten nur für diese Seite.)

Wirkt auf einen (frei beweglichen) Körper eine Kraft F, so ist die Beschleunigung a, die er erfährt, umgekehrt proportional seiner trägen Masse m_t. Die Größe, die das Trägheitsverhalten eines Körpers beschreibt, ist seine *träge Masse* $m = m_t$.

> Die **träge Masse** m_t eines (frei beweglichen) Körpers ist der Quotient aus der Kraft F und der Beschleunigung a, die er unter der Einwirkung dieser Kraft F erfährt: $m_t = \frac{F}{a}$.

In einem Gravitationsfeld, z. B. dem der Erde, unterliegt ein Körper (unabhängig von seinem Bewegungszustand) der Gravitations- oder Schwerkraft $F = \gamma m_s M/r^2$. Die Größe, die die Eigenschaft eines Körpers beschreibt, von einem anderen Körper angezogen zu werden, ist seine *schwere Masse* $m = m_s$.

> Die **schwere Masse** m_s eines Körpers ergibt sich aus dem Gravitationsgesetz zu $m_s = F/(\gamma M/r^2)$.

Die beiden Körpereigenschaften träge Masse m_t und schwere Masse m_s sind begrifflich völlig verschieden. Sie sollen nun am Fallvorgang zweier Körper an der Erdoberfläche verglichen werden. Auf beide Körper wirkt die Gravitationskraft der Erde an ihrer Oberfläche, also im Abstand R:

$$F = \gamma m_s M_E / R^2$$

Diese Kraft erteilt ihnen nach der Grundgleichung der Mechanik $F = ma$ die Beschleunigung a. Folglich gilt für die beiden Körper an derselben Stelle des Gravitationsfeldes

$$m_{t1} a_1 = \gamma \frac{m_{s1} M_E}{R^2} \quad \text{und} \quad m_{t2} a_2 = \gamma \frac{m_{s2} M_E}{R^2}$$

Da die (Fall-)Beschleunigungen in beiden Fällen gleich sind, $a_1 = a_2 = g$, ergibt sich durch Division das Verhältnis von träger und schwerer Masse

$$\frac{m_{t1}}{m_{s1}} = \frac{m_{t2}}{m_{s2}} = \gamma \frac{M_E}{g R^2}.$$

Das Verhältnis von schwerer und träger Masse eines jeden Körpers ist konstant, träge und schwere Masse sind zueinander proportional. Dies zeigen auch alle anderen Versuche, in denen die träge und die schwere Masse von Körpern verglichen werden.

> Die träge und die schwere Masse eines Körpers sind streng proportional zueinander.

Werden als Maßeinheiten der trägen und der schweren Masse die träge und die schwere Masse desselben Körpers, z. B. des Urkilogramms, gewählt, so sind die Zahlenwerte für träge und schwere Masse eines jeden Körpers gleich.

Die Gleichheit der Eigenschaften der trägen und schweren Masse ist eine der Grundannahmen der Allgemeinen Relativitätstheorie EINSTEINS (→ S. 371 f.).

Auf eine Unterscheidung zwischen träger und schwerer Masse wird daher im Weiteren verzichtet.

Exkurs

Schweremessung und Gravimetrie

Die Gestalt der Erde ist infolge der unregelmäßigen Verteilung der Erdmassen und ihrer verschiedenen Dichte weder eine Kugel noch (als erste Näherung an die reale Form der Erde) ein *Rotationsellipsoid* (→ **Abb. 90.2**). Ihre *physikalische Form*, die durch die ungestörte Meeresoberfläche und ihre gedachte Weiterführung unter den Kontinenten gebildet wäre, ist das **Geoid**. Es wird definiert als Fläche gleichen Schwerepotentials (→ 2.2.2). Da Satelliten feinere Strukturen nicht aufnehmen können, sind Schweremessungen auf der Erdoberfläche und auch auf See an Bord von Schiffen nach wie vor unverzichtbar.

Schweremessungen offenbaren Unregelmäßigkeiten in der Schwere des Untergrundes. Sie sind für Geologie und Geophysik und als Anwendung z. B. für die Lagerstättenforschung wie das Aufspüren von Ölfeldern von großer Bedeutung.

Zur Messung der Schwerebeschleunigung mit dem *FG5-**Absolutgravimeter*** (Abbildung) wird im Inneren der *Vakuumkammer* die *Testmasse mit dem Winkelprisma* von einem Lift angehoben und dann frei über eine Strecke von etwa 20 cm fallen gelassen. Das Licht des *Lasers* wird im *Interferometer* (→ 7.3.9) in zwei unterschiedliche Lichtwege aufgeteilt, in Richtung zum fallenden *Winkelprisma* und zum *Referenzspiegel*. Letzterer hängt in Ruhelage an dem *langperiodischen Federsystem* und gleicht einem Seismometer. Die beiden reflektierten Lichtstrahlen werden dann im *Interferometer* zur Überlagerung gebracht und die entstandenen Lichtstreifen vom *Fotodetektor* erfasst und gezählt.

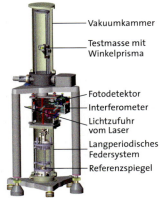

Die Zeiten zu den im *Interferometer* gemessenen Wegen von einigen Hundert Einzelmessungen während eines Falls werden mit einem frequenzstabilen Rubidiumoszillator gemessen. Aus der errechneten Fallparabel lässt sich der Betrag der Schwerebeschleunigung ermitteln. Durch wiederholte Messungen wird eine Genauigkeit von 10^{-8} m/s² für die Bestimmung der Schwerebeschleunigung erzielt.

Die Gravitationskraft

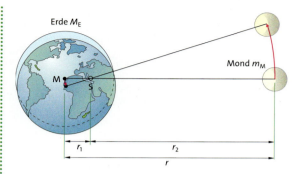

90.1 Erde und Mond drehen sich um den gemeinsamen Schwerpunkt S im Erdinnern. Nach dem Schwerpunktsatz $M_E r_1 = m_M r_2$ mit $r_1 + r_2 = r$ gilt für den Schwerpunktabstand SM die Beziehung $r_1 = m_M r / (m_M + M_E)$.

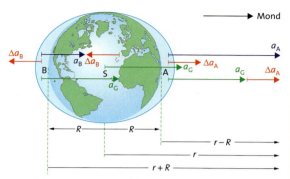

90.2 Die Gravitationsbeschleunigung des Mondes auf den festen Erdkörper ist überall gleich. Sie ist auf das Wasser an der mondzugewandten Seite größer und an der mondabgewandten Seite geringer als auf den festen Erdkörper.

Die Gezeiten

Die Gravitationskräfte sind Ursache für Ebbe und Flut. Denn das Wasser der Weltmeere, das durch die Gravitationskräfte von Mond und Sonne angezogen wird, kann sich weitgehend frei verschieben. Die Gezeitenwirkung des Mondes ist dabei wegen seiner größeren Nähe über zweimal so groß wie die der Sonne. Ein besonders großer Tidenhub (Unterschied zwischen Hoch- und Niedrigwasser) entsteht, wenn Erde, Mond und Sonne ungefähr auf einer Linie liegen, was bei Neumond und Vollmond der Fall ist (*Springflut*). Wenn der Mond im ersten oder letzten Viertel steht, die Verbindungslinie Sonne – Erde also senkrecht zur Verbindungslinie Mond – Erde verläuft, ist der Tidenhub am geringsten (*Nippflut*).

Zur Erklärung der Gezeitenwirkung des Mondes werden für verschiedene Punkte auf der Erde die Gravitationsbeschleunigungen durch den Mond auf die feste Erde und auf die Weltmeere betrachtet. Wird die feste Erde als starrer Körper angesehen, so sind die Gravitationskraft und damit auch die Gravitationsbeschleunigung a_G, die die Erde durch den Mond erfährt, durch die Entfernung r des Schwerpunktes S der Erde vom Mondschwerpunkt (**Abb. 90.1**) bestimmt, nämlich Letztere $a_G = \gamma m_M / r^2$. Und da die Erde als starrer Körper angesehen werden soll, ist die Gravitationsbeschleunigung a_G für alle Punkte des Erdkörpers gleich.

Anders sieht es für das nicht fest mit der Erde verbundene Wasser der Ozeane aus. Im Punkt A der Erde auf der mondzugewandten Seite ist die Gravitationsbeschleunigung $a_A = \gamma m_M / (r - R)^2$ durch den Mond auf das Wasser entsprechend der geringeren Entfernung $r - R$ größer als die Gravitationsbeschleunigung $a_G = \gamma m_M / r^2$ auf die feste Erde. Dagegen ist die Gravitationsbeschleunigung $a_B = \gamma m_M / (r + R)^2$ auf die Wassermassen im Punkt B auf der mondabgewandten Seite entsprechend der größeren Entfernung $r + R$ vom Mond kleiner als die auf die feste Erde (**Abb. 90.2**).

Entscheidend ist nun die Differenz zwischen der Gravitationsbeschleunigung auf das Wasser und der Gravitationsbeschleunigung auf den starren Erdkörper in diesen Punkten. Auf der mondzugewandten Seite in A wird daher das Wasser relativ zur festen Erde mit der Differenz $a_A - a_G$ zum Mond hin und auf der mondabgewandten Seite in B mit der Differenz $a_B - a_G$ vom Mond weg beschleunigt, sodass sich auf diesen beiden Seiten der Erde ein Wasserwulst bildet.

Die Differenz zwischen beiden Beschleunigungen ergibt für den Punkt A eine Gezeitenbeschleunigung Δa_A relativ zur Erde, die zum Mond hin gerichtet ist:

$$\Delta a_A = a_A - a_G = \gamma \frac{m_M}{(r-R)^2} - \gamma \frac{m_M}{r^2} = \gamma m_M \frac{2rR - R^2}{r^2(r-R)^2}$$

Für den mondabgewandten Punkt B ist die Gezeitenbeschleunigung als Differenz wieder eine Beschleunigung relativ zur Erde, die vom Mond weggerichtet ist:

$$\Delta a_B = a_B - a_G = \gamma \frac{m_M}{(r+R)^2} - \gamma \frac{m_M}{r^2} = \gamma m_M \frac{-2rR - R^2}{r^2(r-R)^2}$$

Werden in beiden Ausdrücken für Δa_A und Δa_B die Terme R^2 gegenüber $2rR$ im Zähler und R gegenüber r im Nenner vernachlässigt, so ergeben sich betragsmäßig gleich große Gezeitenbeschleunigungen in beiden Punkten A und B.

> Die **Gezeitenbeschleunigungen des Mondes** sind auf der ihm zugewandten und auf der ihm abgewandten Seite der Erde nahezu gleich groß und vom Erdmittelpunkt weggerichtet:
> $$\Delta a_A \approx 2\gamma m_M \frac{R}{r^3}, \quad \Delta a_B \approx -2\gamma m_M \frac{R}{r^3}$$

Der Vergleich mit der Erdbeschleunigung g liefert
$$\frac{\Delta a_A}{g} = \frac{|\Delta a_B|}{g} = \frac{2\gamma m_M R/r^3}{\gamma m_E/R^2} = 2\frac{m_M R^3}{m_E r^3} \approx 10^{-7}$$

oder umgestellt $\Delta a_A = |\Delta a_B| \approx 10^{-7} g$, also beträgt die Gezeitenbeschleunigung durch den Mond nur einen äußerst kleinen Bruchteil der Erdbeschleunigung g.

Die Gezeitenbeschleunigungen für andere Punkte, die hier nicht berechnet sind, zeigt **Abb. 91.1**. Wirksam für die Verschiebung der Wassermassen sind die *Horizontalkomponenten der Gezeitenbeschleunigungen*. Die räumliche Verteilung der Wassermassen entsteht aus **Abb. 91.1** durch Rotation um die Achse Erde – Mond. Es bilden sich auf der vom Mond abgewandten und der dem Mond zugewandten Seite der Erde *zwei gleich hohe* Flutberge, während auf einer Kugelzone zwischen diesen Bereichen Niedrigwasser herrscht. Die beiden Flutberge und die Ebbezone wandern mit dem Mond um die Erde herum, wobei sich die Erde täglich um ihre Achse unter den Flutbergen und der Ebbezone hindurchbe-

Die Gravitationskraft

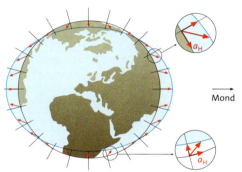

91.1 Gezeitenbeschleunigungen. Die Horizontalkomponenten a_H der Beschleunigungen, die parallel zur Erdoberfläche wirken, sind zusammen mit der Erddrehung für Ebbe und Flut verantwortlich.

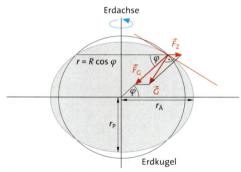

91.2 Die Erde als Rotationsellipsoid. Die Gravitationskraft $\vec{F}_G$ und die Zentrifugalkraft $\vec{F}_Z$ setzen sich zur Gewichtskraft $\vec{G}$ zusammen, zu der sich die Erdoberfläche senkrecht einstellt.

wegt. Der Mond, dessen Bahnebene von der Äquatorebene der Erde periodisch höchstens um ±6,7° abweicht, läuft in der gleichen Richtung um die Erde, in der die Erde sich um ihre Achse dreht. Daher ist der „Mondtag" im Mittel um 50 Minuten länger als der „Sonnentag". Folglich tritt im Mittel alle 12 Stunden und 25 Minuten Hochwasser oder Niedrigwasser ein.

Obige Betrachtungen gehen von dem Modell eines starren Erdkörpers und einer gleichmäßig mit Wasser bedeckten Erdoberfläche aus. In der Wirklichkeit spielt für Ebbe und Flut die geografische Verteilung der Landmassen eine ebenso große, sehr komplizierte Rolle, durch die erst die unterschiedlichen Tidenhube auf der Erde erklärt werden können.

Ebbe und Flut bremsen durch Reibung die Erdrotation zwar sehr gering, aber zurzeit wird jeder Tag um etwa 50 Nanosekunden kürzer.

Auf den festen Erdkörper rufen die Vertikalkomponenten der Gezeitenkräfte eine leichte Deformation des Erdkörpers hervor; sie heben die Erdoberfläche im Rhythmus von Ebbe und Flut bis zu 26 cm bzw. senken sie bis zu 13 cm.

Die Form der Erde und die Erdbeschleunigung

Die oben mit der Gravitationskraft in Verbindung gebrachte **Erdbeschleunigung** kommt durch die zum Schwerpunkt der Erde weisende Gravitationskraft und die senkrecht auf die Erdachse gerichtete Zentrifugalkraft $F_Z = m\omega^2 R \cos\varphi$ (φ geografische Breite) zustande (**Abb. 91.2**). Die Zentrifugalbeschleunigung (die sich drehende Erde als beschleunigtes Bezugssystem) ist am Äquator um den Faktor 1:289 kleiner als die Gravitationsbeschleunigung. Beide zusammen ergeben die Erdbeschleunigung g, die sich nach Größe und Richtung mit der geografischen Breite ändert. Senkrecht zu ihr stellt sich die Erdoberfläche ein. Die Erde ist daher in erster Näherung keine Kugel, sondern ein **Rotationsellipsoid** mit der Abplattung 1:298,257, dem Verhältnis aus (Polradius r_P minus Äquatorradius $r_\text{Ä}$) zu Äquatorradius $r_\text{Ä}$. Heute tragen die mit Zentimetergenauigkeit möglichen Laser-Entfernungsmessungen durch geodätische Satelliten (z. B. LAGEOS) und die radioastronomischen Messungen der VLBI (Very Long Baseline Interferometrie, → 7.3.7) zur genauen Kenntnis der Erdform, dem sogenannten Satelliten-**Geoid**, bei (→ S. 89).

Aufgaben

1. Berechnen Sie die Masse der Erde jeweils über den mittleren Abstand des Satelliten vom Erdmittelpunkt.

Satellit	Abstand zur Erdoberfläche im Perigäum	Apogäum	Umlaufzeit
Nimbus	1095 km	1100 km	107,3 min
Skynet 2	270 km	36 041 km	636,5 min
Nato 1	34 429 km	5786 km	1401,6 min

(Apogäum und Perigäum entsprechend → **Abb. 100.2**)

2. Berechnen Sie aus den Daten der vier von GALILEI entdeckten Jupitermonde die Masse des Jupiters.

Name	mittlerer Abstand	siderische Umlaufzeit
Io	412 000 km	1,769 d
Europa	670 900 km	3,551 d
Ganymed	1 070 000 km	7,155 d
Callisto	1 880 000 km	16,689 d

*3. Diskutieren Sie, wie groß die siderische Umlaufzeit des Mondes wäre,
    a) wenn der Mond die doppelte Masse besäße und sich auf der gleichen Umlaufbahn bewegte;
    b) wenn sich seine Bahngeschwindigkeit verdoppelte.

4. Berechnen Sie die Lage des gemeinsamen Schwerpunktes von Erde und Mond.

5. Bestimmen Sie die Gravitationskraft des Mondes und die Zentrifugalkraft infolge der Drehung um den gemeinsamen Schwerpunkt von Erde und Mond (Aufgabe 4), die auf eine Wassermenge der Masse $m = 1$ kg auf der mondzugewandten und auf der mondabgewandten Seite der Erdoberfläche wirken. Geben Sie die resultierende Kraft in beiden Fällen an.

6. a) Geben Sie die Gezeitenbeschleunigungen durch die Sonne formelmäßig an und berechnen Sie sie.
    b) Vergleichen Sie sie mit der des Mondes.

2.2 Das Gravitationsfeld

Wie Körper, die zusammenstoßen oder materiell verbunden sind, Kräfte aufeinander ausüben, ist vorstellbar. Schwieriger zu verstehen ist es dagegen, dass z.B. die Sonne durch den nahezu materiefreien Raum hindurch auf die Erde wirkt. Dazu wird im Folgenden der für die Physik außerordentlich wichtige Begriff des *Feldes* am Beispiel der Gravitation eingeführt.

2.2.1 Feldbegriff und Feldstärke

Das Fallen eines Steines auf der Erde, die Bahn eines Planeten um die Sonne, die Bewegungen eines Sterns innerhalb der Galaxien im Weltraum, alles lässt sich dadurch erklären, dass in der Umgebung der Erde, in der Umgebung der Sonne und in der Umgebung der Galaxien im Weltraum das **Gravitationsfeld** der Erde, der Sonne und der Galaxien Kräfte auf den Stein, auf den Planeten und auf den Stern ausübt.

> Jeder Körper erzeugt allein aufgrund seiner Masse in seiner Umgebung ein **Gravitationsfeld.** Das Feld ist Träger der Kraft, die in einem Raumpunkt auf einen dort befindlichen Körper wirkt.

Gravitationsfelder werden prinzipiell nachgewiesen, indem ein Körper bekannter Masse m, ein sogenannter Probekörper, an einen bestimmten Ort des Feldes gebracht und die Kraft F auf diesen Körper gemessen wird. Wird diese Messung für Probekörper unterschiedlicher Masse m wiederholt, stellt sich heraus, dass der Quotient F/m an dem betrachteten Ort des Gravitationsfeldes konstant ist. Damit ist für diesen Ort eine für das Gravitationsfeld charakteristische Größe gefunden.

> Die **Gravitationsfeldstärke** $\vec{G}^{\star}$ (so bezeichnet im Unterschied zur Gewichtskraft G) an einer bestimmten Stelle eines Gravitationsfeldes ist betragsmäßig der Quotient aus der Gravitationskraft F, die ein Körper aufgrund seiner Masse m an dieser Stelle erfährt, und dieser Masse m: $G^{\star} = F/m$.

Die Gravitationsfeldstärke $\vec{G}^{\star} = \vec{F}/m$ ist ein Vektor in der Richtung der dort wirkenden Gravitationskraft $\vec{F}$ mit der Einheit $[G^{\star}] = 1 \text{ m/s}^2$. Dabei gilt:

- Die Gravitationsfeldstärke beschreibt das Feld als Eigenschaft des Raumes unabhängig von einem ins Feld gebrachten Körper.
- Mithilfe der Gravitationsfeldstärke $\vec{G}^{\star}$ kann für jeden Punkt des Feldes die Kraft $\vec{F}$ auf einen Körper der Masse m angegeben werden: $\vec{F} = \vec{G}^{\star} m$.

Allgemein wird auf diese Weise jedem Punkt eines Gravitationsfeldes ein Vektor der Gravitationsfeldstärke $\vec{G}^{\star}$ zugeordnet: Das Gravitationsfeld ist folglich ein Vektorfeld. Die Gravitationsfelder mehrerer Körper überlagern sich daher vektoriell.

Die Gravitationsfeldstärke der Erde mit der Masse M in Erdnähe und in ihrer weiteren Umgebung ergibt sich aus dem Gravitationsgesetz zu

$$G^{\star} = F/m = \gamma \frac{mM}{r^2} / m = \gamma \frac{M}{r^2}.$$

Dies gilt für jeden Himmelskörper wie für die Sonne oder für die Sterne ebenso wie für die Galaxien, soweit ihr Feld nicht durch das Feld anderer felderzeugender Körper gestört ist.

> Ein Körper der felderzeugenden Masse M bildet um sich ein radiales Gravitationsfeld, dessen Gravitationsfeldstärke mit dem Quadrat der Entfernung vom Schwerpunkt der felderzeugenden Masse abnimmt: $G^{\star} = \gamma M/r^2$, vektoriell $\vec{G}^{\star} = -(\gamma M/r^2)\,\vec{r}^{\,0}$

Dabei ist $\vec{r}^{\,0} = \vec{r}/|\vec{r}|$ der Einheitsvektor (Vektor der Länge 1), der vom Schwerpunkt des felderzeugenden Körpers in den Raum weist, $\vec{G}^{\star}$ dagegen zeigt auf den Schwerpunkt zu (daher das Minuszeichen).

Die Gravitationsfeldstärke auf der Erdoberfläche ist annähernd gleich der Fall- oder Erdbeschleunigung g ($\rightarrow$ 1.1.5). Denn für jeden Körper ist der Quotient aus der auf ihn wirkenden Gewichtskraft G, die im Wesentlichen durch die Gravitation der Erde zustande kommt, und der Masse m gleich der dortigen Fallbeschleunigung g, und zwar im Mittel $g = G/m = 9{,}81 \text{ m/s}^2$.

> Im **Gravitationsfeld auf der Erdoberfläche** ist die Fall- oder Erdbeschleunigung g (*annähernd*) gleich der Gravitationsfeldstärke $G^{\star}$: $G^{\star} \approx g$.

Dies gilt bis auf eine geringfügige Korrektur durch die Zentrifugalkraft infolge der täglichen Rotation der Erde: Die Erdbeschleunigung ergibt sich vektoriell als Differenz aus der Gravitationsfeldstärke und der Zentrifugalbeschleunigung ($\rightarrow$ **Abb. 91.2**). Am Äquator beträgt der Unterschied zwischen Gravitationsfeldstärke und Erdbeschleunigung $0{,}034 \text{ m s}^{-2}$ oder $0{,}3\,\%$; an den Polen sind beide gleich groß.

Das **Feldlinienbild** ist eine anschauliche Darstellung des Feldes. In jedem Punkt des Feldes ist die Richtung der Kraft des Feldes auf einen Körper und damit die *Richtung der Feldstärke* durch die Richtung der Tangente an die Feldlinie, die durch diesen Punkt verläuft, gegeben.

Das Gravitationsfeld

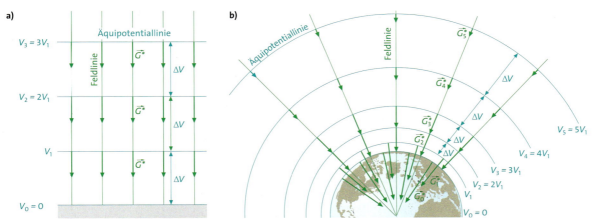

93.1 Feldlinien (dünne grüne Striche) und Feldstärkevektoren (dicke grüne Pfeile) kennzeichnen die Kräfte nach Richtung und Stärke. Linien gleichen Potentials, die Äquipotentiallinien (→ 2.2.2) (türkisfarbene Linien), zeigen die Energieverhältnisse im Gravitationsfeld: **a)** homogenes Feld; **b)** Radialfeld.

Der *Betrag der Feldstärke* in der Umgebung eines Punktes wird jeweils durch die Anzahl der gezeichneten Feldlinien, die senkrecht durch eine Einheitsfläche hindurchtreten, also durch die *Feldliniendichte* veranschaulicht. Je größer die Feldstärke dort ist, desto dichter (enger aneinander) sind die Feldlinien gezeichnet.

Feldlinienbilder stellen eine Veranschaulichung des Feldes dar. Feldlinien sind gedankliche, keine realen physikalischen Gebilde.

In einem genügend kleinen Bereich eines Gravitationsfeldes hat die Feldstärke näherungsweise jeweils gleichen Betrag und gleiche Richtung: Die Feldlinien verlaufen dort daher parallel und in gleichen Abständen. Es liegt ein *homogenes Feld* vor (**Abb. 93.1 a**).
Im *Radialfeld* der Erde oder jedes anderen kugelförmigen Körpers sind die Feldstärkevektoren überall auf den Massenmittelpunkt des Körpers gerichtet, die Feldlinien laufen *radial* auf ihn zu (**Abb. 93.1 b**).
Das Radialfeld der Erde kann im Kleinen näherungsweise als homogen angesehen werden.

Mithilfe des Feldbegriffs lautet das Gravitationsgesetz:

Die Kraft $\vec{F}$, die der Körper K_2 (m_2) im Abstand r im Gravitationsfeld des Körpers K_1 (m_1) erfährt, ist
$$\vec{F} = m_2 \vec{G}^* \quad \text{mit} \quad \vec{G}^* = -\gamma \frac{m_1}{r^2} \vec{r}^{\,0}.$$

In dieser Formulierung kommt zum Ausdruck, dass die Kraft durch das Feld vermittelt wird: Der Körper K_1 erzeugt ein Feld, gekennzeichnet durch die Gravitationsfeldstärke $\vec{G}^*$, die in jedem Punkt angegeben werden kann, und dieses Feld wirkt auf den Körper K_2.

Fernwirkung und Nahwirkung

NEWTON hatte ursprünglich angenommen, dass die Gravitationskräfte den Raum zwischen den Körpern überspringen (Fernwirkung). Er hat aber schon die logische Schwierigkeit erkannt, dass sie sich dann unendlich schnell ausbreiten müssten, und die Existenz von Fernkräften abgelehnt: „Hypotheses non fingo." Erst mit FARADAY setzte sich die Vorstellung der Nahwirkung durch: Das Feld vermittelt die Kräfte. Heute nehmen wir an: Die Gravitation wird durch die Krümmung der Raum-Zeit (→ S. 371) in Form von Wellen von Ort zu Ort mit Lichtgeschwindigkeit weitergegeben. Wie bereits EINSTEIN erkannte, sind deren Wirkungen außerordentlich schwach. Unter extremen Bedingungen, wie z. B. bei zwei sich umkreisenden Neutronensternen, wird so viel Energie in Form von Gravitationswellen abgestrahlt, dass sich die Bahnen beider Sterne messbar ändern. Für diesen indirekten Nachweis der Ausbreitung von Gravitationswellen am Doppelsternsystem PSR 1913+16 erhielten die Amerikaner HULSE und TAYLOR 1993 den Nobelpreis (→ S. 372). Dem direkten Nachweis von Gravitationswellen sollen die inzwischen in Betrieb genommenen Anlagen LIGO (USA), VIRGO (Italien), TAMA (Japan) und GEO600 (Deutschland) dienen.

Aufgaben

1. Berechnen Sie die Gravitationsfeldstärke auf der Oberfläche der Erde am Pol und am Äquator, auf der Mondoberfläche und auf der Oberfläche der Sonne.
*2. Für einen Punkt im Erdinnern zählt für die Gravitationskraft nur die Masse der Kugel, deren Radius seinem Abstand vom Mittelpunkt entspricht. Setzen Sie homogene Massenverteilung voraus und berechnen Sie
   a) die Gravitationsfeldstärke in 1000 km Tiefe,
   b) die Abhängigkeit der Gravitationsfeldstärke im Innern der Erde vom Abstand vom Erdmittelpunkt.
*3. Erde (Masse M) und Mond (m) haben den Schwerpunktsabstand r. Ermitteln Sie den Punkt, an dem die Feldstärke null ist (allgemein und betragsmäßig).

Das Gravitationsfeld

2.2.2 Potentielle Energie im Gravitationsfeld

Welche Energie wird benötigt, um einen Körper, z. B. einen Satelliten, im Gravitationsfeld der Erde zu bewegen, und wie wird sie berechnet?

> **Potentielle Energie im Gravitationsfeld:**
> Wird ein Körper der Masse m gegen die Gravitationskraft F des Feldes vom Punkt $P_1(r_1)$ zum Punkt $P_2(r_2)$, $r_1 < r_2$, bewegt, muss Energie aufgewendet werden. Diese Energie ist dann im Feld gespeichert. Der Körper erhält diese Energie aus dem Feld zurück, wenn er sich vom Punkt P_2 zum Ausgangspunkt P_1 zurückbewegt.
> Die Energie, die ein Körper aus der Energie eines Feldes erhalten kann, wenn er sich von P_2 nach P_1 bewegt, wird als **potentielle Energie E_{pot} des Körpers in P_2 bezüglich P_1** bezeichnet.

Im *homogenen Gravitationsfeld* der Erde mit der Gravitationsfeldstärke $G^* = g$ gilt für die Energie, um einen Körper der Masse m vom Ausgangspunkt $P(h_1)$ zum Endpunkt $P(h_2)$ zu bringen (→ S. 1.3.2):

> Ein Körper der Masse m im Punkt $P_2(h_2)$ hat im homogenen Gravitationsfeld der Erde gegenüber dem Punkt $P_1(h_1)$ die **potentielle Energie**
> $$E_{pot} = m\, G^* (h_2 - h_1) = m\, g\, (h_2 - h_1).$$

Im *inhomogenen Gravitationsfeld* der Erde oder allgemein eines (kugelförmigen) Zentralkörpers ändert sich die Gravitationsfeldstärke längs des gewählten Weges ständig. Daher wird die aufzubringende Energie mithilfe der Integralrechnung (siehe unten) berechnet:

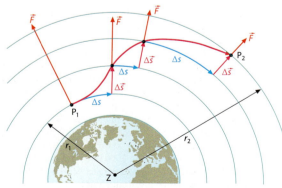

94.1 Der Weg s von $P_1(r_1)$ nach $P_2(r_2)$ wird durch Teilwege Δs parallel (rot) und senkrecht (blau) zu den Feldlinien ersetzt. Für die Bewegung entlang der blau gezeichneten Teilwege ist keine Energie aufzuwenden.

> Die **potentielle Energie** eines Körpers (Masse m) im Gravitationsfeld eines Zentralkörpers (Masse M) beträgt im Punkt $P_2(r_2)$ gegenüber dem Punkt $P_1(r_1)$
> $$E_{pot} = \gamma\, m\, M \left(\frac{1}{r_1} - \frac{1}{r_2} \right).$$

Dabei ist es gleichgültig, auf welchem Wege der Körper von $P_1(r_1)$ nach $P_2(r_2)$ gebracht wird. Denn wird der Weg zwischen $P_1(r_1)$ und $P_2(r_2)$ in Teilwege parallel und senkrecht zu den Feldlinien zerlegt (**Abb. 94.1**), so ist für Bewegung senkrecht zu den Feldlinien keine Energie aufzubringen, weil hier Kraft $\vec{F}$ und Wegstück $\Delta \vec{s}$ senkrecht aufeinander stehen.

Aus der Formel für die potentielle Energie ergibt sich: Wird der Körper, z. B. ein Satellit, vom Zentralkörper wegbewegt ($r_2 > r_1$), wird dem Gravitationsfeld Energie zugeführt. Umgekehrt wird dem Gravitationsfeld Energie entzogen, wenn sich der Satellit der Erde nähert. Denn die potentielle Energie im Punkt $P_2(r_2)$ gegenüber dem Bezugspunkt $P_1(r_1)$ ist positiv, falls r_1 kleiner als r_2 ist; denn dann ist $1/r_1$ größer als $1/r_2$ und folglich die Differenz $(1/r_1 - 1/r_2)$ und damit E_{pot} größer als null. Das Umgekehrte gilt, falls r_1 größer als r_2 ist.

Der Bezugspunkt $P_1(r_1)$ kann beliebig gewählt werden. Häufig wird z. B. im Fall des Erdfeldes die Erdoberfläche gewählt: $r_1 = R$ (R Radius der Erde), oder der Punkt $P_1(r_1)$ wird ins Unendliche gelegt: $r_1 \to \infty$.

> Die **potentielle Energie** eines Körpers der Masse m im radialen Feld eines Körpers der Masse M ist im Punkt $P(r)$ gegenüber einem Punkt im Unendlichen (Verlauf ähnlich wie in **Abb. 95.1b**)
> $$E_{pot}(r) = -\gamma\, \frac{m\, M}{r}.$$

Für die Bewegung eines Satelliten auf eine höhere Bahn gibt die potentielle Energie nur die Energie an, um den Satelliten auf die höhere Bahn zu heben, nicht aber, um ihn auch auf dieser Bahn zu halten (→ 2.3.3).

Berechnung der potentiellen Energie
Die potentielle Energie im inhomogenen Gravitationsfeld wird durch Integration ermittelt. Dabei wird berücksichtigt, dass nur die Teilwege parallel zu den Feldlinien eine Rolle spielen. Damit kann das skalare Produkt $\Delta E = \vec{F} \cdot \Delta \vec{s}$ unter dem Integralzeichen zwischen der äußeren Kraft $\vec{F}$, die die Gravitationskraft $\vec{F}_G$ kompensiert, geschrieben werden als $E = \vec{F} \cdot \Delta \vec{s} = \gamma\, m\, M\, \Delta r / r^2$. Somit lässt sich das Integral von r_1 bis r_2 berechnen, wobei sich mit $\vec{F} = -\vec{F}_G$ mit $\vec{F}_G = (-\gamma\, m\, M / r^2)\, \vec{r}^{\,0}$ und dem Teilweg $\Delta \vec{s} = \Delta r\, \vec{r}^{\,0}$ ergibt (Vorzeichen!):

$$E_{pot} = E_{12} = \int_{r_1}^{r_2} \vec{F} \cdot d\vec{s} = \int_{r_1}^{r_2} \gamma\, m\, M\, \frac{dr}{r^2}$$
$$= \gamma\, m\, M \left[-\frac{1}{r} \right]_{r_1}^{r_2} = \gamma\, m\, M \left(\frac{1}{r_1} - \frac{1}{r_2} \right)$$

Das Gravitationsfeld

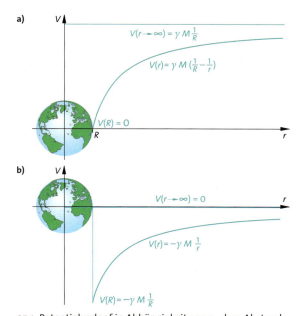

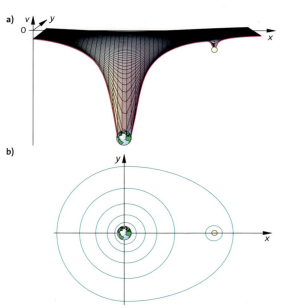

95.1 Potentialverlauf in Abhängigkeit von r_2, dem Abstand vom Schwerpunkt der Erde mit verschiedenen Bezugspunkten:
a) Potential gegenüber einem Punkt auf der Erdoberfläche
b) Potential gegenüber einem Punkt im Unendlichen, der unabhängig von der Kenntnis von R (wie in a) zu wählen ist.

95.2 Das Gravitationsfeld von Erde und Mond; beide Himmelskörper liegen in verschieden tiefen Potentialtrichtern:
a) Räumliches Bild des Potentialtrichters
b) Linien *gleichen* Potentials, sogenannte *Äquipotentiallinien*, des Potentialtrichters, projiziert in die (x, y)-Ebene.

Potential

Die potentielle Energie eines Körpers im Gravitationsfeld eines felderzeugenden Zentralkörpers ist von der Masse m des betrachteten Körpers abhängig. Um eine Aussage über die **Energieverhältnisse im Gravitationsfeld** unabhängig von dem speziell betrachteten Körper zu machen, wird das **Potential** als Eigenschaft des Feldes eingeführt (**Abb. 95.1**).

> Das **Potential** V_{12} eines Punktes $P_2(r_2)$ im Gravitationsfeld eines Zentralkörpers gegenüber dem Punkt $P_1(r_1)$ ist der Quotient aus der potentiellen Energie, die ein Körper im Gravitationsfeld im Punkt $P_2(r_2)$ gegenüber dem Punkt $P_1(r_1)$ besitzt, und der Masse m des Körpers:
>
> $V_{12} = \Delta E/m = E_{12}/m$ mit der Einheit $[V_{12}] = 1$ J/kg

Beim Vergleich der Potentiale zweier Punkte ist häufig nicht der Bezugspunkt wichtig, auf den sich beide Potentiale beziehen, sondern nur die **Potentialdifferenz** beider Punkte, für die die gleiche Formel gilt. Je nach dem Bezugspunkt sind zwei Darstellungen für das Potential im radialen Gravitationsfeld als Funktion des Abstands $r = r_2$ üblich, die anschaulich die Energieverhältnisse unabhängig vom speziell bewegten Körper wiedergeben.

a) Der Bezugspunkt liegt auf der Kugeloberfläche ($r_1 = R$):

$V(r) = \gamma M \left(\dfrac{1}{R} - \dfrac{1}{r}\right)$ (**Abb. 95.1a**)

b) Der Bezugspunkt liegt im Unendlichen ($R \to \infty$):

$V(r) = -\gamma M \dfrac{1}{r}$ (**Abb. 95.1b**)

Den „Potentialtrichter" von Erde und Mond zeigt **Abb. 95.2**.

Aufgaben

1. Ein Satellit ($m = 1,5$ t) wird von der Erdoberfläche aus auf die Höhe 25 000 km gebracht. Berechnen Sie die erforderliche Energie
   a) mit der Näherung, dass die Gravitationsfeldstärke konstant (wie auf der Erdoberfläche) ist;
   b) im radialen Gravitationsfeld der Erde.

2. Berechnen Sie die potentielle Energie der Sonnensonde Helios ($m = 370,5$ kg) bezüglich der Sonnenoberfläche für den sonnenfernsten Punkt der Bahn (Entfernung zum Sonnenmittelpunkt 147,5 Mio. km) und den sonnennächsten Punkt (Entfernung 46,5 Mio. km).

*3. Berechnen Sie für die Daten der Aufgabe 2 das Potential im Aphel und Perihel (→ **Abb. 100.2**) der Sonnensonde Helios bezüglich der Sonnenoberfläche.

4. **a)** Berechnen Sie für das Gravitationsfeld der Erde (Masse M) das Potential (Bezugspunkt im Unendlichen) auf der Erdoberfläche und im Abstand zu ihr vom ein-, zwei- und dreifachen Erdradius allgemein (Abstand r vom Erdmittelpunkt) und in Zahlenwerten.
   b) Berechnen Sie die Potentialdifferenzen für die genannten Abstände allgemein und in Zahlenwerten.

*5. Stellen Sie für das Gravitationsfeld der Erde (Masse M) die Gleichung für das Potential bezüglich der Erdoberfläche als Funktion des Abstands r vom Erdmittelpunkt auf
   a) für den Bereich des Erdinnern (→ Aufgabe 2, S. 93);
   b) für den Bereich außerhalb der Erde.
   c) Zeichnen Sie den Verlauf der Funktion in ihrer allgemeinen Form für den Bereich von $r = 0$ bis $r = 3R$.

Bewegungen im Gravitationsfeld

2.3 Bewegungen im Gravitationsfeld

Die Bahnen von Raketen und Satelliten, von Planeten und ihren Trabanten können berechnet werden, wenn das Gravitationsfeld im betrachteten Teil des Weltraums bekannt ist. Dabei ist es im Allgemeinen nicht nur das Gravitationsfeld *eines* Himmelskörpers allein, z. B. das der Erde oder der Sonne, in dem sich der Körper bewegt. Vielmehr sind in den meisten Fällen die Gravitationsfelder mehrerer Himmelskörper zu berücksichtigen. Die Bahnen werden dann mit komplizierten mathematischen Methoden, sogenannten *Störungsrechnungen,* ermittelt.

Im Folgenden werden daher stark vereinfachte Verhältnisse zugrunde gelegt. Im „Ein-Körper-Problem" wird nur das Gravitationsfeld eines einzigen Zentralkörpers als ortsgebunden und ortsfest vorgegeben.

Diese Näherung liefert in vielen Fällen schon wertvolle Erkenntnisse: Welche Bahnformen sind möglich? Welchen Gesetzen folgen die Bewegungen in einem solchen unveränderlichen Gravitationsfeld eines Zentralkörpers, z. B. der Sonne oder der Erde?

2.3.1 Zentralkraft; Kepler'sche Gesetze

Die Gravitationskraft der Sonne, der die Planeten und Kometen bei ihrer Bewegung unterliegen, ist ständig zum Sonnenschwerpunkt hin gerichtet. Ebenso zieht die Gravitationskraft der Erde den Mond und die (künstlichen) Satelliten auf ihren Bahnen um die Erde immer zum Erdschwerpunkt hin.

> Eine Kraft, die auf ein Zentrum (Zentralkörper) gerichtet ist, heißt **Zentralkraft.** Die Gravitationskraft $F = \gamma\, m\, M/r^2$ ist eine Zentralkraft.

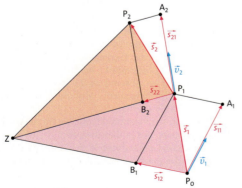

96.1 Zum Flächensatz. Der Körper bewegt sich von P_0 über P_1 nach P_2. Dabei überstreicht der Radiusvektor $\overrightarrow{ZP}$ bei der Bewegung von P_0 nach P_1 und von P_1 nach P_2 in gleichen Zeiten gleich große Flächen.

Newtons große Leistung war es, mithilfe des Gravitationsgesetzes und der Newton'schen Axiome die Kepler'schen Gesetze (→ 2.1.1) bewiesen zu haben. Seine Beweise sollen vereinfacht für das zweite und dritte Kepler'sche Gesetz nachvollzogen werden.

Aus der Existenz einer Zentralkraft folgerte Newton das **zweite Kepler'sche Gesetz,** den sogenannten **Flächensatz,** mit folgender Überlegung (**Abb. 96.1**):

Der Körper besitze in P_0 die Geschwindigkeit v_1. Dann müsste er nach dem Trägheitssatz, wenn keine Kraft auf ihn einwirkte, in der Zeit Δt die Strecke $s_{11} = v_1 \Delta t$ zurücklegen und damit A_1 erreichen. In P_0 wirkt aber auf ihn die Zentralkraft in Richtung Z, sodass er gleichzeitig auf Z zu beschleunigt wird und dabei um die Strecke $s_{12} = \frac{1}{2}a_1 (\Delta t)^2 = P_0B_1$ „fällt". Er gelangt folglich von P_0 nach P_1. Hier wiederholt sich der Vorgang: Würde er nicht beschleunigt, müsste er in der Zeit Δt in Richtung P_0P_1 nach A_2 gelangen. Nach dem Trägheitssatz müssten die beiden Strecken $s_1 = P_0P_1$ und $s_{21} = P_1A_2$ gleich sein. Der Körper wird aber wiederum in Richtung Z beschleunigt. Er „fällt", diesmal um die Strecke $s_{22} = \frac{1}{2}a_2 (\Delta t)^2 = P_1B_2$, und gelangt so nach P_2.

Die beiden Dreiecke ZP_0P_1 und ZP_1P_2, die *in der gleichen Zeit* Δt von dem Fahrstrahl ZP_0 zu ZP_1 und ZP_1 zu ZP_2 überstrichen werden, sind *flächeninhaltsgleich.* Denn ZP_1 ist ihre gemeinsame Grundlinie. Ihre Eckpunkte P_0 und P_2 sind gleich weit von der Grundlinie entfernt, weil $P_0P_1 = P_1A_2$ (s.o.) und $P_1A_2 = B_2P_2$. Denn $P_1A_2P_2B_2$ ist ein Parallelogramm, und P_0, P_1 und A_2 liegen auf einer Geraden. Da außerdem mit s_{21} auch s_2 in derselben Ebene liegt wie das Dreieck ZP_0P_1, bewegt sich der Körper in einer raumfesten Ebene durch Z.

> **Flächensatz:** Bewegt sich ein Körper unter dem Einfluss einer Zentralkraft, so überstreicht der vom Zentralkörper ausgehende Radiusvektor in gleichen Zeiten gleich große Flächen. Die Bahn des Körpers liegt in einer raumfesten Ebene, die das Zentrum enthält.

Dieser Flächensatz macht eine Aussage über die Bahngeschwindigkeit und über die Lage der Bahn im Raum. Wie in **Abb. 97.1** für eine elliptische Bahn veranschaulicht, ist die Geschwindigkeit in der Nähe des Zentralkörpers größer als in der Ferne. In welcher Weise die Zentralkraft vom Abstand des bewegten Körpers abhängt, bleibt offen.

Eine mathematisch anspruchsvollere Herleitung des Flächensatzes zeigt **Abb. 97.2**.

Bewegungen im Gravitationsfeld

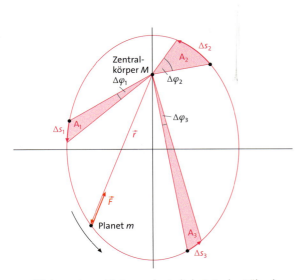

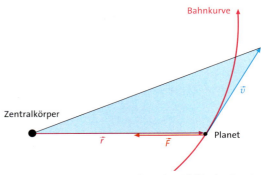

97.1 Flächensatz und Bahngeschwindigkeit. In der Nähe des Zentralkörpers durchläuft der Planet in gleicher Zeit eine größere Wegstrecke als fern von ihm: $\Delta s_2 > \Delta s_1 > \Delta s_3$. Denn der Radiusvektor $\vec{r}$ überstreicht in gleichen Zeiten gleich große Flächen: $A_1 = A_2 = A_3$.

97.2 Der Flächensatz lässt sich auch mithilfe der Gesetze der Drehbewegung beweisen. Das Drehmoment $\vec{M} = \vec{r} \times \vec{F}$ ist für die Zentralbewegung null, weil die Zentralkraft $\vec{F}$ und der Radiusvektor $\vec{r}$ stets antiparallel gerichtet sind. (Das Vektorprodukt aus parallelen Vektoren ist null.) Folglich ist die Ableitung des Drehimpulsvektors, für die gilt $\dot{\vec{L}} = \vec{M}$, auch null, der Drehimpulsvektor $\vec{L}$ selbst also konstant. Da der Drehimpuls definiert ist als $\vec{L} = m\vec{r} \times \vec{v}$, folgt, dass der Flächenvektor $\vec{A} = \frac{1}{2}\vec{r} \times \vec{v}$, der durch die blaue durch $\vec{r}$ und $\vec{v}$ aufgespannte Fläche repräsentiert wird, nach Betrag und Richtung konstant ist: Die Bahn liegt in einer raumfesten Ebene und die blaue Fläche hat stets den gleichen Flächeninhalt (→ 1.4.2).

Das **dritte Kepler'sche Gesetz** lässt sich für den Sonderfall, dass die Bahn ein Kreis ist, in einfacher Weise aus dem Gravitationsgesetz herleiten. Die Gravitationskraft stellt die Zentripetalkraft dar, die für eine Kreisbewegung erforderlich ist:

$$m\frac{v^2}{r} = \gamma \frac{mM}{r^2}$$

Wird die Bahngeschwindigkeit $v = 2\pi r/T$ eingesetzt, ergibt sich nach einer Umformung *das dritte Kepler'sche Gesetz* (→ 2.1.1):

$$\frac{r^3}{T^2} = \frac{\gamma M}{4\pi^2} = C$$

Die Konstante $C = \gamma M/4\pi^2$ hängt nur von der Masse M des Zentralkörpers (und der Gravitationskonstanten) ab. Sie ist für alle Körper, die sich um denselben Zentralkörper mit der Masse M bewegen, gleich groß.

In vielen Fällen darf zur Herleitung des dritten Kepler'schen Gesetzes die Masse m des Satelliten gegenüber der Masse M des Zentralkörpers nicht vernachlässigt werden. Dann liegt ein sogenanntes „Zwei-Körper-Problem" vor.
Betrachtet werden zwei Körper, die sich um ihren gemeinsamen Schwerpunkt bewegen (Bezeichnungen für die Abstände → **Abb. 90.1**). Der Ansatz Zentripetalkraft gleich Gravitationskraft lautet dann:

$$m\omega^2 r_2 = \gamma \frac{mM}{r^2}$$

Denn der Satellit dreht sich um den gemeinsamen Schwerpunkt, Abstand r_2, während die Gravitationskraft von Schwerpunkt zu Schwerpunkt im Abstand r wirkt. Aus $r_1 + r_2 = r$ und $r_1 M = r_2 m$ wird r_1 eliminiert, die Beziehung nach r_2 aufgelöst und r_2 sowie $\omega = 2\pi/T$ in die obige Gleichung eingesetzt. Es ergibt sich:

$$\frac{T^2}{r^3} = \frac{4\pi^2}{\gamma(M+m)} \quad \text{oder} \quad \frac{r^3}{T^2} = \frac{\gamma(M+m)}{4\pi^2}$$

Die Konstante aus dem dritten Kepler'schen Gesetz heißt nun $C = \gamma(M+m)/4\pi^2$.

Wird diese Form des 3. Kepler'schen Gesetzes nacheinander auf die Bewegung zweier Planeten angewendet, die die Sonne umkreisen, und wird der Term für $\gamma/4\pi^2$ aus der einen durch den aus der anderen Gleichung ersetzt, so lautet die Kombination beider (für r Halbachse a eingesetzt):

$$\frac{a_1^3}{a_2^3} = \frac{T_1^2(M+m_1)}{T_2^2(M+m_2)}$$

Dieser Ausdruck wird herangezogen, wenn z. B. die Umlaufzeiten und die großen Halbachsen zweier Planeten sowie die Masse des einen Planeten bekannt sind. Dann kann mit der Sonnenmasse M die Masse des anderen Planeten bestimmt werden.

Auch das **erste Kepler'sche Gesetz** bewies NEWTON. Der Beweis erfordert allerdings einen größeren rechnerischen Aufwand, weshalb hier auf ihn verzichtet wird.

Bewegungen im Gravitationsfeld

Iterative Berechnung einer Satellitenbahn

Die Gravitationskraft $F = \gamma m M/r^2$ ist eine Zentralkraft, für die gilt
$\frac{F_x}{F} = -\frac{x}{r}$, also $= -\gamma m M \frac{x}{r^3}$ und ebenso $F_y = -\gamma m M \frac{y}{r^3}$

Iterationsvorschrift:

(1) $a_x(t) = -\gamma M \frac{x(t)}{r^3(t)}$, $a_y(t) = -\gamma M \frac{y(t)}{r^3(t)}$ mit $r(t) = \sqrt{x^2(t) + y^2(t)}$

(2) $v_x(t + \Delta t/2) = v_x(t - \Delta t/2) + a_x(t) \Delta t$, $v_y(t + \Delta t/2) = v_y(t - \Delta t/2) + a_y(t) \Delta t$

(3) $x(t + \Delta t) = x(t) + v_x(t + \Delta t/2) \Delta t$, $y(t + \Delta t) = y(t) + v_y(t + \Delta t/2) \Delta t$

Startwerte mit $\gamma M = 1$ und $\Delta t = 0{,}1$:
$x(0) = 0{,}5$; $y(0) = 0$; $v_x(0) = 0$; $v_y(0) = 1{,}630$

Beim 1. Schritt wird als Iterationsvorschrift statt (2) benutzt

(2a) $v_x(\Delta t/2) = v_x(0) + a_x(0) \Delta t/2$, $v_y(\Delta t/2) = v_y(0) + a_y(0) \Delta t/2$

Ergebnisse des 1. Iterationsschrittes:

$r(0) = 0{,}5$; $1/r^3 = 8$; $a_x(0) = -4$; $a_y(0) = 0$ nach (1)
$v_x(0{,}05) = -0{,}2$; $v_y(0{,}05) = 1{,}630$ nach (2a)
$x(0{,}1) = 0{,}48$; $y(0{,}1) = 0{,}163$ nach (3)

Ergebnisse des 2. Iterationsschrittes:

$r(0{,}1) = 0{,}507$; $1/r^3 = 7{,}677$; $a_x(0{,}1) = -3{,}685$; $a_y(0{,}1) = -1{,}251$ nach (1)
$v_x(0{,}15) = -0{,}5685$; $v_y(0{,}15) = 1{,}505$ nach (2)
$x(0{,}2) = 0{,}423$; $y(0{,}2) = 0{,}314$ nach (3)

Komponentenzerlegung der Zentralkraft F

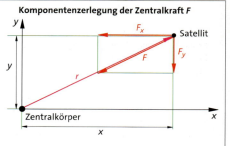

Berechnete Bahnkurve
Die Abstände der Punkte, die für zeitlich gleiche Abstände berechnet sind, demonstrieren den Flächensatz.

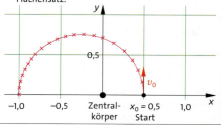

98.1 Berechnung der Ellipsenbahn nach dem Gravitationsgesetz mit dem *Halbschrittverfahren*. Bei diesem wird der nächste Punkt nicht in Tangentenrichtung des Ausgangspunktes angesteuert, sondern dazu wird die Tangente in der Mitte des Intervalls benutzt – also nach einem *halben Schritt,* daher Halbschrittverfahren.

NEWTONS Beweis des ersten Kepler'schen Gesetzes führt zu verschiedenen Bahnformen wie Kreis, Ellipse, Parabel und Hyperbel, die nach den genannten Voraussetzungen möglich sind, und geht damit über die übliche Formulierung des Kepler'schen Gesetzes, in dem nur von Ellipsen als Bahnform die Rede ist, hinaus.

Newton bewies allgemeiner: Bei Zentralkräften, die wie die Gravitationskraft mit dem Quadrat der Entfernung vom Zentrum abnehmen, sind die Bahnen Kegelschnitte, nämlich Parabel, Ellipse oder Hyperbel. (Anmerkung: Die Parabel hat nur einen einzigen Brennpunkt, Ellipse und Hyperbel haben zwei.)

> Die Planeten wie auch die übrigen Körper des Sonnensystems (Asteroiden usw.) bewegen sich auf Kegelschnitten wie Ellipsen, Parabeln oder Hyperbeln, in deren einem Brennpunkt die Sonne steht. Das gilt genauso für Satelliten, die sich im Gravitationsfeld eines einzigen Zentralkörpers bewegen.

Es war eine der großen Leistungen NEWTONS, allein aus dem Gravitationsgesetz und den Gesetzen der Mechanik mithilfe der Infinitesimalrechnung, die er zu diesem Zweck als Erster (neben LEIBNIZ) entwickelte, die drei Kepler'schen Gesetze hergeleitet zu haben. Damit hatte NEWTON die Bewegungsgesetze der Himmelskörper auf die Gesetze zurückgeführt, die auch für die Bewegungen auf der Erde gelten.

Aufgaben

1. Bestimmen Sie die Umlaufzeit des Uranus aus der mittleren Entfernung Erde–Sonne $r_1 = 1{,}496 \cdot 10^{11}$ m und der mittleren Entfernung Uranus–Sonne $r_2 = 2{,}87 \cdot 10^{12}$ m.

2. Der Saturnmond Mimas umkreist seinen Planeten in der Umlaufzeit $T = 0{,}94221$ d mit der großen Halbachse $a = 1{,}856 \cdot 10^5$ km. Berechnen Sie die Masse des Saturn.

3. Die Masse des Jupiter ist aus seiner Umlaufzeit $T = 4332{,}60$ d und der großen Halbachse seiner Bahn $a = 5{,}2028$ AE mithilfe der Daten von Sonne und Erde zu berechnen (Zwei-Körper-Problem, 1 AE = $1{,}496 \cdot 10^{11}$ m).

*4. Die Möglichkeit, Sternmassen direkt zu bestimmen, bieten sogenannte Doppelsterne, die sich um ihren gemeinsamen Schwerpunkt bewegen. Vom Doppelsternsystem Sirius (S) und seinem Begleiter (B) sind die gemeinsame Umlaufzeit $T = 49{,}9$ a und aus Messungen vor den Hintergrundsternen des Doppelsternsystems die beiden großen Halbachsen $a_S = 6{,}8$ AE und $a_B = 13{,}7$ AE bekannt (1 AE → Aufg. 3).
a) Bestimmen Sie zuerst die Massen des Doppelsternsystems und danach über die Halbachsen die Masse des Sirius und seines Begleiters.
b) Geben Sie beide Massen in Sonnenmassen an.

*5. Führen Sie das Iterationsverfahren nach **Abb. 98.1** bis zum 20. Schritt per Hand oder mit einem Computerprogramm weiter aus und zeichnen Sie die Bahnkurve.

*6. Zur Weltzeit 0 h wird in Quito ein Satellit in 400 km Höhe NN mit der (waagerechten) Geschwindigkeit $v_0 = 7{,}671$ km/s geortet, Kurs genau Ost. Berechnen Sie iterativ in Abständen $\Delta t = 1$ min bis 0 h 7 min Weltzeit die Bahnpunkte (Zeichnung). Bestimmen Sie die letzte Höhe über NN.

2.3.2 Raketen in der Weltraumfahrt

Für den Antrieb von Flugkörpern innerhalb des Gravitationsfeldes der Erde (**Abb. 99.1**) und des Sonnensystems kommt nur die Rakete infrage. Nach der Zweiten Raketengleichung (→ 1.2.4) ergibt sich:

> Ist m_0 die Masse der Rakete (oder Raketenstufe), v_0 die Geschwindigkeit der Rakete zur Zeit der Zündung und $m_e = m(t)$ die Masse der Rakete bei Brennschluss, dann erreicht die Rakete die *Brennschlussgeschwindigkeit*
>
> $v_e = v_0 + v_T \ln \frac{m_0}{m_e}$.

Der Geschwindigkeitszuwachs einer Rakete hängt von der *Ausströmgeschwindigkeit* v_T des Treibstoffs und vom Verhältnis Anfangsmasse m_0 zur Endmasse m_e ab. Die Ausströmgeschwindigkeit v_T beträgt bei Feststoffraketen 1700 bis 2500 m/s, bei Flüssigkeitsraketen 2600 bis 3900 m/s und bei *hybriden* (gemischten) Antrieben 2500 bis 4500 m/s. Das Verhältnis $m_0 : m_e$, dessen konstruktiv mögliche Obergrenze bei 15 : 1 liegt, beträgt meistens 3 : 1 bis 4 : 1. Damit lässt sich leicht nachrechnen, dass *einstufige Raketen* die Fluchtgeschwindigkeit zum Verlassen des Gravitationsfeldes der Erde (→ 2.3.3) nicht erreichen können.

Für den Startvorgang von der Erdoberfläche kann häufig die Gravitationsfeldstärke als konstant gleich g angenommen werden. Dann ist von der Geschwindigkeitsänderung die Fallgeschwindigkeit für die Zeit der Beschleunigung abzuziehen:

$\Delta v = v_e - v_0 = v_T \ln \frac{m_0}{m_e} - g\,t$

Eine Rakete(nstufe) besteht aus Treibstoffzellen, Triebwerk und der Nutzlast. Eine einstufige Rakete hat den großen Nachteil, dass sie bei Brennschluss ihres Triebwerkes ein äußerst ungünstiges Verhältnis von Anfangsmasse zu Endmasse hat und fast nur noch nutzlos gewordene Last beschleunigt.

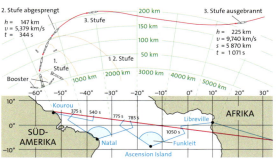

99.1 Flugbahn bei einem Raketenstart vom Europäischen Raumfahrtzentrum (ESA) in Kourou. Das Raketengelände, u. a. Abschussplatz der Ariane 5, liegt durch seine Äquatornähe ideal für den Start in geostationäre Bahnen. Nach Osten abgeschossen können die Satelliten die dortige Rotationsgeschwindigkeit der Erde als Anfangsgeschwindigkeit mitnehmen. Die einzigartige Lage zum Atlantik ermöglicht gefahrlose Starts in einem großen Winkelbereich von Norden nach Osten.

Bei *Mehrstufenraketen*, bei denen sich die Brennschlussgeschwindigkeiten der einzelnen Stufen addieren, während sich die Massenverhältnisse multiplizieren, nimmt mit jeder Stufe jedoch die Masse der jeweiligen Endstufe ab, und damit verringert sich für die letzte Stufe die Masse der Nutzlast, die mitgenommen werden kann.

Um noch sinnvolle Nutzlasten zu transportieren, werden deshalb nicht mehr als drei bis vier Stufen benutzt. Für größere Nutzlasten werden möglichst wenige Stufen gewählt. Damit jedoch können keine großen Endgeschwindigkeiten und daher nur niedrige Erdumlaufbahnen erreicht werden. Für Satelliten, Spaceshuttles und Bauteile von Raumstationen sind diese Höhen jedoch meistens ausreichend. Als zusätzliche Hilfe dienen Hilfsraketen, sogenannte *Booster*, die an die Startstufe der Rakete angebracht werden.

Aufgaben

1. Berechnen Sie die Endgeschwindigkeit einer einstufigen Rakete (Gesamtmasse $m = 280$ t, Treibstoff 230 t, Ausströmgeschwindigkeit 2500 m/s, Brennzeit $t_e = 60$ s).
2. **a)** Berechnen Sie die Geschwindigkeit, die die Rakete nach Aufgabe 1 unter Berücksichtigung der Fallbewegung im Gravitationsfeld der Erde erreicht, wenn g als konstant vorausgesetzt werden kann.
   b) Bestimmen Sie die Höhe, auf die die Rakete steigt.
3. Zeigen Sie für eine zweistufige Rakete, dass sich die Brennschlussgeschwindigkeiten addieren und die Nutzlastverhältnisse multiplizieren. Zur Vereinfachung soll die Austrittsgeschwindigkeit beider Stufen als gleich angenommen werden.
4. Eine dreistufige Version der europäischen Trägerrakete Ariane 4 startet vom europäischen Weltraumflughafen Kourou in Französisch Guayana (**Abb. 99.1**) mit einer Nutzlast von 1,98 t mit Behälter für Nutzlast von 440 kg und für Ausrüstung von 527 kg, Leermasse m_0, Treibstoffmasse m_T, Ausströmgeschwindigkeit v_T der Stufen. Berechnen Sie die Brennschlussgeschwindigkeiten der einzelnen Stufen und die Gesamtendgeschwindigkeit. (Gravitationskräfte sollen nicht berücksichtigt werden.)

Stufe	m_0	m_T	v_T
1	17,7 t	229,0 t	2436 m/s
2	3,7 t	34,9 t	2729 m/s
3	1,25 t	10,5 t	4281 m/s

5. Ermitteln Sie, wie groß das Massenverhältnis einer einstufigen Rakete sein müsste, die das Gravitationsfeld der Erde verlassen soll (→ 2.3.3), wenn die Brenngeschwindigkeit des Treibstoffes **a)** $v_T = 2500$ m/s, **b)** $v_T = 4600$ m/s betrüge. Erörtern Sie das Ergebnis. Vorausgesetzt sei, dass die Rakete ihre Endgeschwindigkeit schon eben über der Erde ($r = R$) erreicht.

Bewegungen im Gravitationsfeld

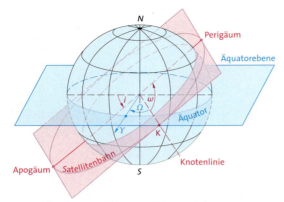

100.1 Bahnelemente eines Satelliten: Ω Rektaszension, ω Winkel zwischen aufsteigendem Knoten und dem erdnächsten Punkt (Perigäum) der Satellitenbahn, i Neigung der Satellitenbahn gegenüber der Äquatorebene, e Exzentrizität. (In der Himmelsmechanik wird die numerische Exzentrizität mit e, nicht mit ε – wie in der Mathematik üblich – bezeichnet.)

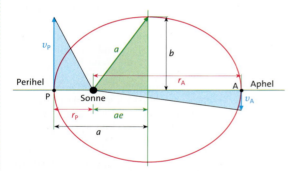

100.2 Geometrie der Bahnellipse des Satelliten. Die kleine Halbachse b berechnet sich aus (grünes Dreieck) aus $b^2 = a^2 - (ae)^2$. Die Exzentrizität e bestimmt die Form der Ellipse: Für $e = 0$ wird die Ellipse zum Kreis, für $e \to 1$ wird die Ellipse länger gestreckt. Die blauen Dreiecke verdeutlichen den Flächensatz.

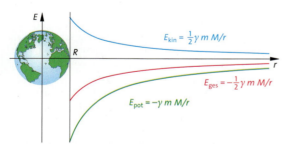

100.3 Verlauf der Gesamtenergie (rot), der kinetischen (blau) und der potentiellen Energie (grün) eines Satelliten auf einer Kreisbahn um die Erde. Die Gesamtenergie ist negativ; der Satellit ist an das Gravitationsfeld der Erde gebunden. Im Unendlichen ist sie null. Die Verhältnisse gelten im zeitlichen Mittel auch für die Ellipse.

2.3.3 Bahnform und Bahnenergie

Bahnelemente eines Satelliten

In der Satellitenbahnmechanik wird die elliptische Bahn des Satelliten durch sechs Bahnelemente beschrieben (**Abb. 100.1**). Der Winkel i, die **Inklination,** legt die Neigung der Bahnebene gegenüber der Äquatorebene der Erde fest. Beide Ebenen schneiden sich in der *Knotenlinie* mit dem *aufsteigenden Knoten* als dem einen Endpunkt, in dessen Richtung der Satellit die Äquatorebene von Süden nach Norden durchstößt. Die *Knotenlinie* zum aufsteigenden Knoten bildet mit der im Sonnensystem raumfesten Linie zum Frühlingspunkt Υ die **Rektaszension** Ω des aufsteigenden Knotens der Satellitenbahn. (Im *Frühlingspunkt* Υ kreuzt die Bahn der Sonne am 21.3. die Äquatorebene.) Damit ist die Bahnebene festgelegt. – Die Bahnellipse mit einem Brennpunkt im Erdmittelpunkt wird in Größe und Form bestimmt durch die **Exzentrizität** e und die **große Halbachse** a (**Abb. 100.2**). Deren Lage in der Bahnebene gibt das **Argument des Perigäums** ω zum aufsteigenden Knoten an. Schließlich wäre noch zu nennen die zeitliche Lage des Satelliten durch die hier nicht weiter definierte mittlere Anomalie (nicht eingezeichnet).

Energie des Satelliten auf der Bahnellipse

Nach dem Energiesatz (Bezugspunkt der potentiellen Energie im Unendlichen) gilt für jeden Punkt einer *elliptischen* Satellitenbahn für die Gesamtenergie E_G:

$$E_G = E_{kin} + E_{pot} = \tfrac{1}{2} m v^2 - \gamma \frac{mM}{r} = \text{konstant}$$

Aus der Konstanz der Energie folgt, dass in größerer Entfernung r vom Zentralkörper die Geschwindigkeit v kleiner wird, im Apogäum ist sie am kleinsten, und umgekehrt, insbesondere ist die Geschwindigkeit im Perigäum am größten.

Auch für die *Kreisbahn* liefert die Gravitationskraft die erforderliche Zentripetalkraft: $mv^2/r = \gamma mM/r^2$. Aus dieser Gleichung ergibt sich die Bahngeschwindigkeit auf dem Kreis $v = \sqrt{\gamma M/r}$ und, die Gleichung mit $r/2$ multipliziert, die kinetische Energie im Abstand r vom Erdmittelpunkt, die betragsmäßig gleich der halben potentiellen Energie ist:

$$E_{kin} = \tfrac{1}{2} m v^2 = \tfrac{1}{2} \gamma m M / r = -\tfrac{1}{2} E_{pot}$$

Die Gesamtenergie auf der Kreisbahn ist damit

$$E_G = E_{kin} + E_{pot} = -\tfrac{1}{2} E_{pot} + E_{pot} = \tfrac{1}{2} E_{pot}.$$

> Die **Gesamtenergie** E_G eines Satelliten (Masse m), der die Erde (Masse M) im Abstand r von ihrem Mittelpunkt auf einer **Kreisbahn** umläuft, ist
>
> $$E_G = E_{kin} + E_{pot} = \tfrac{1}{2} m v^2 - \gamma \frac{mM}{r} = -\tfrac{1}{2} \gamma \frac{mM}{r} = \tfrac{1}{2} E_{pot}.$$

Aus der Energiegleichung folgt: Soll der Satellit auf eine höhere Bahn gehoben werden, muss ihm Energie zugeführt werden, z. B. durch Zünden einer Rakete. Dadurch erfährt der Satellit den erforderlichen Geschwindigkeitsschub (in Richtung der Tangente an seine Bahn), der ihn auf eine höhere Bahn hebt. Zwar ist dort dann seine kinetische Energie geringer als vorher – denn auf höheren Bahnen ist die Geschwindigkeit geringer –, aber dafür erhöht sich die potentielle Energie (**Abb. 100.3**).

Bewegungen im Gravitationsfeld

Die wichtigsten Ergebnisse über die Energieverhältnisse auf der Kreisbahn gelten, wie hier nicht weiter hergeleitet wird, auch für die *Ellipsenbahn*:

Im zeitlichen Mittel ist $E_{kin} = -\frac{1}{2} E_{pot}$. Damit wird nach $E_G = E_{kin} + E_{pot}$ einfacher $E_G = \frac{1}{2} E_{pot}$ und, wenn hier $r = a$ (a große Halbachse) gesetzt wird, folgt für die Gesamtenergie $E_G = -\frac{1}{2} \gamma m M / a$. Wird dies in die für alle Bahnen gültige Gleichung $E_G = E_{kin} + E_{pot} = \frac{1}{2} m v^2 - \gamma m M / r$ nochmals eingesetzt und wird die Gleichung nach v aufgelöst, so ergibt sich die folgende Aussage über die Geschwindigkeit an jeder beliebigen Stelle auf der Bahnellipse in Abhängigkeit vom Abstand r.

> Die *Gesamtenergie des Satelliten* auf der **Ellipsenbahn** mit der großen Halbachse a um die Erde (Masse M) ist
>
> $E_G = -\frac{1}{2} \gamma m M / a$.
>
> Seine *Geschwindigkeit* auf der Ellipsenbahn im Abstand r vom Erdmittelpunkt ist
>
> $v = \sqrt{\dfrac{\gamma M}{a} \dfrac{(2a-r)}{r}} = \sqrt{\gamma M \left(\dfrac{2}{r} - \dfrac{1}{a}\right)}$.

Beliebiger Kegelschnitt als Bahnform

Der Verbleib eines Satelliten im Einflussbereich eines Zentralkörpers hängt davon ab, ob der Betrag der kinetischen Energie kleiner als der der potentiellen Energie bleibt oder nicht. Entscheidend ist dafür die **Grenzgeschwindigkeit** $v_0^2 = 2 \gamma M / r_0$, die sich aus der für alle Bahnen gültigen Energiegleichung $E_G = E_{kin} + E_{pot} = \frac{1}{2} m v^2 - \gamma m M / r$ durch Gleichsetzen von kinetischer und potentieller Energie ergibt. Daraus lässt sich herleiten:
Wird ein Satellit im Abstand r_0 zur Erde mit der Geschwindigkeit v_0 gestartet, so beschreibt er je nach Geschwindigkeit v_0 bzw. nach Gesamtenergie E_G folgende Bahnformen (**Abb. 101.1**):

- für $v_0^2 > 2 \gamma M / r_0$ eine Hyperbel ($E_G > 0$),
- für $v_0^2 = 2 \gamma M / r_0$ eine Parabel ($E_G = 0$),
- für $v_0^2 < 2 \gamma M / r_0$ eine Ellipse ($E_G < 0$),
- für $v_0^2 = \gamma M / r_0$ einen Kreis ($E_G < 0$).

Fluchtgeschwindigkeit

Die **1. kosmische Geschwindigkeit**, mit der ein Satellit eben über der Oberfläche der Erde (Abstand vom Erdmittelpunkt $r \approx R$) eine Kreisbahn um die Erde beschreibt, ist

$v_1 = \sqrt{\gamma M \dfrac{1}{R}} \approx 7{,}8 \text{ km/s}$.

Die 1. kosmische Geschwindigkeit entspricht auch weitestgehend der Startgeschwindigkeit, die ein Satellit von der Erde aus zum Erreichen einer erdnahen Kreisbahn benötigt. Die **2. kosmische Geschwindigkeit** gibt die Geschwindigkeit an, mit der ein Satellit, der von der Erde aus gestartet wird, den Einfluss des Gravitationsfeldes der Erde verlässt. Sie entspricht der Geschwindigkeit, die für die Parabelbahn angegeben ist:

$v_2 = \sqrt{2 \gamma M \dfrac{1}{R}} \approx 11{,}2 \text{ km/s}$

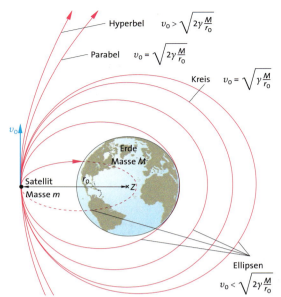

101.1 Bahnformen in Abhängigkeit von der Startgeschwindigkeit. Eingezeichnet sind die Bahnen, die sich ergeben, wenn der Satellit im Abstand r_0 senkrecht zur Verbindungslinie Erde–Satellit auf die Geschwindigkeit v_0 gebracht wird.

Aufgaben

1. Ein Satellit bewege sich in 600 km Höhe über dem Äquator auf einem Orbit (Umlaufbahn) und starte von dort mit einem neuen Schub senkrecht zur Verbindungslinie Erde–Startpunkt mit einer (zusätzlichen) Geschwindigkeit $\Delta v_0 = 2{,}0 \cdot 10^3$ m/s. Berechnen Sie, wie weit Perigäum und Apogäum der elliptischen Bahn vom Erdmittelpunkt entfernt sind.

2. Ein Körper startet in 2000 km Höhe über der Erdoberfläche senkrecht zur Verbindungslinie Erdmittelpunkt–Startpunkt mit einer Geschwindigkeit v_0.
   a) Berechnen Sie die Startgeschwindigkeit v_0, mit der er die Erde auf einem Kreis umfliegt.
   b) Berechnen Sie die Startgeschwindigkeit v_0, mit der er das Gravitationsfeld der Erde auf einer Parabelbahn verlässt.
   c) Berechnen Sie die größte (r_{max}) und die kleinste (r_{min}) Entfernung vom Erdmittelpunkt auf einer Bahn, die der Körper bei einer Startgeschwindigkeit $v_0 = 4{,}0 \cdot 10^3$ m/s bzw. $v_0 = 8{,}0 \cdot 10^3$ m/s beschreibt.

*3. Die Fluchtgeschwindigkeit von der Erde aus dem Anziehungsbereich der Sonne (*3. kosmische Geschwindigkeit*) beträgt $v_3 = 16{,}7$ km/s, falls beim Start die Geschwindigkeit v_E der Erde um die Sonne ausgenutzt wird.
   a) Berechnen Sie die Geschwindigkeit v_E.
   b) Berechnen Sie die Fluchtgeschwindigkeit v_3' aus dem Gravitationsfeld der Sonne ohne Ausnutzung der Bewegung der Erde um die Sonne.
   c) Zeigen Sie über eine Energiebetrachtung, dass für die Fluchtgeschwindigkeit v_3 gilt: $v_3^2 = v_2^2 + (v_3' - v_E)^2$ und berechnen Sie v_3 (v_2 ist die 2. kosmische Geschwindigkeit).

Bewegungen im Gravitationsfeld

2.3.4 Satellitenmanöver

„Swing-by" – das Gravitationsmanöver

Gerät ein Satellit in den *Attraktionsbereich* eines Planeten (in ihm überwiegt die Gravitationsfeldstärke des Planeten die der Sonne), kann der Satellit mit dem sogenannten *Swing-by-* oder *Fly-by*-Manöver in eine neue Richtung und auf eine neue Bahn gelenkt und beschleunigt oder abgebremst werden, ohne dass dafür Treibstoff verbraucht wird (**Abb. 102.1 a**). Da die Sonnenmasse rund 1000-mal größer ist als die Masse aller Planeten zusammen, ist der Attraktionsbereich eines Planeten verhältnismäßig klein. Der Satellit durchläuft ihn daher in kurzer Zeit und seine Gesamtbahn weist an dieser Stelle nur einen Knick auf.

Das Swing-by-Manöver selbst kann als elastischer Stoß zwischen Satellit und Planet aufgefasst werden, bei dem der Planet einen geringen Teil seiner kinetischen Energie auf den Satelliten abgibt oder von ihm übernimmt, selbst sich aber wegen seiner ungleich größeren Masse ungestört weiterbewegt. Maximal beschleunigt oder abgebremst wird der Satellit, wenn seine Geschwindigkeit nach dem Manöver parallel oder antiparallel zur Planetengeschwindigkeit ist.

Beim Swing-by-Manöver tritt der Satellit mit der Ankunftsgeschwindigkeit $\vec{v}_A$ in den Attraktionsbereich des Planeten ein und durchläuft ihn bei genügendem Abstand vom Planeten auf hyperbolischer Bahn, bis er ihn nach dem Geschwindigkeitsschub $\Delta \vec{v}$ mit einer geänderten Austrittsgeschwindigkeit $\vec{v}_E$ verlässt (**Abb. 102.1 b**).

Modellhaft kann das Swing-by-Manöver als elastischer Stoß auf eine Wand (den Planetenbereich) angesehen werden, die sich mit der Geschwindigkeit $\vec{v}_P$ bewegt (**Abb. 102.1 c**). Die Geschwindigkeit $\vec{v}_1$ der Sonde relativ zur bewegten Wand ergibt sich aus der Differenz $\vec{v}_1 = \vec{v}_A - \vec{v}_P$. $\vec{v}_1$ ist gleichzeitig für die Reflexion der Vektor der Einfallsrichtung. Der Vektor der Ausfallsrichtung $\vec{v}_2$, der durch Spiegelung am Einfallslot auf die Wand entsteht, führt mit dem Vektor der Planetengeschwindigkeit $\vec{v}_P$ zum Vektor der Austrittsgeschwindigkeit $\vec{v}_E = \vec{v}_2 + \vec{v}_P$.

Vergleichsweise hat ein anfliegender Tennisball beim Schlag mit dem Tennisschläger nach der Reflexion eine größere oder geringere Geschwindigkeit, je nachdem ob sich der Schläger auf den Ball zu bewegt oder vor ihm zurückweicht, also Energie abgibt oder aufnimmt.

> Durch den **Vorbeiflug an einem Planeten, dem „Swing-by"-Manöver,** kann ein Satellit kinetische Energie des Planeten aufnehmen oder an ihn abgeben und dabei seine Bahn und Richtung ändern, ohne dass der Satellit dafür Treibstoff verbraucht.

Ein Paradebeispiel für eine interplanetarische Mission, die ohne Swing-by-Manöver nicht hätte stattfinden können, war der **Flug der Galileo-Sonde zum Jupiter.** Die Galileo-Sonde, gestartet 1989, umkreiste seit 1995 auf einer Orbitalbahn Jupiter zur Erforschung seiner Monde Europa und Io. Die Mission endete Anfang 2003. Erst im September 2003 nach 14-jähriger erfolgreicher Mission verglühte Galileo in der Jupiteratmosphäre.

In den sechs Jahren auf dem Weg zum Jupiter hat Galileo durch ein *„Swing-by"*-Manöver an der Venus und zwei an der Erde Energie im Vorbeiflug aus deren Gravitationsfeld aufgenommen. Der Transfer von der Erde zum Jupiter erforderte eine Geschwindigkeit von 38,6 km/s; 30,0 km/s lieferte die Eigenbewegung der Erde um die Sonne. Die Energie für die gesamte Differenz von $\Delta v = 8,6$ km/s bis zum Jupiter konnten die Raketen der Sonde allein nicht hergeben. Im ersten Manöver (**Abb. 102.2**, 1. Zeile) wurde die Sonde auf die Aphelgeschwindigkeit 26,7 km/s der Venus abgebremst, um deren Gravitationsfeld zu erreichen. Sie näherte sich ihr drei Monate später mit $v = 37,4$ km/s gegenüber der Sonne und erhöhte im 1. Swing-by die Geschwindigkeit auf 39,7 km/s. Im Vorbeiflug an der Erde weit draußen mit nun 30,1 km/s nahm sie im 2. Swing-by im Erdfeld 7,2 km/s auf. Zwei Jahre später gewann sie im zweiten Vorbeiflug an der Erde (3. Swing-by) mit $\Delta v = 7,7$ km/s die Energie zum Erreichen des Jupiters. (Δv sind Beträge der Vektordifferenzen mit Bahnebenenänderungen.)

Das erste beim Start und das letzte Manöver, mit dem der Satellit auf Jupiterorbit gebracht ist, sowie zwei kleinere Manöver bei hier nicht eingetragenen Vorbeiflügen an den beiden Asteroiden Gaspra und Ida leisteten die Raketen der Sonde mit einem Geschwindigkeitsschub von 9,6 km/s, während die drei Swing-by-Manöver einen fast doppelt so großen Zuwachs von 18,4 km/s ergaben: Die Energie dazu lieferten die Gravitationsfelder von Venus und Erde.

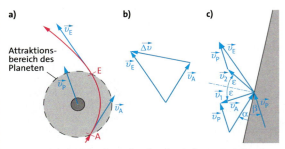

102.1 Swing-by-Manöver. **a)** Bahn durch den Attraktionsbereich des Planeten; **b)** Geschwindigkeitsänderung; **c)** Modell des Swing-by als elastischer Stoß an bewegter Wand

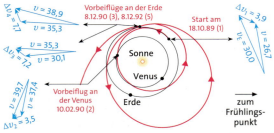

Manöver	v in km/s	vor	nach	Δv
Abflug von Erde 18.10.89		30,0	26,7	3,9
Swing-by Venus 10.02.90		37,4	39,7	3,5
1. Swing-by an Erde 08.12.90		30,1	35,3	7,2
2. Swing-by an Erde 08.12.92		35,3	38,9	7,7
Ankunft Jupiter 07.12.95		7,2	12,8	5,6

102.2 Galileo-Mission zum Jupiter

Hohmann-Transfer – die klassische Übergangsbahn

Der Übergang von einer Parkbahn auf eine höhere Kreisbahn erfolgt mit geringstem Energieaufwand durch den Hohmann-Transfer auf einer Ellipse E (**Abb. 103.1**). HOHMANN veröffentlichte 1925 seine Berechnungen für die heute nahezu bei allen Bahnänderungen genutzte Technik. In einem geeigneten Punkt der Parkbahn, dem Perigäum (dem erdnächsten Ellipsenpunkt) des Hohmann-Transfers, wird das Triebwerk gezündet. Im Apogäum (erdfernster Ellipsenpunkt) des Transfers ist dann die gewünschte höhere Bahn erreicht.

> Der **Hohmann-Transfer** bezeichnet den energiemäßig günstigsten Flug von einem niedrigen zu einem höheren Orbit. Seine Bahn stellt eine Halbellipse dar, deren große Achse vom unteren bis zum oberen Orbit reicht.

103.1 Hohmann-Transfer. Von der Parkbahn K$_1$ im Perigäum wird mit dem Geschwindigkeitsschub $\Delta\vec{v}_1$ über die Ellipsenbahn E die Kreisbahn K$_2$ im Apogäum erreicht. Der Geschwindigkeitsschub $\Delta\vec{v}_2$ bringt den Satelliten dann auf die Kreisbahn K$_2$. Günstiger als ein langer Schub im Perigäum sind z. B. zwei kurze Schübe über zwei Ellipsen E' und E.

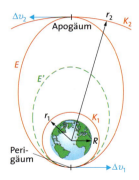

Die heute üblichen Übergangsbahnen zeigt die **Abb. 103.2** am Beispiel des Satelliten DFS-3, der von der etwa 200 km hohen Parkbahn durch den Hohmann-Transfer auf eine geostationäre Bahn in 35 800 km Höhe gehoben wird. Vorgeschaltet ist ihnen die Einschussbahn E (hellblau, in **Abb. 103.2 b)** und **c)** eingetragen) von Cape Canaveral aus mit der Geschwindigkeit v_0 = 7,9 km/s durch Raketentriebwerke auf die Parkbahn. Die vier elliptischen Hauptphasen bilden die Transferbahn T (blau), Höhe des Perigäums h_P = 431 km, Höhe des Apogäums h_A = 37 365 km, beides über der Erde, die intermediäre Bahn I1 (rot), h_P = 17 443 km, h_A = 36 309 km, die intermediäre Bahn I2 (grün), h_P = 30 251 km, h_A = 36 315 km, und schließlich die fast kreisförmige Driftbahn D (hellblau), h_P = 35 779 km, h_A = 36 342 km, die praktisch mit dem Kreis Ä (schwarz) über dem Äquator zusammenfällt. In **Abb. 103.2 a)** sind die wahren Bahnen zu sehen. In **Abb. 103.2 b)** sind diese Bahnen auf die Erdoberfläche projiziert (in Mercatorprojektion). In **Abb. 103.2 c)** ist die feststehende Erde Bezugssystem; die wahren Ellipsen erscheinen als ausgeartete Doppelachten. Die **Abb. 103.2 d)** zeigt aus einer Schrägsicht von 10° über der Äquatorebene, wie die Bahnen sich nach und nach der gewünschten geostationären Bahnebene angleichen. Der Gesamtschub Δv = 1,597 km/s, aus der Summe der (kräftig rot markierten) Einzelschübe, liegt weit unter dem der Startgeschwindigkeit von 7,9 km/s zur ersten Kreisbahn.

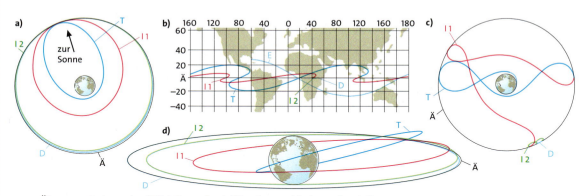

103.2 Übergangsbahnen des DFS-3-Fernsehsatelliten in verschiedenen Darstellungen

Aufgaben

*1. Ein Satellit steuert den Attraktionsbereich eines Planeten mit der Geschwindigkeit v_A = 32,9 km/s im Winkel von α = 20° zur „Reflexionsebene" an; der Planet bewegt sich mit der Geschwindigkeit v_P = 15,9 km/s unter dem Winkel β = 110° ($\rightarrow$ **Abb. 102.1**).
Ermitteln Sie zeichnerisch **a)** die Geschwindigkeit nach Verlassen des Attraktionsbereichs des Planeten und **b)** den dabei gewonnenen Geschwindigkeitsschub.
c) Beschreiben Sie den Vorbeiflug in diesem Beispiel gemäß **Abb. 102.1 a**.

*2. Ein Satellit befindet sich auf einer Parkbahn in 400 km Höhe (in Bezug auf den Äquatorradius).
a) Berechnen Sie den tangentialen Geschwindigkeitsschub, der den Satelliten auf eine Ellipse mit dem Apogäum in 35 786 km Höhe über der Erde bringt.
b) Berechnen Sie den zweiten (tangentialen) Geschwindigkeitsschub im Apogäum, der den Satelliten zusätzlich auf eine geostationäre (Kreis-)Bahn in dieser Höhe bringt.
c) Bestimmen Sie die Zeit für diesen Vorgang.

Grundwissen Gravitation

Kepler'sche Gesetze
1. Die Planeten bewegen sich auf Ellipsen, in deren einem (gemeinsamen) Brennpunkt die Sonne steht.
2. Der Radiusvektor von der Sonne zum Planeten überstreicht in gleichen Zeiten gleiche Flächen.
3. Das Verhältnis aus den 3. Potenzen der großen Bahnhalbachsen a und den Quadraten der Umlaufzeiten T ist für alle Planeten konstant:

$$\frac{a_1^3}{T_1^2} = \frac{a_2^3}{T_2^2} = \ldots = \text{konstant} \quad \text{oder} \quad \frac{a^3}{T^2} = \text{konstant}$$

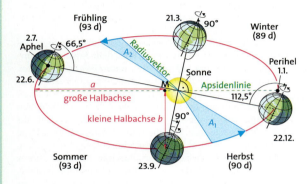

Gravitationsgesetz
Zwei beliebige Körper ziehen sich gegenseitig in Richtung der Verbindungslinien ihrer Schwerpunkte mit der Gravitationskraft F an, die proportional dem Produkt ihrer Massen m_1 und m_2 und umgekehrt proportional zum Quadrat ihres Abstandes r ist:

$$F = \gamma \frac{m_1 m_2}{r^2} \quad \text{mit} \quad \gamma = 6{,}674 \cdot 10^{-11}\,\text{Nm}^2/\text{kg}^2$$

Gravitationsfeld
Jeder Körper erzeugt allein aufgrund seiner Masse in seiner Umgebung ein **Gravitationsfeld** oder **Schwerefeld**. Das Feld ist Träger der Kraft, die in einem Raumpunkt auf einen dort befindlichen Körper aufgrund seiner (schweren) Masse wirkt. Das Gravitationsfeld in der weiteren Umgebung eines Zentralkörpers wie der Erde ist ein *Radialfeld*.

Die **Gravitationsfeldstärke** G^* an einer Stelle des Gravitationsfeldes ist der Quotient aus der Gravitationskraft F, die ein Körper aufgrund seiner Masse an dieser Stelle erfährt, und seiner Masse m: $G^* = F/m$.
Auf der Erdoberfläche ist die Gravitationsfeldstärke annähernd gleich der Fallbeschleunigung: $G^* = g = 9{,}81\,\text{m/s}^2$; im Radialfeld der Erde berechnet sie sich aus dem Gravitationsgesetz zu $G^* = \gamma M_E / r^2$.

Potentielle Energie und Potential
Die **potentielle Energie** E_pot eines Körpers der Masse m im Gravitationsfeld der Erde (Masse M_E) im Punkt $P_2(r_2)$ gegenüber einem Punkt $P_1(r_1)$ ist

$$E_\text{pot} = \gamma m M_E \left(\frac{1}{r_1} - \frac{1}{r_2} \right).$$

Das **Potential** $V(r)$ eines Punktes $P(r)$ im Gravitationsfeld gegenüber dem Bezugspunkt P_0 ist der Quotient aus der potentiellen Energie $E_\text{pot}(r)$ des betrachteten Körpers und seiner Masse m

$$V(r) = E_\text{pot}(r)/m.$$

Im *homogenen Gravitationsfeld* auf der Erdoberfläche mit der Feldstärke $G^* = g$ gilt $V(h) = g(h - h_0)$.
Im *radialen Gravitationsfeld* eines Zentralkörpers mit dem Radius R und der Masse M gilt je nach Lage des Bezugspunktes $P(r)$:

$$V(r) = \gamma M \left(\frac{1}{R} - \frac{1}{r} \right), \quad \text{Bezugspunkt } P(R)$$

$$V(r) = -\gamma M \frac{1}{r}, \quad \text{Bezugspunkt } P(R \to \infty)$$

Bahnen um Zentralkörper
Die **Bahnen von Planeten, Satelliten** usw. sind Kegelschnitte. Je nach dem Quadrat der Geschwindigkeit v_0^2 ($\vec{v}$ senkrecht zum Radiusvektor) im Abstand r zum Zentralkörper der Masse M ergibt sich für

$v_0^2 > 2\gamma M/r$ eine Hyperbel,
$v_0^2 = 2\gamma M/r$ eine Parabel,
$v_0^2 < 2\gamma M/r$ eine Ellipse mit dem Sonderfall
$v_0^2 = \gamma M/r$ ein Kreis.

Für die **Energie eines Satelliten** auf einer Kreisbahn mit Radius r gilt:

$$E_G = E_\text{kin} + E_\text{pot} = \frac{1}{2} m v^2 - \gamma \frac{mM}{r} = -\frac{1}{2} \gamma \frac{mM}{r}$$

Mit der **1. kosmischen Geschwindigkeit** $v_1 = \sqrt{\gamma M/R_E} = 7{,}8\,\text{km/s}$ gestartet, bewegt sich ein Satellit auf erdnaher Kreisbahn mit $r \approx R_E$.
Mit der **2. kosmischen Geschwindigkeit** $v_2 = \sqrt{2\gamma M/R_E} = 11{,}2\,\text{km/s}$ gestartet, verlässt der Satellit den Anziehungsbereich der Erde.

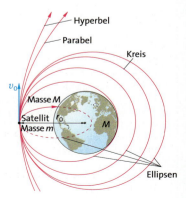

Wissenstest Gravitation

1. Formulieren Sie das 2. Kepler'sche Gesetz mithilfe von Größen, die sich auf das Perihel und das Aphel beziehen.

2. Berechnen Sie die Konstante nach dem 3. Kepler'schen Gesetz für die großen Planeten (→ S. 576) und bestimmen Sie ihren Mittelwert mit Fehlerrechnung (Standardabweichung).

3. Für viele Planeten, Monde und Asteroiden gilt, dass ihre Rotationsperiode einen bestimmten Betrag nicht unterschreiten kann. Zeigen Sie, dass die Rotationsperiode T einer homogenen Kugel der Dichte ρ, die sich um eine Achse dreht und dabei gerade noch keine „Materie" verliert, mindestens $T = \sqrt{3\pi/(\gamma\rho)}$ betragen muss, und berechnen Sie sie für die mittlere Dichte der obigen Himmelskörper $\rho = 3$ g/cm^3 in Sekunden und Stunden.

4. Berechnen Sie die Entfernung des schwerefreien Punktes zwischen Mond und Erde vom Erdmittelpunkt (ohne Berücksichtigung des Gravitationsfeldes der Sonne).

5. Einige Neutronensterne, das sind Sterne, die sich durch extrem verdichtete Masse auszeichnen (→ S. 561), drehen sich genau einmal in der Sekunde um ihre eigene Achse. Berechnen Sie die Dichte, die ein solcher Neutronenstern mindestens haben muss, damit bei der außerordentlich schnellen Drehung keine Materie in den Weltraum entweicht.

6. a) Bestimmen Sie die Geschwindigkeit eines Satelliten der Masse $m = 50$ kg, der von der Erde gestartet wird, um auf die Höhe $h = 2R$ über der Erdoberfläche gebracht zu werden (R Radius der Erde).
   b) Berechnen Sie die Startgeschwindigkeit des Satelliten, wenn er in der genannten Höhe eine Kreisbahn um die Erde beschreiben soll.
   Berechnen Sie die nötige Energie für beide Fälle.

7. a) Die Erdbeschleunigung g ist auf der sich drehenden Erdkugel außer an den Polen nicht identisch mit der Gravitationsfeldstärke G^*, sondern hängt auch von der geografischen Breite φ des Beobachtungsortes ab. Ermitteln Sie den Anteil der Zentrifugalbeschleunigung, durch den die Gravitationsbeschleunigung vermindert wird.
   b) Berechnen Sie danach die Erdbeschleunigung am Äquator, für $\varphi = 50°$ und am Nordpol.

8. Zwei punktförmige Körper der Masse m befinden sich in den Punkten $A(0|a)$ und $B(0|-a)$.
   a) Berechnen Sie die Kraft, die sie auf einen dritten Körper der Masse m_0 ausüben, der sich im Punkt $C(x_0|0)$ befindet.
   b) Zeigen Sie, dass die Gravitationskraft ein Maximum im Punkt $C(\frac{1}{2}a\sqrt{2}|0)$ hat.

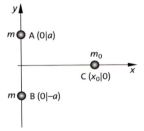

9. Zwei Planeten gleicher Masse m umlaufen einen wesentlich größeren Stern der Masse M, der erste auf einer Kreisbahn mit dem Radius $r_1 = 1 \cdot 10^{11}$ m in einer Umlaufzeit $T_1 = 2$ a, der zweite auf einer Ellipse mit der Entfernung vom Zentralgestirn im Perizentrum $r_P = r_1$ und im Apozentrum $r_A = 1{,}8 \cdot 10^{11}$ m.
   a) Berechnen Sie die Masse des Zentralgestirns.
   b) Ermitteln Sie die Geschwindigkeit des ersten Planeten.
   c) Berechnen Sie die Umlaufzeit des zweiten Planeten.
   d) Berechnen Sie die Geschwindigkeit des zweiten Planeten im Perizentrum und im Apozentrum.

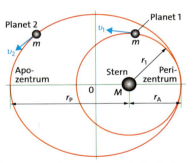

10. Der Halleysche Komet, Umlaufzeit auf elliptischer Bahn $T = 76$ a 36 d, hatte 1986 im Perihel mit $r_P = 8{,}9 \cdot 10^{10}$ m den kürzesten Abstand zur Sonne.
    a) Bestimmen Sie seine Entfernung von der Sonne, wenn er sich im Aphel befindet.
    b) Berechnen Sie die beiden Halbachsen der Bahnellipse und ordnen Sie die Bahn in das Sonnensystem ein.
    c) Berechnen Sie die Geschwindigkeit des Halleyschen Kometen im Perihel und im Aphel.

11. a) Berechnen Sie die Fluchtgeschwindigkeit v_f aus dem Bereich der Erde im Abstand $r > R$ von dessen Mittelpunkt (R Radius der Erde). Für die gefundene Geschwindigkeit gilt $v_f = v_2\sqrt{R/r}$, wenn v_2 die Fluchtgeschwindigkeit von der Erdoberfläche ist.
    b) Wird für v_f der Differentialquotient $v_f = dr/dt$ gesetzt, so lässt sich die Zeit t vom Start von der Erdoberfläche bis zum Erreichen des Abstandes r vom Erdmittelpunkt durch Integration zu $t = \frac{2}{3}(r^{\frac{3}{2}} - R^{\frac{3}{2}})/\sqrt{2\gamma M}$ ermitteln. Bestätigen Sie dies durch Herleitung des Integrals.
    c) Berechnen Sie die Zeit t vom Verlassen der Erdoberfläche bis zum Erreichen der Höhe $h = 2R$; $4R$; $9R$.

12. Eine dreistufige Rakete hat die Startmasse $m_{01} = 800$ t und die Nutzlast $m_N = 100$ kg. Sie verliert in der 1. Stufe an Treibstoff $m_{T1} = 600$ t und die Leermasse $m_{L1} = 160$ t, in der 2. Stufe an Treibstoff $m_{T2} = 30$ t und die Leermasse $m_{L2} = 8$ t, in der 3. Stufe an Treibstoff $m_{T3} = 1{,}5$ t und die Leermasse $m_{L3} = 400$ kg. Die Brenngeschwindigkeit beträgt für alle Stufen $c = 2800$ m/s.
    a) Berechnen Sie jeweils für Start und Brennschluss jeder Stufe die Start- und die Leermasse.
    b) Berechnen Sie den Geschwindigkeitszuwachs, den jede Stufe erzeugt.
    c) Berechnen Sie die Endgeschwindigkeit der Rakete.
    d) Erörtern Sie, wie die Endgeschwindigkeit aufgrund des gleichen Massenverhältnisses jeder Stufe angegeben werden kann.

Geschichte der Mechanik und die klassische Physik; Kausalität und Determinismus

Exkurs

Geschichte der Mechanik und die klassische Physik; Kausalität und Determinismus

Die **Geschichte der Mechanik** reicht zurück in die Anfänge der Menschheit. Jedes Werkzeug und jedes Gerät, das im Laufe von Jahrtausenden erfunden wurde, beruht in irgendeiner Form auf Erkenntnissen über Gesetzmäßigkeiten aus der Mechanik, die der Mensch durch Erfahrung gewonnen hat. Die Erfindungen von Rad und Keil markieren bedeutende Stufen in der Geschichte der Menschheitsentwicklung. Das Denken des Menschen ist seit frühester Zeit daher stark von dem Umgang und der Verwendung mechanischer Vorgänge mitgeprägt. Die Pyramidenbauten der Ägypter aus der Zeit von 3000 bis 2000 v. Chr. wären ohne Kenntnisse aus der Mechanik, z. B. über Rolle und schiefe Ebene, nicht möglich gewesen. Die Griechen besaßen in einzelnen physikalischen Fragen einen beachtlichen Wissensstand.

Der Name *Physik* (von *physis*, die Natur) stammt von ARISTOTELES (384–322 v. Chr.). ARCHIMEDES von Syrakus (287–212 v. Chr.) formulierte die Gesetze von Hebel und schiefer Ebene, konstruierte den Flaschenzug und entdeckte das nach ihm benannte archimedische (hydrostatische) Prinzip. Er begründete die Statik, zu der bis zur Renaissance nichts Bemerkenswertes hinzukam. In ihrer Naturphilosophie versuchten die Griechen, zu einer einheitlichen Welterklärung zu kommen. Das Entwerfen mathematischer Theorien, um physikalische Vorgänge zu deuten oder vorherzusagen, war der Antike jedoch genauso fremd wie der Wille, die Natur technisch zu beherrschen.

GALILEI (1564–1642) ist der Begründer der modernen Naturwissenschaft. Die **naturwissenschaftliche Methode,** die er begründete, lässt sich folgendermaßen formulieren:
• Der Naturvorgang, der nur beschrieben (und nicht mehr im Sinne der Antike erklärt) werden kann, wird aus seinem natürlichen Zusammenhang gelöst und von allen störenden Umständen getrennt betrachtet.
• Es werden Vermutungen, *Hypothesen,* aufgestellt und mathematisch for-

muliert, wobei das Prinzip möglichst großer Einfachheit gilt.
• Die Hypothesen werden im Experiment überprüft, und zwar so, dass dies von jedermann wiederholt und nachvollzogen werden kann.

In klassischer Weise hat GALILEI diese Methode in seinen Überlegungen zum freien Fall vorgeführt: Er machte als Erster einsichtig, dass es nicht auf die Art des fallenden Körpers, z. B. ob Stein oder Kanonenkugel, ankäme und dass der Luftwiderstand zu vernachlässigen sei. – In der Überzeugung, dass es zwischen den interessierenden Größen Fallgeschwindigkeit, Fallstrecke und Fallzeit einen einfachen Zusammenhang geben müsse, untersuchte er zuerst die Hypothese, dass die Geschwindigkeit in jedem Punkt der durchfallenen Strecke proportional sei, und führte die Überlegung ad absurdum. Aus der zweiten ebenso einfachen Hypothese, dass die Geschwindigkeit auch der Fallzeit proportional sein könne, entwickelte er dann seine bekannten Fallgesetze. Er überprüfte sie im Experiment an der Bewegung auf der schiefen Ebene, weil er mit den damals zur Verfügung stehenden experimentellen Mitteln den freien Fall selbst nicht messend verfolgen konnte. Er überlegte sich, dass der freie Fall Grenzfall der Bewegung auf der schiefen Ebene für den Steigungswinkel von 90° ist. In eine ca. 10 Meter lange Rinne schnitt er Kerben in quadratischen Abständen, vom Start aus gemessen, und maß mit einer eigens entwickelten Wasseruhr, dass eine Kugel die Kerben in gleichen Zeitabständen passierte.

GALILEI hat mit dem von ihm zuerst beschriebenen Trägheitsprinzip (→ 1.2.1) die Dynamik begründet und sich von den Vorstellungen der Antike gelöst, in der nach ARISTOTELES für jede Bewegung, auch für eine mit gleich bleibender Geschwindigkeit, ein ständiger „Beweger", eine Kraft, erforderlich sein sollte.

NEWTON (1643–1727) griff GALILEIS Ideen auf und erhob die Mechanik in den Rang einer exakten Wissenschaft.

In seinem Hauptwerk „*Philosophiae naturalis principia mathematica*" („*Mathematische Prinzipien der Naturlehre*") entwickelte er aus den Newton'schen Axiomen (→ 1.2.5 und 1.2.6) die Gesetze der Mechanik. Die Newton'sche Physik gründete auf der Annahme eines absoluten Raumes, auf den sich alle Vorgänge beziehen ließen, und einer absoluten Zeit, die für alle Vorgänge gleich dahinfließt. Diese Vorstellungen blieben – ungeprüft – bestimmend bis in das zwanzigste Jahrhundert hinein, bis EINSTEIN (1879–1955) die Relativität von Raum und Zeit erkannte (→ Kap. 9).
NEWTONS zweite großartige wissenschaftliche Leistung war die Entdeckung des Gravitationsgesetzes. Der Eindruck dieser Entdeckung war seinerzeit so groß, dass zuerst auch für die elektrischen Kräfte zwischen zwei geladenen Körpern durch COULOMB (1736–1806) und für die magnetischen Kräfte zwischen zwei Magnetpolen ein Abstandsgesetz nach dem Vorbild des Gravitationsgesetzes gesucht und gefunden wurde.

In der **Newton'schen Mechanik** werden alle physikalischen Erscheinungen auf die Bewegung von materiellen Teilchen zurückgeführt, die durch ihre gegenseitige Anziehung aufgrund der Gravitationskraft verursacht wird. Beschrieben werden die Bewegungen durch die Newton'schen Bewegungsgleichungen, die aus dem Grundgesetz der Mechanik entwickelt sind und die die Grundlage der klassischen Mechanik bilden.

Im achtzehnten und zu Beginn des neunzehnten Jahrhunderts wurde die Newton'sche Mechanik durch die Weiterentwicklung der Differential- und Integralrechnung, die NEWTON begründet hatte, vervollständigt und zu einem geschlossenen Gedankengebäude ausgebaut. Die Newton'sche Mechanik war in der Lage, die Bewegung der Planeten, des Mondes, der Kometen, den Wechsel der Gezeiten und viele mit der Gravitationskraft zusammenhängende Phänomene zu erklären. Sie erklärte ebenso die Bewegung der Flüssigkeiten und die Schwingungen elastischer Körper.

Geschichte der Mechanik und die klassische Physik; Kausalität und Determinismus

Schließlich konnten sogar Teile der Wärmelehre auf die Mechanik zurückgeführt werden: Innere Energie wurde als Bewegung der Moleküle verstanden. Erscheinungen wie das Verdampfen einer Flüssigkeit oder die Temperatur bzw. der Druck eines Gases lassen sich in der kinetischen Gastheorie mit rein mechanischen Gesetzen beschreiben (→ Kap. 4.2).

Die Newton'sche Mechanik mit ihren großen Erfolgen in der Erklärung von Naturvorgängen wurde zum Vorbild jeder wissenschaftlichen Theorie. Bis weit ins neunzehnte Jahrhundert hinein wurde angenommen, einen Vorgang erst dann verstanden zu haben, wenn er mit den Gesetzen der Mechanik erklärt werden konnte. So hat z.B. MAXWELL (1831–1879), der die Elektrodynamik theoretisch begründete (→ Kap. 6), noch vergeblich versucht, seine auch heute noch gültige Theorie mechanisch zu erklären.

Die Entwicklung der Elektrizitätslehre und der Optik am Ende des neunzehnten Jahrhunderts führte so zwar schon über die eigentliche Mechanik hinaus, aber auch diese beiden Gebiete waren von den gleichen Grundprinzipien geprägt wie die Newton'sche Mechanik. So stellte sich an der Schwelle zum zwanzigsten Jahrhundert die Physik, aufbauend auf den Ideen NEWTONS, mit den Teilgebieten Mechanik, Wärmelehre, Elektrizitätslehre und Optik als ein geschlossenes wissenschaftliches Gebäude dar, das als **klassische Physik** bezeichnet wird und das auch heute noch den Grundstock jeder Beschäftigung mit der Physik (wie auch hier in diesem Buch mit den Kapiteln 1 bis 7) bildet. Relativitätstheorie und Quantentheorie sind die beiden Gebiete, mit denen die moderne Physik (in diesem Buch behandelt in Kap. 9 bis 15) über die klassische Physik hinausgeht.

Das Weltbild der klassischen Physik

Das Weltbild der klassischen Physik, das in der Beherrschung des Denkens weit über die Fachwissenschaft Physik hinausreichte, beruht auf dreierlei: auf dem *Prinzip der Kausalität*, auf dem mit ihm verbundenen *Prinzip des Determinismus* und auf dem *Prinzip der Objektivierbarkeit*.

Die klassische Physik sagt: Alles Geschehen läuft nach dem Kausalitätsprinzip ab, d.h. unter gleichen Umständen führen die Naturgesetze zu gleichen Ergebnissen.

Kausalitätsprinzip: Das Ergebnis bzw. der Zustand A, als Ursache bezeichnet, bringt unter bestimmten Bedingungen ein bestimmtes Ergebnis bzw. einen bestimmten Zustand B, als Wirkung bezeichnet, mit Notwendigkeit hervor, wobei die Ursache A der Wirkung B zeitlich vorausgeht und die Wirkung B niemals eintritt, ohne dass die Ursache A vorher bestanden hat.

Das (physikalische) Ereignis bzw. der (physikalische) Zustand B folge nach dem Kausalitätsprinzip auf das (physikalische) Ereignis bzw. den (physikalischen) Zustand A, heißt also mit anderen Worten, dass mithilfe der Naturgesetze aus der vollständigen Beschreibung des Ereignisses bzw. des Zustandes A das Ereignis bzw. der Zustand B logisch abgeleitet oder umgekehrt aus dem Vorliegen vom Ereignis bzw. Zustand B das Ereignis bzw. der Zustand A als (zeitlich) vorausgegangen betrachtet werden darf. Dieses Denken in Kausalzusammenhängen, das der klassischen Physik zugrunde liegt, entspricht weitgehend der täglichen Erfahrung: keine Wirkung ohne Ursache.

Das Weltbild der klassischen Physik war ein mechanistisches Weltbild, in dem nichts ohne Ursache geschah und in dem infolgedessen jedes Geschehen unabänderlich ablief. Das Kausalitätsprinzip der klassischen Physik ist daher mit dem Prinzip des Determinismus eng verknüpft.

Prinzip des Determinismus: Alles Geschehen in der Welt ist durch (kausale) Gesetzmäßigkeiten in seinem Verlauf unabänderlich bestimmt.

Der Determinismus behauptet also, dass aus einer vollständigen Beschreibung des gesamten Zustandes der Welt zu einem bestimmten Zeitpunkt allein mithilfe der Naturgesetze jedes Ereignis oder jeder Zustand der Welt in der Vergangenheit oder in der Zukunft logisch hergeleitet werden kann. Der französische Mathematiker LAPLACE (1749–1827) hat dem Determinismus mit dem Bild vom *Laplace'schen Dämon* den klassischen Ausdruck gegeben: „Wenn der Zustand der Welt bei ihrer Erschaffung einem unendlich begabten und unendlich fleißigen Mathematiker bis in alle Einzelheiten dargelegt worden wäre, so müsste ein solches Wesen imstande sein, daraus die ganze folgende Weltgeschichte abzuleiten. Für ihn würde es keine Unsicherheit geben und Zukunft sowohl wie Vergangenheit wären seinen Augen allgegenwärtig."

Die klassische Physik geht schließlich aus von dem **Prinzip der Objektivierbarkeit:** Der beobachtete Naturvorgang läuft unabhängig und unbeeinflusst vom Beobachter ab. Das Naturgeschehen ist objektivierbar, es lässt sich unabhängig vom Beobachter objektiv beschreiben.

Diese **drei Prinzipien der klassischen Physik** hat die moderne Physik, insbesondere die Quantenphysik (→ 10.4), infrage gestellt. Zur **Kausalität:** Nach herrschender Meinung lässt sich aus der Quantentheorie folgern, dass auch bei genauer Kenntnis des Zustandes A der Zustand B *nicht* in jedem Falle vorhergesagt werden kann.

Zum **Determinismus:** Viele Gesetze der Physik sind rein stochastischer Natur. Zwar lässt sich z.B. stets angeben, wie viele Atome einer radioaktiven Substanz im nächsten Zeitabschnitt zerfallen; es lässt sich aber nicht voraussagen, ob dies für ein bestimmtes Atom zutrifft oder nicht.

Zur **Objektivierbarkeit:** Bei mikrophysikalischen Prozessen beeinflusst der Beobachter den beobachteten Vorgang.

Damit wird auch der Determinismus verworfen. Denn wenn das Kausalitätsprinzip nicht mehr gilt, kann auch ein Zustand aus dem anderen nicht mehr berechnet werden.

3 MECHANISCHE SCHWINGUNGEN UND WELLEN

Viele technische und natürliche Vorgänge und Prozesse laufen periodisch ab. Häufig handelt es sich um Schwingungsvorgänge und Wellenerscheinungen. Eine Schaukel, das Pendel einer Standuhr, eine Stimmgabel schwingen; es gibt Wasserwellen, Schallwellen und Erdbebenwellen. Schwingungen und Wellen hängen eng miteinander zusammen. Wenn z. B. eine schwingende Saite einen Ton erzeugt, erreicht dieser als Schallwelle unser Ohr.
Auch in der Optik, in der Elektrizitätslehre und in der Atom- und Quantenphysik bis hin zur Elementarteilchenphysik, in Bereichen, die der Anschauung nicht so zugänglich sind, überall werden Phänomene mithilfe von Schwingungs- und Wellenvorstellungen beschrieben.
Schwingungen und Wellen gehören daher zu den grundlegenden Strukturen der Physik. Sie lassen sich am anschaulichsten an mechanischen Beispielen darstellen und mathematisch erfassen.

3.1 Schwingungen

Viele Bewegungsvorgänge können auf Schwingungen zurückgeführt werden. Unter diesen ist die wichtigste die **harmonische Schwingung,** aus der sich alle anderen Schwingungsformen zusammensetzen lassen.

3.1.1 Schwingungsvorgänge und Schwingungsgrößen

Versuch 1: Verschiedene schwingungsfähige Systeme, sogenannte **Oszillatoren,** werden in Bewegung gesetzt (**Abb. 108.1**). ◄

> Führt ein Körper periodische Hin- und Herbewegungen um eine Ruhelage aus, so heißt diese Bewegung **Schwingung.**
> 1. Die Bewegung ist **periodisch,** d.h. die Bewegungszustände wiederholen sich in gleichen Zeitabständen gleich oder ähnlich.
> 2. Die Bewegung verläuft zwischen zwei Umkehrpunkten und durch einen ausgezeichneten Punkt, die **Ruhelage** des Oszillators.

Zur Beschreibung und mathematischen Erfassung der Schwingung dienen folgende Größen:

1. Die **Schwingungsdauer** oder **Periodendauer** T ist die zeitliche Dauer einer vollständigen Schwingung. Werden n vollständige Schwingungen in der Zeit t ausgeführt, so gilt: $T = t/n$.

2. Die **Schwingungszahl** oder **Frequenz** f ist der Quotient aus der Anzahl von n Schwingungen und der dazu benötigten Zeit t: $f = n/t$.
Ihre Einheit ist 1 Hertz: $[f] = 1\,\text{s}^{-1} = 1\,\text{Hz}$. Zwischen der Schwingungsdauer T und der Frequenz f besteht der Zusammenhang $f = 1/T$ bzw. $T = 1/f$.

3. Die **momentane Auslenkung** oder **Elongation** $y(t)$ gibt den Weg an, um den sich der schwingende Körper zur Zeit t aus der Ruhelage entfernt hat.
In der Ruhelage ist die Elongation null. Auslenkungen nach unterschiedlichen Seiten der Ruhelage (Nulllage) werden durch das Vorzeichen unterschieden.

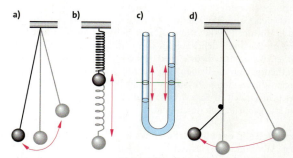

108.1 Beispiele für Schwingungen: **a)** Fadenpendel, **b)** Federpendel, **c)** Wassersäule im U-Rohr, **d)** Galilei-Pendel. Während die Schwingungen in den ersten drei Beispielen symmetrisch zur Ruhelage ablaufen, läuft die Bewegung des Galilei-Pendels nach den beiden Seiten unsymmetrisch ab.

Schwingungen

4. Die **Schwingungsweite** oder **Amplitude** $\hat{y}$ (gelesen „y Dach") ist der Betrag der größten Elongation.

5. Nach dem zeitlichen Verhalten der Amplitude werden zwei Schwingungsformen unterschieden (**Abb. 109.1**):

> Eine Schwingung mit konstanter Amplitude heißt **ungedämpft.** Nimmt die Amplitude mit der Zeit ab, so heißt die Schwingung **gedämpft.**

In den Beispielen der **Abb. 108.1** nimmt die Amplitude am schnellsten bei der schwingenden Wassersäule ab – ihre Schwingung ist stark gedämpft – und am langsamsten beim Fadenpendel – seine Schwingung ist schwach gedämpft. Die Dämpfung entsteht durch den ständigen unvermeidlichen Energieverlust aufgrund von Reibungskräften, die auf die bewegten Körper wirken (→ 3.1.5).

Den genauen Bewegungsablauf einer ungedämpften Schwingung zeigt der folgende Versuch.

Versuch 2: Die Schwingung eines Federpendels wird im computergestützten Messverfahren (**Abb. 109.2**) untersucht. Auf dem Monitor wird die Zeit-Elongation-Funktion grafisch dargestellt.
Beobachtung: Der Graph dieser Funktion ist eine Sinus- (oder Cosinus)-Kurve (**Abb. 109.1**). Er stellt den typischen Verlauf einer „Sinusschwingung" dar. ◄

> „Sinusschwingungen" heißen **harmonische Schwingungen.**

Die Schwingung des Galilei-Pendels (**Abb. 108.1d**) fällt aus dem Rahmen der üblichen Schwingungen: Das Pendel bewegt sich nicht symmetrisch zur Ruhelage.

Die Ursache der Schwingung mit dem periodischen Durchlaufen derselben Bahn in einer Hin- und Herbewegung ist eine Kraft. Sie wirkt, wenn sich das Pendel aus der Ruhelage wegbewegt, der Bewegungsrichtung entgegen, und wenn das Pendel zur Ruhelage hinschwingt, in Bewegungsrichtung und damit immer zur Ruhelage hin.

> Die stets zur Ruhelage hin wirkende Kraft heißt **rücktreibende Kraft.**

In den Beispielen für Schwingungen in **Abb. 108.1** wird die rücktreibende Kraft beim Fadenpendel durch die Schwerkraft, beim Federpendel durch das Zusammenwirken von Schwerkraft und Federkraft, bei der schwingenden Wassersäule und beim Galilei-Pendel ebenfalls durch die Schwerkraft erzeugt.

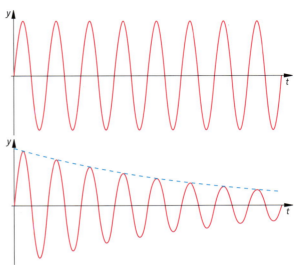

109.1 „Sinusschwingung" oder harmonische Schwingung:
a) Ungedämpfte harmonische Schwingung (Beispiel: Schwingung eines Federpendels im Idealfall)
b) gedämpfte harmonische Schwingung (Beispiel: Schwingung einer Wassersäule)

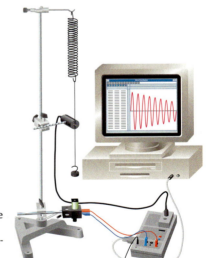

109.2 Mit der computergestützten Messwerterfassung kann die Bewegungsform einer Federschwingung dargestellt werden.

Aufgaben

1. Das Pendel einer Wanduhr macht in 2 Minuten 150 Schwingungen. Berechnen Sie Periodendauer und Frequenz des Pendels. Berechnen Sie die Anzahl der Schwingungen an einem Tag und in einem Jahr.
2. Zwei Pendel mit den Schwingungsdauern $T_1 = 1{,}5$ s und $T_2 = 1{,}6$ s starten gleichzeitig aus der Ruhelage. Berechnen Sie, nach welcher Zeit beide wieder genau gleichzeitig durch die Ruhelage gehen. Bestimmen Sie die Anzahl der Schwingungen jedes Pendels in dieser Zeit.

3.1.2 Gesetze der harmonischen Schwingung

Die Gesetze der harmonischen Schwingung lassen sich experimentell über einen Vergleich mit der Kreisbewegung oder theoretisch unter Anwendung der Grundgleichung der Mechanik herleiten.

Versuch 1: In **Abb. 110.1** bewegt sich ein auf einer Stange befestigter Stift auf einer Kreisbahn. Zugleich schwingt ein Federpendel. Durch Regelung der Drehzahl des Motors und der Amplitude der Pendelschwingung lässt sich erreichen, dass in der Projektion die Schatten des Pendelkörpers und des Stiftes ständig in Deckung bleiben.
Ergebnis: Die Projektion einer gleichförmigen Kreisbewegung auf eine Ebene senkrecht zur Bahnebene und die Bewegung einer Pendelschwingung verlaufen synchron. Die projizierte Kreisbewegung und die Pendelschwingung können also in derselben Weise mathematisch beschrieben werden. ◂

In **Abb. 110.2** bewegt sich ein Punkt im mathematisch positiven Sinn, also entgegen dem Uhrzeigersinn, auf einer Kreisbahn mit dem Radius r. Die Parallelprojektion dieser Kreisbewegung auf die y-Achse ergibt eine Schwingung. Aus **Abb. 110.2** ergibt sich: $y = r \sin \varphi$. Mit $r = \hat{y}$ folgt $y = \hat{y} \sin \varphi$. Der Radiusvektor $\vec{r}$ wird als **Zeiger** der Schwingung bezeichnet.

> Der Winkel φ, den der Radius r zu einem bestimmten Zeitpunkt t mit der positiven x-Achse einschließt, heißt **Phasenwinkel** oder **Phase der Schwingung**. Die Phase kennzeichnet den augenblicklichen Schwingungszustand.

Der Phasenwinkel φ wächst mit der Zeit t: $\varphi = \omega t$. ω ist die Winkelgeschwindigkeit der gleichförmigen Kreisbewegung (→ 1.1.8), für die $\omega = 2\pi/T$ bzw. $\omega = 2\pi f$ gilt. Wird φ in $y = \hat{y} \sin \varphi$ durch ωt bzw. $2\pi f t$ ersetzt, so ergibt sich die Gleichung der Schwingungsbewegung, das Zeit-Elongation-Gesetz (**Abb. 110.3**)

$$y = \hat{y} \sin \omega t, \quad y = \hat{y} \sin \frac{2\pi}{T} t, \quad y = \hat{y} \sin 2\pi f t.$$

> Eine lineare Schwingung, die mit der *Projektion einer gleichförmigen Kreisbewegung* übereinstimmt, heißt **harmonische Schwingung** oder **Sinusschwingung**. Die **Zeit-Elongation-Funktion** der harmonischen Schwingung ist $y = \hat{y} \sin \omega t$.

Radius r, Umlaufzeit T und Frequenz f der Kreisbewegung entsprechen der Amplitude $\hat{y}$, der Periodendauer T und der Frequenz f der Schwingung. Die Winkelgeschwindigkeit $\omega = 2\pi f$ bzw. $\omega = 2\pi/T$ der Kreisbewegung heißt **Kreisfrequenz** der Schwingung.

Auch die Gesetze für die Geschwindigkeit und für die Beschleunigung lassen sich durch die Betrachtung der y-Komponente der entsprechenden Größe bei der gleichförmigen Kreisbewegung gewinnen.

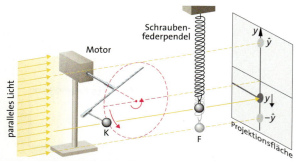

110.1 Die gleichzeitige Projektion einer Pendelschwingung und einer gleichförmigen Kreisbewegung. Im Schattenwurf führen Metallkugel K und Pendelkugel F die gleiche Bewegung aus.

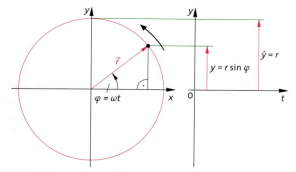

110.2 Die Projektion eines gleichförmig auf einem Kreis umlaufenden Zeigers auf die y-Achse ergibt das Bild einer harmonischen Schwingung. Rechts werden die Ordinaten y über der Zeitachse t aufgetragen.

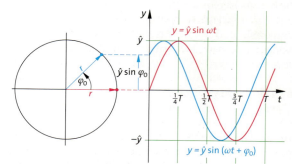

110.3 Zeit-Elongation-Gesetz harmonischer Schwingungen mit der Phasendifferenz φ_0. Die Schwingung $y = \hat{y} \sin(\omega t + \varphi_0)$ (blau) erreicht gleiche Schwingungszustände früher als die Schwingung $y = \hat{y} \sin \omega t$ (rot).

Schwingungen

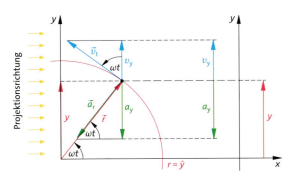

111.1 Werden Radiusvektor $\vec{r}$, Geschwindigkeitsvektor $\vec{v}_t$ und Beschleunigungsvektor $\vec{a}_r$ der Kreisbewegung auf die y-Achse projiziert, so ergeben sich Elongation y, Geschwindigkeit v_y und Beschleunigung a_y der Schwingungsbewegung.

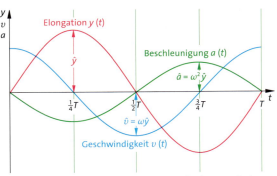

111.2 Darstellung der Bewegungsgesetze der harmonischen Schwingung: Zeit-Elongation-Diagramm (rot), Zeit-Geschwindigkeit-Diagramm (blau) und Zeit-Beschleunigung-Diagramm (grün).

In **Abb. 111.1** sind die Elongation y, die Geschwindigkeit v und die Beschleunigung a einer harmonischen Schwingung aus den vektoriellen Größen der gleichförmigen Kreisbewegung entwickelt. Der Vektor der Bahngeschwindigkeit der Kreisbewegung steht senkrecht zum Radiusvektor bzw. Zeiger der Schwingung; der Vektor der Bahnbeschleunigung ist dem Radiusvektor entgegengesetzt gerichtet. Da die Schwingung eindimensional verläuft, genügt zur Kennzeichnung der Richtung der Schwingungsgrößen das Vorzeichen. Aus **Abb. 111.1** ergibt sich die y-Komponente der Geschwindigkeit $v_y = v \cos \omega t$. Mit $v = 2\pi r/T = \omega r$ folgt $v_y = \omega r \cos \omega t$. Die y-Komponente der Beschleunigung $a_y = -a \sin \omega t$ wird mit $a = \omega^2 r$ umgeformt zu $a_y = -\omega^2 r \sin \omega t$. Mit $r = \hat{y}$ folgen die in **Abb. 111.2** dargestellten

> **Bewegungsgesetze der harmonischen Schwingung**
> Zeit-Elongation-Gesetz $\qquad y = \hat{y} \sin \omega t$
> Zeit-Geschwindigkeit-Gesetz $\quad v = \omega \hat{y} \cos \omega t$
> Zeit-Beschleunigung-Gesetz $\quad a = -\omega^2 \hat{y} \sin \omega t$

Mit dem Zeit-Beschleunigung-Gesetz $a_y = -\omega^2 \hat{y} \sin \omega t$ lässt sich auch die **rücktreibende Kraft** angeben, die auf den schwingenden Körper der Masse m wirkt und ständig zur Ruhelage hin (zurück) gerichtet ist. Nach der Grundgleichung der Mechanik $F = m a$ (→ 1.2.5) ergibt sich für sie $F_y = -m \omega^2 \hat{y} \sin \omega t$. Wird $y = \hat{y} \sin \omega t$ und $m \omega^2 = D$ gesetzt, so ist die rücktreibende Kraft der harmonischen Schwingung $F = -D y$ mit $D = m \omega^2$.

Diese Gleichung sagt aus, dass die rücktreibende Kraft bei der harmonischen Schwingung der Elongation entgegengerichtet und ihr Betrag proportional zum Betrag der Elongation ist. Der Proportionalitätsfaktor D trägt die Bezeichnung **Richtgröße** oder **Direktionsgröße**. Seine Einheit ist $[D] = 1$ N/m. Die Richtgröße D entspricht der **Federkonstanten** des Hooke'schen Gesetzes,

für das gilt $F = -D y$ (→ 1.2.6). Mit der Gleichung $D = m \omega^2$ ist auch der Zusammenhang zwischen Richtgröße D und Kreisfrequenz ω bzw. Frequenz f und Schwingungsdauer T hergestellt:

$$\omega = \sqrt{D/m} \quad \text{bzw.} \quad T = 2\pi \sqrt{m/D} \quad \text{und} \quad f = \frac{1}{2\pi}\sqrt{D/m}$$

Damit ergibt sich eine zweite Definition der harmonischen Schwingung:

> Für die **harmonische Schwingung** gilt zwischen rücktreibender Kraft F und Auslenkung y das lineare Kraftgesetz $F = -D y$. Mit Richtgröße D und Masse m des schwingenden Körpers ist die Kreisfrequenz der Schwingung $\omega = \sqrt{D/m}$ und nach $\omega = 2\pi/T$ bzw. $\omega = 2\pi f$ die Schwingungsdauer $T = 2\pi \sqrt{m/D}$ und die Frequenz $f = \frac{1}{2\pi}\sqrt{D/m}$.

Nicht jede Schwingung beginnt zum Zeitpunkt $t = 0$ mit der Elongation $y = 0$ (**Abb. 110.3**, rote Kurve). Hat die Schwingung zur Zeit $t = 0$ bereits die Phase φ_0 erreicht, so wird sie durch die Gleichung $y = \hat{y} \sin(\omega t + \varphi_0)$ beschrieben (grüne Kurve).

Die beiden frequenzgleichen Kurven in **Abb. 110.3** sind zeitlich verschobene oder „phasenverschobene" Sinuskurven: Sie unterscheiden sich durch die Phasendifferenz $\Delta\varphi = \varphi_0$. Sie erreichen z. B. ihre größte Elongation oder ihren Ausgangswert im zeitlichen Abstand von $\Delta t = \Delta\varphi/\omega$. So entspricht der Phasendifferenz $\Delta\varphi = \pi/2$ mit $\omega = 2\pi/T$ die Zeitdifferenz

$$\Delta t = \frac{\pi}{2} \bigg/ \frac{2\pi}{T} = \frac{T}{4}.$$

> Die **Phasendifferenz** zweier gleichfrequenter Schwingungen ist der Phasenwinkel $\Delta\varphi$, um den beide Schwingungen gegeneinander verschoben sind. $\Delta\varphi$ entspricht der Zeit $\Delta t = \Delta\varphi/\omega$.

Schwingungen

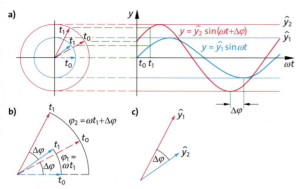
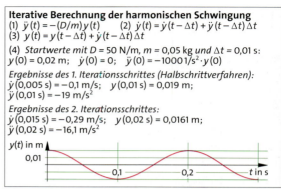

112.1 a) Konstruktion des Zeit-Elongation-Diagramms zweier Schwingungen gleicher Frequenz mit der Phasendifferenz $\Delta\varphi$
b) beide Zeiger in der Stellung t_0 und t_1
c) das „Zeigerdiagramm" beider Schwingungen

112.2 Halbschrittverfahren zur Lösung der Schwingungsgleichung. Die Gleichungen (1), (2) und (3) beschreiben die Umsetzung der Differentialgleichung in das Halbschrittverfahren, (4) die Startwerte.

Zeigerdarstellung der harmonischen Schwingung

Elongation, Geschwindigkeit und Beschleunigung einer harmonischen Schwingung können mithilfe der mit $\omega = 2\pi f$ rotierenden Radiusvektoren oder Zeiger, die den Amplituden der Schwingungsgrößen entsprechen, konstruiert werden (→ **Abb. 111.1**). Darauf beruht die

> **Zeigerdarstellung:** Bei bekannter Kreisfrequenz genügt allein die Kenntnis des Zeigers zur Beschreibung einer Schwingungsgröße. Mehrere Zeiger ein- und derselben Schwingungsgröße werden, von einem Punkt ausgehend, mit dem Phasenwinkel zwischen ihnen aufgetragen (**Abb. 112.1c**).

Das **Zeigerdiagramm** eignet sich besonders zur Darstellung von Phasendifferenzen (**Abb. 112.1c**) und zur Ermittlung der Resultierenden von Schwingungsgrößen durch vektorielle Addition ihrer Zeiger (→ 3.2).
Das Zeigerdiagramm der **Abb. 112.1c** besteht aus den beiden Zeigern $\hat{y}_1$ und $\hat{y}_2$ sowie der Phasendifferenz $\Delta\varphi$ als Winkel zwischen ihnen. Die Größen ergeben sich aus der Konstruktion in **Abb. 112.1a), b)** für die Zeit t_1 mit den Winkeln $\varphi_1 = \omega t_1$ und $\varphi_2 = \omega t_1 + \Delta\varphi$.

Differentialgleichung der harmonischen Schwingung

Für die harmonische Schwingung gilt $F = -Dy$. Nach dem Grundgesetz der Mechanik ist $F = ma$. Somit ergibt sich die *Schwingungsgleichung* $ma(t) = -Dy(t)$ und mit $a(t) = \dot{v}(t) = \ddot{y}(t)$ die zu lösende *Differentialgleichung*

$$\ddot{y}(t) = -(D/m)y(t) \quad \text{oder} \quad \ddot{y}(t) = -Cy(t), \qquad (1)$$

für die sich als Lösung eine Gleichung angeben lässt (s. u.), die aber auch iterativ wie in **Abb. 112.2** ermittelt werden kann.

$\ddot{y}(t) = -(D/m)y(t)$ ist eine Differentialgleichung 2. Ordnung (→ S. 117). Ihre Lösung ist nach → S. 117 mit $C = D/m$

$$y(t) = y_0 \sin\sqrt{D/m}\, t.$$

$y_0 = \hat{y}$ ist die Amplitude der Schwingung, sie ist beliebig wählbar. Die Bedeutung von $\sqrt{D/m}$ folgt aus der Überlegung, dass für die Zeit T einer vollständigen Schwingung $\sqrt{D/m}\, T = 2\pi$ sein muss.
Damit gilt für die Schwingungsdauer

$$T = 2\pi\sqrt{m/D}.$$

Das Zeit-Elongation-Gesetz der harmonischen Schwingung lautet folglich

$$y(t) = \hat{y}\sin\omega t \quad \text{mit} \quad \omega = \sqrt{D/m} \quad \text{und} \quad T = 2\pi\sqrt{m/D}.$$

Aufgaben

1. Eine harmonische Schwingung hat die Amplitude $\hat{y} = 10$ cm und die Periodendauer $T = 2{,}0$ s.
   a) Stellen Sie die Werte der Elongation, Geschwindigkeit und Beschleunigung für die Zeiten $t = nT/8$ (für $n = 0, 1, ..., 8$) in einer Tabelle zusammen.
   b) Zeichnen Sie die Graphen der drei Größen in Abhängigkeit von der Zeit (Maßstab $T \triangleq 12$ cm).

2. Die Elongation eines harmonischen Oszillators beträgt 0,2 s nach dem Nulldurchgang $y = 4$ cm. Die Amplitude ist 6 cm. Berechnen Sie Frequenz und Periodendauer.

*3. Berechnen Sie die Zeiten, zu denen nach dem Nulldurchgang die Elongation einer harmonischen Schwingung mit $\hat{y} = 5$ cm und $f = 0{,}4$ Hz die Werte **a)** $y_1 = 8$ mm, **b)** $y_2 = 2$ cm, **c)** $y_3 = 4$ cm erreicht.

4. Zeigen Sie, dass auch die Zeit-Elongation-Funktion $y = \hat{y}\cos(\omega t + \alpha)$ die Differentialgleichung $m\ddot{y} = -Dy$ erfüllt.

5. Ein harmonischer Oszillator mit $T = 2$ s erreicht zur Zeit $t = 0{,}4$ s die Amplitude $\hat{y} = 5$ cm. Berechnen Sie die Phase φ_0 und die Elongation $y(0)$ für $t = 0$.

3.1.3 Die Energie des harmonischen Oszillators

Für einen Oszillator ist die Ruhelage eine Lage stabilen Gleichgewichts. Wird der Oszillator zur Anregung einer Schwingung aus dieser Lage ausgelenkt, so muss gegen die rücktreibende Kraft $F = -Dy$ Energie zugeführt werden. Dadurch nimmt die potentielle Energie des Systems zu. Sie liegt beim Federpendel durch das Dehnen oder Zusammendrücken der Feder als Spann- oder Federenergie und beim Fadenpendel oder bei der Wassersäule im U-Rohr durch Anheben des Körpers gegen die Schwerkraft als Lageenergie vor (→ **Abb. 108.1**). Die potentielle Energie des Oszillators hat in der Ruhelage ihr Minimum und erreicht in den Umkehrpunkten ihren größten Wert.

Wird der Körper in der Endlage losgelassen, so wird er beschleunigt und erhält mit der Geschwindigkeit v kinetische Energie E_{kin}. Beim Durchgang durch die Nulllage erreichen v und E_{kin} ihr Maximum und in der Endlage ihr Minimum.

Die **potentielle Energie** des harmonischen Oszillators zu einem beliebigen Zeitpunkt t errechnet sich aus der Energie, die beim Verschieben des Schwingers aus der Gleichgewichtslage bis zu der augenblicklichen Auslenkung gegen die rücktreibende Kraft $F = -Dy$ zuzuführen ist. Sie beträgt $E = \frac{1}{2}Dy^2$ (→ 1.3.2), sodass sich mit dem Term $y = \hat{y}\sin\omega t$ für die Elongation ergibt

$$E_{pot} = \tfrac{1}{2}Dy^2 = \tfrac{1}{2}D\hat{y}^2 \sin^2\omega t.$$

In der Gleichgewichtslage ist die potentielle Energie null, in den Umkehrpunkten maximal (**Abb. 113.1 b**).

Die **kinetische Energie** des harmonischen Oszillators zu einem beliebigen Zeitpunkt t ergibt sich aus der Geschwindigkeit $v = \omega\hat{y}\cos\omega t$ und $m\omega^2 = D$ zu

$$E_{kin} = \tfrac{1}{2}mv^2 = \tfrac{1}{2}m\omega^2\hat{y}^2\cos^2\omega t = \tfrac{1}{2}D\hat{y}^2\cos^2\omega t$$

oder mit $\cos^2\omega t = 1 - \sin^2\omega t$ und $y = \hat{y}\sin\omega t$ zu

$$E_{kin} = \tfrac{1}{2}D(\hat{y}^2 - y^2).$$

In der Nulllage hat die kinetische Energie ein Maximum, in den Umkehrpunkten ist sie null.
Die Summe der beiden Energieanteile, die **Gesamtenergie**, ist konstant (**Abb. 113.1 a**):

$$E_{pot} + E_{kin} = \tfrac{1}{2}Dy^2 + \tfrac{1}{2}D(\hat{y}^2 - y^2) = \tfrac{1}{2}D\hat{y}^2 = \tfrac{1}{2}m\omega^2\hat{y}^2$$

> Die **potentielle und die kinetische Energie eines harmonischen Oszillators** wandeln sich periodisch ineinander um. Die Gesamtenergie ist konstant. Sie kann als maximale potentielle oder maximale kinetische Energie angegeben werden.

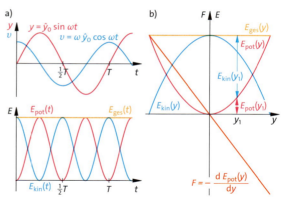

113.1 Harmonischer Oszillator. **a)** Elongation, Geschwindigkeit und darunter die zugehörigen Energieverhältnisse in Abhängigkeit von der Zeit; **b)** rücktreibende Kraft und Energieverhältnisse in Abhängigkeit von der Elongation

> Die Gesamtenergie ist proportional zum Quadrat der Amplitude $\hat{y}$ und zum Quadrat der Frequenz ω:
> $$E_{ges} = \tfrac{1}{2}D\hat{y}^2 = \tfrac{1}{2}m\omega^2\hat{y}^2 = \tfrac{1}{2}m\hat{v}^2$$

Der Graph der potentiellen Energie (**Abb. 113.1 b**) wird in anschaulicher Weise als **Potentialmulde** bezeichnet. Der Oszillator bewegt sich modellhaft im (roten) Parabelsegment der potentiellen Energie wie in einer Mulde „schwingend" hin und her.

Dieser Zusammenhang zwischen dem Verlauf der potentiellen Energie und der Kraft auf den Körper drückt sich auch mathematisch aus: Wie ein Vergleich mit den Termen für die potentielle Energie und die rücktreibende Kraft bestätigt, gilt zwischen potentieller Energie und rücktreibender Kraft die Beziehung

$$F = -\frac{dE_{pot}(y)}{dy} = -E'_{pot}(y) = -Dy;$$

die Kraft ist gleich der negativen Ableitung der potentiellen Energie nach y.

▬ Aufgaben

1. **a)** Berechnen Sie die kinetische, die potentielle und die gesamte Energie der harmonischen Schwingung mit der Amplitude $\hat{y} = 10$ cm, der Periodendauer $T = 2{,}0$ s und der Masse des Pendelkörpers $m = 0{,}5$ kg für die Zeiten $t = nT/8$ (für $n = 0, 1, …, 8$).
   b) Fertigen Sie eine Zeichnung der genannten Energien als Funktion der Zeit bzw. als Funktion der Auslenkung an.
2. Berechnen Sie die maximale kinetische und die maximale potentielle Energie des harmonischen Oszillators mit der Masse $m = 0{,}5$ kg in Aufgabe 2, S. 112.

Schwingungen

3.1.4 Beispiele harmonischer Schwingungen

Versuch 1 – Schwerependel: Mit einem Pendel veränderlicher Länge l und Masse m wird die Abhängigkeit der Schwingungsdauer T von der Pendellänge, der Masse und der Amplitude untersucht. Die Messungen liefern bei kleinen Auslenkungen folgendes Ergebnis:

> Die Schwingungsdauer T eines Schwerependels ist unabhängig von der Masse m und unabhängig von der Amplitude $\hat{y}$. Jedoch wächst die Schwingungsdauer mit der Pendellänge l, und zwar ist T proportional zu der Quadratwurzel aus l: $T \sim \sqrt{l}$. ◄

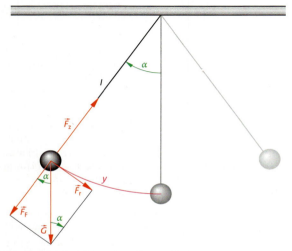

114.1 Kräfte am Schwerependel. Die rücktreibende Kraft ist die Komponente der Gewichtskraft tangential zur Pendelbahn: $F_r \sim y$. Sie ergibt sich aus der Zerlegung der Gewichtskraft G.

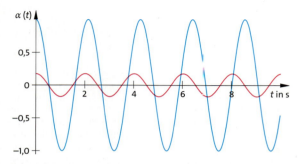

114.2 Zeitlicher Verlauf zweier ungedämpfter Schwingungen eines Pendels mit der Auslenkung von 10° (rot), in Bogenmaß $\alpha = 0{,}17$, und 60° (blau), $\alpha = 1{,}05$. Die Unterschiede in der Schwingungsdauer sind offensichtlich. Exakt wird die Pendelbewegung durch die Differentialgleichung $d^2\alpha/dt^2 + (g/l)\sin\alpha = 0$ beschrieben.

Bei einem Schwerependel wird die rücktreibende Kraft F_r von der Gewichtskraft G des angehängten Körpers erzeugt. Um sie zu berechnen, wird die Gewichtskraft G nach **Abb. 114.1** in zwei Komponenten zerlegt. Die Komponente F_F in Richtung des Fadens wird durch seine Spannkraft F_z kompensiert. Die Komponente F_r tangential an den Kreisbogen ist der Elongation $y = l\alpha$, die in diesem Fall ein Kreisbogen ist, entgegengerichtet. Sie ist die *rücktreibende* Kraft, für die gilt

$$F_r = -G \sin\alpha.$$

Mit $y = l\alpha$ (α in Bogenmaß → 1.1.8) wird

$$\frac{F_r}{y} = -\frac{G}{l} \frac{\sin\alpha}{\alpha}.$$

Für kleine Winkel α ist $\sin\alpha \sim \alpha$ und es kann näherungsweise $\sin\alpha/\alpha = 1$ gesetzt werden. So ist zum Beispiel für $\alpha < 0{,}17$ im Bogenmaß, entsprechend 10° im Gradmaß, der Unterschied zwischen $\sin\alpha$ und α kleiner als 0,5 %. Bei Auslenkungen mit Winkeln $\alpha < 0{,}17$ kann auch der Bogen y in **Abb. 114.1** angenähert als linear betrachtet werden. Daraus folgt

$$F_r = -\frac{G}{l} y = -\frac{mg}{l} y = -Dy.$$

> Für kleine Winkel α ist die rücktreibende Kraft F_r der Elongation y proportional, sodass die Schwingung des Schwerependels harmonisch ist.

Aus der Gleichung für die rücktreibende Kraft F_r ergibt sich der Proportionalitätsfaktor zu y als $D = mg/l$. Mit der Formel für die Dauer einer harmonischen Schwingung (→ 3.1.2) $T = 2\pi\sqrt{m/D}$ folgt

$$T = 2\pi\sqrt{l/g}.$$

Diese Herleitung gilt jedoch nur für kleine Auslenkungen (**Abb. 114.2**), wenn weiter die Masse des Fadens gegenüber der Masse des Pendelkörpers vernachlässigt und die Pendelmasse als punktförmig angenommen wird. Ein solches Pendel heißt **mathematisches Pendel**.

> Ein **Schwerependel** schwingt bei hinreichend kleiner Auslenkung harmonisch; seine Periodendauer ist $T = 2\pi\sqrt{l/g}$.

Die Periodendauer T und die Pendellänge l lassen sich im Experiment genau bestimmen. Daher eignet sich das Schwerependel gut zur Bestimmung der Erdbeschleunigung g. Auf diese Weise hat in großem Umfang zuerst der Königsberger Astronom und Mathematiker Bessel 1826 die Abhängigkeit der Erdbeschleunigung von der geografischen Breite nachgewiesen. Sie nimmt an der Erdoberfläche vom Äquator zu den Polen hin kontinuierlich zu (→ 1.1.5 und S. 91).

Schwingungen

Versuch 2 – Federpendel: An das untere Ende einer elastischen Schraubenfeder wird ein geeigneter Körper gehängt. Durch die Gewichtskraft G auf den Körper dehnt sich die Feder, bis die Gleichgewichts- bzw. Ruhelage erreicht ist. Wird der Pendelkörper in vertikaler Richtung nach unten oder nach oben aus der Ruhelage gebracht und losgelassen, so schwingt er um die Ruhelage (**Abb. 115.1**).

Erklärung: Durch eine zusätzliche Dehnung der Feder über die Gleichgewichtslage hinaus wird der Betrag der Federkraft F_s größer als die Gewichtskraft G auf den Pendelkörper. Oberhalb der Gleichgewichtslage ist es umgekehrt. Die Summe der beiden Kräfte ergibt unter Berücksichtigung ihrer Richtungen die rücktreibende Kraft. Die Federkraft F_s wirkt nach oben, die Gewichtskraft G nach unten. ◂

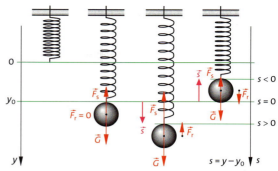

115.1 Kräfte am Federpendel. Die rücktreibende Kraft $\vec{F}_r$ ist die Summe aus Gewichtskraft $\vec{G}$ und Federkraft $\vec{F}_s$: $\vec{F}_r = \vec{F}_s + \vec{G}$. In der Ruhelage ist $\vec{F}_r = 0$. Rücktreibende Kraft $\vec{F}_r$ und Auslenkung $\vec{s}$ aus der Ruhelage sind einander entgegengerichtet.

Nach dem Hooke'schen Gesetz (→ 1.2.6) ist die Verlängerung y innerhalb der Elastizitätsgrenzen der Federkraft proportional. Unter Berücksichtigung der Richtungen von y (nach unten positiv gerechnet) und der Federkraft F_s gilt

$$F_s = -Dy.$$

Hängt ein Körper der Masse m an der Feder, so sind in der Gleichgewichtslage bei $y = y_0$ Gewichtskraft und Federkraft gleich groß: $G = mg = Dy_0$ (g und y_0 haben gleiche Richtung).

Ist die Feder mit angehängtem Körper über die Gleichgewichtslage hinaus gedehnt, so wirkt die rücktreibende Kraft

$$F_r = F_s + G = -Dy + mg = -Dy + Dy_0,$$
$$F_r = -D(y - y_0).$$

Mit $(y - y_0) = s$ folgt

$$F_r = -Ds.$$

Dieselben Gleichungen gelten auch für den Fall, dass der Körper sich oberhalb der Gleichgewichtslage befindet. Dann ist jedoch $(y - y_0)$ negativ und die rücktreibende Kraft nach unten gerichtet. Damit gilt für die rücktreibende Kraft F_r beim Federpendel ebenfalls ein lineares Kraftgesetz.

> Das Federpendel mit der Pendelmasse m und der Federkonstanten D vollführt um seine Ruhelage harmonische Schwingungen mit der Periodendauer
> $T = 2\pi\sqrt{m/D}$.

Die Herleitung berücksichtigt nicht den Einfluss der Federmasse und gilt deshalb nur, wenn diese gegenüber der Masse des Pendelkörpers vernachlässigt werden kann.

Aufgaben

1. Eine Kugel der Masse $m = 2{,}0$ kg hängt an einem leichten Faden der Länge $l = 2{,}40$ m (Schwerependel).
   a) Berechnen Sie die Periodendauer T für einen Ort, an dem die Erdbeschleunigung $g = 9{,}81$ m/s² beträgt.
   b) An einem anderen Ort wird mit demselben Pendel die Schwingungsdauer $T = 3{,}12$ s gemessen. Berechnen Sie die dortige Erdbeschleunigung.
2. Die Länge eines Sekundenpendels – das ist ein Pendel, das für eine Halbschwingung eine Sekunde braucht – beträgt am Äquator $l_1 = 99{,}09$ cm, am Pol $l_2 = 99{,}61$ cm und auf 45° Breite $l_3 = 99{,}35$ cm. Berechnen Sie die zugehörigen Erdbeschleunigungen.
3. Ein Federpendel ($D = 380$ N/m) schwingt mit der Frequenz $f = 8$ Hz. Berechnen Sie die Masse m des Pendelkörpers.
4. Bei einem Federpendel erhöht sich die Periodendauer T um 10 %, wenn die angehängte Masse m um $\Delta m = 50$ g vergrößert wird. Berechnen Sie die ursprüngliche Masse m.
*5. Ermitteln Sie die Periodendauer, wenn bei gleicher Masse m zwei Federn mit den Konstanten D_1 und D_2 aneinandergehängt werden. (Berechnen Sie zuerst die Federkonstante der Kombination.)
*6. Eine an einer Feder hängende Kugel ($m = 2{,}0$ kg), die um 2,0 cm nach unten ausgelenkt und dann sich selbst überlassen wurde, schwingt mit der Frequenz $f = 4$ Hz.
   a) Berechnen Sie die Richtgröße D der Feder.
   b) Ermitteln Sie, wie weit sich die Feder dehnt, wenn die Kugel vor Beginn der Schwingung angehängt wird.
   c) Berechnen Sie die Kraft, die auf die Kugel in den Umkehrpunkten der Schwingung wirkt.
*7. In einem U-Rohr konstanten Querschnitts befindet sich eine Flüssigkeitssäule der Gesamtlänge l. Berechnen Sie die Periodendauer der Schwingung, die entsteht, wenn kurz in das eine Rohrende geblasen wird. Zeigen Sie, dass die Periodendauer nur von der Länge der Flüssigkeitssäule abhängt. (*Hinweis:* Betrachten Sie den Schwingungszustand, in dem die Flüssigkeitssäule in dem einen Rohr z. B. um die Strecke y_0 gestiegen, in dem anderen dann um die Strecke y_0 gesunken ist, und bestimmen Sie die rücktreibende Kraft.)

Schwingungen

3.1.5 Die gedämpfte harmonische Schwingung

In der Realität wird bei jedem Schwingungsvorgang einem schwingenden System durch Reibung verschiedenster Art Energie entzogen. Dadurch wird die Amplitude ständig kleiner. Eine freie, d.h. sich selbst überlassene Schwingung kommt deshalb immer nach einiger Zeit zur Ruhe.

> Jede freie Schwingung ist gedämpft, da der Oszillator Energie an die Umgebung abgibt.

Versuch 1 – Drehpendel: Bei einem Drehpendel (**Abb. 116.1**) kann die Dämpfung durch eine elektrische Wirbelstrombremse in einem weiten Bereich variiert werden. Das Drehpendel wird ausgelenkt und dann sich selbst überlassen. Die Schwingungen werden im computergestützten Messwerterfassungssystem aufgezeichnet, ausgewertet und grafisch dargestellt (**Abb. 116.2**). ◂

Ergebnis: Die Verringerung der Amplituden ist durch folgende Gesetzmäßigkeiten gekennzeichnet:
1. Der Quotient $y_{n+1} : y_n$ zweier aufeinanderfolgender Amplituden ist konstant. Das gilt auch für Amplituden, die nach jeweils einer bestimmten Anzahl von Schwingungen aufeinanderfolgen, d. h. für $y_{n+k} : y_n$ mit k = konstant.
2. Die Zeit, in der die Amplituden jeweils auf die Hälfte ihres willkürlich gewählten Anfangswertes sinken, ist ebenfalls konstant. Die Zeit heißt **Halbwertszeit** der Schwingung.

Abb. 116.2 zeigt oben das Zeit-Elongation-Diagramm der aufgenommenen gedämpften Schwingung. Wird der natürliche Logarithmus $\ln\{\hat{y}\}$ des Zahlenwertes der Amplituden in Abhängigkeit von der Zeit t dargestellt, so ergibt sich eine Gerade (**Abb. 116.2 unten**). Die Gleichung dieser Geraden heißt

$$\ln\{\hat{y}\} = \ln\{\hat{y}_0\} - kt.$$

Durch Entlogarithmieren ergibt sich

$$\hat{y} = \hat{y}_0 e^{-kt}.$$

Diese Exponentialfunktion beschreibt die zeitliche Abnahme der Amplituden der gedämpften Schwingung. Die Größe k im Exponenten heißt *Dämpfungskonstante*. Sie ist ein Maß für die Abnahme der Amplitude mit der Zeit.

> Eine **gedämpfte harmonische Schwingung** wird durch die Gleichung $y = \hat{y}_0 e^{-kt} \cos \omega t$ beschrieben. Dabei ist k die Dämpfungskonstante.

Eine gedämpfte Schwingung ist ein **Abklingvorgang,** wie er für viele Naturereignisse typisch ist, bei dem das physikalische System – hier der Oszillator – in ständigem Energieaustausch mit der Umgebung steht. Solange die Dämpfung nicht zu groß ist, stimmt die Periodendauer der gedämpften Schwingung mit der der ungedämpften überein.

In vielen praktischen Anwendungen, z. B. bei der Federung von Fahrzeugen, wird die Dämpfung mithilfe der Stoßdämpfer so eingestellt, dass das schwingungsfähige System möglichst schnell und ohne Schwingungen in seine Ruhelage zurückkehrt.

116.1 Bei dem Drehpendel kann die Dämpfung über weite Bereiche mit einer elektromagnetischen Wirbelstrombremse eingestellt und die Messung computerunterstützt erfasst werden.

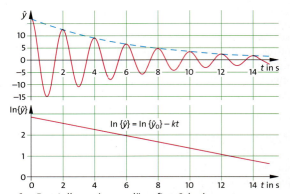

116.2 Darstellung einer gedämpften Schwingung: oben: Zeit-Elongation-Diagramm; unten: logarithmische Darstellung des Zeit-Amplituden-Diagramms.

Aufgaben

*1. Im Schattenwurf wird die Amplitude $\hat{y}$ der 1., 50., 100., ... Schwingung mit der Periodendauer T = 0,8 s gemessen.

n	1	50	100	150	200	250	300
$\hat{y}$ in cm	5,0	4,0	3,2	2,6	2,2	1,7	1,4

a) Ermitteln Sie die Dämpfungskonstante k aus der Darstellung des natürlichen Logarithmus der Amplitude.
b) Berechnen Sie aus den Versuchsdaten die Halbwertszeit der Schwingung.

2. Die Anfangsamplituden der 3. und 4. Schwingung eines Pendels betragen 8 cm bzw. 7 cm. Berechnen Sie die Amplitude bei Beginn der Schwingung.

*3. Die Amplitude der 10. Schwingung eines gedämpften Oszillators ist halb so groß wie die Amplitude der 1. Schwingung. Ermitteln Sie, bei welcher Schwingung die Amplitude ein Zehntel des Anfangswertes beträgt.

*4. Die Differentialgleichung einer gedämpften Schwingung lautet $m\ddot{y}(t) + k\dot{y}(t) + Dy(t) = 0$. Schreiben Sie für die Werte m = 0,05 kg, D = 50 kg/s², k = 1,3 kg/s ein Programm, das iterativ die Zeit-Elongation-Funktion berechnet und zeichnet. Variieren Sie k.

Schwingungen

Methode

Differentialgleichungen in der Physik

Viele Vorgänge der Physik werden durch Differentialgleichungen beschrieben, d. h. durch Gleichungen, in denen eine gesuchte Funktion und ihre Ableitungen miteinander verknüpft sind. Die Schwingungsgleichung (→ S. 112) ist ein Beispiel. Die exakte Lösung einer Differentialgleichung erfolgt je nach dem Gleichungstyp fast immer nach demselben Lösungsschema, das für zwei Arten von Differentialgleichungen hier vorgestellt wird.

Lösung der Differentialgleichung

- In einer **Differentialgleichung 1. Ordnung** ist die gesuchte Funktion $y(t)$ ihrer 1. Ableitung $\dot{y}(t)$ proportional:

$$\dot{y}(t) = -C y(t) \text{ mit } C \text{ konstant}$$

Sie hat als Lösung die e-Funktion

$$y(t) = y_0 e^{-Ct} \text{ mit } y_0, C \text{ konstant,}$$

denn mit ihrer Ableitung $\dot{y}(t) = -C y_0 e^{-Ct}$ ist die angenommene Lösungs-Funktion $y(t) = y_0 e^{-Ct}$ ihrer 1. Ableitung proportional, wie in der Ausgangsgleichung verlangt.
Die Lösungsfunktion hat eine besondere Eigenschaft. Der Quotient zweier in gleichen Zeitabständen aufeinanderfolgender Funktionswerte ist konstant. Aus

$$y(t + \Delta t) = y_0 e^{-C(t+\Delta t)} \text{ und } y(t) = y_0 e^{-Ct} \text{ folgt}$$

$$\frac{y(t + \Delta t)}{y(t)} = \frac{y_0 e^{-C(t+\Delta t)}}{y_0 e^{-Ct}} \text{ oder } \frac{y(t + \Delta t)}{y(t)} = e^{-C\Delta t}.$$

Der Quotient zweier im Zeitabstand Δt aufeinanderfolgender Funktionswerte hängt nur von dem Zeitabstand Δt ab. Anders formuliert: Funktionswerte, die in gleichen Zeitabständen aufeinanderfolgen, verringern sich stets um den gleichen Faktor. Damit beschreibt die Lösungsfunktion der Differentialgleichung 1. Ordnung einen typischen *Abklingvorgang*, der für viele physikalische Vorgänge kennzeichnend ist. Ein Beispiel ist die gedämpfte Schwingung (→ 3.1.5).

- In einer **Differentialgleichung 2. Ordnung** ist die gesuchte Funktion $y(t)$ proportional zu ihrer 2. Ableitung $\ddot{y}(t)$:

$$\ddot{y}(t) = -C y(t) \text{ mit } C \text{ konstant}$$

Je nach der Anfangsbedingung ist ihre Lösung

$$y(t) = y_0 \sin \sqrt{C} t \text{ oder } y(t) = y_0 \cos \sqrt{C} t \text{ mit } y_0, C \text{ konstant,}$$

denn es ist $\dot{y}(t) = \sqrt{C} y_0 \cos \sqrt{C} t$ und $\ddot{y}(t) = -C y_0 \sin \sqrt{C} t$.
Also ist $\ddot{y}(t) \sim y(t)$.

Gleichungen der gedämpften Schwingung

Die harmonische Schwingung, für die die Differentialgleichung 2. Ordnung $\ddot{y}(t) = -(D/m) y(t)$ (→ S. 112) gilt, ist ein Idealfall. In Wirklichkeit treten immer Reibungskräfte auf. Durch Reibung wird ein Teil der Schwingungsenergie in thermische Energie verwandelt. Die Amplituden der Schwingung nehmen ständig ab, und zwar so lange, bis keine Schwingungsenergie mehr vorhanden ist. Drei Versuchsbeispiele zeigen die Abbildungen unten:

a) Die konstante Reibungskraft F_R wirkt entgegen der Beschleunigung: $\ddot{y}(t) + F_R/m = -(D/m) y(t)$. Die Amplituden nehmen linear ab. Im Versuchsbeispiel reibt der Pendelstab eines Oszillators der Masse m an einem feststehenden Rundstab.

b) Die Reibungskraft ist proportional zur Geschwindigkeit: $F_R = k v$. Die Differentialgleichung lautet dann $\ddot{y}(t) + (k/m) \dot{y}(t) = -(D/m) y(t)$. Die Amplituden nehmen exponentiell ab. Im Versuchsbeispiel bewegt sich eine Bleikugel im Wasser.

c) Als Reibungskraft wirkt die Luftwiderstandskraft, die proportional dem Quadrat der Geschwindigkeit ist: $F_R = b v^2$, mit der Differentialgleichung $\ddot{y}(t) + (b/m) \dot{y}^2(t) = -(D/m) y(t)$. Die Amplituden nehmen in Form einer Hyperbel ab.
Im Versuchsbeispiel schwingt eine Styroporplatte in Luft.

Geschlossene Lösungen, d. h. Lösungen in Gleichungsform für $y(t)$ für die Gleichung der gedämpften Schwingung, sind ohne höheren mathematischen Aufwand nicht möglich. Näherungslösungen lassen sich aber z. B. in konkreten Fällen bei Eingabe geeigneter Werte im Iterationsverfahren berechnen.

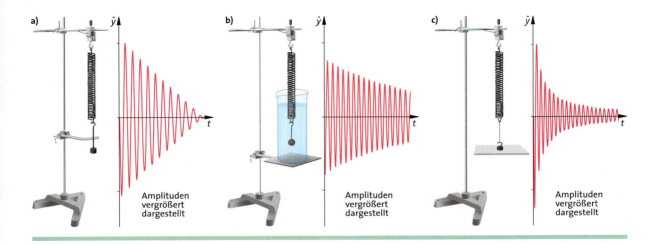

a) Amplituden vergrößert dargestellt
b) Amplituden vergrößert dargestellt
c) Amplituden vergrößert dargestellt

Überlagerung von Schwingungen

3.2 Überlagerung von Schwingungen

In vielen Fällen sind an der Entstehung einer periodischen Bewegung mehrere Schwingungen beteiligt, die sich je nach ihrer Frequenz, Amplitude, Phase und Schwingungsrichtung überlagern.

3.2.1 Überlagerung zweier harmonischer Schwingungen

Versuch 1: Zwei Stimmgabeln (1700 Hz), von denen eine durch Erwärmen verstimmt wird, werden gleichzeitig angeschlagen.
Beobachtung: Es entsteht nur ein Ton mit charakteristischem An- und Abschwellen der Lautstärke. Wird dieser Ton über ein Mikrofon auf ein Oszilloskop gegeben, so zeigt sich eine Schwingung, deren Amplitude periodisch schwankt (**Abb. 118.1c**). Diese Schwingung mit der typisch schwankenden Amplitude als Folge der Überlagerung der beiden ursprünglichen Schwingungen (**Abb. 118.1a, b**), heißt *Schwebung*. ◂

Versuch 2: In **Abb. 118.2** übertragen zwei gleichfrequente Pendel ihre Schwingungen auf einen an einer Rolle hängenden schwingungsfähigen Pendelkörper.
Beobachtung: **1.** Wird ein Pendel allein angestoßen, so schwingt der an der Rolle hängende Pendelkörper mit gleicher Amplitude wie das angestoßene Pendel.
2. Werden beide Pendel gleichzeitig nach derselben Seite ausgelenkt und gestartet, so ist die Amplitude der Schwingung des Pendelkörpers gegenüber dem ersten Fall verdoppelt.
3. Werden die beiden Pendel gleich weit, aber in entgegengesetzten Richtungen ausgelenkt und gestartet, so bewegt sich der Pendelkörper (fast) gar nicht. ◂

Erklärung: Das Ergebnis der Überlagerung hängt offenbar von der Phasendifferenz zwischen beiden Schwingungen ab. Wenn sich beide Schwingungen ständig im gleichen Schwingungszustand befinden, so verstärken sich die Schwingungen. Schwingen sie beide gleichzeitig in entgegengesetzter Richtung durch die Nulllage, so schwächen sie sich extrem.

Dies lässt sich besonders gut mithilfe einer Zeigerdarstellung der Schwingungen verstehen (**Abb. 119.1**):
In **Abb. 119.1a)** haben beide Zeiger stets dieselbe Lage, ihre Phasendifferenz ist $\Delta\varphi = 0$. Da beide Schwingungen dieselbe Frequenz besitzen, rotieren die Zeiger mit gleicher Winkelgeschwindigkeit und bilden eine neue Schwingung derselben Frequenz. Bei gleich großen Amplituden der Einzelschwingungen ergibt sich eine Schwingung von doppelter Amplitude.

In **Abb. 119.1b)** haben beide Zeiger stets entgegengesetzte Lagen. Ihre Phasendifferenz ist $\Delta\varphi = \pi$. Hier subtrahieren sich die Längen beider Zeiger. Bei gleich großen Amplituden der sich überlagernden Schwingungen ergibt sich völlige Auslöschung.

Ist die Phasendifferenz $\Delta\varphi$ beliebig, so überlagern sich die Schwingungen zu einer Schwingung mit derselben Frequenz. Beachtet man, dass die Zeiger Vektoren sind, so ergibt sich die neue Amplitude durch vektorielle Addition der beiden Zeiger (**Abb. 119.1c**).

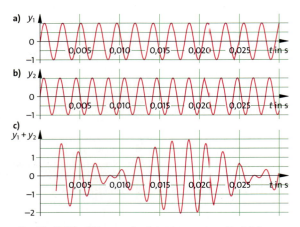

118.1 Die Zeitfunktion zweier Schwingungen mit gleicher Amplitude und unterschiedlichen Frequenzen **a)** und **b)** und die ihrer Überlagerung **c)**. Die Amplitude der Überlagerung ändert sich mit der Frequenz $f_S = |f_1 - f_2|$, die Frequenz der Überlagerung ist $f = (f_1 + f_2)/2$.

118.2 Die Schwingungen der beiden Pendel werden auf den an der Rolle hängenden Körper übertragen. Beide Pendel schwingen mit gleicher Frequenz. Durch geeignet zeitversetztes Starten kann die Phasendifferenz der beiden Pendelschwingungen unterschiedlich eingestellt werden.

Überlagerung von Schwingungen

Die Überlagerung zweier harmonischer Schwingungen mit gleicher Frequenz ist eine harmonische Schwingung derselben Frequenz, deren Zeiger sich aus der vektoriellen Addition der Zeiger der beiden Schwingungen ergibt.

In Versuch 2 wird nun die Frequenz des einen Pendels durch eine leichte Veränderung der Pendellänge geändert. Die Überlagerung beider Schwingungen ergibt dann eine Schwebung ähnlich wie in Versuch 1.

In Versuch 1 wie auch im abgewandelten Versuch 2 überlagern sich zwei Schwingungen mit geringfügig unterschiedlichen Frequenzen. Zwischen den beiden Zeigern der Schwingungen ändert sich ständig die Phasendifferenz $\Delta\varphi$, da die Zeiger mit unterschiedlicher Winkelgeschwindigkeit umlaufen. Daher verändert sich ständig auch die Amplitude (**Abb. 118.1c**). Ist die Phasendifferenz gerade $\Delta\varphi = 0$, so ist die Amplitude am größten, für $\Delta\varphi = \pi$ ist sie minimal.

Die *Schwebungsfrequenz*, mit der das An- und Abschwellen der Lautstärke erfolgt, wird aus der Zeit T_S bestimmt, die von einem Zusammenfallen der Zeiger bis zum nächsten verstreicht. Dann hat der Zeiger mit der größeren Frequenz f_1 den Zeiger mit der kleineren Frequenz f_2 gerade eingeholt. Er hat also einen Umlauf mehr gemacht oder den Winkel 360° bzw. 2π zusätzlich überstrichen. Da der erste Zeiger nach dem Zusammenhang $\varphi = \omega t$ oder $\varphi = 2\pi f t$ (wegen $\omega = 2\pi f$) dann den Winkel $2\pi f_1 T_S$ und der zweite den Winkel $2\pi f_2 T_S$ überstrichen hat, ergibt sich: $2\pi = 2\pi f_1 T_S - 2\pi f_2 T_S$ oder mit $T_S = 1/f_S$ schließlich $f_S = f_1 - f_2$.

Die Überlagerung zweier harmonischer Schwingungen unterschiedlicher Frequenz ist keine harmonische Schwingung. Bei nur wenig verschiedenen Frequenzen ergibt sich eine **Schwebung**. Die Amplitude der Überlagerung schwankt mit der **Schwebungsfrequenz** $f_S = f_1 - f_2$; die **Frequenz des Schwebungstones** ist $f_0 = (f_1 + f_2)/2$.

Je ähnlicher die Frequenzen der sich überlagernden Schwingungen sind, umso kleiner ist die *Schwebungsfrequenz* und umso länger dauert das An- und Abschwellen des Schwebungstones. An Schwebungen lässt sich beim Stimmen eines Musikinstrumentes die Abweichung der Frequenzen erkennen.

Die Frequenz f_0 des an- und abschwellenden Tones, des *Schwebungstones*, lässt sich ebenfalls aus der Betrachtung zweier Zeiger bestimmen, die diesmal gleiche Amplitude haben mögen. Fallen zu einem bestimmten Zeitpunkt beide Zeiger zusammen, so befindet sich auch der Summenzeiger in dieser Lage. Mit zunehmender Zeit vergrößert sich die Phasendifferenz zwischen den Zeigern, wobei der Summen-

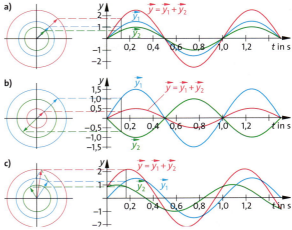

119.1 Das Ergebnis der Überlagerung zweier gleichfrequenter harmonischer Schwingungen hängt von der Phasendifferenz $\Delta\varphi$ ab. Im Fall **a)** ist die Phasendifferenz $\Delta\varphi = 0$, im Fall **b)** ist $\Delta\varphi = \pi$. In allen Fällen ergibt sich die neue Amplitude durch vektorielle Addition der Zeiger; der Summenzeiger rotiert mit derselben Geschwindigkeit wie die beiden anderen.

zeiger dem schnelleren hinterher und dem langsameren vorausläuft.

Bei einer Phasendifferenz von $\Delta\varphi = \pi$ zwischen den beiden Zeigern hat der Summenzeiger einen viertel Umlauf weniger gemacht als der schnellere. Bis zum abermaligen Zusammenfallen der Zeiger hat der Summenzeiger abermals einen viertel Umlauf weniger zurückgelegt. Also gilt für die Anzahl n_S der Umläufe des Summenzeigers zwischen zwei maximalen Verstärkungen, wenn n_1 die entsprechende Anzahl des ersten Zeigers ist: $n_S = n_1 - \frac{1}{2}$.

Die Frequenz f_0 des *Schwebungstones* ergibt sich dann aus $f_0 = n_S/T_S$ mit $T_S = 1/(f_1 - f_2)$, über

$$n_1 = \frac{T_S}{T_1} = \frac{f_1}{(f_1 - f_2)}, \quad n_S = \frac{f_1}{f_1 - f_2} - \frac{1}{2} = \frac{f_1 + f_2}{2(f_1 - f_2)} \text{ zu}$$

$$f_0 = \frac{n_S}{T_S} = \frac{f_1 + f_2}{2(f_1 - f_2)} \cdot \frac{f_1 - f_2}{1} = \frac{f_1 + f_2}{2}.$$

Aufgaben

1. Von zwei Stimmgabeln der Frequenz $f = 1700$ Hz wird die eine durch Erwärmung verstimmt, sodass sich 10 Schwebungen innerhalb von 8 Sekunden ergeben. Berechnen Sie, welche Frequenz die verstimmte Stimmgabel besitzt.

*2. Beschreiben Sie die Bewegung der Zeiger der Schwingungen $y_1 = 5\text{ cm} \cdot \sin \pi\text{ s}^{-1} t$ und $y_2 = 3\text{ cm} \cdot \sin(2/3 \pi \text{ s}^{-1} t + \pi/3)$ und bestimmen Sie die Zeiten und die zugehörigen Phasen (im Bogenmaß), zu denen sich beide Zeiger **a)** maximal verstärken und **b)** maximal schwächen.

*3. Berechnen Sie mithilfe der Formel
$\sin\alpha + \sin\beta = 2\sin((\alpha+\beta)/2)\cos((\alpha-\beta)/2)$
die Überlagerungsschwingung der beiden Schwingungen $y_1 = y_0 \sin\omega t$ und $y_2 = y_0 \sin(\omega t + \Delta\varphi)$ und interpretieren Sie die Fälle $\Delta\varphi = 0, \pi/2, \pi$.

Überlagerung von Schwingungen

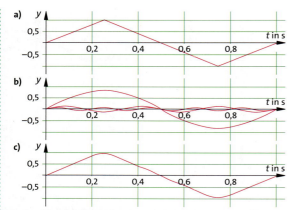

120.1 Eine Dreieckschwingung (a) wird schon durch Überlagerung (c) der drei harmonischen Schwingungen aus (b) in guter Näherung wiedergegeben.

3.2.2 Fourier-Analyse

Die besondere Bedeutung der harmonischen Schwingungen besteht darin, dass es möglich ist, beliebige periodische und nichtperiodische Vorgänge durch eine Überlagerung von harmonischen Schwingungen mit bestimmten Frequenzen und Amplituden zu erzeugen. Der französische Mathematiker J.B.J. FOURIER veröffentlichte 1822 die dafür grundlegende Theorie. Die Untersuchung, welche Frequenzen mit welchen Amplituden notwendig sind, um einen bestimmten Vorgang zu beschreiben, heißt **Fourier-Analyse.**
Danach ist es möglich, zu beliebigen mathematischen Funktionen diejenigen Sinus- und Cosinusfunktionen mit ihren Argumenten und Amplituden zu berechnen, deren Summe gleich der gegebenen Funktion ist.

So ist z. B. die Dreieckkurve in **Abb. 120.1** durch

$$f(t) = \frac{8}{\pi^2}\left[\sin\omega t - \frac{1}{3^2}\sin 3\omega t + \frac{1}{5^2}\sin 5\omega t - \dots\right]$$

gegeben. Je größer die Anzahl der Summenglieder ist, desto besser wird die gegebene Dreieckfunktion angenähert.

Mithilfe eines geeigneten Interface bzw. einer speziellen Steckkarte und eines zugehörigen Programms für einen Computer ist es auch experimentell möglich, Schwingungen in dieser Weise zu erfassen und zu analysieren. Dabei werden von dem Programm die Frequenzen und die Amplituden der harmonischen Schwingungen bestimmt, aus denen sich die zu untersuchende Schwingung zusammensetzt.

Als Beispiele zur experimentellen Untersuchung eignen sich Töne von Musikinstrumenten, die von einem Mikrofon aufgenommen werden: Die Zeitfunktion des Tones einer Stimmgabel ist eine reine Sinusfunktion mit einer einzigen Frequenz (**Abb. 120.2 a**).
Die Analyse des Tones einer Flöte ergibt eine Zeitfunktion, die durch Überlagerung von vier harmonischen Schwingungen zustande kommt, deren Frequenzen und Amplituden aus dem Diagramm in **Abb. 120.2 b)** abgelesen werden können. Es entstehen ein Ton mit einer Grundfrequenz und zusätzlich Töne mit Frequenzen, die Vielfache der Grundfrequenz sind. Der Ton der Flöte setzt sich aus einem *Grundton* und aus *Obertönen* zusammen. Die Obertöne zusammen ergeben den speziellen Klang des betreffenden Musikinstrumentes.
Abb. 120.2 c) zeigt die Zeitfunktion und das Frequenzspektrum der in → 3.2.1 besprochenen Schwebung.

> Das Frequenz-Amplituden-Diagramm eines Tones heißt **Frequenzspektrum.**

Von großer Bedeutung für den spezifischen Klang eines Instrumentes ist darüber hinaus der *Einschwingvorgang* beim Anschlagen oder Anblasen des Tones. Dies macht sich auch in der Frequenzanalyse des Vorgangs bemerkbar.
Bei der Analyse von Schwingungsvorgängen ist also die Tatsache zu berücksichtigen, dass diese stets nur eine endliche Zeit bestehen. Dabei zeigt sich, dass diese endlichen Schwingungen aus vielen Schwingungen mit eng benachbarten Frequenzen aus einem ganz bestimmten Frequenzintervall zusammengesetzt sind.

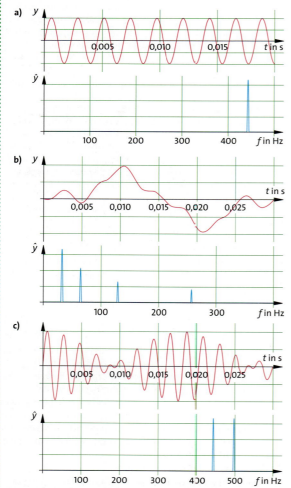

120.2 Zeitfunktion und Spektrum **a)** des (reinen) Tones einer Stimmgabel, **b)** des Tones einer Flöte, **c)** einer Schwebung

3.2.3 Die akustische Unschärfe

In **Abb. 121.1** überlagern sich unterschiedlich viele Schwingungen aus dem konstanten Frequenzbereich 390 Hz bis 410 Hz. Wächst die Zahl der Schwingungen, haben die Maxima der Summenfunktion immer größere zeitliche Abstände. Überlagern sich schließlich unendlich viele Schwingungen, so ergibt sich nur noch ein Maximum.
In **Abb. 121.2** überlagern sich unendlich viele Schwingungen. Wird die Breite des Frequenzintervalls verringert, so erhöht sich die zeitliche Ausdehnung des Maximums. Je geringer das Frequenzintervall $2\,\Delta f$ wird, desto größer wird die zeitliche Dauer $2\,\Delta t$ des Maximums. **Abb. 121.2** zeigt:

> Überlagern sich unendlich viele Schwingungen aus einem begrenzten Frequenzband, so besteht zwischen der Breite des Bandes $2\,\Delta f$ und der Dauer der Schwingung $2\,\Delta t$ der als **akustische Unschärfe** bezeichnete Zusammenhang $\Delta t\,\Delta f = \frac{1}{2}$.

Dies zeigt folgende Überlegung: Wenn n Schwingungen, die sich mit verschiedenen Frequenzen überlagern, auf den Frequenzbereich $2\,\Delta f$ gleichmäßig verteilt werden, beträgt der Abstand benachbarter Frequenzen $2\,\Delta f/(n-1)$ bzw. der ihrer Kreisfrequenzen

$$\Delta\omega = 2\pi\,2\,\Delta f/(n-1). \qquad (1)$$

Wenn die n Zeiger in der Zeit Δt aus der Lage der Gleichphasigkeit in die Lage mit der Summe null drehen, dreht sich jeder Zeiger um den Winkel $\Delta\varphi = \Delta\omega\,\Delta t$, die n Zeiger insgesamt um die Winkelsumme $2\pi = n\,\Delta\omega\,\Delta t$ (Beispiel **Abb. 121.3**). Daraus folgt:

$$\Delta\omega = 2\pi/(n\,\Delta t). \qquad (2)$$

Gleichsetzen von (1) und (2) ergibt

$2\pi\,2\,\Delta f/(n-1) = 2\pi/(n\,\Delta t)$ oder
$\Delta t\,\Delta f = (n-1)/2n$ bzw. $\Delta t\,\Delta f = \frac{1}{2}(1-1/n)$.

Liegen die Frequenzen in dem Intervall beliebig dicht, so geht $n \to \infty$, sodass gilt $\Delta t\,\Delta f = \frac{1}{2}$.
Bei der Überlagerung von unendlich vielen Schwingungen bleibt nur ein Maximum endlicher Länge: Denn in der Zeit t_{max}, in der sich die Zeiger von n Schwingungen von einer maximalen Addition bis zur nächsten im entgegengesetzten Uhrzeigersinn drehen, muss die Phasendifferenz zweier benachbarter Schwingungen von $\Delta\varphi = 0$ auf $\Delta\varphi = 2\pi$ gewachsen sein (Beispiel **Abb. 121.3 c**). Mit $\Delta\varphi = t_{max}\,\Delta\omega$ und $\Delta\omega = 2\pi\,2\,\Delta f/(n-1)$ (s.o.) folgt $t_{max} = (n-1)/2\,\Delta f$. Also strebt für $n \to \infty$ auch $t_{max} \to \infty$.
Ein Beispiel für die Anwendung der akustischen Unschärfe ist der Knall. Wegen der kurzen Zeit Δt des Tones ist das Frequenzband Δf breit. Umgekehrt ist es beim Grenzfall eines lang anhaltenden Tones. Nur eine unendlich lang andauernde Schwingung kann eine genau definierte Frequenz ($\Delta f = 0$) besitzen. Ein (kurzer) Knall dagegen weist ein breites Frequenzspektrum auf.

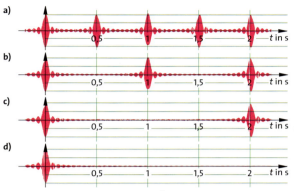

121.1 Die Summenfunktionen der Überlagerung von Schwingungen aus dem Frequenzbereich [390 Hz; 410 Hz]:
In **a)** überlagern sich 10, in **b)** 20, in **c)** 40 und in **d)** unendlich viele Schwingungen. Die Maxima haben mit wachsender Zahl der Schwingungen zeitlich größere Abstände.
In **d)** gibt es nur ein Maximum.

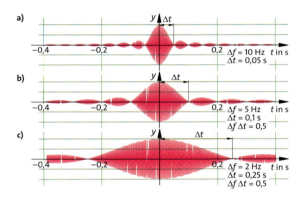

121.2 Die Zeitfunktionen der Überlagerung von jeweils unendlich vielen Schwingungen aus einem immer kleiner werdenden Frequenzintervall: **a)** [390 Hz; 410 Hz], **b)** [395 Hz, 405 Hz], **c)** [398 Hz, 402 Hz]. Mit abnehmender Breite $2\,\Delta f$ des Frequenzintervalls wächst die zeitliche Dauer $2\,\Delta t$ der Schwingung.

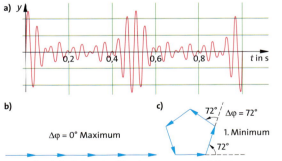

121.3 a) Zeitfunktion der Überlagerung von 5 Schwingungen mit gleichem Frequenzabstand; **b)** Zeigerdarstellung für den Moment der Phasendifferenz $\Delta\varphi = 0$ und **c)** für den Moment der Phasendifferenz $\Delta\varphi = 72°$, Winkelsumme $5\,\Delta\varphi = 360°$

Überlagerung von Schwingungen

3.2.4 Erzwungene Schwingungen

Wird einem schwingungsfähigen System, *Resonator* genannt, von einem äußeren *Erreger* periodisch Energie zugeführt, so vollführt er nach einer gewissen Einschwingzeit eine *erzwungene Schwingung*.

Versuch 1: Die Hand bzw. der Exzenter eines Motors regen mit unterschiedlichen Frequenzen, aber konstanter Amplitude ein Federpendel zu erzwungenen Schwingungen an (**Abb. 122.1**).

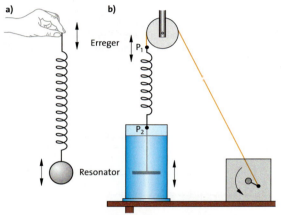

122.1 Erzwungene Schwingungen. In den Versuchen zeigen die Hand bzw. Punkt P₁ die Erregerschwingung und der Pendelkörper bzw. der Punkt P₂ die Resonatorschwingung an.

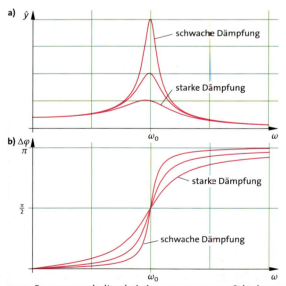

122.2 Resonanzverhalten bei einer erzwungenen Schwingung: **a)** Amplitude des Resonators und **b)** Phasendifferenz zwischen Erreger und Resonator in Abhängigkeit von der Dämpfung. ω_0 ist die Eigenfrequenz des Resonators.

Beobachtung: Die Pendel schwingen mit der Frequenz des Erregers, jedoch je nach Erregerfrequenz mit unterschiedlich großen Amplituden und unterschiedlichen Phasendifferenzen zur Erregerschwingung. Eine genaue Beobachtung ergibt, dass zwischen Erreger und Resonator eine Phasendifferenz besteht, die mit steigender Erregerfrequenz wächst. ◄

Mit dem Drehpendel (→ **Abb. 116.1**) kann die Abhängigkeit der Amplitude des Resonators von der Erregerfrequenz und die Phasendifferenz zwischen beiden untersucht werden. Die Amplitude zeigt in der Nähe der Eigenfrequenz ω_0 des Resonators bei schwacher Dämpfung ein ausgeprägtes scharfes Maximum und bei starker Dämpfung ein breites, kaum merkliches Maximum (**Abb. 122.2**). Das Auftreten einer besonders großen Amplitude bei einer bestimmten Frequenz heißt **Resonanz,** die Kurve **Resonanzkurve,** die Frequenz, bei der Resonanz auftritt, **Resonanzfrequenz.**

Die Resonanzfrequenz stimmt in etwa mit der Eigenfrequenz des Resonators überein. Im Resonanzfall stellt sich eine Phasendifferenz von $\Delta\varphi = \frac{\pi}{2}$ zwischen Erreger und Resonator ein (**Abb. 122.2 b**). Bei Erregerfrequenzen unterhalb dieser Resonanzfrequenz ist die Phasendifferenz kleiner als $\frac{\pi}{2}$, bei Frequenzen oberhalb größer als $\frac{\pi}{2}$. Stets ist der Erreger dem Resonator in der Phase voraus.

> Im **Resonanzfall,** in dem besonders große Amplituden des Oszillators auftreten, wird der Oszillator mit seiner Eigenfrequenz, der Resonanzfrequenz, zu erzwungenen Schwingungen angeregt. Die Phasendifferenz zwischen Erreger und Oszillator beträgt $\frac{\pi}{2}$.

Die **Bedeutung des Resonanzfalls** liegt in der optimalen Energieübertragung: Im Resonanzfall lässt sich eine Schwingung mit einem Minimum an Energie aufrechterhalten. Wenn dabei die Energiezufuhr vom Resonator selbst gesteuert wird, wird eine solche Einrichtung als **Rückkopplung** bezeichnet. Rückkopplungsvorrichtungen und -erscheinungen gibt es auf vielen Gebieten, vom Fliehkraftregler bei Dampfmaschinen bis zu den Rückkopplungsschaltungen in der Elektrotechnik (→ 7.2.3). Rückkopplungen können allerdings auch zu unerwünschten Effekten führen, wenn sich Schwingungen bei einer bestimmten Frequenz zu hohen Amplituden aufschaukeln. Ein Beispiel ist das Auftreten eines schrillen Pfeiftones, wenn sich Mikrofon und Lautsprecher im selben Raum befinden. Eigenschwingungen von Fahrzeugen, Schiffen, Flugzeugen, Bauwerken können durch Maschinen, Motoren oder äußere Einflüsse wie Wind, Erdbeben bis zur **Resonanzkatastrophe** verstärkt werden.

Überlagerung von Schwingungen

Gekoppelte Schwingungen

Versuch 2: Zwei Fadenpendel werden durch ein Band, das durch ein kleines Gewichtsstück gespannt wird, miteinander *gekoppelt* (**Abb. 123.1**). Wird das eine Pendel in Richtung auf das andere Pendel (longitudinal) oder senkrecht dazu (transversal) angestoßen, so gerät auch das zweite Pendel in Schwingungen. Seine Amplitude nimmt mit der Zeit ständig zu, während die des ersten Pendels abnimmt. Dann wiederholt sich der Vorgang in umgekehrter Richtung.
Erklärung: Der Vorgang kann als *erzwungene Schwingung* aufgefasst werden, bei der der Energievorrat des Erregers begrenzt ist. Haben die Pendel gleiche Eigenfrequenz (Resonanzfall), so wird die Energie fortwährend von einem Oszillator vollständig, bei unterschiedlichen Eigenfrequenzen teilweise auf den anderen übertragen (**Abb. 123.2**). ◂

Die **Kopplung** kann geändert werden, indem das Gewichtsstück in der Mitte verschieden schwer gewählt wird. Bei fester Kopplung wandert die Energie schneller als bei loser Kopplung zwischen den beiden schwingungsfähigen Systemen hin und her.
Solange die Schwingung des ersten Pendels der Schwingung des anderen in der Phase um $\Delta\varphi = \frac{\pi}{2}$ voraus ist, wird Energie vom ersten auf das zweite Pendel übertragen. Der Vergleich der Schwingung mit einem mit gleicher Frequenz schwingenden Metronom ergibt, dass bei maximaler Amplitude des zweiten Pendels die Schwingung des ersten Pendels abrupt die Phase wechselt, einen sogenannten **Phasensprung** von π ausführt, sodass nunmehr das zweite Pendel mit der Phasendifferenz $\Delta\varphi = \frac{\pi}{2}$ dem ersten voraus ist und die Energie vom zweiten Pendel wieder auf das erste übertragen wird.

Aufgaben

1. Geben Sie weitere Beispiele für Resonanzphänomene an.
2. Erörtern Sie, warum bei der Resonanzfrequenz und Phasendifferenz von $\Delta\varphi = \frac{\pi}{2}$ die Energieübertragung zwischen Erreger und Resonator besonders groß ist.

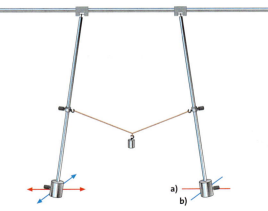

123.1 Gekoppelte Pendel **a)** in longitudinaler, **b)** in transversaler Schwingung.

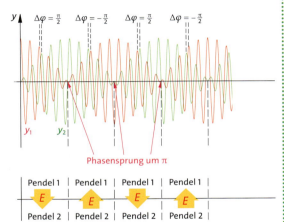

123.2 Schwingungen gekoppelter Pendel: Das um $\Delta\varphi = \frac{\pi}{2}$ vorauseilende Pendel gibt Energie an das andere ab (Pendel 1 rote Kurve, Pendel 2 grüne Kurve).

Exkurs

Der Einsturz der Tacoma-Brücke – eine Resonanzkatastrophe

Am 7. November 1940 versetzte ein durchaus nicht starker Wind von 68 km/h zuerst den Mittelteil der damals drittgrößten Hängebrücke der Welt, die Tacoma-Brücke über den Pudget-Sound im US-Bundesstaat Washington, in Schwingungen mit einer Frequenz von 0,6 Hz und einer Schwingungsweite von 0,5 m. Wenig später setzte eine Torsionsschwingung (Drehschwingung) mit einer Frequenz von 0,2 Hz ein. Zeitweise war der linke Gehweg 8,5 m höher als der rechte.

Der Wind hatte die Brücke in ihrer Eigenfrequenz angeregt, bis schließlich die Resonanzkatastrophe eintrat.

Die Brücke hatte schon bald nach ihrer Eröffnung am 1. Juli 1940 als vibrationsanfällig gegolten. Die Leute nannten sie „Galloping Gertie".
Eine neue Brücke wurde 1950 an der gleichen Stelle errichtet. Das Verhältnis von Breite zu Höhe des Brückenquerschnitts war verringert und damit die Brückenkonstruktion versteift. Die Eigenfrequenz der Brücke war somit verändert, sodass normale Windstärken ihr nichts mehr anhaben konnten. Eine Folge dieses Brückeneinsturzes war es, dass heute alle Hängebrücken vor ihrem Bau als Modell im Windkanal getestet werden.

3.3 Entstehung und Ausbreitung von Wellen

Wasserwellen sind ein anschauliches Beispiel für eine Wellenbewegung in einer Ebene. Der Schall ist wohl das bekannteste Beispiel für eine Wellenbewegung im Raum. Lineare Wellen können auf Seilen oder an einer Reihe gekoppelter Pendel beobachtet werden.

3.3.1 Lineare Wellen; Transversal- und Longitudinalwellen

Das einfachste Modell eines linearen Wellenträgers ist eine Kette gleicher gekoppelter Pendel wie in **Abb. 124.1** oder wie auf einer Torsionswellenmaschine.

Versuch 1: Wird in **Abb. 124.1** das erste Pendel kurz senkrecht (transversal) oder parallel (longitudinal) zur Richtung der Oszillatorkette angestoßen, überträgt sich die Schwingung von Pendel zu Pendel.
Erklärung: Durch den Impuls beim Anstoßen wird die Gleichgewichtslage der Oszillatorkette an einer Stelle gestört. Die Störung pflanzt sich infolge der Kopplung von Pendel zu Pendel fort. Energie und Impuls wandern durch die Oszillatorkette. ◄

Versuch 2: Nun wird das erste Pendel transversal mit konstanter Frequenz hin und her bewegt. Sobald die Oszillatoren von der Störung erfasst worden sind, wiederholen sie nacheinander die Schwingung des Erregers und der vorausgehenden Oszillatoren mit gleicher Frequenz und etwa gleicher Amplitude. Sie führen erzwungene Schwingungen aus. Benachbarte Pendel schwingen nicht in Phase, sondern führen ihre Schwingungen mit konstanter Phasendifferenz zueinander aus. Die Schwingungszustände, z. B. ein Maximum oder ein Nulldurchgang, laufen über die Oszillatorkette hinweg, sodass sich eine fortschreitende Welle auf der Oszillatorkette ausbildet (**Abb. 124.1 b und c**). ◄

> Eine **lineare Welle** entsteht, wenn einer Oszillatorkette periodisch Energie zugeführt wird und die miteinander gekoppelten Oszillatoren nacheinander gleichartige erzwungene Schwingungen ausführen. Die Schwingungszustände des die Schwingung auslösenden Oszillators bewegen sich über die Kette hinweg. Führen die Oszillatoren harmonische Schwingungen aus, ist es eine **harmonische lineare Welle**.

Die Wellenbewegung lässt sich gut verstehen, wenn im Versuch 2 einmal der Schwingungsvorgang eines Pendels an einem beliebigen Ort in seinem zeitlichen Ablauf, zum anderen die Schwingungszustände aller Pendel zu einem beliebigen Zeitpunkt in ihrer räumlichen Verteilung betrachtet werden. An jedem Ort wiederholen sich gleiche Schwingungszustände nach der **Schwingungsdauer T** als *zeitlicher Periode* und zu jedem Zeitpunkt zeigen sich gleiche Schwingungszustände in gleichen Abständen, der sogenannten **Wellenlänge λ** als *räumlicher Periode* (**Abb. 125.2**). Die Entstehung der Welle aus der Zeigerdarstellung zeigt **Abb. 125.1**.

> Eine Welle ist ein zeitlich und räumlich periodischer Vorgang. Die *zeitliche Periode* ist die Schwingungsdauer T, die *räumliche Periode* die Wellenlänge λ. Die **Wellenlänge λ** ist der kürzeste Abstand zweier in Phase schwingender Oszillatoren.

Die Schwingung des einzelnen Oszillators innerhalb der Welle wird durch einen sogenannten **Schwingungsvektor** beschrieben, der der jeweiligen Elongation entspricht und von der Ruhelage zum augenblicklichen Ort des Oszillators zeigt. Dadurch unterscheidet man zwei Wellenformen, Tansversalwellen und Longitudinalwellen (**Abb. 124.1**).

> In einer **Longitudinalwelle** steht der Schwingungsvektor parallel, in einer **Transversalwelle** senkrecht zur Ausbreitungsrichtung der Welle.

Harmonische Transversalwellen und Longitudinalwellen werden beide grafisch gleichermaßen durch eine Sinuskurve, als „Sinuswelle" dargestellt. In einer Transversalwelle bewegen sich die einzelnen Oszillatoren senkrecht zur Ausbreitungsrichtung in y-Richtung, so wie es in **Abb. 125.2** zu sehen ist. Wellenberg und Wellental folgen aufeinander. Für eine Longitudinalwelle müs-

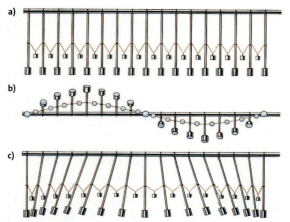

124.1 Pendelkette. **a)** von der Seite in Ruhe, **b)** transversal angestoßen (von unten betrachtet), **c)** longitudinal angestoßen (von der Seite gesehen)

sen die blauen Pfeile von **Abb. 125.2** als Auslenkungen in oder entgegen der Ausbreitungsrichtung der Welle gedeutet werden, Pfeile nach oben in der Sinuskurve der Welle bedeuten Auslenkung der Oszillatoren in Ausbreitungsrichtung, Pfeile nach unten entgegengesetzt zu ihr (→ **Abb. 126.1b**). Die Elongationen der Transversalwelle werden für die Longitudinalwelle in die Ausbreitungsrichtung umgeklappt.

> In einer Transversalwelle laufen **Wellenberge** und **Wellentäler** über den Wellenträger, in einer Longitudinalwelle sind es **Verdichtungen** und **Verdünnungen**.

Phasengeschwindigkeit

In einer Welle bewegen sich die Schwingungszustände, also die Phasen der Schwingung, so z. B. etwa die Wellenberge oder die Wellentäler (**Abb. 125.2**). Die Geschwindigkeit der Phase hängt mit der zeitlichen und der räumlichen Periode der Welle zusammen: Während ein Oszillator an einem bestimmten Ort eine volle Schwingung in der Periodendauer T ausführt, hat sich die Phase von diesem Ort aus um eine bestimmte Strecke, die Wellenlänge λ, bis zu einem anderen Oszillator weiterbewegt. Der erreichte Oszillator schwingt nun mit dem ersten in Phase. Die Welle ist also in der Zeit T um die Strecke λ vorangekommen. Daraus ergibt sich die Geschwindigkeit $v = \lambda/T$.

> Die Geschwindigkeit, mit der sich die Schwingungszustände oder Phasen bewegen, ist die **Phasengeschwindigkeit** v_{Ph} einer Welle. Für die Phasengeschwindigkeit gilt: $v_{Ph} = \lambda/T$; mit $T = 1/f$ wird $v_{Ph} = \lambda f$.

Energietransport durch eine Welle

Die wichtigste Eigenschaft einer fortschreitenden Welle ist der **Transport von Energie**. Wenn im Versuch 2 der erste Oszillator der gekoppelten Pendel in Schwingungen versetzt wird, so wird die ihm zugeführte Energie durch die Kopplung der Oszillatoren von einem zum nächsten weitergegeben. Die Energie wandert als Schwingungsenergie durch den Wellenträger. Dabei wird jedoch keine Materie fortbewegt. Auf dieser Aus-

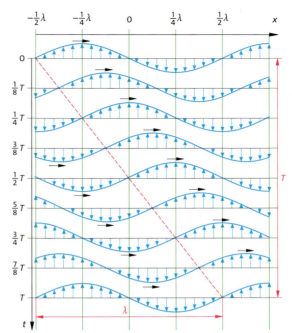

125.2 Entstehung einer Welle. In der Zeit $\Delta t = T$ kommt die Welle um die Strecke $\Delta s = \lambda$ voran.

breitung von Schwingungsenergie beruht die Energieübertragung vieler Arten von Wellen, meistens allerdings, wie z. B. beim Licht von der Sonne zur Erde, ohne dass dazu Materie als Träger der Welle nötig ist.

> In einer Welle breitet sich Energie ohne Materietransport aus.

Aufgaben

1. Während 12 Schwingungen innerhalb von 3 Sekunden ablaufen, breitet sich eine Störung um 3,6 m aus. Berechnen Sie Wellenlänge, Frequenz und Ausbreitungsgeschwindigkeit der Welle.
2. Gleiche Pendel sind in einer Reihe im Abstand von 0,4 m aufgestellt. Sie werden nacheinander im zeitlichen Abstand von 0,5 s angestoßen, sodass das 1. und 5., das 2. und 6. usw. Pendel phasengleich schwingen. Ermitteln Sie, mit welcher Geschwindigkeit, Wellenlänge und Frequenz die Welle über die Pendelkette läuft.

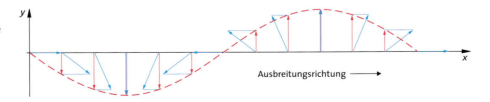

125.1 Während die Welle voranschreitet, rotieren die Zeiger der Oszillatoren, deren Projektion in y-Richtung die Auslenkung ergibt, entgegen dem Uhrzeigersinn.

Entstehung und Ausbreitung von Wellen

3.3.2 Eigenschaften von Wellen

Die Wellengleichung

Wenn am Anfang einer Kette in P_0 ($x = 0$) die Schwingung eines Oszillators zum Zeitpunkt $t = 0$ nach der Schwingungsgleichung $y(0, t) = \hat{y} \sin \omega t$ einsetzt, so breitet sie sich mit der Geschwindigkeit $v_{Ph} = \lambda f$ aus, sodass der Oszillator im Punkt $P(x_1)$ in der Entfernung x_1 vom Anfang der Kette erst nach der Zeit $t_1 = x_1/v_{Ph}$ zu schwingen beginnt. Für diesen Oszillator heißt die Schwingungsgleichung

$$y(x_1, t) = \hat{y} \sin \omega (t - t_1) \quad \text{bzw.} \quad y(x_1, t) = \hat{y} \sin \omega (t - x_1/v_{Ph}).$$

Mit den Umformungen $x_1/v_{Ph} = x_1 T/\lambda$ und

$$\omega (t - t_1) = \frac{2\pi}{T} \left(t - \frac{x_1}{\lambda} T \right) = 2\pi \left(\frac{t}{T} - \frac{x_1}{\lambda} \right)$$

ergibt sich mit $x_1 = x$ die **Wellengleichung**

$$y(x, t) = \hat{y} \sin 2\pi \left(\frac{t}{T} - \frac{x}{\lambda} \right).$$

Die Wellengleichung beschreibt die Auslenkung $y(x, t)$ an der Stelle x des linearen Wellenträgers zur Zeit t, hervorgerufen durch eine Welle mit der Geschwindigkeit v_{Ph}, der Kreisfrequenz ω bzw. der Periodendauer T und der Wellenlänge λ. $y(x, t)$ ist eine **„doppelt-periodische" Funktion**: Für konstantes x ist die Periode die Schwingungsdauer T, für konstantes t ist die Periode die Wellenlänge λ.

Mechanische Wellen

In der Momentaufnahme einer Transversalwelle (**Abb. 126.1a**) sind für einige Oszillatoren die Auslenkungen und Geschwindigkeiten eingezeichnet, mit denen sie um ihre Gleichgewichtslage schwingen. Durch Umklappen der Elongationen in die x-Achse ergibt sich das entsprechende Bild für eine Longitudinalwelle (**Abb. 126.1b**). Zu erkennen sind auf dem Wellenträger Stellen mit größerer Dichte und geringerer Dichte der schwingenden Teilchen und solche mit Bewegungen in Ausbreitungsrichtung und entgegengesetzt dazu. Die sich ändernden Dichten können als *Druckschwankungen*

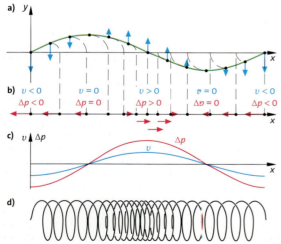

126.1 Verteilung von Druck und Geschwindigkeit einer Longitudinalwelle (**c**), entwickelt über (**b**) aus der Transversalwelle (**a**), Beispiel Federschwingung (**d**)

gegenüber dem Normaldruck dargestellt werden, und zwar Stellen größeren Drucks (Überdruck) als Wellenberg, solche kleineren Drucks (Unterdruck) als Wellental (**Abb. 126.1c**). Auf diese Weise ergibt sich eine **Druckwelle**. Ebenso kann die Geschwindigkeit der Oszillatoren als **Geschwindigkeitswelle** aufgefasst werden. Die Geschwindigkeit der Oszillatoren ist von der Phasengeschwindigkeit der Welle zu unterscheiden.

Mechanische Transversalwellen können nur entstehen, wenn zwischen den Oszillatoren elastische Querkräfte wirksam sind wie in festen Körpern oder an der Oberfläche von Flüssigkeiten.

Mechanische Longitudinalwellen können immer dann entstehen, wenn zwischen den Oszillatoren elastische Längskräfte wirksam sind, also Kräfte, die einer Volumenänderung entgegenwirken. Solche Kräfte existieren nicht nur zwischen den Teilchen eines Festkörpers, sondern auch in Flüssigkeiten und Gasen. Eine Störung der Gleichgewichtslage der Moleküle z. B. eines Gases wird in Richtung dieser Störung weitergegeben, obwohl die Teilchen nicht fest aneinandergebunden sind. In festen Körpern können sich Transversal- und Longitudinalwellen fortpflanzen. Im Inneren von Flüssigkeiten und Gasen sind nur Longitudinalwellen möglich. Schallwellen in Luft sind das bekannteste Beispiel für Longitudinalwellen.

Da bei gleicher Auslenkung die Querkräfte kleiner sind als die Längskräfte, ist die Geschwindigkeit von Transversalwellen unter gleichen Bedingungen kleiner als die von Longitudinalwellen. Die Geschwindigkeit der Transversalwellen wächst, je fester die Kopplung der Oszillatoren ist. Dieser Sachverhalt ist wesentlich bei der Auswertung von Erdbebenwellen (S. 127).

Polarisation

Bei mechanischen Wellen kann meistens aufgrund der Beobachtung festgestellt werden, ob in einem gegebenen Fall eine Transversal- oder eine Longitudinalwelle vorliegt. Dies ist bei elektromagnetischen Wellen und bei Licht so einfach nicht möglich. Jedoch gibt es zur Unterscheidung das Phänomen der **Polarisierbarkeit** (→ 7.2.4 und → 7.3.10). Dies ist eine Eigenschaft, die nur Transversalwellen besitzen, wie der folgende Modellversuch veranschaulicht.

Versuch 1: Auf einem Federseil laufen kurze transversale (**Abb. 127.1**) oder longitudinale Wellenzüge gegen einen Spalt aus zwei Stativstangen.
Ergebnis: Longitudinalwellen passieren den Spalt ungehindert, *Transversalwellen* werden ganz, teilweise oder gar nicht durchgelassen. Für Transversalwellen gilt insbesondere:
• Liegt der Schwingungsvektor in Spaltrichtung, wird die Welle ungehindert hindurchgelassen (**Abb. 127.1a**).
• Stehen Schwingungsvektor und Spaltrichtung senkrecht aufeinander, so ist die Welle hinter dem Spalt ausgelöscht. Sie wird absorbiert oder reflektiert (**Abb. 127.1b**).
• In allen übrigen Fällen wird nur die Komponente des Schwingungsvektors in Spaltrichtung hindurchgelassen; die Komponente senkrecht dazu wird (evtl. teilweise) reflektiert und (evtl. teilweise) absorbiert (**Abb. 127.1c**). ◄

Entstehung und Ausbreitung von Wellen

Transversalwellen sind polarisierbar, Longitudinalwellen nicht. Transversalwellen, deren Schwingungsvektoren *in einer festen Ebene senkrecht zur Ausbreitungsrichtung* schwingen, heißen **linear polarisiert**.

Wird bei einer Transversalwelle nur eine Komponente mit einer bestimmten Schwingungsrichtung herausgefiltert, so wird dieser Vorgang als **Polarisation** bezeichnet. Die dazu benötigte Vorrichtung heißt **Polarisator**.

Ändert der Schwingungsvektor seine Lage im Raum stetig und bewegt sich dabei seine Spitze auf einem Kreis, räumlich auf einem Zylinder (**Abb. 127.1d**), so heißt die Welle **zirkular polarisiert**. Beschreibt die Spitze des Schwingungsvektors eine Ellipse, so heißt die Welle **elliptisch polarisiert**. Zirkular polarisierte Wellen spielen z. B. in der Optik eine Rolle (→ **Abb. 324.2**).

Bei der Untersuchung von Wellen auf Transversalität läuft die Welle durch ein Polarisationsfilter und anschließend durch ein zweites. Das erste Filter, der sogenannte *Polarisator* im engeren Sinn, lässt nur die Komponente in einer Richtung durch. Mit dem zweiten Polarisationsfilter wird dann diese Komponente untersucht. Steht der zweite Polarisator senkrecht zum ersten, so wird jede Transversalwelle ausgelöscht, während eine Longitudinalwelle beide Polarisatoren ungehindert passiert. Da erst der zweite Polarisator über die Art der Welle und die Schwingungsrichtung entscheidet, heißt er **Analysator**.

Wird durch Polarisator und Analysator in gekreuzter Stellung eine Welle völlig ausgelöscht, so handelt es sich um eine Transversalwelle. Polarisierbarkeit ist eine charakteristische Eigenschaft von Transversalwellen.

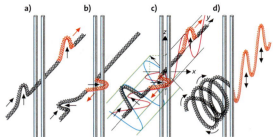

127.1 Polarisation: **a)** bis **c)** lineare Polarisation; **d)** aus einer zirkular polarisierten Welle entsteht hinter dem Polarisator eine linear polarisierte Welle

Aufgaben

1. Zeigen Sie an der Wellengleichung, dass sich für t und $t + T$ bzw. für x und $x + \lambda$ gleiche Schwingungszustände ergeben.
2. Weisen Sie nach, dass sich aus der Wellengleichung deduktiv die Phasengeschwindigkeit, mit der sich ein Schwingungszustand bewegt, zu $v_{Ph} = \lambda/T$ ergibt.
*3. Eine Schwingung $y(t) = \hat{y} \sin \omega t$ mit $\hat{y} = 10$ cm, $\omega = \frac{\pi}{2}$ Hz breite sich transversal von $x = 0$ längs der x-Achse mit der Geschwindigkeit $v_{Ph} = 7{,}5$ mm/s aus.
   a) Stellen Sie die Wellengleichung auf.
   b) Zeichnen Sie das Momentanbild der Störung nach $t_1 = 4$ s, $t_2 = 6$ s und $t_3 = 9$ s.
   c) Ermitteln Sie die Schwingungsgleichungen für die Oszillatoren, die an den Orten $x_1 = 5{,}25$ cm bzw. $x_2 = 7{,}5$ cm von der Störung erfasst werden.

Exkurs

Erdbebenwellen (seismische Wellen)

Seismik (gr.-lat.) ist die Wissenschaft der Erdbeben. Bei einem Erdbeben entstehen vier Arten seismischer Wellen: Vom Zentrum eines Erdbebens gehen Raumwellen, nämlich *P-Wellen* (Primär-, Longitudinalwellen) und *S-Wellen* (Sekundär-, Transversalwellen) aus. Die longitudinalen P-Wellen durchdringen mit Geschwindigkeiten von bis zu 14 km/s Festkörper und Flüssigkeiten und werden von Seismografen als erste registriert. Die transversalen S-Wellen können sich mit Geschwindigkeiten von bis zu 3,5 km/s nur durch Festkörper fortpflanzen. Bei einem Beben entstehen außerdem noch Oberflächenwellen, bei denen es sich um *Torsionswellen* oder um Wellen handelt, die Wasserwellen ähneln und die nach den *Raumwellen* eintreffen.

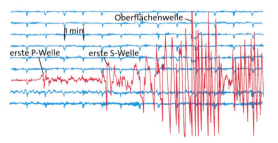

Die Geschwindigkeit der seismischen Wellen hängt von der Elastizität und der Dichte des Materials ab, durch das sie laufen. Aus den unterschiedlichen Zeiten, zu denen sie bei den seismografischen Stationen eintreffen, kann das Epizentrum des Erdbebens lokalisiert werden. Ferner werden die Wellen an Grenzen zweier Medien reflektiert und gebrochen.

Aus dem Verhalten der Wellen ist es möglich, Kenntnisse über den inneren schalenartigen Aufbau der Erde zu gewinnen (→ S. 88). Durch Explosionen erzeugte seismische Wellen werden dazu verwendet, Informationen über unterirdische Gesteinsformationen und Lagerstätten von Erdöl und Erdgas zu gewinnen. Die Wellen werden an den Grenzschichten unterschiedlicher Gesteinsarten reflektiert, von Detektoren registriert. Laufzeiten und Amplituden werden ausgewertet.

Entstehung und Ausbreitung von Wellen

3.3.3 Der Doppler-Effekt

Der nach seinem Entdecker Christian DOPPLER (1803–1853) benannte Doppler-Effekt besteht darin, dass die von einem Empfänger registrierte Frequenz einer Wellenstrahlung nicht mit der gesendeten Frequenz übereinstimmt, wenn sich Sender und Empfänger relativ zueinander bewegen. Im Alltag ist diese Erscheinung bei bewegten Schallquellen zu beobachten. Fährt z. B. ein Fahrzeug mit Martinshorn schnell an einem Beobachter vorbei, so sinkt im Augenblick des Vorbeifahrens die Tonlage des Horns deutlich. Ein entsprechender Effekt tritt auf, wenn sich ein Beobachter selbst auf eine Schallquelle zu- oder von ihr fortbewegt. Welche Frequenzänderungen ergeben sich für Schallwellen in Luft?

Bewegter Empfänger, ruhender Sender

Bewegt sich ein Empfänger mit der Geschwindigkeit u auf den Sender, der eine Welle mit der Frequenz f und der Phasengeschwindigkeit v_{Ph} abstrahlt, zu bzw. von ihm weg, so erreichen ihn in einer bestimmten Zeit mehr bzw. weniger Wellen, als wenn er in Ruhe wäre. Die Wellenlänge der Schallwelle in der Luft bleibt zwar konstant, jedoch ist die Geschwindigkeit relativ zum Empfänger jetzt $v_{Ph} + u$ bzw. $v_{Ph} - u$. Die Frequenz der vom Empfänger registrierten Strahlung wird damit

$$f_E = \frac{v_{Ph} \pm u}{\lambda} = f \frac{v_{Ph} \pm u}{v_{Ph}} = f\left(1 \pm \frac{u}{v_{Ph}}\right).$$

Das Pluszeichen gilt beim Annähern, das Minuszeichen beim Entfernen des Empfängers vom Sender.

128.1 Doppler-Effekt in der Wellenwanne. Vor dem bewegten Sender treten kürzere, hinter ihm längere Wellen auf als im ruhenden Zustand des Senders.

Bewegter Sender, ruhender Empfänger

Bewegt sich der Sender mit der Geschwindigkeit u auf den Beobachter zu bzw. von ihm weg, so kommt er in der Zeit T, in der sich die Welle um die Strecke λ ausbreitet, selbst um das Stück $\Delta s = u T = u/f$ voran, sodass der Abstand zweier Wellenberge für den Empfänger um dieses Stück kleiner bzw. größer ist. Für ihn ist die Wellenlänge (**Abb. 128.1**)

$$\lambda_E = \lambda \mp T u = \lambda \mp \frac{\lambda}{v_{Ph}} u = \lambda\left(1 \mp \frac{u}{v_{Ph}}\right).$$

Exkurs

Überschallknall

Ein besonderes Phänomen tritt auf, wenn die Geschwindigkeit des Senders größer ist als die Phasengeschwindigkeit. Die Abbildung zeigt für verschiedene Geschwindigkeiten einer Schallquelle die Lage dreier aufeinanderfolgender Wellenberge. Der Sender befindet sich in allen drei Fällen im dargestellten Augenblick t_0 im Punkt 0. Eine Periodendauer früher, also zur Zeit $t_1 = t_0 - T$, war er in 1; von diesem Punkt hat sich inzwischen ein Wellenberg W_1 als Kugel mit dem Radius λ ausgebreitet. Entsprechend hat sich von 2 eine Kugel W_2 mit dem Radius 2λ ausgebreitet, von 3 eine Kugel W_3 mit dem Radius 3λ.
In der Abbildung a) ist die Geschwindigkeit der Schallquelle kleiner als die Schallgeschwindigkeit: $u < v_{Ph}$.
In der Abbildung b) bewegt sich der Sender mit Schallgeschwindigkeit: $u = v_{Ph}$. Genau in Bewegungsrichtung des Senders überlagern sich die Wellenberge und bilden die sogenannte **Schallmauer**, die mit dem Sender mitläuft. Diese **Kopfwelle** hört ein ruhender Beobachter als lauten Knall.

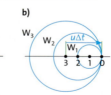
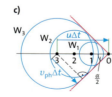

In Abbildung c) ist die Geschwindigkeit des Senders größer als die Schallgeschwindigkeit: $u > v_{Ph}$. Man sagt, die Schallmauer sei durchstoßen worden. Die Kugelwellen überlagern sich längs eines Kegelmantels zu einer verstärkten Druckwelle, zum **Überschallknall**, während sie sich innerhalb des Kegels größtenteils auslöschen.

Die drei Fälle werden durch das Verhältnis von Sendergeschwindigkeit u zur Schallgeschwindigkeit v_{Ph} charakterisiert, der nach Ernst MACH (1838–1916) benannten **Mach'schen Zahl** $M = u/v_{Ph}$. Sie ist im ersten Fall kleiner, im zweiten gleich und im dritten Fall größer als 1. Im letzten Fall ist der Öffnungswinkel α des sogenannten **Mach'schen Kegels** durch $\sin\frac{\alpha}{2} = v_{Ph}/u$ gegeben.
Die Kopf- oder Stoßwelle des Mach'schen Kegels wird nicht nur bei Schallwellen eines Düsenflugzeugs oder eines Geschosses beobachtet, sondern auch bei elektromagnetischer Strahlung, die von geladenen Teilchen emittiert wird, wenn diese sich schneller als mit Lichtgeschwindigkeit in einem Medium der Brechzahl $n > 1$ bewegen (**Čerenkov-Strahlung** → 13.2.1).

Nach der Gleichung $v_{Ph} = \lambda_E f_E$ hört der Beobachter eine Schwingung mit der Frequenz

$$f_E = \frac{v_{Ph}}{\lambda_E} = \frac{\lambda f}{\lambda \left(1 \mp \frac{u}{v_{Ph}}\right)} = \frac{f}{\left(1 \mp \frac{u}{v_{Ph}}\right)}.$$

Das Minuszeichen gilt beim Annähern, das Pluszeichen beim Entfernen des Senders.

Doppler-Effekt: Nähern sich ein Sender und ein Empfänger, so nimmt der Empfänger eine höhere Frequenz wahr, als der Sender ausstrahlt. Entfernen sie sich voneinander, so verringert sich die Frequenz für den Empfänger.

Dass sich in beiden Fällen bei gleicher Relativgeschwindigkeit u zwei verschiedene Beziehungen für die vom Empfänger registrierte Frequenz ergeben, liegt daran, dass die die Welle tragende Luft als festes Bezugssystem vorhanden ist. Bewegt sich ein Empfänger relativ zum Wellenträger, so ändert sich für ihn die Ausbreitungsgeschwindigkeit und damit die Frequenz der Welle. Bewegt sich ein Sender relativ zum Wellenträger, so ändert sich die Wellenlänge.

Der Doppler-Effekt tritt bei allen Wellenvorgängen, also auch bei Licht, auf (→ 9.2.9). Jedoch ergeben sich für die Frequenzänderungen andere Formeln, weil es für Licht bzw. elektromagnetische Wellen keinen Wellenträger gibt, relativ zu dem eine Bewegung angegeben werden könnte.

Aufgaben

1. Bestimmen Sie den Ton, den ein Beobachter, an dem eine pfeifende Lokomotive (1500 Hz) mit einer Geschwindigkeit von 120 km/h vorbeifährt, vorher und nachher hört. Die Schallgeschwindigkeit betrage 340 m/s.
2. Die Hupe eines stehenden Autos besitze eine Frequenz von 440 Hz. Bestimmen Sie die Frequenz, die ein Autofahrer wahrnimmt, der sich mit 100 km/h nähert (entfernt). Die Schallgeschwindigkeit betrage 340 m/s.
3. Eine Pfeife mit der Frequenz 400 Hz wird mit 3 Umdrehungen je Sekunde auf einer Kreisbahn mit dem Radius 1 m herumgeschleudert. Ermitteln Sie die Werte, zwischen denen die Frequenz des Tones schwankt, den ein ruhender Beobachter registriert.
*4. Leiten Sie eine Formel für die Frequenzänderung für die Fälle her, dass sich Sender *und* Empfänger bewegen.

Exkurs

Ultraschall in der Medizin

Elastische Wellen von 20 kHz bis etwa 10 GHz werden als **Ultraschall** bezeichnet. Ultraschall lässt sich ebenso gut bündeln wie Licht und durch Reflexion gezielter Richtstrahlen zur Ortung und Hinderniserkennung einsetzen.
Die Ultraschalluntersuchung in der Medizin, **Sonografie,** hat gegenüber z. B. der Computertomografie entscheidende praktische Vorteile. Sie ist nahezu überall und jederzeit verfügbar (auch auf der Trage oder am Krankenbett), biologisch unschädlich (keine Ionisation) und deshalb wiederholbar, und sie kommt meist ohne Kontrastmittel aus.
Die *Ultraschallenergie* wird durch elektrische Anregung eines piezoelektrischen Kristalls erzeugt. Fast ausschließlich kommt eine *Impuls-Echotechnik* zum Einsatz: Vom Schallkopf wird jede Millisekunde ein etwa 1 µs dauerndes Ultraschallbündel mit Frequenzen von durchweg 2,5 MHz in den Körper eingestrahlt. Die meiste Zeit ist der Schallkopf als Empfänger geschaltet und wandelt die vom Körper reflektierten Schallwellen wieder in elektrische Signale um.
Ein Gel zwischen Schallkopf und Haut vermindert Reflexions- und Einstrahlungsverluste (z. B. durch Luft). An den Grenzübergängen des Gewebes wird der Ultraschall reflektiert. Je höher die Ultraschallfrequenz, desto stärker ist die Absorption im Gewebe und desto besser ist die Ortsauflösung. Bei 2,5 MHz können z. B. noch Reflexionen in 20 cm Tiefe erfasst werden, bei 10 MHz in 50 cm Tiefe.
In der **Dopplersonografie** wird meist kontinuierlich gepulster Ultraschall zur Messung von Blutströmgeschwindigkeit in Arterien u. v. a. m. eingesetzt. Als Ultraschallkontrastmittel können kleine luftgefüllte Bläschen (2 bis 3 µm Durchmesser), die kapillargängig sind, ins Blut eingebracht werden. Ihre Bewegungen bewirken eine Frequenzänderung, die von Diagnosegeräten in eine Farbkodierung umgesetzt wird und so eine Unterscheidung verschiedener Gewebe ermöglicht. Die Helligkeit der Farben macht eine Aussage über die mittlere Strömungsgeschwindigkeit des Bluts, je heller, umso schneller.
Die Abbildung zeigt die farbkodierte Sonografie einer Oberschenkelarterie, links eine hochgradige Einengung und die dadurch folgende Erhöhung der Strömungsgeschwindigkeit (gelb), als Folge Flussumkehr (blau), rechts eine Arterie mit normaler Strömungsgeschwindigkeit (rot).

Entstehung und Ausbreitung von Wellen

3.3.4 Phasen- und Gruppengeschwindigkeit; Dispersion

Nach Fourier (→ 3.2.2) lassen sich Schwingungen, die nur eine bestimmte endliche Zeit bestehen, durch Überlagerung von unendlich vielen harmonischen Schwingungen aus einem Frequenzintervall zusammensetzen. Zwischen der Dauer $2\Delta t$ der Schwingung und dem Frequenzintervall $2\Delta f$ besteht die Beziehung $\Delta t \Delta f = \frac{1}{2}$ (→ 3.2.3). Bewegt sich eine solche Schwingung mit der endlichen Zeitdauer $2\Delta t$ durch ein Medium, so entsteht ein sich ausbreitender **Wellenzug**, ein **Wellenpaket** oder eine **Wellengruppe.**

> Die Geschwindigkeit, mit der sich eine Wellengruppe bewegt, heißt **Gruppengeschwindigkeit.**

Die Länge der sich mit der Gruppengeschwindigkeit v_{Gr} bewegenden Wellengruppe ist durch $2\Delta t\, v_{Gr} = 2\Delta x$ gegeben. Diese Wellengruppe entsteht durch Überlagerung von unendlich vielen harmonischen Wellen mit unterschiedlichen Wellenlängen, die entsprechend dem Frequenzintervall $2\Delta f$ aus einem Wellenlängenintervall $2\Delta\lambda$ stammen.

Die Länge $2\Delta x = 2c\Delta t$ des Wellenzugs ist umso größer, je größer Δt ist, d.h. wegen der Beziehung $\Delta t \Delta f = \frac{1}{2}$ je kleiner das Frequenzintervall $2\Delta f$ ist, aus dem die sich überlagernden Wellen stammen. Wenn Δf gegen null strebt, also die Schwingung aus nur einer einzigen Frequenz f bzw. die Welle nur aus einer einzigen Wellenlänge λ besteht, ist der Wellenzug unendlich lang.

> Die Energie, die mit der Wellenbewegung transportiert wird, befindet sich in der Wellengruppe. Für den Transport der Energie mit einem endlichen Wellenzug ist daher die Geschwindigkeit entscheidend, mit der sich die Wellengruppe ausbreitet, also die Gruppengeschwindigkeit und nicht die Phasengeschwindigkeit.

Dispersion

Versuch 1: In der Wellenwanne werden Wellen mit geraden Wellenfronten und verschiedenen Frequenzen erzeugt. In stroboskopischer Beleuchtung, bei der das Bild der Wellen zu stehen scheint, werden die Wellenlänge und die Frequenz der Wellen gemessen und es wird aus $\lambda f = v_{Ph}$ die Phasengeschwindigkeit berechnet.
Beobachtung: Die Ausbreitungsgeschwindigkeit v_{Ph} nimmt bei größerer Wellenlänge und damit kleinerer Frequenz zu. ◂

> Die Abhängigkeit der Phasenschwindigkeit v_{ph} innerhalb des gleichen Mediums von der Wellenlänge bzw. von der Frequenz bezeichnet man als **Dispersion.** Bei normaler Dispersion (wie bei den Wasserwellen) wächst die Phasengeschwindigkeit mit der Wellenlänge.

Die Beobachtung einer sich ausbreitenden Wellengruppe in ruhigem Wasser zeigt, dass die Phasen innerhalb der Wellengruppe, also z.B. ein Wellenberg, die Wellengruppe von hinten nach vorne durchlaufen. Kleine Wellen entstehen an der Rückseite der Gruppe, durchlaufen sie und verschwinden an ihrer Vorderseite.

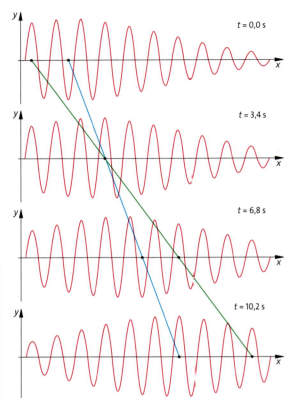

130.1 Die Wellengruppe kommt langsamer voran (blaue Linie, die sich an dem Maximum der Wellengruppe orientiert) als die Phasen der Wellen (grüne Linie). Da die Bildfolge im zeitlichen Abstand von $3\,T$ aufgenommen ist, verschieben sich gleiche Phasen von Bild zu Bild jeweils um drei Wellenlängen.

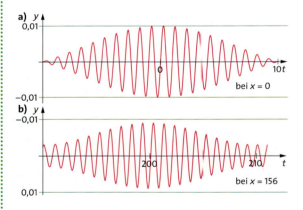

130.2 Eine Schwingung der Dauer 20 s, die einen Wellenzug der Länge $20\,\text{s} \cdot v_{Gr}$ erzeugt, zum Zeitpunkt ihrer Entstehung, **b)** 200 s später nach Durchlaufen einer Strecke von $200\,\text{s} \cdot v_{Gr}$. Zu erkennen sind die Verlängerung am Anfang und am Ende der Schwingung und die Verringerung der Amplitude. Beides ist auf die Dispersion im Medium zurückzuführen und hat das Auseinanderfließen des Wellenzugs zur Folge.

Entstehung und Ausbreitung von Wellen

Das bedeutet, dass sich die Phasen der Wellen schneller bewegen als die Gruppe selbst (**Abb. 130.1**). Diese Beobachtung wird nur dann gemacht, wenn Wellen in einem Medium Dispersion zeigen. Liegt keine Dispersion vor, wie z. B. bei der Ausbreitung von Schallwellen in Luft, so stimmen Phasengeschwindigkeit v_{Ph} und Gruppengeschwindigkeit v_{Gr} überein.

> Wenn in einem Medium Dispersion vorliegt, ist normalerweise die Gruppengeschwindigkeit kleiner als die Phasengeschwindigkeit, sie ist jedoch *nicht* gleich der durchschnittlichen Phasengeschwindigkeit der harmonischen Wellen.

Die Gleichung einer harmonischen linearen Welle ist durch $y = \hat{y} \sin 2\pi(t/T - x/\lambda)$ gegeben. Wenn in einem Medium Dispersion auftritt, ist für Wellen mit unterschiedlicher Wellenlänge λ der Quotient $\lambda/T = v_{Ph}$ unterschiedlich. **Abb. 130.2** zeigt eine Schwingung endlicher Länge am Ort ihrer Entstehung und dieselbe Schwingung nach 200 s. Zu erkennen ist die Verlängerung des Wellenzuges und die Verringerung der Amplitude, was einem sogenannten *Auseinanderfließen* des Wellenzugs entspricht.

Informationen wie Schall-, Licht- und Funksignale lassen sich nicht durch eine Welle einer einzigen Frequenz und damit von unendlicher Länge übertragen, sondern nur durch Wellengruppen, die sich durch Überlagerung von Schwingungen ergeben. Damit eine bestimmte Information, der ein entsprechend geformter Wellenzug zuzuordnen ist, unverändert bleibt, darf sich auch der Wellenzug bei seiner Ausbreitung nicht ändern.

Mechanische Wellen – außer Wasserwellen – zeigen im Allgemeinen keine Dispersion. In Festkörpern, in Flüssigkeiten, bei Schallwellen in Gasen, bei Seilwellen, auf einer Saite ist in weiten Bereichen die Phasengeschwindigkeit unabhängig von der Wellenlänge. Wäre es z. B. bei den Schallwellen anders, würden bei normaler Dispersion die tiefen Töne später das Ohr des Hörers erreichen als die hohen. Auch elektromagnetische Wellen größerer Wellenlänge weisen keine Dispersion auf, während in der Optik und bei kurzen elektromagnetischen Wellen die Dispersion ganz wesentlich die Wechselwirkung zwischen Wellen und Materie bestimmt.

Aufgaben

1. Eine Stimmgabel der Frequenz f beginne zur Zeit $t = 0$ zu schwingen und werde nach einem Zeitintervall $2\Delta t$ angehalten. Die entstehende Wellengruppe der Länge $2\Delta x$ enthält ca. N mittlere Wellenlängen. Da am Anfang und am Ende der Wellengruppe nicht genau entschieden werden kann, ob noch eine halbe Wellenlänge vorhanden ist oder nicht, beträgt die Ungenauigkeit $|\Delta N| = 1$.
   a) Erörtern Sie, wie N, f und Δt zusammenhängen.
   b) Drücken Sie die Wellenlänge durch $2\Delta x$ und N aus.
   c) Zeigen Sie, dass sich aus diesem Sachverhalt die Formel $\Delta f \Delta t = \frac{1}{2}$ für die akustische Unschärfe ergibt.

*2. Die Dispersionsrelation für Wasserwellen heißt $\omega^2 = gk$ mit $k = 2\pi/\lambda$. Bestimmen Sie mithilfe der Beziehung $v_{Gr} = d\omega/dk$ für Wellen der Frequenz 1 Hz die Gruppengeschwindigkeit.

Exkurs

Entstehung von Wasserwellen

Eine genauere Untersuchung der Wasserwellen zeigt, dass sich die Flüssigkeitsteilchen nicht einfach auf und ab bewegen, sondern Kreise und in tieferen Schichten mehr oder weniger lang gestreckte Ellipsen beschreiben. Der Durchmesser der Kreisbahn ist gleich dem Höhenunterschied zwischen Wellenberg und Wellental.

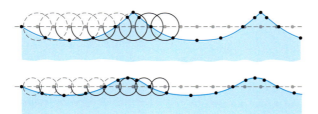

Für die Ausbildung von **Oberflächenwellen** auf Flüssigkeiten sind zwei Kräfte entscheidend: die *Oberflächenspannung*, die durch die Anziehung der Teilchen untereinander zustande kommt (Kohäsionskräfte), und die *Schwerkraft*, der jedes Teilchen unterliegt. Bei einer Gleichgewichtsstörung der Oberfläche wirken beide als rücktreibende Kräfte. Bei kürzeren Wellen ($\lambda \leq 1$ cm) wirkt fast ausschließlich die Oberflächenspannung als rücktreibende Kraft, sie heißen deshalb **Kapillarwellen**. Längere Wellen (λ einige Zentimeter und größer) sind reine **Schwerewellen**; für sie ist die Oberflächenspannung praktisch ohne Einfluss. Dazwischen liegt das Gebiet der **Kapillar-Schwerewellen**, um die es sich vorzugsweise in der Wellenwanne handelt.

Wasserwellen sind ein typisches Oberflächenphänomen an der Grenze zwischen Luft und Wasser, ähnlich wie die wellenartigen Formen, der sogenannten Riffelung, die sich im Sand der Wüste oder im flachen Wasser am Meeresboden ausbilden.

In der Natur werden Wasserwellen meist durch den Wind erzeugt. Weht der Wind mit konstanter Geschwindigkeit über eine vollkommen ebene Wasseroberfläche, passiert nichts. Aber schon bei kleinen Unregelmäßigkeiten auf dem Wasser bilden sich Wellen aus. Die Windgeschwindigkeiten über den Wellenbergen sind größer als die im Wellental (→ 1.2.10). Durch den Wind entsteht über den Wellenbergen ein Unterdruck, im Wellental ein Überdruck. Beides trägt dazu bei, dass die Wellen höher werden.

Wechselwirkungen von Wellen

132.1 Zwei Kreiswellensysteme überlagern sich und laufen danach ungestört und in ursprünglicher Form weiter.

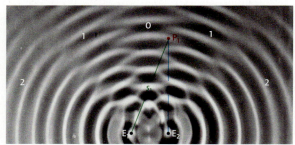

132.2 Interferenz zweier Kreiswellensysteme. E_1, E_2 Erregerzentren; 0, 1, 2 Bereiche des 0., 1. und 2. Maximums; dazwischen die Linien der Auslöschung, Minima 1. und 2. Ordnung, die Teile von Hyperbeln sind.

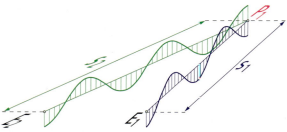

132.3 Von E_1 und E_2 gehen Wellenstrahlen aus, die sich in P_1 überlagern. Ihr Gangunterschied in P_1 ist $\Delta s = s_2 - s_1 = 2\frac{1}{2}\lambda - 2\lambda = \frac{1}{2}\lambda$, entsprechend einer Phasendifferenz von π: Die beiden Schwingungen heben sich auf; P_1 liegt auf einer Linie der Auslöschung.

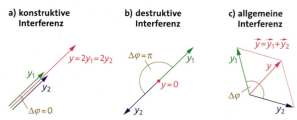

132.4 Zeigerdiagramm. **a)** Phasendifferenz $\Delta\varphi = 0, 2\pi, 4\pi$: Zeiger addieren sich maximal
b) $\Delta\varphi = \pi, 3\pi, 5\pi$: Zeiger löschen sich aus
c) andere Winkel: Zeiger addieren sich (nur) vektoriell

3.4 Wechselwirkungen von Wellen

Alle Wellen zeigen einheitlich charakteristische Phänomene bei der Wechselwirkung miteinander oder mit Materie, die z. T. in ihrer Ausprägung von der Wellenlänge und der gegenseitigen Phasenlage abhängen.

3.4.1 Interferenz zweier Kreiswellen

Wenn zwei Wassertropfen gleichzeitig in einigem Abstand in die Wellenwanne fallen, so breiten sich zwei Kreiswellensysteme aus, die sich teilweise überlagern und durchdringen, ohne sich dabei aber gegenseitig zu stören (**Abb. 132.1**). Das ergibt sich aus dem Überlagerungsverhalten von Schwingungen (→ 3.2.1).

> **Prinzip der ungestörten Überlagerung von Wellen:** Treffen an einer Stelle eines Wellenträgers mehrere Wellen aufeinander, so addieren sich dort die Elongationen der Schwingungen. Nach dem Zusammentreffen laufen die Wellen ungestört weiter. Die ungestörte Überlagerung mehrerer Wellen von gleicher Frequenz (und damit gleicher Wellenlänge) wird als **Interferenz** bezeichnet.

Versuch 1: Werden zwei punktförmige Erreger E_1 und E_2 (mit regulierbarem Abstand) in den Schwinger des Wellenerzeugers über der Wellenwanne eingeklemmt, so sind im Wellenfeld bei stroboskopischer Beleuchtung ortsfeste Linien zu erkennen, auf denen die Wellenbewegung (fast) zur Ruhe kommt (**Abb. 132.2**) ◄.

Erklärung: Von den beiden in Phase schwingenden Erregern gehen Kreiswellen gleicher Frequenz und Wellenlänge aus. Ein beliebiger Oszillator im Wellenfeld, z. B. in P_1, wird daher immer von zwei Wellen erfasst (**Abb. 132.3**) und von beiden zu erzwungenen Schwingungen derselben Frequenz angeregt. Diese beiden Schwingungen überlagern sich zu einer resultierenden Schwingung.

Entscheidend für das Ergebnis der Überlagerung in einem angenommenen Punkt des Wellenfeldes, z. B. in P_1, ist die dortige Phasendifferenz der beiden Schwingungen. Sie berechnet sich wie folgt:

Je weiter im Wellenfeld eines einzelnen Erregers die Oszillatoren vom Erreger entfernt sind, umso weiter bleiben die Phasen ihrer Schwingungen hinter der des Erregers zurück. So schwingt ein Oszillator im Abstand λ oder $n\lambda$ der Schwingung des Erregers mit der Phase 2π oder $n \cdot 2\pi$, was in der Wirkung gleichbedeutend mit einer Phase 2π ist, hinterher. Ein Oszillator im Abstand s_1 vom Erreger bleibt wegen $s/\lambda = \varphi/2\pi$ hinter der Erregerschwingung um die Phase $\varphi_1 = 2\pi(s_1/\lambda)$ zurück.

Wechselwirkungen von Wellen

An jedem Ort treten stets zwei Schwingungen auf, nämlich die vom Erreger E_1 und vom Erreger E_2 erzeugt und die mit den Phasen φ_1 und φ_2 hinter den Schwingungen ihrer Erreger zurückgeblieben sind. Untereinander weisen beide Schwingungen an dem betrachteten Ort die entscheidende Phasendifferenz

$$\Delta\varphi = \varphi_2 - \varphi_1 = \frac{s_2 - s_1}{\lambda} 2\pi = 2\pi \frac{\Delta s}{\lambda}$$

auf. Die Phasendifferenz $\Delta\varphi$ lässt sich danach aus der Wegdifferenz Δs, dem *Gangunterschied*, berechnen.

> Der **Gangunterschied** Δs zweier Wellen an einem Ort im Wellenfeld ist die Wegdifferenz $\Delta s = s_2 - s_1$ der Strecken s_1 und s_2 ($s_2 > s_1$) von diesem Ort zu den beiden Erregern E_1 und E_2.

Da für jeden Ort im Wellenfeld die zwei Werte s_1 und s_2 eindeutig bestimmt sind, gehört zu jedem Ort eine feste Phasendifferenz.

Mithilfe der Phasendifferenz können nun die in der Wellenwanne beobachteten Interferenzerscheinungen verstanden werden. Das Ergebnis der Überlagerung der beiden Schwingungen liefert die Zeigerdarstellung (**Abb. 132.4**): Phasendifferenzen, für die die Zeiger stets dieselbe Richtung haben – das sind alle Vielfachen von 2π –, entsprechen maximaler Verstärkung der Schwingungen oder **konstruktiver Interferenz.** Haben die Zeiger entgegengesetzte Richtungen – das ist bei allen ungeradzahligen Vielfachen von π der Fall –, so ergibt sich maximale Abschwächung oder **destruktive Interferenz** und bei gleicher Amplitude Auslöschung.

> Bei Interferenz zweier Wellen gleicher Frequenz ergibt sich
>
> **maximale Verstärkung (konstruktive Interferenz)** bei einer Phasendifferenz $\Delta\varphi = n\,2\pi$, entsprechend einem Gangunterschied von
>
> $\Delta s = n\lambda$, mit $n = 0, 1, 2, \ldots$
>
> **maximale Abschwächung (destruktive Interferenz)** bei einer Phasendifferenz $\Delta\varphi = (2n-1)\pi$, entsprechend einem Gangunterschied von
>
> $\Delta s = (2n-1)\lambda/2$, mit $n = 1, 2, 3, \ldots$

In **Abb. 132.2** ist auf der Symmetrieachse $\Delta s = 0$, die Schwingungen verstärken sich maximal. Hier liegt mit $n = 0$ das *Interferenzmaximum 0. Ordnung*. In den Punkten der auf beiden Seiten folgenden schwingungsfreien Kurven ist $\Delta s = \lambda/2$; die Schwingungen schwächen sich. Hier liegt das *Interferenzminimum 1. Ordnung*. Bei gleicher Amplitude löschen sie sich vollständig aus. Daran schließen sich auf beiden Seiten die *Interferenzmaxima 1. Ordnung* an, $\Delta s = \lambda$ usw.

Akustische Interferenz

Versuch 2: Zwei Lautsprecher werden an einen Sinusgenerator mit der Frequenz 3400 Hz angeschlossen und in einem Abstand von ca. 25 cm aufgestellt (**Abb. 133.1**). Wird nun ein Mikrofon, das über einen Verstärker mit einem Strommessgerät verbunden ist, parallel zur Verbindungsstrecke der beiden Lautsprecher durch das Wellenfeld geführt, so registriert das Messgerät eine Reihe aufeinanderfolgender Maxima und Minima.

Beobachtung: Genau auf der Mittelsenkrechten zur Verbindungsstrecke der Lautsprecher liegt das sogenannte Maximum 0. Ordnung. Wird das Mikrofon an den Ort des nächsten Maximums gebracht und werden die Abstände dieses Ortes zu den beiden Lautsprechern gemessen, so ergibt sich als Differenz die Wellenlänge λ. Dies ist ein Maximum 1. Ordnung. ◄

Auch bei diesem Versuch sind die Schwingungen der beiden Lautsprecher, von denen die Schallwellen ausgingen, in Phase. Interferenzerscheinungen lassen sich jedoch auch beobachten, wenn die beiden Erregerzentren nicht in Phase sind. Allerdings ist es notwendig, dass sie mit konstanter Phasendifferenz senden, da sich andernfalls die Interferenzverhältnisse an einem Beobachtungsort im Wellenfeld ständig ändern.

> Wellen, die von Erregerzentren ausgehen, die eine konstante Phasendifferenz haben, heißen **kohärent**. **Kohärenz** ist eine unabdingbare Voraussetzung für die Entstehung eines über längere Zeit beobachtbaren Interferenzphänomens.

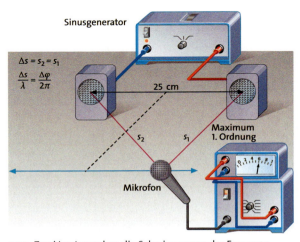

133.1 Zwei Lautsprecher, die Schwingungen der Frequenz $f = 3400$ Hz aussenden, erzeugen ein Wellenfeld, in dem die Maxima und Minima mit einem Mikrofon registriert werden. Am Ort eines Maximums 1. Ordnung beträgt die Differenz der Abstände zu den Lautsprechern λ.

Wechselwirkungen von Wellen

Interferenzkurven

Im Interferenzfeld der **Abb. 134.1** liegen die Maxima und Minima auf Kurven, für deren Punkte die Differenz der Abstände zu den beiden Erregerzentren konstant – und zwar gleich dem jeweiligen Gangunterschied – ist. Diese Kurven sind sogenannte *konfokale Hyperbeln,* d.h. Hyperbeln mit gleichem Brennpunkt (focus, lat.: Brennpunkt).

> Zwei kohärente Kreiswellenerreger erzeugen durch Interferenz ein symmetrisches Wellenfeld aus (konfokalen) *Interferenzhyperbeln* maximaler Verstärkung und (fast) völliger Auslöschung. Die Punkte mit Gangunterschieden
> $\Delta s = n\lambda$ liegen auf Hyperbeln konstruktiver Interferenz ($n = 0, 1, 2, \ldots$),
> $\Delta s = (2n-1)\lambda/2$ liegen auf Hyperbeln destruktiver Interferenz ($n = 1, 2, \ldots$).

Energieverteilung im Interferenzfeld

Jeder Erreger für sich erzeugt an jeder Stelle P auf der Linie $P_1 P_2$ (**Abb. 134.1**) Schwingungen mit annähernd gleicher Amplitude $\hat{y}$. Also wird von jedem Wellenzentrum nach P Energie übertragen. Ohne Interferenz würde daher zu jedem Punkt P auf der betrachteten Linie ständig die Energie $E \sim 2\hat{y}^2$ ($\rightarrow$ 3.1.3) transportiert.

Durch Interferenz entstehen längs $P_1 P_2$ jedoch Schwingungen verschiedener Amplitude. So hat die Amplitude an den Schnittstellen mit den gestrichelt dargestellten Hyperbeln stets den Wert null, während sie an den Schnittstellen mit den durchgezogen dargestellten Hyperbeln dauernd ungefähr den Wert $2\hat{y}$ besitzt. Stark vereinfacht lässt sich die Energieverteilung so vorstellen, dass die Hälfte aller Punkte (nämlich in den Umgebungen von Maxima) diesen Amplitudenwert $2\hat{y}$ hätte und die übrige Hälfte den Wert null, so ergibt sich: Zur einen Hälfte der Punkte wird bei Interferenz die Energie $E \sim (2\hat{y})^2 = 4\hat{y}^2$ transportiert, zur anderen Hälfte die Energie $E = 0$. Im Mittel erhält wieder jeder Punkt die Energie $E \sim 2\hat{y}^2$.

> Durch Interferenz wird die Energieverteilung im Wellenfeld geändert. Die Energiesumme bleibt jedoch erhalten.

Die überraschende Tatsache, dass an die Stellen der Interferenzminima kaum Energie gelangt, obwohl jeder Sender dorthin Energie sendet, folgt aus der Welleneigenschaft. *Die Amplituden der Schwingungen addieren sich entsprechend ihrer Phasendifferenz, nicht aber die Energien;* die Energie wird infolge der Interferenz nur in anderer Weise räumlich verteilt.

Nachweis einer Wellenstrahlung: Damit ist ein Kriterium gefunden, das in allen Gebieten der Physik bei der Frage herangezogen wird, ob eine Energieübertragung durch Materietransport oder durch Wellen erfolgt. Entstehen in einem Überlagerungsgebiet, in das zwei Sender Energie ausstrahlen, energiefreie Zonen, ist dies als entscheidender Hinweis auf die Welleneigenschaft der betrachteten Strahlung zu werten.

▬ Aufgaben

1. Zeichnen Sie eine Interferenzfigur, die entsteht, wenn der Erreger E_2 gegenüber E_1 mit der Phasenverschiebung $\Delta\varphi = \pi$ schwingt. (Zeichnung $E_1 E_2 = 6{,}0$ cm; $\lambda = 2{,}0$ cm; Wellenberge durchgezogen, Wellentäler gestrichelt; Interferenzstreifen durch den jeweiligen Phasenunterschied kennzeichnen.)

2. Zwei phasengleich schwingende Wellenerreger erzeugen Kreiswellen der Wellenlänge λ. Ihr Abstand beträgt die fünffache Wellenlänge.
   a) Berechnen Sie den Winkel, den der „gerade Teil" des Interferenzmaximums 1. Ordnung mit der Symmetrieachse bildet.
   b) Ermitteln Sie die Zahl der Interferenzhyperbeln (Interferenzmaxima), die erzeugt werden.
   c) Bestimmen Sie den Zusammenhang zwischen der Anzahl der Interferenzhyperbeln und dem Abstand der Wellenerreger bei vorgegebener Wellenlänge.

*3. Ist in **Abb. 134.1** die Entfernung $e = E_0 P_0$ sehr viel größer als der Abstand $d = E_1 E_2$ der beiden phasengleich schwingenden Erreger E_1 und E_2, weiter α der Winkel zwischen der Symmetrieachse von E_1 und E_2 und der Verbindung $E_0 P$ und Δs der Gangunterschied der beiden von E_1 und E_2 zu P ausgehenden Wellenstrahlen s_1 und s_2, so gilt mit $P_0 P = a_n$ angenähert:
   a) $\sin\alpha = \Delta s/d$ und $\tan\alpha = P P_0/E_0 P_0 = a_n/e$ und für kleine Winkel schließlich $\Delta s/d = a_n/e$;
   b) für Interferenzmaxima $\sin\alpha = n\lambda/d$ oder $n\lambda \approx (a_n d)/e$;
   c) für Interferenzminima $\sin\alpha = (2n-1)\lambda/(2d)$ oder $(n-\frac{1}{2})\lambda \approx (a_n d)/e$.
   Begründen Sie die Beziehungen anhand einer Zeichnung.

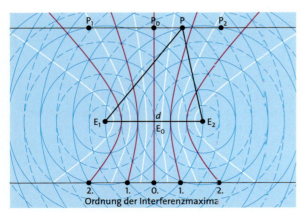

134.1 Interferenzhyperbeln im Wellenfeld zweier Kreiswellensysteme

3.4.2 Das Huygens'sche Prinzip

In Kenntnis der Interferenz von Wellen, die von zwei punktförmigen Erregern ausgehen, soll nun geklärt werden, wie ausgedehnte Wellen entstehen.

Versuch 1: In der Wellenwanne werden Kreiswellen (Wellen mit kreisförmiger Wellenfront) bzw. gerade Wellen (Wellen mit gerader Wellenfront) erzeugt, die auf eine Barriere mit einer engen Öffnung zulaufen.
Beobachtung: Von der Öffnung gehen kreisförmige Wellen aus, die gleiche Frequenz und gleiche Wellenlänge wie die erzeugten Wellen besitzen (**Abb. 135.1 a und b**). ◀

Versuch 2: Läuft eine Welle mit gerader Front gegen eine Barriere, die mehrere nebeneinanderliegende Öffnungen besitzt, so entsteht in einigem Abstand durch die Überlagerung vieler Elementarwellen hinter der Barriere wieder eine vollständige Welle mit gerader Wellenfront (**Abb. 135.1 c**).
Ergebnis: Sobald eine Welle eine Spaltöffnung erreicht, wirkt diese als Zentrum der Entstehung und Ausbreitung einer Kreiswelle. Mehrere Spaltöffnungen nebeneinander senden ebenfalls Kreiswellen aus, die sich zu neuen Wellenfronten überlagern. ◀

Auf eben diese Weise entsteht jede neue Wellenfront aus der vorhergehenden: Auch ohne dass eine Barriere mit schmalen Öffnungen vorhanden ist, ist jeder Punkt einer Wellenfront Zentrum einer Kreiswelle. Alle diese Kreiswellen überlagern sich zu einer neuen Wellenfront, z. B. einer Kreiswelle (**Abb. 135.1 d**).
Die neue Wellenfront, die sich geometrisch als Einhüllende der Kreiswellen konstruieren lässt, entsteht durch Interferenz aller Kreiswellen. Die Bedeutung von Kreiswellen bzw. von Kugelwellen im Raum hat zuerst Christian HUYGENS (1629–1695) erkannt und mit den sogenannten **Elementarwellen** die Wellentheorie begründet. Er hat 1678 in seinem Werk *Traité de la lumière* mit dem Konzept der *Elementarwellen* und der *Einhüllenden* das Verhalten von Wellen erklärt, um vor allem die physikalischen Eigenschaften des Lichts verstehen zu können (→ 7.3).

> **Huygens'sches Prinzip:** Jeder Punkt einer Wellenfront kann als Ausgangspunkt von Elementarwellen angesehen werden, die sich mit gleicher Phasengeschwindigkeit und gleicher Frequenz wie die ursprüngliche Welle ausbreiten. Die Einhüllende aller Elementarwellen ergibt die neue Wellenfront.

Versuch 3: Laufen gerade Wellen auf eine breite Öffnung zu, so entstehen in einem begrenzten Streifen gerade Wellenfronten (**Abb. 135.2 a**). Wird ein Erreger mit

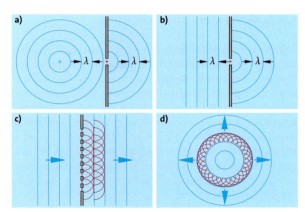

135.1 Huygens'sches Prinzip: Bei Kreiswellen **(a)** und bei geraden Wellen **(b)** kann jeder Punkt der Wellenfront als Zentrum einer Elementarwelle angesehen werden. Die von einer Wellenfront ausgehenden Elementarwellen setzen sich zu einer neuen geraden Wellenfront **(c)** bzw. zu einer kreisförmigen Wellenfront **(d)** zusammen.

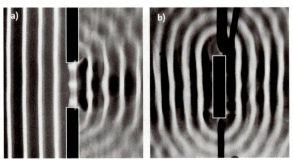

135.2 Die von einer breiten Öffnung **(a)** ausgehenden Wellen stimmen mit denen, die von einem gleich breiten Erreger erzeugt werden **(b)**, überein.

derselben Breite wie die vorher verwendete Öffnung benutzt, so bildet sich dahinter nahezu das gleiche Wellenmuster (**Abb. 135.2 b**).
Ergebnis: Die Übereinstimmung der entstehenden Wellenbilder bestätigt die Anwendbarkeit des Huygens'schen Prinzips. ◀

Augustin Jean FRESNEL (1788–1827) hat das besonders für die Optik wichtige Huygens'sche Prinzip mit dem Interferenzprinzip in Verbindung gebracht und modifiziert. Nach dem **Huygens-Fresnel'schen Prinzip** wird der Schwingungszustand in einem beliebigen Punkt des Wellenfeldes durch alle Elementarwellen bestimmt, die von einer beliebigen Wellenfront ausgehen, wenn dort ihre Wirkungen unter Berücksichtigung ihrer Phasen und Amplituden addiert werden. Das Huygens'sche Prinzip berücksichtigt nur jene Elementarwellen, die mit der Einhüllenden zusammenfallen.

Wechselwirkungen von Wellen

3.4.3 Reflexion und Brechung

Mit dem Huygens'schen Prinzip lassen sich die bekannten Phänomene der Reflexion und Brechung von Wellen auf ein einfaches Konzept zurückführen und erklären. Trifft eine Welle auf eine Grenzfläche zweier Medien, in denen sie unterschiedliche Phasengeschwindigkeiten besitzt, so gehen von der Grenzfläche zwei Wellen aus: Eine Welle wird an der Grenzfläche *reflektiert* und läuft mit derselben Geschwindigkeit wie vorher zurück; eine zweite tritt in das andere Medium ein und bewegt sich dort mit veränderter Geschwindigkeit. Sie bildet die *gebrochene* Welle.

Versuch 1 – Reflexionsgesetz: Eine gerade Welle läuft gegen ein schräg in die Wellenwanne gestelltes gerades Hindernis. Beobachtet wird in stroboskopischer Beleuchtung.
Beobachtung: Die reflektierten Wellenfronten schließen mit dem Hindernis denselben Winkel ein wie die ankommenden Wellen. Wird die *Wellennormale* (senkrecht zu den Wellenfronten) der ankommenden und der reflektierten Welle zum Einfallslot auf die reflektierende Fläche gezeichnet, so bestätigt eine Messung des Einfallswinkels und des Ausfallswinkels das aus der Optik bekannte Reflexionsgesetz (**Abb. 136.1**). ◂

Die *Erklärung* dieses Gesetzes liefert das Huygens'sche Prinzip (**Abb. 137.1**): Die gerade Wellenfront AB trifft in der Stellung $A_1 B_1$ im Punkt A_1 auf die ebene reflektierende Grenzfläche. Während die Welle vom Punkt B_1 der Wellenfront in der Zeit Δt die Strecke $B_1 B_2 = v_{Ph} \Delta t$ durchläuft und in B_2 ebenfalls die reflektierende Grenzfläche erreicht, breitet sich mit gleicher Geschwindigkeit v_{Ph} um A_1 eine Elementarwelle vom Radius $r = v_{Ph} \Delta t = A_1 A_2$ aus. Die Tangente von B_2 an diesen Kreis (Konstruktion mit dem Thales-Kreis über $A_1 B_2$, Berührungspunkt A_2) ergibt als Einhüllende der von A_1 und B_2 ausgehenden Elementarwellen die reflektierte Wellenfront $A_2 B_2$.

Der Einfallswinkel α und der Ausfallswinkel β finden sich in den Dreiecken $A_1 B_1 B_2$ und $A_1 A_2 B_2$. Aus der Kongruenz der Dreiecke folgt das Reflexionsgesetz.

> **Reflexionsgesetz für Wellen:** Das Huygens'sche Prinzip zeigt, dass der Einfallswinkel α gleich dem Ausfallswinkel β ist: $\alpha = \beta$.

Versuch 2 – Brechungsgesetz: Gerade Wellen laufen schräg auf eine Glasplatte zu, die nur dünn mit Wasser bedeckt ist.
Beobachtung: Die Wellenfronten vor der Glasplatte und über der Glasplatte sind nicht mehr parallel, ihre Wellennormalen zeigen in verschiedene Richtungen. Die Wellen sind gebrochen worden (**Abb. 136.2**). ◂

Bei geeignet gewählter Frequenz der stroboskopischen Beleuchtung scheinen die Wellen sowohl im tiefen als auch im flachen Wasser stillzustehen. Daraus ist zu schließen, dass die Frequenz der Wellen vor der Grenzfläche gleich der hinter der Grenzfläche ist: Die Frequenz der Wellen hat sich bei der Brechung nicht geändert. Jedoch ist die Wellenlänge im flachen Wasser kleiner als im tiefen. Die Wellenlänge ändert sich also, die Frequenz bleibt.
Nach dem Huygens'schen Prinzip schwingen alle Erregerzentren von Elementarwellen mit derselben Frequenz wie der reale Wellenerreger. Gemäß der Beziehung $v_{Ph} = \lambda f$ muss die Ausbreitungsgeschwindigkeit im flachen Wasser geringer als im tiefen sein.

> Das unveränderliche Kennzeichen einer Welle ist ihre Frequenz, während sich ihre Wellenlänge mit der Phasengeschwindigkeit ändert.

Demnach erklärt sich die Brechung daraus, dass die im flachen Wasser langsamer vorankommenden Wellenfronten einen geringeren Abstand λ zueinander einnehmen müssen. Um hierbei nicht „abzureißen", müssen sie zum Einfallslot „einschwenken".

136.1 Reflexion einer geraden Welle an einer geraden Wand. Für die Wellennormalen gilt das Reflexionsgesetz $\alpha = \beta$.

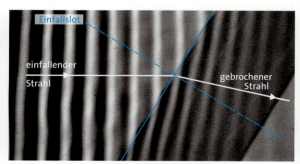

136.2 Brechung einer geraden Welle an einer geraden Grenzlinie zwischen zwei Medien.

Wechselwirkungen von Wellen

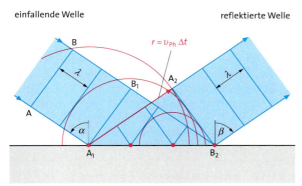

137.1 Erklärung des Reflexionsgesetzes mit dem Huygens'schen Prinzip

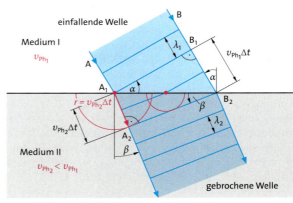

137.2 Erklärung des Brechungsgesetzes mit dem Huygens'schen Prinzip

Im Einzelnen ergibt sich mit dem Huygens'schen Prinzip folgende Erklärung (**Abb. 137.2**):
Die Wellenfront A B erreicht in A_1 die Grenzlinie zwischen tiefem Wasser (Medium I) und flachem Wasser (Medium II). Im Medium I wandert die Welle vom Punkt B_1 mit der Geschwindigkeit v_{Ph1} um $B_1 B_2 = v_{Ph1} \Delta t$ weiter, bis sie in B_2 ebenfalls die Grenzlinie erreicht. Währenddessen breitet sich um A_1 im Medium II eine neue Elementarwelle mit der (geringeren) Geschwindigkeit v_{Ph2} aus, die zum Zeitpunkt, da die Welle in B_2 eintrifft, einen Kreis mit dem Radius $v_{Ph2} \Delta t$ gebildet hat. Die Tangente von B_2 an diesen Kreis beschreibt die Wellenfront nach der Brechung.
Für den Einfallswinkel α und den Brechungswinkel β in den Dreiecken $A_1 B_1 B_2$ und $A_1 A_2 B_2$ gilt:

$$\frac{\sin \alpha}{\sin \beta} = \frac{B_1 B_2}{A_1 B_2} : \frac{A_1 A_2}{A_1 B_2} = \frac{v_{Ph1} \Delta t}{v_{Ph2} \Delta t} = \frac{v_{Ph1}}{v_{Ph2}}$$

Die Gleichung gilt für jeden Einfallswinkel.

Brechungsgesetz für Wellen: Treten Wellen aus einem Medium in ein anderes, so besitzen die Wellennormalen der einfallenden und der gebrochenen Welle verschiedene Richtungen. Es gilt:

$\frac{\sin \alpha}{\sin \beta} = \frac{v_{Ph1}}{v_{Ph2}} =$ konstant

Das Verhältnis des Sinus des Einfallswinkels zum Sinus des Ausfallswinkels ist gleich dem Verhältnis der Ausbreitungsgeschwindigkeit im ersten Medium zu dem im zweiten Medium.

Das Huygens'sche Prinzip, angewendet auf die Ausbreitung der Wasserwellen, führt zu dem aus der Optik bekannten **Brechungsgesetz** $\sin \alpha / \sin \beta = n$.
Dabei gibt der Brechungsindex hier das Verhältnis der Ausbreitungsgeschwindigkeiten der Wellen in den beiden Medien an.

In Analogie zu den Versuchen der Optik lässt sich in der Wellenwanne zeigen, wie die Wellen im flacheren Wasser über einer als Konvex- oder als Konkavlinse geschnittenen Glasplatte hinter der Konvexlinse zusammenlaufen (konvergieren) und hinter der Konkavlinse zerstreut werden.
Das Einschwenken von Wellenfronten im flacher werdenden Wasser ist am Meeresstrand gut zu beobachten: Die Meereswellen laufen auch bei verschiedenen Windrichtungen immer fast genau senkrecht auf den Strand zu.

Aufgaben

1. In einer Wellenwanne läuft eine Welle von einem seichten Bereich in ein Gebiet mit tieferem Wasser unter dem Einfallswinkel von 45° und dem Brechungswinkel von 60°. Bestimmen Sie die Geschwindigkeit im flachen Teil, wenn sie im tiefen 25 cm/s ist.
2. Wasserwellen bewegen sich in tiefem Wasser mit der Geschwindigkeit $v_1 = 34$ cm/s. Sie treffen unter dem Winkel $\alpha = 60°$ auf die Grenzlinie zu einem flacheren Teil, wo sie sich mit $v_2 = 24$ cm/s bewegen. Wird die Frequenz ein wenig erhöht, so sinkt die Geschwindigkeit im tieferen Teil auf $v_1 = 32$ cm/s.
   a) Berechnen Sie in beiden Fällen den Brechungswinkel.
   b) Die Wellenlänge im tieferen Teil beträgt im ersten Versuch $\lambda = 1{,}7$ cm. Berechnen Sie Wellenlänge und Frequenz im flacheren Teil.
3. Konstruieren Sie nach dem Huygens'schen Prinzip
   a) die Reflexion von Kreiswellen, die von einem Erregerzentrum Z ausgehen, an einem geraden Hindernis (Reflexionsgerade). Zeichnen Sie dazu mehrere Kreisbögen um Z mit Abstand von 1 cm, die die Reflexionsgerade schneiden. Zeigen Sie, dass der Mittelpunkt Z' der reflektierten Wellenfronten das Spiegelbild von Z an der Geraden ist.
   b) Führen Sie die Konstruktion auch für ebene Wellen aus, die an einem Hohlspiegel (Kreislinie mit $r = 8$ cm) reflektiert werden.

Wechselwirkungen von Wellen

3.4.4 Beugung von Wellen; Streuung

Versuch 1: Gerade Wellen gleicher (**Abb. 138.1**) und verschiedener (**Abb. 138.2**) Frequenz laufen in der Wellenwanne gegen unterschiedlich breite (gerade) Hindernisse bzw. gegen Hindernisse mit verschieden breiten Öffnungen.
Beobachtung: Die Wellenfronten werden durch die Hindernisse nicht scharf begrenzt, sondern die Welle breitet sich umso weiter in den geometrischen „Schattenraum" hinter dem Hindernis aus, je schmaler das Hindernis oder je enger die Öffnung wird. ◀

> Das Eindringen von Wellen in den geometrischen Schattenraum hinter Hindernissen oder Öffnungen wird als **Beugung** bezeichnet.

Entscheidend für die Ausprägung der Beugungserscheinung ist das Verhältnis der Größe des beugenden Hindernisses zur Wellenlänge. Wellen mit kleiner Wellenlänge werden schwächer gebeugt als Wellen mit größerer Wellenlänge. Die Beugung ist besonders stark, wenn das Ausmaß des beugenden Hindernisses von gleicher Größenordnung wie die Wellenlänge oder kleiner ist (**Abb. 138.2**).

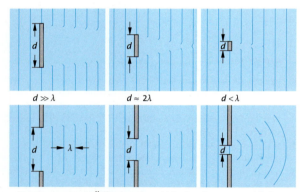

138.1 Beugung an Öffnungen und Hindernissen verschiedener Breite.

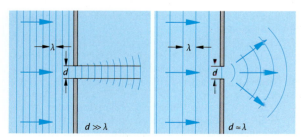

138.2 Bei der Beugung ist das Verhältnis von Wellenlänge und Breite der beugenden Öffnung bzw. des Hindernisses entscheidend.

Nach dem Huygens-Fresnel'schen Prinzip gehen von allen Punkten der Wellenfront in den Öffnungen bzw. von allen Punkten der Wellenfront neben den Hindernissen Elementarwellen aus, die sich im Schattenraum ausbreiten und überlagern. Die Beugung gehört also zu den Interferenzerscheinungen. Im Gegensatz zu der bisher behandelten Interferenz von nur zwei Wellen überlagern sich jetzt unendlich viele. Hier liegt eine kontinuierliche Verteilung kohärenter Elementarwellenzentren vor, von denen die interferierenden Wellen ausgehen. Bei der Überlagerung der Wellen sind deren Phasendifferenzen zueinander, die durch die Wegunterschiede entstehen, von entscheidender Bedeutung.

Beugung tritt immer auf, wenn irgendein Teil der ursprünglichen Wellenfront abgeschirmt ist. In den **Abb. 138.1** und **138.2** z. B. fehlen bei der Entstehung der neuen Wellenfront mehr oder weniger viele Elementarwellen der alten Wellenfront.

> Die Ausbreitung einer Welle unterscheidet sich von der Ausbreitung eines Teilchenstrahls. Eine Welle dringt in den Schattenraum hinter einem Hindernis ein, ein Teilchenstrahl nicht. Ist eine Öffnung bzw. ein Hindernis im Vergleich zur Wellenlänge groß, so kann die Beugung vernachlässigt werden. Die Wellen gelangen kaum in den Schattenraum.

Streuung
Sind die Hindernisse sehr klein im Vergleich zur Wellenlänge, so werden sie zu Zentren einzelner Elementarwellen, die sich ungestört nach allen Richtungen ausbreiten. Dieser Vorgang wird als **Streuung** bezeichnet.

Die Streuung kann so erklärt werden, dass die Welle im Wellenfeld vorhandene Oszillatoren zu erzwungenen Schwingungen anregt und dass diese dann als Zentren für die Emission der Elementarwellen fungieren. Die vom Oszillator aufgenommene Energie wird wieder abgestrahlt.
Bei der Untersuchung von Streuungserscheinungen zeigt sich, dass die Abstrahlung nicht gleichmäßig in alle Richtungen des Raumes erfolgt, sondern dass dabei die Schwingungsrichtung eine Rolle spielt.
Beispiele für Streuung stellen Lichtbündel dar, deren Verlauf durch Staubpartikel sichtbar wird. Die Streuung von Licht ist auch bei Scheinwerfern im Nebel zu beobachten. Hier erfolgt die Streuung an den fein verteilten Wassertröpfchen. Die Streuung ist auch verantwortlich für das blaue Himmelslicht (→ 7.3.10).

> Die Ablenkung von Wellen durch kleine Hindernisse wird als **Streuung** bezeichnet.

Wechselwirkungen von Wellen

Exkurs

Schallintensität und Lautstärke

Für die Darstellung der Lautstärke von Schall oder Musik ist der Begriff der *Intensität* einer Strahlung wichtig:

Die **Intensität I** einer Strahlung ist der Quotient aus der in der Zeit Δt durch die Fläche A hindurchströmenden Energie ΔE und dem Produkt aus der Fläche A und der Zeit Δt: $I = \Delta E/(\Delta t A)$, gemessen in J/(s m²); oder: da die Leistung P der Quotient aus Energie ΔE und Zeit Δt ist ($P = \Delta E/\Delta t$), ist die Intensität der Quotient aus der Leistung P und der Fläche A, durch die die Strahlung hindurchtritt: $I = P/A$, gemessen in W/m².

Strahlt eine punktförmige Schallquelle ihre Energie mit der Schallgeschwindigkeit v gleichmäßig in alle Richtungen, so tritt in der Zeit Δt durch die Oberfläche A einer gedachten Kugel mit dem Radius r um die Schallquelle gerade diejenige Energie ΔE, die sich in der angrenzenden Kugelschale der Dicke $\Delta r = v \Delta t$ mit dem Volumen $\Delta V = A \Delta r = A v \Delta t$ befunden hat. Da die Masse der in der Kugelschale schwingenden Luftmoleküle $\Delta m = \rho \Delta V = \rho A v \Delta t$ ist, gilt für die durch die Kugeloberfläche in der Zeit Δt strömende Energie nach $\Delta E = \frac{1}{2} \Delta m \omega^2 \hat{y}^2$ ($\rightarrow$ 3.1.3) $\Delta E = \frac{1}{2} \rho \omega^2 \hat{y}^2 A v \Delta t$.

Die **Intensität der Schallstrahlung** ist mit
$I = \Delta E/(A \Delta t) = \frac{1}{2} \rho \omega^2 \hat{y}^2 v$
proportional zum Quadrat der Frequenz der Strahlung und zum Quadrat der Amplitude der schwingenden Luftteilchen.

Bezogen auf den *Normalton* $f = 1000$ Hz kann das menschliche Ohr Intensitäten über den ungeheuer weiten Bereich von 10^{-12} W/m² bis 1 W/m² registrieren. Dabei gibt die Intensität $I = 10^{-12}$ W/m² die Hörschwelle an, bei der gerade der Normalton noch zu hören ist, und die Intensität $I = 1$ W/m² bezeichnet die Schmerzgrenze, oberhalb derer das Innenohr schon bei kurzer Schalleinwirkung auf Dauer geschädigt ist.

Als praktisches Maß für die Intensität ist die Einheit W/m² wegen des großen Wertebereichs von 12 Zehnerpotenzen ungeeignet. Dagegen bieten sich die Exponenten von 10^{-12} bis 10^0, also die Logarithmen der Intensität, als brauchbares Maß an. Zur Darstellung der Intensität wird daher eine logarithmische Funktion benutzt, wobei die Intensitäten auf die Hörschwelle $I_0 = 10^{-12}$ W/m² als Bezugsgröße bezogen werden. Diese Funktion bildet also kein absolutes, sondern ein *relatives Maß* – einen sogenannten *Pegel*:

Der **Schallintensitätspegel** ist $\beta = 10 \log(I/I_0)$, angegeben in dB.

Obwohl der Schallintensitätspegel eine reine Zahl ist, wird zur Kennzeichnung die Einheit **Dezibel** (dB) hinzugesetzt. *Gleiche Schallleistung* ruft je nach Frequenz *unterschiedliches Lautstärkeempfinden* hervor. Daher wird der **Lautstärkepegel** definiert, der für den Normalton mit dem Schallintensitätspegel übereinstimmt, und als Maß für *gleich empfundene* Lautstärken das **Phon** statt des Dezibels eingeführt. Die *physikalische Definition* der Lautstärke gilt also nur für den Normalton $f = 10^3$ Hz. Für andere Frequenzen wird der Verlauf der Linien gleicher Lautstärke durch Vergleich des Normaltones mit der definierten Lautstärke durch Hörversuche ermittelt. Die Grafik zeigt die Lautstärke in Phon in Abhängigkeit von der Frequenz. Aufgetragen sind als Skala links der Schallintensitätspegel in Dezibel, unten die Frequenz in Hz und rechts die Intensität in W/m².

Die Grafik zeigt: Bei tiefen und hohen Frequenzen ist das Ohr wesentlich unempfindlicher als bei mittleren, bei denen sich im Wesentlichen Sprache ereignet – zwischen 1000 Hz und 3000 Hz – oder vor allem das musikalische Geschehen abspielt – zwischen 1000 Hz und 4000 Hz. Der steile Anstieg der Kurven nach links ist der Grund dafür, weshalb in der Musik mit abnehmender Intensität zuerst die tiefen Töne verschwinden und weshalb gute Basslautsprecher teuer sind. Die Grafik zeigt weiterhin, dass sich die musikalischen Lautstärkebezeichnungen von *ppp* über *pp* (pianissimo) bis hin über *ff* (fortissimo) zu *fff* genau auf den Lautstärkepegel beziehen.

Nach der Tabelle ist die Lautstärke normaler Sprache aus 1 m Abstand $\beta = 60$ dB. Eine Steigerung der Intensität *auf das 10-Fache* (d. h. Straßenlärm bei normalem Verkehr) bedeutet eine Erhöhung der Lautstärke *um 10 dB* auf 70 dB. Eine Veränderung des Lautstärkepegels um 10 dB kommt etwa der Verdopplung oder Halbierung der (subjektiven) Lautstärke gleich.

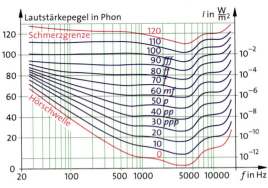

	W/m²	dB
Hörschwelle	10^{-12}	0
normales Atmen	10^{-10}	20
leises Flüstern (5 m Abstand)	10^{-7}	50
normale Unterhaltung (1 m Abstand)	10^{-6}	60
Straßenlärm bei starkem Verkehr	10^{-4}	80
Schwertransporter (15 m Abstand)	10^{-3}	90
Baulärm (3 m Abstand)	10^{-1}	110
Diskothek	10^{-1}–10^1	110–130
Düsenflugzeug (100 m Abstand)	10^0	120
Presslufthammer (1 m Abstand)	10^1	130
Düsenflugzeug beim Abheben (in unmittelbarer Nähe)	10^3	150

Wechselwirkungen von Wellen

3.4.5 Stehende Wellen; Eigenschwingungen

Versuch 1: Ein elastisches Seil, ein Schraubenfederseil oder die Wellenmaschine wird transversal periodisch erregt. Die Erregerfrequenz wird so lange verändert, bis sich ein stationärer Schwingungszustand des Wellenträgers einstellt.
Beobachtung: Bei bestimmten Frequenzen bilden sich „stehende Wellen" aus mit **Schwingungsknoten**, in denen der Oszillator in Ruhe bleibt, und **Schwingungsbäuchen** dazwischen, in deren Mitte der Oszillator mit maximaler Amplitude schwingt (**Abb. 140.1**).

140.1 Stehende Wellen auf einem Gummiseil: Zwischen den ständig in Ruhe bleibenden Knoten schwingen die Seilabschnitte in Phase mit der Erregerfrequenz. Zwei durch einen Knoten getrennte Abschnitte schwingen in Gegenphase.

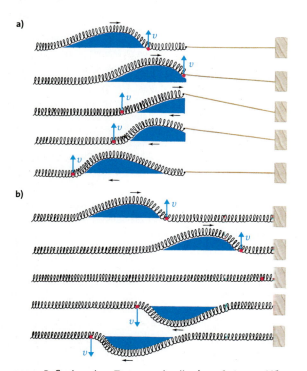

140.2 Reflexion einer Transversalwelle **a)** am freien und **b)** am festen Ende: **a)** Wellenberg bleibt Wellenberg; **b)** Wellenberg wird Wellental. Die vertikalen Pfeile verdeutlichen, wie neben der „Elongation" auch die „Geschwindigkeit der Oszillatoren" am freien und festen Ende verschieden reflektiert wird.

Stroboskopische Beleuchtung zeigt: Zwischen zwei Schwingungsknoten schwingen die Oszillatoren in Phase (mit unterschiedlichen Amplituden), in benachbarten Abschnitten in Gegenphase mit der Phasendifferenz π. Alle Oszillatoren gehen gleichzeitig durch ihre Nulllage und erreichen ebenfalls zur gleichen Zeit jeweils ihre größte Elongation. ◂

Erklärung: Es handelt sich um eine Interferenzerscheinung mit völliger Auslöschung in den Schwingungsknoten und maximaler Verstärkung in den Schwingungsbäuchen. Die am Anfang des Wellenträgers erzeugte Schwingung wandert bis an das Ende des Wellenträgers und wird dort reflektiert. Die reflektierte und die ankommende Welle überlagern sich, sodass sich bei bestimmten Frequenzen stehende Wellen ausbilden. Die Reflexion zeigt Versuch 2:

Versuch 2 – Reflexion linearer Wellen: Ein Schraubenfederseil, dessen Ende mit einem Band beweglich gehalten oder fest eingespannt wird (**Abb. 140.2**), wird am Anfang einmal kräftig ausgelenkt. Der Versuch wird mit Pendelkette und Wellenmaschine wiederholt.
Beobachtung: Der Wellenimpuls (Wellenberg) wird am beweglichen Ende zur selben Seite – als Wellenberg – und am festen Ende zur anderen Seite – als Wellental – reflektiert. ◂

Deutung: Am freien Ende beschleunigt der letzte Oszillator den vorletzten, nach der Reflexion ändert sich nur die Ausbreitungsrichtung des Wellenimpulses, nicht aber die Richtung der Auslenkung (**Abb. 140.2 a**). Am festen Ende ist der letzte Oszillator unbeweglich. Der vorletzte Oszillator muss nach der Reflexion zur anderen Seite ausschwingen, wenn er sich relativ gegenüber dem letzten Oszillator bewegt. Mit der Ausbreitungsrichtung der Störung kehrt sich in diesem Fall auch die Richtung der Auslenkungen im Raum um (**Abb. 140.2 b**).

> Eine Transversalwelle wird am freien Ende ohne Phasensprung, am festen Ende mit einem Phasensprung von $\Delta\varphi = \pi$ reflektiert. Der Wellenberg kehrt am freien Ende als Wellenberg und am festen Ende als Wellental zurück (**Abb. 140.2**).

Abb. 141.1 zeigt die Entstehung der stehenden Welle. Bei einer Reflexion am freien Ende bildet sich dort ein Schwingungsbauch aus, bei einer Reflexion am festen Ende liegt dort ein Schwingungsknoten.

> Eine **stehende Welle** entsteht durch Überlagerung zweier gegenläufiger Wellen gleicher Frequenz und gleicher Amplitude. In den Schwingungsbäuchen ist die Energie der Welle gespeichert.

Wechselwirkungen von Wellen

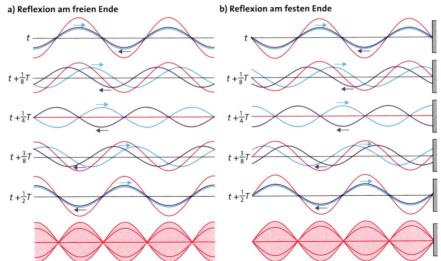

141.1 Ausbildung einer stehenden Welle **a)** am freien und **b)** am festen Ende. Die von links ankommende Welle (hellblau) wird phasengleich **(a)** oder gegenphasig **(b)** als zurücklaufende Welle (dunkelblau) reflektiert und überlagert sich mit dieser zu einer stehenden Welle (rot).

Eigenschwingungen

Stehende Wellen auf endlichen Wellenträgern werden häufig als **Eigenschwingungen des Systems** bezeichnet, da der Eindruck einer Schwingung des gesamten Trägers vorherrscht. Stabile stationäre Schwingungszustände auf endlichen Wellenträgern wie Blattfedern oder Saiten stellen sich nur bei bestimmten Erregerfrequenzen ein, wenn sich am festen Ende des Wellenträgers ein Knoten und am freien ein Schwingungsbauch bildet (**Abb. 141.1**). Sie zeigen ein typisches *Resonanzverhalten*.

Die einfachste Form der Eigenschwingung, die **Grundschwingung,** entsteht, wenn bei beidseitig festem oder freiem Ende für die Länge l des Wellenträgers und für die Wellenlänge λ_0 der Grundschwingung die Bedingung $l = \lambda_0/2$ oder bei einem freien und einem festen Ende $l = \lambda_0/4$ gilt.
Bilden sich auf dem System zusätzlich noch n weitere Halbwellen aus, ergibt sich das Bild der **n-ten Oberschwingung** mit der Wellenlänge λ_n. Für sie gilt:

$$l = (n+1)\frac{\lambda_n}{2} \quad \text{oder} \quad l = (2n+1)\frac{\lambda_n}{4}, \quad n = 0, 1, 2, \ldots$$

Die zugehörige Anregungsfrequenz f_n der n-ten Oberschwingung ($n = 0$ Grundschwingung) lässt sich nach der Beziehung $v_{\text{Ph}} = \lambda_n f_n$ bestimmen. **Abb. 141.2** bestätigt folgende Aussage:

> Auf einem linearen Wellenträger der Länge l bilden sich je nach den Randbedingungen (freie bzw. feste Enden) **Eigenschwingungen** mit den Wellenlängen λ_n und den Eigenfrequenzen f_n aus ($n = 0, 1, 2, \ldots$):
> bei gleichen Enden $\qquad \lambda_n = 2l/(n+1)$,
> bei verschiedenen Enden $\quad \lambda_n = 4l/(2n+1)$
> Bei beidseitig gleichen Enden sind die Eigenfrequenzen ganzzahlige Vielfache der Grundfrequenz $f_0 = v_{\text{Ph}}/2l$ (da $\lambda = 2l$), bei verschiedenen Enden und gleicher Systemlänge treten nur die ungeradzahligen Vielfachen der in diesem Fall halb so großen Grundfrequenz $f_0 = v_{\text{Ph}}/4l$ (da $\lambda = 4l$) auf.

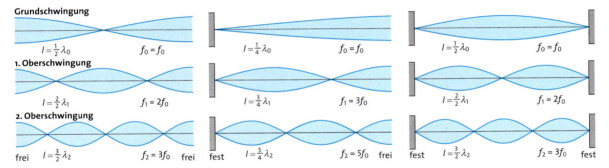

141.2 Eigenschwingungen eines Wellenträgers, der mit unterschiedlichen Enden (frei–frei, fest–frei, fest–fest) eingespannt ist.

Wechselwirkungen von Wellen

Stehende Longitudinalwellen

Die Begriffsbildungen bei stehenden Transversalwellen lassen sich unmittelbar auf stehende Longitudinalwellen übertragen.

Versuch 3: Eine an einem Ende fest eingespannte Schraubenfeder wird longitudinal über einen Motor betriebenen Exzenter angeregt.
Beobachtung: Bei bestimmten Frequenzen bilden sich stehende Wellen oder Eigenschwingungen aus. An einigen Stellen bleiben die Windungen der Feder in Ruhe; genau in der Mitte dazwischen bewegen sie sich mit größter Geschwindigkeit hin und her (**Abb. 142.1**). Bei stroboskopischer Beleuchtung ist zu sehen, dass die Abstände zwischen den Windungen, die sich am schnellsten bewegen, etwa gleich sind, während sie dazwischen einmal größer und einmal kleiner sind. ◄

Versuch 4 – Reflexion von Longitudinalwellen: Als Modell wird eine Kette mehrerer durch Federn miteinander verbundener Fahrbahnwagen verwendet, die die Oszillatoren bilden.
Beobachtung: Erhält diese Kette einen Stoß, so wird die Verdichtung am freien Ende als Verdünnung reflektiert, am festen jedoch als Verdichtung.
Am *freien Ende* wird auch der letzte Oszillator wie seine Vorgänger in Ausbreitungsrichtung angestoßen. Er zieht aber nun nach der Reflexion den vorletzten zu sich heran, dieser den nächsten usw. Dadurch bewegen sich die Oszillatoren nach der Reflexion entgegengesetzt zur neuen Ausbreitungsrichtung. Die Verdichtung läuft als Verdünnung (Unterdruck) zurück.
Am *festen Ende* kann der vorletzte Oszillator seinen Impuls nicht an den letzten abgeben, sondern schwingt wieder über seine Gleichgewichtslage zurück und gibt damit nach der Reflexion seinen Impuls in der neuen Ausbreitungsrichtung weiter. Die Verdichtung läuft als Verdichtung (Überdruck) zurück. ◄

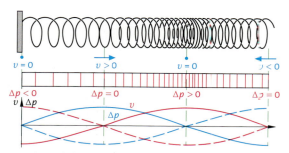

142.1 Die Verdichtungen einer stehenden Welle auf einer einseitig eingespannten Feder und die Druckunterschiede Δp einer Welle auf einer einseitig abgeschlossenen Luftsäule (rot) entsprechen einander. Dies gilt auch für die Geschwindigkeiten der Oszillatoren (blau).

> Sind in einer Longitudinalwelle Druck und Geschwindigkeit der Oszillatoren in Phase, so weisen beide nach der Reflexion die Phasendifferenz $\Delta\varphi = \pi$ auf. Am freien Ende wird die *Druckwelle* mit einem Phasensprung von $\Delta\varphi = \pi$ und die *Geschwindigkeitswelle* ohne Phasensprung reflektiert. Am festen Ende ist es umgekehrt.

Erklärung der stehenden Longitudinalwelle (**Abb. 142.1**): Am festen Ende wird die Geschwindigkeitswelle mit einem Phasensprung von $\Delta\varphi = \pi$ reflektiert, ankommende und reflektierte Welle heben sich dort auf. Es entsteht ein Knoten der *Geschwindigkeit der Oszillatoren*, der *Schnelle*, weil sich der letzte Oszillator nicht hin und her bewegen kann. Die Druckwelle wird dagegen am festen Ende ohne Phasensprung reflektiert, sodass ein Druckbauch entsteht. Am festen Ende werden die Oszillatoren abwechselnd zusammengedrückt (Überdruck) oder auseinandergezogen (Unterdruck).
Umgekehrt liegen die Verhältnisse am freien Ende der Feder. Hier können die letzten Oszillatoren die Bewegungen mitmachen, sodass ein Bauch der Geschwindigkeitswelle entsteht. Ihre Abstände bleiben aber immer gleich, was zu einem Druckknoten führt. Stehende Geschwindigkeits- und Druckwelle sind um eine viertel Wellenlänge gegeneinander verschoben. Diese Verschiebung kommt durch die unterschiedliche Reflexion beider Wellen an einem Ende zustande.

> In einer **stehenden Longitudinalwelle** treten am freien Ende Schnellebauch und Druckknoten und am festen Ende Schnelleknoten und Druckbauch auf. Geschwindigkeitswelle und Druckwelle sind um $\frac{\lambda}{4}$ gegeneinander verschoben.

Stehende Longitudinalwellen mit Knoten und Bäuchen lassen sich besonders gut in der sogenannten **Kundt'schen Röhre** (**Abb. 143.1**) beobachten:

Versuch 5: Vor einem offenen (oder halb offenen) Glasrohr, das fein verteiltes trockenes Korkmehl enthält, wird ein Lautsprecher aufgestellt, der mit einem Tonfrequenzgenerator verbunden ist.
Beobachtung: Bei bestimmten Frequenzen bilden sich in gleichen Abständen eng nebeneinanderliegende dünne Querrippen (**Kundt'sche Staubfiguren**), die gruppenweise die Bäuche einer stehenden Welle markieren. ◄

Die kleinen Querrippen innerhalb eines Schwingungsbauches sind charakteristisch für Erscheinungen an der Grenzfläche zwischen Medien verschiedener Aggregatzustandes: Der Wind, der über die Dünen in der Wüste weht, bildet kleine Sandwellen auf der Düne. Das be-

Wechselwirkungen von Wellen

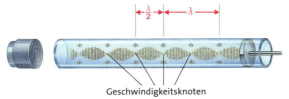

143.1 Kundt'sche Staubfiguren in einer Luftsäule

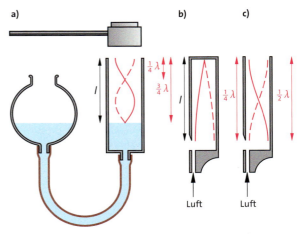

143.2 a) Eigenschwingung einer Luftsäule in der 1. Oberschwingung. Rechts Grundschwingung einer gedeckten **(b)** und einer offenen **(c)** Pfeife.

wegte Wasser im Flachwasser an der See formt auf dem Grund des Wassers Sandriffeln.

Eine stehende Welle bzw. eine Eigenschwingung einer Luftsäule (**Abb. 143.2**) ergibt sich aus dem Reflexionsverhalten an den Röhrenenden. Am offenen Ende bewegen sich die Luftmoleküle frei; es bildet sich ein Bauch der Geschwindigkeitswelle. Dagegen gleichen sich hier die Druckschwankungen stets aus (Knoten der Druckwelle). Umgekehrt ist es am geschlossenen Ende. Auch in einer stehenden Schallwelle sind Geschwindigkeitswelle und Druckwelle um $\frac{\lambda}{4}$ gegenseitig verschoben.

Eigenschwingungen von Platten

Die große Vielfalt der Schwingungsformen bei Platten und Membranen lässt sich demonstrieren, indem z. B. runde oder rechteckige Glas- oder Metallplatten, mit feinem Sand oder trockenem Korkmehl bestreut, an verschiedenen Stellen eingespannt und an anderen Stellen mit einem Geigenbogen, einer Galtonpfeife oder einem Lautsprecher zu Schwingungen angeregt werden. Der Sand sammelt sich an den ruhenden Stellen, den Schwingungsknoten, die auf der Platte Knotenlinien bilden und die sogenannten **Chladni'schen Klangfiguren** ergeben (**Abb. 143.3**).

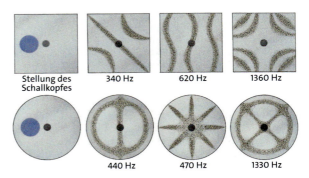

143.3 Chladni'sche Klangfiguren

Aufgaben

1. In einem 40 cm langen, beiderseits offenen Glasrohr bilden sich bei der Frequenz $f_1 = 1222$ Hz an vier Stellen (einschließlich beider Enden) und bei $f_2 = 1634$ Hz an fünf Stellen jeweils in gleichem Abstand Bäuche der Kundt'schen Staubfiguren aus.
   a) Zeichnen Sie für beide Fälle die stehende Geschwindigkeits- und Druckwelle.
   b) Berechnen Sie die Schallgeschwindigkeit als Mittelwert aus beiden Messungen.
2. Eine offene Pfeife der Länge l_1 und eine gedackte Pfeife (gedackt: ein geschlossenes Ende) seien auf gleichen Grundton abgestimmt. (Zungen-und Lippenpfeifen besitzen dort, wo sich die Metallzungen oder die Schneide befinden, ein offenes Ende.)
   a) Berechnen Sie den Zusammenhang, der zwischen den Längen beider Pfeifen besteht.
   b) Ermitteln Sie die Töne, die zu dem Grundton, der Prime, durch sogenanntes „Überblasen" (so heißt das Erzeugen der Oberschwingungen) mit der offenen bzw. mit der gedackten Pfeife erzeugt werden können.

Für die Ausbreitung von Schallwellen in einem Raum, also für die Raumakustik, sind **Reflexion** und **Absorption** entscheidend. Bei geringer Absorption können – besonders in großen Räumen – vielfache Reflexionen auftreten; es entsteht dann ein störender Nachhall. Dies verhindert eine geeignete Wandgestaltung, die für die nötige Absorption sorgt.

Auch Beugungsphänomene spielen in der Akustik eine Rolle, weil die Wellenlängen des (hörbaren) Schalls mit den Maßen der Gegenstände in einem Raum vergleichbar sind. So beruht die Erscheinung, des „Um-die-Ecke-Hörens", auf Beugung. Sie ist – in Übereinstimmung mit der Theorie – für tiefe Töne (große Wellenlänge) stärker als für hohe Töne. Aus dem gleichen Grund werden hohe Frequenzen von einem Lautsprecher vorzugsweise nach vorn abgestrahlt, während tiefe Töne auch seitlich vom Lautsprecher zu hören sind. Schallstrahler mit unterschiedlichen Richtcharakteristiken können durch Interferenz der mit gleicher bzw. entgegengesetzter Phase ausgesandten Schallwellen aus geometrisch verschieden angeordneten Schallköpfen erzeugt werden. Raumakustik ist also ein typisches Beispiel für alle Wellenphänomene.

Physik und Musik

Exkurs

Physik und Musik

Die Eigenschaften von Tönen und Klängen in einem Musikinstrument, ihre Erzeugung, das Zusammenklingen, die Weiterleitung von Schwingungen durch das Medium Luft in Form von Schallwellen und ihr Empfang beim Zuhörer lassen sich bis zu einem gewissen Grade physikalisch erfassen. Einiges aus der *musikalischen Akustik* ist im Folgenden zusammengestellt.
Das Erlebnis Musikhören und Musikempfinden selbst ist ein komplexes Geschehen: Die *Psychophysik* beschreibt, wie die Schallwellen im Ohr und dem zugehörigen Teil des Nervensystems als psychologische Empfindung aufgenommen werden. Die *Neuropsychologie* untersucht die Folgeprozesse speziell in der Großhirnrinde (Cortex), in der sich die Vorstellungen eines musikalischen Klanges und eines musikalischen Geschehens mit den Empfindungen der Freude oder auch der Ablehnung bilden.

Töne und Klänge

In der Physik wird unter einem Ton eine Sinuswelle von einer einzigen festen Frequenz verstanden. Dagegen besteht ein **musikalischer Ton** oder **Klang** (im Folgenden kurz *Ton*), wie ihn Musikinstrumente oder die menschliche Stimme erzeugen, aus einer Vielzahl reiner Sinustöne verschiedener Intensität mit ganzzahligen Vielfachen der Grundfrequenz des Tons. Das *Klangspektrum* eines Tons besteht aus dem **Grundton** (*Grundmode*) mit der Frequenz f_0 und den **harmonischen Obertönen**, nämlich dem 1. Oberton mit der Frequenz $2f_0$, dem 2. Oberton mit $3f_0$, usw.
Grundton und Obertöne zusammen werden auch als *Partialtöne* bezeichnet. f_0 ist der 1. Partialton, $2f_0$ der 2. usw. – Das gesamte Schwingungsmuster eines Klangs wiederholt sich mit der Periode des Grundtons.
Als **Tonhöhe** des komplexen musikalischen Tons empfindet der Hörende durch die Verarbeitungsvorgänge im Ohr und im Gehirn die Frequenz f_0 des Grundtons, unabhängig vom speziellen Frequenzspektrum.
Der Hörende meint den Grundton auch dann zu hören, wenn in der Reihe der Partialtöne der Grundton fehlt. Denn das Ohr schließt aus dem Differenzton zweier aufeinanderfolgender Obertöne auf den Grundton: $nf_0 - (n-1)f_0 = f_0$, und dies umso sicherer, je zahlreicher die Paare von aufeinanderfolgenden Partialtönen im Frequenzspektrum sind. Diese *Grundtonerkennung des Gehörs* ermöglicht es dem Hörenden, dem komplexen Ton eines Musikinstruments eine einheitliche Tonhöhenempfindung, nämlich die seines Grundtons, zuzuordnen.
Die **Klangfarbe** eines länger klingenden Tons wird primär durch sein Frequenzspektrum bestimmt. Die Partialtöne und ihr Intensitätsanteil am gesamten Ton sind für ein Instrument oder eine Stimme charakteristisch.
Für das Erkennen eines Instruments an seiner Klangfarbe spielen die kurzen An- und Abklingvorgänge eines Tons eine Schlüsselrolle. So kann selbst ein geübter Musiker schwerlich das verursachende Instrument erkennen, wenn ein Ton ohne seine Einschwingphase wiedergegeben wird.
Hält ein Ton längere Zeit an, ändert sich normalerweise seine Klangfarbe, da die höheren Obertöne rascher abklingen als die unteren. Ebenso ist die Klangfarbe eines stärkeren Tons heller, denn seine höheren Obertöne treten stärker hervor.
Für die **Lautstärke** eines Tons ist die gesamte Struktur des Frequenzspektrums verantwortlich. Die Lautstärke hängt von der Intensität, dem Amplitudenquadrat des gesamten Schallsignals, ab (→ S. 139). Mit zunehmender Lautstärke verlagert sich bei gleicher Tonhöhe das Intensitätsmaximum auf die höheren Obertöne.

Die verschiedenen Darstellungsformen einer Partialtonreihe mit Grundton und den vier ersten Obertönen, nämlich *Notenbild*, *Schwingungsbild* und *Frequenzspektrum*, zeigt die folgende Abbildung.

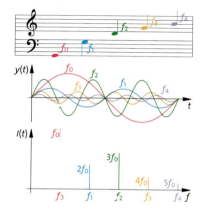

Intervalle und Tonleiter

Der Zusammenklang zweier Töne wird auf dem *Monochord* untersucht. Dazu werden zwei Saiten zuerst auf die gleiche Frequenz f_1 abgestimmt und danach auf einer der Saiten, die durch einen Steg verkürzt werden kann, ein zweiter Ton mit der Frequenz $f_2 > f_1$ erzeugt. Beide Töne klingen harmonisch, wenn die Länge der zweiten Saite im Verhältnis $n:m$ ($m > n$; $m, n \in \mathbb{N}$) zur Länge der ersten, der Gesamtlänge, steht, und zwar umso wohlklingender, je kleiner m und n sind. Eine Frequenzmessung zeigt, dass das Verhältnis der Frequenzen umgekehrt zum Verhältnis der Längen der beiden Saiten ist: $f_2 : f_1 = m : n$.
Zwei Töne, ob gleichzeitig oder nacheinander erzeugt, bilden ein **Intervall**, definiert durch ihr Frequenzverhältnis $f_2 : f_1$ mit $f_2 > f_1$. Intervalle spielen in der Musik eine große Rolle. Wird zu einem bestimmten Grundton, z. B. zu der Note c, mit den auf Seite 145 angegebenen einfachen Verhältnissen jeweils der zweite Ton des Intervalls gesucht, so entsteht die **natürliche diatonische Tonleiter** in C-Dur mit den acht Tönen c, d, e, f, g, a, h, c' innerhalb der Oktave c – c'. Für eine Dur-Tonleiter charakteristisch sind die 5 **Ganztonschritte** (G) und die 2 **Halbtonschritte** (H) in der Reihenfolge GGHGGGH.
Würden die von den weißen Tasten auf dem Klavier angeschlagenen Saiten, von c ausgehend, mit den Intervallen 2:1, 3:2, 4:3 usw. gestimmt, so könnte auf ihnen mit den Noten der diatonischen Tonleiter nur Musik in C-Dur gespielt werden. Würde etwa auf d als Grundton die diatonische D-Dur-Tonleiter aufgebaut, hätte die Quinte d – a mit dem 5. Ton das dort festgelegte Frequenzverhältnis $5/3 : 9/8 = 45/24 = 1{,}48$ statt $3:2 = 1{,}5$ wie es für die diatonische D-Dur-Tonleiter sein müsste. [Es gilt für die Intervalle: (d – a) = (c-a) : (c-d).]

Diese und einige andere grundsätzliche Schwierigkeiten, die sich auf dem Klavier oder der Orgel bei der natürlichen diatonischen oder der *pythagoräischen* Tonart ergäben, mildert und umgeht die **wohltemperierte Stimmung**.

Sänger, Streicher und Posaunisten haben die Schwierigkeiten nicht. Sie können nach Gehör die Frequenzen beliebig verändern und auf jedem Ton als Grundton eine natürliche Tonleiter mit ihren charakteristischen ganzzahligen Intervallen spielen.

Bei der *wohltemperierten Stimmung* wird die Oktave in zwölf gleiche Halbtonschritte eingeteilt, ein Ganztonschritt gleich zwei Halbtonschritte. Für die Oktave ist dann $i^{12} = 2$ oder für ein Halbtonintervall $i = \sqrt[12]{2} = 1{,}059463$.

Auf dem Klavier sind den 8 weißen Tasten, die für die C-Dur-Tonleiter stehen, die 5 schwarzen Tasten für die fehlenden Halbtöne hinzugefügt. Die Frequenzen der *wohltemperierten Stimmung* sind in der Abbildung auf → Seite 147 angegeben. Damit lässt sich auf jeder Taste des Klaviers auf jedem Ton eine Dur-Tonleiter mit der Tonfolge GGHGGGH (ebenso eine Moll-Tonleiter) aufbauen. Zwar ist kein Intervall exakt rein harmonisch, aber die Fehler sind äußerst gering.

Konsonanz und Dissonanz

Zwei Töne klingen umso harmonischer, *konsonant*, je zahlreicher ihre gemeinsamen Obertöne sind. Bei der Oktave, Intervall 2:1, aus f_1 und $f_2 = 2f_1$ fallen alle Obertöne von f_2, wegen $nf_2 = n \cdot 2f_1$, mit den geradzahligen Obertönen von f_1 zusammen: Der Zusammenklang, die **Konsonanz** beider Töne, ist optimal. Für die Quinte mit $f_2 : f_1 = 3 : 2$ oder $f_2 = 1{,}5 f_1$ ist $2 n f_2 = 2 n \cdot 1{,}5 f_1 = 3 n f_1$, d.h. nur jeder zweite Oberton von f_2 trifft auf einen Oberton von f_1. Dagegen stimmt für die große Sekunde, Intervall 9:8, nur jeder achte Oberton von f_2 mit einem neunten Oberton von f_1 zusammen wegen $8 n f_2 = 8 n (9/8) f_1 = 9 n f_1$. Da die Intensität hoher Obertöne stark abnimmt, ist die *Konsonanz* sehr gering. Zum weiteren Verständnis der **Dissonanzen** sollen die *Schwebungen* genauer betrachtet werden (s. Abbildung).

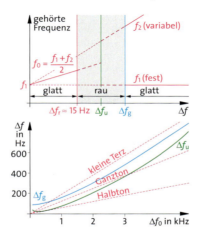

f_2 und f_1 seien zwei *reine* Sinustöne, f_1 eine feste Frequenz, f_2 sei veränderbar. Solange $\Delta f = |f_2 - f_1| < \Delta f_r$ ist – Δf_r ist die sogenannte *Rauigkeitsfrequenz,* die bei 15 Hz liegt –, hören wir den „glatten" Schwebungston $f_0 = (f_1 + f_2)/2$ (→ S. 119); seine Lautstärke ändert sich mit der Schwebungsfrequenz $f_s = f_2 - f_1$. Wird f_2 weiter verändert, wird der Zusammenklang bis zur *Frequenzunterscheidungsgrenze* Δf_u unangenehm rau (s. Abbildung). Von Δf_u und bis zur *Frequenzgruppengrenze* Δf_g hören wir dann plötzlich zwei getrennte, aber immer noch unangenehm raue Töne. Erst oberhalb Δf_g sind die beiden reinen Sinustöne f_1 und f_2 getrennt zu hören. Die (fließenden) Grenzen Δf_u und Δf_g hängen stark von der mittleren Tonhöhe f_0 ab. So müssen zwei Töne von 2 kHz mindestens 200 Hz auseinanderliegen, um unterschieden zu werden, und mehr als 300 Hz, um „glatt" zu klingen.

Daher sind für die Frage der Dissonanz die Schwebungseffekte auch der (reinen) Obertöne zu berücksichtigen.

Geigen erzeugen auffallende Obertöne, ihr reicher Klang ist auf die Tönung mit komplexen Dissonanzen zurückzuführen. Der Ton der Klarinette dagegen klingt wegen nur schwacher Obertöne rein. Die Grenze der Tonhöhenunterscheidung ist größer als ein Halbton, bei extrem hohen und tiefen Tönen größer sogar als ein Ganzton, d.h. also, dass ganz tiefe Töne (unter 200 Hz) und hohe Töne (über 3000 Hz) nur gut zu unterscheiden sind, wenn sie einen Ganzton auseinanderliegen. Tiefe Töne müssen offenbar weiter getrennt sein, um als konsonant zu klingen. Tatsächlich findet man in der Klaviermusik beispielsweise bei tiefen Dreiklängen häufig große Intervalle, während bei solchen im Diskant die Töne näher zusammenrücken.

vollkommene Konsonanzen				unvollkommene Konsonanzen				Dissonanzen			
Prime	1:1	c–c	(1:1)	große Terz	5:4	c–e	(81:64)	große Sekunde	9:8	c–d	(9:8)
Oktave	2:1	c–c'	(2:1)	kleine Terz	6:5	e–g	(32:27)	kleine Sekunde	10:9	d–e	(256:243)
Quinte	3:2	c–g	(3:2)	große Sexte	5:3	c–a	(27:16)	große Septime	15:8	c–h	(243:128)
Quarte	4:3	c–f	(4:3)	kleine Sexte	8:5	e–c'	(128:81)	kleine Septime	9:5	c–b	(16:9)

Intervalle der natürlichen diatonischen Tonleiter am Beispiel der C-Dur-Tonleiter (in Klammern die Intervalle der pythagoräischen diatonischen Tonleitern). Angegeben sind die Bezeichnungen der Intervalle und ihr Frequenzverhältnis sowie als Beispiel die Noten der C-Dur-Tonleiter. Die kleine Septime mit der Note b liegt nicht mehr innerhalb der C-Dur-Tonleiter.

Note (n)	c (1)	d (2)	e (3)	f (4)	g (5)	a (6)	h (7)	c' (8)
$f_n : f_1$	1:1 = 1,000	9:8 = 1,125	5:4 = 1,250	4:3 = 1,333	3:2 = 1,500	5:3 = 1,667	15:8 = 1,875	2:1 = 2,000
$f_{n+1} : f_n$	9:8 = 1,125	10:9 = 1,111	16:15 = 1,067	9:8 = 1,125	10:9 = 1,111	9:8 = 1,125	16:15 = 1,067	

Frequenzverhältnisse der natürlichen diatonischen C-Dur-Tonleiter von Ton zu Grundton $f_n : f_1$ und von Ton zu vorhergehendem Ton $f_{n+1} : f_n$. Die Tonschritte einer Dur-Tonleiter (untere Zeile) sind immer: G G H G G G H. Ganzton (G) 1,1..., Halbton (H) 1,0...).

Physik und Musik

Exkurs

Musikinstrumente und menschliche Stimme

Saiteninstrumente

Mit einer gespannten Saite lassen sich durch Zupfen (Harfe, Gitarre, Cembalo), Streichen (Streichinstrumente) oder Anschlagen (Klavier) Töne erzeugen, deren Frequenzen durch Länge, Gewicht und Spannung der Saiten in weiten Grenzen verändert werden können. Beim Zupfen und Anschlagen wird Energie einmalig auf die Saite übertragen, beim Streichen stetig. Je nach der Anregungsart schwingen die Saiten in einem charakteristischen Frequenzspektrum aus Grundton und zugehörigen Obertönen. Nachteil einer Saite ist ihre schlechte Schallabstrahlung. Daher wird die Saitenschwingung – möglichst verlustfrei und frequenzunabhängig – zunächst auf einen Resonator übertragen, der eine wesentlich größere schwingende Fläche besitzt: den Korpus von Geige oder Gitarre, den Resonanzboden von Klavier oder Flügel usw. Der mitschwingende Resonator überträgt dann seine Energie – möglichst bei allen Frequenzen weitgehend proportional zur Amplitude der Saitenschwingung – an die Luft. Boden und Decke einer Geige oder Gitarre zeigen bei einer Reihe von Frequenzen Eigenschwingungen oder *Moden*. Die linke Abbildung zeigt für einen besonders ausgeprägten Schwingungszustand einer Gitarre die Moden bei 672 Hz, die durch Inteferenzaufnahmen sichtbar gemacht sind. Die Klangfarbe des erzeugten Tons ist sowohl durch das ursprüngliche Schwingungsspektrum der Saite als auch durch das komplexe Verhalten des Resonanzkörpers bestimmt. Eine Geigensaite schwingt im Gegensatz etwa zur Klaviersaite komplexer. Der Bogen haftet so lange an der Saite, die dabei in Form eines Dreiecks ausgelenkt wird, bis die Rückstellkraft größer als die Haftreibung zwischen Bogen und Saite ist. Während der Zeit einer Schwingung läuft dann der scharfe Knick auf der Saite hin und her und beschreibt dabei die rote Hüllkurve, die der Form einer stehenden Welle entspricht, bevor sich der Vorgang wiederholt und der Bogen wieder haftet. In der rechten Abbildung sind acht Phasen einer solchen Schwingung der Geigensaite dargestellt.

Die heutigen *Klaviere* sind gleichschwebend temperiert gestimmt. Jede Oktave ist in zwölf gleiche Tonschritte unterteilt. Die Klaviersaiten bestehen aus dicken steifen Stahldrähten. Die Frequenzen ihrer höheren Partialtöne sind wegen der Steifigkeit dieser Drähte keine genauen Vielfachen des Grundtons – sie liegen etwas „zu hoch". Das gibt der Saite ihre besondere Klangfarbe und dem Klavier seinen typischen „Ton".
Von 88 Tasten sind 10 für die tiefsten Töne einfach, „einchörig", besaitet, dann die folgenden 18 mit doppelten Saiten, „zweichörig", und schließlich 60 dreifach „dreichörig".
Das hat zwei Gründe. Einmal wird die Energie des Hammers beim Anschlag i. Allg. auf zwei oder drei Drähte übertragen; der Ton wird dadurch kräftiger, als wenn nur ein Draht für die Saiten vorhanden wäre.
Zum anderen schlägt fast jeder Hammer gleichzeitig zwei oder drei Drähte an, die unvermeidlich nicht mit absolut derselben Frequenz schwingen und daher leichte Schwebungen erzeugen. Diese Tatsache trägt ebenfalls dazu bei, dass das Klavier bei verschiedenen Tönen seinen charakteristischen Klang erhält. Der Ton klingt voller, „wärmer".
Das Gleiche gilt übrigens auch für ein Orchester, wenn z. B. auf mehreren Geigen auch von guten Musikern derselbe Ton gespielt wird. Unvermeidliche Frequenzunterschiede schon von ein, zwei Hertz im Grundton führen zu Schwebungen. Der Ton wirkt „wärmer", als wenn er von einem Einzelnen gespielt wird.

Blasinstrumente

Die (Orchester-)Praxis unterscheidet zwischen Blech- und Holzblasinstrumenten. Zu Ersteren zählen Posaune, Trompete, Horn, zu den Letzteren Oboe, Fagott, Klarinette, Saxophon, Flöte. Bei Blasinstrumenten erfolgt die Tonerzeugung im Gegensatz zu den Saiteninstrumenten im Resonator selbst. Der Resonator hat meist röhrenförmige Gestalt. Die darin eingeschlossene Luft wird zu erzwungenen Schwingungen erregt, die im Resonanzfall besonders kräftig sind.
Diese in dem Luftvolumen der Röhre erzeugten Schwingungszustände sind stehende Wellen mit offenen und geschlossenen Enden. Die Schwingungen werden durch periodische Druckänderungen der Luft an einem Ende der Röhre erzeugt, und zwar auf zwei gängige Arten: Luftwirbel an einem kantenförmigen Hindernis (*Kantentöne, Lippentöne*) oder Druckänderungen durch eine schwingende Lamelle (*Zungentöne*).
Bei der *Labial- oder Lippenpfeife* werden durch einen Luftstrom an einer *Kante* Wirbel erzeugt, die das Einschwingen der Pfeife bewirken. Bei der *Lingual- oder Zungenpfeife* wird eine dünne elastische Zunge aus Metall, Schilfrohr o. Ä. durch den Luftstrom in Schwingungen versetzt.
Das Prinzip der *Kantentöne* wird bei den Flöten und bei der einen Gruppe von bestimmten Orgelpfeifen verwendet, das der *Zungentöne* bei Oboe, Klarinette, Fagott, Saxophon, Harmonika, Harmonium und auch bei der Orgel. Trompete, Posaune, Horn und Tuba werden ebenfalls durch Zungentöne angeregt. Nur besteht der sich periodisch öffnende Spalt hier aus den Lippen des Bläsers.

Physik und Musik

Schlaginstrumente

Trommeln, Glocken, Becken, Xylophone u. a. m. werden durch Anschlagen zum Schwingen gebracht. Die Große Trommel oder Basstrommel ist eines der lautesten Musikinstrumente; sie wird an Schallleistung nur noch von großen Glocken und Orgeln übertroffen. Die Eigenschwingungen von Schlaginstrumenten, deren Muster sich zwei- oder dreidimensional ähnlich den *Chladni'schen Klangfiguren* ausbilden, hängen von der Elastizität des Materials, seiner Dichte und den Abmessungen ab. Ebenso aber spielt die Art und die Stelle der Anregung eine Rolle.

Die menschliche Stimme

Zur Schallerzeugung werden durch den Luftstrom aus der Lunge, der aus ihr mit 0,005 bis 0,04 atm gepresst wird, die *Stimmbänder* im Kehlkopf zu Schwingungen gebracht, mit Frequenzen von 70 Hz bis 200 Hz bei Männern, von 140 Hz bis 400 Hz bei Frauen, bei geübten Sängern auch bis 880 Hz. Die von den Stimmbändern erzeugten kurzen Schallimpulse regen die Luft im Hohlraum von Mund, Rachen und Nase zu Eigenschwingungen an. Dieser Kopfbereich bildet einen *Hohlraumresonator* mit breiten Resonanzfrequenzen, den **Formanten,** die bei etwa 500 Hz, 1500 Hz, 2500 Hz und 3500 Hz liegen. Bei diesen Frequenzen ist die Verstärkerwirkung des Stimmapparates besonders groß.

Oben ist das Schema des Energieflusses

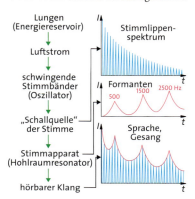

im Stimmapparat aufgeführt; links das Flussdiagramm, rechts die Stimmbandschwingungen (oben), die durch die Formanten des Hohlraumresonators (Mitte) verändert und teilweise verstärkt werden (unten).

Die Frequenz der Stimmbandimpulse legt lediglich die Grundfrequenz, die Tonhöhe der Stimme, fest. Die Verschiedenheit der Vokale richtet sich nach der augenblicklichen Gestalt des Hohlraumresonators von Mund, Rachen und Nase aus, vor allem veränderbar durch die Form und Stellung der Zunge.

Die *Frequenzspektren der Vokale* unterscheiden sich durch die Intensitätsverhältnisse der Obertöne. Sie erstrecken sich für Vokale von etwa 100 Hz bis 4000 Hz, bei Konsonanten, vor allem bei den Zischlauten, jedoch bis etwa 10 000 Hz.

Elektronische Musikinstrumente

Synthesizer und *Keyboards, Computer, Sampler, Sequenter, Home-* und *Stagepianos* usw. prägen die Aufführungen zeitgenössischer E- und U-Musik. Computer mit ihren Möglichkeiten zur elektronischen Klangerzeugung und Klangverarbeitung ermöglichen eine große Zahl neuer musikalischer Effekte, die mit konventionellen Musikinstrumenten nur unvollkommen erreicht werden können: kontinuierliche Veränderung der Tonhöhe des Obertonspektrums, Einbeziehung aller Arten von Geräuschen, Speicherung und automatische Wiederholung auch längerer Klangfolgen u. a. m.

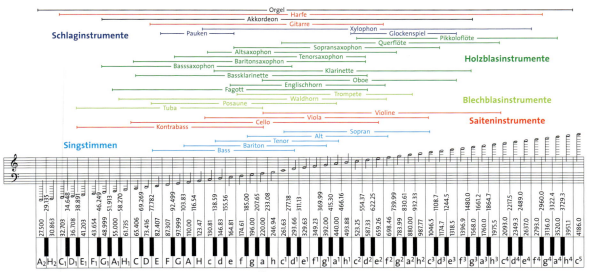

Die Frequenzbereiche der gängigen Musikinstrumente. Über den 88 weißen und schwarzen Tasten des Klaviers sind die Frequenzen der gleichmäßig temperierten Stimmung, ausgehend vom Kammerton 440 Hz für das eingestrichene a^1, aufgetragen.

Grundwissen Mechanische Schwingungen und Wellen

Eigenschaften von Schwingungen
Eine *Schwingung* ist eine periodische Hin- und Herbewegung eines Körpers um eine *Ruhelage*. Die **Schwingungsdauer** oder **Periode** T ist die Zeit zwischen zwei aufeinanderfolgenden gleichen *Schwingungszuständen*. Die **Frequenz** f einer Schwingung ist der Quotient aus der Anzahl n der Schwingungen und der dazu benötigten Zeit t: $f = n/t$. Für Schwingungsdauer T und Frequenz f gilt $f = 1/T$.
Der Betrag der maximalen **Elongation** $y(t)$ des Oszillators aus der Ruhelage heißt **Amplitude** $\hat{y}$.

Harmonische Schwingungen
Jede harmonische Schwingung kann als *Projektion* einer gleichförmigen Kreisbewegung aufgefasst werden und lässt sich durch den *Radiusvektor* als **Zeiger** beschreiben. Der Winkel φ zwischen dem Zeiger und der positiven x-Achse heißt **Phase**, die Größe $\omega = 2\pi f$ heißt **Kreisfrequenz** der Schwingung.

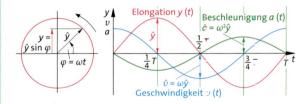

Gesetze der harmonischen Schwingung:

$y(t) = \hat{y} \sin \omega t$, $v(t) = \omega \hat{y} \cos \omega t$, $a(t) = -\omega^2 \hat{y} \sin \omega t$

Für jede harmonische Schwingung ist die **rücktreibende Kraft** F proportional zur Elongation y:

$F = -Dy$

Die Schwingungsdauer ergibt sich zu

$T = 2\pi \sqrt{m/D}$

Schwingungsdauer und Frequenz sind unabhängig von der Amplitude.
Die *Gesamtenergie* einer harmonischen Schwingung ist proportional zum Quadrat der Frequenz und der Amplitude:

$E = \frac{1}{2} m \omega^2 \hat{y}^2$

Gedämpfte Schwingungen
Da jede Schwingung Energie an die Umgebung abgibt, verringert sich die Amplitude. Die **gedämpfte Schwingung** wird beschrieben durch die Gleichung

$y(t) = \hat{y}_0 e^{-kt} \cos \omega t$.

Überlagerung von Schwingungen
Alle Schwingungsformen lassen sich aus harmonischen Schwingungen zusammensetzen. Dabei addieren sich in jedem Zeitpunkt die *Elongationen* bzw. die *Zeiger* der einzelnen Schwingungen.
Die Überlagerung zweier Schwingungen mit nur geringfügig voneinander abweichenden Frequenzen ergibt eine **Schwebung** der Frequenz $f = f_2 - f_1$.

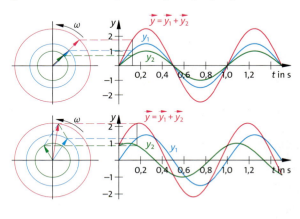

Mit der **Fourier-Analyse** ist es möglich, jede Schwingung als Überlagerung harmonischer Schwingungen bestimmter Frequenzen und bestimmter Amplituden anzugeben.

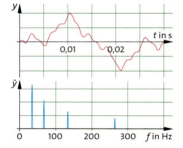

Eine Schwingung, die zu einem bestimmten Zeitpunkt beginnt und endet, lässt sich als Summe unendlich vieler harmonischer Schwingungen aus einem Frequenzintervall $2\Delta f$ zusammensetzen. Zwischen der Dauer der Schwingung $2\Delta t$ und dem Frequenzintervall $2\Delta f$ besteht die **akustische Unschärfe**:

$\Delta t \Delta f = \frac{1}{2}$

Resonanz
Überträgt ein Erreger einem Oszillator periodisch Energie, so führt der Oszillator **erzwungene Schwingungen** in der Frequenz des Erregers aus. Die Phasendifferenz zwischen Erreger und Oszillator liegt zwischen 0 und π. Schwingt der Erreger in der **Eigenfrequenz** des Oszillators, ist die Energieübertragung maximal. Die Phasendifferenz ist $\Delta\varphi = \pi/2$, der Oszillator schwingt in **Resonanz**.

Grundwissen Mechanische Schwingungen und Wellen

Eigenschaften von Wellen
Breiten sich Schwingungen aufgrund der Kopplung zwischen den Oszillatoren von einem Oszillator zum nächsten aus, so entsteht eine Welle. Die Schwingungszustände bzw. **Phasen** bewegen sich mit der **Phasengeschwindigkeit** v_{Ph}. Der Abstand zweier benachbarter Oszillatoren, die in Phase schwingen, heißt **Wellenlänge** λ. Für die Frequenz f, die Wellenlänge λ und die Phasengeschwindigkeit v_{Ph} gilt:

$$v_{Ph} = \lambda f$$

Benachbarte Punkte einer Welle, die in Phase schwingen, bilden eine **Wellenfront**. Wellen transportieren *Energie* und *Impuls* ohne Materietransport.

Transversal- und Longitudinalwellen
Der die Lage des Oszillators relativ zur Ruhelage angebende **Schwingungsvektor** steht bei *Transversalwellen* senkrecht zur Ausbreitungsrichtung, bei *Longitudinalwellen* parallel zur Ausbreitungsrichtung der Welle. Transversalwellen sind **polarisierbar**.

Doppler-Effekt
Bewegen sich Sender und Empfänger von Wellen *relativ zueinander*, so registriert der Empfänger eine *veränderte Frequenz*. Bewegen sie sich aufeinander zu, so erhöht sich die Frequenz, entfernen sie sich voneinander, so sinkt sie.

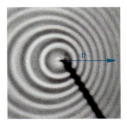

Wellenpaket
Eine Schwingung, die nur eine endliche Zeit ausgesandt wird, breitet sich als **Wellengruppe** bzw. *Wellenpaket* aus. Die **Gruppengeschwindigkeit** ist i. Allg. kleiner als die *Phasengeschwindigkeit*. Bei **Dispersion**, d. h. bei Abhängigkeit der Phasengeschwindigkeit von der Frequenz, verändert das Wellenpaket mit der Zeit seine Form, es fließt auseinander.

Interferenz von Wellen
Verschiedene gleichzeitig über einen Wellenträger laufende Wellen überlagern sich ungestört. In jedem Raumpunkt addieren sich die momentanen Elongationen der einzelnen Wellen. Die *Zeigerdarstellung der Schwingungen* liefert das Ergebnis der Überlagerung, für das die **Phasendifferenz**, d. h. der *Winkel zwischen den Zeigern*, von entscheidender Bedeutung ist.
Senden zwei Energiequellen Wellen aus und schwingen sie dabei beständig mit derselben Phasendifferenz, so sind die Wellen **kohärent**.

Überlagern sich *kohärente* Wellen, so haben sie bis zum Ort der Überlagerung i. Allg. verschiedene Wege zurückgelegt. Diese *Phasendifferenz* $\Delta\varphi$ ergibt sich aus der **Wegdifferenz** Δs (Gangunterschied) zu

$$\Delta\varphi = (\Delta s/\lambda)\, 2\pi.$$

Konstruktive Interferenz (maximale Verstärkung) tritt auf bei Phasendifferenzen $\Delta\varphi = n \cdot 2\pi$ oder Gangunterschieden $\Delta s = n\lambda$ mit $n = 0, 1, 2, \ldots$

Destruktive Interferenz (maximale Abschwächung) tritt auf bei Phasendifferenzen
$\Delta\varphi = (2n - 1)\pi$
oder Gangunterschieden
$\Delta s = (2n - 1)\lambda/2$
mit $n = 1, 2, \ldots$

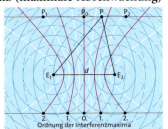

Huygens-Fresnel'sches Prinzip
Nach dem *Huygens-Fresnel'schen Prinzip* ist jeder Punkt einer Wellenfront als Ausgangspunkt für **Elementarwellen** anzusehen. Die Schwingung in einem Raumpunkt ergibt sich durch Interferenz aller dieser Elementarwellen. Dies erklärt die folgenden Gesetze:
- **Reflexionsgesetz:** $\alpha = \beta$
- **Brechungsgesetz:** $\sin\alpha / \sin\beta = v_{Ph1} / v_{Ph2}$

Hindernisse beeinflussen die Ausbreitung von Wellen, weil von jedem Randpunkt eines Hindernisses Elementarwellen ausgehen. So gelangen Wellen und damit Energie auch in den Schattenraum des Hindernisses, sie werden *gebeugt*.

Stehende Wellen
Auf endlichen Wellenträgern bilden sich nach Reflexion der Wellen am Ende *stehende Wellen* aus, die als Interferenzerscheinungen oder als Resonanzerscheinungen anzusehen sind.
Zur Ausbildung stehender Wellen bzw. **Eigenschwingungen** müssen zwischen Wellenlänge λ und Länge l des Wellenträgers folgende Bedingungen erfüllt sein:
$\lambda_n = 4l/(2n + 1)$ bzw. $\lambda_n = 2l/(n + 1)$, $n = 0, 1, 2, \ldots$

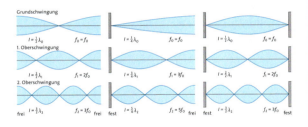

Wissenstest Mechanische Schwingungen und Wellen

1. Ein horizontales Federpendel mit einer Kugel der Masse $m = 8{,}54 \cdot 10^{-1}$ kg wird durch eine waagerecht wirkende Kraft $F = 1{,}48$ N um $y = 12{,}3$ cm ausgelenkt.

   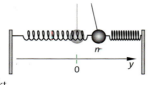

   a) Berechnen Sie Federkonstante und Schwingungsdauer, die sich ergäben, wenn das Pendel in Schwingungen versetzt würde.
   b) Bestimmen Sie die maximale Geschwindigkeit, Beschleunigung, kinetische und potentielle Energie für eine Schwingung mit der Amplitude $\hat{y} = 15$ cm.
   c) Erörtern Sie, welche Rolle bei der Schwingung die schwere und die träge Masse der Kugel spielen.

2. Ein sogenanntes Galilei'sches Pendel von 100 cm Länge wird um 20° ausgelenkt. Beim Zurückschwingen verkürzt sich das Pendel, da 64 cm unter seiner Aufhängung ein Stift angebracht ist, und schwingt um den Winkel β aus.

   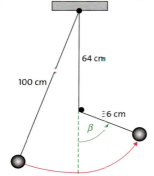

   a) Berechnen Sie die Geschwindigkeit des Pendels in seiner tiefsten Lage.
   b) Bestimmen Sie den Winkel β.
   c) Ermitteln Sie die Zeit einer vollständigen Schwingung. Unterstellt sei, dass die Schwingungsdauer unabhängig von der Amplitude ist.

3. Beschreiben Sie das Resonanzgeschehen am Beispiel der erzwungenen mechanischen Schwingung der Abbildung rechts und diskutieren Sie jeweils anhand einer Grafik in Abhängigkeit von der Frequenz den Verlauf der Amplitude des Resonators und der Phasendifferenz zwischen Erreger und Resonator.

   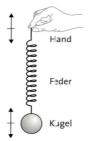

4. Es sei senkrecht durch die Erde und den Erdmittelpunkt ein gerade verlaufender Tunnel gebohrt, in den ein Körper fallen gelassen wird. Auf diesen Körper wirkt dann im Abstand r vom Mittelpunkt der Erde stets nur die Gravitationskraft der Teilkugel vom Radius r.
   Zeigen Sie, dass unter der Annahme einer konstanten Dichte der Erde $\rho = 5{,}5 \cdot 10^3$ kg/m³ der Körper im Tunnel eine harmonische Schwingung ausführt, und berechnen Sie die Schwingungsdauer.

5. Ein Körper der Masse $m = 0{,}2$ kg durchläuft gleichförmig einen in ein x,y-Koordinatensystem eingebetteten Kreis mit dem Radius $r = 20$ cm, und zwar in je 5 Sekunden 8-mal im mathematisch positiven Sinn.

   a) Bestimmen Sie Schwingungsdauer, Frequenz und Kreisfrequenz und stellen Sie Weg, Geschwindigkeit und Beschleunigung der auf die x-Achse projizierten Bewegung als Funktion der Zeit dar unter der Annahme, dass zur Zeit $t = 0$ die positive x-Achse passiert wird.
   b) Die auf die x-Achse projizierte Bewegung werde als Schwingungsbewegung eines Federpendels mit gleichen Daten aufgefasst. Berechnen Sie die (entsprechende) Federkonstante D sowie die maximale Geschwindigkeit v_{max} und Beschleunigung a_{max} und die Gesamtenergie E_{ges} der Federschwingung.

6. Eine Feder, Federkonstante D, der Gesamtlänge l wird in die beiden Längen $l_1 = n l_2$ (D_1) und l_2 (D_2) zerteilt (Abmessungen für die unbelastete Feder).

   a) Bestimmen Sie die Federkonstanten D_1 und D_2 in Abhängigkeit von D der ursprünglichen (Gesamt-)Feder.
   b) Berechnen Sie ebenso die Frequenzen f_1 und f_2 der beiden Teilfedern in Abhängigkeit von f der ursprünglichen Feder.

7. Ein mit Bleikugeln beschwertes Reagenzglas der Gesamtmasse m mit einer Querschnittsfläche A schwimmt in einer Flüssigkeit der Dichte ρ. Wird es tiefer in die Flüssigkeit gedrückt und losgelassen, so vollführt es eine stark gedämpfte Schwingung. Zeigen Sie, dass es sich ohne Berücksichtigung der Dämpfung um eine harmonische Schwingung handelt, und berechnen Sie die Periodendauer. (Hinweis: Die rücktreibende Kraft ergibt sich aus der Differenz von Auftriebskraft und Gewichtskraft.)

8. 60 Hz, 100 Hz und 140 Hz seien drei aufeinanderfolgende Resonanzfrequenzen einer (linearen) Luftsäule.
   a) Überlegen und begründen Sie, welche Oberschwingungen vorliegen und welches die Grundschwingung ist.
   b) Schließen Sie auf die spezifischen Begrenzungen und skizzieren Sie die entsprechenden stehenden Wellen.
   c) Ermitteln Sie die Länge der Luftsäule, wenn die Schallgeschwindigkeit 340 m/s beträgt.

9. Ein teilweise mit Wasser gefülltes Rohr (→ **Abb. 142.2 a**) zeigt Resonanz bei einer Länge $l_1 = 24{,}9$ cm der Luftsäule, dann bei $l_2 = 41{,}5$ cm. Die Schallgeschwindigkeit in Luft beträgt $c = 340$ m/s.
   a) Berechnen Sie Wellenlänge und Frequenz des ausgesandten Tones und ermitteln Sie, welche (Ober-)Schwingungen gemessen wurden.
   b) Zeichnen Sie die stehende Geschwindigkeitswelle und Druckwelle für die Länge l_2 ein.

10. Ein Messingstab der Länge $l = 30$ cm, in der Mitte eingespannt, dessen Ende mit Stempel in eine Kundt'sche Röhre gesteckt ist, wird zu Schwingungen in der Grundfrequenz erregt. Es ergeben sich in der Röhre Staubfiguren im Abstand von $\Delta s = 3{,}0$ cm. Die Schallgeschwindigkeit in Luft beträgt $c = 340$ m/s.
    a) Berechnen Sie die Schallgeschwindigkeit in Messing.

Wissenstest Mechanische Schwingungen und Wellen

b) Zeichnen Sie die stehende Welle der Schwingung des Messingstabes und die der Geschwindigkeitswelle in der mit Luft gefüllten Röhre.

11. Zwei im Abstand von $d = 2{,}0$ m nebeneinanderstehende Lautsprecher senden phasengleich Frequenzen im Hörbereich aus, die von einem Mikrofon, das 3,75 m genau senkrecht vor dem ersten Lautsprecher steht, aufgenommen werden. Ermitteln Sie allgemein die Frequenzen und in Beträgen die drei kleinsten und drei größten im Bereich von 20 Hz bis 20 kHz, die sich **a)** maximal verstärken, **b)** maximal abschwächen.
Die Schallgeschwindigkeit sei $c = 340$ m/s.

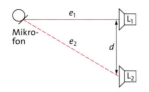

12. Eine gedämpfte harmonische Federschwingung, Masse des Oszillators $m = 0{,}62$ kg, Federkonstante $D = 5{,}5$ N/m, Dämpfungskonstante $k = 8{,}5 \cdot 10^{-2}$ s^{-1}, klingt von der Anfangsamplitude $\hat{y}_0 = 4{,}5$ cm auf $\hat{y}_e = 1{,}5$ cm ab.
a) Ermitteln Sie die Zeit und die Anzahl der Schwingungen dieses Abklingvorganges.
b) Berechnen Sie die Anfangsamplituden der einzelnen Schwingungen und zeichnen Sie den Abklingvorgang mit den einzelnen Schwingungen.

13. Die Amplitude $\hat{p}$ des Schalldrucks hängt mit der Dichte ρ der Luft, der Schallgeschwindigkeit v, der Frequenz f und der Amplitude $\hat{y}$ der Schwingung eines Luftmoleküls, das von der Schallwelle erfasst wird, über die Beziehung $\hat{p} = 2\pi f v \rho \hat{y}$ zusammen. Ein Ton der Frequenz $f = 400$ Hz ist (bei 20 °C) eben noch zu hören, wenn seine Schalldruckamplitude $\hat{p} = 8 \cdot 10^{-5}$ N/m^2 = 80 μPa beträgt.
a) Berechnen Sie die Amplitude der Schwingung.
b) Bestimmen sie mithilfe der ersten Ableitung der Wellengleichung die maximale Geschwindigkeit des Teilchens, die Amplitude der Schallschnelle.

14. Ein punktförmiger Wellenerreger erzeugt Kreiswellen mit der Wellenlänge $\lambda = 1{,}2$ cm. Wird der Erreger relativ zur Wanne bewegt, so beträgt die Wellenlänge vor dem Erreger $\lambda = 0{,}8$ cm.
a) Berechnen Sie das Verhältnis der Wellengeschwindigkeit zur Geschwindigkeit des Wellenerregers.
b) Bestimmen Sie die Wellenlänge, die ein Beobachter hinter dem Wellenerreger beobachtet.

15. Fährt ein Rennwagen an einem Zuschauer vorbei, ist die Frequenz des Motors $f_1 = 288$ Hz; beim Entfernen hört der Zuschauer den Motor mit der Frequenz $f_2 = 178$ Hz. Berechnen Sie die Geschwindigkeit des Rennwagens und die Drehzahl des Motors. (Die Schallgeschwindigkeit beträgt 340 m/s.)

16. Eine Stimmgabel wird an einer $l = 87$ cm langen Schnur waagerecht 9-mal in der Sekunde im Kreis herumgeschleudert. Berechnen Sie die Frequenz des tiefsten und des höchsten Tons, den ein daneben stehender Beobachter hört, wenn die Stimmgabel einen Ton von 600 Hz erzeugt. Die Schallgeschwindigkeit sei 340 m/s.

17. Zwei Unterseeboote Rot mit der Geschwindigkeit $v_R = 50$ km/h und Schwarz mit $v_S = 70$ km/h bewegen sich bei einem Manöver in ruhiger See in großer Entfernung auf geradem Kurs aufeinander zu. U-Boot R sendet Sonarsignale bei 1 000 Hz aus, Ausbreitungsgeschwindigkeit im Wasser $c = 5470$ km/h. Berechnen Sie die Signalfrequenz, die **a)** das U-Boot S, **b)** das U-Boot R von den am U-Boot S reflektierten Wellen empfängt.

18. Ein Düsenjäger fliegt in 4000 m Höhe mit Überschallgeschwindigkeit über einen Beobachter hinweg, der 8,5 Sekunden, nachdem das Flugzeug direkt über ihn hinweggeflogen war, vom Überschallknall getroffen wird.
a) Berechnen Sie die Geschwindigkeit des Düsenjägers, Angabe auch in Mach (Schall: $v_{ph} = 340$ m/s).
b) Ermitteln Sie den Öffnungswinkel des Mach'schen Kegels und fertigen Sie eine Zeichnung an.

19. Eine Stimmgabel schwingt kurz während der Zeit $\Delta t = 2{,}0 \cdot 10^{-2}$ s mit der Frequenz $f_0 = 440$ Hz.
a) Berechnen Sie die Länge des ausgesandten Wellenpakets sowie die Anzahl der Wellenlängen und der Schwingungsperioden. (Schallgeschwindigkeit $c = 340$ m/s)
b) Bestimmen Sie den Frequenzbereich, den ein Empfänger des Wellenpakets misst.

20. Zwei Töne mit den Frequenzen $f_1 = 564$ Hz und $f_2 = 552$ Hz mit den Gleichungen $y_1 = \hat{y} \sin 2\pi f_1 t$ und $y_2 = \hat{y} \sin 2\pi f_2 t$ überlagern sich zu einer Schwebung.
a) Leiten Sie mithilfe des Additionstheorems
$$\sin \alpha + \sin \beta = 2 \sin \frac{\alpha + \beta}{2} \cos \frac{\alpha - \beta}{2}$$
die Formel für die Überlagerung her und interpretieren Sie das Ergebnis.
b) Berechnen Sie die Schwebungsfrequenz, die Frequenz des Schwebungstones und die Zeit und die Anzahl der Schwingungen zwischen zwei Amplitudenminima.
c) Mit der Schallgeschwindigkeit $v = 340$ m/s bewege sich die Schwebung nun als Folge von Wellenpaketen in den Raum. Berechnen Sie die Länge eines Wellenpakets.

21. Zwei gegenläufige Wellen mit den Gleichungen
$y_1(x,t) = \hat{y} \sin 2\pi(\frac{t}{T} + \frac{x}{\lambda})$ und $y_2(x,t) = \hat{y} \sin 2\pi(\frac{t}{T} - \frac{x}{\lambda})$
überlagern sich zu der stehenden Welle
$y(x,t) = 0{,}02$ m $\cdot \sin(40\pi \text{ ts}^{-1}) \cos(\frac{1}{2}\pi x \text{ m}^{-1})$.   (1)
a) Entwickeln Sie allgemein die Formel für die Überlagerung mithilfe des Additionstheorems aus Aufgabe 20 und berechnen Sie aus Gleichung (1) die üblichen Angaben der gegenläufigen Wellen und der stehenden Welle.
b) Berechnen Sie die Abstände der Knoten der stehenden Welle und skizzieren Sie sie.
c) Ermitteln Sie die maximale Geschwindigkeit und Beschleunigung der Schwingung in der Mitte des Schwingungsbauchs der stehenden Welle.

4 THERMODYNAMIK

Die Thermodynamik oder Wärmelehre ist die Lehre von energetischen Prozessen, die im Allgemeinen mit Temperaturänderungen verbunden sind. Sie befasst sich mit Wärmekraftmaschinen, zu denen die großen Wärmekraftwerke ebenso gehören wie Diesel- oder Benzinmotoren, und liefert grundlegende Erkenntnisse über den Ablauf natürlicher Vorgänge, wie z. B. das Wettergeschehen auf der Erde. Im Zentrum der Thermodynamik stehen der sogenannte 1. Hauptsatz vom Prinzip der Erhaltung der Energie und der 2. Hauptsatz, der die Grenzen für die Umwandlung von Wärmeenergie in mechanische Energie aufzeigt. Neben der Temperatur und der Energie ist die Entropie eine wichtige Größe der Thermodynamik. Mit dem Begriff der Entropie sind Einsichten über den Ablauf von Vorgängen verbunden, deren Bedeutung über die Thermodynamik hinausgeht.

4.1 Grundlagen

Eine Klärung der Bedeutung der Begriffe *Temperatur*, *Wärme* und *Energie* und ihrer Zusammenhänge verdanken wir den Untersuchungen über das physikalische und chemische Verhalten der Gase. Daher stehen die Gasgesetze und ihre atomistische Deutung am Beginn.

4.1.1 Temperaturmessung

Die durch unsere Sinne vorgegebene Erfahrung von heiß und kalt muss in der Physik zu einer definierten und messbaren Größe werden. Diese Grundgröße, die den Wärmezustand der Körper erfasst, ist die Temperatur. Zur objektiven Messung der Temperatur wird eine einfach zu beobachtende Veränderung von Körpern benötigt, die davon abhängt, wie warm bzw. kalt der Körper ist. Eine solche Veränderung ist die *Wärmeausdehnung*. Feste, flüssige und besonders gasförmige Körper dehnen sich bei Erwärmung aus.

Die Celsiustemperatur

Das erste wissenschaftlich brauchbare Thermometer und eine damit verbundene Temperaturskala wurde von dem schwedischen Astronomen Anders CELSIUS (1701–1744) vorgeschlagen. Das von ihm entwickelte Thermometer besteht aus einem mit Quecksilber gefüllten Glasgefäß, an das eine Kapillare angesetzt ist. Zur Messung wird das temperaturabhängige Volumen des Quecksilbers benutzt, das sich an der Kapillare leicht ablesen lässt. Für die so gemessene Temperatur in Grad Celsius (°C) gilt:

> **Celsiustemperatur:** 0 °C ist die Temperatur des schmelzenden Eises, 100 °C ist die Temperatur des siedenden Wassers (bei normalem Luftdruck von $p = 1013,25$ hPa; → S.154). Hat Quecksilber das Volumen V, dann ist seine Temperatur
>
> $$\vartheta = 100 \,°C\, \frac{V - V_0}{V_{100} - V_0},$$
>
> wobei V_0 bzw. V_{100} seine Volumina bei 0 °C bzw. 100 °C sind.

Nach dieser Definition wird an einer gleichmäßig dicken Thermometerkapillare der Abstand zwischen der 0 °C-Marke und der 100 °C-Marke in 100 gleich lange Teile unterteilt und die Skala für Temperaturen über 100 °C und unter 0 °C linear fortgesetzt.

Voraussetzung für dieses Messverfahren ist die Tatsache, dass sich die Anzeige eines Thermometers nach einiger Zeit nicht mehr ändert, wenn es in Kontakt zu einem anderen Körper gebracht wird. Das Thermometer und der Körper haben dann dieselbe Temperatur. Sie sind im sogenannten *thermischen Gleichgewicht.*

Alle Körper, die untereinander im thermischen Gleichgewicht sind, haben eine physikalische Eigenschaft gemeinsam, die **Temperatur.** Im Bereich zwischen 0 °C und 100 °C ist die Temperaturdefinition nach CELSIUS gut brauchbar. Probleme ergeben sich bei wesentlich höheren oder tieferen Temperaturen oder sehr genauen Messungen: Da bei der Definition der Temperaturskala eine bestimmte Substanz (Quecksilber) zugrunde lag, ist die so gemessene Temperatur von deren Ausdehnungsverhalten abhängig. Mit anderen Thermometersubstanzen (z. B. Alkohol) ergeben sich daher leicht unterschiedliche Temperaturwerte. Außerdem wird Quecksilber bei minus 39 °C fest und siedet bei 357 °C, sodass weitere Thermometersubstanzen nötig sind.

Eine wesentliche Verbesserung ergibt sich, wenn als Thermometersubstanzen Gase verwendet werden. Ein *Gasthermometer* besteht aus einem gläsernen Kapillarrohr, das mit Gas gefüllt und durch einen kleinen Quecksilbertropfen verschlossen ist.

Versuch 1: Ein Gasthermometer wird mit einer bestimmten Luftmenge gefüllt und in ein Wasserbad gestellt. Nachdem das Wasser gesiedet hat, wird während des Abkühlens das Volumen in Abhängigkeit von der Temperatur gemessen. Der Versuch wird mit unterschiedlichen Luftmengen und verschiedenen Gasen wiederholt.

Ergebnis: In einem ϑ-V-Diagramm (**Abb. 153.1**) liegen die Messwerte für eine bestimmte Luftmenge auf einer Geraden. Die Volumenänderung ΔV eines Gases ist proportional zur Temperaturänderung $\Delta\vartheta$ und zur vorliegenden Gasmenge. Wird mit V_0 das Volumen des Gases bei 0 °C bezeichnet, so gilt das nach dem französischen Chemiker und Physiker Joseph Louis GAY-LUSSAC (1778–1850) benannte Gesetz. ◂

> **Gesetz von GAY-LUSSAC:** Ist V_0 das Volumen eines Gases bei 0 °C, dann ist sein Volumen bei der Temperatur ϑ (in Celsiusgraden gemessen) bei *konstantem Druck* gegeben durch:
> $V = V_0 + \Delta V = V_0(1 + \beta\vartheta)$

β heißt *isobarer Ausdehnungskoeffizient* (isos, griech.: gleich; barys, griech.: schwer; also bei gleichem Druck). Die Messungen zeigen, dass β von der Art des Gases weitgehend unabhängig ist und dass sich die β-Werte verschiedener Gase mit sinkender Gasdichte immer mehr dem Wert $\beta = 3{,}661 \cdot 10^{-3}$ °C^{-1} annähern.

> Ein Gas, das unabhängig von der Dichte das Gesetz von GAY-LUSSAC mit dem Wert von $\beta = 3{,}661 \cdot 10^{-3}$ °C^{-1} streng erfüllen würde, wird als **ideales Gas** bezeichnet.

Die **realen Gase** erfüllen das Gesetz von GAY-LUSSAC nicht exakt. Bei hohen Temperaturen und kleinen Drücken, also bei sehr geringer Dichte, können sie aber als **quasi-ideale Gase** angesehen werden, wie z. B. Wasserstoff und Helium bei 20 °C und normalem Druck.

Grundlagen

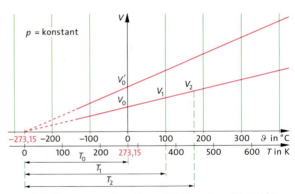

153.1 ϑ-V-Diagramme eines Gases: Die Geraden, die sich für verschiedene Ausgangsvolumina ergeben, schneiden sich alle auf der Temperaturachse bei $\vartheta_0 = -273{,}15$ °C.

Die absolute Temperatur

Werden die einzelnen Geraden über den Bereich der Messungen bis zu ihrem Schnittpunkt ($\vartheta_0 | 0$) mit der Temperaturachse (**Abb. 153.1**) verlängert, so schneiden sich alle Geraden in demselben Punkt der Temperaturachse. Aus $V(\vartheta_0) = V_0(1 + \beta\vartheta_0) = 0$ folgt $\vartheta_0 = -\frac{1}{\beta} = -273{,}15$ °C. Für jedes ideale Gas gilt $V(\vartheta_0) = 0$. Dass reale Gase nie das Volumen null haben können, zeigt die vorgenommene Idealisierung: Nur das *ideale Gas* hat bei der Temperatur $\vartheta_0 = -273{,}15$ °C kein Volumen.

Der Wert $\vartheta_0 = -273{,}15$ °C auf der Temperaturachse wird auf Vorschlag des englischen Physikers Sir William THOMSON (Lord KELVIN) (1824–1907) zum neuen *Nullpunkt einer Temperaturskala* gewählt.

> Der **absolute Nullpunkt** der Temperatur ist $\vartheta_0 = -273{,}15$ °C. Die von dort aus zählende Temperaturskala heißt **absolute Temperaturskala**.

Unter Verwendung der absoluten Temperaturskala erhält das Gesetz von GAY-LUSSAC eine besonders einfache Form, wie aus **Abb. 153.1** unmittelbar abzulesen ist:

> **Gesetz von GAY-LUSSAC:** Bei konstantem Druck p (*isobare Zustandsänderung*) gilt
> $\frac{V_1}{T_1} = \frac{V_2}{T_2} = \frac{V_0}{T_0} =$ konstant bzw. $V =$ konstant T.

▬ Aufgaben

1. Ein Gas nimmt bei 20 °C ein Volumen von 3 dm^3 ein. Berechnen Sie die Temperatur, auf die das Gas bei gleichem Druck erwärmt werden muss, damit es 4 dm^3, das doppelte, das dreifache Volumen einnimmt.
2. Während einer Unterrichtsstunde steigt im Physikraum mit den Abmessungen 12 m, 5 m und 4 m die Temperatur von 18 °C auf 20 °C. Wie viel Luft entweicht?

Grundlagen

4.1.2 Die Gasgleichung

Gase sind im Vergleich zu Flüssigkeiten relativ leicht komprimierbar. Wird das Volumen einer eingeschlossenen Gasmenge verringert, so erhöht sich der Druck im Inneren des Gases; wird das Volumen vergrößert, so füllt das Gas den ihm zur Verfügung gestellten Raum völlig aus.

Durch den Druck in einem Gas oder einer Flüssigkeit entsteht auf eine Fläche A eine Kraft F, die unabhängig von der Lage der Fläche stets senkrecht auf die Fläche wirkt. Der Druck beschreibt eine Art „Spannungszustand" in dem Gas bzw. in der Flüssigkeit. Für den Druck gilt folgende Definition:

> Die Größe Druck ist der Quotient aus der Kraft F und der Fläche A, auf die diese flächenhaft verteilte Kraft wirkt: $p = F/A$.

Die Einheit des Drucks ist $[p] = 1\ \text{N/m}^2 = 1\ \text{Pa}$ (**Pascal**). Häufig benutzte Vielfache sind: $1\ \text{bar} = 10^5\ \text{Pa} = 10\ \text{N/cm}^2$, $1\ \text{hPa} = 10^2\ \text{Pa} = 1\ \text{mbar}$ (**Bar** von báros, griech.: Schwere).

Zur Untersuchung des Zusammenhangs von Druck und Volumen eines Gases wird die Gasmenge konstant gehalten; die Untersuchung muss bei konstanter Temperatur erfolgen.

Versuch 1: Das in einem Zylinder eingeschlossene Gasvolumen wird mithilfe des Kolbens komprimiert. Der Druck wird an einem angeschlossenen Manometer abgelesen (**Abb. 154.1**).
Die Auswertung der Messwerte für V und p (**Abb. 154.2 a**) ergibt das nach Robert Boyle (1627–1691) und Edmé Mariotte (1620–1684) benannte Gesetz. ◄

> **Gesetz von Boyle und Mariotte:** Bei konstanter Temperatur (*isotherme* Zustandsänderung) ist das Produkt aus Druck und Volumen konstant:
> $p_1 V_1 = p_2 V_2 = p_0 V_0$ oder $pV = \text{konstant}$

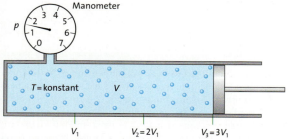

154.1 Versuchsanordnung zur Untersuchung des Verhaltens von Gasen bei konstanter Temperatur

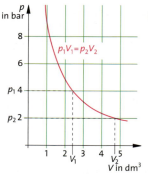 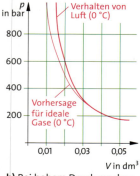

154.2 a) Bei konstanter Temperatur und nicht zu großen Drücken gilt für alle Gase das Boyle-Mariotte'sche Gesetz.   **b)** Bei hohem Druck machen sich die Ausdehnung der Gasmoleküle und deren Wechselwirkung aufgrund elektrischer Kräfte bemerkbar.

Reale Gase genügen dieser Gesetzmäßigkeit bei ausreichend geringen Dichten, also bei nicht zu hohen Drücken. Bei höheren Drücken macht sich das Eigenvolumen der Gasteilchen bemerkbar (**Abb. 154.2 b**).

Das Verhalten eines idealen Gases bei gleichzeitiger Änderung des Drucks von p_1 auf p_2 und der Temperatur von T_1 auf T_2 lässt sich aus schrittweiser Anwendung der Gesetze von Boyle-Mariotte und Gay-Lussac erschließen. Wird zunächst der Druck *isotherm* von p_1 auf p_2 verändert, so gilt für das neue Volumen V'

$$V' p_2 = V_1 p_1 \quad \text{bei } T_1 = \text{konstant.}$$

Danach wird das Volumen V' *isobar* von T_1 auf T_2 verändert, und es gilt

$$\frac{V'}{T_1} = \frac{V_2}{T_2} \quad \text{bzw.} \quad V' = V_2 \frac{T_1}{T_2} \quad \text{bei } p_2 = \text{konstant.}$$

Wird der Term für V' in die erste Gleichung eingesetzt, so ergibt sich nach Division durch T_1

$$\frac{V_1 p_1}{T_1} = \frac{V_2 p_2}{T_2}.$$

> **Allgemeine Gasgleichung**
> Für eine abgeschlossene Menge eines idealen Gases ist bei Zustandsänderungen der Quotient pV/T konstant:
> $\dfrac{p_1 V_1}{T_1} = \dfrac{p_2 V_2}{T_2} = \dfrac{p_0 V_0}{T_0}$ oder $\dfrac{pV}{T} = \text{konstant}$

Darin sind p_0 der mittlere Luftdruck auf Meereshöhe $p_0 = 1013{,}25\ \text{hPa}$ und $T_0 = 273{,}15\ \text{K}$ die sogenannten „Normalbedingungen". V_0 ist das Volumen, das die vorliegende Gasmenge bei diesen Bedingungen einnimmt. Das Gesetz ist nur für ein ideales Gas streng gültig; von realen Gasen wird es mit guter Näherung erfüllt.

Grundlagen

Sonderfälle der allgemeinen Gasgleichung
Bleibt bei einer Zustandsänderung jeweils eine der Größen p, V oder T konstant, so ergeben sich die folgenden Spezialfälle:

1. Der Druck p ist konstant (*isobare* Zustandsänderung). Es gilt das **Gesetz von Gay-Lussac**:
$$\frac{V_1}{T_1} = \frac{V_2}{T_2} = \frac{V_0}{T_0} \quad \text{oder} \quad \frac{V}{T} = \text{konstant (bei konstantem } p\text{)}$$

2. Die Temperatur T ist konstant (*isotherme* Zustandsänderung). Es gilt das **Gesetz von Boyle und Mariotte**:
$$p_1 V_1 = p_2 V_2 = p_0 V_0 \quad \text{oder} \quad pV = \text{konstant}$$
(bei konstantem T)

3. Das Volumen V ist konstant (*isochore* Zustandsänderung). Es gilt das nach Guilleaume Amontons (1663–1705) benannte **Gesetz von Amontons**:
$$\frac{p_1}{T_1} = \frac{p_2}{T_2} = \frac{p_0}{T_0} \quad \text{oder} \quad \frac{p}{T} = \text{konstant}$$
(bei konstantem V) (**Abb. 155.1**)

Die universelle Gasgleichung
Der Wert der Konstanten pV/T in der allgemeinen Gasgleichung ist vom jeweiligen Volumen V abhängig, denn unterschiedliche Gasmengen nehmen bei Normaldruck $p_0 = 1013{,}25$ hPa und der Temperatur $T_0 = 273{,}15$ K unterschiedliche Volumina V_0 ein.

Für verschiedene Gase, die bei Normaldruck p_0 und $T_0 = 273{,}15$ K gleiche Volumina V_0 haben, ergibt sich jedoch derselbe Wert der Konstanten $p_0 V_0/T_0$. Die Verschiedenartigkeit der Gasteilchen spielt also keine Rolle. Die Erklärung dafür ist, dass gleiche Gasvolumina verschiedener Gase unter gleichen Bedingungen dieselbe Teilchenzahl enthalten ($\rightarrow$ 4.1.3).

> Gasmengen oder allgemein Stoffmengen werden durch Angabe der Anzahl ihrer Teilchen gemessen. Die Einheit für die Stoffmenge ist das **Mol**. 1 Mol besteht aus $6{,}0221367 \cdot 10^{23}$ Teilchen ($\rightarrow$ 4.1.3).

Ein Mol eines bestimmten Stoffes nimmt unter gegebenen physikalischen Bedingungen immer denselben Raum, sein **molares Volumen** oder **Molvolumen** ein.

> Das Molvolumen V_m eines Stoffes ist der Quotient aus dem Volumen V und der Stoffmenge n, die dieses Volumen einnimmt: $V_m = V/n$.

Da gleiche Volumina idealer Gase auch die gleiche Teilchenzahl enthalten, gilt für sie:

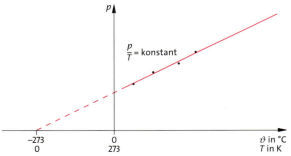

155.1 Gesetz von Amontons: Bei konstantem Volumen ist der Druck p eines Gases bei ausreichend geringer Dichte zur absoluten Temperatur T proportional.

> Das Molvolumen aller (idealen) Gase unter Normalbedingung beträgt $V_m = 22{,}414 \cdot 10^{-3}$ m³/mol.

Ist die Stoffmenge n eines Gases bekannt, dann kann das Volumen $V_0 = n V_m$ in der allgemeinen Gasgleichung berechnet werden, und es folgt:

$$\frac{p_0 V_0}{T_0} = \frac{p_0 n V_m}{T_0} = \frac{1{,}01325 \cdot 10^5 \text{ Pa} \cdot n \cdot 22{,}414 \cdot 10^{-3} \text{ m}^3/\text{mol}}{273{,}15 \text{ K}}$$
$$= n \cdot 8{,}3145 \text{ J/(mol K)}$$

$R = 8{,}3145$ J/(mol K) heißt **universelle Gaskonstante.** Die *allgemeine Gasgleichung* geht damit über in die

> **Universelle Gasgleichung**
> Die Zustandsgleichung jedes idealen Gases lautet
> $$\frac{pV}{T} = nR \quad \text{mit} \quad R = 8{,}3145 \text{ J/(mol K)}.$$

Alle idealen Gase mit gleicher Stoffmenge zeigen also das gleiche thermische Verhalten. Diese bemerkenswerte Tatsache beruht darauf, dass gleiche Stoffmengen eines Gases dieselbe Anzahl von Teilchen enthalten. Das thermische Verhalten eines Gases hängt im Wesentlichen von der Anzahl seiner Teilchen und kaum von deren speziellen Eigenschaften ab.

Aufgaben

1. Ein abgeschlossenes Luftvolumen steht bei 20 °C unter einem Druck von 1 bar. Berechnen Sie die Temperatur, bei der der Druck 0,5 bar ($\frac{1}{3}$ bar, 2 bar, 3 bar) beträgt.
2. Ein Gefäß mit einem Fassungsvermögen von 500 cm³ wird bei 20 °C und normalem Luftdruck mit Luft gefüllt und verschlossen.
   a) Berechnen Sie den Druck im Gefäß bei 30 °C.
   b) Bestimmen Sie die Luftmenge, die ausströmt, wenn das Gefäß geöffnet wird.
   c) Bestimmen Sie den Druck im Gefäß, wenn es bei 30 °C geschlossen und dann auf 20 °C abgekühlt wird.

Grundlagen

4.1.3 Der atomistische Aufbau der Materie

Atome und Moleküle

Materie kann durch Zerkleinern und Auflösen in einer Flüssigkeit in immer kleinere Teilchen zerlegt werden, die schließlich auch unter dem Mikroskop nicht mehr sichtbar sind. Beobachtungen an dünnen Schichten (z. B. Seifenblasen) oder der in **Abb. 156.1** dargestellte Ölfleckversuch zeigen aber, dass diese Zerteilung bei einer Teilchengröße von etwa 10^{-9} m endet. Diese kleinsten Teilchen heißen bei Elementen *Atome,* bei chemischen Verbindungen *Moleküle*. Der folgende Versuch gibt eine Vorstellung von deren Größe.

Versuch 1 – Ölfleckversuch: Nacheinander fallen mehrere Tropfen der Lösung von Ölsäure in Benzin auf eine mit Bärlappsamen bestreute Wasseroberfläche (**Abb. 156.1**).
Beobachtung: Das Öl breitet sich auf der Wasseroberfläche aus und schiebt den Bärlappsamen vor sich her, sodass näherungsweise eine freie Kreisfläche entsteht, deren Flächeninhalt A proportional zur Tropfenzahl, d. h. zum Volumen V, ist. Die Ölschicht hat also bei jedem Versuch dieselbe Dicke $d = V/A$.
Erklärung: Die Tatsache, dass immer die gleiche Schichtdicke beobachtet wird, ist dadurch zu erklären, dass das Öl auf dem Wasser zu einer Schicht auseinanderläuft, deren Dicke mit der Ausdehnung eines Ölmoleküls übereinstimmt („monomolekulare" Schicht). Mit der Vorstellung, dass diese Schicht aus vielen nebeneinanderliegenden Würfeln besteht, wobei in jeden Würfel gerade ein Molekül hineinpasst, lässt sich aus den geometrischen Abmessungen die Anzahl der Würfel und damit die Zahl der Moleküle abschätzen: Das Volumen der aufgebrachten Ölsäure ergibt sich aus der Konzentration der Lösung, dem Volumen eines Tropfens und der Dichte der Ölsäure. Die Dicke der Ölschicht ergibt sich aus dem Volumen und dem Radius des kreisförmigen Ölflecks: $d = V/(\pi R^2)$. Damit sind die Seitenlänge d und das Volumen $V_0 = d^3$ eines Würfels bekannt. Die Zahl n der Würfel in der Schicht ergibt sich durch $n = V/V_0$. Daraus folgt eine Zahl von etwa $1{,}9 \cdot 10^{23}$ Moleküle pro cm³. ◄

Weitere Hinweise auf den atomaren Aufbau der Materie ergaben im 18. und 19. Jahrhundert die quantitativen Untersuchungen in der Chemie. Insbesondere gilt das wichtige

> **Gesetz der konstanten und multiplen Proportionen:** Elemente vereinigen sich zu chemischen Verbindungen stets nur im Verhältnis bestimmter Massen oder ganzzahliger Vielfacher dieser Massen.

Hierfür fand John DALTON (1766–1844) im Jahre 1808 eine einfache Erklärung durch die von ihm aufgestellte

> **Dalton'sche Atomhypothese**
> 1. Jedes Element ist aus kleinsten, chemisch nicht zerlegbaren Teilchen, den **Atomen,** aufgebaut.
> 2. Alle Atome eines Elements haben untereinander gleiche Masse und gleiche Größe.
> 3. Bei der Entstehung einer Verbindung reagieren einzelne Atome der Elemente miteinander und setzen sich zu einem Teilchen der Verbindung, einem **Molekül,** zusammen.

Relative Atommasse und relative Molekülmasse

Aus genauen Messungen bei chemischen Reaktionen *gasförmiger* Stoffe folgt, dass sich das Volumenverhältnis gasförmiger, an einer chemischen Reaktion beteiligter Stoffe durch einfache ganze Zahlen ausdrücken lässt.

Der italienische Forscher Amedeo AVOGADRO (1776–1856) konnte dieses Ergebnis erklären, indem er folgende Annahme über die Anzahl der Teilchen machte:

> **Avogadro'sches Gesetz:** Gleiche Volumina gasförmiger Körper enthalten bei gleichem Druck und gleicher Temperatur die gleiche Teilchenzahl.

So verbinden sich z. B. Wasserstoff und Sauerstoff im Massenverhältnis 1:7,936 zu Wasser, das Volumenverhältnis beträgt dabei 2:1. Das bedeutet, dass das Wasserstoffvolumen doppelt so viele Teilchen enthält wie das Sauerstoffvolumen. Da die Masse des Wasserstoffvolumens nur $\frac{1}{8}$ der Masse des Sauerstoffvolumens beträgt, folgt, dass die Masse eines Wasserstoffteilchens nur $\frac{1}{16}$ der Masse eines Sauerstoffteilchens beträgt oder dass das Sauerstoffteilchen die 16-fache Masse des Wasserstoffteilchens hat.

156.1 Der Ölfleckversuch: Ölsäure bildet auf Wasser eine monomolekulare Schicht.

Auf diese Weise lassen sich die Massenverhältnisse der Teilchen der verschiedenen Elemente experimentell bestimmen. Als Bezugsgröße dient die Masse des Kohlenstoffnuklids ^{12}C:

> Die **relative Atommasse** A_r (**relative Molekülmasse** M_r) eines Stoffes ist das Verhältnis der Masse des betreffenden Atoms (Moleküls) zu $\frac{1}{12}$ der Masse des Kohlenstoffnuklids ^{12}C.

Stoffmenge

Da bei chemischen Prozessen einzelne Teilchen miteinander reagieren, ist es sinnvoll, die Stoffmenge durch eine Teilchenzahl festzulegen.

> Ein System hat die Stoffmenge $n = 1$ mol, wenn es aus ebenso vielen Teilchen besteht, wie Atome in 12 g des Kohlenstoffnuklids ^{12}C enthalten sind.

Die Einheit der Stoffmenge n ist das **Mol**: $[n] = 1$ mol. Bei bekannter relativer Molekülmasse M_r eines Stoffes ergibt sich also die Stoffmenge n einer Masse m dieses Stoffes zu $n = m/(M_r g)$ mol.

> Die Zahl der in 1 mol eines Stoffes enthaltenen Teilchen heißt **Avogadro-Konstante**
> $N_A = 6{,}0221418 \cdot 10^{23}$ mol^{-1}.

Mithilfe der Avogadro-Konstanten kann auch die absolute Masse einzelner Atome oder Moleküle berechnet werden. Die Masse eines ^{12}C-Atoms ist
$m(^{12}C) = 12 \frac{g}{mol}/N_A = 1{,}993 \cdot 10^{-26}$ kg.
$\frac{1}{12}$ dieser Masse ist die Bezugsmasse für die relativen Atommassen, die sogenannte **atomare Masseneinheit**
1 u $= 1{,}6605 \cdot 10^{-27}$ kg.

Die thermische Bewegung der Moleküle

Versuch 2: Eine mit Rauch gefüllte und verschlossene Kammer wird von der Seite beleuchtet und durch ein Mikroskop betrachtet.
Beobachtung: Die größeren Rauchteilchen führen unregelmäßige Zickzack- und Zitterbewegungen aus. Diese Bewegung wird nach dem schottischen Botaniker Robert BROWN (1773–1858), der sie 1827 entdeckte, als **Brown'sche Bewegung** (Abb. 157.1) bezeichnet.
Erklärung: Die Brown'sche Bewegung rührt daher, dass die Gasmoleküle ständig von allen Seiten unregelmäßig auf die größeren sichtbaren Teilchen stoßen. ◂

Die Brown'sche Bewegung ist Ursache für die als **Diffusion** bezeichnete Erscheinung, bei der ein Ausgleich von Teilchenkonzentrationen angestrebt wird. Sie zeigt

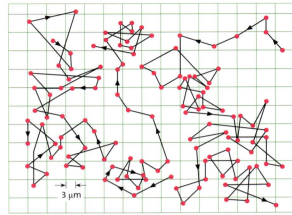

157.1 Brown'sche Molekularbewegung dreier Teilchen in einer Rauchkammer. Die eingezeichneten Punkte markieren die Orte, an denen sich die Teilchen nach gleichen Zeitabständen befanden.

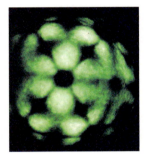

157.2 Mit dem Feldelektronenmikroskop werden die Atome eines Wolframkristalls sichtbar. Das Bild wird unscharf aufgrund der thermischen Bewegung der Atome.

sich z. B. bei der Durchmischung von Gasen, der Verteilung gelöster Stoffe in Flüssigkeiten und der Dotierung von Halbleitern.

> Die Moleküle aller flüssigen, gasförmigen und festen Stoffe sind in ständiger unregelmäßiger Bewegung. Die Bewegung ist umso heftiger, je höher die Temperatur ist (**Abb. 157.2**).

Aufgaben

1. Berechnen Sie die absolute Masse eines O-, Fe-, U-Atoms.
2. Berechnen Sie mithilfe der Avogadro-Konstanten das Volumen, das ein Wassermolekül einnimmt ($M_r(H_2O) = 18$; $\rho = 1$ g/cm^3). Vergleichen Sie dieses Volumen mit dem Raumanteil, der auf ein einzelnes Gasmolekül bei Normalzustand entfällt.
3. Wie viele Atome enthalten 12 g Kohlenstoff, 16 g Sauerstoff, 27 g Aluminium? Welche Masse haben $3 \cdot 10^{12}$ Uranatome?
4. Berechnen Sie die Masse der Stoffmengen der folgenden Teilchenarten: 0,3 mol CO_2-Moleküle, 0,2 mol O_2-Moleküle, 1 mol N-Atome, 1 mol $C_6H_{12}O_6$-Moleküle.

4.2 Die kinetische Gastheorie

Die universelle Gasgleichung zeigt, dass Gase weitgehend übereinstimmende thermische Eigenschaften haben. Die kinetische Gastheorie erklärt dieses Verhalten der Gase durch einfache Annahmen über ihre atomistische Struktur mit den Gesetzen der Mechanik.

4.2.1 Die Grundgleichung der kinetischen Gastheorie

Ein auffälliger Unterschied zwischen Flüssigkeiten und Gasen ist neben ihren unterschiedlichen Dichten ihre Komprimierbarkeit: Während sich Gase sehr leicht komprimieren lassen, ist dies bei Flüssigkeiten kaum möglich. In Flüssigkeiten liegen die einzelnen Moleküle dicht an dicht, während sie in Gasen weit voneinander entfernt sind. Da die Dichte der Gase etwa 1000-mal geringer ist als die der Flüssigkeiten, ist der Abstand der Moleküle in einem Gas etwa $\sqrt[3]{1000} = 10$-mal größer als ihr Durchmesser. Wegen dieses großen Abstandes sind auch die Kräfte, die Gasteilchen aufeinander ausüben, verschwindend gering. Nur bei direkten Berührungen, d. h. Stößen, wirken sie stark abstoßend.
Damit ergeben sich folgende

> **Grundannahmen der kinetischen Gastheorie:**
> 1. Der Durchmesser der Gasmoleküle ist sehr viel kleiner als ihre gegenseitigen Abstände.
> 2. Die Gasmoleküle üben nur im Augenblick des Zusammenstoßes Kräfte aufeinander aus.
> 3. Die Stöße zwischen Gasmolekülen oder Gasmolekülen und der Gefäßwand sind elastisch.
> 4. Die Bewegung der Gasmoleküle erfolgt völlig regellos (Prinzip der molekularen Unordnung).

Der folgende Modellversuch veranschaulicht diese Grundannahmen.

Versuch 1: Eine flache Kammer wird mit elastischen Kugeln gefüllt. Ein Elektromotor regt die Bodenplatte der Kammer zu Schwingungen und dadurch die Kugeln zu ungeordneten Bewegungen an. Der leicht bewegliche Deckel der Kammer wird mit verschiedenen Wägestücken belastet. Sie verändern den äußeren Druck, unter dem das Modellgas steht (**Abb. 158.1**).
Beobachtung: Mit zunehmendem Druck wird das Volumen des Modellgases kleiner. Es folgt in einer sehr groben Näherung dem Gesetz von Boyle und Mariotte pV = konstant.
Ergebnis: Der Druck eines abgeschlossenen Gases auf die Gefäßwand ist eine Folge der beim Aufprall vieler Teilchen übertragenen Impulse. ◂

Mit den oben gemachten idealisierenden Annahmen über ein Gas lässt sich der Druck mithilfe rein mechanischer Betrachtungen berechnen. Dazu denkt man sich das Gas in einem quaderförmigen Behälter eingeschlossen (**Abb. 158.2**). Die vom Druck eines Gases verursachte Kraft auf die Gefäßwand entsteht durch die Summe der Impulsänderungen im Zeitintervall Δt, die die Teilchen bei ihrer Reflexion an der Wand erfahren. Das eingeschlossene Gas bestehe aus N Teilchen der Masse m. Die Geschwindigkeit $\vec{v}$ eines Teilchens lässt sich vektoriell in Komponenten zerlegen:

$$\vec{v} = \vec{v}_x + \vec{v}_y + \vec{v}_z$$

Trifft ein Teilchen mit dem Geschwindigkeitsbetrag v_x senkrecht auf die Wand, so wird es beim elastischen Stoß mit der Geschwindigkeit $-v_x$ reflektiert. Da nach dem Impulssatz die Summe der Impulse des abgeschlossenen Systems Wand–Teilchen konstant bleibt, wird die Impulsänderung $\Delta p = 2\,m\,v_x$ als Impuls auf die Wand übertragen (→ 1.2.3).
Im Zeitintervall Δt treffen diejenigen $\frac{1}{2}\Delta N$ Teilchen mit der Geschwindigkeitskomponente v_x auf die Wand-

158.1 Kurzzeitaufnahme des Modellgases in der flachen Kammer

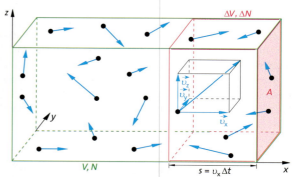

158.2 Zur Berechnung des Drucks mithilfe der Annahmen der kinetischen Gastheorie.

Die kinetische Gastheorie

fläche A, die sich in dem Quader mit der Grundfläche A und der Höhe $s = v_x \Delta t$, also in dem Teilvolumen $\Delta V = A\, v_x \Delta t$, befinden (**Abb. 158.2**). Der Faktor $\frac{1}{2}$ bei ΔN tritt auf, weil nur die Teilchen zu berücksichtigen sind, die sich in positiver x-Richtung, also auf die Wand zu, bewegen. Zwischen der Anzahl der Teilchen ΔN im Teilvolumen ΔV und der Teilchenzahl N im Gesamtvolumen V besteht die Beziehung:

$$\frac{\Delta N}{N} = \frac{\Delta V}{V} = \frac{A\, v_x \Delta t}{V}, \quad \text{also} \quad \Delta N = \frac{N A\, v_x \Delta t}{V}$$

Die Teilchen mit der Geschwindigkeitskomponente v_x übertragen auf die Fläche A durch ihren Impuls die Kraft

$$F = \frac{1}{2} \Delta N \frac{\Delta p}{\Delta t} = \frac{1}{2} \frac{N A\, v_x \Delta t}{V} \frac{2\, m\, v_x}{\Delta t} = \frac{N A}{V}\, m\, v_x^2\,.$$

Da die Kraft F proportional zum *Quadrat* der Geschwindigkeit v_x^2 ist und die Geschwindigkeiten der Moleküle unterschiedlich sind, muss anstelle von v_x^2 der Mittelwert der Geschwindigkeitsquadrate $\overline{v_x^2}$ genommen werden (zum Unterschied von $\overline{v}^2$ und $\overline{v^2} \to 4.2.2$). Ferner sind die Bewegungen ungeordnet, sodass die mittleren Geschwindigkeitsquadrate von v_x, v_y und v_z gleich groß sind. Daher gilt

$$\overline{v^2} = \overline{v_x^2} + \overline{v_y^2} + \overline{v_z^2} = 3\,\overline{v_x^2}\,.$$

Damit ergibt sich der Druck p zu

$$p = \frac{\overline{F}}{A} = \frac{1}{3}\frac{N}{V}\, m\, \overline{v^2} = \frac{2}{3}\frac{N}{V}\frac{1}{2}\, m\, \overline{v^2}\,.$$

Der Term $\frac{1}{2}\, m\, \overline{v^2}$ ist die mittlere kinetische Energie der Gasmoleküle. Es ergibt sich also die

> **Grundgleichung der kinetischen Gastheorie**
> Der Druck in einem idealen Gas beträgt
> $$p = \frac{2}{3}\frac{N}{V}\, \overline{E}_{\text{kin}}\,.$$

Temperatur und mittlere kinetische Energie

Die kinetische Gastheorie liefert eine wichtige Deutung für die physikalische Größe *Temperatur*. Nach der universellen Gasgleichung gilt $pV = nRT$ und nach der kinetischen Gastheorie $pV = \frac{2}{3} N \overline{E}_{\text{kin}}$. Es besteht also ein Zusammenhang zwischen der Temperatur und der mittleren kinetischen Energie der Teilchen:

$$\frac{2}{3} N \overline{E}_{\text{kin}} = nRT$$

Mit $n = 1$, also $N = N_A$ folgt

$$\overline{E}_{\text{kin}} = \frac{3}{2}\frac{R}{N_A} T = \frac{3}{2} k T\,.$$

Die in der letzten Gleichung auftretende universelle Konstante $k = R/N_A = 1{,}3805 \cdot 10^{-23}$ J/K heißt **Boltzmann'sche Konstante.**

Die makroskopisch messbare absolute Temperatur T eines Gases ist ein Maß für die mikroskopische mittlere kinetische Energie $\overline{E}_{\text{kin}}$ der Gasmoleküle:

$$\overline{E}_{\text{kin}} = \frac{3}{2} k T$$

Die absolute Temperatur erhält durch diese Beziehung eine anschauliche physikalische Bedeutung: Nicht nur der Druck eines Gases, sondern auch seine Temperatur wird durch die *ungeordnete* Bewegung seiner Teilchen bestimmt. Temperatur und Druck sind daher *statistische* Größen, die sich nur bei einer sehr großen Zahl von Teilchen sinnvoll verwenden lassen; man kann nicht von der Temperatur eines einzelnen Atoms oder Moleküls sprechen.

Durch die Deutung der Temperatur in der Modellvorstellung der kinetischen Gastheorie wird jetzt auch die Bezeichnung *absoluter Nullpunkt* verständlich. Für $T = 0$ ist auch $\overline{E}_{\text{kin}} = 0$, d.h. die Teilchen sind in Ruhe. Da die kinetische Energie keine negativen Werte annehmen kann, ist dies für $\overline{E}_{\text{kin}}$ der kleinste überhaupt mögliche Wert. Damit ist für die Temperatur eine untere Grenze – ein absoluter Nullpunkt – festgelegt.

Entsprechend den drei Raumrichtungen besitzt jedes Gasteilchen drei voneinander unabhängige Bewegungsmöglichkeiten (**„Freiheitsgrade"**). Da die Bewegungen ungeordnet sind, wird dabei keine Richtung bevorzugt. Auf jeden Freiheitsgrad entfällt daher für das einzelne Teilchen die mittlere thermische Energie

$$\overline{E}_{\text{kin}} = \frac{1}{2} k T\,.$$

Aufgaben

1. Ein Wasserstoffgas hat die Temperatur $\vartheta = -100\,°C$
   a) Berechnen Sie die mittlere Geschwindigkeit eines H_2-Moleküls (Vereinfachung $\overline{v^2} = \overline{v}^2$).
   b) Bestimmen Sie die mittlere kinetische Energie und den mittleren Impuls eines H_2-Moleküls.
   c) Berechnen Sie den Impuls, den ein Teilchen bei einem senkrechten elastischen Stoß auf die Wand überträgt.
   d) Berechnen Sie die verschiedenen Größen in den Teilaufgaben a) bis c) für die Temperatur $\vartheta = 1000\,°C$.

2. Ein Volumen von $1000\ \text{cm}^3$ enthält $3{,}24 \cdot 10^{20}$ Teilchen eines einatomigen idealen Gases mit der Energie 6 J. Berechnen Sie Temperatur und Druck des Gases.

3. Berechnen Sie die Temperatur eines Gases, das bei einem Druck von 10^{-8} hPa 10^8 Teilchen pro cm^3 enthält.

4. Berechnen Sie die Temperatur eines Sauerstoffgases, wenn die mittlere Geschwindigkeit der O_2-Moleküle $\overline{v} = 540$ m/s beträgt.

*5. Zeigen Sie, dass für N Moleküle mit verschiedenen Geschwindigkeiten der Zusammenhang
   $$\overline{v^2} = \overline{v_x^2} + \overline{v_y^2} + \overline{v_z^2}\ \text{gilt.}$$

4.2.2 Kinetische Gastheorie und Molekülbewegung

Geschwindigkeit der Moleküle
Aus der Grundgleichung

$$pV = \tfrac{2}{3} N \overline{E}_{kin} = \tfrac{2}{3} N \cdot \tfrac{1}{2} m \overline{v^2} \quad \text{folgt} \quad p = \tfrac{1}{3}(Nm/V)\overline{v^2}.$$

Nm/V ist aber die Dichte des Gases, also ist $p = \tfrac{1}{3} \rho \overline{v^2}$, und für zwei verschiedene Gase bei gleichem Druck und gleicher Temperatur gilt:

> Die mittleren Geschwindigkeitsquadrate der Moleküle zweier Gase verhalten sich umgekehrt wie ihre Dichten:
>
> $\overline{v_1^2}/\overline{v_2^2} = \rho_2/\rho_1$

Das Gesetz lässt sich durch einen Versuch veranschaulichen:

Versuch 1: Ein Becherglas wird über einen porösen Tonzylinder gestülpt, der mit einem Manometer verbunden ist. Unter das Becherglas strömt kurze Zeit Wasserstoff. Dann wird das Glas entfernt.
Beobachtung: Das Manometer zeigt zuerst einen Überdruck im Zylinder an, der bald wieder zurückgeht. Nach dem Abheben des Becherglases tritt für kurze Zeit ein Unterdruck auf.

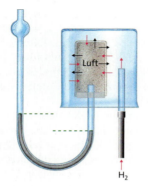

Erklärung: Da das Dichteverhältnis von Sauerstoff zu Wasserstoff etwa 16:1 beträgt, verhalten sich die mittleren Geschwindigkeiten ihrer Moleküle wie 1:4. Wegen ihrer größeren Geschwindigkeit diffundieren zu Anfang die Wasserstoffmoleküle schneller in den Tonzylinder hinein als die Luftmoleküle heraus. Dadurch tritt im Zylinder wegen der größeren Teilchenzahl so lange ein Überdruck auf, bis sich ein neuer Gleichgewichtszustand eingestellt hat. Beim Entfernen des Becherglases treten gerade die umgekehrten Verhältnisse auf: Die Wasserstoffmoleküle diffundieren schneller aus dem Tonzylinder heraus als die Luftmoleküle hinein. ◀

Da in der Gleichung $p = \tfrac{1}{3} \rho \overline{v^2}$ bis auf $\overline{v^2}$ alle Größen bekannt sind, lässt sich auch die mittlere Geschwindigkeit der Moleküle eines Gases berechnen. So ergibt sich für Wasserstoff unter Normalbedingungen (ρ = 0,0899 g/dm³): $\bar{v}$ = 1840 m/s. Die berechneten großen Geschwindigkeiten scheinen der Beobachtung zu widersprechen, dass es bei Diffusionsvorgängen relativ lange dauert, bis sich ein Gas im Raum gleichmäßig verteilt hat (mittlere freie Weglänge S. 161).

Die direkte Messung der Atom- und Molekülgeschwindigkeiten gelang zuerst dem deutschen Physiker O. STERN im Jahre 1920. Er ließ Silberatome, die von einem erhitzten Draht abdampften, im Vakuum durch schnell rotierende Blenden laufen. Die Auswertung der Versuche lieferte in Übereinstimmung mit der kinetischen Gastheorie für die Geschwindigkeit der Silberatome bei 1200 °C Werte zwischen 643 m/s und 675 m/s. Sie zeigten auch, dass nicht alle Atome bei derselben Temperatur die gleiche Geschwindigkeit haben, sondern dass ihre Geschwindigkeit um einen Mittelwert verteilt ist (**Abb. 161.2**).

Der folgende Modellversuch liefert einen Einblick in diese Geschwindigkeitsverteilung.

Versuch 2: Bei der flachen Kammer von **Abb. 161.1** wird in einer Seitenwand eine Lochblende geöffnet, die dafür sorgt, dass nur Teilchen mit einer Geschwindigkeit in Richtung der Horizontalen die Kammer verlassen. Vor die Blende wird eine Filterkammer mit Ringsektoren gesetzt. Damit während des Versuchs die Bedingungen gleich bleiben, müssen laufend so viele Kugeln nachgefüllt werden, wie Kugeln die Kammer durch die Blende verlassen. Die Kugeln, die in die einzelnen Sektoren fallen, sammeln sich in einer darunterstehenden entsprechend unterteilten Flachkammer.
Beobachtung: Werden in einem Diagramm die Teilchenzahlen in den verschiedenen Kammern aufgetragen, so ergibt sich eine Verteilung nach **Abb. 161.2**.
Erklärung: Teilchen, die die Kammer verlassen, bewegen sich unter Einfluss der Erdanziehungskraft auf einer Wurfparabel. Ihre Wurfweite ist proportional zum Betrag ihrer Geschwindigkeit. Daher sammeln sich im n-ten Ringsektor mit der Wurfweite zwischen s_n und $s_n + \Delta s$ die Teilchen mit der zugehörigen Geschwindigkeit zwischen v_n und $v_n + \Delta v$. Die Füllhöhe in den einzelnen Abteilungen ist ein Maß für die Häufigkeit der Teilchen in den verschiedenen Geschwindigkeitsintervallen. Sie gibt die Wahrscheinlichkeit $w(v)\Delta v$ an, ein Teilchen mit einer Geschwindigkeit zwischen v und $v + \Delta v$ anzutreffen. ◀

Der Modellversuch zeigt, dass die Teilchen des Modellgases nicht alle dieselbe Geschwindigkeit haben, sondern dass die Beträge über einen weiten Bereich streuen. Die Kurve $w(v)$ verläuft nicht symmetrisch zu ihrem Maximum, das der wahrscheinlichsten Geschwindigkeit v_0 entspricht. Die Anzahl der Teilchen, die eine größere Geschwindigkeit als v_0 haben, ist größer als diejenige der Teilchen mit kleinerer Geschwindigkeit. Daher ist die mittlere Geschwindigkeit $\bar{v}$ aller Teilchen nicht identisch mit der wahrscheinlichsten Geschwindigkeit v_0. Beide stimmen auch nicht mit der Wurzel aus dem mittleren Geschwindigkeitsquadrat $\sqrt{\overline{v^2}}$ überein. Im Einzelnen gilt:

$$v_0 < \bar{v} = 1{,}128\, v_0 < \sqrt{\overline{v^2}} = 1{,}225\, v_0$$

Die Geschwindigkeitsverteilung $w(v)$ hat James Clerk MAXWELL (1831–1879) auf der Grundlage der mathematischen Theorie der Wahrscheinlichkeitsrechnung theoretisch berechnet. **Abb. 161.3** zeigt die Geschwindigkeitsverteilung für ein Gas bei verschiedenen Temperaturen, **Abb. 161.4** zeigt die Geschwindigkeitsverteilung für Sauerstoff und Wasserstoff, zwei Gase mit unterschiedlicher Molekülmasse, bei derselben Temperatur.

> Die Geschwindigkeitsverteilung in einem idealen Gas wird durch eine unsymmetrische Funktion beschrieben, deren Maximum mit steigenden Temperaturen sich immer mehr zu höheren Geschwindigkeiten verschiebt.

Die kinetische Gastheorie

Mittlere freie Weglänge und Stoßzahl

Die Teilchen in einem Gas ändern durch gegenseitige Stöße ständig ihre Richtung (→ **Abb. 158.1**). Trotz der großen Geschwindigkeit kommt das einzelne Teilchen daher nicht weit. Das erklärt, warum sich ein Gas durch Diffusion nur langsam im Raum ausbreitet. Die Strecken zwischen zwei Zusammenstößen sind unterschiedlich lang. Der Mittelwert dieser Strecken wird als die **mittlere freie Weglänge** λ bezeichnet. Aus Diffusionsversuchen lässt sich die mittlere freie Weglänge der Moleküle verschiedener Gase zu etwa 10^{-7} m bestimmen. Aus der mittleren freien Weglänge λ und der mittleren Molekülgeschwindigkeit $\bar{v}$ lässt sich die durchschnittliche Zeit t zwischen zwei Zusammenstößen berechnen. Es ist $t = \lambda/\bar{v}$. Der Kehrwert $z = 1/t = \bar{v}/\lambda$ heißt **mittlere Stoßfrequenz**.

In einem Wasserstoffgas zum Beispiel beträgt die mittlere freie Weglänge unter Normalbedingungen λ = 113 nm; jedes Wasserstoffmolekül erfährt daher in jeder Sekunde $1,6 \cdot 10^{10}$ Zusammenstöße, wie sich aus
(1840 m/s)/$1,13 \cdot 10^{-7}$ m = $1,6 \cdot 10^{10}$/s ergibt.

Mittlere Stoßfrequenz z und mittlere freie Weglänge λ eines Gases hängen vom Druck und von der Temperatur ab. Die mittlere freie Weglänge der Moleküle eines Gases kann dadurch vergrößert werden, dass der Druck herabgesetzt wird. Wird die freie Weglänge mit den Abmessungen des Gefäßes vergleichbar, so können die Moleküle des Gases jetzt ungestört von einer Gefäßwand zur anderen fliegen. Wegen der fehlenden Zusammenstöße im Gas erfolgt kein Ausgleich der Bewegungsvorgänge mehr, und die geringe Teilchenzahl lässt eine vernünftige Mittelwertbildung nicht mehr zu. Der Begriff der mittleren freien Weglänge und auch die übrigen statistischen Begriffe der kinetischen Gastheorie verlieren ihren Sinn. Dieser Zustand wird als *Hochvakuum* bezeichnet. Bei den üblichen Gefäßen (mit Abmessungen um 10 cm) macht sich das neuartige Verhalten der Gase bei Drücken unterhalb von 10^{-3} hPa bemerkbar; die freie Weglänge beträgt dann etwa 10 cm.

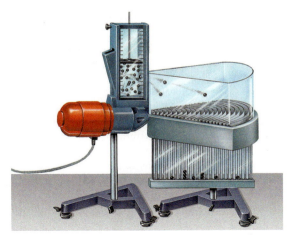

161.1 Versuchsanordnung mit Filterkammer zur Analyse der Geschwindigkeitsverteilung der Teilchen des Modellgases

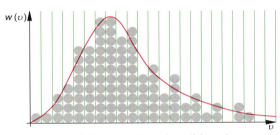

161.2 Geschwindigkeitsverteilung der Teilchen eines Modellgases nach Versuch 2

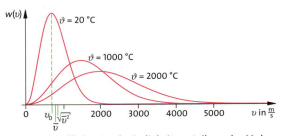

161.3 Maxwell'sche Geschwindigkeitsverteilung der Moleküle eines Gases bei verschiedenen Temperaturen

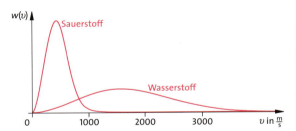

161.4 Maxwell'sche Geschwindigkeitsverteilung für Sauerstoff- bzw. Wasserstoffgas bei 300 K

Aufgaben

1. Berechnen Sie die Wurzel aus dem mittleren Geschwindigkeitsquadrat von Argonatomen (Heliumatomen), wenn 1 mol des Gases bei einem Druck von 10 bar das Volumen 1 dm³ einnimmt. Die relative Molekülmasse von Argon (Helium) ist 40 (4).
2. Unter Normbedingung ist in einem Stickstoffgas die mittlere freie Weglänge λ = 58 nm. Berechnen Sie die mittlere Zeit zwischen zwei aufeinanderfolgenden Stößen eines N_2-Moleküls.
3. Die mittlere Temperatur der Erde beträgt 288 K.
   a) Berechnen Sie für diesen Wert die Wurzel aus dem mittleren Geschwindigkeitsquadrat für die Moleküle von Sauerstoff O_2, Stickstoff N_2 und Wasserstoff H_2.
   b) Ziehen Sie Folgerungen aus der Annahme, dass sich eine stabile Gasatmosphäre bildet, wenn die Wurzel aus dem mittleren Geschwindigkeitsquadrat kleiner als ein Fünftel der Fluchtgeschwindigkeit ist.

4.3 Energieumwandlungen

Ohne die ständig von der Sonne zufließende Energie und ohne die dadurch entstandenen fossilen Energieträger wäre ein Leben auf der Erde nicht möglich. Energie wird aus den fossilen Energieträgern Kohle, Öl und Erdgas und durch Kernspaltung in Kernkraftwerken oder aus regenerativen Energiequellen wie Wind, fließendem Wasser und Sonnenstrahlung gewonnen.

Von größter Bedeutung ist dabei die *Umwandlung der Energie* in elektrische Energie, weil diese in einfachster Weise transportiert werden kann. Diese Umwandlung geschieht bei der Nutzung der fossilen Energieträger und der Kernenergie über die Erzeugung heißen Dampfes, der über Turbinen geleitet wird, die ihrerseits an Generatoren gekoppelt sind. Der Umwandlung der thermischen Energie des heißen Dampfes in mechanische Energie sind jedoch, wie sich zeigen wird, grundsätzliche Grenzen gesetzt.

4.3.1 Der erste Hauptsatz der Thermodynamik

Ein wichtiges Ergebnis der kinetischen Gastheorie (→ 4.2.1) ist, dass die absolute Temperatur T eines idealen Gases ein Maß für die mittlere kinetische Energie seiner Teilchen ist. Bei einem idealen Gas ist die Summe der kinetischen Energien aller Teilchen einer Gasmenge die sogenannte *innere Energie U* der Gasmenge.

Das folgende Experiment zeigt, dass die *innere Energie U* eines Gases durch Übertragung *mechanischer Energie E* geändert werden kann:

Versuch 1: Die Luft in einem Glaszylinder wird mit einem Kolben, der durch die Kraft F um die Strecke Δs bewegt wird, komprimiert (**Abb. 162.1**). Am Boden des Zylinders befindet sich ein kleines Thermoelement, das mit einem Anzeigegerät verbunden ist.
Beobachtung: Bei einer Kompression steigt die Temperatur der Luft und damit die innere Energie U der Gasmenge. ◂

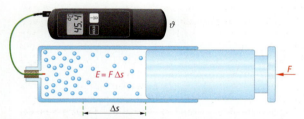

162.1 Die Kompression der eingeschlossenen Luftmenge führt zur Erhöhung ihrer Temperatur. Die übertragene mechanische Energie $E = F\Delta s$ erhöht die innere Energie.

Auf diesem Effekt beruht auch das Zünden des Öl-Luft-Gemisches im Dieselmotor. In einem sogenannten *pneumatischen Feuerzeug* gelingt es sogar, durch eine schnelle Kompression die Temperatur der Luft so weit zu erhöhen, dass sich der im Feuerzeug befindliche Zunder entzündet.

> Durch die über den Term $E = F\Delta s$ erfassbare *mechanische Energie,* die einer eingeschlossenen Gasmenge zugeführt wurde, wird die *Temperatur T* und damit die *innere Energie U* der Gasmenge erhöht.

Im Allgemeinen werden Temperaturerhöhungen und damit Erhöhungen der inneren Energie durch Übertragung von *Wärmeenergie* erzeugt. Dazu wird der Körper in engen Kontakt mit einem anderen Körper höherer Temperatur gebracht.

> Energie, die von einem Körper höherer Temperatur zu einem Körper niedrigerer Temperatur fließt, heißt **Wärmeenergie Q.**

Die *innere Energie U* eines Körpers kann durch Übertragung *mechanischer Energie E* oder *Wärmeenergie Q* erhöht werden. In beiden Fällen bewirkt eine Zufuhr von Energie eine Erhöhung der Temperatur. Dieser Sachverhalt wird mit der Gleichung $\Delta U = E + Q$ beschrieben. In dieser Gleichung werden dem Körper *zugeführte* Energien *positiv,* vom Körper *abgegebene* Energien *negativ* gerechnet. In welcher Weise die innere Energie und damit die Temperatur erhöht worden ist, lässt sich im Nachhinein nicht mehr unterscheiden.

> **Erster Hauptsatz der Thermodynamik**
> Die Änderung der *inneren Energie U* eines Körpers ist gleich der Summe der ausgetauschten *mechanischen Energie E* und der ausgetauschten *Wärmeenergie Q*: $\Delta U = E + Q$.

In einem System von Körpern, die nur miteinander und mit keinem anderen Körper im Energieaustausch stehen, also ein *thermisch und mechanisch abgeschlossenes System* bilden, ist die Änderung der inneren Energie dieses Systems von Körpern $\Delta U = 0$ oder anders ausgedrückt: Es bleibt die gesamte innere Energie U des Systems konstant.

Findet z. B. innerhalb dieses Systems in einem Teilsystem durch Reibung eine Verringerung der mechanischen Energie statt, etwa der kinetischen Energie eines Körpers, so bleibt diese Energie in dem System und macht sich in einer Temperaturerhöhung bemerkbar.

Energieumwandlungen

Allgemeines Energieerhaltungsprinzip
In einem thermisch und mechanisch abgeschlossenen System ist die Gesamtenergie konstant.

Der erste Hauptsatz der Thermodynamik ist also nichts anderes als eine Ausweitung des aus der Mechanik bekannten *Energieerhaltungsprinzips* (→ 1.3.4). Dieses Prinzip gilt in Bezug auf rein mechanische Energieanteile der Körper wie kinetische und potentielle Energie nur im Idealfall und ist immer dann verletzt, wenn Reibungsvorgänge auftreten.

Messung der Wärmeenergie
Die einem Körper zugeführte Wärmeenergie Q wird über die Änderung seiner inneren Energie U gemessen. Im folgenden Experiment wird durch Reibung Wärmeenergie Q erzeugt, die zur Temperaturerhöhung führt.

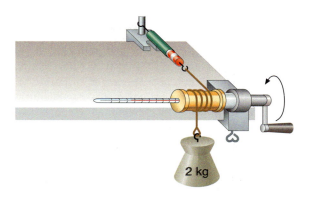

163.1 Die mechanisch erfassbare Energie $E = F \Delta s$ wird bei der Reibung des Metallbandes auf der Trommel in Wärmeenergie Q umgewandelt und führt zur Erhöhung der inneren Energie U. Dies macht sich als Temperaturerhöhung ΔT bemerkbar.

Versuch 2: Über eine massive Aluminiumtrommel ist ein Metallband gewickelt, an dem ein Wägestück der Masse $m = 2$ kg befestigt ist. Die Trommel wird gerade so schnell gedreht, dass das Wägestück – von der Reibungskraft gehalten – in einer bestimmten Höhe bleibt (**Abb. 163.1**). Mithilfe eines in die Aluminiumtrommel eingesetzten Thermometers wird die Temperatur zu Beginn und am Ende des Drehens gemessen.
Beobachtung: Nach 120 Umdrehungen ist die Temperatur um $\Delta T = 1$ K gestiegen.
Auswertung: Da das Wägestück durch die Reibungskraft F_R gehalten wird, ist F_R gleich der Gewichtskraft $G = mg$: $F_R = 2$ kg $\cdot$ 9,81 m/s². Der Umfang der Trommel beträgt $u = 15$ cm, sodass die bei 120 Umdrehungen zugeführte Energie $E = F_R \Delta s = F_R \cdot 120\, u = 353$ Nm beträgt. Diese Energie ist als Wärmeenergie Q in die Aluminiumtrommel geflossen und hat deren Temperatur erhöht. ◂

Versuche mit Körpern mit unterschiedlichen Massen und Materialien zeigen, dass die durch eine bestimmte Wärmeenergie Q hervorgerufene Änderung der Temperatur ΔT außer von der Masse m des Körpers von einer stoffspezifischen Konstanten c abhängt:

Wird einem Körper der Masse m die Wärmeenergie Q zugeführt und ruft diese eine Temperaturänderung ΔT hervor, so gibt der Term $Q = \Delta U = c\, m\, \Delta T$ die zugeführte Wärmeenergie an, wobei c die **spezifische Wärmekapazität** des Stoffes ist.

Mithilfe der Formel $Q = c\, m\, \Delta T$ kann nun durch weitere Auswertung des Versuchs 2 die spezifische Wärmekapazität c_{Al} von Aluminium bestimmt werden. Die Masse der Aluminiumtrommel beträgt $m = 400$ g, sodass folgt:
$c_{Al} = 353$ Nm$/(1$ K $\cdot 400$ g$) = 0{,}88$ J$/($g K$)$.

Exkurs

Zur Geschichte des ersten Hauptsatzes der Thermodynamik

Bis zur Mitte des 19. Jahrhunderts hielt man „Wärme" für einen besonderen Stoff, der unerschaffbar und unzerstörbar sein sollte. Die Temperatur eines Körpers wird nach dieser Vorstellung von der Menge des Wärmestoffes bestimmt, die der Körper aufgenommen hat. Die Beobachtung des Grafen RUMFORD (1753–1814), dass beim Ausbohren von Kanonenrohren große Temperaturerhöhungen auftraten, ließen sich aber nicht mit dieser Vorstellung vereinbaren. Der Arzt Julius Robert MAYER (1814–1878) gewann aus seinen Experimenten die Erkenntnis, dass es sich bei der Wärme um eine Form der Energie handelt und dass zwischen den in unterschiedlichen Einheiten gemessenen Größen mechanische Energie und Wärme ein festes konstantes Umrechnungsverhältnis besteht. Zum gleichen Ergebnis kam auch der Engländer James Prescott JOULE (1818–1889). JOULE hatte nicht nur die Beziehung zwischen mechanischer Energie und Wärme, sondern auch die Umwandlung von elektrischer Energie in Wärmeenergie eingehend untersucht und dabei ebenfalls ein bestimmtes konstantes Umrechnungsverhältnis feststellen können. Von diesen Grundlagen ausgehend hat Hermann von HELMHOLTZ (1821–1894) den ersten Hauptsatz der Wärmelehre auf alle Gebiete der Physik und ihre Energieformen übertragen und als Erster das **Prinzip von der Erhaltung der Energie** ausgesprochen und begründet.

Energieumwandlungen

Innere Energie

Materie kann in den **Aggregatzuständen** *fest, flüssig* oder *gasförmig* existieren. Der Aggregatzustand ist abhängig von Druck und Temperatur. Wird einem Körper bei konstantem Druck Wärmeenergie zugeführt, so steigt im Allgemeinen seine Temperatur, es sei denn, es findet ein Übergang von einer in eine andere Zustandsform, ein sogenannter **Phasenübergang,** statt. Solche Phasenübergänge sind **Schmelzen** (*fest → flüssig*), **Verdampfen** (*flüssig → gasförmig*) und **Sublimieren** (*fest → gasförmig*). Phasenübergänge finden bei ganz bestimmten Temperaturen, der *Schmelz-* oder *Siedetemperatur,* statt, die jedoch stark druckabhängig sind.

Zum Schmelzen bzw. Verdampfen der Masse m eines Stoffes muss eine für den Stoff charakteristische Energie, die **Schmelzwärme** oder **Verdampfungswärme,** zugeführt werden, die beim umgekehrten Vorgang abgegeben wird. Während des Phasenübergangs bleibt die Temperatur des Stoffes konstant. Dies zeigt, dass Energiezufuhr bzw. Energieabgabe nicht unbedingt mit einer Temperaturänderung verknüpft sein müssen.

Während eines Phasenübergangs verändert sich die Struktur der Materie und damit ihre Dichte. Die feste Ordnung der Teilchen in einer kristallinen Struktur wird beim Schmelzen aufgelöst, wozu Energie benötigt wird. Ebenso ist Energie nötig, um die Teilchen eines Körpers beim Übergang flüssig → gasförmig voneinander zu lösen. Ursache für den Energiebedarf beim Schmelzen und Verdampfen sind die zwischen den Teilchen der Materie existierenden anziehenden elektrischen Kräfte. Die dabei zugeführte Energie ist dann in der Materie, in dem sogenannten **thermodynamischen System,** als *potentielle Energie der Teilchen* gespeichert und kann beim umgekehrten Phasenübergang wieder abgegeben werden.

Wenn die zugeführte Energie zu einer Erhöhung der Temperatur führt, so bedeutet dies für frei bewegliche Teilchen des thermodynamischen Systems z. B. eine größere *mittlere kinetische Energie* (→ 4.2.1) bzw. für an feste Plätze gebundene Teilchen größere *Schwingungsenergie*. Die *potentielle* und die *kinetische Energie* der Teilchen wird zusammenfassend auch als **thermische Energie** bezeichnet.

Neben diesen Energien kann Materie aufgrund ihres molekularen bzw. atomaren Aufbaus außerdem noch sogenannte *chemische Energie* und *nukleare Energie* besitzen.

> Die gesamte Energie eines thermodynamischen Systems, die aus **thermischer Energie** (*potentielle* und *kinetische Energie der Teilchen*), aus *chemischer Energie* und *nuklearer Energie* besteht, ist die **innere Energie** U.

Da sich bei thermischen Prozessen die chemische Energie und die nukleare Energie nicht verändern, werden diese in der Thermodynamik bei der Betrachtung der Änderung der *inneren Energie* eines thermodynamischen Systems nicht berücksichtigt.

> **Wärmeenergie** ist Energie, die von selbst aufgrund einer Temperaturdifferenz von einem Körper zu einem anderen übergeht.

Dieser Übergang kann als sogenannte *Wärmeleitung* durch materiellen Kontakt zwischen den Körpern oder durch *Wärmestrahlung* (→ 4.4) ohne materiellen Kontakt geschehen. Wird an Materie gebundene thermische Energie mit der Materie transportiert, so wird dies als *Konvektion* bezeichnet.

Aufgaben

1. 200 g Aluminiumschrot ($c_{Al} = 0{,}9$ J/(g K)) werden in kochendem Wasser erhitzt und dann in ein Thermogefäß mit 300 g Wasser ($c_{Wasser} = 4{,}18$ J/(g K)) von 20 °C gegeben. Bestimmen Sie die Temperaturerhöhung.

2. **a)** Berechnen Sie die thermische Energieänderung eines Wasserbeckens mit den Abmessungen 10 m, 4 m, 2 m, wenn die Temperatur um 1 °C sinkt ($c_{Wasser} = 4{,}18$ J/(g K)).
   b) Bestimmen Sie die Höhe, in die mit dieser Energie ein Körper der Masse 5000 kg auf der Erde gehoben werden kann.

3. Mit einem Tauchsieder der Leistung 200 W sollen 0,2 l Wasser zum Aufbrühen von Kaffee erhitzt werden. Berechnen Sie die Zeit, die es mindestens dauert, wenn das Wasser eine Anfangstemperatur von 15 °C hat ($c_{Wasser} = 4{,}18$ J/(g K)).

4. Bei einer Solarheizung zirkuliert Wasser durch Rohre auf dem Dach und nimmt Wärmeenergie auf. Unter Berücksichtigung der Verluste hat der Kollektor pro m² eine wirksame Leistung von 140 W/m². Bestimmen Sie die Fläche, die ein Kollektor haben muss, wenn er in einer Stunde 200 l Wasser von 20 °C auf 40 °C erwärmen soll. Die spezifische Wärmekapazität von Wasser ist $c_{Wasser} = 4{,}18$ J/(g K).

5. Ein Auto der Masse 1500 kg wird aus 90 km/s auf einer Strecke von 80 m bis zum Stillstand abgebremst. Berechnen Sie die Leistung, mit der durch die Bremsen mechanische Energie in Wärmeenergie umgewandelt wird.

*6. In einer beidseitig mit einem Stopfen verschlossenen Papprohre befinden sich 0,8 kg Bleischrot. An einem Stopfen kann die Temperatur des Bleis gemessen werden. Wird die aufrecht gehaltene Röhre schnell um 180° gedreht, so fällt das Blei im Innern der Röhre herunter. Bei 25-maligem Umdrehen wird eine Temperaturerhöhung von $\Delta T = 1{,}8$ K gemessen.
   a) Berechnen Sie die zugeführte mechanische Energie bei einer Fallhöhe von 1 m sowie die thermische Energie, wenn die spezifische Wärmekapazität von Blei $c_{Blei} = 0{,}128$ J/(g K) beträgt.
   b) Berechnen Sie die Zeit, in der mit diesem Verfahren 200 g Wasser in einer Thermoskanne um 1 K erwärmt wird, wenn die Fallstrecke 0,2 m beträgt und pro Minute 30 Umkehrungen stattfinden können.

4.3.2 Energieumwandlung bei Volumenänderung

In *Verbrennungsmotoren* werden Kolben durch die Kraft bewegt, die der Druck des verbrennenden Brennstoff-Luft-Gemischs auf die Kolbenfläche ausübt, in *Dampfmaschinen* bewirkt der Druck des heißen Dampfes die Kolbenbewegung. Stets ist eine Zufuhr von Wärmeenergie in ein Gas die Ursache für eine Volumenänderung, sodass *Wärmeenergie* in *mechanische Energie* umgewandelt wird. Die dabei abgegebene mechanische Energie wird im Folgenden berechnet.

Dazu wird ein ideales Gas betrachtet, dessen Verhalten dem realer Gase bei geringen Dichten ausreichend genau entspricht. Der Gasdruck p auf die Kolbenfläche A erzeugt die Kraft $F_i = pA$, die den Kolben gegen die äußere Kraft F_a um die Strecke Δs verschiebt (**Abb. 165.1**). Dabei gibt das Gas die Energie $E = F_a \Delta s$ ab. Da für die Kräfte $F_a = -F_i$ gilt, folgt für die abgegebene Energie

$E = -pA\Delta s$ und mit $A \Delta s = V_2 - V_1 = \Delta V$
$E = -p \Delta V$.

Entsprechend der in 4.3.1 getroffenen Vereinbarung ist E bei einer Expansion ($\Delta V > 0$) negativ und bei einer Kompression ($\Delta V < 0$) positiv.

Im Folgenden wird die abgegebene mechanische Energie bei der Ausdehnung eines idealen Gases vom Zustand (V_1, p_1, T_1) zum Zustand (V_2, p_2, T_2) mit $T_1 = T_2$, also bei unveränderter Temperatur, für verschiedene Wege der Zustandsänderung berechnet (**Abb. 165.2**). In allen drei Fällen entspricht die dabei vom Gas abgegebene mechanische Energie ΔE dem Flächeninhalt unter der Kurve.

a) *Isobare Expansion* unter Zufuhr von Wärmeenergie und isochore Kompression unter Abgabe von Wärmeenergie: $E_a = -p_1(V_2 - V_1)$.
b) *Isochore Kompression* unter Abgabe von Wärmeenergie und isobare Expansion unter Zufuhr von Wärmeenergie: $E_b = -p_2(V_2 - V_1)$.
c) *Isotherme Expansion* unter Zufuhr von Wärmeenergie: Hier muss der Flächeninhalt unter der Kurve mithilfe eines Integrals berechnet werden.
Für ein *ideales Gas* ist der Zusammenhang von Druck p, Volumen V und Temperatur T durch die Zustandsgleichung $pV = nRT$ gegeben. Sie kann dann angewendet werden, wenn ein Prozess so langsam abläuft, dass stets der Gleichgewichtszustand besteht.

$E_c = -\int_{V_1}^{V_2} p\, dV$ mit $p = nRT/V$ folgt:

$E_c = -nRT \int_{V_1}^{V_2} \frac{dV}{V} = -nRT \ln\frac{V_2}{V_1}$

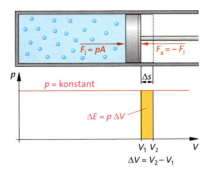

165.1 Bei isobarer Expansion entspricht die abgegebene mechanische Energie E im V-p-Diagramm dem gelben Flächeninhalt unter der Geraden p = konstant.

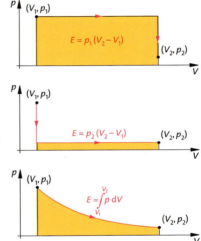

165.2 Bei einer Zustandsänderung eines idealen Gases entspricht die abgegebene mechanische Energie E dem Flächeninhalt unter der Kurve im V-p-Diagramm.

In allen drei Fällen haben Anfangs- und Endzustand dieselbe Temperatur T, also auch dieselbe innere Energie U. Damit folgt aus dem ersten Hauptsatz wegen $\Delta U = 0$: $0 = E + Q$ bzw. $Q = -E$. Es wird also stets die Wärmeenergie Q in mechanische Energie E umgewandelt. Jedoch sind die in den drei Fällen abgegebenen mechanischen Energien und damit die umgewandelten Wärmeenergien verschieden.

> Bei einem Umwandlungsprozess ist die in mechanische Energie E umgewandelte Wärmeenergie Q von der Art der Zustandsänderung abhängig.

Aufgaben

1. Ein Gas dehnt sich von $1\,m^3$ auf $4\,m^3$ der Abbildung entsprechend aus. Bestimmen Sie die abgegebene mechanische Energie auf den drei Wegen.

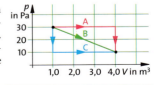

Energieumwandlungen

4.3.3 Eine Wärmekraftmaschine

Die in 4.3.2 theoretisch behandelte Umwandlung von Wärmeenergie in mechanische Energie lässt sich in einfacher Weise auch praktisch vornehmen.

Versuch 1: Wird das an einen Messzylinder angeschlossene Glasgefäß in heißes Wasser getaucht (**Abb. 166.1**), so dehnt sich die Luft im Glasgefäß aus und hebt den Kolben im Zylinder mitsamt dem aufgelegten Wägestück. Dabei wird Wärmeenergie in potentielle mechanische Energie umgewandelt.
Um diesen Hubvorgang zu wiederholen, muss die Ausdehnung der Luft rückgängig gemacht werden. Dazu wird das Glasgefäß in kaltes Wasser getaucht.
Insgesamt wird bei diesem Vorgang der Luft zunächst Wärmeenergie zugeführt und dann entzogen. ◄

166.1 Umwandlung von Wärmeenergie in mechanische Energie

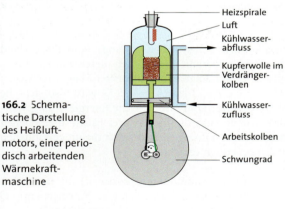

166.2 Schematische Darstellung des Heißluftmotors, einer periodisch arbeitenden Wärmekraftmaschine

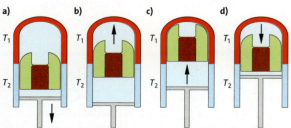

166.3 Die Takte des Heißluftmotors: Der Verdrängerkolben eilt dem Arbeitskolben um eine Viertelperiode voraus.

Eine technische Realisierung dieses Prozesses, bei dem *periodisch* Wärmeenergie in mechanische Energie umwandelt wird, ist der sogenannte **Heißluftmotor** (**Abb. 166.2**). Die abgeschlossene Luft wird in vier Takten, dem sogenannten **Stirling'schen Kreisprozess,** 1. erwärmt, sodass sie isotherm expandiert, 2. bei konstantem Volumen abgekühlt, 3. isotherm komprimiert und 4. wieder aufgeheizt, sodass der Anfangszustand wieder erreicht ist.

Der Heißluftmotor besteht aus einem Zylinder, in dem sich zwei Kolben mit einer Phasendifferenz von 90° bewegen (**Abb. 166.2** und **166.3**). Im oberen Teil des Zylinders befindet sich eine Heizspirale, mit deren Hilfe die Wärmeenergie zugeführt wird. Der untere Teil des Zylinders ist von einem Kühlwassermantel umgeben.
Der sogenannte Arbeitskolben verschließt den Innenraum des Zylinders und gibt die mechanische Energie nach außen an das Schwungrad ab. Der Verdrängerkolben verschiebt die eingeschlossene Luft vom oberen in den unteren Zylinderteil und umgekehrt. Der axiale Hohlraum des Verdrängerkolbens ist teilweise mit Kupferwolle ausgefüllt, sodass die durchströmende Luft entweder an die Kupferwolle Wärmeenergie abgeben oder von ihr Wärmeenergie aufnehmen kann.

Versuch 2: Nachdem das Kühlwasser den Mantel durchströmt und die Heizwendel eingeschaltet ist, wird der Motor mit einem einmaligen Anstoß über das Schwungrad in Bewegung gesetzt. Der Motor läuft gleichmäßig weiter.
Ohne Kühlwasserzufuhr jedoch bleibt der Motor nach kurzer Zeit stehen.
Erklärung: Im oberen Teil des Zylinders wird die Luft durch Wärmeenergiezufuhr erwärmt, dehnt sich aus und drückt den Arbeitskolben nach unten, wobei mechanische Energie an das Schwungrad abgegeben wird (**Abb. 166.3a**). Der um eine Viertelperiode voreilende Verdrängerkolben bewegt sich nach oben (**Abb. 166.3b**), sodass die Luft in den unteren Teil des Zylinders strömt, dabei an die Kupferwolle Wärmeenergie abgibt und sich abkühlt. Durch die folgende Bewegung des Arbeitskolbens nach oben (**Abb. 166.3c**) wird die Luft komprimiert und gibt Wärmeenergie an den Kühlmantel ab. Nun drängt der nach unten laufende Verdrängerkolben (**Abb. 166.3d**) die Luft wieder in den oberen Zylinderteil, wobei sie von der Kupferwolle wieder Wärmeenergie aufnimmt.
Bei abgeschaltetem Kühlkreislauf kann die Luft keine Wärmeenergie abgeben, die Kompression der Luft wird unterbunden und der Motor bleibt stehen.
Ergebnis: Die periodische Umwandlung von Wärmeenergie in mechanische Energie funktioniert nur bei Vorhandensein einer Kühlung, die die *Abgabe von*

Energieumwandlungen

Wärmeenergie ermöglicht. Da mechanische Energie entstanden ist, muss die zugeführte Wärmeenergie Q_1 größer sein als die abgegebene Q_2. ◄

In idealisierter Weise wird der Stirling'sche Kreisprozess durch das V-p-Diagramm in **Abb. 167.1** beschrieben: Im 1. Takt erfolgt die Expansion isotherm unter Zufuhr der Wärmeenergie Q_1. Im 2. Takt wird bei konstantem Volumen (isochor) die Temperatur von T_1 auf T_2 verringert, wobei die Wärmeenergie Q_3 abgegeben wird. Im 3. Takt wird bei isothermer Kompression die Wärmeenergie Q_2 abgegeben und im 4. Takt isochor die Temperatur von T_2 auf T_1 erhöht, wobei die Wärmeenergie Q_4 zugeführt wird.

Da die Temperaturänderungen um gleiche Beträge bei konstantem Volumen erfolgen, sodass sich nur die innere Energie des (idealen) Gases ändert, sind die Wärmeenergien Q_3 und Q_4 gleich groß.

Um die insgesamt in mechanische Energie umgewandelte Wärmeenergie zu bestimmen, wird der Flächeninhalt berechnet, den die bei dem Kreisprozess durchlaufene Kurve im V-p-Diagramm umschließt. Da Anfangs- und Endzustand übereinstimmen, ist die gesamte Änderung der inneren Energie $\Delta U = 0$, sodass aus dem 1. Hauptsatz folgt:

$$0 = E + Q_1 + Q_2$$

Die Wärmeenergie Q_1 wird zugeführt, die Wärmeenergie Q_2 und die mechanische Energie E werden abgegeben, beide sind also negativ. Die bei dem Kreisprozess abgegebene mechanische Energie ist also

$$|E| = Q_1 + Q_2.$$

Bei allen Maschinen soll die abgegebene mechanische Energie möglichst groß werden. Die Effektivität eines Energieumwandlungsprozesses wird durch den **Wirkungsgrad η**, das Verhältnis von Nutzenergie E zu aufgewendeter Energie Q_1, angegeben.

> Der Wirkungsgrad η eines Prozesses, bei dem die Wärmeenergie Q_1 in mechanische Energie E umgewandelt wird, ist gegeben durch
> $$\eta = \frac{|E|}{Q_1} = \frac{Q_1 + Q_2}{Q_1} = 1 + \frac{Q_2}{Q_1} = 1 - \frac{|Q_2|}{Q_1}.$$

Ein Wirkungsgrad von $\eta = 1$ ist nur zu erzielen, wenn die bei der Kompression abgegebene Wärmeenergie $Q_2 = 0$ wird. Nur dann würde die zugeführte Wärmeenergie Q_1 vollständig in mechanische Energie umgewandelt werden. Dies ist zwar bei einer einmaligen isothermen Expansion (→ 4.3.2) möglich. Es gibt jedoch keine in ihren Anfangszustand zurückkehrende, d. h.

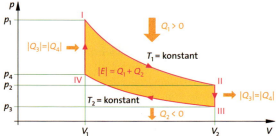

167.1 Der Kreisprozess des Stirling-Motors: isotherme Expansion (I-II); isochore Abkühlung (II-III); isotherme Kompression (III-IV); isochore Erwärmung (IV-I)

periodisch arbeitende Maschine, die dies tut. Bei einem periodischen Vorgang muss nach der Expansion wieder eine Kompression stattfinden, wobei ein Teil der zugeführten Energie vom Gas als Wärmeenergie wieder abgegeben wird.

> **Zweiter Hauptsatz der Wärmelehre**
> Es gibt keine *periodisch* arbeitende Maschine, die Wärmeenergie in mechanische Energie umwandelt, *ohne dass ein Teil der zugeführten Wärmeenergie wieder abgegeben wird*.

Ein periodischer Prozess, der nichts anderes bewirkt als die Abkühlung eines Wärmereservoirs und die Umwandlung der abgegebenen Wärmeenergie in mechanische Energie, ein sogenanntes **Perpetuum mobile 2. Art,** ist unmöglich. Wäre er möglich, stünde Energie z. B. in der inneren Energie der Meere unbeschränkt zur Verfügung.

— Aufgaben —

1. In einem abgeschlossenen Behälter durchläuft ein Gas den im nebenstehenden V-p-Diagramm gezeichneten Kreisprozess. Berechnen Sie die dem Gas zugeführte Wärmeenergie.

   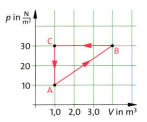

2. Beim Durchlaufen des im nebenstehenden Diagramm dargestellten Kreisprozesses betrug $Q_{AB} = 20$ J, $Q_{BC} = 0$ und die gesamte abgegebene mechanische Energie $E = 15$ J. Berechnen Sie die Wärmeenergie Q_{CA}.

   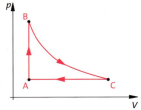

4.3.4 Wirkungsgrad von Energieumwandlungsprozessen

Bei vielen technischen Prozessen wird Wärmeenergie in mechanische Energie umgewandelt und umgekehrt. Der *technische Wirkungsgrad* eines solchen Prozesses ist das Verhältnis von *Nutzenergie zu aufgewendeter Energie*.

Wirkungsgrad von Wärmekraftmaschinen

Arbeitet eine Wärmekraftmaschine mit einem idealen Gas z. B. im Stirling'schen Kreisprozess und läuft der Prozess so langsam ab, dass die Zustandsgleichung der Gase angewendet werden kann, so gilt für die isotherm zugeführte Energie Q_1 (→ 4.3.2)

$$Q_1 = -E_{12} = nRT_1 \ln \frac{V_2}{V_1}$$

und für die isotherm abgegebene Energie Q_2

$$Q_2 = -E_{34} = -nRT_2 \ln \frac{V_2}{V_1}.$$

Damit lässt sich dann der Wirkungsgrad angeben:

$$\eta = 1 + \frac{Q_2}{Q_1} = 1 - \frac{T_2}{T_1}$$

Er ist umso größer, je höher die Temperatur T_1 ist, bei der die Wärmeenergie Q_1 zufließt, und je geringer die Temperatur T_2 ist, bei der die Wärmeenergie Q_2 abfließt (**Abb. 168.1 a**). Hierauf beruht der hohe Wirkungsgrad von Dieselmotoren (→ 4.5.1).

Wirkungsgrad von Wärmepumpe und Kältemaschine

Jeder Heißluftmotor (→ 4.3.3) kann als *Wärmepumpe* betrieben werden, wenn der Kolben angetrieben und der Kreisprozess in entgegengesetzter Richtung durchlaufen wird (→ **Abb. 167.1**). Dann findet die isotherme Expansion bei der niedrigen Temperatur T_2 unter Zufuhr der Wärmeenergie Q_2 statt und die isotherme Kompression bei der höheren Temperatur T_1 unter Zufuhr der mechanischen Energie E, wobei die *Nutzenergie* Q_1 abgegeben wird. Nach dem ersten Hauptsatz gilt $0 = Q_1 + Q_2 + E$, nun sind Q_1 negativ, Q_2 und E positiv. Die Wärmeenergie Q_2 wird von der niedrigen Temperatur T_2 auf die höhere Temperatur T_1 heraufgepumpt (**Abb. 168.1 b**).

Der *technische Wirkungsgrad* der Wärmepumpe ist

$$\eta_{WP} = \frac{|Q_1|}{E} = \frac{|Q_1|}{|Q_1| - |Q_2|}.$$

η_{WP} ist offensichtlich größer als 1. Für ein ideales Gas ergibt sich mit den obigen Termen für Q_1 und Q_2

$$\eta_{WP} = \frac{T_1}{T_1 - T_2}.$$

Bei der Anwendung der Wärmepumpe zum Heizen eines Hauses kann die Wärmeenergie der Luft oder dem Grundwasser entzogen werden. Für eine Raumtemperatur von 22 °C und eine Grundwassertemperatur von 5 °C ergibt sich ein Wirkungsgrad $\eta_{WP} = 17$, d.h. für 17 kWh Heizenergie wird im Idealfall nur 1 kWh an mechanischer oder elektrischer Energie benötigt. 16 kWh werden dem Grundwasser entnommen. Dieser Idealfall wird in der Praxis jedoch nicht erreicht.

Eine Wärmepumpe kann als *Kältemaschine* betrieben werden, wenn die bei der niedrigen Temperatur T_2 dem Energiereservoir entzogene Wärmeenergie Q_2 als die *Nutzenergie* angesehen wird. Dann ist der technische Wirkungsgrad der Kältemaschine

$$\eta_{KM} = \frac{|Q_2|}{E} = \frac{|Q_2|}{|Q_1| - |Q_2|}.$$

Für ein ideales Gas ergibt sich mit den obigen Termen für Q_1 und Q_2

$$\eta_{KM} = \frac{T_2}{T_1 - T_2}.$$

Der Wirkungsgrad einer Kältemaschine wird umso kleiner, je tiefer die Temperatur T_2 liegt, bei der Wärmeenergie entzogen werden soll.

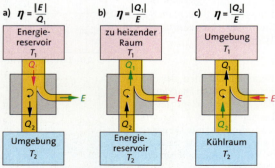

168.1 Energiefluss bei **a)** Wärmekraftmaschine, **b)** Wärmepumpe, **c)** Kältemaschine

---

Aufgaben

1. Bei einer Außentemperatur von –5 °C soll der Heizkessel in einem Haus mit einer Wärmepumpe auf einer Temperatur von 40 °C gehalten werden. Berechnen Sie die elektrische Energie, die der Pumpe zugeführt werden muss, um dem Heizkessel eine Wärmeenergie von 1 kJ zuzuführen.
2. Eine Kältemaschine hat den Wirkungsgrad $\eta_{KM} = 4$. Berechnen Sie die abgegebene Wärmeenergie, wenn dem kälteren Reservoir 200 kJ entnommen werden.

4.4 Die Entropie

Der *zweite Hauptsatz der Thermodynamik* gibt die Erfahrung wieder, dass die *Richtungen der Umwandlung* von Wärmeenergie in mechanische Energie und umgekehrt nicht gleichwertig sind: Bei der Umwandlung von Wärmeenergie in mechanische Energie mit einem periodischen Vorgang muss stets ein Teil der Wärmeenergie ungenutzt abgegeben werden, während die Umwandlung von mechanischer Energie in Wärmeenergie vollständig möglich ist. Dies lässt sich mithilfe des im Folgenden zu entwickelnden Begriffs der Entropie verstehen.

4.4.1 Irreversible Vorgänge

Bei allen mechanischen Vorgängen ist zu beobachten, dass mit zunehmender Zeit ein immer größerer Teil der mechanischen Energie, die als kinetische oder potentielle Energie vorliegt, verloren geht. Ursache dafür ist die Umwandlung in Wärmeenergie durch Reibungsvorgänge. Die folgenden Beispiele belegen diese Erfahrung:

- Bei einem schwingenden Fadenpendel nimmt die Amplitude, wenn auch nur in geringem Maße, ständig ab. Beim Schwingen wird kinetische Energie in potentielle Energie und umgekehrt umgewandelt, jedoch geht durch Wechselwirkung des Pendels mit der umgebenden Luft und durch Reibung an der Pendelaufhängung stets ein Teil der mechanischen Energie als Wärmeenergie verloren: Dieser Prozess ist *nicht umkehrbar, nicht reversibel*. Die Amplitude des Pendels nimmt niemals durch Rückfluss der Wärmeenergie wieder zu, obwohl dies kein Widerspruch gegen den Energieerhaltungssatz wäre.

- Fällt ein „Superball" aus einer bestimmten Höhe auf eine feste ebene Unterlage, so springt er wieder nach oben. Jedoch erreicht er trotz großer Elastizität nicht wieder die Anfangshöhe. Auch hier geht durch Wechselwirkung mit der Umgebung und durch elastische Verformung ständig mechanische Energie als Wärmeenergie verloren. Der Prozess des Energieabflusses ist *unumkehrbar, irreversibel*: Der Superball erlangt niemals durch Zufluss von Wärmeenergie aus der Umgebung wieder seine ursprüngliche Höhe, obwohl auch dies nach dem Energieerhaltungssatz zulässig wäre.

Für irreversible Vorgänge gibt es zahlreiche weitere Beispiele:

- Beim Abkühlen eines Körpers geht Wärmeenergie von selbst vom Körper höherer Temperatur zu einem Körper tieferer Temperatur über. Niemals wurde der umgekehrte Vorgang beobachtet, dass sich ein Körper niedrigerer Temperatur von selbst abkühlt und dadurch ein Körper höherer Temperatur seine Temperatur entsprechend erhöht.

- Ein bei hohem Druck in einem Behälter eingeschlossenes Gas strömt aus, sobald das Ventil geöffnet wird. Zwei verschiedene, zunächst in getrennten Behältern gehaltene Gase durchmischen sich, wenn die Trennung aufgehoben wird. Nie wurde beobachtet, dass ein ausgeströmtes Gas von selbst in seinen Behälter zurückkehrt oder dass sich zwei durchmischte Gase wieder von selbst trennen.

Zwar ist es möglich, bei von allein in einer Richtung ablaufenden Prozessen den Anfangszustand wiederherzustellen, also das Pendel und den Superball auf die ursprüngliche Höhe zu heben, den abgekühlten Körper wieder auf die Anfangstemperatur zu bringen oder das ausgeströmte Gas wieder in den Behälter zurückzubringen. Jedoch ist dies nur unter Einsatz von Energie möglich, was wieder andere irreversible Veränderungen in der Natur verursacht.

> Ein Prozess heißt *irreversibel (nicht umkehrbar)*, wenn es nicht möglich ist, den Anfangszustand wieder herzustellen, ohne dass irgendeine andere Änderung der Natur entsteht.

Alle Beispiele zeigen: *Es gibt nur eine Richtung des Ablaufs natürlicher Vorgänge*. Mit zunehmender Zeit wird immer mehr Energie in Wärmeenergie bzw. in thermische Energie umgewandelt und die Verteilung von Teilchen gleichmäßiger.

Bei irreversiblen Prozessen scheint der *Endzustand* gegenüber dem *Anfangszustand* dadurch ausgezeichnet zu sein, dass der Prozess unmöglich von selbst in umgekehrter Richtung ablaufen kann. Mit dieser Eigenschaft, die ein Maß für den Unterschied zweier Zustände ist, befasst sich Abschnitt 4.4.2.

169.1 Ein fallendes Ei zerplatzt beim Aufprall – ein irreversibler Vorgang.

Die Entropie

4.4.2 Definition der Entropie

Die Nichtumkehrbarkeit bzw. die Irreversibilität eines Prozesses kann durch eine Eigenschaft der Zustände, zwischen denen der Prozess ablaufen soll, beschrieben werden.

Dazu wird der Prozess der *reversiblen* Umwandlung von Wärmeenergie in mechanische Energie am Beispiel des Stirling'schen Kreisprozesses betrachtet (→ 4.3.3). Der Prozess wird in einem V-p-Diagramm beschrieben (→ **Abb. 167.1**), das sich aus zwei isothermen Zustandsänderungen (T = konstant) und zwei isochoren Zustandsänderungen (V = konstant) zusammensetzt.

Wir betrachten nun in diesem Diagramm eine Änderung vom Zustand I in den Zustand II auf der Isothermen T_1 = *konstant* und dieselbe Zustandsänderung auf dem Weg über die Zustände von I über IV und III nach II (**Abb. 170.1**).

Bei der reversiblen Zustandsänderung von I nach II wird bei der Temperatur T_1 die Wärmeenergie Q_1 zugeführt, für die nach 4.3.2 gilt

$$Q_1 = -E_{12} = nRT_1 \ln \frac{V_2}{V_1}.$$

Auf dem Weg von IV nach III wird bei T_2 die Wärmeenergie Q_2 zugeführt, für die entsprechend gilt

$$Q_2 = -E_{43} = nRT_2 \ln \frac{V_2}{V_1}.$$

Auf den Wegen von I nach IV bzw. von III nach II finden Zustandsänderungen bei konstantem Volumen statt, also ohne eine Abgabe oder Zufuhr mechanischer Energie, und zwar mit denselben Temperaturdifferenzen. Das bedeutet gleiche Veränderungen der inneren Energie, einmal durch Abgabe einer Wärmeenergie Q_4 von I nach IV und zum anderen durch Zufuhr einer gleich großen Wärmeenergie Q_3 von III nach II, sodass Q_2 die ganze auf dem zweiten Weg zugeführte Wärmeenergie ist.

Ein Vergleich der Terme für die beiden Wärmeenergien zeigt, dass für beide Wege der Zustandsänderung die Quotienten Q_1/T_1 und Q_2/T_2 gleich sind:

$$\frac{Q_1}{T_1} = \frac{Q_2}{T_2}$$

Wird im V-p-Diagramm von **Abb. 170.1** zwischen den Zuständen I und II ein beliebiger Weg (grün) gewählt, so lässt sich dieser mit guter Näherung aus kleinen Abschnitten mit reversiblen isothermen Zustandsänderungen und anderen Zustandsänderungen mit konstantem Volumen zusammensetzen. Die bei den Zustandsänderungen mit konstantem Volumen zu- bzw. abgeführten Wärmeenergien heben sich insgesamt wieder auf, und die Summe der Quotienten Q_i/T_i der auf der i-ten Isotherme mit der Temperatur T_i zugeführten Wärmeenergie Q_i ist wieder gleich dem oben berechneten Quotienten

$$\frac{Q_{\text{rev}}}{T} = nR \ln\left(\frac{V_2}{V_1}\right).$$

Die Wärmeenergie Q_{rev} trägt den Index *reversibel*, da zur Berechnung *reversible* Zustandsänderungen verwendet werden.

Damit lautet das Ergebnis der vorangegangenen Betrachtungen:

> Bei jeder Zustandsänderung eines idealen Gases ist der Quotient Q_{rev}/T aus der *Wärmeenergie* Q_{rev} und der *Temperatur* T, bei der die *Wärmeenergie reversibel* zugeführt wird, vom Weg im V-p-Diagramm unabhängig.

Da der Quotient Q_{rev}/T unabhängig vom Weg ist, beschreibt er eine Eigenschaft S der beiden *Zustände*, in der diese sich um $\Delta S = Q_{\text{rev}}/T$ unterscheiden. Diese Eigenschaft wird durch die physikalische Größe **Entropie** (entrepein, griech.: umkehren) charakterisiert. Die Entropie ist eine Zustandsgröße wie der Druck, das Volumen, die Temperatur und die innere Energie. Der Messung zugänglich sind wie bei der potentiellen Energie in der Mechanik nur Änderungen der Entropie ΔS. Der Nullpunkt der Entropie wird willkürlich bei der absoluten Temperatur 0 K festgelegt.

> $\Delta S = Q_{\text{rev}}/T$ ist die Änderung der *Entropie* S zweier Zustände. Sie wird bestimmt durch den Quotienten aus der *Wärmeenergie* Q_{rev} und der absoluten *Temperatur* T, bei der die *Wärmeenergie reversibel* zu- oder abgeführt wird. $[\Delta S] = 1$ J/K.

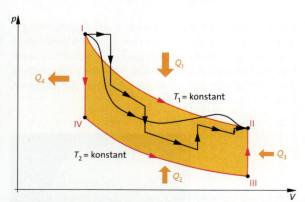

170.1 Zwei verschiedene Wege der Zustandsänderung: einmal isotherm von I nach II bei T_1 = konstant, ein zweites Mal isochor von I nach IV, isotherm bei T_2 = konstant von IV nach III und isochor von III nach II.

Die Entropie

Messung der Entropie

Nicht die Entropie S eines Körpers selbst, sondern nur deren Änderung ΔS ist einer Messung zugänglich. Dazu muss die bei der Temperatur T reversibel zugeführte oder abgegebene Wärmeenergie Q gemessen werden. Da sich bei einem solchen Vorgang die Temperatur T ändert, wird die gesamte Wärmeenergie Q in beliebig kleine Beträge ΔQ_i zerlegt, bei denen die Temperatur T_i näherungsweise konstant bleibt. Die Gesamtänderung der Entropie ist gleich der Summe der kleinen Entropieänderungen $\Delta S_i = \Delta Q_i / T_i$.

Versuch 1: Mit einem Tauchsieder der Leistung $P = 600$ W wird Wasser der Masse $m = 1000$ g erwärmt. Dabei wird der Verlauf der Temperatur T in Abhängigkeit von der Zeit t für 4 Minuten gemessen (**Tab. 171.1**).

In jedem Zeitintervall $\Delta t = 30$ s gibt der Tauchsieder die Wärmeenergie $\Delta Q_i = P \Delta t = 600\text{ W} \cdot 30\text{ s} = 18\,000\text{ J}$ an das Wasser ab. Zur näherungsweisen Berechnung der Entropieänderung ΔS_i wird der Quotient $\Delta Q_i / T_i$ gebildet, wobei T_i die mittlere Temperatur im Intervall ist. Die Summe der Quotienten gibt näherungsweise die Entropieänderung für 4 Minuten an (**Tab. 171.1**):

$\Delta S = 464{,}6$ J/K ◄

Der genaue Wert ergibt sich mithilfe des Integrals:

$$\Delta S = \int_{T_1}^{T_2} \frac{dQ}{T} = \int_{T_1}^{T_2} \frac{c\,m\,dT}{T} = c\,m \int_{T_1}^{T_2} \frac{dT}{T} = c\,m \ln\left(\frac{T_2}{T_1}\right)$$

$$\Delta S = 4{,}187\,\frac{\text{J}}{\text{Kg}} \cdot 1000\text{ g} \cdot \ln\left(\frac{327}{293}\right) = 459{,}68\,\frac{\text{J}}{\text{K}}$$

Erzeugung von Entropie: Beim Erwärmen eines Körpers fließt ihm Wärmeenergie zu. Dabei ändert sich die Entropie um ΔS. Diese Menge an Entropie wird beim Prozess der Erwärmung *erzeugt*.

Entropie und Energie

Beim Stirling'schen Kreisprozess (→ **Abb. 167.1**) nimmt die Entropie mit der zugeführten Wärmeenergie Q_1 vom Zustand I zum Zustand II um den Betrag $\Delta S_1 = Q_1/T_1$ zu und vom Zustand III zum Zustand IV mit der abgegebenen Wärmeenergie um den Betrag $\Delta S_2 = Q_2/T_2$ ab. Die Wärmeenergien Q_3 und Q_4 haben entgegengesetzte Vorzeichen und heben sich auf. Also ist bei dem durchlaufenen Kreisprozess die gesamte Entropieänderung $\Delta S = \Delta S_1 + \Delta S_2 = 0$.

Eine Umformung der Definitionsgleichung für ΔS ergibt die bei der Temperatur T zu- oder abgeführte Wärmeenergie $Q = T \Delta S$. Diese Gleichung entspricht der Gleichung für die elektrische Energie $\Delta E = U \Delta q$ mit der Spannung U und der elektrischen Ladung Δq.

Diese Analogie lässt folgende Interpretation zu: Wie bei elektrischen Vorgängen ein Energiestrom ΔE bei der Spannung U mit dem Fließen einer elektrischer Ladung Δq verbunden ist, so ist bei thermodynamischen Vorgängen der Wärmeenergiestrom Q bei der Temperatur T mit einem Entropiestrom ΔS verbunden. Wie die elektrische Ladung der Träger der elektrischen Energie ist, so kann die *Entropie ΔS als Träger der Wärmeenergie Q* aufgefasst werden (**Abb. 171.2**).

Diese Deutung eines an einen Entropiestrom gebundenen Wärmeenergiestroms macht auch verständlich, dass der Stirlingmotor stehen bleibt, wenn die Wasserkühlung abgeschaltet wird: Der Abfluss der Entropie wird verhindert.

171.2 Die den Stirling'schen Kreisprozess durchlaufende Maschine ist durch das Rechteck dargestellt. Dem System fließt bei der Temperatur T_1 die Entropie ΔS_1 zu, die die Wärmeenergie Q_1 trägt. Bei der niedrigeren Temperatur T_2 fließt die Entropie ΔS_2 hinaus, die die Wärmeenergie Q_2 trägt. Ferner fließt die mechanische Energie ΔE aus dem System hinaus.

Aufgaben

1. Bestimmen Sie die Entropieänderung, wenn 200 g Wasser von 20 °C in einem Thermogefäß mit 400 g Wasser von 40 °C gemischt werden. Die spezifische Wärmekapazität von Wasser beträgt 4,1868 kJ/(kg K).

t in s	T in K	T_i in K	$\Delta Q_i/T_i$ in J/K
0	293		
		295	61,0
30	297		
		299,5	60,1
60	302		
		304	59,2
90	306		
		308	58,4
120	310		
		312,5	57,6
150	315		
		317	56,8
180	319		
		321	56,1
210	323		
		325	55,4
240	327		

$$\Delta S = \sum_{i=1}^{i=8} \frac{\Delta Q_i}{T_i} = 464{,}6 \text{ J/K}$$

171.1 Die Entropieänderung beim Erwärmen von Wasser.

Die Entropie

4.4.3 Entropieerzeugung und Energieentwertung

Beispiele für die Erzeugung von Entropie

• Fällt ein Körper der Masse m aus der Höhe h zu Boden, so wird beim Fall die potentielle Energie $E_{pot} = mgh$ erst in kinetische Energie $E_{kin} = \frac{1}{2}mv^2$ und beim Aufprall in Wärmeenergie Q umgewandelt, die von der Umgebung aufgenommen wird. Die Wärmeenergie ist also $Q = E_{pot} = mgh$. Die Temperatur der Umgebung T_U ändert sich durch diese Energie nicht messbar, sodass die bei diesem irreversiblen Vorgang *erzeugte Entropie* $\Delta S = mgh/T_U$ ist.

Die Umwandlung von mechanischer Energie in Wärmeenergie durch Reibung ist ebenfalls ein irreversibler Vorgang, bei dem Entropie erzeugt wird.

• Für einen Umwandlungsprozess von Wärmeenergie in mechanische Energie mit den Temperaturen T_1 und T_2, bei dem aus irgendwelchen Gründen, z.B. durch Reibung, Energie verloren geht, ist der Wirkungsgrad kleiner als bei einem reversiblen Prozess und es gilt:

$$\eta_{irrev} = 1 + \frac{Q_2}{Q_1} < 1 - \frac{T_2}{T_1},$$

oder nach Umformung

$$\frac{Q_1}{T_1} + \frac{Q_2}{T_2} < 0 \quad \text{bzw.} \quad \Delta S = \Delta S_1 + \Delta S_2 < 0$$

Die Summe der Entropieänderungen wird negativ, weil die abgegebene Wärmemenge Q_2 größer ist als bei einem reversiblen Prozess. Also ist der Betrag der abfließenden Entropie größer als der der zufließenden Entropie, d. h. *es wird Entropie erzeugt*.

Reale Wärmekraftmaschinen haben stets einen kleineren Wirkungsgrad als eine ideale Wärmekraftmaschine. Bei einem realen Energieumwandlungsprozess wird Entropie erzeugt, sodass zusammen mit der Entropie ein noch größerer Energiebetrag an das Energiereservoir der niedrigen Temperatur abgegeben wird als bei einem idealen Prozess.

Damit ergibt sich eine weitere Formulierung für den

Zweiten Hauptsatz der Wärmelehre

Bei einem reversiblen Umwandlungsprozess ist die gesamte Entropieänderung $\Delta S = 0$, bei einem irreversiblen Umwandlungsprozess wird Entropie erzeugt, sodass die Entropieänderung

$$|\Delta S| = |\Delta S_1 + \Delta S_2| > 0 \text{ ist.}$$

• Auch die Abkühlung eines Körpers A durch Abgabe von Wärmeenergie durch Wärmeleitung oder Wärmestrahlung an die Umgebung B ist ein irreversibler Prozess. Die an dem Energieaustausch beteiligten Körper A und B bilden zusammen ein energetisch abgeschlossenes System. Körper A gibt bei der höheren Temperatur T_1 die Energie $Q_1 = T_1 \Delta S_1$ ab, Körper B im selben System nimmt die gleich große Energie $Q_2 = T_2 \Delta S_2$ bei der tieferen Temperatur T_2 auf. Für das System ist $Q_1 + Q_2 = 0$ mit $Q_1 < 0$ und $Q_2 > 0$. Für die Entropieänderung des Systems gilt

$$\Delta S = \Delta S_1 + \Delta S_2 = \frac{Q_1}{T_1} + \frac{Q_2}{T_2}. \text{ Mit } Q_1 = -Q_2 \text{ folgt}$$

$$\Delta S = Q_2\left(\frac{1}{T_2} - \frac{1}{T_1}\right). \text{ Da } T_1 > T_2 \text{ ist, ergibt sich}$$

$$\Delta S > 0.$$

Es ist *Entropie erzeugt* worden, die gesamte Entropie des Systems hat zugenommen.

Alle natürlichen und technischen Vorgänge, insbesondere alle Prozesse in der Thermodynamik, verlaufen von selbst nur *irreversibel*. Das bedeutet, dass bei all diesen Vorgängen *Entropie erzeugt* wird. Die Gesamtentropie des Systems, das alle diese Vorgänge einschließt, nimmt also ständig zu.

> Bei irreversiblen Prozessen wird Entropie erzeugt, die Gesamtentropie nimmt zu.
>
> In einem abgeschlossenen System laufen so lange Vorgänge von selbst ab, bis die Entropie des Systems ihren Höchstwert erreicht hat.

Entropie und Energieentwertung

Der *Wert von Energie* besteht in der Möglichkeit ihrer Nutzung zur Fertigung von Gütern, zu deren Transport und zum Heizen. Zur Fertigung und zum Transport von Gütern muss mechanische Energie vorliegen. Elektrische Energie und mechanische Energie lassen sich nahezu ohne Verlust ineinander umwandeln. Mithilfe elektrischer Energie können beliebig hohe Temperaturen, z.B. zum Schmelzen von Aluminium, erreicht werden.

Wärmeenergie lässt sich mit Wärmekraftmaschinen grundsätzlich nur zum Teil in mechanische Energie umwandeln. Z.B. beträgt bei angenommenen Temperaturen von $T_h = 800$ K und $T_n = 300$ K der Wirkungsgrad einer idealen Wärmekraftmaschine $\eta = 1 - T_n/T_h = 0{,}625$, sodass 37,5 % der zugeführten Wärmeenergie an ein Energiereservoir der niedrigen Temperatur von 300 K abgegeben werden. Die nun als thermische Energie mit niedriger Temperatur vorliegende Energie hat einen geringeren Wert als vorher bei der höheren Temperatur, da sie nur mithilfe eines Energiereservoirs noch niedrigerer Temperatur in mechanische Energie umgewandelt werden kann. Nur beim idealisierten Prozess wird keine Entropie erzeugt.

Die Entropie

Aus diesen Betrachtungen ist erkennbar, dass elektrische und mechanische Energie den höchsten *Wert* haben. Der Wert thermischer Energie ist umso geringer, je tiefer die Temperatur ist, bei der sie vorliegt. Den geringsten Wert hat thermische Energie der Umgebungstemperatur, denn ohne Temperaturgefälle ist diese Energie nicht mehr in mechanische Energie umzuwandeln.

Bei jeder Nutzung mechanischer oder elektrischer Energie steht am Ende der Kette immer Wärmeenergie niedriger Temperatur – und folglich geringen Wertes. Damit ist stets eine Erzeugung von Entropie verbunden, sodass man sagen kann, dass Entropieerzeugung Energieentwertung bedeutet.

Eine extreme Energieentwertung ist das Heizen mit elektrischer Energie. Die beim elektrischen Heizen erzeugte thermische Energie wird als Wärmeenergie an die Umgebung abgegeben. Es wird Entropie erzeugt. Die nach wie vor vorhandene Energie ist entwertet.

> *Entropieerzeugung* ist stets mit einem *Verlust des Wertes der Energie* verbunden. Da alle technischen und natürlichen Vorgänge so ablaufen, dass die Entropie des Gesamtsystems erhöht wird, bedeutet dies für das Gesamtsystem eine fortschreitende *Energieentwertung*.

Exkurs

Der Verbrauch fossiler Primärenergie und die Konsequenzen für die Atmosphäre

Weltweit wird jährlich Energie von etwa $400 \cdot 10^{18}$ J verbraucht. An diesem Energieverbrauch sind die USA mit 22,7 %, Europa mit 19 % und Deutschland mit 3,6 % beteiligt. Der Anteil von Afrika und Südamerika beträgt dagegen jeweils nur ungefähr 4 %.
Etwa 88 % des Primärenergiebedarfs der Erde liefern die fossilen Brennstoffe Kohle, Erdöl und Erdgas. Bei einem unveränderten Energieverbrauch dürften die wirtschaftlich gewinnbaren Vorräte an Kohle noch 1500 Jahre, die an Erdgas noch 120 Jahre und die an Erdöl noch 60 Jahre reichen.

Den Anteil der verschiedenen Primärenergieträger an der insgesamt in Deutschland verbrauchten Primärenergie und deren Aufteilung auf die verschiedenen Verbrauchssektoren für das Jahr 1999 zeigt die nebenstehende Grafik.

Ein großer Teil der Primärenergie wird zur Erzeugung elektrischer Energie verwendet. Daran waren im Jahr 2001 in Deutschland die Primärenergie in folgendem Umfang beteiligt: Kernenergie: 34 %; Braunkohle: 29 %; Steinkohle: 25 %; Erdgas: 6 %; Wasser: 4 %; Heizöl: 1 %; Sonstige (Windenergie, Müllverbrennung, Sonne usw.): 1 %.

Die elektrische Energie wird zu 47 % von der Industrie und zu 27 % von den Haushalten verwendet.
Wie die Menschheit seit Jahren weiß, steigt in der Atmosphäre der Erde der Anteil der vom Menschen verursachten Treibhausgase, zu denen insbesondere das bei der Nutzung fossiler Primärenergieträger frei werdende Kohlenstoffdioxid (CO_2) gehört.

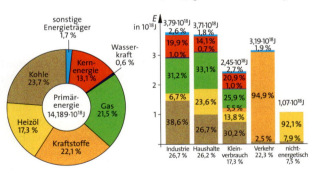

In Deutschland entstehen allein 39 % der Kohlenstoffdioxidemissionen bei der Erzeugung elektrischer Energie. Der natürliche Gehalt der Atmosphäre an Kohlenstoffdioxid ermöglicht zwar erst das Leben auf der Erde durch den Erhalt einer mittleren Temperatur von 15 °C (→ S. 182), jedoch führt die Zunahme der Treibhausgase, die die von der Erde in den Weltraum zurückgestrahlte Infrarotstrahlung absorbieren, zu einer Erhöhung der Temperatur der Atmosphäre mit dramatischen Folgen.

Modellrechnungen sagen bei unverändertem Energieverbrauch eine Temperaturerhöhung von 2,5 °C für die Mitte dieses Jahrhunderts voraus. Die Konsequenzen wären eine Ausweitung der subtropischen Trockenzonen auf heute fruchtbare Gebiete in den USA, in China, Südamerika und Australien, Änderungen der Niederschlagsverteilungen und ein Abschmelzen der Gletscher und der Polkappen mit einem Anstieg des Meeresspiegels um einen halben Meter.

Aufgrund dieser Erkenntnisse wurde bereits 1992 auf der Klimarahmenkonferenz von Rio de Janeiro vereinbart, durch gemeinsame Anstrengungen den Temperaturanstieg in den nächsten 100 Jahren auf 1 °C zu beschränken, wozu eine weltweite Senkung des Ausstoßes an Kohlenstoffdioxid auf 40 % des heutigen Wertes nötig ist. Dabei müssen die hochindustrialisierten Länder, die für Dreiviertel des Kohlenstoffdioxid-Ausstoßes verantwortlich sind, ihre Emissionen auf 20 % reduzieren. Dies bedeutet zum einen drastische Einschränkung des Verbrauchs fossiler Energie durch entsprechende Maßnahmen an Gebäuden und im Verkehr und zum anderen eine konsequente Nutzung regenerativer Energien.

Die Entropie

4.4.4. Entropie und Wahrscheinlichkeit

Entropieänderung bei Expansion eines idealen Gases

Ein Beispiel für einen ohne Zweifel irreversiblen Vorgang ist der sogenannte Joule'sche Überströmversuch: Ein ideales Gas befinde sich in der einen Hälfte eines Behälters (**Abb. 174.1**), dessen zweite Hälfte leer ist. Wird der Schieber zwischen den beiden Hälften herausgezogen, nimmt das Gas aufgrund der thermischen Bewegung der Teilchen sehr bald den ganzen zur Verfügung stehenden Raum ein. Bei einem solchen Diffusionsvorgang ändert sich die innere Energie des Gases nicht, da zwischen den Gasteilchen keine Kräfte wirksam sind. Also ist die Temperatur des Gases ebenfalls unverändert.

Um für diesen Vorgang die Entropieänderung berechnen zu können, wird ein Prozess benötigt, der ebenfalls die beiden Zustände, „Gas im Volumen V_1" und „Gas im Volumen V_2" bei konstanter Temperatur, durchläuft, bei dem aber in *reversibler* Weise Wärmeenergie zugeführt wird. Ein solcher Prozess ist die isotherme Expansion eines Gases vom Volumen V_1 auf das Volumen V_2 (→ 4.3.2). Bei diesem Prozess bleibt die Temperatur und damit auch die innere Energie unverändert. Für die dabei in mechanische Energie umgewandelte Wärmeenergie gilt

$$Q = nRT \ln \frac{V_2}{V_1}.$$

Damit ergibt sich die Entropieänderung

$$\Delta S = \frac{Q}{T} = nR \ln \frac{V_2}{V_1}.$$

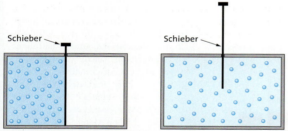

174.1 Joule'scher Überströmversuch

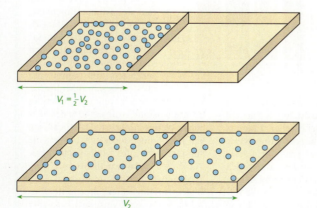

174.2 Modellversuch zur Expansion eines idealen Gases in einen leeren Raum. Durch Schütteln verteilen sich die Kugeln gleichmäßig über den gesamten Raum. Der Zustand, dass alle Kugeln sich wieder im Teilvolumen V_1 befinden, ist extrem unwahrscheinlich.

Wahrscheinlichkeit der Zustandsänderung eines idealen Gases

Ein Verständnis für die Aussage der Entropie über die Reversibilität von Prozessen ergibt sich, wenn der Vorgang der Expansion eines idealen Gases nach Ludwig BOLTZMANN (1844–1906) molekularkinetisch betrachtet wird. Bei Diffusionsvorgängen verteilen sich die Teilchen verschiedener Gase (oder Flüssigkeiten), die zunächst jeweils ein bestimmtes, fest begrenztes Volumen eingenommen haben, infolge ihrer thermischen Bewegung gleichmäßig über den gesamten zur Verfügung stehenden Raum.

Ein durch viele Beispiele belegbarer Erfahrungssatz ist:

> Alle natürlichen Vorgänge verlaufen so, dass ein Zustand erreicht wird, in dem Materie und Energie möglichst gleichmäßig über den zur Verfügung stehenden Raum verteilt sind.

Eine *stochastische Deutung* der Entropie ergibt sich bei der mathematischen Beschreibung des Modellversuchs, das den Joule'schen Überströmversuch darstellt (**Abb. 174.2**):

Ein flacher Kasten ist durch eine mit einer Öffnung versehene Wand in zwei Hälften unterteilt. In der einen Hälfte befinden sich 50 kleine Kugeln. Bei unregelmäßigen Schüttelbewegungen gelangen die Kugeln in die andere Hälfte des Kastens oder auch wieder zurück. Stets sind die Kugeln nach einiger Zeit nahezu gleichmäßig auf beide Hälften verteilt. Dieser Zustand lässt sich auch durch längeres Schütteln nicht wieder rückgängig machen; die Wahrscheinlichkeit dafür ist extrem gering: *Der Prozess bis hin zur Gleichverteilung ist irreversibel.*

Die **Wahrscheinlichkeit w** einer bestimmten Verteilung der Teilchen in einem System ist definiert als Quotient aus der Anzahl n der zu dieser Verteilung gehörigen günstigen Fälle und der Anzahl N der überhaupt möglichen Fälle: $w = n/N$.

Wenn sich beim Modellversuch im Kasten nur ein Teilchen (eine Kugel) befindet, so beträgt die Wahrscheinlichkeit, es im Gesamtvolumen des Kastens V_2 anzutreffen, $w_2 = \frac{1}{1}$, es in einer bestimmten Kastenhälfte mit dem Volumen $V_1 = \frac{1}{2} V_2$ anzutreffen, nur $w_1 = \frac{1}{2}$. Für 2 Kugeln betragen diese Wahrscheinlichkeiten $w_2 = \frac{1}{1}$ bzw. $w_1 = \left(\frac{1}{2}\right)^2$ und für 50 Kugeln $w_2 = \frac{1}{1}$ bzw. $w_1 = \left(\frac{1}{2}\right)^{50}$. Wird diese Betrachtung auf die Stoffmenge n eines idealen Gases mit $n N_A$ Teilchen übertragen, so ist die Wahrscheinlichkeit, dass alle Teilchen sich im Gesamtvolumen V_2 aufhalten, $w_2 = \frac{1}{1}$, dass sich alle Teilchen im Teilvolumen V_1 gleichzeitig aufhalten

$$w_1 = \left(\frac{1}{2}\right)^{n N_A}.$$

Das Verhältnis $W = w_2 : w_1$ der Wahrscheinlichkeiten gibt an, wievielmal wahrscheinlicher sich alle Teilchen im Volumen V_2 als im Volumen V_1 aufhalten. Mit $V_1/V_2 = \frac{1}{2}$ ist

$$W = \frac{w_2}{w_1} = 2^{n N_A} \quad \text{und allgemein} \quad W = \left(\frac{V_2}{V_1}\right)^{n N_A}.$$

Daraus folgt

$$\ln W = n N_A \ln\left(\frac{V_2}{V_1}\right),$$

und wenn N_A durch die universelle Gaskonstante ersetzt wird, $N_A = R/k$ ($\rightarrow$ 4.2.1):

$$k \ln W = n R \ln\left(\frac{V_2}{V_1}\right)$$

Der Term auf der rechten Seite dieser Gleichung ist identisch mit der thermodynamisch berechneten Entropieänderung für denselben Prozess. Daraus folgt:

$$\Delta S = k \ln W.$$

> Die Änderung der Entropie ist proportional zum natürlichen Logarithmus eines Wahrscheinlichkeitsverhältnisses: $\Delta S = k \ln W$.

Daraus ergibt sich folgende Erkenntnis:
Alle natürlichen Prozesse verlaufen so, dass sich der wahrscheinlichste Zustand einstellt. Aus diesem Zustand kehren sie von alleine nicht mehr in einen unwahrscheinlicheren Zustand zurück. Beim Übergang in einen Zustand mit größerer Wahrscheinlichkeit nimmt die Entropie zu. Also ist die Entropie ein Maß für die Reversibilität eines Vorganges. Alle natürlichen Vorgänge sind irreversibel. Sie laufen so ab, dass sich die Entropie vergrößert.

> Läuft in einem System ein Prozess von einem Zustand 1 zu einem Zustand 2 ab, dessen Wahrscheinlichkeit größer ist, so nimmt dabei die Entropie des Systems zu. In einem abgeschlossenen System laufen so lange Vorgänge von alleine ab, bis sich der wahrscheinlichste Zustand eingestellt, d. h. bis die Entropie ein Maximum erreicht hat.

Wird das Weltall als ein abgeschlossenes System vorausgesetzt, so nimmt bei allen Naturvorgängen seine Entropie ständig zu. Es strebt damit einem Zustand der Gleichverteilung aller Materie und Energie zu. Bei dem zu erwartenden vollständigen Temperaturausgleich ist dann keine Energieumwandlung und damit keine Veränderung mehr möglich. Dieser Zustand wird als der *Wärmetod des Weltalls* bezeichnet.

Nach unseren jetzigen Kenntnissen lässt sich aber nicht mit Sicherheit sagen, ob das Weltall ein abgeschlossenes System ist und ob der zweite Hauptsatz darauf überhaupt angewendet werden kann.

Exkurs

Entropie und Information

Wird der Joule'sche Überströmversuch unter dem Aspekt der Information über den Ort der einzelnen Teilchen betrachtet, so besteht am Anfang für alle Teilchen die Information, dass sie im linken Teilvolumen zu finden sind. Am Ende ist für jedes Teilchen jedoch ungewiss, ob es sich im linken oder im rechten Teilvolumen befindet. Es ist also bei diesem irreversiblen Vorgang Information verloren gegangen und zugleich hat die Unordnung zugenommen.

In der Informatik, also in der Wissenschaft über die Speicherung und die Verarbeitung von Informationen, ist das Maß für die Information das *Bit*. Kann eine Frage, z. B. „Ist das Teilchen links?", mit „ja" oder „nein" beantwortet werden – Schaltzustand eines Speichers im Computer „an" oder „aus" –, so besitzt diese Antwort den Informationswert 1 bit. Für $N = n N_A$ Teilchen ist das also eine Information von N bit. Bei der Verteilung der $N = n N_A$ Teilchen vom linken Teilvolumen V_1 auf das Gesamtvolumen $V_2 = 2 V_1$ hat die Entropie um $\Delta S = n R \ln 2$ zugenommen, was einen Informationsverlust von $N = n N_A$ bit bedeutet. Daraus folgt, dass zur Information 1 bit die Entropie $\Delta S/(n N_A) = k \ln 2$ gehört, wobei $k = 1{,}3805 \cdot 10^{-23}$ J/K die Boltzmann'sche Konstante ist.

Die Entropie ist also ein Maß für fehlende Information. Mit der Abnahme der Information nimmt auch die Unordnung zu.

4.5 Wärmekraftmaschinen

4.5.1 Der Viertaktmotor

In 4.3.3 wurde die Wirkungsweise des Heißluftmotors erläutert und sein Wirkungsgrad mithilfe des Stirling-Prozesses berechnet. Die in der Technik verwendeten Wärmekraftmaschinen benutzen andere Kreisprozesse.

Innere Verbrennung

Der Heißluftmotor ist ebenso wie die Dampfmaschine eine Wärmekraftmaschine mit *äußerer Verbrennung*: Die Wärmeenergie, die dem Arbeitsgas zugeführt wird, kommt von außen. Im Falle der Dampfmaschine wird sie durch den heißen Dampf vom Kessel in den Zylinder eingeführt. Beim Heißluftmotor wird die Wärmeenergie von der Glühwendel erzeugt und an das Arbeitsgas Luft abgegeben.

Kleine, kompakte Motoren hoher Leistung wurden erst durch Viertaktmotoren mit *innerer Verbrennung* möglich. Die beiden wichtigsten Motoren dieser Art sind der **Ottomotor** (Nikolaus August Otto (1832–1891)) und der **Dieselmotor** (Rudolf Diesel (1858–1913)). Bei beiden wird die Wärmeenergie durch Verbrennung eines Luft-Kraftstoff-Gemisches im Arbeitsgas selbst erzeugt. Sie unterscheiden sich in der Art des Brennstoffs (Benzin bzw. Dieselöl), der Art der Erzeugung des Luft-Kraftstoff-Gemisches (Vergasung bzw. Einspritzung) und der Art der Zündung (Fremd- bzw. Selbstzündung). Die innere Verbrennung gestattet die Übertragung wesentlich größerer Energiemengen pro Zeit in das Arbeitsgas als die äußere Verbrennung. Durch den Verzicht auf Kessel und Zuleitungen können diese Motoren sehr kompakt gebaut werden, sodass sie heute die vorherrschenden Wärmekraftmaschinen darstellen.

Alle Wärmekraftmaschinen können nach dem 2. Hauptsatz grundsätzlich nur einen Teil der ihnen zugeführten Wärmeenergie in mechanische Energie umwandeln. Verbrennungsmotoren geben die nicht umgewandelte Wärmeenergie mit den Abgasen an die Umwelt ab.

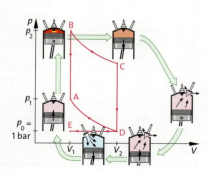

176.1 Der Kreisprozess des Viertaktmotors im V-p-Diagramm.

Adiabatische Prozesse

Die Vorgänge im geschlossenen Brennraum von Viertaktmotoren laufen so schnell ab, dass dabei ein nennenswerter Austausch von Wärmeenergie über die Wand nicht stattfindet. Solche Vorgänge mit $Q = 0$ bzw. $\Delta S = 0$ heißen *adiabatisch* (griech.: nicht hindurchtretend) bzw. *isentropisch* (griech.: bei konstanter Entropie). Wie lässt sich ein solcher Prozess in einem V-p-Diagramm beschreiben?

Wird ein Gas adiabatisch komprimiert, dann wird ihm mechanische Energie zugeführt, die eine Erhöhung der Temperatur bewirkt. Der Druckanstieg $p(V)$ ist daher höher als bei der isothermen Kompression mit $p \sim 1/V$. Die Kurven $p(V)$ bei adiabatischen Zustandsänderungen verlaufen daher steiler als bei isothermen Zustandsänderungen. Es ergibt sich:

> Bei adiabatischen Zustandsänderungen gilt für das ideale Gas: pV^κ = konstant.

Der Exponent κ hängt von der Art des Gases ab. Für einatomige Gase ist $\kappa = \frac{5}{3}$, für zweiatomige ist $\kappa = \frac{7}{5}$.

Der Kreisprozess des Viertaktmotors

Abb. 176.1 zeigt die Vorgänge in einem Viertaktmotor und das zugehörige V-p-Diagramm.

Die Betrachtung des Zyklus beginnt im Punkt A mit dem Volumen V_1, wo das komprimierte Kraftstoff-Luft-Gemisch gezündet wird. Die im Kraftstoff gespeicherte chemische Energie wird dabei vom Arbeitsgas als Wärmeenergie Q_{AB} zusammen mit der erzeugten Entropie aufgenommen. Dadurch steigt der Druck bis zum Punkt B bei konstantem Volumen stark an.

Nun folgt der Arbeitstakt: Das heiße Gas expandiert adiabatisch von B nach C auf V_2 und gibt dabei die mechanische Energie E_{BC} ab.

Nun wird das Auslassventil geöffnet und das Gas mit der in ihm enthaltenen nicht in mechanische Energie umgewandelten Energie und der Entropie strömt aus, bis im Innern des Zylinders Atmosphärendruck herrscht (Punkt D).

Die beiden folgenden Takte dienen dazu, zunächst das Verbrennungsgas aus dem Zylinder vollständig zu entfernen (Ausstoß). Die im Gas noch enthaltene Energie fließt zusammen mit der Entropie in die Umwelt. Dann wird, nachdem das Auslassventil geschlossen und das Einlassventil geöffnet wurde, frisches Luft-Kraftstoff-Gemisch oder (bei Dieselmotoren) nur Luft angesaugt. Beide Prozesse laufen praktisch bei konstantem (Atmosphären-)Druck ab, sodass kaum mechanische Energie zu- bzw. abgeführt wird (D → E → D).

Nach dem Schließen des Einlassventils wird das Gas von D nach A adiabatisch auf V_1 komprimiert, wobei die Temperatur steigt, und befindet sich wieder im Anfangszustand. Dazu muss mechanische Energie E_{DA} aufgewendet werden. Nun erfolgt beim Dieselmotor die Einspritzung des Kraftstoffs und dann bei beiden Motortypen die Zündung.

Der Wirkungsgrad dieses Kreisprozesses beträgt

$$\eta = \frac{abgegebene\ mechanische\ Energie}{zugeführte\ Wärme} = \frac{\Delta E}{Q_{AB}} = \frac{E_{BC} - E_{DA}}{Q_{AB}}.$$

Eine genaue Berechnung liefert:

> Der Wirkungsgrad des idealisierten Viertaktmotors beträgt
> $$\eta = 1 - \left(\frac{V_1}{V_2}\right)^{\kappa - 1}.$$

Optimierung des Viertaktmotors

Der Wirkungsgrad des idealisierten Viertaktmotors hängt nur vom Kompressionsverhältnis V_2/V_1 ab: Je größer V_2/V_1, desto höher ist auch η. Aus mehreren Gründen lässt sich V_2/V_1 nicht beliebig erhöhen: Mit steigender Kompression nehmen auch die Temperaturen und Drücke in A (nach der Kompression) und in B (nach der Verbrennung) zu. Die hohen Drücke und Temperaturen erfordern besondere Maßnahmen und einen hohen Materialaufwand.

Die hohen Temperaturen bei der Kompression führen im Kraftstoff-Luft-Gemisch zu vorzeitiger unkontrollierter Verbrennung. Dieses explosionsartige „Klopfen" führt zu hohem Lagerverschleiß. Daher müssen in Ottomotoren bei hohen Verdichtungen Superbenzine verwendet werden, die durch Zusätze (spezielle Kohlenwasserstoffe) klopffest gemacht werden (hohe „Oktanzahl"). Damit lassen sich bei Benzinmotoren Verdichtungen von etwa $V_2/V_1 = 10$ erreichen. Da in Dieselmotoren vor dem Einspritzen des Kraftstoffs nur Luft verdichtet wird, lassen sich hier Verdichtungen von $V_2/V_1 \approx 25$ erreichen. Hieraus erklären sich die besseren Wirkungsgrade von Dieselmotoren.

Mit $V_2/V_1 = 10$ und $\kappa = \frac{7}{5}$ ergibt sich ein theoretischer Wirkungsgrad von $\eta = 1 - \left(\frac{1}{10}\right)^{0,4} = 60{,}2\,\%$. Reale Motoren erreichen diese Werte bei weitem nicht (Ottomotoren: $\eta \approx 25\,\%$, Dieselmotoren: $\eta \approx 35\,\%$). Der Grund liegt in unvollständiger Verbrennung des Treibstoffs, Kühlverlusten durch die Zylinderwände und Reibungsverlusten in Lagern und Dichtungen.

Bei einem Motor, der zum Fahrzeugantrieb dient und daher ständig mitbewegt und beschleunigt werden muss, ist aber nicht nur der Wirkungsgrad, sondern oft in noch höherem Maße das sogenannte Leistungsge-

wicht P/m entscheidend, das angibt, wie viel Leistung P sich mit einer gegebenen Motormasse m erzeugen lässt. Neben dem reinen Kraftstoffverbrauch tragen zur Gesamtbewertung eines technischen Systems wie dem Viertaktmotor Faktoren wie Umweltverträglichkeit, Haltbarkeit, Wartungsfreundlichkeit und Kosten in wesentlichem Maße bei. Viele dieser Faktoren sind voneinander abhängig, bedingen sich oder schließen sich gegenseitig aus.

Die Adiabatengleichung

Um die Temperatur eines idealen Gases bei konstantem Volumen um ΔT zu erhöhen, muss die Wärmeenergie $Q = c_V\, m\, \Delta T$ zugeführt werden. Soll dieselbe Temperaturerhöhung jedoch bei konstantem Druck durchgeführt werden, so wird eine größere Wärmeenergie $Q = c_p\, m\, \Delta T$ benötigt, da bei der notwendigen Ausdehnung des Gases mechanische Energie abgegeben wird ($\rightarrow$ 4.3.2). Die Indizes „V" bzw. „p" der spezifischen Wärmekapazität c verweisen auf das konstante Volumen bzw. den konstanten Druck.

Für eine adiabatische Zustandsänderung ($Q = 0$) eines idealen Gases gilt das Gesetz $p\, V^\kappa = $ konstant. Hier ist $\kappa = c_p/c_V$ der Quotient aus der spezifischen Wärmekapazität c_p bei konstantem Druck und der spezifischen Wärmekapazität c_V bei konstantem Volumen.

Der Wirkungsgrad des Viertaktmotors

Bei einer adiabatischen Expansion von V_1 auf V_2 wird die mechanische Energie

$$E = \frac{p_1 V_1}{\kappa - 1}\left(1 - \left(\frac{V_1}{V_2}\right)^{\kappa - 1}\right)$$

abgeführt (Aufgabe 1). Insgesamt wird bei dem Kreisprozess die mechanische Energie $\Delta E = E_{BC} - E_{AB}$ abgegeben:

$$\Delta E = \frac{(p_2 - p_1) V_1}{\kappa - 1}\left(1 - \left(\frac{V_1}{V_2}\right)^{\kappa - 1}\right)$$

$$= \frac{n R (T_2 - T_1)}{\kappa - 1}\left(1 - \left(\frac{V_1}{V_2}\right)^{\kappa - 1}\right)$$

Die zwischen A und B zugeführte Wärmemenge beträgt für das ideale Gas $Q_{AB} = n\, C_{mV}\, (T_2 - T_1)$. Für den Wirkungsgrad $\eta = \Delta E/Q_{AB}$ folgt also wegen $R/(\kappa - 1) = C_{mV}$

$$\eta = 1 - \left(\frac{V_1}{V_2}\right)^{\kappa - 1}.$$

Aufgaben

1. Berechnen Sie die mechanische Energie E, die bei der adiabatischen Expansion eines idealen Gases von V_1 auf V_2 abgeführt wird.

2. Bestimmen Sie den Wirkungsgrad eines Viertaktmotors, wenn durch die Verwendung von Superbenzin das Kompressionsverhältnis von 1:7 auf 1:11 erhöht wurde ($\kappa = 1{,}4$). Vergleichen Sie die aktuellen Preise für Normal- und Superbenzin und schätzen Sie den Nutzen ab.

4.5.2 Kraftwerke

Energie wird heute vorwiegend aus der chemischen Energie fossiler Brennstoffe und aus Kernenergie gewonnen. Diese *Primärenergie* muss so aufbereitet werden, dass sie in hochwertiger Form vorliegt und ohne große Verluste zum Endverbraucher transportiert werden kann. Elektrische Energie erfüllt diese Bedingungen weitgehend.

Obwohl sich chemische Energie in *Brennstoffzellen* auch direkt in elektrische Energie umwandeln lässt (→ 5.3.3), spielt dieser technisch sehr aufwändige Prozess heute noch keine entscheidende Rolle. Technisch ausgereift ist einzig der *Kraftwerksprozess*, bei dem Primärenergie zunächst in thermische Energie, dann mithilfe von Turbinen, besonderen Wärmekraftmaschinen, in mechanische Energie und schließlich mit Generatoren in elektrische Energie umgewandelt wird.

Bei jedem dieser Umwandlungsschritte ergeben sich Energieverluste (**Abb. 179.1**). Technisches Ziel ist es, diese Verluste möglichst gering zu machen, da sie nicht nur mit einer Verschwendung endlicher Ressourcen verbunden sind, sondern immer auch mit einer Belastung der Umwelt.

Der Kraftwerksprozess

Abb. 179.1a zeigt schematisch die wesentlichen technischen Komponenten eines Kohlekraftwerks.

In der *Feuerung* wird chemische Energie unter Erzeugung von Entropie möglichst vollständig in thermische Energie umgewandelt. An erster Stelle muss dazu die Vollständigkeit der Verbrennung gewährleistet sein. Hierzu ist eine feinste Verteilung des Brennstoffes notwendig. Während flüssige und gasförmige Brennstoffe direkt zerstäubt werden können, wird Kohle zuerst zu Staub zermalen. Im Brenner wird dem Brennstoff die geeignete Luftmenge zugeführt, die günstigste Flammenform aufrechterhalten und die Flamme den Betriebsbedingungen angepasst. Die Verbrennung geschieht mit einem experimentell exakt ermittelten Luftüberschuss. Bei der modernen „Wirbelschichtfeuerung" wird der Kohlestaub während der Verbrennung durch Pressluft in der Schwebe gehalten. Dadurch wird der Brennstoff besonders effektiv ausgenutzt. Die *Abgasanlage* bestimmt, welche Stoffe und wie viel Energie zusammen mit einem Teil der Entropie (**Abb. 179.1 b**) über den Schornstein in die Umgebung abgegeben werden; sie bestimmt aber auch das Betriebsverhalten der Feuerung. Zu niedrige Abgaswerte beeinflussen nicht nur die Wirtschaftlichkeit der Anlage („Kamin-Versottung"), sondern auch den Wirkungsgrad der Feuerung negativ.

Die in den Rauchgasen enthaltene thermische Energie wird im nächsten Prozessschritt zur *Dampferzeugung* benutzt. Der Kesselraum ist hierzu mit einem gut wärmeleitenden Rohrsystem durchzogen. Im Dampfkreislauf von der Speisepumpe über den Kessel bis zur Turbine müssen dabei Drücke um 250 bar und Temperaturen bis 600 °C sicher beherrscht werden. Das von der Speisepumpe gelieferte Wasser wird im Abgaskanal bis kurz vor den Siedepunkt vorgewärmt und dann im heißesten Teil der Feuerung verdampft. Es verlässt den Kessel als überhitzter Dampf.

Im nächsten Prozessschritt erfolgt die Umwandlung der thermischen Energie des heißen Dampfes in mechanische Energie. Hierbei hat die *Dampfturbine*, bei der heißer Dampf direkt Laufräder antreibt, die Kolbendampfmaschine weitgehend verdrängt. Bei ihr entfallen die Getriebeteile, mit deren Hilfe die lineare Kolbenbewegung zuerst in eine Drehbewegung umgewandelt werden muss: Der heiße Dampf trifft durch feststehende Leitdüsen radial oder tangential auf die Schaufeln der Laufräder. Als günstig erweist es sich dabei, diesen Prozess in mehreren Stufen ablaufen zu lassen. Da sich der Dampf hierbei abkühlt und ausdehnt, sind die Niederdruckteile der Turbinen größer als die Hochdruckteile. Zwischen den Stufen wird der Dampf nochmals in den Kesselraum geleitet.

Mechanische Energie wird in *Drehstromgeneratoren* sehr effektiv in elektrische Energie umgewandelt. Auch die für den Transport notwendige Erzeugung von Hochspannung im *Transformator* ist nur mit geringen Verlusten verbunden (→ Seite 284).

Optimierung des Kraftwerksprozesses

Statt durch die Verbesserung einzelner Komponenten lassen sich oft auch Fortschritte erzielen, wenn es gelingt, Komponenten in neuer Form zu kombinieren.

Der **GUD-Prozess**: Neben Dampfturbinen, die im Dauerlastbereich eines Kraftwerks arbeiten, benötigt man zur Bereitstellung von Spitzenleistungen auch Aggregate, die schnell an- und abgefahren werden können. Hier werden hauptsächlich mit Öl- oder Erdgas betriebene *Gasturbinen* eingesetzt. Bei ihnen treten an die Stelle des Dampfes die heißen Verbrennungsgase. Wegen der höheren Abgastemperaturen haben sie einen schlechteren Wirkungsgrad (ca. 33 %) als Dampfturbinen (bis 45 %). Da die Abgastemperaturen der Gasturbine ($\approx$ 600 °C) etwa den Eintrittstemperaturen der Dampfturbine entsprechen, lassen sich beide Turbinen in einer kombinierten **G**as-**U**nd-**D**ampfturbinenanlage verbinden. Die Abgase der Dampfturbine erhitzen dabei über einen Wärmetauscher den Turbinendampf der Dampfturbine. Solche *Kombikraftwerke* erreichen heute Wirkungsgrade von bis zu 58 %. Die heißen,

Wärmekraftmaschinen

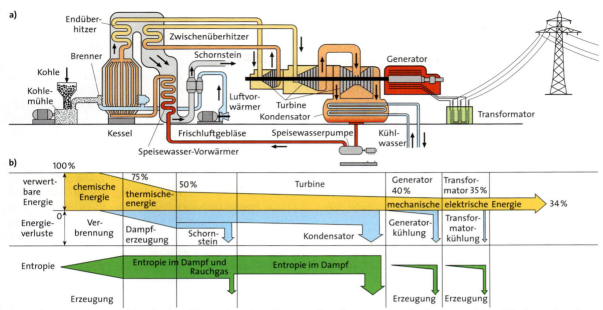

179.1 a) Aufbau eines Kohlekraftwerks; **b)** Energieverluste beim Kraftwerksprozess: Das in die Atmosphäre eintretende Rauchgas enthält thermische Energie, der Kondensator gibt die beim Umwandlungsprozess nach dem 2. Hauptsatz unvermeidliche Wärmeenergie zusammen mit der Entropie an die Umgebung ab und es entsteht Wärmeenergie durch Reibung. Bei jedem Prozessschritt wird die unbeschränkt nutzbare Energie kleiner.

noch sauerstoffreichen Abgase der Gasturbine können aber auch als vorgewärmte Verbrennungsluft für ein Dampfkraftwerk benutzt werden, was die Energie für dessen Vorwärmung spart. Dadurch lässt sich der Wirkungsgrad eines Kohlekraftwerks um etwa 5 % erhöhen.

Kraft-Wärme-Kopplung: Die bei Kraftwerken unvermeidbare Abgabe von Wärmeenergie geschieht bei so niedrigen Temperaturen, dass sie technisch nur noch als Heizenergie nutzbar ist. *Dampfheizkraftwerke* erzeugen neben elektrischer Energie Wärmeenergie für Heizzwecke.

Beim *Gegendruck-Heizkraftwerk* wird der Kondensator durch einen speziellen Heizkondensator ersetzt, der die thermische Energie des abgearbeiteten Dampfes auf einen Fernheizungskreislauf überträgt.

Beim *Entnahme-Kondensations-Heizkraftwerk* wird der Dampf für den Heizkondensator nicht hinter der Turbine, sondern davor entnommen. Ein solches Heizkraftwerk kann sich dem schwankenden Bedarf an Wärmeenergie der Fernheizung anpassen, indem es wahlweise mehr elektrische Energie oder mehr Wärmeenergie erzeugt. Dampfheizkraftwerke können wirtschaftlich arbeiten, wenn die Wärmeenergie wie in Ballungsgebieten mit vertretbarem Aufwand transportiert werden kann. *Blockheizkraftwerke* sind kleinere Einheiten, die elektrische Energie mit einem Verbrennungsmotor (Gas- oder Dieselmotor) erzeugen und bei dem die unvermeidlich abzuführende Wärmeenergie in ein Heizungssystem fließt. Sie sind wirtschaftlich, wenn ein ganzjähriger Wärmeenergiebedarf besteht.

Kraftwerksprozess und zweiter Hauptsatz

Da die Primärenergie beim Kraftwerksprozess in Wärmeenergie umgewandelt wird, wird sein Wirkungsgrad neben technischen Beschränkungen hauptsächlich durch den zweiten Hauptsatz bestimmt: Jede Wärmekraftmaschine, die Wärmeenergie bei einer hohen Temperatur T_1 aufnimmt und Wärmeenergie bei einer niedrigen Temperatur T_2 abgibt, kann bei der Umwandlung der Wärmeenergie in mechanische Energie maximal den Wirkungsgrad $\eta = 1 - T_2/T_1$ erreichen (→ 4.4.3).

Wie ein Wirkungsgrad kleiner als 1 entsteht, lässt sich in **Abb. 179.1 b** verfolgen. Die chemische Energie des Brennstoffs wird in der Feuerung in thermische Energie der Verbrennungsgase umgewandelt, deren Temperatur technisch durch die Kesselmaterialien begrenzt wird. Bei $T_1 = 1200$ K beträgt der theoretische Wirkungsgrad einer nachfolgenden Wärmekraftmaschine, die ihre Wärmeenergie an die Umgebung der Temperatur $T_2 = 293$ K abgibt, maximal $\eta = 1 - T_2/T_1 = 75\%$. Aber unvermeidliche Energieverluste durch das über den Schornstein abfließende Rauchgas, bei der Erwärmung des Wasserdampfes und durch Reibung setzen den Wirkungsgrad weiter herab.

Die Strahlungsgesetze

4.6 Die Strahlungsgesetze

Wärmeenergie kann nicht nur durch Leitung, sondern auch ohne materiellen Kontakt zwischen zwei Körpern übertragen werden. So erhält die Erde ihre Energie von der Sonne durch das Vakuum des Weltraums. Die wärmende Wirkung der Sonnenstrahlung nehmen wir unmittelbar mit unserer Haut wahr. Auch in der Nähe heißer Gegenstände, wie z. B. einem heiß gefahrenen Automotor oder einer glühenden Herdplatte, ist die von ihnen abgestrahlte Wärmeenergie zu spüren. Die Strahlung wird umso intensiver, je höher die Temperatur der Körper ist. Den Einfluss der Oberfläche eines strahlenden Körpers auf die Strahlung zeigt der folgende Versuch.

Versuch 1: Ein Hohlwürfel mit unterschiedlichen Oberflächen wird mit heißem Wasser gefüllt. Die von ihm ausgehende Strahlung wird mit einer Thermosäule gemessen: Die durch die Strahlung hervorgerufene Temperaturerhöhung einer kleinen geschwärzten Fläche führt bei ihr zu einer messbaren elektrischen Spannung.
Beobachtung: Bei gleicher Temperatur strahlt die schwarze Oberfläche am stärksten, die polierte Fläche am schwächsten. Die Strahlung wird also auch von der Art der Oberfläche eines Körpers bestimmt. ◂

> Die **Strahlungsintensität** oder *Energiestromdichte* I einer Strahlung ist definiert durch
> $$I = \frac{\text{transportierte Energie}}{\text{Fläche} \cdot \text{Zeit}} = \frac{\Delta E}{A \, \Delta t}.$$
> Ihre Einheit ist $J/(m^2 s) = W/m^2$.

Die schwarze und die polierte Oberfläche unterscheiden sich darin, wie stark sie Strahlung absorbieren: Eine ideal schwarze Oberfläche (**„schwarzer Körper"**) absorbiert alle auftreffende Strahlung, eine völlig blanke Fläche wirft die Strahlung vollständig zurück. Das *Absorptionsvermögen a* eines Körpers ist definiert durch

$$a = \frac{\text{absorbierte Intensität}}{\text{auftreffende Intensität}}.$$

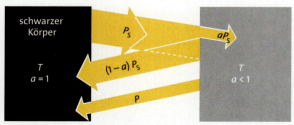

180.1 Zur Herleitung des Kirchhoff'schen Gesetzes: Die Strahlungsleistungen der beiden Körper stehen im Gleichgewicht.

Tauschen zwei Körper unterschiedlicher Temperatur durch Strahlung Energie aus, dann befinden sie sich nach einiger Zeit im thermischen Gleichgewicht, also bei gleicher Temperatur T.
Stehen sich ein schwarzer Körper ($a = 1$) und ein Körper mit dem Absorptionsvermögen $a < 1$ bei gleicher Temperatur mit der Fläche A gegenüber, dann kann sich nach dem 2. Hauptsatz ihre Temperatur nicht mehr ändern (**Abb. 180.1**). Der schwarze Körper emittiert eine Strahlungsleistung $P_s = A I_s$, die den anderen Körper trifft. Dieser nimmt die Leistung $a P_s$ auf, reflektiert $(1 - a) P_s$ und emittiert P. Den schwarzen Körper trifft daher die Leistung $P + (1 - a) P_s$. Im thermischen Gleichgewicht muss diese Leistung gleich P_s sein. Es folgt $P + (1 - a) P_s = P_s$ oder $P = a P_s$ und daraus nach Division mit A unmittelbar das

> **Kirchhoff'sche Gesetz**
> Die Strahlungsintensität I eines Körpers ist proportional zum Absorptionsvermögen a und zur Strahlungsintensität I_s des schwarzen Körpers: $I = a I_s$.

Diese Überlegung gilt für jede Temperatur und Strahlung. In Kap. 7 wird gezeigt, dass Wärmestrahlung wie sichtbares Licht eine elektromagnetische Welle ist, die sich vom Licht durch die Wellenlänge λ unterscheidet. Die Wellenlängen liegen für sichtbares Licht zwischen etwa $4 \cdot 10^{-7}$ m (blau) und $8 \cdot 10^{-7}$ m (rot), Wärmestrahlung hat Wellenlängen zwischen $8 \cdot 10^{-7}$ m und 10^{-3} m.

Nach dem Kirchhoff'schen Gesetz lässt sich die Strahlungsintensität eines Körpers aus seinem Absorptionsvermögen a und der Strahlungsintensität $I_s(\lambda, T)$ eines schwarzen Körpers berechnen. Die beste Annäherung an einen schwarzen Körper stellt die Öffnung eines innen geschwärzten Hohlraums dar: Alles Licht, das in den Hohlraum eintritt, wird vollständig absorbiert.

Versuch 2 – Hohlraumstrahlung: Ein Hohlzylinder aus Keramik wird elektrisch beheizt. In Abhängigkeit von der Temperatur des Hohlzylinders wird die Strahlungsintensität, die aus seiner Öffnung austritt, mit einer Thermosäule gemessen (**Abb. 181.1**).
Beobachtung: Die Strahlungsintensität nimmt mit der Temperatur stark zu. ◂
Eine genaue Auswertung liefert das

> **Stefan-Boltzmann'sche Gesetz**
> Die Strahlungsintensität des schwarzen Körpers wächst mit der 4. Potenz der Temperatur:
> $I_s(T) = \sigma T^4$. Die Konstante σ hat den Wert
> $\sigma = 5{,}6703 \cdot 10^{-8}$ W/(m² K⁴).

Die Strahlungsgesetze

Mithilfe des Stefan-Boltzmann'schen Gesetzes lässt sich die Oberflächentemperatur eines heißen Körpers bestimmen, indem die Intensität der von ihm ausgehenden Strahlung gemessen wird. So lässt sich z. B. die Temperatur von geschmolzenem Metall berührungsfrei messen („**Pyrometrie**") oder die Oberflächentemperatur der Sonne bestimmen.

Wird in Versuch 2 das Licht in sein Spektrum zerlegt, dann kann I_s für jede Wellenlänge einzeln bestimmt werden. **Abb. 181.2** zeigt für verschiedene Temperaturen T die Kurven $I_s(\lambda)$, die sich auf diese Weise ergeben. Die spektrale Verteilung der Intensität durchläuft bei $\lambda = \lambda_{max}$ ein Maximum und λ_{max} wird mit steigender Temperatur kleiner. Es ergibt sich das

> **Wien'sche Verschiebungsgesetz**
> Ein schwarzer Körper der Temperatur T strahlt am intensivsten Licht der Wellenlänge λ_{max} aus, für das gilt:
> $$\lambda_{max} = \frac{2{,}898 \cdot 10^{-3} \text{ m K}}{T}$$

Die Sonne mit einer Oberflächentemperatur von $T = 5800$ K strahlt z. B. bei $\lambda_{max} = 500$ nm am intensivsten. Das Stefan-Boltzmann'sche Gesetz und das Wien'sche Verschiebungsgesetz spielen in der Astrophysik eine große Rolle (→ 15.2.4).

Die Planck'sche Strahlungsformel

Die Berechnung der Intensität der Strahlung im Wellenlängenbereich $[\lambda, \lambda + \Delta\lambda]$ bereitete den Physikern zunächst große Probleme. Alle Versuche, die Kurven mithilfe der um 1890 bekannten physikalischen Gesetze herzuleiten, schlugen fehl. Dies gelang erst Max PLANCK (1858–1947) im Jahre 1900, wobei er die revolutionäre Annahme machen musste, dass Licht nur in bestimmten Energieportionen $E = hf$, sogenannten Quanten (→ 10.1), emittiert und absorbiert werden kann. Dabei ist h eine Konstante und f die Frequenz der Strahlung. Der physikalische Inhalt der von PLANCK zunächst nur aus mathematischen Gründen gemachten Annahme wurde erst durch EINSTEINS Erklärung des lichtelektrischen Effekts deutlich. Doch ergab die Annahme der Energiequantisierung die

> **Planck'sche Strahlungsformel**
> Die Strahlungsintensität oder Energiestromdichte $I_s(\lambda, T)$ im Wellenlängenbereich λ bis $\lambda + \Delta\lambda$ bei der Temperatur T beträgt
> $$I_s(\lambda, T) = \frac{2hc^2}{\lambda^5} \frac{1}{e^{\frac{hc}{kT\lambda}} - 1} \Delta\lambda.$$

c ist die Lichtgeschwindigkeit und $h = 6{,}626 \cdot 10^{-34}$ Js das **Planck'sche Wirkungsquantum** (→ 10.1.2). In der Planck'schen Strahlungsformel sind das Stefan-Boltzmann'sche und das Wien'sche Gesetz mathematisch enthalten (**Abb. 181.2**).

181.1 Messung der Strahlungsintensität eines Hohlraums

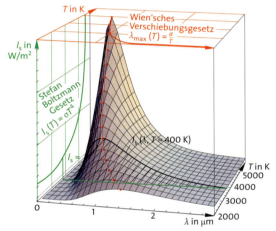

181.2 Die Strahlung eines schwarzen Körpers. Aufgetragen ist die Kurvenschar $I_s(\lambda)$ mit T als Parameter. Während die gesamte Strahlungsleistung $I_s(T)$ (die Fläche unter den Kurven) mit steigender Temperatur zunimmt, verschiebt sich ihr Maximum λ_{max} zu immer kleineren Wellenlängen (rote Kurve).

Aufgaben

1. Die Sonne hat einen Radius von 696 000 km und ist 149,5 Millionen km entfernt. Wir empfangen von ihr eine Strahlungsleistung von 1,353 kW/m². Berechnen Sie die Oberflächentemperatur der Sonne.
2. Die Haut eines Menschen wirkt im Infraroten wie ein schwarzer Strahler. Berechnen Sie die von einem unbekleideten Menschen in einen Raum von 20 °C abgestrahlte Leistung, wenn man davon ausgeht, dass seine Körperoberfläche 1,4 m² und seine Hauttemperatur 33 °C beträgt.
3. Der Wolframfaden ($a = 0{,}25$) einer Glühlampe (100 W | 230 V) wird auf $\vartheta = 2300$ °C erhitzt und gibt dabei die gesamte elektrische Leistung als Strahlung wieder ab.
   a) Berechnen Sie die Fläche des Fadens.
   b) Bestimmen Sie die Lage des Intensitätsmaximums.
   c) Berechnen Sie, wie viel Prozent der Strahlungsleistung im Bereich 0,4 µm ≤ λ ≤ 0,8 µm abgegeben werden.

Die Strahlungsgesetze

Exkurs

Der Treibhauseffekt und die Bewohnbarkeit von Planeten

Die nahezu konstante mittlere Oberflächentemperatur der Erde, die auch gerade in dem Bereich liegt, in dem flüssiges Wasser existieren kann, ist sicher einer der wichtigsten Gründe dafür, dass hier Leben entstehen und sich über lange Zeit entwickeln konnte. Wovon hängt diese Temperatur ab? Wie stabil ist sie? Wie wirken sich die Einflüsse aus, die der Mensch auf die Umwelt ausübt? Stehen uns möglicherweise Klimaveränderungen bevor? Viele dieser Fragen sind noch unbeantwortet.

Die Erde ohne Treibhauseffekt

Die Erde befindet sich schon sehr lange im gleichmäßigen Strahlungsfeld der Sonne. Im Mittel muss sie daher ebenso viel Energie durch Strahlung abgeben, wie sie von der Sonne empfängt. Wäre die Erdoberfläche eine ideal schwarze Kugel vom Radius r_E, dann ließe sich ihre Oberflächentemperatur leicht berechnen: Sie empfängt von der Sonne die Strahlungsleistung $P_E = 0{,}7\, s\, A_q$. Hier ist s die Solarkonstante ($s = 1{,}352\ \text{kW/m}^2$) ($\to$ 15.2.1) und $A_q = r_E^2\, \pi$ die Querschnittsfläche, die die Erde der Sonne darbietet. Der Faktor 0,7 (die sogenannte „Albedo") ergibt sich dadurch, dass von der ankommenden Strahlung sofort 30 % wieder reflektiert werden. Die Oberfläche erwärmt sich auf eine Temperatur T_A, bei der sie eine ebenso große Leistung P_A wieder abstrahlt, dies aber gleichmäßig über ihre gesamte Oberfläche. Nach dem Stefan-Boltzmann'schen Gesetz folgt $P_A = \sigma A\, T_A^4 = \sigma 4\pi r_E^2\, T_A^4$. Wird $P_E = P_A$ gesetzt und nach T_A aufgelöst, dann ergibt sich $T_A = \sqrt[3]{0{,}7\, s/(4\,\sigma)} = 254\ \text{K} = -18\ °\text{C}$.

Die Erde – die richtige Menge Treibhauseffekt

Tatsächlich beträgt die mittlere Oberflächentemperatur der Erde ungefähr +15 °C. Die Ursache dafür liegt in einer wichtigen Eigenschaft der Atmosphäre begründet, nämlich im unterschiedlichen Absorptionsvermögen der Atmosphärengase. Dieser sogenannte „Treibhauseffekt" lässt sich vereinfacht folgendermaßen erklären:
Wegen der hohen Temperatur der Sonnenoberfläche erhält die Erde ihre Strahlungsenergie hauptsächlich bei den kurzen Wellenlängen des sicht-

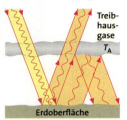

baren Lichtes, für die die Atmosphärengase gut durchlässig sind. Die Strahlung trifft auf die Erdoberfläche, die sich dadurch erwärmt. Für das viel langwelligere Licht, das die Oberfläche dadurch selbst abstrahlt, sind einige Gase („Treibhausgase"), vor allem Wasserdampf (H_2O), Kohlenstoffdioxid (CO_2) und Methan (CH_4), aber schlecht durchlässig. Sie absorbieren die von der Erde abgestrahlte Energie, erwärmen sich dadurch und strahlen sowohl in den Weltraum als auch auf die Erdoberfläche zurück. Stellt man sich diese absorbierende Schicht als einen Filter vor, der über der Erde liegt, so erhält die Oberfläche dadurch zusätzlich zur direkten Sonnenstrahlung $0{,}7\, s = 960\ \text{W/m}^2$ einen Beitrag von $P_S/A = \sigma T_A^4$, wobei T_A die Temperatur dieses Filters ist. Wird für T_A näherungsweise der oben gefundene Wert von 255 K eingesetzt, so ergibt sich eine zusätzliche Strahlung von $P_S/A = 240\ \text{W/m}^2$ und für die neue Gleichgewichtstemperatur ein Wert von 270 K. Eine genauere Rechnung zeigt, dass der Effekt tatsächlich die beobachtete Erwärmung von etwa $\Delta T = +33\ \text{K}$ erzeugt.

Ist diese Situation stabil? Die geologischen Zeugnisse zeigen, dass das Klima auf der Erde in der Vergangenheit recht großen Schwankungen unterworfen war. Neben Eiszeiten gab es lange Zeiten mit viel höheren Temperaturen als heute. Trotzdem waren die Schwankungen nie so groß und schnell, dass sie das Leben auf der Erde ernsthaft gefährdet hätten. Worin ist diese Stabilität begründet?
Damit der Treibhauseffekt dauerhaft zu günstigen Temperaturen führt, muss es einen Mechanismus geben, der Schwankungen der Strahlung ausgleichen kann. Solche Schwankungen ergeben sich z. B. durch geringfügige Änderungen der Erdbahn, aber auch die Strahlung der Sonne selbst hat sich im Laufe der Erdgeschichte beträchtlich erhöht. Weitere zufällige Störungen des Klimas können sich durch die Verschiebung der Kontinente und die damit einhergehende Änderung der Meeresströmungen ergeben. Für die Stabilität des Treibhauseffekts ist wahrscheinlich der CO_2-Zyklus verantwortlich:
Das atmosphärische CO_2 wird durch Regen und die Verwitterung von Gesteinen allmählich ausgewaschen und mit den Flüssen ins Meer transportiert. Hier bildet es durch organische und anorganische Prozesse Ablagerungen (Sedimente) aus Kalkstein. Im Laufe der Zeit würde so bald das ganze CO_2 aus der Atmosphäre entfernt. Nun ist die Erde aber tektonisch sehr aktiv. Mit der langsamen Verschiebung der Erdplatten wandern die Sedimente zu den „Subduktionszonen", wo sie wieder in den Erdmantel absinken. In großer Tiefe wird das CO_2 frei und gelangt durch Vulkane wieder in die Atmosphäre, wodurch sich der Zyklus schließt. Was passiert nun, wenn sich die Sonnenstrahlung langsam erhöht? Hier spielt das Wasser der Ozeane eine entscheidende Rolle: Durch steigende Temperaturen wird mehr Wasser ver-

dampfen und so erhöhte Niederschläge verursachen. Das hat eine höhere Auswaschung von CO_2 zur Folge, was wiederum den Treibhauseffekt verringert und die Temperatur sinken lässt. Sinkt andererseits die Oberflächentemperatur durch äußere Einflüsse, dann wird auch weniger CO_2 aus der Atmosphäre entfernt. Der Treibhauseffekt steigt wieder an.

Die Venus – zu viel Treibhauseffekt
Die Venus ist der nächste der erdähnlichen inneren Planeten. Sie ist etwa gleich groß wie die Erde. Eine helle, undurchsichtige Atmosphäre hat ihre Erforschung lange verzögert. Da sie der Sonne näher steht als die Erde, erhält sie auch mehr Strahlungsenergie. Die Wolkenschicht wirft aber mehr als 80 % davon wieder zurück, sodass ihre Oberfläche trotzdem weniger Energie erhält als die Erdoberfläche.

Es wurde lange vermutet, dass die Wolken der Venus aus Wasserdampf bestehen und darunter möglicherweise tropische, lebensfreundliche Bedingungen herrschen. Die Untersuchungen mit Landefahrzeugen und Satelliten ergaben aber ein ganz anderes Bild: Die Atmosphäre enthält 97 % CO_2 und 3 % Stickstoff, der Oberflächendruck beträgt 93 bar und die Oberflächentemperatur 460 °C, das ist mehr als die Schmelztemperatur von Blei!

Wie sind diese so ganz von der Erde verschiedenen Verhältnisse zu erklären? Angenommen wird, dass die inneren Planeten zu Beginn ihrer Entwicklung etwa die gleiche Zusammensetzung hatten. Wahrscheinlich hatten alle Planeten ursprünglich Wasser auf ihrer Oberfläche und eine Atmosphäre aus CO_2 und Stickstoff. Im Gegensatz zur Erde muss es aber auf der Venus im Laufe der Zeit zu einem sich selbst verstärkenden Treibhauseffekt gekommen sein. Es wird vermutet, dass der Wasserdampf durch die intensivere Sonneneinstrahlung in große Höhen aufsteigen konnte. Dort wurde er durch das intensive ultraviolette Licht in Wasserstoff und Sauerstoff gespalten. Während der Sauerstoff in den Gesteinen gebunden wurde, konnte der leichte Wasserstoff in den Weltraum entweichen. Jetzt fehlte der für das Auswaschen des CO_2 notwendige Regen, sodass der Treibhauseffekt immer stärker wurde. Während auf der Erde das meiste CO_2 in Gesteinen gebunden ist, ist es auf der Venus ganz in der Atmosphäre enthalten und verursacht so die extremen Temperaturen und Drücke.

Der Mars – zu wenig Treibhauseffekt
Der Mars, der nächste äußere Planet, zeigt ganz andere Verhältnisse: Bei einer mittleren Temperatur von – 60 °C und einem Atmosphärendruck von nur 7 mbar kann dort kein flüssiges Wasser existieren. Im Gegensatz zur Venus, wo

Venus

Mars

wir die frühere Anwesenheit von Wasser nur vermuten können, zeigt die Marsoberfläche deutliche Spuren von großen Überflutungen und alten Flussläufen. Man schätzt, dass damals ein Druck von 1–5 bar CO_2 einen ausreichend großen Treibhauseffekt erzeugt hat. Der Mars ist aber wesentlich kleiner als die Erde; dadurch konnte sein Inneres viel schneller abkühlen. Eine Tektonik wie auf der Erde kam dadurch nie in Gang. Daher konnte das abgelagerte CO_2 nicht mehr zurückgeführt werden. Der Treibhauseffekt wurde geringer und die Temperatur sank. Das Wasser, das damals geflossen ist, befindet sich heute in gefrorener Form im Boden („Permafrostboden").

Die Zukunft der Erdatmosphäre und das Weltklima
Durch den Verbrauch fossiler Brennstoffe und die Abholzung großer Waldbestände hat der Mensch in den letzten Jahrzehnten den CO_2-Gehalt der Atmosphäre deutlich ansteigen lassen. Gleichzeitig konnte eine globale Erwärmung von etwa 0,6 °C seit Mitte des 19. Jahrhunderts nachgewiesen werden. Hängt diese Erwärmung mit der Erhöhung des CO_2-Gehaltes zusammen? Wie wird sich das Weltklima entwickeln, wenn im bisherigen Umfang weiter CO_2 produziert wird? So wichtig diese Fragen auch sind, lassen sie sich zzt. leider nicht mit letzter Sicherheit beantworten. Die Vorgänge in der Atmosphäre und in den Weltmeeren sind so komplex, dass sie sich mit mathematischen Modellen noch nicht genau genug modellieren lassen. Außerdem fehlen für wichtige Teile der Erde, insbesondere die Ozeane, ausreichende Messdaten.

Die heutigen Klimamodelle sagen bei unverändertem CO_2-Ausstoß einen Anstieg der mittleren Welttemperatur von 2 °C bis 5 °C für die Mitte dieses Jahrhunderts voraus. Noch unsicherer sind die Prognosen, die sich daraus für die Entwicklung des Klimas ergeben. Die Effekte können lokal sehr unterschiedlich ausfallen. Insgesamt muss mit einer weltweiten Verschiebung von Klimazonen gerechnet werden mit allen daraus resultierenden sozialen und politischen Problemen. Angesichts dieser Unsicherheiten sind die meisten beteiligten Wissenschaftler der Meinung, dass der zusätzliche CO_2-Ausstoß so gering wie möglich gemacht werden sollte. Die Aussicht, hierfür schnell genug zu den notwendigen internationalen Einigungen zu kommen, ist aber im Augenblick nicht sehr hoch.

Grundwissen Thermodynamik

Eigenschaften idealer Gase

Die absolut tiefste Temperatur liegt bei $-273{,}15\,°C$. Auf diesen Nullpunkt sind **absolute Temperaturen** bezogen, die in der Einheit Kelvin (K) gemessen werden. Mit $T_0 = 273{,}15\,K$ und der in °C gemessenen Temperatur ϑ gilt:

$$T = T_0 + \vartheta\,K/°C$$

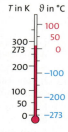

Alle Gase geringer Dichte zeigen bei Temperaturveränderungen dasselbe Verhalten, das durch die **allgemeine Gasgleichung** beschrieben wird:

$$pV = nRT$$

n ist die in der Einheit mol gemessene *Stoffmenge*, $R = N_A k$ die *universelle Gaskonstante*, k die *Boltzmann-Konstante* und N_A die *Avogadro-Zahl*. Exakt gilt die Gleichung nur für ideale Gase.

Sonderfälle der allgemeinen Gasgleichung
- **Gesetz von Gay-Lussac** bei p konstant:
  $V/T =$ konstant
- **Gesetz von Boyle und Mariotte** bei T konstant:
  $pV =$ konstant
- **Gesetz von Amontons** bei V konstant:
  $p/T =$ konstant

Die **kinetische Theorie der Gase** deutet den Druck eines Gases als die Summe der Impulsänderungen pro Fläche beim Stoß der Gasteilchen gegen die Wand:

$$pV = \tfrac{2}{3} N \overline{E}_{\text{kin}}$$

Dabei ist N die Anzahl der Teilchen im Volumen V. Der Vergleich mit der *allgemeinen Gasgleichung* ergibt die **mittlere kinetische Energie** der Teilchen

$$\overline{E}_{\text{kin}} = \tfrac{3}{2} k T.$$

Teilchen, die nur Translationsbewegungen ausführen, besitzen drei **Freiheitsgrade** der Bewegung. Sie haben pro Freiheitsgrad die mittlere kinetische Energie

$$\overline{E}_{\text{kin}} = \tfrac{1}{2} k T.$$

Die Hauptsätze der Wärmelehre

Die Wärmelehre ist die Theorie der Energieumwandlungen. Die **innere Energie** U eines Körpers besteht aus *kinetischer* und *potentieller Energie der Teilchen*, aus *chemischer* und *nuklearer* Energie. Die Wärmelehre betrachtet nur die aus *kinetischer* und *potentieller Energie* der Teilchen bestehende **thermische Energie**. Die **Wärmeenergie** Q ist Energie, die aufgrund von Temperaturdifferenzen zwischen zwei Körpern fließt.

Erster Hauptsatz (Energieerhaltungsprinzip)

Die innere Energie U eines Körpers ändert sich durch Austausch von mechanischer Energie E und Wärmeenergie Q: $\Delta U = E + Q$.

Zweiter Hauptsatz

Bei einer periodischen Umwandlung von Wärmeenergie Q in mechanische Energie E wird stets ein Teil der zugeführten Wärmeenergie abgegeben.

Wirkungsgrad eines Energieumwandlungsprozesses:

$$\eta = \frac{\text{Nutzenergie}}{\text{aufgewandte Energie}}$$

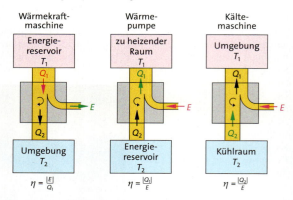

Die **Entropie** S beschreibt den Zustand eines thermodynamischen Systems. Jeder Fluss einer Wärmeenergie Q erfolgt mit einem Fluss von Entropie ΔS:

$$Q = T \Delta S$$

Bei **reversiblen Vorgängen** bleibt die Entropie des Gesamtsystems unverändert, bei **irreversiblen Vorgängen** nimmt die Entropie zu. Entropie kann erzeugt, aber nicht vernichtet werden. Jede *Entropieerzeugung* ist eine **Entwertung** von Energie.
Alle von selbst ablaufenden Vorgänge sind *irreversibel* und von *Entropieerzeugung* begleitet, sie haben damit eine *Energieentwertung* zur Folge.

Strahlungsgesetze

Ein **schwarzer Körper** absorbiert alle auftreffende Strahlung. Für den Zusammenhang zwischen der Strahlungsintensität I eines beliebigen Körpers (Absorptionsvermögen a) und der Strahlungsintensität I_s eines schwarzen Körpers gilt das
- **Gesetz von Kirchhoff:** $\qquad I = a I_s$

Für die Strahlung eines schwarzen Körpers gelten
- **Gesetz von Stefan-Boltzmann:** $I_s(T) = \sigma T^4$
- **Verschiebungsgesetz von Wien:** $\lambda_{\max} = c/T$

Wissenstest Thermodynamik

1. 100 g CO_2 nehmen bei einem Druck von 1000 hPa ein Volumen von 54 dm³ ein.
   a) Berechnen Sie mithilfe der allgemeinen Gasgleichung die Temperatur.
   b) Bestimmen Sie den Druck, wenn bei konstanter Temperatur das Volumen auf 80 dm³ vergrößert wird.

2. Zum Ölfleckversuch: Wird 1 g Triolein verdampft, so zeigt sich, dass der Dampf unter Normalbedingungen ein Volumen von 78,5 cm³ einnimmt. 17 Tropfen einer Ölsäure-Benzinlösung (0,1 Vol.%) ergeben 1 cm³. Fällt davon ein Tropfen auf die mit Bärlappsamen bestreute Wasseroberfläche, so entsteht ein Kreis mit 31 cm Durchmesser. Berechnen Sie die Avogadro-Konstante (Dichte von Triolein: $\rho = 0{,}89$ g/cm³). Bestimmen Sie das mittlere Volumen eines einzelnen Atoms des Ölmoleküls (Triolein: $C_{18}H_{34}O_2$).

3. Ein Gas mit der Stoffmenge 1 mol wird aus dem Anfangszustand $V_1 = 1$ dm³, $p_1 = 3$ bar, $U_1 = 456$ J reversibel in verschiedener Weise in den Zustand $V_2 = 3$ dm³, $p_2 = 2$ bar, $U_2 = 912$ J übergeführt. Diese Zustandsänderung geschieht
   a) indem das Gas bei konstantem Druck auf $V_2 = 3$ dm³ expandiert und dann bei konstantem Volumen auf $p_2 = 2$ bar abkühlt,
   b) indem das Gas zunächst bei konstantem Volumen auf $p_2 = 2$ bar abkühlt und dann bei konstantem Druck auf $V_2 = 3$ dm³ expandiert,
   c) indem das Gas isotherm auf $V_2 = 3$ dm³ expandiert und dann bei konstantem Volumen erwärmt wird, bis der Druck $p_2 = 2$ bar erreicht ist.
   Stellen Sie alle drei Vorgänge in einem V-p-Diagramm dar und berechnen Sie die mechanische Energie, die bei diesen Vorgängen abgegeben wird. Bestimmen Sie die bei den drei Vorgängen zugeführte Wärmeenergie.

4. Zeichnen Sie zum V-p-Diagramm des Stirling'schen Kreisprozesses (→ **Abb. 167.1**) den qualitativen Verlauf des Prozesses in einem T-S-Diagramm und bestimmen Sie die Entropieänderungen für die einzelnen Phasen des Kreisprozesses.

5. Eine Wärmekraftmaschine mit idealem Wirkungsgrad entnimmt pro Zyklus die Wärmeenergie 100 J bei 400 K und gibt die nicht in mechanische Energie umgewandelte Wärmeenergie bei 300 K an das kältere Reservoir ab.
   Berechnen Sie die Entropieänderungen bei Aufnahme bzw. Abgabe der Wärmeenergie und zeigen Sie, dass die gesamte Entropieänderung null ist.

6. Eine Wärmekraftmaschine nimmt pro Zyklus die Wärmeenergie $Q_1 = 1000$ J bei der Temperatur $T_1 = 400$ K auf, wandelt 200 J in mechanische Energie um und gibt Wärmeenergie bei der Temperatur $T_2 = 200$ K ab.
   a) Berechnen Sie den Wirkungsgrad und die Entropieänderung des Universums.
   b) Bestimmen Sie den Wirkungsgrad einer ideal reversibel arbeitenden Maschine und die von dieser Maschine abgegebene mechanische Energie.
   c) Zeigen Sie, dass die Differenz der tatsächlich abgegebenen und der ideal möglichen mechanischen Energie gleich $T_k \Delta S_U$ ist (T_k: Temperatur des kälteren Reservoirs, ΔS_U: Entropieänderung des Universums).

7. Durch das nebenstehende V-p-Diagramm ist ein Kreisprozess charakterisiert. Die Zustandsänderungen A → B und C → D erfolgen isotherm.

   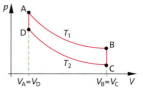

   a) Beschreiben Sie die vier Phasen mithilfe der Zustandsvariablen und geben Sie die Gesetzmäßigkeiten an, mit denen die Variablen verknüpft sind. Stellen Sie die Energiebilanzen für die vier Phasen auf.
   b) Skizzieren Sie den Prozess in einem T-p-, T-V- und T-S-Diagramm und geben Sie die Durchlaufrichtung an.
   c) Bestimmen Sie den Wirkungsgrad des Prozesses 1. unter der Annahme, dass die bei der Abkühlung abgegebene Wärmeenergie später wieder zur Erwärmung verwendet wird, und 2. unter der Annahme, dass die bei der Abkühlung abgegebene Wärmeenergie „verloren" ist.

8. Eine Wärmepumpe kann durch einen Elektromotor oder durch einen Gasmotor betrieben werden. Die Energie soll bei 10 °C der Luft entzogen und bei 65 °C dem Heizungssystem zugeführt werden.
   a) Berechnen Sie den Anteil der dem Heizungssystem zugeführten Energie, der aus der Luft stammt.
   b) Entscheiden Sie, welche Anlage billiger arbeitet, wenn 82% der elektrischen Energie der Wärmepumpe zugeführt werden und der Preis für 1 kWh 14,5 Ct beträgt bzw. wenn 35% der Energie des Gases der Wärmepumpe als mechanische Energie zugeführt werden und der Preis für 1 kWh 3,3 Ct beträgt.
   c) Bestimmen Sie den Wirkungsgrad der Anlage mit dem Gasmotor, wenn von der beim Betrieb des Motors anfallenden Abwärme 80% ebenfalls dem Heizungssystem zugeführt werden.

9. Zwei Wärmekraftmaschinen seien in Reihe geschaltet, wie es die Abbildung zeigt. Die Wärmeenergieabgabe der ersten Maschine ist gleich der Wärmeenergiezufuhr der zweiten Maschine. Die Wirkungsgrade der Maschinen seien η_1 bzw. η_2.
   a) Zeigen Sie, dass der gesamte Wirkungsgrad gegeben ist durch $\eta = \eta_1 + (1 - \eta_1)\eta_2$.
   b) Zeigen Sie unter der Annahme, dass beide Maschinen reversibel arbeiten und $T_k < T_m < T_w$ ist, dass für den Gesamtwirkungsgrad gilt: $\eta = 1 - T_k/T_w$.

5 ELEKTRISCHE LADUNG UND ELEKTRISCHES FELD

Bereits im Altertum war bekannt, dass ein Stück Bernstein nach dem Reiben mit Stoff kleine Staubteilchen anzieht. Um 1600 prägte der Leibarzt von Königin Elisabeth I. von England, William GILBERT (1544–1603), nach dem griechischen Wort „elektron" für Bernstein den Begriff **Elektrizität.** In der Folgezeit entwickelte sich dann die Lehre von der Elektrizität von einer rein phänomenologischen zu einer wissenschaftlichen Disziplin, die nach den Ursachen für die beobachteten Phänomene fragt. Wie stets in der Physik wurde dieser Weg von Modellbildungen begleitet. Die Begriffe **elektrische Ladung** und **elektrisches Feld** erwiesen sich dabei als zentral. Die elektrische Ladung stellt eine fundamentale Eigenschaft jeglicher Materie dar; elektrische Felder beschreiben die Kraftwirkungen, die auf elektrische Ladungen ausgeübt werden.

5.1 Das elektrische Feld

Die Kraft zwischen elektrisch geladenen Körpern ist zunächst – wie auch die Gravitationskraft (→ 2.2.1) – als Fernkraft aufgefasst worden, d.h. als Kraft, die unmittelbar und ohne zeitliche Verzögerung von einem elektrisch geladenen Körper auf einen anderen wirkt **(Fernwirkung).** Michael FARADAY (1791–1867) deutete die elektrischen Kräfte als Wirkung eines Zustandes des Raumes auf elektrisch geladene Körper **(Nahwirkung).** Der Raumbereich, in dem auf eine elektrische Ladung eine Kraft ausgeübt wird, heißt nach FARADAY **elektrisches Feld.** Sind Stärke und Richtung des elektrischen Feldes in einem Punkt des Raumes und die elektrische Ladung eines Körpers, der sich in diesem Punkt befindet, bekannt, so lässt sich die elektrische Kraft auf diesen geladenen Körper bestimmen.

5.1.1 Elektrische Ladungen

Bereits einfache Experimente zeigen, dass in der Umgebung elektrisch geladener Körper auf andere elektrisch geladene Körper Kräfte ausgeübt werden.

Versuch 1: Ein Kunststoffstab wird an einem Ende mit einem Fell gerieben und frei drehbar waagerecht an einem Faden aufgehängt. Von einem anderen, gleichartig geriebenen Kunststoffstab wird dieser abgestoßen, vom Fell angezogen. Wird als zweiter Körper jedoch ein mit Seide geriebener Glasstab verwendet, so ziehen sich der Kunststoff- und der Glasstab an, wohingegen der Glasstab vom Fell abgestoßen wird. Ebenso stoßen sich gleichartig geriebene Glasstäbe ab.

Erklärung: Durch die intensive Berührung der zunächst neutralen Körper, die jeweils eine gleich große Menge an positiver wie an negativer Ladung enthalten, gehen negativ geladene Elektronen von einem Körper auf den anderen über. Auf den ursprünglich neutralen Körpern entsteht ein Elektronenüberschuss bzw. ein Elektronenmangel – die Körper sind elektrisch negativ (Elektronenüberschuss) bzw. elektrisch positiv (Elektronenmangel) geladen. Der Kunststoffstab ist negativ und der Glasstab positiv aufgeladen. ◄

> Es gibt positive und negative elektrische Ladungen. Ein elektrisch neutraler Körper besitzt gleich viel positive wie negative Ladung. **Positiv** geladene Körper weisen einen Elektronenmangel, **negativ** geladene einen Elektronenüberschuss auf.
> In der Umgebung eines elektrisch geladenen Körpers existiert ein **elektrisches Feld;** in ihm wirkt auf eine andere Ladung eine Kraft.
> Diese Kraft ist anziehend, falls die Ladung ungleichnamig, und abstoßend, falls die Ladung gleichnamig zur felderzeugenden Ladung ist.

Mit einem Elektroskop kann die elektrische Ladung eines Körpers nachgewiesen werden. Der Zeigerausschlag ist ein Maß für die Größe der Ladung auf dem Elektroskop.

Versuch 2: Auf zwei Elektroskope **(Abb. 187.1)** werden zwei elektrisch neutrale Kugeln montiert, die durch einen Metalldraht, in den eine Glimmlampe eingebaut ist, verbunden sind. Der linken Metallkugel wird zunächst ein negativ geladener Stab genähert, ohne sie zu berühren. Die Gasfüllung der Glimmlampe leuchtet um die linke Elektrode herum kurzzeitig schwach auf und die Elektroskope zeigen für beide Kugeln eine gleich große Aufladung an. Wird die Verbindung durch den Metalldraht zwischen beiden Kugeln unterbrochen und anschließend der geladene Stab aus der Nähe der Kugel entfernt, so bleibt die Aufladung der Kugeln erhalten. Bei einer erneuten Verbindung der Metallkugeln durch den Metalldraht mit Glimmlampe geht die Aufladung der Kugeln zurück und die Gasfüllung der Glimmlampe leuchtet (diesmal in der Umgebung der anderen Elektrode) während der Entladung schwach auf.

Erklärung: Da keine Ladungen von außen auf die Kugeln geflossen sind, waren die gemessenen Ladungen bereits vorher auf den elektrisch neutralen Kugeln vorhanden. Im elektrischen Feld des negativ geladenen Stabes wirkt auf die auf den Kugeln und in der leitenden Verbindung frei beweglichen negativen Elektronen eine abstoßende Kraft; die dem Stab zugewandte Kugel wird positiv, die ihm abgewandte negativ aufgeladen. Dieser Vorgang wird **Influenz** genannt. Die bewegten Elektronen regen die Gasfüllung in der Glimmlampe zum Leuchten an. Werden die aufgeladenen Kugeln erneut verbunden, so gleichen sich die Ladungen der Kugeln aus, indem von der zunächst negativ geladenen Kugel so lange Elektronen zur positiv geladenen fließen, bis beide Kugeln elektrisch neutral sind. Durch die Glimmlampe fließt dabei der Strom der Elektronen in umgekehrter Richtung. ◂

> Körper, auf denen elektrische Ladungen frei beweglich sind, heißen **elektrische Leiter**.
> Als **elektrische Influenz** wird die räumliche Ladungstrennung in einem leitenden Körper unter dem Einfluss der von einem elektrischen Feld auf die frei beweglichen Ladungen ausgeübten elektrischen Kräfte bezeichnet.
> Bewegte elektrische Ladungen stellen einen **elektrischen Strom** dar.

Die Erde lässt sich als unendlich großer Leiter auffassen. Ein Leiter, der die Erde berührt, wird *geerdet* genannt. Ein geerdeter Leiter kann durch elektrische Influenz aufgeladen werden: Wird ein positiv geladener Stab einem geerdeten leitenden Körper genähert, so fließen Elektronen aus der Erde auf den Körper. Nach Unterbrechung der Erdung ist der Körper negativ geladen.

Auch auf nicht leitende Körper (Isolatoren) übt ein elektrisches Feld eine Wirkung aus: Da auf ihnen Ladungen nicht frei verschiebbar sind, richten sich die (im neutralen Atom oder Molekül) aneinander gebundenen Ladungen unter dem Einfluss der äußeren elektrischen

187.1 Durch elektrische Influenz werden in einem Leiter Ladungen räumlich getrennt.

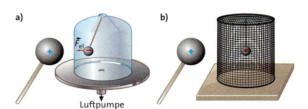

187.2 a) Ein elektrisches Feld besteht auch im Vakuum, wird aber **b)** durch ein Metallgitter abgeschirmt.

Kraft lediglich aus. Es entstehen **elektrische Dipole**, die an den Außenflächen des Körpers (wie beim Leiter durch Influenz) Ladungen an der Oberfläche hervorrufen. Dieser Vorgang wird **elektrische Polarisation** genannt.

Versuch 3: Einer kleinen geladenen Kugel, die an einem isolierenden Faden unter einer Glasglocke hängt, wird eine geladene Metallkugel genähert (**Abb. 187.2 a**). Dann wird die Luft aus der Glocke herausgepumpt.
Beobachtung: Vor und nach dem Evakuieren der Luft aus der Glasglocke wirkt dieselbe elektrische Kraft. ◂

> Ein elektrisches Feld besteht auch im materiefreien Raum.

Versuch 4: Eine kleine geladene Kugel wird unter einer aus Drahtgeflecht hergestellten Haube isoliert aufgehängt. Die das elektrische Feld erzeugende elektrisch geladene Metallkugel wird in die Nähe der Drahthaube gebracht (**Abb. 187.2 b**).
Beobachtung: Die geladene Probekugel zeigt keine Auslenkung. ◂

> Das elektrische Feld wird durch die Metallhaube abgeschirmt. Der Raum innerhalb eines solchen **Faradaykäfigs** ist feldfrei.

Anders als Gravitationsfelder lassen sich elektrische Felder abschirmen.

5.1.2 Messung elektrischer Ladungen

Da dem Menschen ein Sinnesorgan für die direkte Wahrnehmung der Elektrizität fehlt, kann nur indirekt aus ihren Wirkungen auf ihr Vorhandensein geschlossen werden. Da elektrischer Strom bewegte elektrische Ladung ist, kann über die Messung der Stromstärke die geflossene Ladung bestimmt werden. Elektrische Ströme lassen sich an ihrer Wärmewirkung, an ihrer chemischen und an ihrer magnetischen Wirkung erkennen. Alle diese Wirkungen können zur Messung des elektrischen Stromes herangezogen werden. Drehspulinstrumente nutzen zum Beispiel die magnetische Wirkung des elektrischen Stromes zu seiner Messung aus.

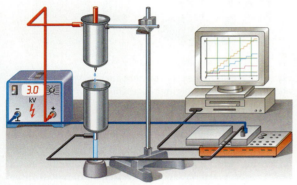

188.1 Durch elektrisch geladene Wassertropfen werden Ladungen transportiert: Es fließt elektrischer Strom.

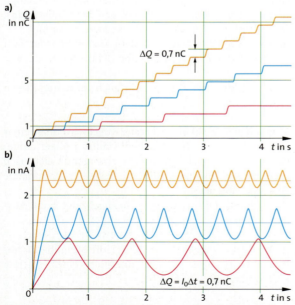

188.2 Messung der **a)** Ladungszunahme, **b)** des Stromstärkenverlaufs bei drei verschiedenen Tropffrequenzen

Versuch 1: Ein mit Wasser gefüllter Becher ist mit dem positiven Pol einer Ladungsquelle verbunden. Durch eine feine Öffnung im Boden des Bechers tropft Wasser, das ein wenig elektrisch aufgeladen ist, in einen isoliert aufgestellten Metallbecher – einen Faraday-Becher. Dieses Gefäß wird über ein computerunterstütztes Messinterface, das wahlweise die Stromstärke oder die Ladung auf dem isolierten Becher messen kann, mit dem geerdeten negativen Pol der Ladungsquelle verbunden (**Abb. 188.1**). Mit einem Glashahn kann die Tropffrequenz verändert werden.

Beobachtung: **Abb. 188.2 a)** zeigt den zeitlichen Verlauf der Ladungszunahme für drei verschiedene Tropffrequenzen, **Abb. 188.2 b)** den der gemessenen Stromstärken. Die Ladung des Faraday-Bechers nimmt schrittweise zu, alle Tropfen tragen die gleiche Ladung. Die Stromstärke schwankt jeweils um einen Mittelwert I_0, der von der Anzahl der Tropfen, die je Zeiteinheit in den Becher fallen, abhängt. Diese Mittelwerte sind umso größer, je mehr Tropfen in einer bestimmten Zeit Δt fallen: Fallen 4 (bzw. 9 oder 15) Tropfen in jeweils 4,5 s, so fällt ein Tropfen in der Zeit $\Delta t = 1{,}13$ s (bzw. 0,5 s oder 0,3 s) und die mittlere Stromstärke ist $I_0 = 0{,}6$ nA (bzw. 1,4 nA oder 2,3 nA) (**Abb. 188.2 b**). Die Messergebnisse zeigen, dass das Produkt aus der mittleren Stromstärke I_0 und der Zeitspanne Δt je Tropfen konstant ist: $I_0 \Delta t \approx 0{,}7$ nAs. Da die Ladung des Faraday-Bechers je Tropfen um $\Delta Q \approx 0{,}7$ nC ansteigt, kann dieser Wert mit $I_0 \Delta t$ identifiziert werden. ◄

Eine weitere Erhöhung der Tropffrequenz führt zu einer immer besseren Annäherung des t-Q-Diagramms an eine Ursprungsgerade (**Abb. 188.2 a**). Ihre Steigung $\Delta Q / \Delta t$ ist die mittlere Stromstärke I_0. Damit lässt sich folgender Zusammenhang zwischen elektrischem Strom und elektrischer Ladung formulieren.

> Bei einem konstanten elektrischen Strom der Stärke I fließt während der Zeit Δt die elektrische Ladung
>
> $\Delta Q = I \Delta t$.

Die Ladung ΔQ kann im t-I-Diagramm als Fläche unter der Stromstärkekurve dargestellt werden. Ist die Stromstärke I konstant, so stellt der Rechteckinhalt $I \Delta t$ die Ladung ΔQ dar, die in der Zeit Δt geflossen ist.

Die Einheit der elektrischen Stromstärke ist eine SI-Grundeinheit und wird nach André Marie AMPÈRE (1775–1836) benannt: $[I] = 1$ A (1 Ampere). Die Einheit der elektrischen Ladung $[Q] = 1$ As (1 Amperesekunde) = 1 C (1 Coulomb) ist nach $\Delta Q = I \Delta t$ eine abgeleitete Einheit und trägt ihren Namen zu Ehren von Charles DE COULOMB (1736–1806).

Zusammenhang zwischen Ladung und veränderlicher Stromstärke

Ist die Stärke des fließenden Stromes zeitlich nicht konstant, so wird das Zeitintervall $[t_1;t_2]$, für das die insgesamt geflossene Ladung Q bestimmt werden soll, in n gleich große Teilintervalle zerlegt, wobei die Anzahl n so groß gewählt wird, dass die Stromstärken in guter Näherung auf den Teilintervallen jeweils durch einen konstanten Mittelwert ersetzt werden können. Die im Verlauf des i-ten Zeitintervalls geflossene Ladung ist dann $\Delta Q_i = I_i \Delta t$. Die Summe über alle Teilintervalle

$$Q = \sum_{i=1}^{n} \Delta Q_i = \sum_{i=1}^{n} I_i \Delta t$$

liefert einen umso genaueren Näherungswert für die im gesamten Zeitintervall $[t_1;t_2]$ geflossene Ladung Q, je feiner die Unterteilung in Teilintervalle ist. Für den Grenzwert ($n \to \infty$) nähert sich die Summe dem Integral

$$Q = \int_{t_1}^{t_2} I(t)\,dt.$$

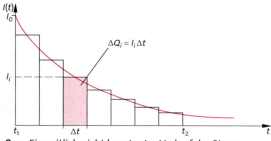

189.1 Ein zeitlich nicht konstanter Verlauf der Stromstärke I, bei dem der rot getönte Rechteckinhalt die in der Zeit Δt geflossene Ladung ΔQ darstellt.

Umgekehrt lässt sich aus dem zeitlichen Verlauf der fließenden Ladung $Q(t)$ im t-Q-Diagramm die momentane Stromstärke $I(t)$ gewinnen:

> Die elektrische Stromstärke $I(t)$ ergibt sich als die Ableitung der Zeit-Ladung-Funktion $Q(t)$ nach der Zeit t:
> $$I(t) = \frac{dQ(t)}{dt} = \dot{Q}(t)$$

Aufgaben

1. Berechnen Sie die Ladung, die insgesamt durch den Leiterquerschnitt geflossen ist, wenn 5 min und 12 s lang die konstante Stromstärke $I = 1,8$ mA gemessen wurde.
2. Eine Batterie kann eine Ladung von 88 Ah abgeben. Berechnen Sie die Zeitdauer, in der ihr ein Strom von 0,5 A entnommen werden kann.
3. Bei der Entladung eines Kondensators ergeben sich die unten stehenden Messwerte. Stellen Sie die Messwerte grafisch dar (Millimeterpapier) und bestimmen Sie die abgeflossene Ladung Q.

t in s	0	4	8	12	16	20	24
I in µA	50	43	35	29	24	20	17

t in s	28	32	36	40	44	48	52
I in µA	14	12	10	9	7,5	6	5

4. Erläutern Sie, wie sich im t-Q-Diagramm die Stromstärke zu einem bestimmten Zeitpunkt t ablesen lässt.
5. Der zeitliche Verlauf der Stromstärke in einem Draht ist $I(t) = 1\,\text{A} + (3\,\text{A/s}^2)\,t^2$. Bestimmen Sie die Ladung, die durch den Draht in der Zeit von $t = 0$ s bis $t = 10$ s transportiert wird, und die Stärke eines zeitlich konstanten Stroms, der in dieser Zeitspanne die gleiche Ladung durch den Draht transportiert.

Exkurs

Die gesetzliche Ampere-Definition

Zu den bekannten Grundgrößen der Mechanik Länge, Masse und Zeit tritt im internationalen Einheitensystem SI die **Stromstärke** I als vierte Basisgröße hinzu. Zu ihrer Definition wird die Tatsache ausgenutzt, dass sich zwei parallel verlaufende Leiter, die gleichsinnig von einem Strom durchflossen werden, aufgrund der in ihrem Magnetfeld wirkenden Lorentz-Kräfte ($\to$ 6.1.3) anziehen.

Die gesetzliche SI-Definition der Einheit der Stromstärke lautet: *Das Ampere ist die Stärke eines konstanten elektrischen Stromes, der, durch zwei parallele, geradlinige, unendlich lange und im Vakuum im Abstand von einem Meter voneinander angeordnete Leiter von vernachlässigbar kleinem, kreisförmigem Querschnitt fließend, zwischen diesen Leitern je einem Meter Leiterlänge die Kraft $2 \cdot 10^{-7}$ Newton hervorrufen würde.*

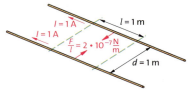

Praktisch lässt sich diese Messvorschrift natürlich wegen der „unendlich langen Leiter" nicht realisieren. Dennoch kann diese Definition auf die Kraftwirkung zwischen stromdurchflossenen Spulen übertragen und so das Ampere mit hinreichender Genauigkeit dargestellt werden. Der Grund für die gewählte Definition liegt in dem Vorteil begründet, dass sie das Ampere an die mechanischen Basisgrößen anschließt.

Heutzutage wird eine noch genauere Darstellung des Ampere angestrebt. Es wird versucht, die Definition des Ampere an Naturkonstanten anzubinden, die sich mit immer größerer Präzision bestimmen lassen. Vielversprechend ist hier die Nutzung makroskopischer Quanteneffekte, was derzeit aber noch nicht mit der notwendigen Genauigkeit gelingt.

Das elektrische Feld

5.1.3 Die elektrische Feldstärke

In der Umgebung elektrisch geladener Körper existieren elektrische Felder. Elektrische Felder werden durch die Kräfte, die sie auf kleine Körper mit nur geringer elektrischer Ladung ausüben, untersucht. Diese sogenannten „Probeladungen" reagieren sehr empfindlich auf elektrische Felder, verändern sie aber wegen ihrer geringen Größe und Ladung nicht. Größere Ladungen können dagegen durch Influenz andere Ladungen verschieben und damit das zu untersuchende Feld verändern.

> Eine **Probeladung** ist ein elektrisch geladener Körper, dessen elektrisches Feld so schwach ist, dass es nicht in der Lage ist, elektrische Ladungen in der Umgebung der Probeladung zu verschieben.

Im folgenden Versuch wird die Kraft gemessen, die ein elektrisches Feld auf eine Probeladung ausübt. Für die Probeladung wird das Symbol q verwendet, um sie von der felderzeugenden Ladung Q zu unterscheiden.

Versuch 1: Eine kleine Metallkugel, die isoliert an einem Kraftmesser angebracht ist, wird aufgeladen und in das Feld einer großen geladenen Kugel gebracht. Die durch das Feld auf die kleine Metallkugel ausgeübte Kraft F und ihre Ladung q werden gemessen (**Abb. 190.1**). Die Messung wird an derselben Stelle des Feldes für verschiedene Probeladungen q wiederholt.
Ergebnis: Die Kraft F ist der Ladung q des Körpers proportional: $F \sim q$. ◀

Während die Kraft F auf eine Probeladung von der Größe der Ladung q abhängt, folgt aus der Proportionalität die Konstanz des Quotienten F/q und damit die Unabhängigkeit dieses Wertes von der in das Feld gebrachten Ladung q. Seine Größe kann das Feld an dem betrachteten Punkt beschreiben: Das Feld wird als „stärker" bezeichnet, wenn auf die gleiche Probeladung eine größere Kraft wirkt, wenn also F/q einen größeren Wert hat.

> Die **elektrische Feldstärke** $\vec{E}$ ist der Quotient aus der elektrostatischen Kraft $\vec{F}$, die eine positive Probeladung q im betrachteten Punkt des Feldes erfährt, und der Ladung q:
> $$\vec{E} = \frac{\vec{F}}{q}$$

Die Einheit der elektrischen Feldstärke ist $[E] = 1$ N/C. Die Feldstärke kann mit speziellen Messgeräten direkt gemessen werden (→ 5.1.5).

Ist die elektrische Feldstärke $\vec{E}$ an einem Ort bekannt, so kann die Kraft $\vec{F}$ auf eine positive oder negative Ladung q, die sich an diesem Ort befindet, berechnet werden:
$$\vec{F} = q\vec{E}$$

Die elektrische Feldstärke $\vec{E}$ ist eine vektorielle Größe, deren Richtung mit der Richtung der Kraft $\vec{F}$ auf einen positiv geladenen Körper übereinstimmt; für negativ geladene Körper sind $\vec{E}$ und $\vec{F}$ entgegengerichtet.

Aufgaben

1. Berechnen Sie die elektrische Feldstärke E an einem Ort, an dem auf einen Körper mit der Ladung $q = 26$ nC die Kraft $F = 37$ μN wirkt.
2. Berechnen Sie die Kraft, die ein Körper mit der Ladung $q = 78$ nC in einem Feldpunkt mit der Feldstärke $E = 810$ kN/C erfährt.
3. Ein elektrisches Feld der Stärke 180 N/C sei senkrecht zur Erdoberfläche nach unten gerichtet.
   a) Vergleichen Sie die elektrostatische Kraft auf ein Elektron ($q = -1{,}6 \cdot 10^{-19}$ C, $m = 9{,}1 \cdot 10^{-31}$ kg) mit der nach unten gerichteten Gravitationskraft und bestimmen Sie den Betrag und die Richtung der Beschleunigung, die das Elektron erfährt.
   b) Bestimmen Sie die Ladung einer Münze der Masse $m = 3$ g, sodass die durch dieses Feld bewirkte Kraft die Gravitationskraft ausgleicht.
*4. Ein Körper mit der Ladung $q = 4$ nC befindet sich an einem Ort, an dem sich zwei zueinander orthogonale elektrische Felder $E_1 = 10$ N/C, $E_2 = 5{,}77$ N/C überlagern. Bestimmen Sie Richtung und Stärke eines elektrischen Feldes, das an diesem Ort die Kraftwirkungen auf die Ladung gerade kompensiert.

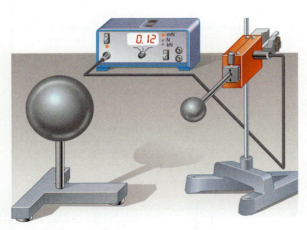

q in nC	160	77	38	18
F in mN	1,05	0,51	0,25	0,12
F/q in kN/C	6,56	6,62	6,58	6,67

190.1 Versuchsanordnung zur Messung der Kraft F, die das elektrische Feld in der Umgebung der großen Kugel auf eine Probeladung ausübt, und die Messwerte

Exkurs

Die Entstehung von Gewittern

Gewitter entstehen, wenn die Wolken gegenüber der Erde oder Wolkenteile gegeneinander so stark aufgeladen sind, dass die Durchschlagfeldstärke der Luft (etwa 10 kN/C) überschritten wird.

Der Mechanismus der Ladungstrennung ist bis heute nicht vollständig geklärt. Folgende Vorgänge spielen dabei jedoch eine wesentliche Rolle:

Durch das Zusammentreffen warmer und kalter Luftmassen in der Erdatmosphäre entstehen starke vertikale Luftströmungen. Sie transportieren elektrisch geladene Staub- und Eispartikel und vor allem auch Wassertropfen. Die Teilchen werden im normalen elektrischen Erdfeld (Feldstärke etwa 100 N/C) zu Dipolen influenziert, deren positive Ladung sich wegen der negativen Aufladung der Erde auf der Unterseite befindet. Größere Tropfen und Hagelkörner fallen aufgrund ihres Gewichtes nach unten. Dabei lagern sich an der in Fallrichtung positiv geladenen Fläche überwiegend negative Ionen an. Die positiven Ionen werden abgestoßen; ihre Beweglichkeit ist jedoch nicht groß genug, um die Rückseite der vorbeifallenden Tröpfchen zu erreichen. Kleinere Partikel, wie auch Eiskristalle, werden von der vertikalen Luftströmung nach oben befördert und laden sich aus gleichem Grund positiv auf. Daher werden obere Wolkenschichten vornehmlich positiv, untere meistens negativ aufgeladen, wobei auch an der Basis der Wolken positiv geladene Bereiche auftreten. Ladungen in erdnahen Wolken erzeugen durch Influenz auf der Erdoberfläche entgegengesetzt geladene Gebiete, sogenannte „Schatten".

Die Entladung wird entweder von einer Wolke zur Erde oder von Wolke zu Wolke durch einen Funken ausgelöst, der sich zu zackig verzweigten Kanälen ausweitet (Bild oben links). Die Abwärtsentladung initiiert häufig einen Rückschlag, der von einer exponierten Stelle der Erdoberfläche als Aufwärtsentladung verzweigt nach oben wächst (Bild oben rechts). Es kommt zu einer Überhitzung und plötzlichen Expansion der Luft. Dadurch werden Stoßwellen und damit der Donner erzeugt.

Ein Blitz transportiert im Mittel etwa 10 C Ladung. Bei einer Blitzdauer von 0,1 ms entspricht das einem kurzzeitigen Strom von 100 kA. Es kommt im Blitzkanal zu Spitzentemperaturen von 30 000 °C.

Das elektrische Feld

5.1.4 Radialsymmetrische Felder

Zu den wichtigsten elektrischen Feldern gehört das Feld einer frei und isoliert aufgestellten geladenen Kugel. Im folgenden Versuch wird die Struktur dieses Feldes durch die Kräfte untersucht, die Ladungen in diesem Feld erfahren.

Versuch 1: Zwei gleiche, kleine Metallkugeln (Radius 2 cm) werden mit gleicher positiver Ladung ($q = Q = 43$ nC) aufgeladen. Die eine ist isoliert an einem Kraftmesser angebracht, die andere kann in unterschiedliche Abstände r zur ersten gebracht werden. Durch den empfindlichen Kraftsensor lässt sich die abstoßende Kraft messen, die das elektrische Feld der einen Kugel auf die andere ausübt (**Abb. 192.1**). Da für kleine Abstände die Ladungsverteilung auf den Kugeln durch Influenz verändert wird und anziehende Kräfte auftreten, werden die Messungen nur bis zu einem Abstand von etwa 10 cm durchgeführt.

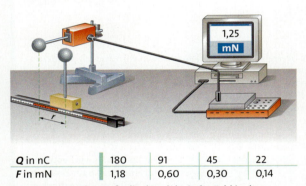

Q in nC	180	91	45	22
F in mN	1,18	0,60	0,30	0,14

192.1 Messung der Kraft, die das elektrische Feld in der Umgebung einer geladenen Kugel auf eine zweite ausübt, und zugehörige Messwerte

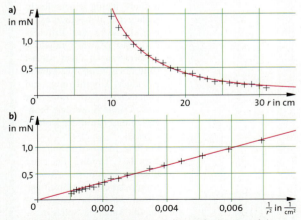

192.2 Abhängigkeit des Betrages F der Kraft, die eine elektrische Ladung im Feld einer anderen erfährt, **a)** von r, **b)** von $\frac{1}{r^2}$

Beobachtung: Den gemessenen Zusammenhang zwischen dem Abstand r der Kugelmittelpunkte und dem Betrag F der abstoßenden Kraft gibt **Abb. 192.2 a)** wieder. In **Abb. 192.2 b)** ist F über $1/r^2$ aufgetragen, wobei sich ein proportionaler Zusammenhang ergibt.
Ergebnis: Die Kraft F, die eine geladene Kugel im elektrischen Feld einer anderen erfährt, ist zum Quadrat des Abstandes r ihrer Mittelpunkte umgekehrt proportional: $F \sim 1/r^2$. Für $q = Q = 43$ nC ergibt sich aus den Messwerten $F = 1{,}59 \cdot 10^{-5}$ Nm² $\cdot \frac{1}{r^2}$. ◄

Der folgende Versuch untersucht die Abhängigkeit der Kraft F auf die Ladung q von der Größe der felderzeugenden Ladung Q.

Versuch 2: Mit der Versuchsanordnung aus Versuch 1 in → **Abb. 190.1** wird der Betrag F der durch das elektrische Feld der Ladung Q auf die kleine geladene Metallkugel ausgeübten Kraft in Abhängigkeit von der Ladung Q gemessen, wobei die Größe der Probeladung q und ihr Ort unverändert bleiben.
Ergebnis: Die Kraft F, die vom Feld einer Ladung Q auf einen Körper mit der Ladung q ausgeübt wird, ist der felderzeugenden Ladung Q proportional: $F \sim Q$. Da nach → 5.1.3 die Kraft F bei konstanter felderzeugender Ladung Q auch zur Größe der Probeladung q proportional ist, ist die Kraft F zum Produkt der Ladungen Q und q proportional: $F \sim Qq$. ◄

Damit ist die Kraft F, die das Feld einer geladenen Kugel mit der Ladung Q auf eine Probeladung mit der Ladung q ausübt, deren Mittelpunkt sich im Abstand r vom Mittelpunkt der Kugel befindet, durch $F = kQq/r^2$ gegeben. Die Feldstärke am Ort der Probeladung ist

$$E = \frac{F}{q} = \frac{kQ}{r^2}.$$

Da die Feldstärke E für alle Punkte im Abstand r vom Mittelpunkt der Kugel, die die Ladung Q trägt, den gleichen Wert hat, wird dieses Feld **radialsymmetrisch** genannt. Die Ladung Q ist die **felderzeugende Ladung**.

Den Einfluss der Größe der Kugel, die die felderzeugende Ladung trägt, auf das sie umgebende radialsymmetrische Feld untersucht der folgende Versuch.

Versuch 3: Eine Kugel, die die felderzeugende Ladung Q trägt, wird von zwei hohlen, isolierten, ungeladenen, metallischen Halbkugeln mit dem Radius R umschlossen (**Abb. 193.1**).
Mit einem empfindlichen Ladungsmessgerät wird von der Außenfläche der beiden geschlossenen, am Anfang neutralen Halbkugeln die Ladung Q' abgenommen.
Die Ladung Q' auf der umschließenden Hohlkugel ist gleich der Ladung Q auf der inneren Kugel.

Erklärung: Durch Influenz werden die Ladungen auf der Kugelschale so lange getrennt, bis das elektrische Feld im Metall zwischen der Innen- und Außenfläche verschwunden ist. Nach außen wirkt nur die influenzierte Ladung Q' auf der Außenfläche der umschließenden Kugelschale. Damit kann das Feld im Abstand $r > R$ als durch die Ladung Q' auf der Kugelschale mit dem Radius R erzeugt angesehen werden. ◂

Schrumpft die Kugel, die die felderzeugende Ladung Q trägt, auf ihren Mittelpunkt zusammen, liegt also eine **Punktladung** Q vor, so ändert sich an dem radialsymmetrischen Feld, das sie umgibt, nichts. Eine Ladung Q auf einer Kugel mit dem Radius R ist im Abstand $r > R$ von demselben radialsymmetrischen Feld umgeben wie eine punktförmige Ladung Q, die im Mittelpunkt der Kugel konzentriert ist.

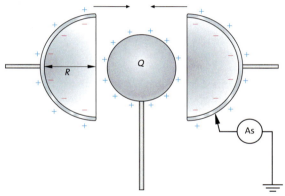

193.1 Bestimmung der Flächenladungsdichte auf einer Kugelschale mit dem Radius R

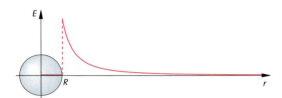

193.2 Die Feldstärke des radialsymmetrischen Feldes nimmt mit dem Quadrat der Entfernung ab. Im Inneren der Kugel ist, anders als im Gravitationsfeld, $E = 0$.

Da die Ladung auf der leitenden Kugeloberfläche gleichmäßig verteilt ist, hat der Quotient aus der auf der Oberfläche sitzenden Ladung und der Fläche, die sogenannte **Flächenladungsdichte** σ, den Wert $\sigma = Q/(4\pi r^2)$. Die Flächenladungsdichte σ wird durch die Feldstärke $E = kQ/r^2$ im Abstand r von der felderzeugenden Punktladung Q hervorgerufen. Da die felderzeugende Ladung mit der Ladung auf der Oberfläche übereinstimmt, folgt aus den Gleichungen für σ und E:

$\sigma = Q/(4\pi r^2) = E r^2/(4\pi k r^2) = E/(4\pi k)$

σ und E sind demnach zueinander proportional. Der Proportionalitätsfaktor $\varepsilon_0 = 1/(4\pi k)$ hat nach den Messungen aus Versuch 1 den Wert

$\varepsilon_0 = \dfrac{1}{4\pi k} = \dfrac{\sigma}{E} = \dfrac{Qq}{4\pi r^2 F} \approx \dfrac{(43\text{ nC})^2}{4\pi \cdot 1{,}59 \cdot 10^{-5}\text{ Nm}^2}$

$\varepsilon_0 \approx 9{,}3 \cdot 10^{-12} \dfrac{(\text{As})^2}{\text{Nm}^2}$.

Die Flächenladungsdichte σ und die Feldstärke E sind zueinander proportional:

$\sigma = \varepsilon_0 E$

Der Proportionalitätsfaktor $\varepsilon_0 = 1/(4\pi k)$ heißt **elektrische Feldkonstante** und hat nach genaueren Messungen den Wert

$\varepsilon_0 = 8{,}8542 \cdot 10^{-12} \dfrac{(\text{As})^2}{\text{Nm}^2}$.

Mit $k = \dfrac{1}{4\pi\varepsilon_0}$ und $E = k\dfrac{Q}{r^2}$ folgt $E = \dfrac{1}{4\pi\varepsilon_0}\dfrac{Q}{r^2}$.

Im radialsymmetrischen Feld einer punktförmigen Ladung Q ist die Feldstärke im Abstand r von der Ladung

$E = \dfrac{1}{4\pi\varepsilon_0}\dfrac{Q}{r^2}$.

Der Radiusvektor $\vec{r}$ zeigt stets von der felderzeugenden Ladung Q weg. Ist die felderzeugende Ladung Q positiv, so sind $\vec{E}$ und $\vec{r}$ parallel zueinander und $\vec{E}$ zeigt von Q weg; ist Q negativ, so sind $\vec{E}$ und $\vec{r}$ antiparallel zueinander und $\vec{E}$ zeigt zu Q hin.

Für die Funktion der elektrischen Feldstärke E in Abhängigkeit vom Abstand r außerhalb der Kugel ergibt sich eine Hyperbel 2. Ordnung (**Abb. 193.2**).

Wird in Versuch 3 die umschließende Kugelschale durch eine beliebige leitende Fläche ersetzt, die die felderzeugende Ladung Q umschließt, so stimmt auch hier die Ladung auf der Oberfläche mit Q überein.

Aufgaben

1. Begründen Sie: Im Inneren eines stromlosen Leiters, auf dem eine Ladung Q sitzt, ist die elektrische Feldstärke null.
2. Erklären Sie die Abschirmwirkung der Drahthaube in → **Abb. 187.2 b)**.
3. Bestimmen Sie die elektrische Kraft, die auf eine Punktladung $q = -2$ nC im elektrischen Feld der 2 cm entfernten Punktladung $Q = 10$ nC wirkt.

5.1.5 Messung elektrischer Felder

Die elektrische Influenz kann zur Messung der elektrischen Feldstärke genutzt werden.

Versuch 1: Zwei sehr kleine Metallplättchen an Isoliergriffen werden so in das radialsymmetrische Feld einer Kugel mit der Ladung Q gebracht, dass sie senkrecht zum Feld stehen (ihr Abstand zur Kugel ist im Vergleich zu den Abmessungen ihrer Fläche A' groß, **Abb. 194.1**). Die zunächst aufeinanderliegenden Plättchen werden dann – ohne sie zu verkanten – im Feld getrennt, aus dem Feld herausgenommen und auf ihre Ladung hin untersucht. Der Versuch wird am selben Ort für verschiedene Stellungen der Plättchenflächen zum Feld wiederholt.
Beobachtung: Die Ladungen Q' der beiden Plättchen sind entgegengesetzt und gleich groß; sie sind am größten, wenn die Plättchen senkrecht zum Feld stehen.
Erklärung: Stehen die Plättchen senkrecht zum Feld, so lassen sich die Plättchen als Teile der Innen- und Außenfläche einer leitenden Hohlkugel um die felderzeugende Ladung Q herum auffassen. Nach → 5.1.4 werden die Ladungen auf dieser Hohlkugel durch Influenz so getrennt, dass auf der Innen- und der Außenfläche die Flächenladungsdichte $\sigma = \varepsilon_0 E$ vorliegt (→ **Abb. 193.1**). Damit tragen die beiden Plättchen die Ladung

$$Q' = \sigma A' = \varepsilon_0 E A'.$$

Stehen die Plättchen nicht senkrecht zum Feld, so bewirkt nur die Komponente von $\vec{E}$, die senkrecht zu den Plättchen steht, die Influenz. Die Ladung auf den Plättchen ist dann kleiner und verschwindet ganz, wenn das Feld parallel zu den Platten verläuft. ◄

Da die Flächenladungsdichte σ auf einer solchen *elektrischen Doppelplatte* leichter als die Kraft auf eine Probeladung zu messen ist, wird diese Methode zur Messung elektrischer Felder benutzt. Die Doppelplatte wird dabei so in das Feld eingebracht, dass die auf ihr influenzierte Ladung maximal ist. In diesem Fall steht die Plättchenfläche senkrecht zu $\vec{E}$ und für die Ladungsdichte auf den Plättchen gilt $Q'/A' = \sigma = \varepsilon_0 E$.

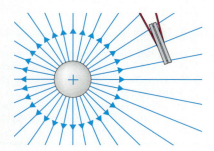

194.1 Messung elektrischer Felder mit Doppelplättchen

Exkurs

Der Laserdrucker

Laserdrucker, die 1971 erstmals von G. STARKWEATHER konstruiert wurden, basieren auf dem Prinzip der Elektrofotografie, das bereits 1938 von Ch. F. CARLSON zum Bau von Kopiergeräten verwendet wurde (Xerografie).
Das Kernstück eines Laserdruckers ist eine metallische Bildtrommel, die mit einem lichtempfindlichen Halbleiter beschichtet ist.
a) Diese Schicht wird bei hohen elektrischen Feldstärken gleichmäßig negativ aufgeladen. Um einen dünnen Draht herrscht eine sehr hohe Feldstärke, wodurch negative Ladungen aus dem Leiter austreten (→ 5.3.4).
b) Wird die lichtempfindliche Halbleiterschicht von Licht getroffen, so wird sie an diesen Stellen entladen. Bei kostengünstigen Geräten zeichnet das Licht einer LED-Zeile, bei teureren Geräten das eines durch ein elektronisch gesteuertes Spiegelsystem umgelenkten Laserstrahls das Druckbild auf die Bildtrommel. Die belichteten Stellen sind elektrisch neutral.
c) Negativ geladene, feine Tonerpartikel aus Kohlestaub und thermoplastischem Kunststoff haften nun auf den belichteten Stellen der Bildtrommel und werden von den nicht belichteten negativ geladenen Stellen abgestoßen.
d) Die Tonerpartikel werden von dem positiv vorgeladenen Papier abgegriffen, anschließend in einer Fixiereinheit bei hoher Temperatur verflüssigt und schließlich dauerhaft mit dem Papier verbunden.
e) Abschließend wird die Bildtrommel durch vollständige Belichtung und Entladung für den nächsten Druckvorgang vorbereitet. Bei Farblaserdruckern muss dieser Vorgang für jede Grundfarbe durchlaufen werden.

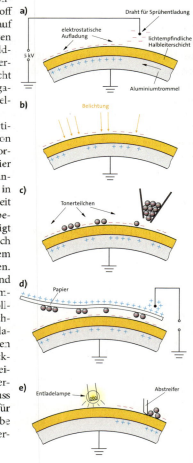

5.1.6 Das Coulomb'sche Gesetz

Das von der Punktladung Q_1 erzeugte radialsymmetrische Feld $E_1 = \frac{1}{4\pi\varepsilon_0}\frac{Q_1}{r^2}$ übt auf eine zweite Punktladung Q_2 im Abstand r von Q_1 die Kraft $F = Q_2 E_1$ aus. Damit ergibt sich das

> **Coulomb'sche Gesetz:** Die Kraft des radialsymmetrischen Feldes einer Punktladung Q_1 auf eine zweite Punktladung Q_2 ist dem Produkt der Ladungen direkt und dem Quadrat ihres Abstandes umgekehrt proportional:
> $$F = \frac{1}{4\pi\varepsilon_0}\frac{Q_1 Q_2}{r^2}$$

Wegen der Gleichheit von actio und reactio ist die Kraft, die das Feld der Ladung Q_1 auf die Ladung Q_2 ausübt, entgegengesetzt gleich der Kraft, die das Feld der Ladung Q_2 auf die Ladung Q_1 ausübt. Haben Q_1 und Q_2 ungleiche Vorzeichen, so ist diese Kraft anziehend, haben sie gleiche Vorzeichen, so ist sie abstoßend. Die Kraft wirkt parallel zur Verbindungslinie der beiden Punktladungen. Das Coulomb'sche Gesetz gilt im makroskopischen Bereich ebenso wie im Atom, wo es z. B. die Kraft zwischen dem positiv geladenen Kern und den negativ geladenen Elektronen beschreibt.

Dieses Kraftgesetz wurde 1785 von COULOMB mithilfe einer Drehwaage experimentell gefunden. Es hat die gleiche mathematische Form wie das Newton'sche Gravitationsgesetz und ist hinsichtlich der beiden elektrischen Ladungen symmetrisch.

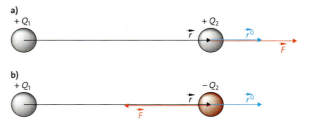

195.1 Kraft auf eine **a)** positive, **b)** negative Ladung Q_2 im Feld einer positiven Ladung Q_1

Da die Kraftwirkung längs der Verbindungslinie der beiden Ladungen verläuft, lässt sich vektoriell schreiben

$$\vec{F} = \frac{1}{4\pi\varepsilon_0}\frac{Q_1 Q_2}{r^2}\frac{\vec{r}}{r} = \frac{1}{4\pi\varepsilon_0}\frac{Q_1 Q_2}{r^2}\vec{r}^{\,0},$$

wobei $\vec{r}^{\,0} = \vec{r}/r$ der von Q_1 auf Q_2 gerichtete Einheitsvektor und $\vec{F}$ die Kraft ist, die das elektrische Feld von Q_1 am Ort $\vec{r}$ auf Q_2 ausübt (**Abb. 195.1**). Die Orientierung der Kraft wird durch das Vorzeichen der Ladung bestimmt. Da der Betrag der Kraft $\vec{F}$ nur vom Abstand r zum „Zentrum" Q_1 abhängt, wird $\vec{F}$ auch **Zentralkraft** genannt.

Das Coulomb'sche Gesetz gilt immer nur für je zwei Ladungen. Soll ein Feld bestimmt werden, das durch mehrere Punktladungen erzeugt wird, so werden die einzelnen Kräfte, die von den radialsymmetrischen Feldern der einzelnen Ladungen auf eine Probeladung wirken, durch Vektoraddition zu einer Gesamtkraft aufsummiert (→ **Abb. 197.3**).

Aufgaben

1. Berechnen Sie die Kraft, mit der ein geladener Körper im Feld eines gleich geladenen Körpers mit der Ladung
   a) $Q = 35\,\mu C$ im Abstand $r = 12$ cm, **b)** $Q = 1$ C im Abstand $r = 1$ m abgestoßen wird.
2. Der Abstand zwischen Proton und Elektron im H-Atom ist $d = 10^{-10}$ m. Das Proton trägt die Ladung $Q = 1{,}6 \cdot 10^{-19}$ C, das Elektron eine gleich große, aber negative Ladung.
   a) Berechnen Sie die anziehende Coulomb-Kraft, die das Elektron im elektrischen Feld des Protons erfährt.
   b) Berechnen Sie die anziehende Gravitationskraft, die das Elektron im Gravitationsfeld des Protons erfährt ($m_p = 1{,}7 \cdot 10^{-27}$ kg, $m_e = 9{,}1 \cdot 10^{-31}$ kg).
   c) Bestimmen Sie das Verhältnis der elektrostatischen Anziehungskraft zur Gravitationskraft. Erläutern Sie, ob das Verhältnis vom Abstand der Teilchen abhängt.
3. Zwei Punktladungen $Q_1 = +2$ C und $Q_2 = +8$ C haben den Abstand $d = 1$ m. Bestimmen Sie die Punkte, in denen die Feldstärke null ist.
4. An den Ecken eines Quadrats mit der Kantenlänge $a = 2$ cm befinden sich Punktladungen, wobei $Q = 4$ C sei.
   a) Bestimmen Sie die horizontale und die vertikale Komponente der resultierenden Kraft auf die Ladung in der rechten unteren Ecke des Quadrats.
   b) Bestimmen Sie die Richtung und den Betrag der elektrischen Feldstärke im Schnittpunkt der Diagonalen des Quadrats.

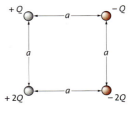

5. Zwei kleine Metallkugeln mit gleicher Masse m und gleicher Ladung Q hängen an zwei isolierenden Fäden der Länge l. Leiten Sie eine Formel für den Abstand d her, den die Kugeln im Gleichgewichtszustand voneinander haben, und bestimmen Sie für $l = 1$ m, $m = 1$ g und $d = 3$ cm die Ladung Q der Kugeln.

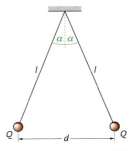

Das elektrische Feld

5.1.7 Darstellung elektrischer Felder

Da die elektrische Feldstärke $\vec{E}$ eine vektorielle Größe ist, ist neben dem Betrag auch die Richtung des Feldstärkevektors für die Beschreibung des elektrischen Feldes in einem Punkt maßgeblich. Eine geometrische Darstellung des elektrischen Feldes müsste also an jedem Punkt des Raumes einen Pfeil als Repräsentanten des elektrischen Feldstärkevektor „anheften", dessen Länge dem Betrag und dessen Richtung der Richtung des elektrischen Feldstärkevektors in diesem Punkt entspricht (**Abb. 196.1a**). Interessiert nur der Betrag der Feldstärke in jedem Punkt, so lassen sich die Verhältnisse etwa durch eine unterschiedliche Tönung darstellen. Dunklere Flächen kennzeichnen Stellen, an denen der Feldstärkebetrag größer ist (**Abb. 196.1b**). Die heute übliche Form der Darstellung elektrischer Felder (**Abb. 197.2** und **Abb. 197. 3**) geht auf FARADAY zurück und wurde durch die folgenden Versuche angeregt.

Versuch 1: Auf dem Boden einer flachen, mit Rizinusöl gefüllten Glasschale sind Metallplättchen angebracht. Diese Metallplättchen werden aufgeladen und die Ölschicht mit Grießkörnern bestreut. Dieser Versuch kann mit unterschiedlichen Anordnungen und Formen der Metallplättchen wiederholt werden.
Beobachtung: Da die Grießkörner kleine elektrische Dipole bilden, die durch die im Feld wirkenden Kräfte bewegt und ausgerichtet werden, schließen sie sich zu Ketten längs der Kraftrichtungen zusammen. (**Abb. 196.2**). ◄

Versuch 2: Zwischen zwei parallel zueinander aufgestellten Metallplatten großer Querschnittsfläche, die entgegengesetzte Ladungen gleicher Größe tragen, werden kleine Watteteilchen, Styroporkügelchen oder Papierstückchen als Probekörper eingebracht (**Abb. 197.1**).
Beobachtung: Die Watteteilchen bewegen sich im Feld eines solchen Plattenkondensators längs paralleler Bahnen senkrecht zu den Platten. Berührt ein Watteteilchen eine der Platten, so wird es umgeladen und vom Feld in die Gegenrichtung gezogen. ◄

Diese Versuche führen zu der von FARADAY entwickelten Vorstellung der **elektrischen Feldlinien** (**Abb. 197.2**). Für die Darstellungen elektrischer Felder durch Feldlinienbilder werden drei Festlegungen getroffen:

Festlegung 1: In jedem Punkt des Feldes gibt die Richtung der elektrischen Kraft auf eine positive Probeladung die Lage der Tangente an die Feldlinie und die Richtung der Feldlinie an.

Festlegung 2: Die elektrischen Feldlinien beginnen auf positiven Ladungen und enden auf negativen (wobei sich die Ladungen auch im Unendlichen befinden können).

Festlegung 3: Die Größe einer felderzeugenden Ladung wird durch die Anzahl der Feldlinien, die von ihr ausgehen oder auf ihr enden, dargestellt.

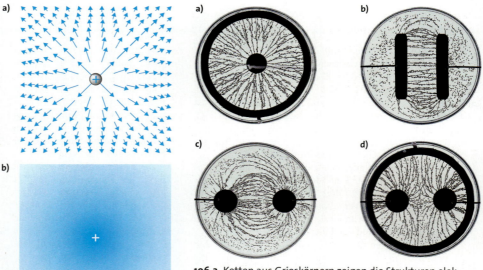

196.1 a) Darstellung des elektrischen Feldes einer positiven Punktladung; **b)** Darstellung des Feldstärkebetrages

196.2 Ketten aus Grießkörnern zeigen die Strukturen elektrischer Felder: **a)** ein radialsymmetrisches Feld; **b)** ein homogenes Feld; **c)** Feld zweier ungleichnamiger Punktladungen; **d)** Feld zweier gleichnamiger Punktladungen

Das elektrische Feld

Gehen beispielsweise von einer positiven Punktladung n Feldlinien aus, so durchsetzen alle diese Feldlinien die Oberfläche einer gedachten konzentrischen Kugel mit der Ladung im Kugelmittelpunkt und dem Radius r. Die „Feldliniendichte" $n/(4\pi r^2)$ ist proportional zu $1/r^2$ wie auch die Feldstärke selbst. Daher gilt:

> Die Dichte der Feldlinien, also die Zahl der Feldlinien, die durch eine Einheitsfläche senkrecht zu den Feldlinien verlaufen, ist in jedem Punkt des Raumes zur Stärke des elektrischen Feldes in diesem Punkt des Raumes proportional.

Außerdem gilt:

> Auf Leiteroberflächen stehen Feldlinien stets senkrecht.

Andernfalls würde die Feldstärke eine Komponente parallel zur Leiteroberfläche besitzen und könnte die leicht verschiebbaren Ladungen im Leiter so lange bewegen, bis keine Parallelkomponente mehr vorhanden ist.

Da in einem Punkt eines kompliziert aufgebauten Feldes auf eine Probeladung stets nur genau eine Kraft wirkt, folgt:

> In einem elektrischen Feld schneiden sich Feldlinien nicht.

Elektrische Feldlinien besitzen keine physikalische Realität; sie sind nur ein Mittel, elektrische Felder grafisch darzustellen. Ausgehend von den Festlegungen lassen sich Feldlinienbilder zeichnen, die nicht nur der Veranschaulichung der qualitativen Eigenschaften der dargestellten Felder dienen, sondern aus denen sich auch quantitative Aussagen gewinnen lassen. **Abb. 197.2** zeigt die Feldlinienbilder der elektrischen Felder aus **Abb. 196.2**.

> Das Feld eines Plattenkondensators ist abgesehen von den Randbereichen **homogen**; in ihm ist die Feldstärke $\vec{E}$ an allen Stellen gleich (**Abb. 197.2 b**). Im **radialsymmetrischen Feld** (**Abb. 197.2 a**) nimmt die Feldstärke und damit auch die Feldliniendichte nach außen hin ab.

Ein von mehreren Punktladungen erzeugtes Feld lässt sich durch Überlagerung der radialsymmetrischen Felder der einzelnen Ladungen konstruieren; die Einzelfeldstärken addieren sich dabei vektoriell zur Gesamtfeldstärke, wie es **Abb. 197.3** für zwei ungleichnamig geladene Kugeln zeigt.

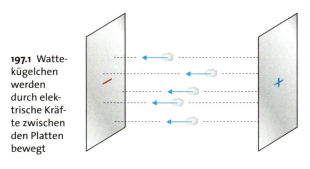

197.1 Wattekügelchen werden durch elektrische Kräfte zwischen den Platten bewegt

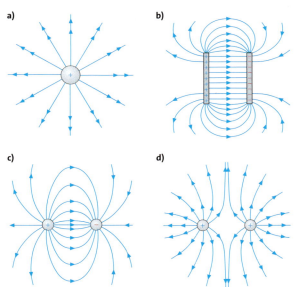

197.2 Feldlinienbilder für die elektrischen Felder aus **Abb. 196.2**

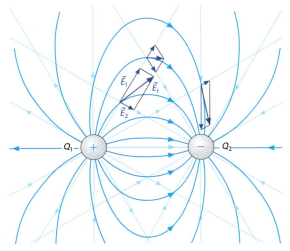

197.3 Das Feldlinienbild kann punktweise aus zwei radialsymmetrischen Feldern konstruiert werden.

5.2 Energie im elektrischen Feld

Einem Körper der Masse m, der im Gravitationsfeld der Erde um eine Strecke angehoben wird, wurde eine potentielle Energie zugeordnet (→ 1.3.2). Diese potentielle Energie lässt sich in andere Energieformen umwandeln. Auch im elektrischen Feld bewährt sich der Begriff der potentiellen Energie. Der Begriff des Potentials (→ 2.2.2), der zur Beschreibung der potentiellen Energie benutzt wird, spielt im Zusammenhang mit der aus dem Alltag bekannten elektrischen Spannung sogar eine zentrale Rolle.

5.2.1 Potential und Spannung im homogenen elektrischen Feld

Befindet sich ein Körper mit der positiven Ladung q im homogenen Feld zwischen den parallelen, geladenen Platten eines **Plattenkondensators** (Abb. 198.1), so wirkt auf ihn an jedem Ort des homogenen elektrischen Feldes die konstante Feldkraft

$$\vec{F}_{el} = q\vec{E}.$$

Durch diese Kraft wird der Körper aus der Ruhe (wie die Wattestückchen in → Abb. 197.1) z. B. vom Punkt P$_1$ bis zur negativ geladenen Platte beschleunigt. Er legt dabei den Weg $\vec{s}_1$ zurück, der parallel zur Feldkraft verläuft. Die kinetische Energie, die der Körper aufnimmt, stammt aus dem elektrischen Feld und kann durch

$$W_1 = \vec{F}_{el} \cdot \vec{s}_1 = F_{el} s_1 \cos \sphericalangle(\vec{F}_{el}, \vec{s}_1) = q E s_1$$

berechnet werden. (Hier wird die Energie mit dem Symbol W bezeichnet, um Verwechslungen mit der elektrischen Feldstärke E auszuschließen.) Für den Weg vom Punkt P$_2$ zur negativen Platte gilt entsprechend

$$W_2 = \vec{F}_{el} \cdot \vec{s}_2 = F_{el} s_2 \cos \sphericalangle(\vec{F}_{el}, \vec{s}_2) = q E s_2.$$

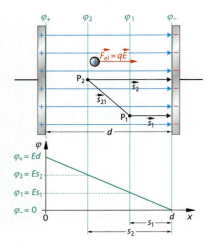

198.1 Ein positiv geladener Körper bewegt sich in Feldrichtung und nimmt dabei Energie aus dem Feld auf.

Wird der gesamte Weg von der positiv zur negativ geladenen Platte zurückgelegt, so gilt $W = qEd$.

> Ein Körper mit der Ladung q, der in einem homogenen Feld durch die Kraft $F = qE$ längs des Weges s in Richtung der Kraft beschleunigt wird, nimmt aus dem elektrischen Feld die Energie W auf:
> $W = qEs$

Der Quotient $W/q = Es$ hängt nur von der Feldstärke E und dem Weg s im Feld, jedoch nicht mehr von der Ladung q des Körpers ab. Wird (willkürlich) festgelegt, dass alle Wege s auf der negativ geladenen Platte enden (Abb. 198.1), so ist der Quotient W/q nur vom Anfangspunkt P der Bewegung im Feld abhängig. Im homogenen Feld eines Plattenkondensators kann also jedem Punkt P$_i$, der von der negativen Platte den Abstand s_i hat, eindeutig der Wert $\varphi_i = Es_i$ zugeordnet werden. $\varphi_i = W_i/q$ wird das **Potential** des Punktes P$_i$ gegenüber der negativen Platte genannt.

Alle Punkte P$_i$, die das gleiche Potential φ_i besitzen, liegen auf einer Ebene parallel zu den Platten des Plattenkondensators. Diese Ebenen heißen **Äquipotentialflächen**. Speziell sind die geladenen Kondensatorplatten Äquipotentialflächen, die positive für das Potential $\varphi_+ = Ed$, die negative für das Potential $\varphi_- = 0$.

Wird nun ein Körper mit der Ladung q von einem Punkt P$_2$ zu einem Punkt P$_1$ im homogenen Feld eines Plattenkondensators längs des Weges $\vec{s}_{21}$ bewegt (Abb. 198.1), so erhält der Körper aus dem elektrischen Feld die Energie

$$\Delta W = q\vec{E} \cdot \vec{s}_{21} = qE(s_2 - s_1) = q(Es_2 - Es_1) = q(\varphi_2 - \varphi_1),$$

da die Komponente von $\vec{s}_{21}$ in Richtung des Feldes die Länge $s_2 - s_1$ hat. Diese Energie ist für positive Ladungen positiv, wenn φ_2 ein höheres Potential als φ_1 ($\varphi_2 > \varphi_1$) ist; ist dagegen $\varphi_2 < \varphi_1$, so ist diese Energie negativ. Die Energie, die eine positive Ladung im elektrischen Feld von einem Punkt zu einem anderen aufnimmt, hängt nur von dem Unterschied der Potentiale in diesen Punkten ab.

> Die **Potentialdifferenz** $\Delta W/q = \Delta \varphi = \varphi_2 - \varphi_1 = U_{12}$ heißt **elektrische Spannung** eines Punktes mit dem Potential φ_2 gegenüber einem Punkt mit dem Potential φ_1.

Die Einheit der elektrischen Spannung stimmt mit der Einheit des Potentials überein und wird zu Ehren des italienischen Physikers Alessandro VOLTA (1745–1827) Volt genannt: $[U] = [\Delta \varphi] = [\Delta W]/[q] = 1\,\text{Nm}/(\text{As}) = 1\,\text{V}$.

Mit der elektrischen Spannung U_{12} zwischen zwei Punkten, also mit der Differenz $U_{12} = \varphi_2 - \varphi_1$ der Potentiale φ_1 und φ_2 in diesen Punkten, lässt sich die Energie $\Delta W = q\,U_{12}$ ermitteln, die eine positive Ladung q in einem elektrischen Feld bei ihrer Bewegung von einem Punkt mit dem Potential φ_2 zu einem Punkt mit dem Potential φ_1 aufnimmt (falls $U_{12} > 0$) oder abgibt (falls $U_{12} < 0$).

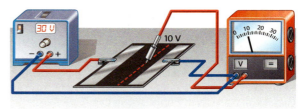

199.1 Messung elektrischer Spannungen und Aufzeichnung von Äquipotentiallinien

Da die elektrische Spannung zwischen zwei Punkten im elektrischen Feld nur von der Differenz der Potentiale dieser Punkte abhängt, ist sie unabhängig davon, auf welchen *Bezugspunkt* sich die Potentiale beziehen. Werden z. B. in der Anordnung von **Abb. 198.1** die Potentiale der Punkte im homogenen elektrischen Feld auf die Ebene bezogen, in der der Punkt P_1 liegt und die parallel zu den Kondensatorplatten liegt, so ist $\varphi(P_2) = E(s_2 - s_1) = \varphi_2 - \varphi_1$ das Potential für den Punkt P_2 und $\varphi(P_1) = \varphi_1 - \varphi_1 = 0$ das für den Punkt P_1. Die Spannung zwischen P_2 und P_1 bleibt $\varphi(P_2) - \varphi(P_1) = \varphi_2 - \varphi_1 = U_{12}$. Insbesondere ist die elektrische Spannung zwischen Punkten einer Äquipotentialfläche stets null und für die Spannung zwischen den beiden Kondensatorplatten, die den Abstand d voneinander haben, gilt:
$U = \varphi_+ - \varphi_- = E\,d - 0 = E\,d$.

> Herrscht zwischen den Platten eines Plattenkondensators, die den Abstand d voneinander haben, ein elektrisches Feld der Stärke E, so ist die elektrische Spannung zwischen den Platten
> $$U = \Delta\varphi = \frac{\Delta W}{q} = \frac{qEd}{q} = Ed.$$

Versuch 1: Zwischen zwei parallele Metallplatten im Abstand $d = 6$ cm, zwischen denen die Spannung $U = 6\,000$ V herrscht, wird an einem Kraftmesser eine kleine Kugel angebracht, die mit $q = 3{,}3 \cdot 10^{-9}$ C geladen ist.
Der Kraftmesser zeigt eine Kraft von $F = 0{,}33 \cdot 10^{-3}$ N an. Daraus ergibt sich die elektrische Feldstärke E zu $E = F/q = 0{,}33 \cdot 10^{-3}$ N$/(3{,}3 \cdot 10^{-9}$ C$) = 100\,000$ N/C und mit $U = Ed$ die Spannung U zwischen den Platten $U = 100\,000$ N/C $\cdot\ 0{,}06$ m $= 6\,000$ Nm/C $= 6\,000$ V. Diese Spannung zeigt das Voltmeter an. ◀

Mit einem speziellen Versuchsaufbau werden Äquipotentiallinien im Plattenkondensator ermittelt.

Versuch 2: Auf Papier aus schwach leitenden Kohlefasern werden zwei Metallplatten gelegt, die einen Plattenkondensator im Querschnitt darstellen. Beim Anlegen einer Spannung von z. B. $U = 30$ V bildet sich zwischen den Platten ein elektrisches Feld, das von dem ebenfalls hervorgerufenen kleinen Strom durch das Kohlepapier nicht beeinflusst wird. Mit einem hochohmigen Spannungsmesser können nun Potentialmessungen durchgeführt werden. Dazu wird der Minusanschluss des Spannungsmessers mit der negativen Platte verbunden und der mit einer Kontaktspitze versehene Plusanschluss auf das Kohlepapier gesetzt (**Abb. 199.1**). Die gemessene Spannung gibt das elektrische Potential φ des Kontaktpunktes bezogen auf das zu $\varphi = 0$ V gesetzte Potential der negativen Platte an. Kontaktpunkte mit gleicher Spannung bilden eine Äquipotentiallinie.
Ergebnis: Die Äquipotentiallinien sind Geraden parallel zu den Platten. Gleiche Potentialdifferenzen (z. B. $\Delta\varphi = 1$ V) ergeben Linien in gleichen Abständen. ◀

Verläuft die x-Achse eines Koordinatensystems (wie in **Abb. 198.1**) parallel zum elektrischen Feld $\vec{E}$ eines Plattenkondensators, so nimmt das elektrische Potential eines Punktes P bezogen auf die negativ geladene Kondensatorplatte mit seiner Entfernung x von der positiv geladenen Kondensatorplatte linear ab:

$$\varphi(x) = E(d - x)$$

In **Abb. 198.1** ist der Verlauf der Potentialfunktion eingezeichnet. Die Steigung dieser Potentialfunktion ist dann $\varphi'(x) = -E$. Die Potentialfunktion nimmt in Richtung des elektrischen Feldes ab.

Aufgaben

1. An einem Plattenkondensator liegt die Spannung $U = 1{,}5$ kV. Berechnen Sie die Energie, die erforderlich ist, um die Ladung $Q = 8{,}2$ nC von einer Platte zur anderen zu transportieren.
2. Bestimmen Sie nach **Abb. 198.1** das Potential der negativ geladenen Kondensatorplatte, wenn der Bezugspunkt P_0 im Abstand s von ihr entfernt im Feld des Kondensators liegt. Geben Sie die s-φ-Funktion als Gleichung an.
3. Zeigen Sie, dass das Potential im Feld eines positiv geladenen Körpers mit wachsendem Abstand vom Körper sinkt.
4. Ein Plattenkondensator mit der Feldstärke $E = 85$ kN/C hat einen Plattenabstand von $d = 1{,}8$ cm. Die negative Platte ist geerdet. Berechnen Sie das Potential, das die andere Platte gegenüber der Erde ($\varphi_{\text{Erde}} = 0$) hat.

5.2.2 Potential im radialsymmetrischen Feld

In der Atomphysik spielt das radialsymmetrische Feld um einen positiv geladenen Atomkern eine wichtige Rolle. Für die Feldstärke des radialsymmetrischen Feldes einer positiven Punktladung Q gilt (→ 5.1.4)

$$\vec{E} = \frac{1}{4\pi\varepsilon_0}\frac{Q}{r^2}\vec{r}^{\,0},$$

wobei $\vec{r}^{\,0} = \vec{r}/r$ der Einheitsvektor in Richtung von $\vec{r}$ ist. Befindet sich eine positive Probeladung q am Ort $P_2(\vec{r_2})$ des Feldes, so wird sie radial durch die Feldkraft $\vec{F}_{el} = q\vec{E}$ beschleunigt und nimmt auf ihrem Weg in Richtung von $\vec{r_2}$ bis zum Punkt $P_1(\vec{r_1})$ aus dem elektrischen Feld Energie W_{21} auf (**Abb. 200.1**). Im Unterschied zur Bewegung in einem homogenen Feld ist bei der Bewegung im inhomogenen Feld die Feldstärke nicht konstant, da ihr Betrag vom Abstand r zur felderzeugenden Ladung abhängt. Um dennoch die bei dieser Bewegung aufgenommene Energie zu berechnen, wird der Weg von P_2 nach P_1 in n kleine Wegstücke $\Delta\vec{r}$ unterteilt, deren Größe so gewählt ist, dass die Feldstärke $E(r_i)$ längs eines einzelnen Wegstücks als konstant angesehen werden kann. Die Energie, die der Körper mit der Ladung q längs dieses Wegstücks aufnimmt, beträgt dann

$$\Delta W_i = q\,E(r_i)\,\Delta r = \frac{qQ}{4\pi\varepsilon_0 r_i^2}\Delta r.$$

Die gesamte Energie, die vom Körper auf dem Weg von P_2 nach P_1 aufgenommen wird, ergibt sich durch Addition der Teilbeträge ΔW_i, wenn zugleich die Wegelemente immer kleiner gemacht werden. Dies führt auf die Integration

$$W_{21} = \int_{r_2}^{r_1}\frac{qQ}{4\pi\varepsilon_0 r^2}\mathrm{d}r = \frac{qQ}{4\pi\varepsilon_0}\int_{r_2}^{r_1}\frac{\mathrm{d}r}{r^2} = \frac{qQ}{4\pi\varepsilon_0}\left[-\frac{1}{r}\right]_{r_2}^{r_1}$$

$$W_{21} = \frac{qQ}{4\pi\varepsilon_0}\left(\frac{1}{r_2} - \frac{1}{r_1}\right).$$

Wird ein Körper mit der positiven Ladung q im radialsymmetrischen Feld einer anderen positiven Ladung Q von einem Punkt im Abstand r_2 zu einem Punkt im Abstand r_1 beschleunigt, so nimmt er aus dem Feld die Energie W_{21} auf:

$$W_{21} = \frac{qQ}{4\pi\varepsilon_0}\left(\frac{1}{r_2} - \frac{1}{r_1}\right)$$

Wie beim homogenen Feld soll jedem Punkt des radialsymmetrischen Feldes eindeutig ein Potential zugeordnet werden. Da das radialsymmetrische Feld bis ins Unendliche reicht, wird die Probeladung auch bis ins Unendliche beschleunigt. Dabei nimmt sie die Energie

$$W(r_2) = \lim_{r_1\to\infty}\frac{qQ}{4\pi\varepsilon_0}\left(\frac{1}{r_2} - \frac{1}{r_1}\right) = \frac{qQ}{4\pi\varepsilon_0}\frac{1}{r_2}$$

aus dem Feld auf. Werden die Potentiale im radialsymmetrischen Feld auf einen unendlich fernen Punkt bezogen, so erhalten sie eine besonders einfache mathematische Form.

> Das Potential eines Punktes, der sich im Abstand r von der felderzeugenden Ladung Q befindet, ist bezogen auf unendlich gegeben durch
> $$\varphi(r) = \frac{W(r)}{q} = \frac{Q}{4\pi\varepsilon_0}\frac{1}{r}.$$

Da das Potential nur vom Abstand r des Punktes $P(\vec{r})$ von der felderzeugenden Ladung abhängt, wird vereinfachend $\varphi(r)$ statt $\varphi(\vec{r})$ geschrieben.

Für jeden Punkt eines radialsymmetrischen Feldes lässt sich eine eindeutig bestimmte Energie $W(r) = q\varphi(r)$ angeben, die ein Körper mit der positiven Ladung q vom Abstand r bis ins Unendliche aufnehmen kann. Diese Energie $W(r)$ wird *potentielle Energie* des Körpers im radialsymmetrischen Feld genannt.

> Ein Körper mit der Ladung q hat im radialsymmetrischen Feld einer Ladung Q die potentielle Energie
> $$W_{pot}(r) = \frac{qQ}{4\pi\varepsilon_0}\frac{1}{r}.$$

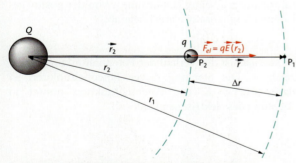

200.1 Ein Körper mit der positiven Ladung q nimmt im radialsymmetrischen elektrischen Feld einer positiven Ladung Q auf seinem Weg Energie auf.

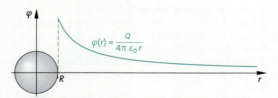

200.2 Der Potentialverlauf im radialsymmetrischen Feld einer positiven Ladung Q. Das Potential nimmt mit $1/r$ bis zum Unendlichen ab.

Energie im elektrischen Feld

In einem radialsymmetrischen elektrischen Feld einer Punktladung Q haben alle Punkte auf der Oberfläche einer Kugel, in deren Mittelpunkt sich die Punktladung befindet, dasselbe Potential. Diese Kugelflächen bilden also die Äquipotentialflächen.

> Im radialsymmetrischen elektrischen Feld sind die Äquipotentialflächen Kugelflächen, auf denen der Vektor der elektrischen Feldstärke senkrecht steht.

Abb. 201.1 und **Abb. 201.2** zeigen Potentialverläufe für verschiedene Ladungsanordnungen.

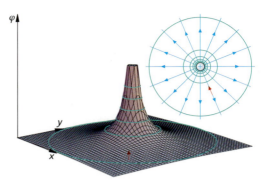

201.1 Darstelllung des Potentials eines radialsymmetrischen Feldes in einem ebenen Schnitt, der in seiner Mitte die felderzeugende Ladung enthält. Die Äquipotentialflächen schneiden diese Ebene in Kreisen mit der Mitte der Ladung als Zentrum. Die roten Pfeile geben die Richtung des Gradienten in den betreffenden Punkten an.

Da das Potential im radialsymmetrischen Feld nur vom Betrag des Radiusvektors abhängt, gilt

$$\frac{d\varphi(r)}{dr} = -\frac{Q}{4\pi\varepsilon_0}\frac{1}{r^2},$$

woraus sich als Zusammenhang zwischen Potential und Feldstärke

$$\vec{E}(r) = -\frac{d\varphi(r)}{dr}\vec{r}^{\,0}$$

ergibt. Der Vektor

$$\frac{d\varphi(r)}{dr}\vec{r}^{\,0}$$

ist der Gradient des Potentials; er steht senkrecht auf den Äquipotentialflächen und zeigt in Richtung ansteigenden Potentials. Damit ist die elektrische Feldstärke einer punktförmigen Ladung gleich dem negativen Gradienten des Potentials.

Aufgaben

1. Begründen Sie, dass elektrische Felder die folgenden Eigenschaften haben:
   a) Alle Äquipotentialflächen werden stets von den elektrischen Feldlinien senkrecht geschnitten.
   b) Die Feldlinien zeigen in Richtung abnehmenden elektrischen Potentials.
   c) Im elektrostatischen Gleichgewicht ist eine Leiteroberfläche stets eine Äquipotentialfläche.
2. Berechnen Sie die Energie, die erforderlich ist, um im elektrischen Feld einen geladenen Körper auf einer geschlossenen Kurve einmal herumzubewegen.
3. Erläutern Sie, weshalb es in elektrischen Feldern keine geschlossenen Feldlinien gibt.
*4. Ein Elektron werde mit einer Anfangsgeschwindigkeit von $v = 3\cdot 10^6$ m/s in Richtung eines homogenen elektrischen Feldes mit der Feldstärke $E = 1$ kN/C geschossen. Bestimmen Sie, wie weit sich das Elektron bewegt, bevor es vollständig abgebremst ist und ruht ($m_e = 9{,}1\cdot 10^{-31}$ kg, $q_e = -1{,}6\cdot 10^{-19}$ C).
*5. Ein Proton werde in ein homogenes elektrisches Feld mit der Feldstärke $E = 5$ N/C gebracht und losgelassen. Bestimmen Sie die Geschwindigkeit, mit der es sich bewegt, nachdem es 4 cm zurückgelegt hat ($m_P = 1{,}67\cdot 10^{-27}$ kg, $q_P = 1{,}6\cdot 10^{-19}$ C).

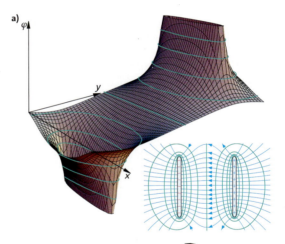

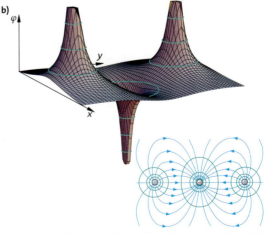

201.2 Darstellungen des Potentials eines ebenen Schnittes durch das Feld **a)** von positiv und negativ geladenen parallelen Stäben und **b)** von drei unterschiedlich geladenen Kugeln (elektrische Feldlinien: blau, Äquipotentiallinien: türkis)

5.2.3 Das elektrische Feld als Energiespeicher

Bewegt sich ein geladener Körper unter dem Einfluss der elektrischen Kraft in einem elektrischen Feld, so nimmt er aus dem Feld Energie auf. Der Energiebetrag, der in dem homogenen elektrischen Feld eines Plattenkondensators gespeichert ist, wird im Folgenden durch die beim Entladen frei werdende Energie bestimmt.

Kapazität von Kondensatoren

Ein Plattenkondensator, dessen parallele, metallische Platten einen Abstand d aufweisen, der klein im Vergleich zu den Abmessungen der Platten ist, sei mit der (positiven) Ladung Q aufgeladen, das bedeutet, dass sich auf der einen Platte des Kondensators die positive Ladung Q befindet. In diesem Fall trägt die andere Platte aufgrund der Influenz die gleich große, negative Ladung $-Q$. Das elektrische Feld zwischen den Platten ist (bis auf die Randbereiche) ein homogenes elektrisches Feld. Im Folgenden wird zunächst die Abhängigkeit der Ladung, die ein Plattenkondensator auf seinen Platten speichern kann, von dem Abstand d seiner Platten und der anliegenden Spannung U untersucht.

Versuch 1: Die Platten eines Kondensators werden mit den Polen einer Spannungsquelle verbunden (**Abb. 202.1**). Der Kondensator lädt sich auf. Nachdem die eine Verbindung zur Spannungsquelle unterbrochen ist, wird der Kondensator über ein Ladungsmessgerät entladen. Die Messung wird mit unterschiedlichen Spannungen U und bei verschiedenen Plattenabständen d wiederholt. Bei kreisförmigen Platten mit einem Radius von $r = 0{,}13$ m ergeben sich die Messwerte der unten stehenden Tabelle.
Ergebnis: Die Messwerte zeigen, dass bei konstantem Abstand die Ladung Q zur Spannung U proportional und bei konstanter Spannung die Ladung Q zum Plattenabstand d umgekehrt proportional ist. ◄

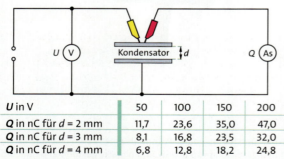

U in V	50	100	150	200
Q in nC für $d = 2$ mm	11,7	23,6	35,0	47,0
Q in nC für $d = 3$ mm	8,1	16,8	23,5	32,0
Q in nC für $d = 4$ mm	6,8	12,8	18,2	24,8

202.1 Anordnung und Messwerte zur Untersuchung der Aufnahmefähigkeit eines Plattenkondensators von Ladungen

Der von der Spannung unabhängige und für eine bestimmte Plattenfläche und einen bestimmten Plattenabstand konstante Quotient $C = Q/U$ kennzeichnet die Fähigkeit des Plattenkondensators, Ladungen zu speichern.

> Die **Kapazität C** eines Kondensators ist der Quotient aus der (positiven) *Ladung Q*, mit der der Kondensator aufgeladen wird, wenn zwischen seinen Platten die *Spannung U* anliegt, und der Spannung:
> $$C = \frac{Q}{U}$$

Die Einheit der Kapazität ist 1 Farad: $[C] = 1$ C/V, benannt nach FARADAY. Ein Kondensator hat die Kapazität 1 F, wenn er bei einer Spannung 1 V die Ladung 1 C aufnimmt. Dies ist eine sehr große Kapazität, die von gebräuchlichen Kondensatoren kaum erreicht wird. Daher werden in der Praxis die kleineren Einheiten 1 mF = 10^{-3} F, 1 μF = 10^{-6} F, 1 nF = 10^{-9} F, 1 pF = 10^{-12} F verwendet.

Da bei konstanter Spannung die Ladung umgekehrt proportional zum Plattenabstand d ist, ist auch die Kapazität C umgekehrt proportional zu d.

Messungen an Plattenkondensatoren mit Platten unterschiedlicher Fläche A zeigen, dass die Kapazität C eines Plattenkondensators proportional zur Plattenfläche A ist. Für eine Konstante k gilt also
$$C = k\frac{A}{d}.$$

Die Auswertung der Messungen ergibt, dass die Konstante k mit der elektrischen Feldkonstanten ε_0 übereinstimmt. Dies ist verständlich, da aus $\sigma = \varepsilon_0 E$ ($\rightarrow$ 5.1.4) mit $\sigma = Q/A$ und $E = U/d$ zunächst $Q/A = \varepsilon_0 U/d$ und damit $C = Q/U = \varepsilon_0 A/d$ folgt.

> Die Kapazität C eines Plattenkondensators, dessen Platten die Fläche A und den Abstand d haben, ist
> $$C = \varepsilon_0 \frac{A}{d}.$$

Energie und Energiedichte im homogenen elektrischen Feld

Zum Entladen eines Plattenkondensators, der bei der angelegten Spannung U_0 die Ladung Q_0 trägt, wird zwischen den beiden Platten eine leitende Verbindung hergestellt. Dann fließen so lange Elektronen von der negativen zur positiven Platte, bis beide elektrisch neutral sind; der Kondensator also die Ladung 0 trägt. Der Entladevorgang lässt sich als Transport negativer Ladungen ΔQ von der negativen zur positiven Platte des

Energie im elektrischen Feld

Kondensators auffassen. Dabei wird die Ladung des Kondensators, die elektrische Spannung und das elektrische Feld zwischen seinen Platten schrittweise abgebaut. Die negativen Ladungen nehmen dabei ihre kinetische Energie aus dem Feld auf. Um die Energie, die vor der Entladung im elektrischen Feld gespeichert war, zu bestimmen, wird die Energie berechnet, die die negativen Ladungen während des gesamten Entladevorgangs dem Feld entnehmen.

Ist bereits i-mal ein Transport der negativen Ladung ΔQ erfolgt, so trägt der Kondensator nur noch die Ladung $Q_i < Q_0$ und zwischen seinen Platten herrscht nur noch die Spannung $U_i = Q_i/C < U_0$ sowie ein elektrisches Feld der Feldstärke $E_i = U_i/d$. Durch die Abnahme der Ladung Q um ΔQ fällt die Spannung U_i; sie ist also veränderlich mit Q. Werden die Ladungsportionen ΔQ so klein gewählt, dass der Spannungswert dennoch als näherungsweise konstant angesehen werden kann, so nimmt die negative Ladung ΔQ bei ihrer Bewegung um die Wegstrecke d in Richtung der anziehenden Feldkraft $\vec{F}_{el}$ aus dem Feld die Energie

$$\Delta W_i = -\Delta Q\, E_i\, d = -\Delta Q\, U_i = -Q_i \Delta Q/C \quad (>0)$$

auf (**Abb. 203.1**). Die gesamte bei diesem Entladevorgang aus dem elektrischen Feld zwischen den Platten des Kondensators entnommene Energie ergibt sich durch Summation dieser Energiebeträge ΔW_i als bestimmtes Integral

$$W = -\frac{1}{C}\int_{Q_0}^{0} Q\, dQ = -\frac{1}{C}\left[\frac{Q^2}{2}\right]_{Q_0}^{0} = \frac{Q_0^2}{2C}.$$

Da Q_0 die gesamte auf dem Kondensator gespeicherte Ladung ist, gilt für die Spannung zwischen den Platten $U_0 = Q_0/C$, sodass $Q_0 = C U_0$ ist. Damit folgt

$$W = \tfrac{1}{2} C U_0^2.$$

Um den Zusammenhang der gespeicherten Energie W mit der elektrischen Feldstärke E zu verdeutlichen, wer-

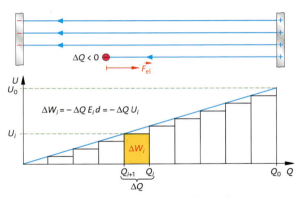

203.1 Die Entladung eines Kondensators kann als Transport negativer Ladungen $\Delta Q = Q_{i+1} - Q_i < 0$ von einer Platte zur anderen durch die anziehende Kraft F_{el} gedacht werden. Mit jeder Teilladung nimmt die Spannung U zwischen den Platten und damit auch die Feldstärke E ab.

den $U_0 = E d$ und $C = \varepsilon_0 A/d$ eingesetzt. Es folgt:

$$W = \frac{\varepsilon_0 A E^2 d^2}{2d} = \tfrac{1}{2}\varepsilon_0 E^2 A\, d$$

In diesem Term für die Energie ist $A\, d$ das Volumen V des Raumes zwischen den Platten, in dem das elektrische Feld besteht. Damit ergibt sich die *Energiedichte* $\rho_e = W/V$ des elektrischen Feldes zu

$$\rho_e = \frac{W}{V} = \frac{W}{A\, d} = \tfrac{1}{2}\varepsilon_0 E^2.$$

> Im homogenen elektrischen Feld eines Plattenkondensators mit der Kapazität C, zwischen dessen Platten die Spannung U herrscht, ist die Energie
>
> $$W = \tfrac{1}{2} C U^2$$
>
> im elektrischen Feld gespeichert.
> Die Energiedichte dieses Feldes beträgt
>
> $$\rho_e = \tfrac{1}{2}\varepsilon_0 E^2.$$

Aufgaben

1. Beschreiben und erklären Sie den Aufladevorgang eines Plattenkondensators, wenn dieser an eine Gleichspannungsquelle angeschlossen wird.
2. Ein Plattenkondensator wird aufgeladen und dann von der Spannungsquelle getrennt. Beschreiben Sie, wie sich die Feldstärke E und die Spannung U ändern, wenn der Plattenabstand halbiert, gedrittelt, geviertelt wird.
3. Berechnen Sie die Ladung, auf die ein Plattenkondensator ($A = 314\text{ cm}^2$, $d = 0,5\text{ mm}$) bei einer Spannung $U = 230\text{ V}$ aufgeladen wird, und welche Energie in diesem Fall in seinem Feld gespeichert ist.
*4. Zeigen Sie, dass im radialsymmetrischen Feld die Energiedichte mit der 4. Potenz des Abstands abnimmt.
*5. Bestimmen Sie die Plattenfläche A eines luftgefüllten Plattenkondensators, der bei einem Plattenabstand von $d = 1\text{ mm}$ und einer Spannung von $U = 230\text{ V}$ die gleiche Energie speichert wie eine Autobatterie von 12 V und 88 Ah.
*6. Begründen Sie: Wird der Plattenabstand eines von der Spannungsquelle getrennten Plattenkondensators verdoppelt, so verdoppelt sich der Energieinhalt des Feldes. Erläutern Sie, woher die gewonnene Energie kommt und wie sich die Spannung am Kondensator ändert.

5.3 Bewegung elektrischer Ladungen im elektrischen Feld

Geladene Teilchen erfahren in elektrischen Feldern Kräfte, durch die sie, falls sie beweglich sind, beschleunigt werden.

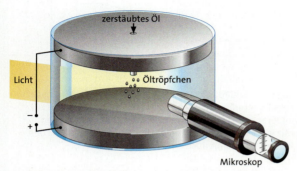

204.1 Kammer zur Bestimmung der Ladung von Öltröpfchen im Millikan-Versuch. Mithilfe eines Mikroskops mit eingebauter Skala wird die Bewegung der Tröpfchen beobachtet.

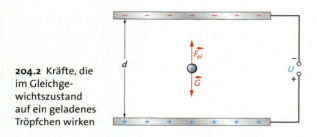

204.2 Kräfte, die im Gleichgewichtszustand auf ein geladenes Tröpfchen wirken

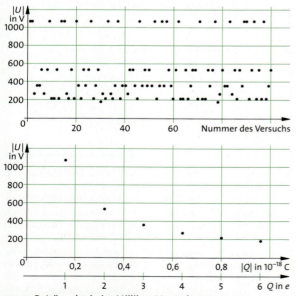

204.3 Beträge der beim Millikan-Versuch gemessenen Spannungs- und Ladungswerte für die Öltröpfchen

5.3.1 Die Elementarladung

Da die elektrische Kraft $\vec{F}$, die ein geladener Körper mit der Ladung Q in einem elektrischen Feld $\vec{E}$ erfährt, nach $\vec{F} = Q\vec{E}$ von der Feldstärke und der Ladung des Körpers abhängt, kann bei bekannter Feldstärke aus einer Kraftmessung die Ladung des Körpers bestimmt werden. Diese Messmethode hat ab 1909 in verfeinerter Form der amerikanische Physiker Robert Andrews MILLIKAN (1868–1953) benutzt, um die winzigen Ladungen kleiner Öltröpfchen zu bestimmen. Diese Messungen ergaben, dass eine kleinste Ladung, die **Elementarladung** e, existiert, von der alle anderen Ladungen ganzzahlige Vielfache sind.

Versuch 1 – Millikan-Versuch: Zwischen die Platten eines horizontal angeordneten Plattenkondensators, die den Abstand $d = 5$ mm haben, werden Öltröpfchen mit nahezu konstanter Masse $m = 3{,}5 \cdot 10^{-9}$ mg gesprüht, die dabei durch Reibung ein wenig aufgeladen werden. Mithilfe eines Mikroskops werden die Tröpfchen bei seitlicher Beleuchtung beobachtet (**Abb. 204.1**). Wird nun eine elektrische Spannung U an den Kondensator gelegt, so steigen oder sinken die Öltröpfchen unterschiedlich schnell je nach Stärke des elektrischen Feldes und Ladung des Tröpfchens. Die Luftreibung sorgt dafür, dass nach kurzer Zeit die Geschwindigkeiten konstant sind. Die Bewegung eines Tröpfchens wird für verschiedene Spannungen U untersucht.

Ergebnis: Wird die elektrische Feldstärke so eingestellt, dass beispielsweise ein beobachtetes positiv geladenes Öltröpfchen zwischen den Platten des Kondensators schwebt (**Abb. 204.2**), so wird die Gewichtskraft $\vec{G}$ durch die nach oben gerichtete Kraft $\vec{F}_{el}$ kompensiert: $\vec{G} = -\vec{F}_{el}$. Aus $mg = QE = QU/d$ folgt, dass $QU = mgd = 3{,}5 \cdot 10^{-15}$ kg $\cdot$ 9,81 ms^{-2} $\cdot$ 0,5 $\cdot$ 10^{-2} m $\approx 171{,}7 \cdot 10^{-18}$ J konstant ist, da die Masse aller Öltröpfchen gleich ist. Werden für viele Öltröpfchen jeweils die Spannungswerte für den Schwebezustand ermittelt, so kommen nur bestimmte Werte vor. **Abb. 204.3** zeigt, dass die zu diesen Spannungen gehörigen Ladungswerte sich äquidistant verteilen und sich jeweils um ein ganzzahliges Vielfaches von $e = 1{,}6 \cdot 10^{-19}$ C voneinander unterscheiden.

Dieses Ergebnis kann nur so gedeutet werden, dass es eine kleinste, immer gleiche Ladung e gibt, von der alle Ladungen Q ganzzahlige Vielfache sind: $Q = n\,e$. ◂

> Alle Ladungen sind ganzzahlige Vielfache der **Elementarladung** $e = 1{,}602 \cdot 10^{-19}$ C. Ladungen treten also nur in Portionen der Größe $n\,e$ auf: Die Ladung ist eine gequantelte Größe.

Bewegung elektrischer Ladungen im elektrischen Feld

Die Quark-Theorie, für die der Amerikaner Murray GELL-MANN 1969 den Nobelpreis erhielt, postuliert zwar Elementarteilchen mit Ladungen von $\pm\frac{1}{3}e$ oder auch $\pm\frac{2}{3}e$. Diese sogenannten *Quarks* ($\rightarrow$ 14.2) treten jedoch nie isoliert auf, sodass freie „gebrochene" Ladungen in der Natur nicht beobachtet werden.

In $\rightarrow$ Kapitel 11 wird das Ionisieren eines neutralen Atoms (Moleküls) als Abgabe oder Aufnahme eines Elektrons oder mehrerer Elektronen gedeutet. Damit lässt sich die Elementarladung e als der Betrag der Ladung eines Elektrons auffassen.

> Der Betrag der Ladung eines Elektrons ist
> $e = 1{,}602 \cdot 10^{-19}$ C, die **Elementarladung**.
> Jedes Ion trägt genau die Elementarladung oder ein ganzzahliges Vielfaches von ihr.

Es wurde bereits erörtert, dass die Materie aus kleinsten Teilchen, den Atomen, aufgebaut ist. Auch jede Ladung baut sich aus einer kleinsten Portion, der Elementarladung, auf. Ladung kann nicht stetig vergrößert oder verkleinert werden, sondern ihre Größe Q lässt sich nur „gequantelt" verändern. Dass beim Fließen eines elektrischen Stromes nichts von der Ladungsquantelung bemerkt wird, liegt daran, dass die Elementarladung im Allgemeinen sehr klein gegenüber der gesamten fließenden Ladung ist. Beim Reiben eines Plastikstabes gehen beispielsweise 10^{10} Elektronen auf den Stab über, von denen jedes einzelne eine Elementarladung $Q = -e$ trägt.

Aufgaben

1. Ein Wattebausch mit der Masse $m = 0{,}05$ g trägt die Ladung $Q = 7 \cdot 10^{-8}$ C.
   Bestimmen Sie die Spannung, die zwischen den Platten eines horizontal angeordneten Plattenkondensators (Plattenabstand $d = 4$ cm) anliegen muss, damit der Wattebausch schwebt.

2. Ein Plattenkondensator, dessen Platten den Abstand $d = 4$ mm haben, wird durch eine angelegte Spannung von $U = 5000$ V aufgeladen.
   a) Berechnen Sie die Flächenladungsdichte $\sigma = Q/A$ der negativ geladenen Platte und die Anzahl der freien Elektronen, die auf 1 cm^2 der negativ geladenen Platte entfallen.
   b) Bestimmen Sie unter der Annahme, dass ein Kupferatom auf der Oberfläche der negativ geladenen Platte einen Platzbedarf von ca. 10^{-15} cm^2 hat, wie viele freie Elektronen auf ein Kupferatom entfallen. Erläutern Sie, warum bei den Versuchen mit fließender Ladung und bei den elektrostatischen Versuchen die Ladungsquantelung nicht beobachtet wurde.

3. Der Kern eines Sauerstoffatoms enthält 8 Protonen, die Atomhülle 8 Elektronen. Die Ladung eines Protons ist $+e$, die eines Elektrons $-e$.
   Berechnen Sie die Kraft, die die Ladung der Elektronen und die Ladung der Protonen von 10 mg Sauerstoff jeweils im Feld der anderen erfährt, falls die Ladungen punktförmig im Abstand von 2 cm voneinander konzentriert sind.

4. Ein Plattenkondensator stellt eine sehr empfindliche Waage dar: Um ein geladenes Teilchen, das die Ladung $Q = 1{,}12 \cdot 10^{-18}$ C trägt, zwischen den Platten eines horizontal angeordneten Plattenkondensators mit dem Plattenabstand 4 mm in der Schwebe zu halten, muss an den Kondensator eine Spannung von 50 V angelegt werden.
   Bestimmen Sie die Masse des Teilchens.

Messung der Masse und Ladung eines Tröpfchens

In Versuch 1 ist aus der Gleichheit der Gewichtskraft $\vec{G} = m\vec{g}$ und der elektrischen Kraft $\vec{F}_{el} = Q\vec{E}$ unter der Annahme, dass die Masse aller Tröpfchen $m = 3{,}5 \cdot 10^{-15}$ kg beträgt, die Ladung der Tröpfchen bestimmt worden.

Das Volumen und die Masse der Tröpfchen sind jedoch so klein, dass eine Bestimmung der Masse m mit einfachen Mitteln nicht möglich ist.

Dieses Problem hat MILLIKAN durch folgende Überlegung gelöst: Beim Sinken wirken die Gewichtskraft $\vec{G} = m\vec{g}$ und die elektrische Kraft $\vec{F}_{el} = Q\vec{E}$ in gleicher Richtung, beim Steigen sind sie entgegengesetzt gerichtet. Die Tröpfchen bewegen sich gleichförmig, sobald die wirkenden Kräfte durch die Luftreibung kompensiert werden. Nach dem **Stokes'schen Reibungsgesetz**, das hier nicht hergeleitet werden kann, ist die Reibungskraft F_R proportional dem Tröpfchenradius r und der Geschwindigkeit $\vec{v}$:

$$\vec{F}_R = -6\pi\eta r\vec{v}$$

Dabei ist η die Zähigkeit des Stoffes – hier der Luft –, in dem die Tröpfchen fallen.

Aus dem Kräftegleichgewicht für das gleichförmige Sinken

$$Q E + m g = 6\pi r\eta v_1$$

und für das gleichförmige Steigen

$$Q E - m g = 6\pi r\eta v_2$$

ergibt sich durch Addition der beiden Gleichungen

$$2 Q E = 6\pi r\eta(v_1 + v_2). \tag{1}$$

Der Radius r ergibt sich aus folgender Überlegung: Das Volumen der kugelförmigen Tröpfchen ist $V = 4\pi r^3/3$, für die Masse der Tröpfchen gilt mit der Dichte ρ von Öl $m = \rho V$. Fällt ein Tröpfchen allein unter der Wirkung der Gewichtskraft, so gilt

$$m g = 6\pi r\eta v_0.$$

Wird in dieser Gleichung m durch $m = \rho\, 4\pi r^3/3$ ersetzt, so ergibt sich

$$r = \sqrt{\frac{9\eta v_0}{2\rho g}} \quad \text{mit} \quad v_0 = \frac{v_1 - v_2}{2}.$$

Einsetzen in die Gleichung (1) liefert für die Ladung Q

$$Q = \frac{9}{2}\pi\sqrt{\frac{d^2\eta^3}{\rho g}}\,\sqrt{v_1 - v_2}\,\frac{v_1 + v_2}{U}.$$

Durch Messung von U, v_1 und v_2 lässt sich also bei Vorgabe der Konstanten η, ρ, g und d die Ladung eines Tröpfchens bestimmen.

5.3.2 Elektrische Leitungsvorgänge und das Ohm'sche Gesetz

In elektrischen Leitern (Metallen, Halbleitern, Elektrolyten und Gasen) werden Ladungen durch Ladungsträger (Elektronen, Ionen) transportiert, die eine Masse m und eine Ladung q besitzen. Die beiden wichtigsten Fälle sind der Ladungstransport durch Elektronen in Metallen und durch Ionen in Flüssigkeiten.

Versuch 1: In einen flachen wassergefüllten Trog wird zwischen zwei Metallplatten (Elektroden) ein kleiner Kristall Kaliumpermanganat (KMnO$_4$) eingebracht (**Abb. 206.1**). Zwischen die Elektroden können verschiedene elektrische Spannungen U gelegt werden.
Beobachtung: Zunächst breitet sich eine Violettfärbung aus. Wird eine elektrische Spannung angelegt, so wandert diese Violettfärbung mit konstanter Driftgeschwindigkeit v_D zum positiven Pol, der **Anode**. Die Driftgeschwindigkeit ist dabei zur angelegten Spannung proportional. Ein Umpolen der Spannung kehrt die Bewegungsrichtung der Violettfärbung um.
Erklärung: Die Chemie zeigt, dass ein Kaliumpermanganatkristall aus einfach positiv geladenen Kaliumionen (K$^+$) mit der Ladung $+e$ und einfach negativ geladenen Permanganationen (MnO$_4^-$) mit der Ladung $-e$ aufgebaut ist. Kommt ein Kaliumpermanganatkristall mit Wasser in Kontakt, so löst sich dieser Kristall auf: Die polaren Wassermoleküle (der Ladungsschwerpunkt der positiven Ladungen liegt auf der Seite der beiden Wasserstoffatome und der der negativen Ladungen auf der Seite des Sauerstoffatoms) dringen in den Kaliumpermanganatkristall ein, lagern sich mit ihrer positiven Seite um die MnO$_4^-$-Ionen und mit ihrer negativen um die K$^+$-Ionen an (**hydratisieren**) und führen diese Ionen als frei bewegliche Ladungsträger in die wässrige Lösung über. Kaliumpermanganat **dissoziiert** (dissociare, lat.: trennen) in K$^+$-Ionen und MnO$_4^-$-Ionen. Letztere verursachen die Violettfärbung.

Nach Anlegen einer elektrischen Spannung zwischen den Elektroden wandern die negativ geladenen MnO$_4^-$-Ionen zur Anode und die positiv geladenen K$^+$-Ionen zur Katode (daher **Ion,** griech.: Wanderer), wo sie chemisch durch entstehende Kalilauge nachgewiesen werden können. Da die Wanderungsbewegung mit konstanter Driftgeschwindigkeit erfolgt, müssen sich die Ionen kräftefrei bewegen. Der durch das elektrische Feld wirksamen beschleunigenden Kraft wirkt eine gleich große „Reibungskraft" entgegen, die die elektrische Feldkraft kompensiert. Da durch die Ionen elektrische Ladungen transportiert werden, fließt durch die Lösung ein elektrischer Strom. ◄

Elektronenleitung in Metallen

Viele elektrische Bauteile werden aus Metallen gefertigt, sodass der Ladungstransport in diesen von besonderem Interesse ist.

Eine Antwort auf die Frage, wie der Ladungstransport in Metallen vorzustellen ist, welche Ladungsart und welche Masse die bewegten geladenen Teilchen besitzen, liefert der Versuch, den R. C. Tolman und T. D. Stewart 1916 ausführten. Der Grundgedanke dieses Versuches ist sehr einfach, die Ausführung aber so aufwändig, dass sie mit Schulmitteln nicht möglich ist.
Wenn sich im starren Ionengitter eines Metalls frei bewegliche, mit Masse behaftete Ladungsträger befinden, so müsste es möglich sein, sie aufgrund ihrer Trägheit nachzuweisen. Dazu wird ein metallisches Leiterstück stark beschleunigt (**Abb. 206.2**). Die freien Ladungsträger werden diese Beschleunigung a aufgrund ihrer Trägheit zunächst nicht mitmachen und sich an einem Leiterende sammeln, am anderen verarmen. Dadurch baut sich ein homogenes elektrisches Feld E zwischen den Leiterenden auf, das nach außen über die entstehende elektrische Spannung U messbar wird. Diese Ladungstrennung im Leiter endet, wenn die elektrische Kraft $F = qE$ auf die freien Ladungsträger so groß geworden ist, dass diese durch sie die Beschleunigung a erreichen. In diesem Fall ist $qE = ma$. Da $E = U/l$ ist, wenn l die Länge des Leiterstücks bedeutet, folgt für die *spezifische Ladung* q/m der freien Ladungsträger

$$\frac{q}{m} = \frac{a}{E} = \frac{a\,l}{U},$$

wobei das Ladungsvorzeichen an der Polarität der Spannung erkennbar wird.

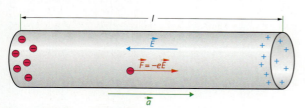

206.1 Unter dem Einfluss eines elektrischen Feldes wandern Ionen. Katode — Anode

206.2 Im Tolman-Versuch bauen die freibeweglichen Elektronen aufgrund ihrer Trägheit ein elektrisches Feld zwischen den Leiterenden auf.

Bewegung elektrischer Ladungen im elektrischen Feld

Um den Effekt zu vergrößern, ließen TOLMAN und STEWART eine Drahtspule sehr schnell um ihre Achse rotieren und wiesen beim plötzlichen Abbremsen zwischen den Leiterenden die Spannung U nach. Die quantitative Auswertung ergab, dass die frei beweglichen Ladungsträger eine negative Ladung tragen und dieselbe spezifische Ladung q/m besitzen, wie sie in anderen Experimenten für Elektronen nachweisbar ist (→ 6.1.5).

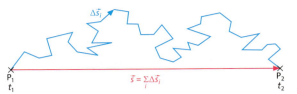

207.1 Die Driftgeschwindigkeit eines Elektrons ist der Mittelwert $\vec{v}_D = \vec{v} = \vec{s}/t$.

> In Metallen besteht der elektrische Strom aus bewegten Elektronen.
> Ein **Elektron** trägt die negative Ladung
> $-e = -1{,}602 \cdot 10^{-19}$ C
> und hat die **spezifische Ladung**
> $\dfrac{e}{m_e} = 1{,}76 \cdot 10^{11} \dfrac{\text{C}}{\text{kg}}$
> und die **Masse**
> $m_e = 9{,}11 \cdot 10^{-31}$ kg.

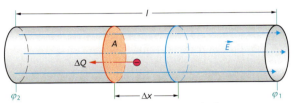

207.2 In der Zeit Δt tritt die Ladung $\Delta Q = n(-e) A \Delta x = -neAv\Delta t$ durch die Querschnittsfläche A des Leiters.

Die Masse eines Elektrons ist demnach viel kleiner als die Masse m_H des leichtesten Atoms, des Wasserstoffatoms:
$\dfrac{m_H}{m_e} = \dfrac{1{,}673 \cdot 10^{-27} \text{ kg}}{9{,}11 \cdot 10^{-31} \text{ kg}} \approx 1836$

Da die Masse eines Elektrons klein gegenüber der Masse eines Atoms ist, ändert die Aufnahme bzw. Abgabe eines Elektrons beim Ionisieren die Masse eines Atoms kaum. So ist verständlich, dass sich Ladung in einem festen Körper ohne nachweisbaren Massentransport bewegt.

Um eine Vorstellung von der Stromleitung durch Elektronen in Metallen zu erhalten, wird nun ein einfaches Modell entwickelt, mit dem das Phänomen des elektrischen Widerstandes erklärt werden kann. Die tatsächlichen Vorgänge bei der Elektrizitätsleitung, speziell bei metallischen Leitern, sind jedoch viel komplizierter, als es dieses einfache Modell wiedergeben kann (→ 12.2).

Liegt keine elektrische Spannung am Leiter, so besitzen die freien Ladungsträger (Elektronen) aufgrund ihrer thermischen Bewegung Geschwindigkeiten $\vec{v}_i$, die sich vektoriell zu einer verschwindenden Gesamtgeschwindigkeit $\vec{v}_1 + \vec{v}_2 + \ldots + \vec{v}_N = 0$ zusammensetzen. Wird an den Leiter eine elektrische Spannung gelegt, so entsteht in ihm ein elektrisches Feld $\vec{E}$, das auf alle freien Ladungsträger mit der Ladung Q eine beschleunigende Kraft vom Betrag $F_{el} = QE$ ausübt. Die individuelle Bewegung der Ladungsträger ist aber weder gleichmäßig beschleunigt noch geradlinig, da sie durch andere Bausteine des Leiters behindert wird. Diese „Reibung" entsteht durch Stöße der wandernden Ladungsträger mit den übrigen Teilchen und wird mit wachsender Geschwindigkeit größer. Sie sorgt dafür, dass die beschleunigende Feldkraft auf die freien Ladungsträger kompensiert wird und sich alle Ladungsträger mit der Ladung Q am Ende *im Mittel* gleichförmig mit einer Driftgeschwindigkeit $\vec{v}_D$ im Feld bewegen (**Abb. 207.1**).

Abb. 207.2 zeigt einen geraden Leiter mit frei beweglichen Elektronen. Die Enden des Leiters sollen sich auf unterschiedlichen Potentialen φ_1, φ_2 mit $\varphi_2 > \varphi_1$ befinden. Im Leiter herrsche ein homogenes Feld E, das vom höheren zum niedrigeren Potential gerichtet ist und durch das die Ladungsträger beschleunigende Kräfte erfahren. Sind diese Kräfte nach kurzer Zeit durch die einsetzenden Reibungskräfte kompensiert, so bewegen sich die Elektronen mit der konstanten Driftgeschwindigkeit v von rechts nach links, sodass ein zeitlich konstanter Strom durch den Leiter fließt.

Um die Stärke I des Stromes zu bestimmen, der in Feldrichtung durch den Leiter fließt, wird die Ladung ΔQ bestimmt, die in der Zeit Δt von links nach rechts durch die rot getönte Querschnittsfläche A des Leiters tritt. Da die einzigen freien Ladungsträger Elektronen sind, die sich mit der Geschwindigkeit v bewegen, wandern in der Zeit Δt alle N freien Elektronen aus dem Volumen $\Delta V = A \Delta x = Av\Delta t$ rechts von dem roten Leiterquerschnitt durch diesen Querschnitt. Am Anfang der Zeitspanne Δt befindet sich die Ladung $Q_1 = N(-e)$ und am Ende der Zeitspanne die Ladung $Q_2 = 0$ von diesen Elektronen in ΔV. In der Zeit Δt wandert also die Ladung $\Delta Q = Q_2 - Q_1 = Ne$ durch den roten Leiterquerschnitt. Diese Ladung ist positiv und der Vorgang kann so interpretiert werden, als ob eine positive Ladung dieser Größe von links nach rechts (also in Feldrichtung) durch die rote Querschnittsfläche gewandert ist.

Bewegung elektrischer Ladungen im elektrischen Feld

Bezeichnet $n = N/\Delta V$ die Teilchenzahldichte der freien Elektronen, so folgt für die Stromstärke $I = \Delta Q/\Delta t = Ne/\Delta t = n\Delta V e/\Delta t = nvAe\Delta t/\Delta t = nvAe$.

> Ein Elektronenstrom der Stromstärke I, der vom niedrigeren zum höheren Potential fließt, ist gleichwertig zu einem Strom gleicher Stärke
>
> $I = nvAe$
>
> von (gedachten) positiven Ladungsträgern, der vom höheren zum niedrigeren Potential fließt.

Mit der **Beweglichkeit** $u = v/E$ der freien Elektronen lässt sich die Stärke I des Stromes, der durch den Leiter fließt, durch seinen „Antrieb", das elektrische Feld, ausdrücken:

$I = nvAe = nuAeE$

Das Ohm'sche Gesetz

Hat der Leiter die Länge l und liegt zwischen seinen Enden die elektrische Spannung U an, so ist wegen der Homogenität des Feldes $E = U/l$ und

$I = nu\frac{A}{l}eU$.

In einem einfachen elektrischen Gleichstromkreis (**Abb. 208.1**) hängt die Stromstärke I des Stromes, der durch ein elektrisches Bauteil bei der anliegenden Spannung U fließt, vom elektrischen Bauteil ab.

> Der Quotient aus der über dem Bauteil liegenden Spannung U und der Stärke I des in ihm fließenden Stroms heißt **elektrischer Widerstand** R:
>
> $R = \frac{U}{I}$

Die SI-Einheit des elektrischen Widerstandes ist nach Georg Simon OHM (1787–1854) benannt: $[R] = 1\text{ V/A} = 1\ \Omega$ (1 Ohm).

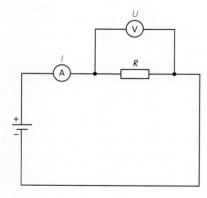

208.1 Elektrischer Stromkreis mit Widerstand R

> Der elektrische Widerstand R eines metallischen Leiters ist
>
> $R = \frac{U}{I} = \frac{1}{nue}\frac{l}{A} = \rho\frac{l}{A}$,
>
> wobei $\rho = 1/(nue)$ als **spezifischer Widerstand** und $\kappa = 1/\rho$ als **spezifische Leitfähigkeit** (**Tab. 209.1**) bezeichnet werden.

Der Widerstand R ist eine Eigenschaft des Bauteils. Gelegentlich wird aber auch das Bauteil selbst als Widerstand bezeichnet.

Wird nun in dem Modell des elektrischen Leitungsvorgangs angenommen, dass die Driftgeschwindigkeit zur angelegten elektrischen Spannung und damit zur elektrischen Feldstärke proportional ist, so ist die Beweglichkeit u der Elektronen konstant und es ergibt sich das **Ohm'sche Gesetz:**

> Ist in einem Leiter die Teilchenzahldichte der freien Elektronen konstant und ihre Driftgeschwindigkeit zur elektrischen Feldstärke proportional, so ist der elektrische Widerstand des Leiters konstant und die Stärke des Stromes, der durch den Leiter fließt, zur anliegenden Spannung proportional:
>
> $I = nue\frac{A}{l}U = \frac{1}{R}U$

Das Ohm'sche Gesetz, nach dem die Spannung U an einem Leiter und die Stromstärke I durch den Leiter zueinander proportional sind, beschreibt eine sehr spezielle Eigenschaft, die elektrische Leiter in den meisten Fällen nicht besitzen. Elektrische Leiter, für die das Ohm'sche Gesetz gilt, werden **ohmsche Leiter** genannt. Besteht ein elektrisches Bauteil aus einem ohmschen Leiter, so ist sein Widerstand R konstant und I proportional zu U. In diesem Fall wird der Widerstand (und auch das Bauteil) als **ohmscher Widerstand** bezeichnet.

In der Regel ist der elektrische Widerstand temperaturabhängig. Leitermaterialien, bei denen die Leitfähigkeit mit wachsender Temperatur zunimmt, werden **Heißleiter** (PTC-Widerstände von *positive temperature coefficient*) und solche, bei denen sie abnimmt, **Kaltleiter** (NTC-Widerstände von *negative temperature coefficient*) genannt. Viele Metalle sind Kaltleiter; Graphit ist ein Heißleiter.

Der aus der Modellvorstellung gewonnene Zusammenhang $R = \rho l/A$ lässt sich für metallische Widerstände leicht experimentell bestätigen, indem in der Schaltung nach **Abb. 208.1** metallische Drähte unterschiedlicher Länge und unterschiedlicher Querschnittsfläche auf ihren Widerstand hin untersucht werden.

Beweglichkeit und Driftgeschwindigkeit von Elektronen im metallischen Leiter

Da die spezifischen Widerstände gemessen werden können, lässt sich, falls die Teilchenzahldichte n der Elektronen im Leitermaterial bekannt ist, mit der Elementarladung ihre Beweglichkeit bestimmen. Beispielsweise ist die spezifische Leitfähigkeit von Kupfer $n\,u\,e = \kappa = 5{,}8 \cdot 10^7 \; (\Omega\text{m})^{-1}$.

Wird angenommen, dass jedes Kupferatom ein Elektron als frei beweglichen Ladungsträger zur Verfügung stellt, so ergibt sich aus $n = N_A/V_{mol}$ mit der Dichte $\rho_M = M/V_{mol} = 8{,}95 \cdot 10^3 \; \text{kg/m}^3$ von Kupfer

$$n = \frac{N_A \rho_M}{M} = \frac{6{,}02 \cdot 10^{23} \cdot 8{,}95 \cdot 10^3}{63{,}55 \cdot 10^{-3}} \; \text{m}^{-3} \approx 8{,}48 \cdot 10^{28} \; \text{m}^{-3},$$

wobei $N_A = 6{,}02 \cdot 10^{23} \; \text{mol}^{-1}$ die Anzahl der Atome je Mol (also die Avogadro-Konstante $\rightarrow$ 4.1.3) und $M = 63{,}55 \cdot 10^{-3} \; \text{kg/mol}$ die Molmasse von Kupfer (also die Masse je Mol) ist. Damit ist die Beweglichkeit der freien Elektronen in einem Kupferdraht

$$u = \frac{\kappa}{n\,e} = \frac{5{,}8 \cdot 10^7}{8{,}48 \cdot 10^{28} \cdot 1{,}6 \cdot 10^{-19}} \; \frac{\text{m}^2}{\text{Vs}} = 4{,}3 \cdot 10^{-3} \; \frac{\text{m}^2}{\text{Vs}}.$$

Hieraus ergibt sich die Driftgeschwindigkeit der Elektronen in einem Kupferdraht der Länge $l = 2{,}5$ m, an dem die Spannung $U = 2$ V anliegt, zu

$$v = \frac{u\,U}{l} = \frac{4{,}3 \cdot 10^{-3} \cdot 2}{2{,}5} \; \text{m/s} \approx 3{,}4 \cdot 10^{-3} \; \text{m/s}.$$

Die Driftgeschwindigkeit $v \approx 3{,}4 \cdot 10^{-3} \; \text{m/s} \approx 12$ m/h der Leitungselektronen ist sehr klein. Dass nach Betätigen eines Schalters trotzdem Lampen praktisch sofort zu leuchten beginnen, liegt nicht an der Driftgeschwindigkeit der Elektronen in den Leiterdrähten, sondern an der Geschwindigkeit, mit der sich eine Änderung im elektrischen Feld durch den Leiter ausbreitet, was mit nahezu Lichtgeschwindigkeit geschieht.

Der Hall-Effekt ($\rightarrow$ 6.1.4) bietet eine weitere Möglichkeit, die Beweglichkeit von Ladungsträgern zu bestimmen. Exakt wird die Bewegung der Ladungsträger in der Quantenphysik beschrieben ($\rightarrow$ 12.2).

Ionenleitung in Elektrolyten

Tragen in einem Leiter frei bewegliche positive Ladungsträger mit der Ladung $Q_+ = z_+ e$ und negative mit der Ladung $Q_- = -z_- e$ zum Stromfluss bei, so wandern in der Zeit Δt durch die rote Querschnittsfläche in $\rightarrow$ **Abb. 207.2** $N_+ = n_+ v_+ A \Delta t$ positive Ladungsträger in Feldrichtung von links nach rechts und $N_- = n_- v_- A \Delta t$ negative Ladungsträger gegen die Feldrichtung von rechts nach links. Am Anfang der Zeitspanne befindet sich die Ladung $Q_1 = N_- Q_-$ und am Ende die Ladung $Q_2 = N_+ Q_+$ dieser Ladungsträger rechts von der roten Querschnittsfläche. In der Zeit Δt ist also die Ladung $\Delta Q = Q_2 - Q_1 = N_+ Q_+ - N_- Q_- = (n_+ v_+ z_+ + n_- v_- z_-)\,A\,e\,\Delta t$ in Feldrichtung durch den Leiterquerschnitt gewandert. Dies führt nach analogen Überlegungen auf die Stromstärke

$$I = (n_+ u_+ z_+ + n_- u_- z_-)\,\frac{A}{l}\,e\,U$$

und den spezifischen elektrischen Widerstand

$$\rho = \frac{1}{n_+ u_+ z_+ e + n_- u_- z_- e}.$$

Stoff	κ in $(\Omega\text{m})^{-1}$	Bemerkungen
Kupfer Blei	$5{,}8 \cdot 10^7$ $4{,}8 \cdot 10^6$	Leitung durch freie Elektronen
Kohlenstoff Germanium Silicium	$2{,}9 \cdot 10^4$ $2{,}2 \cdot 10^0$ $1{,}6 \cdot 10^{-3}$	Leitung durch thermisch angeregte Elektronen
Natriumchlorid Glas	$1{,}7 \cdot 10^{-7}$ $10^{-14} \ldots 10^{-10}$	Leitung durch Ionen, die durch den Festkörper diffundieren

209.1 Elektrische Leitfähigkeit einiger Substanzen

Stoff	u in 10^{-3} m²/(Vs)	Stoff	u in 10^{-3} m²/(Vs)
Silber	5,6	Bismut	400
Kupfer	4,3	Germanium	390
Indium-Arsenid	2700	Silicium	190

209.2 Elektronenbeweglichkeit u einiger Stoffe bei 20 °C

Das Joule'sche Gesetz

Die für die Bewegung der Ladung Q durch den Leiter der Länge l erforderliche Energie $W_{el} = F_{el}\,l = Q\,E\,l = Q\,U$, die aus dem Feld im Leiter stammt, wird nicht zur weiteren Erhöhung der kinetischen Energie der Elektronen verwendet, sondern dem Leiter in Form von innerer Energie seiner Teilchen ($\rightarrow$ 4.3.1) zugeführt, und kann durch eine Temperaturerhöhung beobachtet werden.

Mit $Q = I\,t$ gilt für die vom Strom abgegebene Energie bzw. Leistung das **Joule'sche Gesetz**:

> Ein Strom der Stärke I, der durch einen Leiter, an dem die Spannung U anliegt, fließt, gibt
>
> die Leistung $P_{el} = \dfrac{W_{el}}{t} = U\,I = R\,I^2$
>
> bzw. in der Zeit t die Energie $W_{el} = U\,I\,t$
>
> an den Leiter ab.

Aufgaben

*1. Eine Spule ($n = 5000$, $r = 12$ cm) wird aus der Achsendrehung ($f = 20 \; \text{s}^{-1}$) abgestoppt. Dabei wird eine Ladung $\Delta Q = 0{,}6$ nC gemessen. Spule und Messgerät haben den Gesamtwiderstand $R = 504 \; \Omega$. Berechnen Sie daraus die spezifische Ladung eines Elektrons (TOLMAN-Versuch).
(*Anleitung:* Die Kräfte $F_{mech} = m\,a = m\,\Delta v/\Delta t$ und $F_{el} = Q\,E$ sind im Gleichgewicht; der messbare Spannungsstoß ist $U\,\Delta t = R\,I\,\Delta t = R\,\Delta Q$.)

2. Berechnen Sie mit den in **Tab. 209.2** gegebenen Beweglichkeiten die Dichte der Elektronen in Silber und in Bismut. (Spezifische Widerstände: $\rho_{Ag} = 1{,}6 \cdot 10^{-8} \; \Omega\text{m}$, $\rho_{Bi} = 1{,}1 \cdot 10^{-6} \; \Omega\text{m}$)

Bewegung elektrischer Ladungen im elektrischen Feld

5.3.3 Elektrische Spannungsquellen

Soll elektrischer Strom durch einen Leiter fließen, so muss Ladung durch den Leiter bewegt werden. Da Ladungen stets an Ladungsträger gebunden sind, muss ihre Bewegung durch eine Kraft angetrieben werden (→ 5.3.2). Elektrische Spannungsquellen sorgen durch einen Potentialunterschied zwischen ihren Anschlüssen dafür, dass in einem angeschlossenen Leiter ein elektrisches Feld entsteht, das die nötigen elektrischen Kräfte im Leiter hervorruft.

Ein Plattenkondensator (**Abb. 210.1a**) kann als Modell einer elektrischen Spannungsquelle angesehen werden. Zur Erzeugung einer bestimmten elektrischen Spannung U_{12} zwischen seinen Platten $P_1 P_2$ müssen positive und negative Ladungen im Kondensator getrennt werden. Die Ladungsträger werden von der einen Platte gegen die elektrische Kraft des sich aufbauenden elektrischen Feldes E zur anderen Platte verschoben. Bis zum vollständigen Aufbau der Spannung U_{12} ist dem elektrischen Feld des Kondensators von „außen" ständig Energie zugeführt worden. Die elektrische Spannung U_{12} zwischen den Kondensatorplatten hängt nach $U_{12} = E d$ und $\sigma = \varepsilon_0 E$ proportional von der Flächenladungsdichte σ auf den Platten und vom Plattenabstand d ab: $U_{12} = \sigma d/\varepsilon_0$.

> In einer Spannungsquelle werden positive und negative elektrische Ladungen unter Energiezufuhr räumlich voneinander getrennt, wodurch ein elektrisches Feld und damit eine elektrische Spannung zwischen den Raumbereichen positiver und negativer Ladung entsteht.

Ladungsträger haben neben ihrer Ladung weitere Eigenschaften, durch die äußere Kräfte auf sie einwirken und dadurch eine Ladungstrennung hervorrufen können. Zu diesen Eigenschaften gehört z.B. die Masse, durch die die Gravitationskraft wie in Versuch 1 aus → 5.1.2 für die Trennung geladener Tröpfchen sorgt.

Versuch 1: Im Aufbau der **Abb. 210.1a)** wird der Plattenabstand d, ohne die Ladung der Platten zu ändern, vergrößert und die Spannung U_{12} mit einem statischen Spannungsmessgerät gemessen.
Ergebnis: Gemäß $U_{12} = \sigma d/\varepsilon_0$ steigt U_{12} proportional zu d an. Hier führt die zur Trennung der Ladungsträger „Kondensatorplatten" nötige Kraft dem elektrischen Feld im Kondensator von außen Energie zu, die die Spannungserhöhung zwischen den Platten bewirkt. ◀

Neben mechanischer kann auch chemische, thermodynamische oder magnetische Energie in einer Spannungsquelle in elektrische Energie umgewandelt werden.

Werden die Platten des Kondensators über eine Glimmlampe leitend miteinander verbunden, so zeigt das Aufleuchten der Gasfüllung der Glimmlampe an, dass ein elektrischer Strom fließt. Der Plattenkondensator kann als elektrische Spannungsquelle (wenigstens kurzzeitig bis zu seiner Entladung) einen Strom in dem aus Zuleitungen und Glimmlampe gebildeten Leiter „antreiben". Dabei bewegen sich Elektronen von der negativ geladenen Platte P_1 weg durch diesen Leiter über P_3 hin zur positiv geladenen Platte P_2 (**Abb. 210.1a**). Der Überschuss an negativer Ladung auf der Platte P_1 wird dadurch abgebaut und der Mangel an negativer Ladung auf der Platte P_2 ausgeglichen, wodurch die Flächenladungsdichte und damit die Spannung U_{12} sinkt. Soll dauerhaft ein Strom fließen, so muss die Spannung U_{12} am Kondensator aufrechterhalten werden. Wird beispielsweise die vom Kondensator über den Leiter abfließende negative Ladung ständig so ergänzt, dass die Flächenladungsdichte einen konstanten Wert behält, so ist die Spannung U_{12} konstant.

> In einer Spannungsquelle werden ständig gegen das in ihr herrschende elektrische Feld Elektronen von P_1 nach P_2 „gepumpt"; dieser von außen angetriebene Strom wird durch das elektrische Feld in der Spannungsquelle gehemmt. Im Leiter außerhalb der Spannungsquelle hält das elektrische Feld den Strom gegen äußere Einflüsse (Reibung) aufrecht.

Quellen- und Klemmenspannung

In dem in **Abb. 210.1a)** entwickelten Modell liegt die in der Spannungsquelle erzeugte Spannung U_{12}, die sogenannte **Quellenspannung** oder auch **Leerlaufspannung,** direkt am angeschlossenen Leiter an. Die **Klemmenspannung,** das ist die Spannung zwischen den von außen zugänglichen Anschlüssen der Spannungsquelle, stimmt in diesem Fall mit der Quellenspannung überein. Reale elektrische Spannungsquellen tragen aber

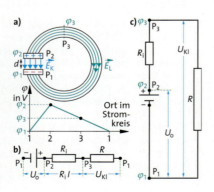

210.1 a) Elektrische Felder (schematisch) in einer Spannungsquelle $P_1 P_2$ und einem Leiter $P_1 P_2 P_3$; **b)** Potentialverlauf; **c)** Ersatzschaltbild

materialbedingte elektrische Widerstände, die sogenannten **Innenwiderstände,** in sich, sodass, übertragen auf das Modell der **Abb. 210.1a**), als Klemmenspannung der elektrischen Spannungsquelle beispielsweise die Spannung U_{13} zwischen den Anschlüssen P_1 und P_3 zur Verfügung steht. Da

$$U_{12} = \varphi_2 - \varphi_1 = \varphi_3 - \varphi_1 + \varphi_2 - \varphi_3 = U_{13} + U_{32}$$

ist (**Abb. 210.1b**), unterscheidet sich die Quellenspannung $U_0 = U_{12}$ von der Klemmenspannung $U_{Kl} = U_{13}$ um die vom fließenden Strom und dem Innenwiderstand R_i abhängige Spannung $U_{32} = R_i I$:

$$U_0 = U_{Kl} + R_i I$$

Fließt durch einen Leiter, der an eine Spannungsquelle mit der Quellenspannung U_0 und dem Innenwiderstand R_i angeschlossen ist, ein Strom der Stärke I, so gilt für die Klemmenspannung

$$U_{Kl} = U_0 - R_i I.$$

Hat die Spannungsquelle den ohmschen Innenwiderstand R_i (**Abb. 210.1c**), so können dieser Innenwiderstand und die Quellenspannung der Spannungsquelle nach $U_{Kl} = U_0 - R_i I$ ermittelt werden, indem die Spannungsquelle durch (mindestens zwei) Ströme unterschiedlicher Stärke belastet wird. Hängt der Innenwiderstand von der Stromstärke ab, so kann die Quellenspannung im „Leerlauf" für $I = 0$ etwa mit einem Oszilloskop ($\rightarrow$ 5.3.5) gemessen werden.

Aufgaben

*1. Eine elektrische Spannungsquelle wird nacheinander an einen Widerstand von 2,25 Ω und von 0,64 Ω angeschlossen. Die elektrische Leistung ist in beiden Fällen gleich groß. Bestimmen Sie den Innenwiderstand der Spannungsquelle.

*2. Wird der Anlasser eines Wagens betätigt, so sinkt die Klemmenspannung der Autobatterie von 6,0 V auf 5,0 V ab und es fließt ein Strom der Stärke 200 A. Bestimmen Sie den Innenwiderstand einer Akkuzelle.

Elektrochemische Spannungsquellen

Auch durch chemische Vorgänge können elektrische Spannungen erzeugt werden. In vielen Anwendungen werden solche elektrochemischen Spannungsquellen in Form von Batterien oder Akkumulatoren eingesetzt. Von den verschiedenen Typen elektrochemischer Spannungsquellen wird die nach ihrem Entdecker Luigi GALVANI (1737–1798) bezeichnete galvanische Zelle betrachtet.

Versuch 2: Eine galvanische Zelle besteht aus zwei Halbzellen, die eine poröse Wand, ein sogenanntes Diaphragma, voneinander trennt (**Abb. 211.1a**). In der einen Halbzelle taucht ein Zinkstab in eine wässrige Zinksulfatlösung und in der anderen ein Kupferstab in eine wässrige Kupfersulfatlösung. Durch das Diaphragma können nur Sulfationen, aber kaum Zink- und Kupferionen wandern. Die beiden Metallstäbe werden in einem zweiten Versuchsteil durch einen elektrischen Leiter miteinander verbunden.
Beobachtung: Zwischen den beiden Stäben bildet sich eine Spannung von 1,105 V aus, wobei der Kupferstab gegenüber dem Zinkstab das höhere Potential hat; der Kupferstab bildet den Plus- und der Zinkstab den Minuspol der Spannungsquelle. Werden die Stäbe leitend miteinander verbunden, so fließt elektrischer Strom. Die Masse des Zinkstabes nimmt ab, die des Kupferstabes zu.
Erklärung: Sind der Kupfer- und der Zinkstab noch nicht durch einen äußeren Leiter verbunden, so bilden sich drei elektrische Felder in der Zelle aus.
Am Zinkstab geht Zink (Zn) als Zinkion (Zn^{++}) mit der positiven Ladung $2e$ unter Abgabe von zwei Elektronen ($2e^-$) in Lösung. Da die hierbei frei werdende Dissoziationsenergie nicht ausreicht, um die abgegebenen Elektronen aus dem Zinkstab auszulösen, verbleiben die Elektronen im Zinkstab. Durch die Ladungstrennung ist ein elektrisches Feld zwischen dem negativ geladenen Zinkstab und der positiv geladenen Ionenschicht entstanden. Einige Zinkionen rekombi-

nieren, angezogen durch die elektrische Feldkraft, am Zinkstab wieder zu neutralem Zink. Ein Gleichgewicht stellt sich ein, wenn die elektrische Kraft durch das Feld zwischen Ionenschicht und Metall so groß geworden ist, dass sich die Ionenkonzentration in der Lösung nicht weiter erhöht.
Am Kupferstab scheidet sich umgekehrt Kupfer (Cu) ab, da Kupferionen (Cu^{++}) aus der Kupfersulfatlösung dem Kupferstab je zwei Elektronen entnehmen und dadurch zu atomarem Kupfer reduziert werden. Da die Konzentration an Kupferionen sinkt und der Kupferstab Elektronen verliert, lädt sich der Kupferstab gegen die umgebende Lösung positiv auf. Auch hier entsteht ein Gleichgewichtszustand zwischen Kupferionen, die in Lösung gehen, und solchen, die am Kupferstab reduziert werden.
In der einen Halbzelle findet die Oxidation (Elektronenabgabe) von Zink statt: Zn $\rightarrow$ Zn^{++} + 2 e$^-$;
in der anderen die Reduktion (Elektronenaufnahme) von Kupfer: Cu^{++} + 2 e$^-$ $\rightarrow$ Cu.

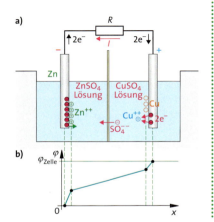

211.1 a) Aufbau einer galvanischen Zelle; **b)** Potentialverlauf in einer galvanischen Zelle

Bewegung elektrischer Ladungen im elektrischen Feld

In beiden Halbzellen sind Sulfationen (SO$_4^{--}$) vorhanden, jedoch ist ihre Konzentration in der Halbzelle mit dem Kupferstab höher als in der mit dem Zinkstab, sodass sie durch das Diaphragma vornehmlich von der Kupfer- zur Zinkhalbzelle diffundieren. Auch hier bildet sich durch den Übertritt von Sulfationen ein elektrisches Feld aus, das einen weiteren Übertritt behindert; es stellt sich hier ebenfalls ein Gleichgewichtszustand ein. Ein Austausch der Metallionen durch das Diaphragma findet, wenn überhaupt, nur in geringem Maße statt und führt nicht zu weiteren Ladungsverschiebungen.

Durch diese drei elektrischen Felder entstehen Potentialdifferenzen, deren Summe sich zur Spannung der galvanischen Zelle addieren (→ Abb. 211.1 b). Dabei ist der Kupferstab der Plus- und der Zinkstab der Minuspol der Spannungsquelle.

Ist im zweiten Versuchsteil der Stromkreis geschlossen, so bewegen sich die Elektronen aus dem Zinkstab durch den äußeren Leiter zum Kupferstab. Die Bewegung der Elektronen durch den Leiter und der Sulfationen durch die Lösungen sorgt für einen Stromfluss, bei dem sich die beschriebenen elektrischen Felder mehr oder weniger abbauen. Die beschriebenen Vorgänge in den Zellen kommen dadurch wieder in Gang; sie regeln sich gegenseitig so ein, dass im Mittel die Zahl der reduzierten Kupferionen mit der Zahl der durch das Diaphragma tretenden Sulfationen und der Zahl der oxidierten Zinkatome übereinstimmt. ◂

Für die Funktionsweise einer galvanischen Zelle ist wesentlich, dass der Elektronenaustausch bei den Redoxvorgängen nicht direkt zwischen den Reaktionspartnern in der Zelle, sondern erst über einen äußeren Leiter erfolgen kann. Damit steht elektrische Energie außerhalb der Zelle zur Verfügung und kann hier genutzt werden.

Den notwendigen „Antrieb" zur Ladungstrennung in galvanischen Zellen bewirkt die unterschiedlich stark ausgeprägte chemische Eigenschaft von Metallen, in Lösung zu gehen.

Die elektrische Spannung zwischen Metall und umgebender Ionenschicht wird nach ihrem Entdecker Walter NERNST (1864–1941) **Nernst-Spannung** genannt. Da die Spannung einer galvanischen Zelle, in der zwei unterschiedliche Halbzellen kombiniert werden, gemessen werden kann, ist es üblich, die Potentialdifferenzen von Halbzellen gegen die Standardwasserstoffhalbzelle anzugeben, die aus einem Platinblech besteht, das von Wasserstoffgas umspült in eine wässrige Lösung von H$_3$O$^+$-Ionen taucht. Die Potentialdifferenz zwischen einer mit einem bestimmten Metall gebildeten Halbzelle und der Standardwasserstoffhalbzelle heißt **elektrochemisches Potential** dieses Metalls. Die Metalle lassen sich, geordnet nach diesen elektrochemischen Potentialen, in die **elektrochemische Spannungsreihe** einsortieren. Beispielsweise geht Kupfer weniger leicht in Lösung als Zink. Das elektrochemische Potential von Kupfer ist $\varphi_{Cu} = +0{,}345$ V, das von Zink $\varphi_{Zn} = -0{,}76$ V. Zwischen den beiden Halbzellen aus Versuch 2 ergibt sich mit diesen elektrochemischen Potentialen die Spannung

$$U = \varphi_{Cu} - \varphi_{Zn} = +0{,}345 \text{ V} - (-0{,}76 \text{ V}) = +1{,}105 \text{ V}.$$

Der Kupferstab bildet den Plus- und der Zinkstab den Minuspol.

Exkurs

Die Wasserstoff-Sauerstoff-Brennstoffzelle

In einer Wasserstoff-Sauerstoff-Brennstoffzelle werden Wasserstoff und Sauerstoff kontrolliert zu Wasser „verbrannt", ohne dabei direkt (wie bei der Knallgasreaktion) miteinander zu reagieren. Wasserstoff- und Sauerstoffgas werden an Elektroden vorbeigeführt, die einen Katalysator (z. B. Palladium) enthalten. An einer Elektrode werden Wasserstoffmoleküle mithilfe des Katalysators unter Abgabe von Elektronen an die Elektrode in Protonen (H$^+$) gespalten:

$$2H_2 \xrightarrow{\text{Katalysator}} 4H^+ + 4e^-$$

An der anderen Elektrode nehmen Sauerstoffmoleküle mithilfe des Katalysators Elektronen aus der Elektrode auf und wandeln sich in negativ geladene Sauerstoffionen um, die im Elektrolyten zwischen den Elektroden mit den positiv geladenen Protonen zu Wasser reagieren:

$$O_2 + 4e^- \xrightarrow{\text{Katalysator}} 2O^{--}$$
$$4H^+ + 2O^{--} \rightarrow 2H_2O$$

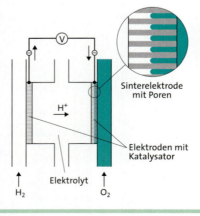

Wie in der galvanischen Zelle werden die Elektronen nicht direkt zwischen dem Wasserstoff und dem Sauerstoff ausgetauscht, sondern durch einen äußeren Stromkreis geleitet. Die durch die Reaktionen in der Zelle freigesetzte Energie steht damit als elektrische Energie zur Verfügung.

Brennstoffzellen haben sich bereits in der Raumfahrt und in Unterseebooten als elektrische Spannungsquellen bewährt. Als zukünftige Nutzungen der Brennstoffzellen werden ihr Einsatz in der nachhaltigen Energieversorgung der Solar-Wasserstoff-Kreislaufwirtschaft, in Blockheizkraftwerken und als netzunabhängige Stromversorgung von Elektroautos erwogen, denn die Ausgangsstoffe Wasserstoff und Sauerstoff lassen sich leicht herstellen und stehen unbegrenzt zur Verfügung.

Exkurs

Reizleitung in Nervenzellen

Nervenzellen (*Neuronen*) bestehen aus
- einem Zellkörper, der den gesamten biochemischen Apparat zur Synthese der Enzyme und anderer lebenswichtiger Substanzen enthält,
- zwei Sorten von Fortsätzen, den dünnen, röhrenförmigen und vielfach verzweigten *Dendriten*, die Nervenimpulse empfangen,
- und dem *Axon*, das als Leitungsbahn für Signale dient, die von einer Nervenzelle zur nächsten übermittelt werden sollen. Das Axon unterscheidet sich in der Struktur von den Dendriten. Es ist eine lange dünne Röhre, die von einer Membran umschlossen wird und die mit einer Flüssigkeit, dem *Axoplasma*, gefüllt ist. Dort, wo das Axon mit anderen Nervenzellen in Kontakt kommt, verästelt es sich.

Die Verbindungsstellen zu anderen Nervenzellen bilden die *Synapsen*, von denen es je Nervenzelle einige tausend besitzt. Die Synapse enthält kleine Bläschen, in denen der *Neurotransmitter*, eine Übertragersubstanz, gespeichert ist. Erreicht ein Signal die Synapse, so schütten einige dieser Bläschen ihren Inhalt in den Spalt zwischen der Membran der Synapse und der des angrenzenden Dendriten. Die Moleküle des Neurotransmitters gelangen so an Rezeptoren in der Membran des Dendriten und verändern dessen Struktur, was zu weiteren Reaktionen in der Nervenzelle führt.

Die Reizleitung erfolgt elektrisch. Das Axon besitzt einen hohen elektrischen Widerstand von $2{,}5 \cdot 10^8 \, \Omega/\text{cm}$.

Die Nervenfasermembran trennt Flüssigkeitsbereiche, die sich durch die Konzentration von Kalium- und Natriumionen unterscheiden. Die Konzentration von Kaliumionen (K^+) in der Zelle beträgt etwa das 30-Fache der Konzentration im Außenraum, während die Konzentration von Natriumionen (Na^+) außen rund 10-fach höher ist als innen. Für beide Ionensorten ist die Zellmembran etwas durchlässig, sodass wegen des Konzentrationsunterschieds ständig einige Na^+-Ionen in sie hinein und K^+-Ionen aus ihr herausdiffundieren. Um

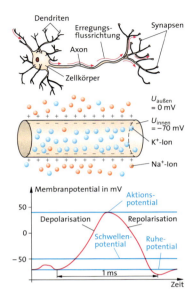

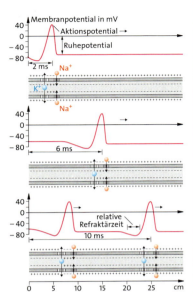

das Konzentrationsgefälle aufrechtzuerhalten, transportieren Proteinmoleküle, die als *Ionenpumpen* fungieren, die Na^+-Ionen wieder aus der Zelle heraus und K^+-Ionen in die Zelle hinein.

Da der Konzentrationsunterschied für K^+-Ionen besonders groß ist, wandern mehr K^+-Ionen aus der Zelle heraus als umgekehrt Na^+-Ionen in die Zelle hinein. Jedes K^+-Ion lässt ein negativ geladenes Ion zurück, das in der Zelle verbleibt, da die Zellmembran für diese Ionen undurchlässig ist. Auf diese Art entsteht ein elektrisches Feld, das den Austritt von K^+-Ionen aus der Zelle zum Erliegen bringt. Das elektrische Potential der Innenseite der Zelle bezogen auf ihre Außenseite wird *Membranpotential* genannt; es erreicht im Gleichgewichtszustand das *Ruhepotential* von ca. -70 mV.

Durch eine Reizung der Nervenzelle wird lokal das Membranpotential verändert. Wird dabei ein gewisser Schwellenwert (-50 mV) überschritten, so öffnen sich in der Membran Transportkanäle für Na^+-Ionen, die daraufhin in die Zelle strömen und an der gereizten Stelle für eine Polarisationsumkehr sorgen, bei der das Membranpotential kurzzeitig auf das *Aktionspotential* $+40$ mV ansteigt.

Dieser Vorgang heißt *Depolarisation*. Ist die Polarisationsumkehr erreicht, so schließen sich die Na^+-Ionenkanäle wieder. Die K^+-Ionenkanäle reagieren erst kurze Zeit (1 ms) später auf die Änderung des Membranpotentials und lassen vermehrt die K^+-Ionen nach außen strömen, was zur Wiederherstellung des Ruhepotentials führt. Dieser Vorgang heißt *Repolarisation*. Kurz vor Erreichen des Ruhepotentials sinkt das Membranpotential aufgrund des gewaltigen Austritts der K^+-Ionen etwas unter das Ruhepotential. Ist die Repolarisation erreicht, so bleiben die Na^+-Ionenkanäle noch eine Weile geschlossen, sodass in dieser Zeit die Zelle nicht neu erregt werden kann.

Ist es aufgrund einer Reizung lokal zu einer Depolarisation gekommen, so strömen die Na^+-Ionen auch in direkt benachbarte Regionen und rufen dort ebenfalls Depolarisationen hervor. Der Reiz breitet sich wie eine Welle längs des Axons aus. Da bereits erregte Regionen nicht sofort wieder erregbar sind (Refraktärzeit), vollzieht sich diese Ausbreitung in einer Richtung. Der rechten Abbildung kann die Ausbreitungsgeschwindigkeit von ca. $25 \text{ cm}/(10 \text{ ms}) = 25 \text{ m/s}$ für die Reizausbreitung im Axon eines Tintenfischs entnommen werden.

Bewegung elektrischer Ladungen im elektrischen Feld

5.3.4 Austritt von Elektronen aus Leiteroberflächen

Versuch 1 – Glühelektrischer Effekt: In einer evakuierten Röhre ist eine Elektrode als Spirale, die andere als eine ihr gegenüberstehende Platte ausgebildet. Wird eine Spannung angelegt, so fließt kein messbarer Strom, auch nicht nach dem Umpolen. Der nahezu luftleere Raum zwischen den Elektroden enthält keine Ladungsträger. Nun wird die Wendel durch einen Heizstrom zum Glühen gebracht (**Abb. 214.1**).
Beobachtung: Wird die glühende Wendel als Katode geschaltet, zeigt sich ein (von der Temperatur der Wendel abhängiger) Strom der Stärke I. Bei umgekehrter Polung fließt kein Strom.
Erklärung: Aus dem glühenden Draht der Wendel sind negative Ladungsträger (Elektronen) ausgetreten, die einen Strom durch die Röhre hindurch bewirken. Diese Erscheinung wird als **glühelektrischer Effekt** bezeichnet und wurde im Jahre 1883 von Thomas EDISON (1847–1931) entdeckt. ◄

> **Glühelektrischer Effekt:** Aus einem glühenden Metalldraht treten Elektronen aus.

Aus einer kalten Metalloberfläche treten (bei kleinen Feldstärken) keine Elektronen aus.

Der glühelektrische Effekt ist mit dem Austreten von Wassermolekülen aus einer Wasseroberfläche vergleichbar: Um Anziehungskräfte zu überwinden, muss das Wassermolekül eine bestimmte kinetische Energie besitzen. Bei normaler Temperatur haben nur wenige Moleküle die zum Austreten erforderliche Geschwindigkeit (Verdunsten). Erst wenn die Temperatur des Wassers und damit die kinetische Energie der Moleküle erhöht wird, treten mehr von ihnen aus. Bei jeder Temperatur stellt sich über der Flüssigkeitsoberfläche ein dynamischer Gleichgewichtszustand zwischen austretenden und wieder eintretenden Molekülen ein.

Der glühelektrische Effekt legt die Vorstellung nahe, dass beim Austritt von Elektronen eine Kraft überwunden werden muss, die das Elektron bindet: die Anziehungskraft des elektrischen Feldes des positiven Kristallverbandes auf das einzelne Elektron.

> Um ein Elektron aus einer Metalloberfläche herauszulösen, muss Energie, die **Austrittsenergie** E_A, aufgewendet werden.

Die Austrittsenergie wird beim glühelektrischen Effekt als elektrische Energie zugeführt und erhöht die innere Energie des Heizdrahtes, insbesondere die kinetische Energie der Elektronen, sodass sie das Metall verlassen können. Auch hier stellt sich, wenn der Draht glüht, ein dynamisches Gleichgewicht ein: Aus der Wolke der ausgetretenen Elektronen gehen genauso viele Elektronen in die nun positiv geladene Metalloberfläche zurück wie neu austreten.

Die Austrittsenergie der Elektronen wird in einer neuen, auf die Elementarladung bezogenen Einheit angegeben. Die Energie einer Ladung Q beim Durchlaufen einer Spannung U im elektrischen Feld ist allgemein $W_{el} = Q \cdot U$ (→ 5.2.1). Durchläuft eine Elementarladung die Spannung 1 V, so nimmt sie die Energie $W_{el} = e \cdot 1\,\text{V} = 1{,}602 \cdot 10^{-19}\,\text{As} \cdot 1\,\text{V} = 1{,}602 \cdot 10^{-19}\,\text{J}$ aus dem Feld auf. Diese Energie wird als 1 eV (Elektronvolt) bezeichnet und als Energieeinheit bei Prozessen benutzt, in denen Ladungen von der Größe der Elementarladung beteiligt sind.

> Das **Elektronvolt 1 eV** ist die Energie, die ein Elektron beim Durchlaufen einer Potentialdifferenz (Spannung) von 1 V gewinnt oder verliert:
> $1\,\text{eV} = 1{,}602 \cdot 10^{-19}\,\text{J}$

Die Größe der Austrittsenergie hängt von der Art des Metalles ab (**Tab. 214.2**). In → 10.1.2 wird ein Verfahren beschrieben, mit dem die Austrittsenergie der Elektronen bestimmt werden kann. Stoffe mit besonders kleiner Austrittsenergie werden in Geräten verwendet, in denen der glühelektrische Effekt praktisch genutzt wird. Beispielsweise werden diese Stoffe als Oberflächenbelag von Glühkatoden in Katodenstrahlröhren eingesetzt.

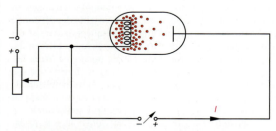

214.1 Aus dem glühenden Metalldraht treten Elektronen aus. Sie bilden vor der Katode eine negative Ladungswolke.

Stoff	E_A in eV	Stoff	E_A in eV
Caesium	1,94	Zink	4,27
Kalium	2,25	Kupfer	4,48
Barium	2,52	Wolfram	4,53
Silicium	3,59	Germanium	4,62
Blei	4,04	Silber	4,70
Aluminium	4,20	Platin	5,36

214.2 Austrittsenergien verschiedener Stoffe

Die zum Auslösen von Elektronen nötige Austrittsenergie kann auch in anderer Weise als durch elektrisches Heizen zugeführt werden.

Versuch 2 – Lichtelektrischer Effekt: Auf einem Elektroskop befindet sich eine (blank geschmirgelte) Zinkplatte. Das Elektroskop wird negativ aufgeladen und die Zinkplatte mit dem Licht einer Quecksilberdampflampe bestrahlt. Der Ausschlag geht schnell zurück. Wird das Elektroskop positiv aufgeladen und die Platte wieder bestrahlt, so bleibt der Ausschlag erhalten. ◄

Versuch 3: Zwischen der Zinkplatte und einem davor aufgestellten Metallgitter liegt eine hohe Spannung (**Abb. 215.1**). Wird nun wieder die Zinkplatte bestrahlt, so weist der Messverstärker einen Strom nach, wenn die Zinkplatte negativ aufgeladen wurde. Bei umgekehrter Polung fließt kein Strom.
Erklärung: Diese Beobachtungen lassen sich mit dem Austritt von Elektronen aus der Zinkplatte deuten; die Elektronen wandern zum positiv geladenen Metallgitter. Die Austrittsenergie wird von dem auf die Platte auftreffenden Licht geliefert. ◄

Das Auslösen von Elektronen durch Lichtbestrahlung wird als (äußerer) **lichtelektrischer Effekt** oder kurz **Fotoeffekt** bezeichnet. Er wurde 1887 von Heinrich HERTZ (1857–1894) entdeckt und 1900 von Philipp LENARD (1862–1947) näher untersucht. Durch die Untersuchung des lichtelektrischen Effektes lassen sich wichtige Aufschlüsse über die Vorstellung von der Natur des Lichtes und seiner Wechselwirkung mit Materie gewinnen (→ 10.1.1).

> Durch Licht können Elektronen aus Metalloberflächen herausgelöst werden.

Es gibt noch weitere Möglichkeiten, Elektronen aus metallischen Oberflächen auszulösen. Die nötige Austrittsenergie kann z. B. aus einem elektrischen Feld entnommen werden (**Feldemission**). Das Herauslösen bei hohen Feldstärken ist als Absprühen der Ladung von Spitzen (**Spitzeneffekt**) zu beobachten. An Spitzen ist die Flächenladungsdichte (und damit die Feldstärke) größer als auf weniger gekrümmten Oberflächen.

Die Austrittsenergie kann auch durch den Aufprall von Teilchen mit hoher kinetischer Energie übertragen werden. Insbesondere können Elektronen selbst beim Auftreffen auf Metalloberflächen neue Elektronen (**Sekundärelektronen**) auslösen. Dies wird z. B. in Sekundärelektronenvervielfachern (**Fotomultipliern**) angewendet, um die Zahl freier Elektronen zu erhöhen (→ S. 494).

Bewegung elektrischer Ladungen im elektrischen Feld

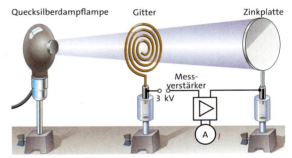

215.1 Aus der Zinkplatte treten Elektronen aus, wenn sie mit Licht einer Quecksilberdampflampe bestrahlt wird.

Aufgaben

1. Erörtern Sie die Unterschiede und die Gemeinsamkeiten, wenn der Austritt von Elektronen aus Metalloberflächen mit dem Austritt von Wassermolekülen aus Wasseroberflächen verglichen wird.
2. Durch eine Elektronenröhre fließt ein Strom von 8,5 µA. Bestimmen Sie die Anzahl der Elektronen, die je Sekunde auf die Anode treffen.
3. Erklären Sie, weshalb in einer Elektronenröhre bei konstanter Anodenspannung die Anodenstromstärke größer wird, wenn die Heizspannung erhöht wird.

Exkurs

Das Feldemissionsmikroskop

Mit Feldemissionsmikroskopen lassen sich sehr hohe Vergrößerungen erzielen. Im Zentrum einer hoch evakuierten Glaskugel, deren Innenwand mit einem Leuchtstoff beschichtet ist, befindet sich eine sehr feine als Einkristall ausgebildete Wolframspitze. Diese Spitze emittiert nach Anlegen einer sehr hohen Spannung (bis 8 kV) Elektronen durch „Feldemission", da in der Umgebung der Spitze sehr hohe elektrische Feldstärken auftreten. Das inhomogene, kugelsymmetrische elektrische Feld wirkt wie eine Elektronenlinse mit einer äußerst kurzen Brennweite (→ Exkurs S. 242). Auf dem Leuchtschirm entsteht ein stark vergrößertes Bild des Einkristalls (ca. 500 000-fach). Die Abbildung zeigt das Bild, das durch ein Feldemissionsmikroskop von einer mit Barium bedampften Wolframspitze erzeugt wird.

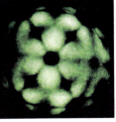

5.3.5 Bewegte Elektronen in elektrischen Feldern

Es soll nun das Verhalten von Elektronen untersucht werden, die sich in elektrischen Feldern bewegen.

Versuch 1: In eine *Katodenstrahlröhre* ist ein Plattenpaar so eingebaut, dass die beschleunigten Elektronen senkrecht zur Feldrichtung in ein homogenes elektrisches Feld eintreten. Zwischen den Platten befindet sich ein schräg gestellter Leuchtschirm, auf dem der Verlauf des Elektronenstrahls sichtbar wird (**Abb. 216.1a**). Wird eine Spannung U an die Platten gelegt, so wird der Elektronenstrahl in Richtung auf die positive Platte abgelenkt, da Elektronen eine negative Ladung tragen. Die Ablenkung wird mit wachsender Ablenkspannung größer. ◄

Um die Ablenkung eines Körpers mit der Masse m und der Ladung e, der mit der Geschwindigkeit v_0 senkrecht zu den Feldlinien in ein homogenes Feld eintritt, zu berechnen, wird ein Koordinatensystem eingeführt, in dessen x-Richtung die Anfangsgeschwindigkeit v_0 und in dessen y-Richtung die elektrische Feldstärke E und damit auch die Kraft $F_{el} = -eE$ sowie die Beschleunigung $a = -(e/m)E$ des Ladungsträgers zeigen (**Abb. 216.1b**). Es überlagern sich die gleichförmige Bewegung in x-Richtung mit $x(t) = v_0 t$ und die gleichmäßig beschleunigte Bewegung in y-Richtung mit $y(t) = -\frac{1}{2}(e/m)(U/d)t^2$. Die Elektronen vollführen also eine dem waagerechten Wurf ähnliche Bewegung im homogenen elektrischen Feld. Wird der Parameter t aus diesen beiden Gleichungen eliminiert, so ergibt sich die Gleichung der Bahnkurve für $0 \leq x \leq s$:

$$y(x) = -\frac{1}{2}\frac{e}{m}\frac{U}{d}\frac{1}{v_0^2}x^2.$$

> Ein Elektron mit konstanter Horizontalgeschwindigkeit bewegt sich innerhalb eines vertikalen homogenen elektrischen Feldes auf einer Parabelbahn. Die Parabel ist wegen der negativen Ladung des Elektrons gegen die Richtung des Feldes geöffnet.

Nach Verlassen des homogenen elektrischen Feldes bewegt sich das Elektron geradlinig längs der Tangente an die Parabel in $x = s$, bis es auf den Schirm im Abstand b trifft. Die Ablenkung y_1 auf dem Schirm ergibt sich als die Ordinate der Tangentengleichung an der Stelle $x_1 = s + b$. Aus der Ableitung $y'(s) = -eUs/(m d v_0^2)$ und der Geradengleichung $y(x) = y'(s)(x-s) + y(s)$ ergibt sich als Wert für die Ablenkung

$$y_1 = -\frac{e}{m}\frac{U}{d}\frac{1}{v_0^2}s\left(b + \frac{s}{2}\right).$$

> Die Ablenkung y_1 eines Elektronenstrahls, der senkrecht zu den Feldlinien in ein homogenes elektrisches Feld eintritt, ist proportional zur Ablenkspannung U.

In dem Ausdruck für die Ablenkung sind alle Größen außer der spezifischen Elektronenladung e/m und der Anfangsgeschwindigkeit v_0 direkt messbar. Da die Elektronen vor ihrem Eintritt in das vertikale homogene Feld die Beschleunigungsspannung U_a durchlaufen, haben sie beim Eintritt die kinetische Energie

$$\frac{1}{2}m v_0^2 = e U_a$$

und damit die Geschwindigkeit

$$v_0 = \sqrt{2\frac{e}{m}U_a}.$$

Wird dieser Wert für v_0 in den Ausdruck für y_1 eingesetzt, so ergibt sich

$$y_1 = \frac{1}{2}\frac{U}{d}\frac{1}{U_a}s\left(b + \frac{s}{2}\right).$$

Die Ablenkung y_1 ist also von der spezifischen Ladung e/m eines Elektrons unabhängig, sodass mit diesem Versuch die spezifische Ladung nicht bestimmt werden kann. Möglich wird dies erst, wenn sich Elektronen auch durch magnetische Felder bewegen (→ 6.1.5).

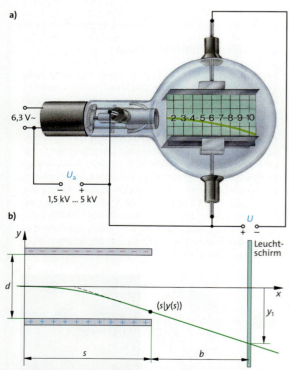

216.1 a) Elektronenstrahlablenkröhre. **b)** Ein Elektron bewegt sich auf einer Parabel, wenn es senkrecht zu den Feldlinien in ein homogenes elektrisches Feld eintritt.

Bewegung elektrischer Ladungen im elektrischen Feld

Aufgaben

1. Berechnen Sie die Geschwindigkeit und die kinetische Energie von Elektronen, die eine Beschleunigungsspannung $U = 300\ V$ im Vakuum durchlaufen haben.

2. Berechnen Sie im Rahmen der klassischen Physik die Spannung, die ein Elektron aus der Ruhelage durchlaufen müsste, um die Lichtgeschwindigkeit ($3 \cdot 10^8\ m/s$) zu erreichen.

3. Geben Sie die Geschwindigkeit eines Elektrons mit der kinetischen Energie $W_{kin} = 230\ eV$ in km/s an.

*4. Erläutern Sie, wie sich die Bahn geladener Teilchen in der Katodenstrahlröhre ändert, wenn sich statt der Elektronen **a)** Teilchen mit dreifacher Masse, **b)** Teilchen mit dreifacher Ladung oder **c)** Teilchen mit dreifacher Masse und Ladung bewegen.

Erläutern Sie, ob sich mit der Katodenstrahlröhre die Masse oder die Ladung der Elektronen bestimmen lässt.

*5. Beschreiben Sie die Änderung der Elektronenbahn, wenn die Beschleunigungsspannung und die Ablenkspannung an einer Katodenstrahlröhre im gleichen Verhältnis variiert werden.

*6. Ein Elektron, das die Beschleunigungsspannung $U_a = 150\ V$ durchlaufen hat, fliegt senkrecht zum elektrischen Feld in die Mitte zwischen zwei parallele geladene Platten mit dem Abstand $d = 1{,}5\ cm$. Zwischen den Platten liegt die Spannung $U = 250\ V$. Berechnen Sie, **a)** wie lange es dauert, bis das Elektron auf eine der beiden Platten aufschlägt, und **b)** wie weit der Auftreffpunkt vom Rand der Platte entfernt ist.

Exkurs

Das Oszilloskop

Die Proportionalität von Ablenkung und Ablenkspannung in einer Elektronenstrahlröhre wird zur Messung von Spannungen und die wegen der kleinen Elektronenmasse sehr geringe Trägheit des Ablenkvorganges zum Aufzeichnen zeitlicher Verläufe hochfrequenter periodischer Spannungsschwankungen ausgenutzt.

Kernstück eines Oszilloskops ist daher eine Elektronenstrahlröhre. Das von der Glühkatode ausgehende Elektronenstrahlbündel wird durch das elektrische Feld des sogenannten Wehnelt-Zylinders und durch das Feld einer weiteren Elektrode so fokussiert, dass es nach Verlassen der Anode auf dem Leuchtschirm einen kleinen Leuchtfleck erzeugt.

wird also die Helligkeit des Leuchtflecks auf dem Leuchtschirm gesteuert.

Durch die Anodenspannung von bis zu mehreren tausend Volt werden die Elektronen in Richtung auf den Leuchtschirm beschleunigt. Das elektrische Feld von Fokussierelektrode und Anode wirkt als sogenannte elektrische Lin-

Der Wehnelt-Zylinder hat gegenüber der Katode ein negatives Potential. Die Elektronen werden durch dieses elektrische Feld beeinflusst. Je größer die negative Vorspannung des Wehnelt-Zylinders gegenüber der Katode ist, desto kleiner ist die Anzahl der Elektronen, die den Wehnelt-Zylinder passieren können. Mit der an den Wehnelt-Zylinder angelegten Spannung

se; es gibt dem Elektronenstrahl die gewünschte scharfe Bündelung im Auftreffpunkt auf dem Leuchtschirm. Da dies vergleichbar mit der Wirkung einer Linse auf ein Lichtbündel ist, wird von einer *Elektronenoptik* gesprochen.

Durch zwei senkrecht zueinander stehende homogene elektrische Felder

kann der Strahl horizontal und vertikal abgelenkt werden. Wird an die x-Ablenkplatten eine Sägezahnspannung U_x angelegt, so läuft der Leuchtfleck auf dem Schirm gleichförmig in horizontaler Richtung und springt dann in die Ausgangslage zurück. Bei höherer Frequenz der Sägezahnspannung wird der Elektronenstrahl so schnell in x-Richtung über den Leuchtschirm bewegt, dass für das Auge wegen des Nachleuchtens des Schirmmaterials eine stillstehende, horizontale Linie erscheint. Wird eine Messspannung U_y an die y-Ablenkplatten gelegt, so wird die Bewegung des Elektronenstrahls in y-Richtung durch die Sägezahnspannung in x-Richtung zeitlich aufgelöst: Die zu messende Spannung an den y-Ablenkplatten wird als Funktion der Zeit (in x-Richtung) dargestellt.

Da der Elektronenstrahl den Spannungen, die an die Ablenkplatten gelegt werden, praktisch trägheitslos folgt, lässt sich eine hohe zeitliche Auflösung erreichen. Die Kippfrequenzen von modernen Oszilloskopen gehen bis über 500 MHz.

Elektrische Netzwerke

5.4 Elektrische Netzwerke

In technischen Anwendungen werden in elektrischen Schaltungen häufig eine Vielzahl verschiedener Bauelemente zu komplizierten *Netzwerken* zusammengefügt. *Stromzweige* bilden in diesen Netzwerken miteinander verbundene Stromkreise, die als *Maschen* bezeichnet werden. Punkte, in denen mehrere Stromzweige elektrisch verbunden sind, heißen *Knoten*. Für die Ströme, die durch die Bauteile fließen, und die Spannungen, die an den Bauteilen liegen, gelten die von Gustav Robert KIRCHHOFF (1824–1887) gefundenen Gesetze.

5.4.1 Die Kirchhoff'schen Gesetze

Um Ströme in einem Netzwerk zu messen, werden zunächst in jedem Zweig willkürlich Strommessrichtungen festgelegt, indem im Schaltbild ein Pfeil in die Leitung eines Stromzweigs gezeichnet wird. Dieser Pfeil gibt an, wie ein Strommessgerät in den Stromkreis eingebaut wird: Der mit einem *Minus*-Zeichen gekennzeichnete Anschluss befindet sich an der Pfeilspitze. (Die Anschlüsse *Plus* und *Minus* können am Messgerät auch *rot* und *blau* oder durch die Zeichen mA und COM gekennzeichnet sein.) Die Messwerte der Stromstärken sind dann null, positiv oder negativ.

Zeigen bei einem Knoten alle Strommessrichtungen zum Knoten hin (**Abb. 218.1**), so ergibt sich experimentell das folgende Gesetz.

> **1. Kirchhoff'sches Gesetz (Knotenregel):** An einem Knoten ist die Summe aller Stromstärken null:
> $I_1 + I_2 + I_3 + ... + I_n = 0$

Nach dem 1. Kirchhoff'schen Gesetz stimmt die in einem Zeitintervall zu einem Knoten hin fließende Ladung mit der überein, die vom Knoten weg fließt. Weder wird Ladung erzeugt, noch geht sie verloren; die Ladung bleibt erhalten.

Das 2. Kirchhoff'sche Gesetz gilt für Maschen, also für beliebig aus dem Netzwerk herausgegriffene Stromkreise. Über jedem Bauteil, das zu einer solchen Masche gehört, kann eine Spannung gemessen werden. Diese Spannungsmessung erfolgt stets in der zuvor festgelegten Strommessrichtung. Das Symbol für eine solche Spannungsmessung ist ein gebogener *Spannungspfeil* über dem Bauteil (**Abb. 218.2**). Aufgrund dieser Messvorschrift sind die Messwerte der Spannung null, positiv oder negativ.

Zeigen in einer Masche alle Spannungspfeile in eine Umlaufrichtung (**Abb. 218.2**), so gilt:

> **2. Kirchhoff'sches Gesetz (Maschenregel):** Die Summe der Spannungen in einer Masche ist null:
> $U_1 + U_2 + U_3 + ... + U_n = 0$

Die Maschenregel folgt aus der *Erhaltung der Energie*: Da Spannungen Potentialdifferenzen sind, ergibt sich für einen Umlauf in der Schaltung aus **Abb. 218.2** $U_0 + U_1 + U_2 + U_3 = (\varphi_D - \varphi_A) + (\varphi_A - \varphi_B) + (\varphi_B - \varphi_C) + (\varphi_C - \varphi_D) = 0$. Das Ausgangspotential wird wegen der Energieerhaltung wieder erreicht, die Summe aller Potentialdifferenzen ist null.

Jedes Bauteil hat aufgrund seiner Aufgabe im Netzwerk einen Energiefluss $\Delta W/\Delta t$, d. h. es gibt entweder Energie an das Netz ab oder entnimmt diesem Energie. Diese Leistung $P = \Delta W/\Delta t = UI$ ergibt sich aus den gemessenen Werten für U und I. Sie ist positiv (wie für R_1, R_2 und R_3), wenn das Bauteil Energie aufnimmt, und negativ, wenn von ihm Energie abgegeben wird, was für die Batterie als Energiequelle der Fall ist.

218.1 Die Summe der Ströme, die zu einem Knoten hinfließen, ist gleich der Summe der Ströme, die von ihm wegfließen.

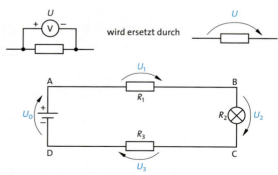

218.2 Beim Durchlaufen einer Masche ist die Summe aller gemessenen Spannungen gleich null.

Elektrische Netzwerke

Es soll nun die Schaltung von **Abb. 219.1 a)** mithilfe der Kirchhoff'schen Gesetze analysiert werden. Durch Anwendung der Gesetze können Voraussagen darüber gemacht werden, welche Stromstärken I_1, I_2 und I_3 sich in den einzelnen Zweigen ergeben. Die Werte für die Spannungen U_{AB}, U_{BC} und U_{CD} berechnen sich dann nach dem Ohm'schen Gesetz ($\rightarrow$ 5.3.2).

Zunächst wird die Messrichtung für Strom und Spannung willkürlich festgelegt (schwarze Pfeile in **Abb. 219.1 a**).

Auf den Punkt B angewendet ergibt die Knotenregel:

$$I_1 + (-I_2) + I_3 = 0$$

(Der Messwert von I_2 ist negativ einzusetzen, da die Messrichtung für I_2 vom Knoten weg weist).
In der Schaltung befinden sich drei Maschen CBAC, CDBC und CDBAC, auf die die Maschenregel angewendet werden kann. Zur Bestimmung der drei Unbekannten I_1, I_2 und I_3 werden nur zwei weitere Gleichungen benötigt. Für die Masche CBAC gilt

$$U_{AB} + U_{BC} + U_{CA} = 0$$

und für die Masche CDBC

$$U_{CD} + U_{DB} + U_{BC} = 0.$$

Werden in diese drei Gleichungen die im Schaltbild gegebenen Größen eingesetzt, so ergibt sich unter Verwendung von $U = R I$ das folgende Gleichungssystem:

$$I_1 + (-I_2) + I_3 = 0$$
$$(1\,\Omega)\,I_1 + (2\,\Omega)\,I_2 + (-9\,\text{V}) = 0$$
$$(3\,\Omega)\,I_3 + (-0{,}5\,\text{V}) + (2\,\Omega)\,I_2 = 0$$

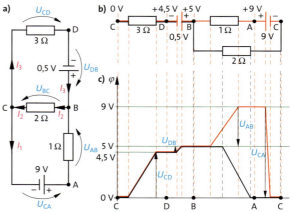

219.1 a) Eine Beispielschaltung zur Anwendung der Kirchhoff'schen Gesetze und **b)** die Maschen CDBAC (rot) und CDBC (schwarz) mit **c)** den zugehörigen Potentialverläufen.

Wird I_1 mithilfe der ersten Gleichung in der zweiten Gleichung durch $I_2 - I_3$ ersetzt, so folgt das Gleichungssystem

$$(3\,\Omega)\,I_2 - (1\,\Omega)\,I_3 - 9\,\text{V} = 0$$
$$(2\,\Omega)\,I_2 + (3\,\Omega)\,I_3 - 0{,}5\,\text{V} = 0 \quad \text{oder}$$
$$3\,I_2 - I_3 = 9\,\text{A}$$
$$2\,I_2 + 3\,I_3 = 0{,}5\,\text{A}.$$

Dabei wurde 1 V/1 Ω durch 1 A ersetzt. Durch Elimination jeweils einer Unbekannten ergibt sich

$$I_1 = 4\,\text{A},\ I_2 = 2{,}5\,\text{A},\ I_3 = -1{,}5\,\text{A}$$

und nach $U = R I$

$$U_{AB} = 4\,\text{V},\ U_{BC} = 5\,\text{V},\ U_{CD} = -4{,}5\,\text{V}.$$

Aufgaben

1. Zeichnen Sie den Potentialverlauf für die in **Abb. 219.1** noch fehlende Masche CBAC der dargestellten Schaltung.

2. In dem rechts abgebildeten verzweigten Stromkreis sind die Klemmspannungen U_{01} und U_{02} der Batterien und die Widerstände R_1, R_2 und R_3 bekannt. Die ohmschen Widerstände (Innenwiderstände) der Batterien können zur Vereinfachung vernachlässigt werden.

   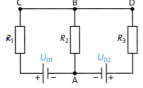

   a) Berechnen Sie die Stromstärken I_1, I_2 und I_3 der durch die Widerstände fließenden Ströme für $U_{01} = 24$ V, $U_{02} = 6$ V, $R_1 = 20\,\Omega$, $R_2 = 30\,\Omega$ und $R_3 = 8\,\Omega$ und bestimmen Sie die Stromrichtungen (Fließrichtung gedachter positiver Ladung). Zeichnen Sie bei diesen Werten den Potentialverlauf in der Schaltung.
   b) Drücken Sie I_1, I_2 und I_3 allgemein durch die gegebenen Größen aus.
   c) Weisen Sie nach, dass je nach Dimensionierung der Bauelemente die Ströme I_1 und I_3 ihre Richtung verändern, jedoch nicht der Strom I_2.
   d) Bestimmen Sie die Ströme, die sich für den Fall ergeben, dass R_2 unendlich groß wird.
   e) Geben Sie jeweils eine Bedingung dafür an, dass I_1 bzw. I_3 gleich null ist, ohne dass R_1 bzw. R_3 unendlich groß werden.

*3. Bestimmen Sie für konstante Werte R_1, R_2 und R_3 in der rechts abgebildeten *Wheatstone'schen Brückenschaltung* die Stromstärke I im Zweig GH in Abhängigkeit von R_x.

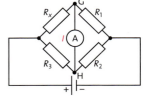

Elektrische Netzwerke

5.4.2 Kapazität von Kondensatoren

Im elektrischen Feld zwischen den Platten eines Plattenkondensators lässt sich elektrische Energie speichern (→ 5.2.3). Die gespeicherte Energie W hängt von der Kapazität C des Kondensators und der Spannung U ab, die zwischen den Kondensatorplatten herrscht: $W = CU^2/2$. Soll diese Energie bei gleicher Spannung vergrößert werden, so muss die Kapazität des Kondensators erhöht werden. Da für die Ladung Q auf den Platten $Q = CU$ gilt, wird umso mehr Ladung bei gleicher Spannung getrennt, je größer die Kapazität wird.

Wie die Versuche aus 5.2.3 gezeigt haben, hängt die Kapazität von der Geometrie des Kondensators ab. Beim Plattenkondensator gilt

$$C = \varepsilon_0 \frac{A}{d},$$

wobei A der Flächeninhalt der Platten, d der Plattenabstand und ε_0 die elektrische Feldkonstante ist.

Werden die parallelen Kondensatorplatten durch andere oder durch ein beliebig geformtes Leiterpaar ersetzt, so ergibt sich auch in diesen Fällen, dass die Ladung der angelegten Spannung proportional ist; die Kapazität C hängt dann jedoch in anderer Weise von der Form und der geometrischen Anordnung des Leiterpaares ab.

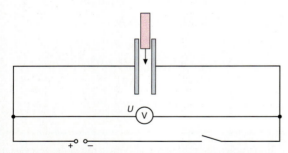

220.1 In den Kondensator wird ein Dielektrikum eingeführt.

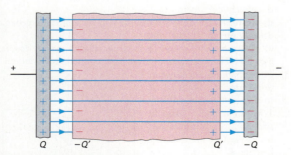

220.2 Die Feldstärke im Kondensator wird durch ein Dielektrikum verkleinert.

Bei den bisherigen Untersuchungen war der Raum zwischen den Platten mit Luft gefüllt. Die gefundenen Ergebnisse gelten daher auch nur für diesen Sonderfall. Nun soll untersucht werden, wie sich die Kapazität und damit die Speicherfähigkeit von Kondensatoren durch Einführung eines anderen Stoffes in sein elektrisches Feld beeinflussen lässt. Als Medium oder **Dielektrikum** können nur nichtleitende Stoffe verwendet werden, da die Ladung andernfalls abfließen würde.

Versuch 1: Ein Plattenkondensator wird aufgeladen und die Spannung U zwischen seinen Platten mit einem statischen Spannungsmesser gemessen. Nachdem der aufgeladene Kondensator von der Spannungsquelle (d. h. Q bleibt unverändert) abgetrennt wurde, wird eine Platte aus Glas (Glimmer, Hartgummi) zwischen die Kondensatorplatten eingeführt (**Abb. 220.1**), die den Plattenzwischenraum vollständig ausfüllt.
Ergebnis: Die Spannung zwischen den Platten wird beim Einführen eines Dielektrikums kleiner. Da Q konstant bleibt, hat sich die Kapazität $C = Q/U$ vergrößert. ◄

Die Verminderung der Spannung bedeutet wegen $U = Ed$ eine Schwächung der Feldstärke zwischen den Platten, die sich durch Ladungsausrichtung (Polarisation → S. 187) erklären lässt. Unter dem Einfluss des äußeren elektrischen Feldes richten sich im Dielektrikum die verbundenen Ladungen aus (elektrische Dipole). Dadurch entsteht auf den Außenflächen des Dielektrikums eine Oberflächenladung Q'. Diese Ladung an der Oberfläche erzeugt im Isolator ein elektrisches Feld, das dem des geladenen Kondensators entgegengerichtet ist. Die Oberflächenladung „bindet" also einen Teil der auf den Kondensatorplatten befindlichen Ladung Q. Die resultierende Feldstärke ist nur noch ein Bruchteil der ursprünglichen (**Abb. 220.2**).

> Ein Dielektrikum vergrößert die Kapazität eines Kondensators. Das Verhältnis der Kapazität C mit Dielektrikum zur Kapazität C_0 ohne Dielektrikum (im Vakuum) $\varepsilon_r = C/C_0$ heißt **(relative) Dielektrizitätszahl.**

ε_r ist für das jeweilige Dielektrikum, sofern es isotrop ist, eine charakteristische Stoffkonstante (**Tab. 221.1**).

> Die Kapazität eines Plattenkondensators mit Dielektrikum, das den Plattenzwischenraum vollständig ausfüllt, beträgt
>
> $C = \varepsilon_r \varepsilon_0 \frac{A}{d}.$

Mit der Kapazität des Plattenkondensators ändert sich auch dessen Fähigkeit, Energie zu speichern. Das Feld eines Plattenkondensators, der mit einem Dielektrikum der Dielektrizitätszahl ε_r angefüllt ist, hat die um den Faktor ε_r höhere Energiedichte ($\to$ 5.2.3)

$$\rho_{el} = \frac{1}{2}\varepsilon_r \varepsilon_0 E^2.$$

Das Einbringen eines Dielektrikums begrenzt allerdings auch die maximal mögliche Spannung zwischen den Kondensatorplatten auf die vom Material des Dielektrikums abhängige **Durchschlagspannung,** nach deren Überschreiten ein elektrischer Durchschlag durch das Dielektrikum erfolgt, wodurch sich ein elektrisch leitender Kanal zwischen den Kondensatorplatten ausbildet und so den Kondensator unbrauchbar macht.

Der Kondensator als Spannungswaage

Da die Platten eines aufgeladenen Kondensators ungleichnamige elektrische Ladungen tragen, ziehen sie sich mit einer Kraft F an. Diese Kraft lässt sich mit der Energiedichte bestimmen. Werden die Platten des Kondensators um ein kleines Stück Δd auf den Abstand $d + \Delta d$ auseinandergezogen, so ist dafür die Energie $\Delta W = F \Delta d$ aufzuwenden. Da mit der Flächenladungsdichte σ auch die elektrische Feldstärke E und damit die Energiedichte konstant bleibt, folgt aus

$$\frac{1}{2}\varepsilon_r \varepsilon_0 E^2 = \rho_{el} = \frac{\Delta W}{\Delta V} = \frac{F \Delta d}{A \Delta d} = \frac{F}{A}$$

für die Kraft F auf eine Kondensatorplatte

$$F = \frac{1}{2}\varepsilon_r \varepsilon_0 A E^2 = \frac{1}{2d}\varepsilon_r \varepsilon_0 \frac{A}{d}(Ed)^2 = \frac{1}{2d}CU^2.$$

Auf der Messung dieser Kraft beruht die sogenannte **Spannungswaage,** mit der hohe Spannungen gemessen werden können. **Abb. 221.2** zeigt das Prinzip einer solchen Spannungswaage, bei der sich die Gewichtskraft $F_G = mg$ und die Kraft F auf die bewegliche Kondensatorplatte P das Gleichgewicht halten. Mit $\varepsilon_r = 1$ folgt für die zu messende Spannung: $U = d\sqrt{2mg/(A\varepsilon_0)}$.

Stoff		ε_r
	Quarzglas	3,75
	Hartgummi	3 – 3,5
	Porzellan	6 – 7
	Kondensatorpapier	4 – 6
	Silicium	12
	Kupferoxid	18
Keramiken	TiO$_3$	~80
	CaTiO$_3$	~160
	(SrBi)TiO$_3$	~1000
Flüssigkeiten	Wasser	81
	Ethylalkohol	25,8
	Benzol	2,3
	Nitrobenzol	37
	Glycerin	43
Gase	Luft	1,00058
	O$_2$	1,00055
	H$_2$	1,00026
	SO$_2$	1,0099
Vakuum		1

221.1 Dielektrizitätszahlen verschiedener Stoffe

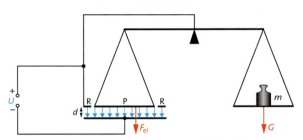

221.2 Bei einer Spannungswaage wird die elektrische Spannung an einem Kondensator durch Messung einer mechanischen Kraft bestimmt. Um den Einfluss des inhomogenen Randfeldes auf die bewegliche Kondensatorplatte P auszuschalten, wird diese von einem Ring R mit gleichem Potential wie P umgeben.

Aufgaben

1. Ein Kondensator nimmt bei der Spannung $U = 3$ kV die Ladung $Q = 24$ nC auf. Berechnen Sie seine Kapazität.
2. Ein luftgefüllter Plattenkondensator hat die Kapazität $C = 1$ nF.
   Bestimmen Sie, um welchen Faktor seine Kapazität und seine Fähigkeit steigt, Energie zu speichern, wenn er mit Quarzglas (Wasser, Glycerin) gefüllt wird.
3. Ein Plattenkondensator ($d = 2$ mm, $A = 314$ cm^2) wird
   a) bei konstanter Spannung $U = 180$ V,
   b) bei konstanter Ladung $Q = 0{,}37$ mC mit Glimmer ($\varepsilon_r = 7$) ausgefüllt. Untersuchen Sie das Verhalten von E und Q (bzw. U).
4. Auf einem Plattenkondensator ($d = 4$ mm, $A = 400$ cm^2) wird bei einer Spannung $U = 200$ V ohne Glasfüllung $Q_0 = 20$ nC und mit Glasfüllung $Q_1 = 110$ nC gemessen. Bestimmen Sie ε_r für Glas.
*5. Zeigen Sie: $C_K = 4\pi\varepsilon_0 r$ ist die Kapazität einer frei stehenden Leiterkugel mit dem Radius r.
   (Anleitung: Betrachten Sie die Potentialdifferenz zwischen Kugeloberfläche und Erde (unendlich ferner Punkt).)
*6. Ein Kugelkondensator besteht aus zwei konzentrischen leitenden Kugelflächen mit den Radien r_a und r_i.
   Berechnen Sie seine Kapazität. (Anleitung: siehe Aufgabe 5)
*7. Eine Metallkugel mit dem Radius $r_1 = 55$ cm und der Ladung $Q_1 = 80$ nC wird von einer neutralen zweiten Metallkugel von doppeltem Radius berührt.
   Erläutern Sie, wie sich die Ladung verteilt. (Verwenden Sie C_K aus Aufgabe 5.)

Elektrische Netzwerke

Exkurs

Bauformen von Kondensatoren

Leidener Flasche (a)
Die 1745 von E. J. von KLEIST und 1746 von CUNÄUS erfundene Leidener oder Kleist'sche Flasche ist die älteste Form eines Kondensators. Ein zylindrisches Glasgefäß ist innen und außen mit Aluminiumfolie beklebt. Die Innenseite ist mit einer Metallkugel verbunden. Beim Aufladen der Kugel und damit der Innenseite wird eine gleich große Ladungsmenge auf der Außenseite influenziert. Moderne Bauformen bestehen aus metallbedampften Glaszylindern und werden als Kapazitätsnormale eingesetzt. Es können Kapazitäten bis 1 nF erreicht werden.

Drehkondensatoren (b)
Ein beweglicher Plattensatz kann in einen fest stehenden hineingedreht werden. Es besteht eine Proportionalität zwischen Drehwinkel und Kapazität. Sie werden zur Abstimmung von elektrischen Verstärkerschaltungen eingesetzt (Variationsmöglichkeit von 100 pF bis 1000 pF).

Blockkondensator (c)
Zwei dünne Aluminiumstreifen und zwei Streifen dünner Kunststofffolie werden im Wechsel aufeinandergeschichtet und aufgewickelt. So wird auf engem Raum eine große Plattenfläche und ein kleiner Plattenabstand erreicht (Kapazitäten: 0,1 µF bis 1 F). Eine Sonderform ist der metallisierte Filmkondensator: Direkt auf den Dielektrikumsfilm (bis zu 1 µm dünn) werden bis zu 0,01 µm dünne Metallschichten aufgedampft. Bei einem etwaigen Durchschlag verdampft die Metallbelegung rings um die Durchschlagstelle und die Isolierung bleibt erhalten („Selbstheilung").

Keramikkondensatoren (d)
Sie besitzen als Dielektrikum eine keramische Masse, die mit Metallbelägen aus Silber oder Nickel versehen ist. Es lässt sich eine Dielektrizitätszahl bis $\varepsilon_r \approx 16\,000$ erreichen. Der Schichtdicke des Dielektrikums sind durch die Korngröße des keramischen Stoffes (einige Mikrometer) nach unten Grenzen gesetzt.

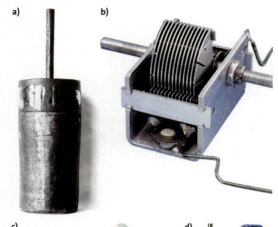

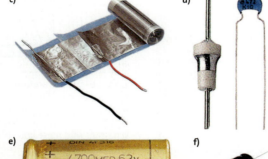

Elektrolytkondensatoren (e)
Sie bestehen aus einer Aluminiumfolie als Anode (Pluspol), einer darauf elektrolytisch aufgebrachten Oxidschicht als Dielektrikum und einem Elektrolyten als Katode (Minuspol). Der Elektrolyt befindet sich in einem saugfähigen Papier. Wird der Elektrolytkondensator falsch gepolt, so wird die Oxidschicht abgebaut. Es entstehen Gase, und der Kondensator wird durch Explosion zerstört. Im Vergleich zu anderen Kondensatorarten weisen Elektrolytkondensatoren bei gleichem Volumen sehr hohe Kapazitäten auf, weil die Anode aus stark aufgeätzter Aluminiumfolie oder aus gesintertem Metallpulver mit kleiner Körnung hergestellt wird und daher ihr Metallbelag eine sehr große „innere Oberfläche" aufweist.

Superkondensatoren (Gold Caps) (f)
Sie sind die neuesten Bauformen und zeichnen sich durch sehr große Kapazitäten (100 bis 1500 F) bei kleinem Raumbedarf aus. Als Trägermaterial für den Elektrolyten wird Aktivkohle verwendet. Nur 1 g Aktivkohle verfügt über eine innere Oberfläche von etwa 1000 m². Sie werden künftig sogar die schnell alternden Nickel-Cadmium-Akkus ersetzen können.

Speicherbausteine
Kondensatoren finden auch beim Bau von Speicherchips Verwendung. So besteht etwa eine DRAM-Speicherzelle aus einem Speicherkondensator und einem Auswahltransistor. In diesen dynamischen Schreib-/Lesespeichern wird die Information in Form elektrischer Ladung im Kondensator gespeichert. Da die Kondensatoren sich im Laufe der Zeit entladen, verlieren derartige Speicherbausteine nach einer gewissen Zeit die in ihnen gespeicherte Information. Um diesen Datenverlust zu verhindern, wird die Information von Zeit zu Zeit wieder dynamisch aufgefrischt, d. h. der Kondensator wird gemäß seiner Auflladung nachgeladen. Übliche DRAM-Chips werden je nach Bauart alle 1 ms bis 16 ms nachgeladen. Der Nachladevorgang wird als Refresh bezeichnet. Für einen Refresh werden die Daten in einem Blindlesezyklus ausgelesen und durch Nachladung ergänzt.

5.4.3 Schaltung elektrischer Zweipole

In elektrischen Schaltungen werden oft Widerstände und Kondensatoren mit bestimmten Werten benötigt, die im Handel nicht erhältlich sind. Durch Kombination dieser Bauteile in Reihen- und Parallelschaltungen lassen sich jedoch die unterschiedlichsten Widerstands- und Kapazitätswerte erzielen. Dabei besteht zwischen ohmschen Widerständen und Kondensatoren eine Analogie, wenn beide jeweils als passive Zweipole, also Bauteile mit zwei Anschlüssen, aufgefasst werden, über die Folgendes bekannt ist: Es gibt eine konstante Größe Z derart, dass die elektrische Spannung U, die am Zweipol anliegt, eine elektrische Größe X hervorruft, für die gilt:

$$U = ZX$$

Im Fall eines ohmschen Widerstandes ist $Z = R$ und $X = I$, im Falle eines Kondensators ist $Z = 1/C$ und $X = Q$.

Sind zwei Zweipole **in Reihe geschaltet** (**Abb. 223.1a**), so addieren sich die Spannungen U_1 und U_2 an den Zweipolen zur Gesamtspannung U: $U = U_1 + U_2$ und die resultierenden elektrischen Größen X_1 und X_2 stimmen mit X in den Zuleitungen überein. (Sind die Zweipole ohmsche Widerstände, so werden beide Widerstände vom gleichen Strom der Stärke $X = I$ durchflossen, der auch in den Zuleitungen fließt: $X = X_1 = X_2$. Sind die Zweipole Kondensatoren, so befindet sich auf beiden Kondensatoren aufgrund der Influenz die gleiche Ladung $X = Q$. Auch hier ist $X = X_1 = X_2$.) Wird diese Beziehung in die Gleichung für die Gesamtspannung U eingesetzt, so ergibt sich

$$U = (Z_1 + Z_2) X.$$

Dies bedeutet, dass die in Reihe geschalteten Zweipole so wie *ein* Zweipol der Größe

$$Z = Z_1 + Z_2$$

wirken.

Bei parallel geschalteten Zweipolen (**Abb. 223.1b**) liegt an jedem Zweipol die gleiche Spannung U: $U = U_1 = U_2$ und die resultierenden elektrischen Größen X_1 und X_2 addieren sich zur Gesamtgröße X in den Zuleitungen. (Handelt es sich um ohmsche Widerstände, so addieren sich die Stromstärken $X_1 = I_1$ und $X_2 = I_2$ zur Gesamtstromstärke $X = I$ im unverzweigten Teil des Stromkreises. Für Kondensatoren verteilt sich die Gesamtladung $X = Q$ auf die Einzelladungen $X_1 = Q_1$ und $X_2 = Q_2$ der Kondensatoren: $Q = Q_1 + Q_2$. In beiden Fällen ist: $X = X_1 + X_2$.)
Damit verhalten sich die parallel geschalteten Zweipole wie *ein* Zweipol der Größe Z, für den gilt:

$$\frac{U}{Z} = \frac{U}{Z_1} + \frac{U}{Z_2},$$

woraus

$$\frac{1}{Z} = \frac{1}{Z_1} + \frac{1}{Z_2},$$

folgt.

Diese Beziehungen lassen sich offenbar auf endlich viele Bausteine ausdehnen. Für die Reihen- und Parallelschaltung von ohmschen Widerständen bzw. Kondensatoren ergibt sich damit:

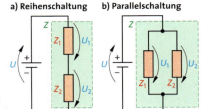

223.1 Schaltung von Zweipolen

Bei der Reihenschaltung von ohmschen Widerständen ist der Gesamtwiderstand gleich der Summe der Einzelwiderstände

$$R = R_1 + R_2 + R_3 + \ldots + R_n;$$

bei Kondensatoren ist der Kehrwert der Gesamtkapazität gleich der Summe der Kehrwerte der Einzelkapazitäten

$$\frac{1}{C} = \frac{1}{C_1} + \frac{1}{C_2} + \frac{1}{C_3} + \ldots + \frac{1}{C_n}.$$

Im Falle einer Reihenschaltung ist der Gesamtwiderstand immer größer als jeder Teilwiderstand, die Gesamtkapazität jedoch kleiner als die kleinste Teilkapazität.

Bei der Parallelschaltung von ohmschen Widerständen ist der Kehrwert des Gesamtwiderstandes gleich der Summe der Kehrwerte der Einzelwiderstände

$$\frac{1}{R} = \frac{1}{R_1} + \frac{1}{R_2} + \frac{1}{R_3} + \ldots + \frac{1}{R_n};$$

bei Kondensatoren ist die Gesamtkapazität gleich der Summe der Einzelkapazitäten

$$C = C_1 + C_2 + C_3 + \ldots + C_n.$$

Im Falle einer Parallelschaltung ist der Gesamtwiderstand stets kleiner als der kleinste Einzelwiderstand, die Gesamtkapazität jedoch größer als jede Teilkapazität.

Kompliziertere Netzwerke lassen sich durch Zerlegung in geeignete Reihen- und Parallelschaltungen berechnen, indem diese „Teilschaltungen" sukzessive durch „Ersatzwiderstände" bzw. „Ersatzkapazitäten" ersetzt werden.

Aufgaben

1. **a)** Bestimmen Sie die Gesamtkapazität, die sich ergibt, wenn Kondensatoren mit $C_1 = 0{,}5\ \mu F$ und $C_2 = 8\ \mu F$ hintereinander geschaltet werden.
   b) Bestimmen Sie den Gesamtwiderstand, der sich ergibt, wenn Widerstände mit $R_1 = 80\ \Omega$, $R_2 = 120\ \Omega$ parallel geschaltet werden.
2. Berechnen Sie alle möglichen Kapazitäten, die sich aus Kondensatoren mit den Kapazitäten $C_1 = 300\ pF$, $C_2 = 500\ pF$ und $C_3 = 1\ nF$ schalten lassen (acht Möglichkeiten).
3. Berechnen Sie die größte und die kleinste Gesamtkapazität aus $C_1 = 1\ \mu F$, $C_2 = 1\ \mu F$, $C_3 = 2\ \mu F$ und $C_4 = 4\ \mu F$.

5.4.4 Auf- und Entladung eines Kondensators

Das 2. Kirchhoff'sche Gesetz wird im Folgenden auf den Auf- und Entladevorgang eines Kondensators angewendet.

Versuch 1: Mit einem Rechteckgenerator wird ein Kondensator mit der Kapazität C über einen Widerstand R (**Abb. 224.1**) aufgeladen, wenn $U_G(t) = U_0$ mit $U_0 =$ konst. < 0 ist, und entladen, wenn $U_G(t) = 0$ ist. Auf dem Schirm eines Zweistrahloszilloskops wird der zeitliche Verlauf der Spannung $U_C(t)$ über dem Kondensator und der Spannung $U_R(t)$ über dem ohmschen Widerstand aufgezeichnet (**Abb. 224.2**).

Die Funktionen für den Spannungsverlauf am Kondensator $U_C(t)$ und für den Stromverlauf $I(t) = U_R(t)/R$ sollen nun theoretisch hergeleitet werden:
Zu jedem Zeitpunkt t gilt nach der Maschenregel ($\rightarrow$ 5.4.1)

$$U_G(t) + U_R(t) + U_C(t) = 0; \qquad (1)$$

dabei wird während der Aufladung z.B. für $U_G(t) = U_0$ ein negativer und für $U_R(t)$ und $U_C(t)$ ein positiver Wert gemessen, während bei der Entladung dann $U_G(t) = 0$, $U_R(t) < 0$ und $U_C(t) > 0$ ist. Ist $Q(t)$ die zur Zeit t auf eine Kondensatorplatte geflossene Ladung und $I(t)$ die Stromstärke, so lässt sich die Gleichung auch folgendermaßen schreiben:

$$U_G(t) + RI(t) + Q(t)/C = 0 \qquad (2)$$

Da für den Zusammenhang von Stromstärke und Ladung $I(t) = dQ/dt$ ($\rightarrow$ 5.1.2) und für den Auflade- wie auch für den Entladevorgang $U_G(t) =$ konstant gilt, folgt durch Ableiten der Gleichung nach der Zeit:

$$\dot{I}(t) + \frac{1}{RC}I(t) = 0$$

Diese Gleichung enthält außer der gesuchten Funktion $I(t)$ noch deren Ableitungsfunktion $\dot{I}(t)$. Es handelt sich daher um eine *Differentialgleichung*. Durch Ableiten und Einsetzen wird gezeigt, dass der folgende Ansatz eine Lösung dieser Gleichung ist ($\rightarrow$ S. 117):

$$I(t) = I_0 e^{-\frac{1}{RC}t} \quad \text{mit} \quad I_0 = \text{konstant}$$

Dabei ist I_0 die Stromstärke zum Zeitpunkt $t = 0$, also $I_0 = I(0)$.
Für den Spannungsverlauf am Kondensator ergibt sich nach der Maschenregel

$$U_C(t) = -U_G(t) - RI_0 e^{-\frac{1}{RC}t}.$$

Die Lösungsfunktionen $I(t)$ und $U_C(t)$ werden nun für den Auflade- und für den Entladevorgang diskutiert:
Während der *Aufladung* ist $U_G(t) = U_0 < 0$, und der Faktor $I_0 = I(0)$ berechnet sich nach Gleichung (2) mit $Q(0) = 0$ zu

$$I(0) = -\frac{U_G(0)}{R} - \frac{Q(0)}{RC} = -\frac{U_0}{R} - 0.$$

> Bei der **Aufladung** eines Kondensators sind der Strom- und Spannungsverlauf gegeben durch
> $$I(t) = -\frac{U_0}{R}e^{-\frac{1}{RC}t} > 0 \quad \text{und} \quad U_C(t) = -U_0(1 - e^{-\frac{1}{RC}t}) > 0.$$

Während des *Entladevorgangs* ist $U_G(t) = 0$ und $U_C(0) = -U_0 > 0$ sowie

$$I(0) = -\frac{U_G(0)}{R} - \frac{U_C(0)}{R} = 0 - \frac{-U_0}{R}.$$

Daher gilt:

> Bei der **Entladung** eines Kondensators ist der Strom- und Spannungsverlauf gegeben durch
> $$I(t) = \frac{U_0}{R}e^{-\frac{1}{RC}t} < 0 \quad \text{und} \quad U_C(t) = -U_0 e^{-\frac{1}{RC}t} > 0.$$

Diese Ergebnisse entsprechen dem experimentellen Befund in **Abb. 224.2**. Es handelt sich um eine **exponentielle Zu- bzw. Abnahme**, wie sie für viele Phänomene in der Natur typisch ist. ◂

Nach der Zeit $t = RC$ hat sich I bzw. U_C um den Faktor $1/e$ verändert. RC heißt **Zeitkonstante** τ des RC-Gliedes; je größer τ ist, desto länger ist die Auf- bzw. Entladezeit.
Aus **Abb. 224.2** und aus den Gleichungen ist ablesbar, dass die Leistung $P = UI$ während der Aufladung für den Kondensator und den ohmschen Widerstand positiv ist (Energieaufnahme) und für den Generator negativ (Energieabgabe). Bei der Entladung ist sie für den Kondensator negativ (Energieabgabe), für den Widerstand positiv (Energieaufnahme) und für den Generator null (kein Energiefluss).

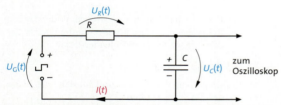

224.1 Schaltung zur Untersuchung des Auf- und Entladevorgangs eines Kondensators

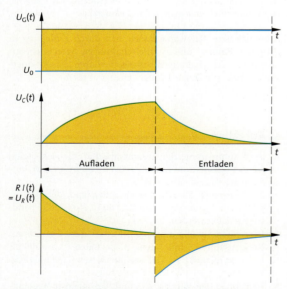

224.2 Spannungsverlauf am Rechteckgenerator, am Kondensator und am ohmschen Widerstand. Zu jedem Zeitpunkt t gilt die Maschenregel: $U_G + U_C + U_R = 0$.

Aufgaben

1. Die Zeit, in der bei der Entladung eines Kondensators mit der Kapazität C über einen Widerstand R die Spannung auf die Hälfte ihres Ausgangswertes absinkt, heißt *Halbwertszeit* T_H. Leiten Sie die Formel $T_H = RC \ln 2$ zur Bestimmung der Halbwertszeit her.

2. In Aufgabe → 3, S. 189 wurden Messwerte für die Entladung eines Kondensators gegeben.
Zeichnen Sie den Graphen der t-I-Funktion und bestimmen Sie daraus die Halbwertszeit T_H des Entladevorgangs und den Vorwiderstand, wenn die Kapazität des Kondensators $C = 8\ \mu F$ beträgt.

3. Ein Kondensator wird über einen Widerstand $R = 50\ k\Omega$ entladen. Zur Zeit $t_0 = 0$ liegt an ihm die Spannung $U(0\ s) = 200\ V$. Nach 10 s ist die Spannung auf $U = 180\ V$ gesunken. Berechnen Sie Kapazität, Zeitkonstante, Halbwertszeit und die zur Zeit t_0 auf einer Platte befindliche Ladung Q_0.

4. Zeichnen Sie mit den Daten von Aufgabe 3 das zugehörige t-U-Diagramm, das t-I-Diagramm und das t-Q-Diagramm.
Erläutern Sie, wie sich die Diagramme ändern, wenn **a)** R halbiert und **b)** verdoppelt wird und wenn **c)** C halbiert und **d)** verdoppelt wird.

5. Beschreiben Sie alle Ihnen bekannten Möglichkeiten, die Kapazität eines Plattenkondensators experimentell zu bestimmen.

6. Weisen Sie nach, dass die Zeitkonstante $\tau = RC$ im SI-System die Einheit Sekunde hat.

7. Ein Kondensator der Kapazität 2 μF werde auf 48 V aufgeladen und anschließend über einen 200 Ω-Widerstand entladen. Bestimmen Sie **a)** die am Ende des Aufladevorgangs im Kondensator vorhandene Ladung, **b)** die Anfangsstromstärke im 200 Ω-Widerstand zu Beginn der Entladung, **c)** die Zeitkonstante, **d)** die Ladung im Kondensator nach 2 ms und **e)** die Stromstärke im 200 Ω-Widerstand zum Zeitpunkt 2 ms.
Berechnen Sie **f)** die Energie, die nach der Aufladung und **g)** nach 0,4 ms im Kondensator gespeichert ist, und **h)** die Leistung, die zu Beginn des Entladevorgangs dem Widerstand zugeführt wird.

Exkurs

Fotoblitz und Defibrillator

Beiden Geräten liegt das gleiche Funktionsprinzip zugrunde: In einem Kondensator wird elektrische Energie gespeichert, die anschließend in einer sehr kurzen Zeit wieder abgegeben wird. Dadurch wird eine sehr große elektrische Leistung erreicht.

Beim **Fotoblitz** wird ein Kondensator über einen vergleichsweise langen Zeitraum aufgeladen. Die dabei im Feld des Kondensators gespeicherte elektrische Energie ist nur gering. Wird jedoch der Kondensator durch einen sehr kurzen Puls über ein Blitzlämpchen entladen, so wird kurzzeitig eine sehr hohe Leistung freigesetzt. Bevor das Blitzgerät wieder benutzt werden kann, muss erneut die Aufladezeit verstreichen.

Geräte zur Elektroschocktherapie in der Medizin, die auch als **Defibrillatoren** bezeichnet werden, können heute z.B. von Notärzten mobil mitgeführt und zur Behandlung von Patienten mit einer Kammertachykardie (also pathologisch veränderten Herzfrequenzen, Kammerflattern bei tiefen Frequenzen und Kammerflimmern bei hohen Frequenzen) oder einem Herzstillstand eingesetzt werden.

Ein solcher enthält einen Kondensator, in dem eine zuvor einstellbare Energie gespeichert werden kann. Er wird dazu durch eine Batterie aufgeladen, deren Spannung durch eine elektronische Schaltung (einen sogenannten DC/DC-Wandler) heraufgesetzt wird. Auf Knopfdruck kann die im Kondensator gespeicherte Energie (bis zu 360 J, Richtwerte: 3 J/kg Körpergewicht bei Erwachsenen und 2 bis 4 J/kg bei Säuglingen und Kindern) kurzfristig über großflächige Elektroden („Paddels") an den Patienten abgegeben werden. Durch eingebaute elektronische Schaltungen können bestimmte Pulsformen erzeugt werden, der Ladevorgang und die Energieabgabe überwacht und bei nicht erfolgter Schockabgabe die Kondensatorenergie über einen Widerstand abgeleitet werden. Moderne Defibrillatoren arbeiten biphasisch, d.h. sie geben nicht nur einen Stromstoß, sondern durch Umkehrung der Spannungspolarität an den Paddels Stromstöße in verschiedene Richtungen ab. Hierdurch kann mit geringeren Energien gearbeitet werden, was für den Patienten schonender ist.

Da durch Kammerflimmern der Körper nicht mehr ausreichend mit arteriellem Blut versorgt werden kann, setzt eine erfolgreiche Behandlung schnelles Handeln voraus. Daher sind automatische Defibrillatoren entwickelt worden, die bei Anwendung den Zustand eines Patienten diagnostizieren können, eigenständig die korrekten Einstellungen vornehmen und durch Sprachausgabe selbst Laien zur richtigen Handhabung führen und in der ersten Hilfe eingesetzt werden können. Unter dem in der linken Abbildung angegebenen Symbol finden sich immer häufiger solche Geräte in öffentlichen Gebäuden, Bahnhöfen, U-Bahn-Stationen, Flughäfen etc.

Grundwissen Elektrische Ladung und elektrisches Feld

Elektrische Ladungen
Ein elektrisch neutraler Körper besitzt gleich viel positive wie negative Ladung. Positiv geladene Körper haben Elektronenmangel, negativ geladene Elektronenüberschuss.
In der Umgebung eines elektrisch geladenen Körpers besteht ein *elektrisches Feld*, in ihm wirkt auf eine andere Ladung eine Kraft, auf eine gleichnamige Ladung eine abstoßende und auf eine ungleichnamige Ladung eine anziehende Kraft.
Influenz ist die Trennung der Ladungen auf einem leitenden Körper unter dem Einfluss eines elektrischen Feldes.
Polarisation ist die Ausrichtung elektrischer Dipole in einem Nichtleiter durch ein elektrisches Feld.

Stromstärke
Die Stromstärke I ist der Quotient aus der durch einen beliebigen Leitungsquerschnitt in der Zeit Δt geflossenen Ladung ΔQ und der Zeit Δt:

$$I = \frac{\Delta Q}{\Delta t}$$

Für zeitlich veränderliche Stromstärken gilt

$$I = \dot{Q} = \frac{dQ}{dt}.$$

Elektrisches Feld

Elektrische Feldstärke
Die *elektrische Feldstärke* $\vec{E}$ ist der Quotient aus der Kraft $\vec{F}$, die ein positiv geladener Körper im betrachteten Punkt des Feldes erfährt, und seiner Ladung q:

$$E = \frac{F}{q} \quad \text{oder vektoriell} \quad \vec{E} = \frac{\vec{F}}{q}$$

Die Richtung der elektrischen Feldstärke $\vec{E} = \vec{F}/q$ stimmt in jedem Punkt des Feldes mit der Richtung der Kraft auf einen im Feld befindlichen positiv geladenen Körper überein. Ist die Ladung q negativ, so sind $\vec{E}$ und $\vec{F}$ antiparallel zueinander.

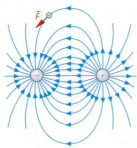

Elektrische Felder werden durch Feldlinien dargestellt. In jedem Punkt des Feldes gibt die Kraft auf einen positiv geladenen Körper die Lage der Tangente an die Feldlinie und die Richtung der Feldlinie an. Die Feldlinien beginnen an einer positiven Ladung und enden an einer negativen.

Flächenladungsdichte
Die *Flächenladungsdichte* $\sigma = Q/A$ ist der elektrischen Feldstärke E proportional:

$$\sigma = \frac{Q}{A} = \varepsilon_0 E$$

ε_0 heißt *elektrische Feldkonstante* und hat den Wert $\varepsilon_0 = 8{,}8542 \cdot 10^{-12}$ C/(Vm).

Elektrisches Potential und elektrische Spannung
Das *elektrische Potential* eines Punktes P_1 (in Bezug auf den Punkt P_0) im elektrischen Feld ist der Quotient aus der Energie W_{01}, die ein geladener Probekörper auf dem Weg vom Punkt P_0 zum Punkt P_1 aus dem elektrischen Feld aufnimmt, und seiner Ladung q:

$$\varphi_{01} = \frac{W_{01}}{q}$$

Ein elektrisches Feld kann durch Flächen gleichen Potentials charakterisiert werden, die sich im ebenen Schnitt als Linien darstellen. Die elektrischen Feldlinien zeigen in Richtung abnehmenden Potentials und stehen stets senkrecht auf den Äquipotentialflächen.

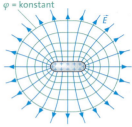

Die *elektrische Spannung* U_{12} zwischen zwei Punkten P_1 und P_2 ist die Differenz ihrer Potentiale:

$$U_{12} = \varphi_2 - \varphi_1$$

Die Energie $W_{12} = q(\varphi_2 - \varphi_1) = q\, U_{12}$ wird benötigt, um einen geladenen Probekörper vom Punkt P_1 zum Punkt P_2 zu bewegen.
Die Änderung der potentiellen Energie eines in einem zeitlich unveränderlichen elektrischen Feld bewegten geladenen Körpers ist nur vom Anfangs- und Endpunkt der Bewegung abhängig, nicht aber vom Weg, auf dem der Körper transportiert wird.

Homogenes und radialsymmetrisches Feld
Ein elektrisches Feld heißt *homogen*, wenn die elektrische Feldstärke $\vec{E}$ an allen Orten im Feld gleich ist. Näherungsweise ist das elektrische Feld im Inneren eines Plattenkondensators, dessen Plattenfläche A groß gegen den Plattenabstand d ist, homogen. Liegt zwischen den Platten die Spannung U, so gilt für die elektrische Feldstärke E des Feldes zwischen den Platten:

$$U = E\,d$$

Im *radialsymmetrischen Feld* einer frei aufgestellten Kugel mit der Ladung Q (bzw. einer Punktladung Q)

Grundwissen Elektrische Ladung und elektrisches Feld

ist die Feldstärke im Abstand r vom Mittelpunkt der Kugel:

$$E = \frac{1}{4\pi\varepsilon_0}\frac{Q}{r^2} \text{ oder vektoriell } \vec{E} = \frac{1}{4\pi\varepsilon_0}\frac{Q}{r^2}\vec{r}^{\,0}$$

Das Potential im radialsymmetrischen Feld ist

$$\varphi = \frac{1}{4\pi\varepsilon_0}\frac{Q}{r} \text{ (Bezugspunkt im Unendlichen).}$$

Coulomb'sches Gesetz:

Die Kraft des Radialfeldes einer Punktladung Q_1 auf eine zweite Punktladung Q_2 ist dem Produkt der Ladungen direkt und dem Quadrat ihres Abstandes umgekehrt proportional:

$$F = \frac{1}{4\pi\varepsilon_0}\frac{Q_1 Q_2}{r^2}$$

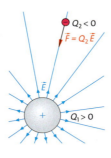

Kapazität

Die *Kapazität* C eines Leiterpaares ist der Quotient aus der positiven Ladung Q, die auf einen der Leiter fließt, und der Spannung U zwischen den Leitern:

$$C = \frac{Q}{U}$$

Die Kapazität eines Plattenkondensators mit der Plattenfläche A und dem Plattenabstand d, zwischen dessen Platten sich ein Dielektrikum mit der Dielektrizitätskonstanten ε_r befindet, ist

$$C = \varepsilon_r\varepsilon_0\frac{A}{d}.$$

Energie im elektrischen Feld

Die Energie im elektrischen Feld eines mit der Spannung U geladenen Kondensators der Kapazität C ist

$$W = \frac{1}{2}CU^2.$$

Die *Energiedichte* in einem Punkt eines elektrischen Feldes ist gegeben durch

$$\rho_e = \frac{1}{2}\varepsilon_r\varepsilon_0 E^2.$$

Die Elementarladung

Alle Ladungen sind ganzzahlige Vielfache der *Elementarladung* e. Ladungen treten also nur in Portionen der Größe $Q = ne$ auf; die Ladung ist eine gequantelte Größe. Der Betrag der Elementarladung stimmt mit dem Betrag der Ladung eines Elektrons überein und ist

$$e = 1{,}602 \cdot 10^{-19} \text{ C}.$$

Jedes Ion trägt genau eine Elementarladung oder ein ganzzahliges Vielfaches davon.

Elektrischer Strom und elektrische Stromkreise

In Festkörpern wird der elektrische Strom durch bewegte Elektronen hervorgerufen, in Flüssigkeiten und Gasen beruht er auf Ionenwanderung.
Der Quotient aus der Spannung U an einem Bauteil und der Stärke I des durch das Bauteil fließenden Stromes heißt *elektrischer Widerstand*

$$R = \frac{U}{I}.$$

Die im Bauteil umgesetzte *elektrische Energie* W ist das Produkt aus der anliegenden Spannung U, der Stärke I des fließenden Stromes und der Zeit t der Energieumwandlung:

$$W = UIt,$$

die *elektrische Leistung* P eines Bauteils ergibt sich als Quotient aus Energie und Zeit zu

$$P = \frac{W}{t} = UI.$$

Elektrische Stromkreise lassen sich mithilfe der *Kirchhoff'schen Gesetze* analysieren:

1. Kirchhoff'sches Gesetz (Knotenregel)

An einem Knoten eines Netzwerkes ist die Summe aller Stromstärken null:

$$I_0 + I_1 + \ldots + I_n = 0$$

2. Kirchhoff'sches Gesetz (Maschenregel)

Die Summe der Spannungen in einer Masche eines Netzwerkes ist null:

$$U_0 + U_1 + \ldots + U_n = 0$$

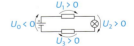

Glühelektrischer Effekt

Aus einem glühenden Metalldraht treten Elektronen aus.

Fotoeffekt

Licht kann Elektronen aus Metalloberflächen herauslösen, falls es energiereich genug ist.

Elektronvolt

Durchläuft ein Elektron die Spannung U, so beträgt seine kinetische Energie $eU = m_e v^2/2$ und seine Geschwindigkeit

$$v = \sqrt{2\frac{e}{m_e}U}.$$

In der Atom- und Kernphysik werden Energien in der Einheit 1 eV (Elektronvolt) angegeben:

$$1 \text{ eV} = 1{,}602 \cdot 10^{-19} \text{ J}$$

Wissenstest Elektrische Ladung und elektrisches Feld

1. Der *Elektrophor*, die erste Influenzmaschine, wurde 1762 von J.C. WILKE erfunden. Sie kann folgendermaßen nachgebaut werden: Eine Overheadfolie wird auf eine geerdete Metallplatte gelegt und mit Wolle oder Seide kurz gerieben. Die Folie haftet dann auf der Metallplatte. Wird dann eine isoliert gehaltene kleinere zweite Metallplatte auf die Folie gelegt, an der Oberseite kurz geerdet und anschließend abgenommen, so lässt sich eine Aufladung dieser Platte feststellen. Die Aufladung der zweiten, kleineren Platte kann beliebig oft wiederholt werden.
Erklären Sie den Vorgang und zeichnen Sie die Ladungsverteilung in einem Schnittbild durch die Platte und die Folie.

2. In der Mitte zwischen zwei großen parallelen Metallplatten, die einen Abstand von $d = 0{,}1$ m haben, hängt an einem isolierenden Seidenfaden von $l = 0{,}6$ m Länge eine kleine leitende Kugel der Masse $m = 1$ g, Radius $r = 1$ cm. Die Kugel trägt eine elektrische Ladung von $Q = 6{,}7 \cdot 10^{-9}$ C.
Bei Anlegen einer hohen Spannung an die Platten wird die Kugel aus ihrer Ruhelage um die Strecke $s = 24{,}5$ mm ausgelenkt. Bestimmen Sie die elektrische Feldstärke zwischen den Platten.

3. An zwei vertikal im Abstand $d = 0{,}1$ m voneinander aufgestellte quadratische Metallplatten mit der Kantenlänge $l = 0{,}4$ m wird eine Spannung von $U = 10$ kV gelegt. Aus einem Tropfgefäß, dessen Auslauföffnung sich genau im Punkt O auf der Höhe der Oberkanten der Platten in der Mitte zwischen ihnen befindet, treten Tröpfchen der Masse $m = 4 \cdot 10^{-5}$ kg aus, die eine Ladung $Q = 2 \cdot 10^{-10}$ C tragen.

a) Berechnen Sie die Zeit, die die Tröpfchen zum Durchfallen der Strecke $y = l$ benötigen, und die Strecke x, die sie dabei durch das elektrische Feld abgelenkt werden.
b) Bestimmen Sie die Geschwindigkeit, die die Tröpfchen nach Durchfallen der Strecke l haben.
c) Bestimmen Sie die Gleichung der Bahnkurve im elektrischen Feld und geben Sie eine Bedingung dafür an, dass die Tröpfchen gerade nicht eine der Platten berühren.
d) In den Punkt O wird ein radioaktives Präparat gesetzt, das α-Teilchen der Masse $m = 6{,}4 \cdot 10^{-27}$ kg und der Ladung $Q = 2\,e$ in Richtung der y-Achse emittiert. Bestimmen Sie die Anfangsgeschwindigkeit der α-Teilchen, die Gleichung ihrer Bahnkurve im elektrischen Feld und geben Sie eine Bedingung dafür an, dass die α-Teilchen gerade nicht eine der Platten berühren. Schätzen Sie den Einfluss der Erdbeschleunigung auf die Bewegung der α-Teilchen ab.

4. An zwei parallele kreisförmige Metallplatten vom Radius $r = 5$ cm, die einen Abstand von $d = 2$ mm haben, werden verschiedene Spannungen gelegt. Die Kraft F, mit der sich die Platten anziehen, wird gemessen:

U in V	400	600	800	1000
F in 10^{-3} N	1,4	3,2	5,7	8,9

a) Zeigen Sie mithilfe einer geeigneten grafischen Darstellung, dass der Zusammenhang von Kraft und Spannung durch die Gleichung $F = k\,U^2$ richtig wiedergegeben wird, und bestimmen Sie den Wert der Konstanten k aus der Grafik sowie die elektrische Feldkonstante mit dem Term
$$k = \frac{\varepsilon_0\,A}{2\,d^2}.$$
b) Begründen Sie die Annahme, dass die Kraft auf eine Platte durch ein Feld der Stärke $E/2$ erzeugt wird, und leiten Sie den gegebenen Term für die Kraft her.
c) Wird die Plattenanordnung mit $U = 1000$ V aufgeladen, von der elektrischen Energiequelle getrennt und der Abstand der Platten vom Anfangswert 2 mm auf 3 mm erhöht, so steigt die Spannung zwischen den Platten an. Begründen Sie den Anstieg der Spannung und berechnen Sie den neuen Wert der Spannung, die Kraft zum Auseinanderziehen der Platten sowie den Energiezuwachs.

5. Bestimmen Sie Betrag und Richtung des elektrischen Feldes, das von zwei punktförmigen Ladungen $+q$ und $-q$, die voneinander den Abstand d haben, in einem Punkt P erzeugt wird. Der Punkt P liegt auf der Mittelsenkrechten zu d in der Entfernung r, die sehr groß gegenüber d ist.

6. Eine isoliert aufgestellte metallische Kugel mit Radius $r = 2$ cm wird mit dem positiven Pol einer Spannungsquelle von $U = 6000$ V verbunden und aufgeladen. Der negative Pol der Spannungsquelle ist geerdet.
Leiten Sie mithilfe des Terms für das Potential im radialsymmetrischen Feld einen Term für die Kapazität der Kugel her und bestimmen Sie die Ladung auf der Kugel.

7. Zwei Kugeln mit leitender Oberfläche, deren Radien sich zueinander wie 1 : 2 verhalten, sind weit voneinander entfernt aufgestellt. Die kleinere Kugel trägt die Ladung Q, die größere ist zunächst ungeladen.
a) Bestimmen Sie die Ladungen auf beiden Kugeln, wenn diese durch einen langen dünnen Draht miteinander verbunden werden.
b) Berechnen Sie das Verhältnis der Flächenladungsdichten auf beiden Kugeln.

8. Im sogenannten Bohr'schen Modell des Wasserstoffatoms kreist ein Elektron der Masse $m = 9{,}1 \cdot 10^{-31}$ kg und der Ladung $q = -e$ im Abstand $r = 5{,}29 \cdot 10^{-11}$ m um den die Ladung $Q = +e$ tragenden Atomkern.
a) Bestimmen Sie das Potential, das der Kern am Ort des Elektrons erzeugt, und die potentielle Energie des Atoms, wenn sich das Elektron auf der Kreisbahn befindet.
b) Berechnen Sie die kinetische Energie des Elektrons auf der Kreisbahn.
c) Berechnen Sie die Energie, die erforderlich ist, um das Atom zu ionisieren, d. h. um das Elektron ins Unendliche zu bringen. Geben Sie alle Energien in der Einheit eV an.

Wissenstest Elektrische Ladung und elektrisches Feld

9. Zwei kleine Metallkugeln mit den Massen $m_1 = 5$ g und $m_2 = 10$ g, die von einem masselosen Faden in einem Abstand $r = 1$ m voneinander gehalten werden, tragen beide die positive Ladung $q = 5 \cdot 10^{-6}$ C.
a) Berechnen Sie die potentielle Energie dieses Systems.
b) Bestimmen Sie die Beschleunigung der Kugeln im Augenblick ihrer Trennung.
c) Bestimmen Sie die Geschwindigkeit beider Kugeln, wenn sich beide in sehr großer Entfernung voneinander befinden. (*Hinweis:* Energie- und Impulserhaltungssatz)

10. In einer Katodenstrahlröhre durchlaufen Elektronen zwischen der Katode und der durchbohrten Anode eine Potentialdifferenz von $U_A = 1250$ V. Anschließend treten sie in ein homogenes elektrisches Feld ein, das senkrecht zu ihrem Geschwindigkeitsvektor steht und von zwei parallelen Platten der Länge $l = 4$ cm mit dem Abstand $d = 1$ cm erzeugt wird. Zwischen den Platten besteht eine Potentialdifferenz von $U = 100$ V.

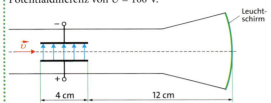

a) Berechnen Sie die Geschwindigkeit der Elektronen beim Austritt aus der Anode.
b) Bestimmen Sie die Kraft und die Beschleunigung, die auf die Elektronen im homogenen Feld zwischen den Platten wirken.
c) Berechnen Sie die Strecke, um die die Elektronen beim Austritt aus dem homogenen Feld abgelenkt worden sind.
d) Berechnen Sie den Winkel, den der Geschwindigkeitsvektor beim Austritt aus dem homogenen Feld mit der Achse der Röhre bildet.
e) Bestimmen Sie, in welchem Abstand von der Achse die Elektronen auf den Leuchtschirm treffen.

11. Elektronen mit der Geschwindigkeit $v_0 = 2 \cdot 10^6$ m/s werden in Richtung eines elektrischen Feldes der Feldstärke $E = 1000$ V/m geschossen.
Berechnen Sie die Wegstrecke, die die Elektronen in diesem Feld zurücklegen, bis sie vollständig abgebremst sind.

12. An den aus den vier Widerständen $R_1 = 10$ Ω, $R_2 = 20$ Ω, $R_3 = 50$ Ω und $R_4 = 100$ Ω gebildeten Schaltungen liegt jeweils eine Spannung von 24 V.

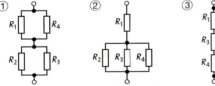

Berechnen Sie für jede Schaltung den Gesamtwiderstand, die Stromstärke durch jeden Widerstand und die an ihm anliegende Spannung.

13. Aus Konstantan wird ein Kantenmodell eines Würfels hergestellt, sodass jede Kante einen Widerstand von 1 Ω hat. An zwei gegenüberliegenden Ecken des Würfels liegt eine Spannung von 2 V.

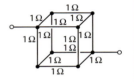

Berechnen Sie den Gesamtwiderstand dieser Schaltung und die sich ergebende Stromstärke.

14. In der Schaltung rechts kann durch Einstellen des veränderlichen Widerstands auf den Wert R_S das zwischen den Punkten A und B eingeschaltete empfindliche Strommessgerät auf den Wert Null eingestellt werden.

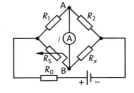

Zeigen Sie, dass in diesem Fall für die Widerstände folgende Beziehung gilt:

$R_x = R_S \dfrac{R_1}{R_2}$

Mit dieser als *Wheatstone'sche Brücke* bezeichneten Schaltung kann der Wert des Widerstands R_x bestimmt werden.

15. Der Zwischenraum eines Plattenkondensators der Fläche A wird wie in der Abbildung rechts mit zwei gleich großen unterschiedlichen Dielektrika ausgefüllt.

Begründen Sie, dass diese Anordnung als Parallelschaltung von zwei Plattenkondensatoren der Fäche $A/2$ aufgefasst werden kann und dass sich die Kapazität des Kondensators durch Einbringen der Dielektrika um den Faktor $(\varepsilon_1 + \varepsilon_2)/2$ erhöht.

16. Der Raum zwischen den Platten eines Kondensators wird wie in der Abbildung rechts mit zwei unterschiedlichen Dielektrika gefüllt.
Zeigen Sie, dass dieser Kondensator die Kapazität

$C = 2\,\varepsilon_0\,\dfrac{A}{d}\,\dfrac{\varepsilon_1\,\varepsilon_2}{\varepsilon_1 + \varepsilon_2}$ hat.

17. Ein Kondensator mit der Kapazität $C = 1$ µF, der eine Energie von $W = 0{,}5$ J gespeichert hat, wird über den Widerstand $R = 1$ MΩ entladen.
a) Bestimmen Sie die Ladung des Kondensators und die Stromstärke am Beginn des Entladevorgangs.
b) Geben Sie die Funktionen der Spannung am Kondensator sowie der Spannung und Leistung am Widerstand während des Entladevorgangs an.

18. Ein Kondensator wird über einen Widerstand R von einer elektrischen Energiequelle mit konstanter Spannung U geladen. Zeigen Sie, dass die im Kondensator gespeicherte Energie und die am Widerstand in Wärmeenergie umgewandelte Energie jeweils gleich der Hälfte der von der Energiequelle gelieferten Energie sind.

229

6 BEWEGTE LADUNGSTRÄGER UND MAGNETISCHES FELD

Der Magnetismus war in Europa schon im 12. Jahrhundert bekannt. Seefahrer verwendeten Magnetsteine als Kompass zur Orientierung auf dem Meer. Bekannt war, dass sich ungleichnamige Pole anziehen und gleichnamige abstoßen. Doch erst nach der Entdeckung der Elektrizität wurde der Magnetismus weiter erforscht. Der dänische Physiker Hans Christian OERSTED (1777–1851) entdeckte 1820, dass elektrische Ströme auf Magnetnadeln Kräfte ausüben.

6.1 Kräfte im Magnetfeld

Erste Versuche mit Magneten zeigen, dass zwischen den Enden der Magnete anziehende und abstoßende Kräfte auftreten. Werden Stabmagnete waagerecht um ihre Mitte drehbar aufgehängt, so schwingen sie um die Nord-Süd-Richtung. Das nach Norden gerichtete Ende wird als Nordpol, das andere als Südpol bezeichnet. Die Experimente zeigen, dass sich gleichnamige Pole abstoßen, ungleichnamige Pole anziehen.

6.1.1 Magnetfelder

Zur Erklärung der magnetischen Kraft wird wie in der Elektrizität die Feldvorstellung herangezogen. Danach ist jeder Magnet von einem *Magnetfeld* umgeben. Dieses Feld übt Kräfte auf andere Magnete aus. Damit wird eine *Fernwirkung* zwischen den Magnetpolen ersetzt durch eine *Nahwirkung des Feldes* am jeweiligen Ort, an dem sich der andere Magnet befindet.

Kräfte auf Magnetpole sind letztlich Kräfte auf bewegte Ladungen. Dies entspricht einer Vorstellung, die bereits AMPÈRE hatte, nach der Magnete von atomaren Kreisströmen erzeugt werden.

Magnetfelder werden mit *Feldlinien* anschaulich dargestellt. Der Verlauf der Feldlinien gibt an jedem Ort die Richtung an, in die sich eine dort aufgestellte Magnetnadel einstellt. Deren Nordpol zeigt dabei in Richtung der Feldlinien (**Abb. 230.2**). Um einen Magneten ausgestreute Eisenfeilspäne stellen ein übersichtliches Feldlinienbild dar, da sich die Späne als kleine Magnetnadeln in Ketten anordnen (**Abb. 230.1**).

Außerhalb des Magneten verlaufen die Feldlinien vom Nordpol ausgehend zum Südpol, wodurch sie in der Umgebung der Pole die größte Dichte haben. Dort ist auch die magnetische Kraft am größten. Wie im elektrischen Feld kann aus der Feldliniendichte auf die relative Größe der Kraft geschlossen werden.

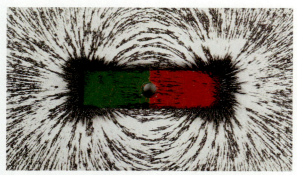

230.1 Mit Eisenfeilspänen veranschaulichtes Magnetfeld

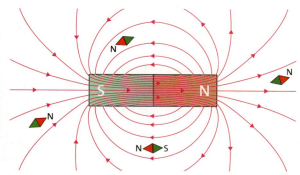

230.2 Geschlossene Feldlinien eines Stabmagneten

Kräfte im Magnetfeld

Feldlinien stellen das magnetische Feld dar. Drehbar aufgestellte Magnetnadeln richten sich an jedem Ort parallel zu den Feldlinien aus, wobei die Nordpole in Richtung der Feldlinien zeigen. Die Dichte der Feldlinien an einem Ort ist ein Maß für die dort vorhandene Stärke des Feldes.

Trotz weitgehender Analogie zwischen elektrischem und magnetischem Feld gibt es einen grundlegenden Unterschied. Das elektrische Feld besitzt in positiven Ladungen Quellen, von denen das Feld ausgeht. Es endet auf negativen Ladungen, die Senken des elektrischen Feldes bilden. Elektrische Feldlinien entspringen daher auf positiven Ladungen und enden auf negativen. Hingegen gibt es *magnetische Ladungen*, sogenannte Monopole, offenbar nicht. Dies äußert sich darin, dass beim Auseinanderbrechen eines Stabmagneten keine getrennten Pole entstehen. An den Bruchstellen bilden sich neue Pole, sodass jedes Teilstück wieder einen vollständigen Magneten mit Nord- und Südpol bildet. Das magnetische Feld hat demnach keine Quellen und keine Senken, sondern tritt lediglich aus dem Nordpol aus und zum Südpol ein. Im Magneten verläuft es vom Südpol zum Nordpol. Die Feldlinien sind dort am dichtesten und das Feld am stärksten (**Abb. 230.2**). Für die magnetischen Feldlinien folgt:

> Magnetische Feldlinien sind geschlossene Kurven ohne Anfang und Ende.

Aufgaben

1. Untersuchen Sie mit Magnetnadeln und Eisenfeilspänen das Feld eines Hufeisenmagneten und skizzieren Sie das Feldlinienbild.

Exkurs

Erdmagnetismus

Der englische Arzt und Naturforscher GILBERT stellte im Jahre 1600 fest, dass die Erde ein Magnet ist, dessen magnetische Pole in der Nähe der geografischen liegen. Aufgrund der Festlegung, dass der Nordpol einer Kompassnadel nach Norden zeigt, handelt es sich im Norden der Erde um einen magnetischen Südpol und im Süden um einen magnetischen Nordpol. Dabei ist die magnetische Achse gegen die Rotationsachse der Erde geneigt. Erste Messungen einer britischen Polarexpedition im Jahre 1831 ergaben für den arktischen oder borealen Magnetpol im Norden Amerikas eine nördliche Breite von 70,1° und eine westliche Länge von 96,9°. Regelmäßige Messungen in den letzten 150 Jahren, die ihren Höhepunkt 1980 in dem Satellitenprojekt MAGSAT fanden, zeigen, dass sich der magnetische Nordpol inzwischen um mehrere hundert Kilometer nach Nordwesten verschoben hat. Die Messungen ergaben außerdem, dass das Erdmagnetfeld jährlich um 0,7 Promille abnimmt. Hält diese Abnahme an, wird das Feld in 4000 Jahren verschwunden sein. Diese räumlichen und zeitlichen Änderungen des Erdfeldes werden als Säkularvariation bezeichnet.

Auch die Gesteine der Erdkruste geben Auskunft über die Vergangenheit des Magnetfeldes. Werden das Alter eines Gesteins und die Orientierung seiner magnetischen Einschlüsse bestimmt, so können Rückschlüsse auf die Richtung des Magnetfeldes zur Zeit der Ge-

steinsbildung gezogen werden. Solche Messungen zeigen, dass die Erde seit mindestens 2,7 Milliarden Jahren ein

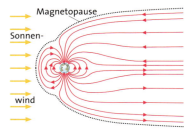

Magnetfeld besitzt. Die Stärke des Feldes hat sich mehrfach geändert und etwa einmal in einer Million Jahren kehrte sich die Richtung des Erdfeldes um.

Die Stärke des Erdfeldes ist mit maximal 30 µT (→ 6.1.2) sehr gering. Durch die von der Sonne ausgesandten elektrisch geladenen Teilchen, die den sogenannten Sonnenwind bilden, kommt es zur Deformation des Erdfeldes: Auf der sonnenzugewandten Seite reicht die Magnetosphäre bis etwa 12 Erdradien in den Weltraum, auf der sonnenabgewandten bis zu 80 Erdradien. Sonneneruptionen rufen kurzzeitige Störungen des Erdmagnetfeldes hervor. Sehr starke Schwankungen werden als magnetische Stürme bezeichnet. Sie werden häufig von Polarlichtern begleitet. Der Erdmagnetismus kann seine Ursache nicht in einer permanenten Magnetisierung von Mineralien haben, denn schon ab 30 km Tiefe herrschen Temperaturen höher als 780 °C, die jegliche Magnetisierung zerstören. Gewaltige Materieströme im flüssigen Erdkern, der von 1220 km bis 3485 km reicht, rufen nach dem Prinzip eines sein Magnetfeld selbst erzeugenden Dynamos das Magnetfeld der Erde hervor. Dieser Geodynamo, der mechanische Energie in magnetische umwandelt, wird vermutlich von der Erdrotation gemeinsam mit thermodynamischen Effekten und von der Schwerkraft angetrieben.

Kräfte im Magnetfeld

6.1.2 Die magnetische Feldstärke

Im Magnetfeld wirkt auf stromdurchflossene Leiter eine Kraft, wie der folgende Versuch zeigt.

Versuch 1: Ein zylindrischer Aluminiumstab befindet sich, auf zwei waagerechten Schienen liegend, im vertikal gerichteten Feld eines Hufeisenmagneten. Die Schienen sind an eine Spannungsquelle angeschlossen, sodass durch den Stab ein Strom fließt (**Abb. 232.1**).
Beobachtung: Der Stab rollt zur Seite. Wird die Stromrichtung umgekehrt, rollt der Stab in die entgegengesetzte Richtung. Das Vertauschen der Magnetpole kehrt ebenfalls die Bewegungsrichtung um.
Erklärung: Ursache für das Wegrollen ist eine Kraft auf den Stab, die sowohl senkrecht zur Stromrichtung als auch senkrecht zur Feldrichtung wirkt. ◀

> Auf einen im Magnetfeld senkrecht zur Feldrichtung befindlichen stromdurchflossenen Leiter wirkt eine Kraft, die senkrecht zum Leiter und senkrecht zum Feld gerichtet ist.

Die Richtung der Kraft kann mit der Drei-Finger-Regel angegeben werden:

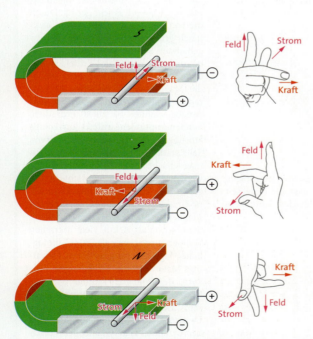

232.1 Ein stromdurchflossener Aluminiumstab rollt im Magnetfeld eines Hufeisenmagneten zur Seite, da auf ihn eine Kraft wirkt, die senkrecht zum Feld und senkrecht zum Leiter gerichtet ist. Die Drei-Finger-Regel besagt: Zeigt der Daumen in Stromrichtung und der Zeigefinger in Feldrichtung, so gibt der Mittelfinger die Kraftrichtung an.

> **Drei-Finger-Regel:** Daumen, Zeigefinger und Mittelfinger der rechten Hand werden so abgespreizt, dass sie senkrecht zueinander stehen. Zeigt der Daumen in Stromrichtung und der Zeigefinger in Feldrichtung, so gibt der Mittelfinger die Kraftrichtung an (**Abb. 232.1**).

Die Kraft auf den stromdurchflossenen Leiter wird in einem Versuch gemessen.

Versuch 2: Zwei Hufeisenmagnete erhalten Polschuhe als Aufsatz, wodurch zwischen den Polschuhen ein homogenes Magnetfeld entsteht. In das Feld wird der untere Teil eines rechteckigen Drahtbügels gebracht. Der Bügel ist an einem elektronischen Kraftmesser angebracht, der die Kraft F misst, die auf das vom Strom I durchflossene untere Leiterstück der Länge l wirkt. Bügel mit verschiedenen Leiterlängen l können eingesetzt werden (**Abb. 233.1a**).
Ergebnis: Die Messdiagramme in **Abb. 233.1b** zeigen, dass die Kraft F sowohl proportional zum Strom I (bei konstanter Leiterlänge l) als auch proportional zur Leiterlänge l (bei konstantem Strom I) ist. Von anderen Eigenschaften wie Dicke und Material des Leiterstücks ist die Kraft unabhängig.
Folgerung: Die Kraft F ist proportional zum Produkt aus Stromstärke I und Leiterlänge l, d. h. der Quotient $F/(Il)$ ist konstant. Sein Wert ist allein durch das Feld des Magneten bestimmt und kann als Maß für dessen Stärke angesehen werden. ◀

> Ruft ein Magnetfeld auf einen Leiter der Länge l, der senkrecht zu den Feldlinien liegt und vom Strom I durchflossen ist, die Kraft F hervor, so hat das Feld die **magnetische Feldstärke:**
>
> $B = \dfrac{F}{Il}$

Die Einheit der magnetischen Feldstärke B heißt *Tesla* (nach Nicola Tesla, 1856–1943):
$[B] = 1\,\text{T (Tesla)} = 1\,\text{N/Am} = 1\,\text{Vs/m}^2$

Die elektrische Feldstärke E ist mithilfe der Kraft F auf die Ladung q definiert: $E = F/q$ (→ 5.1.3).
Die magnetische Feldstärke B ist in analoger Weise mittels der Kraft F auf einen vom Strom I durchflossenen Leiter der Länge l festgelegt.

Anmerkung: In der Ausführungsverordnung zum Gesetz über Einheiten im Messwesen (1970) hat B die Bezeichnungen *magnetische Induktion* oder *magnetische Flussdichte*. International werden jedoch die Bezeichnungen *magnetisches Feld* und *magnetische Feldstärke B* benutzt, so auch in diesem Buch.

Kräfte im Magnetfeld

Ist die magnetische Feldstärke B bekannt, so folgt:

> Die Kraft F auf einen vom Strom I durchflossenen Leiter der Länge l, der senkrecht zu den Feldlinien eines Magnetfeldes der Feldstärke B verläuft, ist gegeben durch $F = IlB$.

Die vektorielle Beschreibung der Kraft

Wie die elektrische Feldstärke $\vec{E}$ ist auch die magnetische Feldstärke $\vec{B}$ ein Vektor, der in einem Punkt durch die Tangente an die Feldlinien gegeben ist und deren Richtung hat. Um die Kraft F auf einen stromdurchflossenen Leiter vollständig zu kennen, ist noch die Abhängigkeit vom Winkel α zwischen der Magnetfeldrichtung und der Richtung des stromdurchflossenen Leiters zu messen.

Versuch 3: In Versuch 2 (**Abb. 233.1a**) wird das Leiterstück mit der Länge $l = 1$ cm eingesetzt, das kleiner als die Breite des Luftspaltes ist. Damit kann der Magnet horizontal gedreht und F als Funktion von α gemessen werden.
Ergebnis: Die Kraft F ist proportional zum Sinus des Winkels α: $F \sim \sin\alpha$.
Mit $F = IlB$ für $\alpha = 90°$ folgt für die Kraft auf den stromdurchflossenen Leiter:

$F = IlB \sin\alpha$ ◄

Als Vektorprodukt geschrieben lautet diese Gleichung:

> $\vec{F} = I\vec{l} \times \vec{B}$ mit dem Betrag $F = IlB \sin\alpha$

Dabei ist $I\vec{l}$ ein Vektor, der parallel zum Leiter der Länge l liegt und dessen Richtung gleich der Messrichtung des Stroms I ist.

233.1 a) Im homogenen Feld eines Permanentmagneten befindet sich ein stromdurchflossener Leiter der Länge l, der Teil eines rechteckigen Bügels ist. Der Bügel ist an einem elektronischen Kraftmesser befestigt, der die Kraft F misst.
b) Oben: Kraft F als Funktion des Stroms I (bei $l = 8$ cm); unten: Kraft F als Funktion der Leiterlänge l (bei $I = 3$ A).

Methode

Das Vektorprodukt

Das Vektorprodukt $\vec{a} \times \vec{b}$ (lies: a Kreuz b) zweier Vektoren ist gleich einem Vektor $\vec{c}$, der senkrecht auf der von $\vec{a}$ und $\vec{b}$ aufgespannten Ebene steht. Ist α der Winkel zwischen den Vektoren $\vec{a}$ und $\vec{b}$ mit $0° < \alpha < 180°$, so ist der Betrag des Vektors $|\vec{c}| = c$ wie folgt definiert:

$c = ab \sin\alpha$

Die Richtung von $\vec{c}$ lässt sich mit der Drei-Finger-Regel angeben, wobei Daumen und Zeigefinger im Allgemeinen nicht mehr senkrecht zueinander stehen, sondern den Winkel $0° < \alpha < 180°$ einschließen: Zeigt der Daumen in Richtung des ersten Vektors $\vec{a}$ und der Zeigefinger in Richtung des zweiten Vektors $\vec{b}$, so gibt der abgespreizte Mittelfinger die Richtung von $\vec{c}$ an.
Für das Vektorprodukt gilt

$\vec{c} = \vec{a} \times \vec{b}$ mit dem Betrag $c = ab \sin\alpha$.

Das Vektorprodukt ist nicht kommutativ, denn es gilt

$\vec{a} \times \vec{b} = -(\vec{b} \times \vec{a})$.

Aufgaben

1. Ermitteln Sie aus den Diagrammen in **Abb. 233.1b** die Steigungen der Ursprungsgeraden und berechnen Sie die Feldstärke B im Luftspalt des im Versuch eingesetzten Permanentmagneten. Geben Sie B in der häufig benutzten Einheit Millitesla (mT) an. Überprüfen Sie mit der Drei-Finger-Regel die in **Abb. 233.1a** angegebenen Richtungen von Strom I, Magnetfeld B und Kraft F.

2. Das an einem Ort nach Norden verlaufende magnetische Erdfeld hat die Horizontalkomponente $B_{\text{H}} = 19$ µT.
   a) Ermitteln Sie die Richtung der Kraft, die das horizontale Feld auf eine in Ost-West-Richtung verlaufende Freileitung ausübt, wenn der Strom nach Osten fließt.
   b) Berechnen Sie die Kraft, wenn $I = 100$ A und der Abstand zwischen zwei Masten $a = 150$ m betragen.

3. Ein waagerechter Draht der Masse $m = 50$ g und der Länge $l = 1$ m, durch den ein Strom von $I = 30$ A fließt, wird von einem Magnetfeld in der Schwebe gehalten. Berechnen Sie die Stärke B des Magnetfeldes.

4. Ein von einem Strom $I = 4$ A durchflossener Leiter der Länge $l = 5$ cm erfährt in einem homogenen Magnetfeld der Feldstärke $B = 0,3$ T die Kraft $F = 0,04$ N. Bestimmen Sie den Winkel zwischen Leiter und Feldlinien.

Kräfte im Magnetfeld

6.1.3 Lorentz-Kraft

Die eigentliche Ursache der zuvor untersuchten Kraft auf einen stromdurchflossenen metallischen Leiter ist eine Kraft, die im Magnetfeld auf eine bewegte Ladung wirkt.

Versuch 1: Über den Hals einer Braun'schen Röhre wird ein Hufeisenmagnet gehalten, sodass der Elektronenstrahl senkrecht zu den Feldlinien des Magneten gerichtet ist (**Abb. 234.1a**).
Beobachtung: Der Leuchtpunkt auf dem Schirm verschiebt sich, weil der Elektronenstrahl durch eine Kraft auf die bewegten Elektronen abgelenkt wird. ◄

Die beobachtete Kraft wirkt auf alle bewegten Teilchen, die elektrisch geladen sind. Nach dem niederländischen Physiker Hendrik Antoon LORENTZ (1853–1928) wird sie als **Lorentz-Kraft** F_L bezeichnet.

Die Lorentz-Kraft ist stets so gerichtet, dass sie senkrecht auf der Ebene steht, die Bewegungsrichtung und Feldrichtung aufspannen. Sie ist am größten, wenn sich die Ladungsträger senkrecht zu den Feldlinien bewegen und ist nicht vorhanden bei einer Bewegung parallel zu den Feldlinien.

Die Richtung der Lorentz-Kraft kann mit der *Drei-Finger-Regel* (→ 6.1.2) angegeben werden. Der Daumen zeigt dabei in die Richtung des von den bewegten Ladungsträgern hervorgerufenen Stroms. Ist die Ladung q positiv, z. B. bei Protonen oder He^{2+}-Ionen, so zeigt der Daumen *in* die Bewegungsrichtung. Ist die Ladung q negativ, z. B. bei Elektronen, so zeigt der Daumen *entgegen* der Bewegungsrichtung. Mit dem Zeigefinger in Feldrichtung gibt der Mittelfinger die Richtung der Lorentz-Kraft an (**Abb. 234.1b**).

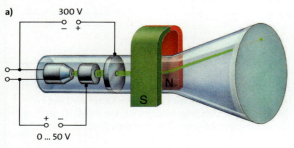
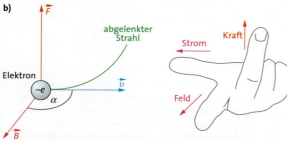

> Auf Ladungsträger, die sich im Magnetfeld bewegen, wirkt die **Lorentz-Kraft.** Sie steht senkrecht auf der von der Bewegungsrichtung und der Feldrichtung aufgespannten Ebene und ist am größten, wenn Bewegung und Feld senkrecht zueinander gerichtet sind. Die *Drei-Finger-Regel* gibt die Richtung der Lorentz-Kraft an.

234.1 a) Magnetische Ablenkung des Elektronenstrahls in einer Braun'schen Röhre. **b)** Mit der *Drei-Finger-Regel* kann die Richtung der Lorentz-Kraft bestimmt werden.

Die Kraft auf einen stromdurchflossenen Leiter erweist sich damit als Summe der Lorentz-Kräfte auf die im Leiter bewegten Elektronen.

Wie groß ist nun die Lorentz-Kraft auf ein einzelnes Elektron? Dazu wird ein Leiterstück der Länge Δl betrachtet, in dem sich N frei bewegliche Elektronen der Ladung e befinden (**Abb. 234.2**). Im Leiterstück ist also die bewegliche Ladung $\Delta Q = Ne$ vorhanden. Unter dem Einfluss des elektrischen Feldes, das aufgrund einer angelegten Spannung im Leiter herrscht, bewegen sich die Elektronen mit einer bestimmten *Driftgeschwindigkeit* v entgegen der Feldrichtung. Die Bezeichnung *Driftgeschwindigkeit* weist darauf hin, dass diese Bewegung der Temperaturbewegung der Elektronen und deren Streuung an den Gitteratomen überlagert ist. Aufgrund der Driftgeschwindigkeit v der Elektronen fließt ein Strom der Stärke I durch den Leiter und es gilt folgender Zusammenhang:

Ist Δt die Zeit, in der die gesamte, in der Leiterlänge Δl befindliche Ladung $\Delta Q = Ne$ durch den Leiterquerschnitt fließt, so gilt für die Stromstärke

$$I = \frac{\Delta Q}{\Delta t} = \frac{Ne}{\Delta t} = \frac{Ne}{\Delta l}\frac{\Delta l}{\Delta t} = \frac{Ne}{\Delta l} v$$

mit der Driftgeschwindigkeit $v = \Delta l/\Delta t$.

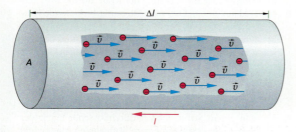

234.2 In einem metallischen Leiterstück der Länge Δl bewegen sich N Elektronen entgegen der Stromrichtung mit der Driftgeschwindigkeit v.

Kräfte im Magnetfeld

Wird dieser Term in die Formel $F = IlB$ für die Kraft auf den stromdurchflossenen Leiter eingesetzt (→ 6.1.2), so folgt:

$$F = \frac{Ne}{\Delta l} v \Delta l B = NevB$$

Die Kraft F ergibt sich demnach zu $F = NF_L$, wobei $F_L = evB$ die Lorentz-Kraft auf das einzelne Elektron ist. Die hergeleitete Formel gilt nicht nur für Elektronen, sondern allgemein für Teilchen mit der Ladung q.

> Die **Lorentz-Kraft** F_L, die auf ein Teilchen mit der Ladung q wirkt, wenn es sich mit der Geschwindigkeit v senkrecht zu den Feldlinien eines Magnetfeldes der Stärke B bewegt, ergibt sich zu
> $F_L = qvB$.
> Da die Lorentz-Kraft in jedem Moment senkrecht zur Geschwindigkeit v wirkt, ändert sie nur die Richtung und nicht den Betrag der Geschwindigkeit.

Die Lorentz-Kraft als Vektorprodukt
Bei vektorieller Schreibweise ist in der Gleichung

$$\vec{F} = I\vec{l} \times \vec{B} \quad \text{mit} \quad F = IlB \sin\alpha$$

aus Abschnitt 6.1.2 für $I\vec{l}$ der Ausdruck $I\vec{l} = Nq\vec{v}$ einzusetzen. Dabei ist q die (positive) Ladung eines Teilchens, das sich mit der Geschwindigkeit $\vec{v}$ bewegt und dadurch den Strom I hervorruft; α ist der Winkel zwischen der Geschwindigkeit $\vec{v}$ und der Feldstärke $\vec{B}$. Damit folgt:

Für die **Lorentz-Kraft** $\vec{F}_L$ auf ein Teilchen mit der Ladung q, das sich mit der Geschwindigkeit $\vec{v}$ im Magnetfeld der Stärke $\vec{B}$ bewegt, gilt:

$$\vec{F}_L = q\vec{v} \times \vec{B} \quad \text{mit dem Betrag} \quad F_L = qvB \sin\alpha$$

Aufgaben

1. Erläutern Sie, wie in Beschleunigeranlagen (→ Exkurs S. 241) die Lorentz-Kraft genutzt wird.
2. Eine Kugel mit der Ladung $q = -2$ nC fliegt in einem waagerecht nach Süden gerichteten Magnetfeld der Stärke $B = 500$ mT mit der Geschwindigkeit $v = 300$ m/s in westlicher Richtung. Ermitteln Sie Betrag und Richtung der magnetischen Kraft auf die Kugel.
3. Ermitteln Sie die Richtung und den Betrag der magnetischen Feldstärke B, mit der die Gewichtskraft eines Elektrons, das waagerecht nach Westen mit der Geschwindigkeit $v = 2$ cm/s fliegt, kompensiert wird.
4. Ein Elektron fliegt mit der Geschwindigkeit v senkrecht zu den Feldlinien eines homogenen Magnetfeldes. Erklären Sie, warum das Elektron auf einer Kreisbahn fliegt, und berechnen Sie dessen Geschwindigkeit v für den Kreisbahnradius $r = 15$ cm und die Feldstärke $B = 2,8$ mT.
5. Ein α-Teilchen ($Q = 2e$, $m_a = 6,64 \cdot 10^{-27}$ kg) durchläuft die Beschleunigungsspannung $U = 200$ V und tritt dann in ein Magnetfeld der Stärke $B = 0,12$ T ein. Berechnen Sie die magnetische Kraft für die Fälle, dass die Geschwindigkeit mit B einen Winkel von **a)** $\varphi_1 = 90°$, **b)** $\varphi_2 = 60°$, **c)** $\varphi_3 = 30°$ und **d)** $\varphi_4 = 0°$ einschließt.

Exkurs

Die Fernsehröhre

Das elektronenoptische System einer Fernsehröhre funktioniert ähnlich wie bei der Braun'schen Röhre, jedoch nicht mit elektrischer, sondern mit magnetischer Ablenkung.

Die Fernsehtechnik berücksichtigt die Physiologie des Auges. Eine Bewegung wird als gleichmäßig empfunden, wenn mindestens 25 Einzelbilder pro Sekunde aufeinanderfolgen. Um auch das Flimmern zu vermeiden, werden 50 Halbbilder pro Sekunde erzeugt. Bei diesem *Zwischenzeilenverfahren* besteht das erste Halbbild aus den Zeilen mit ungeraden Nummern und das zweite aus den Zeilen mit geraden Nummern. Die Zeilen sollen so dicht sein, dass die Zeilenstruktur für das Auge verschwindet. Das ist bei einem Sehwinkel von 1,5 Bogenminuten pro Zeile der Fall. Um diesen Wert

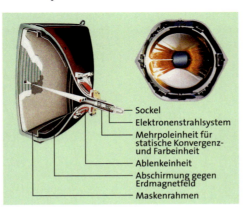

- Sockel
- Elektronenstrahlsystem
- Mehrpoleinheit für statische Konvergenz- und Farbeinheit
- Ablenkeinheit
- Abschirmung gegen Erdmagnetfeld
- Maskenrahmen

zu erreichen, werden bei einer Bildschirmhöhe von 40 cm und 1,5 m Betrachtungsabstand 625 Zeilen für das Fernsehbild benötigt. Die Zeilen werden demnach mit einer Frequenz von

25 Bilder/s · 625 Zeilen/Bild
= 15 625 Zeilen/Sekunde

abgelenkt. Die Farbbildröhre enthält drei Elektronenstrahlsysteme für die drei Grundfarben Rot, Grün und Blau. In kleinem Abstand vor dem Bildschirm befindet sich eine Lochmaske mit ebenso vielen Löchern, wie das Bild Punkte hat. Hinter jedem Loch liegt ein Tripel von kleinen Flecken mit verschiedenen Phosphoren, die bei Elektroneneinfall rot, grün oder blau aufleuchten. Die Phosphore werden den Lichtanteilen Rot, Grün und Blau entsprechend unterschiedlich stark angeregt. Da das Auge die Farbflecke nicht auflösen kann, nimmt es die Mischfarbe wahr.

Kräfte im Magnetfeld

6.1.4 Der Hall-Effekt

Auf einen stromdurchflossenen Leiter wirkt in einem senkrecht zum Leiter gerichteten Magnetfeld eine Kraft (→ 6.1.2). Ursache ist die Lorentz-Kraft F_L, die senkrecht zum Feld und senkrecht zum Strom auf die mit der Driftgeschwindigkeit v bewegten Elektronen wirkt (→ 6.1.3). Die Lorentz-Kraft verschiebt die Elektronen im Leiter zur Seite, wodurch der Leiter auf der einen Seite negativ und auf der gegenüberliegenden Seite positiv aufgeladen wird. Die Aufladung kann mit einer Spannungsmessung nachgewiesen werden, wie der von dem Amerikaner Edwin Herbert HALL (1855–1938) entdeckte und nach ihm benannte *Hall-Effekt* zeigt.

Versuch 1: Experimentiert wird mit einem Einkristall aus Germanium. Der $d = 1$ mm dicke, quaderförmige Kristall, der auf eine Trägerplatte geklebt ist, wird so zwischen die Pole eines Magneten gebracht, dass das Feld die große Quaderfläche senkrecht durchsetzt. Fließt ein Strom I in Längsrichtung, so kann senkrecht zum Strom an zwei, über der Breite b liegenden Kontakten die **Hall-Spannung** U_H gemessen werden (**Abb. 236.1 a**).
Nach der Drei-Finger-Regel (→ 6.1.2) ist die Richtung der Lorentz-Kraft nur von der Strom- und der Feldrichtung abhängig, also unabhängig vom Vorzeichen der den Strom bildenden bewegten Ladungsträger. Positive und negative Ladungsträger werden in gleicher Richtung abgelenkt, führen aber zu unterschiedlichem Vorzeichen der Hall-Spannung. Daher kann aus dem Vorzeichen der Hall-Spannung auf das Vorzeichen der bewegten elektrischen Ladung geschlossen werden. Die Messrichtung der Hall-Spannung ist so festgelegt, dass positive Ladungsträger eine positive Hall-Spannung hervorrufen würden (**Abb. 236.1 b**).
Messergebnis: Bei der Feldstärke $B = 106$ mT und der Stromstärke $I = 30$ mA wird die *negative* Hall-Spannung $U_H = -20{,}6$ mV gemessen. Die Feldstärke B wurde zuvor mit der Kraft auf einen stromdurchflossenen Leiter ermittelt (→ 6.1.2).
Folgerung: Der negative Wert der Hall-Spannung zeigt, dass der Ladungstransport durch negative Ladungsträger, also durch Elektronen, erfolgt.
Anmerkung: Germanium gehört zur IV. Hauptgruppe des Periodensystems und ist ein Halbleiter. Durch Zugabe von Fremdatomen, das sogenannte *Dotieren*, kann die Leitfähigkeit von Halbleitern wesentlich verändert werden. Es können sogenannte n- und p-Leiter hergestellt werden. Weitergehende Ausführungen zum Dotieren und zu den elektrischen Eigenschaften von Halbleitern enthält → Kapitel 12.2.
Wird die Stromstärke I (bei konstantem B) und die Feldstärke B (bei konstantem I) verändert, so zeigt die Messung, dass die Hall-Spannung U_H sowohl proportional zu I als auch proportional zu B ist. ◄

> **Hall-Effekt:** Ein quaderförmiges, dünnes Plättchen der Dicke d ist in Längsrichtung von einem Strom I durchflossen. Durchsetzt ein Magnetfeld B senkrecht das Plättchen, so wird senkrecht zur Strom- und senkrecht zur Feldrichtung die **Hall-Spannung** U_H gemessen. Es gilt
>
> $U_H = R_H \dfrac{IB}{d}$; R_H ist die Hall-Konstante (→ S. 237).
>
> Aus dem Vorzeichen der Hall-Spannung kann das Vorzeichen der bewegten elektrischen Ladung bestimmt werden.

Hall-Sonden

Dünne Halbleiterplättchen, die nur wenige Quadratmillimeter groß sind, werden zur Messung der magnetischen Feldstärke in *Hall-Sonden* eingebaut. Die Empfindlichkeit kann mit dem Strom I durch den Kristall eingestellt werden. Wegen der geringen Größe können Hall-Sonden Feldstärken auch in engen Luftspalten von Generatoren und Elektromotoren messen.

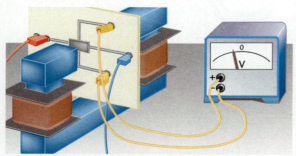

236.1 a) Hall-Effekt-Messung: Zwischen den Polschuhen eines Elektromagneten befindet sich ein dünnes Einkristall-Plättchen aus Germanium.

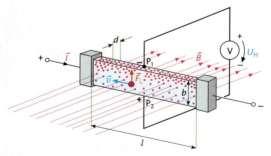

b) Ist das Magnetfeld nach hinten gerichtet und fließt der Strom von links nach rechts, so werden nach der Drei-Finger-Regel die Ladungsträger nach oben abgelenkt.

Kräfte im Magnetfeld

Versuch 2: Mit einer Hall-Sonde wird das Magnetfeld eines stromdurchflossenen Helmholtz-Spulenpaares gemessen. Ein Helmholtz-Spulenpaar besteht aus zwei Spulen, wobei der Abstand der beiden Spulen gleich dem Spulenradius ist (**Abb. 237.1**).
Ergebnis: Die Messung zeigt eine weitgehende Homogenität des Feldes zwischen den beiden Spulen. ◄

Herleitung der Hall-Spannung

Die seitliche Verschiebung der mit der Driftgeschwindigkeit v bewegten Ladungsträger durch die Lorentz-Kraft F_L ruft ein senkrecht zum Strom gerichtetes homogenes elektrisches Feld E im Leiter hervor. Im Kräftegleichgewicht ist die Lorentz-Kraft $F_L = evB$ gleich der vom elektrischen Feld ausgeübten Coulomb-Kraft $F_C = eE$. Aus $F_L = F_C$ folgt $evB = eE$ und daraus $E = vB$.

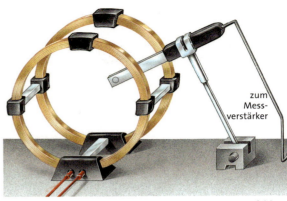

237.1 Mit einer Hall-Sonde wird das homogene Magnetfeld eines Helmholtz-Spulenpaares gemessen.

Das elektrische Feld E ruft die Hall-Spannung U_H hervor, die mit der Breite b des Leiters berechnet werden kann:

$$U_H = bE = bvB$$

In → 6.1.3 wird der Zusammenhang zwischen der Driftgeschwindigkeit v von N Elektronen im Leiterstück der Länge l und der Stromstärke I hergeleitet: $I = Nev/l$.
Daraus folgt $v = Il/Ne$. In die Gleichung für die Hall-Spannung eingesetzt, ergibt sich

$$U_H = b\frac{Il}{Ne}B.$$

Mit der *Ladungsträgerdichte* $N_V = N/V$ und $V = lbd$ folgt

$$U_H = \frac{bl}{N_V V e}IB = \frac{1}{N_V e}\frac{IB}{d}.$$

Die Hall-Konstante R_H ergibt sich daraus zu $R_H = 1/N_V e$.

Hall-Konstante R_H und Ladungsträgerdichte $N_V = N/V$ sind antiproportional zueinander:

$$R_H = \frac{1}{N_V e}$$

Mit den Messergebnissen von Versuch 1 kann die Ladungsträgerdichte N_V berechnet werden:

$$N_V = \frac{IB}{U_H e d} = \frac{30\text{ mA} \cdot 106\text{ mT}}{20{,}6\text{ mV} \cdot 1{,}6 \cdot 10^{-19}\text{ As} \cdot 1\text{ mm}}$$
$$= 9{,}6 \cdot 10^{20}\,\frac{1}{\text{m}^3}$$

Aussagekräftiger wird dieses Ergebnis, wenn die Anzahl N der Ladungsträger nicht auf das Volumen V, sondern auf die Stoffmenge n (→ 4.1.3) bezogen wird. Mit der Masse m und der molaren Masse M gilt für die Stoffmenge $n = m/M$. Mit der Dichte $\rho = m/V$ folgt

$$n = \frac{\rho V}{M}.$$

Damit ergibt sich für die *molare Ladungsträgerkonzentration* N_n (das ist die auf die Stoffmenge n bezogene Anzahl N der Ladungsträger):

$$N_n = \frac{N}{n} = \frac{N}{\rho V/M} = N_V \frac{M}{\rho}$$

Mit dem Wert $N_V = 9{,}6 \cdot 10^{20}$ 1/m^3 aus Versuch 1, der molaren Masse für Germanium $M_{Ge} = 72{,}6$ g/mol und der Dichte für Germanium $\rho_{Ge} = 5{,}33$ g/cm^3 folgt

$$N_n = N_V \frac{M}{\rho} = \frac{9{,}6 \cdot 10^{20}}{\text{m}^3} \cdot \frac{72{,}6\text{ g/mol}}{5{,}33\text{ g/cm}^3} = 1{,}3 \cdot 10^{16}\,\frac{1}{\text{mol}}.$$

Mit 1 mol = $6{,}02 \cdot 10^{23}$ Atome ergibt sich die äußerst geringe Konzentration von einem Elektron pro 46 000 000 Germaniumatome. Sie entspricht der von den dotierten Fremdatomen gelieferten Anzahl von Leitungselektronen. Wegen der geringen Ladungsträgerkonzentration haben die Elektronen trotz kleiner Stromstärke eine relativ große Driftgeschwindigkeit, was zu einer leicht messbaren Hall-Spannung im mV-Bereich führt. Bei metallischen Leitern sind die Verhältnisse wegen der hohen Ladungsträgerdichten anders (siehe Aufgabe 4).

Aufgaben

1. Berechnen Sie aus den Messergebnissen in Versuch 1 die Hall-Konstante R_H des Germanium-Plättchens.
2. Erklären Sie, warum die Hall-Spannung U_H antiproportional zur Dicke d ist.
3. Berechnen Sie die Driftgeschwindigkeit v der Leitungselektronen in Versuch 1 (Breite des Plättchens $b = 1$ cm).
4. Bei Metallen tritt der Hall-Effekt wegen der hohen Ladungsträgerkonzentration nur schwach auf. Um die kleinen Hall-Spannungen nachzuweisen, muss an sehr dünnen Folien mit hohen Stromstärken gemessen werden.
An einer Kupferfolie der Dicke $d = 10$ μm wird bei einer Stromstärke von $I = 10$ A und dem Feld $B = 430$ mT die Hall-Spannung $U_H = 22$ μV gemessen.
a) Berechnen Sie die Hall-Konstante R_H von Kupfer und die Ladungsträgerdichte N_V.
b) Berechnen Sie die molare Ladungsträgerkonzentration N_n von Kupfer (Kupfer hat die Dichte $\rho = 8{,}96$ g/cm^3 und die molare Masse $M = 63{,}55$ g/mol).
Bestimmen Sie die Zahl der Elektronen, die im Mittel von einem Kupferatom als Leitungselektron abgegeben werden.
c) Berechnen Sie die Driftgeschwindigkeit v der Leitungselektronen bei der Messung (Breite $b = 1$ cm).

6.1.5 Die Masse geladener Teilchen

Aus der Ablenkung frei beweglicher geladener Teilchen in elektrischen und magnetischen Feldern kann der Quotient aus ihrer Ladung und Masse q/m bestimmt werden. Bei bekannter Ladung $q = Ze$ lässt sich daraus die Masse m der Teilchen berechnen.

Massenbestimmung mit dem Fadenstrahlrohr

Versuch 1: In einer kugelförmigen Glasröhre werden Elektronen, die aus einer Glühkatode austreten, mit der Anodenspannung U_A beschleunigt. Da die Röhre mit Wasserstoffgas unter geringem Druck gefüllt ist, stoßen einige der beschleunigten Elektronen mit Gasmolekülen zusammen und regen diese zum Leuchten an. Dadurch wird der Elektronenstrahl als feiner *Fadenstrahl* sichtbar. Die Röhre befindet sich zwischen den Spulen eines Helmholtz-Spulenpaares, dessen homogenes Magnetfeld senkrecht zum Elektronenstrahl gerichtet ist. Dadurch wirkt die Lorentz-Kraft, die die Elektronen senkrecht zu ihrer Bahngeschwindigkeit v auf eine Kreisbahn lenkt (**Abb. 238.1**). Der Kreisbahnradius r hängt von der angelegten Beschleunigungsspannung U_A und der magnetischen Feldstärke B ab.

Auswertung: Auf der Kreisbahn wirkt die Lorentz-Kraft $F_L = evB$ als Zentripetalkraft $F_Z = mv^2/r$ ($\to$ 1.2.8). Aus $F_L = F_Z$ folgt $evB = mv^2/r$ und daraus

$$\frac{e}{m} = \frac{v}{Br}.$$

Die Bahngeschwindigkeit v der zwischen Glühkatode und Anode beschleunigten Elektronen berechnet sich aus der Beschleunigungsspannung U_A zu ($\to$ 5.3.6)

$$v = \sqrt{2\frac{e}{m}U_A}.$$

Wird dieser Ausdruck für v in die obige Gleichung eingesetzt, die erhaltene Gleichung quadriert und nach e/m aufgelöst, so ergibt sich:

$$\frac{e}{m} = \frac{2U_A}{B^2 r^2}.$$

Der Quotient aus Ladung und Masse, die *spezifische Ladung* e/m eines Elektrons, kann mit den Messwerten für U_A, B und r berechnet werden. ◂

> Die **spezifische Ladung** des Elektrons beträgt
> $$\frac{e}{m} = 1{,}76 \cdot 10^{11}\, \frac{\text{C}}{\text{kg}}.$$

Mit der aus dem Millikan-Versuch ($\to$ 5.3.1) bekannten Elementarladung e folgt für die Elektronenmasse:

> Die **Masse** des Elektrons beträgt
> $$m_e = 9{,}11 \cdot 10^{-31}\, \text{kg}.$$

Massenbestimmung mit dem Wien-Filter

Um die Masse schneller Elektronen zu bestimmen, die z. B. als β-Strahlung aus einer radioaktiven Quelle stammen ($\to$ 13.1.2), müssen zunächst Teilchen einer bestimmten Geschwindigkeit v aus dem Strahl herausgefiltert und deren Geschwindigkeit bestimmt werden.

Versuch 2: Durch eine Blende gelangt ein Elektronenstrahl aus einer radioaktiven Quelle in einen Plattenkondensator, in dem außer dem elektrischen Feld ein senkrecht zum elektrischen Feld gerichtetes Magnetfeld existiert. Die beiden Felder werden senkrecht vom Elektronenstrahl durchsetzt, wobei die elektrische Kraft $F_{el} = eE$ und die Lorentz-Kraft $F_L = evB$ entgegengerichtet sind (**Abb. 239.1**). Nur wenn sich diese beiden Kräfte kompensieren, können die Elektronen auf gerader Bahn den Kondensator durchqueren.
Aus $F_{el} = F_L$ folgt $eE = evB$ und daraus $v = E/B$. Nur Elektronen mit der Geschwindigkeit $v = E/B$ werden in diesem nach WIEN benannten *Geschwindigkeitsfilter* nicht abgelenkt. Die geradeaus fliegenden Elektronen gelangen in ein Ablenkfeld B', das sie auf eine Kreisbahn lenkt. Wie beim Fadenstrahlrohr kann nun die Masse m

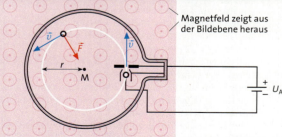

238.1 Im Fadenstrahlrohr werden Elektronen von der Lorentz-Kraft auf eine Kreisbahn gelenkt. Durch Stöße angeregte Gasmoleküle machen den Elektronenstrahl sichtbar.

Kräfte im Magnetfeld

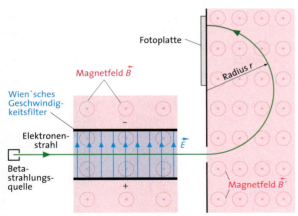

239.1 Massenbestimmung schneller Elektronen: Die gekreuzten Felder wirken als Geschwindigkeitsfilter.

aus v, B' und r berechnet werden. Mit diesem Versuch konnte BUCHERER 1908 zeigen, dass die Masse der Elektronen mit wachsender Geschwindigkeit zunimmt (→ 9.3.1). ◄

Aufgaben

1. Die magnetische Feldstärke im homogenen Teil eines Helmholtz-Spulenfeldes wird mit einer Hall-Sonde zu $B = 9{,}65 \cdot 10^{-4}$ T bestimmt. Bei einer Beschleunigungsspannung von $U_A = 210$ V wird im Fadenstrahlrohr der Durchmesser der Kreisbahn zu $d = 10{,}2$ cm gemessen. Berechnen Sie die spezifische Ladung e/m der Elektronen.

2. Ein Proton bewegt sich mit der Geschwindigkeit $v = 750$ km/s in einem homogenen Magnetfeld der Stärke $B = 245$ mT senkrecht zu den Feldlinien. Berechnen Sie den Radius seiner Kreisbahn.

3. In einem Demonstrationsversuch zum Wien-Filter werden Elektronen in einer Röhre mit $U_A = 1500$ V beschleunigt. Am Kondensator (Plattenabstand $d = 5$ cm) des Geschwindigkeitsfilters liegt die Spannung $U_C = 10{,}1$ kV.
   a) Erklären Sie die Wirkungsweise des Wien-Filters.
   b) Ermitteln Sie die magnetische Feldstärke B, welche die Elektronen unabgelenkt passieren lässt.

4. In einem Experiment nach **Abb. 239.1** zur Massenbestimmung schneller Elektronen beträgt die magnetische Feldstärke $B = B' = 8{,}79$ mT, die elektrische Feldstärke $E = 2{,}1 \cdot 10^6$ V/m und der Kreisbahnradius $r = 25{,}6$ cm. Berechnen Sie die Geschwindigkeit v der Elektronen und deren Masse m.

Exkurs

Massenspektrografie

ASTON erfand 1919 die *Massenspektrografie*, die bis heute zu großer Präzision entwickelt wurde. Die Atome und Moleküle, deren Masse bestimmt werden soll, werden durch eine elektrische Entladung ionisiert und beschleunigt. Die Ionen durchqueren ein homogenes elektrisches Feld und anschließend ein homogenes Magnetfeld. Die Felder sind so angeordnet und dimensioniert, dass Ionen *gleicher* Masse trotz *verschiedener* Geschwindigkeit in *einem* Punkt fokussiert werden: Beim Durchtritt durch den Plattenkondensator fliegen die Ionen auf einer Parabelbahn (→ 5.3.5). Ist E die elektrische Feldstärke, q die Ionenladung und m die Ionenmasse, so gilt für die Ablenkung y abhängig vom Ort x

$$y = qEx^2/2mv^2 = qEx^2/4E_{kin}.$$

Die Ablenkung y im elektrischen Feld hängt demnach von der kinetischen Energie E_{kin} des Ions ab. Beim anschließenden Durchqueren des Magnetfeldes beschreibt das Ion eine Kreisbahn mit dem Radius r, für den gilt:

$$r = mv/qB = p/qB$$

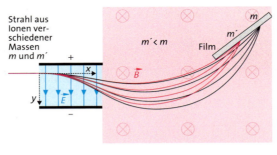

Der Radius $r = p/qB$ der Kreisbahn hängt vom Impuls p des Ions ab. Im elektrischen Feld wird demnach die kinetische Energie E_{kin} und im magnetischen Feld der Impuls p gemessen.

Mit der Formel $E_{kin} = p^2/2m$ ist damit die Masse eines Teilchens prinzipiell bestimmt.
Abhängig von der kinetischen Energie werden die Ionen in einem Kondensator unterschiedlich stark abgelenkt: Je kleiner E_{kin}, umso größer ist die Ablenkung. Nach $E_{kin} = p^2/2m$ haben Ionen mit kleiner kinetischer Energie auch einen kleinen Impuls und nach $r = p/qB$ einen kleinen Bahnradius. Der stärkeren Ablenkung im Kondensator folgt demnach eine entgegengerichtete, stärker gekrümmte Kreisbahn im Magnetfeld. Dadurch können alle Ionen einer bestimmten Masse m unabhängig von ihrer kinetischen Energie in einem Punkt fokussiert werden.

Ionen mit kleinerer Masse m' haben bei *gleicher* Energie E_{kin} und damit *gleicher* Ablenkung im Kondensator nach $E_{kin} = p'^2/2m'$ den kleineren Impuls p' und damit den kleineren Kreisbahnradius $r' = p'/qB$. Aufgrund der stärker gekrümmten Kreisbahnen werden diese Ionen mit kleinerer Masse in einem näher gelegenen Punkt fokussiert.

Ein modernes Massenspektrometer kann molare Massen auf 6 Dezimale bestimmen, z. B. ein Gemisch aus 10 Ionen mit molaren Massen zwischen 19,9878 und 20,0628 nach Komponenten und Anteilen analysieren.

Kräfte im Magnetfeld

6.1.6 Das Zyklotron

Die heutigen Kenntnisse über die Struktur der Materie im subatomaren Bereich verdanken die Wissenschaftler schnellen Teilchen, die als „Geschosse" mit den zu untersuchenden Strukturen oder Teilchen in Wechselwirkung treten. Dabei können umso feinere Strukturen erschlossen werden, je höher die Energie der Geschosse ist (→ 14.1).

Die kinetische Energie und damit die Geschwindigkeit geladener Teilchen kann nur in elektrischen Feldern erhöht werden. Die Lorentz-Kraft im Magnetfeld steht immer senkrecht auf der Bahn und kann daher den Betrag der Bahngeschwindigkeit der Teilchen nicht ändern, sondern die Teilchen nur ablenken. Die hohen Spannungen von einigen Millionen Volt, die die Hochspannungstechnik erzeugen kann, reichen jedoch bei einmaligem Durchlaufen nicht aus, um den Teilchen die gewünschte hohe Energie zu geben. Es ist daher ein naheliegendes Verfahren, die geladenen Teilchen mit Magnetfeldern auf eine Kreisbahn zu lenken, sodass sie mehrfach die Beschleunigungsstrecke durchlaufen können.

Das *Zyklotron* wurde 1934 als erster *Zirkularbeschleuniger* von LAWRENCE und LIVINGSTONE erfunden. In einem starken magnetischen Feld befinden sich im Vakuum zwei hohle D-förmige Elektroden, die durch einen schmalen Spalt getrennt sind (**Abb. 240.1**). Aus einer Ionenquelle in der Mitte treten Ionen in das Feld ein. Sie beschreiben unter dem Einfluss der Lorentz-Kraft halbkreisförmige Bahnen. Bei jedem Durchgang durch den Spalt werden sie durch eine Wechselspannung geeigneter Frequenz immer weiter beschleunigt, sodass ihre Geschwindigkeit und der Bahnradius wachsen. Schließlich werden die beschleunigten Teilchen von Ablenkplatten auf das Ziel (Target) gelenkt.

Die Richtung des elektrischen Feldes muss nach jedem halben Umlauf der Teilchen umgekehrt werden, denn nur so erhalten die Teilchen bei jedem Durchgang Energie. Das ist mit einer zwischen den D-förmigen Elektroden angelegten Wechselspannung *konstanter* Frequenz f nur möglich, weil die Umlaufdauer $T = 1/f$ unabhängig vom Bahnradius r und der Bahngeschwindigkeit v ist: Die Zentripetalkraft $F_Z = mv^2/r$ ist durch die Lorentz-Kraft $F_L = qvB$ gegeben, wobei q die Ladung des zu beschleunigenden Teilchens ist. Aus $F_Z = F_L$ folgt $mv^2/r = qvB$ und daraus $v/r = qB/m$. Mit der Winkelgeschwindigkeit $\omega = v/r = 2\pi/T$ ergibt sich

$$T = \frac{2\pi}{Bq/m}.$$

Die Umlaufzeit T hängt also nur von der Feldstärke B und der spezifischen Ladung q/m des Teilchens ab.

Erreichen die Teilchen Geschwindigkeiten größer als 10 % der Lichtgeschwindigkeit c, so wächst deren Masse m aufgrund der relativistischen Massenzunahme merklich an (→ 9.3.1). Dadurch geraten die Teilchen außer Takt mit der angelegten Wechselspannung, sodass beispielsweise Protonen nur auf eine Energie von etwa 20 MeV beschleunigt werden können.

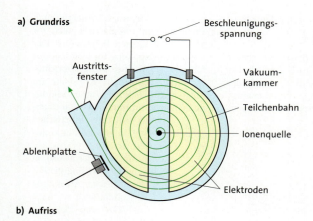

a) Grundriss

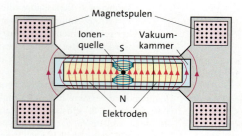

b) Aufriss

240.1 Zyklotron mit den D-förmigen Elektroden

Aufgaben

1. Ein α-Teilchen besitzt eine Masse von $6{,}64 \cdot 10^{-27}$ kg. Berechnen Sie den Radius der Kreisbahn, die ein α-Teilchen beschreibt, wenn es von der Spannung $U = 200$ V beschleunigt in einem Magnetfeld der Stärke $B = 120$ mT senkrecht zu den Feldlinien fliegt.

2. In einem Zyklotron ist der maximale Krümmungsradius der Bahnkurve von geladenen Teilchen $R = 0{,}8$ m. Die magnetische Feldstärke beträgt $B = 1{,}5$ T. Ermitteln Sie die Potentialdifferenz, die Protonen in einem elektrischen Feld durchlaufen müssten, um dieselbe Endgeschwindigkeit wie in dem Zyklotron zu erhalten.

3. Ein Zyklotron gibt α-Teilchen ($m = 6{,}64 \cdot 10^{-27}$ kg) mit einer Energie von $2{,}5 \cdot 10^{-12}$ J ab. Die magnetische Feldstärke beträgt 2 T. Berechnen Sie den größten Krümmungsradius der Bahnkurven dieser α-Teilchen.

Kräfte im Magnetfeld

BEWEGTE LADUNGSTRÄGER UND MAGNETISCHES FELD

Exkurs

Teilchenbeschleuniger – Riesenwerkzeuge für kleinste Teilchen

Die Grenzenergie der im Zyklotron beschleunigten geladenen Teilchen lässt sich trotz der relativistischen Massenzunahme mit zunehmender Geschwindigkeit erheblich steigern, wenn die Frequenz der Wechselspannung entsprechend der zunehmenden Masse verkleinert wird. Diese Art Zyklotron, bei der die Frequenz des Wechselstromgenerators synchron zu den Umläufen verändert wird, heißt Synchrozyklotron.

Bei den größten, heute im Betrieb befindlichen Beschleunigeranlagen wird das ablenkende Magnetfeld von Führungsmagneten (M) erzeugt, die den Teilchenstrahl auf einer engen Sollbahn halten. Die Führungsmagnete sind hintereinander in einem kreisförmigen Tunnel aufgestellt, der meist unterirdisch verlegt ist und mehrere Kilometer lang sein kann. Zwischen den Führungsmagneten befinden sich Beschleunigungsstrecken (E), in denen elektrische Felder die Teilchen bei ihrem wiederholten Durchlauf ständig beschleunigen. Da die elektrischen Felder synchron mit der zunehmenden Geschwindigkeit der Teilchen angelegt werden müssen – durch elektronische Steuerung ist dies heute möglich –, wird diese Art von Zirkularbeschleuniger als Synchrotron bezeichnet.

Der Bau von immer größeren Synchrotron-Anlagen in den vergangenen Jahrzehnten war Voraussetzung für die Erforschung zunehmend kleinerer Strukturen. Jede neue Beschleunigergeneration benötigte etwa ein Entwicklungsjahrzehnt. Mit jeder Generation wurde eine neue Tiefenschicht in der Struktur der Materie erschlossen. Im Deutschen Elektronen-Synchrotron (DESY) in Hamburg (Fertigstellung 1965) wurden bei einem Bahnumfang von etwa 300 m Elektronenenergien von 7,5 GeV erreicht. In der auf demselben Gelände 1978 in Betrieb genommenen Positron-Elektron-Tandem-Ring-Anlage (PETRA) mit 2,3 km Umfang trafen Teilchen mit einer Energie von 12 GeV aufeinander. 1984–1990 wurde die Hadron-Elektron-Ring-Anlage (HERA) gebaut. Sie hat einen Umfang von 6,3 km und kann Elektronen bis auf 30 GeV und Protonen in Gegenrichtung bis auf 920 GeV beschleunigen. Ihre Tunnelanlagen verlaufen zum großen Teil unter dem Volksparkgelände in Hamburg.

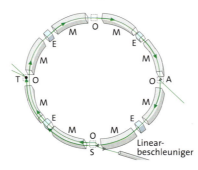

In dem Super-Protonen-Synchrotron (SPS) von CERN (Conseil Européen pour la Recherche Nucléaire) in Genf wurde eine Protonenenergie von 450 GeV erreicht. Mithilfe von supraleitenden Elektromagneten werden in diesen Anlagen Magnetfelder von bis zu 5 T erzeugt.

Von 1989 bis 2000 war bei CERN der Large Electron-Positron Collider (LEP) in Betrieb. Mit einem Umfang von 27 km ist es die größte Beschleunigeranlage. Mit dem Speicherring für Elektronen und Positronen, die Energien bis 100 GeV erreichten, wurden wichtige Experimente zum Standardmodell der Elementarteilchen durchgeführt (→ 14.2). Seit 2000 wird in den Tunnel des LEP der Large Hadron Collider (LHC) eingebaut. Dessen Inbetriebnahme mit Kollisionsenergien für Protonen und schwere Ionen im Tera-Elektronvolt (TeV)-Bereich ist für 2007 geplant.

Der Tunnel des LEP mit seinen 27 km Umfang wird wohl die letzte ringförmige Collider-Anlage für Elektronen und Positronen bleiben. Dem erfolgreichen Prinzip der kreisförmigen Bahnführung sind Grenzen gesetzt: Durchlaufen geladene Teilchen eine gekrümmte Bahn, so strahlen sie tangential zu ihrer Flugrichtung einen Teil ihrer Energie in Form von Synchrotronstrahlung wieder ab. Wegen ihrer geringen Masse erreichen Elektronen und Positronen die notwendigen hohen Geschwindigkeiten schon bei relativ geringen Energien. Bei einem Ringbeschleuniger mit vorgegebenem Durchmesser erhöhen sich die Energieverluste – und damit auch der Energiebedarf und die Betriebskosten – bei einer Verdopplung der Teilchenenergie um einen Faktor sechzehn. Dieser Faktor kann zwar durch einen größeren Beschleunigerdurchmesser reduziert werden, die Baukosten würden aber proportional zum Quadrat der Beschleunigerenergie steigen.

Aus diesem Grunde sind Speicherringe für Elektronenenergien größer als 200 GeV nicht mehr tragbar. Um zu Energien von 500 GeV und höher zu gelangen, wird die Rückkehr zu Beschleunigern mit geradlinigem Verlauf notwendig. Bei DESY in Hamburg wird der Bau des 33 km langen Linear Collider-Tunnels TESLA geplant: Auf dem DESY-Gelände beginnend, soll er in nord-nordwestlicher Richtung über Hamburgs Grenzen hinaus in den Landkreis Pinneberg (Schleswig-Holstein) verlaufen. 16,5 km von DESY entfernt soll die Elektron-Positron-Wechselwirkungszone liegen.

Kräfte im Magnetfeld

Exkurs

Elektronenmikroskopie

Die Elektronenmikroskopie ist eine Untersuchungsmethode, mit der in Forschungs- und Entwicklungslabors die Strukturen kleinster Objekte dargestellt werden. Die Anwendungen reichen dabei von der Materialprüfung bis hin zu biologischen Fragen in der Medizin.
Ernst Ruska (1906–1988) und Max Knoll (1897–1969) bauten 1931 das erste Elektronenmikroskop. Für seine Arbeiten erhielt Ruska 1986 den Physik-Nobelpreis. Er hatte die folgende grundlegende Idee:
Durchsetzt ein Elektronenstrahl ein Objekt, so werden die Elektronen an einzelnen Stellen der Struktur seitlich abgelenkt. Durchfliegen die Elektronen anschließend ein Magnetfeld, das parallel zum Strahl gerichtet ist, so bewegen sich die Elektronen aufgrund der Lorentz-Kraft auf Schraubenbahnen und treffen zur gleichen Zeit wieder in einem Punkt zusammen (→ 6.1.5). Die Spule wirkt wie eine *magnetische Linse*, indem sie die von einem Punkt ausgehenden Elektronen wieder in einem Punkt zusammenführt, sodass die Struktur abgebildet wird. Es werden heute zwei verschiedene Bauarten genutzt.

Transmissionselektronenmikroskop,

kurz **TEM** genannt, ist das konventionelle, dem Lichtmikroskop analoge Elektronenmikroskop (Abb. unten). Aus einer nadelförmigen, beheizten Spitze treten Elektronen aus, die von einer 50–500 kV großen Anodenspannung beschleunigt werden. Der Elektronenstrahl verlässt die Quelle divergent und wird, bevor er die Probe durchsetzt, von einem Kollektor gebündelt. Der Kollektor besteht ebenso wie alle anderen Linsensysteme aus stromdurchflossenen Spulen, die das abbildende Magnetfeld erzeugen. Beim Durchtritt durch das Objekt werden die Elektronen unterschiedlich stark abgelenkt. Der Grad der Ablenkung hängt von der Elektronendichte im Präparat ab. Je höher die Atommasse ist, desto stärker ist die Ablenkung. Die Probe darf nicht dicker als 100 nm sein, da sonst die Absorption der Elektronen zu stark wäre. Im Innern des Mikroskops muss wegen des Elektronenstrahls Vakuum herrschen. Um die Probe ins Innere zu bringen, wird das Mikroskop belüftet und anschließend wieder evakuiert.
Nach Durchtritt durch das Objekt werden die gestreuten Elektronen von einem Objektivlinsensystem zu einem Zwischenbild gesammelt, das anschließend durch ein weiteres Linsensystem (Projektivspulen) nachvergrößert wird. Das Bild des Objekts ist entweder auf einem fluoreszierenden Schirm sichtbar oder wird mit einer Fotoplatte oder einem digitalen Aufnahmeverfahren aufgezeichnet. Der Schwärzungsgrad der Fotoplatte spiegelt dabei die Elektronendichte und damit die Atommassenunterschiede im durchstrahlten Präparat wider.
Ein TEM kann heute Abstände von etwa 0,2 Nanometer sichtbar machen. Diese Größe entspricht etwa dem Durchmesser einzelner Atome. Daher kann mit der Elektronenmikroskopie der atomare Aufbau von Kristallen und

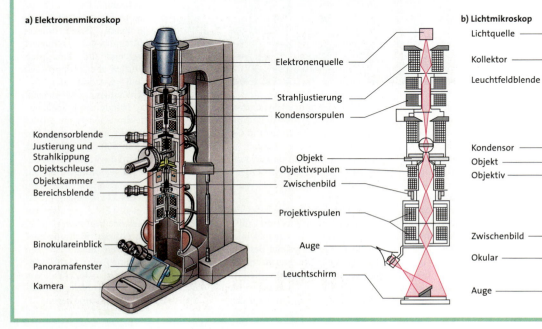

a) Elektronenmikroskop   b) Lichtmikroskop

Molekülen studiert werden, wie die Abbildung rechts zeigt. Zu erkennen sind die Kristallstruktur und der Molekülaufbau des chlorierten Kupfer-Phtalocyanin bei einer Auflösung von 0,13 nm. Deutlich treten die gegenüber Kohlenstoff und Stickstoff schwereren und damit elektronenreicheren Atome des Chlors und insbesondere des Kupferatoms in der Mitte des Moleküls hervor.

Mit einer Auflösung von weniger als einem Nanometer unterschreitet das Elektronenmikroskop die Auflösungsgrenze des Lichtmikroskops um etwa den Faktor 1/250. Licht besteht aus *Photonen* (→ 10.1), die neben Impuls und Energie als weitere physikalische Eigenschaft eine Wellenlänge besitzen (→ 7.3). Strukturen, die kleiner sind als die halbe Wellenlänge des zur Untersuchung benutzten Teilchens, können nicht mehr aufgelöst werden (→ 7.3.7). Mit $\lambda/2 \approx 0,2$ µm des blauen Lichts liegt die Auflösungsgrenze des Lichtmikroskops fest. Auch Elektronen haben, wie alle Elementarteilchen, neben Impuls und Energie eine Wellenlänge (→ 10.3). Diese Wellenlänge ist umgekehrt proportional zum Impuls der Teilchen. Mit großen Beschleunigungsspannungen von ca. 500 kV erhalten die Elektronen

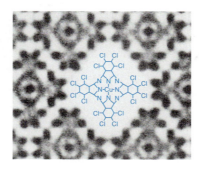

einen großen Impuls und damit kleine Wellenlängen in der Größenordnung von Nanometern, wodurch die hohe Auflösung möglich wird.

Rasterelektronenmikroskop (REM)

ist eine weniger auf extreme Vergrößerungen abzielende Bauart sondern auf die Abbildung von Objekten, die einige Millimeter groß sein können. Dabei interessiert meist deren Oberflächenstruktur, die kleiner als ein Mikrometer sein kann. Sollen diese Objekte sowohl als Ganzes abgebildet als auch die mikroskopisch kleine Oberflächenstruktur untersucht werden, bietet das REM eine optimale Methode.

Anders als beim TEM fällt der Elektronenstrahl beim REM nicht auf das gesamte Objekt, sondern wird auf einen kleinen Punkt auf der Oberfläche fokussiert. Der primäre Elektronenstrahl löst aus der Oberfläche Sekundärelektronen aus, die von einem seitlich angebrachten Detektor aufgesammelt und als Signal an eine Bildröhre weitergegeben werden. Ein Rastergenerator führt mithilfe eines elektrischen Ablenkfeldes den Elektronenstrahl zeilenförmig Punkt für Punkt über das Objekt und synchron dazu den Elektronenstrahl in der Bildröhre über den Schirm. Das so entstandene Bild zeichnet sich durch eine große Schärfentiefe aus und vermittelt einen ausgeprägten räumlichen Eindruck, wie das unten stehende Bild zweier Fliegen zeigt.

Eine Weiterentwicklung des REM ist das **Tunnelrastermikroskop,** mit dem noch kleinere subatomare Strukturen dargestellt werden können. Dabei wird eine ultrafeine Metallspitze im konstanten Abstand von etwa 1 nm über die Oberfläche geführt, wobei Elektronen die Lücke zwischen Spitze und Oberfläche *durchtunneln* können (→ 13.3.5). Für diese Weiterentwicklung erhielten G. BINNIG und H. ROHRER zusammen mit E. RUSKA 1986 den Physik-Nobelpreis.

c) Raster- (Scanning-) Elektronenmikroskop

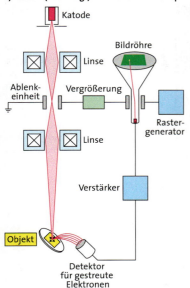

Kräfte im Magnetfeld

Exkurs

Polarlicht und Van-Allen'scher Strahlungsgürtel

Im hohen Norden der Nordhalbkugel und im Süden der Südhalbkugel der Erde können bisweilen prächtige Farberscheinungen am Himmel beobachtet werden. Sie heißen *Polarlicht* oder *Aurora*. Das Polarlicht bildet ein wellenförmiges Band und wirkt wie ein Schleier oder Vorhang. Die Leuchterscheinungen sind grünlich weiß und bei größerer Helligkeit in zahllosen Farben leuchtend. Die beiden oberen Bilder wurden in Alaska aufgenommen. Das Polarlicht entsteht im Bereich der Ionosphäre, in der erdnahe Satelliten und Raumschiffe fliegen. Der untere Rand des Aurorabandes liegt in einer Höhe von etwa 100 km, wobei das Polarlicht bis in Höhen von 1000 km hinauf entstehen kann.

Das Polarlicht tritt nur in ringförmigen Gürteln zwischen dem 60. und 75. Grad nördlicher bzw. südlicher Breite auf. Jeder Gürtel ist zentriert angeordnet über einem der magnetischen Pole der Erde und hat meist die Form eines Ovals. Das Bild auf Seite 245 unten ist eine computerverstärkte Aufnahme des nördlichen Auroraovals, aufgenommen von einem in drei Erdradien Höhe fliegenden Satelliten.

Ursprünglich wurde das Polarlicht für reflektiertes Sonnenlicht gehalten. ÅNGSTRÖM zeigte im Jahre 1888, dass dies nicht zutrifft, indem er das Spektrum des Polarlichts mit dem Sonnenspektrum verglich. Das Licht wird von Atomen und Molekülen der oberen Atmosphäre emittiert, wenn sie von schnellen Elektronen getroffen werden. Die Anregung von atomarem Sauerstoff führt zu der grünlich weißen Leuchterscheinung. Höherenergetische Elektronen erzeugen beim Zusammenstoß mit Stickstoffmolekülen rosarotes bis violettes Licht. Nur ein geringer Anteil des Polarlichtes ist sichtbar, denn es enthält auch in-

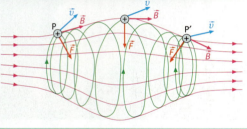

frarotes und ultraviolettes Licht und sogar Röntgenstrahlung.

Mit dem in → 6.1.5 behandelten Fadenstrahlrohr kann beobachtet werden, wie beschleunigte Elektronen, die gegen die Moleküle eines unter geringem Druck stehenden Gases stoßen, die Moleküle zum Leuchten anregen (mittleres Bild). Auch die Ablenkung von schnell fliegenden Teilchen im Magnetfeld der Erde aufgrund der Lorentz-Kraft, die ein wichtiger Effekt bei der Entstehung des Polarlichts ist, kann mit dem Fadenstrahlrohr demonstriert werden: Wird die Röhre etwas gegenüber dem Magnetfeld der Helmholtz-Spulen gedreht, sodass die beschleunigten Elektronen eine Geschwindigkeitskomponente in Feldrichtung haben, so bewegen sie sich auf schraubenförmigen Bahnen um die magnetischen Feldlinien (mittleres Bild). Wird statt eines homogenen Feldes ein inhomogenes Feld mithilfe zweier Stabmagnete erzeugt, so gelingt es, dass sich die Elektronen auf in sich geschlossenen Bahnen bewegen, die sich spiralig zwischen den beiden Polen um das Feld hin und her winden (viertes Bild). Ein Effekt, der als **magnetische Flasche** bezeichnet wird: Bewegt sich ein geladenes Teilchen in einem inhomogenen Magnetfeld, das an den Enden stärker als im Zentrum ist, so ändert sich der Radius der spiralförmigen Bahn und es wirkt beim Eindringen in Bereiche größerer Feldstärke eine rücktreibende Kraft F_R. Die Bahnen werden enger und es kommt zu einer Umkehr. Das Teilchen ist durch das Magnetfeld eingefangen (unteres Bild).

Zurück zu den Erscheinungen in der Ionosphäre: Auf diese Weise wird auch die Entstehung des 1958 entdeckten **Van-Allen'schen Strahlungsgürtels** erklärt. Bei Satellitenmessungen waren Zonen hoher Strahlungsdichte in Höhen

Kräfte im Magnetfeld

von 2 000 km bis 4 000 km und zwischen 10 000 km und 20 000 km entdeckt worden. Die ringförmigen Zonen erstrecken sich um die geomagnetische Äquatorebene etwa 40° nach Norden und Süden (Bild rechts). Im inneren Gürtel befinden sich vor allem Protonen, im äußeren Elektronen. Die aus dem Weltraum kommenden energiereichen elektrisch geladenen Teilchen werden durch das Magnetfeld der Erde eingefangen und spiralig abgelenkt. Sie oszillieren wie in einer magnetischen Flasche zwischen den Zonenenden im Norden und Süden, wobei sie mehrere Monate in dem Strahlungsgürtel verweilen können.

Verantwortlich für die Entstehung des Polarlichts ist der Sonnenwind. Er besteht aus Elektronen und Protonen, die von der Sonnenoberfläche mit Geschwindigkeiten bis zu 1000 km/s in den Weltraum abgestoßen werden. Der Sonnenwind verformt das Magnetfeld der Erde kometenschweifartig, was als *Magnetosphäre* bezeichnet wird. Die äußere Grenze der Magnetosphäre heißt *Magnetopause*. Der Sonnenwind verformt nicht nur das Magnetfeld der Erde, sondern er sorgt außerdem dafür, dass sich das Magnetfeld der Sonne bis zur Erde hin ausdehnt. Dadurch bildet sich im Bereich der Magnetopause aus beiden Feldern ein *Verbundfeld*. Dieses Verbundfeld lenkt aufgrund der Lorentz-Kraft die Teilchen des Sonnenwindes ab. Dadurch bewegen sich auf der Nordseite der Erde die

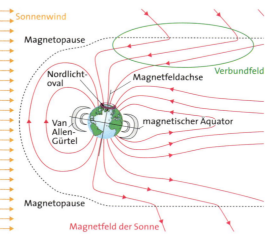

Protonen entsprechend der Drei-Finger-Regel auf die sogenannte *Morgenseite*: Im Bild oben entspricht dies einer Ablenkung nach hinten. Elektronen werden hingegen nach vorn auf die Abendseite abgelenkt. Dadurch bildet sich im Weltall der positive und negative Pol des *Polarlichtgenerators*.

Die Magnetosphäre ist mit einem dünnen Plasma aus Elektronen und Ionen gefüllt, sodass zwischen den Polen des Generators ein Strom fließen kann. Der Strom fließt vom positiven Pol spiralförmig entlang der Feldlinien in die Ionosphäre, die elektrisch leitend ist.

Daher fließt der Strom nun in der Ionosphäre quer über die Polregion hinweg und von der Ionosphäre wieder spiralförmig die Magnetfeldlinien hinauf zum negativen Pol. Der Strom nach oben wird durch Elektronen erzeugt, die nach unten fließen und dabei mit Atomen und Molekülen kollidieren, welche ihrerseits Licht emittieren. Dies ist der Anteil des Entladungskreises, der hauptsächlich das Polarlicht erzeugt.

Der Sonnenwind als Urheber des Polarlichts ist großen Schwankungen unterworfen. Grund dafür sind heftige Eruptionen der Sonnenkorona, wodurch „stürmische" Sonnenwinde entstehen. Sie erreichen innerhalb zweier Tage die Erde und können prächtige Polarlichter hervorrufen.

Wie gewaltig die dabei umgesetzte Energie ist, macht der folgende Vergleich deutlich: Die Leistung eines großen Kraftwerks beträgt etwa 1 000 MW, die des Polarlichts 1 bis 10 TW; das entspricht etwa der Leistung von 1 000 bis 10 000 großen Kraftwerken.

Obwohl vieles über die Abläufe bei der Entstehung von Polarlichtern bekannt ist, bleibt die genauere Untersuchung der elektrischen Entladungsprozesse, die diese Naturerscheinung hervorrufen, auch im 21. Jahrhundert eine Herausforderung an die Wissenschaft.

Magnetfelder von Strömen

6.2 Magnetfelder von Strömen

Der dänische Physiker OERSTED hatte 1820 entdeckt, dass Ströme Magnetfelder erzeugen.

6.2.1 Magnetfeld von Leiter und Spule

Mit Eisenfeilspänen, die den Verlauf magnetischer Feldlinien angeben, und Hall-Sonden (→ 6.1.4), die die Feldstärke B messen, können Magnetfelder untersucht werden.

Magnetfeld eines stromdurchflossenen Leiters
Versuch 1: Eisenfeilspäne werden auf eine Platte gestreut, durch die senkrecht ein Leiter tritt. Im Leiter fließt ein Strom von unten nach oben (**Abb. 246.1**).
Beobachtung: Die Eisenfeilspäne ordnen sich zu konzentrischen Kreisen um den stromdurchflossenen Leiter. Aufgestellte Magnetnadeln zeigen, dass die Feldlinien den nach oben gerichteten Strom I im mathematischen Umlaufsinn umschließen. ◂

Ein langer, gerader, stromdurchflossener Leiter ist von magnetischen Feldlinien in Form von konzentrischen Kreisen umgeben. Die Feldlinien verlaufen im mathematischen Umlaufsinn um die Stromrichtung.
Es gilt die **Rechte-Hand-Regel:** Umfasst die rechte Hand den Leiter so, dass der Daumen in Stromrichtung zeigt, so zeigen die Finger in Feldrichtung (**Abb. 246.1**).

Versuch 2: Die magnetische Feldstärke B um einen stromdurchflossenen Leiter wird mit einer Hall-Sonde gemessen. Von Interesse ist dabei die Abhängigkeit von der Stromstärke I und vom Abstand r. Experimentiert wird mit einer Spule, deren 30 Windungen längs des Randes einer großen rechteckigen Plexiglasscheibe gewickelt sind (**Abb. 246.2**). Gemessen wird in der Mitte einer Rechteckseite. Die großen Abmessungen der Spule sorgen dafür, dass die Felder der drei restlichen Seiten am Messort der Sonde klein sind. Außerdem wird die Hall-Sonde so aufgestellt, dass sowohl die von den benachbarten Seiten als auch die von der gegenüberliegenden Seite des Rechtecks herrührenden Felder parallel zur Oberfläche des Hall-Plättchens verlaufen. Diese Felder werden nicht gemessen, da nur senkrechte Feldkomponenten eine Hall-Spannung hervorrufen.
Ergebnis:
- An einem bestimmten Ort im Abstand r vom Leiter ist die Feldstärke B proportional zur Stromstärke I.
- Bei konstantem Strom I ist die Feldstärke B antiproportional zum Abstand r vom Leiter. ◂

Für die magnetische Feldstärke B um einen langen, geraden, vom Strom I durchflossenen Leiter gilt demnach im Abstand r:

$$B \sim \frac{I}{r} \quad \text{oder} \quad B = \mu_0 \frac{I}{2\pi r}$$

Die Konstante μ_0 heißt **magnetische Feldkonstante;** das Einfügen des Faktors 2π wird im folgenden Abschnitt → 6.2.2 verständlich. Aus den Messungen ergibt sich der Wert $\mu_0 = 1{,}26 \cdot 10^{-6}$ Vs/Am.

> Die magnetische Feldstärke B eines langen, geraden, vom Strom I durchflossenen Leiters hat im Abstand r den Wert
>
> $$B = \mu_0 \frac{I}{2\pi r}$$
>
> mit der magnetischen Feldkonstante
>
> $$\mu_0 = 4\pi \cdot 10^{-7} \, \frac{\text{Vs}}{\text{Am}} \approx 1{,}26 \cdot 10^{-6} \, \frac{\text{Vs}}{\text{Am}}.$$

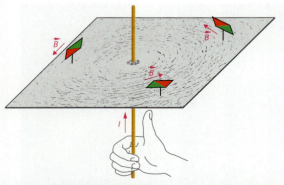

246.1 Um einen stromdurchflossenen Leiter ordnen sich Eisenfeilspäne zu konzentrischen Kreisen an. Die Richtung der Feldlinien kann mit der Rechte-Hand-Regel angegeben werden.

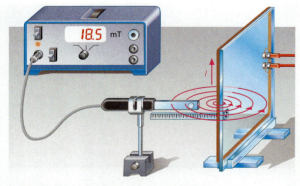

246.2 Mit einer Hall-Sonde wird die Abhängigkeit der Magnetfeldstärke B eines geraden Leiters von der Stromstärke I und vom Abstand r gemessen.

Magnetfeld einer langen Spule

Spulen, deren Länge l deutlich größer als ihr Durchmesser d ist, heißen *lange Spulen*.

Versuch 3a: Eine lange Spule, deren Länge l durch Auseinanderziehen der n Windungen verändert werden kann, ist von einem Strom I durchflossen. Mit einer Hall-Sonde wird das magnetische Feld innerhalb und außerhalb der Spule untersucht (**Abb. 247.1a**).
Ergebnis: Innerhalb der Spule wird ein *homogenes* Magnetfeld in Richtung der Spulenachse gemessen. Außerhalb der Spule ist das Feld wesentlich schwächer und ähnelt dem eines Stabmagneten (**Abb. 247.1b**).
Erklärung: Jedes kleine Teilstück der Windungen ist von einem kreisförmigen, konzentrischen Feld umgeben. Die Überlagerung dieser Felder liefert das Feld der Spule: Während sich die Felder im Innern zu einem homogenen Feld addieren, löschen sie sich außerhalb der Spule weitgehend aus. ◄

Versuch 3b: Untersucht wird die Abhängigkeit der Feldstärke B in der Spule von der Stromstärke I, der Spulenlänge l und der Windungszahl n.
Ergebnis: Die Feldstärke B ist proportional zur Stromstärke I, antiproportional zur Spulenlänge l und proportional zur Windungszahl n. Demnach ist die Feldstärke B proportional zur *Windungsdichte* n/l.
Die zahlenmäßige Auswertung ergibt als Proportionalitätskonstante die magnetische Feldkonstante μ_0. ◄

Versuch 3c: Das homogene Feld im Innern von zwei Spulen gleicher Länge l und gleicher Windungszahl n, aber unterschiedlichem Durchmesser wird untersucht.
Ergebnis: In beiden Spulen wird die gleiche Feldstärke B gemessen, d.h. die Feldstärke ist unabhängig vom Spulendurchmesser. ◄

> Die magnetische Feldstärke B des homogenen Feldes im Innern einer langen Spule ist proportional zur Stromstärke I und zur Windungsdichte n/l. Mit der magnetischen Feldkonstante μ_0 berechnet sich B zu:
>
> $B = \mu_0 I \dfrac{n}{l}$

Die Konstante μ_0 aus der Ampere-Definition

Die magnetische Feldkonstante μ_0 ist durch die gesetzliche Ampere-Definition festgelegt, wie die folgende Rechnung zeigt. Aus der Definition „Die Basiseinheit 1 Ampere (1 A) ist die Stärke eines elektrischen Stroms, der durch zwei parallel im Abstand von einem Meter angeordnete Leiter fließend, die Kraft $F = 2 \cdot 10^{-7}$ N hervorruft" ($\rightarrow$ 5.1.2) folgt für die Kraft F:
Der Leiter 1 erzeugt am Ort des Leiters 2 im Abstand $r_{12} = 1$ m ein Magnetfeld der Stärke

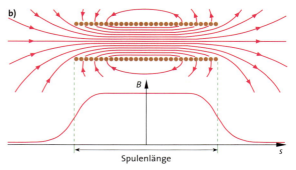

247.1 a) Eine Spule veränderlicher Windungszahl und veränderlicher Länge. **b)** Feldlinien und Feldstärke B längs der Spulenachse bei konstanter Stromstärke, Windungszahl und Länge

$B_1 = \mu_0 \dfrac{I_1}{2\pi r_{12}}$.

Der parallele Leiter 2 erfährt in dem Feld B_1 pro Leiterlänge $l_2 = 1$ m die Kraft

$F = I_2 l_2 B_1 = I_2 l_2 \mu_0 \dfrac{I_1}{2\pi r_{12}}$.

Auflösen dieser Gleichung nach μ_0 ergibt:

$\mu_0 = \dfrac{2\pi r_{12} F}{I_1 I_2 l_2} = \dfrac{2\pi \cdot 1 \text{ m} \cdot 2 \cdot 10^{-7} \text{ N}}{1 \text{ A} \cdot 1 \text{ A} \cdot 1 \text{ m}} = 4\pi \cdot 10^{-7} \dfrac{\text{Vs}}{\text{Am}}$

Aufgaben

1. Durch einen langen Leiter fließt ein Strom von $I = 6$ A. Berechnen Sie die magnetische Feldstärke B in einem Punkt, der 2,5 cm vom Leiter entfernt ist.

2. Zwei parallele, im Abstand von 10 cm verlaufende gerade Leiter werden in entgegengesetzter Richtung von den Strömen $I_1 = 15$ A und $I_2 = 25$ A durchflossen. Berechnen Sie die magnetische Feldstärke B in einem Punkt in der von den Leitern aufgespannten Ebene, der **a)** von beiden Leitern gleich weit entfernt ist, **b)** 2 cm von Leiter 1 und 8 cm von Leiter 2 entfernt ist, **c)** 2 cm von Leiter 1 und 12 cm von Leiter 2 entfernt ist. **d)** Bestimmen Sie, in welchen Punkten die magnetische Feldstärke null ist.

3. In einer Spule ($l = 70$ cm, $n = 300$) wird bei der Stromstärke $I = 1,5$ A die magnetische Feldstärke $B = 840$ µT gemessen. Berechnen Sie die magnetische Feldkonstante.

6.2.2 Das Durchflutungsgesetz

Elektrische Ströme sind die Ursache von Magnetfeldern. Der Zusammenhang zwischen der Feldstärke B und der Stromstärke I wurde in → 6.2.1 experimentell für den geraden Leiter zu $B = \mu_0 I/2\pi r$ und für die lange Spule zu $B = \mu_0 I n/l$ ermittelt. Die folgende Betrachtung zeigt, dass beiden Formeln eine gemeinsame Gesetzmäßigkeit zugrunde liegt.

Ausgehend von dem speziellen Fall der Feldstärke B im Abstand r von einem geraden, stromdurchflossenen Leiter

$$B = \mu_0 \frac{I}{2\pi r}$$

soll die allgemeingültige Gesetzmäßigkeit gefunden werden. Ein solch *induktives* Vorgehen ist keine logische Herleitung, sondern stützt sich auf ein intuitives Entdecken, das im vorliegenden Fall AMPÈRE 1822 gelang.

Mit der scheinbar willkürlichen Einführung des Faktors 2π in der obigen Formel tritt der Kreisumfang $u = 2\pi r$ auf. Wird die Gleichung mit $u = 2\pi r$ multipliziert, so ergibt sich

$$B u = \mu_0 I.$$

Wird der Kreisumfang u als Weg s längs einer Kreislinie um den Strom I aufgefasst, so besagt die neue Form, dass das Produkt aus der Feldstärke B und dem Weg s längs einer Kreislinie konstant ist und nur von der Stromstärke I abhängt, gleich welcher Kreis und damit welcher Radius gewählt wird (**Abb. 248.1a**):

$$B_1 u_1 = B_2 u_2 = \ldots = \mu_0 I$$

Statt auf einem einzigen Kreis kann der Strom I auch abschnittsweise auf Kreisbögen mit verschiedenen Radien umlaufen werden, wobei die Kreisbögen durch senkrecht zu den Kreisen verlaufende Wege verbunden sind (**Abb. 248.1b**). Werden die Produkte von Kreisbögen b_i und den zugehörigen Feldstärken B_i summiert, so folgt

$$B_1 b_1 + B_2 b_2 + \ldots = \frac{\mu_0 I}{2\pi} \frac{b_1}{r_1} + \frac{\mu_0 I}{2\pi} \frac{b_2}{r_2} + \ldots = \mu_0 I,$$

da $b_1/r_1 + b_2/r_2 + \ldots = 2\pi$ die Winkelsumme über den Vollwinkel ist. Die Summation über die Kreisbögen ergibt allerdings nur deswegen $\mu_0 I$, weil längs der *zusätzlichen radialen* Wege keine weiteren Beiträge hinzugefügt werden. Der Grund dafür ist, dass auf den radialen Wegstrecken die magnetische Feldstärke B senkrecht zum Weg s gerichtet ist, im Gegensatz zu den Kreisbögen, längs deren B und s parallel verlaufen. Offensichtlich liefern nur Feldkomponenten parallel zum Weg einen Beitrag.

Soll nun der Umlauf um den Strom I auf einem beliebigen Weg längs einer geschlossenen Kurve erfolgen, so wird der Weg s in beliebig kleine Teilschritte Δs_i zerlegt. An jedem Ort kann der Feldstärkevektor $\vec{B}$ in eine zum Weg Δs_i parallele und eine senkrechte Komponente zerlegt werden. Nur die parallele Komponente $B_{s(i)}$ liefert bei der Summation einen Beitrag $B_{s(i)} \Delta s_i$. Dann gilt (**Abb. 248.1c**):

$$\lim_{\Delta s \to 0} \sum_i B_{s(i)} \Delta s_i = \mu_0 I$$

Die linke Seite ist das Integral der magnetischen Feldstärke B längs des Weges s:

$$\oint B_s \, ds = \mu_0 I$$

$\oint B_s \, ds$ heißt *Linienintegral der magnetischen Feldstärke B*. Der Kreis im Integralzeichen symbolisiert die Integration längs eines geschlossenen Weges um den Strom I.

Wird das Magnetfeld von mehreren Leitern erzeugt, so addieren sich deren Felder vektoriell zu einem Gesamtfeld, denn für magnetische Felder gilt ebenso wie für elektrische Felder das Superpositionsprinzip. Umschließt der Integrationsweg statt eines Stroms I mehrere Ströme I_i, die senkrecht durch die Integrationsfläche hindurchtreten, so ist das Linienintegral $\oint B_s ds$ gleich der Summe der umlaufenen Ströme $\sum I_i$. Damit lautet das von Ampère aufgestellte Gesetz:

Ampère'sches Durchflutungsgesetz: Das über einen geschlossenen Weg längs des Randes einer Fläche gebildete Linienintegral der magnetischen Feldstärke B ist proportional zur Summe der umlaufenen, senkrecht durch die Fläche hindurchtretenden Ströme:

$$\oint B_s \, ds = \mu_0 \sum_i I_i$$

$\mu_0 = 4\pi \cdot 10^{-7}$ Vs/Am ist die magnetische Feldkonstante.

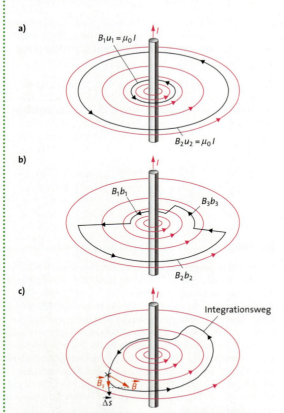

248.1 Zur Herleitung des Durchflutungsgesetzes:
a) Das Produkt Bu ist für konzentrische Kreise konstant $\mu_0 I$
b) Die Summe der Produkte $B_i b_i$ der Kreisabschnitte ist $\mu_0 I$
c) Auf einem beliebigen Integrationsweg gilt $\sum B_{s(i)} \Delta s_i = \mu_0 I$

Bei vektorieller Schreibweise der Feldstärke $\vec{B}$ und des Weges $\vec{s}$ liefert das Skalarprodukt (→ 1.3.1) den Term $B_s \, ds$:

$$\vec{B} \cdot d\vec{s} = B \, ds \cos\alpha = (B \cos\alpha) \, ds = B_s \, ds$$

Dabei ist α der Winkel, den $\vec{B}$ und $d\vec{s}$ einschließen.

Das Durchflutungsgesetz lautet in vektorieller Form

$$\oint \vec{B} \cdot d\vec{s} = \mu_0 \sum_i I_i.$$

Im Folgenden soll gezeigt werden, dass aus dem induktiv gewonnenen Durchflutungsgesetz die Formeln für das Magnetfeld des geraden Leiters und der langen Spule hergeleitet werden können.

Durchflutungsgesetz und gerader Leiter

Ein zylindrischer Draht mit Radius R werde vom Strom der Stärke I durchflossen.

Außerhalb des Drahtes ($r > R$) folgt für einen Umlauf auf einem konzentrischen Kreis mit Radius r für die konstante Feldstärke B_r aus

$$\oint B_s \, ds = \mu_0 \sum_i I_i \quad \text{die Gleichung} \quad B_r \oint ds = \mu_0 I$$

und daraus die bekannte Formel $B_r = \mu_0 I / 2\pi r$.

Innerhalb des Drahtes ($r < R$) umschließt ein Umlauf auf einem Kreis mit Radius r nur den Bruchteil $I(\pi r^2)/(\pi R^2)$ des Stroms I, sodass aus dem Durchflutungsgesetz folgt

$$2\pi r B_r = \mu_0 \frac{\pi r^2}{\pi R^2} I \quad \text{und daraus} \quad B_r = \frac{\mu_0 I}{2\pi R^2} r.$$

Innerhalb des Drahtes nimmt die Feldstärke proportional mit dem Radius r zu (**Abb. 249.1**).

Durchflutungsgesetz und lange Spule

Zur Berechnung der Feldstärke B des homogenen Feldes in einer Spule der Länge l mit n Windungen wird ein rechteckiger Integrationsweg betrachtet (**Abb. 249.2**). Eine Rechteckseite der Länge a verläuft innerhalb der Spule im homogenen Feld parallel zu den Feldlinien. Die drei anderen Rechteckseiten verlaufen entweder senkrecht zu den Feldlinien oder außerhalb der Spule, wo die magnetische Feldstärke null ist. Daher liefert allein die Rechteckseite innerhalb der Spule den Beitrag $B a$ zum Linienintegral. Werden bei dem Umlauf n_a Windungen eingeschlossen, so folgt aus dem Durchflutungsgesetz

$$\oint B_s \, ds = \mu_0 \sum_i I_i \quad \text{die Gleichung} \quad B a = \mu_0 n_a I.$$

Die Division der Gleichung durch a liefert auf der rechten Seite die Windungsdichte

$$n_a / a = n / l.$$

Daraus folgt das in → 6.2.1 experimentell ermittelte Gesetz für die Feldstärke B des homogenen Feldes in einer langen Spule

$$B = \mu_0 I \frac{n}{l}.$$

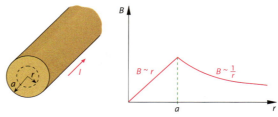

249.1 Die magnetische Feldstärke B in einem geraden, vom Strom I durchflossenen Draht ist innerhalb des Drahtes proportional und außerhalb antiproportional zum Radius r.

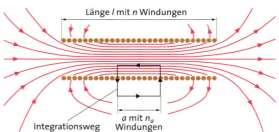

249.2 Zur Herleitung der magnetischen Feldstärke B in einer langen Spule. Nur die Rechteckseite der Länge a in der Spule liefert einen Beitrag zum Linienintegral.

Aufgaben

1. Ein langer gerader Draht ist horizontal in Richtung des Erdfeldes gespannt. Über dem Draht ist in $r = 18$ cm Abstand eine Kompassnadel aufgestellt. Fließt ein Strom der Stärke $I = 3{,}5$ A durch den Draht, wird die Nadel um $\alpha = 21°$ aus der magnetischen Nord-Süd-Richtung abgelenkt. Ermitteln Sie den Betrag der Horizontalkomponente B_{hor} des magnetischen Erdfeldes.

2. Ein gerades Koaxialkabel besteht aus einem Innenleiter und einer konzentrischen zylindrischen Abschirmung mit dem Radius R. Innenkabel und Abschirmung seien an einem Ende miteinander verbunden, am anderen Ende an eine Spannungsquelle angeschlossen. Bestimmen Sie die Feldstärke B im Raum zwischen **a)** Abschirmung und Innenkabel und **b)** außerhalb der Abschirmung.

3. Wird eine lange, bewegliche Spule mit ihren Endflächen zusammengefügt, entsteht eine Ringspule, ein sogenanntes *Toroid*. Leiten Sie mit dem Durchflutungsgesetz eine Formel zur Berechnung der magnetischen Feldstärke B in einer Ringspule mit n Windungen her. Zeigen Sie, dass außerhalb der Spule die Feldstärke null ist.

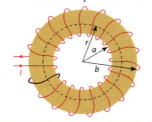

6.2.3 Ferromagnetismus

Einfache Experimente mit Magneten aus Eisen zeigen, dass dieses Metall eine besonders starke magnetische Eigenschaft besitzt, die als *Ferromagnetismus* bezeichnet wird (ferrum, lat.: Eisen).

Versuch 1: Mit einer computerunterstützten Messwerterfassung wird die Magnetisierung eines geschlossenen Weicheisenkerns untersucht. Hervorgerufen wird die Magnetisierung von dem Feld $B_0 = \mu_0 I n / l$ zweier Spulen, die sich auf dem mit einem Joch geschlossenen U-Kern befinden (**Abb. 250.1**). Ein Maß für die Magnetisierung des Eisens ist die im Innern auftretende magnetische Feldstärke B_{Fe}. Untersucht wird also die Funktion $B_{Fe} = f(B_0)$.

Grundlagen der Messung: Die Messung der Feldstärke B_{Fe} im Eisen kann nicht mit einer Hall-Sonde durchgeführt werden, da ein Luftspalt im Eisenkern zum Einbringen der Sonde die Feldstärke erheblich verringern würde. Die Feldstärke B_{Fe} wird daher mithilfe der Induktion ermittelt (→ 6.3). Ein Verständnis dieses Messverfahrens ist demnach erst nach Behandlung der Induktion möglich. Zur Messung der Induktionsspannung U_{ind} werden um das Joch einige Windungen aus dünnem Kabel gewickelt und mit dem Verstärkereingang eines Computer-Messsystems verbunden. Ändert sich aufgrund der Magnetisierung der magnetische Fluss Φ_{Fe} im Eisen, wird eine zu $\Delta\Phi_{Fe}$ proportionale Spannung U_{ind} induziert. Aus dem Induktionsgesetz

$$U_{ind} = -n \frac{\Delta\Phi_{Fe}}{\Delta t} \quad \text{folgt} \quad \Delta\Phi_{Fe} = -\frac{1}{n} U_{ind} \Delta t.$$

Die Umformung zeigt, dass aus der momentanen Spannung U_{ind} die Flussänderung $\Delta\Phi_{Fe}$ berechnet werden kann, die während einer kleinen Zeitspanne Δt erfolgt. Indem der Computer fortlaufend nach jeweils Δt die Flussänderungen $\Delta\Phi_{Fe}$ aus der induzierten Spannung berechnet und alle $\Delta\Phi_{Fe}$ summiert, wird der momentane Wert des magnetischen Flusses ermittelt: $\Phi_{Fe} = \Sigma \Delta\Phi_{Fe}$. Aus $\Delta\Phi_{Fe}$ und der bekannten Querschnittfläche A_{Fe} des Eisenkerns wird mit der Beziehung $\Phi_{Fe} = A_{Fe} B_{Fe}$ die Feldstärke B_{Fe} berechnet.

Versuchsdurchführung: Während der Messung fließt ein langsam veränderlicher Wechselstrom mit einer Periodendauer von etwa 5 s ($f \approx 0{,}2$ Hz) durch die Spulen. Der Strom wird gemessen und daraus das die Magnetisierung hervorrufende Feld B_0 in den Spulen berechnet. Nach dem Start bei $B_0 = 0$ wird die *Neukurve* und anschließend mit einer Periode der Wechselspannung die *Hysteresekurve* (hysteresis, griech.: Nachwirkung) aufgezeichnet (**Abb. 250.2**).

Auswertung der Messung: Mit zunehmender Spulenfeldstärke wächst die Feldstärke B_{Fe} im Eisen nicht linear an, sondern nähert sich einer *Sättigung*. Nach dem Verkleinern der maximal angelegten Spulenfeldstärke von $B_0 \approx 2{,}5$ mT bleibt die Magnetisierung zum Teil erhalten und für $B_0 = 0$ stellt sich ein als *Remanenz* bezeichneter Wert ein. Eine vollständige Entmagnetisierung des Weicheisenkerns, also $B_{Fe} = 0$, wird erst durch Anlegen eines entgegengerichteten Feldes erreicht, dessen Wert als *Koerzitivfeldstärke* bezeichnet wird. Magnetisch harte Materialien haben im Vergleich zu Weicheisen höhere Remanenzen (etwa 1000 mT gegenüber 500 mT) und höhere Koerzitivfeldstärken (ca. 7 mT gegenüber 0,3 mT). ◄

> Das magnetische Feld B_0 einer stromdurchflossenen Spule um einen geschlossenen Weicheisenkern magnetisiert den Kern, sodass das Feld im Eisen B_{Fe} um den Faktor 1000 anwachsen kann. Es gilt
>
> $B_{Fe} = \mu_r B_0$.
>
> μ_r wird als **Permeabilität** des Materials bezeichnet. Wegen der Hysterese ist die Permeabilität μ_r keine Konstante; für einfache Rechnungen wird μ_r jedoch als konstant angenommen.

250.1 Das Magnetfeld zweier von einem Wechselstrom durchflossener Spulen magnetisiert einen Weicheisenkern. Auf den Kern ist außerdem eine Induktionswicklung aufgebracht.

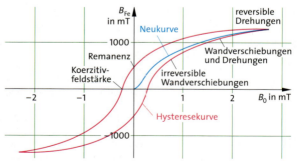

250.2 Neukurve und Hysteresekurve eines geschlossenen Weicheisenkerns: Die Skalenwerte wurden anhand der im Text hergeleiteten Formeln berechnet.

Magnetfelder von Strömen

Neben Eisen (Fe) gibt es nur die Elemente Nickel (Ni), Kobalt (Co) und einige Seltene Erden (Gadolinium, Dysprosium und Erbium), die außer einigen Legierungen ferromagnetisch sind. Der Ferromagnetismus ist an den kristallinen Zustand gebunden und wird bei Überschreiten einer bestimmten Temperatur, der sogenannten *Curie-Temperatur*, zerstört. Die Curie-Temperatur von Eisen beträgt 744 °C. Reines Eisen wird als *magnetisch weich* bezeichnet, da es sich in einer stromdurchflossenen Spule leicht magnetisieren lässt, sich außerhalb der Spule aber nahezu vollständig entmagnetisiert. Weicheisen wird für den Bau von Generatoren, Elektromotoren und Transformatoren gebraucht. Abhängig von Zusätzen und der Verarbeitung entsteht *magnetisch hartes* Material, das für Permanentmagnete, Tonbänder und Magnetspeicher verwendet wird. Hochlegierter Edelstahl ist hingegen nur *paramagnetisch*. Dies ist eine sehr schwache Form des Magnetismus, die den meisten Stoffen zu eigen ist, jedoch keine Bedeutung für technische Anwendungen hat.

Aufgaben

1. Skizzieren Sie anhand **Abb. 250.2** in *ein* Diagramm die Hysteresekurven von Weicheisen und von Werkzeugstahl. Werkzeugstahl hat eine Remanenz von 1000 mT und eine Koerzitivfeldstärke von 7 mT. Der Bereich der reversiblen Drehungen wird bei etwa 19 mT erreicht.

Exkurs

Ferromagnetische Domänen (Weiß'sche Bezirke)

Ist ein Stoff magnetisch, so kann in seiner Umgebung ein Magnetfeld nachgewiesen werden. Die meisten, als paramagnetisch bezeichneten Stoffe zeigen aber nur ein sehr schwaches Magnetfeld. Ursache für dieses Feld ist die Bewegung von Elektronen in Atomen (atomare Kreisströme) oder auch der Eigendrehimpuls der Elektronen: Außer der Elementarladung und der Masse besitzen Elektronen als weitere Eigenschaft einen Drehimpuls, den sogenannten *Elektronenspin*. Mit diesem Drehimpuls des negativ geladenen Elektrons ist ein magnetischer Dipol verbunden: Das Elektron stellt einen *Elementarmagneten* dar, der ein bestimmtes *magnetisches Moment* besitzt. Beim Eisen sind es die Elektronen in der nicht vollständig gefüllten 3d-Schale (→ 11.3.8), die das magnetische Moment des Fe-Atoms bilden.

Dies alleine würde allerdings nur zu schwachem Paramagnetismus führen, denn aufgrund der Temperaturbewegung sind die magnetischen Momente der Atome bei Paramagneten weitgehend ungeordnet. Bei Ferromagneten kommt ein neuer, hier noch unverständlicher *quantenphysikalischer* Effekt hinzu (→ Kap. 12): Benachbarte Atome tauschen ihre Elektronen aus, was zu einer Parallelstellung der Spins und damit zu einer parallelen Ausrichtung ihrer Elementarmagnete führt. Durch diese sogenannte *Austauschwechselwirkung* wird im Prinzip der gesamte Kristall einheitlich magnetisiert, wodurch ein starkes magnetisches Feld im Innern entsteht. Dadurch existiert auch außerhalb des Magneten ein starkes Feld, wie es von Permanentmagneten bekannt ist. Wie im elektrischen Feld ist auch im Magnetfeld Energie gespeichert (→ 6.3.5). Daher ist es energetisch günstiger, wenn außerhalb des Magneten möglichst kein Feld auftritt.

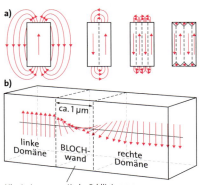

Hier treten magnetische Feldlinien aus

Daher bilden sich einzelne Bezirke innerhalb des Kristalls, die einheitlich magnetisiert sind, sich untereinander aber so orientieren, dass sich die magnetischen Feldlinien innerhalb des Kristalls schließen. Dadurch erscheint der Kristall nach außen unmagnetisch. Die Bezirke, die etwa 0,1 mm groß sind, werden als *ferromagnetische Domänen* (oder Weiß'sche Bezirke) bezeichnet. Zwischen benachbarten, in verschiedenen Richtungen orientierten Domänen treten sogenannte *Bloch-Wände* auf, in denen sich die magnetischen Momente der Atome schrittweise von der einen in die andere Richtung drehen. An diesen Stellen muss das Magnetfeld geringfügig nach außen treten. Dadurch können mit aufgeschwemmten kleinsten magnetischen Teilchen die Bloch-Wände unter dem Mikroskop sichtbar gemacht werden.

Wird der Kristall einem Magnetfeld ausgesetzt, verschieben sich die Bloch-Wände, indem zufällig in Richtung des Feldes orientierte Domänen anwachsen. Die Wände werden dabei vom Feld über stets vorhandene Fehlstellen im Kristallaufbau hinweggezogen. Dies ist ein Vorgang, der sich nach Entfernen des Feldes nicht selbstständig umkehrt, weswegen dieser Vorgang als *irreversible Wandverschiebung* bezeichnet wird. Damit erklärt sich die als Remanenz bezeichnete zurückbleibende Magnetisierung. Wesentlich verstärkt wird dieser Effekt durch Verunreinigungen im Kristall (z. B. durch Kohlenstoffatome), wodurch magnetisch harte Materialien entstehen. Mit zunehmendem äußeren Feld kommen zu den Wandverschiebungen *reversible Drehungen* der Magnetisierungsrichtung der verbleibenden Domänen in Richtung des äußeren Feldes hinzu.

6.3 Elektromagnetische Induktion

Elektrische Ströme erzeugen magnetische Felder, die ihrerseits auf stromdurchflossene Leiter wirken. Michael FARADAY (1791–1867) ging der Frage nach, ob umgekehrt magnetische Felder auch von elektrischen Strömen begleitet sind. Er war erstaunt, als er bei seinen Experimenten keinen Hinweis darauf fand, dass Magnetfelder in nahe gelegenen Leiterkreisen Ströme erzeugen. Bei einem seiner Experimente beobachtete er jedoch beim Ein- und Ausschalten des Stroms einen schwachen Strom im Nachbarkreis. Nach neunjährigem Experimentieren machte er 1831 die entscheidende, auch für ihn überraschende Entdeckung: Nicht die bloße Existenz eines Magnetfeldes ruft – wie er lange annahm – in einem Leiter einen elektrischen Strom hervor, sondern die *zeitliche Veränderung eines Magnetfeldes*. Diese Erscheinung wird **elektromagnetische Induktion** genannt.

6.3.1 Induktionsversuche

Versuch 1 a: Eine Experimentierspule ist mit einem Strommessgerät und einem Gleichstromkleinstmotor zu einem Stromkreis verbunden. Ein Stabmagnet wird mit der in **Abb. 252.1 a** dargestellten Orientierung in die Spule eingetaucht und wieder aus ihr entfernt. Die Spannung über der Spule wird in der durch die Strommessung festgelegten Richtung gemessen.
Beobachtung: Beim Einbringen des Magneten dreht sich die Motorachse um einen bestimmten Winkel. Währenddessen zeigt der Strommesser einen positiven, der Spannungsmesser einen negativen Wert an. Beim Entfernen des Magneten kehren sich die Vorzeichen von Strom und Spannung um und der Motor dreht sich um den gleichen Winkel zurück.
Erklärung: Mit dem Einbringen des Magneten wird der Teil des Feldes in die Spule gebracht, der sich innerhalb des Magneten befindet. Dadurch wird in der Spule eine Spannung *induziert*. Diese Induktionsspannung U_{ind} ist ebenso wie die Spannung einer Batterie eine Generatorspannung: Sie lässt in einem angeschlossenen Stromkreis einen *Induktionsstrom* I_{ind} fließen, mit dem Energie an den Kreis abgegeben wird. Die Leistung der Spule $P_{Spule} = U_{ind} I_{ind}$ ist daher negativ.
Das gleiche Versuchsergebnis wird erzielt, wenn der Magnet statt von oben von unten in die Spule gebracht oder nach unten entfernt wird.
Wird der Magnet festgehalten und stattdessen die Spule bewegt, so wird die gleiche Induktionserscheinung beobachtet. Maßgebend ist offensichtlich nur die *Relativbewegung* von Magnet und Spule.
Werden Nord- und Südpol vertauscht, sind die Vorzeichen von Spannung U_{ind} und Strom I_{ind} umgekehrt. ◄

Versuch 1 b: Die Induktionsspule und eine zweite, sogenannte Feldspule werden gemeinsam auf einen Weicheisenkern gesteckt (**Abb. 252.1 b**). Ein Gleichstrom durch die Feldspule erzeugt ein durch den Weicheisenkern verstärktes Magnetfeld, das in der Induktionsspule die gleiche Richtung haben soll wie zuvor das Feld des Stabmagneten.
Beobachtung: Beim Ein- und Ausschalten des Stroms, also beim Auf- und Abbau des Magnetfeldes, werden in gleicher Weise Spannungen und Ströme induziert wie beim Einbringen und Entfernen des Stabmagneten.
Folgerung: Induktion tritt auf, wenn sich das Magnetfeld in einer Spule ändert. ◄

> Ändert sich das Magnetfeld in einer Spule, sei es durch die Relativbewegung der Spule zu einem Magneten oder durch den Auf- und Abbau des Feldes in der Spule, so wird eine Spannung U_{ind} induziert, die in einem angeschlossenen Kreis einen Induktionsstrom I_{ind} hervorruft.

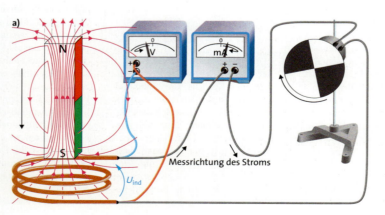 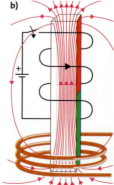

252.1 a) Beim Eintauchen eines Stabmagneten in eine Spule wird eine Spannung induziert, die einen Induktionsstrom hervorruft. **b)** Das Gleiche wird beobachtet, wenn beim Einschalten des Stroms in einer Feldspule ein Magnetfeld aufgebaut wird.

Elektromagnetische Induktion

Versuch 2: Eine leichte, kurzgeschlossene Spule aus dünnem Draht ist frei beweglich aufgehängt. Ein Stabmagnet, der sich in der Spule befindet, wird schnell aus der Spule herausgezogen (**Abb. 253.1**).
Beobachtung: Die Spule schwingt dem Magneten etwas hinterher.
Erklärung: Durch die Feldänderung wird in der Spule ein Strom induziert. Im Feld des Stabmagneten wirkt auf die vom induzierten Strom durchflossene Spule eine Kraft (**Abb. 253.1**). Nach dem Prinzip von Kraft und Gegenkraft übt auch die Spule auf den Magneten eine Kraft F aus, die dessen Bewegung entgegenwirkt. Längs des Weges Δs wird die mechanische Energie $\Delta E = F \Delta s$ vom Magneten auf die Spule übertragen.
Wird der Magnet schnell in die Spule hineinbewegt, weicht die Spule vor dem Magneten zurück. Wiederum übt die Spule eine Kraft auf den Magneten entgegen dessen Bewegung aus, sodass auch jetzt Energie vom Magneten auf die Spule übertragen wird. ◂

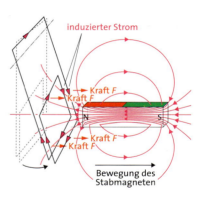

253.1 Wird aus einer leichten, beweglich aufgehängten Spule ein Stabmagnet schnell entfernt, schwingt die Spule dem Magneten etwas hinterher.

> Die elektromagnetische Induktion kann mechanische Energie in elektrische Energie umwandeln.

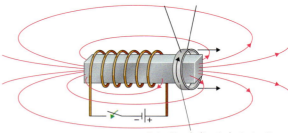

253.2 **Thomson'scher Ringversuch:** Ein Aluminiumring ist beweglich über dem Weicheisenkern einer Spule aufgehängt. Die Spule ist über einen Schalter an eine Gleichspannungsquelle angeschlossen. Beim Einschalten des Spulenstroms schwingt der Ring von der Spule weg – unabhängig davon, wie die Pole der Spannungsquelle angeschlossen sind.
Erklärung: Der Aluminiumring wirkt wie eine kurzgeschlossene Induktionsspule mit einer Windung. Beim Einschalten des Spulenstroms wird der Weicheisenkern magnetisiert und sein starkes Magnetfeld tritt durch die Ringfläche. Nach der Lenz'schen Regel wird im Ring ein Kreisstrom induziert, dessen Feld dem eindringenden Magnetfeld entgegengerichtet ist. Auf den Ring wirkt deshalb im nach außen laufenden Streufeld eine Kraft, die ihn aus dem Feld hinaustreibt.

Lenz'sche Regel

Beim Entfernen des Magneten folgt die Spule dem Magneten, beim Einbringen des Magneten weicht sie vor diesem zurück. Offensichtlich wirkt die Induktion ihrer Ursache – dem Entfernen bzw. Einbringen des Magnetfeldes – entgegen. Gleiches gilt auch für die Versuche 1 a und 1 b in **Abb. 252.1**. Der induzierte Strom ruft in der Spule ein nach unten gerichtetes Magnetfeld hervor, das dem eindringenden bzw. sich aufbauenden Feld entgegengerichtet ist und es dadurch schwächt. Lenz hat dies 1834 als allgemeines Prinzip formuliert:

> **Lenz'sche Regel:** Der Induktionsstrom ist stets so gerichtet, dass er seiner Ursache entgegenwirkt.

Der Thomson'sche Ringversuch in **Abb. 253.1** ist ein weiteres Beispiel für die Lenz'sche Regel, die aus der Energieerhaltung folgt: Der Induktionsstrom gibt an das System, durch das er fließt und in dem er eine Wirkung hervorruft, Energie ab. Diese Energie wird von dem System geliefert, das ursächlich den Induktionsstrom auslöst. Bei der beweglich aufgehängten Spule ist der bewegte Magnet das Energie abgebende System, die in Bewegung gesetzte Spule das Energie aufnehmende System. Mit der Energieabgabe nimmt die kinetische Energie des Magneten ab, wodurch dessen Bewegung als Ursache der Induktion verlangsamt wird. Ohne diese Gegenwirkung würde der Induktionsstrom Energie an die Spule abgeben, ohne sie dem Magneten zu entnehmen; die Anordnung wäre ein *perpetuum mobile*.

Aufgaben

1. Erklären Sie mit der Lenz'schen Regel, warum im Versuch 1 (**Abb. 252.1**) der Strom seine Richtung umkehrt, wenn der Stabmagnet aus der Spule entfernt wird.
2. Der Thomson'sche Ringversuch in **Abb. 253.2** soll genauer untersucht werden.
   a) Erklären Sie, wie die Kraft entsteht, die den Ring beim Einschalten des Stroms von der Spule weg bewegt.
   b) Nach dem Wegschwingen beim Einschalten kehrt der Ring nur langsam, ohne hin und her zu pendeln, in die Ruhelage zurück. Erklären Sie dieses Verhalten.
3. Beim Auseinanderbauen eines Fahrraddynamos werden Sie einen mehrpoligen Permanentmagneten finden, der in einer Spule gedreht wird. Erklären Sie, wodurch sich beim Drehen das Magnetfeld in der Spule ändert, sodass eine Spannung induziert wird.

Elektromagnetische Induktion

6.3.2 Das Induktionsgesetz

Mithilfe von Versuchen soll nun ein Gesetz für die induzierte Spannung U_ind gefunden werden.

Induktion durch zeitliche Magnetfeldänderung

Versuch 1: Eine Induktionsspule, die mit dem Spannungseingang eines Computer-Messsystems verbunden ist, befindet sich im Innern einer Feldspule (**Abb. 254.1**). Die Feldspule ist mit einem Funktionsgenerator verbunden, der periodisch einen zeitlich linear zu- und abnehmenden Strom durch die Spule fließen lässt (**Abb. 254.2 a**). Die positiven und negativen Steigungen $\Delta I/\Delta t$ des dreieckförmigen Stroms können unabhängig voneinander eingestellt werden. Nach der Formel $B = \mu_0 \, n \, I/l$ für die Feldstärke einer stromdurchflossenen Spule ist mit der zeitlich linearen Stromänderung $\Delta I/\Delta t$ = konstant auch die Änderungsrate der magnetischen Feldstärke $\Delta B/\Delta t$ konstant.
Ergebnis: Die Messergebnisse sind in **Abb. 254.2 b** dargestellt. Die induzierten Spannungen U_ind sind konstant, solange $\Delta I/\Delta t$ konstant ist. Entsprechend der Lenz'schen Regel (→ 6.3.1) sind die Induktionsspannungen negativ bei positiver Feldänderung (und umgekehrt). Aus den Messkurven ergeben sich die positiven Steigungen $\Delta I/\Delta t$ = 0,05 (0,10; 0,15) A/s und die negativen Steigungen $\Delta I/\Delta t$ = − 0,2 (− 0,4; − 0,6) A/s. Die zugehörigen Induktionsspannungen sind U_ind = − 0,47 (− 0,94; − 1,41) mV und U_ind = 1,87 (3,75; 5,62) mV. ◂

Ein Vergleich der Messwerte zeigt, dass die Spannung U_ind proportional zur zeitlichen Stromänderung $\Delta I/\Delta t$ ist. Da $\Delta I/\Delta t$ proportional zu $\Delta B/\Delta t$ ist, folgt:

> Die Induktionsspannung ist proportional zur zeitlichen Änderung der magnetischen Feldstärke:
>
> $U_\text{ind} \sim \dfrac{\Delta B}{\Delta t}$

Versuch 2: Versuch 1 wird mit Induktionsspulen unterschiedlicher Windungszahlen n wiederholt.
Ergebnis: Die Induktionsspannung U_ind ist proportional zur Windungszahl n der Induktionsspule: $U_\text{ind} \sim n$.
Erklärung: Die gleichen Induktionsspannungen in jeder Windung addieren sich in den hintereinander geschalteten Windungen zum n-fachen Wert. ◂

Versuch 3: Versuch 1 wird mit Induktionsspulen von unterschiedlichen Querschnittsflächen durchgeführt. Bei gleichem $\Delta B/\Delta t$ und gleichen Windungszahlen n wird jeweils die konstante Spannung U_ind gemessen.
Ergebnis: Die Induktionsspannung U_ind ist zum Flächeninhalt A_ind des Spulenquerschnitts proportional: $U_\text{ind} \sim A_\text{ind}$ ◂

Zusammengefasst ergeben die drei Versuche:

$U_\text{ind} \sim n \, A_\text{ind} \dfrac{\Delta B}{\Delta t}$

Der Term $n \, A_\text{ind} \Delta B/\Delta t$ wird für $\Delta I/\Delta t$ = − 0,6 A/s (abnehmende Flanke der orangefarbenen Messkurve) berechnet. Mit n_ind = 2000 und A_ind = 14 cm^2 sowie n_Feld = 1330 und l_Feld = 50 cm ergibt sich:

$$n \, A_\text{ind} \dfrac{\Delta B}{\Delta t} = n_\text{ind} A_\text{ind} \mu_0 \dfrac{n_\text{Feld} \Delta I}{l \, \Delta t}$$

$$= 2000 \cdot 14 \cdot 10^{-4} \text{ m}^2 \cdot 4\pi \cdot 10^{-7} \, \dfrac{\text{Vs}}{\text{Am}} \cdot \dfrac{1330 \cdot (-0,6 \text{ A})}{0,5 \text{ m} \cdot 1 \text{ s}}$$

$$= -5,62 \text{ mV}$$

Gemessen wird U_ind = + 5,62 mV. Die Proportionalitätskonstante hat demnach den Wert − 1. Das Minuszeichen folgt aus der Lenz'schen Regel (→ 6.3.1) und kennzeichnet U_ind als Generatorspannung.

> Ändert sich das Magnetfeld, das die Querschnittsfläche einer Spule A_ind senkrecht durchsetzt, zeitlich mit $\Delta B/\Delta t$, so wird die Spannung U_ind induziert:
>
> $U_\text{ind} = - n \, A_\text{ind} \dfrac{\Delta B}{\Delta t}$

254.1 Die Feldspule mit der innen liegenden Induktionsspule: Die Feldspule ist an einen Funktionsgenerator angeschlossen, der einen zeitlich linear veränderlichen Strom erzeugt.

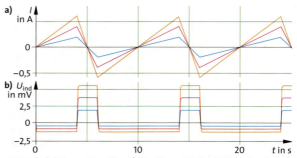

254.2 Induktionsversuche: **a)** Der Strom in der Feldspule nimmt zeitlich linear zu und wieder ab. **b)** In der Induktionsspule werden abschnittsweise konstante Spannungen gemessen.

Induktion durch Bewegung

Induktion kann außer durch eine zeitliche Änderung des Magnetfeldes auch dadurch hervorgerufen werden, dass die vom Magnetfeld durchsetzte Spulenfläche verformt oder im inhomogenen Feld bewegt wird.

Versuch 4: Aus dünnem, isoliertem Draht wird eine rechteckige Leiterschleife ($A = 3 \text{ cm} \cdot 8 \text{ cm} = 24 \text{ cm}^2$) geformt. Die beiden Drahtenden werden verknotet und an den Spannungseingang des Computer-Messsystems geschlossen. Die Leiterschleife wird zwischen die Polschuhe eines Elektromagneten der Stärke $B = 190 \text{ mT}$ gebracht und mit zwei an der Schleife angebrachten Schnüren so auseinandergezogen, dass der Inhalt der Schleifenfläche null wird (**Abb. 255.1a**).
Beobachtung: Bei der Verringerung der Schleifenfläche entsteht eine Spannung $U_{\text{ind}}(t)$, deren maximaler Wert umso größer ist, je schneller sich der Flächeninhalt verändert (**Abb. 255.1b**). Bei zwei unterschiedlich schnell durchgeführten Versuchen werden mit dem Computer die Flächeninhalte $\sum U_{\text{ind}} \Delta t$ unter den Messkurven numerisch berechnet. Trotz unterschiedlicher Kurvenformen ergibt sich stets der gleiche Wert $\sum U_{\text{ind}} \Delta t = 0{,}45 \text{ mVs}$. $\sum U_{\text{ind}} \Delta t$ heißt *Spannungsstoß*.
Folgerung: Anstelle einer zeitlichen Änderung wird das Magnetfeld, das die Spule durchsetzt, durch ein Verkleinern der Spulenfläche A_{ind} verändert. Dadurch tritt ebenfalls Induktion auf. Da die Änderungsrate des Flächeninhalts $\Delta A / \Delta t$ beim Auseinanderziehen nicht konstant ist, ist auch die induzierte Spannung U_{ind} nicht konstant, aber die Spannungsstöße $\sum U_{\text{ind}} \Delta t$ sind gleich.
Erklärung: Ursache hierfür ist die Proportionalität von Induktionsspannung U_{ind} und Änderungsrate $\Delta A / \Delta t$:

$$U_{\text{ind}} \sim \Delta A / \Delta t$$

Um dies zu zeigen, wird die Proportionalität mit Δt multipliziert:

$$U_{\text{ind}} \Delta t \sim \Delta A$$

Die Summation über genügend kleine $U_{\text{ind}} \Delta t$ ergibt für den Induktionsstoß

$$\sum U_{\text{ind}} \Delta t \sim \sum \Delta A = A_{\text{ind}} = \text{konstant}.$$

Wird der Versuch bei verschiedenen Feldstärken B wiederholt, so zeigt sich, dass der Induktionsstoß $\sum U_{\text{ind}} \Delta t$ proportional zu B ist. Es gilt also

$$\sum U_{\text{ind}} \Delta t \sim B \sum \Delta A = B A_{\text{ind}} = \text{konstant}.$$

Mit den Versuchsdaten $B = 190 \text{ mT}$ und $A_{\text{ind}} = 24 \text{ cm}^2$ folgt für die konstante rechte Seite (das Vorzeichen soll unberücksichtigt bleiben)

$$B A_{\text{ind}} = 190 \text{ mT} \cdot 24 \text{ cm}^2 = 0{,}45 \text{ mVs}.$$

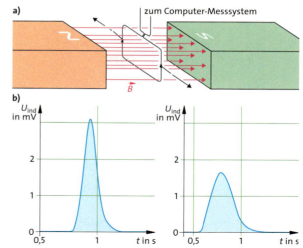

255.1 a) Eine Induktionsschleife wird im Magnetfeld so auseinandergezogen, dass ihr Flächeninhalt A_{ind} null wird. **b)** Spannungsstöße bei schnellerem (links) und langsamerem (rechts) Auseinanderziehen: Die Flächeninhalte $\sum U_{\text{ind}}(t) \Delta t$ unter den Kurven sind gleich.

Das ist der gleiche Wert, der als Flächeninhalt unter den Induktionskurven numerisch berechnet wurde. Es gilt also:

$$\sum U_{\text{ind}} \Delta t = B \sum \Delta A \quad \text{oder} \quad U_{\text{ind}} = B \frac{\Delta A}{\Delta t} \blacktriangleleft$$

Zu berücksichtigen ist noch, dass bei einer Spule mit n Windungen in jeder Windung die gleiche Spannung induziert wird und sich alle Spannungen zum n-fachen Wert addieren. Außerdem ist auch hier wegen der Lenz'schen Regel ein Minuszeichen einzufügen:

> Durchsetzt ein zeitlich konstantes Magnetfeld der Stärke B eine Induktionsspule mit n Windungen, so wird bei einer zeitlichen Änderung $\Delta A / \Delta t$ des Flächeninhalts der Spule eine Spannung induziert. Für die Induktionsspannung U_{ind} gilt:
>
> $$U_{\text{ind}} = -n B \frac{\Delta A}{\Delta t}$$

Auch bei einer Bewegung der Spule im inhomogenen Feld tritt Induktion auf:

Versuch 5: Statt die Induktionsschleife in **Abb. 255.1a** zu verformen, wird sie aus dem Magnetfeld entfernt.
Ergebnis: Es werden Spannungsstöße mit dem gleichen Wert $\sum U_{\text{ind}} \Delta t = 0{,}45 \text{ mVs}$ gemessen.
Folgerung: Induktion tritt bei zeitlich konstantem Feld nicht nur bei einer zeitlichen Änderung der Spulenfläche auf, sondern auch bei einer Bewegung der Spule im inhomogenen Magnetfeld. ◀

Elektromagnetische Induktion

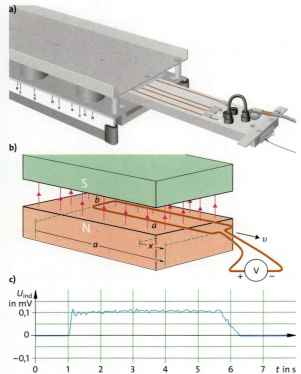

256.1 a) Induktionsgerät mit herausziehbarem Schlitten.
b) Mit dem Schlitten wird eine rechteckige Induktionsschleife mit konstanter Geschwindigkeit aus dem Magnetfeld gezogen. **c)** Bei konstanter Geschwindigkeit v wird eine konstante Induktionsspannung U_{ind} gemessen.

Die aus der Verformung einer Spulenfläche hergeleitete Formel $U_{ind} = -nB\Delta A/\Delta t$ kann auch bei der Bewegung einer Spule im inhomogenen Magnetfeld angewandt werden. Das zeigt der folgende Versuch.

Versuch 6: Zwischen den Polschuhen eines Permanentmagneten besteht ein homogenes Magnetfeld. Eine rechteckige Leiterschleife, die sich anfangs vollständig im Feld befindet, wird mit konstanter Geschwindigkeit v aus dem Feld gezogen. An den Enden der Leiterschleife ist ein Spannungsmesser angeschlossen (**Abb. 256.1a**). Leiterschleifen mit verschiedenen Breiten b können eingesetzt werden.
Ergebnis: Während der gleichförmigen Bewegung wird eine konstante Induktionsspannung U_{ind} gemessen (**Abb. 256.1c**). Die Spannung ist proportional zur Breite b der Leiterschleife und proportional zur Geschwindigkeit v, mit der die Leiterschleife aus dem Feld gezogen wird.
Erklärung: In **Abb. 256.1b** ist die vom Feld durchsetzte Leiterfläche $A = (a-x)b$ dargestellt. Für die zeitliche Änderung dieser Fläche gilt

$$\frac{\Delta A}{\Delta t} = -\frac{\Delta x}{\Delta t} b = -vb.$$

In die Gleichung $U_{ind} = -nB\Delta A/\Delta t$ eingesetzt, ergibt sich mit $n = 1$ für die Induktionsspannung

$$U_{ind} = Bbv.$$

Das in **Abb. 256.1c** dargestellte Versuchsergebnis wurde bei der Feldstärke $B = 39$ mT, der Leiterschleifenbreite $b = 4$ cm und der Geschwindigkeit $v = 30$ cm/4,5 s = 0,67 m/s aufgezeichnet. Damit berechnet sich die Induktionsspannung zu

$$U_{ind} = Bbv = 39 \text{ mT} \cdot 4 \text{ cm} \cdot 0{,}67 \text{ m/s} = 0{,}104 \text{ mV},$$

was in guter Übereinstimmung mit dem Messwert $U_{ind} = 0{,}105$ mV ist. ◂

Magnetischer Fluss und Induktionsgesetz

Induktion tritt entweder durch eine zeitliche Änderung der Feldstärke $\Delta B/\Delta t$ auf oder durch eine zeitliche Änderung der vom Feld durchsetzten Fläche $\Delta A/\Delta t$. Beide Änderungen können mit einer einzigen Größe beschrieben werden, wenn das Produkt aus Feldstärke B und der vom Feld senkrecht durchsetzten Fläche A als neue physikalische Größe, dem sogenannten magnetischen Fluss, eingeführt wird (**Abb. 257.1**):

> Der **magnetische Fluss** Φ in einer Fläche A ist das Produkt aus dieser Fläche und der Feldstärke B, deren Feld senkrecht durch die Fläche tritt: $\Phi = BA$.

Der magnetische Fluss Φ ist eine für technische Berechnungen wichtige Größe und hat daher eine eigene Maßeinheit: $[\Phi] = 1$ Vs $= 1$ Wb (Weber), benannt nach W. E. WEBER (1804–1891).

Die magnetische Feldstärke B wird wegen $B = \Phi/A$ auch als *magnetische Flussdichte* bezeichnet. Die Feldstärke B wird durch die Dichte der Feldlinien dargestellt, weswegen die eine Fläche A durchsetzenden Feldlinien den Fluss Φ repräsentieren. Die Anzahl der Feldlinien ist ein Maß für den magnetischen Fluss.

Für die zeitliche Flussänderung ergibt sich nach der Produktregel der Differentialrechnung

$$\frac{\Delta \Phi}{\Delta t} = \frac{\Delta(BA)}{\Delta t} = A\frac{\Delta B}{\Delta t} + B\frac{\Delta A}{\Delta t},$$

wenn A und B Funktionen der Zeit sind.

Damit können die beiden hergeleiteten Gesetze zusammengefasst und allein mit der Flussänderung $\Delta \Phi$ beschrieben werden:

$$U_{ind} = -nA\frac{\Delta B}{\Delta t} - nB\frac{\Delta A}{\Delta t} = -n\frac{\Delta \Phi}{\Delta t}$$

Elektromagnetische Induktion

Wie die Versuche mit der Leiterschleife zeigen, ist die zeitliche Flussänderung im Allgemeinen nicht linear. Die Änderung muss dann für genügend kleine Δt betrachtet werden, sodass aus dem Differenzenquotienten der Differentialquotient $d\Phi/dt$, also die Ableitung des Flusses nach der Zeit $\dot{\Phi}$, wird.

Faraday'sches Induktionsgesetz: Die in einer Spule mit n Windungen induzierte Spannung U_{ind} ist proportional zur zeitlichen Änderung des magnetischen Flusses Φ in der Spule. Es gilt:

$$U_{ind} = -n \frac{d\Phi}{dt} = -n \dot{\Phi}$$

Eine Induktionsspannung U_{ind} an einer Spule tritt immer dann auf, wenn in irgendeiner Weise der magnetische Fluss Φ, der die Spule in axialer Richtung durchsetzt, geändert wird. Die Flussänderung kann durch eine zeitliche Zu- oder Abnahme der Feldstärke B erfolgen. Bei zeitlich konstantem Feld kann die Spule im inhomogenen Feld bewegt werden, beispielsweise kann

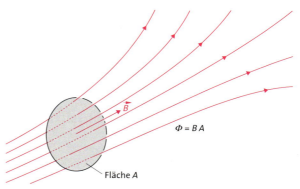

257.1 Der magnetische Fluss Φ in einer Fläche A ist das Produkt aus dieser Fläche und der Feldstärke B, die senkrecht auf der Fläche steht: $\Phi = BA$.

sie aus dem Feld herausgezogen oder in das Feld hineingebracht werden. Auch durch einfaches Drehen der Spule ($\rightarrow$ 7.1.1) oder durch Verformen des Spulenquerschnitts kann der Fluss in der Spule geändert werden.

Aufgaben

1. Durch eine Feldspule ($r_{Feld} = 7$ cm) fließt ein Strom I, der innerhalb von 7,5 Millisekunden linear von $I_1 = 0{,}65$ A auf $I_2 = 0{,}9$ A ansteigt. Die Feldspule hat $n_F = 2250$ Windungen und die Länge $l_F = 60$ cm.
   a) In der Feldspule befindet sich eine Induktionsspule von kreisförmigem Querschnitt ($n_{ind} = 1500$), deren Achse parallel zu der der Feldspule ist. Berechnen Sie die Induktionsspannung U_{ind}, wenn der Radius der Induktionsspule $r_{ind} = 3$ cm beträgt.
   b) Die Feldspule ist von einer äußeren Induktionsspule mit $n_{ind} = 1500$ und $r_{ind} = 9$ cm umgeben. Berechnen Sie die Flussänderung $\Delta\Phi$ in der Induktionsspule während des Stromanstiegs und damit die induzierte Spannung U_{ind}.

2. In $\rightarrow$ **Abb. 254.2** wird ein rechteckiger Spannungsstoß gemessen, wenn der Strom in der Feldspule zeitlich linear von $I = 0{,}4$ A auf $I = -0{,}4$ A abnimmt.
   a) Bestätigen Sie, dass dieser Spannungsstoß den Wert $\Sigma U_{ind} \Delta t = 7{,}5$ mVs hat.
   b) Wird bei konstantem Feldspulenstrom von $I = 0{,}4$ A die Induktionsspule aus der Feldspule herausgezogen, umgedreht und wieder in die Spule hineingesteckt, so wird der in der folgenden Abbildung dargestellte Spannungsstoß gemes-

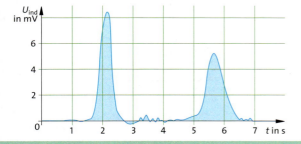

sen. Die numerische Integration ergibt als Flächeninhalt unter beiden Kurven ebenfalls 7,5 mVs. Bestätigen Sie dieses Ergebnis, indem Sie die beiden Spannungsstöße näherungsweise durch flächengleiche Rechtecke ersetzen.
   c) Erläutern Sie den Zusammenhang der beiden Versuche a) und b) und erklären Sie, warum sich das gleiche Versuchsergebnis einstellt.

3. In einer zylindrischen Feldspule mit $n = 600$ Windungen und der Länge $l = 45$ cm befindet sich eine kurze Induktionsspule mit $n_{ind} = 2400$ Windungen und $A_{ind} = 6{,}8$ cm^2. Berechnen Sie die Zeit Δt, in der die Stromstärke in der Feldspule gleichmäßig von 0 auf 1 A anwachsen muss, damit in der Induktionsspule eine Spannung von $U_{ind} = 5$ mV induziert wird.

4. Berechnen Sie den magnetischen Fluss Φ einer Spule mit kreisförmigem Querschnitt, durch die ein Strom der Stärke $I = 1{,}5$ A fließt. Die Spule hat die Länge $l = 65$ cm, den Radius $r = 3{,}5$ cm und $n = 1500$ Windungen.
   Erläutern Sie, wie sich die Feldstärke B und der Fluss Φ ändern, wenn der Spulenradius verdoppelt wird.

5. Eine kurzgeschlossene Induktionsspule liegt in der Mitte einer langen, stromdurchflossenen Feldspule.
   Nennen Sie die Induktionsvorgänge, die beim Entfernen der Induktionsspule aus der Feldspule auftreten.

*6. In einer zylindrischen Spule herrscht bei eingeschaltetem Spulenstrom ein Magnetfeld der Stärke $B = 375$ mT. In der Feldspule befindet sich eine Induktionsspule mit $n = 245$ Windungen, deren Flächeninhalt $A = 6{,}8$ cm^2 ist.
   a) Ermitteln Sie den Wert des Spannungsstoßes, der in der Induktionsspule auftritt, wenn in der Feldspule der Strom ein- und ausgeschaltet wird.
   b) Schätzen Sie ab, wie groß U_{ind} im zeitlichen Mittel ist, wenn der Einschaltvorgang $\Delta t = 35$ ms dauert.

Elektromagnetische Induktion

6.3.3 Kräfte als Ursache der Induktion

Bei der elektromagnetischen Induktion wird elektrische Ladung bewegt, wodurch in angeschlossenen Leiterkreisen Induktionsströme entstehen. Ursache der Bewegungen sind Kräfte auf Ladungen. Da es in der Regel Elektronen sind, die sich in metallischen Leitern bewegen, sollen im Folgenden die Kräfte auf Elektronen betrachtet werden. Als Kräfte kommen entweder die Lorentz-Kraft $F_L = evB$ im magnetischen Feld B oder die Coulomb-Kraft $F_C = eE$ im elektrischen Feld E infrage.

In → 6.3.2 wird ein Versuch mit dem Induktionsgerät durchgeführt, bei dem eine rechteckige Leiterschleife der Breite b mit konstanter Geschwindigkeit v aus dem homogenen Magnetfeld der Stärke B herausgezogen wird (→ Abb. 256.1). Das Induktionsgesetz liefert die Formel zur Erklärung des Versuchs:

$$U_{ind} = -n\frac{d\Phi}{dt} = -1 \cdot B\frac{dA}{dt} = -Bb\frac{d(a-x)}{dt} = Bbv$$

Dieselbe Formel ergibt sich, wenn zur Herleitung die Lorentz-Kraft $F_L = evB$ (→ 6.1.3) auf die mit der Leiterschleife mitbewegten Elektronen betrachtet wird:
In Abb. 258.1 wirkt die Lorentz-Kraft nur in dem vergrößert gezeichneten Leiterstück b in Längsrichtung des Leiters, sodass es nur dort zu einer Ladungstrennung und zum Aufbau eines elektrostatischen Feldes E_{elst} kommt. Die hierdurch hervorgerufene Coulomb-Kraft $F_C = eE_{elst}$ hält der Lorentz-Kraft das Gleichgewicht: $F_C = F_L$. Werden die Formeln für die Kräfte eingesetzt, folgt

$$eE_{elst} = evB.$$

Daraus ergibt sich für das elektrische Feld $E_{elst} = vB$. Zwischen den Enden des Leiterstücks der Breite b kann die Spannung $U = E_{elst} b$ gemessen werden.

Mit $E_{elst} = vB$ folgt daraus die bereits mit dem Induktionsgesetz hergeleitete Gleichung $U = vBb$. Die Gleichheit der beiden Formeln führt zu dem Schluss:

> Die Induktionsspannung zwischen den Enden einer im inhomogenen Magnetfeld bewegten Leiterschleife wird von der Lorentz-Kraft hervorgerufen.

Mit der Erklärung der Induktionserscheinung durch die Lorentz-Kraft soll der in → 6.3.1 durchgeführte Induktionsversuch erklärt werden, bei dem durch Bewegen der Spule das Magnetfeld eines ruhenden Stabmagneten in die Spule gebracht wird (Abb. 258.2):
Auf die mit der Spule bewegten Leitungselektronen wirkt die Lorentz-Kraft F_L: Das inhomogene Feld des Stabmagneten hat am Ort der Windungen eine nach innen gerichtete radiale Komponente, die nach der Drei-Finger-Regel die Leitungselektronen tangential zur Leiterschleife verschiebt und zu der in Abb. 258.2 eingezeichneten Ladungstrennung $+Q$ und $-Q$ führt. Dadurch entsteht im Leiter längs der Windungen ein elektrostatisches Feld E_{elst}, in dem die Coulomb-Kraft $F_C = eE_{elst}$ auf die Elektronen ausgeübt wird. Die Coulomb-Kraft F_C hält der Lorentz-Kraft F_L das Gleichgewicht, sodass eine bestimmte Spannung zwischen den Spulenenden gemessen werden kann. Die Polung dieser Spannung stimmt mit der im Experiment beobachteten Polung überein.

Bei dem Versuch kommt es nur auf die Relativbewegung von Stabmagnet und Spule an, d. h. bei gleichem Ergebnis kann statt der Spule der Stabmagnet bewegt werden. Die Erklärung mit der Lorentz-Kraft gilt nun aber nicht mehr. Da die Leitungselektronen jetzt ruhen, ist ihre Geschwindigkeit $v = 0$ und damit folgt auch für die Lorentz-Kraft $F_L = evB = 0$.

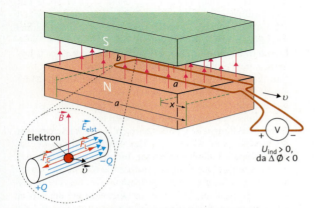

258.1 Eine Leiterschleife wird mit konstanter Geschwindigkeit v aus dem homogenen Magnetfeld der Stärke B gezogen. Vergrößert ist das Leiterstück der Länge b gezeichnet.

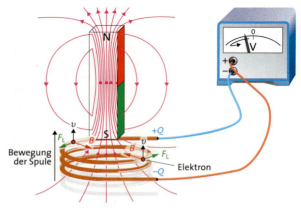

258.2 Wird die Spule bewegt, so wirkt aufgrund der radialen Komponente B des Magnetfeldes die Lorentz-Kraft auf die Elektronen. Dies führt zur Ladungstrennung $+Q$ und $-Q$.

Elektromagnetische Induktion

Als Erklärung für die Verschiebung der Elektronen bleibt jetzt nur die Coulomb-Kraft, deren Ursache ein elektrisches Feld ist: Durch das Einbringen des Stabmagneten und die damit verbundene zeitliche Änderung des Magnetfeldes dB/dt in der Spule wird ein elektrisches Feld E_{ind} induziert. Anders als beim elektrostatischen Feld gibt es hier aber keine positiven und negativen Ladungen, auf denen Feldlinien entspringen und enden könnten. Die Feldlinien des induzierten elektrischen Feldes sind in sich geschlossene Linien, die das sich ändernde Magnetfeld umschließen (**Abb. 259.1**). In der Abbildung ist nur das induzierte Feld in der Umgebung der Spule gezeichnet; es tritt aber überall dort auf, wo sich das Magnetfeld zeitlich ändert.

Die vom induzierten Feld E_{ind} ausgeübte Kraft auf die Elektronen $F_{ind} = e\,E_{ind}$ hat die gleiche Richtung wie zuvor die Lorentz-Kraft F_L, denn es wird die gleiche Aufladung der Leiterenden beobachtet. Das durch die Aufladung hervorgerufene elektrostatische Feld E_{elst} übt die Kraft $F_{elst} = e\,E_{elst}$ auf die Elektronen im Leiter aus, sodass jetzt die Kräfte F_{ind} und F_{elst} im Kräftegleichgewicht sind. Im folgenden Versuch kann das induzierte elektrische Feld nachgewiesen werden.

Versuch 1: Eine Glaskugel ist mit Neon bei einem Druck von 400 Pa gefüllt. Die Kugel ist von einer ringförmigen Spule umgeben, durch die ein Wechselstrom hoher Frequenz fließt (**Abb. 259.2**).
Beobachtung: In der Glaskugel entsteht ein leuchtender Ring konzentrisch zur Spulenachse.
Erklärung: Der Wechselstrom erzeugt ein hochfrequentes magnetisches Wechselfeld parallel zur Spulenachse. Dieses magnetische Wechselfeld ist von einem kreisförmigen induzierten elektrischen Feld E_{ind} umgeben, das ebenfalls hochfrequent seine Richtung ständig ändert. Ein solches Feld vermag zufällig vorhandene

259.2 Eine gasgefüllte Glaskugel ist von einer Ringspule umgeben. Der leuchtende Ring entsteht durch das induzierte elektrische Feld, das konzentrisch das sich zeitlich ändernde Magnetfeld ΔB/Δt umschließt.

freie Elektronen so zu beschleunigen, dass die dabei aufgenommene Energie ausreicht, um Neonatome bei Stößen zu ionisieren. Es entsteht ein Gemisch aus freien Elektronen und Ionen, das als *Plasma* bezeichnet wird. Das Plasma sendet Strahlung aus, sodass ein leuchtender Ring zu beobachten ist. ◂

> Eine zeitliche Magnetfeldänderung dB/dt ist von einem induzierten elektrischen Feld E_{ind} mit geschlossenen Feldlinien umgeben. Das induzierte elektrische Feld übt auf Ladungen eine Coulomb-Kraft aus, durch die in ruhenden Leitern die Induktionsspannung hervorgerufen wird.

Dass es je nach Relativbewegung unterschiedliche Erklärungen gibt, war ein Problem, das im Jahre 1905 von der speziellen Relativitätstheorie gelöst wurde (→ Kap. 9). Danach existieren elektrische und magnetische Felder nicht unabhängig voneinander, sondern bilden ein einheitliches elektromagnetisches Feld, das in relativ zueinander bewegten Bezugsystemen von einem System in das andere transformiert wird. Dabei kann sich das Feld unterschiedlich als elektrisches E- oder magnetisches B-Feld darstellen.

Aufgaben

*1. Eine Induktionsspule ($n = 1500$; $r_{ind} = 5$ cm) wird über eine lange Spule ($n/l = 250$/cm; $r = 3$ cm) gestülpt, durch die der Strom $I = 6{,}5$ A fließt. Berechnen Sie den Wert des gemessenen Spannungsstoßes und die mittlere Induktionsspannung U_{ind}, wenn der Vorgang 1,5 s dauert.

*2. Eine Kupferscheibe, die am Ende eines Pendels angebracht ist, schwingt in das Feld eines Elektromagneten, wobei die Feldlinien die Scheibe senkrecht durchsetzen. Erklären Sie die starke Dämpfung der Schwingung.

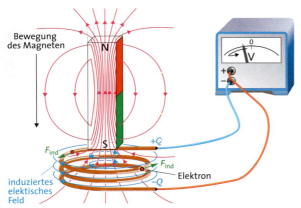

259.1 Bei der Bewegung des Magneten in die Spule wird ein kreisförmiges elektrisches Feld E_{ind} induziert. Dieses Feld übt auf die Elektronen die Coulomb-Kraft $F_{ind} = e\,E_{ind}$ aus.

Elektromagnetische Induktion

6.3.4 Die Selbstinduktion

Spulen mit geschlossenem Eisenkern sind Bauteile, die ebenso wie Widerstände und Kondensatoren in elektrischen Schaltungen eingesetzt werden.

Versuch 1: Zwei parallel geschaltete Glühlampen werden über einen Schalter an eine Gleichspannungsquelle angeschlossen (**Abb. 260.1**). Im Zweig der oberen Lampe befindet sich eine Spule mit Eisenkern, im Zweig der unteren Lampe ein Widerstand, dessen Wert R ebenso groß ist wie der der Spule. Beide Lampen leuchten daher im Betrieb gleich hell. Der Spule ist eine Glimmlampe parallel geschaltet und im unteren Zweig befindet sich eine in Durchlassrichtung eingebaute Diode. Die Glimmlampe zündet nur, wenn mindestens eine Spannung von 80 V angelegt ist. Da die Batteriespannung nur 12 V beträgt, kann die Glimmlampe im eingeschalteten Zustand nicht leuchten.
Beobachtung: Beim Einschalten leuchtet die Glühlampe, die sich im Zweig mit der Spule befindet, etwas später auf als die untere Lampe (**Abb. 260.1 a**).
Beim Ausschalten leuchtet kurzzeitig eine Elektrode der Glimmlampe (**Abb. 260.1 b**).

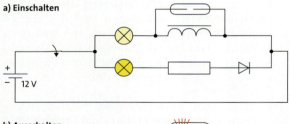
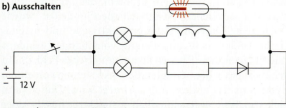

260.1 a) Beim Einschalten leuchtet die Glühlampe im Zweig mit der Spule etwas später auf als die Lampe darunter.
b) Beim Ausschalten leuchtet die Glimmlampe kurzzeitig auf.

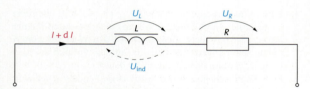

260.2 Die Selbstinduktionsspannung U_L ist analog zur Spannung U_R über einem Widerstand definiert als Spannung über einer Spule, die von einem Strom $I + dI$ durchflossen ist.

Erklärung: Der Strom durch eine Spule ruft in dieser einen magnetischen Fluss Φ hervor. Mit den Stromänderungen beim Ein- und Ausschalten ist demnach eine Flussänderung verbunden, durch die in der Spule eine Spannung induziert wird. Nach der Lenz'schen Regel wirkt diese Spannung ihrer Ursache, also der Stromänderung, entgegen. Dadurch wird beim Einschalten das Anwachsen des Stroms und damit verbunden die Zunahme des magnetischen Flusses verzögert. Beim Ausschalten erfolgen wegen des großen Widerstands die Stromänderung und damit die magnetische Flussänderung in so kurzer Zeit, dass die induzierte Spannung so groß wie die Zündspannung der Glimmlampe wird. Im Kreis aus Spule und Glimmlampe fließt kurzzeitig ein Induktionsstrom, der in der Spule die Richtung des abgeschalteten Stroms hat und ihn somit ersetzt. Ohne die eingebaute Diode würde der induzierte Strom über den unteren parallelen Zweig fließen und die Glimmlampe würde nicht gezündet. ◄

> Eine Stromänderung in einer Spule ändert den magnetischen Fluss dieser Spule, wodurch eine Spannung induziert wird. Nach der Lenz'schen Regel ist die Induktionsspannung der Stromänderung entgegengerichtet. Der Vorgang heißt **Selbstinduktion.**

Für die Spule ist eine *Selbstinduktionsspannung* U_L definiert, die dem Betrage nach gleich der Induktionsspannung U_{ind} ist. Die Messrichtung der Spannung U_L ist ebenso wie z. B. die Spannung U_R über einem Widerstand R gleich der Messrichtung des Stroms I (**Abb. 260.2**). Nach der Lenz'schen Regel sind der induzierte Strom I_{ind} und die auf ihn bezogene Induktionsspannung U_{ind} der Stromänderung dI entgegengerichtet. Damit gilt für U_L (in Richtung von I gemessen) und U_{ind} (in Richtung von I_{ind} gemessen)

$$U_L = - U_{ind}.$$

Mit dem Induktionsgesetz folgt

$$U_L = -U_{ind} = -\left(-n\frac{d\Phi}{dt}\right) = n\frac{d\Phi}{dt}.$$

Hierbei wird der magnetische Fluss Φ von dem durch die Spule fließenden Strom I selbst erzeugt:

$$\Phi = A B = A \mu_r \mu_0 \frac{n I}{l}$$

Dabei sind n die Windungszahl, A die Querschnittsfläche und l die Länge der Spule; μ_r ist die Permeabilität des Spulenkerns. Da sich nur der Strom zeitlich ändert, ergibt das Einsetzen dieser Formel in das Induktionsgesetz:

$$U_L = n\frac{d\Phi}{dt} = \mu_r \mu_0 \frac{n^2 A}{l}\frac{dI}{dt} = L\frac{dI}{dt}$$

$L = \mu_r \mu_0 n^2 A/l$ heißt **Induktivität** der Spule.

Elektromagnetische Induktion

Die Einheit der Induktivität wird mit Henry (1 H) bezeichnet und ergibt sich wie folgt:

$$[L] = \left[\mu_r \mu_0 \frac{n^2 A}{l}\right] = 1 \frac{Vs}{Am} \frac{m^2}{m} = 1 \frac{Vs}{A} = 1\,H\,(1\,Henry)$$

Über einer Spule wird bei einem sich zeitlich ändernden Spulenstrom I die Spannung U_L gemessen:
$U_L = L \dfrac{dI}{dt}$

$L = \mu_r \mu_0 \dfrac{n^2 A}{l}$ ist die **Induktivität** der Spule.

Ein- und Ausschaltvorgang bei einem Kreis mit Spule und ohmschem Widerstand

Versuch 2: Eine Spule und ein ohmscher Widerstand werden mit einem Rechteckgenerator zu einem Kreis geschaltet (**Abb. 261.1a**). Die Spannung $U_L(t)$ an der Spule und die Spannung $U_R(t)$ am Widerstand, die zur Stromstärke $I(t)$ proportional ist, werden mit einem Oszilloskop aufgezeichnet. **Abb. 261.1b** zeigt den verzögerten Anstieg der Stromstärke beim Einschalten (steigende Flanke der Rechteckspannung), **Abb. 261.1c** das allmähliche Absinken des Stroms beim Ausschalten (fallende Flanke der Rechteckspannung).

Die Funktionen $U_L(t)$ und $I(t)$ können aus dem 2. Kirchhoff'schen Gesetz (→ 5.4.1) hergeleitet werden:
Nach **Abb. 261.1a** gilt

$U_G(t) + U_R(t) + U_L(t) = 0$.

Nach dem Einschalten ist $U_G(t) = U_0$ ein konstanter negativer Wert, und nach dem Ausschalten ist $U_G(t) = 0$. Wird die Gleichung nach der Zeit t differenziert, so ergibt sich mit $U_G(t)$ = konstant in beiden Fällen $\dot{U}_G(t) = 0$ und damit

$\dot{U}_R(t) + \dot{U}_L(t) = 0$.

Aus der Gleichung $U_R(t) = R I(t)$ folgt durch Differenzieren $\dot{U}_R(t) = R \dot{I}(t)$. Wird in diese Gleichung die nach $\dot{I}$ aufgelöste Gleichung $U_L = L \dot{I}$ eingesetzt, ergibt sich

$\dot{U}_R(t) = R U_L(t)/L$.

Mit diesem Ausdruck für $\dot{U}_R(t)$ folgt aus $\dot{U}_R(t) + \dot{U}_L(t) = 0$ eine *Differentialgleichung* für $U_L(t)$

$\dfrac{R}{L} U_L(t) + \dot{U}_L(t) = 0$.

Ähnlich wie bei der Auf- und Entladung eines Kondensators (→ 5.4.4) löst der Ansatz

$U_L(t) = U_L(0) e^{-\frac{R}{L}t}$

die Differentialgleichung, wie sich durch Einsetzen überprüfen lässt. Damit ist die Funktion $U_L(t)$ gefunden. Wird $U_L(t)$ in $U_G(0) + U_R(t) + U_L(t) = 0$ eingesetzt, so folgt

$U_R(t) = -U_G(0) - U_L(0) e^{-\frac{R}{L}t}$.

Mit $I(t) = U_R(t)/R$ folgt daraus für die Stromstärke

$I(t) = -\dfrac{1}{R}(U_G(0) + U_L(0) e^{-\frac{R}{L}t})$.

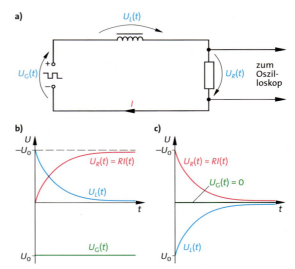

261.1 a) Schaltbild eines Kreises aus Spule und Widerstand R
b) Zeitlicher Verlauf der Spannungen U_L und $U_R = RI$ beim Einschalten und **c)** beim Ausschalten

Werden in die beiden Gleichungen für $U_L(t)$ und $I(t)$ die jeweiligen Anfangswerte eingesetzt, so ergeben sich die Gleichungen für den Ein- und den Ausschaltvorgang:

Einschaltvorgang
Anfangswerte: $U_G(0) = U_0 < 0$, $U_L(0) = -U_0$
$I(t) = -\dfrac{U_0}{R}(1 - e^{-\frac{R}{L}t})$,
$U_L(t) = -U_0 e^{-\frac{R}{L}t}$

Ausschaltvorgang
Anfangswerte: $U_G(0) = 0$, $U_L(0) = U_0 < 0$
$I(t) = -\dfrac{U_0}{R} e^{-\frac{R}{L}t}$,
$U_L(t) = U_0 e^{-\frac{R}{L}t}$

Aufgaben

1. In einer Luftspule ($l = 70$ cm, $n = 500$, $d = 12$ cm) wird die Stromstärke in der Zeit $\Delta t = 2$ s von $I_1 = 1$ A auf $I_2 = 8$ A gesteigert. Berechnen Sie die Induktivität der Spule und die Selbstinduktionsspannung.
2. In einer Spule ($n = 700$, $l = 30$ cm, $d = 4$ cm, $\mu_r \approx 200$) beträgt die Stromstärke $I = 5$ A. Berechnen Sie die Induktivität L und die beim Ausschalten ($\Delta t = 0{,}02$ s) induzierte Spannung U_L.
3. Eine Spule (Querschnittsfläche $A = 20$ cm^2, $n = 600$, $l = 40$ cm) hat mit Eisenkern bei $I = 6$ A eine Induktivität $L = 2$ H. Ermitteln Sie die Permeabilität μ_r des Eisenkerns unter diesen Bedingungen.
4. Leiten Sie für einen RL-Kreis eine Formel für die Zeit Δt her, während der nach dem Einschalten der Strom I die Hälfte seines Maximalwertes erreicht. Hängt diese Zeit von der angelegten Spannung ab? Berechnen Sie Δt für $L = 3$ mH und $R = 10$ kΩ.

Elektromagnetische Induktion

6.3.5 Energie des Magnetfeldes

Im magnetischen Feld ist wie im elektrischen Feld Energie gespeichert. Das zeigt der folgende Versuch.

Versuch 1: Eine Spule mit geschlossenem Eisenkern wird mit einem in Reihe geschalteten Strommesser an eine Gleichspannung $U = 2$ V angeschlossen. Die Spannung U_L über der Spule und der Spulenstrom I werden computerunterstützt als Funktion der Zeit aufgezeichnet. Parallel zur Spule ist eine Glühlampe (6 V/0,5 A) geschaltet. Nach $t = 1$ s wird die Gleichspannung abgeschaltet (**Abb. 262.1a**).
Beobachtung: Der zeitliche Verlauf des Stroms I und der Spannung U_L ist in **Abb. 262.1b** dargestellt. Beim Abschalten leuchtet die nur schwach leuchtende Lampe für einen kurzen Moment stärker auf.
Erklärung: In **Abb. 262.1c** ist die momentane Leistung der Spule $P_L(t) = U_L I$ aufgetragen, berechnet aus den Werten in **Abb. 262.1b**. Bei anliegender Gleichspannung nimmt die Spule Energie auf, daher ist $P(t) > 0$. Die aufgenommene Energie wird in dem vom Eisenkern verstärkten Magnetfeld der Spule gespeichert. Nach der Lenz'schen Regel fließt nach dem Abschalten ein Strom in gleicher Richtung, angetrieben von der jetzt negativen Selbstinduktionsspannung U_L. Damit ist $P_L = U_L I < 0$, d. h. die Spule gibt die im Feld gespeicherte Energie ab. Die Lampe erhält diese Energie und leuchtet kurz hell auf. ◂

Die im Magnetfeld gespeicherte Energie E_{mag} ist gleich der von der Spule aufgenommenen Energie, die in **Abb. 262.1c** als markierte Fläche unter der Funktion $P_L(t)$ dargestellt ist. Es gilt

$$E_{\text{mag}} = \int_0^t P(t)\,dt = \int_0^t U_L I\,dt.$$

Bei konstanter Spannung U_L wächst der Strom I entsprechend der Gleichung $U_L = L\,dI/dt$ linear mit der Zeit an (**Abb. 262.1b**). Dies gilt allerdings nur, solange bei kleinen Strömen die ohmschen Verluste vernachlässigt werden können. Einsetzen von $U_L = L\,dI/dt$ in das Integral liefert

$$E_{\text{mag}} = \int_0^t U_L I\,dt = \int_0^t L\frac{dI}{dt} I\,dt = \int_0^I L I\,dI.$$

Dabei ist die obere Integrationsgrenze I die maximal erreichte Stromstärke. Die Funktion $I \to LI$ hat die Stammfunktion $I \to LI^2/2$. Damit folgt:

> Die **Energie des Magnetfeldes** einer vom Strom I durchflossenen Spule der Induktivität L beträgt
>
> $$E_{\text{mag}} = \tfrac{1}{2}LI^2.$$

Die Energie ist im Feld der Spule und hauptsächlich im Feld des Eisenkerns gespeichert. Sind die Windungen gleichmäßig auf den gesamten geschlossenen Kern aufgebracht, so ist die Energie gleichmäßig verteilt und es kann eine *Energiedichte* berechnet werden. Dazu werden $L = \mu_r \mu_0 n^2 A/l$ und $I = Bl/n\mu_r\mu_0$, das aus $B = \mu_r \mu_0 n I/l$ folgt, in die Gleichung für E_{mag} eingesetzt:

$$E_{\text{mag}} = \tfrac{1}{2}LI^2 = \tfrac{1}{2}\frac{Al}{\mu_r\mu_0}B^2$$

$V = Al$ ist sowohl das Volumen der Spule als auch das des Kerns. Die Division mit $V = Al$ liefert die Energiedichte $\rho_{\text{mag}} = E_{\text{mag}}/V = B^2/2\mu_r\mu_0$. Die Gleichung ist allgemeingültig, da in ihr keine Daten der Spule auftreten.

> Die **magnetische Energiedichte** eines Feldes der Stärke B bei der Permeabilität μ_r beträgt
>
> $$\rho_{\text{mag}} = \frac{1}{2\mu_r\mu_0}B^2.$$

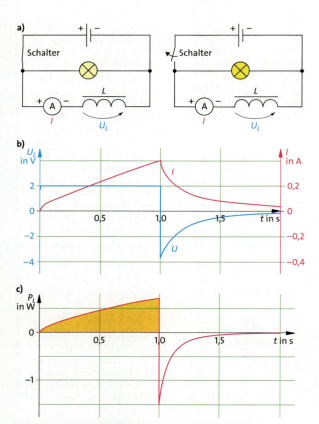

262.1 a) Die zum Zeitnullpunkt an eine Spule angelegte Gleichspannung wird nach einer Sekunde abgeschaltet.
b) Selbstinduktionsspannung $U_L(t)$ (blaue Kurve; linke Skala) und Strom $I(t)$ (rote Kurve; rechte Skala) als Funktion der Zeit.
c) Die momentane Leistung der Spule $P_L(t) = U_L(t)\,I(t)$.

Elektromagnetische Induktion

Aufgaben

1. Bestimmen Sie aus **Abb. 262.1b** die Induktivität der Spule und berechnen Sie die gespeicherte Feldenergie.
2. Eine Spule ($\mu_r = 200$, $n = 230$, $l = 20$ cm, $A = 15$ cm^2) wird von einem Strom der Stärke $I = 5$ A durchflossen. Berechnen Sie die magnetische Feldenergie.
3. In Luft können elektrische Felder mit Feldstärken bis zu 10^7 V/m und magnetische Felder mit Feldstärken bis zu 3 T erzeugt werden. Berechnen Sie die Energiedichten der Felder.
4. Berechnen Sie die Energiedichte einer 12 V-Autobatterie ($Q = 88$ Ah; Zellenvolumen 7,8 dm^3).

Exkurs

Magnetisch gespeicherte Information

In der Datenverarbeitung eingesetzte Speicher sind Magnetbänder, -karten, -platten, -trommeln und Disketten. Allen gemeinsam ist eine dünne magnetisierbare Schicht aus einer magnetisch harten Eisenlegierung auf einem Trägermaterial. Die Information wird als Folge von elektrisch übertragenen magnetischen Impulsen (mit der Bedeutung 0 oder 1) in schmalen parallelen Spuren auf die magnetisierbare Schicht eingeschrieben. Dazu wird die Speicherschicht berührungslos an einem Magnetkopf vorbeigeführt. Die Impulse folgen in gleichem Abstand. Es bilden sich Magnetschicht-Zellen, die in der einen oder anderen Richtung magnetisiert sind. Das Foto rechts zeigt das magnetische Muster der Spurrille einer Festplatte in 1300-facher Vergrößerung. Die hellen und dunklen Bereiche entsprechen Magnetisierungen gegensätzlicher Richtung. Das geglättete Gebiet außerhalb des Musters entspricht einem gelöschten Bereich.

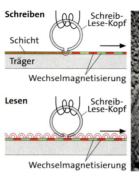

Die größte Speicherkapazität und kürzeste Zugriffszeit haben *Magnetplattenspeicher:* Die magnetisierbare Schicht ist auf beiden Seiten von kreisförmigen Aluminiumplatten aufgebracht. Mehrere Platten sind auf einer gemeinsamen Achse montiert. Beim *Festplattenspeicher* sind sie fest mit dem Laufwerk verbunden. Die Platten rotieren mit mehr als 10 000 U/min.
Zum Schreiben bzw. Lesen werden kombinierte Schreib-Lese-Köpfe verwendet, die an Armen, kammartig starr miteinander verbunden, schnell zwischen die Platten geschoben werden können. Dabei werden übereinanderliegende Spuren gleichzeitig abgetastet; entsprechend sind die gespeicherten Informationen nach Zylindern und Sektoren organisiert.

Neben der Erhöhung der Drehzahl geht es vor allem um die Erhöhung der Speicherdichte der Daten. Während sich über Jahre hin die *Bitdichte* und damit die Speicherkapazität von Festplatten innerhalb von 18 Monaten verdoppelt hat, ist inzwischen ein Wert von 5 Gigabit/cm^2 erreicht, der nicht mehr allzu weit von einer Grenze entfernt ist, die Experten bei etwa 20 Gigabit/cm^2 sehen. Die Erhöhung der Speicherdichte wird durch ein Verkleinern der magnetischen Körnchen, die jeweils ein Bit tragen, erreicht. Werden die Körnchen kleiner als etwa 100 nm, kann die Wärmebewegung die Magnetisierung umdrehen. Durch Inselbildung der Körnchen wird versucht, die Temperaturresistenz zu erhöhen.

Mit der Erhöhung der Speicherdichte ging eine Weiterentwicklung der Lesetechnik einher. Ursprünglich induzierten die Bits entsprechend ihrer Magnetisierungsrichtung einen Strom unterschiedlicher Richtung im Lesekopf. Mit der Erfindung des *Riesenmagneto-Widerstands-Effekts* (GMR-Effekt; engl. giant-magnetic-resistance) steht ein völlig neues Verfahren zur Verfügung. Dabei ändert sich der elektrische Widerstand einer nur wenige Nanometer dicken Schicht entsprechend der Magnetisierungsrichtung des vorbeilaufenden Bits.

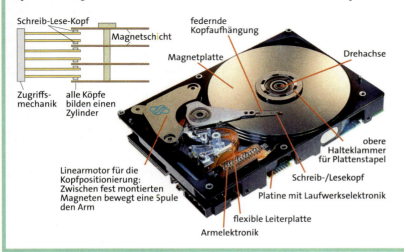

Elektromagnetische Induktion

6.3.6 Die Maxwell'schen Gleichungen

In einer ruhenden Spule wird das induzierte elektrische Feld $\vec{E}_{ind}$ und damit die Spannung U_{ind} durch die zeitliche Änderung des magnetischen Feldes dB/dt hervorgerufen. Zwischen den drei genannten Termen besteht ein mathematischer Zusammenhang, der hergeleitet werden soll.

Betrachtet wird eine Leiterschleife, deren Enden beliebig nahe sein sollen (**Abb. 264.1**). Die Leiterschleife sei von einem Magnetfeld durchsetzt, das im allgemeinen Fall weder homogen ist noch senkrecht auf der kreisförmigen Leiterfläche A steht. Induktionsversuche, bei denen die Schleife gegenüber dem Feld gedreht wird, zeigen, dass nur die Komponente der Feldstärke $\vec{B}$ wirksam ist, die in Richtung der Achse der Leiterschleife zeigt, also senkrecht auf der Fläche A steht. Diese Komponente wird als *Normalkomponente* B_n bezeichnet. Um den magnetischen Fluss Φ in der Schleife zu berechnen, wird deren Fläche A in kleine Teilflächen ΔA zerlegt, in denen die unterschiedlichen Feldkomponenten $B_{i,n}$ näherungsweise als konstant angesehen werden können. Die Produkte $B_{i,n}\Delta A$ aller Teilflächen werden dann summiert: $\Phi = \sum B_{i,n} \Delta A$. Werden die Teilflächen beliebig klein, sodass aus der Summe das Integral wird, ist die Berechnung exakt:

$$\Phi = \int_{\text{Fläche } A} B_n \, dA$$

Mit dem Skalarprodukt (→ 1.3.1) kann diese Formel mit dem Feldvektor $\vec{B}$ geschrieben werden. Dazu wird ein Flächenvektor $\vec{A}$ definiert, der senkrecht auf der betrachteten Fläche steht und dessen Betrag gleich dem Inhalt der Fläche ist (**Abb. 264.2**). Mit dem Differential $d\vec{A}$ gilt dann für den magnetischen Fluss

$$\Phi = \int_{\text{Fläche } A} \vec{B} \cdot d\vec{A}.$$

Eine zeitliche Flussänderung $d\Phi/dt$ in der betrachteten Fläche induziert ein elektrisches Feld E_{ind}. Das Auftreten von E_{ind} ist dabei nicht an das Vorhandensein einer Leiterschleife gebunden, wie der Versuch in → **Abb. 259.1** zeigt. Die Richtung des induzierten Feldes $\vec{E}_{ind}$ ergibt sich aus der Lenz'schen Regel: Bei geschlossener Leiterschleife in **Abb. 264.1** würde $\vec{E}_{ind}$ einen Strom induzieren, dessen Magnetfeld der Feldänderung $d\vec{B}$ entgegengerichtet wäre.

Die elektrische Spannung U_{21} zwischen den Punkten P_2 und P_1 in einem elektrostatischen Feld berechnet sich mit dem Linienintegral der elektrischen Feldstärke $\vec{E}_{elst}$ (→ 5.2.2):

$$U_{21} = -\int_{P_1}^{P_2} \vec{E}_{elst} \cdot d\vec{s}$$

Führt die Integration längs eines geschlossenen Weges zum Ausgangspunkt zurück, so hat das Integral im elektrostatischen Feld immer den Wert null. Das Linienintegral der induzierten Feldstärke $\vec{E}_{ind}$ hingegen hat bei einem vollständigen Umlauf einen von null verschiedenen Wert, der gleich der Induktionsspannung U_{ind} ist.

> Die **Induktionsspannung** U_{ind} ist definiert als das Linienintegral der induzierten elektrischen Feldstärke $\vec{E}_{ind}$ längs eines geschlossenen Umlaufs um eine Fläche $\vec{A}$.
>
> $$U_{ind} = \oint \vec{E}_{ind} \cdot d\vec{s} = \oint \vec{E} \cdot d\vec{s}$$

Das geschlossene Linienintegral kann allgemein für die Feldstärke $\vec{E} = \vec{E}_{ind} + \vec{E}_{elst}$ formuliert werden, da ein etwa vorhandener elektrostatischer Anteil keinen Beitrag liefern würde. Wird obige Definition der Induktionsspannung U_{ind} mit dem Induktionsgesetz $U_{ind} = -d\Phi/dt$ zusammengefasst, kann die folgende Gleichung aufgeschrieben werden:

> Das Linienintegral der elektrischen Feldstärke $\vec{E}$ längs des Randes einer Fläche $\vec{A}$ ist gleich der negativen zeitlichen Änderung der magnetischen Feldstärke $\vec{B}$ in der umlaufenen Fläche:
>
> $$U_{ind} = \oint_{\text{Rand von } A} \vec{E} \cdot d\vec{s} = -\frac{d}{dt} \int_{\text{Fläche } A} \vec{B} \cdot d\vec{A}$$

Der Integrationsweg $d\vec{s}$ läuft dabei im mathematischen Umlaufsinn um den Vektor $d\vec{A}$.

Aus der Gleichung kann die Richtung des induzierten Feldes $\vec{E}$ ermittelt werden. Ist $\frac{d\vec{B}}{dt} \cdot \vec{A} > 0$, so ist wegen des Minuszeichens das induzierte Feld dem Integrationsweg entgegengerichtet (**Abb. 264.2 a**). Dies ist in Übereinstimmung mit der Lenz'schen Regel, nach der ein vom induzierten Feld hervorgerufener Strom der Änderung des magnetischen Feldes entgegengerichtet wäre.

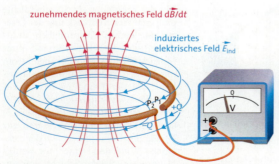

264.1 Die Feldänderung $d\vec{B}/dt$ induziert ein elektrisches Feld $\vec{E}_{ind}$, das in einer Leiterschleife eine Ladungsverschiebung hervorruft. Gemessen wird die Induktionsspannung U_{ind}.

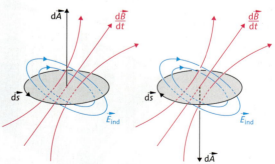

264.2 Die Feldänderung $d\vec{B}/dt$ erzeugt ein $\vec{E}_{ind}$. Entsprechend der Festlegung von $d\vec{A}$ gilt:
a) $\vec{E} \cdot d\vec{s} < 0$ wenn $(d\vec{B}/dt) \cdot d\vec{A} > 0$
b) $\vec{E} \cdot d\vec{s} > 0$ wenn $(d\vec{B}/dt) \cdot d\vec{A} < 0$

Elektromagnetische Induktion

Für das magnetische Feld ist eine analoge Form des geschlossenen Linienintegrals bereits bekannt. Es ist das in → 6.2.2 hergeleitete Ampère'sche Durchflutungsgesetz

$$\oint \vec{B} \cdot d\vec{s} = \mu_0 I, \quad \text{das analog ist zu}$$

$$\oint \vec{E} \cdot d\vec{s} = -\frac{d}{dt} \int \vec{B} \cdot d\vec{A}.$$

Es stellt sich die Frage, warum die rechten Seiten der beiden Gleichungen völlig verschieden sind, obwohl die linken Seiten die gleiche Form haben. Im Ampère'schen Durchflutungsgesetz tritt der Term $\mu_0 I$ auf, der einen Strom und damit bewegte elektrische Ladung erfasst. In der unteren Gleichung würde ein entsprechender Term bewegte magnetische Ladungen beschreiben, die aber in der Natur nicht vorkommen.

Die folgende Überlegung wird zeigen, dass im Durchflutungsgesetz jedoch auf der rechten Seite ein Term hinzugefügt werden muss, der analog zu

$$\frac{d}{dt} \int \vec{B} \cdot d\vec{A} \quad \text{ist.}$$

Bei der Aufladung eines Kondensators fließt in den Zuleitungen zu den Platten ein Strom I, der von einem magnetischen Feld $\vec{B}$ konzentrisch umgeben ist. Zwischen den Kondensatorplatten wird keine Ladung transportiert, daher sollte es nach den bisherigen Vorstellungen dort auch kein Magnetfeld geben. Dies ist aber nicht zutreffend, wie die folgenden Überlegungen zeigen werden.

Die Ladung Q eines Kondensators mit der Plattenfläche A erzeugt ein elektrisches Feld E, für das gilt $\varepsilon_0 E = Q/A$ (→ 5.1.5). Daraus folgt $Q = \varepsilon_0 E A$.

Fließt ein Strom $I = dQ/dt$ durch den Kondensator, so nimmt die Kondensatorladung zu und nach $Q = \varepsilon_0 E A$ wächst auch die elektrische Feldstärke E an. Damit folgt

$$I = \frac{dQ}{dt} = \varepsilon_0 A \frac{dE}{dt}.$$

Die Zunahme der elektrischen Feldstärke kann als Strom verstanden werden. MAXWELL nannte diesen Strom, der proportional zur zeitlichen Änderung der elektrischen Feldstärke ist, *Verschiebungsstrom*. Bei der Aufladung eines Kondensators fließt demnach nicht nur in den Zuleitungen ein Strom, sondern auch im Raum zwischen den Platten ein gleich großer Verschiebungsstrom. Der Verschiebungsstrom ist ebenso wie der Strom in den Leitungen von einem Magnetfeld umgeben (**Abb. 265.1**).

Den Verschiebungsstrom gibt es nicht nur im Plattenkondensator, sondern überall dort, wo sich das elektrische Feld zeitlich ändert. Das Feld ist im Allgemeinen nicht homogen, sodass auch hier über infinitesimal kleine Teilflächen $d\vec{A}$, in denen das Feld $\vec{E}$ als konstant angesehen werden kann, zu integrieren ist. Ebenso wie im magnetischen Feld ist dabei nur die Normalkomponente E_n zu berücksichtigen, die am jeweils betrachteten Ort senkrecht auf der Fläche A steht:

$$Q = \varepsilon_0 \int_{\text{Fläche } A} E_n \, dA \quad \text{oder vektoriell} \quad Q = \varepsilon_0 \int_{\text{Fläche } A} \vec{E} \cdot d\vec{A}$$

Das Integral ist über eine geschlossene, die Ladung Q einschließende Fläche A zu bilden. Zum Strom I aufgrund bewegter Ladung tritt demnach der Verschiebungsstrom I_V:

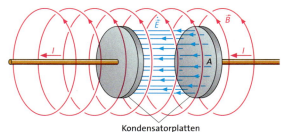

265.1 Bei der Aufladung eines Kondensators erzeugt der Ladestrom ein Magnetfeld, das in gleicher Weise auch das sich ändernde elektrische Feld im Kondensator umgibt.

Die zeitliche Änderung eines elektrischen Feldes ruft einen Verschiebungsstrom I_V hervor, für den gilt:

$$I_V = \frac{dQ}{dt} = \varepsilon_0 \frac{d}{dt} \int \vec{E} \cdot d\vec{A}$$

Wird im Durchflutungsgesetz der Verschiebungsstrom I_V dem Strom I hinzugefügt, folgt die 1. Maxwell'sche Gleichung. Das oben hergeleitete verallgemeinerte Induktionsgesetz stellt die 2. Maxwell'sche Gleichung dar. Die beiden Gleichungen wurden 1866 von dem schottischen Physiker James Clerk MAXWELL (1831–1879) als Grundlage einer Theorie des Elektromagnetismus veröffentlicht.

1. Maxwell'sche Gleichung

$$\oint \vec{B} \cdot d\vec{s} = \mu_0 \left(I + \varepsilon_0 \frac{d}{dt} \int \vec{E} \cdot d\vec{A} \right)$$

2. Maxwell'sche Gleichung

$$\oint \vec{E} \cdot d\vec{s} = -\frac{d}{dt} \int \vec{B} \cdot d\vec{A}$$

MAXWELLs Gleichungen sind ein typisches Beispiel für eine physikalische Theorie, bei der in wenigen Gleichungen alle Gesetzmäßigkeiten erfasst werden. Aus den Maxwell'schen Gleichungen können deduktiv die Gesetze der Elektrodynamik hergeleitet werden. Dabei kann es geschehen, dass Erscheinungen gefolgert werden, die vorher noch nicht bekannt waren (→ 6.3.7).

Aufgaben

1. Stellen Sie in einem Bild die in den Maxwell'schen Gleichungen auftretenden Felder anschaulich dar.
2. Aus dem in **Abb. 265.1** von den B-Linien gebildeten Zylinder sei eine rechteckförmige Fläche ausgeschnitten, die von links bis zur Mitte zwischen den Platten reicht. Wenden Sie auf diese Fläche die 1. Maxwell'sche Gleichung an. Zeigen Sie damit, dass das vom Strom in der Zuleitung erzeugte Magnetfeld das gleiche ist wie das, das der Verschiebungsstrom hervorruft.
3. Die Maxwell'schen Gleichungen sind, abgesehen von den Feldkonstanten, bezüglich der Felder $\vec{E}$ und $\vec{B}$ symmetrisch. In der 2. Gleichung fehlt jedoch ein Term, der $\mu_0 I$ in der 1. Gleichung entspricht. Erklären Sie das Fehlen dieses Terms.

6.3.7 Ausbreitung von Feldern

Die beiden Maxwell'schen Gleichungen (→ 6.3.6) fassen die Erscheinungen elektrischer und magnetischer Felder in einer einheitlichen Theorie zusammen. Die Gleichungen führten darüber hinaus MAXWELL zu der Erkenntnis, dass die Ausbreitung elektromagnetischer Felder als Welle möglich sei. Dies wird im Folgenden am einfachen Beispiel eines rechteckigen Feldimpulses gezeigt.

Gedankenexperiment: Eine positive Ladung Q wird eine kurze Strecke nach unten bewegt, indem sie stark beschleunigt und wieder angehalten wird (**Abb. 266.1 a, b, c**).
Folgerung: Der beschleunigten Bewegung kann das gesamte radialsymmetrische, von der Ladung Q ausgehende elektrische Feld nicht unmittelbar folgen. Wäre dies der Fall, könnte überall im Raum zur gleichen Zeit die Bewegung der Ladung nachgewiesen werden. Nach der Einstein'schen Speziellen Relativitätstheorie stellt aber die Lichtgeschwindigkeit eine obere Grenze dar (→ 9.1). Es kommt daher zu einer Verbiegung der elektrischen Feldlinien (**Abb. 266.1b**). Von der nach unten bewegten Ladung ausgehend verlaufen die Feldlinien nach oben, um dort in die ursprünglichen Feldlinien überzugehen. Die nach oben gerichtete Verbiegung der Feldlinien breitet sich senkrecht zur Bewegung der Ladung Q mit einer bestimmten Geschwindigkeit v aus. Auf diese Weise geht das alte Feldlinienbild in das neue, nach unten verschobene Feldlinienbild über (**Abb. 266.1c**).

Ferner stellt die nach unten bewegte Ladung Q einen kurzzeitigen Strom I dar, in dessen unmittelbarer Umgebung ein konzentrisches Magnetfeld B entsteht (**Abb. 266.1b**). Auch dieses B-Feld erfüllt nicht sofort den gesamten Raum, sondern breitet sich ebenfalls mit der Geschwindigkeit v aus, indem die Radien der konzentrischen Feldlinien zunehmend größer werden (**Abb. 266.1c**).
Ergebnis: Die beschleunigte Bewegung einer Ladung Q erzeugt ein E- und ein B-Feld, die sich zusammen wie ein paketförmiger Feldimpuls bewegen (**Abb. 266.1c**). Die Vektoren $\vec{E}, \vec{B}$ und $\vec{v}$ stehen jeweils senkrecht aufeinander. ◄

Auf einen in einer Richtung bewegten elektromagnetischen Feldimpuls werden nun die Maxwell'schen Gleichungen angewandt.
Im leeren Raum, in dem sich die Felder ausbreiten sollen, gibt es keine elektrischen Ladungen und damit auch keine Ströme. Daher entfällt der Term $\mu_0 I$ in den Maxwell'schen Gleichungen, die damit wie folgt lauten (→ 6.3.6):

$$\oint \vec{B} \cdot d\vec{s} = \mu_0 \varepsilon_0 \frac{d}{dt} \int \vec{E} \cdot d\vec{A} \qquad (1)$$

$$\oint \vec{E} \cdot d\vec{s} = -\frac{d}{dt} \int \vec{B} \cdot d\vec{A} \qquad (2)$$

Auf den rechten Seiten sind jeweils Integrale über Flächen zu bilden, auf den linken Seiten Linienintegrale längs der Ränder dieser Flächen. Über den in **Abb. 266.1** hergeleiteten Feldimpuls sei zur Vereinfachung angenommen, er bestehe aus homogenen Feldern. Die Front dieses Impulses laufe mit der Geschwindigkeit v in eine rechteckige Fläche, die in **Abb. 267.1** so orientiert ist, dass sie vom elektrischen Feld $\vec{E}$ senkrecht durchsetzt wird und in **Abb. 267.2** vom magnetischen Feld $\vec{B}$ senkrecht durchsetzt wird.

Ist a die Breite der Fläche und $x = v t$ die Strecke, um die die Welle vom Zeitnullpunkt an in die Fläche gelaufen ist, so ergibt sich für die zeitliche Änderung der Flächenintegrale (rechte Seiten der Maxwell'schen Gleichungen):

$$\frac{d}{dt} \int \vec{E} \cdot d\vec{A} = \frac{d}{dt} \int E a v \, dt = E a v \qquad \text{(Abb. 267.1)}$$

$$\frac{d}{dt} \int \vec{B} \cdot d\vec{A} = \frac{d}{dt} \int B a v \, dt = B a v \qquad \text{(Abb. 267.2)}$$

Bei den Linienintegralen (linke Seiten der Maxwell'schen Gleichungen) ergibt sich nur längs der linken Rechtecksseiten ein Beitrag, da längs der anderen Seiten die Feldstärken entweder null sind oder Feld und Integrationsweg senkrecht zueinander stehen. Damit gilt:

$$\oint \vec{B} \cdot d\vec{s} = B a \qquad \text{(Abb. 267.1)}$$

$$\oint \vec{E} \cdot d\vec{s} = -E a \qquad \text{(Abb. 267.2)}$$

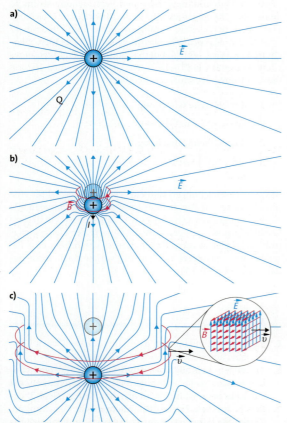

266.1 a) Das radialsymmetrische elektrische Feld einer positiven Ladung reicht unendlich weit in den Raum hinaus. **b)** Wird die Ladung ein Stück nach unten bewegt, fließt kurzzeitig ein Strom, der von einem magnetischen Feld umgeben ist. Eine schnelle Bewegung *verbiegt* die elektrischen Feldlinien. **c)** Die Verbiegung des elektrischen Feldes und das magnetische Feld breiten sich mit der Geschwindigkeit v im Raum aus.

Elektromagnetische Induktion

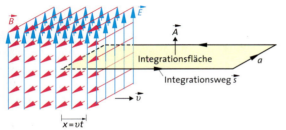

267.1 Anwendung der 1. Maxwell'schen Gleichung

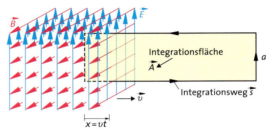

267.2 Anwendung der 2. Maxwell'schen Gleichung

Das Minuszeichen in der zweiten Gleichung tritt auf, weil Feldstärke $\vec{E}$ und Weg $\vec{s}$ entgegengerichtet sind.

Werden die Ergebnisse in die Maxwell'schen Gleichungen eingesetzt, so lautet das Gleichungssystem:

$$B a = \mu_0 \varepsilon_0 E a v \quad (1)$$
$$-E a = -B a v \quad (2)$$

Aus (1) folgt $B/E = \mu_0 \varepsilon_0 v$ und aus (2) $B/E = 1/v$.

Daraus ergibt sich für die Ausbreitungsgeschwindigkeit

$$v = \frac{1}{\sqrt{\mu_0 \varepsilon_0}} = 2{,}9979 \cdot 10^8 \, \tfrac{\text{m}}{\text{s}} = c.$$

Nicht nur der hier betrachtete Feldimpuls, sondern alle elektromagnetischen Wellen (→ 7.2) breiten sich im Vakuum mit Lichtgeschwindigkeit c aus.

> Nach der Maxwell'schen Theorie breiten sich elektromagnetische Wellen im leeren Raum mit Lichtgeschwindigkeit c aus. Aus den Feldkonstanten μ_0 und ε_0 kann die Lichtgeschwindigkeit berechnet werden:
>
> $$c = \frac{1}{\sqrt{\mu_0 \varepsilon_0}}$$
>
> Elektrischer Feldvektor $\vec{E}$, magnetischer Feldvektor $\vec{B}$ und Ausbreitungsgeschwindigkeit $\vec{c}$ einer Welle stehen senkrecht zueinander. Für die Feldstärken gilt $E = B c$.

Dieses bemerkenswerte Ergebnis hatte MAXWELL 1866 für elektromagnetische Wellen erhalten. Dabei wandte er seine Gleichungen auf sinusförmige Schwingungen von elektrischen Ladungen an (→ 7.2).

Seit Beginn des 19. Jahrhunderts war in vielen Experimenten die Wellennatur des Lichts, das sich mit der Geschwindigkeit der elektromagnetischen Welle ausbreitet, nachgewiesen worden (→ 7.3). Damit war Licht als elektromagnetische Welle erklärt und die Optik war zu einem Teilgebiet der Elektrodynamik geworden.

MAXWELL vermutete, dass elektromagnetische Wellen bei schnell ablaufenden elektrischen Vorgängen entstehen. Dies veranlasste HERTZ 1888 zu Experimenten, bei denen er durch Funkenentladungen elektromagnetische Wellen erzeugen und nachweisen konnte. Diese Wellen bildeten später als *Radiowellen* die Grundlage der Rundfunktechnik (→ 7.2).

Intensität einer elektromagnetischen Welle

Ohne Herleitung sei angegeben, dass das Produkt der Amplituden $\hat{E}$ und $\hat{B}$ einer sinusförmigen elektromagnetischen Welle den Betrag eines Vektors $\mu_0 \vec{S}$ liefert, der die Energieausbreitung der Welle beschreibt. Der Vektor $\vec{S}$ heißt *Poynting-Vektor*, sein Betrag S gibt die Intensität der Welle an. Die Vektoren $\vec{E}$, $\vec{B}$ und $\vec{S}$ stehen nach der Drei-Finger-Regel (→ 6.1.2) senkrecht zueinander, sodass $\vec{S}$ in die Ausbreitungsrichtung der Welle zeigt.

> Die **Intensität** S einer sinusförmigen elektromagnetischen Welle wird durch den Betrag des Poynting-Vektors angegeben. Es gilt:
>
> $$S = \frac{1}{2\mu_0} \hat{E} \hat{B} \quad \text{mit} \quad [S] = \frac{\text{W}}{\text{m}^2}$$
>
> Die Intensität S gibt die mittlere Strahlungsleistung pro Fläche einer elektromagnetischen Welle an.

Mit der Gleichung $B = E/c$ ergibt sich ein Zusammenhang zwischen der Intensität S und der Amplitude der elektrischen Feldstärke $\hat{E}$:

$$S = \frac{1}{2\mu_0} \hat{E} \hat{B} = \frac{1}{2\mu_0} \hat{E} \frac{\hat{E}}{c} = \frac{1}{2} \sqrt{\frac{\varepsilon_0}{\mu_0}} \hat{E}^2$$

> Die Intensität S einer elektromagnetischen Welle ist proportional zum Quadrat der Amplitude der elektrischen Feldstärke $\hat{E}$:
>
> $$S = \frac{1}{2} \sqrt{\frac{\varepsilon_0}{\mu_0}} \hat{E}^2$$

Aufgaben

1. Berechnen Sie die Lichtgeschwindigkeit c aus den Feldkonstanten ε_0 und μ_0. Erläutern Sie, wie die drei Konstanten c, ε_0 und μ_0 im SI-Einheitengesetz definiert sind.
2. Wenden Sie in den **Abb. 267.1 und 267.2** die Maxwell'schen Gleichungen auf den Fall an, dass das Wellenpaket die Integrationsflächen rechts verlässt.
3. Erklären Sie mit den Maxwell'schen Gleichungen, warum ein zeitlich veränderlicher Strom eine elektromagnetische Welle auslöst.
4. Ein Mikrowellensender strahlt über die Fläche $A = 25 \, \text{cm}^2$ einer Hornantenne eine Leistung von 600 W ab. Berechnen Sie die Amplitude $\hat{E}$ der Feldstärke.

Grundwissen Bewegte Ladungsträger und magnetisches Feld

Magnetische Felder

Das magnetische Feld ist ein Raum, in dem Kräfte auf Permanentmagnete, auf stromdurchflossene Leiter und auf bewegte elektrische Ladungen ausgeübt werden. Die magnetischen Feldlinien stellen die Struktur des magnetischen Feldes dar. Es sind geschlossene Kurven, deren Dichte an einem Ort ein Maß für die dort vorhandene Stärke des Feldes ist.

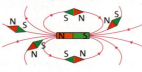

Magnetische Feldstärke B

Die magnetische Feldstärke ist definiert mit der Kraft F auf einen Leiter der Länge l, der senkrecht zu den Feldlinien liegt und vom Strom I durchflossen ist:

$$B = \frac{F}{Il}$$

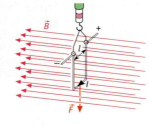

Die Richtung der Kraft ergibt sich aus der **Drei-Finger-Regel**.

Für die **Kraft F** auf einen vom Strom I durchflossenen Leiter der Länge l, der mit der Richtung des Magnetfeldes der Stärke B den Winkel α einschließt, gilt

$$F = IlB \sin\alpha; \quad \text{vektoriell} \quad \vec{F} = I\vec{l} \times \vec{B}.$$

Lorentz-Kraft F_L

Auf Teilchen mit der Ladung q, die sich im Magnetfeld bewegen, wirkt die **Lorentz-Kraft** $F_L = qvB$.

Die Lorentz-Kraft steht senkrecht auf der von der Bewegungsrichtung und der Feldrichtung aufgespannten Ebene und ist am größten, wenn Bewegung und Feld senkrecht zueinander gerichtet sind. Die Richtung der Kraft ergibt sich aus der Drei-Finger-Regel unter Berücksichtigung des Vorzeichens der Ladung q.

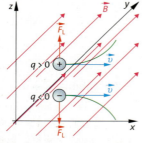

Bewegt sich das Teilchen mit der Geschwindigkeit $\vec{v}$ unter dem Winkel α zur Richtung des Magnetfeldes $\vec{B}$, so gilt vektoriell

$$\vec{F}_L = q\vec{v} \times \vec{B} \quad \text{mit dem Betrag} \quad F_L = qvB \sin\alpha.$$

Hall-Effekt

Wird ein Plättchen der Dicke d, das von einem Magnetfeld B durchsetzt ist, in Längsrichtung von einem Strom I durchflossen, so kann über der Breite des Plättchens die **Hall-Spannung**

$$U_H = R_H \frac{IB}{d}$$

gemessen werden.

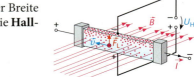

Massenbestimmung von Elementarteilchen

Im homogenen Magnetfeld werden frei bewegliche Ladungsträger bei senkrechter Bewegung zum Magnetfeld auf eine Kreisbahn abgelenkt. Die Lorentz-Kraft F_L wirkt als Zentripetalkraft $F_Z = mv^2/r$ und aus $F_Z = F_L$ folgt $mv = qrB$. Daraus ergibt sich die **spezifische Ladung**

$$\frac{q}{m} = \frac{v}{rB}.$$

Bei bekannter Beschleunigungsspannung U kann aus $E_{kin} = mv^2/2 = qU$ ein Term für v in die Gleichung eingesetzt und daraus die spezifische Ladung q/m bestimmt werden. Ist die Ladung $q = Ze$ bekannt, lässt sich damit die Masse m berechnen.

Mit dem **Wien'schen Geschwindigkeitsfilter** kann die Geschwindigkeit v direkt ermittelt werden. Nur solche Teilchen fliegen unabgelenkt durch das Filter, für deren Geschwindigkeit $v = E/B$ gilt. E und B sind die Feldstärken von senkrecht zueinander stehenden Feldern, zu denen die geladenen Teilchen senkrecht eingeschossen werden.

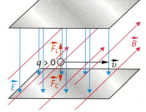

Magnetische Feldstärke von Leiter und Spule

Für die magnetische Feldstärke B eines geraden, vom Strom I durchflossenen Leiters gilt im Abstand r

$$B = \mu_0 \frac{I}{2\pi r};$$

$$\mu_0 = 4\pi \cdot 10^{-7} \frac{Vs}{Am}$$

ist die **magnetische Feldkonstante.**
Die Richtung der konzentrischen Feldlinien ergibt sich aus der **Rechte-Hand-Regel**.

Grundwissen Bewegte Ladungsträger und magnetisches Feld

Die **magnetische Feldstärke** B des homogenen Feldes im Innern einer langen Zylinderspule ist proportional zur Stromstärke I und zur Windungsdichte n/l:

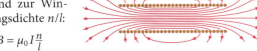

$$B = \mu_0 I \frac{n}{l}$$

Ampère'sches Durchflutungsgesetz

Das Linienintegral der magnetischen Feldstärke B_s längs des Randes einer Fläche ist proportional zur Summe der durch die Fläche fließenden Ströme:

$$\oint B_s \, ds = \mu_0 \sum_i I_i$$

Vektoriell gilt:

$$\oint \vec{B} \cdot d\vec{s} = \mu_0 \sum_i I_i$$

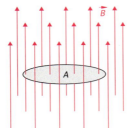

Magnetischer Fluss Φ

Der magnetische Fluss Φ eines homogenen, senkrecht durch eine Fläche A tretenden Feldes B ist $\Phi = B A$. Die Anzahl der Feldlinien in der Fläche A veranschaulicht den magnetischen Fluss Φ, die Dichte der Feldlinien die Feldstärke B. Bei inhomogenem Magnetfeld B:

$$\Phi = \int_{\text{Fläche } A} \vec{B} \cdot d\vec{A}$$

Elektromagnetische Induktion

Die elektromagnetische Induktion tritt bei einer zeitlichen Änderung des magnetischen Flusses Φ in der Querschnittsfläche A einer Spule auf. Bei n Windungen der Spule lautet das **Faraday'sche Induktionsgesetz**:

$$U_{\text{ind}} = -n \frac{d\Phi}{dt} = -n \dot{\Phi}$$

Die Induktionsspannung U_{ind} ruft in einem an die Spule angeschlossenen Stromkreis einen Induktionsstrom I_{ind} hervor, mit dem Energie von der Spule in den Kreis fließt: $P = dE/dt = U_{\text{ind}} I_{\text{ind}}$.

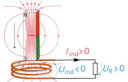

Wegen der Energieerhaltung gilt die **Lenz'sche Regel**, nach der der Induktionsstrom seiner Ursache entgegenwirkt.

Mit $\Phi = BA$ gilt $d\Phi/dt = A\, dB/dt + B\, dA/dt$ und damit

$$U_{\text{ind}} = -n \frac{d\Phi}{dt} = -n \left(A \frac{dB}{dt} + B \frac{dA}{dt} \right).$$

Die zeitliche Änderung des magnetischen Flusses Φ kann demnach entweder durch eine zeitliche Änderung der Feldstärke B oder der Fläche A erfolgen.

Bei einer zeitlichen Änderung dB/dt wird ein **elektrisches Feld** E_{ind} induziert, dessen geschlossene Feldlinien das sich ändernde Magnetfeld umschließen.

Selbstinduktion

Selbstinduktion tritt auf, wenn eine Stromänderung dI/dt in einer Spule den magnetischen Fluss Φ dieser Spule ändert. Für die **Selbstinduktionsspannung** U_L über der Spule gilt:

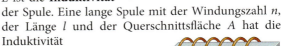

$$U_L = L \frac{dI}{dt}$$

L ist die **Induktivität** der Spule. Eine lange Spule mit der Windungszahl n, der Länge l und der Querschnittsfläche A hat die Induktivität

$$L = \mu_r \mu_0 \frac{n^2 A}{l}.$$

Die **Permeabilität** μ_r beschreibt die von einem ferromagnetischen Kern hervorgerufene Verstärkung des magnetischen Feldes B. Im Magnetfeld einer vom Strom I durchflossenen Spule mit der Induktivität L ist die **Energie**

$$E_{\text{mag}} = \frac{1}{2} L I^2$$

gespeichert.

Maxwell'sche Gleichungen

Alle Gesetze der Elektrodynamik können aus den 1866 von J. C. Maxwell angegebenen Gleichungen hergeleitet werden:

1. Maxwell'sche Gleichung

$$\oint \vec{B} \cdot d\vec{s} = \mu_0 I + \mu_0 \varepsilon_0 \frac{d}{dt} \int \vec{E} \cdot d\vec{A}$$

2. Maxwell'sche Gleichung

$$\oint \vec{E} \cdot d\vec{s} = -\frac{d}{dt} \int \vec{B} \cdot d\vec{A}$$

Elektromagnetische Wellen

wurden aufgrund der Maxwell'schen Gleichungen vorhergesagt. Es sind gekoppelte elektrische und magnetische Wechselfelder, die sich im Vakuum mit der Lichtgeschwindigkeit

$$c = \frac{1}{\sqrt{\mu_0 \varepsilon_0}}$$

ausbreiten.

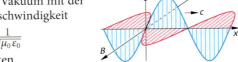

Wissenstest Bewegte Ladungsträger und magnetisches Feld

1. Bei einer Wanderung wird mit einer Kompassnadel die Himmelsrichtung bestimmt. Erörtern Sie, ob eine 6,5 m über der Nadel gelegene, vom Strom $I = 150$ A durchflossene Hochspannungsleitung die Messung stören kann. Die Horizontalkomponente des Erdfeldes beträgt $B = 35$ µT.

2. An einem Ort nahe des Äquators ist das Erdmagnetfeld der Stärke $B = 43$ µT horizontal nach Norden gerichtet. Genau 10 cm unterhalb eines langen, geraden stromführenden Kabels ist die Feldstärke null. Ermitteln Sie die Richtung des Stroms und die Stromstärke I.

3. Ein langer gerader Draht mit Radius $R = 2$ mm ist von einem Strom $I = 6$ A durchflossen. Berechnen Sie die magnetische Feldstärke B in einem Abstand von
   a) 1,5 mm und b) 2,5 mm vom Zentrum.

4. Durch ein langes kreisförmiges Rohr mit Außenradius R fließt ein homogen über die Querschnittsfläche verteilter Strom I_1. Parallel zum Rohr ist im Abstand $3R$ ein Draht verlegt, durch den der Strom I_2 fließt. Leiten Sie eine Formel für den Strom I_2 her, sodass im Punkt P eine Feldstärke B herrscht, die den gleichen Betrag hat wie die Feldstärke in der Mitte des Rohres, ihr aber entgegengerichtet ist.

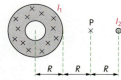

5. Ein rechtwinkliges Dreieck mit den Katheten $a = 3$ cm und $b = 4$ cm ist aus einem Metalldraht geformt. Das Dreieck soll in der Blattebene liegen, die senkrecht von einem nach unten zeigenden Magnetfeld der Stärke $B = 760$ mT durchsetzt wird. Durch den Draht fließt im Uhrzeigersinn der Strom $I = 8,5$ A. Berechnen Sie die Kräfte auf die Katheten und zeichnen Sie in einer Skizze die Kraftvektoren. Zeigen Sie, dass die Kraft auf die Hypotenuse die Kräfte auf die beiden Katheten aufhebt.

6. Dargestellt ist die Flugbahn eines geladenen Teilchens, das mit der Geschwindigkeit v_1 in ein homogenes Magnetfeld B eintritt und darin auf einem Halbkreis fliegt.
   a) Ermitteln Sie die Ladung des Teilchens und begründen Sie, warum beim Austritt aus dem Feld die Geschwindigkeit v dem Betrage nach die gleiche wie beim Eintritt ist.
   b) Erklären Sie, warum das Teilchen bei halber Geschwindigkeit $v = v_1/2$ ebenfalls einen Halbkreis im Magnetfeld durchfliegt. Wie verändert sich der Radius r?
   c) Zeigen Sie, dass die Aufenthaltsdauer τ des Teilchens im Feld unabhängig von der Geschwindigkeit v ist.

7. Ein geladenes Teilchen fliegt mit der Geschwindigkeit v senkrecht in gekreuzte, homogene elektrische und magnetische Felder (v zeigt in der Abbildung in die Blattebene hinein).

Zeigen Sie, dass sowohl positive wie negative Teilchen bei den angegebenen Richtungen die gekreuzten Felder unabgelenkt durchfliegen können, wenn ihre Geschwindigkeit $v = E/B$ ist. Ermitteln Sie, welches der Teilchen nach oben abgelenkt wird, wenn $v > E/B$ ist.

8. Ein Proton, das sich unter einem Winkel von $\alpha_1 = 90°$ ($\alpha_2 = 36°$) zur Richtung eines Magnetfeldes der Stärke $B = 3,60$ mT bewegt, erfährt eine Lorentz-Kraft von $F_L = 8,3 \cdot 10^{-17}$ N. Berechnen Sie die Geschwindigkeit v und die kinetische Energie des Protons in eV ($m_p = 1,67 \cdot 10^{-27}$ kg).

9. Durch eine lange Spule mit einer Wicklungsdichte von 150 Windungen/cm fließt der Strom I. Im Innern der Spule bewegt sich ein Elektron senkrecht zur Spulenachse auf einer Kreisbahn mit dem Radius $r = 2,5$ cm mit 5 % der Lichtgeschwindigkeit c. Berechnen Sie die Stromstärke I.

10. Ein Metalldraht liegt parallel zur y-Achse und bewegt sich mit $v = 25$ m/s in x-Richtung durch ein homogenes Magnetfeld der Stärke $B = 580$ mT, das in z-Richtung zeigt.
    a) Berechnen Sie die Lorentz-Kraft, die auf ein Elektron im Draht ausgeübt wird. Geben Sie die Kraftrichtung an.
    b) Erklären Sie, warum zwischen den Enden des 35 cm langen Drahtes eine Potentialdifferenz $\Delta\varphi$ besteht. Berechnen Sie die Potentialdifferenz und geben Sie das Ende mit dem höheren Potential an.

11. Die elektrische und die magnetische Feldkraft auf ein bewegtes Elektron heben sich gerade auf.
    a) Berechnen Sie die kleinstmögliche Geschwindigkeit v des Elektrons, wenn die Felder die Beträge $E = 2,70$ kV/m und $B = 450$ mT haben.
    b) Geben Sie den Winkel α an, den der Geschwindigkeitsvektor $\vec{v}$ mit dem $\vec{B}$-Vektor einschließt, wenn das Elektron mit $v = 18$ km/s ohne Ablenkung durch die Felder fliegt.

12. Ein Elektron tritt mit der kinetischen Energie $E = 2,5$ keV in ein homogenes Magnetfeld der Stärke $B = 1,5$ mT ein, wobei sein Geschwindigkeitsvektor mit der Feldrichtung den Winkel $\alpha = 89°$ einschließt.
    Erklären Sie, warum das Elektron eine schraubenförmige Bahn durchläuft, und berechnen Sie den Radius r der Schraubenbahn sowie die Steighöhe h pro Umlauf.

13. An die D-förmigen Schalen eines Zyklotrons mit dem Radius $R = 58$ cm ist eine Wechselspannung $U = 95$ kV mit der Frequenz $f = 12,5$ MHz gelegt.
    a) Berechnen Sie die magnetische Feldstärke B, die das Zyklotron haben muss, um Deuteronen zu beschleunigen. (Ein Deuteron ist der Kern des Deuteriums, der sich aus einem Proton und einem Neutron zusammensetzt. Seine Masse beträgt $m_D = 3,34 \cdot 10^{-27}$ kg.)
    b) Berechnen Sie die maximale Energie, auf die die Deuteronen beschleunigt werden können.
    c) Mit derselben Oszillatorfrequenz von $f = 12,5$ MHz sollen He-Kerne (α-Teilchen) beschleunigt werden. Berechnen Sie die benötigte Feldstärke B und die maximal erreichbare kinetische Energie E_{kin} ($m_\alpha \approx 2\,m_D \approx 4$ u).

Wissenstest Bewegte Ladungsträger und magnetisches Feld

14. Zwei Spulen mit gleichem Wicklungssinn sind wie in der Abbildung angeordnet. In der linken Spule fließt ein Gleichstrom, dessen Stärke verändert werden kann. Die rechte Spule ist über einen Strommesser an einen Widerstand angeschlossen. Über der Spule wird die Spannung gemessen. Erklären Sie, ob die Messinstrumente positive oder negative Werte anzeigen, wenn

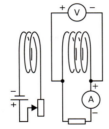

   a) die linke Spule der rechten genähert wird,
   b) der Strom in der linken Spule verkleinert wird.

15. Ein Metallstab liegt auf zwei Schienen und kann über einen Schalter an eine Gleichspannungsquelle angeschlossen werden. Parallel zu den

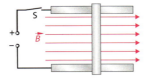

Schienen, die einen Abstand von l = 25 cm haben, herrscht ein Magnetfeld von B = 350 mT. Beim Schließen des Schalters springt der Stab (m = 28 g) h = 37 cm in die Höhe. Berechnen Sie die elektrische Ladung ΔQ, die während des kurzzeitigen Stroms durch den Stabquerschnitt fließt.

16. Ein Kupferstreifen der Länge l = 10 cm, der Breite b = 75 mm und der Dicke d = 63 μm wird mit konstanter Geschwindigkeit v in Längsrichtung durch ein senkrecht zum Streifen gerichtetes Magnetfeld B = 480 mT gezogen.
   a) Berechnen Sie die Geschwindigkeit v, wenn über der Breite b die Spannung U = 15,6 μV gemessen wird.
   b) Ermitteln Sie den elektrischen Strom I, der in Längsrichtung durch den Streifen fließend die gleiche Spannung über der Streifenbreite hervorruft. (Kupfer hat die Ladungsträgerkonzentration N_V = 8,5·10²⁸ Elektronen/m³.)

17. Um die Induktivität L einer langen Zylinderspule zu bestimmen, wird die Spule in ein homogenes, die Spule axial durchsetzendes Magnetfeld gebracht. Mit einem Spulenstrom von I = 0,962 A kann das Innere der Spule feldfrei gemacht werden. Nach Abschalten des Spulenstroms wird die Spule aus dem Magnetfeld entfernt. Dabei wird an der Spule der Spannungsstoß $\Sigma U_{ind} \Delta t$ = 18,45 mVs gemessen.
   a) Ermitteln Sie die Induktivität L der Zylinderspule.
   b) Länge und Radius der Spule werden zu l = 48 cm und r = 3,5 cm gemessen. Berechnen Sie die Windungszahl n.

18. Eine rechteckige, geschlossene Drahtschleife aus Kupfer wird oberhalb des Feldes eines Elektromagneten losgelassen, sodass sie zwischen die Polschuhe fällt. Solange die Schleife nicht vollständig in das Feld eingetaucht ist, sinkt sie mit einer konstanten Geschwindigkeit v.

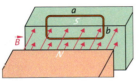

   a) Erklären Sie die *konstante* Geschwindigkeit.
   b) Leiten Sie eine Formel für die Geschwindigkeit v her.

   c) Berechnen Sie die Sinkgeschwindigkeit v für a = 6 cm und b = 4 cm. Die Feldstärke beträgt B = 450 mT. Kupfer hat die Dichte ρ = 8960 kg/m³ und den spezifischen Widerstand ρ_R = 1,69·10⁻⁸ Ωm; es gilt $R = \rho_R l/A$ mit der Länge l des Leiters und dessen Querschnittsfläche A.
   d) Berechnen Sie den Strom I, wenn der kreisförmige Querschnitt des Drahtes den Radius r = 0,5 mm hat.
   e) Diskutieren Sie den weiteren Verlauf, wenn die Drahtschleife vollständig in das Magnetfeld eingetaucht ist und das Magnetfeld schließlich wieder verlässt.
   f) Zeigen Sie durch Berechnung der Energiewerte, dass die potentielle Energie, die die Schleife während des gleichförmigen Sinkens dem Gravitationsfeld entnimmt, gleich der in der Schleife gebildeten Wärmeenergie ist.

19. An eine Reihenschaltung aus einer Spule der Induktivität L = 2,4 H und einem Widerstand von R = 12 Ω wird eine Batterie mit einer Spannung von U = 6 V und vernachlässigbar kleinem Innenwiderstand angeschlossen.
   a) Berechnen Sie, wie groß Δt = 0,1 s nach dem Einschalten die Stärke P_{Spule} des Energieflusses ist, mit der Energie im Magnetfeld der Spule gespeichert wird.
   b) Berechnen Sie zum gleichen Zeitpunkt die Wärmeleistung P_W im Widerstand.

20. An eine Parallelschaltung aus einem Widerstand R und einer Induktivität L wird zum Zeitpunkt t = 0 eine variable Spannung gelegt, die so geregelt ist, dass von diesem Zeitpunkt an ein konstanter Strom I durch die Quelle fließt.

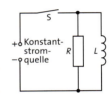

   a) Erklären Sie grundsätzlich, welchen zeitlichen Verlauf die Ströme I_R im Widerstand und I_L in der Spule haben.
   b) Leiten Sie Gleichungen für den zeitlichen Verlauf der Ströme $I_R(t)$ und $I_L(t)$ her.
   c) Zeigen Sie, dass zur Zeit $t_1 = (L/R) \ln 2$ die beiden Ströme gleich groß sind.

21. Parallel zu einem Leiter, durch den der Strom I = 100 A fließt, sind zwei Schienen im Abstand a = 1 cm und b = 10 cm verlegt. Quer auf den Schienen liegt ein Stab, der mit der Geschwindigkeit v = 5 m/s rollt. An die beiden Schienen ist ein Strommesser angeschlossen.

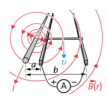

   a) Erklären Sie, warum ein Strom durch den Stab fließt.
   b) Zeigen Sie, dass im Stab radial vom Leiter ausgehend, ein elektrisches Feld der Stärke $E(r) = \mu_0 I v/(2\pi r)$ auftritt.
   c) Berechnen Sie die Spannung U, die im Stab induziert wird (→ 6.3.6, S. 264), und den Strom I_{ind}, der im Stab fließt. Der Stab hat den Widerstand R = 0,4 Ω, die Schienen und der Strommesser sollen keinen Widerstand haben.
   d) Ermitteln Sie die Kraft F, die auf den Stab wirkt.
   e) Berechnen Sie die mechanische Leistung P_{mech} unter Einwirkung der Kraft F_{Stab} und die Wärmeleistung $P_{Wärme}$ im Stab aufgrund des Stroms I_{ind}.

271

7 ELEKTROMAGNETISCHE SCHWINGUNGEN UND WELLEN

Das Kapitel 7 „Elektromagnetische Schwingungen und Wellen" umfasst eine Reihe sehr unterschiedlicher Erscheinungen aus vielen Gebieten der Physik. Die Wechselstromtechnik und die elektromagnetischen Wellen aus Rundfunk und Fernsehen zählen ebenso dazu wie das Licht, die Wärmestrahlung oder die Röntgen- und Gammastrahlung. Trotz ihrer Verschiedenheit lassen sich diese Phänomene auf die gleiche physikalische Struktur zurückführen. Sie bilden das elektromagnetische Spektrum, das bei Wechselstrom beginnt und bis zur Gammastrahlung reicht. Theoretische Grundlagen bilden die Maxwell'schen Gleichungen, deren Formulierung in der zweiten Hälfte des 19. Jahrhunderts erkennen ließ, dass Licht und die später entdeckte Röntgen- und Gammastrahlung elektromagnetische Wellen sind.

7.1 Wechselstromtechnik

Elektrizitätswerke liefern über das Versorgungsnetz Energie für Haushalte und Industrie. Dabei kommt der Wechselstromtechnik eine grundlegende Bedeutung zu, denn die vom elektrischen Netz bereitgestellte Spannung ist eine Wechselspannung von 230 V mit einer Frequenz von 50 Hz.

7.1.1 Erzeugung von Wechselspannung

Versuch 1: Eine Spule dreht sich in einem homogenen Magnetfeld. Auf dem Schirm eines an die Spule angeschlossenen Oszilloskops zeigt sich eine sinusförmige Wechselspannung (**Abb. 272.1**). ◂

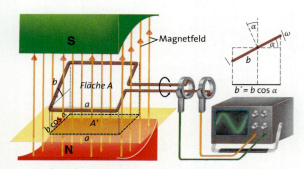

272.1 Dreht sich eine Spule, von der nur eine Windung gezeichnet ist, mit konstanter Winkelgeschwindigkeit ω in einem homogenen Magnetfeld, so wird eine sinusförmige Wechselspannung induziert, die mit Schleifkontakten abgegriffen und mit einem Oszilloskop als Bild dargestellt werden kann.

Dreht sich die Spule mit der konstanten Winkelgeschwindigkeit ω, so nimmt der Drehwinkel α mit der Zeit t nach der Formel $\alpha = \omega t$ zu. Dabei ändert sich die effektive Spulenfläche A', die senkrecht vom Magnetfeld durchsetzt wird. A' ergibt sich, wenn die momentane Stellung der Spulenfläche $A = ab$ in eine Ebene projiziert wird, die senkrecht zu den magnetischen Feldlinien liegt (**Abb. 272.1**). Die projizierte Breite b' verändert sich mit dem Winkel α: $b' = b \cos \alpha$, sodass für A' gilt

$$A' = ab' = ab\cos\alpha = A\cos\alpha = A\cos\omega t.$$

Mit dieser vom Feld senkrecht durchsetzten Fläche A' und der magnetischen Feldstärke B lässt sich der magnetische Fluss Φ ($\to$ 6.3.2) in der Spule berechnen.

$$\Phi = BA' = BA\cos\alpha = BA\cos\omega t$$

Der magnetische Fluss Φ ändert sich periodisch mit der Zeit, sodass eine Spannung in der Spule induziert wird. Für eine Spule mit n Windungen gilt nach dem Induktionsgesetz ($\to$ 6.3.2):

$$U_{\text{ind}} = -n\frac{d\Phi}{dt} = -n\frac{d(BA\cos\omega t)}{dt}$$
$$= -nBA\frac{d(\cos\omega t)}{dt} = nBA\omega\sin\omega t$$

Es ergibt sich eine momentane, zeitlich sinusförmig veränderliche Spannung, die Wechselspannung u genannt wird. Wechselspannungen und Wechselströme werden nach einer DIN-Empfehlung mit kleinen Buchstaben geschrieben. Der Term $nBA\omega$ ergibt die Amplitude der Wechselspannung. Sie heißt Scheitelspannung und wird mit $\hat{u}$ bezeichnet.

Wechselstromtechnik

Dreht sich eine Spule mit konstanter Winkelgeschwindigkeit im homogenen Magnetfeld, so wird eine zeitlich sinusförmig veränderliche **Wechselspannung u** induziert:

$$u = \hat{u} \sin \omega t \quad \text{mit} \quad \hat{u} = n B A \omega$$

Die Amplitude der Wechselspannung heißt **Scheitelspannung $\hat{u}$.** In der Formel sind ω die Winkelgeschwindigkeit, n die Windungszahl der rotierenden Spule, A deren Querschnittfläche und B die magnetische Feldstärke.

Aufgaben

1. Begründen Sie anschaulich sowohl mit der magnetischen Flussänderung als auch mit der Lorentz-Kraft, bei welchen Stellungen der rotierenden Spule die induzierte Spannung ihren Scheitelwert bzw. ihren Nulldurchgang erreicht.

2. Erklären Sie, wie mit der Versuchsanordnung in **Abb. 272.1** Betrag und Richtung der Feldstärke B des magnetischen Erdfeldes ermittelt werden können.

3. Im homogenen Feld eines Magneten dreht sich eine Spule mit 300 Umdrehungen in der Minute. Berechnen Sie die induzierte Scheitelspannung $\hat{u}$, wenn die Windungszahl $n = 550$, die Spulenfläche $A = 20\ \text{cm}^2$ und die magnetische Feldstärke $B = 750\ \text{mT}$ betragen.

4. Mit einer rotierenden Spule wird die magnetische Feldstärke eines Magneten gemessen. Die Drehfrequenz wird zu $f = 800\ \text{Hz}$ bestimmt. Berechnen Sie die magnetische Feldstärke B, wenn $n = 1000$, $A = 4\ \text{cm}^2$ und die Scheitelspannung $\hat{u} = 810\ \text{mV}$ betragen.

5. Leiten Sie für den in **Abb. 272.1** gezeichneten Aufbau die induzierte Wechselspannung auch mit der Lorentz-Kraft $F_L = e\,v\,B$ ($\to$ 6.3.3) her.

6. Bei einem Fahrraddynamo dreht sich *in* der Induktionsspule ein mehrpoliger Permanentmagnet. Erklären Sie anhand eines Modells aus der Physiksammlung, wieso hier eine Spannung induziert wird.

Exkurs

Von den Anfängen der Stromversorgung

Nach der Entdeckung des Induktionsgesetzes durch Michael Faraday 1831 setzte im Jahre 1844 die galvanotechnische Firma Elkington in Birmingham die erste elektrische Anlage in Betrieb. Ein magnetelektrischer Generator mit vier feststehenden Hufeisenmagneten wurde von einer Dampfmaschine angetrieben. In der Folgezeit gab die Beleuchtung öffentlicher Anlagen und Plätze einen entscheidenden Anstoß für den Einsatz elektrischer Energie. Es waren zunächst Lichtbogenlampen, mit denen zum Beispiel 1879 in Berlin der Reichstag und der Pariser Platz beleuchtet wurden. Nach der Verbesserung der Kohlenfadenlampen durch Thomas Alva Edison verbreiteten sich elektrische Beleuchtungsanlagen im öffentlichen Bereich immer schneller. Insbesondere die Theater wurden in den Achtzigerjahren wegen der verringerten Brandgefahr mit Glühlampen ausgestattet. 1885 wurde das erste deutsche Kraftwerk in Berlin in Betrieb gesetzt. Vorausgegangen war 1866 die Entdeckung des dynamoelektrischen Prinzips durch Werner von Siemens und des Trommelankers, wodurch die Generatoren ein wesentlich geringeres Gewicht und dennoch einen höheren Wirkungsgrad erhielten. Das Kraftwerk Berlin-Markgrafenstraße hatte eine Nennleistung von 660 kW, die von 18 Dynamos, angetrieben von 6 Dampfmaschinen, geliefert wurde. Das Kraftwerk gab Gleichstrom mit einer Spannung von 110 V ab, für die die Kohlenfadenlampen ausgelegt waren.

Bei dieser Spannung waren die Leitungsverluste sehr hoch, sodass sich die Versorgungsfläche auf einen Radius von 800 m beschränkte. Trotz dieses Nachteils lieferten die bis 1895 in Deutschland errichteten 147 Kraftwerke fast alle Gleichstrom.

Wechselstrom konnte sich in den folgenden Jahren bis 1905 (Anteil 55 %) erst durchsetzen, nachdem leistungsfähige Transformatoren entwickelt waren. Einen wichtigen Impuls hatte 1891 die Elektrizitätsausstellung in Frankfurt/Main gegeben: Vom Wasserkraftwerk Lauffen am Neckar wurde Dreh-strom mit einer Hochspannung von 8,5 kV nach Frankfurt übertragen. Dort wurden 1000 Lampen und ein 100 PS-Motor betrieben. Der Versuch fand wegen des hohen Wirkungsgrades von 75 % weltweit Beachtung.

Die Abnehmerzahlen und die Abnehmerleistung stiegen nach 1890 beträchtlich an. Zu den Beleuchtungskunden kamen in den Neunzigerjahren mit rasch wachsender Tendenz Abnehmer für motorische Leistung hinzu. Auch die elektrischen Bahnen trugen wesentlich dazu bei, dass die installierte Leistung der Kraftwerke erhöht werden musste. Ende 1891 fuhren in drei Städten 77 Motorwagen mit einer Leistung von insgesamt 490 kW. Zehn Jahre später waren in 113 Städten elektrische Bahnen mit 7290 Motorwagen und einer Anschlussleistung von 108 MW in Betrieb.

Gab es 1890 in Deutschland 30 Kraftwerke mit einer Gesamtleistung von 6 MW, so war deren Zahl bis 1905 auf 1175 mit einer Leistung von 518 MW angestiegen. 2004 wurde eine Leistung von 110 GW genutzt.

Wechselstromtechnik

7.1.2 Phasenbeziehungen zwischen Strom und Spannung

Im Wechselstromkreis zeigen Spannung und Stromstärke an ohmschem Widerstand, Spule und Kondensator unterschiedliches Verhalten.

Versuch 1: Ein Sinusgenerator erzeugt die Generatorspannung u_G mit der Frequenz $f = 0{,}1$ Hz. Diese Wechselspannung wird nacheinander an einen ohmschen Widerstand, an eine Spule hoher Induktivität und an einen Kondensator großer Kapazität gelegt (**Abb. 274.1**).
Beobachtung: Die Zeiger der angeschlossenen analogen Messinstrumente vermögen den langsamen Änderungen der Strom- und Spannungswerte zu folgen, sodass das unterschiedliche Verhalten von Strom und Spannung an den drei Bauteilen beobachtet werden kann.
Beim ohmschen Widerstand erreichen Strom und Spannung gleichzeitig ihre Extremwerte. Bei der Spule hingegen bewegt sich der Stromzeiger dem Spannungszeiger hinterher. Während die Spannung ihren Höchstwert erreicht, hat der Strom erst seinen Nulldurchgang von negativen zu positiven Werten. Beim Kondensator läuft umgekehrt der Spannungszeiger dem Stromzeiger eine Viertelperiode hinterher.
Erklärung: Fließt ein Wechselstrom durch einen ohmschen Widerstand, so fällt über dem Widerstand eine Spannung ab, die nach dem Ohm'schen Gesetz zu jedem Zeitpunkt dem Strom proportional ist. Strom und Spannung erreichen daher gleichzeitig ihre Extremwerte. Sie sind in *Phase*.
Fließt ein Wechselstrom durch eine Spule, so ruft die fortwährende Stromänderung eine selbstinduzierte Wechselspannung hervor. Die Selbstinduktionsspannung hat ihren größten Wert, wenn die Stromänderung am größten ist, was beim Nulldurchgang des Stroms von negativen zu positiven Werten der Fall ist.
Fließt ein Wechselstrom durch einen Kondensator, so wächst während der Halbperiode, in der der Strom in

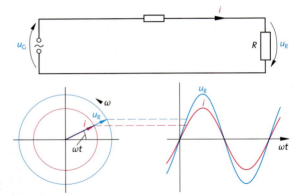

274.2 Die Spannung ist mit dem Strom in Phase

positiver Richtung fließt, die Ladung q von zunächst negativen Werten über null zu positiven Werten ständig an. Mit der Ladung nimmt auch die Kondensatorspannung $u_C = q/C$ zu. Ladung und Spannung erreichen ihren Höchstwert, wenn der Strom seine Richtung umkehrt, also einen Nulldurchgang von positiven zu negativen Werten hat. ◂

Versuch 2: Mit Wechselspannungen höherer Frequenz wird Versuch 1 wiederholt. Auf dem Bildschirm eines Zweistrahloszilloskops kann der zeitliche Verlauf von Strom und Spannung verfolgt werden. Zur Stromaufzeichnung wird ein kleiner ohmscher Widerstand in den Kreis gelegt und dessen Spannung an den ersten Kanal des Oszilloskops gegeben. Nach Versuch 1 ist die Spannung in jedem Moment proportional zum Wechselstrom. An den zweiten Kanal wird die Spannung über dem Bauteil gegeben (**Abb. 274.3**).
Beobachtung: Die **Abbildungen 274.2**, **275.1** und **275.2** zeigen die Schirmbilder $i(t)$ und $u(t)$. In allen drei Fällen ruft die angelegte Wechselspannung einen Wechselstrom $i = \hat{i} \sin \omega t$ hervor. Auf diesen Strom beziehen sich im Folgenden die *Phasen* der über den Bauteilen gemessenen Spannungen. ◂

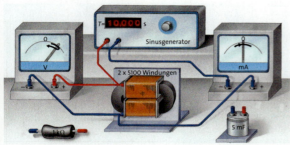

274.1 Eine Wechselspannung von $f = 0{,}1$ Hz wird nacheinander an eine Spule, einen Widerstand und einen Kondensator gelegt.

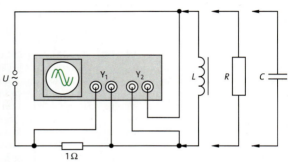

274.3 Mit einem Zweistrahloszilloskop werden die Phasendifferenzen von Spannung und Strom gemessen.

Wechselstromtechnik

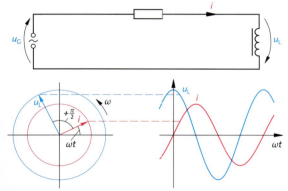

275.1 Die Spannung eilt dem Strom um π/2 voraus

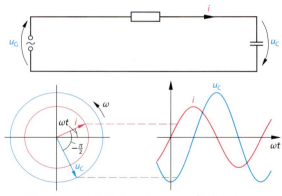

275.2 Die Spannung läuft dem Strom um π/2 hinterher

Phasendiagramme

Ströme und Spannungen im Wechselstromkreis werden mit Zeigern in sogenannten *Phasendiagrammen* beschrieben (→ 3.1.2). Die im mathematischen Umlaufsinn mit konstanter Winkelgeschwindigkeit ω rotierenden Zeiger stellen Ströme i und Spannungen u dar. Die Länge der Zeiger ist ein Maß für die Scheitelwerte $\hat{i}$ und $\hat{u}$. Ein Phasendiagramm gibt den momentanen Zustand zu einem bestimmten Zeitpunkt wieder. Die vertikalen Komponenten der Zeiger stellen den momentanen Wert der Größen u und i, also $\hat{i}\sin\omega t$ bzw. $\hat{u}\sin(\omega t + \Delta\varphi)$ dar. Die Winkel (ωt) bzw. $(\omega t + \Delta\varphi)$ heißen **Phasenwinkel**.

Die **Phasendifferenz** $\Delta\varphi$ ist der Winkel zwischen den Zeigern von Spannung u und Strom i.

Ohmscher Widerstand: $U = RI$ gilt für Gleichstrom und in jedem Moment auch für Wechselstrom. Der Wechselstrom $i = \hat{i}\sin\omega t$ ruft die Wechselspannung $u_R = \hat{u}_R \sin\omega t$ mit $\hat{u}_R = R\hat{i}$ am Widerstand R hervor.
Am ohmschen Widerstand ist die Spannung u_R mit dem Strom i in Phase (**Abb. 274.2**).

Spule: Der Wechselstrom $i = \hat{i}\sin\omega t$ ruft die Selbstinduktionsspannung $u_L = L\,\mathrm{d}i/\mathrm{d}t$ hervor (→ 6.3.4). Mit der Kosinusfunktion als Ableitung der Sinusfunktion folgt

$$u_L = L\frac{\mathrm{d}(\hat{i}\sin\omega t)}{\mathrm{d}t} = \omega L\hat{i}\cos\omega t = \omega L\hat{i}\sin\left(\omega t + \frac{\pi}{2}\right).$$

Es tritt die *Phasendifferenz* $\Delta\varphi = \pi/2$ auf, d. h. für $t = 0$, wenn die Stromstärke $i = 0$ ist, erreicht die Spannung u_L bereits ihren Höchstwert $\hat{u}_L = \omega L\hat{i}$.
An der Spule eilt die Wechselspannung u_L dem Strom i um π/2 voraus (**Abb. 275.1**).

Kondensator: Es gilt $i = \mathrm{d}q/\mathrm{d}t$ (→ 5.1.2). Daher ruft der Wechselstrom $i = \hat{i}\sin\omega t$ die Kondensatorladung $q(t) = -(\hat{i}/\omega)\cos\omega t$ hervor, wie sich durch Ableiten bestätigen lässt. Für $u_C = q(t)/C$ folgt damit

$$u_C = \frac{q(t)}{C} = -\frac{\hat{i}}{\omega C}\cos\omega t = \frac{\hat{i}}{\omega C}\sin\left(\omega t - \frac{\pi}{2}\right).$$

Es tritt die Phasendifferenz $\Delta\varphi = -\pi/2$ auf. Wenn die Spannung ihren Höchstwert $\hat{u}_C = \hat{i}/\omega C$ erreicht, ist die Stromstärke schon wieder null.
Am Kondensator läuft die Wechselspannung u_C dem Strom i um π/2 hinterher (**Abb. 275.2**).
Zusammengefasst ergibt sich:

> Fließt ein Wechselstrom $i = \hat{i}\sin\omega t$ durch einen ohmschen Widerstand, eine Spule oder einen Kondensator, so tritt an den Bauteilen eine sinusförmige Wechselspannung $u(t)$ auf.
>
> Ohmscher Widerstand:
> $u_R = \hat{u}_R \sin\omega t \quad \text{mit} \quad \hat{u}_R = R\hat{i}$
>
> Spule:
> $u_L = \hat{u}_L \sin(\omega t + \pi/2) \quad \text{mit} \quad \hat{u}_L = \omega L\hat{i}$
>
> Kondensator:
> $u_C = \hat{u}_C \sin(\omega t - \pi/2) \quad \text{mit} \quad \hat{u}_C = \hat{i}/\omega C$
>
> Am ohmschen Widerstand ist die Phasendifferenz zwischen Spannung und Strom $\Delta\varphi_R = 0$, an der Spule $\Delta\varphi_L = \pi/2$ und am Kondensator $\Delta\varphi_C = -\pi/2$.

Aufgaben

1. Zeichnen Sie den zeitlichen Verlauf eines Wechselstroms und geben Sie die Stellen mit den größten und kleinsten Stromänderungen pro Zeiteinheit an. Skizzieren Sie damit den Spannungsverlauf an einer Spule.
2. Skizzieren Sie den zeitlichen Verlauf eines Wechselstroms durch einen Kondensator. Erklären Sie, wann der Kondensator seine größte und wann er seine kleinste Ladung hat.

7.1.3 Wechselstromwiderstände

Analog zur Gleichstromlehre ist für den Wechselstrom ein **Wechselstromwiderstand** X für ohmschen Widerstand, Spule und Kondensator definiert, und zwar als Quotient aus den Scheitelwerten von Spannung $\hat{u}$ und Strom $\hat{i}$. Für Schaltungen allgemein wird der Wechselstromwiderstand als **Impedanz** Z bezeichnet. Überlegungen zur Wechselstromleistung in → 7.1.4 werden zeigen, dass Wechselstrommessgeräte nicht die Scheitelwerte, sondern die sogenannten **Effektivwerte** I und U anzeigen, die wie folgt definiert sind:

$$I = \frac{\hat{i}}{\sqrt{2}} \quad \text{und} \quad U = \frac{\hat{u}}{\sqrt{2}}$$

Bei der Quotientenbildung kürzt sich der Nenner $\sqrt{2}$ heraus, sodass sich Wechselstromwiderstände auch mit Effektivwerten berechnen lassen:

> Der Wechselstromwiderstand heißt **Impedanz** Z und wird als Quotient aus den Scheitelwerten $\hat{u}$ und $\hat{i}$ bzw. den Effektivwerten U und I berechnet:
> $$Z = \frac{\hat{u}}{\hat{i}} = \frac{U}{I}$$

Versuch 1: Um Impedanzen zu messen, werden nacheinander ein ohmscher Widerstand, eine Spule und ein Kondensator an einen Sinusgenerator mit variabler Frequenz f geschlossen (**Abb. 276.1**). Mit einem Spannungs- und einem Strommessgerät werden die Effektivwerte U und I bestimmt und die Impedanzen berechnet.
Ergebnis: Bei ohmschem Widerstand, eisenloser Spule und Kondensator sind die Impedanzwerte bei fester Frequenz unabhängig von der Stromstärke, d. h. der Quotient aus Spannung U und Strom I ist konstant. In Abhängigkeit von der Frequenz zeigen die Bauteile aber unterschiedliches Verhalten (**Abb. 277.1**). ◀

Im vorhergehenden Kapitel 7.1.2 wurden die Spannungen u berechnet, die über einem ohmschen Widerstand, einer Spule oder einem Kondensator gemessen werden, wenn ein Wechselstrom $i = \hat{i} \sin \omega t$ durch die Bauteile fließt. Es ergeben sich Wechselspannungen, für die folgende Gleichungen gelten:

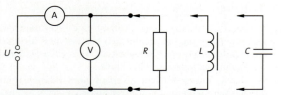

276.1 Messung der Effektivwerte I und U am Widerstand, an der Spule und am Kondensator

Am ohmschen Widerstand $u_R = R \hat{i} \sin \omega t$,

an der Spule $u_L = \omega L \hat{i} \sin(\omega t + \pi/2)$,

am Kondensator $u_C = \frac{1}{\omega C} \hat{i} \sin(\omega t - \pi/2)$.

Aus den Gleichungen folgt für die Scheitelwerte

$$\hat{u}_R = R \hat{i}, \quad \hat{u}_L = \omega L \hat{i}, \quad \hat{u}_C = \frac{1}{\omega C} \hat{i}.$$

Die Division durch $\hat{i}$ liefert die Impedanzen Z:

Impedanz eines ohmschen Widerstandes

$$Z = \frac{\hat{u}_R}{\hat{i}} = R$$

Die Impedanz eines ohmschen Widerstandes ist unabhängig von der Frequenz und stimmt mit dem Gleichstromwert des Widerstandes überein.

Impedanz einer eisenlosen Spule

$$Z = \frac{\hat{u}_L}{\hat{i}} = \omega L = 2 \pi f L = X_L$$

Die Impedanz Z einer Spule, die auch induktiver Wechselstromwiderstand X_L heißt, ist proportional zur Induktivität L und nimmt proportional mit der Frequenz f zu (**Abb. 277.1**). Dies erklärt sich mit den in zunehmend kürzeren Zeiten erfolgenden Stromänderungen, wodurch die induzierte Spannung größer wird.

Impedanz eines Kondensators

$$Z = \frac{\hat{u}_C}{\hat{i}_C} = \frac{1}{\omega C} = \frac{1}{2 \pi f C} = X_C$$

Die Impedanz Z eines Kondensators, die auch kapazitiver Wechselstromwiderstand X_C heißt, ist antiproportional zur Kapazität C und antiproportional zur Frequenz f. Wird eine Wechselspannung an den Kondensator gelegt, so fließt während einer halben Periodendauer eine bestimmte Ladung auf den Kondensator und während der nächsten wieder ab. Wird die Frequenz erhöht, erfolgt die gleiche Auf- und Entladung in zunehmend kürzeren Zeitspannen. Die Stromstärke $i(t) = dq/dt$ wird größer und damit der Widerstand kleiner (**Abb. 277.1**).

> Die **Impedanzen** Z von ohmschem Widerstand, Spule und Kondensator haben die Werte:
>
> $Z_R = U_R/I = R$
> $Z_L = U_L/I = \omega L$
> $Z_C = U_C/I = 1/\omega C$
>
> U_R, U_L, U_C und I sind die mit Spannungs- bzw. Strommessern gemessenen Effektivwerte. Die Impedanzen heißen auch Wechselstromwiderstände.

Impedanz einer Spule mit Eisenkern

Die Wechselstromwiderstände von eisenloser Spule $X_L = \omega L$ und Kondensator $X_C = 1/\omega C$ sind unabhängig von der Stromstärke. Bei einer Spule mit Eisenkern ist dagegen die Impedanz Z von der Stromstärke I abhängig, wie die in **Abb. 277.2** dargestellten Impedanzmessungen zeigen. Ursache sind die nichtlinearen Vorgänge bei der Magnetisierung des Eisens und die Sättigung der Magnetisierung bei großen Stromstärken ($\rightarrow$ 6.2.3). Dadurch sind die Permeabilität μ_r und die Induktivität $L = \mu_r \mu_0 n^2 A/l$ von der Stromstärke abhängig. Für Rechnungen wird dennoch meist ein konstanter mittlerer Wert μ_r und damit eine konstante Impedanz Z angenommen.

Differentialgleichungen im Wechselstromkreis

Bei Anlegen einer sinusförmigen Wechselspannung u_G an einen ohmschen Widerstand, eine Spule oder einen Kondensator fließt ein sinusförmiger Wechselstrom i. Dies ist das experimentelle Ergebnis von Versuch 2 in 7.1.2. Die mathematische Begründung wird hier gegeben ($\rightarrow$ S. 117):

Bei Anlegen der Generatorspannung $u_G = -\hat{u}_G \sin \omega t$ an einen **ohmschen Widerstand** R gilt nach dem 2. Kirchhoff'schen Gesetz ($\rightarrow$ 5.4.1) die folgende Gleichung

$u_G + u_R = 0$.

Mit $u_R = R\,i$ folgt daraus die Gleichung

$-\hat{u}_G \sin \omega t + R\,i = 0$.

Eine Lösung dieser Gleichung ist $i = \hat{\imath} \sin \omega t$. Beim Einsetzen ergibt sich $\hat{\imath} = \hat{u}_G / R$.

Entsprechend gilt für die **Spule** nach Anlegen der Generatorspannung $u_G = -\hat{u}_G \sin \omega t$ an die Induktivität L

$u_G + u_L = 0$.

Mit $u_L = L \frac{di}{dt}$ folgt daraus die Differentialgleichung

$-\hat{u}_G \sin \omega t + L \frac{di}{dt} = 0$.

Eine Lösung ist $i = \hat{\imath} \sin(\omega t - \pi/2) = -\hat{\imath} \cos \omega t$.

Da $\frac{di}{dt} = \frac{d(-\hat{\imath} \cos \omega t)}{dt} = \omega \hat{\imath} \sin \omega t$ ist,

ergibt sich beim Einsetzen $\hat{\imath} = \hat{u}_G / (\omega L) = \hat{u}_G / X_L$.

Entsprechend gilt für den **Kondensator** nach Anlegen der Generatorspannung $u_G = -\hat{u}_G \sin \omega t$ an die Kapazität C

$u_G + u_C = 0$.

Mit $u_C = \frac{1}{C} \int i\,dt$ folgt daraus die Integralgleichung

$-\hat{u}_G \sin \omega t + \frac{1}{C} \int i\,dt = 0$,

die sich durch Ableiten nach der Zeit vereinfachen lässt zu

$-\omega \hat{u}_G \cos \omega t + \frac{1}{C} i = 0$.

Aufgelöst nach dem Strom i ergibt sich

$i = (\omega C) \hat{u}_G \cos \omega t = \hat{\imath} \cos \omega t$,

woraus $\hat{\imath} = \hat{u}_G (\omega C) = \hat{u}_G / X_C$ folgt.

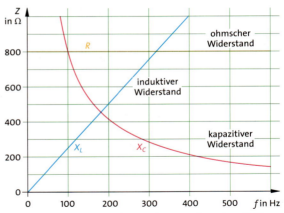

277.1 Die Wechselstromwiderstände Z von ohmschem Widerstand, Spule und Kondensator als Funktion der Frequenz

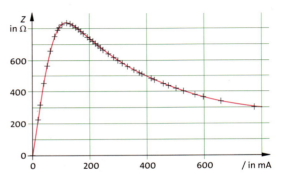

277.2 Impedanz Z einer Experimentierspule mit $n = 500$ Windungen und geschlossenem Eisenkern als Funktion des Stroms

Aufgaben

1. Die Kapazität eines Kondensators kann bestimmt werden, indem bei bekannter Frequenz f einer angelegten Wechselspannung die Effektivwerte U und I gemessen werden. Berechnen Sie bei folgenden Werten die Kapazität C:
   a) $f = 50$ Hz, $U = 6{,}3$ V, $I = 2{,}2$ mA
   b) $f = 3{,}5$ kHz, $U = 20$ V, $I = 0{,}88$ A

2. Stellen Sie für einen Kondensator von $C = 10$ μF und für eine Spule mit $L = 1$ H die Impedanz Z als Funktion der Frequenz von $f = 50$ Hz bis $f = 1$ kHz grafisch dar.

3. Berechnen Sie die Induktivität einer Luftspule mit 800 Windungen von 60 cm Länge und einer Querschnittsfläche von $A = 12$ cm^2. Bestimmen Sie den Wechselstromwiderstand X_L bei $f = 50$ Hz; 3,5 kHz; 100 kHz; 8 MHz.

*4. Eine Luftspule von 50 cm Länge wird auf einen Spulenkörper mit kreisförmigem Querschnitt ($d = 6{,}5$ cm) gewickelt. Für die 2500 Windungen wird ein Kupferdraht von 0,2 mm Durchmesser verwendet. Ermitteln Sie die Frequenz f, bei der der induktive Widerstand der Spule gleich dem ohmschen Widerstand ist. Der spezifische Widerstand von Kupfer beträgt $\rho = 1{,}55 \cdot 10^{-8}$ Ωm.

Wechselstromtechnik

7.1.4 Die Leistung im Wechselstromkreis

Die elektrische Leistung bzw. Energiestromstärke P wird für einen Gleichstrom als Produkt aus der Spannung U und der Stromstärke I berechnet. Es gilt die Gleichung

$$P = UI.$$

Diese Formel gilt auch für die Wechselstromleistung. Mit der Wechselspannung u und dem Wechselstrom i lautet die **momentane Wechselstromleistung** p:

$$p = u\,i$$

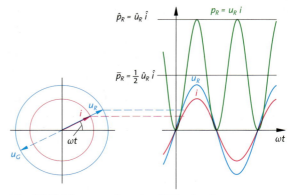

278.1 Wirkleistung am ohmschen Widerstand

Wechselstromleistung am ohmschen Widerstand

Fließt der Strom $i = \hat{i}\sin\omega t$ durch einen ohmschen Widerstand, so wird über dem Widerstand die Spannung $u_R = \hat{u}_R \sin\omega t$ gemessen. Für die momentane Leistung, die im Widerstand umgesetzt wird, ergibt sich:

$$p_R = u_R i = \hat{u}_R \hat{i}\,\sin^2\omega t$$

Diese momentane Wechselstromleistung $p_R = u_R i$ ist in **Abb. 278.1** dargestellt. Sie ändert sich periodisch mit der Winkelgeschwindigkeit 2ω zwischen den Werten $p_{\min} = 0$ und $p_{\max} = \hat{u}_R \hat{i}$. In der Praxis interessiert nicht der Momentanwert der Leistung, sondern der *zeitliche Mittelwert* $\overline{p}$. **Abb. 278.1** zeigt:

$$\overline{p}_R = \tfrac{1}{2}\hat{u}_R \hat{i}$$

Zum Beweis: Mit der trigonometrischen Beziehung $2\sin^2\omega t = 1 + \cos 2\omega t$ lässt sich $p_R = u_R i$ umformen:

$$p_R = \hat{u}_R \hat{i}\,\sin^2\omega t = \hat{u}_R \hat{i}\,\frac{1+\cos 2\omega t}{2} = \frac{\hat{u}_R \hat{i}}{2} + \frac{\hat{u}_R \hat{i}}{2}\cos 2\omega t$$

Diese Funktion oszilliert mit der Winkelgeschwindigkeit 2ω um den Mittelwert $\overline{p} = \tfrac{1}{2}\hat{u}_R \hat{i}$.

Effektivwerte von Spannung und Strom

Für Berechnungen von Leistungen in der täglichen Praxis ist es zweckmäßig, die *gleiche* Formel für Gleich- und Wechselstrom zu haben. Die gemittelte Wechselstromleistung kann in folgender Form geschrieben werden:

$$\overline{p} = \tfrac{1}{2}\hat{u}\hat{i} = \frac{\hat{u}}{\sqrt{2}}\,\frac{\hat{i}}{\sqrt{2}}$$

Zur Vereinfachung werden die **Effektivwerte** U und I für Spannung und Stromstärke wie folgt definiert:

$$U = \frac{\hat{u}}{\sqrt{2}}, \quad I = \frac{\hat{i}}{\sqrt{2}}$$

Der Wechselstrom $i = \hat{i}\sin\omega t$ ruft am ohmschen Widerstand die Spannung $u_R = \hat{u}_R \sin\omega t$ hervor. Mit den **Effektivwerten** $U = \hat{u}/\sqrt{2}$ und $I = \hat{i}/\sqrt{2}$ ergibt sich die **Wirkleistung P** zu

$$P = UI.$$

Da Strom- und Spannungsmessgeräte Effektivwerte anzeigen, können Gleich- und Wechselstromleistungen mit derselben Formel berechnet werden.

In **Abb. 278.1** ist im Phasendiagramm außer der Wechselspannung u_R am Widerstand auch die Generatorspannung u_G eingezeichnet, die den Wechselstrom i erzeugt. u_G ist u_R entgegengerichtet.

> Im Wechselstromkreis gilt ebenso wie im Gleichstromkreis die **Kirchhoff'sche Maschenregel** (→ 5.4.1):
>
> $\sum u_i = 0$, d. h. $u_G + u_R = 0$ oder $u_G = -u_R$

Hier zeigt sich ein Vorteil des Phasendiagramms: Spannungen lassen sich anschaulich addieren, indem die Zeiger für die Spannungen hintereinandergesetzt werden. Bei Addition aller Spannungen eines Wechselstromkreises ergibt sich nach dem 2. Kirchhoff'schen Gesetz der Nullzeiger.

Die in **Abb. 278.1** ermittelte Wirkleistung $p_R = u_R i$ am ohmschen Widerstand ist *positiv*, weil Strom- und Spannung in Phase sind und damit gleichzeitig positive bzw. negative Werte haben. Im Phasendiagramm sind Strom- und Spannungszeiger parallel. Die Leistung des Generators $p_G = u_G i$ ist hingegen *negativ*, weil Strom und Generatorspannung in jedem Moment ungleiche Vorzeichen haben. Im Phasendiagramm sind Strom- und Spannungszeiger antiparallel.

Daraus folgt: Sind im Phasendiagramm Strom- und Spannungszeiger an einem Bauteil parallel, so ist die Leistung positiv, d. h. das Bauteil entnimmt dem Kreis elektrische Energie. Sind Strom- und Spannungszeiger antiparallel, so ist die Leistung negativ und das Bauteil liefert elektrische Energie.

Wechselstromtechnik

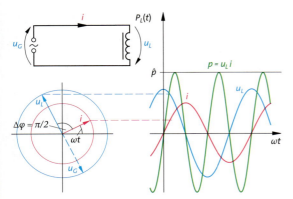

279.1 Blindleistung an der idealen Spule

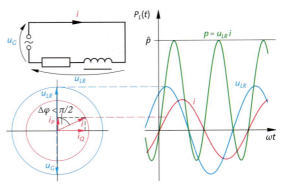

279.2 Scheinleistung an der realen Spule

Blindleistung an Spule und Kondensator

Fließt der Strom $i = \hat{i} \sin \omega t$ durch eine Spule mit vernachlässigbarem ohmschen Widerstand (*ideale Spule*), so entsteht aufgrund der Selbstinduktion die Spannung $u_L = \hat{u}_L \sin(\omega t + \pi/2) = \hat{u}_L \cos \omega t$ (→ 7.1.2). Damit berechnet sich die momentane Leistung zu:

$$p_L = u_L i = \hat{u}_L \hat{i} \sin \omega t \cos \omega t$$

Mit der Beziehung $\sin 2\omega t = 2 \sin \omega t \cos \omega t$ folgt daraus für die momentane Leistung an der Spule:

$$p_L = u_L i = \frac{\hat{u}_L \hat{i}}{2} \sin 2\omega t$$

Diese Sinusfunktion ist in **Abb. 279.1** dargestellt. Sie oszilliert mit der Winkelgeschwindigkeit 2ω um die Zeitachse, sodass der zeitliche Mittelwert der Leistung null ist. Die Spule nimmt in einer Viertelperiode Energie aus dem Kreis auf und gibt diese in der nächsten Viertelperiode wieder zurück. Der Term $\hat{u}_L \hat{i}/2 = UI$ heißt Blindleistung Q der Spule.

Im Phasendiagramm zeigt sich dieser Sachverhalt im zueinander Senkrechtstehen von Strom- und Spannungszeiger. Da auch beim Kondensator Strom- und Spannungszeiger senkrecht zueinander stehen (Phasendifferenz $\Delta\varphi = -\pi/2$), hat auch der Kondensator nur eine Blindleistung.

> Fließt ein sinusförmiger Wechselstrom durch eine Spule oder einen Kondensator, so wird Energie während einer Viertelperiode aufgenommen und in der darauf folgenden wieder zurückgegeben. Spule und Kondensator haben keine Wirkleistung, sondern nur die **Blindleistung** $Q = UI$.

Scheinleistung an der realen Spule

Versuch 1: An einer Spule mit $n = 10\,000$ Windungen wird die Phasendifferenz $\Delta\varphi$ zwischen Spannung und Strom bei der Frequenz $f = 80$ Hz gemessen (→ 7.1.2, Versuch 2).
Beobachtung: Der zeitliche Verlauf von Strom und Spannung ist in **Abb. 279.2** dargestellt. Die Phasendifferenz ist nicht mehr $\pi/2$, sondern $\Delta\varphi \approx \pi/3$ (60°).
Erklärung: Die Spule hat einen ohmschen Widerstand von $R = 1350\,\Omega$, der nicht mehr vernachlässigbar klein ist. Daher gilt für die Phasendifferenz $\Delta\varphi$ an einer *realen* Spule $0 < \Delta\varphi < \pi/2$. Die momentane Leistung p wird mit der Spannung u_{LR} über der realen Spule wie folgt berechnet:

$$p = u_{LR} i = \hat{u}_{LR} \sin(\omega t + \Delta\varphi) \hat{i} \sin \omega t$$

Diese Sinusfunktion ist für $\Delta\varphi = \pi/3$ in **Abb. 279.2** dargestellt. Zur Berechnung von Wirk- und Blindleistung wird im Phasendiagramm der Strom i in eine
Wirkstromkomponente $i_P = \hat{i} \cos \Delta\varphi$
parallel zur Spannung u_{LR} und in eine
Blindstromkomponente $i_Q = \hat{i} \sin \Delta\varphi$
senkrecht zu u_{LR} zerlegt. Mit Wirk- und Blindstrom können Wirkleistung P und Blindleistung Q berechnet werden. ◂

> Fließt der Strom $i = \hat{i} \sin \omega t$ durch ein Bauteil, über dem die Spannung $u = \hat{u} \sin(\omega t + \Delta\varphi)$ gemessen wird, so berechnet sich mit den Effektivwerten U und I
> die **Wirkleistung** zu $P = UI \cos \Delta\varphi$ und
> die **Blindleistung** zu $Q = UI \sin \Delta\varphi$;
> $\cos \Delta\varphi$ heißt **Leistungsfaktor.**
> Das Produkt UI heißt **Scheinleistung** $S = UI$.
> Es ist $S^2 = P^2 + Q^2$, da $\cos^2 \Delta\varphi + \sin^2 \Delta\varphi = 1$ gilt.

Aufgaben

1. Berechnen Sie Effektiv- und Scheitelwert der Stromstärke bei einer an das Netz (230 V) angeschlossenen 100 W-Glühlampe sowie die in 3 h entnommene Energie.
2. Durch einen Kondensator fließt ein Wechselstrom von $I = 7$ mA. Der Scheitelwert der Wechselspannung beträgt $\hat{u} = 9$ V. Zeichnen Sie für eineinhalb Perioden den Strom- und den Spannungsverlauf. Berechnen Sie die momentane Leistung p und zeichnen Sie auch deren Verlauf.
3. An einer Spule wird ein Wechselstrom mit $\hat{i} = 10$ mA und eine Wechselspannung mit $\hat{u} = 6$ V bei einer Phasendifferenz von $\Delta\varphi = 55°$ gemessen. Berechnen Sie anhand des Phasendiagramms die Schein-, Wirk- und Blindleistung.
4. Ein elektrisches Gerät gibt bei Anschluss an eine 110 V-Wechselspannung eine Wärmeleistung von 450 W ab. Dabei fließt ein Strom von $I = 5{,}3$ A. Berechnen Sie die Schein-, Wirk- und Blindleistung.

Wechselstromtechnik

7.1.5 Wechselstromschaltungen

In Wechselstromschaltungen werden Bauteile mit ohmschen, induktiven und kapazitiven Widerständen zu verzweigten Stromkreisen verschaltet. Fließt der Strom $i = \hat{i} \sin \omega t$ durch ein solches Netzwerk, so liegt über dem Netzwerk eine Spannung $u = \hat{u} \sin(\omega t + \Delta\varphi)$, die im allgemeinen Fall eine Phasendifferenz $\Delta\varphi \neq 0$ zum Strom hat. Die Phasendifferenz $\Delta\varphi$ kann Werte von $\Delta\varphi = -\pi/2$ bis $\Delta\varphi = +\pi/2$ annehmen. Bei der Berechnung von Wechselstromschaltungen sind Phasendiagramme ein wertvolles Hilfsmittel. Grundschaltungen sind wie im Gleichstromfall die Reihen- und die Parallelschaltung. Da sich die meisten Schaltungen auf Kombinationen dieser beiden Grundschaltungen zurückführen lassen, sollen sie hier behandelt werden.

Versuch 1 – Reihenschaltung von *R*, *L* und *C*: Ein ohmscher Widerstand mit $R = 1\,\text{k}\Omega$, eine Spule mit der Induktivität $L = 2{,}7\,\text{H}$ und ein Kondensator mit der Kapazität $C = 2\,\mu\text{F}$ werden in Reihe geschaltet. Angelegt wird eine Wechselspannung von $U_G = 10\,\text{V}$ mit der Netzfrequenz $f = 50\,\text{Hz}$. Gemessen werden die Effektivwerte des Stroms I und der Spannungen U über den einzelnen Bauteilen (**Abb. 280.1**).

Messergebnis: Der Strommesser zeigt die Stromstärke $I = 8\,\text{mA}$ an. Die Spannungen stimmen mit den Werten überein, die mit $I = 8\,\text{mA}$ berechnet werden können.

Berechnung der Spannungen: Mit den in 7.1.3 hergeleiteten Wechselstromwiderständen folgt:

$U_R = RI = 1\,\text{k}\Omega \cdot 8\,\text{mA} = 8\,\text{V}$

$U_L = X_L I = \omega L I = 2\pi \cdot 50\,\text{Hz} \cdot 2{,}7\,\text{H} \cdot 8\,\text{mA} = 6{,}8\,\text{V}$

$U_C = X_C I = \dfrac{I}{\omega C} = \dfrac{8\,\text{mA}}{2\pi \cdot 50\,\text{Hz} \cdot 2\,\mu\text{F}} = 12{,}8\,\text{V}$ ◄

Um zu verstehen, warum die algebraische Summe der gemessenen Spannungen größer als die Generatorspannung $U_G = 10\,\text{V}$ ist, wird das Phasendiagramm in **Abb. 280.1** betrachtet. Dort ist der Strom i mit dem beliebig gewählten Phasenwinkel $\varphi = \omega t = \pi/6$ (30°) gezeichnet. Die Spannungszeiger u_R, u_L und u_C sind entsprechend ihren Phasendifferenzen $\Delta\varphi = 0, +\pi/2, -\pi/2$ eingetragen. Werden diese Spannungszeiger durch Hintereinandersetzen addiert, ergibt sich nach dem 2. Kirchhoff'schen Gesetz die negative Generatorspannung u_G:

$u_G + u_R + u_L + u_C = 0$ oder $u_G = -(u_R + u_L + u_C)$

Aus dem Phasendiagramm kann in Übereinstimmung mit der Messung $U_G = 10\,\text{V}$ abgelesen werden (dabei gilt allgemein $U = \hat{u}/\sqrt{2}$).

Um die Stromstärke zu berechnen, wird zunächst die Impedanz Z der Reihenschaltung ermittelt. Ist $u = -u_G$ die gesamte über den drei Bauteilen liegende Spannung, so kann aus dem Phasendiagramm in **Abb. 280.1** mit dem Satz des Pythagoras abgelesen werden:

$\hat{u}_G^2 = \hat{u}^2 = \hat{u}_R^2 + (\hat{u}_L - \hat{u}_C)^2$

Für die Impedanz Z folgt damit:

$$Z = \dfrac{U_G}{I} = \dfrac{\hat{u}_G}{\hat{i}} = \sqrt{\dfrac{\hat{u}_R^2 + (\hat{u}_L - \hat{u}_C)^2}{\hat{i}^2}}$$

$$= \sqrt{\left(\dfrac{\hat{u}_R}{\hat{i}}\right)^2 + \left(\dfrac{\hat{u}_L}{\hat{i}} - \dfrac{\hat{u}_C}{\hat{i}}\right)^2}$$

$$= \sqrt{R^2 + \left(\omega L - \dfrac{1}{\omega C}\right)^2}$$

D. h. auch die Widerstände werden nicht algebraisch addiert. Mit den Werten $R = 1\,\text{k}\Omega$, $L = 2{,}7\,\text{H}$ und $C = 2\,\mu\text{F}$ berechnet sich die Impedanz zu $Z = 1{,}25\,\text{k}\Omega$. Für den Strom ergibt sich damit $I = U_G/Z = 10\,\text{V}/1{,}25\,\text{k}\Omega = 8\,\text{mA}$. Dies stimmt mit der Strommessung in Versuch 1 überein.

Auch die Phasendifferenz kann mit dem Phasendiagramm berechnet werden. Über den in Reihe geschalteten Bauteilen liegt die Spannung $u = u_R + u_L + u_C = \hat{u}\sin(\omega t + \Delta\varphi)$. Ihre auf den Strom i bezogene Phasendifferenz ist hier im Beispiel negativ. Aus **Abb. 280.1** folgt $\Delta\varphi = -37°$.

Allgemein ergibt sich aus dem Phasendiagramm:

$\tan \Delta\varphi = \dfrac{\hat{u}_L - \hat{u}_C}{\hat{u}_R} = \dfrac{U_L - U_C}{U_R}$

Für das Beispiel gilt

$\tan \Delta\varphi = \dfrac{U_L - U_C}{U_R} = \dfrac{6{,}8\,\text{V} - 12{,}8\,\text{V}}{8\,\text{V}} = -\dfrac{3}{4}$, also $\Delta\varphi = -37°$.

Mit $U_R = RI$, $U_L = \omega L I$ und $U_C = I/\omega C$ ergibt sich allgemein die Phasendifferenz

$\tan \Delta\varphi = \dfrac{\omega L - \dfrac{1}{\omega C}}{R}$.

> Bei einer **Reihenschaltung** von Wechselstromwiderständen werden deren Spannungszeiger im Phasendiagramm addiert, indem die einzelnen Spannungszeiger relativ zum gemeinsamen Stromzeiger dargestellt werden. Die Impedanz Z wird aus R, $X_L = \omega L$ und $X_C = 1/\omega C$ berechnet nach:
>
> $Z = \sqrt{R^2 + (X_L - X_C)^2} = \sqrt{R^2 + \left(\omega L - \dfrac{1}{\omega C}\right)^2}$
>
> Die Phasendifferenz $\Delta\varphi$ zwischen dem Strom i und der Summe der Spannung $u = u_R + u_L + u_C$ über den Widerständen berechnet sich zu:
>
> $\tan \Delta\varphi = \dfrac{\omega L - \dfrac{1}{\omega C}}{R}$

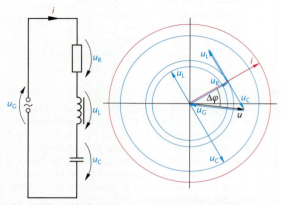

280.1 Reihenschalung von *R*, *L* und *C* mit Phasendiagramm

Versuch 2 – Parallelschaltung von R, L und C: Die Wechselstromwiderstände aus Versuch 1 mit den Werten $R = 1\,\text{k}\Omega$, $L = 2{,}7\,\text{H}$ und $C = 2\,\mu\text{F}$ werden nun parallel geschaltet (**Abb. 281.1**).

Messergebnis: Bei der Generatorspannung $U_G = 10\,\text{V}$ werden der Gesamtstrom zu $I = 11{,}4\,\text{mA}$ und die Einzelströme zu $I_R = 10\,\text{mA}$, $I_L = 11{,}8\,\text{mA}$ und $I_C = 6{,}3\,\text{mA}$ gemessen.

Versuchsauswertung: Die Auswertung des Versuchs verläuft analog zu den Überlegungen bei der Reihenschaltung. Im Phasendiagramm wird jedoch zunächst der über allen Bauteilen gleiche Spannungszeiger gezeichnet: In **Abb. 281.1** ist der Spannungszeiger für $u_R = u_L = u_C = u$ unter dem beliebigen Phasenwinkel $\varphi = \omega t = \pi/3$ (60°) eingetragen. Nun werden die Stromzeiger i_R, i_L und i_C unter Berücksichtigung ihrer jeweiligen Phasendifferenz eingezeichnet. Dabei gilt, dass der Spannungszeiger u_L dem Stromzeiger i_L an der Spule um $\pi/2$ vorauseilt, am Kondensator um $\pi/2$ nacheilt ($\rightarrow$ 7.1.2). Nach dem 1. Kirchhoff'schen Gesetz ergibt sich aus der Addition der Stromzeiger der Gesamtstrom $i = i_R + i_L + i_C$.

In **Abb. 281.1** kann im Phasendiagramm in Übereinstimmung mit der Messung $I = 11{,}4\,\text{mA}$ abgelesen werden. ◄

Die Phasendifferenz $\Delta\varphi$ zwischen dem Strom $i = \hat{i}\sin\omega t$ und der Spannung $u = \hat{u}\sin(\omega t + \Delta\varphi)$ über den Bauteilen kann im Phasendiagramm in **Abb. 281.1** zu $\Delta\varphi = 29°$ abgelesen werden. Allgemein folgt für die Phasendifferenz $\Delta\varphi$ aus **Abb. 281.1**:

$$\tan\Delta\varphi = \frac{\hat{i}_L - \hat{i}_C}{\hat{i}_R} = \frac{I_L - I_C}{I_R}$$

Für das Beispiel ergibt sich mit dieser Gleichung

$$\tan\Delta\varphi = \frac{I_L - I_C}{I_R} = \frac{11{,}8\,\text{mA} - 6{,}3\,\text{mA}}{10\,\text{mA}} = 0{,}55$$

und daraus $\Delta\varphi = 29°$.

Für die Impedanz Z kann entsprechend berechnet werden:

$$Z = \frac{U}{I} = \frac{\hat{u}}{\hat{i}} = \frac{\hat{u}}{\sqrt{\hat{i}_R^2 + (\hat{i}_L - \hat{i}_C)^2}}$$

Eine Umformung ergibt:

$$Z = \frac{U}{I} = \frac{\hat{u}}{\hat{i}} = \frac{1}{\sqrt{(\hat{i}_R/\hat{u})^2 + (\hat{i}_L/\hat{u} - \hat{i}_C/\hat{u})^2}}$$

$$= \frac{1}{\sqrt{(1/R)^2 + (1/X_L - 1/X_C)^2}}$$

$$= \frac{1}{\sqrt{(1/R)^2 + (1/\omega L - \omega C)^2}}$$

Für $\tan\Delta\varphi = (I_L - I_C)/I_R = (I_L/U - I_C/U)/(I_R/U)$ folgt entsprechend $\tan\Delta\varphi = (1/\omega L - \omega C)/(1/R)$.

Bei einer **Parallelschaltung** von R, L und C addieren sich im Phasendiagramm die Stromzeiger, die relativ zum gemeinsamen Spannungszeiger eingezeichnet werden. Die Impedanz Z und die Phasendifferenz $\Delta\varphi$ werden nach folgenden Formeln berechnet:

$$Z = \frac{1}{\sqrt{\left(\frac{1}{R}\right)^2 + \left(\frac{1}{\omega L} - \omega C\right)^2}}$$

$$\tan\Delta\varphi = \frac{\frac{1}{\omega L} - \omega C}{\frac{1}{R}}$$

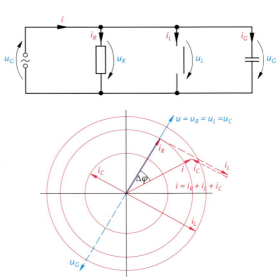

281.1 Parallelschaltung von R, L und C mit Phasendiagramm

Aufgaben

1. Berechnen Sie die Teilspannungen über dem ohmschen Widerstand $R = 250\,\Omega$, dem Kondensator $C = 12\,\mu\text{F}$ und der Spule $L = 1{,}8\,\text{H}$, die in Serie geschaltet von einem Wechselstrom $I = 120\,\text{mA}$ ($f = 50\,\text{Hz}$) durchflossen werden. Zeichnen Sie ein maßstabgerechtes Phasendiagramm und berechnen Sie die Impedanz Z, die Generatorspannung U_G und die Phasendifferenz $\Delta\varphi$.

2. Ein ohmscher Widerstand $R = 1{,}5\,\text{k}\Omega$, eine Spule $L = 75\,\text{mH}$ und ein Kondensator $C = 12\,\text{nF}$ werden parallel an eine Wechselspannung $U_G = 24\,\text{V}$ bei der Frequenz $f = 4{,}5\,\text{kHz}$ angeschlossen. Berechnen Sie die Ströme in den einzelnen Bauteilen und zeichnen Sie ein Phasendiagramm. Berechnen Sie die Impedanz Z, den Gesamtstrom I und die Phasendifferenz $\Delta\varphi$.

3. Ein ohmscher Widerstand $R = 150\,\Omega$ und eine Spule $L = 2{,}1\,\text{H}$ werden hintereinandergeschaltet und an eine Wechselspannung $U = 12\,\text{V}$ ($f = 650\,\text{Hz}$) angeschlossen. Berechnen Sie die Stromstärke und den Phasenwinkel. Ermitteln Sie die Leistung, die im Widerstand umgesetzt wird. Bestimmen Sie die Kapazität eines in Serie geschalteten Kondensators, sodass der Strom maximal wird.

4. Wird an eine Reihenschaltung aus ohmschem Widerstand R und Kondensator C eine Eingangsspannung U_1 gelegt und die Ausgangsspannung U_2 entweder über dem Kondensator oder über dem Widerstand abgegriffen, so liegt ein frequenzabhängiger Spannungsteiler vor. Der Abgriff über dem Kondensator heißt *RC-Tiefpass,* der über dem Widerstand *RC-Hochpass,* weil im ersten Fall nur tiefe, im zweiten Fall nur hohe Frequenzen übertragen werden. Geben Sie für Hoch- und Tiefpass das Verhältnis von Ausgangsspannung zu Eingangsspannung U_2/U_1 als Funktion der Frequenz f an. Zeichnen Sie für $C = 10\,\text{nF}$ und $R = 120\,\text{k}\Omega$ die Frequenzgangkurven, d. h. U_2/U_1 als Funktion der Frequenz f.

7.1.6 Der Transformator

Der Transformator ist ein wichtiges Bauteil der Wechselstromtechnik. Seine Verwendung reicht vom Umspanner in der Starkstromtechnik über den Netztransformator in elektrischen Geräten bis hin zum Übertrager in elektrischen Schaltungen. Ein Transformator kann Wechselspannungen mithilfe der elektromagnetischen Induktion von einer gegebenen Eingangsspannung auf eine gewünschte Ausgangsspannung *umsetzen*. Dabei bleibt die Frequenz konstant, die Scheitelspannung aber kann um ein Vielfaches vergrößert oder verkleinert werden. Ein Transformator hat zwei Spulen, die auf einen geschlossenen Eisenkern aufgebracht sind (**Abb. 282.1**). An die **Primärspule** wird die zu transformierende Spannung gelegt, an der **Sekundärspule** wird die transformierte Spannung abgegriffen.

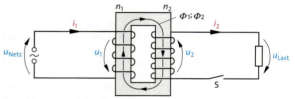

282.1 Festlegung der Messrichtungen beim Transformator: Die Strommessrichtungen sind so festgelegt, dass positive Ströme ($i_1 > 0$ und $i_2 > 0$) magnetische Flüsse Φ_1 und Φ_2 in gleicher Richtung erzeugen. Die Spannungsmessungen erfolgen wie üblich in Richtung der Strommessungen.

Versuch 1 – Transformator im Leerlauf: Mit verschiedenen Experimentierspulen wird ein Transformator mit unterschiedlichen Windungszahlen n_1 (Primärspule) und n_2 (Sekundärspule) aufgebaut. Die Sekundärspule ist noch nicht an einen Verbraucher angeschlossen, was als *Leerlauf* des Transformators bezeichnet wird. Mit Spannungsmessern werden die Primärspannung U_1 und die Sekundärspannung U_2 gemessen.
Messergebnis: Das Verhältnis von Sekundär- und Primärspannung U_2/U_1 ist gleich dem Verhältnis der Windungszahlen n_2/n_1. Die Beziehung $U_2/U_1 = n_2/n_1$ wird als *Transformatorgesetz* bezeichnet: Entsprechend dem Verhältnis n_2/n_1 kann U_2 größer oder kleiner als U_1 sein.
Erklärung: Das Transformatorgesetz folgt aus dem Induktionsgesetz (→ 6.3.2): Ein in der Primärspule fließender Wechselstrom $i(t)$ ruft im Eisenkern einen magnetischen Wechselfluss $\Phi(t)$ hervor, der beide Spulen in gleicher Weise durchsetzt. In jeder Windung der Primär- und der Sekundärspule wird die Wechselspannung $u = -d\Phi/dt$ induziert (→ 6.3.2). Für Primär- bzw. Sekundärspannung folgt $u_1 = n_1 u$ bzw. $u_2 = n_2 u$ und daraus $u_2/u_1 = U_2/U_1 = n_2/n_1$. ◀

Transformatorgesetz: Sekundär- und Primärspannung U_2 und U_1 verhalten sich wie die Windungszahlen n_2 und n_1:

$$\frac{U_2}{U_1} = \frac{n_2}{n_1} = ü$$

$ü = n_2/n_1$ heißt Übersetzungsverhältnis.

Belasteter Transformator

Wird an der Sekundärspule des Transformators ein elektrisches Gerät angeschlossen, so wirkt die Sekundärspannung u_2 als Generatorspannung und lässt einen *Laststrom* i_2 durch das Gerät fließen. Der in der Sekundärspule induzierte Strom i_2 wirkt nach der Lenz'schen Regel seiner Ursache, also dem vom Strom i_1 erzeugten Fluss Φ_1, entgegen, indem der von i_2 erzeugte Fluss Φ_2 dem Fluss Φ_1 entgegengerichtet ist. Beim Experimentiertrafo wird dadurch der Fluss Φ_1 zum Teil aus der Sekundärspule verdrängt; es entsteht *Streufluss*. Damit ist die feste magnetische Kopplung zwischen Primär- und Sekundärspule aufgehoben und die Funktion des Transformators beeinträchtigt. Um dies zu vermeiden, haben industriell hergestellte Transformatoren übereinandergewickelte Spulen. Der Kern ist so geformt und aufgebaut, dass möglichst an keiner Stelle magnetischer Fluss nach außen tritt.

Versuch 2: An einen industriell hergestellten Ringkern-Transformator wird sekundärseitig ein Schiebewiderstand angeschlossen, mit dem der *Laststrom* I_2 verändert werden kann. An die Primärspule wird die konstante Netzspannung (hier $U_N = 225$ V) gelegt. Die Sekundärspannung U_2 wird gemessen.

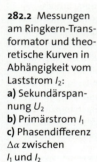
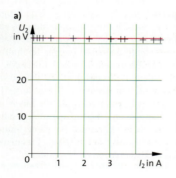
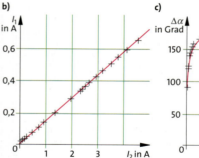
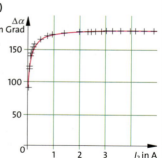

282.2 Messungen am Ringkern-Transformator und theoretische Kurven in Abhängigkeit vom Laststrom I_2:
a) Sekundärspannung U_2
b) Primärstrom I_1
c) Phasendifferenz $\Delta\alpha$ zwischen I_1 und I_2

Beobachtung: Die Leerlaufspannung $U_2 = 31{,}5$ V bleibt mit zunehmendem Laststrom I_2 nahezu konstant (**Abb. 282.2 a**).
Erklärung: Das Transformatorgesetz gilt für den Leerlauf unter der Voraussetzung, dass beide Spulen vom gleichen Fluss Φ durchsetzt sind. Beim idealen Transformator ist dies auch bei Belastung der Fall. Daher gilt das Transformatorgesetz auch für den belasteten Transformator, denn es ist gleichgültig, welche Ströme den magnetischen Fluss im Eisenkern hervorrufen.

Aus $U_1 = 225$ V und $U_2 = 31{,}5$ V berechnet sich das Übersetzungsverhältnis zu $ü = U_2/U_1 = 0{,}140$. ◀

Versuch 3: Das Verhalten des belasteten Ringkern-Trafos wird untersucht, indem der Primärstrom I_1 und die Phasendifferenz $\Delta\alpha$ zwischen Primär- und Sekundärstrom jeweils als Funktion des Laststroms I_2 gemessen werden.
Messergebnisse: Abhängig vom Laststrom I_2 nimmt der Primärstrom I_1 von einem Anfangswert $I_1 = 0{,}020$ A im Leerlauf kontinuierlich zu (**Abb. 282.2 b**). Die Phasendifferenz $\Delta\alpha$ wächst von 90° bei kleinem Laststrom steil an und nähert sich dem Wert 180° (**Abb. 282.2 c**).

Erklärung: Im Leerlauf stellt die Primärspule einen induktiven Widerstand X_L dar, sodass als Primärstrom i_1 ein reiner Blindstrom i_{1Q} fließt, dem die Leerlaufspannung u_1 um 90° vorauseilt (**Abb. 283.1 a**). Bei Belastung kommt zur Blindstromkomponente i_{1Q} eine Wirkstromkomponente i_{1W} in Phase mit u_1 hinzu (**Abb. 283.1 b**).

Auch beim belasteten Transformator induziert der unverändert fließende primäre Blindstrom i_{1Q} die konstante Primärspannung $u_1 = -u_\text{Netz}$. Der vom Laststrom i_2 erzeugte Fluss Φ_2 und der vom Wirkstrom i_{1W} erzeugte Fluss Φ_{1W} müssen sich daher aufheben, d.h. der Wirkstrom i_{1W} ist in Gegenphase zum Laststrom i_2. Der Wirkstrom i_{1W} erzeugt den Fluss $\Phi_{1W} = i_{1W} \mu_r \mu_0 n_1 A/l$ (→ 6.3.6) und der Laststrom i_2 den Fluss $\Phi_2 = i_2 \mu_r \mu_0 n_2 A/l$. Aus $\Phi_{1W} = -\Phi_2$ folgt $n_1 i_{1W} = -n_2 i_2$ und daraus $i_{1W} = -i_2 n_2/n_1$. Mit dem Übersetzungsverhältnis $ü = n_2/n_1$ ergibt sich

$$i_{1W} = -ü\, i_2 = \frac{n_2}{n_1} i_2.$$

Für den Primärstrom I_1 folgt aus **Abb. 283.1 b)** mit dem Satz des Pythagoras die Gleichung $i_1^2 = i_{1Q}^2 + i_{1W}^2$ und damit

$$I_1 = \sqrt{I_{1Q}^2 + (ü I_2)^2}.$$

Diese in **Abb. 282.2 b)** für $I_{1Q} = 0{,}020$ A und $ü = 0{,}140$ dargestellte Funktion $I_1 = f(I_2)$ ist in guter Übereinstimmung mit den Messwerten.

Für die Phasendifferenz $\Delta\alpha$ zwischen i_1 und i_2 kann in **Abb. 283.1 b), c)** abgelesen werden:

$$\Delta\alpha = \arctan\left(\frac{i_{1W}}{i_{1Q}}\right) + 90°.$$

Aus $i_{1W} = -ü\, i_2$ folgt für die Effektivwerte $I_{1W} = ü I_2$, also

$$\Delta\alpha = \arctan\left(\frac{ü I_2}{I_{1Q}}\right) + 90°.$$

Die Funktion $\Delta\alpha = f(I_2)$ ist in **Abb. 282.2 c)** für $I_{1Q} = 0{,}020$ A und $ü = 0{,}140$ dargestellt. Auch für die Phasendifferenz $\Delta\alpha$ stimmt die theoretische Kurve gut mit den Messwerten überein. ◀

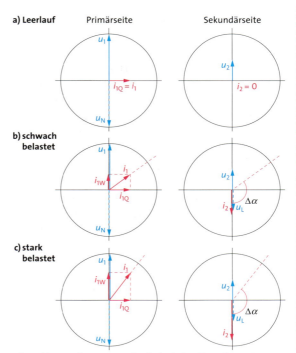

283.1 Phasendiagramme des belasteten Transformators

Der verlustfreie Transformator nimmt primärseitig die Wirkleistung $P_1 = U_1 I_{1W}$ auf. Mit dem Transformatorgesetz $U_1 = U_2 n_1/n_2$ und dem Strom $I_{1W} = I_2 n_2/n_1$ folgt

$$P_1 = U_1 I_{1W} = U_2 \frac{n_1}{n_2} I_2 \frac{n_2}{n_1} = U_2 I_2 = P_2$$

in Übereinstimmung mit der Energieerhaltung.

> Das **Transformatorgesetz** $U_2/U_1 = n_2/n_1$ gilt auch bei Belastung. Der Primärstrom i_1 setzt sich aus einer konstanten Blindstromkomponente i_{1Q} und einer vom Laststrom i_2 abhängigen Wirkstromkomponente $i_{1W} = -i_2 n_2/n_1$ zusammen. Für die Effektivwerte gilt
>
> $$I_1 = \sqrt{I_{1Q}^2 + \left(\frac{I_2 n_2}{n_1}\right)^2}.$$
>
> Bei starker Belastung ist $i_2 n_2/n_1 \gg i_{1Q}$ und damit
>
> $$I_1 \approx \frac{I_2 n_2}{n_1}.$$

Aufgaben

1. Bestimmen Sie die Ausgangsspannung eines Hochspannungstransformators mit $n_1 = 250$ und $n_2 = 23\,000$ Windungen im Leerlauf, wenn primärseitig 230 V anliegen.
2. Ein Klingeltrafo für 16 V wird gebaut. Berechnen Sie die Anzahl der Sekundärwicklungen, die auf einen Eisenkern aufgebracht werden, wenn $U_1 = 230$ V und $n_1 = 1000$ sind.
3. Ein Hochstromtransformator hat sekundärseitig eine einzige Windung aus sehr dickem Kupferdraht. Bestimmen Sie die Stromstärke, wenn die Primärspule ($n_1 = 500$) bei 230 V eine Scheinleistung von 60 W aufnimmt.

Wechselstromtechnik

Exkurs

Die öffentliche Versorgung mit elektrischer Energie

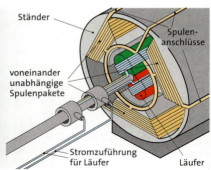

Im Bild oben links wird gerade der Generator eines Großkraftwerks zusammengebaut: Am Kran hängt der Elektromagnet, der in den Ständer eingebracht wird. Bei einer Klemmenspannung von 27 kV wird der Generator eine Leistung von 1200 MW abgeben. Im Hintergrund ist die Dampfturbine zu erkennen, deren Welle den Elektromagneten in Drehung versetzt. Ein Gleichstromgenerator, die sogenannte Erregermaschine, sitzt mit dem Elektromagneten auf einer Achse und versorgt ihn mit Gleichstrom. Die Kraftwerksgeneratoren der öffentlichen Stromversorgung sind so gebaut, dass sie nicht nur einen einzigen, sondern *drei* Wechselströme zugleich erzeugen. Ihr Elektromagnet bewegt sich bei jeder vollen Drehung an drei Spulen vorbei, die jeweils um 120° versetzt angebracht sind. Daher sind auch die **Phasen** der drei Wechselströme, die bei jeder Drehung des Elektromagneten in den Spulen induziert werden, um jeweils 120° gegeneinander versetzt. Dieser dreiphasige Wechselstrom wird als **Drehstrom** bezeichnet. Die einzelne Leiterbahn L_1, L_2 oder L_3 heißt **Strang**. Drehstrom besteht demnach aus drei Wechselströmen, deren Sinuskurven eine Phasendifferenz von jeweils 120° haben. Dadurch addieren sich die drei Ströme in jedem Augenblick zur Gesamtsumme null. Bei gleicher Belastung der drei Stränge fließt daher in dem gemeinsamen Rückleiter – der als **Neutralleiter** (N) bezeichnet wird – kein Strom. Dadurch können die Verluste beim Energietransport halbiert werden!

Im Haushalt liegt an einer Schutzkontakt-(Schuko-)Steckdose jeweils nur *ein* Strang zusammen mit dem Neutralleiter. Der geerdete **Schutzleiter** sorgt dafür, dass berührbare Metallteile eines

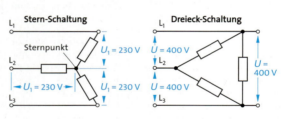

Elektrogerätes keine Spannung führen können. Leistungsstarke Elektromotoren oder Elektroöfen werden hingegen mit allen drei Strängen versorgt. Jedes Elektrogerät ist dabei so aufgebaut, dass es drei getrennte Teilverbraucher besitzt, z. B. drei Feldspulen bei einem Elektromotor oder drei Heizspiralen bei einem Ofen. Bei deren Anschluss an das Drehstromnetz gibt es zwei Schaltungsmöglichkeiten:

Bei der **Stern-Schaltung** (Bild in der Mitte links) werden die Eingangsklemmen der drei Teilverbraucher an die

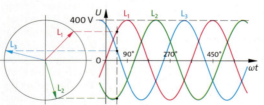

drei Stränge L_1, L_2 und L_3 angeschlossen und die Ausgangsklemmen untereinander verbunden. Jeder Teilverbraucher erhält dadurch die *Strangspannung* von $U = 230$ V, die zwischen jedem der drei Leiter und dem gemeinsamen Sternpunkt besteht. Bei der **Dreieck-Schaltung** (Bild in der Mitte rechts) werden die Ein- und Ausgänge der drei Teilverbraucher in Form eines Dreiecks miteinander verbunden. An jeden Eckpunkt wird ein Strang angeschlossen. Jeder Teilverbraucher erhält dadurch die höhere *Leiterspannung* von 400 V, die jeweils zwischen zwei der drei Stränge besteht. Die Spannung $U = 400$ V ergibt sich aus der Spannung $U_1 = 230$ V zu $U = 2\,U_1 \cos 30° = 400$ V.

Seinen Namen verdankt der Drehstrom dem Betrieb von Elektromotoren. Er erzeugt nämlich in den drei Ständerwicklungen dieser Motoren ein magnetisches Drehfeld, das den Rotor mitnimmt und so die Drehbewegung des Motors erzeugt. In einem Asynchronmotor kann sich der Rotor als „Käfigläufer" völlig kontaktfrei drehen, da er den Strom für den Aufbau des Rotorfeldes auf induktivem Wege aus dem Magnetfeld des Ständers bezieht. Drehstrommotoren brauchen demzufolge keine Bürsten und Schleifringe wie Gleichstrommotoren. Sie sind daher sehr robust, nahezu wartungsfrei und äußerst leistungsfähig.

Ohne Transformatoren wäre eine Versorgung mit elektrischer

Wechselstromtechnik

Energie über größere Entfernungen nicht möglich. Das zeigt die folgende Rechnung: Die Generatoren in den Kraftwerken geben die elektrische Energie bei Spannungen zwischen 6 kV und 27 kV ab. Ein typisches Kabel aus Stahl mit einer Querschnittsfläche von 600 mm^2 und 20 km Länge hat einen Widerstand von $R = 6\,\Omega$. Bei einem Energiefluss von $P = 50$ MW über die Leitung würde bei einer Generatorspannung von $U = 20$ kV ein Strom von $I = P/U = 2500$ A fließen. Die Verlustleistung aufgrund der Wärmeentwicklung im Kabel wäre dann $P_V = R I^2 = 37{,}5$ MW, also 75 % der zu übertragenden Leistung. Wird die Generatorspannung von 20 kV auf 380 kV transformiert, so verringert sich der Strom nach $P = UI$ um den Faktor 20/380 und die Verlustleistung nach $P_V = R I^2$ um den Faktor $(20/380)^2 = 0{,}00277$. Sie beträgt damit nur noch 0,21 % der zu übertragenden Leistung.

Daher erfolgt die erste Umspannung unmittelbar beim Kraftwerk, das den Strom ins Höchstspannungsnetz von 220 kV bzw. 380 kV einspeist. Kleinere Kraftwerke wie Wasserkraftanlagen oder große Windkonverter geben den erzeugten Strom ins Mittelspannungsnetz von 10 kV bis 40 kV. Leistungsschwache Energiequellen wie z. B. Solargeneratoren speisen direkt ins Niederspannungsnetz von 230 V/400 V ein. Das Bild oben zeigt schematisch den Energietransport vom Kraftwerk zu den Verbrauchern auf den verschiedenen Spannungsebenen. Das Höchstspannungsnetz in Deutschland hat eine Länge von 17 000 km für 380 kV und 23 000 km für 220 kV.

Da elektrische Energie nicht in großem Maße gespeichert werden kann, müssen die Kraftwerke in jedem Moment so viel Energie liefern, wie durch das Ein- und Ausschalten von Motoren, Lampen, Heizgeräten und anderen elektrischen Verbrauchern angefordert wird. Dabei ändert sich der Energiebedarf im Laufe eines Tages und im Jahresverlauf. Sogenannte *Lastkurven* stellen die elektrische Leistung über einen Tag hin dar. Als Beispiel zeigt das Bild unten zwei Lastkurven aller deutschen Kraftwerke aus dem Jahre 2002 für einen Sommer- und einen Wintertag. Um die Mittagszeit werden Spitzenwerte erreicht, die im Winter auch abends auftreten. Im Mai war mit 66,5 Gigawatt (GW) der Tageshöchstwert am kleinsten, während er im Dezember mit 75,1 GW am größten war. Am geringsten ist der Bedarf in der zweiten Nachthälfte.

Um auf die unterschiedlichen Anforderungen reagieren zu können, sind die Kraftwerke über ein Kommunikationsnetz miteinander verbunden. Von

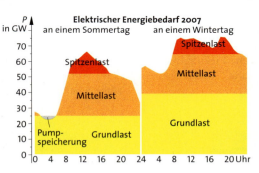

Schaltzentralen aus werden die Kraftwerke gesteuert, um die drei Bereiche *Grundlast*, *Mittellast* und *Spitzenlast* aufzubringen.

Die Grundlast besteht unabhängig von allen Lastschwankungen. Sie wird von Kraftwerken gedeckt, die rund um die Uhr arbeiten, Tag und Nacht, im Sommer wie im Winter. Dies sind Kernkraftwerke, Braunkohlekraftwerke und mit einem wesentlich geringeren Beitrag Laufwasserkraftwerke. Wenn nachts mehr elektrische Energie erzeugt als benötigt wird, kann mit dem Überschuss Wasser in höher gelegene Speicherseen gepumpt und bei Bedarf am Tag zur Erzeugung elektrischer Energie genutzt werden. Die zweite Ebene des Energiebedarfs ist die Mittellast. Dabei handelt es sich um die regelmäßige Ausbuchtung der Lastkurve oberhalb der Grundlast, etwa um den vermehrten Verbrauch mittags und abends. Diese stundenweise Belastung des Stromnetzes ist vorhersehbar und wird vor allem von Steinkohlekraftwerken abgedeckt.

Wenn oberhalb der Mittellast zusätzliche Belastungsspitzen auftreten, werden Speicherkraftwerke, Pumpspeicherkraftwerke und Gasturbinenkraftwerke eingesetzt. Innerhalb von wenigen Minuten erbringen ihre Generatoren die volle Leistung.

Im Jahre 2004 wurden in der Bundesrepublik Deutschland bei einer installierten Kraftwerksleistung von 129,5 GW insgesamt 570 Mrd. kWh = 570 TWh (Terawattstunden) elektrische Energie erzeugt. Davon entfielen

28 % auf Kernenergie,
26 % auf Braunkohle,
22 % auf Steinkohle,
10 % auf Erdgas,
9 % auf erneuerbare Energien,
5 % auf Heizöl und Sonstige.

Bei den erneuerbaren Energien hat 2004 die Energieerzeugung durch Windkraft mit 44 % die durch Wasserkraft mit 38 % erstmals übertroffen.

Um Lastschwankungen auszugleichen, hat Deutschland im Jahre 2004 als Mitglied des westeuropäischen Verbundnetzes UCPTE 51,5 TWh exportiert und 44,2 TWh importiert.

7.2 Elektrische Schwingungen und elektromagnetische Wellen

Elektrische Schwingungen strahlen bei hohen Frequenzen elektromagnetische Wellen ab, die als Radio- und Fernsehwellen aus dem Alltag bekannt sind.

7.2.1 Der elektrische Schwingkreis

Versuch 1: Eine Spule mit geschlossenem Eisenkern der hohen Induktivität von $L = 600$ H und ein Kondensator mit der Kapazität $C = 40$ µF werden zu einem Kreis verschaltet (**Abb. 286.1**). Mit einem Umschalter wird der Kondensator zunächst an eine Gleichspannungsquelle von 100 V angeschlossen und aufgeladen, dann wird er mit der Spule verbunden.
Beobachtung: Die Zeiger der Messinstrumente führen gedämpfte Schwingungen mit einer Schwingungsdauer $T \approx 1$ s aus. Spannung und Strom schwingen dabei mit einer Phasendifferenz von $\Delta\varphi = 90°$. ◄

> **Definition:** Ein Kreis aus Kondensator und Spule heißt **elektrischer Schwingkreis,** da in ihm elektrische Schwingungen stattfinden können.

Die elektrische Schwingung lässt sich mit der Schwingung eines Federpendels vergleichen. Dazu sind in **Abb. 287.1** die Abläufe beider Schwingungen in einzelnen Phasen dargestellt. Der Vergleich zeigt:

> Im elektrischen Schwingkreis finden periodische Umwandlungen von elektrischer und magnetischer Feldenergie statt.

Weitere Versuche werden zeigen (→ 7.2.2), dass jeder Schwingkreis eine bestimmte Eigenfrequenz besitzt, die von der Kapazität C des Kondensators und der Induktivität L der Spule bestimmt wird. Die Eigenfrequenz f ist umso größer, je kleiner die Kapazität C und je kleiner die Induktivität L ist. Es gilt:

> Die **Eigenfrequenz** f eines elektrischen Schwingkreises berechnet sich mit der Induktivität L und der Kapazität C nach der **Thomson'schen Gleichung:**
>
> $f = \dfrac{1}{2\pi\sqrt{LC}}$

Herleitung der Thomson'schen Gleichung

In **Abb. 286.2** sind in das Schaltbild eines Schwingkreises die Stromstärke i und die Spannungen u_C am Kondensator und u_L an der Spule eingezeichnet. Es gilt $u_C + u_L = 0$.
Mit den Formeln

$$u_C = \frac{q(t)}{C} \quad \text{und} \quad u_L = L\frac{di}{dt}$$

folgt daraus die Gleichung

$$\frac{1}{C}q(t) + L\frac{di}{dt} = 0.$$

Wird diese Gleichung nach der Zeit abgeleitet, ergibt sich mit $i = dq/dt$ eine *Differentialgleichung (DGL) 2. Ordnung*:

$$\frac{1}{C}i + L\frac{d^2i}{dt^2} = 0$$

Lösung der DGL (→ S. 117) ist z. B. die Sinusfunktion, denn sie kehrt nach zweimaligem Ableiten wieder. Daher erfüllt folgender Ansatz die Gleichung:

$$i = \hat{i}\sin\omega t \quad \text{mit} \quad \frac{d^2i}{dt^2} = -\omega^2\hat{i}\sin\omega t$$

Einsetzen dieser beiden Gleichungen in die DGL ergibt:

$$\frac{1}{C}\hat{i}\sin\omega t - L\omega^2\hat{i}\sin\omega t = \left(\frac{1}{C} - L\omega^2\right)\hat{i}\sin\omega t = 0$$

Diese Gleichung ist nur dann für alle t null, wenn

$$\frac{1}{C} - L\omega^2 = 0 \quad \text{ist, woraus} \quad \omega = \frac{1}{\sqrt{LC}} = 2\pi f \quad \text{folgt.}$$

Damit ist die Thomson'sche Gleichung hergeleitet.

286.2 Schaltbild eines elektrischen Schwingkreises

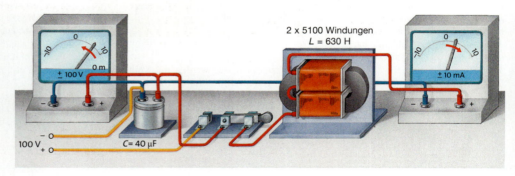

286.1 Ein Kondensator wird mithilfe eines Umschalters zunächst aufgeladen und dann über eine Spule hoher Induktivität entladen. An den beiden Messinstrumenten wird eine abklingende Schwingung beobachtet.

Elektrische Schwingungen und elektromagnetische Wellen

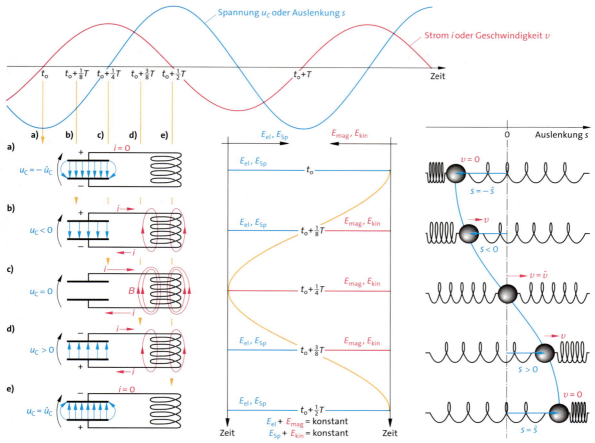

287.1 Die Schwingungen in einem elektrischen Schwingkreis lassen sich mit den Schwingungen eines Federpendels vergleichen. Dargestellt sind die Verhältnisse für die ungedämpfte Schwingung:

a) Der Kondensator ist auf die maximale Spannung $\hat{u}_C$ aufgeladen. Es fließt kein Strom, die magnetische Feldenergie ist null. Die Energie des Kondensators ist $E_{el} = \frac{1}{2} C \hat{u}_C^2$.
b) Der Kondensator entlädt sich mit zunehmender Stromstärke. Die magnetische Energie der Spule wächst, die elektrische Energie des Kondensators nimmt ab: $E_{el} + E_{mag}$ = konstant.
c) Der Kondensator ist vollständig entladen und besitzt keine elektrische Energie mehr. Der Entladestrom hat seine größte Stärke $\hat{i}$ erreicht. Die magnetische Feldenergie beträgt $E_{mag} = \frac{1}{2} L \hat{i}^2$.
d) Die Induktivität der Spule bewirkt das Weiterfließen des Stromes über die Ladungsgleichverteilung hinaus. Der Kondensator lädt sich mit entgegengesetzter Polung auf.
e) Der Kondensator ist entgegengesetzt aufgeladen.

a) Die Kugel ist zur maximalen Elongation $-\hat{s}$ ausgelenkt. Die Kugel bewegt sich nicht, ihre kinetische Energie ist null. Die Federn enthalten die Spannenergie $E_{Sp} = \frac{1}{2} D \hat{s}^2$.
b) Die Kugel bewegt sich mit zunehmender Geschwindigkeit. Sie gewinnt in gleichem Maße kinetische Energie, wie die Spannenergie abnimmt: $E_{Sp} + E_{kin}$ = konstant.
c) Die Federn sind vollständig entspannt und besitzen keine Spannenergie. Die Kugel schwingt mit größter Geschwindigkeit $\hat{v}$ durch die Ruhelage mit der kinetischen Energie $E_{kin} = \frac{1}{2} m \hat{v}^2$.
d) Die Trägheit der Kugel treibt diese über die Ruhelage hinaus, sodass die Kugel zur anderen Seite schwingt und die Spannenergie der Federn wieder anwächst.
e) Die Kugel ist voll zur anderen Seite ausgelenkt.

Die Vorgänge bei der elektrischen und der mechanischen Schwingung wiederholen sich nun in umgekehrter Richtung.

Aufgaben

1. Geben Sie die analogen Größen und Gleichungen für elektrische und mechanische Schwingungen an.
2. Berechnen Sie die Schwingungsdauer T des Schwingkreises in Versuch 1. Die Spule hat die Induktivität $L = 600$ H und der Kondensator die Kapazität $C = 40$ µF.
3. Ein Schwingkreis soll mit der Frequenz $f = 2{,}5$ kHz schwingen. Berechnen Sie die Induktivität L der Spule, wenn die Kapazität des Kondensators $C = 150$ nF beträgt.
4. Stellen Sie eine zur Herleitung der Thomson'schen Gleichung analoge Herleitung für das Federpendel auf.

Elektrische Schwingungen und elektromagnetische Wellen

7.2.2 Elektrische Schwingungen

Die Thomson'sche Gleichung für die Eigenfrequenz f eines elektrischen Schwingkreises $f = 1/(2\pi\sqrt{LC})$ (→ 7.2.1) wird in einem Versuch bestätigt.

Versuch 1: Aus Messungen der Wechselstromwiderstände (→ 7.1.3) kann die Induktivität einer Spule von $n = 1000$ Windungen zu $L = 36$ mH und die Kapazität eines Kondensators zu $C = 100$ nF mit einer Genauigkeit von 2 % berechnet werden. Spule und Kondensator bilden einen Schwingkreis, in den ein Rechteckgenerator geschaltet ist, der die Schwingungen anregt (**Abb. 288.1a**). Zur Beobachtung der Schwingungen wird die Spannung über der Spule an den Y-Eingang eines Oszilloskops gelegt.
Beobachtung: Der Schirm des Oszilloskops zeigt gedämpfte Schwingungen, die periodisch von der Rechteckspannung angeregt werden (**Abb. 288.1b**).
Erklärung: Während einer Halbperiode des Rechtecks schwingt der Kreis vom Generator unbeeinflusst. Die Dämpfung der Schwingung rührt im Wesentlichen vom Energieverlust im Wirkwiderstand der Spule her. Die Energie wird dem Schwingkreis bei jedem Spannungssprung der Rechteckspannung wieder zugeführt, sodass der Kreis anschließend selbstständig mit gleicher Startamplitude schwingen kann.
Auswertung: Das Schirmbild in **Abb. 288.1b)** zeigt, dass während der Zeitspanne $\Delta t = 6 \cdot 500$ µs $= 3$ ms etwa 8 Schwingungen erfolgen. Daraus ergibt sich die Schwingungsdauer zu $T = 375$ µs und die Frequenz zu $f = 1/T = 2{,}67$ kHz. Aus der Thomson'schen Gleichung folgt mit den Werten $L = 36$ mH und $C = 100$ nF für die Frequenz

$$f = \frac{1}{2\pi\sqrt{LC}} = \frac{1}{2\pi\sqrt{36\,\text{mH} \cdot 100\,\text{nF}}} = 2{,}65\,\text{kHz}.$$

Im Rahmen der Messgenauigkeit stimmen experimenteller und theoretischer Wert überein. ◄

Erzwungene elektrische Schwingungen

Ebenso wie mechanische Schwinger (→ 3.1) zeigen auch elektrische Schwingkreise Resonanz, wenn sie zu erzwungenen Schwingungen angeregt werden.

Versuch 2: Ein Schwingkreis ist im Prinzip wie in Versuch 1 aufgebaut, angeschlossen wird nun aber ein Sinusgenerator mit variabler Frequenz f (**Abb. 288.2a**). Zur Vergrößerung der Dämpfung befindet sich ein ohmscher Widerstand R im Kreis. Bei konstanter Generatorspannung wird mit einem Strommesser die Stromstärke I als Funktion der Generatorfrequenz f gemessen und mit einem Oszilloskop die Frequenz der Wechselspannung über der Spule ermittelt. Die Messung erfolgt bei unterschiedlichen Widerständen R.
Beobachtung: Im Kreis tritt eine sinusförmige, ungedämpfte Schwingung auf, die als *erzwungene Schwingung* bezeichnet wird. Dabei schwingt das System mit der Frequenz f der Generatorspannung. Abhängig von dieser Erregerfrequenz f durchläuft die Stromstärke I, die zur Amplitude $\hat{\imath}$ der Schwingung proportional ist, eine Kurve mit einem Maximum (**Abb. 288.2b**). Dieser Verlauf ist von mechanischen Schwingern her bekannt und wird als *Resonanz* bezeichnet (→ 3.2.4). Je kleiner

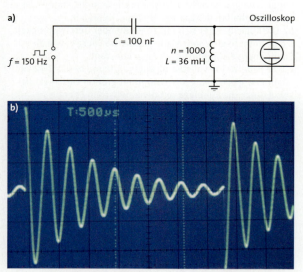

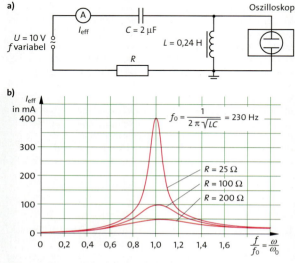

288.1 a) Schaltbild eines Schwingkreises mit Rechteckgenerator
b) Periodisch angeregte, gedämpfte elektrische Schwingungen (aufgezeichnet ist die Spannung an der Spule)

288.2 Stromresonanz bei einer Reihenschaltung von L und C:
a) Schaltbild des Serienresonanzkreises
b) Messpunkte und theoretisch berechnete Resonanzkurven

der Dämpfungswiderstand R ist, umso schärfer ausgeprägt ist die Resonanzkurve. Unabhängig von der Dämpfung tritt Resonanz stets bei der gleichen Frequenz auf, im Versuch bei 230 Hz. Es ist die Eigenfrequenz f des Schwingkreises. Mit $L = 0{,}24$ H und $C = 2$ µF folgt aus der Thomson'schen Gleichung

$$f = \frac{1}{2\pi\sqrt{LC}} = \frac{1}{2\pi\sqrt{0{,}24\,\text{H} \cdot 2\,\text{µF}}} = 230 \text{ Hz}. \blacktriangleleft$$

Die Dämpfung senkt die Eigenfrequenz und damit auch die Resonanzstelle etwas, was aber erst bei starker Dämpfung merklich wird (s. Aufgabe 6).

> Spule, Kondensator und ohmscher Widerstand bilden in Reihe geschaltet einen *Serienresonanzkreis*, der zu erzwungenen elektrischen Schwingungen angeregt werden kann. Bei Anregung mit der Eigenfrequenz tritt Resonanz auf.

Phasenbeziehungen im Schwingkreis

Die Betrachtung der Phasenbeziehungen im Resonanzkreis soll das Verständnis des elektrischen Schwingkreises vertiefen. In **Abb. 289.1 a)** ist das Schaltbild eines Serienresonanzkreises gezeichnet. Nach dem 2. Kirchhoff'schen Gesetz gilt in jedem Moment für die Summe aller Wechselspannungen im Kreis:

$$u_G + u_C + u_L + u_R = 0$$

Im Zeigerdiagramm in **Abb. 289.1 b)** ist die Spannung u_R am Widerstand R in Phase zum Strom i. Die Spannung u_L an der Spule hat gegenüber dem Strom die Phasendifferenz $\Delta\varphi_L = +\pi/2$, die Kondensatorspannung u_C die Phasendifferenz $\Delta\varphi_C = -\pi/2$. Für die beiden Spannungen u_L und u_C ergibt sich daraus eine Phasendifferenz von π, d. h. die beiden Spannungen sind in *Gegenphase*. Sie heben sich in jedem Moment auf und können daher auch größer als die Generatorspannung u_G sein. Die Generatorspannung u_G ist mit der Spannung u_R in Gegenphase und damit auch zum Strom i. Der Generator gleicht in jedem Moment den Verlust an elektrischer Energie im Widerstand R aus, sodass der Schwingkreis ungedämpft schwingt.

Die Resonanzkurven in **Abb. 288.2 b)** können theoretisch mit der Formel für den Wechselstromwiderstand Z einer Reihenschaltung von R, L und C berechnet werden ($\rightarrow$ 7.1.5):

$$I = \frac{U}{Z} = \frac{U}{\sqrt{R^2 + \left(\omega L - \frac{1}{\omega C}\right)^2}}$$

Für $\omega = \omega_0 = 1/\sqrt{LC}$ erreicht der Strom seinen Höchstwert; denn der **Blindwiderstand** ($\omega L - 1/\omega C$) ist dann null und der maximale Strom I_0 wird allein durch den Wirkwiderstand R bestimmt: $I_0 = U/R$. Bei Resonanz können die Spannungen über der Spule und dem Kondensator größer als die angelegte Spannung sein. Aus den in **Abb. 288.2** angegebenen Daten $I_0 = 400$ mA (bei $R = 25\,\Omega$), $f_0 = 230$ Hz und $L = 0{,}24$ H ergibt sich die Spannung über der Spule im Resonanzfall zu

$$U_L = I_0\,\omega_0\,L = 400 \text{ mA} \cdot 2\pi \cdot 230 \text{ Hz} \cdot 0{,}24 \text{ H} = 139 \text{ V}.$$

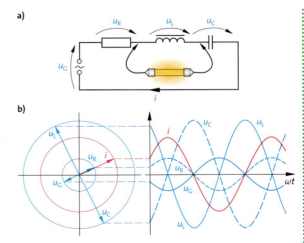

289.1 a) Schaltbild eines Serienresonanzkreises
b) Phasendiagramm des Kreises mit Resonanzfall

Diese Spannung ist wesentlich größer als die angelegte Spannung von $U = 10$ V. Mit einer Glimmlampe wird diese Spannungserhöhung demonstriert, indem die Lampe zunächst parallel zum Generator und anschließend parallel zur Spule geschaltet wird: Die Glimmlampe hat eine Zündspannung von 95 V und kann von der Generatorspannung nicht gezündet werden, während sie über der Spule hell aufleuchtet (**Abb. 289.1 a**).

Aufgaben

1. Ein Kondensator mit $C = 0{,}1$ µF und eine Spule mit $L = 44$ mH bilden einen Schwingkreis. Berechnen Sie die Eigenfrequenz. Durch Einschieben eines Eisenkerns in die Spule vergrößert sich deren Induktivität um den Faktor 23. Ermitteln Sie die Änderung der Eigenfrequenz.

2. Eine lange Spule mit kreisförmiger Querschnittsfläche ($n = 340$, $l = 60$ cm, $d = 8$ cm) ist mit einem Kondensator der Kapazität $C = 0{,}1$ µF in Serie geschaltet. Berechnen Sie die Resonanzfrequenz.

3. Ein Schwingkreis mit $C = 47$ nF schwingt bei der Frequenz $f = 3{,}7$ kHz. Ermitteln Sie die Induktivität.

4. Leiten Sie die Thomson'sche Gleichung aus der Resonanzbedingung für den Serienschwingkreis her.

5. Zeichnen Sie die Resonanzkurve eines Serienschwingkreises, indem Sie die Stromstärke I als Funktion der Frequenz f darstellen ($L = 0{,}44$ H, $C = 5$ µF, $R = 50\,\Omega$, $U = 24$ V). Berechnen Sie die Spannungen an der Spule und am Kondensator bei Resonanz.

6. Die Thomson'sche Gleichung, die den Einfluss eines Widerstandes R berücksichtigt, lautet:

$$f = \frac{1}{2\pi}\sqrt{\frac{1}{LC} - \frac{R^2}{4L^2}}$$

Berechnen Sie die prozentuale Änderung der Eigenfrequenz, wenn in **Abb. 288.2 b)** der Widerstand $R = 100\,\Omega$ (statt $R = 0\,\Omega$) eingeschaltet wird.

Elektrische Schwingungen und elektromagnetische Wellen

7.2.3 Ungedämpfte Schwingungen

Aufgrund von Energieverlusten sind die Schwingungen eines elektrischen Schwingkreises gedämpft (→ 7.2.2). Mit einer **Rückkopplung,** deren Prinzip aus der Mechanik bekannt ist (→ 3.2.4), baute A. MEISSNER 1913 einen ungedämpft schwingenden Oszillator.

Versuch 1 – Rückkopplung nach MEISSNER: Eine Spule mit $n = 1000$ Windungen und ein Kondensator mit $C = 1\,\mu\text{F}$ bilden einen Schwingkreis, der mit einem Lautsprecher und der Kollektor-Emitter-Strecke (CE-Strecke) eines Transistors in Reihe geschaltet an eine Gleichspannungsquelle angeschlossen ist (**Abb. 290.1a**). Neben der Schwingkreisspule befindet sich eine zweite, sogenannte *Rückkopplungsspule* (125 Windungen), die über einen Koppelkondensator (10 µF) an die Basis-Emitter-Strecke (BE-Strecke) angeschlossen ist.
Beobachtung: Ein an den Schwingkreis angeschlossenes Oszilloskop zeigt eine ungedämpfte Sinusschwingung von $f = 800$ Hz, die auch der Lautsprecher als Ton abgibt. Mit der angelegten Gleichspannung (10 V bis 30 V) kann die Lautstärke reguliert werden.
Wird die Kapazität des Schwingkreiskondensators um den Faktor 1/100 von $C = 10\,\mu\text{F}$ auf $0{,}1\,\mu\text{F}$ verkleinert, verringert sich entsprechend der Thomson'schen Gleichung $T = 2\pi\sqrt{LC}$ (→ 7.2.1) die Schwingungsdauer und die Frequenz vergrößert sich von $f = 250$ Hz auf 2,5 kHz um den Faktor 10.

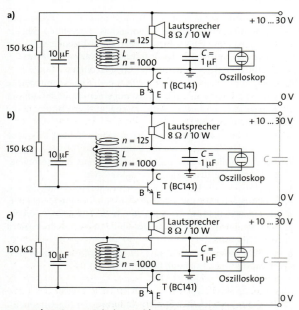

290.1 a) Meissner-Schaltung, **b)** Meissner-Schaltung mit direkt angeschlossener Rückkopplungsspule, **c)** Dreipunktschaltung

Erklärung der Meissner-Schaltung: Beim Einschalten wird der Schwingkreis durch einen Stromstoß zu gedämpften Schwingungen angeregt (→ **Abb. 288.1a**). Um ungedämpfte Schwingungen zu erhalten, muss eine Wechselspannung u von gleicher Frequenz und gleicher Phase wie die gedämpfte Schwingung jedoch mit konstanter Amplitude an den Schwingkreis gelegt werden. Dann fließt (unabhängig vom Strom im Schwingkreis) aufgrund dieser Wechselspannung ein Wechselstrom i in Phase zur Spannung u durch die Parallelschaltung von Spule und Kondensator und führt dem Schwingkreis Energie zu (→ **Abb. 288.1**). Indem der Wechselstrom i auch durch den Lautsprecher fließt, wird er akustisch nachgewiesen. Energielieferant ist die Gleichspannungsquelle, die jedoch nur einen Strom vom Plus- zum Minuspol hervorrufen kann. Daher muss der Wechselstrom i einem Gleichstrom so überlagert sein, dass die Summe beider Ströme stets positiv ist. Ein derartiger Wechselstrom wird mit der CE-Strecke des Transistors erzeugt: In der Rückkopplungsspule induziert das Magnetfeld der Schwingkreisspule eine Wechselspannung (→ 6.3.2), die einen Wechselstrom als Steuerstrom über die BE-Strecke des Transistors fließen lässt. Dadurch ändert sich periodisch der Widerstand der CE-Strecke, sodass die Gleichspannungsquelle und die CE-Strecke zusammen eine Wechselspannung erzeugen, die wie oben gefordert am Schwingkreis liegt.
Schaltungstechnische Erläuterungen: Der Steuerstrom fließt in dem Wechselstromkreis aus Rückkopplungsspule, 10 µF-Kondensator und BE-Strecke. In der BE-Strecke wird der Wechselstrom einem Gleichstrom überlagert, der über den 150 kΩ-Widerstand fließt. Der Gleichstrom steuert den Transistor in einen geeigneten Arbeitspunkt, sodass über die CE-Strecke ein Gleichstrom mit einem überlagerten Wechselstrom fließen kann. Der 10 µF-Kondensator verhindert, dass der Gleichstrom für den Arbeitspunkt durch die Rückkopplungsspule statt über die BE-Strecke fließt. ◄

Versuch 2 – Dreipunktschaltung: Die Meissner-Schaltung wird in einem ersten Schritt wie folgt verändert: Die direkte Verbindung der Rückkopplungsspule zum Minuspol der Spannungsquelle wird entfernt und der freie Spulenanschluss mit der Schwingkreisspule verbunden. Dadurch entsteht eine Spule mit Abgriff (**Abb. 290.1b**). Der 10 µF-Kondensator verhindert jetzt, dass ein großer Basisgleichstrom über die Rückkopplungsspule fließt.
Beobachtung: Die Schaltung funktioniert ebenso wie die Meissner-Schaltung.
Erklärung: Wie zuvor wird eine Wechselspannung in der Rückkopplungsspule induziert. Der dadurch hervorgerufene Steuerwechselstrom fließt nun über den

Elektrische Schwingungen und elektromagnetische Wellen

am Ausgang einer Gleichspannungsquelle stets vorhandenen Kondensator (grau gezeichnet).
In der Praxis ist die Schaltung durch Einsparen der Rückkopplungsspule vereinfacht. Mit einem Abgriff an der Schwingkreisspule wird ein Teil der Selbstinduktionsspannung u_L für die Rückkopplung benutzt (**Abb. 290.1c**). Wegen der drei Abgriffe an der Schwingkreisspule heißt diese Schaltung *Dreipunktschaltung*. ◂

Versuch 3 – Hochfrequenzoszillator: Nach **Abb. 291.1** wird eine Dreipunktschaltung mit einer Spule von 46 Windungen und einem Drehkondensator aufgebaut. Da L und C klein sind, schwingt der Oszillator nach der Thomson'schen Gleichung (→ 7.2.1) mit großer Frequenz. Mit einem Oszilloskop wird die Frequenz der Schwingung gemessen.
Beobachtung: Mit dem Drehkondensator kann die Frequenz auf Werte zwischen 600 kHz und 1000 kHz eingestellt werden. Das sind Radiofrequenzen im Mittelwellenbereich. Im Lautsprecher eines in der Nähe aufgestellten Rundfunkempfängers ist ein Brummen und Rauschen zu hören, wenn der Empfänger zur Senderwahl auf die Frequenz des Oszillators eingestellt wird.
Erklärung: Der hochfrequente Oszillator sendet elektromagnetische Wellen aus (→ 6.3.7). 1888 hatte Heinrich Hertz diese Wellen erstmals erzeugt und nachgewiesen (→ 7.2.4 und 7.2.5). ◂

> Elektrische Oszillatoren, die durch Rückkopplung ungedämpft schwingen, strahlen bei hohen Frequenzen elektromagnetische Wellen ab.

Das Prinzip der Rückkopplungsschaltung kann mit dem Phasendiagramm gut erklärt werden. In **Abb. 291.2a** ist das Phasendiagramm eines idealen, also verlustfreien Schwingkreises gezeichnet. Da der Schwingkreis in Reihe mit einem Bauteil von veränderlichem Widerstand geschaltet wird, ist es zweckmäßig, den Schwingkreis als Parallelschaltung einer Spule und eines Kondensators zu betrachten. Über dem Schwingkreis liegt dann die einheitliche Wechselspannung
$$u = u_L = u_C.$$
Für die Ströme gilt das 1. Kirchhoff'sche Gesetz
$$i_L + i_C = 0, \quad \text{also} \quad i_C = -i_L.$$

Die Verluste in einem realen Schwingkreis werden von einem parallel zur Spule und zum Kondensator geschalteten Widerstand R erfasst, durch den ein Strom i_R phasengleich zur Spannung u fließt und die Verlustleistung $p = u\,i_R$ hervorruft. Angenommen, die Spule sei für die Verluste verantwortlich, ergibt sich das Phasendiagramm in **Abb. 291.2b**. Da die Knotenregel $i_L + i_C + i_R = 0$ weiterhin gilt, können die Ströme i_L und i_C nicht mehr in Gegenphase sein: i_L hat eine Komponente, die entgegengerichtet gleich i_R ist und die Verlustenergie liefert, sodass die Schwingung gedämpft ist. Die Überlegung macht verständlich, wie die Dämpfung aufgehoben werden kann.

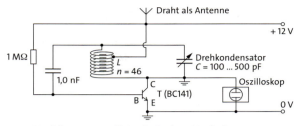

291.1 Hochfrequenzoszillator in Dreipunktschaltung

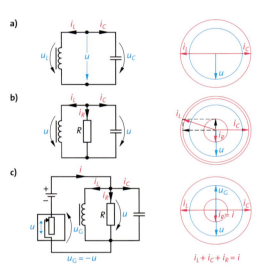

291.2 Phasendiagramme: **a)** idealer Schwingkreis; **b)** realer Schwingkreis; **c)** realer Schwingkreis mit Rückkopplung

Der Strom i_R darf nicht vom Schwingkreis gespeist werden, sondern muss von außen durch den Kreis fließen. Dieser Wechselstrom $i = i_R$ wird mit dem in **Abb. 291.2c** im Prinzip gezeichneten Bauteil erzeugt: Ein veränderlicher, durch Rückkopplung der Spannung u gesteuerter Widerstand erzeugt zusammen mit einer Gleichspannungsquelle eine Generatorspannung $u_G = -u$, die den Strom $i = i_R$ hervorruft (**Abb. 291.2c**). Es bestehen dann die gleichen Phasenbeziehungen wie beim idealen, also ungedämpften Schwingkreis.

Aufgaben

1. Erklären Sie, wieso in der Meissner-Schaltung (**Abb. 290.1a**) der Steuerstrom mit *richtiger* Phase fließt (ein größerer Steuerstrom bewirkt einen kleineren Widerstand der CE-Strecke). Erläutern Sie, was geschieht, wenn die Rückkopplungsspule umgedreht wird.
2. Berechnen Sie die Induktivität L eines Schwingkreises, der mit 1,5 MHz schwingt. Die Kapazität sei $C = 50$ pF. Bestimmen Sie die Zahl n der auf einen Rundstab ($l = 4$ cm, $d = 6$ mm) gewickelten Spulenwindungen.
3. Erklären Sie, wie die Rückkopplung bei der Dreipunktschaltung funktioniert (**Abb. 290.1c** und **291.1**).

Elektrische Schwingungen und elektromagnetische Wellen

7.2.4 Elektromagnetische Wellen

Die 1888 von Heinrich HERTZ erstmals erzeugten und nachgewiesenen elektromagnetischen Wellen werden im Folgenden experimentell untersucht.

Versuch 1: Für die Experimente ist ein Hochfrequenz-Oszillator fest aufgebaut, dessen Frequenz zu $f =$ 434 MHz gemessen wird. Auf den HF-Oszillator wird ein Metallstab gelegt, der in der Mitte unterbrochen ist. Die Unterbrechung ist mit einem Glühlämpchen überbrückt (**Abb. 292.1**). Am Metallstab entlang wird ein Sensor für ein hochfrequentes elektrisches Feld geführt. Der Feldsensor besteht aus einer Glimmlampe, die über einen 10 MΩ-Widerstand an die Wechselspannung des elektrischen Netzes angeschlossen ist. Die Netzspannung zündet die Glimmlampe, wegen des hohen Widerstandes leuchtet sie aber nur schwach.
Beobachtung: Das in der Mitte des Stabes eingebaute Glühlämpchen leuchtet, obwohl kein geschlossener Stromkreis besteht. Die Sensorlampe leuchtet hell auf, wenn sie an die Enden des Stabes gebracht wird.
Erklärung: Der HF-Oszillator induziert im Stab einen hochfrequenten Wechselstrom von 434 MHz, der das Glühlämpchen leuchten lässt. Im Stab ist eine elektrische Schwingung angeregt, die die Enden des Stabes periodisch positiv und negativ auflädt. Dadurch entsteht um den Stab ein hochfrequentes elektrisches Wechselfeld, dessen Feldstärke an den Stabenden besonders groß ist. Dieses Feld regt in der Glimmlampe des Sensors eine intensive Gasentladung an. ◂

> Ein zu hochfrequenten elektrischen Schwingungen angeregter Metallstab heißt **Hertz'scher Dipol.**

Wegen seiner Form wird der Hertz'sche Dipol als *offener* Schwingkreis bezeichnet. Es lässt sich eine lückenlose Folge von Schwingkreisen bilden, beginnend mit

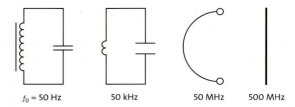

$f_0 \approx$ 50 Hz   50 kHz   50 MHz   500 MHz

292.2 Schwingkreise mit zunehmender Eigenfrequenz

Schwingkreisen aus Spulen mit Eisenkern und Kondensatoren großer Kapazität, die im akustischen Frequenzbereich schwingen, bis zu Schwingkreisen im MHz-Bereich, wo die Spule nur noch aus einem Bügel und der Kondensator aus kleinen Platten besteht (**Abb. 292.2**). Beim Hertz'schen Dipol bleibt schließlich nur noch ein Metallstab als „Spule" übrig. Die Enden des Stabes bilden den „Kondensator". Die Maximalwerte von Strom und Spannung haben beim Hertz'schen Dipol die gleiche Phasendifferenz einer Viertelperiode wie bei einem niederfrequenten Schwingkreis (**Abb. 292.1**).

Versuch 2: Auf den HF-Oszillator wird ein Hertz'scher Dipol als *Sender* gelegt. Der zuerst benutzte Dipol mit Glühlampe wird als *Empfänger* in einiger Entfernung aufgestellt. Hinter den Stab mit Lampe wird ein weiterer Hertz'scher Dipol als *Reflektor* gehalten und langsam vom Empfänger weg bewegt (**Abb. 292.3**).
Beobachtung: Die Empfängerlampe leuchtet, wenn Sender- und Empfängerdipol parallel sind. Beim Entfernen des Reflektors vom Empfänger nimmt die Helligkeit der Lampe zu und erreicht bei etwa 15 bis 20 cm Abstand ein Maximum. Beim weiteren Entfernen nimmt die Helligkeit der Lampe ab, bis sie bei 35 cm Abstand erlischt. Bei weiterem Entfernen leuchtet die Lampe wieder auf, und zwar am hellsten, wenn der Reflektor 35 cm von der Stelle entfernt ist, bei der die Lampe zuerst am hellsten leuchtete.

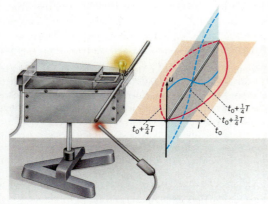

292.1 Ein zu Schwingungen angeregter Hertz'scher Dipol

292.3 Hertz'sche Dipole als Sender, Empfänger und Reflektor

Elektrische Schwingungen und elektromagnetische Wellen

Erklärung: Der auf dem Oszillator liegende Sendedipol wird zu Schwingungen angeregt. Das davon ausgehende hochfrequente Feld regt den Empfängerdipol ebenfalls zu Schwingungen an, sodass dessen Lampe leuchtet. Die Beobachtungen beim Entfernen des Reflektors können mit der Interferenz von Wellen erklärt werden (→ 3.4.5). Der Hertz'sche Dipol auf dem Oszillator sendet eine Welle aus, die sowohl vom Empfänger als auch vom Reflektor empfangen wird. Der Reflektordipol wird von der Welle zu Schwingungen angeregt und sendet – weil ohne Lampe ungedämpft – ebenfalls eine Welle aus. Diese Welle läuft zum Teil zum Sender zurück und interferiert mit der ursprünglichen Welle. Zwischen Sender und Reflektor bildet sich eine stehende Welle mit Schwingungsbäuchen und Schwingungsknoten. Wird der Reflektor bewegt, gelangt die Lampe abwechselnd in Schwingungsbäuche und Schwingungsknoten, sodass sie abwechselnd hell aufleuchtet und ausgeht. Bäuche und Knoten haben einen Abstand von einer halben Wellenlänge, sodass sich aus $\lambda/2 \approx 35$ cm die Wellenlänge zu $\lambda \approx 0{,}7$ m ergibt. Mit der gemessenen Frequenz $f = 434$ MHz folgt aus der Wellengleichung $v = f\lambda$ (→ 3.3.4) für die Ausbreitungsgeschwindigkeit

$$v = f\lambda = 434 \text{ MHz} \cdot 0{,}7 \text{ m} \approx 3 \cdot 10^8 \text{ m/s} = c. \blacktriangleleft$$

> Ein Hertz'scher Dipol strahlt eine Welle ab, die sich mit Lichtgeschwindigkeit c ausbreitet.

Die in den Versuchen benutzten Hertz'schen Dipole sind etwa eine halbe Wellenlänge lang. Eine Verlängerung oder eine Verkürzung verschlechtert die Abstrahlung bzw. den Empfang. Die Hertz'schen Dipole sind demnach auf eine halbe Wellenlänge abgestimmt.

Mit einer auf den deutschen Physiker Ernst LECHER zurückgehenden Versuchsanordnung kann die Welle genauer untersucht werden. Bei der sogenannten Lecher-Leitung sind zwei dünne Messingrohre parallel in 2 cm Abstand verlegt. Zur besseren elektrischen Leitfähigkeit sind die Rohre versilbert, denn bei hohen Frequenzen fließt der Strom nur an der Oberfläche, da die Induktion ein Eindringen in das Metall verhindert (sogenannter *Skineffekt;* skin, engl.: Haut). Die beiden parallelen Rohre sind an einem Ende miteinander verbunden, während das andere Ende offen ist.

Versuch 3: Das kurzgeschlossene Ende der Lecher-Leitung befindet sich über dem 434 MHz-Oszillator. Vor dem offenen Ende der Leitung steht der Empfänger. Auf das offene Ende ist zunächst ein *Schleifendipol* gesteckt (**Abb. 293.1a**). Dann wird der Schleifendipol entfernt (**Abb. 293.1b**). In beiden Fällen wird die Lecher-Leitung mit dem Feldsensor untersucht.

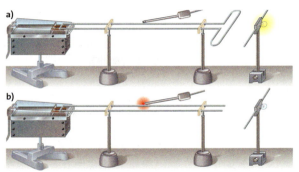

293.1 a) Lecher-Leitung mit Schleifen- und Empfängerdipol
b) Lecher-Leitung mit offenem Ende

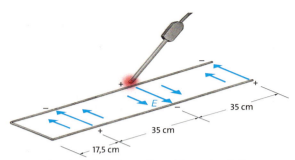

293.2 Stehende elektrische Welle auf der Lecher-Leitung

Beobachtung: Mit aufgestecktem Schleifendipol leuchtet die Empfängerlampe, ohne Schleifendipol nicht. Die Sensorlampe leuchtet mit Schleifendipol an keiner Stelle der Leitung, während sie ohne Schleifendipol am offenen Ende und an zwei weiteren Stellen im Abstand von 35 cm leuchtet. Das zweite Aufleuchten ist 17,5 cm vom geschlossenen Ende entfernt (**Abb. 293.2**).

Erklärung: Der Oszillator regt am kurzgeschlossenen Ende eine Welle an, die von den parallelen Rohren zum Schleifendipol geleitet und dort abgestrahlt wird.
Bei abgezogenem Schleifendipol wird die Welle am offenen Ende reflektiert, sodass sich hin- und herlaufende Welle zu einer stehenden Welle überlagern. Der Feldsensor weist die stehende elektrische Welle nach: Am offenen Ende und in Abständen von einer halben Wellenlänge $\lambda/2 \approx 35$ cm bilden sich Schwingungsbäuche der elektrischen Feldstärke. Am geschlossenen Ende tritt ein Schwingungsknoten auf, d. h. die elektrische Feldstärke wird am geschlossenen Ende mit dem Phasensprung π reflektiert. Am offenen Ende wird die Welle ohne Phasensprung reflektiert, sodass sich dort ein Schwingungsbauch bildet. ◀

> Auf der Lecher-Leitung kann eine stehende Welle mit Schwingungsbäuchen und -knoten der elektrischen Feldstärke nachgewiesen werden.

Elektrische Schwingungen und elektromagnetische Wellen

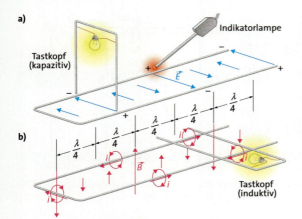

294.1 Stehende elektromagnetische Wellen auf einer Lecher-Leitung können mit einem Tastkopf nachgewiesen werden:
a) Nachweis des elektrischen Feldes mit aufrechtem Tastkopf
b) Nachweis des magnetischen Feldes mit liegendem Tastkopf

Versuch 4: Mit einem Tastkopf kann die stehende Welle ebenfalls nachgewiesen werden. Der Tastkopf besteht aus einem kurzen Stück Lecher-Leitung, das eine Viertelwellenlänge misst. Mit einem offenen und einem geschlossenen Ende stellt diese kurze Lecher-Leitung einen abgestimmten Schwingkreis für die Sendefrequenz von 434 MHz dar. Zum Nachweis der Schwingung ist am geschlossenen Ende ein Glühlämpchen parallel geschaltet. Der Tastkopf wird zunächst aufrecht (**Abb. 294.1a**), dann liegend (**Abb. 294.1b**) über die Lecher-Leitung geführt.
Beobachtung: Wird der Tastkopf aufrecht über die Lecher-Leitung geführt, leuchtet das Glühlämpchen an den Stellen auf, an denen zuvor in Versuch 3 der Feldsensor die Schwingungsbäuche des elektrischen Feldes nachgewiesen hat.
Wird der Tastkopf liegend über die Leitung geführt, leuchtet das Lämpchen in der Mitte zwischen den Schwingungsbäuchen des elektrischen Feldes auf.
Erklärung: Befinden sich die Enden des aufrecht gehaltenen Tastkopfs in einem hochfrequenten elektrischen Feld, so regt dieses den Tastkopf zu Schwingungen an. Mit dem liegenden Tastkopf werden Schwingungsbäuche des magnetischen Feldes nachgewiesen. Ein hochfrequentes Magnetfeld vermag in dieser Stellung den Schwingkreis anzuregen, indem es den Tastkopf, der eine Spule mit einer Windung bildet, durchsetzt. Am geschlossenen Ende der Lecher-Leitung bildet sich ein Schwingungsbauch der magnetischen Feldstärke, da dort ein Strom fließen kann. Am geschlossenen Ende wird das Magnetfeld ohne Phasensprung reflektiert, während am offenen Ende ein Phasensprung π erfolgt. ◄

Damit ist das vollständige Bild von stehenden elektromagnetischen Wellen bekannt (**Abb. 294.2**).

> Bei stehenden elektromagnetischen Wellen kann eine elektrische und eine magnetische Feldkomponente nachgewiesen werden. Die Schwingungsbäuche des elektrischen und des magnetischen Feldes sind um $\lambda/4$ gegeneinander verschoben.

Aus den Beobachtungen bei stehenden Wellen kann auf die Eigenschaften von laufenden elektromagnetischen Wellen geschlossen werden (**Abb. 294.3**): Elektrischer Feldvektor $\vec{E}$ und magnetischer Feldvektor $\vec{B}$ stehen ebenso wie bei der stehenden Welle senkrecht zueinander, sind aber bei der laufenden Welle in Phase. Die Ausbreitungsrichtung, die senkrecht auf $\vec{E}$ und $\vec{B}$ steht, kann mit der *Drei-Finger-Regel* ermittelt werden (→ 6.1.3): Zeigt der abgespreizte rechte Daumen in $\vec{E}$-, der Zeigefinger in $\vec{B}$-Richtung, so gibt der abgespreizte Mittelfinger die Richtung von $\vec{c}$ an.

Diese Eigenschaften der elektromagnetischen Wellen sind in Übereinstimmung mit den Maxwell'schen Gleichungen, aus denen in → 6.3.7 die Ausbreitung von elektromagnetischen Wellen hergeleitet wird. Dort wird gezeigt, dass zwischen den Feldstärken die Beziehung $E = Bc$ gilt und die Ausbreitungsgeschwindigkeit c aus den Feldkonstanten ε_0 und μ_0 mit der Gleichung $c = 1/\sqrt{\varepsilon_0 \mu_0}$ berechnet werden kann.

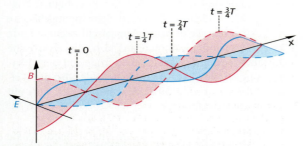

294.2 Elektrisches und magnetisches Feld einer stehenden elektromagnetischen Welle

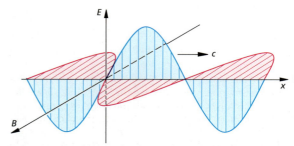

294.3 Elektrische Feldstärke E und magnetische Feldstärke B einer nach rechts laufenden elektromagnetischen Welle

Elektrische Schwingungen und elektromagnetische Wellen

Gekoppelte elektrische und magnetische Felder, die sich zeitlich und räumlich sinusförmig ändern, bilden eine **elektromagnetische Welle.**

Elektromagnetische Wellen breiten sich im Vakuum mit Lichtgeschwindigkeit c aus. Dabei stehen die zueinander senkrechten Feldvektoren $\vec{E}$ und $\vec{B}$ senkrecht zur Ausbreitungsrichtung. Für die Beträge E und B der Feldvektoren gilt in jedem Moment und an jedem Ort die Beziehung

$E = Bc$.

Lichtgeschwindigkeit c, elektrische Feldkonstante ε_0 und magnetische Feldkonstante μ_0 sind durch folgende Gleichung miteinander verbunden:

$c = \dfrac{1}{\sqrt{\varepsilon_0 \mu_0}}$

Für die Intensität S (gemessen in W/m^2) gilt mit den Amplituden $\hat{E}$ und $\hat{B}$ ($\rightarrow$ 6.3.7):

$S = \dfrac{1}{2\mu_0}\hat{E}\hat{B} = \dfrac{1}{2\mu_0}\hat{E}\dfrac{\hat{E}}{c} = \dfrac{1}{2c\mu_0}\hat{E}^2$

Abstrahlung von einem Hertz'schen Dipol

In **Abb. 295.1 a)** sind Bilder von elektrischen und magnetischen Feldlinien wiedergegeben, wie sie zuerst von Heinrich Hertz gezeichnet wurden. Zur Zeit $t = t_0$ fließt ein hochfrequenter Wechselstrom i mit maximaler Stärke in einem Dipolstab nach oben. Dieser Strom, der von einem magnetischen Feld B umgeben ist, hat nach einer Viertelschwingungsdauer die Stabenden aufgeladen. Von den unterschiedlich aufgeladenen Enden geht ein elektrisches Dipolfeld E aus, das sich ebenso wie das magnetische Feld vom Dipol mit Lichtgeschwindigkeit c entfernt. Nach einer weiteren Viertelschwingungsdauer sind die Stabenden wieder ungeladen, dafür fließt jetzt der maximale Strom in umgekehrter Richtung. Obwohl es nun keine Ladungen mehr gibt, ist das elektrische Feld nicht verschwunden: Das elektrische Feld hat sich vom Dipol abgeschnürt und bildet *geschlossene* Feldlinien, wie sie vom induzierten Feld bekannt sind ($\rightarrow$ 6.3.3). Auch das zuerst erzeugte magnetische Feld ist nach der Stromumkehr nicht verschwunden, sondern bleibt erhalten und entfernt sich zusammen mit dem elektrischen Feld: Eine elektromagnetische Welle hat sich gebildet und breitet sich mit Lichtgeschwindigkeit aus. **Abb. 295.1 b)** zeigt die Strahlungscharakteristik des Dipols.

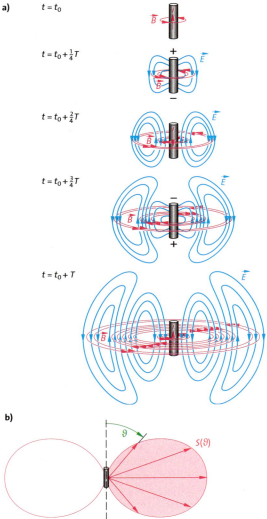

295.1 **a)** Abstrahlung einer elektromagnetischen Welle durch einen Hertz'schen Dipol (Die Bilder sind rotationssymmetrisch zur Dipolachse zu denken.)
b) Strahlungscharakteristik eines Hertz'schen Dipols: Die Länge der Pfeile gibt die Intensität S der Strahlung an, die der Dipol unter dem Winkel ϑ zur Dipolachse aussendet.

Aufgaben

1. Wenden Sie die Drei-Finger-Regel auf die Abstrahlung eines Hertz'schen Dipols an (**Abb. 295.1 a**).
2. Der Maximalwert der elektrischen Feldstärke einer Radiowelle betrage 11 V/m. Berechnen Sie den Maximalwert der magnetischen Feldstärke und die Intensität der Welle.
3. Ein Sender strahle mit einer Richtantenne über eine Abstrahlfläche von $A = 5$ m^2 eine ebene Welle mit der Leistung $P = 850$ kW ab. Berechnen Sie die Amplituden der elektrischen und magnetischen Feldstärke.
4. Bei Fernseh- und UKW-Antennen werden Hertz'sche Dipole als Direktoren und Reflektoren verwendet. Berechnen Sie die Länge eines Hertz'schen Dipols, der auf den UKW-Kanal 11 ($f = 90{,}3$ MHz) abgestimmt ist.
5. Das magnetische Feld einer elektromagnetischen Welle sei gegeben durch $B_y = B_0 \sin 2\pi(x/\lambda + t/T)$, $B_x = B_z = 0$.
Geben Sie die Gleichung für das zugehörige elektrische Feld E an. Skizzieren Sie in einem dreidimensionalen Koordinatensystem B und E für $t = 0$ und $t = T/8$.

7.2.5 Mikrowellen

Versuche mit Mikrowellen sind geeignet, die Eigenschaften von elektromagnetischen Wellen zu untersuchen. Der benutzte Generator erzeugt elektrische Schwingungen mit einer Frequenz von etwa $f = 10$ GHz (1 Gigahertz = 10^9 Hz).

Versuch 1: An den Generator ist eine trichterförmige Hornantenne angeschlossen. Vor der Antenne befindet sich in einigen Metern Abstand eine Hochfrequenzdiode (HF-Diode), die mit einem Strommesser (μA-Bereich) verbunden ist (**Abb. 296.1**).
Beobachtung: Das Messgerät zeigt einen Ausschlag, der sich bei Annäherung der HF-Diode an die Hornantenne vergrößert. Wird die aufrecht stehende Diode um die von der Hornantenne zur Diode gerichtete Achse gedreht, nimmt der Ausschlag ab und wird null bei einer Drehung um 90°.
Erklärung: Der Generator sendet über die Hornantenne eine elektromagnetische Welle aus (→ 7.2.4). Die HF-Diode besteht aus einem kleinen Drahtstück, das mit einer Spitze auf einen Halbleiter aufgesetzt ist. An der Kontaktstelle bildet sich ein pn-Übergang (→ 12.1.3), der als Gleichrichter wirkt. Ist der Draht parallel zum elektrischen Feldvektor gerichtet, induziert das elektromagnetische Feld im Draht einen hochfrequenten Wechselstrom. Am pn-Übergang wird der Wechselstrom gleichgerichtet, sodass das Messgerät einen Gleichstrom anzeigt.
Wird die HF-Diode um 90° gedreht, steht der elektrische Feldvektor senkrecht zum Draht und die elektromagnetische Welle kann keinen Strom induzieren. Damit ist gezeigt, dass der Oszillator über die Hornantenne eine polarisierte Transversalwelle abstrahlt, deren Feldlinienbild in **Abb. 296.1** dargestellt ist. ◄

Versuch 2: Eine HF-Diode, die in eine Hornantenne eingebaut ist, wird als Empfänger dem Oszillator gegenübergestellt (wie **Abb. 297.1a**) ohne Gitter).
Beobachtung: Das Strommessgerät zeigt einen größeren Strom als zuvor an.
Erklärung: Die Hornantenne des Empfängers leitet die gesamte auf die Öffnung einfallende Mikrowelle zur Diode. ◄

Versuch 3: Die Mikrowelle wird senkrecht auf eine dünne, ebene Metallwand gerichtet. Neben der Hornantenne des Senders steht, ebenfalls zur Metallwand gerichtet, die Antenne des Empfängers.
Beobachtung: Wie in Versuch 1 wird eine Mikrowelle empfangen. Die Anordnung stellt das Prinzip einer Radaranlage dar.
Erklärung: Die Mikrowelle wird an der Metallwand reflektiert. Dies geschieht dadurch, dass in der Metallwand wie zuvor beim Draht in der HF-Diode ein hochfrequenter Wechselstrom von der elektromagnetischen Welle induziert wird. Dieser Wechselstrom stellt einen großflächigen Oszillator dar, der eine elektromagnetische Welle abstrahlt. Hinter der Metallwand kann keine Welle nachgewiesen werden. Dies zeigt, dass der Wechselstrom nicht in der gesamten Platte fließt: Bei hohen Frequenzen verhindert die Induktion ein Eindringen der Welle in das Metall (*Skineffekt*). ◄

Versuch 4: Zwischen die beiden gegenüberstehenden Hornantennen von Sender und Empfänger wird ein Gitter aus Metallstäben gebracht. Das Gitter wird in der Gitterebene gedreht (**Abb. 297.1a**).
Beobachtung: Stehen die Stäbe horizontal und damit senkrecht zum elektrischen Feldvektor, zeigt sich kein Einfluss auf die Anzeige des an die HF-Diode angeschlossenen Strommessers. Stehen die Gitterstäbe vertikal und damit parallel zum elektrischen Feldvektor, wird hinter dem Gitter keine Mikrowelle empfangen. Vor den Gitterstäben können mit einer beweglichen HF-Diode Intensitätsmaxima und -minima nachgewiesen werden, wobei die Maxima einen Abstand von 1,5 cm haben. Bei den Gitterstäben tritt ein Intensitätsminimum auf.
Erklärung: Die elektromagnetische Welle induziert bei Parallelstellung mit dem *E*-Vektor in den Stäben hochfrequente Wechselströme, sodass die Stäbe als Hertz'sche Dipole elektromagnetische Wellen abstrahlen (→ 7.2.4). Einfallende und zurückgestrahlte Wellen überlagern sich wie bei der Lecher-Leitung zu einer stehenden Welle. Die Intensitätsmaxima (Schwingungsbäuche) haben einen Abstand von einer halben Wellenlänge. Aus der Messung $\lambda/2 = 1{,}5$ cm folgt für die Wellenlänge der Mikrowelle $\lambda = 3$ cm. Mit der Frequenz $f = 10$ GHz kann

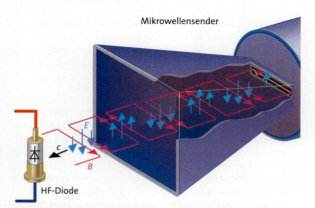

296.1 Ein HF-Oszillator strahlt über eine Hornantenne eine Mikrowelle ab, deren elektromagnetisches Feld in einer Hochfrequenz-Diode einen Strom induziert.

Elektrische Schwingungen und elektromagnetische Wellen

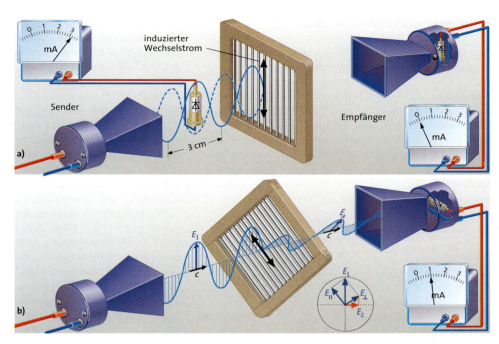

297.1 Einem Mikrowellensender mit Hornantenne steht ein Empfänger gegenüber. Zwischen beide Antennen wird ein Holzrahmen mit Metallstäben gebracht.
a) Die vertikal stehenden Gitterstäbe reflektieren die einfallende Mikrowelle, wenn deren elektrischer Feldvektor ebenfalls vertikal ausgerichtet ist. Vor dem Gitter lässt sich eine stehende Welle nachweisen.
b) Der um 90° gedrehte Empfänger weist eine Welle nach, wenn das Gitter in der Gitterebene gedreht wird.

die Ausbreitungsgeschwindigkeit der Welle berechnet werden:

$$c = f\lambda = 10 \cdot 10^9 \text{ Hz} \cdot 0{,}03 \text{ m} = 3 \cdot 10^8 \text{ m/s}$$

Es ist das gleiche Ergebnis, das sich in → Kap. 7.2.4 mit UKW-Wellen von $\lambda = 70$ cm ergab: Elektromagnetische Wellen breiten sich mit Lichtgeschwindigkeit aus.
Warum kann hinter den Gitterstäben keine Welle nachgewiesen werden, obwohl die Hertz'schen Dipole auch nach hinten abstrahlen? An den Gitterstäben tritt ein Schwingungsknoten der elektrischen Feldstärke auf, d. h. die von den Gitterstäben ausgesandte Welle hat gegenüber der ankommenden Welle den Phasensprung π. Hinter den Gitterstäben hat die ankommende und zum Teil durch die Stäbe hindurchtretende Welle mit der von den Stäben abgestrahlten Welle die Phasendifferenz π, sodass sich die beiden Wellen auslöschen. ◂

Versuch 5: Der Versuchsaufbau ist der gleiche wie in Versuch 3, die Empfängerantenne ist jedoch um 90° gedreht (**Abb. 297.1b**).
Beobachtung: Weder bei vertikaler noch bei horizontaler Stellung der Gitterstäbe kann ein Signal nachgewiesen werden. Wird das Gitter in der Gitterebene von der vertikalen in die horizontale Stellung gedreht, zeigt der Strommesser einen Ausschlag, der maximal ist bei einer Drehung um 45° und null bei 0° und 90°.
Erklärung: Die einfallende Mikrowelle kann mit einem hochfrequent schwingenden elektrischen Feldvektor $\vec{E}_1$ beschrieben werden, der in zwei Komponenten $\vec{E}_\parallel$ und $\vec{E}_\perp$ parallel und senkrecht zu den Gitterstäben zerlegt wird. Die parallele Komponente $\vec{E}_\parallel$ wird hinter dem Gitter entsprechend Versuch 4 ausgelöscht. Die senkrechte Komponente $\vec{E}_\perp$ tritt unbeeinflusst durch das Gitter. Der um 90° gedrehte Empfänger weist von $\vec{E}_\perp$ die Komponente $\vec{E}_2$ nach, die parallel zur Empfängerdiode gerichtet ist.

> Mit Mikrowellen, deren Wellenlängen λ die Größenordnung Zentimeter besitzen, lassen sich die Eigenschaften von elektromagnetischen Wellen wie Ausbreitung, Polarisation, Reflexion und Überlagerung zu stehenden Wellen demonstrieren. Mit einem Gitter aus Metallstäben, die als Hertz'sche Dipole wirken, kann die Vektoreigenschaft des elektrischen Feldes untersucht werden.

Aufgaben

1. Überprüfen Sie in **Abb. 296.1** anhand der Feldvektoren des hochfrequenten elektromagnetischen Feldes, dass die Welle aus der Hornantenne herausläuft.
2. Bei einer an einer Metallwand reflektierten Welle beträgt der Abstand der Intensitätsmaxima 1,24 cm. Berechnen Sie die Wellenlänge und die Frequenz der Mikrowelle.
3. In **Abb. 297.1b)** sei α der Drehwinkel des Gitters gegenüber dem Vektor E_1 der einfallenden Welle. Geben Sie die nachgewiesene Feldkomponente E_2 als Funktion des Drehwinkels α und des Vektors E_1 an. Skizzieren Sie das Ergebnis in einem Schaubild.

Elektrische Schwingungen und elektromagnetische Wellen

7.2.6 Rundfunktechnik

Mit elektromagnetischen Wellen können Radio- und Fernsehprogramme übertragen werden.

Versuch 1: Dem Hochfrequenzoszillator in Dreipunktschaltung (→ **Abb. 291.1**) ist ein Modulationsteil hinzugefügt (**Abb. 298.1**). Mit dem Drehkondensator kann die Sendefrequenz des Oszillators auf Werte zwischen 650 und 1000 kHz eingestellt werden. In einem auf die Sendefrequenz eingestellten Mittelwellenradio rauscht der Lautsprecher.

Beobachtung: Wird in das Mikrofon des Modulationsteils gesprochen, ist die Stimme im Rundfunkempfänger zu hören. Das Oszilloskop zeigt, dass die Amplitude der Oszillatorschwingung nicht mehr konstant ist, sondern sich mit der Sprache ständig ändert.

Erklärung: Der Oszillator sendet eine elektromagnetische Welle aus, die das Radiogerät empfängt. Die Welle ist *amplitudenmoduliert*, wie das Beispiel in **Abb. 298.2 a)** zeigt. Dabei wird die Amplitude der sogenannten *Trägerwelle* von einer akustischen Schwingung periodisch verändert. Im Versuch wird dies erreicht, indem das Modulationsteil die am Oszillator anliegende Gleichspannung periodisch verändert: Im Mikrofon wird eine Wechselspannung induziert, die einen Wechselstrom über den 10 µF-Kondensator und die (BE)-Strecke des Transistors T_2 fließen lässt. Dadurch wird der Widerstand der (CE)-Strecke und damit die Spannung U_{CE} über dem Transistor T_2 periodisch verändert. Ist U_{CE} groß, so ist die Spannung am Oszillator klein und umgekehrt, denn die Summe beider Spannungen ergibt die angelegte Gleichspannung. Mit der periodischen Änderung der Spannung am Oszillator ändert sich periodisch die abgestrahlte Leistung.

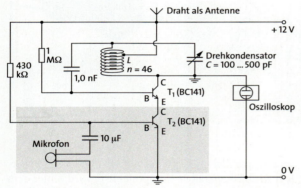

298.1 Dem Hochfrequenzoszillator in Dreipunktschaltung (→ **Abb. 291.1**) ist eine Modulationsschaltung hinzugefügt (grau unterlegt).

Im Rundfunkempfänger regt die mit einer Antenne empfangene elektromagnetische Welle einen auf die Frequenz der Trägerwelle abgestimmten Schwingkreis zu hochfrequenten Schwingungen an. Nach Gleichrichten der hochfrequenten Wechselspannung des Schwingkreises ergibt sich die in **Abb. 298.2 b)** aufgezeichnete Spannung. Wird die gleichgerichtete Spannung mit einem Kondensator *geglättet*, so verschwinden die hochfrequenten Änderungen und die verbleibende niederfrequente Wechselspannung kann verstärkt und mit einem Lautsprecher hörbar gemacht werden. ◂

Die Amplitudenmodulation (AM) wird bei Langwellen (Wellenlänge 10 km – 1 km), Mittelwellen (1 km – 100 m) und Kurzwellen (100 m – 10 m) sowie bei Fernsehwellen (Wellenlänge etwa 1 m) angewandt. Ultra-Kurz-Wellen (UKW), deren Wellenlängen von 3,4 m bis 2,8 m reichen, werden *frequenzmoduliert* (FM), indem die Trägerfrequenz im Takt der Tonschwingung vergrößert und verkleinert wird (**Abb. 298.2 c**).

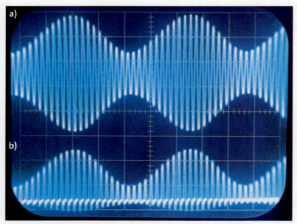

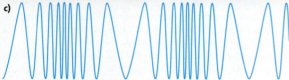

298.2 a) Amplitudenmodulierte Schwingung
b) Gleichgerichtete amplitudenmodulierte Schwingung
c) Frequenzmodulierte Schwingung

Aufgaben

1. Der CB-Sprechfunk umfasst den Frequenzbereich 27,005 MHz – 27,125 MHz und ist in 12 Kanäle unterteilt. Berechnen Sie die Bandbreite eines Kanals.
2. Erklären Sie, weshalb die Frequenzmodulation von Intensitätsschwankungen weniger beeinträchtigt wird als die Amplitudenmodulation.

Exkurs

Rundfunk und Fernsehen in Deutschland

Die Geschichte des Rundfunks begann 1888, als Heinrich HERTZ (1857–1894) durch Funkenentladungen die von MAXWELL theoretisch vorhergesagten elektromagnetischen Wellen erzeugte. Im Jahre 1901 stellte der italienische Funktechniker G. MARCONI die erste Funkverbindung über den Atlantik her. Auf Neufundland (Kanada) konnte er Morsezeichen empfangen, die in England ausgesandt wurden. 1917 führten H. BREDOW und A. MEISSNER die ersten Versuche mit Röhrensendern durch und 1923 konnte die Eröffnung des deutschen Rundfunks erfolgen. Erstmals strahlte die *Deutsche Stunde, Gesellschaft für drahtlose Belehrung und Unterhaltung mbH* regelmäßig ein Programm aus.

Lang-, Mittel- und Kurzwellen haben wegen ihrer eingeschränkten Übertragungsqualität ihre frühere Bedeutung verloren. Bei einer Hörfunksendung sollte der Sender mit dem gesamten akustischen Frequenzbereich von etwa 25 Hz bis 20 kHz moduliert werden. Der Sender strahlt dann aber nicht mehr allein Wellen mit der Trägerfrequenz f aus, sondern sendet ein *Frequenzband* der Breite ($f - 20$ kHz) bis ($f + 20$ kHz) (→ 3.2.3 *akustische Unschärfe*). Damit stellt sich das Problem, dass Sender genügend große *Bandabstände* haben müssen, um sich nicht gegenseitig zu stören. Wegen der großen Anzahl von Sendern, die in Europa ihren Betrieb aufnahmen, wurden in internationalen *Wellenplänen* die Trägerfrequenzen festgelegt und die *Kanalbandbreite* auf 9 kHz beschränkt. Damit beträgt die höchste akustische Modulationsfrequenz 4,5 kHz, womit Sendungen nach heutiger *High Fidelity Norm* nicht möglich sind. Bei Ultra-Kurz-Wellen (UKW), deren Band von 87,5 MHz bis 108 MHz reicht, besteht dieses Problem nicht, da die festgelegte Kanalbandbreite 300 kHz beträgt. Diese Kanalbreite ist möglich, weil sich UKW-Sender weniger gegenseitig stören. UKW-Wellen werden nicht wie Langwellen als Bodenwelle um die Erde gebeugt und nicht wie Kurzwellen an der elektrisch leitenden D-Schicht der Ionosphäre reflektiert. Der UKW-Empfang endet an der Horizontlinie ebenso wie der Empfang der noch kürzeren Fernsehwellen.

Für die Ausstrahlung von Fernsehprogrammen stehen in Deutschland die Frequenzen 174 MHz bis 224 MHz (1,7 m – 1,3 m, Kanäle 5 – 12) und die Frequenzen 470 MHz bis 790 MHz (0,64 m – 0,38 m, Kanäle 21 – 61) zur Verfügung. Die Kanalbreite beträgt wegen der hohen Übertragungsrate 8 MHz. Bei der PAL-Norm mit 576 Zeilen und 720 Linien hat das Fernsehbild eine Wiederholrate von 25 Bilder/s. Damit sind $576 \cdot 720 \cdot 25$ Impulse/s = 10 368 000 Impulse/s zu übertragen, entsprechend 10,4 MHz.

Das Mobilfunknetz wird bei noch höheren Frequenzen betrieben; das D-Netz bei 900 MHz ($\lambda = 33{,}3$ cm) und das E-Netz bei 1800 MHz (16,7 cm).

Nach dem Zweiten Weltkrieg wurde der regelmäßige Fernsehbetrieb im Jahre 1950 aufgenommen, 1967 wurde das Farbfernsehen eingeführt.

Neben der ursprünglichen *terrestrischen* Ausstrahlung und dem Empfang über Antenne erfolgte seit 1978 der Ausbau des Kabelnetzes. Größere Bedeutung hat inzwischen die Ausstrahlung über geostationäre Satelliten erlangt (→ 2.3.3). Als *Transponder* empfangen diese in 36 000 km Höhe Sendungen von Bodenstationen, um sie verstärkt über ganze Erdteile auszustrahlen. Das für den deutschen Sprachraum zuständige ASTRA-Satelliten-System besteht aus acht Satelliten, die alle auf der Orbitalposition 19,2° Ost kopositioniert sind. Dadurch können alle mit nur einer Parabolantenne empfangen werden.

Einer Revolution kam die Entwicklung der *digitalen* Übertragungstechnik gleich. Dabei werden die kontinuierlichen Schwingungen eines Bild- oder Tonsignals in schneller Folge abgetastet. Die jeweilige Höhe der Schwingung wird an der betreffenden Stelle gemessen und durch Zahlenfolgen dargestellt, die dann ähnlich wie Computerdaten übertragen werden.

Durch *Datenkompression* und *Datenreduktion* kann die Übertragungsbandbreite wesentlich reduziert werden. Durchgesetzt hat sich ein von der *Motion Picture Expert Group* (MPEG), einer internationalen Expertengruppe aus Universitäten und Firmen, vorgeschlagenes Verfahren. Es überträgt nicht jedes der 25 Bilder/s neu, sondern beschreibt möglichst viele Bildteile allein durch die *Differenz* des Bildinhaltes zum vorherigen Bild. Damit wird eine Datenreduktion erreicht, die es möglich macht, eine größere Anzahl von Sendern in einem bestimmten Frequenzband unterzubringen. Während ein analoger Sender einen ganzen Fernsehkanal benötigt, finden mit der Digitaltechnik bis zu zehn Fernsehprogramme darin Platz. Werden nur drei oder vier Programme untergebracht, kann deren Übertragungsqualität erhöht werden, sodass Fernsehen in DVD-Qualität möglich wird. Auch das 2005 gestartete hochauflösende HDTV (High Definition Television) mit 1080 Zeilen und 1920 Linien und damit über 2 Mio. Bildpunkten (415 000 bei PAL) kann nur mit der Digitaltechnik realisiert werden.

Mit der Einführung des DVB-T (Digital Video Broadcasting-Terrestrial) hat auch die Digitalisierung des terrestrischen Übertragungswegs begonnen. Da nun pro Fernsehkanal mehrere Programme übertragen werden können, kann künftig das vergrößerte Programmangebot überall auch über Antenne empfangen werden. Dies ist notwendige Voraussetzung, um wie von der Bundesregierung geplant 2010 das gesamte analoge Rundfunknetz abschalten zu können.

7.3 Wellenoptik

Die Optik galt lange Zeit als selbstständiges Gebiet der Physik. Heute ist die Optik – genauer die Wellenoptik – ein Teilgebiet der Elektrizitätslehre, so wie die Akustik ein Teilgebiet der Mechanik ist.

7.3.1 Die Lichtgeschwindigkeit

Ein Lichtstrahl stellt einen kontinuierlichen Energiestrom dar, der zunächst keinerlei Hinweis auf eine endliche Ausbreitungsgeschwindigkeit des Lichtes liefert. Nur durch eine Unterbrechung des Strahls kann erkannt werden, ob die damit verbundene Änderung der Intensität beim Beobachter sofort oder verzögert auftritt.
Olaf ROEMER bestimmte 1676 die Zeiten, zu denen der Lichtstrom vom innersten Jupitermond Io bei seinem Umlauf um den Jupiter unterbrochen wird. Aus den Messungen folgerte er als erster, dass das Licht sich mit endlicher Geschwindigkeit ausbreitet.

Um die Messung der Lichtgeschwindigkeit c mit irdischen Maßstäben durchführen zu können, müssen die Unterbrechungen mit höherer Frequenz erfolgen. Hippolyte FIZEAU ließ 1849 hierzu einen Lichtstrahl durch die Lücken eines Zahnrades laufen, Leon FOUCAULT benutzte 1869 zum selben Zweck einen schnell rotierenden Spiegel. Heute lässt sich eine solche Unterbrechung elektronisch erzeugen.

Versuch 1: In einer modernen Version des Fizeau-Versuchs sendet eine rote Leuchtdiode regelmäßig sehr kurze Lichtpulse aus (**Abb. 300.1**). Sie werden durch eine Linse gebündelt und teilweise von einem nahen Spiegel und teilweise von einem entfernten Spiegel reflektiert. Das reflektierte Licht fällt dann über einen Strahlteiler auf die Empfangsdiode. Mit einem Oszilloskop lässt sich die Zeitdifferenz zwischen beiden Pulsen messen und

zusammen mit dem Abstand der Spiegel die Lichtgeschwindigkeit bestimmen. Ihr Wert erweist sich dabei als ebenso groß wie die Ausbreitungsgeschwindigkeit elektromagnetischer Wellen (→ 7.2.4). ◄

Die Ausbreitungsgeschwindigkeit elektromagnetischer Wellen und des Lichtes im Vakuum ist heute eine der am genauesten bekannten Naturkonstanten. Seit 1983 ist der Wert der Lichtgeschwindigkeit durch den Kongress für Maße und Gewichte als unveränderliche Konstante *festgelegt* – und zwar ohne Fehlerangabe. Damit soll einerseits vermieden werden, dass die Entfernungsangaben in der Astronomie, die über die Laufzeit des Lichtes gemessen werden, bei jeder neuen Messung der Lichtgeschwindigkeit aktualisiert werden müssten. Andererseits konnte damit die SI-Einheit Meter, die nicht wie die Sekunde über Naturkonstanten definiert werden kann, über die Lichtgeschwindigkeit und die Zeit definiert werden (→ S. 16).

> Die Ausbreitungsgeschwindigkeit von elektromagnetischen Wellen und von Licht im Vakuum ist gleich groß. Ihr durch Festlegung definierter Wert ist
>
> $c = 299\,792\,458\,\frac{\text{m}}{\text{s}}$.

Die Lichtgeschwindigkeit ist nach der Relativitätstheorie die größte Geschwindigkeit, die in der Natur auftreten kann. In einer Sekunde könnte das Licht ca. $7\frac{1}{2}$-mal um den Äquator oder fast einmal bis zum Mond laufen. Dieser Wert von c war der erste Hinweis darauf, dass auch das Licht eine elektromagnetische Welle ist. Im Weiteren wird untersucht werden, ob die Eigenschaften des Lichtes durch das Wellenmodell hinreichend beschrieben werden können.

300.1 Bestimmung der Lichtgeschwindigkeit mit einer gepulsten Leuchtdiode. Die Laufzeit des Lichtes zwischen den beiden Spiegeln lässt sich direkt messen.

Aufgaben

1. In Versuch 1 wird bei einem Spiegelabstand von 6,35 m eine Zeitdifferenz von 42 ns zwischen den beiden Signalen gemessen. Berechnen Sie die Lichtgeschwindigkeit c.
2. In der Astronomie werden die Strecken, die das Licht in bestimmten Zeiten zurücklegt, als Längenmaße verwendet. Berechnen Sie die Strecken „Lichtsekunde", „Lichtstunde" und „Lichtjahr". Bestimmen Sie in diesen Einheiten die Entfernungen von der Erde zur Sonne, sowie von der Sonne zum Jupiter, zum Pluto und zum nächsten Fixstern Proxima Centauri (α Centauri) $e = 4{,}04 \cdot 10^{16}$ m.
*3. Im Foucault'schen Drehspiegelversuch wird gemessen: die Umdrehungszeit des Spiegels $T = 3{,}25 \cdot 10^{-3}$ s, $\Delta x = 3{,}6$ mm, $r = 10{,}49$ m, $f = 5{,}12$ m, $b = 7{,}62$ m. Bestimmen Sie (mit Fehlerrechnung) die Lichtgeschwindigkeit.

Exkurs

Historische Experimente zur Bestimmung der Lichtgeschwindigkeit

Olaf Roemer und die Verfinsterungen der Jupitermonde

Exakte Zeitmessungen auf langen Reisen für die Längengradbestimmung auf See waren im 18. Jahrhundert ein großes Problem. Insbesondere gab es keine einfache Möglichkeit, den Gang einer Uhr auf den monatelangen Reisen zu kontrollieren, wie es heute mithilfe von Zeitzeichensendern selbstverständlich ist. Eine Möglichkeit, Uhren nachzustellen, besteht darin, astronomische Ereignisse zu beobachten, die sich über einen längeren Zeitraum vorausberechnen lassen. Sonnen- und Mondfinsternisse finden aber nur sehr selten statt. Die von Galilei 1610 entdeckten Jupitermonde zeigen ebenfalls regelmäßige Verfinsterungen, die viel häufiger als Sonnen- oder Mondfinsternisse auftreten und leicht mit einem kleinen Fernrohr beobachtet werden können. Olaf Roemer verfolgte 1676 die Verfinsterungen des innersten Jupitermondes Io und fand, dass die Zeiten zwischen zwei Verfinsterungen nicht konstant sind. Scheinbar vergrößert oder verkürzt sich die Umlaufzeit, je nachdem ob sich die Erde vom Jupiter entfernt oder sich ihm nähert.

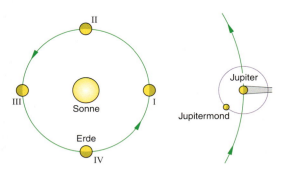

Aus dieser Beobachtung schloss Roemer als erster, dass sich Licht mit endlicher Geschwindigkeit ausbreitet. Im obigen ersten Fall läuft das Licht hinter der Erde her, im zweiten Fall der Erde entgegen. Befindet sich die Erde in Stellung I, so ist der Weg, den das Licht bis zur Erde zurücklegen muss, zwischen zwei aufeinanderfolgenden Verfinsterungen gleich groß. Bewegt sich die Erde von I bis III vom Jupiter weg, so muss das Licht zusätzlich den Weg zurücklegen, um den sich die Erde inzwischen vom Jupiter entfernt hat. Aus der in I beobachteten Umlaufzeit von 42,48 h berechnete Roemer die ein halbes Jahr später in III erwarteten Verfinsterungszeiten. Er kam auf eine Verzögerung von 22 min, die das Licht für das Durchlaufen des Erdbahndurchmessers benötigt. Aus dem damals bekannten Wert für den Erdbahndurchmesser ließ sich die Lichtgeschwindigkeit berechnen zu

$$c = \frac{s}{t} = \frac{2R}{\Delta t} = \frac{3{,}1 \cdot 10^8 \text{ km}}{22 \cdot 60 \text{ s}}$$
$$= 2{,}3 \cdot 10^5 \frac{\text{km}}{\text{s}} = 2{,}3 \cdot 10^8 \frac{\text{m}}{\text{s}}.$$

Der Foucault'sche Drehspiegelversuch

Dieser historische Versuch, der von Foucault 1850 vorgeschlagen und von Michelson 1878 optimiert wurde, lässt sich auch mit Schulmitteln durchführen: Der von einem He-Ne-Laser kommende Lichtstrahl fällt auf den im Abstand a befindlichen Drehspiegel, der mit sehr hoher Winkelgeschwindigkeit ω rotiert, und von hier bei geeigneter Stellung des Drehspiegels auf die Sammellinse und den Endspiegel. Da der kleine Drehspiegel im Brennpunkt der Sammellinse steht, verlässt der Lichtstrahl die Sammellinse parallel zu ihrer optischen Achse und wird durch den senkrecht zu dieser Achse stehenden Endspiegel in sich und wieder in den Laser als Bild der Laseröffnung zurückgeworfen, solange der Drehspiegel seine Stellung nicht ändert. Der reflektierte Strahl wird über einen schräg in den Strahlengang gestellten Strahlteiler mithilfe einer Lupe auf einem Glasmaßstab beobachtet.
Wird nun der Drehspiegel mit der Winkelgeschwindigkeit ω in Rotation versetzt, so dreht sich der Drehspiegel in der Zeit Δt, während der das Licht die Messstrecke $\Delta s = 2(f+b)$ durchläuft, um den Winkel $\Delta \alpha = \omega \Delta t$. Dadurch wird der Strahl auf seinem Rückweg durch den Drehspiegel um den Winkel $2\Delta\alpha$ abgelenkt und trifft auf dem Glasmaßstab um die Strecke $\Delta x = 2\Delta\alpha\, a$ verschoben auf. Aus dieser Verschiebung Δx lassen sich der Winkel $\Delta \alpha = \Delta x/(2a)$ und bei bekannter Winkelgeschwindigkeit ω die Zeit $\Delta t = \Delta\alpha/\omega$ ermitteln und aus letzterer und der Messstrecke Δs die Lichtgeschwindigkeit errechnen:

$$c = \frac{\Delta s}{\Delta t} = \frac{2(f+b)\omega}{\Delta \alpha} = \frac{4(f+b)\omega a}{\Delta x}$$

Die Strecken b und $f+b$ können nicht beliebig gewählt werden; für sie gilt nach der Linsenformel, da die punktförmige Austrittsöffnung des Lasers auf dem Endspiegel abgebildet wird, die Beziehung $1/f = 1/b + 1/(f+a)$.
Die Drehspiegelfrequenz ω wird ermittelt, indem der reflektierte Laserstrahl über einen Halbleiterdetektor geleitet und auf einem Oszilloskop die (halbe) Periode T der entstehenden Signale gemessen wird.

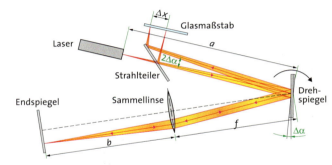

Wellenoptik

7.3.2 Beugung und Interferenz am Doppelspalt

Mit seinem berühmten Doppelspaltversuch hat Thomas YOUNG 1802 die von ihm vermutete Welleneigenschaft des Lichts erstmals nachgewiesen.

Versuch 1: Der aufgeweitete Strahl des roten Lichts eines Lasers fällt auf einen Doppelspalt und von dort auf einen in einiger Entfernung stehenden Schirm.
Beobachtung: Auf dem Schirm entsteht das für den Laser typische Interferenzmuster aus roten Lichtflecken in gleichen Abständen, deren Intensität nach außen geringer wird (**Abb. 302.2 a**). ◂

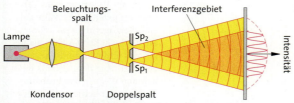

302.1 Young'scher Doppelspaltversuch. Der Kondensor leuchtet den Beleuchtungsspalt aus.

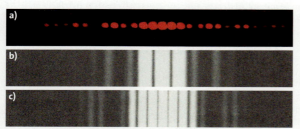

302.2 Interferenzbilder am Doppelspalt. **a)** Mit Laserlicht: Spaltabstand $d = 0{,}5$ mm, Spaltbreite $b = 0{,}1$ mm. Mit weißem Licht: **b)** Spaltabstand $d = 0{,}6$ mm, Spaltbreite $b = 0{,}24$ mm bzw. **c)** $d = 1{,}2$ mm, $b = 0{,}24$ mm.

302.3 Interferenzbilder am Doppelspalt unter gleichen geometrischen Bedingungen bei Verwendung von **a)** weißem, **b)** rotem und **c)** blauviolettem Licht. Das Streifenmuster würde in **Abb. 302.2** im hellen Mittelteil liegen.

Versuch 2: Der Versuch wird mit einer Lichtquelle von „weißem" Licht wiederholt (**Abb. 302.1**). Das Licht fällt von dem durch einen Kondensor beleuchteten Beleuchtungsspalt auf den Doppelspalt.
Beobachtung: Das ursprünglich scharfe Bild des Einfachspaltes ist beim Einfügen des Doppelspaltes stark verbreitert und nicht mehr scharf begrenzt. Der helle Bereich in der Mitte ist in breitere helle und schmalere dunkle Streifen von je gleichem Abstand eingeteilt (**Abb. 302.2 b, c**). Je kleiner der Abstand der Öffnungen des Doppelspalts (Spaltabstand) ist, desto weiter liegen die Streifen auseinander. Bei genauerer Betrachtung des hellen Bereichs haben die hellen Streifen im weißen Licht farbige Ränder (**Abb. 302.3 a**). Bei Verwendung eines Farbfilters sind die blauen Streifen schmaler als die roten (**Abb. 302.3 b, c**). ◂

Erklärung: Im **Wellenmodell** findet der Young'sche Doppelspaltversuch seine Erklärung. Die Verbreiterung des erwarteten Spaltbildes kommt durch *Beugung* (→ 3.4.4) zustande, die abwechselnd hellen und dunklen Streifen entstehen durch *Interferenz* (→ 3.4.1).

Damit lässt sich dem Licht eine (wenn auch sehr kleine) Wellenlänge zuordnen. Sie ist für blaues Licht kleiner als für rotes, denn die blauen Interferenzstreifen liegen enger beieinander als die roten. Da weißes Licht eine Mischung aus allen Farben ist, überlagern sich hier die Interferenzfiguren der verschiedenen Farben. Die Mitte der Interferenzstreifen, wo sich alle Farben überlagern, bleibt weiß, nach außen sind die Ränder rot, weil die Interferenzstreifen des rotes Lichtes weiter auseinanderliegen, innen sind sie dagegen bläulich grün.

Es handelt sich um die gleichen Interferenzvorgänge wie bei ähnlich verlaufenden Versuchen mit Wasserwellen, mit Schallwellen oder mit Mikrowellen. Die Wellen unterscheiden sich lediglich in der Größenordnung der Wellenlänge und in der Art ihrer Entstehung.

> Licht zeigt die üblichen Welleneigenschaften wie Beugung und Interferenz. Licht breitet sich als elektromagnetische Welle aus.

Im Young'schen Doppelspaltversuch gehen aus den beiden Öffnungen des Doppelspalts räumlich gesehen Zylinderwellen aus (**Abb. 303.1**). In der Zeichenebene, die die optische Achse der Versuchsanordnung enthält und senkrecht zu den Spalten liegt, stellen sie sich in einem durch Beugung begrenzten Bereich als Kreiswellen dar (**Abb. 302.1** und **Abb. 303.1**).
Die Öffnungen Sp_1 und Sp_2 des Doppelspalts sind gleichphasig schwingende Erregerzentren von Kreiswellen. Da der Abstand e zwischen Doppelspalt und Schirm

Wellenoptik

sehr viel größer ist als der Abstand d der beiden Spalte (**Abb. 303.2**), verlaufen die Wellenstrahlen s_1 und s_2 (fast) parallel unter dem Winkel $\alpha = \alpha_n$ zur optischen Achse und treffen sich im Punkt $P = P_n$ auf dem Schirm im Abstand a_n von der Mitte. Dort erzeugen sie zwei Schwingungen, die sich wegen der i. Allg. ungleichlangen Wege mit einer Phasendifferenz $\Delta \varphi$ überlagern. Die Phasendifferenz hängt mit dem Gangunterschied $\Delta s = s_2 - s_1$ über $\Delta \varphi / 2\pi = \Delta s / \lambda$ zusammen ($\to$ 3.4.1). Für den Gangunterschied gilt die Näherung:

$$\sin \alpha = \frac{\Delta s}{d} \quad \text{oder} \quad \Delta s = d \sin \alpha$$

Für ausgezeichnete Punkte $P = P_n$ mit $a = a_n$, $\alpha = \alpha_n$ gilt: Sind die Gangunterschiede ganzzahlige Vielfache von λ und damit die Phasendifferenzen ganzzahlige Vielfache von 2π, so verstärken sich die beiden Schwingungen in P maximal, sie schwächen sich maximal bei ungeradzahligen Vielfachen von π bzw. $\lambda/2$.

> Beim Doppelspalt treten für den Gangunterschied Δs unter dem Winkel α_n zur optischen Achse auf:
> **Maxima** (konstruktive Interferenzen) für
> $\Delta s = n\lambda = d \sin \alpha_n, \quad n = 0, 1, 2, \dots n,$
> und **Minima** (destruktive Interferenzen) für
> $\Delta s = (2n - 1)\lambda/2 = d \sin \alpha_n, \quad n = 1, 2, \dots n.$
> n sind die Ordnungen der Maxima bzw. Minima.

Zur Mitte des Interferenzbildes sind die Wege beider Wellen gleich lang, also ist $\Delta s = 0$ und $\Delta \varphi = 0$. Es ergibt sich das Maximum 0. Ordnung. Zu den beiden benachbarten hellen Streifen ist $\Delta s = \lambda$ und $\Delta \varphi = 2\pi$. Es ist das Maximum 1. Ordnung. Für das Maximum n-ter Ordnung ist $\Delta s = n\lambda$ und $\Delta \varphi = n \cdot 2\pi$ usw.

Messung der Wellenlänge

Für $\alpha = \alpha_n$ ergibt sich aus dem Abstand $a = a_n$ des Punktes $P = P_n$ von der Mitte und aus der Entfernung $l = \sqrt{e^2 + a_n^2}$ des Doppelspalts vom Punkt P_n (**Abb. 303.2**):

$$\sin \alpha_n = \frac{a_n}{l} = \frac{a_n}{\sqrt{e^2 + a_n^2}}$$

Im Allgemeinen ist a_n sehr viel kleiner als e und daher $e \approx l$, sodass $\sin \alpha_n = a_n/e$ gesetzt werden kann. Liegt P_n im Maximum n-ter Ordnung, gilt $n\lambda = a_n/e$. Der Abstand Δa zweier benachbarter Maxima ergibt sich aus $a_n = n\lambda e/d$ und $a_{n+1} = (n+1)\lambda e/d$.

> Beim Doppelspalt errechnet sich die Wellenlänge des Lichts aus Spaltabstand d, Entfernung des Schirms e und Abstand a_n des n-ten Maximums zu
> $$n\lambda = d\frac{a_n}{e} \quad \text{oder} \quad \lambda = \frac{d a_n}{n e}.$$
> Die Abstände benachbarter Maxima sind stets gleich:
> $\Delta a = a_{n+1} - a_n = \lambda e/d$.

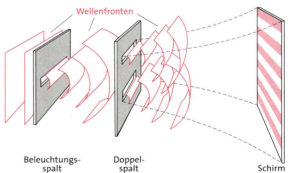

303.1 Räumliche Darstellung des Young'schen Doppelspaltversuchs, von oben gesehen

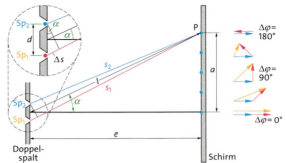

303.2 Zum Doppelspaltversuch: Dargestellt ist der Fall, in dem in P das Minimum 1. Ordnung liegt. Aus den beiden Öffnungen Sp$_1$ und Sp$_2$ treten die Wellenstrahlen s_1 und s_2 aus. Ihre in P erzeugten Schwingungen heben sich wegen ihrer Phasendifferenz $\Delta \varphi = 180°$ gegenseitig auf: In P entsteht das Minimum 1. Ordnung.

Messbeispiel: Im roten Licht wird für den Abstand zweier heller Streifen $\Delta a_{\text{rot}} = 0{,}5$ cm und weiter $e = 2{,}81$ m, $d = 0{,}34$ mm gemessen. Also ist

$$\lambda = \frac{d \Delta a_{\text{rot}}}{e} = \frac{0{,}34 \cdot 10^{-3} \text{ m} \cdot 0{,}50 \cdot 10^{-2} \text{ m}}{2{,}81 \text{ m}} = 605 \text{ nm}.$$

Aufgaben

1. Ein Doppelspalt mit dem Spaltabstand 1,2 mm wird mit einer Quecksilberlampe beleuchtet. Auf dem 2,73 m entfernten Schirm werden für jeweils 5 Streifenabstände im grünen Licht 6,2 mm und im blauen Licht 4,9 mm beobachtet. Berechnen Sie die Wellenlängen.

*2. In einem Doppelspaltversuch werden die Abstände auf einem 4,950 m entfernten Schirm von einem hellen Streifen zum übernächsten hellen bei rotem Licht zu 3,9 cm, bei gelbem zu 3,2 cm und bei grünen zu 2,7 cm gemessen. Zur Bestimmung des Spaltabstandes wird der Doppelspalt mit einer Linse, die 33,5 cm vor dem Doppelspalt aufgestellt wird, auf den Schirm projiziert, der Abstand der Spalte dort ist 2,5 mm. Fertigen Sie für beide Versuche eine Skizze an und berechnen Sie die Wellenlängen.

Wellenoptik

7.3.3 Beugung und Interferenz am Gitter

Zur genauen Wellenlängenmessung dienen **optische Gitter**. Ein Gitter besteht aus N engen parallelen Spalten gleicher Breite. Der immer gleiche Abstand benachbarter Spaltmitten ist die **Gitterkonstante** g.

Versuch 1: Der gut ausgeleuchtete Beleuchtungsspalt befindet sich in der Brennebene der Linse L_1, sodass das Gitter mit parallelem Licht durchstrahlt wird. Mit der langbrennweitigen Linse L_2 wird der Beleuchtungsspalt auf dem Schirm abgebildet. (**Abb. 304.1**).
Beobachtung: Im weißen Licht erscheinen neben einem hellen Spaltbild in der Mitte farbige Bänder wachsender Breite in den Spektralfarben, die nach außen lichtschwächer werden und sich überlagern (**Abb. 304.2**). Mit einem Farbfilter im Strahlengang verschwinden die Bänder bis auf mehr oder weniger einfarbige Streifen in etwa gleichen Abständen. Im monochromatischen Licht (Natrium-, Quecksilberdampflampe oder Laser) entstehen statt der breiten Farbbänder einfarbige scharfe Linien (**Abb. 304.2**), die Spektrallinien. Sie sind umso schärfer, je höher die Zahl N der Gitteröffnungen ist. Offenbar entstehen die breiten Farbbänder im weißen Licht aus der Aneinanderreihung einfarbiger Linien, wie Versuche mit verschiedenen Farbfiltern zeigen. ◂

> Ein Gitter erzeugt im weißen Licht neben einem weißen Streifen in der Mitte eine Reihe von nach außen hin breiter werdenden Farbbändern, die die reinen Spektralfarben von Violett (innen) nach Rot (außen) enthalten. Es sind die (kontinuierlichen) Gitterspektren 1., 2., ..., n. Ordnung. Im monochromatischen Licht entsteht eine Reihe von scharfen Linien, den **Spektrallinien** 1., 2., ..., n. Ordnung.

Erklärung: Ähnlich wie beim Doppelspalt gehen von den N Spalten des Gitters phasengleiche Wellen (räumlich: Zylinderwellen) aus. Dabei sind es jeweils N parallele Wellenstrahlen in Richtung α_n, deren phasenverschobene Schwingungen sich in einem Punkt P auf dem Schirm überlagern und dort je nach ihrem Gangunterschied interferieren („**Vielstrahlinterferenz**").
Die Intensität ist maximal, wenn sich *alle* N Wellenstrahlen in P gegenseitig verstärken. Das ist genau dann der Fall, wenn die Wellenstrahlen aus benachbarten Gitteröffnungen einen Gangunterschied $\Delta s = n\lambda$ haben und damit die durch sie erzeugten Schwingungen in P eine Phasendifferenz $\Delta\varphi = n\,2\pi$ aufweisen ($n = 0, 1, 2, ...$). Bei diesem Gangunterschied sind in Richtung α_n die hellen Streifen, die *Hauptmaxima*, zu erwarten. Aus **Abb. 305.1** folgt für den Gangunterschied zweier benachbarter Strahlen $\Delta s = g \sin \alpha_n$.

> Beim Gitter mit der Gitterkonstanten g liegen die Hauptmaxima für Licht der Wellenlänge λ in den Richtungen α_n, für die gilt:
>
> $n\lambda = g \sin \alpha_n \quad \text{mit} \quad n = 0, 1, 2, ...$
>
> (n Ordnungszahl der Hauptmaxima)

Schon in einer geringfügig anderen Richtung besteht die Möglichkeit, dass sich zu einem beliebigen Wellenstrahl ein anderer Parallelstrahl mit einem Gangunterschied von einem ungeradzahligen Vielfachen einer halben Wellenlänge findet und sich die von ihnen auf dem Schirm erzeugten Schwingungen gegenseitig auslöschen. Solche Kombinationen jeweils zweier Wellenstrahlen finden sich umso mehr, je größer N ist, sodass bei großem N zwischen den Hauptmaxima fast völlige Auslöschung herrscht. – Und je größer N ist, reicht zu einer Auslöschung schon eine immer geringere Abweichung von der Richtung zu den Hauptmaxima. Die Hauptmaxima werden mit wachsendem N immer schärfer. **Abb. 305.2** lässt diese Entwicklung schon bei einer Erhöhung der Gitteröffnungen von $N = 2$ zu $N = 4$ erkennen.

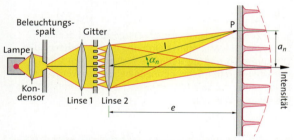

304.1 Der Kondensor sorgt für die Ausleuchtung des Spaltes. Linse 1 erzeugt paralleles Licht, mit dem das Gitter durchstrahlt wird. Linse 2 bildet den Spalt auf dem Schirm ab.

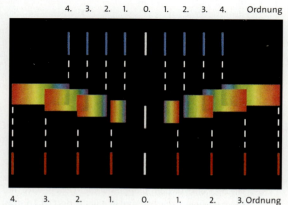

304.2 Gitterspektren. Die Überlagerung der Gitterspektren höherer Ordnung, die versetzt gezeichnet sind, ist aus der Lage der Linien im blauen und roten Licht zu ersehen.

Wellenoptik

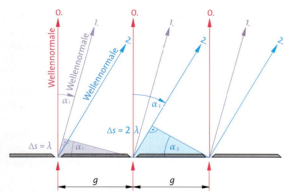

305.1 Die Hauptmaxima ergeben sich, wenn der Gangunterschied benachbarter Strahlen null oder ein ganzzahliges Vielfaches der Wellenlänge ist. Der Gangunterschied $\Delta s = 0, \lambda, 2\lambda, \ldots$ benachbarter Strahlen bestimmt die Ordnung des Maximums.

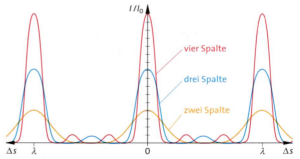

305.2 Die Intensität bei Gittern mit $N = 2$ (gelb), 3 (blau) und 4 (rot) Spalten in Abhängigkeit vom Gangunterschied Δs. Bei zwei Spalten ergeben sich keine, bei drei ein Nebenmaximum und bei vier zwei Nebenmaxima, die immer kleiner werden, während die Hauptmaxima schnell anwachsen: Die Hauptmaxima werden mit steigender Gitterzahl schmaler und schärfer, zwischen ihnen geht die Intensität immer weiter zurück.

Zur Wellenlängenmessung werden der Abstand a_n vom 0. bis zum n. Hauptmaximum auf dem Schirm und die Entfernung e Gitter–Schirm gemessen. Für λ gilt dann (**Abb. 304.1** und **305.1**):

$$n\lambda = g \sin \alpha_n = \frac{g\,a_n}{l} = \frac{g\,a_n}{\sqrt{e^2 + a_n^2}}$$

Für die Wellenlänge des roten Lichts des He-Ne-Lasers z. B. ergibt sich $\lambda = 632{,}8$ nm und für das gelbe Licht einer Natriumdampflampe $\lambda = 589$ nm. **Tab. 305.3** zeigt die Wellenlängen der Spektralfarben des sichtbaren Lichts.

> Das **sichtbare Spektrum** reicht von $\lambda_{\text{rot}} = 780$ nm bis etwa $\lambda_{\text{violett}} = 390$ nm (**Tab. 305.3**). Verschiedenfarbiges Licht unterscheidet sich in der Wellenlänge λ bzw. in der Frequenz f nach $c = \lambda f$. Nach dem Wellenmodell ($\rightarrow$ 3.4.3) ist dabei die Frequenz das unveränderliche Kennzeichen einer Welle bzw. Farbe.

Mechanisch geteilte Gitter mit 4 bis 3000 Linien/mm werden durch Gitterteilungsmaschinen und in jüngster Zeit mit 40 bis 6400 Linien/mm holografisch durch Aufzeichnen eines feinen Laser-Interferenzfeldes in einer Fotolackschicht hergestellt.
Optische Gitter sind ein hervorragendes Mittel zur genauen Wellenlängenbestimmung. Zur Messung wird wegen der Überschneidung höherer Ordnungen meist nur das Spektrum 1. Ordnung gewählt.
Viele Elemente senden unter geeigneten Bedingungen Licht aus, das aus ganz charakteristischen Wellenlängen besteht ($\rightarrow$ **Abb. 332.1**). Die Analyse solcher Spektren, die von BUNSEN und KIRCHHOFF 1859 entwickelte *Spektralanalyse*, stellt oft (z. B. in der Astrophysik) die einzige Möglichkeit dar, über die stoffliche Zusammensetzung des strahlenden Körpers Erkenntnisse zu gewinnen.

Farbe	Wellenlänge in nm	Frequenz in 10^{14} Hz
Rot	660–780	4,55–3,85
Orange	595–660	5,04–4,55
Gelb	575–595	5,22–5,04
Grün	490–575	6,12–5,22
Blau	440–490	6,82–6,12
Indigo	420–440	7,14–6,82
Violett	390–420	7,69–7,14

305.3 Farbbereiche im Spektrum des sichtbaren Lichts. Das unveränderliche Kennzeichen einer Farbe ist die Frequenz f des Lichts, die mit λ über $c = \lambda f$ zusammenhängt ($\rightarrow$ 3.3.1).

Aufgaben

1. Auf einem Schirm im Abstand $e = 2{,}55$ m vom Gitter (250 Linien pro Zentimeter) wird im monochromatischen Licht der Abstand der Maxima 1. Ordnung (links und rechts vom Hauptmaximum 0. Ordnung) zu 8,2 cm, der der 2. Ordnung zu 16,6 cm und der der 3. Ordnung zu 24,8 cm gemessen. Berechnen Sie die Wellenlänge.

2. Die beiden Maxima 1. Ordnung der grünen Hg-Linie $\lambda = 546{,}1$ nm haben auf einem $e = 3{,}45$ m entfernten Schirm einen Abstand von 18,8 cm. Berechnen Sie die Gitterkonstante und die Zahl der Gitterspalte, die auf 1 cm kommen.

3. Ein Gitter besitzt 20 000 Linien auf 4 cm.
   a) Berechnen Sie die Winkel, unter denen das sichtbare Spektrum 1. und 2. Ordnung erscheint. **b)** Bestimmen Sie den Winkelabstand zwischen beiden Spektren.

*4. Durch ihre feine Rillenstruktur bedingt lässt sich eine CD-ROM als Reflexionsgitter benutzen. Wird das rote Licht eines He-Ne-Lasers ($\lambda = 632{,}8$ nm) von einer solchen CD reflektiert, dann bildet sich zwischen dem Hauptmaximum 0. und 1. Ordnung ein Winkel von 22°. Berechnen Sie den Abstand der Rillen. Bestimmen Sie den Abstand zwischen aufeinanderfolgenden Bits, wenn auf der CD zwischen $r = 2{,}2$ cm und $r = 5{,}5$ cm 600 Megabyte Daten gespeichert sind.

Wellenoptik

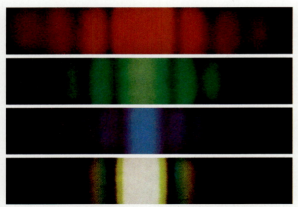

306.1 Interferenzbild eines (Einzel-)Spaltes in rotem, grünem, blauem und weißem Licht bei ansonsten gleicher Versuchsanordnung. Die Aufnahme zeigt, wie die Interferenzfigur in weißem Licht aus den Interferenzfiguren der Spektralfarben entsteht. Die Breite der einfarbigen Beugungsbilder richtet sich nach der Wellenlänge des verwendeten Lichts.

7.3.4 Beugung und Interferenz am Spalt

Versuch 1: Im Versuch → **Abb. 304.1** wird das Gitter durch einen (Einzel-)Spalt ersetzt. Der Versuch wird mit weißem und mit farbigem Licht ausgeführt.
Beobachtung: Neben einem hellen Streifen, dem Hauptmaximum, treten zu beiden Seiten weitere wesentlich lichtschwächere Streifen, die Nebenmaxima, auf (**Abb. 306.1**). Die Interferenzfigur ist im Licht größerer Wellenlänge breiter als im Licht kleinerer Wellenlänge. Wird der Spalt verengt, so werden die Streifen breiter und bewegen sich nach außen. ◂

Nach dem Huygens'schen Prinzip sind an allen Punkten in der Spaltebene phasengleich schwingende Zentren von Elementarwellen anzunehmen, die Wellenstrahlen in alle Richtungen hinter dem Spalt aussenden (**Abb. 306.2**). Wellenstrahlen, die jeweils (nahezu) parallel unter dem Winkel α zur optischen Achse die Spaltöffnung verlassen, interferieren auf dem Beobachtungsschirm in einem Punkt P(α).

Das Versuchsergebnis wird auf zwei Arten erklärt:
- *Mithilfe von Teilbündeln* – **Abb. 306.2** links:

In **Abb. 306.2 a)** weisen die Wellenstrahlen, die unter dem Winkel $\alpha = 0$ den Spalt verlassen, keine Gangunterschiede untereinander auf, sie verstärken sich maximal: In dieser Richtung liegt das Hauptmaximum.

In **Abb. 306.2 b), d)** besitzen die beiden Randstrahlen einen Gangunterschied von einer oder allgemein von n Wellenlängen. Dann lässt sich das ganze Bündel in $2n$ gleich breite Teilbündel derart zerlegen, dass sich je zwei benachbarte Teilbündel gegenseitig auslöschen. Denn jedem der unendlich vielen Wellenstrahlen des einen Teilbündels lässt sich ein Strahl des anderen mit einem Gangunterschied $\Delta s = \lambda/2$ zuordnen. Es entstehen die Minima n. Ordnung ($n = 1, 2, ...$).

In **Abb. 306.2 c)** ist Helligkeit zu erwarten. Denn wenn der Gangunterschied der beiden Randstrahlen ein Dreifaches, Fünffaches, allgemein ein ungerades Vielfaches einer halben Wellenlänge ist, löschen sich von den $2n + 1$ Teilbündeln $2n$ gegenseitig aus, aber eines bleibt übrig und liefert Helligkeit. So bilden sich die Nebenmaxima n. Ordnung aus ($n = 1, 2, ...$).

- *Mithilfe von Zeigern* – **Abb. 306.2** rechts:

Gezeichnet sind die Zeigerdiagramme (→ S. 112) der Schwingungen, die die Wellenstrahlen jeweils eines Parallelstrahlbündels in den Auftreffpunkten auf dem Schirm erzeugen. Statt der unendlich vielen Wellenstrahlen eines Bündels werden nur endlich viele, z. B. n, und daher nur endlich viele Zeiger betrachtet.

In **Abb. 306.2 a)** ist der Phasenunterschied im Auftreffpunkt auf dem Schirm zwischen den n Wellenstrahlen, die den Spalt unter dem Winkel $\alpha = 0$ verlassen, null,

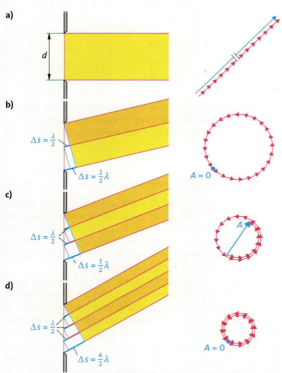

306.2 Entstehung der Maxima und Minima am Spalt. In der linken Spalte wird die Interferenz durch eine Zerlegung der Parallelstrahlbündel, die den Spalt in verschiedenen Richtungen verlassen, erklärt. Je nach dem Gangunterschied der beiden Randstrahlen des Bündels interferieren die Teilbündel. In der rechten Spalte sind die Zeigerdiagramme der Schwingungen in den Auftreffpunkten abgebildet. Die Zeiger in c) und d) dürften nicht nebeneinander, sondern müssten (teilweise) aufeinanderliegend gezeichnet werden.

die zugehörigen Zeiger addieren sich maximal: Die Zeigersumme entspricht der Amplitude des Hauptmaximums. – Verlassen die Wellenstrahlen den Spalt unter dem Winkel $\alpha \neq 0$, so sind im Zeigerdiagramm benachbarte Zeiger um den Winkel ihrer Phasendifferenz gekippt. In **Abb. 306.2 b)** hat das zur Folge, dass von den n Zeigern der erste des Randstrahls gegenüber dem n-ten des anderen Randstrahls gerade um $\Delta\varphi = 2\pi$, entsprechend ihrem Gangunterschied $\Delta s = \lambda$, dreht: Die Zeiger bilden (fast) ein geschlossenes n-seitiges Polygon mit der Vektorsumme null, der Amplitude im ersten Minimum. – In **Abb. 306.2 c)** wird ein kleineres Polygon *eineinhalb Mal* von den n Zeigern durchlaufen, die Vektorsumme entspricht der deutlich kleineren Amplitude des ersten Nebenmaximums. – In **Abb. 306.2 d)** folgt mit einem zweimal von den n Zeigern durchlaufenes Polygon das zweite Minimum.

Aus den Erklärungen ergibt sich: Ist d die Spaltbreite, Δs der Gangunterschied der Randstrahlen des Parallelbündels, so gilt mit $\sin\alpha = \Delta s/d$:

> Bei Beugung und Interferenz am Spalt treten unter dem Winkel α_n zur optischen Achse (mit $n = 1, 2, …$) *Nebenmaxima* n. Ordnung für $(2n + 1)\lambda/2 = d \sin\alpha_n$ und *Minima* n. Ordnung für $n\lambda = d \sin\alpha_n$ auf.

Die Beugungsfigur wird danach umso breiter, je enger der Spalt eingestellt und je größer die Wellenlänge des verwendeten Lichtes gewählt ist.
Aus **Abb. 306.2** links folgt, dass zum Nebenmaximum 1. Ordnung ein Drittel aller Wellenstrahlen, zum Nebenmaximum 2. Ordnung ein Fünftel usw. beitragen. Da diese noch untereinander Gangunterschiede aufweisen, sich also noch weiter schwächen, beträgt die Amplitude im ersten Fall höchstens ein Drittel der Gesamtamplitude des Hauptmaximums, im zweiten ein Fünftel usw. Entsprechend ist im ersten Fall die Intensität, die proportional dem Quadrat der Amplitude ist, höchstens $\frac{1}{9}$, im zweiten ein $\frac{1}{25}$ derjenigen des Hauptmaximums usw. (→ **Abb. 309.3**).

> Bei der Beugung am Einzelspalt ist der größte Teil der Intensität im Hauptmaximum gebündelt.

Vom Spalt zur Kreisblende

Beugung und Interferenz tritt nicht nur an Spalten, sondern ebenso an beliebig geformten kleinen Öffnungen auf.

Versuch 2: Öffnungen unterschiedlicher Form lassen sich leicht mit festem Stanniolpapier (z. B. Bastelpapier für Weihnachtssterne) herstellen, indem Streifen aus dem Material so über eine Lochblende geklebt werden, dass gerade die gewünschte Öffnung frei bleibt.

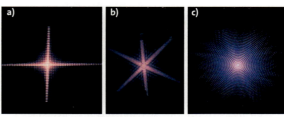

307.1 Beugungserscheinungen an verschieden geformten Blenden. **a)** Quadrat, **b)** regelmäßiges Sechseck, **c)** Kreis. Das Beugungsbild der Blenden geht bei steigender Kantenzahl von a) über b) usw. schließlich in das Beugungsbild einer Kreisblende c) über.

Beobachtung: Wird eine entfernte Lichtquelle durch solche Öffnungen betrachtet, sind Beugungserscheinungen wie in **Abb. 307.1** zu sehen. Jede einzelne Kante ruft eine Beugungserscheinung wie beim Einzelspalt hervor. Bei der Erhöhung der Zahl der Kanten bilden sich sternförmige Muster mit immer mehr seitlichen „Strahlen". Bei einer sehr großen Kantenzahl geht das Vieleck schließlich in einen Kreis und das Beugungsbild in eine Anzahl konzentrischer Ringe über. ◄

> Das Beugungsbild einer Lochblende besteht aus einem zentralen Scheibchen und konzentrischen Ringen.

Auch die „Strahlen", die oft auf fotografischen Aufnahmen auftreten oder bei der Betrachtung mit dem bloßen Auge von hellen Lichtpunkten ausgehend zu sehen sind, haben ihre Ursache in der Form der benutzten Blende: Sowohl die Iris des Auges als auch die bei Fotoapparaten verwendeten „Iris"-Blenden sind nicht kreisrund, sondern Vielecke.

Aufgaben

1. An einer Beugungsfigur am Spalt wird als Abstand der beiden Beugungsminima 1. Ordnung 15 mm gemessen, weiter sei $e = 212$ cm. Eine 10 mm-Messskala wird mit einem Diaprojektor auf der Projektionswand 45 cm groß abgebildet, der verwendete Spalt ist unter den gleichen Bedingungen 7 mm groß. Bestimmen Sie die Wellenlänge.
2. Licht einer Wellenlänge von 550 nm geht durch einen 0,15 cm breiten Spalt und fällt auf einen 2,5 m entfernten Schirm. Berechnen Sie die Breite des Streifens des Hauptmaximums 0. Ordnung (vom rechten bis zum linken Minimum 1. Ordnung).
3. Berechnen Sie die Breite, die ein Einzelspalt mindestens haben muss, damit das Minimum n. Ordnung ($n = 1, 2, …$) beobachtet werden kann. Beschreiben Sie demnach die Vorgänge, die sich abspielen, wenn ein Spalt langsam ganz geschlossen wird.
4. Stellen Sie einen Spalt her und beobachten Sie durch diesen Spalt eine möglichst punktförmige Lichtquelle.
   a) Verkippen Sie die beiden Kanten etwas gegeneinander, sodass ein keilförmiger Spalt entsteht.
   b) Drehen Sie den Spalt langsam um seine Achse.
   Beschreiben und erklären Sie Ihre Beobachtungen.

Wellenoptik

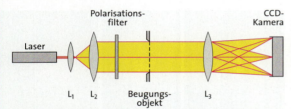

308.1 Messung des Intensitätsverlaufs eines Beugungsobjektes (Gitter, Spalt u. a.) mit CCD-Kamera

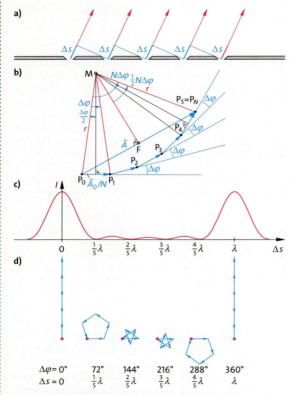

308.2 Entstehung der Interferenzfigur eines Gitters mit fünf Öffnungen: Die Zeiger der Öffnungen müssen zu einem Polygonzug addiert werden. Die Nullstellen der Beugung entsprechen geschlossenen Polygonen.

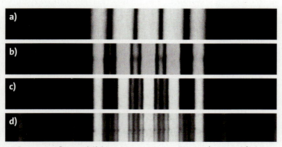

308.3 Interferenzbilder eines „Gitters" mit **a)** zwei, **b)** drei, **c)** vier und **d)** fünf Spalten

7.3.5 Intensitätsverlauf bei Gitter und Spalt

Der Intensitätsverlauf von Beugungsfiguren wird im Experiment (**Abb. 308.1**) ausgemessen und hergeleitet.

Versuch 1: Das durch die Linse L$_1$ aufgeweitete und mit L$_2$ parallel verwandelte Laserlicht fällt auf das Beugungsobjekt. Die Linse L$_3$ bildet die Beugungsfigur auf die CCD-Kamera (*Charge-Coupled-Devices*) ab, deren Objektiv entfernt ist. Der Intensitätsverlauf wird auf dem Bildschirm des angeschlossenen Computers dargestellt (**Abb. 309.3**). ◄

Intensitätsverlauf hinter dem Gitter

Der Intensitätsverlauf lässt sich mithilfe eines Zeigerdiagramms (→ 3.1.2) berechnen. Die resultierende Schwingung in einem Punkt $P(\alpha)$ auf dem Schirm wird durch die N Wellenstrahlen verursacht, die parallel zueinander die N Spalte des Gitters in Richtung α zur optischen Achse phasengleich verlassen (**Abb. 308.2 a**). Diese N Wellenstrahlen erzeugen in $P(\alpha)$ N phasenverschobene Schwingungen von gleicher Amplitude, deren Überlagerung gesucht ist. Dabei weisen Schwingungen, die aus benachbarten Spalten des Gitters stammen, jeweils die Phasendifferenz $\Delta\varphi = 2\pi\,(\Delta s/\lambda)$ entsprechend dem Gangunterschied $\Delta s = g\sin\alpha$ auf. In **Abb. 308.2 b)** sind die N Schwingungsvektoren, jeweils um die Phasendifferenz $\Delta\varphi$ gedreht, vektoriell zu einem Polygonzug addiert. Der Summenvektor $\hat{A}(\alpha)$ dieses Polygonzuges ist der Schwingungsvektor der in $P(\alpha)$ entstehenden resultierenden Schwingung. Der Schwingungsvektor jeder einzelnen Schwingung hat die Länge $\hat{A}_0/N$, wenn $\hat{A}_0$ den Schwingungsvektor darstellt, den die Überlagerung aller N Schwingungen in Richtung $\alpha = 0$ ergibt. Der Summenvektor $\hat{A}(\alpha)$ hat, je nach der Phasendifferenz $\Delta\varphi$, in verschiedenen Richtungen α unterschiedliche Längen. Alle Punkte $P_0, P_1, \ldots, P_N$ des Polygonzugs liegen auf einem Kreisbogen mit Mittelpunkt M und Radius r. Aus dem Dreieck P_0P_1M ergibt sich die Beziehung $\sin(\Delta\varphi/2) = (\tfrac{1}{2}\hat{A}_0/N)/r$ und aus dem Dreieck P_0P_NM die Beziehung $\sin(N\Delta\varphi/2) = \tfrac{1}{2}\hat{A}(\alpha)/r$. Division beider Gleichungen liefert für die Amplitude $\hat{A}(\alpha)$ im Punkt $P(\alpha)$:

$$\hat{A}(\alpha) = \hat{A}_0 \frac{\sin(N\Delta\varphi/2)}{N\sin(\Delta\varphi/2)}$$

Daraus wird mit $\hat{A}_0^2 = I_0$ durch Quadrieren die Intensität

$$I(\alpha) = \hat{A}_0^2\left(\frac{\sin(N\Delta\varphi/2)}{N\sin(\Delta\varphi/2)}\right)^2 = I_0\left(\frac{\sin(N\pi\Delta s/\lambda)}{N\sin(\pi\Delta s/\lambda)}\right)^2.$$

Die Funktion $I(\alpha)$ beschreibt die Intensitätsverteilung hinter dem Gitter vollständig. In **Abb. 308.2 c)** wurde sie für $N = 5$ berechnet und gegen Δs aufgetragen. Die Lage der Maxima und Nullstellen dieser Verteilung lassen sich am besten mithilfe der Zeigerdiagramme (**Abb. 308.2 d**) erklären: Hauptmaxima ergeben sich immer dann, wenn alle Zeiger parallel liegen. Das ist genau dann der Fall, wenn die Phasenverschiebung aufeinanderfolgender Zeiger $\Delta\varphi = n\,2\pi$ ist, also für $\Delta s = n\lambda$ ($n = 0, 1, \ldots$). Nullstellen ergeben sich genau dann, wenn die N Pfeile ein geschlossenes Polygon bilden, d. h. wenn $N\Delta\varphi = n\,2\pi$ ist.

Ein solches Polygon ist dann n-mal „aufgewickelt" (**Abb. 308.2 d**). Die Nullstellen liegen bei $\Delta s = n\lambda/N$ ($n = 1$,

2, ..., N – 1). Zwischen jedem Hauptmaximum liegen N – 1 Nullstellen und zwischen ihnen N – 2 Nebenmaxima. Da die Nullstellen etwa gleiche Abstände voneinander haben, werden die Hauptmaxima mit steigender Öffnungszahl N des Gitters immer schärfer und damit auch das Auflösungsvermögen (→ 7.3.7) eines Gitters immer größer (**Abb. 308.3**).

Intensitätsverlauf hinter dem Spalt

Der Intensitätsverlauf hinter dem Spalt ergibt sich durch eine Grenzwertbetrachtung. In der Ebene des Spaltes befinden sich in dieser Modellvorstellung nicht N diskrete, sondern beliebig viele und beliebig dicht nebeneinanderliegende Ausgangspunkte von Wellenzügen. $\varphi = N\Delta\varphi$ stellt dann die Phasendifferenz der beiden Randstrahlen des Spaltes dar (**Abb. 309.1**). Der Polygonzug von **Abb. 308.2 b)** geht dann in einen Bogen mit dem Mittelpunktswinkel φ über. Die Intensitätsverteilung berechnet sich, indem in der Verteilung $I(\alpha)$ für das Gitter $N\Delta\varphi$ durch φ ersetzt wird:

$$I(\alpha) = I_0 \left(\frac{\sin(\varphi/2)}{N \sin(\Delta\varphi/2)} \right)^2$$

Wegen der Kleinheit des Winkels $\Delta\varphi$ geht $\sin(\Delta\varphi/2)$ in $\Delta\varphi/2$ über und es folgt daraus der Verlauf aus **Abb. 309.2**:

$$I(\alpha) = I_0 \left(\frac{\sin(\varphi/2)}{\varphi/2} \right)^2 = I_0 \left(\frac{\sin(\pi \Delta s/\lambda)}{\pi \Delta s/\lambda} \right)^2$$

$I(\alpha)$ hat ein zentrales Maximum bei $\Delta s = 0$ und Nullstellen bei $\Delta s = n\lambda$ ($n = 1, 2, ...$) (Messbeispiel **Abb. 309.3**).

Zusammenwirken von Spalt und Gitter

Jede einzelne Öffnung eines Gitters oder eines Doppelspalts wirkt als Einzelspalt. Die Wellenzüge aus verschiedenen Öffnungen von Gitter und Doppelspalt können also nur dort interferieren, wo der einzelne Spalt aufgrund seiner Interferenzfigur Wellen hinsendet. Die mathematische Analyse zeigt, dass daher die Intensitätsverteilung des Gitters, die für unendlich kleine Öffnungen berechnet wurde, mit der Intensitätsverteilung des Spaltes multipliziert werden muss. Da die Intensität des Spaltes nach außen hin sehr schnell abfällt, sind die Beugungserscheinungen von Mehrfachspalt und Gitter hauptsächlich im Bereich des Beugungsmaximums 0. Ordnung des Spaltes zu beobachten (**Abb. 309.4**).

▬ Aufgaben

1. Zeichnen Sie wie in **Abb. 308.2 c)** den Intensitätsverlauf $I(\alpha)/I_0$ hinter einem Gitter mit 7 Spalten im Bereich $0 \leq \Delta s \leq \lambda$ und die dazugehörigen Zeigerdiagramme an den Nullstellen.
2. Zeichnen Sie den Intensitätsverlauf $I(\alpha)/I_0$ hinter einem Einfachspalt zwischen Hauptmaximum und drittem Nebenmaximum. Berechnen Sie $I(\alpha)/I_0$ an den (ungefähren) Stellen der Maxima $\Delta s/\lambda = \frac{1}{2}(2n+1)$ mit $n = 1, 2, 3, ...$. Beschreiben Sie, wie der Wert $I(\alpha)/I_0$ an den Maxima von n abhängt.
*3. Berechnen Sie, wie viel Prozent der Gesamtintensität bei der Beugung am Einzelspalt auf das Hauptmaximum entfällt, wie viel auf die n. Nebenmaxima ($n = 1, 2$).

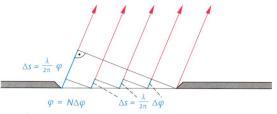

309.1 Die Phasendifferenz $\varphi = 2\pi \Delta s/\lambda$ der Randstrahlen eines Spaltes entspricht der N-fachen Phasendifferenz $\Delta\varphi$ benachbarter Strahlen eines Gitters mit N Öffnungen: $\varphi = N\Delta\varphi$.

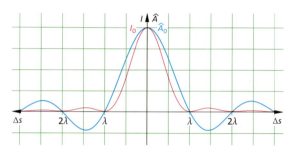

309.2 Zur Interferenzfigur des Spaltes. Verlauf der Gesamtamplitude A (blau) und der Intensität I (rot) in Abhängigkeit vom Gangunterschied Δs der Randstrahlen.

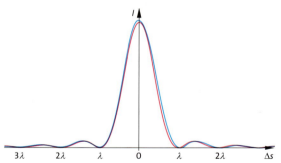

309.3 Beugungsfigur eines Spaltes. Die blaue Kurve ist mit der CCD-Kamera aufgenommen, die rote Kurve ist mit den Versuchsdaten nach der Beugungstheorie berechnet.

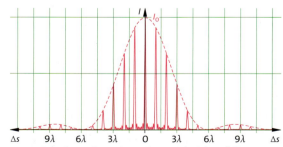

309.4 Interferenzfigur eines Gitters mit sieben Öffnungen. Die Einhüllende der Gitterlinien ist durch den Intensitätsverlauf des Spaltes jeder einzelnen Gitteröffnung gegeben.

Wellenoptik

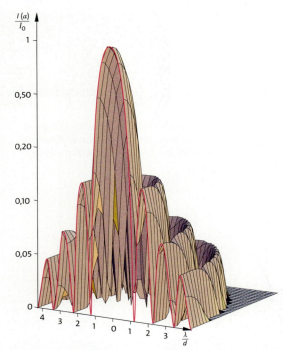

310.1 Computerberechnete Intensitätsverteilung bei der Beugung an einer Kreisblende

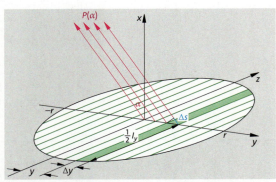

310.2 Zur Berechnung der Intensität hinter der Kreisblende wird die Kreisblende zwischen $y = -r$ und $y = r$ in N Streifen der Breite Δy zerlegt. Ein solcher Streifen an der Stelle y hat die Länge $l_y = 2\sqrt{r^2 - y^2}$ und emittiert eine Schwingung, deren Amplitude proportional zu seinem Flächeninhalt ist: $A_y \sim 2\sqrt{r^2 - y^2}\,\Delta y$. Die Phasenverschiebung zwischen Schwingungen benachbarter Streifen ergibt sich aus ihrer Wegdifferenz Δs zu $\Delta \varphi = 2\pi \Delta s/\lambda = 2\pi(\Delta y \sin \alpha)/\lambda$. Die Phasenverschiebung zwischen einem Streifen bei $y = y$ und dem ersten Streifen bei $y = -r$ ist also $\Delta \varphi_y = n\,\Delta \varphi = ((y-r)/\Delta y)\,\Delta \varphi$. Zur Addition der Zeiger aller Streifen zwischen $y = -r$ und $y = r$ werden ihre horizontalen (U-) und ihre vertikalen (V-)Komponenten summiert: $U = \Sigma A_y \cos \Delta \varphi_y$, $V = \Sigma A_y \sin \Delta \varphi_y$. U und V sind die Komponenten des resultierenden Schwingungsvektors. Die Intensität für einen bestimmten Winkel α ist dann $I(\alpha) = U^2 + V^2$. Zu jedem Winkel α wird so die Intensität berechnet.

7.3.6 Intensitätsverlauf hinter einer Kreisblende

Kreisförmige Öffnungen spielen in der Optik eine große Rolle. Jede Linse, jede runde Blende im Strahlengang eines optischen Gerätes stellt eine beugende Öffnung dar. Zum vollen Verständnis der Leistungsfähigkeit optischer Instrumente ist daher die Kenntnis der Intensitätsverteilung hinter einer Kreisblende sehr wichtig. Sie berechnete zum ersten Mal der französische Physiker FRESNEL (1788–1827).

Beim Spalt wird die Intensität berechnet, indem die Spaltöffnung in N gleich breite Streifen zerlegt wird und die von dort ausgehenden Elementarwellen im Punkt $P(\alpha)$ phasenrichtig addiert werden. Ebenso kann im Falle einer kreisförmigen Öffnung verfahren werden. Bei der Addition der N phasenverschobenen Sinuswellen in $P(\alpha)$ ist jedoch zu berücksichtigen, dass die Elementarwellen nicht alle die gleiche Intensität haben. Die zugehörigen Streifen und damit die Pfeile werden mit wachsendem y immer kleiner. In → **Abb. 308.2 b)** würde dem entsprechen, dass die Pfeile, deren Vektorsumme $\hat{A}(\alpha)$ ergibt, nach oben hin immer kürzer werden. Der Polygonzug, der bei der Addition entsteht, liegt nicht mehr auf einem Kreis. Die Berechnung des resultierenden Pfeils $\hat{A}(\alpha)$ gelingt daher nur mit einem Computerprogramm (Aufgabe 3, **Abb. 310.2**).

Das Ergebnis der Rechnung ist in **Abb. 310.1** dargestellt. Hier wurde $I(\alpha)/I_0$ gegen λ/d aufgetragen. Im Gegensatz zum Spalt liegen hier die Minima nicht mehr ungefähr äquidistant an den Stellen $\sin \alpha_n = n\lambda/d$, sondern die ersten drei Nullstellen liegen bei $\sin \alpha_1 = 1{,}219\,\lambda/d$, $\sin \alpha_2 = 2{,}231\,\lambda/d$ und $\sin \alpha_3 = 3{,}235\,\lambda/d$. In der Abbildung wurden die Intensitäten der Beugungsringe zur Verdeutlichung überhöht dargestellt. Tatsächlich nimmt die Intensität der Maxima nach außen hin noch schneller ab als beim Spalt, sodass die meiste Strahlungsenergie (83,8 %) in das zentrale runde Beugungsscheibchen fällt.

Aufgaben

1. Berechnen und zeichnen Sie schematisch den Intensitätsverlauf der Beugungs- und Interferenzfigur
   a) eines Doppelspalts mit der Spaltbreite $a = 0{,}25$ mm und dem Spaltabstand $g = 0{,}75$ mm,
   b) eines Gitters mit 4 Spalten der Breite $a = 0{,}25$ mm und der Gitterkonstanten (Spaltabstand) $g = 0{,}50$ mm.
   c) Führen Sie die Versuche mit einem Laser aus.

2. Führen Sie die Rechnungen über den Intensitätsverlauf des Gitters im Einzelnen aus und berechnen Sie für ein Gitter mit $N = 10$ Öffnungen die der → **Abb. 308.2 c)** entsprechende Figur für den Intensitätsverlauf.

*3. a) Schreiben Sie ein Programm zur Berechnung der Intensität hinter einer Kreisblende und berechnen Sie $I(\alpha)$ für $\lambda = 500$ nm, $d = 0{,}2$ mm ($0 \leq \alpha \leq 4\,\lambda/d$). Bestätigen Sie damit die oben angegebenen Werte über die Lage der Nullstellen.
   b) Ändern Sie das Programm so ab, dass Sie damit die Beugung hinter einer kreisförmigen Öffnung mit einer zentralen runden Blende berechnen können. Beschreiben Sie die Ergebnisse. Diese Anordnung entspricht dem Newton'schen Spiegelfernrohr mit Fangspiegel.

7.3.7 Das Auflösungsvermögen optischer Instrumente und des Auges

In allen optischen Instrumenten und auch im Auge beeinflusst die Beugung die Bildentstehung. Jede Linse, jeder Spiegel, jedes Prisma stellt eine beugende Öffnung dar, die von einem Objektpunkt eine Beugungsfigur entwirft. In der Abbildung können daher die Bilder zweier Gegenstandspunkte nur dann unterschieden werden, wenn deren Beugungsfiguren deutlich voneinander getrennt sind.

Versuch 1: Mit einer Linse wird ein beleuchtetes Drahtnetz scharf auf einem weit entfernten Schirm abgebildet. Dann wird vor die Abbildungslinse ein Spalt gestellt, der langsam enger eingestellt wird.
Beobachtung: Das Bild des Drahtnetzes wird bei Verengung der Spaltblende immer unschärfer, bis die Konturen der parallel zum Spalt verlaufenden Drähte nicht mehr zu erkennen sind, während die Drähte senkrecht zum Spalt scharf abgebildet bleiben. ◄

Versuch 2: Zwei leuchtende Taschenlampenbirnen werden eng nebeneinander aufgestellt und aus einigen Metern Entfernung durch eine enge Lochblende betrachtet (z. B. durch ein kleines Loch in einer Alufolie, das mit einer Stecknadel hergestellt wurde).
Beobachtung: Anstelle der beiden Punktlichtquellen sind die Beugungsbilder der Kreisblende zu sehen: zwei runde Beugungsscheibchen mit konzentrischen Ringen. Werden die Lichtquellen aus größerem Abstand beobachtet, dann fließen bei einer bestimmten Entfernung die beiden Beugungsscheibchen ineinander und können nicht mehr unterschieden werden. ◄

Erklärung: Die Beugungsbilder der Drähte im ersten Experiment verbreitern sich umso mehr, je enger die Spaltblende wird. Im zweiten Experiment wirkt die Beobachtungsöffnung als beugende Lochblende.

Allgemein gilt: Von jedem Punkt eines Objekts wird bei einer optischen Abbildung ein Beugungsscheibchen entworfen. Zwei solche Scheibchen sind nur dann noch zu unterscheiden, wenn die Mittelpunkte ihrer Maxima mindestens um ihren Radius R voneinander entfernt sind (**Abb. 311.1** und **311.2**). R ist dabei der Abstand vom Zentrum zum Minimum 1. Ordnung der Beugung an einer Kreisblende. Ist d der Durchmesser der (kreisrunden) beugenden Öffnung, b die Bildweite und g die Gegenstandsweite, so gilt mit dem Korrekturfaktor 1,22 (→ S. 310) für kleine Winkel $\Delta\alpha$ ($\sin\Delta\alpha \approx \Delta\alpha$) die *Bedingung* für die Mindestgröße von $\Delta\alpha$ (**Abb. 311.2**):

$$\Delta\alpha = 1{,}22\,\frac{\lambda}{d} \quad \text{mit} \quad \Delta\alpha = \frac{R}{b} \quad \text{sowie} \quad \Delta\alpha = \frac{\Delta x}{g}$$

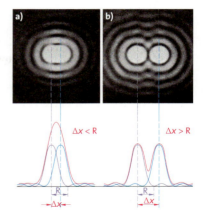

311.1 Interferenzbild und Intensitätsverlauf zweier Beugungsscheibchen, die in **a)** nicht zu trennen, in **b)** aber zu unterscheiden sind.

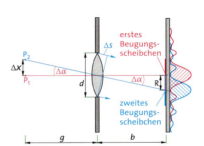

311.2 Zur Herleitung des Auflösungsvermögens optischer Instrumente (g Gegenstandsweite, b Bildweite): Für einen Spalt der Breite d wäre $\Delta s = \lambda$ und damit $\Delta\alpha = \lambda/d$, für eine Kreisblende mit Durchmesser d nach 7.3.6 dagegen $\Delta s = 1{,}22\,\lambda$ oder $\Delta\alpha = 1{,}22\,\lambda/d$.

Der Winkel $\Delta\alpha$ bezeichnet die Mindestgröße, die der Sehwinkel zwischen den beiden Gegenstandspunkten P_1 und P_2 haben muss, wenn die Bilder beider Punkte noch getrennt oder – wie man sagt – noch *aufgelöst* werden sollen.

> Unter dem **Auflösungsvermögen** wird die Fähigkeit eines Gerätes (oder auch des Auges) verstanden, zwei unter einem kleinen Winkel erscheinende Gegenstände noch getrennt abzubilden oder wahrzunehmen.

Damit zwei eng beieinanderliegende Punkte mit dem Abstand Δx noch zu erkennen sind, muss also die begrenzende Öffnung d groß gemacht und es muss möglichst eine kleine Wellenlänge λ gewählt werden.

> Die Wellennatur des Lichts setzt dem Auflösungsvermögen aller optischen Geräte (wie auch dem des Auges) eine natürliche, prinzipiell nicht überschreitbare Grenze, die von der Wellenlänge des benutzten Lichts und dem Durchmesser der beugenden Öffnung abhängt.

Wellenoptik

Das Auflösungsvermögen des Fernrohrs

Das Objektiv eines Teleskops entwirft in seiner Brennebene ein Bild ($b = f$), das mit dem Okular betrachtet wird. Das Okular spielt für die Beugung keine Rolle mehr, da zwei Punkte, deren Beugungsscheibchen sich schon in der Brennebene des Objektivs überlagern, auch nicht durch das Okular entzerrt werden können. Daher gilt für das Auflösungsvermögen des Fernrohrs:

> Beim Fernrohr ist der Winkelabstand $\Delta\alpha$ zweier noch zu trennender Punkte der Wellenlänge λ des benutzten Lichtes direkt und dem Objektivdurchmesser d indirekt proportional. Mit dem Faktor 1,22 ($\rightarrow$ 7.3.6) für die Kreisblende gilt $\Delta\alpha = 1{,}22\ \lambda/d$.

Die Objektive astronomischer Teleskope sind meist als große Spiegel ausgeführt, die einerseits für eine große Lichtstärke und andererseits für ein hohes Auflösungsvermögen sorgen. Zwar lässt sich die Vergrößerung eines Fernrohrs durch die Verwendung eines stark vergrößernden, also kurzbrennweitigen Okulars erhöhen, dadurch sind aber ebenso wenig wie beim Vergrößern einer grobkörnigen Fotografie feinere Details zu erkennen als in der Brennpunktebene vorhanden sind.

Das Auflösungsvermögen des Mikroskops

Beim Mikroskop liegt der Gegenstand mit der Ausdehnung Δx praktisch in der Brennebene des Objektivs ($g = f$), sodass für den Winkel $\Delta\alpha = \Delta x/f$ zu setzen ist. Sein Auflösungsvermögen wird zweckmäßigerweise durch den Abstand Δx zweier noch zu trennender Punkte ($\rightarrow$ **Abb. 311.2**) und nicht wie beim Fernrohr durch den Winkelabstand $\Delta\alpha$ definiert. (Die Rolle des Okulars kann aus denselben Gründen wie beim Fernrohr unbe-

rücksichtigt bleiben.) Für den Abstand Δx gilt damit

$$\Delta x = \Delta\alpha f = 1{,}22\ \lambda f/d.$$

Für ein gutes Auflösungsvermögen des Mikroskops, d. h. ein kleines Δx, sollte der Quotient f/d daher möglichst klein sein. Gute Mikroskopobjektive erreichen Werte für f/d von unter 0,8. Damit wird $\Delta x \approx \lambda$.

> Mit dem Mikroskop lassen sich bestenfalls Punkte unterscheiden, deren Abstand in der Größenordnung der Wellenlänge des benutzten Lichtes liegt: $\Delta x \approx \lambda$

Eine Steigerung des Auflösungsvermögens des Mikroskops lässt sich also nur durch „Licht" mit kürzeren Wellenlängen erreichen, indem es mit ultraviolettem Licht anstatt des sichtbaren Lichts betrieben wird. Das Elektronenmikroskop ($\rightarrow$ S. 242) verwendet Wellenlängen ($\rightarrow$ 10.3.1), die um einen Faktor 10^4 bis 10^5 kleiner sind als die des sichtbaren Lichtes.

Das Auflösungsvermögen des Auges

Für das Auge ist die begrenzende Öffnung, die auch das Auflösungsvermögen bestimmt, die Pupille, deren Durchmesser bei mittlerer Beleuchtung ungefähr $d = 3$ mm beträgt. Für das Auflösungsvermögen des Auges gilt ebenfalls die Bedingung $\Delta\alpha = 1{,}22\ \lambda/d$.

Das Auge kann z. B. bei einer mittleren Wellenlänge des sichtbaren Lichts von $\lambda = 550$ nm Objekte unterscheiden, deren Winkelabstand $\Delta\alpha = 2{,}24 \cdot 10^{-4}$ oder 46" beträgt, d. h. 2,2 cm in 100 m Entfernung. Die durch den endlichen Abstand der Zäpfchen auf der Netzhaut gegebene physiologische Auflösungsgrenze fällt mit der durch die Beugung bedingten Grenze annähernd zusammen.

Aufgaben

1. Der Spiegel des Hubble-Weltraumteleskops hat einen Durchmesser von 2,4 m. Berechnen Sie den noch auflösbaren Winkelabstand in Bogenmaß und Grad im Licht von 550 nm Wellenlänge. Bestimmen Sie den Abstand, den zwei Punkte **a)** auf dem Mond, **b)** auf dem Mars mindestens haben müssen, damit das Fernrohr sie gerade noch trennen kann.

2. Für das Auflösungsvermögen des Auges entscheidend ist der Pupillendurchmesser, der bei mittlerer Beleuchtung 3 mm beträgt. Berechnen Sie den Mindestabstand zweier Punkte, damit sie in 5 m Entfernung mit bloßem Auge noch zu trennen sind ($\lambda = 500$ nm).

3. Die Angabe 8×30 auf einem Prismenfernrohr bedeutet, dass das Fernrohr den Sehwinkel achtfach vergrößert und der Objektivdurchmesser 30 mm beträgt. Berechnen sie den Abstand zweier Punkte in 500 m Entfernung, die gerade noch zu unterscheiden sind ($\lambda = 500$ nm).

*4. Erörtern Sie, wie viel Information sich mit einem Mikroskop von einem Quadratzentimeter Oberfläche mit rotem Licht ($\lambda = 680$ nm) höchstens ablesen lässt. Begründen Sie, was diese Tatsache mit der Speicherdichte von elektronischen Medien zu tun hat und warum versucht wird, die Wellenlänge des Lichtes, das zum Ablesen benutzt wird, immer kleiner zu machen.

*5. Entwerfen und konstruieren Sie die „optimale" Lochkamera, d. h. eine Lochkamera mit einer möglichst guten Winkelauflösung. Beachten Sie: Je kleiner die verwendete Lochblende ist, desto kleiner ist ihr geometrischer Schatten, desto größer aber die von ihr hervorgerufene Beugungsfigur.

*6. Zwei Radioteleskope in Deutschland und in den USA werden zu einem einzigen großen VLBI-Instrument zusammengeschlossen. Berechnen Sie den noch auflösbaren Winkelabstand für Radiowellen im UKW-Bereich.

Exkurs

Das Auflösungsvermögen großer Teleskope

Theoretisch bestimmt der Durchmesser der beugenden Öffnung das Auflösungsvermögen und die Lichtstärke eines Teleskops. In der Praxis jedoch beträgt die erreichbare Auflösung im sichtbaren Bereich im Normalfall unabhängig von der Größe der beugenden Öffnung nur 1 bis 2 Bogensekunden, was dem theoretischen Auflösungsvermögen eines 20 cm-Spiegels entspricht. Denn die Atmosphäre ist nicht homogen, sondern enthält aufgrund der ständigen Temperaturunterschiede Bereiche unterschiedlicher Dichte und Brechungszahl. Eine ebene Wellenfront wird daher beim Durchgang durch die Erdatmosphäre verbogen, das Bild „verschmiert".

Eine, wenn auch sehr teure Lösung ist es, das Teleskop wie z.B. das **Hubble-Weltraumteleskop** (→ 15.1.1) in den Weltraum zu versetzen. Eine andere Methode zur Verbesserung des Auflösungsvermögens ist es, die Teleskope in hochgelegenen trockenen Gebieten mit schadstoff- und wasserdampfarmer Atmosphäre, weit entfernt vom Streulicht menschlicher Siedlungen zu errichten.

Eine Revolution in der erdgebundenen Beobachtungstechnik brachte die **aktive** und **adaptive Optik:** Das Auflösungsvermögen ist danach nicht mehr durch die Turbulenzen der Atmosphäre begrenzt; damit ist der Bau von Teleskopspiegeln bis zu 10 m Durchmesser und mehr möglich.

Die **aktive Optik** ist ein Verfahren, die Spiegelverbiegungen auszugleichen, die z. B. beim Schwenken größerer Teleskope entstehen. Die Spiegel werden aus mehrfachen dünnen, deformierbaren Schichten oder einzelnen Spiegelsegmenten gefertigt, die Oberfläche des Spiegels wird auf *Aktuatoren*, Stellelementen, gelagert und kann so jederzeit in die richtige, vorausberechnete Form gebracht werden.

Die **adaptive Optik** ermöglicht es, die durch Luftturbulenzen bedingten Unschärfen in Himmelsaufnahmen in Echtzeit laufend zu korrigieren. Dazu muss ein verhältnismäßig heller Stern in der Nähe des beobachteten Objekts, das naturgemäß äußerst lichtschwach ist, stehen. Die von ihm empfangenen Wellenfronten geben dann Auskunft über die Beschaffenheit der Atmosphäre in Richtung auf das beobachtete Objekt und können somit zur Korrektur der Spiegeloberfläche dienen.

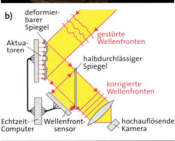

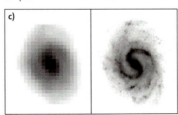

In vielen Fällen fehlt es jedoch an einem hellen Referenzstern in der beobachteten Himmelsgegend. Nach einer neueren Technik wird mit einem Laserstrahl von 50 cm Durchmesser in der Mesosphäre auf ca. 100 km Höhe ein *künstlicher „Stern"* fokussiert. **Abb. a)** zeigt die Laserleitstern-Anlage des VLT (→ 15.1.1). Mit den Wellenfronten dieses Referenzsterns korrigieren die Aktuatoren über einen Wellenfrontsensor und einen schnellen Prozessrechner die Spiegeloberfläche, sodass von dem Beobachtungsobjekt ebene Wellenfronten in das Aufnahmegerät, meistens eine hochauflösende CCD-Kamera, eintreffen (**Abb. b**). Die **Abb. c)** zeigt in einer Simulation eine Galaxie links vom Weltraumobservatorium Hubble, rechts mit adaptiver Optik vom Large Binocular Telescope (LBT) (→ 15.1.1) aufgenommen. Das Auflösungsvermögen mithilfe dieser neuen Technik ist unübertroffen.

Nicht nur die Abbildungsqualität optischer Fernrohre, sondern auch die von Radioteleskopen wird durch die Beugung begrenzt. Wegen der viel längeren Wellenlängen im Radiobereich besitzen selbst große Radioteleskope im UKW-Bereich kaum die Winkelauflösung des bloßen Auges. Daher werden zwei oder mehrere Teleskope über eine gemeinsame Leitung als „**Radio-Interferometer**" zusammengeschaltet und ihre Signale phasenrichtig addiert. Das Auflösungsvermögen der Anordnung entspricht dabei dem eines einzigen Teleskops, das als Durchmesser den Abstand der beiden Fernrohre hat. Das größte Instrument dieser Art, das „Very Large Array", steht zzt. in Neu Mexiko (**Abb. d**). 27 Antennen mit jeweils 25 m Durchmesser können auf drei Y-förmig angeordneten Schienen mit hoher Präzision bis zu 36 km voneinander entfernt aufgestellt werden. Ihr Auflösungsvermögen erreicht damit das eines einzigen 36 km großen Instruments.

Bei der „Interferometrie mit großen Basislängen", Very-Long-Baseline Interferometry (VLBI) (→ 15.1.1), werden die Messungen von Teleskopen, die über einen ganzen Kontinent verstreut sind oder sich sogar auf verschiedenen Kontinenten befinden, miteinander verarbeitet. Ihre Signale werden zusammen mit hochpräzisen Zeitsignalen einer Atomuhr auf Magnetband aufgenommen. Die Interferenz findet dann später beim gemeinsamen Playback der Signale auf einem Rechner statt.

Wellenoptik

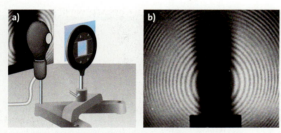

314.1 Interferenz am Glimmerblatt. **a)** Versuchsaufbau mit Hg-Höchstdrucklampe, **b)** Interferenzbild im reflektierten Licht

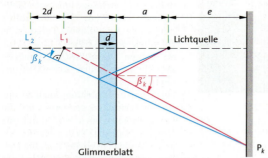

314.2 Vereinfachte Konstruktion der Interferenz an dünnen Schichten ohne Berücksichtigung der Brechung.

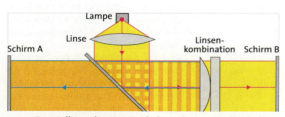

314.3 Darstellung der Newton'schen Ringe. Das durch die Linse parallele Lichtbündel fällt auf den Strahlteiler und wird von dort auf die Kombination von ebener und sphärischer Glasfläche reflektiert. Beobachtet werden die Newton'schen Ringe auf dem Schirm A im reflektierten und auf dem Schirm B im durchgehenden Licht.

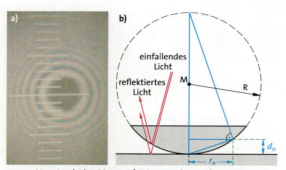

314.4 Newton'sche Ringe. **a)** Die Interferenzfigur von weißem Licht in der Reflexion; **b)** Skizze zur Versuchserklärung

7.3.8 Interferenzen an dünnen Schichten

Versuch 1 – Interferenzen am Glimmerblatt: Vor eine monochromatische Lichtquelle (Na-, Hg-Lampe oder ein aufgeweiteter Laserstrahl) wird ein Glimmerblatt gehalten. Die an der Vorder- und der Rückseite des dünnen Glimmerblättchens reflektierten Wellen werden auf einen Schirm oder auf eine Wand reflektiert.
Beobachtung: Es entsteht bei Reflexion ein Interferenzbild aus vielen konzentrischen Ringen (**Abb. 314.1**). ◀

Erklärung: Durch die Reflexion des Lichtes an Vorder- und Rückseite des Glimmerblattes entstehen zwei eng benachbarte virtuelle Lichtquellen. Nach **Abb. 314.2** ist für die Interferenz in einem Punkt P_k auf dem Schirm der Gangunterschied der beiden Wellenstrahlen ausschlaggebend, die von diesen virtuellen Lichtquellen L_1' und L_2' ausgehen und sich in P_k überlagern. Geometrisch beträgt ihr Wegunterschied $\Delta x = 2d\cos\beta_k$. Zur Berechnung der Phasendifferenz muss berücksichtigt werden, dass diese zusätzliche Strecke Δx in einem Medium mit dem Brechungsindex n (Glimmer) zurückgelegt wird, in dem n-mal mehr Wellen liegen als in der Luft. Der wirksame Gangunterschied, die sogenannte **optische Weglänge**, ist also $\Delta x' = n\,2d\cos\beta_k$. Daraus ergibt sich die Verstärkung in P_k für den Gangunterschied $m\lambda = n\,2d\cos\beta_k + \frac{1}{2}\lambda$, wobei der letzte Summand berücksichtigt, dass die Reflexion an der Vorderseite mit einem Phasensprung von π erfolgt (Reflexion am dichteren Medium, ähnlich der Reflexion am „geschlossenen" Ende → 3.4.5).

Das räumliche Interferenzbild entsteht aus **Abb. 314.2**, wenn der Punkt P_k um die Achse $L_1'L_2'$ rotiert, sodass sich in der Schirmebene Kreise ergeben. Der Gangunterschied Δs liegt in der Größenordnung der Dicke des Glimmerblatts von einigen Zehntel Millimetern. Das entspricht einer beträchtlichen Anzahl von Wellenlängen.

Versuch 2 – Newton'sche Ringe: Eine plankonvexe Linse, die mit ihrer schwach konvexen Seite eine ebene Glasplatte berührt, wird mit senkrecht auf die Linse einfallendem weißem Licht beleuchtet. Die entstehenden Interferenzen werden sowohl in Reflexion als auch in Durchsicht mit einer Linse auf dem rückseitig befindlichen Schirm abgebildet (**Abb. 314.3**).
Beobachtung: In beiden Fällen bildet sich ein System von konzentrischen Kreisringen, in der Mitte in Reflexion mit einem dunklen, in Durchsicht mit einem hellen Fleck (**Abb. 314.4 a**). ◀

Erklärung zur Beobachtung in der Reflexion: Die Ringe kommen durch Interferenz zwischen den an der Unterseite der Linse und den an der Oberseite der Glasplatte reflektierten Wellen zustande (**Abb. 314.4 b**). Deren Gangunterschied beträgt $\Delta s_n = 2d_n + \lambda/2$, Letzteres wegen des Phasensprunges $\Delta\varphi = \pi$ an der Plattenoberfläche. d_n berechnet sich nach dem Höhensatz aus $r_n^2 = d_n(2R - d_n) \approx d_n\,2R$, also $d_n = r_n^2/2R$. Für einen dunklen Ring ist $\Delta s_n = (2n+1)\lambda/2$. Die Wellenlänge wird aus der Abstandsdifferenz zweier (dunkler) Ringe d_m und d_n berechnet zu $\lambda = (r_m^2 - r_n^2)/(m-n)R$. – Das Auftreten des schwarzen Flecks bei der Beobachtung in Reflexion in der Mitte ist ein direkter Beweis dafür, dass das Licht bei der Reflexion am dichteren Medium der Glasplatte einen Phasensprung von π erfährt (→ 3.4.5). Der hier reflektierte Strahl interferiert destruktiv mit dem an der Unterseite der Linse reflektierten Strahl, der keinen Phasensprung aufweist.

Weitere Interferenzphänomene

Auf der Überlagerung des an der Vorder- und Rückseite dünner Schichten reflektierten Lichtes beruht auch die Entstehung von **Interferenzfarben**. Sie werden in Ölschichten auf Wasser, an Seifenlamellen, an Luftschichten, in Sprüngen von Glas und als Anlauffarben auf erhitztem Metall beobachtet. In **Abb. 315.1** überspannt eine dünne, mit weißem Licht beleuchtete *Seifenhaut* eine Drahtschlinge. Das Foto wurde gemacht, kurz nachdem sich die Dicke der Seifenhaut im oberen Teil auf weniger als ein Viertel der Wellenlänge verringert hatte. Bei sehr dünnen Schichten rührt der Phasenunterschied der beiden an Vorder- und Rückseite reflektierten Wellen nur noch vom Phasensprung π der an der Vorderseite reflektierten Welle her. Die beiden Wellen löschen sich unabhängig von der Wellenlänge aus: Der obere Teil der Seifenhaut erscheint schwarz. – In dem darunterliegenden dickeren Teil treten Streifen aus Interferenzfarben auf, vergleichbar den Verhältnissen der **Abb. 314.2**. Die Farbe der Streifen hängt in erster Linie davon ab, welche Farben aus dem Spektrum sich auslöschen, die restlichen bilden die Interferenzfarben. – Im roten Licht (**Abb. 315.1** rechts) löscht sich das Licht der roten Wellenlängen in den dunklen Streifen aus, im oberen Teil wegen der außerordentlich geringen Dicke der Seifenhaut, in den übrigen Teilen wieder nach dem, was über das Glimmerblatt gesagt wurde.

Ebenfalls auf der Interferenz an dünnen Schichten beruht die **Vergütung** auf Linsen für Brillengläser, Kameras und andere optische Geräte. Für die reflexmindernde Schicht wird Material mit einer Brechzahl verwendet, die zwischen der der Luft und des Glases liegt wie z. B. Kryolith ($n = 1,33$) oder Magnesiumfluorid ($n = 1,38$). So führt eine $\lambda/4$-Schicht zu deutlicher Reflexverminderung und Erhöhung des durchgehenden Lichtanteils, da sich die an der Vorder- und Rückseite der Schicht reflektierten Wellen wegen des Gangunterschiedes von $\lambda/2$ auslöschen. Beide Anteile reflektieren am dichteren Medium und erhalten daher einen gleichen Phasensprung von π. Vollständige Auslöschung kann mit einer einzigen

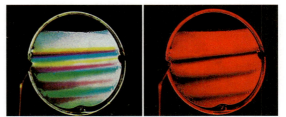

315.1 Interferenzen an einer Seifenhaut in weißem und rotem Licht. Die Seifenhaut überspannt die gesamte Drahtschlinge.

Schicht nur für eine Wellenlänge erreicht werden. Hierfür wird meist das gelbe Licht gewählt. Im reflektierten Anteil fehlt das Gelbe, daher sehen solche Linsen bläulich aus. Durch Aufdampfen mehrerer Schichten kann das Reflexionsvermögen für einen größeren Spektralbereich herabgesetzt werden. So werden Werte von unter 0,1 % Reflexion erreicht.

Bei *dielektrischen Vielschichtspiegeln*, wie sie z. B. als Strahlteilerspiegel für Farbfernsehkameras oder als Laserspiegel verwendet werden, kann durch das Aufbringen dünner durchsichtiger Schichten statt einer reflexvermindernden Wirkung auch eine Erhöhung des reflektierten Anteils der beschichteten Oberfläche erzeugt werden. Dies wird zur Herstellung verlustfreier Spiegel verwendet, die das Licht fast vollständig zurückwerfen – im Gegensatz zu den stark absorbierenden Metallspiegeln.
Bereits eine Viertelwellenlänge dicke Schicht auf dem Glas der Linse führt zu einer erheblichen Erhöhung der Reflexion. Wenn nämlich der Brechungsindex der Schicht größer ist als der des Glaskörpers, findet an der Oberfläche der Schicht ein Phasensprung von π statt (Reflexion am dichteren Medium, entsprechend der Reflexion am festen Ende (→ **Abb. 138.2 b**), während am Glaskörper die Reflexion ohne Phasensprung vor sich geht (Reflexion am dünneren Medium). Beide reflektierten Wellen verstärken sich wegen des um $2\lambda/4 = \lambda/2$ längeren Weges der zweiten Welle. Bereits eine $\lambda/4$-Schicht von hohem Brechungsindex, z. B. aus ZnS mit $n = 2,3$, erhöht den Reflexionsgrad von 4 % auf 31 %! Mit etwa 20 Schichten ähnlicher Eigenschaften lassen sich so Vielschichtspiegel von einem Reflexionsgrad von 99,9 % herstellen.

Aufgaben

1. Der Gangunterschied zwischen zwei zur Interferenz kommenden Wellenzügen sei a) $\Delta s = 10 \cdot 10^{-7}$ m bzw. b) $\Delta s = 100 \cdot 10^{-7}$ m. Berechnen Sie die Wellen aus dem Bereich $\lambda = 400$ nm bis $\lambda = 750$ nm, die sich dann gerade maximal verstärken. Bestimmen Sie, wie groß jeweils die Ordnungszahlen der Interferenzen sind.
2. Zum Versuch am Glimmerblatt: Schätzen Sie die Ordnung des Gangunterschiedes für Licht mittlerer Wellenlänge ab, das an der Vorder- und an der Innenseite des Glimmerblattes (Dicke $d = 1,0$ mm) reflektiert wird.
3. Eine 0,75 μm dicke Seifenhaut ($n = 1,35$) wird senkrecht bestrahlt. Ermitteln Sie, welches Licht (Wellenlängen) bei Reflexion ausgelöscht und welches verstärkt wird.

*4. Die Oberfläche einer Linse ($n = 1,53$) wird mit einem Material ($n = 1,35$) vergütet, sodass die Wellenlänge $\lambda = 550$ nm im reflektierten Licht ausgelöscht wird.
Geben Sie die erforderliche Schichtdicke an und berechnen Sie die Phasenverschiebung, die das reflektierte violette Licht ($\lambda = 400$ nm) und das rote Licht ($\lambda = 700$ nm) erfahren.

*5. Die Radien des 1. und 3. dunklen Ringes einer Newton'schen Plankonvexlinse (Krümmungshalbmesser $R = 118$ cm) sind 0,83 mm bzw. 1,45 mm.
Berechnen Sie die Wellenlänge des benutzten Lichts.

7.3.9 Kohärenz

Wie die bisher behandelten Versuche zeigen, können Interferenzerscheinungen mit Licht nur unter bestimmten Bedingungen beobachtet werden. Normalerweise addieren sich die Helligkeiten zweier Lichtquellen und schwächen sich nicht, und es sind i. Allg. auch keine Interferenzen zu beobachten. Diese Erfahrung hat es lange Zeit verhindert, eine Wellentheorie des Lichtes ernsthaft in Betracht zu ziehen. Denn um Interferenzen zu erzeugen, genügt es nicht, Licht gleicher Wellenlänge aus zwei Lichtquellen zur Überlagerung zu bringen. Hier liegt ein deutlicher Unterschied zu den Verhältnissen in der Akustik oder bei elektrischen Wellen wie etwa Mikrowellen vor. Senden z. B. zwei Stimmgabeln gleichfrequente Wellen aus, können sie problemlos miteinander interferieren.

Um dagegen in der Optik Interferenzen zu erhalten, müssen die Lichtquellen, deren Wellen sich überlagern sollen, i. Allg. durch einen Kunstgriff realisiert werden: Beim Doppelspaltversuch sind es zwei dicht nebeneinanderliegende Spalte, die von einer einzigen Lichtquelle beleuchtet werden. Beim Glimmerblattversuch werden die beiden virtuellen Bilder einer einzigen Lichtquelle benutzt.

> Die Interferenzfähigkeit von Wellen heißt **Kohärenz** (cohaerere, lat.: zusammenhängen).

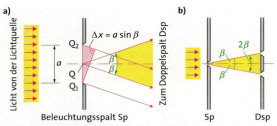

316.1 a) Zusammenhang zwischen der Größe des Beleuchtungsspalts und dem Winkel des Öffnungskegels; **b)** Lage des Öffnungskegels im Doppelspaltversuch

Versuch 1 – Räumliche Kohärenz: Im Doppelspaltversuch (→ 7.3.2) wird mit einer Hg-Hochdrucklampe, einer Na-Spektrallampe oder einem Laser eine Interferenzfigur erzeugt. Dann wird die Breite des Beleuchtungsspalts verändert – auch durch seine Drehung –, anschließend wird der Spalt aus dem Strahlengang herausgenommen.
Beobachtung: Im Versuch mit den beiden ersten Lichtquellen verschwindet die Interferenzfigur, wenn die Breite des Beleuchtungsspaltes vergrößert oder der Versuch ohne ihn durchgeführt wird. Im Laserversuch bleibt die Interferenzfigur in beiden Fällen unverändert. ◄

> Für die Kohärenz von Licht normaler Lichtquellen ist eine räumlich „enge" Quelle erforderlich. Laserlicht ist hingegen interferenzfähig – unabhängig davon, welcher Teil des Lichtbündels benutzt wird.

Beim Doppelspaltversuch sei a die Breite des Beleuchtungsspalts und 2β der Öffnungskegel des benutzten Lichts (**Abb. 316.1**). Das ausgedehnte Wellenzentrum Q_1Q_2 von der Breite a könnte ein punktförmiges Wellenzentrum Q nur dann ersetzen, wenn der Gangunterschied $\Delta x = a \sin\beta$ der von Q_1 und Q_2 parallelen Strahlen, die den Öffnungskegel auf der einen Seite begrenzen, wesentlich kleiner als $\lambda/2$ ist. Denn dann tritt zwischen den Wellenstrahlen, die die Strecke a zwischen Q_1 und Q_2 in dieser Richtung verlassen, praktisch kein Gangunterschied auf.

> **Räumliche Kohärenz:** Damit das Licht der Wellenlänge λ, das von einer Lichtquelle der Breite a innerhalb des Öffnungswinkels 2β ausgeht, noch interferieren kann, muss gelten: $a \sin\beta \ll \lambda/2$.

Das Licht der Sterne ist trotz ihrer riesigen Durchmesser a kohärent, weil der Winkel 2β des Öffnungskegels, den die Lichtstrahlen vom Rand des Sterns mit der Spitze auf der Erde bilden, verschwindend gering ist (analog **Abb. 316.1**). Beim Laser ist das Licht aus getrennten Raumbereichen der strahlenden Lichtfläche kohärent, da ein Laserstrahlbündel einen äußerst geringen Öffnungswinkel aufweist.

Versuch 2 – Zeitliche Kohärenz: Im Michelson-Interferometer (**Abb. 316.2**) wird das von der Lichtquelle kommende Licht durch einen halbdurchlässigen Spiegel in zwei Teilbündel aufgeteilt, die nach der Reflexion an den beiden Spiegeln zur Überlagerung kommen. Es werden dieselben Lichtquellen wie in Versuch 1 benutzt.
Beobachtung: Bei ungefähr gleicher optischer Weglänge der beiden Teilbündel entstehen auf dem Schirm Interferenzstreifen. Wird der Spiegel 1 in Strahlrichtung bewegt, wechseln Helligkeit und Dunkelheit in den Streifen periodisch. Wird der Gangunterschied der beiden Lichtbündel weiter vergrößert, so verschwinden die Interferenzen der normalen Lichtquellen, während sie mit Laserlicht auch bei beliebig großem Gangunterschied erhalten bleiben. ◄

> Laserlicht ist im Gegensatz zum Licht normaler Lichtquellen unabhängig vom Gangunterschied der sich überlagernden Teilbündel interferenzfähig.

Es muss also einen wesentlichen Unterschied zwischen Laserlicht und dem Licht normaler Lichtquellen geben.

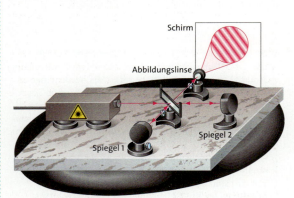

316.2 Das Michelson-Interferometer: Spiegel 1 ist beweglich, Spiegel 2 fest, sodass die optische Länge des einen Bündels gegenüber der des anderen variiert werden kann.

Wellenoptik

Ausgangspunkte des Lichtes sind in beiden Fällen einzelne Atome oder Moleküle, die Kugelwellen aussenden. Bei **normalen Lichtquellen** senden die vielen Einzelquellen Lichtwellen unabhängig voneinander aus: Jedes Atom erzeugt einen kurzen Wellenzug während einer Zeit, die ohne äußere Störung höchstens $\Delta t \approx 10^{-8}$ s dauert, die in einem dichten Gas oder einem festen glühenden Körper durch Stöße zwischen den Atomen aber wesentlich kürzer ist. Bei einer monochromatischen Lichtquelle haben zwar alle diese Wellen dieselbe Frequenz. Die „Sendezeiten" der einzelnen Atome sind dagegen ganz zufällig verteilt. Dennoch sind während einer Zeit, die kurz ist im Vergleich zur Sendezeit der einzelnen Atome, die Phasen (und Amplituden) der Wellen dieser Atome fast konstant: Durch die Überlagerung der Einzelwellen bilden sich während solcher kurzen Zeiten somit ständig sinusförmige *Wellengruppen* (→ 3.3.4). In einem *Lichtbündel* breitet sich daher eine Folge von genau abgegrenzten, mehr oder weniger sinusförmigen Wellengruppen mit einer mittleren Kohärenzlänge Δx_c aus, deren Phasen jedoch zueinander beziehungslos sind und sich von Wellengruppe zu Wellengruppe regellos ändern (**Abb. 317.1**).

Beim **Laserlicht** dagegen wird durch einen atomphysikalischen Vorgang, die „stimulierte Emission" (→ 11.4.5), erreicht, dass *alle* Atome ihren Sendevorgang einander anpassen, sodass alle Atome *gleichphasig* senden. Daher ist im Laserlicht die resultierende Wellengruppe (fast) unendlich lang mit ungestörtem Phasenverlauf.

> Die zeitliche Dauer, mit der eine einzelne Wellengruppe ungestört eine Stelle passiert, heißt „**Kohärenzzeit**" Δt_c, ihre Länge $\Delta x_c = c \, \Delta t_c$ „**Kohärenzlänge**".

Da die Wellengruppen endlich sind, weist ihre Frequenz f_0 eine Unschärfe Δf auf, die mit der Kohärenzzeit Δt_c ähnlich der akustischen Unschärfe (→ 3.2.3) über $\Delta f \Delta t \approx 1$ zusammenhängt. Lichtquellen senden daher nie im strengen Sinne monochromatisches Licht aus; die Spektrallinien sind also niemals unendlich scharf, sondern besitzen einen bestimmten Frequenzumfang Δf, der als **Bandbreite** oder **natürliche Linienbreite** bezeichnet wird. Eine unendlich scharfe Spektrallinie entspräche einem unendlich langen Wellenzug.

Das monochromatische Licht der üblichen Spektrallampen hat Bandbreiten von 10^9 Hz und Kohärenzlängen von einigen Zentimetern. „Weißes" Licht hat einen Spektralumfang von größenordnungsmäßig 10^{15} Hz, also Kohärenzlängen von nur einigen (mittleren) Wellenlängen. Der He-Ne-Laser dagegen besitzt eine scharfe Spektrallinie mit einer Bandbreite von etwa 10^3 Hz und eine Kohärenzlänge von einigen hundert Kilometern.

Damit ist auch ein Grund für die unterschiedliche Interferenzfähigkeit der Lichtquellen gegeben. Werden die beiden Teilbündel, die aus ein und demselben Lichtstrahlbündel vor dem Doppelspalt (**Abb. 317.2**) hervorgehen, zur Überlagerung gebracht, so können sich in einem Punkt P nur dann beobachtbare Interferenzen wie erwartet ergeben, wenn die Teilgruppen aus derselben Wellengruppe vor dem Doppelspalt stammen. Dafür entscheidend ist, dass der Gangunterschied Δs kleiner als die (mittlere) Kohärenzlänge Δx_c ist (**Abb. 317.2 a**). Denn dann ist die Differenz zwischen den Phasen der beiden Teilwellengruppen immer gleich und es können sich Interferenzfiguren ausbilden, die sich mit der Zeit nicht ändern. Die Teilwellen sind **kohärent**.

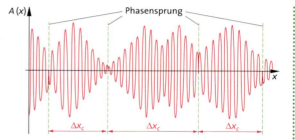

317.1 Ein Lichtbündel besteht aus einer Folge von Wellengruppen der (mittleren) Länge Δx_c, deren Phasen sich von Wellengruppe zu Wellengruppe statistisch ändern.

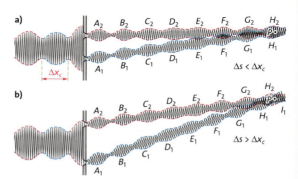

317.2 a) Kohärente Wellen: In P überlagern sich Wellengruppen, die aus derselben Wellengruppe vor dem Doppelspalt stammen. **b)** Die Wellengruppen in P sind nicht kohärent.

> **Wellen** (von gleicher Frequenz), die sich mit fester Phasendifferenz überlagern, heißen **kohärent**. Entsprechend heißen Lichtquellen, die kohärente Wellen mit fester Phasendifferenz in einen Überlagerungsbereich aussenden, (dort) kohärent.

Stammen die Wellengruppen in P aus verschiedenen Wellengruppen vor dem Spalt, bildet sich zwar für eine kurze Zeit auch eine Interferenzfigur, die aber bei der nächsten Überlagerung einer anderen Interferenzfigur weicht, sodass kein zeitlich konstantes Muster erkennbar ist (**Abb. 317.2 b**). Beim Michelson-Interferometer (Versuch 2) wird die Interferenzfähigkeit der Teilbündel dadurch hergestellt, dass sie beide mithilfe des Strahlteilers aus *einer einzigen* Wellengruppe erzeugt werden. Interferenzfähig sind sie, solange der Gangunterschied kleiner ist als die Kohärenzlänge.

> **Zeitliche Kohärenz:** Bei der Überlagerung zweier Wellen bildet sich eine zeitlich konstante Interferenzfigur, wenn der Gangunterschied zwischen den Wellen kleiner ist als ihre Kohärenzlänge.

Wellenoptik

Exkurs

Holografie

Eine herkömmliche Fotografie gibt von einem räumlichen Gegenstand nur einen einzigen perspektivischen Eindruck wieder. Die Information über die räumliche Tiefengestaltung des Objekts geht dadurch weitgehend verloren. Im Gegensatz dazu wird in der **Holografie** ein Bild erzeugt, das im Idealfall die vollständige räumliche Information über das Objekt enthält.

Das **Prinzip der Holografie** lässt sich am besten am Hologramm einer einzigen Punktlichtquelle erläutern (**Abb. a**): Von einem Punkt P gehe eine kugelförmige *Objektwelle* aus und erzeuge auf einer Fläche F zu einem bestimmten Zeitpunkt mit ihren gerade dort auftreffenden negativen Halbwellen eine Schwärzung. Dann entstünde in diesem Zeitpunkt auf der Fläche ein System von Kreisringen, aus dem allein bei bekannter Wellenlänge λ die räumliche Lage von P rekonstruiert werden könnte, und zwar auch dann, wenn nur ein Teil dieses Ringsystems bekannt wäre.

Dieses Ringsystem, die **Fresnel'sche Zonenplatte,** wird in der Praxis dadurch auf einem Film erzeugt, dass die von P ausgehende kugelförmige *Objektwelle* mit einer ebenen *Referenzwelle* gleicher Wellenlänge zur Interferenz gebracht wird (**Abb. b**). Damit ist auf dem Film die Information über die räumliche Lage von P gespeichert, das Hologramm des Objektpunktes P ist aufgenommen.

Diese Information lässt sich wiedergewinnen, indem das Hologramm mit einer ebenen Referenzwelle durchstrahlt wird (**Abb. c**), die dabei an der Zonenplatte in alle Richtungen gebeugt wird. Durch diese Beugung der Referenzwelle an der Fresnel'schen Zonenplatte entstehen zwei Bilder, nämlich ein reelles in P', das auf einem Schirm aufgefangen werden kann, und ein virtuelles in P'', das zu sehen ist, wenn dabei die Blickrichtung entgegen dem Licht durch das Hologramm gewählt wird (**Abb. d**). Es lässt sich mathematisch zeigen, dass bei der Überlagerung aller dieser gebeugten Wellen zwei Systeme von Kugelwellen entstehen: Ein System läuft in dem reellen Bildpunkt P' zusammen, das andere hat den virtuellen Bildpunkt P'' auf der anderen Seite des Hologramms als Zentrum.

Ein räumliches Objekt anstelle von P besteht nun aus vielen leuchtenden Punkten. Im Hologramm entstehen dann viele sich überhärende Systeme von Interferenzringen, die insgesamt keinerlei Struktur mehr erkennen lassen (**Abb. e**). Am Prinzip der Holografie ändert sich jedoch nichts. Der Beobachter kann im Licht der Referenzwelle durch das Hologramm hindurch wie durch ein Fenster das virtuelle Bild des Gegenstandes betrachten, und zwar nicht nur aus einer, sondern wie bei einem wirklichen Gegenstand aus vielen Richtungen, und kann damit ein räumliches Bild gewinnen (**Abb. f**). Das reelle Bild kann ebenfalls betrachtet werden. Es ist jedoch „räumlich invertiert", d. h. bei ihm sind überall vorne und hinten vertauscht.

Aufnahme und Wiedergabe eines Hologramms setzen kohärentes Licht voraus, wie es beim Laser der Fall ist. Denn jede Phasenänderung während der Aufnahme würde das Hologramm unbrauchbar machen. Aus dem gleichen Grunde muss die Aufnahme erschütterungsfrei vorgenommen werden.

Bei der praktischen Aufnahme eines Hologramms wird durch einen Laser

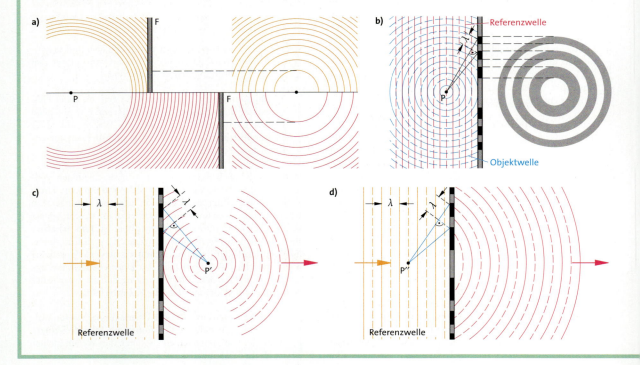

Wellenoptik

gleichzeitig die Objektwelle und die Referenzwelle erzeugt, und es werden beide auf einer Fotoplatte zur Interferenz gebracht (**Abb. g**): Das Licht des Lasers wird durch die Glasplatte geteilt und durch die beiden Linsen aufgeweitet. Die Interferenz von Objekt- und Referenzwelle erzeugt auf einem Film das Hologramm. Bei der Bestrahlung des Hologramms mit einer Referenzwelle entsteht dann wieder ein Wellensystem, das der ursprünglichen Objektwelle gleich ist. **Abb. h)** rechts zeigt, wie vor bzw. hinter dem mit der Referenzwelle bestrahlten Hologramm ein virtuelles bzw. ein reelles Bild entsteht. Blau sind die Wellen, die *scheinbar* von den Ecken des virtuellen Bildes ausgehen.

Die Überlegenheit des Hologramms über eine normale Fotografie rührt daher, dass im Hologramm nicht nur wie in der normalen Fotografie die Information über die *Intensität* der Lichtwellen, sondern durch die Überlagerung mit der Referenzwelle auch die Information über deren *Phase* gespeichert wird.

Wesentlich verbessern lässt sich das Aufnahmeverfahren, wenn das Hologramm nicht aus dunklen und hellen Stellen, sondern aus Stellen unterschiedlicher optischer Dichte aufgebaut wird. Eine solche Zonenplatte besteht also nicht aus hellen und dunklen Streifen, sondern aus Streifen mit unterschiedlichem Brechungsindex. Die Referenzwelle wird daher nicht in ihrer Intensität, sondern nur in der Phase verändert. Ein solches **Phasenhologramm** ist wegen der fehlenden Absorption viel lichtstärker als ein normales Hologramm. Es lassen sich sogar Hologramme herstellen, bei denen man zur Betrachtung kein Laserlicht mehr benötigt. Es genügt dazu eine weiße, möglichst punktförmige Lichtquelle. Solche **Weißlichthologramme** befinden sich auf Scheckkarten, in Buchillustrationen und werden zu Reklamezwecken verwendet.

Farbige Hologramme werden mit drei verschiedenfarbigen Lasern oder mit einem Laser, der drei verschiedene Farben ausstrahlt, aufgenommen, sodass die Summe Weiß ergibt. Für jede Farbe wird dann in der Fotoplatte ein Hologramm unabhängig von den anderen Farben gespeichert. Diese Unabhängigkeit beruht darauf, dass nur Lichtwellen gleicher Farbe interferieren können. Die Fotoschicht braucht dabei nicht farbempfindlich zu sein, sondern es kann eine Schwarz-Weiß-Schicht verwendet werden. Die Rekonstruktion ebenfalls mit mehrfarbigem Licht liefert dann für jede Farbe ein rekonstruiertes Bild, das sich den anderen Bildern überlagert, sodass sich insgesamt ein farbiger Eindruck ergibt.

Hologramme werden u. a. zur **Datenspeicherung** benutzt. Auf einem winzigen Hologramm lassen sich so z. B. viele Buchseiten speichern und ablesen, je nachdem unter welchem Winkel der Referenzstrahl auf das Hologramm fällt.

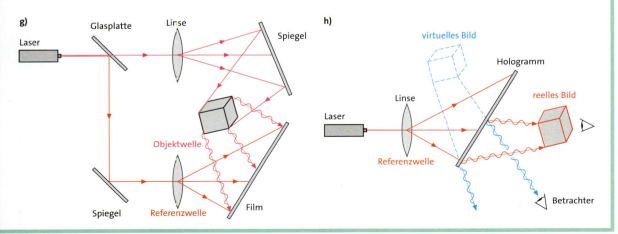

Wellenoptik

7.3.10 Polarisiertes Licht

Elektromagnetische Wellen sind Transversalwellen (→ 7.2.4): Wenn es sich beim Licht um eine elektromagnetische Welle handelt, muss sich auch die Polarisation der Lichtwellen nachweisen lassen.

Versuch 1: Ein paralleles Lichtbündel fällt auf einen Schirm durch zwei Polarisationsfilter. Diese müssen so aufgestellt sein, dass sie um die optische Achse des Lichtbündels drehbar sind (**Abb. 320.1**).
Beobachtung: Stehen beide Filter in ihrer Drehrichtung parallel zueinander – kenntlich an den Zeigern –, so ist die Intensität des durchgelassenen Lichts maximal. Wird dann eines der Filter gedreht, so sinkt die Intensität. Das Licht wird ausgelöscht, wenn die Zeiger gekreuzt sind. Steht das zweite Filter parallel zum ersten, bleibt die Vorzugsrichtung erhalten. Wird das zweite Filter gegenüber dem ersten um 90° gedreht, gelangt das Licht nicht mehr durch das Filter.
Deutung: Offenbar besitzt das Licht nach dem Durchgang durch das erste Filter senkrecht zu seiner Ausbreitungsrichtung eine Vorzugsrichtung. Wäre das Licht eine Longitudinalwelle, dann dürfte die Stellung des zweiten Filters keine Auswirkung auf die Durchlässigkeit haben. Folglich ist das Licht ein transversaler Wellenvorgang. ◄

Erklärung: Von vorne betrachtet nimmt die Richtung des Schwingungsvektors in sehr schneller Folge alle möglichen Werte an (**Abb. 320.1 a**). Der Schwingungsvektor ist der Vektor der elektrischen Feldstärke.
Licht wird von einzelnen Atomen erzeugt, die unabhängig voneinander Lichtwellen in den verschiedensten Schwingungsebenen erzeugen. Sobald ein Atom beginnt, Licht auszusenden oder die Aussendung beendet, ändert sich die Lage des resultierenden Schwingungsvektors undefiniert. Im Licht üblicher Lichtquellen erfolgen diese Änderungen so schnell (etwa alle 10^{-8} s), dass normale Lichtempfänger und auch das Auge diesen Änderungen nicht folgen können.

Ein Polarisationsfilter lässt immer nur die Komponente eines Schwingungsvektors passieren, die in Richtung einer durch die Struktur des Filters vorgegebenen Vorzugsrichtung („Polarisationsrichtung") liegt (**Abb. 320.1 b, c**). Das Licht ist daher nach dem Durchgang in dieser Richtung linear polarisiert.
Wie bei den entsprechenden mechanischen Wellenversuchen (→ **Abb. 125.1**) wirkt das erste Filter als **Polarisator,** das zweite als **Analysator.** Stehen Polarisator und Analysator senkrecht zueinander, kann kein Licht mehr durch die Anordnung gelangen.

> Licht ist als elektromagnetische Welle ein transversaler Wellenvorgang. Im Licht einer normalen Lichtquelle sind die Schwingungsebenen der verschiedenen Wellen regellos über alle Richtungen verteilt.

Wird der Versuch 1 mit einem Laser durchgeführt, so genügt ein Polarisationsfilter.

> Laserlicht ist in der Regel linear polarisiert.

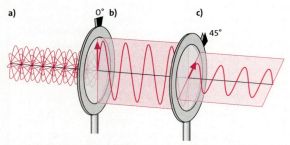

320.1 a) In natürlichem Licht ändert sich die Richtung der Schwingungsvektoren in schneller Folge. **b)** Ein Polarisationsfilter („Polarisator") lässt nur eine Komponente von ihnen und zwar insgesamt deren Summe durch. **c)** Ein zweites Polarisationsfilter („Analysator") lässt davon wiederum nur eine einzige Komponente des neuen Schwingungsvektors passieren.

Exkurs

Polarisationsfolien – Das Polaroid®-Verfahren

Die Polarisationsfolien, die heute meistens zur Herstellung von polarisiertem Licht benutzt werden, beruhen auf einer Erfindung von E. L. LAND (Polaroid®, 1938). Bei ihrer Herstellung wird eine Plastikfolie, die aus langen, kettenförmigen Kohlenwasserstoffmolekülen besteht, in einer Richtung stark auseinandergezogen. Dadurch richten sich die Moleküle in Richtung der Dehnung parallel aus. Dann wird die Folie in eine Iod-Lösung getaucht.
Das Iod heftet sich an die Moleküle an und macht sie in ihrer Längsrichtung elektrisch leitfähig. Senkrecht zur Molekülrichtung kann hingegen kein Strom fließen. Die Anordnung ähnelt somit einem Drahtgitternetz, wie es in → **Abb. 297.1** beim analogen Versuch mit Mikrowellen verwendet wurde.
Wie bei den Mikrowellen wird die elektrische Feldkomponente in Richtung der Molekülachsen absorbiert, senkrecht dazu aber kaum abgeschwächt.

Polarisation durch Reflexion

Versuch 2: Eine quadratische Glaspyramide, auf ein Grundbrett montiert, wird nach **Abb. 321.1** parallel zur Pyramidenachse mit einem Lichtbündel ausgeleuchtet. Dann wird ein Glasplattensatz in den Strahlengang geschoben, der das Lichtbündel in der Ebene der Versuchsanordnung teils durchlässt, teils reflektiert.

Beobachtung: Auf der Grundplatte sind vier helle Dreiecke zu sehen, die von der Reflexion des Lichtbündels an den vier Pyramidenflächen herrühren. Wird der Glasplattensatz in den Strahlengang gebracht, so verschwinden bei einem bestimmten Winkel α die beiden hellen Dreiecke, die von der Reflexion an den senkrecht zur Bildebene stehenden Pyramidenflächen herrühren. Wird die Pyramide in das reflektierte Lichtbündel gestellt, so reflektieren die beiden anderen Pyramidenseiten.

Den Reflexionswinkel α, unter dem die Auslöschung im durchgehenden und im reflektierten Licht besonders groß ist, beträgt etwa 57°. Er stimmt mit dem Neigungswinkel der Pyramidenflächen und damit auch mit dem Reflexionswinkel überein, unter dem das Licht an den Pyramidenflächen reflektiert wird.

Mit einem Polarisationsfilter lässt sich sehr einfach zeigen, dass das reflektierte Licht und zum großen Teil auch das durchgelassene Licht senkrecht zueinander polarisiert sind. Der Glasplattensatz dient dabei als Polarisator, die Pyramide als Analysator. ◂

Erklärung: David BREWSTER (1781–1868) hat für die Polarisation durch Spiegelung und Brechung eine Deutung gegeben. In **Abb. 321.2** sind die Lichtvektoren von zwei ankommenden Wellen eingezeichnet, die einmal in der Reflexionsebene (blau) und einmal senkrecht dazu liegen (rot). Der Reflexionswinkel von 57° ist dadurch ausgezeichnet, dass für ihn reflektierter und gebrochener Strahl senkrecht aufeinanderstehen. Nach dem Brechungsgesetz findet man mit $\beta = 90° - \alpha_B$ für den Polarisationswinkel α_B

$$\frac{\sin \alpha_B}{\sin \beta} = \frac{\sin \alpha_B}{\sin(90° - \alpha_B)} = \frac{\sin \alpha_B}{\cos \alpha_B} = \tan \alpha_B = n$$

und daraus $\alpha_B = 57°$ für $n = 1{,}5$ (Glas).

> **Brewster'sches Gesetz:** Das an Materialien mit dem Brechungsindex n reflektierte Licht ist vollständig linear polarisiert, wenn gebrochener und reflektierter Strahl senkrecht aufeinanderstehen. Für den Einfallswinkel, den **Brewster'schen Winkel α_B**, gilt dann:
> $\tan \alpha_B = n$

Die genauere Erklärung dafür ergibt sich aus der elektromagnetischen Natur des Lichtes:
Beim Reflexionsvorgang regen die einfallenden Wellen Oszillatoren in der oberen Schicht des Glases zu Schwingungen an, und zwar senkrecht nicht zum einfallenden, sondern zum gebrochenen Strahl. Diese Oszillatoren wirken wie Hertz'sche Dipole, die die Schwingung als reflektierte und als gebrochene Transversalwelle weitergeben. Diese Dipole strahlen aber in Schwingungsrichtung keine Wellen ab (→ **Abb. 295.1 b**). Denn liegt der elektrische Schwingungsvektor der einfallenden Wellen *in* der Reflexionsebene (**Abb. 321.2 blau**), so schwingen im obigen Fall die Dipole ge-

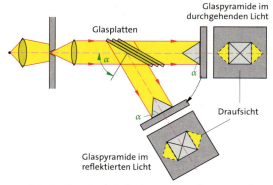

321.1 Polarisation durch Reflexion und Brechung am Glasplattensatz. Die Glaspyramide ist zusätzlich in beiden Stellungen um 90° in die Bildebene geklappt, sodass die unterschiedlichen Reflexionen an den Pyramidenseitenflächen zu erkennen sind.

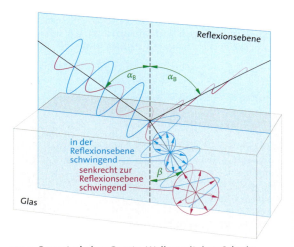

321.2 Brewster'sches Gesetz: Wellen mit dem Schwingungsvektor in der Reflexionsebene werden nicht reflektiert, Wellen mit dem Schwingungsvektor senkrecht zur Reflexionsebene werden reflektiert und gebrochen. Die geschlossenen Kurven zeigen die Strahlungsintensität der Dipole (→ **Abb. 295.1**).

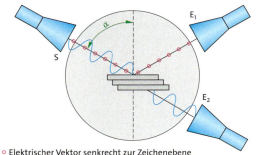

○ Elektrischer Vektor senkrecht zur Zeichenebene
321.3 Polarisation von Mikrowellen durch Reflexion und Brechung an einem Plattensatz

Wellenoptik

rade in Richtung der Reflexion: In diese Richtung kann keine Welle abgestrahlt werden. Infolgedessen entsteht keine reflektierte, sondern nur eine gebrochene Welle. Anders ist es, wenn der Lichtvektor *senkrecht* zur Reflexionsebene steht (**Abb. 321.2 rot**). Dann strahlen die Dipole auch in Richtung der reflektierten Welle und es entsteht sowohl eine reflektierte als auch eine gebrochene Welle.

Unpolarisiertes Licht, das unter dem Polarisationswinkel auf Glas trifft, wird also linear polarisiert zurückgeworfen. Dementsprechend ist das durchgehende Licht teilweise senkrecht dazu polarisiert. Beim Glasplattensatz findet dieser Vorgang mehrmals hintereinander statt, sodass schließlich auch das durchgehende Licht weitgehend linear polarisiert ist. Das Brewster'sche Gesetz gilt auch für Mikrowellen. In → **Abb. 321.3** werden die vom Sender ausgehenden Mikrowellen in der Stellung E_1 empfangen, falls die Dipole von Sender und Empfänger senkrecht zur Reflexionsebene stehen. Liegen die Dipole in der Reflexionsebene, so muss der Empfänger in E_2 aufgestellt werden. Da der elektrische Feldvektor parallel zum Dipol gerichtet ist, kann man schließen:

> Der Schwingungsvektor, der die Polarisationsebene des linear polarisierten Lichtes angibt, ist der elektrische Feldvektor der elektromagnetischen Welle.

Aufgaben

1. Bestimmen Sie den Brewsterwinkel für Wasser, Schwerflint und Diamant (→ **Tab. 326.2**).
2. Ermitteln Sie die Orte mit dem höchsten Polarisationsgrad des Himmelslichtes **a)** bei Sonnenaufgang, **b)** bei Sonnenuntergang, **c)** beim höchsten Sonnenstand mittags (beachten Sie den Exkurs auf dieser Seite).
*3. Berechnen Sie die Intensität einer durch ein Polarisationsfilter hindurchgehenden linear polarisierten Welle sowie die Intensität in Abhängigkeit vom Winkel zwischen Schwingungsebene und Stellung des Polarisators.
*4. Unpolarisiertes Licht trifft unter dem Brewsterwinkel auf einen Glasplattensatz von 12 Platten ($n = 1{,}5$). Berechnen Sie **a)** den Polarisationsgrad des durchgelassenen Lichts und **b)** die Zahl der Platten, die benötigt werden, um zu 95 % polarisiertes Licht herzustellen. *Hinweis:* Von Licht, das senkrecht zur Reflexionsebene polarisiert ist, werden jeweils 4 % reflektiert.
*5. Geht ein unpolarisierter Lichtstrahl durch eine trübe Flüssigkeit und wird die Anordnung seitlich durch ein Polarisationsfilter betrachtet, dann ändert sich beim Drehen des Filters die Intensität (**„Tyndall-Effekt"**). Erklären Sie diese Erscheinung.

Exkurs

Warum ist der Himmel blau?

Die blaue Farbe des Himmelslichtes rührt daher, dass vom weißen Sonnenlicht der blaue Anteil stärker gestreut wird als der rote, der die Atmosphäre also besser durchdringen kann (Streuung → 3.4.4).

Als Streuzentren dienen die Luftmoleküle und gröbere Verunreinigungen wie Wassertröpfchen und Staubteilchen. Die Streuung ist umgekehrt proportional zu λ^4. Blau wird also wesentlich stärker gestreut als Rot. Deshalb erscheint von der Erdoberfläche aus der wolkenlose Himmel blau. Schon in den höchsten Regionen der Erde, auf dem Himalaya, nimmt der Himmel eine dunkelviolette Farbe an. Und die Astronauten blicken, wenn sie sich außerhalb der Atmosphäre befinden, in eine absolute Schwärze des Himmels.

Aus demselben Grund erscheinen Sonne und Mond nahe am Horizont, d.h. beim Auf- und Untergang, rot. Denn bei tiefem Sonnen- oder Mondstand ist der Weg durch die in 8 km Höhe reichende dichte Atmosphäre über 300 km lang. Es werden das Violett und Blau fast weggestreut, nur das Rot kommt geschwächt durch Streuzentren durch.

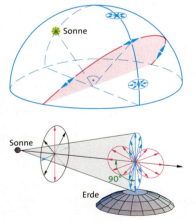

Das blaue Himmelslicht ist durch die Streuung polarisiert. Bei Betrachtung des Himmels an einem möglichst klaren Tag durch ein Polarisationsfilter erscheint das blaue Himmelslicht in Richtungen rechtwinklig zur Linie Beobachter–Sonne (fast) vollständig polarisiert. In der **Abbildung oben** ist die Ebene mit der vollständigen Polarisation eingezeichnet.

Ein von der Sonne kommender Lichtstrahl rege ein über dem Beobachter befindliches Luftteilchen, das 90° von der Sonne entfernt liegt, zu Schwingungen an (**Abb. unten**). Der in der grau gezeichneten Streuebene schwingende rote Feldvektor erzeugt in dem Luftteilchen eine Dipolcharakteristik vornehmlich senkrecht zur Streuebene, diese Strahlung empfängt der Beobachter nicht. Umgekehrt steht es mit der vom blauen Feldvektor erzeugten Schwingung. Das aus der Richtung des Luftteilchens gestreute Licht ist daher polarisiert – ähnlich wie bei der Polarisation durch Reflexion. Jedem Fotoamateur ist bekannt, dass mit einem Polfilter der blaue Himmel abgedunkelt werden kann.

Während unser Auge die Polarisationsrichtung des Lichtes nicht erkennen kann, besitzen die Bienen diese Fähigkeit. Sie können daher schon aus einem kleinen Stück blauen Himmels auf die exakte Stellung der Sonne schließen und sie zur Orientierung benutzen.

7.3.11 Doppelbrechung und optische Aktivität

Beim senkrechten Einfall findet in normalen Stoffen keine Lichtbrechung (→ 7.3.12) statt: Der Strahl geht geradlinig durch die Grenzfläche hindurch. Wird jedoch ein Lichtstrahl durch einen Kalkspatkristall geschickt, so wird er sogar bei senkrechtem Auffall in zwei Strahlen aufgespalten (**Abb. 323.1**). Ein Strahl, der *ordentliche* (o), geht wie erwartet ungebrochen hindurch, ein zweiter, der *außerordentliche* (ao), wird aber gebrochen. Beide Strahlen sind linear, und zwar senkrecht zueinander polarisiert. Wird der Kristall gedreht, so dreht sich der ao-Strahl um den festen o-Strahl herum. Wird der Kalkspat auf eine Buchseite gelegt, so erscheint daher die Schrift doppelt (**Abb. 323.2**). Bei Beobachtung durch ein Polarisationsfilter verschwindet beim Drehen des Filters einmal der eine, einmal der andere Schriftzug.

Dass Licht je nach seiner Schwingungsebene in unterschiedlicher Weise gebrochen werden kann, wird als **Doppelbrechung** bezeichnet. Grund für die Doppelbrechung ist eine unterschiedliche Lichtgeschwindigkeit (→ S. 328).

Die Doppelbrechung tritt in Kristallen oder elastisch deformierten Stoffen auf. In solchen **„anisotropen"** Stoffen sind – im Gegensatz zu **„isotropen"** Stoffen – nicht mehr alle Richtungen gleichwertig. Das führt u. a. dazu, dass die Lichtgeschwindigkeit von der Ausbreitungsrichtung und der Schwingungsebene des Lichtes abhängt.

> Anisotrope Stoffe zeigen das Phänomen der Doppelbrechung: Da die Lichtgeschwindigkeit in solchen Stoffen von der Durchstrahlungsrichtung abhängt, entstehen bei der Brechung zwei Strahlen, der ordentliche und der außerordentliche Strahl. Nur der ordentliche Strahl gehorcht dem Snellius'schen Brechungsgesetz (→ 7.3.12).

Im einfachsten Fall eines sogenannten *einachsigen Kristalls* gibt es nur eine einzige ausgezeichnete Richtung (die *optische Achse*), in der die Lichtgeschwindigkeit c nicht von der Polarisationsrichtung abhängt (in **Abb. 323.3** die z-Richtung). Geht aber z. B. ein Strahl vom Ursprung in Richtung der x-Achse, so kommt es auf seine Polarisation an: Ist seine Polarisationsrichtung senkrecht zur optischen Achse (**Abb. 323.3** rot), dann hat er eine andere, in diesem Falle kleinere Geschwindigkeit $c_\perp$ (**Abb. 323.4**) als in der dazu senkrechten Polarisationsrichtung (in **Abb. 323.3** blau). Geht daher vom Ursprung eine Welle in alle Richtungen aus, dann bildet die Front der ordentlichen Welle (rot) nach einiger Zeit eine Kugel, die Front der außerordentlichen Welle (blau) hingegen ein Ellipsoid. Bei der Konstruktion der gebrochenen Strahlen mithilfe des Huygens'schen Prinzips ist das zu berücksichtigen (**Abb. 323.4**): Zur Konstruktion des ordentlichen Strahls werden wie gewohnt Tangenten an die kugelförmigen Elementarwellen gelegt (**Abb. 323.4** rot). Der ordentliche Strahl (o) folgt daher dem Brechungsgesetz. Die Wellenfronten des außerordentlichen Strahls sind demgegenüber keine Kugeln, sondern Ellipsoide (**Abb. 323.4** blau). Die Tangente an deren Einhüllende liefert den außerordentlichen Strahl (ao). Zu beachten ist, dass die Fortpflanzungsrichtung der außerordentlichen Welle nicht mehr mit ihrer Wellennormalen übereinstimmt.

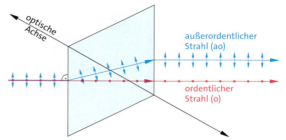

323.1 Natürliches Licht wird im Kalkspat in den ordentlichen (o) und den außerordentlichen (ao) Strahl aufgespalten, die senkrecht zueinander polarisiert sind.

323.2 Doppelbrechung im Kalkspat

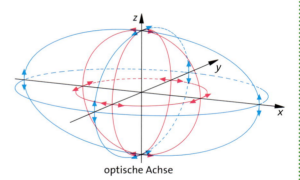

323.3 Die Lichtgeschwindigkeit in einem anisotropen Stoff hängt von der Richtung des Strahls und seiner Polarisationsrichtung ab.

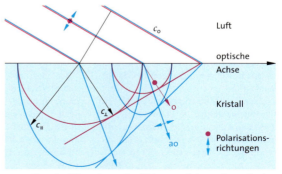

323.4 Konstruktion des ordentlichen und des außerordentlichen Strahls an einer Grenzfläche parallel zur optischen Achse

Wellenoptik

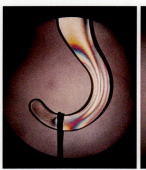

324.1 Spannungsoptische Aufnahme: Die Doppelbrechung erzeugt an den Stellen großen Drucks oder Zugs Interferenzfarben.

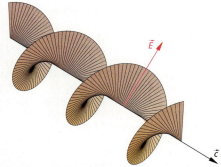

324.2 Momentanbild einer zirkular polarisierten Lichtwelle: Der elektrische Feldstärkevektor $\vec{E}$ rotiert um die Ausbreitungsrichtung $\vec{c}$.

Die Anisotropie eines Körpers kann auch künstlich durch Druck oder Zug hervorgerufen werden (**Spannungsdoppelbrechung**):

Versuch 1: Zwischen zwei gekreuzte Polarisationsfilter werden doppelbrechende Körper gebracht, z. B. schnell gekühltes Glas, Plastikfolien oder spannungsoptische Modelle, und im durchgehenden Licht mit einer Linse abgebildet.
Beobachtung: Es entstehen farbenprächtige Bilder (**Abb. 324.1**), die sich bei den spannungsoptischen Modellen durch Druck oder Dehnung verändern. ◄

Erklärung: Durch die Spannung werden die Körper an einigen Stellen doppelbrechend. Das hier austretende Licht ist meistens teilweise zirkular polarisiert, d. h. der Lichtvektor dreht sich längs der Ausbreitungsrichtung (**Abb. 324.2**). Zirkular polarisiertes Licht lässt sich in keiner Stellung des Analysators auslöschen. Da der Polarisationsgrad von der Wellenlänge und von der Lage der optischen Achse abhängt, entstehen bei diesem Versuch die verschiedensten Interferenzfarben.

Die Spannungsdoppelbrechung wird in der Technik zur Untersuchung von Spannungen in Werkstücken benutzt. Durch genaue Ausmessung der Lichtintensitäten und -farben in einem entsprechend geformten Modell lassen sich Aussagen über die an verschiedenen Stellen auftretenden Belastungen machen.

Isotrope Stoffe lassen sich auch durch ein starkes elektrisches Feld doppelbrechend machen (**Kerr-Effekt**). In der Kerr-Zelle (**Abb. 324.3**) wird häufig Nitrobenzol verwendet oder – wegen dessen Giftigkeit – ein keramischer Werkstoff. Der Kerr-Effekt tritt noch bei rasch wechselnden elektrischen Feldern praktisch trägheitslos auf. Wird eine Kerr-Zelle zwischen zwei gekreuzte Polarisationsfilter gestellt, so lässt sie jeweils dann kein Licht durch, wenn die angelegte elektrische Feldstärke null ist: Die Kerr-Zelle stellt daher einen sehr schnellen, elektrisch steuerbaren Lichtverschluss dar.

Versuch 2: Zwischen zwei gekreuzte Polarisationsfilter wird ein mit Zuckerlösung gefülltes Glasrohr, ein sogenanntes *Saccharimeter*, gesetzt.

Beobachtung: Nach dem Einführen des Rohres hellt sich der Lichtfleck auf dem Schirm auf. Um wieder Dunkelheit zu erreichen, muss eines der beiden Filter um einen bestimmten Winkel nachgestellt werden. ◄

Erklärung: Die Polarisationsebene des Lichtes wird beim Durchgang durch eine Zuckerlösung gedreht (**optische Aktivität**). Dabei zeigt sich, dass der Drehwinkel proportional zur Konzentration der Lösung ist. Der Effekt wird daher bei chemischen Analysen wie etwa bei der Bestimmung des Zuckergehalts von Most (**Saccharimeter**) genutzt.
Optische Aktivität tritt bei allen Stoffen auf, deren Moleküle eine „Händigkeit" haben, d. h. keine Spiegelebene besitzen. Die Entdeckung der optischen Aktivität und ihre Erklärung durch Louis Pasteur 1848 war ein wichtiger Meilenstein für die Chemie. Optische Aktivität lässt sich auch durch ein Magnetfeld hervorrufen: Im **Faraday-Effekt** wird ein isotroper Körper optisch aktiv, wenn er in ein Magnetfeld gebracht wird, dessen Feldlinien parallel zur Ausbreitungsrichtung des Lichtes verlaufen – für Faraday ein entscheidender Hinweis auf die elektromagnetische Natur des Lichtes.

> Anisotrope Stoffe und Stoffe mit unsymmetrischem Molekülbau zeigen besondere optische Effekte. Die einfachsten dieser Erscheinungen sind Doppelbrechung und optische Aktivität.

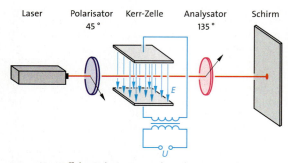

324.3 Kerr-Effekt: Polarisator und Analysator in gekreuzter Stellung lassen Licht durch, wenn ein elektrisches Feld an die Kerr-Zelle gelegt wird.

Exkurs

Flüssigkristalle und LCD-Anzeigen

LCD-(**L**iquid **C**rystal **D**isplay)-Anzeigen sind aus vielen elektronischen Geräten nicht mehr wegzudenken. Mit der LCD-Technologie werden unter anderem Notebook- und PC-Monitore, aber auch Fernseher und andere Displays realisiert. Die LCD-Anzeigen benötigen wesentlich weniger Strom als LED-Anzeigen (**L**ight **E**mitting **D**iode), müssen zur Ablesung allerdings von außen beleuchtet werden.

Das Licht wird in vielen Fällen von einer Leuchtstoffröhre auf der Rückseite (backlights) des Displays erzeugt, die sich entweder hinter, neben oder über dem Display befindet. Ihr Licht wird dann durch eine lichtleitende Plastikschicht auf der vollen Größe des Sichtfeldes verteilt, um eine optimale Helligkeit des Monitors zu verwirklichen. Vor der Hintergrundbeleuchtung befindet sich ein Polarisationsfilter, das nur polarisiertes Licht hindurchlässt bzw. das Licht entsprechend ausrichtet.

Die Wirkungsweise der LCDs beruht auf den anisotropen optischen Eigenschaften bestimmter organischer Stoffe. Während die meisten Stoffe direkt vom geordneten kristallinen in den ungeordneten flüssigen Zustand übergehen, nehmen bestimmte organische Stoffe beim Schmelzpunkt zunächst einen Zustand an, bei dem noch eine gewisse Ordnung der Moleküle vorliegt.

Ein typischer Vertreter dieser Stoffklasse, das **MBBA** (**M**ethyloxy**b**enzyliden**b**utyl**a**nilin) ist ein sehr lang gestrecktes Molekül, das bei Zimmertemperatur in einer sogenannten „nematischen" Phase vorliegt, bei der die Schwerpunkte der Moleküle zwar ungeordnet sind, aber ihre Richtungen noch parallel liegen (**Abb. a**). Im Gegensatz zu einer normalen Substanz, die bei Erwärmung vom kristallinen in den flüssigen Zustand übergeht (1), tritt beim Flüssigkeitskristall MBBA beim Übergang (2) die genannte nematische Phase (flüssig-kristallin) auf. Welche Orientierung die Moleküle in einer Probe annehmen, hängt von der Struktur der Gefäßwände ab. Sind die Wände z. B. in einer bestimmten Streichrichtung poliert, dann legen sich die Moleküle auch in dieser Richtung an die Gefäßwand an.

In dem keilförmigen Gefäß, einem Prisma (**Abb. b**), das mit flüssigem MBBA bei Zimmertemperatur (20°) gefüllt ist, sind die inneren Wände so präpariert, dass sich seine Moleküle

a)

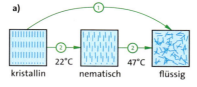

kristallin   nematisch   flüssig

b)

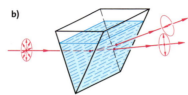

c)

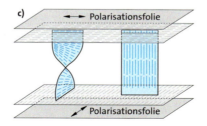

parallel zur Prismenkante anordnen. Geht Licht durch die Probe, dann wird der Strahl in zwei Teile aufgespalten, die senkrecht zueinander polarisiert sind. Wird die Probe mit einem Föhn vorsichtig erwärmt, dann nähern sich die beiden Strahlen und verschmelzen schließlich.

Erklärung: MBBA ist bei Zimmertemperatur flüssig-kristallin und daher doppelbrechend: Licht, das parallel zur Molekülachse polarisiert ist, hat einen größeren Brechungsindex als Licht, das senkrecht dazu polarisiert ist. Bei der Erwärmung geht die Substanz am Klärpunkt in den flüssigen Zustand über und wird isotrop.

Auf diesen Eigenschaften beruht die Wirkungsweise der LCD-Anzeigen.

In der *Schadt-Helfrich-Zelle* (**Abb. c**), die aus zwei senkrecht zueinander orientierten Polarisationsfolien besteht, befindet sich der Flüssigkristall zwischen zwei Glasplatten, deren Oberflächen so präpariert sind, dass die Moleküle an gegenüberliegenden Seiten senkrecht zueinander liegen. Links ist die verdrillte Struktur des Flüssigkeitskristalls ohne elektrisches Feld, rechts ist sie mit angelegter Spannung dargestellt. Licht, das beim Eintritt in die Zelle durch den Polarisator P_1 in Richtung der Moleküle polarisiert wurde, wird daher beim Durchgang durch die Zelle in seiner Polarisationsrichtung um 90° gedreht. Es kann dann den unteren Polarisator P_2 ungehindert durchlaufen. Die Glasplatten werden nun mit feinen, durchsichtigen Elektroden versehen, die die Form der darzustellenden Zeichen haben.

Wird eine Spannung an die Elektroden gelegt, dann werden die Moleküle dort senkrecht zu den Platten ausgerichtet (**rechts in Abb. c**). Der oben beschriebene Dreheffekt fällt damit weg und die Anordnung wird an diesen Stellen undurchsichtig. Verwendet werden Wechselspannungen, da die Zelle durch einen Dauerstrom polarisiert und damit unbrauchbar wird.

Das lässt sich im Experiment zeigen: Eine LCD-Anzeige, bei der die beiden Polarisatoren entfernt wurden, wird zwischen zwei Polarisationsfilter gebracht. Dann wird an die Elektroden eine elektrische Wechselspannung gelegt. Bei gekreuzten Polarisatoren erscheinen die Zeichen dunkel auf hellem Grund (**Abb. d**), bei parallelen Polarisatoren erfolgt eine Kontrastumkehr (**Abb. e**).

Wellenoptik

7.3.12 Lichtstrahlen als Modell

Die bisher durchgeführten Experimente weisen überzeugend nach, dass das Licht die Eigenschaften von Wellen besitzt. Der experimentelle Wert der Lichtgeschwindigkeit ist ein Hinweis, dass es sich dabei um elektromagnetische Wellen handelt.

Im scheinbaren Gegensatz dazu werden in der Sekundarstufe I die wichtigsten optischen Erscheinungen erfolgreich mithilfe von **Lichtstrahlen** beschrieben.

Doch Lichtstrahlen stellen lediglich eine Idealisierung von sehr engen Lichtbündeln dar, mit der als Vereinfachung viele Gesetzmäßigkeiten des Lichtes korrekt beschrieben werden. Lichtstrahlen werden experimentell durch Einführung von engen Blenden realisiert. Sie geben den Weg des Lichtes an. So breiten sie sich in einem homogenen Stoff geradlinig aus. An Grenzflächen spalten sich Strahlen auf: Ein Teil wird reflektiert, der Rest dringt in den anderen Stoff ein und wird dabei in eine andere Richtung gelenkt („Brechung"). Diese Vorgänge an Grenzflächen werden durch die beiden wichtigsten Gesetze der geometrischen Optik, das **Reflexionsgesetz** und das **Brechungsgesetz** (Willebrod SNELLIUS 1620) quantitativ beschrieben (**Abb. 326.1**).

> **Reflexionsgesetz:** Einfallender und reflektierter Strahl bilden mit dem Einfallslot gleiche Winkel und liegen mit ihm in einer Ebene:
> Einfallswinkel α = Reflexionswinkel β'

> **Brechungsgesetz:** Das Verhältnis vom Sinus des Einfallswinkels α zum Sinus des Brechungswinkels β ist nur abhängig von den beiden Medien, zwischen denen der Übergang stattfindet, und unabhängig vom Einfalls- und Brechungswinkel:
> $$\frac{\sin \alpha}{\sin \beta} = \frac{n_2}{n_1} = n_{12}$$

Die Größen n_1 und n_2 heißen (absoluter) **Brechungsindex**, n_{12} heißt relativer Brechungsindex.

Der Brechungsindex des Vakuums beträgt $n = 1$, bei anderen Stoffen hängt er von ihrer Art (**Tab. 326.2**) und von der Farbe und damit der Wellenlänge des verwendeten Lichts ab (**Tab. 326.3**). Die Farbabhängigkeit des Brechungsindex wird als **Dispersion** bezeichnet. Im sichtbaren Spektrum nimmt der Brechungsindex vom roten zum violetten Ende zu (**normale Dispersion**).

Die Dispersion tritt bei *jeder* Brechung auf. Sie spielt vor allem in optischen Geräten, in denen Linsen und Prismen verwendet werden, eine große Rolle. Sie ist die Ursache für die **chromatische Aberration,** nach der z. B. parallel zur optischen Achse einfallendes Licht verschiedener Spektralfarben verschiedene Brennpunkte für ein und dieselbe Linse besitzt. Die Bilder einfacher Sammellinsen sind daher immer mit einem unscharfen farbigen Saum umgeben. Da mit jeder Brechung auch immer eine Dispersion verbunden ist, glaubte NEWTON, dass z. B. ein Linsenfernrohr nie ohne diesen Farbfehler hergestellt werden könnte. Tatsächlich lässt sich der Fehler aber weitgehend durch **Achromate** beheben. Das sind Linsen, die aus einer Kombination von Sammel- und Zerstreuungslinsen verschiedener Glassorten mit unterschiedlichen Brechungsindizes und unterschiedlicher Dispersion bestehen.

Wasser	1,33	Kronglas	1,51–1,62
Alkohol	1,36	Flintglas	1,6–1,76
Eis (bei 0 °C)	1,31	Plexiglas	1,50–1,52
Benzol	1,50	Diamant	2,42
Schwefelkohlenstoff	1,63		
Luft*	1,000292	*Optische Gläser*	
Stickstoff*	1,000298	Schwerkron SK1	1,61
Kohlenstoffdioxid*	1,000490	Schwerflint SF4	1,76
Quarzglas	1,6	schwerstes Flint	1,90

326.2 Brechungsindex einiger Stoffe für gelbes Licht der Wellenlänge λ = 589,3 nm (Na-D-Linie) bei 20 °C, für Gase (*) bei 0 °C

Farbe		Wellenlänge λ in nm	Brechungsindex Flintglas F3	Brechungsindex Schwefelkohlenstoff
Dunkelrot	A	760,8	1,603	1,609
Rot	B	686,7	1,606	1,615
Orange	C	656,3	1,608	1,618
Gelb	D	589,3	1,613	1,628
Grün	E	527,0	1,619	1,641
Blau	F	486,1	1,625	1,652
Indigo	G	430,8	1,636	1,677
Violett	H	396,8	1,645	1,699

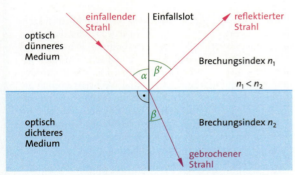

326.1 Brechung und Reflexion am optisch dichteren Medium

326.3 Dispersion von Flintglas F3 und Schwefelkohlenstoff. Die Buchstaben bezeichnen die Fraunhofer'schen Linien (→ 7.4.2)

Wellenoptik

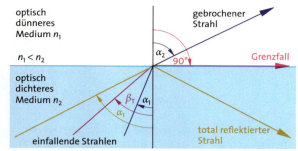

327.1 Totalreflexion: Herleitung der Beziehung für den Winkel β_T

Totalreflexion

Tritt Licht vom optisch dichteren (Brechungsindex n_2) in ein optisch dünneres Medium (Brechungsindex $n_1 < n_2$) ein, dann ist β der Einfallswinkel, und der Strahl wird vom Einfallslot weg gebrochen (**Abb. 327.1**). Wächst β, so wird schließlich $\alpha = 90°$. Dieser Winkel, bei dem der Strahl streifend ausfällt, heißt **Grenzwinkel der Totalreflexion** β_T. Für ihn gilt:

$$\frac{\sin\alpha}{\sin\beta} = \frac{\sin 90°}{\sin\beta_T} = \frac{n_2}{n_1} = n \quad \text{oder} \quad \sin\beta_T = \frac{n_1}{n_2} = \frac{1}{n}$$

Wird der Einfallswinkel nämlich noch größer, dann kann der Strahl nicht mehr in das dünnere Medium eindringen und wird stattdessen vollständig reflektiert. Es gilt also:

> Fällt Licht aus einem optisch dichteren Medium auf die Grenzfläche zu einem optisch dünneren Medium unter einem Winkel, der größer ist als der Grenzwinkel β_T der Totalreflexion, so wird das Licht vollständig reflektiert (**Totalreflexion**). Für den Winkel β_T gilt:
>
> $\sin\beta_T = \frac{n_1}{n_2} = \frac{1}{n}$

Die Totalreflexion wird häufig in optischen Geräten (z. B. Prismenfernrohren) verwendet, da sie im Gegensatz zur normalen Reflexion an einer Spiegeloberfläche keine Reflexionsverluste zeigt und sich die polierten Glasoberflächen nicht wie Metalloberflächen chemisch verändern können. Lichtleitende Glasfasern, sogenannte **Lichtleiter,** ermöglichen nach dem Prinzip der Totalreflexion die Übertragung von Licht auf beliebig gekrümmten Wegen. Die einzelne flexible Faser besteht aus hochbrechendem Kernglas und niedrigbrechendem Mantelglas.

> Mit dem Reflexions- und dem Brechungsgesetz lassen sich die Wirkungen von Spiegeln, Prismen und Linsen und der mit ihnen konstruierten optischen Geräte weitgehend erklären und berechnen.

Lichtstrahlen

Wie lässt sich die Existenz von Lichtstrahlen mit den Welleneigenschaften des Lichts in Einklang bringen?

Abb. 327.2 erläutert, was passiert, wenn das Licht einer entfernten Lichtquelle, das nach der Wellentheorie durch eine fortschreitende ebene Welle beschrieben wird, durch Blenden eingeengt wird:
Die Blende wirkt streng genommen als Spalt und ruft daher die entsprechende Beugungserscheinung hervor, für die gilt: $\sin\alpha = \lambda/d$ ($\to$ 7.3.4). Solange der Durchmesser d des entstehenden Bündels viel größer als die Wellenlänge λ ist, bildet sich nur ein schmales Bündel, das keine merkliche Aufweitung zeigt (**Abb. 327.2a**). Denn für $d \gg \lambda$ geht $\sin\alpha$ gegen null. Das Licht wird kaum abgelenkt.
Kommt dagegen d in die Größenordnung von λ (**Abb. 327.2b**), weitet sich der Lichtstrahl auf, wobei der Winkel α dem Winkel zum ersten Minimum der Spaltbeugung entspricht. – Wird schließlich die beugende Öffnung sehr eng ($d \ll \lambda$), dann wirkt sie als Ausgangspunkt einer Kugelwelle.

Daraus ist ersichtlich, dass die Gültigkeit des Strahlenmodells auf den Bereich beschränkt ist, in der die Breite der Lichtbündel größer ist als die Wellenlänge.

> Das Strahlenmodell beschreibt das Verhalten enger Lichtbündel, deren Durchmesser groß gegenüber der Wellenlänge des verwendeten Lichts ist.

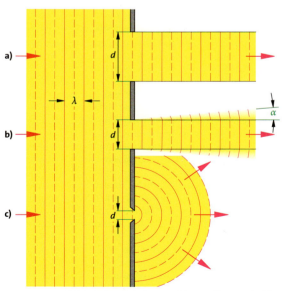

327.2 Zum Gültigkeitsbereich der Strahlenoptik. Entscheidend ist das Verhältnis von Wellenlänge λ zur Breite d des Lichtbündels.

Wellenoptik

Reflexion und **Brechung** erklärt das Wellenmodell nach dem Huygens'schen Prinzip mit den unterschiedlichen Geschwindigkeiten der Wellen in verschiedenen Medien (→ 3.4.3). Für den Zusammenhang zwischen Einfallswinkel α, Brechungswinkel β und den entsprechenden Geschwindigkeiten c_1 und c_2 gilt

nach der Wellentheorie $\quad \dfrac{\sin\alpha}{\sin\beta} = \dfrac{c_1}{c_2}$,

nach dem Brechungsgesetz $\quad \dfrac{\sin\alpha}{\sin\beta} = \dfrac{n_2}{n_1}$.

Daraus folgt $\quad \dfrac{c_1}{c_2} = \dfrac{n_2}{n_1}$.

In Medien mit einem Brechungsindex $n_2 = n > 1$ sollte sich Licht langsamer ausbreiten als im Vakuum ($n_1 = 1$). Messungen der Lichtgeschwindigkeit (→ S. 301) bestätigen dies: Die Lichtgeschwindigkeit $c_2 = c_n$ in einem optisch dichteren Medium, z. B. Glas oder Wasser, ist um den Faktor $1/n$ geringer als die Geschwindigkeit $c_1 = c$ im Vakuum. Gleiches gilt für die Wellenlänge. Denn aus $c_n = c/n$ folgt mit $c_n = \lambda_n f_n$ und $c = \lambda f$ wegen $f_n = f$ (→ 7.3.3) für die Wellenlänge $\lambda_n = \lambda/n$.

> In einem Medium mit dem **Brechungsindex $n > 1$** sind **Lichtgeschwindigkeit** und **Wellenlänge** kleiner als im Vakuum: $c_n = c/n$, $\lambda_n = \lambda/n$

Für die Ausbreitungsgeschwindigkeit elektromagnetischer Wellen liefert die **Maxwell'sche Theorie** (→ 6.3.7):

$$c_n = \frac{1}{\sqrt{\varepsilon_r \varepsilon_0 \mu_0 \mu_r}}$$

Dabei ist ε_0 die elektrische Feldkonstante (→ 5.1.4), μ_0 die magnetische Feldkonstante, ε_r die Dielektrizitätskonstante (→ 5.4.2) und μ_r die Permeabilitätszahl (→ 6.2.3). Für das Vakuum mit $\varepsilon_r = \mu_r = 1$ ergibt sich die Lichtgeschwindigkeit in Übereinstimmung mit den Messungen zu

$$c = \frac{1}{\sqrt{\varepsilon_0 \mu_0}} = 2{,}9979 \cdot 10^8 \, \tfrac{\text{m}}{\text{s}}.$$

In Materie sollte der Brechungsindex mit den elektrischen und magnetischen Eigenschaften zusammenhängen. Insbesondere sollte für unmagnetische Stoffe ($\mu_r = 1$) $n = c/c_n = \sqrt{\varepsilon_r}$ gelten.

Wird in dieser Formel für ε_r z. B. der Wert für Wasser ($\varepsilon_r = 81$) eingesetzt, dann folgt $n = 9$. Der experimentelle Wert ist aber $n = 1{,}33$. Dieser scheinbare Widerspruch erklärt sich daraus, dass der Wert $\varepsilon_r = 81$ der statische Wert der Dielektrizitätskonstanten ist, also der Wert für die Frequenz $f = 0$. Bei den sehr hohen Frequenzen des Lichtes wird dagegen ε_r wesentlich kleiner, da die Polarisation der Atome und Moleküle diesen schnellen Änderungen nicht mehr folgen kann. Wird dies berücksichtigt, dann bestätigen auch Messungen der Lichtgeschwindigkeit in Materie vollauf die Maxwell'sche Theorie.

> Die Maxwell'sche Theorie beschreibt die Lichtausbreitung als elektromagnetischen Wellenvorgang. Die Messungen der Lichtgeschwindigkeit in Vakuum und in Materie stützen diese Theorie.

Aufgaben

1. Zeigen Sie, dass sich bei der Drehung eines Spiegels um eine in der Spiegelebene gelegene Achse um den Winkel α der reflektierte Strahl um den doppelten Winkel dreht.

2. Licht der Fraunhofer-Linie A bzw. F (→ **Tab. 326.3**) fällt unter dem Einfallswinkel $\alpha = 30°$ von Luft auf **a)** Flintglas, **b)** Schwefelkohlenstoff. Berechnen Sie die Brechungswinkel und die Lichtgeschwindigkeiten in dem neuen Medium.

3. Ermitteln Sie den absoluten Brechungsindex der Ölsäure, wenn der relative Brechungsindex für den Übergang von Wasser in Ölsäure 0,91 und der absolute Brechungsindex des Wassers 1,33 betragen.

4. Bestimmen Sie den Winkel der Totalreflexion, wenn Licht **a)** von Quarzglas in Wasser, **b)** von schwerstem Flint in Schwerkron übergeht (→ **Tab. 326.2**).

5. In optischen Geräten wird zur Reflexion vorwiegend die Totalreflexion verwendet. Stellen Sie die Vor- und Nachteile der Totalreflexion gegenüber der Reflexion an normalen Spiegeloberflächen zusammen.

6. Geben Sie die Dielektrizitätskonstante von Wasser für die Frequenzen des sichtbaren Lichtes an.

*7. Vom Boden eines Gefäßes, in dem Schwefelkohlenstoff, Wasser und Benzol aufeinandergeschichtet sind, ohne sich

zu vermischen, durchläuft ein Lichtstrahl die erste Schicht (aus Schwefelkohlenstoff) unter dem Winkel α zur Senkrechten nach oben (→ **Tab. 326.2**).

a) Bestimmen Sie den Winkel, unter dem der Strahl nach Durchlaufen der drei Schichten oben austritt, für $\alpha = 5°$.

b) Berechnen Sie den kleinsten Wert $\alpha = \alpha_0$, unter dem der Lichtstrahl an der Grenzfläche von Schwefelkohlenstoff und Wasser bzw. an der von Benzol und Luft totalreflektiert wird.

*8. Unter einem **Prisma** versteht man in der Optik einen keilförmigen Glaskörper, dessen Flächen um den „Prismenwinkel" ε gegeneinander geneigt sind.

a) Berechnen Sie die Ablenkung δ, die ein Lichtstrahl beim Durchgang durch ein Prisma erfährt, in Abhängigkeit von ε und vom Einfallswinkel. Die Ablenkung δ ist minimal, wenn der Strahlengang symmetrisch ist, d. h. wenn der Strahl beim Eintritt in das Prisma ebensoweit von der Prismenkante entfernt ist wie beim Austritt.

b) Berechnen Sie die Breite $\Delta\delta$ des Spektrums zwischen den Fraunhoferlinien A und H (→ **Tab. 326.3**) für ein Prisma aus Flintglas F3 mit einem Prismenwinkel von 60° bei symmetrischem Strahlengang.

Exkurs

Geschichte der Optik

Zwei Hypothesen über die physikalische Natur des Lichtes standen sich zu Beginn der Neuzeit gegenüber.

In seiner **Wellentheorie** nahm HUYGENS (1629–1695) an, dass der leere Raum mit einem elastischen **Äther** erfüllt sei und alle durchsichtigen Körper aus kleinsten schwingungsfähigen Teilchen bestünden. Wie die Schallwellen durch die Luft, so sollten sich auch hier die Störungen von der Lichtquelle aus in Form von longitudinalen Wellen mit endlicher Geschwindigkeit durch den Raum ausbreiten.

Als Begründer der **Korpuskulartheorie** gilt NEWTON (1643–1727). Nach seiner Theorie geht von allen selbstleuchtenden Körpern ein Strom kleinster Teilchen (**Korpuskeln**) aus, die sich nach den Gesetzen der Mechanik mit endlicher Geschwindigkeit durch das Vakuum und alle durchsichtigen Körper zu bewegen vermögen. Im Auge rufen sie je nach ihrer Größe verschiedene Lichtreize und Farbwirkungen hervor.

Beide Theorien konnten die wichtigsten damals bekannten optischen Erscheinungen erklären: Für die *Korpuskulartheorie* war die geradlinige Lichtausbreitung die stärkste Stütze. Auch das Reflexionsgesetz, das schon im Altertum bekannt war, verstand sich nach NEWTON ganz von selbst: Die elastischen Korpuskeln prallen auf die elastische Spiegelfläche und werden unter demselben Winkel, unter dem sie auftreffen, reflektiert. Schwieriger war schon das Brechungsgesetz zu erklären, besonders die beobachtete teilweise Reflexion. NEWTON half sich mit den „Anwandlungen", wonach die Korpuskeln beim Auftreffen auf die Grenzfläche verschieden reagieren sollten. Das Brechungsgesetz selbst erklärte er durch die unterschiedlichen Gravitationswirkungen an der Grenzfläche. Solange sich ein Teilchen in einem homogenen Medium bewegt, heben sich die Gravitationskräfte der Umgebung auf, das Teilchen bewegt sich mit konstanter Geschwindigkeit. An der Grenzfläche zweier Medien jedoch sollte eine resultierende Kraft entstehen, die in das dichtere Medium hinein gerichtet ist und das Teilchen in der kurzen Zeit Δt des Übergangs von einem Medium zum anderen beschleunigt (**Abb. a**). Die daraus folgende Geschwindigkeitsänderung $\Delta c = F \Delta t / m$ setzt sich mit der bisherigen Geschwindigkeit c_1 zu der neuen Geschwindigkeit c_2 zusammen. Man entnimmt der Abbildung (**Abb. b**):

$$n = \frac{\sin\alpha}{\sin\beta} = \frac{A_1B_1}{CB_1} \cdot \frac{A_2B_2}{CB_2} = \frac{c_2}{c_1}$$

also $c_2 = n c_1$, sodass die Geschwindigkeit im optisch dichteren Medium also um den Faktor n *größer* als im optisch dünneren sein muss.

Nach der Huygens'schen *Wellentheorie* gilt jedoch

$$n = \frac{\sin\alpha}{\sin\beta} = \frac{c_1}{c_2} \quad \text{also} \quad c_2 = \frac{c_1}{n},$$

sodass sich das Licht im optisch dichteren Medium um den Faktor n *langsamer* als im optisch dünneren bewegen müsste.

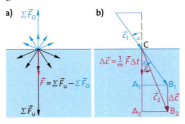

Die Dispersion, für die HUYGENS keine Erklärung geben konnte, erklärte NEWTON durch die unterschiedliche Masse der Lichtteilchen verschiedener Farbe. Damit war im Prinzip die Möglichkeit gegeben, durch die Messung der Lichtgeschwindigkeit den Streit zwischen beiden Theorien zu entscheiden. Dafür fehlten damals jedoch die technischen Voraussetzungen. Entschieden wurde der Streit erst zu Anfang des 19. Jahrhunderts durch die Entdeckung von Interferenz und Beugung 1802 durch Thomas YOUNG (1773–1829) und der Polarisation 1808 durch Etienne-Louis MALUS (1775–1812) – Erscheinungen, für die die Korpuskulartheorie NEWTONS keine befriedigende Erklärung liefern konnte.

Um die Mitte des 19. Jahrhunderts bestanden keine Zweifel mehr an der Richtigkeit der Wellentheorie. Ihre endgültige Bestätigung hatten damals zwischen 1849 und 1862 die Messungen der Lichtgeschwindigkeit in verschiedenen Medien durch Hippolyte FIZEAU (1819–1896) und Jean Bernard Léon FOUCAULT (1819–1868) gebracht.

Damit trat jedoch das Problem des *Äthers* in den Mittelpunkt der wissenschaftlichen Diskussion. Schon 1821 hatte Augustin Jean FRESNEL (1788–1827) darauf hingewiesen, dass transversale Schwingungen sich nur in einem Medium ausbreiten könnten, das die Eigenschaften fester Körper besäße. Es bereitete große Schwierigkeiten, sich einen Äther vorzustellen, der transversale Wellen mit großer Geschwindigkeit übertragen kann, zum anderen aber die Himmelskörper in ihrem Lauf nicht hemmt.

Die Lichtwellen mussten daher auf andere als auf mechanische Art erklärt werden. James Clark MAXWELL (1831–1879) brachte 1867 die Klärung: Auf dem Feldgedanken Michael FARADAYS (1791–1867) aufbauend, entwickelte er, verbrämt mit mechanischen Vorstellungen, seine elektromagnetische Theorie, nach der es elektromagnetische Wellen mit den Lichtwellen als einem begrenzten Teil dieser Wellenfamilie geben müsse, woraus sich erst allmählich die eigentliche Maxwell'sche Theorie (→ 6.3.6) herauskristallisierte.

Die experimentelle Bestätigung der Maxwell'schen Ideen erbrachte 1888 Heinrich HERTZ (1857–1894) mit einer langen Reihe von Einzelversuchen über die weitgehende Analogie zwischen Licht und elektromagnetischen Wellen. Damit schien am Ende des 19. Jahrhunderts die Deutung des Lichtes abgeschlossen. Die elektromagnetische Wellentheorie des Lichtes erklärte alle damals bekannten Phänomene.

Neu entfacht wurde die Diskussion über die Natur des Lichtes um 1900 durch Max PLANCKS (1858–1947) Energiequantisierung und ab 1905 durch Albert EINSTEIN (1879–1955), der zeigte, dass Licht neben seiner Wellennatur auch Teilcheneigenschaften hat. Erst die Quantentheorie konnte diesen Widerspruch auflösen.

7.4 Das elektromagnetische Spektrum

Neben den elektrischen Wellen und dem Licht gibt es noch andere Arten von Strahlung, die sich vom Licht nur durch ihre Wellenlänge im Vakuum bzw. ihre Frequenz unterscheiden. Sie bilden in ihrer Gesamtheit das **elektromagnetische Spektrum.**

7.4.1 Überblick über das elektromagnetische Spektrum

Die bisherigen Untersuchungen haben gezeigt, dass sich Licht wie eine Welle verhält. Dass es sich um elektromagnetische Wellen handelt, belegen folgende Beobachtungen, die hier zusammengefasst sind:

- Die *Ausbreitungsgeschwindigkeiten* von Licht und elektromagnetischen Wellen sind gleich groß. Sie lassen sich mit der aus der *Maxwell'schen Theorie* hergeleiteten Formel $c = 1/\sqrt{\varepsilon_0 \varepsilon_r \mu_0 \mu_r}$ exakt berechnen. Diese Formel gilt nicht nur für das Vakuum, sondern beschreibt auch die Lichtausbreitung in Medien mit bekannten elektrischen und magnetischen Eigenschaften zutreffend. Auch der Einfluss magnetischer und elektrischer Felder (*Faraday*- und *Kerr-Effekt*) wird durch die Formel richtig beschrieben.
- Die *Polarisation des Lichts* zeigt, dass Licht ebenso wie die elektromagnetischen Wellen eine Transversalwelle ist.
- Die elektromagnetischen Wellen benötigen wie das Licht zur Fortpflanzung keinen materiellen Träger. Im Gegensatz zu anderen Wellen, wie z. B. den mechanischen Wellen, die feste, flüssige oder gasförmige Stoffe als Träger der Wellen brauchen, breiten sie sich auch im leeren Raum aus.

Licht hat die Eigenschaften elektromagnetischer Wellen. Es unterscheidet sich nur durch die kleinere Wellenlänge von den durch elektrische Schwingkreise erzeugten Wellen. Die Gesamtheit der elektromagnetischen Wellenerscheinungen wird als **elektromagnetisches Spektrum** bezeichnet. Die Maxwell'sche Theorie beschreibt alle diese Wellen als einheitliche Vorgänge.

Im gesamten elektromagnetischen Spektrum gelten daher grundsätzlich dieselben Gesetze. Das unterschiedliche physikalische Verhalten jeder Wellenart lässt sich allein durch ihre unterschiedlichen Wellenlängen bzw. Frequenzen erklären. Die Wellenarten unterscheiden sich aber auch in der Art ihrer Erzeugung und ihres Nachweises (**Abb. 330.1**).

Elektrische Wellen

Die auf elektrischem Wege erzeugten elektromagnetischen Wellen werden auch als **elektrische Wellen** bezeichnet. Sie umfassen den großen Bereich von einigen Hz bis zu 10^{12} Hz oder Wellenlängen von einigen Kilometern bis zu wenigen Millimetern. Niedrige Frequenzen werden mit Schwingkreisen aus Induktivitäten und Kapazitäten unter Verwendung von Elektronenröhren oder Transistoren erzeugt. Für höhere und höchste Frequenzen ($f > 100$ MHz) werden spezielle Röhren (Klystrons, Magnetrons oder Wanderfeldröhren) ($\rightarrow$ 7.2) verwendet.

Im Bereich der **Niederfrequenz** liegen die technischen Wechselströme mit Frequenzen zwischen 16 Hz und 400 Hz. Dazu gehört auch der Netzwechselstrom mit 50 Hz ($\lambda = 6 \cdot 10^6$ m).

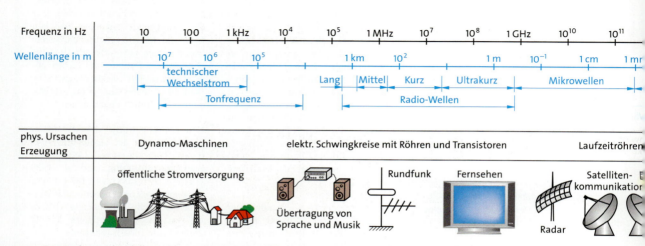

330.1 Das Spektrum der elektromagnetischen Wellen umfasst einen Wellenlängenbereich von über 25 Zehnerpotenzen. Das vom

Das elektromagnetische Spektrum

Hieran schließt sich das Gebiet der **tonfrequenten Wechselströme** an, das bis 15 000 Hz ($\lambda = 2 \cdot 10^4$ m) reicht. Sie werden in der Nachrichtentechnik zur Übertragung von Sprache oder Musik benutzt. Es folgen die Wellen der **Hoch- und Höchstfrequenzen,** die bis 10^{12} Hz ($\lambda = 3 \cdot 10^{-4}$ m) reichen. Rundfunk und Fernsehen benutzen davon den Frequenzbereich von 150 kHz bis 960 MHz mit den Langwellen (2000 m – 1053 m), Mittelwellen (571,5 m – 186,5 m), Kurzwellen (50,42 m – 11,49 m), Ultrakurzwellen (7,32 m – 0,31 m) und Mikrowellen (0,3 m – 1 mm).

Die **Ausbreitung der elektrischen Wellen** hängt stark von ihrer Wellenlänge (→ 7.2.6) ab. Die kurzen Wellenlängen lassen sich wie Lichtstrahlen bündeln. Sie breiten sich dann nahezu geradlinig („quasioptisch") aus. Ihre Reichweite ist daher praktisch auf den Horizont beschränkt. Die Lang- und Mittelwellen lassen sich nicht bündeln. Sie breiten sich kugelförmig aus und können durch Beugung auch größere Hindernisse überwinden. Die große Reichweite der Kurzwellen erklärt sich demgegenüber dadurch, dass sie zwischen den hohen Schichten der Atmosphäre (F-Schicht) und der Erdoberfläche mehrfach hin und her reflektiert werden und so die ganze Erde umlaufen können.

Neben den technisch erzeugten Wellen sind für die Radioastronomie (→ 15.1) die kosmischen Radiowellen mit Wellenlängen zwischen 2 cm und 20 m, dem Durchlassbereich der Erdatmosphäre, bedeutsam.

Der optische Bereich

Die optischen (Licht-)Wellen entstehen durch die Strahlung erhitzter Körper („thermische Strahlung"), durch elektrische Entladungen in Gasen, durch Fluoreszenz, Phosphoreszenz und chemische Umwandlungen. Alle nicht durch die Temperatur verursachten Leuchterscheinungen werden unter dem Begriff **Lumineszenz** mit der Bezeichnung „kaltes Licht" zusammengefasst. Verstehen lässt sich der Mechanismus der Lichtaussendung erst mithilfe der Quantentheorie (→ Kap. 10, → Kap. 11). Es handelt sich um Elektronenübergänge in der äußeren Atomhülle sowie Schwingungen und Drehungen von Atomen in Molekülen oder Festkörpern. Die **Infrarot-(IR-)Strahlung** reicht von $3 \cdot 10^{11}$ Hz bis $4 \cdot 10^{14}$ Hz und damit von Wellenlängen über 1 cm bis zum roten Teil des sichtbaren Spektrums, sodass die langwellige IR-Strahlung in das Gebiet der kurzwelligen elektrischen Wellen hineinreicht. Es folgt der schmale Bereich des **sichtbaren Lichts** von $4 \cdot 10^{14}$ Hz bis $8,2 \cdot 10^{14}$ Hz (780 nm $\geq \lambda \geq$ 390 nm). Hieran schließt sich die **Ultraviolett-(UV-)Strahlung** an, die Frequenzen von $8,2 \cdot 10^{14}$ Hz bis 10^{17} Hz ($3 \cdot 10^{-7}$ m $\geq \lambda \geq 3 \cdot 10^{-9}$ m) umfasst.

Röntgen- und Gammastrahlung

Zum Teil überlappt sich das Gebiet des UV-Lichtes mit dem der **Röntgenstrahlung,** deren Frequenzen sich von 10^{16} Hz bis 10^{22} Hz erstrecken ($3 \cdot 10^{-6}$ m $\geq \lambda \geq 3 \cdot 10^{-14}$ m). Röntgenstrahlen entstehen durch die Abbremsung schneller geladener Teilchen und durch Elektronenübergänge in der inneren Atomhülle.

Auf die Röntgenstrahlung folgt der Bereich der **Gammastrahlung,** die bei der Umordnung von Atomkernen oder bei der Zerstrahlung von Materie auftritt und der Frequenzen zwischen 10^{18} Hz und 10^{23} Hz zuzuordnen sind (10^{-10} m $\geq \lambda \geq 10^{-15}$ m). Gammastrahlung kann experimentell als Synchrotronstrahlung in speziell ausgelegten Elektronenbeschleunigern aufgrund der starken Beschleunigung geladener Teilchen erzeugt werden. Auf diese Weise entsteht z. T. auch die kosmische Strahlung.

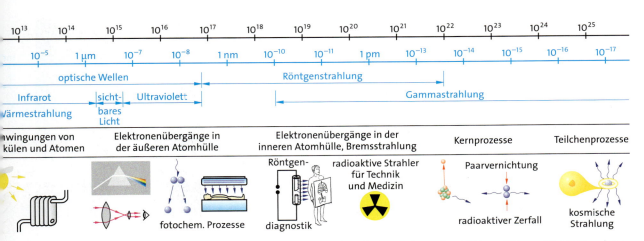

menschlichen Auge wahrgenommene sichtbare Licht stellt hierin nur den winzigen Teil von etwa 1 Oktave (390 nm $\leq \lambda \leq$ 780 nm) dar.

7.4.2 Das optische Spektrum

Optische Spektren werden mit Gittern (→ 7.3.3) oder Prismen (→ 7.3.12) untersucht. Bei der Untersuchung verschiedener Lichtquellen ergeben sich folgende Arten von Spektren:

• Die Glühlampe und der Kohlebogen senden ebenso wie die Sonne ein **kontinuierliches Spektrum** aus, in dem alle Wellenlängen vertreten sind (**Abb. 332.1 a**).
• Mit Spektrallampen, das sind mit Edelgasen oder Metalldämpfen gefüllte Entladungsröhren, werden Spektren erzeugt, die nur aus einzelnen, durch dunkle Zwischenräume getrennte **Spektrallinien** bestehen (**Linienspektrum**). Die Wellenlängen der dabei ausgesandten Linien sind für das leuchtende Gas charakteristisch (**Abb. 332.1 b**).
• Bei den Spektren von Molekülen, z. B. von N_2, O_2 und H_2, häufen sich die Linien an bestimmten Stellen, den **Bandenköpfen,** sodass diese Teile des Spektrums fast kontinuierlich aussehen. Besonders ausgeprägt sind sie im N_2-Spektralrohr zu beobachten (**Bandenspektrum, Abb. 332.1 d**, außerhalb des Sichtbaren, daher nichtfarbig).

Eingehende Untersuchungen haben gezeigt, dass jeder leuchtende Stoff ein für ihn charakteristisches Spektrum aussendet. Hierauf beruht die von Gustav Robert KIRCHHOFF (1824–1887) und Robert Wilhelm BUNSEN (1811–1899) begründete **Spektralanalyse,** die den Nachweis selbst kleinster Mengen eines Elements oder einer Verbindung und damit die Untersuchung des Aufbaus der Licht aussendenden Körper gestattet. Sie ist für die Chemie und für die Astronomie ein unentbehrliches Hilfsmittel.

Das Spektrum des von einem leuchtenden Körper unmittelbar ausgehenden Lichtes ist ein **Emissionsspektrum** (→ S. 577). **Absorptionsspektren** ergeben sich, wenn kontinuierliches Licht durch den zu untersuchenden Körper strahlt. Der Körper absorbiert dann bestimmte Spektralbereiche, die ebenfalls für seinen Aufbau und seine Zusammensetzung charakteristisch sind. Die dunklen Bereiche kommen wie folgt zustande: Nach der Wellentheorie können die Gasteilchen der absorbierenden Schichten als Resonatoren angesehen werden, die durch die eingestrahlten Wellen zur Resonanz angeregt zu Ausgangszentren gleichfrequenten Lichtes werden, das sie nach *allen* Seiten aussenden. Daher ist die Lichtintensität für die Frequenz dieser Resonatoren in der ursprünglichen Ausbreitungsrichtung vermindert und die Frequenzbereiche erscheinen im Vergleich mit den Nachbarbereichen dunkel.

Das Sonnenlicht besteht aus einem kontinuierlichen Spektrum mit einer großen Anzahl von Absorptionslinien, den **Fraunhofer'schen Linien** (**Abb. 332.1 c**) und → S. 577). Sie entstehen durch Absorption der kontinuierlichen Sonnenstrahlung aus der Fotosphäre durch die Sonnenatmosphäre (Chromosphäre).

Die Begrenzung des sichtbaren Spektrums ist nur durch die Empfindlichkeit des Auges bedingt, wie die folgenden Beobachtungen zeigen.

Versuch 1 – Ultraviolettes Licht: An das kurzwellige Ende eines hellen kontinuierlichen Spektrums wird ein Zinksulfidschirm, ein Stück weißes Papier oder ein T-Shirt mit „Weißmacher" gehalten.
Beobachtung: Die Gegenstände leuchten auch jenseits des Violetten, im **Ultravioletten** auf. ◄

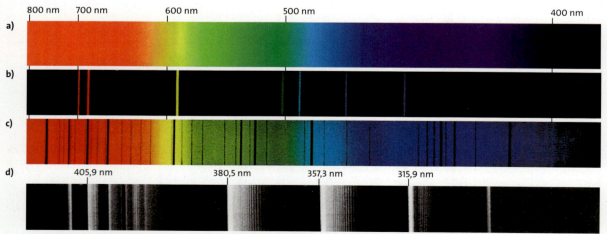

332.1 Verschiedene Arten von Spektren: **a)** kontinuierliches Spektrum einer Glühlampe; **b)** Emissionsspektrum des Helium; **c)** Absorptionsspektrum des Sonnenlichtes mit den Fraunhofer'schen Linien; **d)** (nichtfarbiges) Bandenspektrum des N_2-Moleküls

Das elektromagnetische Spektrum

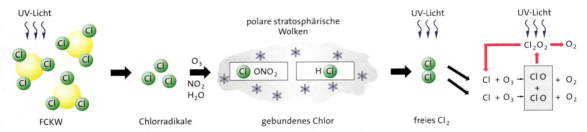

333.1 Wie UV-Strahlung und FCKW die Ozonschicht zerstören: UV-Licht setzt Chlor aus FCKW frei. Das Chlor reagiert mit Ozon und Stickstoffdioxid zu ClONO₂ und HCl. An den Eispartikeln der polaren stratosphärischen Wolken wird im Polarwinter Cl₂ freigesetzt. Im Frühjahr spaltet UV-Licht das Cl₂. In dem nun einsetzenden katalytischen Kreislauf (rot) kann jedes Chloratom Tausende von Ozonmolekülen zerstören.

Versuch 2: Mit einer Hg-Höchstdrucklampe und einer Quarzlinse wird auf einem Zinksulfidschirm ein Gitterspektrum entworfen.
Beobachtung: Im kurzwelligen Teil des Spektrums leuchten Spektrallinien auf, die ohne den Zinksulfidschirm nicht zu erkennen sind.
Erklärung: An den violetten Teil des sichtbaren Spektrums schließt sich der Bereich des (unsichtbaren) ultravioletten (UV-)Lichtes an. Im Versuch muss eine Quarzlinse verwendet werden, weil Glas UV-Licht nur bis etwa 340 nm durchlässt. Bei der Leuchterscheinung auf dem Schirm handelt es sich nicht um eine Reflexion, sondern das UV-Licht wird in sichtbares Licht umgewandelt. Die im Versuch beobachtete Wellenlängen- oder Frequenzumwandlung, die mit sofortiger Wiederausstrahlung verbunden ist, nennt man **Fluoreszenz**. Ist die Strahlung noch längere Zeit nach dem Abschalten der Lichtquelle zu beobachten, so wird dies als **Phosphoreszenz** bezeichnet. Auf diese Weise kann UV-Licht sichtbar gemacht werden. ◂

Viele anorganische (z. B. Uransalze) und organische Stoffe (z. B. Farbstoffe) weisen im UV-Licht eine charakteristische **Fluoreszenzstrahlung** auf. Die dadurch ermöglichte *Fluoreszenzanalyse* wird u. a. bei der Untersuchung von Mineralien, von Kunstgegenständen und Geldscheinen angewandt, denen zur Erhöhung der Fälschungssicherheit besonders auffällig fluoreszierende Farbstoffe zugesetzt werden. Der hohe Anteil an UV-Licht in Gasentladungen wird in Leuchtstoffröhren durch Fluoreszenz in sichtbares Licht umgewandelt, dadurch dass die Wandungen mit einer fluoreszierenden Schicht versehen sind. Intensive technische UV-Quellen sind Hg-Hochdrucklampen. Extrem hohe UV-Intensitäten für Forschungszwecke werden im Synchrotron (→ S. 241) erzeugt, in dem die dort beschleunigten Elektronen UV-Licht abstrahlen. Die Sonne ist Quelle einer starken UV-Strahlung. Sie ionisiert die Luftschichten oberhalb von 80 km (**Ionosphäre**). Langwelliges UV-Licht (**UVA**, 400 nm $\geq \lambda \geq$ 320 nm) bräunt die Haut, kurzwelliges (**UVB**, 320 nm $\geq \lambda \geq$ 290 nm und **UVC**, 290 nm $\geq \lambda \geq$ 10 nm) ruft Entzündungen und Verbrennungen (Sonnenbrand) und in hohen Dosen Hautkrebs hervor. Kurzwelliges UV-Licht spaltet Moleküle, tötet Bakterien und bei längerer Einwirkung alle lebenden Zellen. Das Ozon (O₃) der Atmosphäre absorbiert UV-Strahlung mit $\lambda \leq$ 350 nm fast vollständig und ist daher für das Leben an Land unentbehrlich. Der schützende Ozon-Mantel der Erde entsteht durch das UV-Licht selbst, das O₂-Moleküle spaltet und so die Bildung von Ozon ermöglicht. Natürlicherweise stellt sich ein dynamisches Gleichgewicht zwischen Auf- und Abbau von Ozon ein. Seit einiger Zeit jedoch hat der Einfluss von Fluorkohlenwasserstoff (FCKW) zu einem besorgniserregenden Schwund der Ozonschicht beigetragen (**Abb. 333.1**).

Versuch 3 – Infrarotes Licht: Die Intensität eines kontinuierlichen Spektrums wird mit einer Thermosäule (→ 4.6) oder einem Fotowiderstand (→ 12.2.3) aufgezeichnet.
Beobachtung: Die Intensität steigt zum roten Bereich an und ist noch weit außerhalb des sichtbaren Spektrums nachzuweisen.
Erklärung: An das rote Ende des sichtbaren Spektrums schließt sich der weite Bereich der **infraroten (IR-) Strahlung (Wärmestrahlung)** an. ◂

Jeder erwärmte Gegenstand, auch unser Körper, sendet Infrarotstrahlung aus. Elektronische Detektoren ermöglichen den empfindlichen Nachweis dieser Wärmestrahlung und werden daher in Alarmanlagen und automatischen Lichtschaltern verwendet. Wegen seiner größeren Wellenlänge wird das infrarote Licht durch die Trübungen der Atmosphäre viel weniger gestreut als das sichtbare. Darauf beruht die Infrarotfotografie von Satelliten aus. Spezielle IR-Leuchtdioden werden auch für die Fernbedienungen elektronischer Geräte benutzt. In den schnellen Lichtpulsen dieser Geräte ist die gedrückte Taste wie ein Morsesignal kodiert.

Das elektromagnetische Spektrum

7.4.3 Röntgenstrahlung

Im Jahre 1895 entdeckte Conrad Wilhelm RÖNTGEN (1845–1923), dass ein fluoreszenzfähiger Körper in der Nähe eines elektrischen Entladungsrohres zum hellen Leuchten angeregt wurde. Das geschah selbst dann, wenn die Entladungsröhre vollständig mit schwarzem Papier umgeben war. Er schloss aus seiner Beobachtung, dass von der Entladungsröhre eine bisher unbekannte, für das Auge unsichtbare Strahlung ausging. RÖNTGEN nannte die neue Strahlung **X-Strahlen**, engl. X-rays, im deutschsprachigen Raum tragen sie ihm zu Ehren den Namen **Röntgenstrahlung.**

In den folgenden Jahren untersuchte RÖNTGEN die neue Strahlung sehr genau. Einige der Versuche lassen sich mit einem modernen Röntgengerät wiederholen: Der wesentliche Teil eines solchen Gerätes besteht aus einem abgeschirmten Kasten, der die Röntgenröhre (**Abb. 334.1**) enthält, ein evakuiertes Rohr, in dem die von einer Glühkatode austretenden Elektronen durch eine hohe Anodenspannung U_A (einige 10 kV) beschleunigt werden. Beim Aufprall auf die Anode geben sie einen Teil ihrer kinetischen Energie in Form von Röntgenstrahlung ab. Der größte Teil ihrer Energie geht in Wärme über, sodass solche Röhren gut gekühlt werden müssen. Die Röntgenstrahlung kann mit einem Fluoreszenzschirm, einem Zählrohr oder einer Fotoplatte registriert werden.

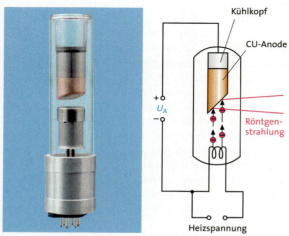

334.1 Röntgenröhre. Der untere Zylinder enthält die Glühkatode, der obere die abgeschrägte Anode. Der massive Kupferblock der Anode gibt die Verlustwärme der Anode an den Kühlkopf ab.

Versuch 1: Verschiedene Gegenstände werden in den Strahlengang eines Röntgengerätes gebracht und auf dem Röntgenschirm beobachtet. Danach wird in ungeöffneter Verpackung eine Fotoplatte in den Strahlengang gebracht, entwickelt und fixiert.
Beobachtung: Auf dem Schirm und auf der entwickelten Fotoplatte werden die inneren Strukturen der Körper, sofern sie aus dichten Stoffen, z. B. aus Metallen bestehen, sichtbar.
Erklärung: Röntgenstrahlung breitet sich geradlinig aus und kann so ein Schattenbild eines Körpers erzeugen. Sie durchdringt fast alle Stoffe. Je dichter ein Stoff ist, desto stärker wird sie beim Durchgang geschwächt. ◄

Das war die sensationellste Eigenschaft der neu entdeckten Strahlung, deren Anwendung aus der Medizin auch heute noch nicht mehr fortzudenken ist (**Abb. 334.2**).

Versuch 2: In den Strahlengang eines Röntgengerätes wird für kurze Zeit ein geladenes Elektroskop gestellt.
Beobachtung: Nach dem Einschalten des Röntgengerätes geht der Ausschlag des Elektroskops schnell auf null zurück.
Erklärung: Röntgenstrahlen ionisieren die Luftmoleküle, die dann die Ladungen des Elektroskops abfließen lassen. ◄

Durch diese und weitere Untersuchungen war die physikalische Natur der Röntgenstrahlung bis zum Jahre 1912 im Wesentlichen bekannt:
- Röntgenstrahlung ist unsichtbar.
- Röntgenstrahlung wirkt wie UV-Licht fluoreszierend auf bestimmte Stoffe.
- Röntgenstrahlung breitet sich geradlinig aus.
- Röntgenstrahlung durchdringt Materie je nach ihrer Dichte mehr oder weniger stark.
- Röntgenstrahlung schwärzt lichtempfindliche Materialien.

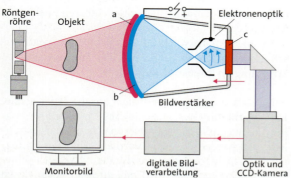

334.2 Röntgenbildverstärker: Die auf dem Röntgenleuchtschirm (a) absorbierte Röntgenstrahlung setzt auf der Fotokatode (b) Elektronen frei (→ Fotoeffekt 10.1.3). Diese Elektronen erzeugen auf dem Leuchtschirm (c) des Bildverstärkers ein bis zu 1000-fach helleres Bild, das über eine CCD-Kamera und eine digitale Bildverstärkung auf dem Monitor auch bei Tageslicht zu sehen ist.

- Röntgenstrahlung ionisiert Gase.
- Röntgenstrahlung wird durch elektrische und magnetische Felder nicht abgelenkt.

Die Vermutung war, dass es sich bei der Röntgenstrahlung um eine elektromagnetische Strahlung handelt. Doch lange Zeit war es nicht möglich, ihre Welleneigenschaft nachzuweisen. Beugung an den in der Optik üblichen Gittern war nicht zu beobachten. Wie wir heute wissen, ist die Ursache dafür die extrem kurze Wellenlänge der Röntgenstrahlen.

Röntgenbeugung

Im Jahre 1912 gelang es Max von Laue (1879–1960) nachzuweisen, dass Röntgenstrahlung an Kristallen gebeugt wird. In Kristallen sind die Atome regelmäßig angeordnet, sie bilden ein Raumgitter, an dem die Röntgenstrahlung interferiert. Die Abstände benachbarter Atome haben dabei die Größenordung der Wellenlänge der Röntgenstrahlung. Die Reflexion von Röntgenstrahlung soll nun an einem Modellversuch mit Mikrowellen erläutert werden.

Versuch 3 – Bragg-Reflexion: Ein Mikrowellenstrahl wird auf eine regelmäßige Anordnung von Metallstiften gerichtet (**Abb. 335.1**). Die in den Raum gestreute Strahlung wird mit einem Empfänger gemessen, der eine Richtantenne besitzt. Der Versuch wird zunächst mit einer einzigen Reihe und danach mit mehreren Reihen von Stiften, die regelmäßig hintereinandergestaffelt sind, durchgeführt. Der Winkel zwischen einfallender Strahlung und der Ebene der Stifte wird variiert. Die Intensität der reflektierten Strahlung wird unter verschiedenen Winkeln gemessen.
Beobachtung: An einer *einzelnen* Ebene wird stets ein geringer Teil der Strahlung nach dem Reflexionsgesetz zurückgeworfen. In anderen Richtungen wird keine Strahlung beobachtet. Werden *mehrere* Ebenen benutzt, findet man nur unter *ganz bestimmten* Reflexionswinkeln einen reflektierten Strahl.
Erklärung: Die in einer einzelnen Ebene liegenden Stifte wirken als Streuzentren: Sie werden von der ankommenden elektromagnetischen Welle zum Aussenden von Elementarwellen angeregt. Wie bei den mechanischen Wellen (→ 3.4.3) gezeigt, findet nur unter dem Reflexionswinkel $\beta = \alpha$ konstruktive Interferenz statt. Liegen mehrere solcher Ebenen im Abstand d hintereinander, dann interferieren *alle* reflektierten Wellen miteinander. Die Gesamtintensität in einer bestimmten Richtung wird durch den Gangunterschied Δs zwischen benachbarten Wellen bestimmt: Nach **Abb. 335.2** ist dieser Gangunterschied $\Delta s = 2d \sin \vartheta$. Für $\Delta s = n\lambda$ ergibt sich maximale Verstärkung, alle reflektierten Wellen interferieren konstruktiv miteinander. ◄

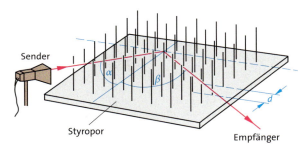

335.1 Modellversuch zur Bragg-Reflexion mit Mikrowellen

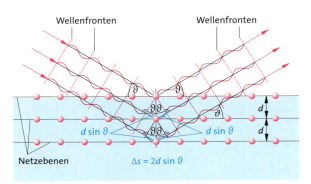

335.2 Reflexion von Röntgenstrahlen auf einem Paket von Netzebenen. Gezeichnet ist der Fall, dass der Gangunterschied zwischen benachbarten Wellenfronten gerade eine Wellenlänge beträgt.

> **Die Bragg-Gleichung**
>
> $n\lambda = 2d \sin \vartheta \quad (n = 1, 2, 3, ...)$
>
> gibt die Bedingung für den Reflexionswinkel ϑ einer Welle an einem Raumgitter mit dem Netzebenenabstand d an. ϑ heißt **Glanzwinkel.**

In einem Kristall stellen die Atome die regelmäßig angeordneten Streuzentren dar.

Aufgaben

1. a) Röntgenstrahlung der Wellenlänge $\lambda = 150$ pm wird an einem NaCl-Kristall reflektiert. Berechnen Sie den Bereich, in dem der Netzebenenabstand d im NaCl-Kristall liegt.
   b) Bestimmen Sie für $d = 278$ pm die Glanzwinkel ϑ, unter denen eine starke Reflexion zu erwarten ist.
2. Um Blutbahnen mit Röntgenstrahlung zu erfassen, werden besondere Kontrastmittel ins Blut gespritzt. Nennen Sie die Eigenschaften, die diese Flüssigkeiten haben müssen.
3. Beschreiben Sie, wie aus weißem Röntgenlicht monochromatische Röntgenstrahlung ausgesondert werden kann.

Grundwissen Elektromagnetische Schwingungen und Wellen

Wechselstrom

Dreht sich eine Spule im homogenen Magnetfeld, so wird in ihr die **Wechselspannung** $u = \hat{u} \sin \omega t$ mit dem Scheitelwert $\hat{u} = n B A \omega$ induziert.

Fließt in einem elektrischen Netz durch ein Bauteil der Wechselstrom $i = \hat{i} \sin \omega t$, so liegt über dem Bauteil die Wechselspannung $u = \hat{u} \sin(\omega t + \Delta\varphi)$. Die Winkel (ωt) bzw. $(\omega t + \Delta\varphi)$ heißen **Phasenwinkel**. Gegenüber dem Strom hat die Wechselspannung im Allgemeinen eine **Phasendifferenz** $\Delta\varphi$. Anschaulich lässt sich dies im **Phasendiagramm** darstellen.

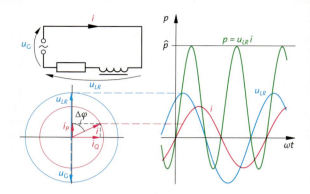

Im Phasendiagramm werden Wechselströme i und Wechselspannungen u durch Zeiger dargestellt, die mit der Winkelgeschwindigkeit ω rotieren. Ist ωt der Phasenwinkel des Stroms i, so hat die Spannung u die Phasendifferenz $\Delta\varphi$ gegenüber i.

Ohmscher Widerstand

$\Delta\varphi = 0$
$u_R = \hat{u}_R \sin \omega t$
Der Wechselstromwiderstand
$X_R = R$
ist unabhängig von ω.

Spule

$\Delta\varphi = +\pi/2$
$u_L = \hat{u}_L (\sin \omega t + \pi/2)$
Der Wechselstromwiderstand
$X_L = \omega L$
nimmt mit ω zu.

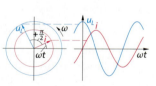

Kondensator

$\Delta\varphi = -\pi/2$
$u_C = \hat{u}_C (\sin \omega t - \pi/2)$
Der Wechselstromwiderstand
$X_C = 1/\omega C$
nimmt mit ω ab.

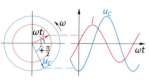

Eine Reihenschaltung aus Widerstand, Spule und Kondensator hat den **Wechselstromwiderstand** oder die **Impedanz** $Z = \sqrt{R^2 + \left(\omega L - \frac{1}{\omega C}\right)^2}$.

Messgeräte zeigen

Effektivwerte $I = \frac{\hat{i}}{\sqrt{2}}$ und $U = \frac{\hat{u}}{\sqrt{2}}$ an.

Das Produkt der Effektivwerte U und I heißt **Scheinleistung** $S = UI$.
Mit dem Wirkstrom $I_P = I \cos \Delta\varphi$ gilt für die **Wirkleistung** $P = UI \cos \Delta\varphi$. Sie wird im zeitlichen Mittel von der Wechselspannungsquelle geliefert.
Mit dem Blindstrom $I_Q = I \sin \Delta\varphi$ gilt für die **Blindleistung** $Q = UI \sin \Delta\varphi$. Es ist $S = \sqrt{P^2 + Q^2}$.

Elektrischer Schwingkreis

In einem Schwingkreis aus einer Spule der Induktivität L und einem Kondensator der Kapazität C entstehen elektrische Schwingungen mit der **Eigenfrequenz** f:

$$f = \frac{1}{2\pi\sqrt{LC}} \qquad \text{Thomson'sche Gleichung}$$

Energieverluste lassen die Amplitude einer elektrischen Schwingung abnehmen. **Rückkopplungsschaltungen** können ungedämpfte Schwingungen erzeugen.

Elektromagnetische Wellen

Hochfrequente elektrische Schwingkreise mit Eigenfrequenzen von $f \approx 30$ kHz bis $f \approx 300$ GHz strahlen elektromagnetische Wellen mit Wellenlängen zwischen $\lambda = 10$ km (Langwellen) bis $\lambda = 1$ mm ab. Im Vakuum breiten sich die Wellen mit Lichtgeschwindigkeit c aus. Es gilt $c = f\lambda$.
Aus den Maxwell'schen Gleichungen ergeben sich für elektromagnetische Wellen die Gleichungen

$$E = Bc \quad \text{und} \quad c = \frac{1}{\sqrt{\varepsilon_0 \mu_0}}.$$

Das Beispiel einer harmonischen Welle zeigt, dass elektromagnetische Wellen aus einem elektrischen und einem magnetischen Feld bestehen. Die Feldvektoren von E und B sind senkrecht zueinander polarisiert.

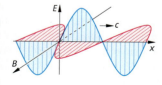

Grundwissen Elektromagnetische Schwingungen und Wellen

Licht als klassische Welle
Die Phänomene **Beugung,** *Eintreten der Wellen in den Schattenraum,* und **Interferenz,** *Überlagerung der Wellen mit gegenseitiger Verstärkung und Abschwächung,* beweisen die Welleneigenschaft des Lichts.

Sowohl für Wellen als auch für **Lichtstrahlen** – das sind enge Bündel paralleler Lichtwellen – gelten
- **Reflexionsgesetz:** Einfallswinkel = Reflexionswinkel
- **Brechungsgesetz:** $\frac{\sin \alpha}{\sin \beta} = \frac{n_2}{n_1} = \frac{c_1}{c_2}$

Beugung und Interferenz
- **am Doppelspalt:** Durch die Überlagerung zweier von den beiden Spalten ausgehender Wellen entstehen für Winkel α_n zur optischen Achse Maxima mit $\sin \alpha_n = n\lambda/d$ und Minima mit $\sin \alpha_n = (2n-1)\lambda/(2d)$.

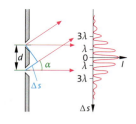

- **am Gitter:** Durch Überlagerung der N aus den Spalten des Gitters austretenden Wellen entstehen für Winkel α_n sehr scharfe Maxima mit $\sin \alpha_n = n\lambda/g$. Damit lassen sich Wellenlängen exakt messen.

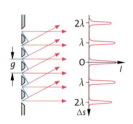

- **am Einzelspalt:** Durch die Überlagerung der unendlich vielen Wellen, die von den Elementarwellenzentren in der Spaltöffnung ausgehen, entsteht für den Winkel $\alpha_0 = 0$ das zentrale Hauptmaximum mit dem wesentlichen Anteil der Energie, Minima ergeben sich für Winkel α_n mit $\sin \alpha_n = n\lambda/d$, Nebenmaxima für Winkel α_n mit $\sin \alpha_n = (2n+1)\lambda/(2d)$.

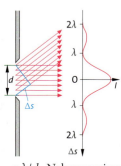

- **an der Kreisblende** erzeugt ein zentrales Scheibchen und konzentrische Ringe. Das Scheibchen ist die Ursache für das begrenzte Auflösungsvermögen des Mikroskops, Fernrohrs und Auges.

- **an dünnen Schichten** entsteht durch Überlagerung der an den beiden Begrenzungsflächen reflektierten Wellen. Sie bewirkt Farberscheinungen an Seifenblasen, Ölfilmen und Luftspalten, auf erhitztem Metall, auf Insektenflügeln und Perlmutt.

Polarisation
Die Erscheinung der Polarisation zeigt, dass Licht eine **Transversalwelle** ist. Aus natürlichem Licht, bei dem sich die Schwingungsrichtung des elektrischen Feldes zeitlich sehr schnell ändert, entsteht beim Durchgang durch einen **Polarisator** Licht einer einzigen Schwingungsrichtung, d. h. **linear polarisiertes** Licht.

Doppelbrechung und optische Aktivität treten auf, wenn in einem Kristall die Lichtgeschwindigkeit von Richtung und Polarisation der Wellen abhängt. Bei der **Doppelbrechung** bilden sich zwei Wellen unterschiedlicher Polarisation und Ausbreitungsrichtung. Ein Medium zeigt **optische Aktivität,** wenn sich mit ihrer Hilfe die Polarisationsebene dreht.

Das elektromagnetische Spektrum
Der kurzwellige Bereich des elektromagnetischen Spektrums reicht von der **Gammastrahlung** aus den Atomkernen über die **Röntgenstrahlung** aus der inneren Atomhülle bis zum **ultravioletten** und dem **sichtbaren Licht** aus der äußeren Atomhülle. Der langwellige Bereich erstreckt sich jenseits vom Licht von den **infraroten Strahlen,** die bei thermischen Bewegungen der Atome und bei Molekülschwingungen entstehen, über die **Mikrowellen** bis zu den **Radiowellen.**

Das Durchdringungsvermögen der Röntgenstrahlung wird in der Medizin genutzt. Röntgenstrahlung wird an Gitterebenen von Kristallen nur reflektiert, wenn die **Bragg-Bedingung** $n\lambda = 2d \sin \vartheta$ erfüllt ist.

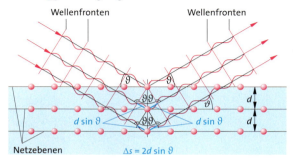

Alle **elektromagnetischen Wellen** breiten sich im Vakuum mit derselben **Geschwindigkeit** c aus:

$$c = 3 \cdot 10^8 \, \frac{\text{m}}{\text{s}}.$$

Wissenstest Elektromagnetische Schwingungen und Wellen

1. Erklären Sie
   a) das Vorauseilen der Wechselspannung u gegenüber dem Wechselstrom i an der Spule um 90°.
   b) das Nacheilen der Wechselspannung u gegenüber dem Wechselstrom i am Kondensator um 90°.
   c) das unterschiedliche Impedanzverhalten von Spule und Kondensator bei zunehmender Frequenz.

2. Eine reale Spule hat den Gleichstromwiderstand $R = 60\ \Omega$ und bei der Frequenz $f = 1$ kHz die Impedanz $Z = 250\ \Omega$. Berechnen Sie die Induktivität L der Spule.

3. Eine 60 W-Lampe für 110 V soll an das 230 V-Netz angeschlossen werden. Zur Strombegrenzung wird eine Spule (eine sogenannte Drosselspule) in Reihe geschaltet. Berechnen Sie die Induktivität L, welche die Spule haben muss, damit die Lampe normal hell leuchtet.

4. Wird an eine reale Spule die Gleichspannung $U_0 = 12$ V gelegt, so fließt ein Strom von $I_0 = 0{,}6$ A. Bei Anlegen der Netzspannung $U = 230$ V ($f = 50$ Hz) wird ein Strom von $I = 1{,}5$ A gemessen.
   a) Berechnen Sie die Induktivität L der Spule.
   b) Berechnen Sie die Phasendifferenz $\Delta\varphi$ bei Anlegen der Netzspannung.

5. Ermitteln Sie die Frequenz f, bei der eine 12 mH-Spule und ein 8,5 µF-Kondensator denselben Wechselstromwiderstand haben. Zeigen Sie, dass dies auch die Eigenfrequenz des Schwingkreises aus den beiden Bauteilen ist.

6. Eine Spule, ein Kondensator und ein Widerstand sind in Reihe geschaltet an eine Wechselspannungsquelle von $f = 50$ Hz mit der Effektivspannung $U = 225$ V angeschlossen. Die Spule hat einen induktiven Widerstand von $X_L = 90\ \Omega$ und der Kondensator einen kapazitiven Widerstand von $X_C = 150\ \Omega$. Der Wirkwiderstand ist ohmsch und hat den Wert $R = 200\ \Omega$.
   a) Berechnen Sie die effektive Stromstärke I.
   b) Erläutern Sie, ob die Spannung dem Strom vorauseilt oder nacheilt. Berechnen Sie die Phasendifferenz $\Delta\varphi$.
   c) Berechnen Sie den Leistungsfaktor $\cos\Delta\varphi$ und die Wirkleistung P.
   d) Erklären Sie, wie die Kapazität C des Kondensators verändert werden muss, um die Wirkleistung zu erhöhen. Ermitteln Sie die Kapazität eines neuen Kondensators, der die Wirkleistung maximiert.

7. Eine Spule ($n = 500$), in der sich das senkrecht aufgestellte Joch eines Trafokerns befindet, ist an die Netzspannung angeschlossen. Erklären Sie, warum ein über das Joch gelegter Ring aus *dickem* Kupferdraht schwebt, während ein Ring aus *dünnem* Kupferdraht herabfällt.

Netzspannung 230 V

8. Gegeben ist eine Parallelschaltung zweier Zweige, in denen jeweils ein ohmscher Widerstand einmal mit einem Kondensator und einmal mit einer Spule in Reihe geschaltet ist.

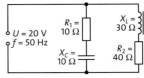

   a) Berechnen Sie die Impedanzen Z der Zweige.
   b) Berechnen Sie die Ströme I_1 und I_2 und deren Phasendifferenzen $\Delta\varphi_1$ und $\Delta\varphi_2$ gegenüber der Spannung.
   c) Zeichnen Sie mit den Ergebnissen aus b) ein maßstabgerechtes Phasendiagramm, aus dem Sie die Stromstärke I der Spannungsquelle und die Phasendifferenz $\Delta\varphi$ der Spannung U bezüglich des Stroms I ablesen können.

9. Eine Wechselspannung mit $U = 24$ V und der Frequenz $f = 50$ Hz liegt an einer Reihenschaltung aus zwei ohmschen Widerständen und einer Spule. Zeichnen Sie ein Phasendiagramm und berechnen Sie mit den angegebenen Spannungen die Induktivität L und den ohmschen Widerstand R.

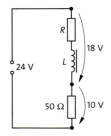

10. Bei einem Schwingkreis ist momentan die gesamte Energie $E = 160$ µJ bei einer Stromstärke von $I = 245$ mA in der Spule gespeichert.
    a) Berechnen Sie die Kapazität C des Schwingkreiskondensators, wenn um die Zeit $\Delta t = 3{,}8$ ms später die Energie im Kondensator gespeichert ist.
    b) Berechnen Sie die maximale Ladung Q und die maximale Spannung U des Kondensators.

11. In einem Schwingkreis mit der Kapazität $C = 6$ µF sei der Scheitelwert der Spannung am Kondensator $\hat{u} = 1{,}8$ V und der Scheitelwert des Stroms in der Spule $\hat{i} = 45$ mA.
    a) Berechnen Sie die Induktivität L der Spule.
    b) Ermitteln Sie die Frequenz f der Schwingung.
    c) Berechnen Sie die Zeitspanne Δt, in welcher der Strom von null auf seinen maximalen Betrag anwächst.

12. In einem RLC-Kreis haben die Bauteile die Werte $R = 6\ \Omega$, $C = 30$ µF und $L = 1{,}25$ mH. Die angelegte Wechselspannung variabler Frequenz beträgt $U = 36$ V.
    a) Berechnen Sie die Kreisfrequenz ω_0, bei der die Stromstärke I den maximalen Wert hat, und danach I_{max}. Zeichnen Sie die Stromstärke I als Funktion der Kreisfrequenz ω im Bereich $0 < \omega < 15\,000$ 1/s.
    b) Leiten Sie Formeln für die beiden Kreisfrequenzen ω_1 und ω_2 her, bei denen die Stromstärke den Wert $I_{max}/2$ hat. (Von den vier Lösungen, die Sie erhalten, sind nur die beiden positiven physikalisch sinnvoll.) Berechnen Sie ω_1 und ω_2.
    c) Zeigen Sie, dass für die *absolute Halbwertsbreite* der Resonanzkurve $\Delta\omega = \omega_2 - \omega_1$ gilt: $\Delta\omega = \sqrt{3}\,R/L$. Leiten Sie damit die Formel für die relative Halbwertsbreite $\Delta\omega/\omega_0 = (\omega_2 - \omega_1)/\omega_0$ her.

Wissenstest Elektromagnetische Schwingungen und Wellen

13. Das Beugungsspektrum 1. Ordnung, das durch ein Strichgitter erzeugt wird, erscheint auf einer Mattscheibe mit Millimeterteilung, die sich in $e = 1000$ mm Entfernung parallel zur Gitterebene befindet. Die grüne Hg-Linie mit $\lambda_1 = 546$ nm hat einen Abstand $\Delta s_1 = 226$ mm vom Maximum 0. Ordnung und eine rote Linie unbekannter Wellenlänge den Abstand $\Delta s_2 = 306$ mm. Berechnen Sie die Gitterkonstante g und die Wellenlänge λ_2 der roten Linie.

14. Ein Gitter mit 570 Spalten auf den Millimeter, das an der Vorderseite eines teilweise mit Wasser gefüllten Aquariums befestigt ist, wird mit dem Licht einer Hg-Lampe bestrahlt, sodass die Beugungs- und Interferenzfigur der Quecksilberlinien sowohl oberhalb als auch unterhalb der Wasseroberfläche an der Rückseite des Aquariums zu sehen sind. Die Entfernung von Vorder- zu Rückseite beträgt 32,0 cm. Gemessen werden für den Abstand $2a_1$ der grünen Linie der 1. Ordnung oberhalb der Wasseroberfläche 20,8 cm, in Wasser 15,3 cm. Berechnen Sie a) die Wellenlänge in Luft und in Wasser und b) die Brechungsindizes in Luft und in Wasser und c) die Geschwindigkeit des Lichtes der grünen Quecksilberlinie in Wasser.

15. Fällt ein Laserstrahl streifend unter dem Winkel α auf die Millimetereinteilung (Spaltabstand d) einer Schieblehre (s. Abbildung), so zeigt sich auf der gegenüberliegenden Wand die Interferenzfigur eines Gitters. Zeigen Sie, dass sich zwei benachbarte Strahlen in der Richtung β_n des Maximums n. Ordnung verstärken, wenn $n\lambda = d(\cos \alpha - \cos \beta_n)$ gilt, und geben Sie an, wie daraus mithilfe der Versuchsgrößen der Abbildung die Wellenlänge bestimmt werden kann.

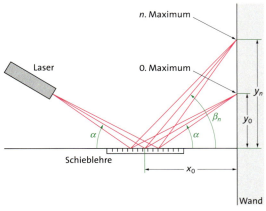

16. Als Abstand von einem bis zum übernächsten hellen Interferenzstreifen im geometrischen Schatten eines Drahtes (Breite $d = 1,5$ mm) wird $a = 3,2$ mm gemessen. Der Abstand Draht–Schirm ist $e = 4,12$ m. Berechnen Sie die Wellenlänge des Lichtes.

17. Paralleles Licht trifft unter dem Einfallswinkel $\alpha \neq 90°$ auf ein Gitter, Gitterkonstante g. Zeigen Sie, dass für die Maxima unter dem Ausfallswinkel β die Gleichung $g(\sin \alpha + \sin \beta) = m\lambda$ $(m = 0, 1, 2 \ldots)$ gilt.

18. Auf einem Schirm wird mit einem Gitter in üblicher Versuchsanordnung ein Beugungsspektrum erzeugt. Ermitteln Sie die Beugungsordnung n, von der an sich die Spektren des sichtbaren Lichtes zwischen $\lambda_V = 390$ nm (violett) und $\lambda_R = 780$ nm (rot) überlappen.

19. Ein Doppelspalt (Abstand beider Spaltmitten $g = 0,6$ mm, Breite der Einzelspalte $d = 0,12$ mm) wird mit monochromatischem Licht beleuchtet. Ermitteln Sie, wie viel Interferenzstreifen innerhalb der Einhüllenden a) des Hauptmaximums und b) des 1. Maximums der Einzelspalte liegen und fertigen Sie eine Skizze des Intensitätsverlaufs in diesem Bereich an.

20. Die unten stehende Abbildung zeigt von zwei Doppelspaltexperimenten A und B die (roten) Interferenzstreifen, die in der Einhüllenden des Maximums 0. Ordnung der Einzelspalte auftreten. Abstand zum Schirm und Wellenlänge sind in beiden Versuchen gleich.
Vergleichen und begründen Sie, ob
a) der Abstand d der Mitten der Doppelspalte,
b) die Breite b der beiden Einzelspalte und
c) das Verhältnis d/b in A und B gleich, in A größer als in B oder in A kleiner als in B sind.

21. Mithilfe eines Michelson-Interferometers soll die Wellenlänge λ einer Spektrallinie bestimmt werden. Bei einer Verschiebung eines der beiden Spiegel um $\Delta s = 42$ µm zeigt eine Beobachtung, dass 150 dunkle Streifen durch das Sehfeld des Interferometers wandern. Berechnen Sie die Wellenlänge.

22. Weißes Licht (390 nm < λ < 780 nm) fällt auf eine $d = 0,60$ µm dicke Ölschicht, die sich auf einer Wasseroberfläche ausgebreitet hat. Die Brechzahl des Öls ist $n = 1,50$. Ermitteln Sie, welche Wellenlängen nach Reflexion a) bei senkrechtem Lichteinfall und b) bei schrägem Lichteinfall unter dem Winkel $\alpha = 45°$ durch Interferenz ausgelöscht werden. (Der Brechungsindex n in a) ist in b) durch $\sqrt{n^2 - \sin^2 \alpha}$ zu ersetzen.)
c) Überlegen Sie, aus welchen Strecken in b) sich der Gangunterschied Δs zwischen dem roten und dem blauen Strahl (Abbildung) zusammensetzt, und leiten Sie für den Gangunterschied den Ausdruck $\Delta s = 2nd\sqrt{n^2 - \sin^2 \alpha}$ her.

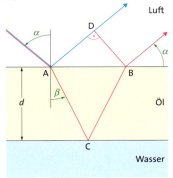

8 CHAOTISCHE VORGÄNGE

Kausalität und Determinismus (→ S. 107 und → 16.2) sind wesentliche Grundlagen der klassischen Physik: Keine Wirkung tritt ohne Ursache auf, und jede Ursache hat eine Wirkung. Ist daher der Zustand eines physikalischen Systems genau bekannt, so sollte sich daraus sein zukünftiges Verhalten exat vorausberechnen lassen. Messfehler bei der Bestimmung des Anfangszustandes und Rundungsfehler bei der Berechnung führen zwar zu Unsicherheiten bei den Vorhersagen. Im Prinzip lassen sich diese Fehler aber beliebig klein machen. So können z. B. die Bewegungen der Himmelskörper im Sonnensystem über einige Jahrtausende mit einer Präzision vorausberechnet werden, die allen praktischen Erfordernissen von Astronomie und Raumfahrt genügt. Auch die meisten anderen bisher betrachteten Bewegungen lassen sich mit fast beliebiger Genauigkeit vorhersagen. Können wirklich alle Naturvorgänge zufriedenstellend vorhergesagt werden?

8.1 Das deterministische Chaos

Schon einfache Beobachtungen und Experimente lassen an der exakten Vorhersagbarkeit aller Naturvorgänge einige Zweifel aufkommen.
Ist es z. B. möglich, beim Würfelspiel durch eine genaue Kontrolle der Anfangsbedingungen (Abwurfwinkel, Abwurfgeschwindigkeit, Höhe usw.) ein bestimmtes Ergebnis zu erhalten?

Versuch 1: Ein Würfel fällt aus der Ruhe aus mindestens 1 m Höhe mehrmals auf eine harte Unterlage, wobei die Bedingungen des Falls möglichst genau wiederholt werden.
Beobachtung: Trotz genauester Kontrolle der Anfangsbedingungen ist das Ergebnis des Wurfs rein zufällig und nicht vorhersagbar. ◂

Versuch 2: Ein aufgeblasener Luftballon fliegt nach Freigabe der Öffnung als „Luftrakete" durch den Raum. Der Versuch wird mit möglichst gleichen Anfangsbedingungen – aufgeblasen auf dieselbe Größe, gleicher Abflugort und gleiche Startrichtung – wiederholt.
Beobachtung: Obwohl die Bahnen zu Beginn der Bewegung ähnlich sind, unterscheiden sie sich nach kürzester Zeit sehr stark, und der Ort des Auftreffens ist *nicht vorherzusagen*. ◂

Versuch 3: Ein kleiner Magnet hängt an einem Faden über sechs gleichartigen, regelmäßig angeordneten Magneten (**Abb. 340.1**). In der Ruhelage befindet er sich etwas oberhalb der Mitte der Anordnung. Die Pole der sechs Magnete sind so gerichtet, dass sie den darüber schwebenden Magneten anziehen. Der Magnet wird zu unterschiedlichen Startpunkten ausgelenkt und losgelassen.
Beobachtung: Der Magnet vollführt eine Bewegung, die ihn schließlich bei einem der anderen Magnete zur Ruhe kommen lässt. Befindet er sich zu Beginn in der Nähe eines der sechs Magnete, dann kommt er auch bei ihm zum Stillstand. Ganz anders verläuft die Bewegung, wenn er zu Beginn weiter ausgelenkt wird. Er macht eine komplizierte Bewegung, die ihn oft mehrmals zu vielen der sechs Magnete führt, bis er sich schließlich für einen „entscheidet". Auch bei genauester Kontrolle des Startpunktes lässt sich in diesem Falle *nicht vorhersagen*, wo er schließlich stehen bleibt. ◂

Alle drei Experimente zeigen, dass trotz größter Sorgfalt beim Wiederherstellen des Anfangszustandes größte Unterschiede im Endzustand vorhanden sind. Die Bewegungen des Würfels, des Luftballons und des Magneten sind nicht wiederholbar, sondern zufällig und ungeordnet. Der Würfel fällt unter Einwirkung der Gravitationskraft, der Luftballon bewegt sich nach dem Raketenprinzip im Schwerefeld der Erde und der Magnet pendelt unter dem Einfluss der sich überlagernden Magnetfelder der sechs Magnete im Schwerefeld der Erde.

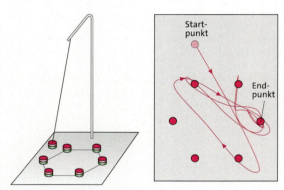

340.1 Ein chaotisches Magnetpendel

Das deterministische Chaos

Die Ursachen der Bewegungen sind genau bekannt. Sie bestimmen in jedem Zeitpunkt das Verhalten der drei Körper. Ganz offensichtlich sind nur geringfügige Ungenauigkeiten beim Herstellen der Anfangsbedingungen dafür verantwortlich, dass sich die Endzustände extrem unterscheiden. Physikalische Systeme mit diesen Eigenschaften werden als **chaotisch** bezeichnet.

Das Ziel der Physik ist es, das Verhalten physikalischer Systeme sicher vorherzusagen. Nach dem **Kausalitätsprinzip** haben gleiche Ursachen dieselbe Wirkung, d. h. bei identischen Anfangsbedingungen ergeben sich gleiche Endzustände, was als **schwache Kausalität** bezeichnet wird. Das Verhalten der Systeme, für die das Kausalitätsprinzip gilt, ist exakt vorhersagbar, also streng **determiniert**.

In der Realität lässt sich der Anfangszustand eines Systems, für welches das Kausalitätsprinzip gilt, jedoch nur mit gewissen unvermeidbaren Abweichungen wiederherstellen. Die Anfangszustände sind also nicht identisch, sondern nur ähnlich. Entstehen bei ähnlichen Anfangszuständen ähnliche Endzustände, so wird dies als **starke Kausalität** bezeichnet. Systeme mit der Eigenschaft der starken Kausalität heißen **regulär**.

Systeme, die dem Kausalitätsprinzip unterliegen, deren Verhalten berechenbar, also *determiniert* ist, bei denen ähnliche Anfangszustände wie in den Versuchen 1 bis 3 aber *nicht* zu ähnlichen Endzuständen führen, heißen **chaotisch**.

> **Deterministisches Chaos:** Physikalische Vorgänge, die im Prinzip nach den Gesetzen der klassischen Physik berechenbar, also determiniert sind, die aber langfristig scheinbar regellos ablaufen, heißen chaotisch.
> Bei diesen Systemen führen kleinste Änderungen der Anfangsbedingungen und winzige Störungen zu großen Abweichungen in den Endzuständen. Diese Systeme genügen nicht der **starken,** sondern der **schwachen Kausalität**. Obwohl sie im Prinzip streng determiniert sind, zeigen sie zufälliges, chaotisches Verhalten.

Früher glaubte man, dass chaotisches Verhalten nur auf sehr komplizierte Systeme wie eine Vielzahl miteinander wechselwirkender Teilchen, z. B. in Strömungen, beschränkt sei. Man war überzeugt, dass mit steigender Genauigkeit der Messungen und der Rechnungen sich auch diese Vorgänge berechnen lassen würden. In den letzten Jahrzehnten zeigte sich aber, dass selbst sehr einfache deterministische Systeme ein zufälliges, chaotisches Verhalten zeigen können.

Versuch 4: An einen elektrischen Schwingkreis, in dem der Kondensator durch die Sperrschicht einer Halbleiterdiode ersetzt wurde, wird eine sinusförmige Wechselspannung gelegt (**Abb. 341.1**).
Beobachtung: Das Oszilloskop zeigt die erzwungenen Schwingungen (**Abb. 341.2**). In der linken Bildreihe unten ist jeweils die anregende Wechselspannung $u_G(t)$ und darüber die Spannung am ohmschen Widerstand $u_R(t)$, die proportional zu $i(t)$ ist, zu sehen. Bei kleinen Amplituden der anregenden Spannung hat die erzwungene Schwingung dieselbe Periode wie die Anregung (**Abb. 341.2 a**). Wird die Amplitude erhöht, so zeigt sich eine Periodenverdopplung, -vervierfachung usw. (**Abb. 341.2 b, c**). Schließlich wird die Schwingung unperiodisch, der Schwingkreis ist chaotisch (**Abb. 341.2 d**).

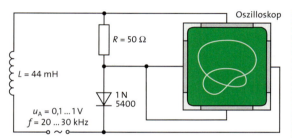

341.1 Ein chaotischer elektrischer Schwingkreis: In einem elektrischen Schwingkreis ist der Kondensator durch eine Diode ersetzt. Die Sperrschicht der Diode stellt eine veränderliche Kapazität dar.

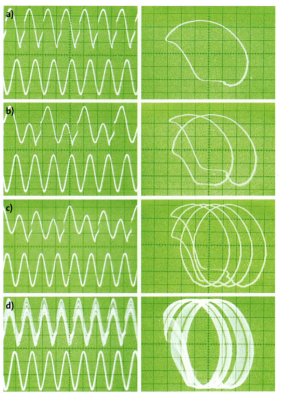

341.2 Oszilloskopbilder der chaotischen elektrischen Schwingung: **a)** einfache, **b)** doppelte, **c)** vierfache Periode, **d)** Chaos

Besonders gut lassen sich die Vorgänge beobachten, wenn die Spannung am ohmschen Widerstand in Abhängigkeit von der Spannung an der Diode dargestellt wird (**Abb. 341.2 rechts**). Dieses sogenannte Phasendiagramm wird im Kapitel 8.2 genauer erläutert.
Folgerung: Für die Spannungen in der Schaltung gilt die Gleichung $u_G(t) + u_R(t) + u_L(t) + u_D(t) = 0$ (→ 7.1.5), sodass im Prinzip ausgehend von einem Zustand alle folgenden Zustände eindeutig bestimmt sind. Dennoch ist das Verhalten dieses Systems chaotisch. ◄

8.2 Ein einfaches System mit chaotischem Verhalten

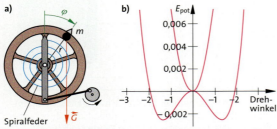

342.1 a) Durch das Wägestück m wirkt bei Auslenkung um den Winkel φ das zusätzliche Drehmoment $mgr\sin\varphi$.
b) Die potentielle Energie beim Drehpendel ohne und mit Wägestück: Mit Wägestück hat die potentielle Energie zwei Minima und verläuft nicht mehr symmetrisch zum Minimum.

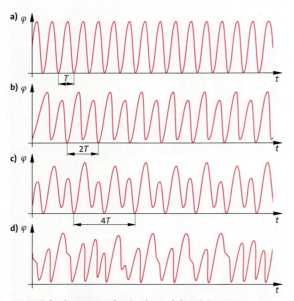

342.2 Schwingungen des Drehpendels mit Zusatzmasse bei von **a)** bis **d)** abnehmender Dämpfung.

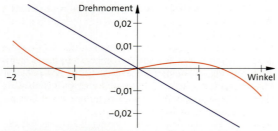

342.3 Die lineare Abhängigkeit des Drehmoments des Pendels ohne Wägestück $M \sim \varphi$ (blau) und die nichtlineare Abhängigkeit des Drehmoments mit Wägestück $M \sim \varphi^3$ (rot).

Was unterscheidet ein chaotisches System von einem regulären System? Wie geht der Übergang vom regulären zum chaotischen Verhalten vor sich?
Um diese Fragen zu beantworten, wird ein schwingungsfähiges mechanisches System untersucht, das *Drehpendel* (→ 3.1.5). Von ihm sind folgende Eigenschaften bekannt:
1. Das Drehpendel führt einfache harmonische Schwingungen um die Gleichgewichtslage aus.
2. Wird die Wirbelstrombremse eingeschaltet, dann ergeben sich gedämpfte Schwingungen.
3. Wirkt zusätzlich von außen ein periodisches Drehmoment, dann vollführt das Drehpendel erzwungene Schwingungen mit der Frequenz der Anregung.

Versuch 1: Das Drehpendel wird nun dadurch verändert, dass oben am Resonator im Abstand r von der Drehachse ein kleines Wägestück der Masse m befestigt wird (**Abb. 342.1a**).
Beobachtung: Die ursprüngliche Ruhelage des Resonators beim Auslenkwinkel $\varphi = 0$ wird instabil; es ergeben sich zwei neue Ruhelagen $\varphi = +\varphi_0$ rechts und $\varphi = -\varphi_0$ links davon.
Erklärung: Beim normalen Drehpendel ist das rücktreibende Drehmoment M der Auslenkung φ direkt proportional: $M = -D\varphi$. Für die potentielle Energie gilt $E_{pot} = \frac{1}{2}D\varphi^2$ (**Abb. 342.1b**). Wie beim Federpendel entsteht dadurch eine harmonische Schwingung. Durch das Wägestück wirkt das zusätzliche Drehmoment $M = mgr\sin\varphi$ (**Abb. 342.1a**). Der Graph der potentiellen Energie ist daher keine Parabel mehr, sondern erhält an den Stellen $\varphi = \pm\varphi_0$ je ein Minimum. Dort liegen die neuen Ruhelagen des Drehpendels. ◄

Versuch 2: Das Pendel wird nun mit einem periodischen äußeren Drehmoment zu erzwungenen Schwingungen in der Nähe der Resonanzfrequenz angeregt. Die Auslenkungen werden mit einer geeigneten Vorrichtung aufgezeichnet. Mit der Wirbelstrombremse wird die Dämpfung des Pendels so reguliert, dass das Pendel immer auf derselben Seite, also um eine der beiden Ruhelagen, schwingt und nicht auf die andere Seite gerät. Mit abnehmender Dämpfung nähert sich das Pendel immer mehr diesem kritischen Punkt ($\varphi = 0$), ohne ihn aber zu überschreiten.
Beobachtung: Mit abnehmender Dämpfung ergeben sich die Pendelbewegungen von **Abb. 342.2**:
• Bei großer Dämpfung schwingt das Pendel mit der Periode der Anregung. Dieses Verhalten ist vom nicht durch eine Zusatzmasse veränderten Drehpendel bekannt (**Abb. 342.2a**).
• Wird die Dämpfung verringert, so tritt plötzlich eine Schwingungsform auf, welche die doppelte Periodenlänge hat. Die Amplitude nimmt abwechselnd zwei verschiedene Werte an (**Abb. 342.2b**).
• Bei weiterer Verringerung der Dämpfung schwingt das Pendel mit vierfacher Periode (**Abb. 342.2c**).
• Schließlich wird die Bewegung ganz unperiodisch. Es ist kein reguläres Bewegungsmuster mehr zu erkennen. Die Periode ist unendlich groß geworden, d. h. die Bewegung wiederholt sich nie mehr in gleicher Form. Die Bewegung ist *chaotisch* (**Abb. 342.2d**).
Erklärung: Bei geringer werdender Dämpfung gerät das Pendel immer mehr in den Bereich, in dem die potentielle Energie vom parabelförmigen Verlauf abweicht (**Abb. 342.1**).

Ein einfaches System mit chaotischem Verhalten

Iterative Berechnung der Bewegung des Drehpendels

$\ddot{\varphi}_n = -(D^*/J)\varphi_n - (\delta^*/J)\dot{\varphi}_n + (mgl/J)\sin\varphi_n + (M_0/J)\sin(2\pi t/T_0)$
$\dot{\varphi}_{n+1} = \dot{\varphi}_n + \ddot{\varphi}_n \Delta t; \quad \varphi_{n+1} = \varphi_n + \dot{\varphi}_n \Delta t$

Konstanten (mit Werten für Abb. b):
- D^* Direktionsmoment $D^* = M/\varphi = 0{,}0158$ Nm
- J Trägheitsmoment der Anordnung $J = 0{,}00154$ kg m²
- δ Dämpfung $\delta = \delta^*/J = 0{,}226$ s^{-1}
- Δt Schrittweite $\Delta t = 0{,}01$ s
- M_0 Amplitude des anregenden Drehmoments
- T_0 Periode der Anregung
- m Masse des Wägestücks
- l Abstand des Wägestücks von der Drehachse

Startwerte: $\varphi_0 = 1{,}98$; $\dot{\varphi}_0 = 0$
(Die Werte für M_0, T_0 werden für Abb. a) und b) nicht benötigt.)

1. Iterationsschritt: $\ddot{\varphi}_0 = -7{,}387$; $\dot{\varphi}_1 = -0{,}0370$; $\varphi_1 = 1{,}9798$
2. Iterationsschritt: $\ddot{\varphi}_1 = -7{,}365$; $\dot{\varphi}_2 = -0{,}1109$; $\varphi_2 = 1{,}9794$

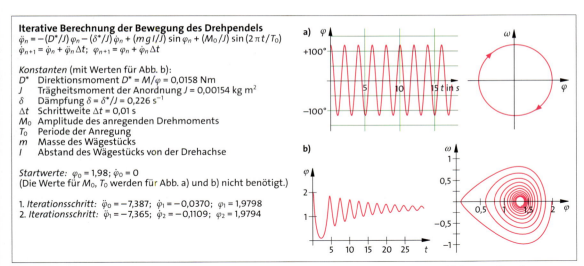

343.1 Iterativ berechnete Bewegungen für das Drehpendel: **a)** freie ungedämpfte Schwingung, **b)** freie gedämpfte Schwingung mit Wägestück und ihre Phasendiagramme (rechts).

Der Verlauf der potentiellen Energie wird durch das Drehmoment bestimmt, für das $M = -D\varphi + mrg\sin\varphi$ gilt. Im Gegensatz zum Drehmoment des Pendels ohne das Wägestück, das linear vom Drehwinkel φ abhängt, ist das Drehmoment mit Wägestück näherungsweise durch eine Funktion 3. Grades zu beschreiben (**Abb. 342.3**). Diese *Nichtlinearität* ist die Ursache des chaotischen Verhaltens. ◂

Simulation der Drehpendelbewegung

Die Periodenverdopplungen sind experimentell nicht einfach zu beobachten. Daher wird im Folgenden der zeitliche Verlauf des Drehwinkels $\varphi = \varphi(t)$ und der Winkelgeschwindigkeit $\omega = \omega(t)$ mit den bekannten Gesetzen der Mechanik im iterativen Verfahren berechnet (→ S. 23).

Computersimulation 1: Zunächst wird die Bewegung des unmodifizierten ($m = 0$), freien ($M_0 = 0$) Drehpendels ohne Dämpfung ($\delta = 0$) berechnet. Die Bewegung wird mit einem bestimmten Anfangswert φ_0 gestartet. Nach jedem Rechenschritt werden die Werte von φ gegen die Zeit aufgetragen.
Ergebnis: Es ergibt sich die ungedämpfte harmonische Schwingung $\varphi(t) = \varphi_0 \cos(2\pi t/T_0)$ (**Abb. 343.1a**). ◂

Abb. 343.1a) zeigt rechts das Ergebnis in einer Form, die das regelmäßige Verhalten des Drehpendels besonders gut sichtbar macht. Hier wird für jeden Iterationsschritt das Wertepaar $(\varphi(t)|\omega(t))$ in einem (φ,ω)-Koordinatensystem aufgetragen. Da ein Zustand des Drehpendels eindeutig durch die Angaben von φ und ω festgelegt ist, entspricht jedem Punkt der (φ,ω)-Ebene genau ein möglicher Bewegungszustand. Daher heißt die (φ,ω)-Ebene auch Zustandsraum oder **Phasenraum** des Drehpendels. Die zeitliche Entwicklung des Systems lässt sich also als Bahn (**Trajektorie**) des Punktes $P(\varphi(t)|\omega(t))$ im Phasenraum interpretieren. Dieses **Phasendiagramm** einer ungedämpften harmonischen Schwingung ist offenbar ein Kreis (oder eine Ellipse; die Einteilung der Achsen ist willkürlich).

Die Betrachtung des Phasendiagramms eröffnet die Möglichkeit, wichtige Aussagen über das Langzeitverhalten einer Bewegung zu machen: Die oben vorgeführte Berechnungsmethode zeigt, dass der weitere Verlauf einer Bewegung durch die Angabe des Drehwinkels φ und der Winkelgeschwindigkeit ω eindeutig vorherbestimmt ist. Nimmt daher der Punkt $P(\varphi(t)|\omega(t))$ der Phasenbahn irgendwann einmal einen Wert an, den er schon einmal vorher besessen hat, dann muss sich die Bewegung von diesem Zeitpunkt an vollkommen gleichartig wiederholen: Die Bewegung ist streng periodisch.

> Der Zustand eines dynamischen Systems ist durch die Angabe von Orten und Geschwindigkeiten der beteiligten Teilchen eindeutig festgelegt. Bewegungen lassen sich als Bahnen (**Trajektorien**) der Punkte $P(s(t)|v(t))$ bzw. $P(\varphi(t)|\omega(t))$ im **Phasenraum** beschreiben.

Die Rechnung wird nun mit Dämpfung ($\delta > 0$) und durch das Wägestück der Masse $m > 0$ verändertem Drehmoment wiederholt:
Ergebnis: Es entsteht eine gedämpfte Schwingung um die durch das Wägestück veränderte Ruhelage (**Abb. 343.1b**). Die Bahn im Phasenraum ist eine spiralige Kurve, die zur Ruhelage hin läuft. Das mathematische Gebilde, dem sich die Phasenraumbahn für $t \to \infty$ annähert, heißt **Attraktor** (Anziehungspunkt) der Bewegung.
Der Attraktor der ungedämpften harmonischen Schwingung ist demnach ein Kreis, der Attraktor der gedämpften Schwingung mit Wägestück der Punkt $(+\varphi_0|0)$ bzw. $(-\varphi_0|0)$ des Phasenraums. Die Bahn im Phasenraum zeigt auch deutlich, dass die Bewegung nicht periodisch ist, da kein Punkt der Phasenbahn ein zweites Mal erreicht wird.

Computersimulation 2: Als Nächstes wird die erzwungene Schwingung des Drehpendels mit dem durch das Wägestück veränderten Drehmoment berechnet ($M_0 \neq 0$, $m > 0$). Dabei wird die Dämpfung δ allmählich verringert.

343

Ein einfaches System mit chaotischem Verhalten

Beobachtung:
1. Nach einer kurzen Einschwingzeit ergibt sich eine erzwungene Schwingung mit der Periode T_0 der Anregung (**Abb. 344.1a**). Die Zusatzmasse macht sich zunächst durch eine Änderung im Graphen $\varphi(t)$ bemerkbar, der ersichtlich nicht mehr rein sinusförmig ist. Nähert sich das Drehpendel nämlich dem kritischen Punkt $\varphi = 0$, dann wird das rücktreibende Drehmoment wieder kleiner (→ **Abb. 342.3**). Die Geschwindigkeit des Pendels nimmt nicht im gleichen Maß ab, wie sie auf der anderen Seite der Ruhelage abgenommen hat. Die Krümmung der $\varphi(t)$-Kurve wird geringer. Entsprechend ist die Phasenbahn kein Kreis mehr, sondern eiförmig.
2. Mit abnehmender Dämpfung ergeben sich die Bewegungen von **Abb. 344.1b**) bis **d**). Von einer Bewegung mit der Periode $T_0 = 3{,}2$ s **a)** erfolgt über Periodenverdopplung **b)** und Periodenvervierfachung **c)** der Übergang zu einer vollkommen unperiodischen, chaotischen Bewegung **d)**. Die entsprechenden Bahnen im Phasenraum bestehen aus Schleifen, die sich nach ein, zwei bzw. vier Umläufen schließen. Die Phasenbahn der chaotischen Bewegung ist nicht geschlossen. Sie überstreicht in unregelmäßiger Form ein ganzes Gebiet des Phasenraums. Das mit ihr verbundene geometrische Gebilde wird als **„seltsamer Attraktor"** bezeichnet. ◄

Es gibt noch zwei andere Möglichkeiten, den Übergang ins Chaos darzustellen:

Computersimulation 3: Nach 10 Anfangsschwingungen (zum „Einschwingen") werden die darauffolgenden 20 Extremwerte ϕ der Auslenkwinkel φ über δ aufgetragen (**Abb. 344.2**).
Beobachtung: Für $\delta > 0{,}80$/s ergeben sich nur jeweils zwei Punkte. Das entspricht der einfach-periodischen $\varphi(t)$-Kurve von **Abb. 344.1a**). Die beiden ϕ-Werte sind die Hoch- und Tiefpunkte dieser periodischen Kurve. Zwischen $0{,}80$/s $> \delta > 0{,}76$/s durchläuft $\varphi(t)$ vier verschiedene Winkelamplituden entsprechend der doppelt-periodischen $\varphi(t)$-Kurve von **Abb. 344.1b**). Hier liegen folglich vier ϕ-Werte über jedem δ-Wert. Für δ zwischen etwa $0{,}76$/s und $0{,}75$/s ergeben sich entsprechend acht ϕ-Werte usw. Die Abstände auf der δ-Achse, bei denen sich die Periode verdoppelt, rücken immer enger zusammen, ebenso die dazugehörigen Gabelungspunkte des $\phi(\delta)$-Graphen. Für $\delta < 0{,}75$/s ist eine Periodizität von $\varphi(t)$ nicht mehr erkennbar. Innerhalb eines bestimmten Bereichs nehmen daher die Extremwerte $\phi(\delta)$ alle möglichen Werte an, über jedem δ-Wert liegt ein ganzes Band von ϕ-Werten. Die Bewegung ist chaotisch geworden. Der $\phi(\delta)$-Graph, der auf diese Weise entsteht, heißt wegen der charakteristischen Gabelungspunkte **Bifurkationsdiagramm** (bifurcation, lat.: Gabelung). ◄

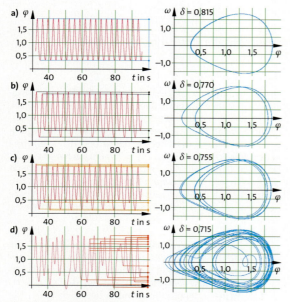

344.1 Schwingungsformen (links) und Phasenbahnen (rechts) des modifizierten Drehpendels bei abnehmender Dämpfung: **a)** einfache Periode, **b)** Periodenverdopplung, **c)** Periodenvervierfachung, **d)** Chaos

Der Charakter der Bewegungen wird deutlicher, wenn nach einer Idee von Henri POINCARÉ (1854–1912) nicht der ganze zeitliche Verlauf der Phasenbahn dargestellt wird, sondern nur in regelmäßigen Zeitabständen die Lage des Punktes $P(\varphi(t)|\omega(t))$.
Welcher zeitliche Abstand für diese Punkte zu wählen ist, zeigt die folgende Überlegung: Das Phasendiagramm in **Abb. 344.1d**) rechts zeigt, dass sich die Kurven im Phasenraum häufig überschneiden. Nach der bisherigen Definition des Phasenraums kann das aber nicht sein. Sobald sich ein Punkt der Phasenbahn wiederholt, sollte die Bewegung periodisch werden, da sie dann in den dynamischen Größen (hier φ und ω) übereinstimmen. Warum geschieht das hier nicht? Der Grund liegt darin, dass im Falle der erzwungenen Schwingung bei gleichem φ und ω das anregende Drehmoment $M(t) = M_0 \sin(2\pi t/T_0)$ noch unterschiedlich sein kann. Der vollständige Phasenraum der erzwungenen Schwingung ist daher der dreidimensionale (φ, ω, M)-Raum. Erst wenn das Zahlentripel (φ, ω, M) wieder exakt denselben Wert annimmt, wiederholt sich die Bewegung.

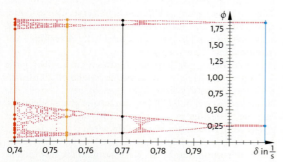

344.2 Das Bifurkationsdiagramm des modifizierten Drehpendels: Aufgetragen sind die Extremwerte ϕ der Auslenkwinkel φ.

In **Abb. 345.1** ist die dreidimensionale Phasenbahn $(\varphi(t), \omega(t), M(t))$ für den Fall $\delta = 0{,}77$/s räumlich dargestellt. Es ist zu erkennen, dass sich diese Phasenbahn tatsächlich erst

Ein einfaches System mit chaotischem Verhalten

nach $t = 2T_0$ schließt und dass die (φ, ω)-Kurve von **Abb. 344.1 b)** nur die Projektion dieser Bahn in die (φ, ω)-Ebene ist.

Wenn nun nicht mehr die vollständigen (φ, ω)-Kurven aufgetragen werden, sondern nur Punkte dieser Bahnen in den regelmäßigen Abständen $T_0, 2T_0, \ldots$, dann ist wegen der Periodizität der Anregung klar, dass zu diesen Zeitpunkten die Drehmomente $M(t)$ übereinstimmen. Stimmen dann auch noch die Werte für φ und ω überein, dann ist die Bewegung periodisch. In **Abb. 345.2** sind diese **Poincaré-Diagramme** für die Fälle $\delta = 0{,}81/s$ (einfache Periode), $\delta = 0{,}770/s$ (doppelte Periode), $\delta = 0{,}755/s$ (vierfache Periode) und $\delta = 0{,}715/s$ (Chaos) aufgetragen.

Hat die erzwungene Schwingung dieselbe Periode wie die Anregung, dann ergibt sich im Poincaré-Diagramm nur ein Punkt, bei doppelter Periode sind es zwei Punkte usw. Geht das System ins Chaos über, dann besteht das Poincaré-Diagramm aus einer Punktwolke. Da die Bewegung vollkommen unperiodisch ist, wiederholen sich diese Punkte nie. Sie füllen vielmehr ein bestimmtes Gebiet des Phasenraums immer dichter auf. Dichte und Anordnung dieser Punkte ist charakteristisch für das vorliegende chaotische Verhalten. Während die chaotischen Bahnen selbst nicht vorhergesagt werden können, kann aus dem Poincaré-Diagramm doch z. B. abgelesen werden, welche Werte von φ und ω häufiger vorkommen und welche seltener. Es ist sozusagen der „Fingerabdruck" des vorliegenden speziellen Chaos.

Welcher Nutzen kann daraus gezogen werden?
Wie z. B. beim Werfen eines Würfels nicht vorhergesagt werden kann, welche Zahl kommt, so kann bei einer chaotischen Bewegung langfristig auch keine Aussage über den exakten Bahnverlauf gemacht werden. Beim Würfel treten alle Zahlen mit derselben Wahrscheinlichkeit $\frac{1}{6}$ auf, woraus mithilfe der Wahrscheinlichkeitsrechnung weitreichende Folgerungen abgeleitet werden können. Die Untersuchung und Charakterisierung von chaotischen Attraktoren wird möglicherweise zu einer ebensolchen Theorie im Bereich des chaotischen Verhaltens führen.

Die Modifikation, die durch das Wägestück am Drehpendel erfolgt, bewirkt ein ganz neues dynamisches Verhalten. Anders als bei der *linearen* Abhängigkeit des Drehmoments vom Drehwinkel $M = -D\varphi$ mit einem parabolischen Potentialverlauf ist der Potentialverlauf für das *nicht mehr linear* vom Drehwinkel abhängige Drehmoment $M = -D\varphi + mg\sin\varphi$ nicht mehr symmetrisch zur Gleichgewichtslage. Die Untersuchung vieler dynamischer Systeme hat gezeigt, dass diese **Nichtlinearität** für chaotisches Verhalten verantwortlich ist.

> Ist jeder Zustand eines zeitlich veränderlichen dynamischen Systems, z. B. des veränderten Drehpendels, eindeutig mit dem vorangehenden Zustand durch Gleichungen verknüpft, so ist das System streng determiniert. Bei einer nichtlinearen Abhängigkeit der bestimmenden Größen des Systems kann das Verhalten über eine längere Zeitspanne jedoch nicht immer vorhergesagt werden. Determiniertheit bedeutet also nicht immer Vorhersagbarkeit.

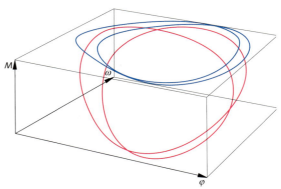

345.1 Die dreidimensionale Phasenbahn des modifizierten Drehpendels und seine Projektionen in eine Ebene.

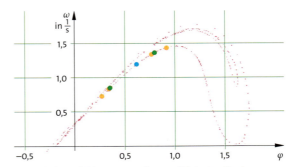

345.2 Poincaré-Diagramme des modifizierten Drehpendels: grün einfache, blau doppelte, gelb vierfache Periode, rot Chaos.

Aufgaben

1. Für das Drehmoment M des Drehpendels mit dem zusätzlichen Wägestück gilt die Gleichung:
$M = -D\varphi + mrg\sin\varphi$
Bestimmen Sie die potentielle Energie des Drehpendels und stellen Sie sie für die Größen $D = 0{,}0158$ Nm, $r = 0{,}1$ m und $m = 0{,}02$ kg in Abhängigkeit vom Drehwinkel φ grafisch dar.

2. Simulieren Sie mit einem Computerprogramm oder einem Modellbildungssystem die Bewegung des Drehpendels, das durch ein Wägestück der Masse $m = 0{,}026$ kg im Abstand $l = 0{,}85$ m von der Drehachse (→ **Abb. 342.1**) modifiziert worden ist. Verwenden Sie die Differentialgleichung aus → **Abb. 343.1** und die Größen $D^* = 0{,}0158$ Nm, $J = 0{,}00154$ kgm^2, $0{,}0015$ kgm^{2}s$^{-1} \leq \delta^* \leq 0{,}002$ kgm^{2}s^{-1}, $M_0 = 0{,}00276$ kgm^{2}s^{-2} sowie die Startwerte $\varphi = 0{,}87$ und $\dot\varphi = 0$ bei $\Delta t = 0{,}01$ s.

   a) Stellen Sie $\varphi(t)$ für unterschiedliche Werte der Dämpfung δ^* grafisch dar.
   b) Stellen Sie $\varphi(t)$ und $\dot\varphi(t)$ für unterschiedliche Werte der Dämpfung δ^* in einem Phasendiagramm dar.
   c) Verändern Sie bei chaotischem Verhalten den Startwert φ geringfügig und beobachten Sie die Winkel in größerem zeitlichen Abstand vom Start.

8.3 Wege ins Chaos – Verhulst-Dynamik und Feigenbaum-Szenario

Einige wichtige Eigenschaften chaotischen Verhaltens können gut an einem einfachen Modell des belgischen Biologen P. F. VERHULST studiert werden.
VERHULST untersuchte 1845 die Entwicklung von Populationen mit begrenztem Lebensraum. Ihn interessierte, warum viele Populationen trotz großer Vermehrungsrate über lange Zeiträume eine stabile Zahl von Individuen aufweisen. Hierzu entwickelte er ein einfaches Modell: Die Generationsstärke x wird als Bruchteil der größten jemals vorkommenden Population angegeben, ist also stets kleiner als 1. Sie wird nicht kontinuierlich betrachtet, sondern in diskreten Schritten nach jeweils festen Zeiträumen (z. B. den Vielfachen einer Generation). Dann bezeichnet x_n die Generationsstärke nach n Schritten. Wären Lebensraum und Nahrungsvorräte unbegrenzt, dann hinge x_{n+1} nur von der Population x_n ab. Bei einer Reproduktionsrate r wäre also $x_{n+1} = r x_n$, sodass bei $r > 1$ (d. h. es werden mehr Individuen geboren als sterben) die Population exponentiell über alle Grenzen wachsen würde:

$$x_1 = r x_0, \quad x_2 = r x_1 = r r x_0 \quad \text{usw., also} \quad x_n = r^n x_0$$

In der Realität sind Lebensraum und Nahrungsvorräte jedoch begrenzt, was die Reproduktion negativ beeinflusst, und zwar umso stärker, je größer die Population ist. Diese Abhängigkeit stellte Verhulst dar, indem er die Reproduktionsrate r durch $a = r(1 - x_n)$ ersetzte, d. h. je größer die Population wird (x_n ist stets kleiner als 1), umso kleiner wird die Reproduktionsrate. Sie schwankt zwischen r und null. Für $x = 0$ hat die Reproduktionsrate den Wert $a = r$. Steigt x an, dann wird r immer kleiner und erreicht für $x = 1$ den Wert null. Damit ergibt sich für das Verhulst-Modell die einfache Iterationsvorschrift:

$$x_{n+1} = r x_n (1 - x_n) = r x_n - r x_n^2$$

Diese Formel enthält den für das Auftreten von Chaos entscheidenden quadratischen Term $\sim x_n^2$, der sich als Rückkopplung deuten lässt: Jede Veränderung der Population bewirkt eine entgegengerichtete Veränderung der Lebensbedingungen. Die nachfolgenden Werte hängen *nichtlinear* von ihren Vorgängern ab. Das Verhulst-Modell ist also ein sehr einfaches, aber trotzdem nichtlineares Wachstumsmodell.

Es ist zu erwarten, dass sich unter diesen Umständen bald eine stabile Situation ergibt. Sie sollte erreicht sein, wenn ein weiteres Anwachsen der Bevölkerung sich so negativ auf die Fruchtbarkeit auswirkt, dass sie den Zuwachs gerade kompensiert. **Abb. 346.1** zeigt das Ergebnis einer Rechnung. Hier wurden die Werte x_n über n aufgetragen. Für $r < 3$ ergibt sich tatsächlich das erwartete Verhalten: Unabhängig vom Anfangswert pendelt sich die Population schnell auf einen konstanten Wert ein. Der Wert dieses sogenannten **Fixpunktes** oder **Attraktors** x_∞ beträgt $x_\infty = (r - 1)/r$ (Aufgabe 2). Ab $r = 3$ ändert sich das Verhalten aber grundlegend: Statt einem festen Wert zuzustreben, pendelt die Population ständig zwischen zwei Werten $x_{\infty 1}$ und $x_{\infty 2}$ hin und her. Ab $r = 3{,}449$ pendelt x zwischen vier Werten $x_{\infty 1}, \ldots, x_{\infty 4}$ hin und her, ab $r = 3{,}544$ zwischen acht Werten usw. Wie bei den Experimenten ($\rightarrow$ 8.1, 8.2) beobachtet man aufeinanderfolgende *Periodenverdopplungen* (**Abb. 346.1a**). Dabei folgen die Werte r_i, bei denen jeweils Periodenverdopplung auftritt, immer enger aufeinander. Überschreitet schließlich r den Wert $r_\infty = 3{,}570$, dann ist keine Periodizität mehr zu erkennen. Das Verhalten der Population ist chaotisch geworden (**Abb. 346.1b**).

Besonders übersichtlich lässt sich dieser *Weg ins Chaos* darstellen, wenn nur die Attraktorwerte $x_{\infty i}$ betrachtet werden. Sie beschreiben das Verhalten des Systems über längere Zeit. Ähnlich wie in $\rightarrow$ **Abb. 344.2** werden hierzu in einem Koordinatensystem die $x_{\infty i}$ über den zugehörigen r-Werten aufgetragen. Nachdem sich das System bei dem jeweiligen Wert für r in etwa 20 Schritten stabilisiert hat, werden etwa die folgenden 50 x-Werte über r aufgetragen.
Das Ergebnis der Rechnung ist ein *Bifurkationsdiagramm* (**Abb. 347.1**) ganz ähnlich $\rightarrow$ **Abb. 344.2**. Im Bereich $r < 3$ liegen die x-Werte alle an derselben Stelle. Im Diagramm befindet sich also jeweils nur ein Punkt über r. Im Bereich $3{,}0 \leq r < 3{,}449$ sind es zwei Punkte, bei $3{,}449 \leq r < 3{,}544$ vier Punkte usw. Ab $r = r_\infty = 3{,}570$, also im chaotischen Bereich, sind alle berechneten x_i voneinander verschieden. Es gibt ein ganzes Band von x-Werten über einem bestimmten r.

Am Bifurkationsdiagramm lassen sich einige interessante und allgemeingültige Beobachtungen machen: Die Berechnung der Bifurkationsstellen r_i ergibt die Werte in **Tab. 347.2**. In der dritten Spalte der Tabelle wurden die beobachteten Abstände der Bifurkationspunkte, also $\Delta r_i = r_i - r_{i-1}$ für $i = 2, 3, \ldots$ berechnet. Sie zeigen, wie die r_i immer näher zusammenrücken. In der vierten Spalte steht jeweils das Verhältnis $f_i = \Delta r_{i-1} / \Delta r_i$. Das konstante Verhältnis zeigt, dass die Abstände r_i in einer bestimmten regelmäßigen Art zusammenrücken: Der Abstand zwischen zwei Bifurkations-

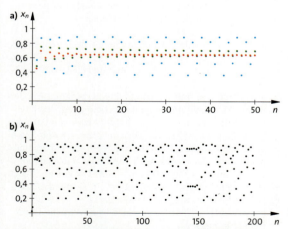

346.1 Entwicklung der Populationen nach dem Verhulst-Modell: **a)** Für $r < 3$ stellt sich ein stabiler Wert (rot) der Population ein, für $r = 3$ schwanken die aufeinanderfolgenden Populationen zwischen zwei Werten (grün), für $r = 3{,}544$ zwischen vier Werten (blau). **b)** Für $r > 3{,}570$ ist keine Regelmäßigkeit mehr erkennbar.

punkten ist immer etwa 4,7-mal so lang wie der darauffolgende Abstand. Dieses Verhalten wurde zum ersten Mal von dem amerikanischen Mathematiker M. J. Feigenbaum beobachtet und erklärt. Er konnte zeigen, dass diese regelmäßige Bifurkation für eine große Klasse von chaotischen Systemen zutrifft und dass das Verhältnis f_i für große Werte von i der universellen Zahl

$f = 4,669\,201\,609\,102\,9\ldots$

zustrebt. Diese *Konstante des Chaos* wird seitdem **Feigenbaum-Zahl f** genannt. Wie π oder e ist auch f eine transzendente Zahl mit unendlich vielen, sich nie wiederholenden Dezimalstellen.

Auch im chaotischen Bereich ist im Bifurkationsdiagramm Interessantes zu beobachten:
1. Für ein bestimmtes r werden nicht alle möglichen x-Werte angenommen. Die Werte bilden Bänder, die sich mit wachsendem r öffnen.
2. Der Wertebereich für ein bestimmtes r ist nicht gleichmäßig besetzt. Dies ist im Diagramm an verschieden starker Färbung zu erkennen. Die stärker besetzten Wertebereiche sind oft Fortsetzungen von Ästen aus dem regulären Bereich. Es hat den Anschein, als „erinnere" sich das System an sein vorheriges nichtchaotisches Verhalten.
3. Mitten im chaotischen Bereich gibt es schmale Bereiche, in denen unvermittelt reguläres Verhalten auftritt. **Abb. 347.1** zeigt vergrößert eine solche **Stabilitätsinsel** bei $3,82 < r < 3,86$. Aus einem breiten Band von Attraktorwerten lösen sich bei $r_c = 3,82843\ldots$ drei stabile Attraktoren ab. Deren x-Werte deuten sich schon im chaotischen Bereich durch eine erhöhte Besetzung (Färbung) an. Wird r weiter erhöht, dann geht das System auf dem Wege der Periodenverdopplung wieder ins Chaos über, wobei der Ablauf dem zwischen $r = 2$ und $r = r_\infty$ vollkommen gleicht. In den entstehenden kleineren Bifurkationsdiagrammen sind wieder Inseln der Stabilität zu erkennen. Diese **Selbstähnlichkeit** ist ein charakteristisches Merkmal für chaotisches Verhalten.

> Nichtlineare Systeme zeigen in bestimmten Bereichen chaotisches Verhalten. Der Übergang ins Chaos erfolgt oft über Periodenverdopplungen. Dieses Feigenbaum-Szenario wird durch eine universelle Naturkonstante, die Feigenbaum-Zahl f, beschrieben.
> Chaotische Systeme zeigen Selbstähnlichkeit.

Aufgaben

1. Schreiben Sie ein Computerprogramm, das die ersten 50 Werte der Verhulst-Folge berechnet.
   a) Vergleichen Sie die Ergebnisse mit **Abb. 346.1**.
   b) Zeigen Sie, dass für $r = 2,8$ die Verhulst-Dynamik dem schwachen Kausalitätsprinzip gehorcht, für $r = 3,8$ jedoch nicht.
2. Zeigen Sie, dass die Fixpunkte der Verhulst-Folge den Wert $x_\infty = (r-1)/r$ haben. (*Hinweis*: Der Fixpunkt ist erreicht, wenn $x_{n+1} = x_n$ ist.)
3. Schreiben Sie ein Computerprogramm, das für $2,9 \leq r \leq 4$ ein Bifurkationsdiagramm zeichnet.

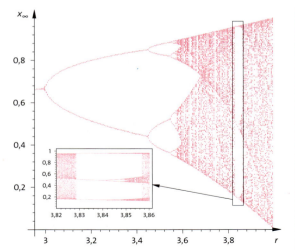

347.1 Das Bifurkationsdiagramm des Verhulst-Prozesses. Links unten vergrößert die „Stabilitätsinsel" bei $3,82 < r < 3,86$.

i	r_i	Δr_i	$f_i = \Delta r_{i-1}/\Delta r_i$
1	3,00	—	—
2	3,449	0,449	—
3	3,544	0,095	4,726
4	3,56441	0,02041	4,654
5	3,568757	0,004347	4,695
6	3,5696911	0,0009341	4,654
7	3,5698912	0,0002001	4,668
$\vdots$	$\vdots$	$\vdots$	$\vdots$
∞	3,5699456		

347.2 Die Bifurkationspunkte des Verhulst-Prozesses.

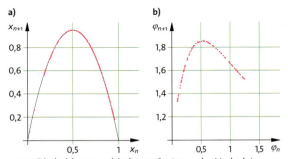

347.3 Die beiden verschiedenen Systeme der Verhulst-Dynamik und des veränderten Drehpendels zeigen ihre ähnlichen inneren Strukturen bei der Zuordnung aufeinanderfolgender Werte:
a) Grafik der Zuordnung $x_n \to x_{n+1}$ der Verhulst-Dynamik. Die roten Punkte stellen das chaotische Verhalten für $r = 3,8$ aus **Abb. 346.1b** dar, schwarz ist der Ast der Parabel mit der Gleichung $f(x) = rx(1-x)$.
b) Grafik der Zuordnung $\varphi_{n+1} \to \varphi_n$, der Elongationen des modifizierten Drehpendels.

8.4 Chaos und Fraktale

Im chaotischen Bereich der Verhulst-Dynamik (→ **Abb. 347.1** für $r > 3{,}57$) zeigen die Attraktormengen $x_i(r)$ eine merkwürdige Eigenschaft: Über jedem r-Wert liegen unendlich viele x-Werte – aber sie liegen nicht überall gleich dicht: Während ein einfacher senkrechter Strich über r alle x-Werte gleich häufig enthält, sind die Attraktorwerte, die über einem bestimmten r liegen, in charakteristischer Weise „ausgedünnt". Dies ist an der unterschiedlichen Färbung des Bifurkationsdiagramms zu erkennen. Diese Bereiche verhalten sich mathematisch wie ein Zwischending zwischen einem Punkt (Dimension 0) und einer Geraden (Dimension 1). Das trifft ebenso auf einen flächigen chaotischen Bereich im Bifurkationsdiagramm zu: Hier liegt die Dimension zwischen 1 und 2, den Dimensionen von Gerade und Fläche. Solche Gebilde heißen **Fraktale.** Der Name deutet an, dass sie in einem gewissen Sinne eine nicht-ganzzahlige (gebrochene) Dimension haben.

Auch bei anderen chaotischen Vorgängen werden solche Fraktale beobachtet. Beim chaotischen Magnetpendel (→ **Abb. 340.1**) kann z. B. danach gefragt werden, an welchem der sechs Magnete das Pendel zur Ruhe kommt. Da die Bewegung determiniert ist, hängt sie nur vom Anfangsort $(x|y)$ des Pendels ab. Die gesamte Ebene muss sich also in eindeutiger Weise in sechs Bereiche dieser Anfangswerte unterteilen lassen, die den sechs Magneten entsprechen, an denen die Bewegung endet. Mit einem mathematischen Modell wurde in **Abb. 348.1** für jeden Punkt der Ebene berechnet, an welchem Magneten die Bewegung endet. Der Startpunkt wurde dann mit einer von sechs Farben eingefärbt.

Das Ergebnis zeigt, dass die Bewegungen, die von Punkten in der Nähe eines Magneten aus starten, tatsächlich zu diesem Magneten hinführen. Entfernt sich der Startpunkt aber von einem Magneten, dann wird das Verhalten unerwartet kompliziert: Es gibt nun keine einfache glatte Grenze zwischen den einzelnen Einflussbereichen. An der Grenze liegen alle Farben in kleinen und kleinsten Flächen ineinandergeschachtelt vor. Das bedeutet, dass eine winzige Änderung des Startpunktes hier ausreicht, den Pendelmagneten zu einem ganz anderen Zielpunkt zu befördern. Wird der Maßstab vergrößert, dann ist zu erkennen, dass sich die komplizierten Grenzstrukturen immer wiederholen. Die Grenzlinie ist in unendlich viele kleine Bereiche „verzwirbelt". Sie ist keine einfache durchgehende Kurve, sondern ein *Fraktal* mit einer Dimension zwischen 1 und 2.

Fraktale Gebilde tauchen bei der mathematischen Beschreibung chaotischer Vorgänge regelmäßig auf. Das Bifurkationsdiagramm entpuppt sich als ein solches Fraktal; das Gleiche gilt für die Punktmengen in den Poincaré-Diagrammen chaotischer Attraktoren.

Der Erste, der die Bedeutung der Fraktale erkannte, war der belgische Mathematiker Benoit B. MANDELBROT. Die nach ihm benannte **Mandelbrot-Menge,** eine Punktmenge der Ebene, hat eine äußerst verwickelte fraktale Grenzstruktur. Ihre Grundstruktur ist das sogenannte **Apfelmännchen** (**Abb. 348.2**). Wie bei allen Fraktalen zeigt die Mandelbrot-Menge bei jeder beliebigen Vergrößerung immer wieder die gleichen Merkmale. Insbesondere taucht die charakteristische Struktur des Apfelmännchens mit seinen Knospen in kleineren Bereichen ständig von Neuem auf.

Diese **Selbstähnlichkeit** ist ein charakteristisches Merkmal aller Fraktale. Sie ist auch in der Natur an vielen Stellen zu beobachten. Insbesondere so komplizierte Strukturen wie Flüsse, Berge, Seen, Küstenlinien, Wasserwellen, Flüssigkeitswirbel und sogar Lebewesen zeigen bei näherem Hinsehen oft Strukturen, die sich bei Vergrößerung des Betrachtungsmaßstabes ständig wiederholen. Dies gibt ihnen einen eigenen ästhetischen Reiz, der auf der den Fraktalen innewohnenden Mischung von Ordnung und Unordnung beruht.

348.1 Die Anziehungsbereiche des Magnetpendels besitzen fraktale Grenzen.

● Position der Magnete von Abb. 340.1

348.2 Die Mandelbrot-Menge, das sogenannte Apfelmännchen.

Chaos und Fraktale

Exkurs

Das gesunde Herz – die richtige Dosis Chaos

Fraktale Strukturen haben nicht nur ästhetischen Reiz. Es scheint so, dass auch bei den Lebensvorgängen selbst das Chaos eine wichtige Rolle spielt. Ein Beispiel liefert die Untersuchung des menschlichen Herzrhythmus.

Das Herz schlägt normalerweise recht regelmäßig 60- bis 80-mal pro Minute, bei Belastung bis 200-mal. Bei krankhaften Veränderungen, besonders nach Herzinfarkten, kommt es oft zu Störungen des Herzrhythmus, einzelnen oder gehäuften zusätzlichen Kontraktionen (Extrasystolen). Auch bei gesunden Menschen treten sie gelegentlich auf („Herzstolpern"). Häufen sie sich, dann kann es über das sogenannte Vorhofflimmern zu einem ganz unrhythmischen Zustand (Kammerflimmern) und dadurch innerhalb von Minuten zum *plötzlichen Herztod* kommen. Merkwürdigerweise enthalten die elektrischen Signale der Nervenzellen des Herzens, die man als EKG (Elektrokardiogramm) von der Körperoberfläche abnehmen kann, meist keinerlei vorzeitige Hinweise auf dieses dramatische Geschehen.

Sowohl ein gesundes als auch ein krankes Herz zeigen eine recht große Unregelmäßigkeit in der zeitlichen Abfolge t_1, t_2, t_3, ... der Herzschläge. Eine solche Zeitserie kann mit einer Methode untersucht werden, die der Darstellung von chaotischen Bewegungen in einem Phasendiagramm ähnelt (→ 8.2). Hierzu wird die Serie in „Viererpäckchen" von Herzschlägen zerlegt, die Zeitdifferenzen Δt_1, Δt_2 und Δt_3 zwischen aufeinanderfolgenden Schlägen werden bestimmt und diese Werte in einem dreidimensionalen Koordinatensystem aufgetragen. Jedem Viererpäckchen entspricht also ein Punkt in diesem künstlichen Zustandsraum. Würde das Herz vollkommen regelmäßig schlagen, dann ergäbe sich nur ein Punkt; wäre der Herzschlag zufällig, dann wären die Messpunkte ganz gleichmäßig verteilt. Die Abbildungen zeigen, wie sich das Phasendiagramm eines kranken Herzens verändert:

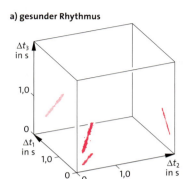

a) gesunder Rhythmus

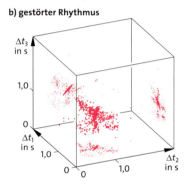

b) gestörter Rhythmus

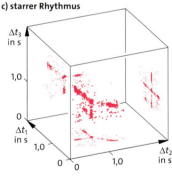

c) starrer Rhythmus

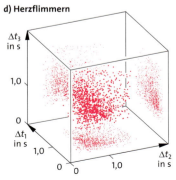

d) Herzflimmern

a) Charakteristisch für ein gesundes Herz ist die *Zigarrenform*: Die Herzschläge erfolgen *nicht* ganz regelmäßig, sondern zeigen ein zeitliches Muster, in dem die Flexibilität des Herzens zum Ausdruck kommt. Dass diese Flexibilität – ein „dosiertes Chaos" – für ein gesundes Herz entscheidend ist, zeigt sich, wenn die EKG herzkranker Personen damit verglichen werden.
b) Bei einem Patienten mit Herzrhythmusstörungen ist die „Zigarre" des gesunden Herzens stark geschrumpft. Stattdessen hat sich eine Wolke von Punkten entwickelt, die von den vielen Extrasystolen hervorgerufen werden.
c) Eine weitere Verschlechterung des Zustands zeigt sich in einer starken Reduzierung auf eine kleine Punktwolke. Das Herz schlägt nun in einem ganz starren Rhythmus.
d) Schließlich wird der Zustand des Vorhofflimmerns erreicht: Die Herzschläge sind fast zufällig verteilt.

Alle diese Krankheitsbilder b) bis d) verschiedener Patienten führten nach kurzer Zeit zu einem plötzlichen Herztod.

Obwohl diese Diagnosemethode noch neu ist, zeigt sie doch, dass die Beschäftigung mit dem Chaos in ganz unterschiedlichen Bereichen der Wissenschaft zu neuen Erkenntnissen führen kann.

Wahrscheinlich ist die uns umgebende Natur deshalb so vielgestaltig, weil in ihr an vielen, oft noch gar nicht erkannten Stellen das Chaos am Werk ist. Die Chaos-Forschung versucht mit ihren Methoden, die tieferen Ursachen für solche Ähnlichkeiten zu ergründen.
Auch in unserem Planetensystem zeigen sich chaotische Phänomene: Die Cassinische Teilung der Saturnringe, die größtenteils aus Staub- und Eisteilchen bestehen, beruht auf störenden Wirkungen der Saturnmonde; in der Statistik der Bahnelemente der Planetoiden, der Kleinplaneten zwischen Mars und Jupiter, zeigt sich die störende Wirkung des Jupiter.

9 DIE SPEZIELLE RELATIVITÄTSTHEORIE

Im Jahre 1905 veröffentlichte EINSTEIN in der Zeitschrift *Annalen der Physik* eine Arbeit mit dem Titel „Zur Elektrodynamik bewegter Körper", in der die neuen Ideen zur speziellen Relativitätstheorie ausgedrückt waren. 1916 folgte die Veröffentlichung der Allgemeinen Relativitätstheorie, einer relativistischen Gravitationstheorie. Die beiden Theorien haben das bis dahin geltende klassische Weltbild der Physik völlig verändert. Heute bilden die Relativitätstheorie und die Quantenphysik (→ Kap. 10) das Fundament der *modernen* Physik. Die klassische Physik ist aber dadurch nicht hinfällig geworden, sondern wird von der modernen Physik als Teilbereich eingeschlossen.

Eine der wichtigsten Erkenntnisse der Relativitätstheorie drückt sich in der berühmten Formel $E = m c^2$ aus. Diese Formel lässt verstehen, wie Energie in großem Maße zur Verfügung gestellt werden kann. Sie erklärt die Energiefreisetzung sowohl bei der Kernfusion im Sonneninnern (→ Kap. 15) als auch bei der Kernspaltung in Kernreaktoren (→ Kap. 13). Zum physikalischen Alltag ist die Relativitätstheorie heute in den Beschleunigeranlagen der Hochenergiephysik geworden, wo Elementarteilchen (→ Kap. 14) mit nahezu Lichtgeschwindigkeit aufeinanderprallen und Energie in der Masse neu erzeugter Teilchen auftritt.

9.1 Die Relativitätspostulate

Um 1900 bestand das folgende Weltbild der *klassischen* Physik: Das Universum mit den Fixsternen befindet sich in einem von Newton postulierten *absoluten Raum*. Dieser ist ausgefüllt mit einem sehr dünnen elastischen Stoff, dem sogenannten *Äther*, der Träger der Lichtwellen ist. Licht breitet sich demnach nur im absoluten Raum isotrop, d. h. in allen Richtungen mit gleicher Geschwindigkeit, aus, während z. B. auf der mit 30 km/s um die Sonne bewegten Erde die Lichtgeschwindigkeit je nach Ausbreitungsrichtung Werte im Intervall 300 000 km/s ± 30 km/s hat. Allein der große Wert der Lichtgeschwindigkeit ließ es nicht zu, die kleinen Unterschiede direkt zu messen.

1886 führte der amerikanische Physiker MICHELSON mit einem Interferometer ein Experiment durch, dessen Genauigkeit ausgereicht hätte, unterschiedliche Lichtgeschwindigkeiten auf der Erde indirekt zu messen (→ S. 351). Das Experiment erwies sich jedoch als Fehlschlag, denn es zeigten sich keine von der Stellung der Erde abhängigen Unterschiede der Lichtausbreitung. Dies sprach gegen einen vom Äther erfüllten absoluten Raum, denn das Licht breitet sich offenbar überall und in jeder Richtung im Vakuum mit der Geschwindigkeit c aus. Während viele Physiker Jahrzehnte brauchten, um sich mit diesem Sachverhalt abzufinden, sah EINSTEIN darin keine Besonderheit: *„Schon als Siebzehnjähriger war mir klar, dass sich nichts an meinem Spiegelbild än-* *dern würde, wenn ich einen Handspiegel vor mich haltend mit noch so großer Geschwindigkeit durch den Raum liefe."*

Heute ist die Funktionstüchtigkeit des Navigationssystems GPS (→ S. 353) eine alltägliche Bestätigung der Konstanz der Lichtgeschwindigkeit. Das System bestimmt aus Laufzeitunterschieden der von verschiedenen Satelliten ausgesandten Radiosignale zu einem Empfänger auf der Erde dessen Position auf 7 m genau. Nach der Äthertheorie sollten je nach Stellung der Erde aufgrund der Bewegung der Erde um die Sonne Geschwindigkeitsunterschiede der Funksignale bis zu 30 km/s auftreten, was 0,1 Promille der Lichtgeschwindigkeit entspricht. Bei einer mittleren Entfernung der Satelliten von der Erde von 20 000 km ergäben sich daraus Missweisungen bis zu 0,1 Promille, also von 2 000 m.

Anders als bei der Erklärung der Lichtausbreitung stützt sich die Mechanik der klassischen Physik auf das Galilei'sche Relativitätsprinzip. Danach sind alle Bezugssysteme, in denen das Galilei'sche Trägheitsprinzip gilt, gleichberechtigt zur Beschreibung mechanischer Vorgänge (→ 1.2.1). Es gibt unendlich viele solcher *Inertialsysteme*, die sich relativ zueinander mit konstanter Geschwindigkeit bewegen, doch mit keinem mechanischen Experiment sollte es möglich sein, einen *ausgezeichneten absoluten Raum* zu ermitteln.

Die Relativitätspostulate

EINSTEIN erweiterte das Galilei'sche Relativitätsprinzip zu einem für die gesamte Natur gültigen Gesetz. Auch das Licht genügt diesem Prinzip, allerdings in der Form, dass die Ausbreitungsgeschwindigkeit in jedem Inertialsystem in allen Richtungen mit derselben Geschwindigkeit erfolgt.

> **1. Postulat – Relativitätsprinzip:** Alle Inertialsysteme sind zur Beschreibung von Naturvorgängen gleichberechtigt. Die Naturgesetze haben in allen Inertialsystemen die gleiche Form.
>
> **2. Postulat – Konstanz der Lichtgeschwindigkeit:** In allen Inertialsystemen breitet sich Licht im Vakuum isotrop und unabhängig von der momentanen Bewegung der Lichtquelle mit der Geschwindigkeit $c = 2{,}997\,924\,58 \cdot 10^8$ m/s $\approx 300\,000$ km/s aus.

Die beiden Prinzipien folgen nicht zwingend aus den Beobachtungen. „Zu den elementaren Gesetzen führt kein logischer Weg", sagt EINSTEIN, „sondern nur die auf Einfühlung in die Erfahrung sich stützende Intuition." Die beiden Prinzipien können nicht als die einzig möglichen und richtigen bewiesen werden. Um die Theorie zu bestätigen, werden auf deduktivem Wege Folgerungen aus den Prinzipien hergeleitet und diese experimentell überprüft. Bisher wurden alle Vorhersagen durch das Experiment bestätigt.

Die Konstanz der Lichtgeschwindigkeit besagt, dass sich eine elektromagnetische Welle in jedem Inertialsystem im Vakuum mit der Geschwindigkeit c ausbreitet. Nach der Galilei-Transformation kann in der klassischen Mechanik nur eine unendlich große Geschwindigkeit in jedem Bezugssystem den gleichen, nämlich unendlich großen Wert besitzen. Relativistisch übernimmt offenbar die *endliche* Lichtgeschwindigkeit c die Rolle einer in der klassischen Physik *unendlich* großen Geschwindigkeit. Dies bedeutet, dass in der Relativitätstheorie Geschwindigkeiten auf das Intervall von null bis zur Lichtgeschwindigkeit c beschränkt sind. Oberhalb der Lichtgeschwindigkeit c gibt es keine Geschwindigkeit eines Körpers oder eines Signals. Die Addition von Geschwindigkeiten wird dies bestätigen (→ 9.2.8).

> Die Lichtgeschwindigkeit ist eine obere Grenze. Kein Körper, keine Wirkung und kein Signal können schneller als das Licht sein.

Aufgaben

1. Entscheiden Sie, ob nach der Äthertheorie ein Radiosignal von Amerika nach Europa am Tag früher oder später als bei Nacht einträfe.
2. Erörtern Sie, was sich nach der Äthertheorie bei EINSTEINS Gedankenexperiment mit dem Handspiegel ergäbe.

Exkurs

Das Michelson-Experiment – Abschied von der Äthervorstellung

Kohärentes Licht fällt auf einen halbdurchlässigen Spiegel, der es in zwei zueinander senkrechte Teilbündel aufspaltet. Das Licht beider Bündel läuft zu Spiegeln, wird dort reflektiert und kehrt zurück. Der halbdurchlässige Spiegel lenkt beide Bündel zum Teil in ein Fernrohr, wo ihre Interferenz beobachtet wird (→ 7.3.9). Das Interferometer ist so ausgerichtet, dass das Licht des einen Bündels parallel, das des anderen senkrecht zur Bewegung der Erde um die Sonne läuft. Wegen dieser Bewegung mit der Geschwindigkeit $v = 30$ km/s durch den Äther sollte auf der Erde die Geschwindigkeit des Lichts in Richtung der Erdbewegung $(c - v)$ und in Gegenrichtung $(c + v)$ sein. Senkrecht zur Erdbewegung folgt aus der Vektoraddition von c und v die Geschwindigkeit $\sqrt{c^2 - v^2}$.

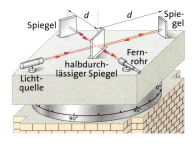

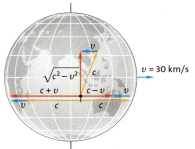

Trotz gleicher Länge d der Spektrometerarme ergeben sich damit unterschiedliche Laufzeiten t_{par} und t_{senk}:

$$t_{\text{par}} = \frac{d}{c-v} + \frac{d}{c+v} = \frac{2\,d\,c}{c^2 - v^2}$$
$$= \frac{2\,d}{c} \cdot \frac{1}{1 - v^2/c^2}$$
$$t_{\text{senk}} = \frac{2\,d}{\sqrt{c^2 - v^2}} = \frac{2\,d}{c} \cdot \frac{1}{\sqrt{1 - v^2/c^2}}$$

Aus beiden Gleichungen folgt

$$t_{\text{senk}} = t_{\text{par}} \sqrt{1 - v^2/c^2}\,.$$

Bei der Drehung des Interferometers um 90° werden die beiden Arme des Interferometers vertauscht und der Laufzeitunterschied sollte zu einer Verschiebung der beobachteten Interferenzstreifen führen. Doch es war kein Effekt zu erkennen, auch nicht bei wiederholten Versuchen an anderen Orten. Das Scheitern der Versuche bestätigte EINSTEIN in der Annahme, dass es keinen Äther gebe.

9.2 Relativistische Kinematik

Aus den Relativitätspostulaten ergeben sich Folgerungen, die den Alltagserfahrungen zu widersprechen scheinen, von Experimenten aber bestätigt werden.

9.2.1 Die relative Gleichzeitigkeit

In der klassischen Physik stand außer Frage, was Gleichzeitigkeit bedeutet. Auch dann, wenn zwei Ereignisse an weit voneinander entfernten Orten stattfinden und nicht unmittelbar entschieden werden kann, ob ein Ereignis vor oder nach dem anderen eintritt, war klar, wie zu verfahren war: Es waren nur an beiden Orten auf synchron gehenden Uhren die zugehörigen Zeiten abzulesen. Aber wie werden Uhren an verschiedenen Orten synchronisiert? Synchronisieren bedeutet, Uhren auf gleichen Stand zu bringen. EINSTEIN erkannte, dass in der klassischen Physik eine Vorschrift fehlte, wie zu verfahren sei. Gestützt auf das Prinzip von der Konstanz der Lichtgeschwindigkeit legte EINSTEIN das folgende Verfahren fest (**Abb. 352.1**).

> **Einstein-Synchronisation:** Zwei Uhren an verschiedenen Orten werden synchronisiert, indem von ihrer geometrischen Mitte zwei Lichtsignale gleichzeitig ausgesendet werden, die bei ihrer Ankunft die Uhren in Gang setzen.

Gleichwertig zur Einstein-Synchronisation ist ein bei der Synchronisation der Atomuhren des GPS (→ Exkurs) angewandtes Verfahren. Eine Uhr erhält von einer anderen Uhr ein Funksignal, das beim Eintreffen zur ersten Uhr reflektiert wird. Wegen der Konstanz der Lichtgeschwindigkeit ergibt sich der Zeitpunkt des Eintreffens aus der halben Gesamtlaufzeit.

Gedankenexperiment: Zwei Raketen bewegen sich mit halber Lichtgeschwindigkeit aneinander vorbei, d. h. von jeder Rakete aus gesehen bewegt sich die andere mit der Relativgeschwindigkeit $v = c/2$ (**Abb. 352.2**). Im Bug und im Heck einer jeden Rakete befindet sich je eine Uhr. Die Aufgabe soll darin bestehen, die vier Uhren A, B, C und D zu synchronisieren. Nach der Einstein-Synchronisation wird in dem Augenblick, in dem die beiden Raketenmitten aneinander vorbeifliegen, eine dort befindliche Blitzlampe gezündet. Die Lichtsignale laufen zu den gleich weit entfernten Raketenenden und setzen die Uhren in Gang.

Wird der Ablauf aus Sicht der *unteren* Rakete betrachtet (**Abb. 352.2 a**), so läuft die Uhr B im Heck der oberen Rakete auf das Lichtsignal zu und wird daher zuerst in Gang gesetzt, während die davoneilende Uhr A in der

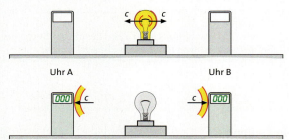

352.1 Nach der Einstein-Synchronisation werden zwei Uhren gleichzeitig von zwei Lichtsignalen in Gang gesetzt, wenn die beiden Signale zugleich in der Mitte gestartet werden.

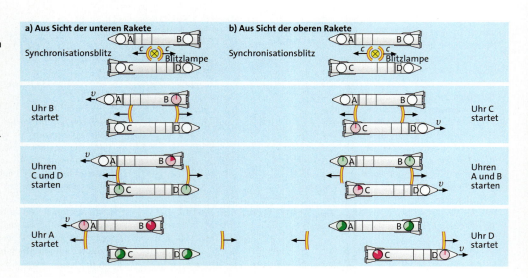

352.2 Zwei Raketen fliegen mit $v = c/2$ aneinander vorbei. Mit der Einstein-Synchronisation sollen die Uhren in den Raketen synchronisiert werden.
a) Aus Sicht der unteren Rakete werden nur die Uhren C und D synchronisiert.
b) Aus Sicht der oberen Rakete werden nur die Uhren A und B synchronisiert.

Spitze der oberen Rakete erst später von dem Lichtsignal eingeholt wird. Dazwischen werden die beiden Uhren C und D in der unteren Rakete gleichzeitig erreicht und synchron gestartet. Aus Sicht der *oberen* Rakete ergibt sich ein anderes Bild.
Die untere Rakete fliegt davon und die Uhren C und D werden zu verschiedenen Zeiten gestartet, während die oberen Uhren A und B synchron in Gang gesetzt werden (**Abb. 352.2 b**).

Ergebnis: Die vier Uhren A, B, C und D können *nicht zusammen* synchronisiert werden. Aus Sicht der Uhren A und B gehen A und B synchron, C und D werden nicht synchron in Gang gesetzt. Aus Sicht der Uhren C und D ist es umgekehrt, C und D gehen synchron, A und B dagegen nicht. Was gleichzeitig ist, gilt demnach nicht absolut, sondern hängt vom Inertialsystem ab, auf das Bezug genommen wird. ◂

Uhren, die in y- oder z-Richtung hintereinander aufgestellt sind – also senkrecht zur Bewegungsrichtung –, gehen hingegen in jedem Inertialsystem synchron. In **Abb. 353.1 a** werden vier Uhren A, B, C, D in einem System I′ von Lichtsignalen synchronisiert, die gleichzeitig von der geometrischen Mitte ausgesandt wurden. Aus Sicht eines Systems I, in dem sich I′ mit der Geschwindigkeit v in x-Richtung bewegt, werden die Uhren A und B *nicht* synchron in Gang gesetzt, wohl aber die Uhren C und D, da sie gleichzeitig von den in I schräg verlaufenden Lichtsignalen erreicht werden (**Abb. 353.1 b**). Gleichzeitigkeit ist also nur in der Bewegungsrichtung zweier Inertialsysteme relativ.

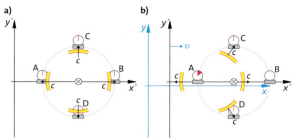

353.1 a) Im System I′ werden die Uhren A, B, C, D synchronisiert. **b)** Aus Sicht des Systems I, in dem sich I′ mit v bewegt, werden die Uhren A und B nicht synchron in Gang gesetzt, wohl aber die Uhren C und D.

Relativität der Gleichzeitigkeit: Sind zwei Ereignisse E_1 und E_2, die verschiedene x-Koordinaten x_1 und x_2 in einem System I haben, in diesem System *gleichzeitig*, so sind sie in einem anderen, relativ zum ersten in x-Richtung bewegten System I′ *nicht gleichzeitig*. Haben die Ereignisse jedoch gleiche x-Koordinaten, aber verschiedene y- oder z-Koordinaten, so sind die Ereignisse auch in I′ gleichzeitig, wenn sie in I gleichzeitig stattfinden.

Aufgaben

1. Ein Blitz schlägt in das vordere und einer in das hintere Ende eines Zuges. Ein Reisender in der Mitte des Zuges und ein Bahnwärter draußen auf gleicher Höhe sehen die Blitze gleichzeitig einschlagen. Überlegen Sie, was beide daraus folgern.

Exkurs

Navigation mit Satelliten: Das Global Positioning System (GPS)

Seit 1993 kreisen 24 Satelliten in 20 000 km Höhe um die Erde und bilden zusammen mit Bodenstationen das Navigationssystem GPS, das von Flugzeugen, Schiffen und Kraftfahrzeugen genutzt wird. Jeweils vier Satelliten haben eine gemeinsame Umlaufbahn, sodass es sechs verschiedene Umlaufbahnen gibt. Alle Bahnen sind um 55° gegenüber dem Äquator geneigt und um jeweils 60° längs des Äquators gegeneinander versetzt. An Bord eines jeden Satelliten befinden sich hochpräzise Atomuhren, deren Synchronisation ständig per Funk überwacht wird. Alle 24 Satelliten senden nach jeweils einer Millisekunde codierte Funksignale auf der Frequenz 1,6 GHz (λ = 19 cm), die neben der Kennung des jeweiligen Satelliten die

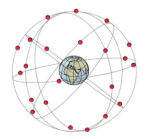

aktuellen Bahnparameter und die exakte Zeit der Signalaussendung enthalten. Das Satellitensystem ist so aufgebaut, dass bei freier Sicht zu jeder Zeit und an jedem Ort der Erde die Signale von mindestens vier Satelliten empfangen werden können. Ein Empfänger kann aus der Laufzeit der vier Signale die momentane Position nach Länge, Breite und Höhe auf 7 m genau berechnen. Notwendig wäre zur Ortsbestimmung eigentlich nur der Empfang von drei Satelliten. Dann müsste der Empfänger aber selbst eine hochpräzise Atomuhr besitzen. Das ist jedoch nicht notwendig, denn das vierte Signal liefert die genaue Zeitkoordinate, mit der der Empfänger eine einfache Quarzuhr synchronisiert.

Relativistische Kinematik

9.2.2 Die Zeitdilatation

Die Relativität der Gleichzeitigkeit lässt die Vorstellung von einer absoluten Zeit nicht mehr gelten. Die folgenden Überlegungen werden darüber hinaus zeigen, dass ein und derselbe Vorgang unterschiedlich lange dauert, wenn er aus verschiedenen, relativ zueinander bewegten Bezugssystemen gemessen wird.

Um den grundsätzlichen Zusammenhang herzuleiten, soll eine **Lichtuhr** erfunden werden, bei der als Taktgeber ein Lichtsignal dient, das ständig zwischen zwei Spiegeln hin und her reflektiert wird (**Abb. 355.1**). Jedesmal wenn das Lichtsignal an einem Spiegel ankommt, soll die Anzeige eines Zählers um eine Einheit weiterspringen. Beträgt der Abstand der beiden Spiegel $l = 30$ cm, hat die Uhr eine Nanosekunde als Zeiteinheit:

$$\Delta t = l/c = 0,3 \text{ m}/(3 \cdot 10^8 \text{ m/s}) = 1 \cdot 10^{-9} \text{ s} = 1 \text{ ns}$$

Der besondere Vorteil der Lichtuhr besteht für uns darin, dass wir ihren Gang auch dann verfolgen können, wenn sie sich bewegt: Nach dem Prinzip von der Konstanz der Lichtgeschwindigkeit bewegt sich nämlich der Taktgeber, also das Lichtsignal, immer mit der konstanten Geschwindigkeit c.

Gedankenexperiment mit Lichtuhren: Der Gang einer bewegten Lichtuhr C soll beobachtet werden. Dazu werden zwei *synchronisierte* Uhren A und B aufgestellt, an denen sich die Uhr C mit der Geschwindigkeit v vorbeibewegt. Kommt C an A vorbei, so soll C gestartet werden. Die Anzeige der Uhren A und B betrage in diesem Moment gerade 100 ns. Läuft C an B vorbei, so wird C gestoppt. Im Beispiel soll angenommen werden, dass der Abstand der Uhren A und B und die Geschwindigkeit v gerade so groß seien, dass zwischen Start und Stopp das Licht die synchronisierten Uhren gerade *viermal* durchläuft, A und B beim Stopp also 104 ns anzeigen. Die synchronisierten Uhren A und B messen die Zeitspanne Δt_R für den Vorgang „C läuft von A nach B" zu $\Delta t_R = 4$ ns. Welche Zeitspanne Δt misst die Uhr C für denselben Vorgang „C läuft von A nach B"?

Ohne Rechnung kann mit **Abb. 355.1** verstanden werden, dass das *schräg* laufende Lichtsignal der Uhr C diese *weniger* als viermal durchläuft. Uhr C zeigt daher für den Vorgang zwischen Start und Stopp eine kleinere Zeitspanne an: $\Delta t < \Delta t_R$. Die einzelne *bewegte* Uhr C geht daher langsamer als die synchronisierten Uhren A und B. ◄

Eigentlich haben die Begriffe *bewegt* und *ruhend* in der Relativitätstheorie ihren Sinn verloren, da ein bewegtes System auch als ruhend und ein ruhendes als bewegt angesehen werden kann: Entscheidend ist nur die Relativbewegung. Da die beiden Begriffe aber dennoch weiterhin verwendet werden, muss erklärt werden, was damit gemeint ist. Als *ruhend* wird das Inertialsystem bezeichnet, in dem die zur Zeitmessung aufgestellten *synchronisierten Uhren* auch als synchron gehend angesehen werden. Dieses System ist dadurch vor anderen bewegten Inertialsystemen ausgezeichnet, in denen die Uhren – obwohl in ihrem System synchronisiert – aus Sicht des *ruhenden Systems nicht mehr synchron* gehen können (→ 9.2.1). Da eine in diesem Sinne *bewegte* Uhr nicht mit anderen Uhren synchronisiert ist, können mit ihr nur Zeitspannen zwischen Ereignissen gemessen werden, die am Ort der Uhr stattfinden. Im Gedankenexperiment wurde Δt allein von der bewegten Uhr C angezeigt. Die von einer bewegten Uhr gemessene Zeitspanne wird als **Eigenzeit** bezeichnet. Ausführlich kann daher formuliert werden:

> Die von einer *bewegten* Uhr gemessene Eigenzeit Δt ist kleiner als die von *ruhenden* synchronisierten Uhren gemessene Zeit Δt_R für denselben Vorgang.

In **Abb. 355.1** wird angenommen, dass die Geschwindigkeit v der Uhr C gerade so groß sei, dass das schräg laufende Lichtsignal die bewegte Uhr zweimal durchläuft, während die ruhenden Uhren A und B viermal durchlaufen werden. Der Zusammenhang zwischen der Eigenzeit Δt der bewegten Uhr C und der von den ruhenden Uhren A und B gemessenen Zeitspanne Δt_R ergibt sich aus dem rechtwinkligen Dreieck in **Abb. 355.1**. Das Dreieck stellt *einen* Ablauf des Lichtsignals in der Uhr C aus Sicht der ruhenden Uhren A und B dar: Während der Eigenzeit Δt durchläuft das Licht die Uhr C von oben nach unten und durchmisst deren Länge $l = c \, \Delta t$ (vertikale Kathete). Währenddessen vergeht für die Uhren A und B die Zeitspanne Δt_R. Für diese Uhren legt das Licht in der Uhr C den schrägen Weg, also die Hypotenuse $c \, \Delta t_R$ zurück. Außerdem bewegt sich während der Zeitspanne Δt_R die Uhr C um die horizontale Kathete $v \, \Delta t_R$ weiter. Mit dem Satz des Pythagoras lässt sich daher folgende Gleichung aufschreiben:

$$(c \, \Delta t)^2 + (v \, \Delta t_R)^2 = (c \, \Delta t_R)^2$$

Wird diese Gleichung nach Δt aufgelöst, so folgt der gesuchte Zusammenhang für die Zeitdilatation zwischen der Eigenzeit Δt und der in einem Inertialsystem gemessenen Zeitspanne Δt_R: Aus

$$(c \, \Delta t)^2 + (v \, \Delta t_R)^2 = (c \, \Delta t_R)^2 \text{ folgt}$$

$$(c \, \Delta t)^2 = (c \, \Delta t_R)^2 - (v \, \Delta t_R)^2 \text{ und daraus}$$

$$(\Delta t)^2 = \left(1 - \frac{v^2}{c^2}\right)(\Delta t_R)^2.$$

Relativistische Kinematik

Zeitdilatation: *Synchronisierte Uhren* eines Inertialsystems I_R messen als Dauer eines Vorgangs die Zeitspanne Δt_R. *Eine Uhr*, die sich relativ zu diesem System mit der Geschwindigkeit v bewegt, misst in ihrer Eigenzeit für denselben Vorgang die kleinere Zeitspanne Δt. Es gilt der Zusammenhang

$$\Delta t = \Delta t_R \sqrt{1 - v^2/c^2}.$$

Weil die bewegte Uhr langsamer geht, spricht man von Zeitdilatation (dilatare, lat.: dehnen).

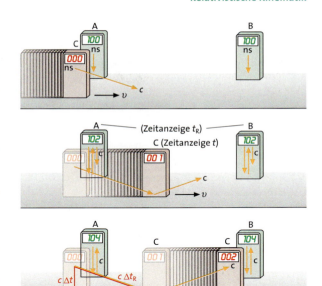

355.1 In Lichtuhren läuft ein Lichtsignal ständig auf und ab; bei jeder Umkehr springt ein Zähler um eine Zeiteinheit weiter. In den ruhenden Uhren A und B läuft das Licht auf und ab: tick, tack, tick, tack. In der bewegten Uhr C muss das Licht schräg laufen, sie geht daher langsamer: tiiick, taaack ...

Die Zeitdilatation tritt nicht nur bei den hier betrachteten Lichtuhren auf, sondern gilt für alle Uhren. Wäre das nicht so, dann hätten eine Lichtuhr und eine neben ihr aufgestellte andere Uhr unterschiedlichen Gang, wenn sie aus verschiedenen Inertialsystemen betrachtet werden. Das widerspräche dem Relativitätsprinzip, denn dann würden in verschiedenen Inertialsystemen unterschiedliche Formeln für den Zusammenhang der Zeitanzeige der beiden Uhren gelten. Weitergehend kann jeder Vorgang in der Natur als ein Maß für den Ablauf der Zeit angesehen werden. So stellen Pflanzen, Tiere und der Mensch ebenfalls Uhren dar, die aus den gleichen Gründen der Zeitdilatation unterworfen sind. Die Zeitdilatation ist daher ein allgemein geltendes Naturphänomen.

Die Analyse von Zeitmessungen muss noch vervollständigt werden. Das Gedankenexperiment mit den Lichtuhren hätte auch so durchgeführt werden können, dass die Uhr C zum zweiten Zeitvergleich nicht von A nach B läuft, sondern nachdem die Uhr C die Uhr A passiert hat, zum zweiten Zeitvergleich nach A zurückgebracht wird. Beispielsweise kann die Uhr C auf einer Kreisbahn laufen, sodass sie immer wieder an der Uhr A vorbeikommt. Es könnte der falsche Eindruck entstehen, nun würden beide Uhren nur ihre Eigenzeit messen. Richtig ist, dass die auf der Kreisbahn bewegte Uhr C die Eigenzeit Δt misst, während die Uhr A die größere Zeitspanne Δt_R anzeigt. Die Begründung ist folgende: Um zur Uhr A zurückzukehren, muss die Uhr C bei der Umkehr mindestens einmal beschleunigt werden (auf der Kreisbahn wird sie sogar ständig beschleunigt). Bei der Beschleunigung verlässt die Uhr C das Inertialsystem, in dem sie bisher ruhte, und verliert damit die Synchronisation mit den Uhren in diesem System. Die beschleunigte Uhr C kann nicht während der gesamten Messzeit mit einem Uhrensatz synchron sein. Sie ist daher die *bewegte* Uhr, die nur ihre Eigenzeit Δt misst. Anders verhält es sich mit der Uhr A: Sie ruht ständig in einem Inertialsystem und kann mit anderen Uhren dieses Systems synchron gehen. Zum fortlaufenden Zeitvergleich könnten die synchronisierten Uhren dieses Systems längs der Bahn der beschleunigten Uhr C aufgestellt werden.

> Beschleunigte Uhren können nur ihre Eigenzeit messen und gehen daher langsamer als die synchronisierten Uhren in einem Inertialsystem.

Damit löst sich das oft diskutierte *Zwillingsparadoxon*: Der eine Zwilling reist für viele Jahre durch das Universum, während der andere zurückbleibt. Wer ist nach der Rückkehr der Jüngere? Kann nicht jeder behaupten, er habe sich relativ zum anderen bewegt und sei daher weniger gealtert? *Lösung:* Der Weltraumreisende musste mehrmals sein Inertialsystem wechseln, daher ist er bewegt und nach seiner Rückkehr jünger als der ständig in einem Inertialsystem verbliebene Zwilling.

Aufgaben

1. Ein 30-jähriger Weltraumfahrer startet im Jahre 2010 zu einer Reise durch das Weltall. Seine durchschnittliche Reisegeschwindigkeit beträgt relativ zur Erde gemessen $v = \frac{40}{41} c$. Berechnen Sie, wie alt der Weltraumfahrer ist, wenn er im Jahre 2092 zurückkehrt.
2. Zwei synchronisierte Uhren A und B haben auf der Erde den Abstand Δs = 600 km. Eine Rakete fliegt mit der Geschwindigkeit $v = \frac{12}{13} c$ über die Erde hinweg und kommt erst an Uhr A, dann an Uhr B vorbei. Bei A zeigt eine Uhr in der Rakete die gleiche Zeit wie Uhr A an. Ermitteln Sie die Zeitdifferenz, welche die Raketenuhr gegenüber Uhr B anzeigt, wenn sie an dieser vorbeikommt.

Relativistische Kinematik

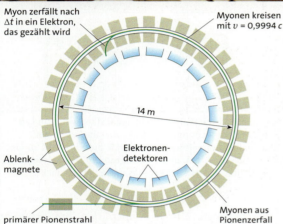

356.1 Im Myonen-Speicherring des europäischen Kernforschungszentrums CERN kreisen Myonen mit nahezu Lichtgeschwindigkeit. Beim Myonenzerfall entstehen Elektronen, die von Detektoren im Kreisinnern nachgewiesen werden.

9.2.3 Myonen im Speicherring

Myonen sind Elementarteilchen, die zusammen mit den Elektronen zur Teilchengruppe der Leptonen gehören (→ Kap. 14). Im Gegensatz zu Elektronen sind Myonen jedoch instabil. Sie zerfallen mit einer Halbwertszeit von 1,52 μs, d.h. nach dieser Zeit sind von 100 Millionen Myonen nur noch ca. 50 Millionen vorhanden, nach weiteren 1,52 μs nur noch 25 Millionen usw.

Myonen werden im europäischen Kernforschungszentrum CERN erzeugt, indem ein Strahl hochenergetischer Protonen auf Materie trifft. Neben vielen anderen Elementarteilchen entstehen dabei auch Myonen mit großer Geschwindigkeit. In dem betrachteten Experiment werden Myonen mit der Geschwindigkeit $v = 0{,}9994\,c$ herausgefiltert und in einen Speicherring geleitet (**Abb. 356.1**). Von starken Magneten abgelenkt laufen die Myonen auf einer Kreisbahn, die einen Durchmesser von 14 m hat. Zerfällt ein Myon, so entsteht ein Elektron, das wegen seiner sehr viel geringeren Masse von dem Magnetfeld ins Kreisinnere abgelenkt und dort von einem Detektor nachgewiesen wird. So kann der Zerfall der Myonen verfolgt und daraus ihre Halbwertszeit bestimmt werden. Sie ergibt sich aus der Messkurve in **Abb. 356.2** zu 43,9 μs.

Die Zeitdilatation erklärt diesen Effekt: Die auf der Kreisbahn beschleunigten und damit *bewegten* Myonen zerfallen in der *Eigen*-Halbwertszeit $\Delta t = 1{,}52$ μs. Die Uhren, die diese Zerfallszeit messen, ruhen in einem Inertialsystem, dem Laborsystem, und messen daher die größere Halbwertszeit $\Delta t_R = 43{,}9$ μs. Die Formel für die Zeitdilatation bestätigt dies exakt:

$$\Delta t = \Delta t_R \sqrt{1 - v^2/c^2} = 43{,}9\ \mu s \sqrt{1 - 0{,}9994^2} = 1{,}52\ \mu s$$

Dieses mit großem Aufwand bei CERN durchgeführte Experiment hat die Zeitdilatation mit einer Genauigkeit von einem Promille bestätigt. Es ist damit der genaueste Test der Theorie.

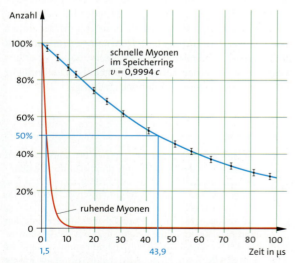

356.2 Zerfallskurven von ruhenden und von schnellen Myonen. Während die Halbwertszeit von ruhenden Myonen nur 1,52 μs beträgt, wird die Halbwertszeit der im Speicherring mit 0,9994 c kreisenden Myonen zu 43,9 μs gemessen.

Aufgaben

1. Ermitteln Sie die Lebensdauer von Myonen, wenn sie mit derselben Geschwindigkeit $v = 0{,}999\,999\,997\,c$ im Ring kreisen würden wie Elektronen im Deutschen Elektronensynchrotron (DESY) in Hamburg.
2. Nehmen Sie an, Myonen hätten eine Lebenserwartung, die ähnlich der der Menschen etwa 70 Jahre betragen würde. Berechnen Sie die Zeit Δt, während der die Myonen dann im Speicherring bei $v = 0{,}9994\,c$ kreisen könnten.
3. Berechnen Sie die Geschwindigkeit v, mit der ein Elementarteilchen fliegen muss, damit sich seine Halbwertszeit verdoppelt.

Relativistische Kinematik

Exkurs

Das Hafele-Keating-Experiment (Atomuhren messen erstmals die Zeitdilatation)

1971 erfuhr die Weltöffentlichkeit durch einen Bericht der amerikanischen Zeitschrift TIME vom 18.10.71 von einem spektakulären Experiment, das die amerikanischen Physiker HAFELE und KEATING durchgeführt hatten. Sie waren mit Atomuhren ausgestattet in Linienmaschinen rund um die Welt geflogen und verglichen bei ihrer Ankunft am Ausgangsort die Zeitanzeige der mitgereisten Uhrengruppe mit der Anzeige einer am Boden verbliebenen Uhrengruppe. Damit war es ihnen gelungen, die Zeitdilatation mit makroskopischen Uhren zu messen.

Ein Flug um die Erde dauert etwa zwei Tage. Das hat zur Folge, dass bei der Berechnung der Zeit nicht angenommen werden kann, die Uhren am Boden würden in einem Inertialsystem ruhen. Sie bewegen sich mit der Erdrotation auf einer Kreisbahn und sind damit ebenso bewegt wie die im Flugzeug um die Erde kreisenden Uhren. Der Gang beider Uhrengruppen muss daher in einem System betrachtet werden, das sich mit der Erde um die Sonne bewegt. Während des zwei Tage dauernden Fluges kann dieses System I in guter Näherung als Inertialsystem angesehen werden, da es sich fast nur geradeaus bewegt. Die Uhrengruppe am Boden (A) hat in diesem System die Geschwindigkeit $v_A = 40\,000$ km/24 h $= 1667$ km/h.

Im System I hat das Flugzeug bei Ostflug eine andere Geschwindigkeit als bei Westflug: Angenommen seine Geschwindigkeit über Grund sei $v = 800$ km/h. Bei einem Ostflug, wenn es *mit* der Erddrehung fliegt, ist diese Geschwindigkeit zu der Äquatorgeschwindigkeit zu addieren. Für die Uhrengruppe im Flugzeug (B) erhalten wir

$v_{B(Ost)} = (1667 + 800)$ km/h
$= 2467$ km/h.

Bei einem Westflug, wenn das Flugzeug *entgegen* der Erddrehung fliegt, sind die Geschwindigkeiten zu subtrahieren. Es ist
$v_{B(West)} = (1667 - 800)$ km/h $= 867$ km/h.

Beim Ostflug sind also die Uhren im Flugzeug *schneller* als die am Boden und gehen daher *langsamer* als diese. Beim Westflug ist es gerade umgekehrt! HAFELE und KEATING hatten dies erkannt und waren zweimal um die Erde geflogen – einmal in östlicher und einmal in westlicher Richtung.

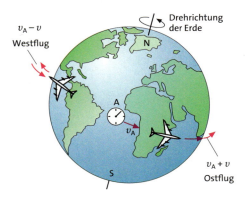

Welche Zeitdifferenz $\Delta t = t_B - t_A$ ergibt sich aus den Anzeigen der Uhren im Flugzeug (t_B) und denen am Boden (t_A)? Beide Uhrengruppen sind bewegt und gehen daher langsamer als Uhren, die im Inertialsystem I die Zeit t_R messen. Mit der Formel für die Zeitdilatation folgt (→ 9.2.2):

$$t_{A;B} = t_R \sqrt{1 - v_{A;B}^2/c^2}$$

Es ist $v_{A;B} \ll c$. Daher kann folgende Näherung für $|x| \ll 1$ angewandt werden:

$$\sqrt{1+x} = (1+x)^{\frac{1}{2}} \approx 1 + \frac{1}{2}x$$

Es folgt die vereinfachte Gleichung

$$t_{A;B} = t_R\left(1 - \frac{v_{A;B}^2}{2c^2}\right).$$

Die gesuchte Zeitdifferenz $\Delta t = t_B - t_A$ lässt sich nun einfach berechnen:

$$\Delta t = t_B - t_A = t_R \frac{v_A^2 - v_B^2}{2c^2}$$

Hierbei ist t_R die Versuchsdauer, die von allen Uhren praktisch gleich gemessen wird:

$$t_R = 40\,000 \text{ km}/800 \text{ km/h}$$
$$= 50 \text{ h} \approx 2 \text{ Tage}$$

Mit den vereinfacht angenommenen Versuchsdaten ergeben sich die Zeitdifferenzen für Ost- bzw. Westflug zu:

$\Delta t_{Ost} = (t_B - t_A)_{Ost}$
$= -255$ ns ($t_B < t_A$)
$\Delta t_{West} = (t_B - t_A)_{West}$
$= +156$ ns ($t_B > t_A$)

Anhand der Flugdaten berechneten HAFELE und KEATING die folgenden Werte:

$\Delta t_{Ost} = (-236 \pm 23)$ ns und
$\Delta t_{West} = (+79 \pm 21)$ ns

Die *experimentellen* Ergebnisse aus den Mittelwerten von jeweils vier Atomuhren pro Gruppe lauteten:

$\Delta t_{Ost} = (-255 \pm 10)$ ns und
$\Delta t_{West} = (+77 \pm 7)$ ns

Mit *echten* Uhren hatten HAFELE und KEATING die Vorhersagen der Relativitätstheorie überzeugend bestätigt.

Anmerkung: Außer dem relativistischen Zeiteffekt der Geschwindigkeit gibt es noch eine Zeitdilatation aufgrund der Gravitation (→ 9.3). Das hat zur Folge, dass die Uhren sowohl bei Ost- als auch bei Westflug im Flugzeug etwa 200 ns mehr anzeigten als die am Boden.

Bei dem Navigationssystem GPS (→ S. 353) müssen beide relativistischen Zeiteffekte berücksichtigt werden. Die Relativität hat damit Einzug in den Alltag gehalten.

9.2.4 Die Längenkontraktion

Trifft die aus dem Weltall kommende primäre Höhenstrahlung – es sind vornehmlich energiereiche Protonen – auf die obersten Schichten der Atmosphäre, so entstehen in 20 km Höhe neben vielen anderen Elementarteilchen auch Myonen in großer Zahl. Diese fliegen mit nahezu Lichtgeschwindigkeit zur Erdoberfläche, wo sie nachgewiesen werden. Ohne Relativitätstheorie wäre nicht zu verstehen, dass Myonen in großer Zahl am Boden ankommen: Auch wenn die Myonen fast mit Lichtgeschwindigkeit zur Erde fliegen, sollten wegen der Halbwertszeit von $t_H = 1{,}52$ μs bereits nach

$$s = c\, t_H = 3 \cdot 10^8 \text{ m/s} \cdot 1{,}52 \cdot 10^{-6} \text{ s} = 456 \text{ m}$$

ca. die Hälfte der Myonen zerfallen sein, nach weiteren 456 m wiederum die Hälfte usw. Demnach sollten von 10^{15} Myonen in 20 km Höhe nur etwa 40 an der Erdoberfläche ankommen; tatsächlich sind es aber $4 \cdot 10^{13}$. Dies ergaben Messungen an natürlichen Myonen, die eine Geschwindigkeit von $0{,}994\,c$ hatten: Die Verlängerung der Halbwertszeit aufgrund der Zeitdilatation erklärt das Vorkommen der Myonen an der Erdoberfläche (→ 9.2.3). Wie aber kann der Effekt aus der Sicht des Ruhesystems der Myonen verstanden werden?

Die Myonen zerfallen nach der Eigen-Halbwertszeit von 1,52 μs. Da $c \cdot 1{,}52$ μs $= 456$ m ist, sollte die Zeit nicht ausreichen, um bis zur Erde zu gelangen. Die Relativitätstheorie erklärt dies mit einem zur Zeitdilatation komplementären Effekt: Die an den Myonen mit nahezu Lichtgeschwindigkeit vorbeifliegende Erdatmosphäre ist so stark verkürzt, dass die Myonen in großer Zahl zur Erdoberfläche gelangen.

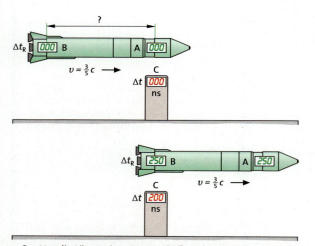

358.1 Um die Länge eines Raumschiffs zu bestimmen, wird die Zeit zum Überfliegen der Uhr C gemessen. Die Raumschiffuhren A und B messen eine andere Zeit als die Uhr C.

Die Länge eines Körpers in seiner Bewegungsrichtung ist demnach relativ, wobei der Körper in seinem Ruhesystem I′ die größte Länge hat. Sie heißt **Eigenlänge *l*.** In einem anderen, relativ zu I′ mit der Geschwindigkeit v in x-Richtung bewegten System I ist der Körper in seiner Bewegungsrichtung kontrahiert (lat. contrahere, verkürzen). Ist die Eigenlänge l parallel zur x-Achse gerichtet, so sei l_K die kontrahierte Länge im System I.

Der Zusammenhang zwischen Eigenlänge l und kontrahierter Länge l_K kann hergeleitet werden, indem die Längenmessung auf eine Zeitmessung zurückgeführt wird. Dazu befinden sich zwei synchronisierte Uhren A und B an den Enden des zu messenden Körpers und eine dritte Uhr C bewegt sich relativ zum Körper mit bekannter Geschwindigkeit v von A nach B. Dem entspricht die Messung in **Abb. 358.1**, auch wenn sich hier die zu messende Rakete relativ zur Uhr C bewegt. Gemessen wird die Zeitdifferenz der beiden Ereignisse E_1 (C bei A) und E_2 (C bei B). Die synchronisierten Uhren A und B messen im Ruhesystem der Rakete die Zeitspanne Δt_R, woraus sich die Eigenlänge zu $l = v\,\Delta t_R$ ergibt. Die Uhr C misst die kürzere Zeitspanne Δt, was zur kontrahierten Länge $l_K = v\,\Delta t$ führt. Eingesetzt in die Gleichung für die Zeitdilatation (→ 9.2.2)

$$\Delta t = \Delta t_R \sqrt{1 - v^2/c^2}$$

ergibt sich die Formel für die Längenkontraktion:

> **Längenkontraktion:** Die Eigenlänge l im Ruhesystem eines Körpers wird in einem anderen Inertialsystem I_K, das sich in der Längsrichtung des Körpers mit der Relativgeschwindigkeit v bewegt, als kontrahierte Länge l_K gemessen. Es gilt die Beziehung
>
> $l_K = l\sqrt{1 - v^2/c^2}$.

Senkrecht zur Bewegungsrichtung tritt keine Kontraktion auf, da Gleichzeitigkeit in y- und z-Richtung für jedes Bezugssystem gilt (→ 9.2.1).

Aufgaben

1. Berechnen Sie die Eigenlänge l und die kontrahierte Länge l_K der Rakete in **Abb. 358.1**.
2. Myonen werden in 20 km Höhe von der primären Höhenstrahlung erzeugt und fliegen mit $v = 0{,}9998\,c$ auf die Erde zu. Berechnen Sie die Ausdehnung, die die Atmosphärenschicht von 20 km für die Myonen hat.
3. Die Eroberer eines fernen Planeten besitzen einen 26 m langen Panzer, der eine Geschwindigkeit von $v = \frac{12}{13}c$ erreicht. Zu ihrer Verteidigung haben die Bewohner 13 m breite Gräben gezogen, in die der auf 10 m kontrahierte Panzer hineinfallen soll. Die Eroberer glauben hingegen, den aus ihrer Sicht auf 5 m kontrahierten Graben überfahren zu können. Diskutieren Sie dieses Problem.

9.2.5 Raum-Zeit-Diagramme

Der Mathematiker MINKOWSKI führte 1908 Weg-Zeit-Diagramme – ähnlich wie in der Mechanik – auch in die Relativitätstheorie ein, um die relativistische Kinematik anschaulich darstellen zu können. Zunächst werden solche Raum-Zeit-Diagramme für die klassische Kinematik betrachtet, wobei entgegen der sonst üblichen Darstellung die Zeit an der Hochachse aufgetragen ist.

Ein **Ereignis E**, das an einem bestimmten Ort zu einer bestimmten Zeit stattfindet, wird durch einen Punkt in einem Raum-Zeit- oder kurz (x, t)-Diagramm dargestellt. Zum Beispiel ist das vordere Ende des Busses in **Abb. 359.1** zu jeder Zeit t an einer ganz bestimmten Stelle x. Die Bildpunkte der Ereignisse eines Körpers ergeben einen *Weg-Zeit-Graphen*, der in Minkowski-Diagrammen **Weltlinie** heißt. Als Beispiele sind in **Abb. 359.1** die Weltlinien der beiden Enden des Busses gezeichnet.

Eine Besonderheit von Minkowski-Diagrammen ist, dass in *einem* Diagramm *mehrere* Inertialsysteme untergebracht werden. Dies ist möglich, wenn außer dem üblichen rechtwinkligen Koordinatensystem auch schiefwinklige Systeme verwendet werden, bei denen die Achsen einen spitzen oder stumpfen Winkel einschließen. In **Abb. 359.1** sind außer dem rechtwinkligen (x, t)-System ein spitzwinkliges (x', t')- und ein stumpfwinkliges (x'', t'')-System gezeichnet. Das rechtwinklige (x, t)-System beschreibt eine Straße, auf der sich der Bus mit 6 m/s (nach rechts) und die Bahn mit -4 m/s (nach links) bewegen. Die Geschwindigkeiten ergeben sich aus den *Kehrwerten* der Steigungen der Weltlinien. Je langsamer sich also ein Körper bewegt, umso steiler ist seine Weltlinie. Eine Weltlinie *parallel* zur t-Achse beschreibt einen im (x, t)-System ruhenden Körper.

Damit ist auch die Frage beantwortet, was die beiden schiefwinkligen Systeme auszeichnet. Die t'-Achse ist parallel zu den Weltlinien des Busses, d. h. diese Weltlinien stellen im (x', t')-System einen ruhenden Körper dar: Das (x', t')-System ist das Ruhesystem des Busses. Entsprechend ist das (x'', t'')-System das Ruhesystem der Bahn. Zu beachten ist, dass in schiefwinkligen Systemen die Koordinaten mithilfe von *Parallelen zu den Achsen* abgelesen werden. In **Abb. 359.1** folgen im Ruhesystem des Busses mit Parallelen zur t'-Achse die konstanten Koordinaten $x' = 5$ m für das hintere Ende und $x' = 20$ m für das vordere Ende.

In einem schiefwinkligen Koordinatensystem liegen demnach ortsgleiche Ereignisse auf einer Parallelen zur Zeitachse. Entsprechend liegen zeitgleiche Ereignisse auf einer Parallelen zur Ortsachse. In **Abb. 359.1** sind die drei Ortsachsen parallel (zur Vereinfachung haben sie alle den gleichen Ursprung und liegen daher sogar aufeinander). Dies ist eine Folge der in der klassischen Physik geltenden absoluten Zeit und wird sich in den relativistischen Diagrammen ändern.

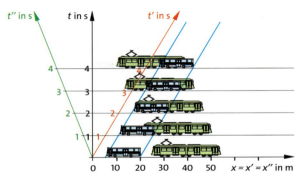

359.1 Die Bewegungen einer Straßenbahn und eines Busses aus der Sicht von drei Inertialsystemen. Eingezeichnet sind die Weltlinien des vorderen und hinteren Endes des Busses. Die drei Zeitachsen sind die Weltlinien der jeweiligen Koordinatenursprünge.

> Ereignisse werden durch Bildpunkte in Raum-Zeit-Diagrammen dargestellt. Die Menge der Bildpunkte der Ereignisse eines Körpers ergibt dessen Weltlinie. In schiefwinkligen Diagrammen liegen ebenso wie in rechtwinkligen Diagrammen die Bildpunkte zeitgleicher Ereignisse auf einer Parallelen zur Ortsachse, die von ortsgleichen Ereignissen auf einer Parallelen zur Zeitachse.

Aufgaben

1. Lesen Sie für das Ereignis „Das vordere Ende des Busses befindet sich in der Mitte der Straßenbahn" in **Abb. 359.1** die Koordinaten in allen drei Bezugssystemen ab.
2. Bestimmen Sie in **Abb. 359.1** im Ruhesystem des Busses die Geschwindigkeit der Bahn und im Ruhesystem der Bahn die des Busses.
3. Ein Motorbootfahrer (Geschwindigkeit des Bootes 200 m/min) startet am Bootshaus H (250 m | 0 min) zu einer Fahrt stromaufwärts (Strömungsgeschwindigkeit des Flusses 50 m/min). Nach einer Minute bemerkt er, dass eine halb volle Flasche über Bord gefallen ist. Er kehrt um und holt die Flasche 100 m unterhalb des Bootshauses ein. Kurz nach dem Wenden war ihm für eine halbe Minute der Motor ausgefallen, und am Bootshaus musste er 38 Sekunden wegen einer Fähre anhalten. Wann und wo fiel die Flasche über Bord? Zeichnen Sie ein rechtwinkliges Koordinatensystem für das Inertialsystem „Ufer" und ein schiefwinkliges Koordinatensystem für das System „Fluss".

Relativistische Kinematik

9.2.6 Minkowski-Diagramme

Welche Änderungen ergeben sich beim Übergang von den klassischen Raum-Zeit-Diagrammen (→ 9.2.5) zu den relativistischen Minkowski-Diagrammen?

Die Einheiten

Als Einheit der Zeitachse wird in der Regel die Sekunde (1 s) verwendet. Die Einheit für die Ortsachse ergibt sich dann stets aus der Länge der Strecke, die das Licht in der Zeiteinheit, hier also einer Sekunde, zurücklegt:

$\Delta x = c \cdot 1\,s = 1$ Lichtsekunde (Ls) = 300 000 km.

Außerdem ist festgelegt, dass die Zeit- und die Ortsachse stets die gleichen *Zeicheneinheiten e* erhalten – z. B. $e_t = 3$ cm/1 s und $e_x = 3$ cm/1 Ls. Damit verlaufen Weltlinien von Lichtsignalen grundsätzlich *parallel* zu den Winkelhalbierenden der Achsen (siehe hierzu die gelben Weltlinien in **Abb. 360.2**).

Die Achsen

Es sollen die Achsen in einem Raum-Zeit-Diagramm konstruiert werden, in dem *zwei* Inertialsysteme untergebracht sind. Ausgangspunkt ist ein rechtwinkliges Koordinatensystem I (x, t), in dem ein Raumschiff in x-Richtung mit $v = 0{,}6\,c$ fliegen soll (**Abb. 360.1**). Mit einer Länge von 1 Ls ist das Raumschiff zugegebenermaßen etwas groß, die Zeichnung wird dadurch aber übersichtlich. Nach einer Sekunde hat das Raumschiff den Weg $\Delta x = 0{,}6\,c \cdot 1\,s = 0{,}6$ Ls zurückgelegt. Damit können die Weltlinien von Anfang und Ende des Raumschiffs gezeichnet werden (**Abb. 360.1**). Nun wird das Ruhesystem I′ $(x′, t′)$ des Raumschiffs konstruiert. Ebenso wie in den klassischen Diagrammen des vorhergehenden Abschnitts ist die $t′$-Achse eine Ortsgleiche im Ruhesystem des Raumschiffs. Sie verläuft daher parallel zu dessen Weltlinien und kann somit wie in **Abb. 360.2** eingezeichnet werden. Für den Winkel α zwischen den beiden Zeitachsen kann aus **Abb. 360.1** abgelesen werden

$\tan \alpha = \dfrac{v \Delta t\, e_x}{\Delta t\, e_t} = \dfrac{v \cdot 3 \text{ cm/Ls}}{3 \text{ cm/s}} = \dfrac{v}{c}$ oder $\alpha = \arctan \dfrac{v}{c}$.

Nun ist die $x′$-Achse zu konstruieren. In den klassischen Diagrammen (→ **Abb. 359.1**) sind die x- und die $x′$-Achsen wegen der absolut geltenden Gleichzeitigkeit stets parallel bzw. fallen zusammen. In der Relativitätstheorie gilt Gleichzeitigkeit nur innerhalb eines Inertialsystems, sodass die beiden x-Achsen jetzt nicht mehr parallel sein werden. Um die $x′$-Achse zeichnen zu können, werden die Bildpunkte von zwei Ereignissen benötigt, die im Ruhesystem I′ des Raumschiffs *gleichzeitig* sind. Dazu wird in **Abb. 360.2** ein Lichtsignal L₁ vom Ende des Raumschiffs und ein Lichtsignal L₂ von dessen Spitze zur Raumschiffmitte ausgesandt. Wie bereits festgestellt, verlaufen die Weltlinien von Lichtsignalen parallel zu den Winkelhalbierenden. Die beiden Signale werden so abgesandt, dass sie *gleichzeitig* in der Raumschiffmitte eintreffen. Im rechtwinkligen System I kann abgelesen werden, dass das Signal L₁ *vor* dem Signal L₂ ausgesandt wird. Im Ruhesystem I′ des Raumschiffs sind die Zeitpunkte des Aussendens nach der EINSTEIN-Synchronisation hingegen *gleichzeitig*, denn die Signale treffen sich in der geometrischen Mitte (→ 9.2.1). Damit kann die $x′$-Achse durch die Bildpunkte der beiden Ereignisse „Aussenden von L₁ und L₂" gezeichnet werden.

Es lässt sich leicht einsehen, dass der Winkel α zwischen den beiden t-Achsen auch zwischen den beiden x-Achsen auftritt: Die Lichtsignale müssen wegen der Konstanz der Lichtgeschwindigkeit in beiden Systemen I und I′ Lichtgeschwindigkeit besitzen. Das ist aber nur

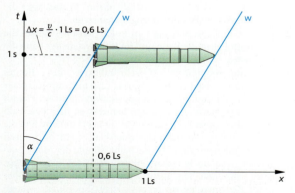

360.1 In einem rechtwinkligen Koordinatensystem I (x, t) bewegt sich ein Raumschiff – durch blaue Weltlinien dargestellt – mit der Geschwindigkeit $v = 0{,}6\,c$ nach rechts.

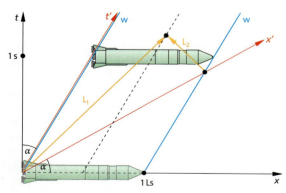

360.2 Konstruktion des spitzwinkligen Ruhesystems des Raumschiffs: Die $t′$-Achse ist parallel zu dessen Weltlinien. Die $x′$-Achse wird mit den Lichtsignalen L₁ und L₂ konstruiert.

möglich, wenn deren Weltlinien in beiden Systemen Winkelhalbierende sind (nur so legt das Licht in $t' = 1$ s die Strecke $x' = 1$ Ls zurück).

Die Relation der Zeicheneinheiten

Nach der Konstruktion der Achsen muss noch ein Zusammenhang zwischen den Zeicheneinheiten e_t' und e_x' des neuen Systems I′ und denen des alten Systems I hergeleitet werden. Auch im neuen System besteht die Forderung, dass e_t' und e_x' den gleichen Wert haben, dieser wird aber verschieden sein von dem der alten Zeicheneinheiten e.

Der Zusammenhang zwischen e und e' kann anhand der **Abb. 361.1** hergeleitet werden. Dort sind zwei Inertialsysteme gezeichnet, das rechtwinklige System I (x, t) und das spitzwinklige System I′ (x', t'), die zueinander die Relativgeschwindigkeit $v = 0{,}6\,c$ haben. Es werden drei Uhren betrachtet, von denen die beiden Uhren A und B in I ruhen, während die dritte Uhr C in I′ ruht. Eingezeichnet sind die Weltlinien der drei Uhren. Zur Zeit $t = t' = 0$ s werden die drei Uhren synchron gestartet. Während die Synchronisation der in I ruhenden Uhren A und B erhalten bleibt, geht die relativ dazu bewegte Uhr C langsamer. Nach $\Delta t = 1$ s zeigt die Uhr C erst die Zeit ($\rightarrow$ 9.2.2)

$$\Delta t' = \Delta t \sqrt{1 - v^2/c^2} = 1\,\text{s}\,\sqrt{1 - 0{,}6^2} = 0{,}8\,\text{s}$$

an. Die Uhr C ist jetzt um die Strecke z vom Ursprung entfernt. Diese Strecke z ist also noch nicht so groß wie die Zeicheneinheit e', sondern beträgt nur

$$z = e' \sqrt{1 - v^2/c^2} < e'.$$

Mit dem Satz des Pythagoras lässt sich die Strecke z durch die Zeicheneinheit e ausdrücken:

$$z^2 = e^2 + \left(\frac{v}{c}e\right)^2 \quad \text{oder} \quad z = e\sqrt{1 + v^2/c^2}$$

Wird diese Gleichung in die zuvor erhaltene eingesetzt, ergibt sich der gesuchte Zusammenhang:

$$e\sqrt{1 + v^2/c^2} = e'\sqrt{1 - v^2/c^2} \quad \text{oder}$$

$$e' = e\frac{\sqrt{1 + v^2/c^2}}{\sqrt{1 - v^2/c^2}}$$

Im Beispiel folgt für $e = 3$ cm die Einheit $e' = 4{,}37$ cm.

> **Konstruktion von Minkowski-Diagrammen:** Ist ein rechtwinkliges Koordinatensystem I (x, t) mit der Zeicheneinheit e gegeben, so wird ein spitzwinkliges System I′ (x', t'), das sich relativ zum System I mit der Geschwindigkeit v bewegt, konstruiert, indem beide Achsen um den Winkel α in Richtung der Winkelhalbierenden des 1. Quadranten gedreht und an den Achsen des neuen Systems die Zeicheneinheiten e' abgetragen werden. Für den Winkel α und die Zeicheneinheit e' gilt
>
> $$\alpha = \arctan\frac{v}{c} \quad \text{und} \quad e' = e\sqrt{\frac{1 + v^2/c^2}{1 - v^2/c^2}}.$$
>
> Bei negativen Geschwindigkeiten ist der Winkel α negativ, d. h. die Achsen werden von der Winkelhalbierenden weggedreht, sodass das Koordinatensystem stumpfwinklig wird.

Zeichnerisch kann die Einheit e' wie folgt konstruiert werden:
Auf der t-Achse wird die Zeit

$$\Delta t = 1\,\text{s}\,\sqrt{1 - v^2/c^2} = 1\,\text{s}\,\sqrt{1 - 0{,}6^2} = 0{,}8\,\text{s}$$

abgetragen. Eine Parallele zur Ortsachse x' durch diesen Punkt schneidet die t'-Achse bei $t' = 1$ s (grüne Linie in **Abb. 361.1**). Dies folgt unmittelbar aus dem für beide Systeme symmetrischen Effekt der Zeitdilatation.

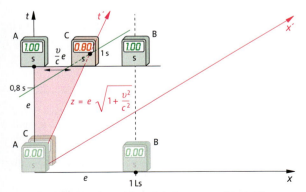

361.1 Zur Relation der Zeicheneinheiten: Im rechtwinkligen System I (x, t) ruhen die Uhren A und B, im spitzwinkligen System I′ (x', t') ruht die Uhr C.

▸ Aufgaben

1. Zeichnen Sie in einem Minkowski-Diagramm ein rechtwinkliges Koordinatensystem I und ein System I′, das sich relativ zu I mit $v = 0{,}8\,c$ bewegt. Zeigen Sie, dass aus der Sicht eines jeden Systems die Uhren im anderen System langsamer gehen. Zeigen Sie, dass auch die Lorentz-Kontraktion in diesem Sinne symmetrisch ist.

2. Zwei Raumschiffe fliegen in entgegengesetzter Richtung mit den Geschwindigkeiten $v_1 = 0{,}6\,c$ und $v_2 = 0{,}3\,c$ an der Erde vorbei. Zeichnen Sie ein Minkowski-Diagramm, in dem das Erdsystem (rechtwinklig) und die Ruhesysteme der beiden Raumschiffe eingetragen sind. Lesen Sie ab, um welchen Faktor die Uhren des einen Raumschiffs langsamer im Vergleich zu den Uhren des anderen Raumschiffs gehen. Zeigen Sie, dass der Effekt symmetrisch ist und dass die Raumschiffe um den gleichen Faktor längenkontrahiert sind.

Relativistische Kinematik

9.2.7 Die Lorentz-Transformation

Die Umwandlung der Koordinaten (x, t) eines Ereignisses E in einem System I in die Koordinaten (x', t') desselben Ereignisses in einem anderen, relativ zu I mit der Geschwindigkeit v bewegten Systems I' kann geometrisch mit einem Minkowski-Diagramm durchgeführt werden (**Abb. 362.1**). Rechnerisch gelten Gleichungen, die der niederländische Physiker Hendrik Antoon Lorentz (1853–1929) angegeben hat.

Die Lorentz-Transformationsgleichungen können aus den Minkowski-Diagrammen hergeleitet werden, wenn dort die Beziehungen zwischen *Strecken* abgelesen werden, die durch die Koordinaten (x, t) oder (x', t') eines Ereignisses E bestimmt sind. Um Strecken zu erhalten, müssen die Koordinaten mit den Zeicheneinheiten multipliziert werden: $x e_x$, $t e_t$, $x' e'_x$, $t' e'_t$. Um nicht zwischen den Zeicheneinheiten für die Ortsachse z. B. $e_x = 3$ cm/Ls und für die Zeitachse $e_t = 3$ cm/s unterscheiden zu müssen, wird für beide Achsen *dieselbe* Zeicheneinheit $e = 3$ cm/Ls verwendet. Dann sind die Zeitkoordinaten mit c zu multiplizieren, um die Länge von Strecken zu erhalten, z. B. $c t e = c \cdot 2\,\text{s} \cdot 3\,\text{cm/Ls} = 6\,\text{cm}$. Die so erhaltenen Strecken xe, cte, $x'e'$ und $ct'e'$ stellen die Koordinaten des Ereignisses E in beiden Bezugssystemen in **Abb. 362.1** dar.

Projektionen der Strecken $x'e'$ und $ct'e'$ sind mithilfe der Sinus- und Kosinusfunktion des Winkels α ausgedrückt, sodass sich ablesen lässt:

$$x e = x' e' \cos\alpha + c t' e' \sin\alpha$$

$$c t e = x' e' \sin\alpha + c t' e' \cos\alpha$$

Das sind bereits die gesuchten Gleichungen, aus denen nur noch die Zeicheneinheiten e und e' und der Winkel α zu eliminieren sind. Division beider Gleichungen durch e und Ausklammern von $e' \cos\alpha$ ergibt:

$$x = \tfrac{e'}{e} \cos\alpha \,(x' + c t' \tan\alpha)$$

$$c t = \tfrac{e'}{e} \cos\alpha \,(x' \tan\alpha + c t')$$

Mit der Gleichung ($\to$ 9.2.6)

$$\frac{e'}{e} = \frac{\sqrt{1 + v^2/c^2}}{\sqrt{1 - v^2/c^2}}$$

und der Beziehung

$$\cos\alpha = \frac{e}{e\sqrt{1 + v^2/c^2}} = \frac{1}{\sqrt{1 + v^2/c^2}}$$

aus $\to$ **Abb. 361.1** ergibt sich

$$\frac{e'}{e} \cos\alpha = \frac{\sqrt{1 + v^2/c^2}}{\sqrt{1 - v^2/c^2}} \frac{1}{\sqrt{1 + v^2/c^2}} = \frac{1}{\sqrt{1 - v^2/c^2}}.$$

Werden dieser Ausdruck und die Beziehung $\tan\alpha = v/c$, die ebenfalls aus $\to$ **Abb. 361.1** folgt, in die beiden obigen Gleichungen eingesetzt, ergeben sich die Transformationsgleichungen

$$x = \frac{x' + c t' \tfrac{v}{c}}{\sqrt{1 - v^2/c^2}} \quad \text{und} \quad c t = \frac{x' \tfrac{v}{c} + c t'}{\sqrt{1 - v^2/c^2}}.$$

Lorentz-Transformationsgleichungen

Bewegt sich ein Inertialsystem I' mit der Geschwindigkeit v relativ zu einem Inertialsystem I, so können die Koordinaten (t', x', y', z') bzw. (t, x, y, z) eines Ereignisses mit den beiden folgenden Gleichungssystemen ineinander umgerechnet werden:

$t = k\left(t' + \tfrac{v}{c^2} x'\right)$ $\qquad$ $t' = k\left(t - \tfrac{v}{c^2} x\right)$
$x = k(x' + v t')$ $\qquad$ $x' = k(x - v t)$
$y = y'$ $\qquad$ $y' = y$
$z = z'$ $\qquad$ $z' = z$

mit $k = \dfrac{1}{\sqrt{1 - v^2/c^2}}$

Senkrecht zur Bewegungsrichtung (x-Richtung) tritt keine Zeitdilatation auf, daher transformieren sich die y- und die z-Koordinaten in einfacher Weise.

Aufgaben

1. Für Geschwindigkeiten im Alltag ist $v \ll c$, sodass Terme mit $\tfrac{v}{c}$ vernachlässigt werden können. Zeigen Sie, dass damit die Lorentz-Transformation in die Galilei-Transformation der (x, t)-Diagramme in $\to$ **Abb. 359.1** übergeht.
2. Leiten Sie mit den Lorentz-Transformationsgleichungen die Formel für die Zeitdilatation her. Legen Sie zwei Ereignisse für die Ablesung einer in I bewegten, in I' ruhenden Uhr fest. Beachten Sie: Die Ablesung erfolgt in I' am gleichen Ort ($x'_1 = x'_2$), in I an verschiedenen Orten.

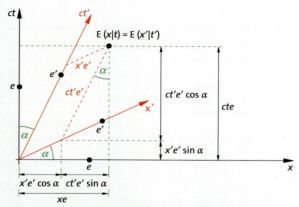

362.1 Die Koordinaten des Ereignisses E sind im System I durch die Strecken xe, cte und im System I' durch $x'e'$, $ct'e'$ dargestellt.

9.2.8 Addition der Geschwindigkeiten

Ein Elektron soll mit halber Lichtgeschwindigkeit in einem System I′ in x′-Richtung fliegen, das sich selbst mit 0,6 c relativ zu einem System I bewegt. Nach klassischer Rechnung hat das Elektron in I die Geschwindigkeit 0,5 c + 0,6 c = 1,1 c, also Überlichtgeschwindigkeit, was nach den Prinzipien der Relativitätstheorie nicht möglich ist (→ 9.1). Der angenommene Fall ist in **Abb. 363.1** in einem Minkowski-Diagramm als Weltlinie zwischen den Ereignissen E$_1$ und E$_2$ dargestellt. Im System I′ bewegt sich das Elektron während $\Delta t' = 1$ s um $\Delta x' = 0{,}5$ Ls, hat also die Geschwindigkeit $u' = \Delta x'/\Delta t' = 0{,}5$ Ls$/1$ s $= 0{,}5\, c$. Im System I ergibt die Ablesung für dieselbe Bewegung die Geschwindigkeit $u = \Delta x/\Delta t = 1{,}4$ Ls$/1{,}6$ s $\approx 0{,}9\, c$, also *keine* Überlichtgeschwindigkeit. Die relativistische Addition der Geschwindigkeiten erfolgt offensichtlich anders als in der klassischen Mechanik.

Um das entsprechende Gesetz herzuleiten, werden die Koordinaten der beiden Ereignisse E$_1$ und E$_2$ allgemein angegeben. Für die Geschwindigkeiten u im System I und u' im System I′ gilt

$$u = \frac{\Delta x}{\Delta t} = \frac{x_2 - x_1}{t_2 - t_1} \quad \text{und} \quad u' = \frac{\Delta x'}{\Delta t'} = \frac{x_2' - x_1'}{t_2' - t_1'}.$$

Mit der Lorentz-Transformation (→ 9.2.7)

$$t = k\left(t' + \frac{v}{c^2}x'\right) \qquad x = k(x' + v\,t')$$

werden die Koordinaten x_2, x_1, t_2, t_1 durch die Koordinaten x_2', x_1', t_2', t_1' ausgedrückt:

$$u = \frac{\Delta x}{\Delta t} = \frac{x_2 - x_1}{t_2 - t_1} = \frac{k(x_2' + v t_2') - k(x_1' + v t_1')}{k\left(t_2' + \frac{v x_2'}{c^2}\right) - k\left(t_1' + \frac{v x_1'}{c^2}\right)}$$

$$= \frac{(x_2' - x_1') + v(t_2' - t_1')}{(t_2' - t_1') + \frac{v}{c^2}(x_2' - x_1')}$$

Gekürzt mit $(t_2' - t_1')$ und $u' = (x_2' - x_1')/(t_2' - t_1')$ eingesetzt ergibt den gesuchten Zusammenhang

$$u = \frac{u' + v}{1 + \frac{u'v}{c^2}}.$$

Mit dieser Formel folgt für das Beispiel in **Abb. 363.1**:

$$u = \frac{u' + v}{1 + \frac{u'v}{c^2}} = \frac{0{,}5\,c + 0{,}6\,c}{1 + \frac{0{,}5\,c \cdot 0{,}6\,c}{c^2}} = 0{,}85\,c \approx 0{,}9\,c$$

Im Alltag sind die Geschwindigkeiten stets klein im Vergleich zur Lichtgeschwindigkeit. Selbst wenn $u' = v = 10\,000$ km/h ist, folgt für den Term

$$\frac{u'v}{c^2} = \frac{10\,000 \text{ km/h} \cdot 10\,000 \text{ km/h}}{(3 \cdot 10^8 \text{ m/s})^2} \approx 10^{-10}$$

ein Wert, der sehr klein im Vergleich zu 1 ist, sodass er vernachlässigt werden kann. Damit folgt die bekannte Addition der Geschwindigkeiten $u = u' + v$.

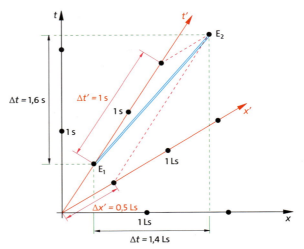

363.1 Das System I′ bewegt sich relativ zu I mit $v = 0{,}6\, c$. Für die Weltlinie zwischen den Ereignissen E$_1$ und E$_2$ folgt im System I′ die Geschwindigkeit $u' = 0{,}5\, c$. In I ergibt sich $u = 0{,}9\, c$.

Additionstheorem der Geschwindigkeiten

Bewegt sich in einem Inertialsystem I′ ein Körper in x′-Richtung mit der Geschwindigkeit u' und ist v die Relativgeschwindigkeit von I′ zu einem System I, so gilt für die Geschwindigkeit u des Körpers im System I

$$u = \frac{u' + v}{1 + \frac{u'v}{c^2}}.$$

Bei Geschwindigkeiten im Alltag ist der Term $u'v/c^2$ stets so klein, dass er vernachlässigt werden kann. Dann folgt die bekannte Geschwindigkeitsaddition der Mechanik $u = u' + v$. Die Relativitätstheorie schließt die klassische Physik als Grenzfall ein.

Die relativistische Geschwindigkeitsaddition hat sich bei allen Experimenten in den Beschleunigeranlagen der Hochenergiephysik bestätigt – gerade auch dann, wenn sich die stoßenden Teilchen mit nahezu Lichtgeschwindigkeit bewegen.

Aufgaben

1. Zeigen Sie, dass Licht, das von einem mit 0,99 c fliegenden Ion ausgesandt wird, sowohl in als auch entgegen der Flugrichtung Lichtgeschwindigkeit hat.
2. Ein radioaktiver Kern fliegt mit $v = 0{,}8\, c$ und sendet in seinem Ruhesystem Elektronen mit einer Geschwindigkeit von 0,6 c aus. Berechnen Sie die Geschwindigkeiten, die die Elektronen im Laborsystem in der Flugrichtung des Kerns und entgegen der Flugrichtung haben.

Relativistische Kinematik

9.2.9 Der optische Doppler-Effekt

Der Doppler-Effekt ist als akustischer Effekt aus dem Alltag bekannt (→ 3.3.3):

- Entfernt sich ein Sender, der eine sinusförmige Schallwelle der Frequenz f aussendet, mit der Geschwindigkeit v von einem Empfänger, so nimmt der Empfänger einen tieferen Ton wahr, dessen Frequenz f_E mit folgender Formel berechnet wird:

$$f_E = f \frac{1}{1 + v/c_S} \qquad \text{(bewegter Sender)}$$

Dabei ist c_S die Schallgeschwindigkeit.

- Entfernt sich hingegen der Empfänger mit der Geschwindigkeit v vom Sender, so lautet die Formel:

$$f_E = f(1 - v/c_S) \qquad \text{(bewegter Empfänger)}$$

Die Formeln sind verschieden, weil sich die Bewegungen von Sender bzw. Empfänger relativ zum Wellenträger, also der Luft, verschieden auswirken.

Der optische Doppler-Effekt beschreibt prinzipiell die gleiche Erscheinung, nur wird statt einer Schallwelle jetzt eine elektromagnetische Welle mit Lichtgeschwindigkeit c ausgesandt. Wiederum entfernen sich Sender und Empfänger voneinander mit der Geschwindigkeit v. Ein wesentlicher Unterschied zum akustischen Effekt besteht allerdings darin, dass es keinen Wellenträger gibt und die Geschwindigkeit der Lichtwelle relativ zum Sender oder Empfänger stets unverändert gleich c ist. Es ist gleichgültig, ob Sender oder Empfänger als bewegt angesehen werden, denn es gibt nur die Relativbewegung von Sender und Empfänger. Für den optischen Doppler-Effekt werden die beiden verschiedenen Formeln in ein und dieselbe umgewandelt, wenn jeweils für die Frequenz $f = 1/T$ die Zeitdilatation berücksichtigt wird (→ 9.2.2):

Im ersten Fall geht die Uhr des bewegten Senders langsamer, d.h. die Zeit ist gedehnt: Statt der Frequenz f wird die kleinere Frequenz $f\sqrt{1 - v^2/c^2}$ ausgesandt. Aus der Formel für den bewegten Sender folgt dann:

$$f_E = f\sqrt{1 - v^2/c^2} \, \frac{1}{1 + v/c}$$

Mit $1 - v^2/c^2 = (1 + v/c)(1 - v/c)$ folgt daraus

$$f_E = f \frac{\sqrt{(1 + v/c)(1 - v/c)}}{\sqrt{(1 + v/c)^2}} = f\sqrt{\frac{1 - v/c}{1 + v/c}}.$$

Wird der Empfänger als bewegt angesehen, so geht die Uhr des Empfängers langsamer. Er empfängt daher eine um den Faktor $1/\sqrt{1 - v^2/c^2}$ größere Frequenz. Aus der Formel für den bewegten Empfänger ergibt sich somit:

$$f_E = \frac{f}{\sqrt{1 - v^2/c^2}} (1 - v/c)$$

Mit $1 - v^2/c^2 = (1 + v/c)(1 - v/c)$ folgt auch hier

$$f_E = f \frac{\sqrt{(1 - v/c)^2}}{\sqrt{(1 - v/c)(1 + v/c)}} = f\sqrt{\frac{1 - v/c}{1 + v/c}}.$$

Optischer Doppler-Effekt: Entfernen sich Sender und Empfänger einer mit der Frequenz f ausgestrahlten elektromagnetischen Welle relativ voneinander mit der Geschwindigkeit v, so wird die kleinere Frequenz f_E empfangen. Es gilt

$$f_E = f\sqrt{\frac{1 - v/c}{1 + v/c}}.$$

Bei Annäherung ist v negativ, sodass die empfangene Frequenz f_E größer ist als die Frequenz f.

Doppler konnte den Effekt für Licht noch nicht messen, hatte ihn aber vorausgesagt, ohne zu ahnen, dass er zu einer der wichtigsten Methoden bei der Erforschung des Weltalls werden würde. 1929 entdeckte der amerikanische Astronom Hubble die mit zunehmender Entfernung größer werdende *Rotverschiebung* (**Abb. 364.1**) entfernter Galaxien (→ 15.1.4). Er deutete die beobachtete Wellenlängenänderung als Frequenzänderung aufgrund des Doppler-Effekts und schloss auf eine allgemeine Fluchtbewegung der Galaxien.

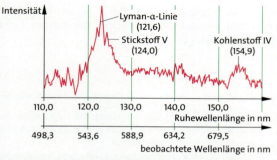

364.1 Das Spektrum des Quasars OQ172 stellt eine der höchsten Rotverschiebungen dar, die bisher beobachtet wurden. Die Lyman-α-Linie des Wasserstoffs ist von 121,6 nm im Ultravioletten bis zu einer grünen Wellenlänge von 550,8 nm verschoben.

Aufgaben

1. Die Ruhewellenlänge der Lyman-α-Linie des Wasserstoffs beträgt $\lambda = 121{,}6$ nm. Lesen Sie aus **Abb. 364.1** die im Spektrum des Quasars OQ172 beobachtete Wellenlänge λ_E der gleichen Linie ab. Lösen Sie die Formel für den Doppler-Effekt nach v/c auf und setzen Sie mit $f = c/\lambda$ die Messwerte ein. Berechnen Sie die Geschwindigkeit, mit der sich der Quasar OQ172 von der Milchstraße entfernt.

Exkurs

Die Raum-Zeit – eine absolute Größe der relativistischen Physik

In der **klassischen Physik** kommt den Begriffen Länge und Zeit eine selbstständige, voneinander unabhängige Bedeutung zu. Eine Stunde vergeht hier auf der Erde ebenso schnell wie auf irgendeinem fernen Stern. Ihre Dauer ist unabhängig davon, mit welcher Geschwindigkeit sich der Stern bewegt. Ebenso ist der Erddurchmesser für jeden Beobachter aus dem Weltraum eine absolut feststehende Größe. Seine Länge hängt nicht davon ab, ob die Erde während der Beobachtungszeit ihren Standort ändert. Mathematisch drückt sich die Bedeutung von Länge und Zeit in deren *Invarianz* gegenüber der klassischen Galilei-Transformation aus (→ 1.2.9). Als invariant (unveränderlich) wird eine physikalische Größe bezeichnet, wenn sie bei einem Wechsel des Bezugssystems ihren Wert nicht ändert.

In der **relativistischen Kinematik** bleiben dagegen Länge und Zeit bei einem Wechsel des Inertialsystems nicht erhalten. Die Veränderungen dieser Größen sind als Längenkontraktion und Zeitdilatation bekannt. Länge und Zeit kommt daher nicht mehr die gleiche Bedeutung wie in der klassischen Physik zu. An deren Stelle tritt in der relativistischen Mechanik die invariante Raum-Zeit, die 1908 von Hermann Minkowski erkannt wurde:

Als Beispiel für eine in der klassischen Physik invariante Größe wird die Länge eines Stabes in der geometrischen Ebene betrachtet (Bild oben). Bezugssysteme sind rechtwinklige Koordinatensysteme, die gegeneinander gedreht seien. Die Länge l des Stabes wird ermittelt, indem an den Achsen die Längen der Projektionen des Stabes auf die Achsen abgelesen werden. Aus den Werten Δx und Δy bzw. $\Delta x'$ und $\Delta y'$ wird die Stablänge l mit dem Satz des Pythagoras berechnet. Die Länge l ist invariant, denn in jedem Koordinatensystem ergibt sich derselbe Wert. Wird das spezielle System I″ betrachtet, in dem die y''-Achse parallel zum Stab ist, so ist dort $\Delta x'' = 0$ und die Stablänge l kann direkt an der y''-Achse abgemessen werden: $l = \Delta y''$.

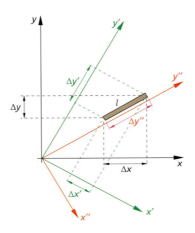

Zu einer analogen Betrachtung führt die Frage nach der *Länge l* einer Weltlinie in einem Minkowski-Diagramm (Bild unten). Als Länge einer Weltlinie wird der Abstand in Raum und Zeit zwischen zwei Ereignissen E_1 und E_2 angesehen.

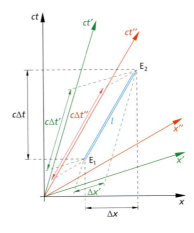

Auch hier kann das spezielle Inertialsystem I″ betrachtet werden, dessen Zeitachse parallel zur Weltlinie verläuft. Es ist das Ruhesystem der Weltlinie. An der t''-Achse wird deren Länge unmittelbar abgelesen: $l = c\,\Delta t''$. Wird eine Uhr längs dieser Weltlinie bewegt, so misst diese Uhr mit ihrer Eigenzeit $\Delta t''$ die Länge der Weltlinie:

Uhren sind Weltlinienmesser

Wie kann die Länge der Weltlinie auch in anderen Inertialsystemen I oder I′ ermittelt werden? Aus der Formel für die Zeitdilatation folgt

$$\Delta t'' = \Delta t \sqrt{1 - v^2/c^2}$$
$$= \Delta t' \sqrt{1 - v'^2/c^2}.$$

Δt und $\Delta t'$ sind die in I bzw. I′ gemessenen Zeiten für die Bewegung einer Uhr von E_1 nach E_2; v und v' sind die Geschwindigkeiten, mit denen sich I″ relativ zu I bzw. zu I′ bewegt. Die Gleichung wird mit c multipliziert und $c\,\Delta t$ sowie $c\,\Delta t'$ unter die Wurzelzeichen gebracht:

$$c\,\Delta t'' = \sqrt{(c\,\Delta t)^2 - (v\,\Delta t)^2}$$
$$= \sqrt{(c\,\Delta t')^2 - (v'\,\Delta t')^2}$$

In I bewegt sich die Uhr während Δt mit der Geschwindigkeit v um Δx weiter: Also gilt $\Delta x = v\,\Delta t$. Entsprechend gilt $\Delta x' = v'\,\Delta t'$. Dies eingesetzt, ergibt:

$$l = c\,\Delta t'' = \sqrt{(c\,\Delta t)^2 - (\Delta x)^2}$$
$$= \sqrt{(c\,\Delta t')^2 - (\Delta x')^2}$$

Dieses Ergebnis ist bemerkenswert: Die mit der Eigenzeit $\Delta t''$ ermittelte Länge $l = c\,\Delta t''$ einer Weltlinie kann auch in anderen Inertialsystemen I und I′ berechnet werden. Ebenso wie sich in der geometrischen Ebene die Stablänge mit dem Satz des Pythagoras aus den Projektionen Δy und Δx berechnen lässt, ergibt sich in Raum und Zeit die Länge l einer Weltlinie aus deren Projektionen $c\,\Delta t$ und Δx in einem Inertialsystem I. Die Berechnung von l erfolgt mit einem Satz, der bis auf das Minuszeichen identisch ist mit der Formel nach Pythagoras.

Damit ist die invariante **Raum-Zeit** gefunden: Werden Raum und Zeit nach obiger Formel zu einer Einheit zusammengefasst, so lassen sich in dieser Raum-Zeit Abstände zwischen Ereignissen angeben, die in allen Inertialsystemen den gleichen Wert haben, also *invariant* sind. Relativistisch hat der invariante *raum-zeitliche* Abstand zweier Ereignisse die gleiche Bedeutung wie die unveränderlichen Abmessungen der Gegenstände in unserer Alltagswelt.

9.3 Relativistische Dynamik

Die relativistische Dynamik behandelt auf der Grundlage der zuvor in der Kinematik entwickelten Geometrie von Raum und Zeit die Bewegung von Körpern, deren Geschwindigkeit von der Größenordnung der Lichtgeschwindigkeit ist. In → 9.3.2 wird gezeigt, wie die Gesetze der relativistischen Dynamik aus der relativistischen Kinematik folgen. Zunächst sollen aber in 9.3.1 die Gesetze der Dynamik ohne Rückgriff auf die Kinematik gestützt auf zwei Postulate hergeleitet werden. Damit ist ein direkter Zugang zu den für die Anwendungen in der Hochenergiephysik wichtigen Gesetzen der Dynamik möglich.

9.3.1 Die Gesetze der Dynamik – hergeleitet aus Postulaten

Die beiden in → 9.1 aufgestellten Relativitätspostulate sollen durch zwei neue Postulate ersetzt werden, auf die sich die Herleitung der Gesetze der Dynamik stützen wird.

> **1. Postulat:** Die Lichtgeschwindigkeit c stellt eine obere Grenze für die Geschwindigkeit v von Körpern dar.

Dieses hier aufgestellte 1. Postulat folgt in der Kinematik aus den beiden grundlegenden Relativitätspostulaten (→ 9.1). Es besagt, dass kein Körper – auch kein Elementarteilchen – auf Überlichtgeschwindigkeit beschleunigt werden kann. In den Beschleunigeranlagen der Hochenergiephysik, z.B. bei DESY in Hamburg (→ S. 241), wird dieses Ergebnis täglich im Experiment bestätigt. Schon 1974 wurde in dem 3,2 km langen Linearbeschleuniger der Stanford-Universität ein Experiment durchgeführt, bei dem Elektronen auf eine Energie von 20,5 GeV beschleunigt wurden (**Abb. 366.1**). Die Geschwindigkeit der Elektronen wurde sodann auf einer Laufstrecke von 1 km mit der eines Lichtsignals verglichen. Nach der Formel $E_{kin} = \frac{1}{2} m v^2$ der klassischen Physik hätten die Elektronen den 280-fachen Wert der Lichtgeschwindigkeit c erreichen müssen. Doch obwohl auf der Laufstrecke von 1 km noch ein Wegunterschied von 0,3 mm gegenüber dem Lichtsignal hätte nachgewiesen werden können, ergab die Messung keine Differenz der Elektronengeschwindigkeit zur Lichtgeschwindigkeit. Das Experiment bestätigt damit obiges Postulat.

Die Betrachtung des Impulses $p = m v$ wird zum 2. Postulat führen. Durch Stöße oder durch Beschleunigen in elektrischen Feldern kann der Impuls p eines Teilchens beliebig groß werden, seine Geschwindigkeit überschreitet die Lichtgeschwindigkeit c aber nicht. Dies bedeutet, dass die Masse $m = p/v$ bei Annäherung an die Lichtgeschwindigkeit c beliebig groß werden muss, sodass eine weitere Beschleunigung nicht möglich ist. Woher kommt diese Zunahme der Masse? Wie die klassische Physik zeigt, ist mit jeder Impulszunahme Δp nach der Formel $\Delta E = v \Delta p$ eine Energiezunahme ΔE verbunden (→ 1.3.2). Außer der Impulszunahme Δp und der damit verbundenen Energiezunahme ΔE erfährt das Teilchen keine weitere Veränderung. Es liegt daher nahe, die Massenzunahme Δm mit der Energiezunahme ΔE zu erklären. „Masse ist nichts anderes als Energie", formulierte EINSTEIN. Masse und Energie besitzen die gleichen Eigenschaften, nämlich träge und schwer zu sein. Energieerhaltungssatz und Massenerhaltungssatz sind identisch. Da für beide Größen bereits Maßeinheiten eingeführt sind, können sie nicht gleichgesetzt werden. Mit einem konstanten Faktor k soll daher gelten $E = k m$.

> **2. Postulat:** Energie E und Masse m sind gleichwertig. Als **Energie-Masse-Äquivalenz** gilt $E = k m$.

Aus diesem Postulat folgt, dass ein Körper nicht nur aufgrund seiner Bewegung Energie E_{kin} besitzt, sondern dass ihm bereits in Ruhe eine seiner **Ruhemasse** m_0 entsprechende **Ruheenergie** $E_0 = k m_0$ zu eigen ist. Mit zunehmender kinetischer Energie wächst die Masse m an, was als *relativistische Massenzunahme* bezeichnet wird.

Der bereits angeführte Zusammenhang zwischen Impuls- und Energiezunahme $dE = v\,dp$ kann die Massenzunahme quantitativ erklären:

366.1 Der 1960 errichtete 3,2 km lange Linearbeschleuniger für Elektronen an der Stanford-Universität in den USA.

Wird in $dE = v\,dp$ die Geschwindigkeit v durch $v = p/m$ und die Masse m durch $m = E/k$ ersetzt, so folgt

$$dE = v\,dp = \frac{p}{m}\,dp = k\frac{p}{E}\,dp.$$

Die Multiplikation mit E führt zu

$$E\,dE = k\,p\,dp.$$

Diese Gleichung kann integriert werden. Aus

$$\int E\,dE = k\int p\,dp \quad \text{folgt} \quad \tfrac{1}{2}E^2 = \tfrac{1}{2}kp^2 + C'.$$

Nach Multiplikation mit 2 und $C = 2C'$ ergibt sich

$$E^2 = kp^2 + C.$$

Die Integrationskonstante C wird bestimmt, indem $p = 0$ und $E = E_0$ gesetzt werden. Es ergibt sich $E^2 = C = E_0^2$, wobei E_0 die Ruheenergie ist. In der klassischen Physik wäre $E^2 = C = 0$, da ein Körper ohne Impuls keine Energie besitzt. Damit lautet die Beziehung zwischen dem Impuls p und der Energie E

$$E^2 = kp^2 + E_0^2.$$

Es ist noch die Konstante k zu bestimmen. Dazu werden die Energie E durch $E = km$, die Ruheenergie E_0 durch $E_0 = km_0$ und der Impuls p durch $p = mv$ ersetzt. Damit folgt

$$(km)^2 = k(mv)^2 + (km_0)^2.$$

Die Gleichung soll nach der Masse m aufgelöst werden. Nach Division durch k^2 folgt aus $m^2 = m^2 v^2/k + m_0^2$ die Gleichung

$$m = \frac{m_0}{\sqrt{1 - v^2/k}}.$$

Diese Gleichung stellt eine Beziehung zwischen der Masse m eines mit v bewegten Körpers und seiner Ruhemasse m_0 her. Für $v = 0$ ergibt sich $m = m_0$. Für immer größer werdendes v wird auch m immer größer. Wird in dem Term $\sqrt{1 - v^2/k}$ die Konstante k, die die Einheit einer Geschwindigkeit zum Quadrat haben muss, gleich c^2 gesetzt, so kann v nicht größer als c werden, da der Radikand größer als null sein muss. Dies ist in Übereinstimmung mit dem 1. Postulat. Für v gegen c wächst die Masse m über alle Grenzen. Damit ergibt sich die berühmte Gleichung

$$E = mc^2 \quad \text{mit der Masse } m = \frac{m_0}{\sqrt{1 - v^2/c^2}}.$$

In **Abb. 367.1** ist die Massenzunahme m/m_0 als Funktion der Geschwindigkeit v/c dargestellt. Eingetragen sind Messungen an schnellen Elektronen aus der β-Strahlung, mit denen BUCHERER 1908 die erste experimentelle Bestätigung der Relativitätstheorie gelang (→ 6.1.5).

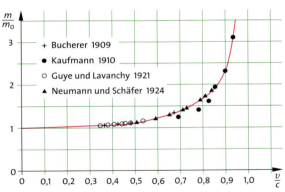

367.1 Die Massenzunahme m/m_0 als Funktion der Geschwindigkeit v/c. Zur theoretischen Kurve sind die Ergebnisse früherer Messungen eingetragen, durchgeführt an schnellen Elektronen aus der β-Strahlung.

Energie E und Masse m sind äquivalent.
Für die **Gesamtenergie E** eines Körpers oder Teilchens oder eines Systems von Teilchen gilt

$$E = mc^2 \quad \text{mit} \quad m = \frac{m_0}{\sqrt{1 - v^2/c^2}}.$$

Ein Körper mit der Ruhemasse m_0 hat die Ruheenergie $E_0 = m_0 c^2$.
Die Gesamtenergie E ist die Summe aus Ruheenergie E_0 und kinetischer Energie E_{kin}:

$$E = E_0 + E_{kin}$$

Die Zunahme an kinetischer Energie äußert sich als **relativistische Massenzunahme.**
Zwischen Gesamtenergie E und Impuls p gilt die Beziehung:

$$E^2 = c^2 p^2 + E_0^2 \quad \text{oder} \quad E^2 - c^2 p^2 = E_0^2$$

Aufgaben

1. Eis hat die spezifische Schmelzwärme $Q/m = 334$ kJ/kg. Berechnen Sie, um wie viel Nanogramm (10^{-9} g) ein Kilogramm Eis beim Schmelzen schwerer wird.

2. Die Solarkonstante $\sigma = 1{,}39$ kW/m² gibt die flächenbezogene Strahlungsleistung der Sonne an, wie sie auf der Erde in 150 Mio. km Entfernung von der Sonne gemessen wird. Berechnen Sie die gesamte Strahlungsleistung der Sonne und den dadurch bedingten Massenverlust pro Sekunde.

3. Bestimmen Sie, bei welcher Geschwindigkeit v die relativistische Massenzunahme größer als 5 % der Ruhemasse ist und bei welcher Geschwindigkeit $m = 2m_0$ ist.

4. Setzen Sie in $E_{kin} = E - E_0$ für E und E_0 die Energie-Masse-Äquivalenz ein und ersetzen Sie m durch die Formel für die relativistische Massenzunahme. Stellen Sie E_{kin} als Funktion von v/c sowohl für den hergeleiteten relativistischen Term als auch für den klassischen Term für E_{kin} dar.

9.3.2 Die Gesetze der Dynamik – hergeleitet aus der Kinematik

Es lässt sich zeigen, dass aus den im vorhergehenden Abschnitt 9.3.1 aufgestellten Postulaten die Gesetze der Kinematik hergeleitet werden können. Der klassische, von EINSTEIN aufgezeigte Weg führt aber von den in → 9.1 aufgestellten Relativitätspostulaten über die Kinematik zur Dynamik. Dieser Weg wird nun beschritten. Dabei werden die Kenntnisse aus 9.3.1 nicht verwendet.

Impuls und Massenzunahme

Gedankenexperiment: Eine Kugel wird wiederholt mit unterschiedlichen Impulsen in einen weichen Körper, z. B. aus Styropor, geschossen. Die Kugel wird umso tiefer eindringen, je größer ihr Impuls ist, sodass die Eindringtiefe d als Maß für den Impuls der Kugel kalibriert werden kann. Die Kugel soll, bevor sie einschlägt, im Ruhesystem I′ des Styroporkörpers in y'-Richtung mit der Geschwindigkeit w' die Strecke $\Delta y' = 100$ m in $\Delta t' = 4$ s durchfliegen (**Abb. 368.1**). Hat die Kugel die Masse $m' = 200$ g, so beträgt ihr Impuls

$$p' = m'\, w' = m'\, \frac{\Delta y'}{\Delta t'} = 200\text{ g} \cdot 25\text{ m/s} = 5\text{ kg m/s}.$$

Der Vorgang wird nun aus einem Inertialsystem I betrachtet, in dem sich das System I′ in x-Richtung mit der Geschwindigkeit $v = 0{,}6\,c$ bewegt. Aus Sicht dieses Systems hat die Kugel in x-Richtung die große Geschwindigkeit v. Ihre Geschwindigkeit w in y-Richtung ist aber kleiner als w' in I′: Da es in y-Richtung keine Längenkontraktion gibt (→ 9.2.4), durchfliegt sie die gleiche Strecke $\Delta y' = \Delta y = 100$ m, aber die dazu benötigte Zeit Δt ist, da die Uhren im bewegten System I′ langsamer gehen, größer als $\Delta t'$:

$$\Delta t = \frac{\Delta t'}{\sqrt{1 - v^2/c^2}} = \frac{4\text{ s}}{\sqrt{1 - 0{,}6^2}} = 5\text{ s} \qquad (\to 9.2.2)$$

Ebenso wie $\Delta y = \Delta y'$ ist auch die Eindringtiefe $d = d'$ in beiden Systemen gleich. Daher wird in I und in I′ der gleiche Impuls in y-Richtung gemessen:

$$p = p'$$

Dass die Kugel in I trotz der kleineren Geschwindigkeit w den gleichen Impuls in y-Richtung hat, kann so erklärt werden, dass die Kugel aufgrund ihrer großen Geschwindigkeit v in x-Richtung eine größere Masse besitzt.

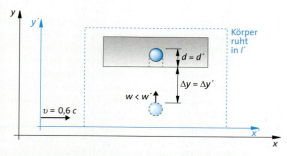

368.1 Um den Impuls p einer in y-Richtung fliegenden Kugel zu ermitteln, wird deren Eindringtiefe d in einen Körper gemessen.

Aus $p = p'$ folgt $m\, w = m'\, w'$ und daraus

$$m = m'\, \frac{w'}{w} = m'\, \frac{\Delta y'/\Delta t'}{\Delta y/\Delta t} = m'\, \frac{\Delta t}{\Delta t'} = 200\text{ g}\, \frac{5\text{ s}}{4\text{ s}} = 250\text{ g}.$$

Da die Geschwindigkeit w' der Kugel im System I′ als beliebig klein angesehen werden kann, ist I′ auch das Ruhesystem der Kugel, in dem sie die Ruhemasse $m' = m_0$ hat. Aus Sicht eines Systems I, in dem sich die Kugel mit der Geschwindigkeit v bewegt, hat sie dann die Masse

$$m = m'\, \frac{w'}{w} = m'\, \frac{\Delta t}{\Delta t'} = \frac{m_0}{\sqrt{1 - v^2/c^2}}. \qquad (\to \textbf{Abb. 367.1})$$

> **Relativistische Massenzunahme:** Hat ein Körper in seinem Ruhesystem die **Ruhemasse** m_0, so ist seine Masse in einem relativ dazu mit der Geschwindigkeit v bewegten Inertialsystem
>
> $$m = \frac{m_0}{\sqrt{1 - v^2/c^2}}.$$

Aus der Betrachtung des Impulses kann somit die Gleichung für die relativistische Massenzunahme hergeleitet werden. Einen Grund für das Anwachsen der Masse liefert allerdings erst die Behandlung der kinetischen Energie.

Relativistische kinetische Energie

In der klassischen Mechanik kann die Formel für die kinetische Energie E_{kin} aus $dE = v\, dp$ hergeleitet werden (→ 1.3.2): Die Geschwindigkeit v wird durch $v = p/m$ ausgedrückt und das Integral gebildet:

$$E_{\text{kin}} = \int_0^p v\, dp = \frac{1}{m}\int_0^p p\, dp = \frac{1}{m}\left[\frac{p^2}{2}\right]_0^p = \frac{p^2}{2m}$$

Die Berechnung ist einfach, weil die Masse m konstant ist. Geometrisch lässt sich die Integration als Berechnung der in **Abb. 369.1** dargestellten Dreiecksfläche deuten.

Relativistisch wird E_{kin} mit dem gleichen Ansatz berechnet. Allerdings ist die Geschwindigkeit v nun mit dem Impuls p durch einen komplexeren Zusammenhang verbunden. Sie ergibt sich mit der Formel für die relativistische Massenzunahme zu

$$v = \frac{p}{m} = \frac{p}{m_0}\sqrt{1 - v^2/c^2}.$$

Wird diese Gleichung nach v/c aufgelöst, folgt

$$\frac{v}{c} = \frac{(p/m_0 c)}{\sqrt{1 + (p/m_0 c)^2}}.$$

In **Abb. 369.1** ist dieser Zusammenhang dargestellt. Entsprechend der klassischen Physik ist die Geschwindigkeit v für kleine Impulse p proportional zu p, um sich für große p asymptotisch der Lichtgeschwindigkeit c zu nähern.

Für die kinetische Energie wird aus der Dreiecksfläche bei kleinen Impulsen die in **Abb. 369.1** gekennzeichnete Fläche unter der gekrümmten Kurve. Der Flächeninhalt kann wie folgt berechnet werden:

$$E_{\text{kin}} = \int_0^p v\, dp = c\int_0^p \frac{(p/m_0 c)}{\sqrt{1 + (p/m_0 c)^2}}\, dp$$

oder mit $x = p/m_0 c$ und $dp = m_0 c\, dx$

$$E_{kin} = m_0 c^2 \int_0^p \frac{x}{\sqrt{1+x^2}}\, dx.$$

Die Funktion $F(x) = \sqrt{1+x^2} + C$ ist eine Stammfunktion von $f(x) = x/\sqrt{1+x^2}$, wie die Ableitung von $F(x)$ zeigt.

Damit ergibt sich für die kinetische Energie:

$$E_{kin} = m_0 c^2 \left[\sqrt{1 + (p/m_0 c)^2}\right]_{p=0}^{p=p}$$
$$= m_0 c^2 \left(\sqrt{1 + (p/m_0 c)^2} - 1\right)$$

Wird die Klammer ausmultipliziert und der Term $m_0 c^2$ unter das Wurzelzeichen gebracht, so folgt

$$E_{kin} = \sqrt{(m_0 c^2)^2 + (pc)^2} - m_0 c^2.$$

Welche neuen Aussagen enthält diese Gleichung?
Die kinetische Energie tritt als Differenz zweier Energieterme auf, von denen der zweite Term $m_0 c^2$ unabhängig von der Bewegung ist. EINSTEIN sah darin eine Energie, die ein Körper auch in Ruhe allein aufgrund seiner Masse m_0 besitzt und bezeichnete den Term als **Ruheenergie** $E_0 = m_0 c^2$.

Der Wurzelterm, der von der Ruheenergie E_0 und vom Impuls p abhängt, stellt demnach die **Gesamtenergie** E dar:

$$E = \sqrt{(pc)^2 + E_0^2}$$

Mit $p = mv$ und $m = m_0/\sqrt{1-v^2/c^2}$ folgt daraus

$$E = \sqrt{\frac{(m_0 c v)^2}{1-v^2/c^2} + (m_0 c^2)^2}$$
$$= \sqrt{\frac{(m_0 c v)^2 + (m_0 c^2)^2 - (m_0 c v)^2}{1 - v^2/c^2}}$$
$$= m c^2$$

Die Gesamtenergie ergibt sich zu $E = m c^2$.

Die kinetische Energie E_{kin} ist demnach die Differenz aus Gesamtenergie E und Ruheenergie E_0:

$$E_{kin} = E - E_0 = E_0\left(\frac{E}{E_0} - 1\right) = E_0\left(\frac{m}{m_0} - 1\right)$$
$$= E_0\left(\frac{1}{\sqrt{1-v^2/c^2}} - 1\right)$$

Abb. 369.2 stellt diesen Zusammenhang dar. Für $v/c \ll 1$ geht diese Gleichung in die Formel $E_{kin} = mv^2/2$ der klassischen Physik über (siehe 1. Aufgabe).

Die **Gesamtenergie** E eines Körpers ist
$$E = m c^2 = \sqrt{(pc)^2 + E_0^2}$$
mit der Masse $m = \dfrac{m_0}{\sqrt{1-v^2/c^2}}$;

m_0 ist die Ruhemasse und $E_0 = m_0 c^2$ die **Ruheenergie**.

Die **kinetische Energie** E_{kin} ist die Differenz aus Gesamtenergie $E = mc^2$ und Ruheenergie $E_0 = m_0 c^2$:

$$E_{kin} = m c^2 - m_0 c^2 = m_0 c^2\left(\frac{1}{\sqrt{1-v^2/c^2}} - 1\right)$$

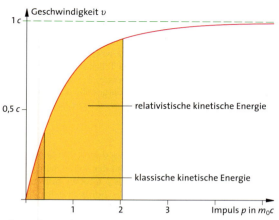

369.1 Die Geschwindigkeit v als Funktion des Impulses p liefert die Randfunktion bei der Berechnung der kinetischen Energie

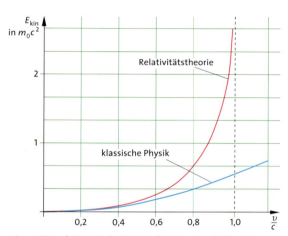

369.2 Die relativistische kinetische Energie als Funktion von v/c ist dem klassischen Verlauf gegenübergestellt

Aufgaben

1. Zeigen Sie mit der Näherung $(1-x)^{\pm 1/2} \approx 1 \mp x/2$ für $x \ll 1$, dass für kleine Geschwindigkeiten die relativistische Formel für die kinetische Energie in die klassische Formel übergeht.
2. Berechnen Sie die Ruheenergie eines Elektrons und die Geschwindigkeit, auf die das Elektron beschleunigt werden muss, um seine Energie zu verdoppeln.
3. Geben Sie die Masse eines Elektrons an, das im Beschleuniger die kinetische Energie 20,5 GeV erhält.
4. Berechnen Sie die Geschwindigkeit v/c von Elektronen, die im deutschen Elektronensynchrotron DESY eine kinetische Energie von 7,5 GeV erhalten.
5. Zwei Teilchen gleicher Ruhmasse m_0 und gleicher kinetischer Energie $E_{kin} = 2 m_0 c^2$ stoßen zentral zusammen und bilden ein neues Teilchen. Ermitteln Sie die Ruhmasse M_0 des neuen Teilchens.

9.3.3 Die Impuls-Energie

Bei der Herleitung der Gesetze der Dynamik in → 9.3.1 spielt die Gleichung $E^2 = (pc)^2 + E_0^2$ eine wesentliche Rolle. Diese Gleichung, die den Impuls p eines Teilchens oder eines Systems von Teilchen mit der Energie E verbindet, ist in **Abb. 370.1** als Funktion $E = f(p)$ dargestellt. Die Gleichung soll näher betrachtet werden und wird dazu nach E_0 aufgelöst:

$$\sqrt{E^2 - (pc)^2} = E_0$$

Auf der rechten Seite der Gleichung steht als konstante Größe die Ruheenergie E_0, während auf der linken Seite mit der Gesamtenergie E und dem Impuls p Größen auftreten, die ihren Wert bei einem Wechsel des Bezugssystems ändern. Die Gleichung sagt aus, dass der Term $(E^2 - (pc)^2)^{1/2}$ in jedem Inertialsystem den gleichen Wert besitzt, also *invariant* (invariant, lat. unveränderlich) ist. Analog zur *Raum-Zeit* (siehe Exkurs → S. 365) stellt dieser Term eine neue Größe dar, die den Namen *Impuls-Energie* E_{Imp} erhält.

> Die Größen Energie E und Impuls p, die bei einem Wechsel des Inertialsystems ihre Werte ändern, fügen sich in der Relativitätstheorie zu einer neuen Größe, der **Impuls-Energie** E_{Imp}, zusammen, die invariant gegenüber einem Wechsel des Inertialsystems ist:
>
> $E_{\text{Imp}} = \sqrt{E^2 - (pc)^2} = \sqrt{E'^2 - (p'c)^2} = \ldots = E_0$
>
> Die Impuls-Energie E_{Imp} kann für einzelne Teilchen oder für Systeme von Teilchen in verschiedenen Inertialsystemen gebildet und gleichgesetzt werden.

Ein Beispiel soll zeigen, wie sich mit der invarianten Impuls-Energie physikalische Fragestellungen lösen lassen. Bei der Planung des 1953 in Betrieb genommenen Protonenbeschleunigers „Bevatron" der California-Universität in Berkeley sollte sichergestellt werden, dass die Energie der beschleunigten Protonen ausreicht, um bei Stößen Antiprotonen zu erzeugen. Nachdem 1932 das Positron als Antiteilchen des Elektrons entdeckt worden war, sollte auch das Antiproton nachgewiesen werden. Als Antiteilchen des Protons hat es die gleiche Masse wie dieses, besitzt jedoch eine negative Elementarladung.

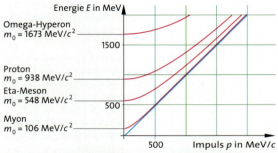

370.1 Impuls-Energie-Diagramm von Teilchen mit verschiedenen Ruhemassen. Energie und Impuls sind in den atomaren Einheiten MeV bzw. MeV/c aufgetragen. Damit wird die Winkelhalbierende zum Graphen für Teilchen ohne Ruhemasse, für die $E = cp$ gilt.

Der erwartete Stoß sollte so ablaufen, dass ein energiereiches Proton (p) gegen ein ruhendes Proton (p) stößt: Durch den Stoß sollten ein Proton (p) und ein Antiproton ($\bar{\text{p}}$) erzeugt werden, sodass es nach dem Stoß drei Protonen und ein Antiproton geben sollte: Ein Antiproton kann wegen des Erhaltungssatzes für die Anzahl der Baryonen (→ Kap. 14) und der Erhaltung der elektrischen Ladung nur gleichzeitig mit einem Proton erzeugt werden. Die Energie E des stoßenden Protons muss dabei die Ruheenergie für die beiden zusätzlichen Teilchen mit der Protonen-Ruhemasse m_0 mitbringen. Außer dieser Ruheenergie $2 m_0 c^2$ muss das stoßende Teilchen noch die kinetische Energie der vier Teilchen nach dem Stoß liefern. Wegen der Impulserhaltung kann die kinetische Energie nach dem Stoß im *Laborsystem* nämlich nicht null sein. Im *Schwerpunktsystem* (→ 1.2.4) der beiden stoßenden Protonen hingegen ist der Gesamtimpuls vor und nach dem Stoß null. In diesem System brauchen die Teilchen nach dem Stoß keine kinetische Energie zu besitzen, denn es soll nur die *Mindestenergie* berechnet werden. Sie beträgt im Schwerpunktsystem $4 E_0 = 4 m_0 c^2$, also vierfache Protonen-Ruheenergie.

Die Impuls-Energie E_{Imp} der wechselwirkenden Teilchen kann *vor* dem Stoß im *Laborsystem* und *nach* dem Stoß im *Schwerpunktsystem* der Teilchen aufgeschrieben werden. Wegen der Invarianz der Impuls-Energie lassen sich die beiden Terme gleichsetzen:

$$E_{\text{Imp}} = \sqrt{E^2 - (cp)^2} = 4 E_0 \quad \text{oder} \quad E^2 - (cp)^2 = (4 E_0)^2$$

E ist die Gesamtenergie der *beiden* Protonen vor dem Stoß, p deren Impuls. Da ein Proton vorher ruht, hat nur das stoßende Proton (1) den Impuls p_1, also $p = p_1$. Ist $E_{\text{kin 1}}$ die zu berechnende kinetische Energie des stoßenden Protons, so folgt mit $E = E_{\text{kin 1}} + E_0 + E_0$:

$$(E_{\text{kin 1}} + 2 E_0)^2 - (cp_1)^2 = (4 E_0)^2 \tag{1}$$

Aus der Impuls-Energie für das stoßende Proton *allein*, es hat die Energie $(E_{\text{kin 1}} + E_0)$ und den Impuls p_1, folgt

$$(E_{\text{kin 1}} + E_0)^2 - (cp_1)^2 = E_0^2 \quad \text{und daraus}$$
$$(cp_1)^2 = E_{\text{kin 1}}^2 + 2 E_{\text{kin 1}} E_0;$$

$(cp_1)^2$ in die Gleichung (1) eingesetzt, ergibt:

$$(E_{\text{kin 1}} + 2 E_0)^2 - (E_{\text{kin 1}}^2 + 2 E_{\text{kin 1}} E_0) = (4 E_0)^2$$
$$2 E_{\text{kin 1}} E_0 + 4 E_0^2 = 16 E_0^2$$
$$E_{\text{kin 1}} = 6 E_0$$

Die kinetische Energie des stoßenden Protons muss mindestens das Sechsfache seiner Ruheenergie betragen. Mit der Protonen-Ruheenergie $E_0 = 938$ MeV ergeben sich 5,6 GeV. Das Bevatron wurde bis 6,2 GeV ausgelegt; 1955 gelang es damit erstmals, Antiprotonen nachzuweisen.

Aufgaben

1. Beim Stoß eines auf $E_{\text{kin}} = 400$ MeV beschleunigten Protons gegen ein ruhendes Proton soll ein neues Teilchen X erzeugt werden: p + p → p + p + X. Ermitteln Sie die maximale Ruheenergie M_0 des neuen Teilchens X.

Relativistische Dynamik

Exkurs

Die allgemeine Relativitätstheorie: Grundlagen der Theorie

Im Jahre 1915 veröffentlichte EINSTEIN die *allgemeine* Relativitätstheorie. Es ist eine Theorie der *Gravitation* auf der Grundlage der speziellen Relativitätstheorie. Zwar war es mit NEWTONS Gravitationsgesetz (→ 2.1.3) möglich, die Bewegung der Himmelskörper mit großer Genauigkeit zu berechnen – eine Erklärung über den Ursprung der Kraft gibt das Gesetz aber nicht. EINSTEIN gelangte zu einem neuen Ansatz: Nicht eine Kraft ruft die Gravitationswirkung hervor, sondern die **Krümmung der Raum-Zeit.**

Wegbereiter für EINSTEINS Gravitationstheorie war Carl Friedrich GAUSS (1777–1855). Das *Parallelenaxiom* spielte dabei eine wichtige Rolle: Zu einer Geraden und einem Punkt außerhalb der Geraden gibt es *genau eine* Gerade durch diesen Punkt, die die erste Gerade *nicht* schneidet. GAUSS hatte erkannt, dass dieser Satz nicht aus den Lehrsätzen EUKLIDS folgt, sondern als Axiom zusätzlich postuliert werden muss. Dann sollte es aber *nichteuklidische Geometrien* geben, in denen dieser Satz nicht gilt.

Auf dieser Grundlage arbeitete Bernhard RIEMANN (1826–1866), ein Schüler von GAUSS, eine Theorie des *gekrümmten Raumes* aus, in der sich die Krümmung des Raumes von Punkt zu Punkt ändert, sodass sich auch parallele Geraden schneiden können (das obere Bild zeigt ein Beispiel im Zweidimensionalen). RIEMANN wies darauf hin, dass es tatsächlich eine großräumige Krümmung geben könne, ohne dass man davon bei alltäglichen Entfernungen etwas bemerken müsse. Die physikalische Erfahrung allein werde lehren, ob unser Raum euklidisch oder gekrümmt sei.

Um RIEMANNS genialer Idee Geltung zu verschaffen, bedurfte es jedoch erst der speziellen Relativitätstheorie. Sie zeigt, dass Raum und Zeit eine Einheit bilden – die Raum-Zeit. Nicht der Raum für sich allein, sondern die Raum-Zeit ist gekrümmt: Die Anwendung der Riemann'schen Theorie gekrümmter Flächen auf die vierdimensionale Raum-Zeit führt zur Gravitationstheorie EINSTEINS.

Der **allgemeinen Relativitätstheorie** liegt ein einfaches Prinzip zugrunde:

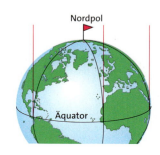

Beobachtungen zeigen, dass alle Körper auf der Erde mit gleicher Beschleunigung g frei fallen (→ 1.1.5). Außerdem erfahren alle Körper eine *Gewichts- oder Gravitationskraft*, die ihrer Masse proportional ist (→ 1.2.5). Das gleiche Verhalten kann in einem Raumschiff beobachtet werden, das konstant mit g beschleunigt wird.

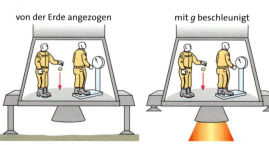

EINSTEIN postuliert dies als **Äquivalenzprinzip:** Die Vorgänge in einem homogenen Gravitationsfeld laufen wie die in einem gleichmäßig beschleunigten Bezugssystem ab.

Befinden sich auf der Erde frei fallende Körper in einem ebenfalls frei fallenden Kasten, so verhalten sich die Körper in diesem Raum nach dem Trägheitsprinzip (→ 1.2.1). Ebenso würden sich die Körper verhalten, wenn kein Himmelskörper in der Nähe wäre, es also keine Gravitation gäbe. Mit keiner Messung innerhalb des abgeschlossenen Kastens könnte entschieden werden, ob die Schwerelosigkeit – z. B. in einem Raumschiff – auf fehlender Gravitation beruht oder ob der Raum *im freien Fall* auf einen Himmelskörper zufliegt. Das Trägheitsverhalten der Körper zeigt in allen Fällen, dass der Kasten ein *Inertialsystem* bildet. Dies gilt allerdings nur für kleine, streng genommen infinitesimal kleine Räume, da sonst wegen unterschiedlicher Abstände und Richtungen zum Newton'schen Gravitationszentrum sogenannte *Gezeitenkräfte* auftreten. In diesem Sinne genügend kleine Räume heißen *lokale Inertialsysteme*:

Frei fallende lokale Systeme sind Inertialsysteme. Sie bilden in EINSTEINS Gravitationstheorie die grundlegenden Bezugssysteme, in denen die spezielle Relativitätstheorie gilt.

Nach NEWTON erhalten die Körper ihre Gewichtskraft durch die Gravitationswechselwirkung mit der Erde (→ 2.1.3). Nach dem Äquivalenzprinzip kann die Gewichtskraft aber auch mit einem beschleunigten Bezugssystem erklärt werden. Die Kraft tritt auf, weil die Körper daran gehindert werden, ihrer Trägheit folgend frei zu fallen. In der allgemeinen Relativitätstheorie fallen die Körper demnach nicht aufgrund einer *Gravitationskraft*, sondern die Körper bewegen sich gemäß ihrer *Trägheit* frei fallend in der gekrümmten Raum-Zeit. Ein Körper erscheint daher umso schwerer, je träger er ist.

Die von EINSTEIN aufgestellten Feldgleichungen ordnen die lokalen Inertialsysteme nicht mehr *eben* aneinander, sodass ein *flacher* euklidischer Raum entsteht, sondern die Massen großer Himmelskörper bestimmen die Anordnung zu einer *gekrümmten Raum-Zeit*. Ein Körper, z. B. die Erde im Gravitationsfeld der Sonne, bewegt sich dann *kräftefrei* von Inertialsystem zu Inertialsystem und durchläuft wegen der nichteuklidischen Anordnungen der kleinen Inertialsysteme eine gekrümmte Bahn.

Relativistische Dynamik

Exkurs

Die allgemeine Relativitätstheorie: Experimentelle Tests der Theorie

Die Lichtablenkung

Im folgenden Bild ist die Krümmung des Raumes durch die Masse der Sonne in der *zweidimensionalen* Umlaufebene der Erde um die Sonne dargestellt. Mit der dritten Dimension kann die nichteuklidische Anordnung der lokalen Inertialsysteme (rechteckige Flächen) veranschaulicht werden. Während die Erde – weit entfernt von der Sonne – in einem nur schwach gekrümmten Raum umläuft, wird Licht, das nahe an der Sonne vorbeiläuft, in dem dort stark gekrümmten Raum abgelenkt.

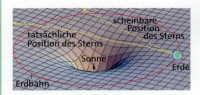

EINSTEIN hatte für Licht, das am Rand eines Himmelskörpers mit der Masse M und dem Radius R vorbeiläuft, eine Formel für die Winkelablenkung δ angegeben:

$$\delta = 2R_S/R \quad \text{mit} \quad R_S = 2\gamma M/c^2$$

Dabei ist R_S der **Schwarzschild-Radius,** der in der allgemeinen Relativitätstheorie eine zentrale Rolle spielt (→ 15.2.8). Für die Sonne wird eine Ablenkung von $\delta = 1{,}75''$ berechnet. Diesen Wert hatte 1919 eine englische Expedition in Afrika mit Messungen während einer Sonnenfinsternis bestätigt. Allerdings sind solche Messungen auch heute noch sehr ungenau, doch das Problem hat eine andere Lösung gefunden: Alljährlich am 8. Oktober wird der Quasar 3C 279 von der Sonne verdeckt, wobei die Ablenkung der von diesem Objekt ausgesandten Radiostrahlung kurz vor und nach der Verfinsterung sehr genau gemessen werden kann. Man erhält in Übereinstimmung mit dem theoretischen Wert den Ablenkungswinkel $\delta = 1{,}73'' \pm 0{,}05''$.

Mit dem Hubble-Weltraumteleskop (→ 15.1.1) kann die Lichtablenkung direkt beobachtet werden. In der Abbildung Mitte oben wirkt der Galaxienhaufen Abell 2218 als *Gravitationslinse*: Licht von sehr weit hinter dem Haufen gelegenen Galaxien, das seitlich an diesem vorbeiläuft, wird zum Haufen hin abgelenkt, sodass die eigentlich unsichtbaren, weil verdeckt hinter dem Haufen befindlichen Galaxien als Bogenstücke zu sehen sind.

Der Uhreneffekt

In der gekrümmten Raum-Zeit, also in der Nähe großer Massen, gehen Uhren langsamer als in einer flachen Raum-Zeit.

Der Zusammenhang kann mit dem Äquivalenzprinzip hergeleitet werden. Dazu wird der Gang zweier Uhren betrachtet, die sich an der Spitze (Uhr A) und am Ende (Uhr B) einer auf der Erde stehenden Rakete befinden. Eine weitere Uhr C soll neben der Rakete frei fallen (**Abb. unten**). Nach dem Äquivalenzprinzip kann die Situation auch so aufgefasst werden, dass die Rakete mit g beschleunigt an der schwebenden Uhr C vorbeifliegt.

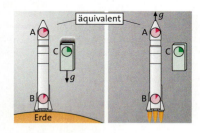

In beiden Betrachtungsweisen befindet sich die Uhr C in einem Inertialsystem, sodass die beschleunigten Uhren A und B schneller gehen als die in einem Inertialsystem ruhende Uhr C. Mit der Formel für die Zeitdilatation (→ 9.2.2) gilt demnach

$$t_{A;B} = t_C \sqrt{1 - v_{A;B}^2/c^2},$$

wobei v_A und v_B die Geschwindigkeiten relativ zu C im Moment des Vorbeiflugs sind. Mit der Beschleunigung der Uhren A und B nimmt deren kinetische Energie zu. Aus der Formel für die kinetische Energie (→ 9.3.2)

$$E_{\text{kin}(A;B)} = E_0 \left(\frac{1}{\sqrt{1 - v_{A;B}^2/c^2}} - 1 \right)$$

ergibt sich mit obiger Formel für die Zeitdilatation

$$E_{\text{kin}(A;B)} = E_0 \left(\frac{t_C}{t_{A;B}} - 1 \right).$$

Als Differenz der kinetischen Energie der beiden Uhren A und B folgt

$$E_{\text{kin}(B)} - E_{\text{kin}(A)} = E_0 \left(\frac{t_C}{t_B} - \frac{t_C}{t_A} \right).$$

Der Differenz $E_{\text{kin}(B)} - E_{\text{kin}(A)}$ im gravitationsfreien Inertialsystem entspricht eine Differenz der potentiellen Energie ΔE_{pot} im Gravitationsfeld.
Mit der Höhendifferenz h der beiden Uhren A und B gilt im homogenen Gravitationsfeld $\Delta E_{\text{pot}} = mgh$. Aus $E_{\text{kin}(B)} - E_{\text{kin}(A)} = \Delta E_{\text{pot}} = m_0 g h$ folgt:

$$E_0 \left(\frac{t_C}{t_B} - \frac{t_C}{t_A} \right) = mgh \quad \text{oder}$$

$$m_0 c^2 (t_A - t_B) \frac{t_C}{t_A t_B} = m_0 g h$$

Mit $t_A \approx t_B \approx t_C \approx t$ folgt als Differenz der Zeitanzeige der Uhren A und B

$$\Delta t = t_A - t_B = t \frac{gh}{c^2}.$$

Eine um h im Gravitationsfeld höher gelegene Uhr geht um Δt schneller.
Um diese Formel zu testen, wurde 1973 ein Experiment an der Universität Maryland (USA) durchgeführt, bei dem ein Flugzeug mit Atomuhren an Bord 15 Stunden lang in drei verschiedenen Höhen um $h = 10\,000$ m über einer Uhrengruppe am Boden kreiste. Nach 15 Stunden zeigten die Uhren am Boden eine um $\Delta t = 47{,}1$ ns geringere Zeit an. Mit diesem Ergebnis konnte anhand der genau bekannten Flugdaten obige Formel auf 1% bestätigt werden. Mit makroskopischen Uhren war gezeigt, dass die Zeit in der Nähe massereicher Körper langsamer vergeht.
Aus der Theorie folgt, dass bei Annäherung an den Schwarzschild-Radius eines Schwarzen Lochs der Effekt so stark zunimmt, dass bei Erreichen dieses Radius für einen fernen Beobachter die Zeit stillsteht (→ 15.2.8).

Relativistische Dynamik

Der Pulsar 1913+16

Die Entdeckung des Pulsars PSR 1913+16 durch Taylor und Hulse im Jahre 1974 erwies sich als wahrer Glücksfall für die allgemeine Relativitätstheorie. Pulsare sind kollabierte Sterne, die nur aus Neutronen bestehen (→ 15.2.8). Ihre Masse liegt zwischen 1,4 und höchstens drei Sonnenmassen, wobei sie wegen ihrer hohen Dichte nur einen äußerst kleinen Radius von etwa 10 km besitzen. Ihren Namen verdanken die Pulsare kurzzeitigen, nur Millisekunden andauernden Radioimpulsen, die beobachtet werden. Tatsächlich rotieren diese Neutronensterne mit großer Geschwindigkeit und senden in Richtung ihrer magnetischen Achsen elektromagnetische Strahlung aus. Wie der Scheinwerfer eines Leuchtturms kann dieser Strahl periodisch die Erde überstreichen, wobei ein Radioimpuls registriert wird. Während aber die Pulsfrequenz der anderen bisher beobachteten Pulsare äußerst konstant ist, weist PSR 1913+16 eine Besonderheit auf. Einer mittleren Frequenz von 16,94 Pulsen pro Sekunde ist eine periodische Schwankung von 7,75 Stunden überlagert. Dafür bietet sich eine einfache Erklärung an. Der Pulsar bewegt sich alle 7,75 Stunden um einen anderen Himmelskörper und es wird die Doppler-Verschiebung der Strahlungsquelle gemessen, die sich einmal auf die Erde zu und wieder von ihr weg bewegt (→ 9.2.9). Aufgrund der Bahndaten ist heute bekannt, dass die zweite Komponente des Binärsystems ebenfalls ein Neutronenstern ist.

Damit liegt hier eine besondere Konstellation vor: Das Binärsystem mit dem Pulsar PSR 1913+16 bietet sich mit seinen extremen Verhältnissen – zwei massereiche Körper, die auf engen, stark elliptischen Bahnen umeinander laufen – als Testobjekt für die allgemeine Relativitätstheorie an. Nach mehrjährigen Beobachtungen war klar, dass das Newton'sche Gravitationsgesetz die Bahnbewegungen nicht beschreiben konnte, stellt es doch nur eine Näherung der Einstein'schen Gleichungen für den Fall einer schwach gekrümmten Raum-Zeit dar. Mit den Lösungen der Einstein'schen Feldgleichungen, die sich allerdings nur mit Computern numerisch berechnen lassen, konnte die Bewegung des Binärsystems exakt bestimmt werden. Die relativistischen Rechnungen ergaben die 1,442- bzw. 1,386-fache Sonnenmasse. Die Abstände ändern sich auf den stark elliptischen Bahnen von 1,1 bis 4,8 Sonnenradien. Erstmals waren damit astrophysikalische Größen – die Massen von Sternen und deren Bahnparameter – mit Einsteins Theorie bestimmt worden.

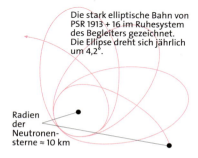

Die stark elliptische Bahn von PSR 1913 + 16 im Ruhesystem des Begleiters gezeichnet. Die Ellipse dreht sich jährlich um 4,2°.

Radien der Neutronensterne ≈ 10 km

Die Periheldrehung

Die Periheldrehung ist ein Effekt, der bei umeinander laufenden Himmelskörpern auftritt und nur mit der allgemeinen Relativitätstheorie erklärt werden kann. In der Abbildung ist im Ruhesystem des einen Neutronensterns der elliptische Umlauf des anderen dargestellt. Wegen der stark gekrümmten Raum-Zeit im Perihel (Punkt größter Annäherung) behält die große Halbachse der Ellipse ihre Lage im Raum nicht bei, sondern dreht sich, sodass sich eine rosettenartige Bahn ergibt. Im Sonnensystem ist dieser Effekt bei dem sonnennächsten Planeten Merkur zu beobachten. Seine Bahn präzediert um 574,2″ *pro Jahrhundert*, wovon aber nur 42,8″ auf den relativistischen Effekt entfallen; der überwiegende Anteil wird durch Störungen der Nachbarplaneten hervorgerufen. Bei PSR 1913+16 wird in Übereinstimmung mit der Rechnung eine Drehung von 4,2° *pro Jahr* beobachtet.

Gravitationswellen

Der größte Erfolg bei PSR 1913+16 war der indirekte Nachweis von Gravitationswellen, wofür Taylor und Hulse 1993 den Physik-Nobelpreis erhielten. Nach Einsteins Theorie wird die gekrümmte Raum-Zeit von stark beschleunigten Massen zu Schwingungen angeregt, die sich als Gravitationswellen mit Lichtgeschwindigkeit ausbreiten. Durch die Abstrahlung der Gravitationswellen verliert das Binärsystem Energie (etwa ein Fünftel der Strahlungsleistung der Sonne), die der Bahnbewegung entzogen wird. Die beiden Komponenten sollten sich demnach auf einer spiraligen Bahn immer näher kommen und zwar um 3,50 m pro Jahr, was einer Verkürzung der Umlaufzeit von 0,076 ms entspricht. Dies wird tatsächlich gemessen und nach fast 20-jähriger Beobachtung steht fest, dass die Verkürzung innerhalb von 3 Promille mit der Vorhersage der allgemeinen Relativitätstheorie übereinstimmt.

Die Gewissheit, dass Gravitationswellen existieren, hat in den Neunzigerjahren zur Planung und zum Bau eines weltweiten Netzes von sechs Laser-Interferometern geführt, die alle nach dem Prinzip des Michelson-Interferometers arbeiten (→ S. 351). Sie sollten in der Lage sein, Gravitationswellen direkt nachzuweisen. Ihre Funktionsweise ist folgende: Eine Gravitationswelle verursacht eine lokale periodische Deformation der Raum-Zeit. Wird einer der beiden rechtwinkligen Arme des Interferometers von der Welle in Längsrichtung durchlaufen, so sollte sich der Lichtweg periodisch ändern, was einer periodischen Längenänderung des Spektrometerarms gleichkommt und durch Interferenz mit dem Licht des anderen Arms nachgewiesen werden kann.

Forschungsarbeiten an Prototypen haben gezeigt, dass sehr lange Spektrometerarme benötigt werden, um die notwendige Empfindlichkeit zu erreichen. Eines der Interferometer wurde in britisch-deutscher Zusammenarbeit südlich von Hannover errichtet (GEO 600); es hat Armlängen von 600 m. Die anderen fünf Anlagen sind (Armlängen in Klammern): LIGO in den USA (4 km), VIRGO bei Pisa (3 km), TAMA 300 in Japan (300 m) und AIGO 400 in Australien (400 m).

Grundwissen Die spezielle Relativitätstheorie

Grundprinzipien
Bezugssysteme, in denen sich frei bewegliche Körper nach dem Trägheitsprinzip verhalten, heißen **Inertialsysteme**. Grundlage der speziellen Relativitätstheorie sind die folgenden Postulate:

1. Postulat – Relativitätsprinzip: Alle Inertialsysteme sind zur Beschreibung von Naturvorgängen gleichberechtigt. Die Naturgesetze haben in allen Inertialsystemen die gleiche Form.

2. Postulat – Konstanz der Lichtgeschwindigkeit: In allen Inertialsystemen breitet sich Licht im Vakuum isotrop und unabhängig von der momentanen Bewegung der Lichtquelle mit der Geschwindigkeit $c = 2{,}997\,924\,58 \cdot 10^8\,\frac{m}{s} \approx 300\,000$ km/s aus.

Relativistische Kinematik
Einstein-Synchronisation

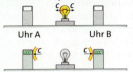

Zwei Uhren an verschiedenen Orten werden synchronisiert, indem von ihrer geometrischen Mitte zwei Lichtsignale gleichzeitig ausgesandt werden, die bei ihrer Ankunft die Uhren in Gang setzen. Die Synchronisation gilt nur im Ruhesystem der beiden Uhren.

Zeitdilatation und Längenkontraktion
Synchronisierte Uhren eines Inertialsystems I_R messen als Dauer eines Vorgangs die Zeitspanne Δt_R. *Eine Uhr*, die sich relativ zu diesem System mit der Geschwindigkeit v bewegt, misst in ihrer Eigenzeit für denselben Vorgang die kleinere Zeitspanne Δt. Es gilt der Zusammenhang

$$\Delta t = \Delta t_R \sqrt{1 - v^2/c^2}.$$

Die Eigenlänge l im Ruhesystem eines Körpers wird in einem anderen Inertialsystem, das sich in der Längsrichtung des Körpers mit der Relativgeschwindigkeit v bewegt, als kontrahierte Länge l_K gemessen. Es gilt die Beziehung

$$l_K = l\sqrt{1 - v^2/c^2}.$$

Senkrecht zur Bewegungsrichtung tritt keine Kontraktion auf, da Gleichzeitigkeit in y- und z-Richtung für jedes Bezugssystem gilt.

Lorentz-Transformationsgleichungen
Bewegt sich ein Inertialsystem I' mit der Geschwindigkeit v relativ zu einem Inertialsystem I, so können die Koordinaten (t', x', y', z') bzw. (t, x, y, z) eines Ereignisses mit Transformationsgleichungen ineinander umgerechnet werden:

$$t = k\left(t' + \frac{v}{c^2}x'\right) \qquad t' = k\left(t - \frac{v}{c^2}x\right)$$
$$x = k(x' + vt') \qquad x' = k(x - vt)$$
$$y = y' \qquad y' = y$$
$$z = z' \qquad z' = z$$

mit $k = \dfrac{1}{\sqrt{1 - v^2/c^2}}$

Minkowski-Diagramme stellen die Lorentz-Transformationsgleichungen geometrisch dar.

Addition der Geschwindigkeiten
Bewegt sich im System I' ein Körper in x'-Richtung mit der Geschwindigkeit u' und ist v die Relativgeschwindigkeit von I' zu einem System I, so gilt für die Geschwindigkeit u des Körpers im System I

$$u = \frac{u' + v}{1 + \frac{u'v}{c^2}}.$$

Optischer Doppler-Effekt
Entfernen sich Sender und Empfänger einer mit der Frequenz f ausgestrahlten elektromagnetischen Welle relativ voneinander mit der Geschwindigkeit v, so wird die kleinere Frequenz f_E empfangen. Es gilt

$$f_E = f\sqrt{\frac{1 - v/c}{1 + v/c}}.$$

Relativistische Dynamik
Energie und Masse
Energie E und Masse m sind äquivalent. Für die Gesamtenergie E eines Körpers oder eines Systems von Körpern gilt $E = mc^2$ mit

$$m = \frac{m_0}{\sqrt{1 - v^2/c^2}}.$$

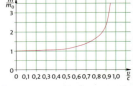

Ein Körper mit der Ruhemasse m_0 hat die Ruheenergie $E_0 = m_0 c^2$.

Die Gesamtenergie E ist die Summe aus Ruheenergie E_0 und kinetischer Energie E_{kin}: $E = E_0 + E_{kin}$

Ursache der **relativistischen Massenzunahme** ist die Zunahme an kinetischer Energie. Für sie gilt

$$E_{kin} = mc^2 - m_0 c^2 = m_0 c^2\left(\frac{1}{\sqrt{1 - v^2/c^2}} - 1\right).$$

Impuls-Energie
Energie E und Impuls $p = mv$ fügen sich in der Relativitätstheorie zu einer neuen Größe, der **Impuls-Energie** E_{Imp}, zusammen, die invariant gegenüber einem Wechsel des Inertialsystems ist:

$$E_{Imp} = \sqrt{E^2 - (pc)^2} = \sqrt{E'^2 - (p'c)^2} = \ldots E_0$$

Wissenstest Die spezielle Relativitätstheorie

1. Im Jahre 2010 startet ein 20-jähriger Astronaut zu einer Weltraumreise, bei der sein Raumschiff eine Geschwindigkeit von $v = (60/61)\,c$ hat.
   a) Berechnen Sie das Alter des Astronauten, wenn er an dem 8,6 Lichtjahre entfernten Sirius vorbeikommt.
   b) Bei der Rückkehr ist der Astronaut 53 Jahre alt. Bestimmen Sie das Alter seines Zwillingsbruders auf der Erde.
   c) Während der 33 Jahre dauernden Weltraumreise soll der $e = 431$ Lj entfernte Polarstern besucht werden. Berechnen Sie die dazu erforderliche Geschwindigkeit.

2. Der nächste Fixstern ist α Centauri am südlichen Sternhimmel. Seine Entfernung beträgt $e = 4{,}4$ Lj.
   a) Berechnen Sie die Zeit Δt, die ein Raumschiff braucht, um mit $v = 0{,}5\,c$ zu dem Stern zu gelangen.
   b) Berechnen Sie die Dauer des Flugs für die Astronauten.
   c) Ermitteln Sie die Geschwindigkeit, bei der während des Fluges zu α Centauri für die Besatzung nur ein Jahr vergeht, und die unterdessen auf der Erde vergehende Zeit.

3. Obwohl bewegte Uhren langsamer gehen, werden Atomuhren zur Synchronisation voneinander entfernter Uhren von einer Uhr zur anderen transportiert. Zeigen Sie, dass die dabei auftretende Zeitabweichung kleiner als jeder vorgegebene Wert gemacht werden kann, wenn der Uhrentransport nur genügend langsam erfolgt.
   (Rechnen Sie mit $\sqrt{1-(v/c)^2} \approx 1 - \tfrac{1}{2}(v/c)^2$.)
   Berechnen Sie die Geschwindigkeit v, mit der eine Uhr höchstens von Tokio zu dem 12 000 km entfernten Paris transportiert werden kann, wenn der dabei auftretende relative Zeitfehler kleiner als 10^{-8} sein soll.

4. Zeigen Sie, dass die relativistische Addition der Geschwindigkeiten das Prinzip von der Konstanz der Lichtgeschwindigkeit erfüllt.

5. Ein Raumschiff startet am Neujahrstag des Jahres 2000 und fliegt mit der Geschwindigkeit $v = 0{,}8\,c$ zu dem etwa 4 Lichtjahre entfernten Stern α Centauri. Nach einem Aufenthalt von 2 Jahren kehrt das Raumschiff mit der Geschwindigkeit $v = -0{,}6\,c$ zur Erde zurück. Zur Jahreswende werden Neujahrsgrüße per Funk ausgetauscht.
   a) Zeichnen Sie ein Minkowski-Diagramm mit drei Zeitachsen für die Inertialsysteme Erde (t), Raumschiff Hinreise (t') und Raumschiff Rückreise (t''). Zeichnen Sie die Weltlinie der Weltraumreise.
   b) Lesen Sie aus dem Diagramm das Jahr der Rückkehr zur Erde und die Dauer der Reise für die Astronauten ab. Bestätigen Sie das Ergebnis durch Rechnung.
   c) Zeichnen Sie die Weltlinien der Neujahrsgrüße und lesen Sie aus dem Diagramm ab, in welchen zeitlichen Abständen diese beim Empfänger eintreffen. Bestätigen Sie die Ablesung durch Rechnung mit dem Doppler-Effekt.

6. Mit der Geschwindigkeit $v = 0{,}6\,c$ fliegende K-Mesonen zerfallen in je zwei π-Mesonen. Im Ruhesystem der K-Mesonen haben die π-Mesonen eine Geschwindigkeit von $0{,}85\,c$. Berechnen Sie die Geschwindigkeiten der π-Mesonen im Laborsystem, wenn diese in und entgegen der Flugrichtung der K-Mesonen ausgesandt werden.

7. Ein Flugzeug fliegt mit einer Geschwindigkeit von 1000 km/h und feuert in Vorausrichtung ein Geschoss mit ebenfalls 1000 km/h ab. Ermitteln Sie näherungsweise die Genauigkeit einer Messung der Geschossgeschwindigkeit, welche die relativistische Abweichung von der klassischen Addition der Geschwindigkeiten nachweisen kann.

8. Ein Raumschiff fliegt mit $0{,}2\,c$ durch die Milchstraße, als es von einer gegnerischen Rakete überholt wird, die mit $0{,}8\,c$ die Galaxie durchquert. Sofort feuert der Kommandant des Raumschiffs ein $0{,}7\,c$-Geschoss ab, das die gegnerische Rakete einholt und zerstört.
   Prüfen Sie im Inertialsystem *Milchstraße* und im System *Raumschiff*, ob diese Geschichte wahr sein kann.

9. Berechnen Sie die relative Massenzunahme eines Satelliten, der eine Geschwindigkeit von $v = 28\,000$ km/h hat.

10. In einer Röhre werden Elektronen mit einer Spannung von 70 kV beschleunigt. Ermitteln Sie den prozentualen Fehler, wenn bei der Berechnung der Endgeschwindigkeit die relativistische Massenzunahme nicht berücksichtigt wird.

11. Die Blasenkammeraufnahme zeigt die Spur eines von links mit $E_{kin} = 3$ GeV einfallenden Protons, das gegen ein ruhendes Proton stößt. Die Spuren der beiden wegfliegenden Protonen schließen einen Winkel ein, der kleiner als 90° ist. Bei $E_{kin} = 5$ MeV ist der Winkel 90°, wie dies auch beim elastischen Stoß einer Kugel gegen eine ruhende Kugel von gleicher Masse der Fall ist. Erklären Sie, warum bei großer Energie der Winkel kleiner als 90° ist.

12. Ein neutrales Teilchen hat die Energie $E = 5600$ MeV und den Impuls $p = 5521$ MeV/c. Prüfen Sie, ob es sich bei dem Teilchen um ein Neutron handeln kann.

13. Ein positives Elementarteilchen hat bei einer Geschwindigkeit von $v = 2{,}996 \cdot 10^8$ m/s die Masse $m = 28{,}12$ u. Finden Sie heraus, um welches Teilchen es sich handelt.

14. a) Berechnen Sie den Impuls p eines Elektrons, dessen Energie E zehnmal so groß wie seine Ruheenergie E_0 ist.
    b) Ein Proton hat den Impuls $p = 6$ GeV/c. Berechnen Sie die Geschwindigkeit des Protons.

15. Ein ruhendes Teilchen der Ruhemasse m_0 absorbiert ein Photon der Energie $E = 2\,m_0 c^2$. Berechnen Sie die Geschwindigkeit des Teilchens nach der Absorption.

10 EINFÜHRUNG IN DIE QUANTENPHYSIK

Die Entdeckung des Wirkungsquantums durch Max PLANCK um die Wende zum 20. Jahrhundert steht am Beginn der Quantenphysik, die zusammen mit der Relativitätstheorie als Grundpfeiler der modernen Physik verstanden wird. Die Quantenphysik wurde entwickelt als Physik der Atomhülle, der Atomkerne und der Elementarteilchen. Sie ist im Wesentlichen also Mikrophysik. Die in diesem Bereich auftretenden Phänomene können nicht mehr im Rahmen der klassischen Physik gedeutet werden. Dieses einführende Kapitel stellt eine Verbindung zwischen der anschaulichen klassischen Physik und Elementen der Quantenphysik her.

10.1 Die Quantelung der Strahlung

In diesem Abschnitt werden Erscheinungen betrachtet, in denen die Gesetzmäßigkeiten der Quantenphysik in möglichst einfacher Form auftreten. Es handelt sich um die Wechselwirkung elektromagnetischer Strahlung mit Materie.

10.1.1 Der lichtelektrische Effekt

Abb. 376.1 veranschaulicht die Vorgänge bei der Bräunung der Haut durch UV-Strahlung. Wie kommt es zur Bräunung der Haut? Bekanntlich wird die „energiereiche" UV-Strahlung als Ursache für die Bräunung angeführt. Doch auch sichtbares Licht gibt Energie an die Haut ab, intensives Licht mehr als weniger intensives.
Was bewirkt die sichtbare Strahlung einer Glühlampe, die mit gleicher Intensität wie die UV-Strahlung die Haut beleuchtet? Gleiche Intensität heißt, dass in einer Zeiteinheit von einem Flächenstück der Haut die gleiche Energie aufgenommen wird.
Erfahrungsgemäß verursacht sichtbares Licht im Gegensatz zu UV-Licht keine mit Bräunung verbundene chemische Reaktion. Die Art der Übertragung der in beiden Fällen gleichen Energie in einer Zeiteinheit an die Haut muss sich also für die Strahlungsarten grundlegend unterscheiden. Weiterhin ist die Frage offen, welche physikalische Bedeutung die Formulierung „energiereiche UV-Strahlung" besitzt.
Aus der Erfahrung ist bekannt, dass die Bräunung der Haut mit Sonnenlicht durch eine Fensterglasscheibe behindert wird. Denn die Glasscheibe ist für die UV-Strahlung weitgehend undurchlässig.
Dieser Zusammenhang lässt sich auch mit einem einfachen Experiment zeigen. Dazu wird das chemisch-biologische System in der Haut, welches für die Melaninbildung zuständig ist und damit die Bräunung der Haut bewirkt, durch zwei Elektroden, ähnlich einem aufgeladenen Kondensator, ersetzt. Statt des Sonnenlichts wird das Licht einer Quecksilberdampflampe verwendet. Der Aufbau entspricht dem zum **lichtelektrischen Effekt** (→ 5.3.4).

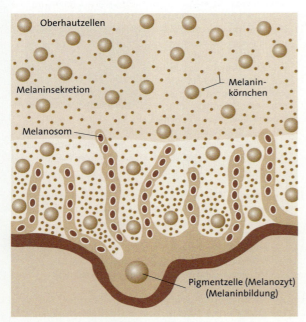

376.1 Im Hautquerschnitt sind die Pigmentzellen (Melanozyten) dargestellt, die bei Bestrahlung mit Sonnenlicht das Pigment Melanin produzieren. Das Melanin wird in die Zellen der Oberhaut abgegeben. Das Licht einer Glühlampe bewirkt – unabhängig von der Intensität – keine Melaninbildung durch die Pigmentzellen und ruft damit keine Bräunung der Haut hervor.

Die Quantelung der Strahlung

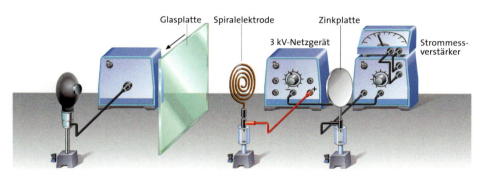

377.1 Grundversuch zum lichtelektrischen Effekt: Im elektrischen Feld zwischen den Elektroden fließt bei Beleuchtung der Zinkplatte mit einer UV-Lampe ein elektrischer Strom. Die Glasscheibe zwischen der Lampe und den Elektroden verhindert den Effekt, ohne die sichtbare Helligkeit wesentlich zu verringern.

Versuch 1: Eine Zinkplatte wird mit dem Licht einer Quecksilberdampflampe bestrahlt (**Abb. 377.1**). Das Messgerät zeigt einen elektrischen Strom an.
Erklärung: Aus der Zinkplatte werden offenbar Elektronen herausgelöst, die sich im elektrischen Feld zu einer lichtdurchlässigen Spiralelektrode hin bewegen, sodass der Messverstärker einen Strom anzeigt. Die Stromstärke ist proportional zur Anzahl der in der Zeiteinheit ausgelösten Elektronen. ◄

Der folgende Versuch soll zeigen, wie die Zahl der ausgelösten Elektronen von der Intensität und der Frequenz des Lichts abhängt.

Versuch 2: Die Intensität des Lichtes auf der Zinkplatte wird geändert, indem der Abstand zwischen der Platte und der Lampe variiert wird. Der Zusammenhang zwischen Abstand und Intensität ist offensichtlich, da das Licht kegelförmig von der Lampe ausgeht. Davon unabhängig lässt sich die Frequenz des Lichtes ändern, wenn nacheinander eine Glasplatte und ein UV-Filter in den Strahlengang gestellt werden. Die Glasplatte absorbiert ultraviolettes Licht, das UV-Filter lässt nur ultraviolettes Licht durch.
Beobachtung: Mit zunehmender Intensität wächst die Stromstärke, also die Anzahl der in der Zeiteinheit ausgelösten Elektronen. Befindet sich die Glasplatte im Strahlengang, so geht die Stromstärke auf den Wert null zurück, auch bei erhöhter Intensität. Es werden also keine Elektronen mehr ausgelöst. Wird das UV-Filter verwendet, so fließt nach wie vor ein Strom.
Ergebnis: Eine Veränderung der Intensität des Lichtes, mit dem die Zinkplatte bestrahlt wird, führt zu einer entsprechend geänderten Anzahl der in der Zeiteinheit ausgelösten Elektronen, der **Fotoelektronen.** Jedoch ist offenbar nur das hochfrequente bzw. kurzwellige ultraviolette Licht in der Lage, Elektronen aus der Zinkplatte auszulösen. ◄

Die im Versuchsaufbau von **Abb. 377.1** betrachtete Auslösung von Fotoelektronen zeigt die gleiche Abhängigkeit von der Frequenz und von der Intensität des Lichts wie die Bräunung der Haut. Die Frage, warum nur das hochfrequente bzw. kurzwellige ultraviolette Licht in der Lage ist, Elektronen auszulösen bzw. die Bräunung der Haut zu bewirken, wird an einem weiteren Experiment (→ 10.1.2) quantitativ untersucht werden.
Der Frage der Energieübertragung vom Licht auf die Fotoelektronen lässt sich dadurch konsequent nachgehen, dass die Zinkplatte mit Licht unterschiedlicher Frequenz, aber gleicher Intensität beleuchtet wird. In einer Sekunde wird dann an gleich große Flächenstücke der Metallplatte in allen Fällen die gleiche Energie abgegeben.
Wenn die Energie auf dem Flächenstück gleichmäßig und in gleichen Portionen an die Elektronen abgegeben wird, sollte für einzelne Elektronen kein Unterschied festzustellen sein. Da das ultraviolette Licht an einzelne Elektronen hohe Energiebeträge abgibt, wie es das Experiment zeigt, können wenige Elektronen diese Energie aufnehmen. Das sichtbare Licht liefert kleinere Energiebeträge, die einer im Vergleich größeren Zahl von Elektronen übertragen wird.

Vermutung: Ein einzelnes Elektron erhält durch die UV-Strahlung ausreichend Energie, um aus der Zinkplatte auszutreten. Bei sichtbarem Licht reicht die auf das einzelne Elektron übertragene Energie dafür nicht aus. Bei gleicher Intensität ist die Anzahl der Elektronen, denen Energie übertragen wird, deshalb unterschiedlich.

Aufgaben

1. **a)** Eine Metallplatte wird auf der einen Hälfte mit UV-Strahlung und auf der anderen mit sichtbarem Licht gleicher Intensität beleuchtet, ähnlich Versuch 2. Vergleichen Sie die zu erwartenden unterschiedlichen Ergebnisse.
b) Angenommen, die Energie des Lichts würde *gleichmäßig* an die einzelnen Elektronen der Zinkplatte verteilt. Erläutern Sie die dann zu erwartenden Ergebnisse.

Die Quantelung der Strahlung

10.1.2 Das Planck'sche Wirkungsquantum

Der Frage nach den Energiebeträgen, die Licht unterschiedlicher Frequenz auf einzelne Elektronen überträgt, soll mit folgendem Versuchsaufbau nachgegangen werden, bei dem es möglich ist, mit sichtbarem Licht zu experimentieren.

Versuch 1: An eine Fotozelle mit einer caesiumbeschichteten Elektrode wird ein Strommessgerät angeschlossen. Die Fotozelle wird mit Tageslicht oder dem Licht einer Glühlampe durch eine Ringelektrode hindurch beleuchtet (**Abb. 378.1 a**).
Beobachtung: Im Stromkreis fließt ein Strom, ohne dass zwischen den Elektroden der Fotozelle eine Spannung angeschlossen ist.
Ergebnis: Der Versuch zeigt, dass Elektronen, durch das sichtbare Licht ausgelöst, aus der Metallschicht austreten und sich zur gegenüberliegenden Elektrode bewegen. Diese Elektronen werden Fotoelektronen genannt. Sie müssen nach dem Verlassen des Metalls eine Geschwindigkeit besitzen, haben also eine kinetische Energie, die nur vom Licht stammen kann. ◂

Mit dem nächsten Versuch soll die kinetische Energie der Fotoelektronen bestimmt werden.

Versuch 2: Parallel zur beleuchteten Fotozelle werden ein Kondensator und ein Spannungsmessgerät angeschlossen (**Abb. 378.1 b**).
Beobachtung: Die Spannung am Kondensator steigt bis auf einen Grenzwert an.
Ergebnis: Die Fotoelektronen laden den Kondensator auf. Da die Spannung U am Kondensator proportional zur Ladung ist, steigt auch die Spannung.

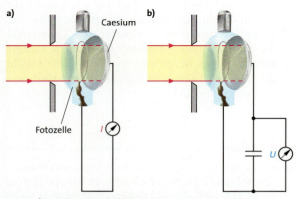

378.1 a) Sichtbares Licht löst Elektronen aus der rechten Metallschicht, die sich zur linken Elektrode bewegen. **b)** Die sogenannten Fotoelektronen laden einen Kondensator auf. Aus dem Grenzwert der Spannung lässt sich die kinetische Energie der Fotoelektronen zu Beginn der Bewegung bestimmen.

Die Elektronen haben, wenn sie gegen die Spannung U des Kondensators angelaufen sind, die Energie $E_{pot} = eU$ (→ 5.2.4) abgegeben. Diese Bewegung setzt voraus, dass die Elektronen zuvor über eine höhere oder zumindest gleich große kinetische Energie verfügt haben. Wenn keine weiteren Elektronen die gegenüberliegende Kondensatorplatte mehr erreichen, die Spannung des Kondensators den Wert U_0 erreicht hat und nicht weiter ansteigt, ist $E_{pot} = eU_0$ gleich der maximalen kinetischen Energie E_{kin} der Elektronen. Aus dem Grenzwert U_0 lässt sich so auf E_{kin} schließen. ◂

Bislang wurde die Fotozelle mit „weißem" Licht beleuchtet. Um Abhängigkeiten von der Frequenz des Lichts zu untersuchen, lassen sich aus dem weißen Licht Anteile bestimmter Frequenzen herausfiltern. Besonders einfach ist dies bei Verwendung des Lichts einer Quecksilberdampflampe. Ihr Licht weist, spektral zerlegt, wenige diskrete Linien unterschiedlicher Frequenz auf, die sich durch Farbfilter auswählen lassen.

Versuch 3: Die Fotozelle wird jeweils mit einer bestimmten Wellenlänge bzw. Frequenz aus dem Licht der Quecksilberdampflampe bestrahlt (**Abb. 378.1 b**). Ein t-y-Schreiber zeichnet zu jeder Frequenz den zeitlichen Verlauf der Kondensatorspannung U auf.
Ergebnis: Der Fotostrom lädt den Kondensator auf. Bei $\lambda = 546$ nm (grünes Licht) erreicht die Endspannung $U_0 = 0{,}40$ V, bei $\lambda = 436$ nm (blaues Licht) 1,05 V und bei $\lambda = 405$ nm (violettes Licht) 1,19 V (**Abb. 379.1**). Die aus den Wellenlängen mit $f = c/\lambda$ berechneten Frequenzwerte zeigen, dass die Spannungsgrenzwerte mit der Frequenz wachsen. Das violette Licht überträgt offenbar mehr Energie auf das einzelne Elektron als das blaue oder grüne. ◂

> Beim lichtelektrischen Effekt erhält das einzelne Elektron einen Energiebetrag, der von der Frequenz der Strahlung abhängt. Je höher die Frequenz, desto größer der Energiebetrag.

Im Folgenden wird der Einfluss der Intensität untersucht. Dazu wird Versuch 3 mit Licht einer beliebigen Frequenz wiederholt.

Versuch 4: Bei unterschiedlichen Intensitäten bzw. unterschiedlichen Abständen zwischen Lichtquelle und Fotozelle wird die Aufladung des Kondensators gemessen (**Abb. 379.2**).
Beobachtung: Die Zeitspanne, die der Kondensator zum Erreichen der Endspannung benötigt, verlängert sich bei geringerer Intensität. Der Grenzwert der Spannung bleibt dagegen konstant, ist also unabhängig von der Intensität.

Die Quantelung der Strahlung

Ergebnis: Die kinetische Energie der Fotoelektronen ist unabhängig von der Intensität des Lichtes. Eine geringere Intensität bedeutet offenbar nur, dass eine kleinere Anzahl von Elektronen im Zeitintervall ausgelöst wird. Durch den geringeren Ladestrom verzögert sich die Aufladung des Kondensators. ◂

> Die Intensität des Lichts bestimmt die Anzahl der in der Zeiteinheit ausgelösten Elektronen. Der auf das einzelne Elektron übertragene Energiebetrag ist von der Intensität unabhängig.

Mit der Spannung U_0 des aufgeladenen Kondensators lässt sich also, unabhängig von der verwendeten Intensität, die potentielle Energie $E_{pot} = e\,U_0$ berechnen und damit die gleich große kinetische Energie der ausgelösten Elektronen bestimmen. Der untere Graph in **Abb. 379.3** zeigt die kinetische Energie E_{kin} für unterschiedliche Frequenzen. Es ergibt sich ein linearer Zusammenhang. Wird ferner der Energiebetrag E_A, die Austrittsenergie, berücksichtigt, den Fotoelektronen zum Austritt aus dem verwendeten Metall benötigen, dann ist $E_{kin} + E_A = E$ die gesamte Energie E, die vom Licht an ein Elektron übertragen wird. Der obere Graph in **Abb. 379.3** zeigt diese Energie E in Abhängigkeit von der Frequenz, verlängert ergibt sich eine Ursprungsgerade.

> Licht der Frequenz f überträgt an ein ausgelöstes Elektron die Energie $E = E_{kin} + E_A = hf$.

Aus der Steigung der Geraden lässt sich die bei allen Versuchen gleiche Konstante h berechnen:

$$h = \frac{E_2 - E_1}{f_2 - f_1} = \frac{(1{,}91 - 0{,}64) \cdot 10^{-19}\ \text{J}}{(7{,}40 - 5{,}49) \cdot 10^{14}\ \text{s}^{-1}} = 6{,}6 \cdot 10^{-34}\ \text{Js}$$

Die Konstante h erhielt von Max PLANCK den Namen **Wirkungsquantum.** Die Bezeichnung gründet sich auf den physikalischen Begriff der *Wirkung* mit der Einheit Js. Die folgenden Experimente zeigen:

> Das **Planck'sche Wirkungsquantum**
> $h = 6{,}6 \cdot 10^{-34}$ **Js** ist die universelle Naturkonstante der Quantenphysik.

Aufgaben

1. Berechnen Sie die Energie, die Radiostrahlung ($\lambda = 200$ m), Infrarotstrahlung ($\lambda = 1$ μm) und Röntgenstrahlung ($\lambda = 1$ nm) an ein Elektron übertragen können.
*2. Die Spannung am Kondensator in **Abb. 378.1** ändert sich schrittweise mit jedem Fotoelektron. Erläutern Sie den zeitlichen Verlauf der Kondensatorspannung während der Aufladung, abhängig von der Intensität und der Frequenz des Lichts.

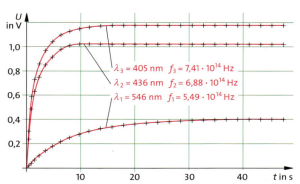

379.1 Licht mit höherer Frequenz überträgt mehr Energie auf das einzelne Elektron. Mit der höheren kinetischen Energie können die Fotoelektronen den Kondensator auf eine höhere Spannung aufladen. Erst wenn die Spannung des Kondensators $U = U_0$ ist, erreichen keine weiteren Fotoelektronen die Kondensatorplatte und die Aufladung ist abgeschlossen.

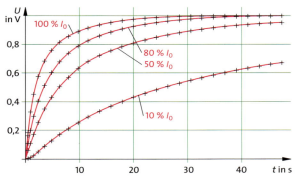

379.2 Bei fester Wellenlänge ($\lambda = 436$ nm) wird die Intensität geändert. Die Fotoelektronen laden den Kondensator auf. Je größer die Intensität der Strahlung, desto mehr Fotoelektronen werden im Zeitintervall erzeugt; damit steigt der Ladestrom und der Grenzwert der Spannung wird schneller erreicht. In allen Fällen wird der gleiche Grenzwert erreicht.

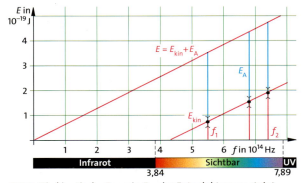

379.3 Die kinetische Energie E_{kin} der Fotoelektronen steigt linear mit der Frequenz. Die Gesamtenergie E ist proportional zur Frequenz. Licht der Frequenz f überträgt den Energiebetrag $E = hf$ jeweils an ein Elektron. Die Steigung des f-E-Graphen ist h mit dem Wert $6{,}6 \cdot 10^{-34}$ Js.

Die Quantelung der Strahlung

10.1.3 Die Lichtquantenhypothese

Die Vorgänge der Lichtausbreitung wie z. B. Beugung, Brechung und Interferenz (→ 7.3) lassen sich als Wellenvorgang verstehen. In dieser Vorstellung ist Licht einer Spektralfarbe eine Welle mit bestimmter Frequenz und Wellenlänge. Der im vorangegangenen Abschnitt behandelte lichtelektrische Effekt ist dagegen eine Wechselwirkung von Licht mit Materie. Eine Erklärung des lichtelektrischen Effekts bedeutet seine Einordnung in ein bestimmtes Vorstellungsbild, also etwa in die Wellenvorstellung von der Lichtausbreitung oder in die Teilchenvorstellung von Elektronen.

Dazu wird noch einmal deutlich herausgestellt, was zu erklären ist:
1. Aus einer Zinkplatte werden Elektronen nur durch UV-Licht, also durch Strahlung mit einer hohen Frequenz ausgelöst. Bei sichtbarem Licht, welches einen Bereich niedrigerer Frequenzen umfasst, führt auch eine Erhöhung der Intensität nicht zur Auslösung von Elektronen.
2. Die in einer Fotozelle von Licht einer bestimmten Frequenz ausgelösten Elektronen besitzen kinetische Energie. Der Betrag der kinetischen Energie der Elektronen hängt nur von der Frequenz, nicht jedoch von der Intensität des Lichts ab.

Zu 1: Zur Auslösung eines Elektrons wird eine bestimmte Energie, die *Austrittsenergie,* benötigt. Nach der Wellenvorstellung von der Lichtausbreitung ist die in einem Zeitintervall an ein Volumenelement abgegebene Energie proportional zur Intensität bzw. zum Quadrat der Amplitude der Welle, nämlich der elektrischen Feldstärke (→ 6.3.7). Die Auslösung von Elektronen aus einer Metalloberfläche ließe sich damit erklären, dass die Elektronen in dem schwingenden elektrischen Feld eine der Feldstärke proportionale Kraft erfahren und so zum Mitschwingen angeregt werden. Dabei nehmen sie aus dem Feld Energie auf und können bei einem ausreichenden Wert der Energie das Metall verlassen. Bei einer Erhöhung der Intensität, also einer Erhöhung der elektrischen Feldstärke, müssten also bei jeder beliebigen Frequenz Elektronen ausgelöst werden. Dass dies bei Frequenzen unterhalb einer ganz bestimmten Frequenz, der beobachteten Grenzfrequenz nicht der Fall ist, lässt sich mit klassischen Vorstellungen nicht verstehen.

Zu 2: Elektronen im Metall können grundsätzlich jeden beliebigen Wert kinetischer Energie annehmen. Der Versuch zeigt jedoch, dass sie in diesem Fall nur einen bestimmten Betrag an kinetischer Energie haben, dessen Wert von der Frequenz des Lichtes abhängt.

Durch Variation der Intensität des Lichtes wird die in einem Zeitintervall und einem bestimmten Raumbereich zur Verfügung gestellte Energie verändert. Dennoch ist der Höchstbetrag der Energie der ausgelösten Elektronen bei einer bestimmten Frequenz konstant. Auch dies ist im Rahmen der klassischen Vorstellungen unverständlich.

Fazit: Die Energieübertragung beim lichtelektrischen Effekt vom Licht auf Elektronen kann nicht mit der Vorstellung von Licht als Welle erklärt werden.

Eine Beschreibung der Energieübertragung fand Albert Einstein im Jahre 1905, für die er den Nobelpreis erhielt.

> • Der Energieaustausch von Licht mit Materie erfolgt beim lichtelektrischen Effekt in Energiebeträgen der Größe $E = hf$. Diese quantisierten Energiebeträge werden von **Lichtquanten** oder **Photonen** übertragen. Mit der Absorption eines Photons wird die Energie $E = hf$ auf ein Elektron übertragen. Die Größe der absorbierten Energiebeträge ist der Frequenz f des Lichtes proportional.
> • Ein Elektron absorbiert jeweils nur die Energie eines Photons. Die Energie des Lichtes wird damit nicht kontinuierlich, sondern nur in festen Energiebeträgen absorbiert.
> • Eine Erhöhung der Intensität des Lichtes bedeutet eine Vergrößerung der Anzahl der Photonen, die in einer bestimmten Zeit in einem Volumen absorbiert werden.

Nach dieser Vorstellung wird der lichtelektrische Effekt folgendermaßen erklärt: Aus dem Energiestrom des Lichts absorbieren die Elektronen des Metalls Energie in den Beträgen $E = hf$, wobei ein einzelnes Elektron stets nur die Energie eines Photons absorbiert. Nur dann, wenn der Betrag $E = hf$ größer ist als die zum Austritt aus der Metalloberfläche benötigte Energie, wird ein Elektron auch tatsächlich ausgelöst. Die Energie eines ausgelösten Elektrons ist gleich der Differenz aus der absorbierten Energie $E = hf$ und der Austrittsenergie. Diese Energiedifferenz besitzt das Elektron als kinetische Energie.

Eine Erhöhung der Intensität des Lichtes führt zu einer Vergrößerung der Anzahl der pro Zeiteinheit und Flächeneinheit absorbierten Photonen, nicht jedoch zu einer Vergrößerung der von den Elektronen absorbierten Energiebeträge. Von intensiverem Licht werden also pro Zeiteinheit und Flächeneinheit mehr, jedoch nicht energiereichere Elektronen ausgelöst. Dies ist eine überraschende Feststellung.

10.1.4 Umkehrung des lichtelektrischen Effekts mit Leuchtdioden

Die Vorgänge in einer Leuchtdiode sind in gewisser Weise eine Umkehrung des lichtelektrischen Effekts. Eine Leuchtdiode besteht wie eine Halbleiterdiode aus zwei unterschiedlichen aneinander angrenzenden Materialien. Bei einer Spannung U_0 in Durchlassrichtung an der Diode setzt ein Elektronenstrom durch die Grenzschicht ein (→ 12.1.3). Die Elektronen besitzen nach der Beschleunigung durch die Spannung U_0 die Energie $E = e U_0$ als kinetische Energie. Ein Teil der Elektronen gibt die Energie an die Gitteratome ab und erhöht deren Schwingungsenergie. Ein anderer Teil überträgt seine Energie vollständig auf die Strahlung. Die Wellenlängen dieser Strahlung liegen bei Leuchtdioden im sichtbaren Bereich des Spektrums.

Abhängig von den verwendeten Materialien weisen Leuchtdioden unterschiedliche Werte für die Durchlassspannung U_0 und die Wellenlänge λ bzw. die Frequenz f der emittierten Strahlung auf. Der Zusammenhang zwischen der Spannung U_0 und der Wellenlänge λ soll untersucht werden.

Versuch 1: Ein Schaltbrett enthält Leuchtdioden für Licht unterschiedlicher Farben und Wellenlängen (**Abb. 381.1**). Die Dioden werden nacheinander an eine regelbare Spannungsquelle angeschlossen. Die Spannung wird so lange erhöht, bis die jeweils angeschlossene Diode leuchtet.
Ergebnis: Die Dioden leuchten bei unterschiedlichen Spannungen U_0, und zwar ist U_0 umso höher, je kleiner die Wellenlänge λ ist. ◄

Die Elektronen geben ihre Energie an das Licht ab. Je höher die Spannung ist, desto mehr Energie besitzt das Elektron und desto kurzwelliger ist die emittierte Strahlung (**Tab. 381.1**).

Wie bei der Untersuchung des lichtelektrischen Effekts interessiert auch hier der Zusammenhang zwischen der Energie der Elektronen und der Frequenz der Strahlung. Die Energie E lässt sich aus der Spannung U_0 mit $E = e U_0$ berechnen. Auf dem Schaltbrett in **Abb. 381.1** sind die Wellenlängen λ der Dioden bereits angegeben. Sie wurden aus dem Gitterspektrum (→ 7.3.3) ermittelt. Mit den Werten für λ lässt sich mit $f = c/\lambda$ die Frequenz f berechnen. Jede Messung liefert damit ein Wertepaar $(f|E)$. **Abb. 381.2** zeigt diesen Zusammenhang zwischen der Energie der Elektronen und der Frequenz des emittierten Lichts. Die Messpunkte liegen auf einer Geraden mit der Steigung h. Die Energie E des Elektrons wird also vollständig an ein Photon übertragen.

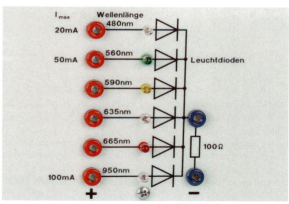

Farbe	U_0 in V	λ in nm	f in 10^{14} Hz
Rot	1,85	665	4,51
Orange	1,95	635	4,72
Gelb	2,10	590	5,08
Grün	2,20	560	5,35
Blau	2,60	480	6,25

381.1 Oben: Leuchtdioden für unterschiedliche Wellenlängen; unten: Messwerte für U_0 und λ

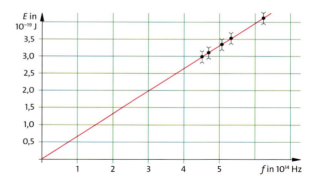

381.2 Die Energie der Elektronen über der Frequenz der Strahlung aufgetragen ergibt eine Ursprungsgerade. Das Licht benötigt keine Austrittsenergie. Die Steigung der Geraden liefert den Wert von $h = 6,6 \cdot 10^{-34}$ Js.

> In einer Leuchtdiode erzeugen Elektronen mit der Energie $E = eU$ Strahlung der Frequenz f. Für die dabei emittierten Photonen gilt $E = hf = eU$.

Aufgaben

1. Eine Diode hat die Durchlassspannung $U_0 = 0{,}65$ V. Berechnen Sie die Wellenlänge des abgestrahlten Lichts.
2. Die in **Abb. 381.1** gezeigte untere Leuchtdiode für 950 nm leuchtet trotz der Stromstärke 10 mA nicht. Berechnen Sie die Spannung U_0 bei dieser Wellenlänge. Vergleichen Sie die Strahlung mit der anderer Leuchtdioden.

Die Quantelung der Strahlung

10.1.5 Die kurzwellige Grenze der Röntgenstrahlung

Mit einem weiteren Experiment soll die Umkehrung des lichtelektrischen Effekts mit Röntgenstrahlung, also in einem anderen Frequenzbereich, untersucht werden. Dabei wird sich zeigen, wie weit der beim lichtelektrischen Effekt gefundene Zusammenhang $E = hf$ zwischen der Energie der Photonen und der Frequenz der Strahlung gültig bleibt.

In der Röntgenröhre werden von einer geheizten Katode Elektronen emittiert und dann in einem elektrischen Feld zwischen Katode und Anode auf eine kinetische Energie von einigen zehntausend Elektronvolt beschleunigt (**Abb. 382.1**). Die energiereichen Elektronen werden an der Anode abgebremst und geben einen Teil ihrer Energie in Form von Röntgenstrahlung ab. Wie bei der Untersuchung des lichtelektrischen Effekts interessiert auch hier der Zusammenhang zwischen der Energie der Elektronen und der Frequenz bzw. der Wellenlänge der Strahlung.
Die Messung von Wellenlängen in der Größenordnung von 100 pm erfolgt mit der Drehkristallmethode.

Versuch 1 – Drehkristallmethode: Entsprechend **Abb. 382.1** wird die Abhängigkeit der Intensität der Röntgenstrahlung von der Wellenlänge untersucht (→ 7.4.3). Nach der Bragg-Gleichung $2d \sin \vartheta = n\lambda$ mit $n = 1$ reflektiert der Kristall die unter dem Winkel ϑ einfallende Strahlung der Wellenlänge λ in Richtung 2ϑ. Das Zählrohr in der Stellung 2ϑ misst die Intensität, die zur Strahlung der Wellenlänge λ gehört. Die schrittweise geänderte Stellung des Zählrohrs von $2\vartheta = 5°$ bis hin zu $2\vartheta = 90°$ ermöglicht, bei jeder Einstellung die Intensität der Strahlung zu messen. Das Ergebnis ist die Abhängigkeit der Intensität vom Winkel ϑ und nach der Umrechnung mit $\lambda = 2d \sin \vartheta$ von der Wellenlänge λ.
Ergebnis: Im Spektrum von **Abb. 382.2** sind die Messwerte zusammengetragen. Die Intensität ist kontinuierlich über einen Wellenlängenbereich oberhalb einer Grenzwellenlänge verteilt. Zu den kurzen Wellenlängen hin bricht das Spektrum abrupt ab. ◄

Versuch 2: Der Versuch 1 wird mit unterschiedlichen Beschleunigungsspannungen U_A wiederholt.
Ergebnis: Je größer die Beschleunigungsspannung ist, umso kleiner ist die Wellenlänge, bei der das Spektrum abbricht, die sogenannte kurzwellige Grenze des jeweiligen Spektrums (**Abb. 383.1**). ◄

Versuch 3: Der Versuch 1 wird bei gleicher Beschleunigungsspannung U_A mit Anoden aus unterschiedlichen Metallen wiederholt.
Ergebnis: Es ergeben sich Spektren, wie sie z. B. in **Abb. 383.2** dargestellt sind. Bei recht unterschiedlichem Verlauf der Spektren liegt die kurzwellige Grenze für alle untersuchten Metalle bei demselben Wert. Die Spektren unterscheiden sich durch die Lage weniger schmaler Maxima der Intensität. Diese für das jeweilige Anodenmaterial **charakteristische Strahlung** hat keinen Einfluss auf die kurzwellige Grenze. ◄

Auswertung der Spektren

Zum Verständnis der Versuchsergebnisse sollen die Vorgänge beschrieben werden, in denen die Elektronen im Anodenmaterial ihre Energie verlieren. Ein wesentlicher Teil der Energie der Elektronen wird als Schwingungsenergie an die Gitteratome abgegeben und führt zu einer starken Temperaturerhöhung der Anode, die daher gekühlt werden muss.
Die Elektronen können andererseits Energie beim Abbremsen im Anodenmaterial abgeben. Wie bei der Behandlung der elektromagnetischen Wellen gezeigt wurde (→ 6.3.7), emittieren beschleunigte Ladungen elektromagnetische Strahlung. Auf diese Weise wird kinetische Energie der Elektronen ganz oder teilweise in Energie der Strahlung bzw. der Photonen umgewandelt. Es entsteht die sogenannte **kontinuierliche Strahlung** oder **Bremsstrahlung.** Die Elektronen geben dabei unterschiedlich große Anteile ihrer kinetischen Energie ab. Je nach Größe des Energiebetrags E wird wegen $E = hf$ ein Photon der Frequenz f bzw. der zugehörigen Wellenlänge λ erzeugt. Es entsteht das in Versuch 1 gemessene kontinuierliche Spektrum (**Abb. 382.2**). Jedoch kann ein Elektron nicht mehr als seine gesamte Energie $E = eU_A$ an ein

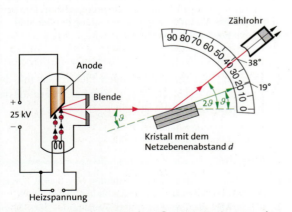

382.1 Schematischer Versuchsaufbau zur Bestimmung der kurzwelligen Grenze der Röntgenstrahlung. Der Wert von λ ergibt sich aus der Messung des Winkels ϑ aus der Bragg-Gleichung $2d \sin \vartheta = \lambda$.

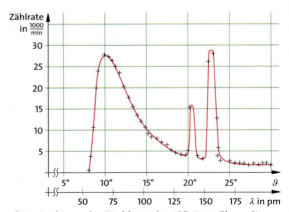

382.2 Spektrum der Strahlung einer Röntgenröhre mit Cu-Anode in Abhängigkeit von der Wellenlänge λ. Bremsstrahlung und charakteristische Strahlung überlagern sich. Die Beschleunigungsspannung U_A ist konstant.

Die Quantelung der Strahlung

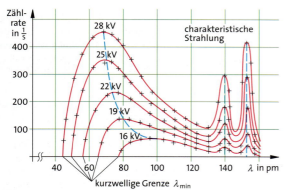

383.1 Intensität der Röntgenstrahlung (Cu-Anode) in Abhängigkeit von λ bei verschiedenen Beschleunigungsspannungen U_A und entsprechenden Werten für die kurzwellige Grenze λ_{min}. Die Wellenlängen der charakteristischen Strahlung bleiben gleich.

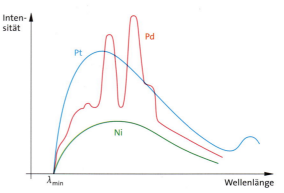

383.2 Die Intensität der Strahlung einer Röntgenröhre in Abhängigkeit von λ bei gleicher Beschleunigungsspannung für verschiedene Anodenmaterialien wie Platin (Pt), Nickel (Ni) und Palladium (Pd).

Photon abgeben. Dann wird ein Photon mit maximaler Frequenz erzeugt. Zum höchsten Wert der Frequenz gehört ein kleinster Wert der Wellenlänge, die **kurzwellige Grenze** des Spektrums.

Die Ergebnisse in **Abb. 383.1** zeigen, wie die kurzwellige Grenze von der Spannung abhängt, mit der die Elektronen beschleunigt werden. Da die Energie E eines einzelnen Elektrons mit der Spannung U_A entsprechend $E = e\,U_A$ ansteigt, wächst der Energiebetrag, den ein Elektron höchstens einem Photon übertragen kann. Die kurzwellige Grenze der Strahlung verschiebt sich mit steigender Spannung zu niedrigeren Wellenlängen.

> Das Bremsspektrum der Röntgenstrahlung besitzt eine durch die Anodenspannung U_A bestimmte untere Grenze, die kurzwellige Grenze λ_{min} der emittierten Strahlung.

Zum Vergleich mit den Ergebnissen beim lichtelektrischen Effekt soll die Energie der Elektronen über der maximalen Frequenz der Strahlung aufgetragen werden. Aus der jeweils eingestellten Anodenspannung U_A und der gemessenen kurzwelligen Grenze λ_{min} sind Energie und Frequenz zu berechnen. Beispielsweise erhalten die mit der Anodenspannung $U_A = 20{,}2$ kV beschleunigten Elektronen die Energie $E = e\,U_A = 3{,}2 \cdot 10^{-15}$ J. Die Strahlung setzt mit der Wellenlänge $\lambda_{min} = 5{,}6 \cdot 10^{-11}$ m ein. Aus $\lambda_{min}\,f_{max} = c$ ergibt sich die Frequenz $f_{max} = 5{,}4 \cdot 10^{18}$ Hz. Für weitere Werte der Anodenspannung U_A und der kurzwelligen Grenze λ_{min} sind die zugehörigen Energie- und Frequenzwerte berechnet und als Wertepaare $(f\,|\,E)$ in **Abb. 383.3** eingezeichnet.

Weiterhin ist in **Abb. 383.3** zum Vergleich mit den Ergebnissen des lichtelektrischen Effekts eine Gerade mit der Steigung h eingezeichnet. Sie zeigt, dass die Messergebnisse den Zusammenhang $E = h\,f$ für Röntgenstrahlung bestätigen.

> Bei der Wechselwirkung von Elektronen der Energie $E = e\,U_A$ mit Materie entstehen Photonen mit der maximalen Energie $E_{max} = h\,f_{max} = e\,U_A$. Deren Wellenlänge ist $\lambda_{min} = c/f_{max} = h\,c/e\,U_A$.

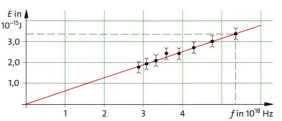

383.3 Die Energie der Elektronen für unterschiedliche Anodenspannungen in Abhängigkeit von der maximalen Frequenz der erzeugten Strahlung (gestrichelt die Beispielmessung). Die Steigung des Graphen hat den Wert von h.

Aufgaben

1. **a)** In einer Röntgenröhre durchlaufen Elektronen eine Potentialdifferenz $U_A = 40$ kV. Berechnen Sie die kurzwellige Grenze λ_{min} der Röntgenstrahlung.
   b) Zeigen Sie, dass zwischen der kurzwelligen Grenze λ_{min} und der Beschleunigungsspannung U_A die Beziehung $\lambda_{min} = 1240$ V nm$/U_A$ gilt.

2. Die vom Zählrohr registrierten Impulse unterstützen die Sichtweise, dass einzelne Photonen absorbiert werden. Angenommen, der Wert von h sei halbiert. Diskutieren Sie unter dieser Voraussetzung das Ergebnis von Versuch 1.

3. Mithilfe der Bragg-Reflexion an einem Lithiumfluoridkristall mit der Gitterkonstanten $d = 201$ pm werden bei verschiedenen fest eingestellten Reflexionswinkeln ϑ die Beschleunigungsspannungen U_A gemessen, bei denen eine Emission von Röntgenstrahlung einsetzt:

ϑ	8°	9°	10°	11°	12°	13°
U_A in kV	19,8	17,6	15,8	14,6	13,5	12,5

   a) Berechnen Sie mit der Bragg-Gleichung die Wellenlängen und die Frequenzen und zeichnen Sie den Graphen der Spannung U_A in Abhängigkeit von der Frequenz f.
   b) Bestimmen Sie aus der grafischen Darstellung den Wert des Planck'schen Wirkungsquantums h.

Die Quantelung der Strahlung

10.1.6 Der Compton-Effekt

Masse und Impuls des Photons

Bei den bislang untersuchten Wechselwirkungen von Licht mit Materie wurde die gesamte Energie des Photons auf jeweils ein Elektron des Festkörpers übertragen. Weitere Untersuchungen zeigen, dass neben der Energie auch Impuls übertragen wird, jedoch nicht an das einzelne Elektron, sondern an den gesamten Festkörper der Fotozelle. Die Messung des Impulses der Fotoelektronen liefert deshalb keine verwertbare Aussage über den Impuls p des Photons bzw. für das Produkt aus dessen Masse m und Geschwindigkeit c.

Erste Hinweise zu Impuls und Masse der Photonen liefert die Relativitätstheorie (→ 9.3.2). Nach der Relativitätstheorie sind Energie und Masse zueinander äquivalente Größen: $E = mc^2$. Damit hat ein Photon mit der Energie $E = hf$ die Masse $m_{Ph} = E/c^2 = hf/c^2$. Da der Energietransport mit Lichtgeschwindigkeit vor sich geht, ist der Impuls p_{Ph} des Photons das Produkt aus seiner Masse m_{Ph} und seiner Geschwindigkeit c, also $p_{Ph} = m_{Ph} c = hf/c = h/\lambda$, mit der für Wellen geltenden Beziehung $c = \lambda f$. So erhalten Photonen neben der Energie die Eigenschaften Masse und Impuls, die von Elektronen oder Protonen bekannt sind, abhängig von f bzw. λ.

> Photonen haben die **Energie** $E = hf$ und den **Impuls** $p_{Ph} = h/\lambda$. Ihre **Masse** ist
> $m_{Ph} = \dfrac{E}{c^2} = \dfrac{hf}{c^2}$.

Der Compton-Effekt als Nachweis

Impuls und Masse von Photonen treten z. B. bei der Wechselwirkung hochenergetischer Photonen mit einzelnen Elektronen in Erscheinung. Im Jahre 1922 untersuchte der Amerikaner A. H. COMPTON die Streuung von Röntgenstrahlung an Kohlenstoff und fand, dass neben einer Streustrahlung, die dieselbe Frequenz und Wellenlänge wie die einfallende Strahlung besitzt, ein weiterer Strahlungsanteil mit einer etwas größeren Wellenlänge vorhanden war (**Abb. 384.1**). Aus der Änderung der Wellenlänge folgt mit $p = h/\lambda$ eine Impulsänderung des Photons.

Ein nach **Abb. 384.2** durchgeführtes Experiment bestätigt die Impulsänderung von Photonen der Röntgenstrahlung beim Stoß mit Elektronen. Dabei wird die Eigenschaft genutzt, dass die Absorption von Röntgenstrahlung durch eine Aluminiumplatte von der Frequenz der Strahlung abhängt. Röntgenstrahlung geringerer Frequenz, also geringerer Energie, wird stärker absorbiert als Strahlung größerer Energie.

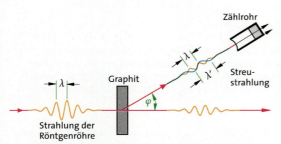

384.1 Schematische Darstellung des Compton-Effekts: Unter dem Winkel φ wird neben der Strahlung der ursprünglichen Wellenlänge λ auch solche mit größerer Wellenlänge λ' beobachtet.

> **Versuch 1:** Die Intensität der an einem Plexiglasblock gestreuten Strahlung wird gemessen, wobei sich eine Aluminiumplatte als Absorber in **Abb. 384.2** erst in der Stellung 1, dann in der Stellung 2 befindet.
> *Ergebnis:* Mit dem Absorber in Stellung 1 ist die Zählrate höher als mit dem Absorber in Stellung 2. Der Unterschied der Zählraten beträgt etwa 10 %. ◀

Der Versuch zeigt, dass die Absorption der gestreuten Strahlung stärker ist als die der noch nicht gestreuten Strahlung. Da Röntgenstrahlung geringerer Energie von der Aluminiumplatte stärker absorbiert wird als Strahlung größerer Energie, zeigt der Versuch, dass die Energie der gestreuten Strahlung geringer ist. Sie hat Energie und Impuls an die Elektronen im Streukörper abgegeben.

> **Compton-Effekt:** Beim Stoß von Photonen mit Elektronen werden wie bei einem elastischen Stoß Energie und Impuls übertragen. Nach dem Stoß haben die Photonen deshalb eine größere Wellenlänge.

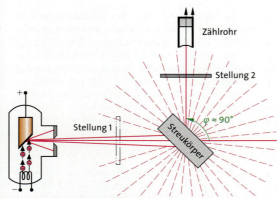

384.2 Schematische Darstellung des Versuchsaufbaus zum Compton-Effekt: Die gestreute Strahlung wird stärker absorbiert, wenn sich der Absorber in Stellung 2 befindet.

Die Quantelung der Strahlung

Die Compton-Formel

Die Änderung der Wellenlänge von Röntgenphotonen wird in Abhängigkeit vom Streuwinkel untersucht. Dabei stellt sich heraus, dass der Unterschied der Wellenlängen der beiden gestreuten Strahlungsanteile mit dem Streuwinkel zunimmt (**Abb. 385.1**).

Der Wellenlängenunterschied soll im Folgenden für $\varphi = 90°$ berechnet werden. Dabei wird die Wechselwirkung zwischen dem Photon und dem Elektron wie ein elastischer Stoß zwischen zwei Teilchen behandelt, d. h. es gelten der Energieerhaltungssatz und der Impulserhaltungssatz. Die Erklärung der Streustrahlung mit veränderter Frequenz geht davon aus, dass ein Photon mit einem zunächst ruhenden Elektron zusammenstößt und einen Teil seiner Energie und seines Impulses auf das Elektron überträgt. Wegen der Größe der Geschwindigkeit der Elektronen nach dem Stoß muss die Rechnung relativistisch durchgeführt werden ($\rightarrow$ 9.3).

Mit m_{0e} als Ruhemasse eines Elektrons und m_e als dynamische Masse ist $E_{0e} = m_{0e} c^2$ die Energie des Elektrons vor dem Stoß und $E_e = m_e c^2$ die Energie nach dem Stoß. Das Photon hat vor dem Stoß die Energie $E_{Ph} = hf$ und nach dem Stoß die Energie $E' = hf'$.

Energieerhaltungssatz: $\qquad E_{Ph} + E_{0e} = E'_{Ph} + E_e$

Entsprechende Bezeichnungen gelten für die Impulse (siehe **Abb. 385.2**).

Impulserhaltungssatz: $\qquad p_{Ph}^2 = p_e^2 - p'^2_{Ph}$

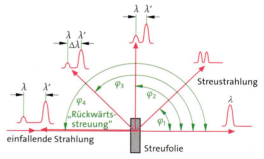

385.1 Intensität der einfallenden Röntgenstrahlung mit der Wellenlänge λ und der gestreuten Strahlung mit λ' für verschiedene Streuwinkel φ. Für $\varphi = 180°$ sind die Intensität der gestreuten Strahlung und die Wellenlängenänderung maximal.

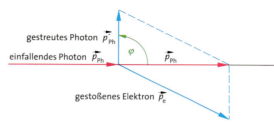

385.2 Darstellung der Impulse des Photons und des Elektrons vor und nach der Streuung.

Die Terme werden in den Impuls-Energie-Zusammenhang für das Elektron $E_e^2 - p_e^2 c^2 = m_{0e}^2 c^4$ eingesetzt ($\rightarrow$ 9.3.1):

$$m_{0e} c^2 (E_{Ph} - E'_{Ph}) = E_{Ph} E'_{Ph}$$

$$m_{0e} c^2 \left(\frac{1}{E'_{Ph}} - \frac{1}{E_{Ph}} \right) = 1$$

Mit $E_{Ph} = hf$ und $E'_{Ph} = hf'$ folgt

$$\frac{1}{f'} - \frac{1}{f} = \frac{h}{m_{0e} c^2}$$

und mit $\lambda = c/f$ schließlich

$$\Delta \lambda = \lambda' - \lambda = \frac{h}{m_{0e} c}.$$

Für beliebige Winkel gilt

$$\Delta \lambda = \lambda' - \lambda = \frac{h}{m_{0e} c} (1 - \cos \varphi).$$

> Bei einer Streuung von Röntgenlicht an Elektronen vergrößert sich die Wellenlänge der um den Winkel φ gestreuten Strahlung um
>
> $$\Delta \lambda = \frac{h}{m_{0e} c} (1 - \cos \varphi).$$

Die Vergrößerung der Wellenlänge hängt nur vom Streuwinkel φ und nicht von der Frequenz oder der Wellenlänge des eingestrahlten Röntgenlichts ab.

> Für einen Streuwinkel von $\varphi = 90°$ ergibt sich eine Wellenlängenänderung von
>
> $$\Delta \lambda_{90°} = \lambda_C = 2{,}43 \cdot 10^{-12} \text{ m} = 2{,}43 \text{ pm},$$
>
> die **Compton-Wellenlänge** genannt wird.

Da die Wellenlängenänderung sehr gering ist, kann der Effekt nur bei Strahlung mit kleiner Wellenlänge wie Röntgenlicht nachgewiesen werden.

Aufgaben

1. Der Schweif eines Kometen ist stets von der Sonne weg gerichtet. Erklären Sie dieses Verhalten durch die Wechselwirkung von Photonen mit Elektronen. Vergleichen Sie mit der Wechselwirkung von Protonen mit Elektronen.
2. Bestimmen Sie die maximale Wellenlängenänderung beim Compton-Prozess. Ermitteln Sie den Winkel, unter dem die Strahlung auftritt.
3. Übertragen Sie die Ergebnisse des Compton-Effekts auf sichtbares Licht der Wellenlänge $\lambda = 550$ nm. Berechnen Sie die maximale Wellenlängenänderung und die dabei an ein Elektron übertragene Energie. Beurteilen Sie die Bedeutung des Compton-Effekts für sichtbares Licht.
4. Die Frequenz der gestreuten Strahlung bei einem Compton-Prozess beträgt $f' = 0{,}990 \cdot 10^{19}$ Hz und die der ursprünglichen Strahlung $f = 1{,}000 \cdot 10^{19}$ Hz. Berechnen Sie die an ein Elektron abgegebene Energie.
5. Die Frequenz der einfallenden Strahlung beträgt bei einem Compton-Prozess $f = 1{,}2 \cdot 10^{20}$ Hz, die Geschwindigkeit der Elektronen nach dem Stoß $v = 1{,}5 \cdot 10^8$ m/s. Berechnen Sie die Frequenz der gestreuten Strahlung.

10.2 Verteilung der Photonen im Raum

In den vorangehenden Kapiteln sind die Vorstellungen über das Licht erweitert worden. Einerseits sind Beugung, Brechung und Interferenz zu erklären und zu verstehen, wenn Licht als elektromagnetische Welle behandelt wird, andererseits treten bei der Absorption, bei der Emission und bei der Streuung von Licht Effekte auf, die nicht in die Wellenvorstellung passen und eher auf Eigenschaften des Lichts hindeuten, die als Teilcheneigenschaften bekannt sind.

Es soll nunmehr geklärt werden, wie sich die beiden gegensätzlichen Vorstellungen vom Licht zu einer stimmigen neuen Betrachtungsweise hinführen lassen. Es wäre unbefriedigend, beide Betrachtungsweisen für den einen physikalischen Bereich Licht bzw. elektromagnetische Strahlung beziehungslos nebeneinander beizubehalten. Deshalb wird in diesem Kapitel auch eine Verbindung der beiden Vorstellungen von elektromagnetischer Strahlung hergestellt. Dass zwischen den beiden Betrachtungsweisen ein Zusammenhang besteht, ist an der Energie und dem Impuls der Photonen zu erkennen. Mit dem Energiebetrag $E = hf$ ($\rightarrow$ 10.1.3) und dem Impuls $p = h/\lambda$ ($\rightarrow$ 10.1.6) werden dem „Photon" einerseits Teilcheneigenschaften zugeschrieben, doch gehören die beiden Größen Frequenz f und Wellenlänge λ andererseits eindeutig zur Wellenvorstellung.

Weder die Teilchen- noch die Wellenvorstellung reicht für sich allein aus, um alle Phänomene zu erklären, wie weitere Untersuchungen und Betrachtungen der im vorangegangenen Abschnitt behandelten Effekte zeigen. Wird z. B. beim lichtelektrischen Effekt linear polarisiertes Licht verwendet, so ergibt sich, dass in der Polarisationsrichtung, also in Richtung des elektrischen Feldstärkevektors der zugehörigen elektromagnetischen Welle, mehr Elektronen emittiert werden als in andere Richtungen. Also scheint die Welleneigenschaft des Lichts hier auf die Energie- und Impulsübertragung an die Elektronen Einfluss zu nehmen.

10.2.1 Die Photonenverteilung hinter dem Doppelspalt

> Eine Verbindung zwischen den beiden Vorstellungen vom Licht lässt sich herstellen, wenn beachtet wird, dass mithilfe der **Wellenvorstellung** vom Licht die **Ausbreitung** des Lichts im Raum und mit der **Teilchenvorstellung** die Absorption oder Emission von Photonen, also die **Wechselwirkung** mit Materie, beschrieben werden.

Die Interferenz am Doppelspalt ist aufgrund des einfachen Aufbaus und der mathematisch einfach zu beschreibenden Ergebnisse besonders geeignet, um die Zusammenhänge zu veranschaulichen.

Von einer kohärenten punktförmigen Lichtquelle geht Licht aus und erzeugt hinter einem Doppelspalt eine Interferenzfigur. Die Interferenzfigur besteht aus Bereichen, auf die viel Licht auftrifft, die sich mit Bereichen abwechseln, in denen wenig oder gar kein Licht beobachtet wird. Die von den beiden Doppelspalten kommende Lichtenergie wird also in einer ganz bestimmten Weise im Raum verteilt. Um diese Verteilung der Energie berechnen zu können, werden die Wegdifferenzen der Wellen von den beiden Spalten zum Ort der Beobachtung benötigt. Daraus lässt sich die Phasendifferenz der sich überlagernden Schwingungen bestimmen. Die vektorielle Addition der Teilschwingungen führt auf die Gesamtamplitude ($\rightarrow$ 7.3.5), deren Quadrat proportional zur Intensität ist. Für Licht bedeutet das: Die Intensität, d. h. die an ein Flächenelement in einer Zeiteinheit übertragene Energie ($\rightarrow$ 4.6), ist proportional zum Quadrat der Amplitude der elektrischen Feldstärke $I \sim \hat{E}^2$.

Durch diese Betrachtungen ist es also möglich, über die Verteilung der Energie in einem Zeitintervall im Raum, über die Intensität, mithilfe der Wellenvorstellung Voraussagen zu machen. Dabei bleibt zunächst die Frage offen, welcher Zusammenhang zur Anzahl und Verteilung von Photonen besteht, deren Energie an die Elektronen der Materie am Beobachtungsort übertragen wird.

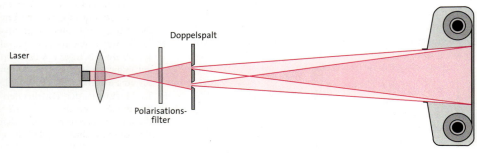

386.1 Registrierung der Intensitätsverteilung hinter einem Doppelspalt mit einer Filmkamera oder einer speziellen elektronischen Kamera (Kameragehäuse jeweils ohne Objektiv). Mit zwei gekreuzten Polarisationsfiltern lässt sich die Intensität einstellen.

Verteilung der Photonen im Raum

Messung der Intensitätsverteilung

Bei der Untersuchung von Interferenzerscheinungen stand bislang die Berechnung der Orte der Intensitätsmaxima und -minima im Vordergrund, weniger die Registrierung der an den jeweiligen Orten absorbierten Photonen. Das soll jedoch in den folgenden Versuchen geschehen.

Versuch 1: Das aufgeweitete Lichtbündel eines Lasers fällt auf einen Doppelspalt (**Abb. 386.1**). Die Interferenzfigur wird mit einer Fotokamera ohne Objektiv ca. 1 m hinter dem Doppelspalt chemisch oder elektronisch als Bildfolge registriert.
Beobachtung: Auf dem Filmnegativ bzw. am Sichtschirm (**Abb. 387.1**) sind die Orte, an denen Photonen registriert wurden, markiert. ◂

Die linke Bildleiste zeigt, dass sich das Muster der Orte, an denen Photonen registriert wurden, von Bild zu Bild unterscheidet. Die Photonen sind jeweils unregelmäßig verteilt.

> Es ist keine Vorhersage möglich, an welchem Ort das nächste Photon registriert wird.

Versuch 2: Die Intensitätsverteilung hinter einem Doppelspalt wird gemessen, indem die Orte, an denen Photonen registriert wurden, markiert werden. In das jeweils nächste Bild werden die bereits gesammelten Markierungen übernommen.
Beobachtung: Die rechte Bildleiste (**Abb. 387.1**) zeigt die im Verlauf der Zeit gesammelten Markierungen. Das zweite Bild der Leiste rechts zeigt die Markierungen des ersten und des zweiten Bildes der linken Leiste. Mit jedem Zeitschritt steigt die Anzahl der registrierten Photonen, damit auch die übertragene Energie und letztlich die Anzahl der Markierungen an den Orten der jeweiligen Wechselwirkungen. ◂

Im Verlauf der Zeit entsteht aus einzelnen markierten Wechselwirkungsorten ein Interferenzbild. In den Intensitätsmaxima des Lichts liegen die Markierungen dicht, und die Zahl der Photonen, die ein Sensor registriert, steigt an. Hier wurde viel Energie pro Flächeneinheit übertragen. In den Minima fehlen die Markierungen. Dort ist die Intensität null, es werden keine Photonen nachgewiesen. Es wurde dorthin keine Energie übertragen.

> Die Dichte der Photonen bzw. ihre Anzahl, die ein Sensor mit einem bestimmten Volumen in einer Zeiteinheit registriert, ist proportional zur Intensität I und damit proportional zum Quadrat der Amplitude der elektrischen Feldstärke $\hat{E}^2$.

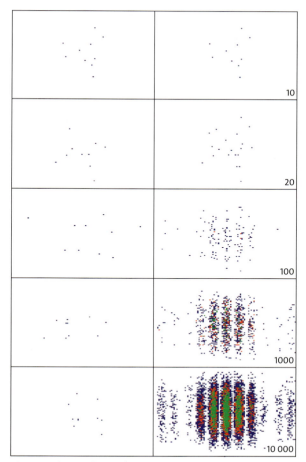

387.1 Mit dem Aufbau von **Abb. 386.1** wird das Interferenzbild auf einem Film oder elektronisch registriert. Die linke Bildleiste zeigt eine Folge von Einzelaufnahmen mit $\frac{1}{50}$ s Belichtungszeit. An den Markierungspunkten wurde ein Photon registriert. In der rechten Bildleiste werden die Markierungspunkte gesammelt, erst weitere 10, dann 100, 1000 und 10 000. Im Verlauf der Bildfolge entwickelt sich das Interferenzbild des Doppelspalts. Die Farben kodieren die Anzahl der Photonen.

Aufgaben

1. Die Sehschwelle, an der das menschliche Auge noch etwas wahrnehmen kann, liegt bei $5 \cdot 10^{-17}$ W. Das Auge erkennt ein Bild in 1/24 Sekunde. Bestimmen Sie die Anzahl der in dieser Zeit aufgenommenen Photonen ($\lambda = 560$ nm).
2. Ein Laser habe eine Strahlungsleistung von 1 mW bei 632,8 nm und einen Strahlquerschnitt von 4 mm².
   a) Bestimmen Sie die Anzahl der Photonen, die in der Sekunde auf 1 mm² einer Fläche senkrecht zum Strahl treffen.
   b) Vergleichen Sie die Intensität des Laserlichtes mit der des Sonnenlichts ($I = 1{,}36$ kW/m²).
3. Erklären Sie, warum sich aus der Art und Weise, in der ein Film geschwärzt wird, schließen lässt, dass die Energie des Lichtes ungleichmäßig über die Wellenfront verteilt ist.

Verteilung der Photonen im Raum

10.2.2 Photonenverteilung bei geringer Intensität

Im vorangegangenen Abschnitt 10.2.1 wurde gezeigt, dass die Anzahl der Photonen, die in einem Volumenelement in einer Zeiteinheit registriert wird, proportional zum Quadrat der Amplitude der Welle ist. Unter der Annahme, dass die Photonen in der Lichtquelle erzeugt werden, sich durch den Raum bewegen und dann an einer anderen Stelle im Raum in einem Interferenzbild registriert werden, stellt sich die Frage, ob die Interferenzphänomene vielleicht durch eine Wechselwirkung zwischen den Photonen zustandekommen.

Das Experiment von Taylor

Um diese Frage zu beantworten, hat der englische Physiker G. I. Taylor (1886–1975) im Jahre 1909 Interferenzversuche mit sehr geringer Intensität durchgeführt. Er fotografierte das Beugungsmuster einer Stecknadel, die von einer extrem schwachen Lichtquelle angestrahlt wurde. Die Intensität war so gering, dass er sicher sein konnte, dass die Photonen einzeln in großem zeitlichen Abstand auf dem Film absorbiert werden, d. h. dass keine Wechselwirkung zwischen den Photonen stattfinden konnte. Um dennoch ein sichtbares Bild zu erhalten, musste der Film über eine Zeit von 2000 Stunden belichtet werden. Das Interferenzbild war danach so klar, als wäre es mit großer Intensität zustande gekommen. Das Experiment zeigt weiterhin, dass die Interferenz des Lichtes bei niedrigen Intensitäten nicht als Folge einer Wechselwirkung von Photonen untereinander erklärt werden kann.

Damit war experimentell gezeigt, dass sich auch bei äußerst geringer Intensität des Lichtes auf einem Film mit der Zeit das bekannte Interferenzbild entwickelt. Das Ergebnis entspricht insofern den Erwartungen, als es die Unabhängigkeit der Intensitätsverteilung vom Wert der Intensität zeigt. Dieses Ergebnis ist aus der Wellenoptik bekannt und gilt offenbar auch bei sehr geringer Intensität. **Abb. 388.1** zeigt zur Veranschaulichung einen kurzen Lichtimpuls, der sich durch einen Doppelspalt hin zu einem Schirm bewegt. In der Bildfolge wird $\hat{E}^2$, das Amplitudenquadrat der elektrischen Feldstärke, schrittweise verringert. Die Form der Verteilung bleibt davon unbeeinflusst. Das bedeutet, dass beim Aufbau eines Interferenzbildes aus nacheinander registrierten Photonen die einzelnen Photonen in derselben Weise verteilt sind wie bei den mit großer Intensität erzeugten Interferenzbildern, bei denen die Photonen nahezu gleichzeitig auftreten.

Intensität und Wahrscheinlichkeit

Wenn einerseits die Dichte der in der Zeiteinheit registrierten Photonen proportional zur Intensität I ist und andererseits die zeitliche Folge der Photonen keinen Einfluss auf die Verteilung nimmt, sollte es möglich sein, über die Registrierung eines einzelnen Photons eine Aussage zu machen.

In der Bildfolge von **Abb. 388.1** erreicht ein Lichtimpuls hinter einem Doppelspalt die Registriereinrichtung. Es zeigen sich Maxima und Minima der Intensität. Offenbar ist in den Bereichen des Interferenzbildes, bei denen die größte Intensität vorliegt, auch die **Wahrscheinlichkeit** am größten, ein Photon zu registrieren. An den Stellen der Intensitätsminima ist die Wahrscheinlichkeit für das Photon null. Die Intensität ist damit proportional zur Wahrscheinlichkeit, ein Photon in einem Volumenelement hinter der Oberfläche zu registrieren. In einem kleineren Volumen sind bei gleicher Intensität weniger Photonen nachzuweisen, sodass die Wahrscheinlichkeit für ein Punktvolumen null wird. Es ist daher nur sinnvoll, die Wahrscheinlichkeitsaussagen auf Raumbereiche zu beziehen.

> Die Wahrscheinlichkeit w, ein Photon in einem Raumbereich ΔV zu registrieren, ist proportional zur Intensität I und damit zum Quadrat der Amplitude der elektrischen Feldstärke $\hat{E}^2$ der Strahlung in diesem Raumbereich. Der Quotient aus w und ΔV
>
> $\frac{w}{\Delta V}$ heißt **Wahrscheinlichkeitsdichte**.

Die Aussagen über die Wahrscheinlichkeit einer Wechselwirkung von Strahlung mit Materie lassen sich nicht auf die Ausbreitung der Strahlung übertragen, wenn keine Wechselwirkungen stattfinden.

Aufgaben

1. a) Entwickeln Sie Aussagen über einzelne Photonen aufgrund der Kenntnis der Intensitätsverteilung hinter einem Doppelspalt.
   b) Entwickeln Sie weitere Aussagen über sehr viele Photonen hinter einem Doppelspalt.
2. Der Versuch von Taylor wird mit einem Laser der Wellenlänge $\lambda = 633$ nm nachgestellt. Der Weg von der Lichtquelle zum Registrierschirm beträgt $l = 1$ m. Ermitteln Sie die Laserleistung, die sicherstellt, dass sich im Mittel nur jeweils ein Photon in der Anordnung befindet.

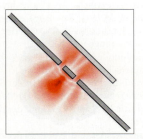
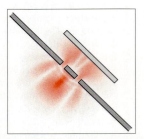

388.1 Durchgang eines kurzen Lichtimpulses durch einen Doppelspalt auf einen Schirm zu: berechnete Verteilung des Amplitudenquadrats der elektrischen Feldstärke $\hat{E}^2$ zu einem bestimmten Zeitpunkt; $\hat{E}^2$ wird als Farbsättigung dargestellt. Bei schrittweise verringerter Feldstärke bleibt die Form der Verteilung erhalten.

10.2.3 Simulation der Photonenverteilung

Nach den Überlegungen des letzten Abschnitts ergibt sich mithilfe der elektrischen Feldstärke der elektromagnetischen Welle eine Wahrscheinlichkeitsaussage über die Registrierung eines Photons in einem Volumen. Der Gedanke, dass die elektrische Feldstärke $\hat{E}^2$ proportional zur Wahrscheinlichkeit ist, ein einzelnes Photon in einem Raumbereich ΔV zu registrieren, wird sich als tragfähig erweisen, wenn sich für viele Photonen das bekannte Bild der Intensitätsverteilung aus der Wellenoptik ergibt.

Berechnung von Wahrscheinlichkeiten

Die Entstehung eines Interferenzbildes hinter einem Doppelspalt lässt sich mit einfachen Mitteln simulieren. In der Ebene des Schirms ist die Feldstärke $\hat{E} \sim \cos(\Delta\varphi/2)$ ($\rightarrow$ 7.3.5) und die Intensität $I \sim \hat{E}^2 \sim \cos^2(\Delta\varphi/2)$. Hier bezeichnet $\Delta\varphi$ die Phasendifferenz der beiden Teilschwingungen, die von den Spalten des Doppelspalts ausgehen und sich auf dem Schirm überlagern.

Die Intensität sei im Folgenden so gewählt, dass $I = 1/(3\pi) \cos^2(\Delta\varphi/2)$ gilt. Der Faktor $1/(3\pi)$ bewirkt, dass dann die Gesamtwahrscheinlichkeit w im Bereich $-3\pi < \Delta\varphi < 3\pi$ den Wert 1 hat. Die Werte von $w(\Delta\varphi)$ zeigen Maxima bei $\Delta\varphi = -2\pi, 0, 2\pi$. Es handelt sich um die bekannten Maxima der Intensität beim Doppelspalt. $w(0) = 0{,}1061$ bedeutet beispielsweise, dass mit einer Wahrscheinlichkeit von etwa 11 % ein Photon im Volumen um $\Delta\varphi = 0$ nachgewiesen wird. Das Volumen ist das Produkt aus der Dicke der Absorptionsschicht und der Fläche mit den Rändern bei $\Delta\varphi = \pm 0{,}5$.

Verteilung der Photonen

Die Verteilung mehrerer Photonen erfolgt in Abhängigkeit von der Wahrscheinlichkeit der jeweiligen Intervalle. Besonders einfach wird das Verteilen, wenn für jedes Intervall ein Streifen mit der Breite der zugehörigen Wahrscheinlichkeit hergestellt wird. Die aneinandergelegten Streifen bilden das Streifenmuster in **Abb. 389.1**. Eine Zufallszahl z aus dem Intervall $[0;1]$, die ein Taschenrechner oder ein Computer liefert, bestimmt aus dem Streifenmuster von **Abb. 389.1** eine Phasendifferenz $\Delta\varphi$. Mit $z = 0{,}61$ erhält man beispielsweise in **Abb. 389.1** $\Delta\varphi = 1$.

Diese Phasendifferenz bestimmt das Intervall $\Delta\varphi = 1 \pm 0{,}5$ und damit eine Zeile von Flächenelementen in **Abb. 389.2**. Die Spalte wird über eine weitere Zufallszahl aus dem Intervall $[-3\pi, 3\pi]$ ermittelt, z. B. 8. Da die Intensität in dieser Richtung nahezu konstant ist, folgt eine für alle Flächenelemente gleiche Wahrscheinlichkeit. Die so ermittelten Koordinaten $(\Delta\varphi | y) = (1 | 8)$ bestimmen die Teilfläche, in das simulierte Photon registriert wurde. Die Markierung kann beispielsweise wie in **Abb. 389.2** als Würfel erfolgen.

Die Durchführung des Verfahrens für sehr viele Photonen kann einem Computer überlassen werden. **Abb. 389.2** zeigt die Ergebnisse für 100 Photonen. Die Simulation der Verteilung für sehr viele Photonen hinter einem Doppelspalt unterstützt die Auffassung, dass das Quadrat der Amplitude der Lichtwelle proportional zur Wahrscheinlichkeit ist, ein Photon in einem Messvolumen nachzuweisen.

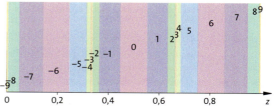

389.1 Die den Streifen für $\Delta\varphi = -9 \pm 0{,}5$ bis $\Delta\varphi = 9 \pm 0{,}5$ zugeordneten Wahrscheinlichkeiten zeigen sich als Streifenbreite. Streifen mit hohen Wahrscheinlichkeitswerten sind entsprechend breiter gezeichnet. Die aneinandergelegten Streifen haben die Breite 1. In der Simulation wird mit der Zufallszahl $0 < z < 1$ ein Ort auf dem Streifen und damit eine Phasendifferenz $\Delta\varphi$ und damit im Weiteren das Flächenelement der Wechselwirkung ausgewählt.

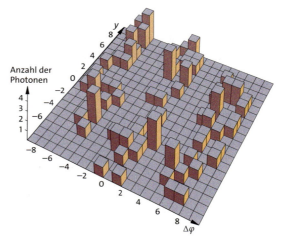

389.2 Simulation der Verteilung von Photonen hinter einem Doppelspalt mit einem Computer. Das Bild zeigt eine Verteilung von 100 Photonen. Mehrere im selben Flächenelement registrierte Photonen sind übereinander aufgetragen, sodass die Höhe der Säule proportional zur Anzahl der Photonen ist.

> Die relative Häufigkeit, mit der Photonen in einem Raumbereich ΔV registriert werden, grenzt für eine große Anzahl von Photonen an die Wahrscheinlichkeit w dieses Raumbereichs. w ist proportional zur Intensität I und damit zum Quadrat der Amplitude der elektrischen Feldstärke $\hat{E}^2$ der Strahlung im Volumen ΔV.

Aufgaben

1. Der Nachweis der Photonen soll hinter Flächenelementen halbierter Länge und Breite erfolgen (**Abb. 389.2**).
   a) Bestimmen Sie die geänderten Wahrscheinlichkeiten für die Flächenelemente.
   b) Erläutern Sie die Änderungen im Bildaufbau.

10.3 Welleneigenschaften der Elektronen

In diesem Kapitel soll gezeigt werden, dass – ebenso wie Strahlung Teilcheneigenschaften besitzt – Teilchen Welleneigenschaften aufweisen. Teilchen wie z. B. Elektronen haben im Gegensatz zu Photonen eine Ruhemasse (→ 9.3.1). Dass nun auch Elektronen Welleneigenschaften besitzen, wirkt zunächst befremdend. Elektronen sind aus der klassischen Physik als punktförmige Teilchen mit Eigenschaften wie Masse, Impuls, Energie usw. aus Experimenten bekannt. Ihre Welleneigenschaften wie Interferenz und Beugung sind, wie sich zeigen wird, zwar nicht einfach nachzuweisen, aber doch beobachtbar.

10.3.1 De-Broglie-Wellen

Im Jahre 1923 veröffentlichte der Franzose Louis DE BROGLIE (ausgesprochen: de brɔj) als Erster Gedanken über eine Wellentheorie von Teilchen. Bei der Herleitung seiner Theorie ließ er sich von der Analogie zum Licht leiten: Die Ausbreitung von Licht lässt sich mithilfe von Strahlen und Wellen beschreiben. Dabei stehen die Lichtstrahlen senkrecht zu den Wellenfronten. In beiden Fällen handelt es sich um Modellvorstellungen, mit denen man Phänomene der Lichtausbreitung beschreibt und erklärt.

Dementsprechend ordnete DE BROGLIE nun allen Teilchen, z. B. den Elektronen, bei ihrer Ausbreitung Wellen zu. Vom Licht sind Eigenschaften, die sich in den Formeln $E = hf$, $E = mc^2$ und $p = h/\lambda$ ausdrücken, bekannt. Es ist zu untersuchen, in welcher Weise diese Zusammenhänge auf Elektronen und eventuell andere Teilchen übertragbar sind.

DE BROGLIE stellte folgende Hypothesen auf:

> **Hypothesen von DE BROGLIE**
> - Teilchen zeigen Welleneigenschaften. Die Wellenlänge ist $\lambda = h/p$. h ist das Planck'sche Wirkungsquantum und p der Impuls des Teilchens.
> - Zwischen der Frequenz f der Welle und der Gesamtenergie E des Teilchens besteht die Beziehung $E = hf$.

Die Gleichung $\lambda = h/p$ wird als De-Broglie-Gleichung bezeichnet, λ ist die **De-Broglie-Wellenlänge.**

Die Wellenlänge, die demzufolge z. B. ein Elektron besitzt, lässt sich leicht abschätzen: Mit der Elektronenmasse m und der Elementarladung e ergibt sich aus der Beschleunigungsspannung $U = 4000$ V und den Energietermen $\frac{1}{2}mv^2 = eU$ die Geschwindigkeit $v = 3{,}75 \cdot 10^7 \frac{m}{s}$. Der Impuls $p = mv$ ist $p = 3{,}42 \cdot 10^{-23} \frac{kg \cdot m}{s}$, der sich in die De-Broglie-Gleichung $\lambda = \frac{h}{p}$ einsetzen lässt. Daraus ergibt sich die De-Broglie-Wellenlänge des Elektrons zu: $\lambda = 1{,}9 \cdot 10^{-11}$ m = 19 pm.

Die Wellenlänge liegt im Bereich der Röntgenstrahlung, sodass ein Nachweis von Welleneigenschaften bewegter Elektronen mit Methoden gelingen kann, die auch bei Röntgenstrahlung angewendet werden. Welleneigenschaften von Röntgenstrahlung zeigen sich in den Interferenzen bei der Durchstrahlung von Kristallen (→ 7.4.3). Der experimentelle Nachweis der Welleneigenschaften von Elektronen gelang DAVISSON und GERMER 1927 mit einem Nickelkristall.

Sehr ähnlich ist der folgende Versuch, bei dem statt eines Einkristalls eine dünne Schicht kleiner Grafitkristalle verwendet wird.

Versuch 1: Auf der durchbohrten Anode einer Elektronenstrahlröhre ist eine dünne Folie mit Grafitkristallpulver angebracht (**Abb. 390.1**). Der gebündelte Elektronenstrahl durchläuft eine Spannung von ca. 4000 V, bevor er auf die Grafitkristalle trifft.
Beobachtung: Auf dem Leuchtschirm der Röhre erscheint ein kreisförmiges Bild mit einer ausgedehnten hellen Mitte und zwei deutlich voneinander getrennten hellen Ringen (**Abb. 391.1**). ◄

Da die Elektronen beim Durchdringen der Grafitschicht aus ihrer ursprünglichen Richtung abgelenkt, also gestreut werden, sollte erwartungsgemäß eigentlich auf dem Leuchtschirm eine kreisförmige helle Fläche erscheinen, bei der die Helligkeit von innen nach außen gleichmäßig abnimmt.

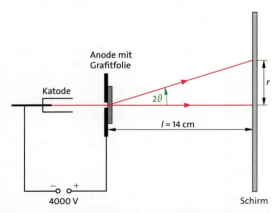

390.1 Schematische Darstellung des Aufbaus der Röhre zur Elektronenbeugung. Mit der Formel $\tan 2\vartheta = r/l$ und der Bragg'schen Gleichung $2d \sin \vartheta = \lambda$ lässt sich die Wellenlänge berechnen.

Welleneigenschaften der Elektronen

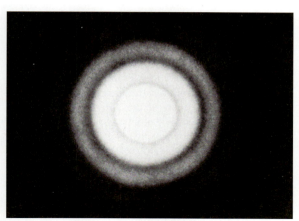

391.1 Beugungsbild eines Elektronenstrahls beim Durchgang durch eine Grafitfolie. Die Interferenzen entstehen durch Netzebenen im Abstand $d_1 = 123$ pm und $d_2 = 213$ pm.

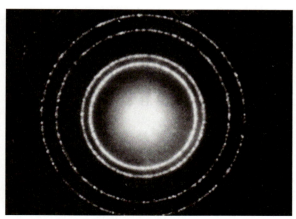

391.2 Interferenzbilder beim Durchgang von Elektronen durch eine Aluminiumfolie. (Aus dem PSSC-Film Matter Waves, Atkins, Physik, de Gruyter)

Das Auftreten der Ringe ist jedoch überraschend und deutet auf eine Interferenzerscheinung hin. Eine ganz ähnliche Figur ergibt sich beim Durchstrahlen von Metallfolien (**Abb. 391.2**).

Deutung: Für Interferenzerscheinungen mit Röntgenstrahlen an Kristallen gilt die Bragg'sche Gleichung $n\lambda = 2d \sin\vartheta$, mit $n = 1, 2, \ldots$. Dabei ist d der Abstand der Netzebenen eines Kristalls und ϑ der Winkel, unter dem die Strahlung auf die Netzebene fällt und reflektiert wird, wenn die Intensität der reflektierten Strahlung ein Maximum erreicht (→ 7.4.3).
Die Interferenzringe kommen folgendermaßen zustande: Die Grafitschicht ist aus vielen einzelnen Mikrokristallen aufgebaut, die ungeordnet nebeneinanderliegen. Die Netzebenen der Mikrokristalle bilden mit dem einfallenden Strahl alle möglichen Winkel und u. a. auch stets solche, für die die Bragg'sche Gleichung $\lambda = 2d \sin\vartheta$ erfüllt ist. In diesem Fall wird der Elektronenstrahl um den Winkel 2ϑ abgelenkt. Andere Mikrokristalle, die um die Achse der Ausbreitungsrichtung gedreht vorliegen, werden von den Elektronen unter dem Winkel ϑ getroffen und bewirken ebenfalls eine Ablenkung um 2ϑ. Daher verlassen die Strahlen die Grafitkristalle auf dem Mantel eines Kegels, dessen Achse der einfallende Elektronenstrahl ist und dessen Spitze in der Grafitschicht liegt (**Abb. 390.1**). Der senkrecht zur Kegelachse stehende Leuchtschirm zeigt ein kreisförmiges Maximum.

Auswertung: Bei den beiden hellen Ringen handelt es sich um Maxima 1. Ordnung, die durch Reflexionen an Netzebenen im Abstand $d_1 = 123$ pm und $d_2 = 213$ pm entstehen. Für die Wellenlänge ergibt sich also $\lambda = 2d \sin\vartheta$. Aus der Geometrie des Aufbaus (**Abb. 390.1**) folgt $\tan 2\vartheta = r/l$. Mit den Werten $r = 2{,}2$ cm und $l = 14$ cm aus dem Experiment lässt sich bei $d = 123$ pm die De-Broglie-Wellenlänge $\lambda = 19$ pm berechnen. Dieser Wert stimmt mit dem zuvor mit der Formel $\lambda = h/p$ bestimmten Wert überein. ◂

Das Experiment ermöglicht es ferner, die Abhängigkeit der Wellenlänge vom Impuls zu zeigen: Eine höhere Beschleunigungsspannung führt zu kleineren Wellenlängen der Elektronen und zu Beugungsringen mit kleineren Radien. Insgesamt bestätigt der Versuch die Hypothese von DE BROGLIE:

> Elektronen mit dem Impuls p haben die Wellenlänge $\lambda = h/p$.

Für Elektronen, die sich mit Geschwindigkeiten in der Größenordnung der Lichtgeschwindigkeit c bewegen, muss der Zusammenhang zwischen Impuls und Energie relativistisch gerechnet werden (→ 9.3.1).

Aufgaben

1. Berechnen Sie die De-Broglie-Wellenlänge von Elektronen, die verschiedene Beschleunigungsspannungen durchlaufen haben: $U_1 = 1$ V; $U_2 = 10^3$ V; $U_3 = 10^6$ V.
Vergleichen Sie jeweils kinetische Energie, Geschwindigkeit, Impuls und De-Broglie-Wellenlänge.
2. Berechnen Sie für Photonen und Elektronen der Wellenlänge $\lambda = 100$ pm den Impuls und die kinetische Energie.
*3. **a)** Angenommen, der Wert der Konstanten h ändert sich um den Faktor 10 (um $\frac{1}{10}$). Diskutieren Sie unter diesen Voraussetzungen das Ergebnis von Versuch 1.
b) Schätzen Sie Werte von h ab, bei denen keine Interferenzerscheinungen zu beobachten wären.

Welleneigenschaften der Elektronen

10.3.2 Das Elektron – kein klassisches Teilchen

Im vorangegangenen Kapitel sind für die Ausbreitung von Elektronen Welleneigenschaften postuliert worden. Dass beim Durchgang von Elektronen durch Kristalle Interferenzerscheinungen auftreten, ist ein Indiz dafür, dass dieses Postulat vernünftig ist.

Weitere Versuche, die die Welleneigenschaften von Elektronen zeigen, können sich im Prinzip an den Interferenzexperimenten mit Licht orientieren. Es zeigt sich allerdings, dass es sehr schwierig ist, die entsprechenden Experimente zu realisieren. Dafür verantwortlich ist im Wesentlichen der kleine Wert der De-Broglie-Wellenlänge von etwa 5 pm, der sich aus der für eine elektronenoptische Fokussierung erforderlichen Beschleunigungsspannung von ca. 50 kV nach den Zusammenhängen $eU = p^2/2m$ und $p = h/\lambda$ ergibt. Ein **Doppelspaltversuch mit Elektronen** wurde 1959 von C. JÖNSSON mit eng zusammenliegenden, feinen Spalten durchgeführt.

Eine wesentliche Schwierigkeit lag für JÖNSSON damals darin, außerordentlich feine metallische Spalte herzustellen. Es gelang ihm, eine Spaltbreite von 0,5 μm mit einem Spaltabstand von 2 μm herzustellen. Im Vergleich zur De-Broglie-Wellenlänge der Elektronen ist dieser Abstand um viele Größenordnungen größer, sodass mit einem sehr engen Abstand der Interferenzstreifen zu rechnen war. Zur Beobachtung verwendete JÖNSSON ein Elektronenmikroskop, welches das Interferenzmuster vergrößert abbildete (**Abb. 392.1**).

Der experimentelle Nachweis von Interferenzen gelingt nicht nur mit Elektronen. Entsprechende Experimente zeigen auch Interferenzen von Protonen, Neutronen, Atomen und sogar Molekülen.

Welleneigenschaften in der Ausbreitung

Der Doppelspaltversuch ist geeignet, um noch einmal über die Teilchen- und Wellenvorstellung bei Elektronen nachzudenken. Die Elektronen werden aufgrund des glühelektrischen Effekts aus der Metalloberfläche emittiert, in einem elektrischen Feld beschleunigt, treffen auf die Doppelspaltanordnung und werden dann auf einem Bildschirm registriert.

Bei der Emission und beim Auftreffen der Elektronen auf dem Bildschirm scheint es sich um einzelne Teilchen zu handeln. Dann wäre es eigentlich auch naheliegend sich vorzustellen, dass die Elektronen genauso als kleine Teilchen durch den Raum zum Doppelspalt gelangen und dort entweder durch den einen oder den anderen Spalt fliegen usw. Doch genau dann, wenn angenommen wird, dass die Elektronen entweder durch den einen oder den anderen Spalt fliegen, lässt sich die Interferenzerscheinung nicht mehr erklären.

392.1 Elektronenstrahlinterferenzen an einem Doppelspalt nach JÖNSSON in ca. 10 000-facher Vergrößerung. Die Beobachtung der Interferenzfigur erfolgt wegen ihres geringen Streifenabstands mit einem Elektronenmikroskop.

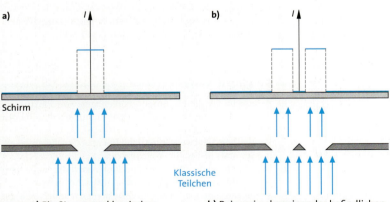
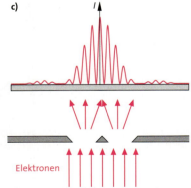

392.2 a) Ein Strom von klassischen Teilchen, die durch einen Spalt treten und dabei in irgendeiner Weise abgelenkt werden, erzeugt auf einem Schirm die angegebene Intensitätsverteilung. **b)** Bei zwei nebeneinander befindlichen Spalten erwartet man eine Verteilung, die sich durch Addition der Intensitäten der Einzelspalte ergibt, entsprechend der Verteilung klassischer Teilchen. **c)** Die tatsächlich auftretende Verteilung weicht jedoch erheblich von der erwarteten ab. Nicht die Intensitäten werden addiert, sondern die Amplituden unter Berücksichtigung der Phasendifferenz.

Welleneigenschaften der Elektronen

Abb. 392.2 a) zeigt, wie die Verteilung von klassischen Teilchen, die durch einen schmalen Spalt fliegen und dabei ein wenig abgelenkt werden, vorstellbar ist. Sind nun beide Spalte offen, so müsste die Summe der beiden Verteilungen die neue Verteilung ergeben (**Abb. 392.2 b**). Genau das ist aber nicht der Fall, sondern es ergibt sich ein Interferenzbild mit eng beieinanderliegenden Maxima und Minima (**Abb. 392.2 c**).

Es ist also falsch anzunehmen, dass ein Elektron durch einen bestimmten Spalt geht, denn dies würde zu der absonderlichen Vorstellung führen, dass das Elektron wissen müsste, ob der andere Spalt offen oder geschlossen ist. Ist nur ein Spalt geöffnet, so treffen Elektronen in Bereichen auf dem Schirm auf, in denen sich bei zwei offenen Spalten keine Elektronen nachweisen lassen (**Abb. 392.2 b**). Wie bei Licht ist das Verhalten von Elektronen nur dann vollständig beschrieben, wenn für ihre Ausbreitung Welleneigenschaften verwendet werden.

Das Verhalten von Elektronen wird nur dann vollständig beschrieben, wenn zur Beschreibung ihrer Ausbreitung Welleneigenschaften und für die Beschreibung der Wechselwirkung Teilcheneigenschaften verwendet werden.

Aufgaben

1. Zum Versuch von JÖNSSON: Elektronen werden mit einer Spannung $U_A = 54{,}7$ kV beschleunigt und hinter einem Doppelspalt (Spaltabstand $d = 2$ μm) im Abstand $e = 40$ cm registriert. Berechnen Sie die Wellenlänge λ der Elektronen und den Abstand a der Interferenzmaxima.
2. Der Versuch von JÖNSSON (Aufgabe 1) soll mit Protonen statt mit Elektronen bei sonst gleichen Aufbauwerten durchgeführt werden. Berechnen Sie die Wellenlänge und den Abstand der Interferenzmaxima.
*3. Berechnen Sie die De-Broglie-Wellenlänge einer Metallkugel der Masse 1 g, die sich mit $v = 1$ m/s bewegt. Bewerten Sie die Möglichkeit, in diesem Fall Interferenzen nachzuweisen.

Exkurs

Interferenzen von Neutronen

1974 gelang es H. RAUCH, Interferenzen mit Neutronen nachzuweisen. Er verwendete ein ca. 8 cm großes Interferometer aus einem perfekten Siliciumkristall. Die eintretenden Neutronen mit der Wellenlänge λ werden mit einer ersten Kristallplatte ähnlich einem Strahlteiler aufgespalten. Entsprechend der Bragg-Gleichung $2d \sin\vartheta = \lambda$ wird ein Teil der eintretenden Welle unter dem Winkel 2ϑ abgelenkt. Die Teilwellen sind damit um den doppelten Bragg-Winkel ϑ voneinander getrennt. Die Dicke der Kristallplatten ist so gewählt, dass die beiden Teilwellen nahezu gleiche Amplituden aufweisen.

In einer zweiten Kristallebene wiederholt sich die Aufspaltung in Teilwellen durch Bragg-Beugung. Ein Teil der Neutronenwellen wird in Einfallsrichtung austreten. Diese Anteile sind nicht eingezeichnet. Die um den doppelten Bragg-Winkel ϑ abgelenkten Teilwellen treffen auf eine dritte Kristallebene, an der die Registrierung stattfindet.

Die weite räumliche Trennung der Teilwellen vereinfacht die Erzeugung von Phasendifferenzen bei der Überlagerung der Teilwellen. In den einen Strahlengang wird ein Aluminiumkeil eingebaut, der die Ausbreitungsgeschwindigkeit für Neutronen verändert. Abhängig von der Stärke der durchlaufenen Schicht verändert sich die Phase dieser Teilwelle. Die Überlagerung der Teilwellen liefert, abhängig von der Phasendifferenz, Maxima und Minima für die Zahl der nachgewiesenen Neutronen.

Die Qualität des Interferenzbildes, die sich in den Intensitätsunterschieden der Maxima und Minima zeigt, hängt von der Perfektheit des verwendeten Kristalls und der Konstanz der Wellenlänge der verwendeten Neutronen ab.

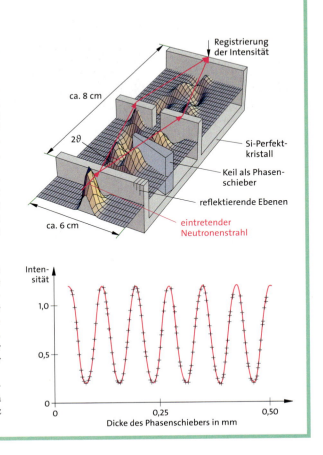

Welleneigenschaften der Elektronen

Exkurs

Grenzgänger: Welleneigenschaften großer Moleküle

Interferenzen großer Teilchen

Eine erste Neuorientierung, weg von der klassischen Physik, erforderten die mit der Elektronenbeugungsröhre gezeigten Welleneigenschaften von Elektronen. Das Experiment zeigt, dass ein Elektron die Wellenlänge λ hat, die nach de Broglie von seinem Impuls p abhängt: $\lambda = h/p$. Mit der Erklärung des Experiments wird noch eine weitere Eigenschaft des Elektrons vermittelt, wenn auch vielfach nicht explizit genannt: *seine Größe*. Die Bewegung des Elektrons erfolgt als Welle oder besser als räumlich ausgedehntes Wellenpaket, dessen Kohärenzbereich durch die Eigenschaften der Quelle festgelegt ist. Die Welleneigenschaften, die sich in der Interferenz zeigen, treten im Überlagerungsbereich von kohärenten Wellenpaketen auf.

Eine interessante Aufgabe ist, die Interferenz *größerer Objekte* nachzuweisen. Die Interferenzfähigkeit von Elektronen als Vertreter kleiner Objekte wurde bereits demonstriert ($\rightarrow$ 10.3.1). Mit Protonen, Neutronen und selbst mit Atomen lassen sich Interferenzen nachweisen. Wenn an dieser Stelle von „kleineren" und „größeren" Objekten gesprochen wird, ist damit nicht der Kohärenzbereich des zugehörigen Wellenpaketes gemeint. Es stellt sich deshalb die Frage, welche experimentellen Ergebnisse denn auf *große* Moleküle und *kleine* Elektronen hinweisen. Offensichtlich findet hier eine andere, weitere „Größe" Anwendung.

Zurzeit finden Experimente mit aus vielen Atomen zusammengesetzten, großen Molekülen statt. Es wird versucht, bei immer größeren Objekten Interferenzen nachzuweisen. Die Frage nach einer fundamentalen Grenze für die Kohärenz von De-Broglie-Wellen hinsichtlich der Größe der beteiligten Teilchen ist noch offen.

Experimente mit Fullerenen

Zurzeit liegen die Ergebnisse von Interferenz-Experimenten mit sehr großen Molekülen vor. Unter den vielen möglichen Kandidaten haben sich die Fullerene C_{60} und C_{70} als besonders geeignete Objekte herausgestellt. Sie sind in ausreichenden Mengen verfügbar und haben aufgrund ihrer inneren Struktur eine sehr hohe Stabilität. Das *Buckminsterfulleren* C_{60}, wegen seiner Fußballform oft auch als „*buckyball*" bezeichnet, besteht aus 60 Kohlenstoffatomen, die 12 Fünfecke und 20 Sechsecke auf einem gekappten Ikosaeder von 1,0 nm Durchmesser formen.

Die Masse der Fullerene übersteigt die der bislang für Interferenzversuche verwendeten Moleküle um eine Größenordnung. Vor allem aber unterscheidet sie ihre komplexe innere Struktur von einfacheren Systemen, wie z. B. Atomen und Molekülen aus wenigen Atomen.

Das Experiment

Das Fullerenexperiment ist in Analogie zum Doppelspaltexperiment aufgebaut. Es gibt eine Quelle, eine beugende Struktur und einen ortsauflösenden Detektor. Alle gemeinsam sind in eine Vakuumapparatur bei $5 \cdot 10^{-7}$ mbar eingebaut, um sicherzustellen, dass Stöße mit dem Hintergrundgas keine Rolle spielen. Die thermische Quelle ist ein 600 °C heißer Stahlofen, der Fullerenpulver verdampft und so einen breiten Molekularstrahl erzeugt.

Die Moleküle in diesem Strahl sind aufgrund der thermischen Bewegung sehr schnell. Bei der wahrscheinlichsten Geschwindigkeit von rund 220 m/s hat ein C_{60} Molekül eine De-Broglie-Wellenlänge von 2,5 pm, die damit etwa 400-mal kleiner ist als der Durchmesser des Moleküls. Die komplette Geschwindigkeitsverteilung und damit auch das De-Broglie-Spektrum wird mittels Flug-

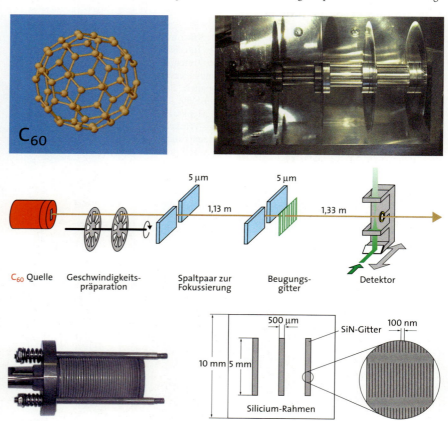

394

zeitmessungen (→ 4.2.2) aufgenommen.
Die Geschwindigkeitsverteilung zeigt, dass die Quelle bei weitem nicht monochromatisch ist. Für den Versuch ist auch die Kohärenz senkrecht zur Ausbreitungsrichtung wichtig; sie ist ein Maß für die „Ausdehnung" der kohärenten Wahrscheinlichkeitswelle eines Moleküls über die Stäbe des Beugungsgitters und wird durch die beiden 10 µm breiten Kollimationsspalte bestimmt, die etwa 1 m voneinander entfernt zwischen der Quelle und dem Beugungsgitter angeordnet sind. Die Impulsunschärfe (→ 10.4.1) senkrecht zur Ausbreitungsrichtung bewirkt die kohärente „Ausleuchtung" einiger weniger Gitterstriche.
Das der Kollimation folgende SiN-Gitter hat eine Gitterkonstante von 100 nm und ein geometrisches Steg-Lücke-Verhältnis von etwa 1:1. Wie bei der Beugung ebener Wellen an einem solchen Gitter sind im Überlagerungsbereich das Zentralmaximum sowie die beidseitigen ersten Nebenmaxima unter einem Winkel von etwa 0,0014° zu sehen. Die zweiten und höheren Nebenmaxima der Gitterbeugung werden vor allem durch das überlagerte Minimum der Einzelspaltbeugung unterdrückt.
Die mikroskopisch kleinen Beugungswinkel sowie die kleinen erwarteten Zählraten (< 100/s) erfordern einen extrem empfindlichen, ortsauflösenden Fullerendetektor rund 1,25 m hinter dem Gitter. Dieser besteht aus einem Laser, der das C_{60}-Molekül schlagartig ionisiert, sodass es elektrisch auf eine Fotokatode beschleunigt werden kann. Die aus der Katode herausgeschlagenen Elektronen zeigen das Fulleren-Molekül an. Um das Beugungsbild abzutasten, wird die Fokussiereinheit mit Mikrometergenauigkeit über den Molekularstrahl gefahren.

Das Ergebnis eines solchen Abtastdurchlaufs ist zunächst *ohne* und dann *mit* Beugungsgitter dargestellt.
Der Vergleich zeigt deutlich die Aufweitung des Strahls durch die Beugung sowie klare erste Nebenmaxima rechts und links vom zentralen Maximum an den erwarteten Positionen. Die durchgezogene Kurve zeigt die theoretischen Werte.

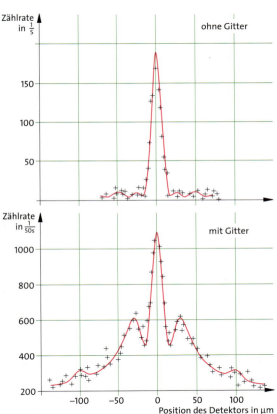

Die Größe
Dabei ist erwähnenswert, dass die zu dem Interferenzbild passende Einzelspaltbreite erheblich kleiner ist (ca. 38 nm) als die vom Gitterhersteller angegebene (55 ± 5 nm). Dafür gibt es verschiedene Erklärungen. Zum einen besitzt C_{60} eine große Polarisierbarkeit und damit auch eine starke Van-der-Waals-Wechselwirkung mit dem Gitter. Diese führt zu Phasenverschiebungen der De-Broglie-Wellen bei der Passage durch die SiN-Struktur, von denen man erwartet, dass sie den Spalt effektiv verkleinern. Zum anderen lässt sich die *Größe* des Moleküls nennen, die Einfluss nimmt auf die effektive Spaltbreite. Das Molekül könnte die tatsächliche Spaltbreite aufgrund seiner eigenen Ausdehnung reduzieren. Möglicherweise sind auch beide Erklärungen zutreffend.

Perspektiven
Die Versuche zeigen, dass selbst bei so komplexen Molekülen wie den Fullerenen die Messungen in voller Übereinstimmung mit der quantenmechanischen Erwartung Interferenzen zeigen. Selbst so große Moleküle wie die Fullerene C_{60} und C_{70} sind also durch eine *kohärente* De-Broglie-Welle zu beschreiben.
Abschätzungen weisen aber darauf hin, dass der Übergang von quantenmechanischem zu klassischem Verhalten schon bei den Fullerenen über eine kontrolliert einstellbare Wechselwirkung mit der Umgebung gesteuert werden kann. Diese Wechselwirkung führt, abhängig von ihrer Stärke, zu einer Verringerung des Kontrasts im Interferenzbild bis hin zur „Dekohärenz", bei der keine Interferenz auftritt.
Diesen Übergang im Experiment quantitativ zu untersuchen, ist Gegenstand aktueller Forschungsarbeiten.
Bis zu welcher Größe der Objekte sich Interferenzen und damit Welleneigenschaften zeigen lassen – über die Größe der Fullerene hinaus – ist eine noch völlig offene Frage. Abschätzungen zeigen aber, dass erst bei der Masse kleiner Viren oder bei Metallclustern eine Barriere auftreten kann. Die technischen Herausforderungen bei der Strahlerzeugung, Detektion und Trennung der Objekte von der Umgebung sind allerdings recht groß.

10.4 Quantenphysik und klassische Physik

Licht und Elektronen zeigen in der Ausbreitung und Wechselwirkung Eigenschaften, die sich nur schwer in das bislang recht brauchbare klassische physikalische System von Vorstellungen und Begriffen einfügen lassen. Deshalb ist fraglich, inwieweit Aussagen über Licht bzw. über Elektronen, die in der klassischen Physik entwickelt wurden, überhaupt noch gültig sind.

10.4.1 Das Unschärfeprinzip

Die Ausbreitung von Photonen und, wie im vorangegangenen Abschnitt 10.3 gezeigt, von Elektronen lässt sich als Ausbreitung von Wellen beschreiben. Das Quadrat der Wellenamplitude ist, wie für Photonen gezeigt (→ 10.2.2), proportional zur Wahrscheinlichkeit, Photonen nachzuweisen. Für Elektronen lässt sich analog dazu eine Wellenfunktion mit entsprechenden Eigenschaften definieren.

Zur Vereinfachung der Zusammenhänge wurde bislang angenommen, dass mit dem Ausbreitungsvorgang der Transport von Impuls $p = h/\lambda$ und Energie $E = hf$ erfolgt. Wenn in diesem Zusammenhang von *der* Wellenlänge λ und *der* Frequenz f gesprochen wird, bezieht sich die Aussage auf einen zeitlich und räumlich unendlich lang ausgedehnten Wellenzug. Dass diese Annahme die experimentellen Ergebnisse nur unzureichend beschreibt, zeigt die Messung der Kohärenzlänge (→ 7.3.9), mit der für Licht die Länge eines Wellenzugs bzw. eines Wellenpakets bestimmt wird.

Ein kurzer Wellenzug kann nicht durch *eine* Sinus- bzw. Kosinusfunktion mit einer bestimmten Wellenlänge beschrieben werden, da diese sich durch eine von Ort und Zeit unabhängige konstante Amplitude auszeichnen. Erst die Überlagerung von unendlich vielen Sinus- und Kosinusfunktionen aus einem Frequenzintervall $f \pm \Delta f$, dessen Mitte den Wert f hat, ergibt eine Schwingung endlicher Dauer. Dieser Zusammenhang ist von der akustischen Unschärfe her bekannt (→ 3.2.3). In der Ausbreitung entsteht ein Wellenpaket mit dem Wellenlängenintervall $\lambda \pm \Delta\lambda$ aufgrund von $\lambda = c/f$. Dieses Wellenpaket liefert wegen $E = hf$ Energiewerte aus dem Intervall $E \pm \Delta E$. Jeder Wellenlängen- bzw. Frequenzkomponente kommt entsprechend ihrem Amplitudenquadrat eine Wahrscheinlichkeit zu, sodass statt des Energiewertes $E = hf$ Energiewerte im Bereich $E \pm \Delta E = h(f \pm \Delta f)$ gemessen werden.

Die Heisenberg'sche Unschärferelation

Zwischen der Breite des Bereichs der Impuls- und Energiemesswerte und der Länge des Wellenzuges lässt sich ein quantitativer Zusammenhang herstellen:

Ein Sender emittiert ein Wellenpaket in der Zeitspanne $2\Delta t$. Dieses Wellenpaket wird durch Sinus- und Kosinusfunktionen aus einem Frequenzintervall $2\Delta f$ beschrieben, wobei entsprechend der akustischen Unschärfe $\Delta f \Delta t = \frac{1}{2}$ gilt (**Abb. 396.1**). Mit dem Frequenzintervall Δf ist durch den Zusammenhang zur Energie $E = hf$ ein Energieintervall, eine **Energieunschärfe** $\Delta E = h \Delta f$ verbunden. Der Zusammenhang mit der Dauer der Emission ist $\Delta E \Delta t = \frac{h}{2}$.

Für den Impuls ergibt sich mit der Geschwindigkeit v des Wellenpakets ein ähnlicher Zusammenhang. Das Wellenpaket legt den Weg Δx in der Zeit $\Delta t = \Delta x/v$ zurück. Für die Frequenz f besteht mit den Formeln $f\lambda = v$ und $\lambda = h/p$ der Zusammenhang $f = vp/h$ zum Impuls p. Durch Einsetzen von $\Delta f = v\Delta p/h$ und $\Delta t = \Delta x/v$ in die Formel für die akustische Unschärfe gilt für die **Impulsunschärfe Δp** die Gleichung $\Delta x \Delta p = \frac{h}{2}$.

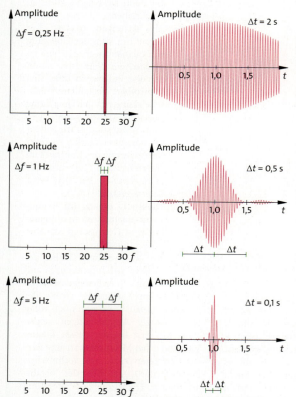

396.1 Ein Schwingungspaket wird durch Überlagerung von Frequenzen aus dem Intervall $f + \Delta f$ und $f - \Delta f$ erzeugt. Abhängig von der Breite Δf des Frequenzbandes ändert sich die Zeitspanne $2\Delta t$ der Emission bzw. Absorption. Der mathematische Zusammenhang ist $\Delta f \Delta t = \frac{1}{2}$ (→ 3.2.3).

Quantenphysik und klassische Physik

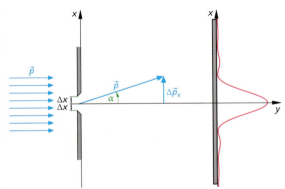

397.1 Treffen Elektronen auf einen schmalen Spalt, so tritt Beugung auf. Der Versuch, die x-Komponente des Ortes zu bestimmen, führt zu einer Unschärfe der x-Komponente des Impulses.

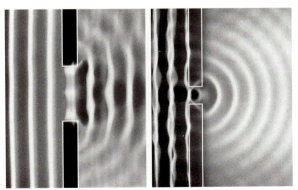

397.2 Sinkt der Durchmesser der Blendenöffnung auf die Größenordnung der Wellenlänge ab (rechts), dann fächert der Strahl durch Beugung auf, wie der Versuch in der Wellenwanne anschaulich zeigt.

Für die in **Abb. 396.1** gezeigten Schwingungspakete der Dauer $2\Delta t$ bzw. der daraus hergestellten Wellenpakete der Länge $2\Delta x$ gilt $\Delta x \Delta p = \frac{h}{2}$. Der Wert $\frac{h}{2}$ hängt mit der Form des Wellenpakets zusammen. Für Einhüllende der Form $f(x) = e^{-x^2}$ ergibt sich $\Delta x \Delta p = \frac{h}{4\pi}$, wie sich zeigen lässt, ein Minimalwert. Für eine beliebige Form gilt also $\Delta x \Delta p \geq \frac{h}{4\pi}$.

Die Erkenntnis, dass es grundsätzlich unmöglich ist, *gleichzeitig* die beiden Größen Ort und Impuls bzw. Energie und Zeit eines Teilchens bzw. eines Wellenpakets genau zu bestimmen, wurde von Werner HEISENBERG (1901–1976) im Jahre 1927 formuliert. Sie wird durch die **Unschärferelation** beschrieben:

> **Heisenberg'sche Unschärferelation**
>
> Bei einer Messung von Ort und Impuls ist das Produkt aus **Ortsunschärfe** Δx und **Impulsunschärfe** Δp
>
> $\Delta x \Delta p \geq \frac{h}{4\pi}$
>
> oder bei einer Messung von Energie und Zeit
>
> $\Delta E \Delta t \geq \frac{h}{4\pi}$
>
> für **Energieunschärfe** ΔE und **Zeitunschärfe** Δt.

Für jeden anderen Freiheitsgrad der vektoriellen Größen der Bewegung gilt eine entsprechende Ungleichung: $\Delta y \Delta p_y \geq \frac{h}{4\pi}$ bzw. $\Delta z \Delta p_z \geq \frac{h}{4\pi}$.

Die Größen Ort und Impuls bzw. Energie und Zeit sind zueinander *komplementäre Größen*. Wenn die Ortsunschärfe abnimmt, wächst die Impulsunschärfe und umgekehrt. Die Unschärfe kommt also nicht durch messtechnische Unzulänglichkeiten zustande, sondern ist grundsätzlicher Natur.

Messung der Unschärfe bei Elektronen

Abb. 397.1 zeigt das Verhalten von Elektronen bzw. von Wellenpaketen, die auf einen schmalen Spalt treffen. Die Elektronen haben eine Beschleunigungsstrecke durchlaufen und besitzen den Impuls $p_y = p$. Der Impuls in x- und in z-Richtung ist null.

Bekanntlich entsteht auf einem Schirm hinter dem Spalt eine Beugungsfigur, d.h. die nachgewiesenen Elektronen haben auch Impulse in x-Richtung. Durch diese Anordnung wird ein Versuch realisiert, der es ermöglicht, die x-Komponente des Ortes und des Impulses zu bestimmen. Je genauer man den Ort in x-Richtung durch die Verengung der Spaltbreite eingrenzt, umso größer wird die Impulsunschärfe Δp_x in x-Richtung (**Abb. 397.2**). Genau genommen lässt sich keine Grenze für den x-Impuls angeben, da die Verteilung mit abnehmender Amplitude beliebig ausgeweitet ist. Für die Ausweitung wird der Abstand zum ersten Minimum als Maß für Δp_x angesehen. Die so festgelegte Impulsunschärfe Δp_x lässt sich durch die Lage des Minimums erster Ordnung am Einfachspalt abschätzen ($\rightarrow$ 7.3.4). Es gilt $\sin\alpha = \lambda/(2\Delta x)$; mit $\lambda = h/p$ ergibt sich $\sin\alpha = h/(p\, 2\Delta x)$. Aus **Abb. 397.1** ist $\sin\alpha \approx \Delta p_x/p$ zu entnehmen, sodass aus beiden Gleichungen $\Delta x \Delta p_x \approx h/2$ folgt, entsprechend der Unschärferelation.

Aufgaben

1. Bei einem Farbmonitor werden Elektronen mit $U = 25$ kV beschleunigt und treten durch eine Streifenmaske, deren Spaltöffnungen $2\Delta x = 0{,}25$ mm betragen.
   a) Vergleichen Sie die De-Broglie-Wellenlänge der Elektronen mit der Spaltbreite.
   b) Bewerten Sie die Unschärfe auf dem Leuchtschirm in 1 cm Abstand hinter der Streifenmaske.

10.4.2 Messung der Unschärfe bei Photonen

Für Licht einer Quecksilberhöchstdrucklampe lässt sich die Unschärferelation eindrucksvoll bestätigen. Dabei werden einmal die Interferenzen nach Reflexion an einem Glimmerblatt beobachtet (→ 7.3.8), woraus sich eine Aussage über die Länge des Wellenzugs und damit über die Ortsunschärfe ergibt. Gleichzeitig wird das Licht mit einem Rowland-Gitter spektral zerlegt und die beiden gelben Linien des Quecksilbers beobachtet, woraus eine Aussage über die Impulsunschärfe zu gewinnen ist.

Versuch 1: Der Versuch ist wie in **Abb. 398.1** aufgebaut. Der hinter dem Glimmerblatt angeordnete Spalt wird mit dem nicht reflektierten Licht der Quecksilberdampflampe beleuchtet. Sofort nach dem Einschalten der Lampe erscheinen in dem langsam intensiver werdenden Licht auf dem einen oberen Schirm Interferenzringe und auf dem rechten Schirm die beiden eng benachbarten gelben Linien (**Abb. 399.1a**). Doch nach ca. vier Minuten beginnen die Interferenzen zu verschwimmen und die beiden gelben Linien werden unscharf. Nach einiger Zeit sind die Interferenzen völlig verschwunden und die gelben Linien verbreitern sich und sind nicht mehr voneinander zu trennen (**Abb. 399.1b**).

Erklärung: Die Interferenzen am Glimmerblatt entstehen durch die Überlagerung von Wellen, die an der vorderen und an der hinteren Grenzfläche der Schicht reflektiert werden (**Abb. 398.2**). Interferenzen kommen jedoch nur dann zustande, wenn der Wegunterschied der Wellen kleiner ist als die Kohärenzlänge des Wellenzugs (→ 7.3.8). Wenn die Interferenzen gerade verschwinden, kann die Länge des Wellenzuges durch die Wegdifferenz abgeschätzt werden.

Der geometrische Lichtweg (→ 7.3.12) durch das Glimmerblatt ist von dessen Dicke $d = 0{,}07$ mm und dem Einfallswinkel des Lichts abhängig. Der mit $2d = 0{,}14$ mm genäherte Weg führt, mit dem Brechungsindex $n = 1{,}5$ multipliziert, zur optischen Weglänge von $0{,}24$ mm. Dem entspricht die Länge des Wellenzugs $2\Delta x$; also ist $\Delta x \approx 1{,}2 \cdot 10^{-4}$ m.

Die Veränderung der Kohärenzlänge beruht auf einer Störung der Lichtemission. Durch den mit zunehmender Brenndauer der Lampe ansteigenden Druck stoßen die das Licht emittierenden Quecksilberatome häufiger zusammen. Unter der Annahme, dass durch einen Stoß die Emission des Wellenzugs unterbrochen wird, verringert sich mit der Zeit die Kohärenzlänge. Eine Verringerung der Länge des Wellenzugs bedeutet, dass seine Frequenzkomponenten einem breiteren Frequenzbereich angehören. Dem entspricht eine Vergrößerung des Wellenlängenintervalls $\Delta \lambda$. Dies ist an der Verbreiterung der Linien im Spektrum zu erkennen. Wenn die beiden zunächst getrennten gelben Linien mit 577 nm und 579 nm ineinander übergehen, besitzt jede der Linien eine Unschärfe von $\Delta \lambda = 1$ nm zu beiden Seiten des jeweiligen Maximums im Spektrum.

Zur Bestätigung der Heisenberg'schen Unschärferelation ist die Impulsunschärfe zu bestimmen. Aus der De-Broglie-Gleichung $p = h/\lambda$ ergeben sich für die Mitte $\lambda_1 = 579$ nm und den Rand $\lambda_2 = \lambda_1 - \Delta \lambda = 578$ nm der einen Linie die Impulse $p_1 = h/\lambda_1 = 1{,}144 \cdot 10^{-27}$ kg m/s und $p_2 = h/\lambda_2 = 1{,}146 \cdot 10^{-27}$ kg m/s, also ein $\Delta p = 2 \cdot 10^{-30}$ kg m/s. Die Impulsdifferenz zum anderen Rand der Linie mit der Wellenlänge $\lambda_3 = \lambda_1 + \Delta \lambda$ hat den gleichen Wert.

Die Photonen der einen Linie übertragen offensichtlich Impulse, deren Werte um einen Mittelwert $p_1 = 1{,}144 \cdot 10^{-27}$ kg m/s mit $\Delta p = 2 \cdot 10^{-30}$ kg m/s streuen.

398.1 Bestätigung der Unschärferelation mit Licht. Die Interferenzstreifen und das Spektrum werden gleichzeitig beobachtet. Ungefähr vier Minuten nach dem Einschalten der Quecksilberhöchstdrucklampe verschwimmen die Interferenzen, die Linien im Hg-Spektrum verbreitern sich.

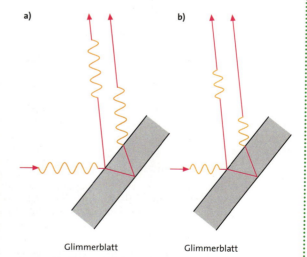

398.2 Interferenzen entstehen nur dann, wenn die Kohärenzlänge größer ist als die optische Wegdifferenz. In **a)** überlagern sich die beiden reflektierten Wellenzüge noch teilweise, sodass noch Interferenzen entstehen. In **b)** findet keine Überlagerung mehr statt, da die Wegdifferenz größer ist als die Länge der Wellenzüge.

Quantenphysik und klassische Physik

Aus den Werten von Δx und Δp folgt

$$\Delta x \, \Delta p = 1{,}2 \cdot 10^{-4} \text{ m} \cdot 2 \cdot 10^{-30} \text{ kg}\frac{\text{m}}{\text{s}} = 2{,}4 \cdot 10^{-34} \text{ Js} \approx \frac{h}{2}.$$

Das Experiment bestätigt also die Unschärferelation. Das im Vergleich zu $\frac{h}{2}$ kleinere Messergebnis weist darauf hin, dass die gemessenen Wellenzüge keine rechteckförmige Einhüllende besitzen wie in dieser einfachen Abschätzung unterstellt. Für beliebige Formen der Wellenzüge gilt $\Delta x \, \Delta p \geq \frac{h}{4\pi}$ in Übereinstimmung mit den Messergebnissen. ◄

> Die gleichzeitige Messung von Ort und Impuls ist durch die Heisenberg'sche Unschärferelation $\Delta x \, \Delta p \geq \frac{h}{4\pi}$ eingeschränkt.

Aufgaben

1. Das Licht von der Sonne besitzt eine Kohärenzlänge von $2\Delta x = 600$ nm bei einer mittleren Wellenlänge von 500 nm. Bestimmen Sie die Frequenzunschärfe Δf und berechnen Sie daraus die Wellenlängen, die das Spektrum begrenzen.
2. Die spektrale Breite der Linie eines He-Ne-Lasers beträgt $2\Delta f = 100$ Hz. Berechnen Sie die Kohärenzlänge.
3. Für eine Na-Dampf-Lampe wird eine Kohärenzlänge von 0,3 m gemessen. Bestimmen Sie die Dauer des Emissionsvorgangs und die Energieunschärfe.

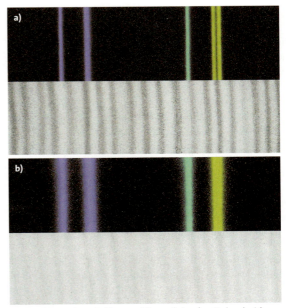

399.1 a) Das Quecksilberspektrum (oben) mit den beiden getrennten gelben Linien und (unten) die Interferenzen durch die Reflexion am Glimmerblatt.
b) Nach wenigen Minuten sind die Linien stark verbreitert, die Interferenzen sind verschwunden.

Exkurs

Der Welle-Teilchen-Dualismus

Die gleichartige Beschreibung der Ausbreitung von Elektronen und Photonen soll zum Anlass genommen werden, noch einmal über den Wellen- und Teilchencharakter von Elektronen und Photonen nachzudenken.

Nach der klassischen Theorie wird Licht als Welle aufgefasst. Es weist aber Teilcheneigenschaften auf, die mit dem Begriff *Photon* charakterisiert werden, wenn es mit Materie wechselwirkt. Dagegen zeigen z. B. Elektronen, die klassisch als Teilchen beschrieben werden, Welleneigenschaften wie Interferenz und Beugung.

Die Aussagen lassen sich verallgemeinern und zusammenfassen: Jeder Transport von Energie und Impuls zeigt Wellen- und Teilcheneigenschaften.

Die beiden Eigenschaften werden mitunter in der Feststellung zusammengefasst, dass z. B. ein Elektron *sowohl Teilchen als auch Welle* sei. Teilchen und Welle werden als zwei mögliche Seiten eines dualen Verhaltens, des Welle-Teilchen-Dualismus, dargestellt. Diese Aussage erhellt die Zusammenhänge jedoch nicht, denn in der klassischen Physik schließen sich die Konzepte „Teilchen" und „Welle" gegenseitig streng aus:

Ein **klassisches Teilchen** ist ein kleiner massiver Körper. Er befindet sich zu einem bestimmten Zeitpunkt an einem Punkt im Raum, hat Impuls und Energie und bewegt sich auf einer Bahn, die sich durch die Bewegungsgleichungen theoretisch mit beliebiger Genauigkeit beschreiben lässt.

Eine **klassische Welle** bewegt sich ebenfalls im Raum, zeigt dabei aber im Gegensatz zum klassischen Teilchen Interferenz- und Beugungsphänomene. Es lässt sich auch kein Bahnverlauf angeben, da Energie und Impuls kontinuierlich im Raum verteilt sind. Mit endlichen Werten für Energie und Impuls pro Raumvolumen einer Welle werden Energie wie Impuls in einem Punkt null.

Elektronen oder Photonen sollten daher nicht als Teilchen oder als Welle, sondern als **Mikroobjekt** oder **Quantenobjekt** bezeichnet werden. Eine fortgeführte Charakterisierung des Elektrons als Teilchen oder des Lichts als Welle sollte die geänderte Bedeutung dieser Beschreibung von Eigenschaften bewusst unterstützen. Dies wird erforderlich, wenn Welleneigenschaften oder Teilcheneigenschaften herausgestellt werden und an das klassische Verhalten erinnert oder darauf Bezug genommen werden soll.

Bei den *Welleneigenschaften* betrifft es das Verhalten eines Quantenobjekts bei seiner Ausbreitung, wenn die Wellenlänge in der Größenordnung der beugenden Objekte liegt. Ebenso betrifft es die Beschreibung eines in einem Raumbereich von der Größenordnung der Wellenlänge eingeschlossenen Quantenobjekts durch stehende Wellen.

Überträgt ein Quantenobjekt in einem Prozess dagegen Impuls und Energie, so treten die *Teilcheneigenschaften* und mit ihnen die Begriffe Elektron und Photon in den Vordergrund.

Quantenphysik und klassische Physik

10.4.3 Die Wellenfunktion

Die Aussagen der vorangegangenen Kapitel über Teilchen- und Wellenvorstellungen bei Licht und Elektronen gelten für alle Teilchen im Bereich der Mikrophysik. Deshalb liegt der Gedanke nahe, den Wellenaspekt bei der Ausbreitung von Elektronen oder anderen Materieteilchen in ähnlicher Form zu beschreiben, wie es mit dem elektromagnetischen Feld für die Ausbreitung von Licht bereits erfolgt ist. Das Quadrat der elektrischen Feldstärke $\hat{E}^2(x, y, t)$ ist proportional zur Wahrscheinlichkeit, ein Photon an der Stelle P$(x|y)$ zur Zeit t zu registrieren (→ 10.2.3). Bei bekannter Verteilung des elektromagnetischen Feldes im Raum lässt sich damit die Wahrscheinlichkeit angeben, ein Photon in einem Teilvolumen des Raums nachzuweisen.

Das Verhalten von Elektronen bzw. auch anderer Materieteilchen wird durch eine Funktion $\Psi(x, y, t)$ beschrieben, deren Quadrat proportional zur Wahrscheinlichkeit ist, ein Teilchen anzutreffen (**Abb. 400.1**). Die Funktion wird kurz Ψ-Funktion (Psi-Funktion) oder auch **Wellenfunktion** genannt, weil sie analog zur elektromagnetischen Welle die Welleneigenschaften bei der Ausbreitung von Quantenobjekten beschreibt. Auf die Idee einer Wellenfunktion war Erwin SCHRÖDINGER (1887–1961) im Jahre 1925 gestoßen, als er sich mit dem Problem befasste, eine Wellengleichung für bewegte Elektronen aufzustellen. Mit seiner Theorie gelingt es, die Funktion $\Psi(x, y, t)$ für Quantensysteme zu berechnen. **Abb. 400.1** zeigt ein Beispiel für die berechnete Ausbreitung eines Quantenobjekts, welche mehr der eines Wellenpakets als der eines Teilchens entspricht. Das Quadrat der Ψ-Funktion, nach oben aufgetragen, ist proportional zur Wahrscheinlichkeit, das Quantenobjekt in einem Raumbereich ΔV anzutreffen.

Den Physikern damals war zunächst nicht klar, wie die Werte der Ψ-Funktion physikalisch zu interpretieren seien. Unter den verschiedenen Deutungsmöglichkeiten hat sich die zuerst von Max BORN (1882–1970) gegebene statistische Interpretation durchgesetzt, entsprechend der die in den vorangegangenen Abschnitten dargestellten Überlegungen auch entwickelt wurden:

- Die Ψ-Funktion beschreibt die Ausbreitung von Teilchen oder genauer die Wahrscheinlichkeit, Teilchen in einem bestimmten Raumvolumen nachzuweisen.
- Die Ψ-Funktion ist eine Wellenfunktion. Sie beschreibt im Raum Interferenzphänomene wie Interferenzmaxima und -minima. Die Amplituden an einem Ort sind aus Teilamplituden unter Berücksichtigung der Phasen zu bestimmen.
- Die Ψ-Funktion selbst hat keine unmittelbare physikalische Bedeutung. Erst das Quadrat der Funktion – wenn es sich um komplexe Funktionswerte handelt der Betrag $|\Psi(\vec{r}, t)|^2$ – ist proportional zur Wahrscheinlichkeit, das Teilchen in einem Raumbereich ΔV anzutreffen. Diese Wahrscheinlichkeit wird **Antreffwahrscheinlichkeit** genannt.

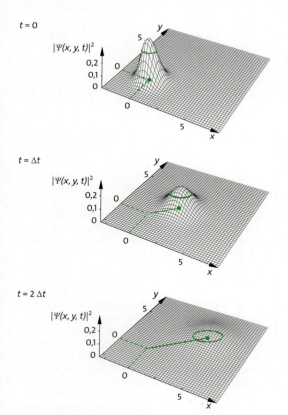

400.1 Ein Wellenpaket beschreibt die Bewegung eines Quantenobjekts, welches bei P(0|0) startet und sich in Richtung P(5|5) bewegt, für drei aufeinanderfolgende Zeitpunkte. Der grüne Punkt markiert die jeweilige Position des klassischen Teilchens.

> Das Produkt aus dem Amplitudenquadrat $|\Psi(\vec{r}, t)|^2$ der Wellenfunktion und dem Volumen ΔV gibt die **Antreffwahrscheinlichkeit** $w(\vec{r}, t) = |\Psi(\vec{r}, t)|^2 \Delta V$ eines Teilchens in einem Raumvolumen ΔV in der Umgebung vom Ort $\vec{r}$ abhängig von der Zeit t an.

Die formale mathematische Beschreibung der Quantenphänomene liefert keine Hinweise darauf, was man sich unter einem Elektron oder einem Photon in der Ausbreitung und der Wechselwirkung vorstellen soll. Bemerkenswert ist, dass trotz unterschiedlicher Interpretationsansätze Physiker darin übereinstimmen, wie in konkreten Fällen der mathematische Formalismus der Quantentheorie anzuwenden ist.

Grundwissen Einführung in die Quantenphysik

Wechselwirkung von Photonen mit Materie
Quantisierter Energieaustausch: Photonen
Der Energieaustausch von Licht mit Materie erfolgt in Quanten, den sogenannten **Photonen**. Bei der Absorption eines Photons werden die Energie $E_{Ph} = hf$ und der Impuls $p = m_{Ph} c$ übertragen. Die Masse des Photons ist $m_{Ph} = E_{Ph}/c^2$.
Photonen von Licht der Frequenz f übertragen nur Energiebeträge der Größe $E_{Ph} = hf$.
$h = 6{,}62607 \cdot 10^{-34}$ Js ist das Planck'sche Wirkungsquantum. Die Energieübertragung erfolgt also quantisiert.

Beim **lichtelektrischen Effekt** wird ein Anteil der Energie des Photons zum Austritt eines Elektrons aus dem Katodenmaterial verwendet,

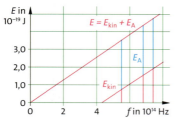

den restlichen Anteil besitzt das Elektron als kinetische Energie: $E_{Ph} - E_A = E_{kin}$ bzw. $hf - E_A = E_{kin}$.

Die **Umkehrung des lichtelektrischen Effekts:** In einer Leuchtdiode erzeugen Elektronen mit der Energie $E = eU$ Strahlung der Frequenz f. Dabei gilt

$eU = hf$ bzw. $eU = hc/\lambda$.

Das **Spektrum der Röntgenstrahlung** besitzt eine durch die Energie der Elektronen $E = eU_A$ bestimmte maximale Frequenz f_{max}. Daraus folgt die **kurzwellige Grenze** $\lambda_{min} = c/f_{max}$ der emittierten Strahlung. Dabei gilt

$eU_A = E = hf_{max}$ bzw. $eU_A = E = hc/\lambda_{min}$.

Der **Compton-Effekt** ist die Streuung von *Röntgenlicht an Elektronen*; dabei wird ein Teil der Energie des Röntgenphotons an ein Elektron übertragen. Die Wellenlänge der gestreuten Strahlung vergrößert sich um

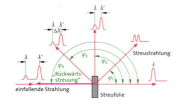

$\Delta\lambda = \frac{h}{m_0 c}(1 - \cos\varphi)$.

Für $\varphi = 90°$ ist die Wellenlängenänderung gleich der *Comptonwellenlänge* $\lambda_C = 2{,}42631$ pm.
Die Vergrößerung der Wellenlänge hängt nur vom Streuwinkel φ und nicht von der Frequenz bzw. der Wellenlänge des eingestrahlten Röntgenlichts ab.

Verteilung von Photonen und Elektronen
Die **Wellenvorstellung** beschreibt die **Ausbreitung** der Lichtenergie im Raum, die **Teilchenvorstellung** die Absorption oder Emission von Photonen, also die **Wechselwirkung** mit Materie.

Die Dichte der Photonen bzw. die Wahrscheinlichkeit w, ein Photon im Volumen ΔV zu registrieren, ist proportional zur Intensität bzw. proportional zum Quadrat der Amplitude der elektrischen Feldstärke.

Für die Amplitude der Lichtwelle hinter einem Doppelspalt gilt $\hat{E} \sim \cos(\Delta\varphi/2)$, wobei $\Delta\varphi$ die Phasendifferenz angibt. Damit ist $w \sim \hat{E}^2 \sim \cos^2(\Delta\varphi/2)$ die Wahrscheinlichkeit für die Registrierung eines Photons.

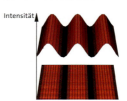

Für eine zunehmende Zahl von Photonen ergibt sich eine Verteilung der Energie, deren Verlauf sich der Wahrscheinlichkeit w immer mehr annähert.

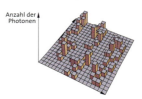

De-Broglie-Wellenlänge
Die Wellenlänge von Materieteilchen, die sogenannte De-Broglie-Wellenlänge, ergibt sich zu

$\lambda = h/p$.

Ein Elektron hat nach dem Durchlaufen der Spannung U die Energie $\frac{1}{2}mv^2 = eU$. Mit $p = mv$ folgt für die De-Broglie-Wellenlänge $\lambda = h/\sqrt{2meU}$.

Die Wellenfunktion
Die Wellenfunktion $\Psi(\vec{r}, t)$ eines Teilchens gibt die Verteilung seiner Antreffwahrscheinlichkeit in Raum und Zeit an. Die Wahrscheinlichkeit w, ein Teilchen zum Zeitpunkt t in einem Raumvolumen ΔV in der Umgebung vom Ort $\vec{r}$ anzutreffen, ist proportional zum Produkt aus dem Amplitudenquadrat der Wellenfunktion und dem Raumvolumen $w = |\Psi(\vec{r}, t)|^2 \Delta V$.

Heisenberg'sche Unschärferelation
Für die Genauigkeit der gleichzeitigen Messung komplementärer Größen gibt es eine prinzipielle Grenze, die eine Eigenschaft der Mikroobjekte ist. Die Produkte aus Ortsunschärfe Δx und Impulsunschärfe Δp bzw. Energieunschärfe ΔE und Zeitunschärfe Δt sind

$\Delta x \Delta p \geq \frac{h}{4\pi}$ und $\Delta E \Delta t \geq \frac{h}{4\pi}$.

Wissenstest Einführung in die Quantenphysik

1. Berechnen Sie die Energie eines Photons in Joule und in Elektronvolt für
   a) eine elektromagnetische Welle mit der Frequenz 100 MHz im UKW-Bereich und
   b) eine elektromagnetische Welle mit der Frequenz 900 kHz im Mittelwellenbereich.

2. Licht mit einer Wellenlänge von 300 nm fällt auf Kalium. Die emittierten Elektronen haben eine maximale kinetische Energie von 2,03 eV.
   a) Berechnen Sie die Energie der einfallenden Photonen.
   b) Berechnen Sie die Austrittsenergie für Kalium.
   c) Berechnen Sie den Grenzwert der Spannung, wenn das einfallende Licht eine Wellenlänge von 430 nm besitzt.
   d) Berechnen Sie die Grenzwellenlänge des Fotoeffekts für Kalium.

3. Die Grenzwellenlänge des Fotoeffekts für Silber liegt bei 262 nm.
   a) Berechnen Sie die Austrittsenergie für Silber.
   b) Berechnen Sie die Grenzspannung für einfallende Strahlung der Wellenlänge 175 nm.

4. Zur Durchführung des Versuchs zum lichtelektrischen Effekt und zum Planck'schen Wirkungsquantum (→ 10.1.2) existiert eine experimentelle Alternative, die sogenannte Gegenfeldmethode:

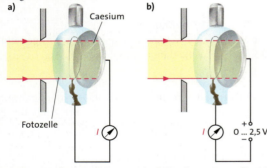

   Die mit monochromatischem Licht beleuchtete Fotozelle (a) bewirkt einen Fotostrom I, der in einem um eine einstellbare Spannungsquelle U erweiterten Experiment (b) verringert wird. Die Spannungsquelle ist derart gepolt, dass mit steigender Spannung U der Strom I auf null absinkt.
   a) Erklären Sie die Bezeichnung „Gegenfeldmethode" für dieses Messverfahren.
   b) Die Fotozelle wird mit Licht der Wellenlänge $\lambda = 436$ nm bestrahlt. Der erzeugte Fotostrom verringert sich auf null, wenn die Spannung von 0 V auf $U = 1,05$ V erhöht wird. Erklären Sie das Versuchsergebnis und werten Sie das Ergebnis hinsichtlich der Energie der Fotoelektronen aus.
   c) Die Fotozelle wird nacheinander mit Licht der Wellenlängen $\lambda = 546$ nm (Grün) und 405 nm (Violett) bestrahlt. Der erzeugte Fotostrom wird null bei $U_{Grün} = 0,40$ V bzw. $U_{Violett} = 1,19$ V. Bestimmen Sie aus den Messwerten das Planck'sche Wirkungsquantum h.

5. Wärmebildkameras nutzen den Fotoeffekt für Strahlung im Wellenlängenbereich zwischen 2 μm und 5 μm bei einem gekühlten MCT-Empfänger, einem Quantendetektor aus einer Legierung aus Mg, Cd und Te. Die Photonen der Strahlung regen dabei Elektronen aus einem Bereich des Kristalls in einen anderen an (innerer Fotoeffekt).
   a) Berechnen Sie die Energie der einfallenden Photonen bei 2 μm und 5 μm.
   b) Erläutern Sie, warum kein (äußerer) lichtelektrischer Effekt von Infrarotstrahlung an Metallen messbar ist.

6. Röntgenstrahlen mit einer Wellenlänge von 71 pm treffen auf eine Goldfolie und lösen aus den Goldatomen schwach gebundene Elektronen heraus. Diese Elektronen bewegen sich in einem homogenen Magnetfeld B mit $B = 1,88 \cdot 10^{-4}$ T auf Kreisbahnen vom Radius $r = 1$ m.
   a) Berechnen Sie die maximale kinetische Energie dieser Elektronen.
   b) Berechnen Sie die zu ihrer Herauslösung aus den Goldatomen notwendige Energie.

7. Ein bestimmter Röntgenstrahl hat eine Wellenlänge von 35,0 pm.
   a) Berechnen Sie die zugehörige Frequenz.
   b) Berechnen Sie die zugehörige Photonenenergie und den zugehörigen Photonenimpuls.

8. Licht der Wellenlänge 400 nm besitzt eine Intensität von $I = 100$ W/m².
   a) Berechnen Sie die Energie eines Photons in diesem Strahl.
   b) Berechnen Sie die Energie, die in einer Sekunde auf eine Fläche von 1 cm² senkrecht zum Strahl abgegeben wird.
   c) Berechnen Sie die Zahl der Photonen, die in einer Sekunde auf diese Fläche fallen.

9. Die Sonne beleuchtet die Erde mit etwa $P = 7 \cdot 10^{17}$ W. Berechnen Sie die Kraft des Lichts auf die Erde.

10. Der Freie-Elektronen-Laser an der TESLA-Testanlage bei DESY erzeugt intensive kurzwellige Strahlung. Die Messung der Wellenlänge erfolgt durch Interferenz hinter einem Doppelspalt.

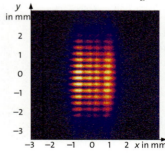

   a) Ein Doppelspalt mit dem Spaltabstand $d = 1$ mm erzeugt auf einem Fotosensor im Abstand $e = 3,1$ m das gezeigte Interferenzbild. Ermitteln Sie die Wellenlänge der Strahlung und die Energie der Photonen.
   b) Ein anderer Doppelspalt mit dem Spaltabstand $d = 3$ mm und Spaltbreiten von $b = 0,2$ mm bewirkt bei gleicher Strahlung auf dem Fotosensor keine sichtbare Doppelspaltinterferenz. Betrachten Sie zur Begründung die Beugung an den Einzelspalten.

Wissenstest Einführung in die Quantenphysik

c) Mit dem Freie-Elektronen-Laser werden Photonenenergien von $E = 4 \cdot 10^{-17}$ J angestrebt. Ermitteln Sie die zugehörige Wellenlänge λ der Strahlung. Entwerfen Sie ein Doppelspaltexperiment, mit dem die Wellenlänge λ im Experiment nachgewiesen werden kann.

11. Für den TESLA-Elektronenbeschleuniger werden Elektronenpakete der Gesamtladung 1 nC durch Laserblitze an einer Fotokatode erzeugt.
a) Die Kohärenzlänge eines He-Ne-Lasers mit $\lambda = 632$ nm beträgt etwa 2 m. Berechnen Sie die Zeitspanne, in der der Laserimpuls erzeugt wird. Bestimmen Sie das Verhältnis des Wellenlängenbereichs $\Delta \lambda$ zur mittleren Wellenlänge $\lambda = 632$ nm.
b) Ein Impulslaser erzeugt Pikosekunden-Lichtimpulse von 0,5 ps Dauer bei der Frequenz $f_0 = 2{,}87 \cdot 10^{14}$ Hz. Berechnen Sie das Frequenzverhältnis $\Delta f / f$. Vergleichen Sie mit dem Verhältnis $\Delta \lambda / \lambda$ von Teilaufgabe a).
c) Die Spitzenleistung des Impulslasers beträgt 310 kW. Berechnen Sie die Zahl der Photonen eines Impulses und die Kraft der Photonen auf die Fotokatode.
d) Der Wirkungsgrad der Anordnung beträgt etwa 0,1 %, d. h. 1000 Photonen lösen im Mittel 1 Elektron aus. Bestimmen Sie die Gesamtladung des Elektronenpakets.

12. Ein nicht relativistisches Teilchen bewegt sich dreimal so schnell wie ein Elektron. Das Verhältnis der De-Broglie-Wellenlänge dieses Teilchens zur De-Broglie-Wellenlänge des Elektrons ist $1{,}81300 \cdot 10^{-4}$. Bestimmen Sie die Eigenschaften und den Namen des Teilchens.

13. Leiten Sie die Beziehung λ [in nm] $= 1{,}226/\sqrt{E_{kin}}$ [in eV] zwischen der De-Broglie-Wellenlänge λ des Elektrons in nm und seiner kinetischen Energie E_{kin} her.

14. Ultrakalte Natrium-Atome werden im Abstand von 40 µm in zwei Atomfallen gehalten (**obere Abb.**). Nach dem Abschalten der Fallenpotentiale breiten sich die beiden Natrium-Atomwolken frei aus und überlagern einander. Nach 40 ms zeigt sich eine Dichteverteilung (**untere Abb.**), die auf Interferenzen der beiden Wolken zurückzuführen ist. Die Interferenzstreifen zeigen Maxima im Abstand von 3,75 µm.

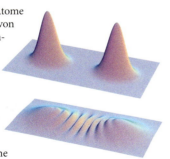

a) Bestimmen Sie die De-Broglie-Wellenlänge der beiden Natrium-Atomwolken.
b) Erörtern Sie die Aussage, beide Atomwolken hätten die gleiche De-Broglie-Wellenlänge.
c) Bestimmen Sie die Geschwindigkeit, mit der sich die beiden Natrium-Atomwolken aufeinander zu bewegen. Schätzen Sie die Größe des Bereichs, in dem sich die Wolken nach 40 ms überlappen.

d) Erläutern Sie, wie sich das Interferenzmuster im Verlauf der Zeit ändert.
e) Die untere Abbildung zeigt die Atomdichte in einer waagerechten Ebene. Erläutern Sie, welche Dichteverteilung in senkrechter Richtung und damit in Richtung des Schwerefeldes zu erwarten ist.

15. Wenn Elektronenpakete auf Kreisbahnen bewegt werden, tritt Synchrotronstrahlung auf. Die Strahlung tritt tangential zur Bahn aus und erzeugt in einem Strahlrohr einen kurzen Strahlungsimpuls. Im Speicherring DORIS beträgt die Pulsdauer $2 \Delta t = 7{,}95 \cdot 10^{-20}$ s bei Elektronen mit $E = 4{,}5$ GeV auf der Kreisbahn mit dem Radius $r = 12{,}2$ m.
a) Berechnen Sie die Frequenzunschärfe Δf und schätzen Sie das Spektrum der Synchrotronstrahlung ab. Bestimmen Sie die Grenzfrequenz, die Grenzwellenlänge und die Energie der Röntgenphotonen.
b) Die Impulsdauer Δt ist proportional zu r/γ^3, wobei γ das Verhältnis von Energie zu Ruheenergie E/E_0 angibt. Erläutern Sie, wie sich das Spektrum der Synchrotronstrahlung zu höheren Energien hin ausweiten lässt.
c) Die Elektronen des Speicherrings treffen auf ein ruhendes Target. Berechnen Sie Grenzfrequenz und Grenzwellenlänge der erzeugten Bremsstrahlung.
d) α-Teilchen, die ebenfalls mit $U = 4{,}5$ GV beschleunigt wurden, treffen auf ein ruhendes Target. Berechnen Sie die Maximalenergie der γ-Quanten.

16. Ein Fotoblitzgerät sendet einen Lichtimpuls von 1 ms Dauer aus, dessen Gesamtenergie 10 J beträgt.
a) Berechnen Sie den Gesamtimpuls der Photonen.
b) Erläutern Sie, ob der Gesamtimpuls von der Wellenlänge abhängt.
c) Berechnen Sie die Rückstoßkraft, die während des Blitzes auf das Blitzgerät wirkt.

17. Das Licht der Sonne zeigt ein kontinuierliches Spektrum (**obere Abb.**), während Gase wie Wasserstoff (**untere Abb.**) oder Helium ein Linienspektrum zeigen. Das ist insofern erstaunlich, als die Sonne im Wesentlichen aus Wasserstoff und Helium besteht.

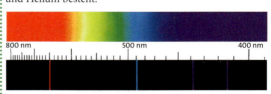

a) Berechnen Sie die Frequenz- und Energieunschärfe für Photonen mit $\lambda = 600$ nm und einer Unschärfe von $\pm 0{,}2$ nm und ± 200 nm. Berechnen Sie jeweils die Emissionsdauer Δt.
b) Erläutern Sie, welcher Vorgang in der Sonne dazu führen könnte, dass sich die Emissionsdauer gegenüber der bei einem isolierten Gasatom deutlich verkürzt.
c) Vergleichen Sie die Änderung der Emissionsdauer mit der bei einer Hg-Höchstdrucklampe. Vergleichen Sie die Kohärenzlängen von Sonnenlicht und von dem Licht der Hg-Höchstdrucklampe.

Interpretatiosprobleme der Quantenphysik

— **Exkurs** ——————————————————

Interpretationsprobleme der Quantenphysik

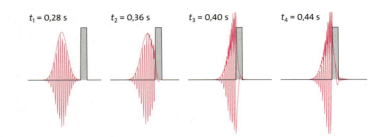

$t_1 = 0{,}28$ s $\quad t_2 = 0{,}36$ s $\quad t_3 = 0{,}40$ s $\quad t_4 = 0{,}44$ s

Klassische Physik – Quantenphysik

Die klassische Physik ist die im makroskopischen Bereich geltende Physik der Newton'schen Mechanik und der Maxwell'schen Elektrodynamik, die Physik des strengen *Determinismus*, in der es möglich ist, aus der Kenntnis aller Größen, die den Zustand eines Systems beschreiben, mithilfe der bekannten Gesetzmäßigkeiten den zukünftigen Zustand im Prinzip exakt zu berechnen (→ S. 106).

Praktische Schwierigkeiten bereiten lediglich die Messungenauigkeiten, die im Bereich der klassischen Physik mit entsprechendem Aufwand stets zu verringern sind.

Die *Quantenphysik* hat gezeigt, dass im *mikroskopischen* Bereich anderes gilt:
- Für die komplementären Messgrößen eines Zustands von Quantenobjekten gibt es eine grundsätzliche Grenze, die durch die Heisenberg'sche Unschärferelation beschrieben wird. Diese Grenze ergibt sich nicht aufgrund von Unzulänglichkeiten der angewendeten Messverfahren, sondern sie folgt aus den Eigenschaften der Quantenobjekte selbst.
- Jeder Messprozess im Bereich der Quantenphysik stellt einen Eingriff dar, der das weitere Verhalten des Messobjekts entscheidend beeinflusst, sodass einem Quantenobjekt stets nur die Eigenschaft zugeordnet werden kann, die gerade gemessen wurde. Es ist nicht davon auszugehen, dass die gemessene Eigenschaft bereits vor der Messung vorgelegen hat und dass andere, nicht gemessene Eigenschaften vorhanden sind.
- Eine strenge Determiniertheit wie in der klassischen Physik ist dementsprechend in der Quantenphysik nicht vorhanden. Jedoch gestattet die Ψ-Funktion eine Wahrscheinlichkeitsaussage über das Eintreten eines Ereignisses, z. B. über den Nachweis eines Quantenobjektes durch seine Ladung oder seine Masse, in einem Raumelement zu machen, sodass in diesem Sinne ein Determinismus vorhanden ist.

Kopenhagener Interpretation der Quantenphysik

Von Niels BOHR stammt die sogenannte *Kopenhagener Interpretation,* die in die philosophische Richtung des *Positivismus* (→ 16.2) einzuordnen ist. Sie befasst sich mit der Frage, die sich aus den Erkenntnissen über den quantenphysikalischen Messprozess ergibt, welche Eigenschaften einem Quantenobjekt selbst zuzuschreiben sind. Die wahrgenommenen bzw. gemessenen Eigenschaften hängen sowohl von dem Quantenobjekt selbst ab als auch von der verwendeten Messapparatur, z. B. dem Einfachspalt und der Registriereinrichtung.

Reale physikalische Eigenschaften besitzt ein Quantensystem nur im Zusammenhang mit einer Messapparatur, die diese Eigenschaft auch registriert. Es ist deshalb sinnlos, einem isolierten Quantensystem einen Zustand zuzuschreiben. Eine physikalische Größe kann nur dann als real angesehen werden, wenn sie gemessen wird oder gemessen worden ist.

Kritik an der Kopenhagener Interpretation

Diese Kopenhagener Sichtweise oder Interpretation hat weitere Konsequenzen: Kann nur dann etwas als *real existierend* angesehen werden, wenn es von einem Subjekt wahrgenommen wird? Dies würde bedeuten, dass die streng objektive Naturwissenschaft Physik die Existenz eines Subjekts bzw. eines Bewusstseins benötigen würde, um die Welt zu verstehen. Mit dieser Thematik haben sich zahlreiche Denker auseinandergesetzt und die unterschiedlichsten Lösungsvorschläge gefunden, die jedoch alle nicht recht befriedigen können. Die Existenz der Quantenobjekte bzw. des physikalischen Systems ist jedoch nicht infrage gestellt.

Die Kritik an der Kopenhagener Interpretation wurde häufig durch Gedankenexperimente verschärft, deren Aussagen allerdings ohne weitere physikalische Vorkenntnisse nur schwer zu interpretieren sind. Deshalb soll erst einmal ein vergleichsweise einfaches Experiment vorgestellt werden. Mit einem Wellenpaket wird die Ausbreitung eines Quantenobjekts, z. B. eines Elektrons, beschrieben. Die Bildleiste oben zeigt, wie sich der Wellenzug auf ein Hindernis zu bewegt. Bei dem Hindernis soll es sich im Fall der Lichtausbreitung um einen halbdurchlässigen Spiegel handeln, der einen Teil des Lichts durchlässt und den anderen Teil reflektiert. Für Elektronen lässt sich eine solche Anordnung durch den grau gezeichneten Verlauf der potenziellen Energie herstellen. Ein Teil der Welle, mit der die Ausbreitung des Elektrons beschrieben wird, wird in Bewegungsrichtung durchgelassen. Ein anderer Teil wird reflektiert und kehrt seine Bewegungsrichtung um. Die Abbildungen oben zeigen die Aufspaltung und das Auseinanderlaufen der Teilwellen. Das einlaufende Wellenpaket ist damit in zwei sich voneinander entfernende Teilwellen zerlegt, deren Amplitudenquadrat proportional zur Antreffwahrscheinlichkeit des Quantenobjekts ist. Angenom-

Interpretationsprobleme der Quantenphysik

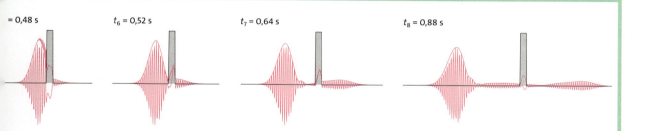

men, im nach links laufenden Wellenpaket wird ein Elektron nachgewiesen, dann hätte dieses Messergebnis zur Konsequenz, dass in allen anderen Bereichen die Amplitude der Welle unmittelbar auf null zusammenfallen müsste, um das Elektron nicht noch einmal an einem anderen Ort nachzuweisen. Dieser sogenannte „Kollaps der Wellenfunktion", der an allen Orten gleichzeitig erfolgen und sich deshalb mit Überlichtgeschwindigkeit ausbreiten müsste, wird als unglaubwürdig angesehen und als Argument gegen die Kopenhagener Interpretation der Quantenphysik verwendet.

Das EPR-Paradoxon

Auch EINSTEIN konnte sich mit diesen Konsequenzen der Quantenphysik nicht abfinden und versuchte zu zeigen, dass man im Gegensatz zu der von BOHR gegebenen Interpretation recht wohl davon ausgehen kann, dass Quantenobjekte physikalische Eigenschaften besitzen, ohne diese vorher gemessen zu haben. Bereits im Jahre 1935 hatten sich EINSTEIN, PODOLSKY und ROSEN ein Experiment ausgedacht, das nach den Urhebern EPR-Paradoxon genannt wird. Dieser damalige Gedankenversuch ist in den letzten Jahren mit aufwändigen Apparaturen verwirklicht worden. Den Grundgedanken des EPR-Paradoxons soll ein vereinfachtes Modellexperiment zeigen, das auf Überlegungen mit polarisiertem Licht aufbaut.

Von angeregten Atomen wird elektromagnetische Strahlung ausgesandt, die sich zu den Detektoren links und rechts in der Skizze hin ausbreitet. Mit den Detektoren werden Photonen der Strahlung nachgewiesen. Zusätzlich wird gemessen, wie oft die beiden Detektoren gleichzeitig ansprechen. Das Besondere an diesem ausgesuchten System ist die Tatsache, dass diese Gleichzeitigkeit der Nachweise, auch Korrelation genannt, sehr häufig gegeben ist. Der Gedanke, nach gemeinsamen Eigenschaften des einen und des anderen Photons zu suchen und sie auf einen gemeinsamen Entstehungsprozess zurückzuführen, ist deshalb naheliegend.

Zu diesem Zweck sind im Experiment zwei Polarisationsfilter 1 und 2 vorhanden, mit denen eine Messung der Polarisationsrichtung erfolgt. Bei gleicher Einstellung der Polarisationsfilter sind häufig Korrelationen zu messen, bei zueinander senkrecht eingestellten Filtern nur selten. Die Eigenschaften des auf der einen Seite registrierten Photons hängen also davon ab, welche Messung an dem räumlich entfernten Photon auf der an-

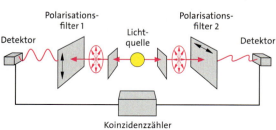

deren Seite durchgeführt wurde. Dieser Zusammenhang erscheint paradox, wenn man wie die Autoren des EPR-Paradoxons annimmt, dass die Zustände von räumlich voneinander getrennten Dingen voneinander unabhängig sind, und weiter, dass die beiden Photonen bereits vor der Messung über die Eigenschaften verfügen, die durch die Messung aufgedeckt werden. Woher soll das eine Photon „wissen", in welchem Experiment und mit welchem Ergebnis das andere Photon nachgewiesen wurde? Die Formulierung des EPR-Paradoxons legt nahe, intuitiv an zwei getrennte Systeme zu denken, zwischen denen keine physikalische Wechselwirkung besteht, wie es klassische Teilchen auch zeigen. Sollte das eine im linken Detektor nachgewiesene Photon bereits in der Ausbreitung mit bestimmten physikalischen Eigenschaften ausgestattet sein, dann müssten diese Eigenschaften sich abhängig von der Messung des anderen Photons verändern. Ein solcher Zusammenhang erscheint nicht denkbar. Die aus dem physikalischen Hintergrundwissen zu erwartende Annahme, Systeme in voneinander unabhängige Teilsysteme trennen zu können, führt bei Quantenobjekten zu einem Widerspruch mit den Experimenten.

Nicht-lokale Theorien

Der Physiker J. S. BELL konnte 1969 sogar zeigen, dass jede „lokale" Theorie, also eine Theorie der voneinander unabhängigen Teilsysteme, in Widersprüche zu den experimentellen Ergebnissen gerät. Eine Theorie, die davon ausgeht, dass das Messergebnis bei 1 vom Messergebnis bei 2 oder von der Stellung der Polarisationsfilter abhängt, ist somit widerlegt.

Die Quantenphysik stellt mit der Forderung nach einer globalen, raum-zeitlichen Systembeschreibung nicht die Realität infrage, aber sie zwingt dazu, unsere Alltagserfahrungen und die im Rahmen der klassischen Physik gebildeten Vorstellungen über die Realität wesentlich zu modifizieren. Der mathematische Formalismus der Quantenmechanik sagt die Messergebnisse wie die betrachteten Korrelationen korrekt voraus. Er gibt aber keinerlei Hilfe zu verstehen, wie diese Korrelationen zustande kommen und in welcher Weise sich Quantensysteme geeignet veranschaulichen lassen.

11 ATOMPHYSIK

In der Atomphysik wird das physikalische Verhalten der Atom*hülle* untersucht, mit entscheidender Bedeutung auch für die chemische Bindung. Die Eigenschaften des Atom*kerns* werden im Kapitel Kernphysik behandelt. Die Atome sind die Bausteine aller Stoffe. Ihre Größe erweist sich als so gering, dass sie unsichtbar sind. Ihr Durchmesser ist kleiner als ein Tausendstel der Lichtwellenlänge (etwa $3 \cdot 10^{-10}$ m), sodass einzelne Atome keine regelmäßige Reflexion von Licht hervorrufen können. Eine zweite Eigenschaft ist, dass alle Atome eines Elements identisch und damit ununterscheidbar sind. Einzelne Atome lassen sich also nicht identifizieren. Viele von der klassischen Physik her bekannte Untersuchungsmethoden sind wegen dieser beiden Eigenschaften auf Atome nicht anwendbar.

Weiter wird sich zeigen, dass Impuls und Energie von Atomen gequantelte Größen sind. Die Entwicklung der Atommodelle Ende des 19. und Anfang des 20. Jahrhunderts führte deshalb zwangsläufig zu einem Bruch mit der klassischen Physik. Die Quantenphysik wurde in der Atomphysik weiterentwickelt, sodass die Erfolge bei der Beschreibung von Atomen ihr endgültig zum Durchbruch verhalfen.

11.1 Energieaustausch mit Atomen

11.1.1 Die quantenhafte Absorption

Bei der Einführung in die Quantenphysik (→ Kap. 10) wird die Wechselwirkung von Licht mit festen Körpern betrachtet. Diese Experimente wurden ausgewählt, da feste Körper nahezu beliebige Energiebeträge aufnehmen und abgeben können. Der Energieaustausch zwischen Licht und den Atomen eines Gases hingegen führt zu neuen Erkenntnissen.

Die Energieaufnahme von Atomen lässt sich mit Elektronen, die in einem elektrischen Feld beschleunigt werden, oder mit Photonen unterschiedlicher Frequenz bzw. Energie untersuchen. In der Versuchsanordnung nach J. Franck (1882–1964) und G. Hertz (1887–1975) werden Elektronen verwendet, deren Energie durch eine Beschleunigungsspannung U_B zwischen 0 V und 80 V verändert wird. Die beschleunigten Elektronen geben ihre kinetische Energie an Gasatome ab.

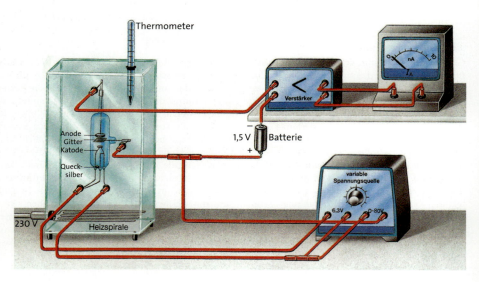

406.1 Versuchsanordnung zum Elektronenstoßversuch nach Franck und Hertz. In der mit Quecksilberdampf gefüllten Röhre werden Elektronen im elektrischen Feld zwischen Katode und Gitter beschleunigt. Ihre kinetische Energie steigt mit dem zurückgelegten Weg an. Erreicht sie den Wert, der zur Anregung des Füllgases erforderlich ist, gibt das Elektron diese Energie ab. Die Leuchterscheinung (**Abb. 407.1**) markiert diese Wechselwirkungsbereiche.

Franck-Hertz-Versuch mit Neon

In einen evakuierten Glaskolben (Franck-Hertz-Rohr, ähnlich **Abb. 406.1**) ist das Edelgas Neon bei niedrigem Druck eingebracht.

Versuch 1: Aus der Glühkatode werden Elektronen emittiert, die durch das elektrische Feld zwischen der Katode und der Gitterelektrode beschleunigt werden.
Beobachtung: Ab einer Beschleunigungsspannung von ca. 20 V zeigt sich nahe dem Gitter ein Leuchten. Mit höherer Spannung verlagert sich der leuchtende Bereich in Richtung Katode. Ab ca. 40 V entsteht am Gitter ein zweiter leuchtender Bereich, der bei weiterer Erhöhung der Spannung ebenfalls in Richtung Katode wandert. Bei ca. 80 V ergibt sich eine Schichtung wie in **Abb. 407.1**.
Erklärung: Durch die Beschleunigung im Feld zwischen Katode und Gitter erhalten die Elektronen die kinetische Energie $E_{kin} = e\, U_B$. Bei ca. 20 V ist die kinetische Energie erreicht, die zu der beobachteten ersten Leuchterscheinung führt. Die Elektronen übertragen die Energie an Neonatome, die dadurch in einen Zustand höherer Energie gelangen. Dieser Vorgang wird beschrieben als energetische Anregung oder kurz als *Anregung*. Die angeregten Atome geben die Energie nach kurzer Zeit mit dem Licht ab und bewirken so das beobachtete Leuchten.

Erhöht sich die Spannung U_B und damit wegen $E = U_B/d$ auch die Feldstärke E, dann verfügen die beschleunigten Elektronen am Gitter über eine höhere kinetische Energie. Die Energie zur Anregung der Neon-Atome ist dann bereits vor Ende der Beschleunigungsstrecke d erreicht. Deshalb verlagert sich der Ort des Leuchtens. Da die Elektronen danach wieder von Neuem im elektrischen Feld beschleunigt werden, wiederholt sich dieser Vorgang bei höherer Spannung. Die beobachtete Schichtung entsteht. ◂

Franck-Hertz-Versuch mit Quecksilber

Die Ergebnisse von Versuch 1, die sich auf das Füllgas Neon bezogen, sollen mit einem anderen Füllgas überprüft werden. Das Neon wird durch Quecksilber ersetzt, dessen Eigenschaften eine geänderte Versuchsdurchführung erfordern. Im Franck-Hertz-Rohr in **Abb. 406.1** befindet sich jetzt ein Tropfen Quecksilber. Durch Erwärmen des ganzen Gefäßes auf eine Temperatur von etwa 200 °C wird Quecksilberdampf erzeugt. Da Quecksilberatome bei Anregung durch Elektronen keine sichtbare Leuchterscheinung zeigen, soll die kinetische Energie der Elektronen, die sich durch die Gitterelektrode hindurchbewegen, betrachtet werden. Die Energiemessung erfolgt hier ähnlich wie beim lichtelektrischen Effekt (→ 10.1.2) durch eine Gegenspannung von 1,5 V zwischen Gitter und Anode (**Abb. 407.2**).

407.1 Franck-Hertz-Versuch mit Neon: Leuchtschichten bei einer Beschleunigungsspannung von 80 V

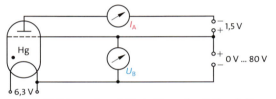

407.2 Schaltbild zum Franck-Hertz-Versuch mit Quecksilberdampf

Versuch 2: Aus der Glühkatode werden Elektronen emittiert, die mit einer Spannung U_B zwischen 0 V und 10 V beschleunigt werden. Der von der Elektronenbewegung verursachte Strom I_A wird in Abhängigkeit von der Beschleunigungsspannung U_B gemessen.
Beobachtung: Mit der Beschleunigungsspannung U_B steigt der Anodenstrom I_A erst an und verringert sich anschließend – trotz steigender Beschleunigungsspannung.
Erklärung: Bei niedrigen Beschleunigungsspannungen U_B von wenigen Volt geben die Elektronen keine Energie an die Quecksilberatome ab. Ihre kinetische Energie reicht nach dem Durchlaufen der Beschleunigungsstrecke aus, um gegen die Gegenspannung von 1,5 V anzulaufen und die Anode zu erreichen.
Bei höheren Werten der Beschleunigungsspannung steigt die den Elektronen zugeführte Energie. Trotzdem reicht die kinetische Energie vieler Elektronen nicht aus, um gegen die Gegenspannung von 1,5 V anzulaufen. Denn diese Elektronen haben vor dem Erreichen der Gitterelektrode Energie an die Quecksilberatome abgegeben. Während der nachfolgenden Beschleunigung zur Gitterelektrode hin reicht der Anstieg der kinetischen Energie wieder nicht aus, um gegen die Gegenspannung anzulaufen. Diese Elektronen kehren zur Gitterelektrode zurück und werden deshalb nicht vom Strommessgerät an der Anode erfasst. ◂

Energieaustausch mit Atomen

Auswertung des Franck-Hertz-Versuchs mit Quecksilber

Der Franck-Hertz-Versuch mit Quecksilberdampf ermöglicht eine genaue Messung des Energiebetrags, der auf ein Quecksilberatom übertragen wird.

Versuch 3: Die Beschleunigungsspannung U_B wird von 0 auf 10 V erhöht und der Strom I_A in Abhängigkeit von der Spannung U_B gemessen. Gleichzeitig erfolgt die Aufzeichnung der Messwerte mit einem XY-Schreiber. Die Messung wird, angefangen bei niedriger Temperatur, mit steigender Temperatur wiederholt.
Beobachtung: Bei niedriger Temperatur steigt der Strom I_A mit der Beschleunigungsspannung U_B an, wobei sich die Steigung des Graphen ständig vergrößert. Mit erhöhter Temperatur zeigt der Graph einen Wendepunkt, erreicht ein Maximum und fällt zu einem Minimum ab (**Abb. 408.1**).
Erklärung: Die kinetische Energie einiger weniger Elektronen reicht bei der Beschleunigungsspannung an der ersten Wendestelle des Graphen (**Abb. 408.1**) aus, um Energie an die Quecksilberatome abzugeben. Die Wahrscheinlichkeit der Energieaufnahme steigt mit der Konzentration des Quecksilberdampfs, also mit der Temperatur. ◄

Nur bei einer idealen experimentellen Realisierung des Franck-Hertz-Experiments ist davon auszugehen, dass alle Elektronen nach Durchlaufen der Spannung U_B die gleiche Energie $E_{kin} = e\,U_B$ haben und einen Stoßpartner finden. In diesem Fall wäre der in **Abb. 408.1** blau gezeichnete Verlauf zu erwarten. Bei einem bestimmten Wert der Beschleunigungsspannung U_B sollten alle Elektronen das Quecksilber anregen. Der Strom I_A würde dann auf null abfallen, da kein Elektron gegen die Gegenspannung anlaufen und die Anode erreichen könnte. Um die Anregungsenergie genau zu messen, wird die Spannung U_B so weit erhöht, dass ein Elektron seine Energie mehrfach an Quecksilberatome abgibt und zwischenzeitlich beschleunigt wird.

Versuch 4: Bei fester Temperatur wird die Beschleunigungsspannung U_B von 0 V auf 30 V erhöht und der Strom I_A aufgezeichnet.
Beobachtung: Der Graph zeigt sowohl relative Maxima als auch relative Minima im Abstand von 4,9 V mit dazwischenliegenden Wendepunkten.
Ergebnis: Die Energieabgabe, beobachtbar durch die Maxima und Minima des Anodenstromes I_A, wiederholt sich beim Erhöhen der Beschleunigungsspannung um jeweils 4,9 V. Die Elektronen geben nach einer Beschleunigung durch 4,9 V die Energie 4,9 eV ≈ $7{,}85 \cdot 10^{-19}$ J an ein Quecksilberatom ab. Das Atom befindet sich dann in einem energetisch *angeregten Zustand*. Beträgt die Energie weniger als 4,9 eV, nehmen die Quecksilberatome die Energie offensichtlich nicht auf. ◄

Offenbar können nicht beliebige, sondern nur *ganz bestimmte Energiebeträge* aufgenommen werden. Dies lässt sich allgemein beobachten.

> **Quantenhafte Absorption**
> Atome absorbieren nur bestimmte Energiebeträge. Die Energiebeträge sind charakteristisch für das betreffende Atom.

Nicht alle Elektronen geben die Energie von 4,9 eV an Quecksilberatome ab. Einige wenige erreichen höhere Energiewerte vor dem Stoß bis über die Ionisationsenergie hinaus, die bei Quecksilber 10,4 eV beträgt. Dann erfolgt die Absorption beliebiger Energiebeträge.

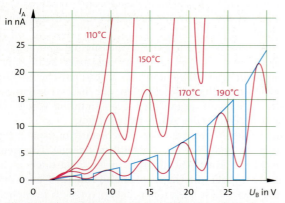

408.1 Franck-Hertz-Versuch mit Quecksilberdampf: Der Strom I_A wird in Abhängigkeit von der Beschleunigungsspannung U_B gemessen. Die Messkurven bei verschiedenen Temperaturen zeigen den Verlauf für unterschiedliche Konzentrationen von Quecksilberdampf. Der Wendepunkt der Graphen ($T > 120\,°C$) bei ca. 4 V zeigt an, dass erste Elektronen ihre Energie an Quecksilberatome abgeben. Für die Temperatur 190 °C ist in Blau zusätzlich der idealisierte Verlauf des Stromes I_A eingezeichnet.

Aufgaben

1. Angeregte Quecksilberatome senden UV-Strahlung der Wellenlänge λ = 253,6 nm aus.
   a) Vergleichen Sie die mit dem Wert der Wellenlänge λ berechnete Photonenenergie mit der gemessenen Anregungsenergie.
   b) Erörtern Sie, wie sich die Intensität der UV-Strahlung in Abhängigkeit von der Beschleunigungsspannung U_B im Bereich von 0 V bis 30 V ändert.

*2. **a)** Bestimmen Sie zwei mögliche Geschwindigkeiten eines Elektrons nach einer Beschleunigung mit 10 V in der Franck-Hertz-Röhre mit Quecksilberdampf.
   b) Zeichnen Sie die Zeit-Geschwindigkeit-Diagramme.

11.1.2 Die quantenhafte Emission

Jedes zum Leuchten gebrachte Gas (z. B. Natriumgas) hat ein charakteristisches Emissions- bzw. Absorptionsspektrum (→ 7.4.2). Die Vermutung liegt nahe, dass zwischen der Emission und der Absorption von Licht und dem Aufbau der Atome dieser Gase ein ursächlicher Zusammenhang besteht. Deswegen sollen die von den Atomen abgegebenen Energiebeträge untersucht werden.

Versuch 1: Mit einer Gasentladung werden Wasserstoffatome zum Leuchten angeregt (Balmer-Lampe, **Abb. 409.1**). Das emittierte Licht wird anschließend mit einem Gitter spektral zerlegt (→ 7.3.3).
Beobachtung: Das Wasserstoffspektrum besteht im sichtbaren Teil aus vier einzelnen diskreten Linien. Aus den Daten des Versuchsaufbaus kann die Wellenlänge λ der Linien bestimmt und mit der Formel $f = c/\lambda$ die Frequenz f berechnet werden (**Abb. 409.2**). ◄

J. J. BALMER fand 1884 das Bildungsgesetz

$$f = C\left(\frac{1}{2^2} - \frac{1}{m^2}\right),$$

die sogenannte **Balmer-Formel** mit der Konstanten $C = 3{,}288 \cdot 10^{15}$ Hz. Durch Einsetzen von $m = 3, 4, 5$ und 6 erhält man die Frequenzen f der vier bekannten Wasserstofflinien im sichtbaren Teil des Spektrums. BALMER vermutete, dass seine Formel ein Spezialfall einer allgemeineren Gleichung sei, die auch für andere Elemente als Wasserstoff gelte. Die Spektren von Atomen mit nur einem Elektron bestätigen die Vermutung. Die physikalische Bedeutung der Konstanten m in der Balmer-Formel wurde durch dieses Vorgehen jedoch nicht geklärt.

Aus der Quantenphysik (→ 10.1.3) ist bekannt, dass Emission und Absorption durch Photonen mit der Frequenz f und der Energie $E = hf$ erfolgen. Da es sich bei den Spektren leuchtender Gase um Linienspektren handelt (**Abb. 409.3**), denen also diskrete Wellenlängen λ bzw. Frequenzen f entsprechen, werden wegen $E = hf$ nur Photonen mit diskreten Energiebeträgen emittiert. Diese Energiebeträge charakterisieren das Gas, welches das Linienspektrum erzeugt. Deshalb soll das mit dem Wasserstoffgas gewonnene Ergebnis verallgemeinert werden.

> **Quantenhafte Emission**
> Die Aussendung (Emission) von Licht eines Gases in diskreten Linien bedeutet, dass die Gasatome nur bestimmte, für das Gas charakteristische Energiebeträge abgeben.

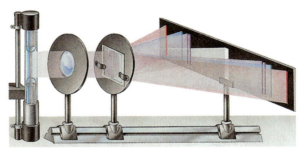

409.1 Einfacher Versuchsaufbau zur Demonstration des Wasserstoffspektrums. Auf dem Schirm erscheint das Hauptmaximum in der Mitte und links und rechts davon die vier Linien im Spektrum erster Ordnung.

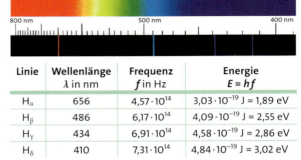

Linie	Wellenlänge λ in nm	Frequenz f in Hz	Energie $E = hf$
H_α	656	$4{,}57 \cdot 10^{14}$	$3{,}03 \cdot 10^{-19}$ J = 1,89 eV
H_β	486	$6{,}17 \cdot 10^{14}$	$4{,}09 \cdot 10^{-19}$ J = 2,55 eV
H_γ	434	$6{,}91 \cdot 10^{14}$	$4{,}58 \cdot 10^{-19}$ J = 2,86 eV
H_δ	410	$7{,}31 \cdot 10^{14}$	$4{,}84 \cdot 10^{-19}$ J = 3,02 eV

409.2 Linien des Wasserstoffspektrums im sichtbaren Bereich im Vergleich zu dem kontinuierlichen Spektrum einer Glühlampe.

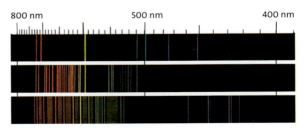

409.3 Spektren einatomiger Gase: Helium (oben), Neon (Mitte) und Argon (unten)

Aufgaben

1. a) Berechnen Sie mit der Balmer-Formel die Frequenzen für $m = 7$ und $m = 8$.
   b) Ermitteln Sie die Grenzfrequenz f bzw. Grenzwellenlänge λ für beliebig große Werte von m.
2. Bestimmen Sie die Spektrallinien des Wasserstoffs im Infrarotbereich mit der Balmer-Formel.
*3. Im Spektrum des einfach ionisierten Heliums He⁺ findet man Linien mit $\lambda_1 = 656$ nm, $\lambda_2 = 541$ nm, $\lambda_3 = 486$ nm, $\lambda_4 = 454$ nm und $\lambda_5 = 434$ nm. Ermitteln Sie einen mathematischen Zusammenhang ähnlich der Balmer-Formel, der die Folge der zugehörigen Frequenzen beschreibt.

11.1.3 Die Resonanzabsorption

Die Absorption und Emission der Energie bei Atomen wird an Natriumdampf weiter untersucht.

Umkehr der Natriumlinie

Versuch 1: In die nichtleuchtende Flamme eines Bunsenbrenners wird Natriumchlorid (Kochsalz) gestreut. Das entstehende Licht wird mit einem Geradsichtprisma spektral zerlegt (**Abb. 410.1 a**).
Beobachtung: Durch das Natriumchlorid wird die Flamme intensiv gelb gefärbt. Das Spektrum zeigt eine einzige gelbe Linie, die Natriumlinie. ◄

Versuch 2: Das Licht einer Halogenlampe zeigt ein kontinuierliches Spektrum. Die Lampe emittiert also Photonen mit allen denkbaren Energiebeträgen aus dem Bereich des sichtbaren Spektrums. In den Strahlengang wird ein Glaskolben mit Natriumgas gehalten.
Beobachtung: Im Spektrum erscheint an der Stelle der gelben Natriumlinie eine schwarze Linie. Das Natriumgas im Glaskolben leuchtet mattgelb (**Abb. 410.1 b**). ◄

Versuch 3: Das Licht einer Quecksilberdampflampe aus sechs einzelnen Spektrallinien geht durch den Glaskolben mit Natriumdampf (**Abb. 410.1 c**).
Beobachtung: Durch Einfügen des mit Natriumdampf gefüllten Kolbens ändert sich am Spektrum nichts. ◄

Deutungen:
Versuch 1: Natriumatome geben im sichtbaren Bereich ausschließlich Photonen der Wellenlänge $\lambda = 589$ nm und der Energie $E = hf = hc/\lambda$ ab.
Versuch 2: Nur Photonen mit genau diesem Energiebetrag werden auch absorbiert und in alle Raumrichtungen verteilt wieder emittiert. Da davon nur ein sehr geringer Teil in Richtung des Spektrums fällt, erscheint im Spektrum diese Stelle dunkel.
Versuch 3: Photonen mit einer anderen Energie werden nicht absorbiert. Die Wellenlänge der Na-Linie beträgt 589 nm, die der gelben Hg-Linie 578 nm.

Photonen genau der Energie und Wellenlänge, die von den Natriumatomen ausgesendet werden, können also auch absorbiert werden, andere nicht. Dieser spezielle Effekt heißt **Umkehr der Natriumlinie**.

Auch andere Gase zeigen eine entsprechende Linienumkehr. Der Vorgang, dass ein Atom durch Absorption eines Photons angeregt wird und bei Rückkehr in den ursprünglichen Zustand ein gleichartiges Photon wieder aussendet, heißt **Resonanzabsorption**.

> Atome absorbieren genau diejenigen Energiebeträge, die sie auch emittieren.

Das Spektrum der Sonnenstrahlung zeigt dunkle Linien, ähnlich den Ergebnissen von Versuch 2. Aus dem kontinuierlichen Spektrum des Sonnenlichts werden die sogenannten Fraunhofer-Linien herausgefiltert, die zu den Gasen der Sonnenoberfläche und der Atmosphäre der Erde gehören (→ 7.4.2, → S. 577).

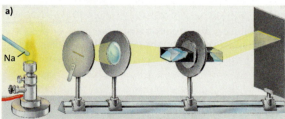
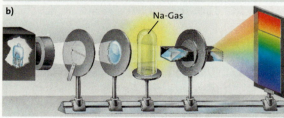
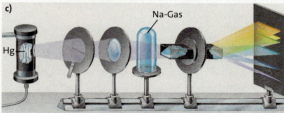

410.1 Umkehr der Natriumlinie. **a)** In die Bunsenflamme wird Kochsalz (NaCl) gestreut; das entstehende gelbe Licht zeigt eine Spektrallinie. **b)** Das Licht einer Halogenlampe durchstrahlt Natriumgas. Es entsteht anstelle der Na-Linie eine schwarze Linie im Spektrum. Das Natriumgas leuchtet gelb auf. **c)** Quecksilberdampflicht zeigt sechs diskrete Linien.

Aufgaben

1. **a)** Die Na-Dampflampe sendet Licht der Wellenlänge $\lambda = 589$ nm aus. Bestimmen Sie die Energie, die ein Photon an die Strahlung überträgt.
   b) Die Photonen der Strahlung mit $\lambda = 589$ nm werden in Versuch 2 nicht auf dem Schirm nachgewiesen. Erklären Sie, wohin ihre Energie transportiert wird.
2. In Versuch 2 wird die Halogenlampe durch eine Na-Lampe ersetzt. Diese Lampe sendet ausschließlich das in Versuch 1 gezeigte gelbe Licht aus.
   a) Vergleichen Sie das Spektrum mit dem von Versuch 2.
   b) Beschreiben Sie, wie der Glaskolben mit Na-Dampf im Licht der Na-Dampflampe erscheint.

11.2 Die Entwicklung der Atommodelle

Einige der wichtigsten Atommodelle auf dem langen Weg zur heutigen quantenmechanischen Beschreibung des Atoms sollen hier vorgestellt werden, um zu zeigen, wie neue physikalische Erkenntnisse zu immer vollkommeneren Modellvorstellungen führen.

Die Vorstellung vom Aufbau der Materie aus kleinsten, nicht weiter teilbaren Teilchen ist bereits in der Antike von LEUKIPP und DEMOKRIT (5. Jh. v. Chr.) entwickelt worden. Der damit begründete Atomismus (*átomos*, griech.: unteilbar) wurde in der Philosophiegeschichte in unterschiedlicher Weise immer wieder aufgegriffen. Seine Bedeutung für die moderne Naturwissenschaft gewann er mit der Entwicklung der kinetischen Gastheorie und der Chemie der Stoffe.

Aus der Chemie bekannte Gesetzmäßigkeiten waren die Grundlage für die ersten genaueren Vorstellungen DALTONS von den Atomen. Aus dem Gesetz der konstanten und der multiplen Proportionen (→ 4.1.3) entwickelte J. DALTON Anfang des 19. Jahrhunderts die Vorstellung, dass jedes Element aus charakteristischen, untereinander gleichen und unteilbaren Atomen besteht. Aus diesem ersten, einfachen Atommodell leitete L. BOLTZMANN 1856 die Gasgesetze her. Diffusion, Brown'sche Bewegung und Änderung der Aggregatzustände ließen sich mit dieser Vorstellung erklären und auch quantitativ verstehen (→ 4.2). Dem **Atommodell DALTONS** fehlten allerdings weitere Eigenschaften zur Beschreibung von elektrischen Leitungsvorgängen in Gasen.

11.2.1 Erforschung des Atoms mit Streuversuchen

Experimente mit Entladungsröhren in der Mitte des 19. Jahrhunderts zeigten, dass es sich bei den „Katodenstrahlen" (→ 5.3.4) um Teilchen handelt. Der britische Physiker J. J. THOMSON (1856–1940, 1906 Nobelpreis für Physik) ließ die bei Gasentladungen entstehenden geladenen Teilchen elektrische und magnetische Felder durchlaufen (→ 6.1.5). Aus den beobachteten Ablenkungen ergab sich, dass es sich einerseits um positiv geladene Teilchen handelte, die einen für das benutzte Gas charakteristischen Quotienten von Ladung Q und Masse m besaßen, und dass andererseits negativ geladene Teilchen auftraten, die immer den gleichen Q/m-Wert besaßen. Die von ihm so entdeckten positiv geladenen Ionen und Elektronen erforderten ein Atommodell, in dem positive Ladungen und Elektronen gleichermaßen vorhanden sind. Nach dem **Thomson'schen Atommodell** besteht ein Atom aus einer gleichmäßig positiv geladenen Materiekugel, in die Elektronen regelmäßig verteilt eingebettet sind.

Durch die Beschleunigung der geladenen Atombausteine in elektrischen und magnetischen Feldern ergab sich weiterhin die Möglichkeit, Teilchen auf ein Untersuchungsobjekt (Target) zu schießen und aus der Wechselwirkung auf die physikalischen Eigenschaften des unsichtbaren Targets zu schließen. Über den inneren Aufbau der Atome gaben Versuche von P. LENARD (1862–1947, 1905 Nobelpreis für Physik) und E. RUTHERFORD (1871–1937, 1908 Nobelpreis für Chemie) um die Jahrhundertwende Aufschluss.

LENARD gelang es, die durch eine Gasentladung entstandenen Elektronen stark zu beschleunigen und durch eine Aluminiumfolie zu schießen. Eine Rechnung zeigt, dass die Elektronen beim Durchlaufen des Aluminiums etwa 10 000 Atome durchflogen haben müssen. Es zeigte sich weiter, dass langsame Elektronen nur äußerst selten durch die Aluminiumfolie ins Freie gelangen. LENARD schloss daraus: „Das Innere des Atoms ist so leer wie das Weltall", jedoch von elektrischen Feldern erfüllt. Etwa der fünfmilliardste Teil des Atomvolumens ist für schnelle Elektronen undurchdringbar.

RUTHERFORD benutzte für seine Versuche zur Erforschung des Atominneren α-Teilchen als Testteilchen. α-Teilchen sind Heliumkerne mit einer Masse von 7300 Elektronenmassen. Sie werden von einem radioaktiven Präparat ausgesandt und haben eine für das Präparat charakteristische hohe kinetische Energie. Da die α-Teilchen eine Masse in der Größenordnung der Masse eines Atoms aufweisen, kann ein hoher Anteil von Energie und Impuls an das zu untersuchende Atom abgegeben werden. Aus der Messung der Ablenkung, also der Energie- und Impulsänderung, gelingt es, auf das unsichtbare Target zurückzuschließen Die Ergebnisse von RUTHERFORDS Messungen führten, wie im Folgenden gezeigt, zum **Rutherford'schen Atommodell,** einer Weiterentwicklung des Thomson'schen Atommodells.

Nachdem die Eigenschaften der Atomhülle weitgehend geklärt waren, dienten Streuversuche mit noch höheren Teilchenenergien der Untersuchung noch kleinerer Kernbausteine. Im Atomkern wurden auf diesem Weg Protonen und Neutronen nachgewiesen. Mit Streuversuchen lässt sich weiter zeigen, dass selbst die Kernteilchen Proton und Neutron im Gegensatz zum Elektron eine innere Struktur besitzen. Sie sind aus Quarks (→ 14.2.1) zusammengesetzt. Beim Elektron hingegen ließ sich bislang keine innere Struktur nachweisen.

Die Entwicklung der Atommodelle

11.2.2 Der Rutherford'sche Streuversuch

Bewegen sich schnelle α-Teilchen durch eine sehr dünne Metallfolie, so sind vereinzelt starke Ablenkungen der Teilchen aus ihrer ursprünglichen Bahn zu beobachten. RUTHERFORD und seine Mitarbeiter haben dieses Phänomen mit einer Apparatur ähnlich der in **Abb. 412.1** sehr genau untersucht. Von einem Präparat wird ein sehr schmales α-Teilchen-Bündel ausgeblendet und auf eine extrem dünne (etwa 100 Atomschichten starke) Goldfolie geschossen. Die α-Teilchen, die um den Winkel ϑ abgelenkt werden, gelangen durch eine zweite Blende zum Szintillationsschirm, wo sie kleine Lichtblitze erzeugen. Diese werden durch das Mikroskop beobachtet und gezählt. Die Messergebnisse für verschiedene Winkel ϑ zeigen, wie häufig α-Teilchen um bestimmte Winkel abgelenkt werden. Die Beobachtungen an verschiedenen Folien liefern folgende Ergebnisse:

1. Fast alle α-Teilchen gehen unabgelenkt durch die Folie hindurch (**Abb. 412.2**); kleine Ablenkungswinkel kommen häufiger, große außerordentlich selten vor: Auf 132 000 Streuungen unter 15° fielen 477 unter 60° und 33 α-Teilchen unter 150°.

2. Messreihen mit Folien unterschiedlichen Materials zeigen im Vergleich, dass die Wahrscheinlichkeit für die Ablenkung eines α-Teilchens um einen bestimmten Winkel proportional zum Quadrat der Ordnungszahl der Atome des Streumaterials ist.

Erklärung:

1. Da auch Ablenkungen bis hin zu 180° beobachtet werden, müssen diese α-Teilchen mit Teilchen zusammengestoßen sein, deren Massen größer als die des α-Teilchens sind. Dies folgt aus der Impulserhaltung beim elastischen Stoß (→ 1.3.6.). Bei kleinerer Masse des Stoßpartners würde das α-Teilchen keine Richtungsumkehr erfahren, bei gleicher würde es zum Stillstand kommen. Elektronen können also keinesfalls die Streuzentren sein.

2. Unter der Annahme eines positiv geladenen Teilchens der Ladung Ze als Streuzentrum wird die Situation der größten Annäherung auf die Entfernung b betrachtet. Dann liegt die kinetische Energie des α-Teilchens (Ladung $2e$) vollständig als potentielle Energie im elektrischen Feld des Streuzentrums vor:

$$\frac{1}{2}mv^2 = \frac{1}{4\pi\varepsilon_0}\frac{Ze\,2e}{b} \quad (\to 5.2.2)$$

Mit der Entfernung b, gemessen vom Mittelpunkt des streuenden Teilchens, lässt sich die Größe des Kerns abschätzen. Für α-Teilchen des radioaktiven Bismut mit $v = 2{,}09 \cdot 10^7$ m/s wird dann bei einer Goldfolie ($Z = 79$) z. B. $b \approx 3 \cdot 10^{-14}$ m. Damit ist der Kernradius der Atomkerne von Gold kleiner als $3 \cdot 10^{-14}$ m.

> Die Rutherford'schen Streuversuche zeigen, dass die positiven Ladungen eines Atoms in einem Kern der Größenordnung 10^{-14} m zusammengefasst sind.

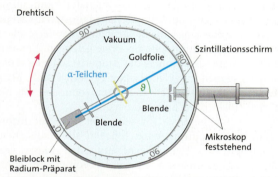

412.1 Versuchsaufbau zum Rutherford'schen Streuversuch: Mit dem Beobachtungsmikroskop wurde die Zahl der Lichtblitze pro Zeitintervall auf dem Szintillationsschirm ermittelt.

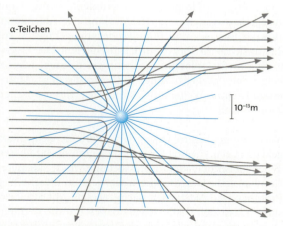

412.2 Ablenkung von α-Teilchen, die sehr dicht am Atomkern vorbeifliegen. Die blauen Radien geben die elektrischen Feldlinien an. In diesem Maßstab wäre der nächste Atomkern etwa 20 m entfernt.

Aufgaben

1. Begründen Sie, warum die für den Rutherford'schen Streuversuch verwendete Folie sehr dünn sein muss.
2. Ein α-Teilchen stößt zentral auf einen ruhenden Goldkern. Die Geschwindigkeit des α-Teilchens beträgt in großer Entfernung vom Kern $2 \cdot 10^7$ m/s. Bestimmen Sie Impuls und Geschwindigkeit des Goldkerns nach dem Stoß.
*3. Begründen Sie, warum es nicht sinnvoll ist, Rutherford'sche Streuversuche in Gasen der Elemente H, He, Li, N oder O usw. statt mit Metallfolien durchzuführen.
*4. Vergleichen Sie die De-Broglie-Wellenlängen von α-Teilchen und Elektronen gleicher Energie. Begründen Sie, warum α-Teilchen für Streuexperimente besser geeignet sind.

11.2.3 Das Atommodell von RUTHERFORD

RUTHERFORD hat in seinem Atommodell den Ergebnissen aus den Streuversuchen (**Abb. 413.1**) Rechnung getragen.
- Atome haben einen Durchmesser von ca. 10^{-10} m, wie die Abschätzungen aus dem Ölfleck-Versuch (→ 4.1.3) zeigen. Nahezu die gesamte Masse ist jedoch im Atomkern mit einem Durchmesser von 10^{-14} m konzentriert.
- Die gesamte positive Ladung des Atoms trägt der Atomkern.
- Die gesamte negative Ladung tragen die Elektronen der Atomhülle.

RUTHERFORD unterscheidet also zwei Teile des Atoms, die **Atomhülle** und den **Atomkern.** Die Physik der Atomhülle wird allgemein als *Atomphysik,* die Physik des Atomkerns als *Kernphysik* bezeichnet. Das Zusammenwirken mehrerer Atomhüllen gleicher und unterschiedlicher Atome wird im Wesentlichen in der Chemie untersucht.

Bei der Anordnung der positiven Ladungen im Kern und der negativen in einer Hülle um den Kern tritt das Problem der Stabilität des Atoms auf.
- Es wird angenommen, dass Elektronen sich auf Kreisbahnen um den Kern bewegen wie Planeten um die Sonne. Diese Bahnen geben dann dem Atom seine Größe. Die Zentripetalkraft für die Kreisbewegung ist die Kraft, die im elektrischen Feld der positiven Kernladung auf die negativ geladenen Elektronen wirkt. Nach der klassischen Physik wären im elektrischen Feld des Kerns jedoch alle Kreisbahnen, sowohl mit sehr großen als auch mit kleinen Radien, möglich, wie bei den Satellitenbahnen um die Erde und den Planetenbahnen um die Sonne.
- Ein kreisendes Elektron führt eine Bewegung aus, die der von beschleunigt bewegten Ladungen in einem Hertz'schen Dipol (→ 7.2.4) ähnlich ist. Dies wird bei einer Projektion der Kreisbewegung des Elektrons auf einen Durchmesser deutlich. Ein Hertz'scher Dipol sendet jedoch elektromagnetische Wellen aus und gibt somit laufend Energie ab. Also muss das Atom Energie abgeben mit der Folge, dass das Elektron sich dann auf einer spiralförmigen Bahn dem Kern nähert (**Abb. 413.2**) und – so lässt sich berechnen – nach nur 10^{-8} s in den Kern stürzen würde. Dies widerspricht der Erfahrung, dass die Atome stabil sind und einen bestimmten Raum beanspruchen.
- Ein Atommodell müsste auch Aussagen zu den elementspezifischen Emissions- und Absorptionsspektren der Gase machen können. Das ist hier nicht der Fall.

Die Entwicklung der Atommodelle

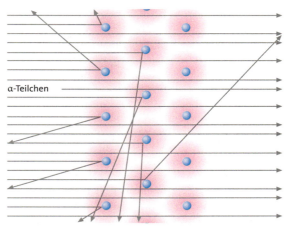

α-Teilchen

413.1 Schematische Darstellung der Streuung von α-Teilchen an Atomen. Die verteilte negative Ladung der Atomhülle hat geringen Einfluss auf die Bahn der α-Teilchen, da sich die Kräfte innerhalb des Atoms teilweise kompensieren. Erst die Annäherung an die eng begrenzte positive Ladungsverteilung im Kern erzeugt die Kräfte, die zur beobachteten Ablenkung der α-Teilchen führt. Die Anzahl der gestreuten α-Teilchen ist stark übertrieben.

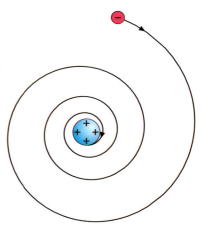

413.2 Nach den Gesetzen der klassischen Physik müsste ein Elektron innerhalb kürzester Zeit in den Kern stürzen. Es sendet aus klassischer Sicht während seiner Bewegung elektromagnetische Wellen aus, gibt also Energie ab. Dadurch nähert es sich dem Kern, bis es ihn erreicht.

Aufgaben

1. Angenommen, die Kernmaterie wäre im gesamten Atom gleichmäßig verteilt. Diskutieren Sie die zu erwartenden Ergebnisse bei der Streuung von α-Teilchen an Atomen. Vergleichen Sie mit **Abb. 413.1**.
2. Aus einem um den Atomkern kreisenden Elektron folgt das Problem der Stabilität des Atoms. Beschreiben Sie die Bewegung des Elektrons in einem Atom, die zu keiner Abgabe elektromagnetischer Strahlung führt.
*3. Die Hüllenelektronen eines neutralen Atoms haben den gleichen Betrag der elektrischen Ladung wie der Kern. Begründen Sie, dass die Elektronen bei der Streuung von α-Teilchen an Atomen vernachlässigt werden können.

Die Entwicklung der Atommodelle

11.2.4 Das Bohr'sche Atommodell

1913 ergänzte Nils BOHR (1885–1962) das Rutherford'sche Atommodell folgerichtig, für die damalige Zeit allerdings revolutionär, durch die Annahme, dass sich Elektronen auf *bestimmten Bahnen strahlungsfrei bewegen*. Diese Annahmen stehen unmittelbar im Widerspruch zur klassischen Physik, nach der *beschleunigte Elektronen Energie an die elektromagnetische Strahlung abgeben* (→ 7.2.4). Die Emission und Absorption nur bestimmter Energiebeträge wird von BOHR auf den Übergang zwischen diesen Bahnen zurückgeführt.

BOHR formulierte seine Annahmen mit dem von PLANCK eingeführten Wirkungsquantum h in den später so bezeichneten **Bohr'schen Postulaten:**

1. Bohr'sches Postulat (Quantenbedingung)

Im Atom bewegen sich Elektronen strahlungsfrei auf stationären Bahnen. Diese Bahnen sind durch den Bahndrehimpuls $L = r m_e v$ (→ 1.4.2) bestimmt, der nur Vielfache von $h/(2\pi)$ annimmt:

$$L_n = n \frac{h}{2\pi} \quad \text{mit} \quad n = 1, 2, 3, \ldots$$

n ist die Quantenzahl, die die Bahn bestimmt.

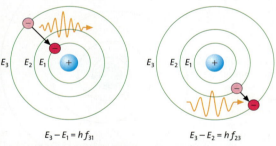

414.1 Vorstellungen nach dem Bohr'schen Atommodell:
a) Das Elektron emittiert ein Photon.
b) Das Elektron absorbiert ein Photon.

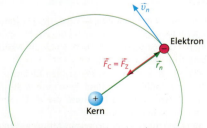

414.2 Das Elektron auf einer strahlungsfreien Bahn entsprechend dem Bohr'schen Atommodell. Es umfliegt den Kern auf einer Kreisbahn, für die das 1. Bohr'sche Postulat gilt. Die Zentripetalkraft F_Z für die Kreisbahn liefert die Coulomb-Kraft F_C.

2. Bohr'sches Postulat (Frequenzbedingung)

Beim Übergang des Elektrons von einer stationären Bahn zu einer anderen wird Energie abgegeben (Emission) oder aufgenommen (Absorption). Die Energieabgabe ΔE des Atoms an ein Photon beträgt beim Übergang des Elektrons von einer Bahn hoher Energie E_m zu einer Bahn geringer Energie E_n (Emission)

$$\Delta E = E_m - E_n = hf.$$

Beim umgekehrten Vorgang wird ein Photon der Energie hf aufgenommen (Absorption), siehe **Abb. 414.1**.

Berechnung der diskreten Energiezustände des Wasserstoffatoms

Mit den Bohr'schen Postulaten gelingt es, die gemessenen diskreten Linien im Spektrum des Wasserstoffs zu berechnen. Da sich die Energie der Photonen dieser Linien nach dem 2. Bohr'schen Postulat aus der Energiedifferenz des Atoms mit Elektronen auf unterschiedlichen Bahnen ergibt, geht es zunächst um die Berechnung der Energie auf einer Bahn.

Die Energie E_n des Atoms mit einem Elektron auf einer Bahn n ist die Summe aus kinetischer und potentieller Energie $E_n = E_{\text{kin},n} + E_{\text{pot},n}$.

Die kinetische Energie $E_{\text{kin},n} = \frac{1}{2} m_e v_n^2$ hängt von der noch unbekannten Geschwindigkeit v_n des Elektrons auf der n-ten Bahn ab.

Die potentielle Energie $E_{\text{pot},n}$ des Atoms mit dem Elektron im Abstand r_n vom Kern (→ 5.2.2) ist

$$E_{\text{pot},n} = \frac{1}{4\pi\varepsilon_0} \frac{Q_1 Q_2}{r_n} \quad \text{oder mit} \quad Q_1 = -Q_2 = -e$$

$$E_{\text{pot},n} = -\frac{e^2}{4\pi\varepsilon_0 r_n}.$$

Der Radius r_n der Bahn n ist noch unbekannt. Zur Berechnung der Energie E_n mit dem Elektron auf einer Bahn n müssen also der Radius r_n der Bahn und seine Geschwindigkeit v_n auf der Bahn bestimmt werden.

Radius und Geschwindigkeit

Für eine Kreisbahn des Elektrons mit dem Radius r und der Geschwindigkeit v ist eine Zentripetalkraft $F_Z = m_e v^2/r$ erforderlich. Diese Kraft liefert die Coulomb-Kraft $F_C = e^2/(4\pi\varepsilon_0 r^2)$, **Abb. 414.2**. Es gilt also

$$\frac{m_e v^2}{r} = \frac{e^2}{4\pi\varepsilon_0 r^2}$$

oder umgeformt

$$r m_e v^2 = \frac{e^2}{4\pi\varepsilon_0}. \tag{1}$$

Nach dem Bohr'schen Atommodell umkreist das Elektron den Kern auf bestimmten Bahnen strahlungsfrei. Für die Bahn n gilt das 1. Bohr'sche Postulat $r_n m_e v_n = L = n h / 2\pi$. Durch Multiplikation mit v_n ergibt sich links die linke Seite von (1), also gilt

$$L v_n = \frac{e^2}{4\pi\varepsilon_0}$$ und damit für die Bahngeschwindigkeit

$$v_n = \frac{e^2}{2\varepsilon_0 h n}. \quad (2)$$

Dies in (1) eingesetzt liefert **die Bahnradien**

$$r_n = \frac{h^2 \varepsilon_0}{\pi m_e e^2} n^2. \quad (3)$$

> Aufgrund der Quantenbedingung (1. Bohr'sches Postulat) ergeben sich für das Elektron nur ganz bestimmte feste Bahnen, deren Radien r_n und Geschwindigkeiten v_n sich allein aus Naturkonstanten berechnen lassen. Der Radius der innersten Bahn mit $n = 1$ ist $r_1 = 5{,}29 \cdot 10^{-11}$ m. Dieser Radius heißt **Bohr'scher Radius**.

Damit liegt nach dieser Vorstellung der Atomdurchmesser bei etwa 10^{-10} m. Dieser Wert stimmt mit den auf anderen Wegen gefundenen Werten gut überein.

Diskrete Energiewerte

Die kinetische Energie E_{kin} auf der n-ten Bahn ist mit Gleichung (2)

$$E_{kin,n} = \frac{1}{2} m_e \frac{e^4}{4\varepsilon_0^2 h^2 n^2} = \frac{m_e e^4}{8\varepsilon_0^2 h^2 n^2}.$$

In die Formel für die potentielle Energie $E_{pot,n}$ wird r_n aus Gleichung (3) eingesetzt:

$$E_{pot,n} = -\frac{m_e e^4}{4\varepsilon_0^2 h^2 n^2}$$

Die Gesamtenergie E_n des Atoms mit dem Elektron auf der n-ten Bahn ist dann:

$$E_n = E_{kin,n} + E_{pot,n}$$
$$= \frac{1}{8}\frac{m_e e^4}{\varepsilon_0^2 h^2 n^2} - \frac{1}{4}\frac{m_e e^4}{\varepsilon_0^2 h^2 n^2}$$
$$= -\frac{1}{8}\frac{m_e e^4}{\varepsilon_0^2 h^2 n^2} = -\frac{1}{8}\frac{m_e e^4}{\varepsilon_0^2 h^2}\frac{1}{n^2}$$

Die Energie E_n ist negativ, weil der Betrag der kinetischen Energie $E_{kin,n}$ halb so groß ist wie der der potentiellen Energie $E_{pot,n}$. Die negative potentielle Energie überwiegt in der Summe der Energieterme.

Die Werte der Gesamtenergie E_n des Atoms werden für $n = 1, 2, 3 \ldots$ entlang der Energieachse aufgetragen und führen zum **Energieniveauschema** des Wasserstoffatoms in **Abb. 415.1**.

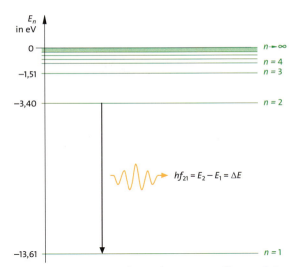

415.1 Das Energieniveauschema des Wasserstoffatoms. Beim Übergang des Elektrons von der Bahn mit $n = 2$ auf die innere Bahn mit $n = 1$ wird die Energie $E_2 - E_1 = h f_{21}$ abgegeben.

Nach dem 2. Bohr'schen Postulat besitzt das Wasserstoffatom diskrete Energiezustände E_n, die sich aus den unterschiedlichen Bahnen des Elektrons ergeben:

$$E_n = -\frac{1}{8}\frac{m_e e^4}{\varepsilon_0^2 h^2}\frac{1}{n^2}$$

Für $n = 1$, den Grundzustand, beträgt die Energie $E_1 = -2{,}18 \cdot 10^{-18}$ J $= -13{,}6$ eV.

Befindet sich das Elektron auf der n-ten Bahn, so lässt sich die Energie E_n des Atoms aus der im Grundzustand berechnen:

$$E_n = E_1 \frac{1}{n^2} \quad \text{oder} \quad E_n = -13{,}6 \text{ eV} \cdot \frac{1}{n^2}$$

Bahnradius r_n und Energie E_n hängen also nur von n und von Naturkonstanten ab. Die Quantenzahl n bestimmt den Energiezustand des Atoms.

Aufgaben

1. Berechnen Sie die Radien der ersten drei Bohr'schen Bahnen im Wasserstoffatom.
2. Berechnen Sie die potentielle und die kinetische Energie eines Elektrons auf der ersten und der zweiten Bahn des Wasserstoffatoms.
3. Berechnen Sie das Verhältnis von Coulomb-Kraft und Gravitationskraft zwischen Elektron auf der ersten Bahn und Kern in einem Wasserstoffatom.
*4. Bestimmen Sie die Umlauffrequenz des Elektrons auf der ersten Bahn im Wasserstoffatom. Vergleichen Sie das Ergebnis mit der Frequenz des Photons, das für die Ionisierung eines Wasserstoffatoms im Grundzustand benötigt wird.

11.2.5 Die Spektralserien des Wasserstoffatoms

Im Bild des Energieniveauschemas bedeutet die Emission eines Photons, dass das Atom von einem Zustand mit hoher Energie E_m in einen Zustand geringer Energie E_n ($m > n$) wechselt und damit die Energie $\Delta E = E_m - E_n$ mit einem Photon emittiert:

$$\Delta E = -\frac{m_e e^4}{8\varepsilon_0^2 h^2}\frac{1}{m^2} - \left[-\frac{m_e e^4}{8\varepsilon_0^2 h^2}\frac{1}{n^2}\right] = \frac{m_e e^4}{8\varepsilon_0^2 h^2}\left(\frac{1}{n^2} - \frac{1}{m^2}\right)$$

Mit $hf = \Delta E$ ist die Frequenz f des Photons

$$f = \frac{m_e e^4}{8\varepsilon_0^2 h^3}\left(\frac{1}{n^2} - \frac{1}{m^2}\right).$$

Die Formel hat dieselbe Struktur wie die Balmer-Formel des Wasserstoffspektrums (→ 11.1.2)

$$f = C\left(\frac{1}{2^2} - \frac{1}{m^2}\right),$$

aus der sich durch Einsetzen von $m = 3, 4, 5, 6$ die Frequenzen f der vier bekannten Wasserstofflinien im sichtbaren Teil des Spektrums ergeben. Das gefundene Gesetz zeigt nicht nur für $n = 2$ die gleiche Form, sondern liefert für $m = 3, 4, 5, 6$ auch genau die beobachteten Frequenzen der Balmer-Serie des Wasserstoffs (**Tab. 416.1**).

Die in der Balmer-Formel experimentell gefundene Konstante C wird **Rydberg-Konstante R** genannt. Sie lässt sich nach dem oben gefundenen Gesetz allein aus den angegebenen Naturkonstanten berechnen:

$$R = \frac{m_e e^4}{8\varepsilon_0^2 h^3} = 3{,}2898 \cdot 10^{15}\text{ Hz}$$

Lyman-Serie mit $m = 2, 3, 4, \ldots$	$n = 1$	$f = R\left(\frac{1}{1^2} - \frac{1}{m^2}\right)$
Balmer-Serie mit $m = 3, 4, 5, \ldots$	$n = 2$	$f = R\left(\frac{1}{2^2} - \frac{1}{m^2}\right)$
Paschen-Serie mit $m = 4, 5, 6, \ldots$	$n = 3$	$f = R\left(\frac{1}{3^2} - \frac{1}{m^2}\right)$
Brackett-Serie mit $m = 5, 6, 7, \ldots$	$n = 4$	$f = R\left(\frac{1}{4^2} - \frac{1}{m^2}\right)$
Pfund-Serie mit $m = 6, 7, 8, \ldots$	$n = 5$	$f = R\left(\frac{1}{5^2} - \frac{1}{m^2}\right)$

416.1 Die Frequenzen der Linien im Wasserstoffspektrum. Die Photonen der Balmer-Serie werden, da $n = 2$ ist, bei Übergängen in den zweiten Quantenzustand ausgesendet. Da die Quantenzahl des Ausgangszustands aber beliebig groß werden kann, muss die Serie über die vier bekannten Spektrallinien hinaus noch weitere besitzen. Sie sind im Ultravioletten auch gefunden worden.

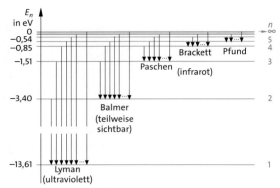

416.2 Darstellung der Übergänge von einem Quantenzustand zu einem anderen im Energieniveauschema. Die Abstände zum ersten Zustand sind nicht maßstabsgetreu.

Eine Musterrechnung für die zweite Linie der Balmer-Serie ($n = 2$) und $m = 4$ liefert:

$$f = R\left(\frac{1}{2^2} - \frac{1}{4^2}\right) = 3{,}2898 \cdot 10^{15} \cdot 0{,}1875 \text{ Hz}$$
$$= 6{,}17 \cdot 10^{14} \text{ Hz}$$

Mit $c = \lambda f$ ergibt sich $\lambda = 486$ nm, die H_β-Linie aus dem Wasserstoffspektrum (→ **Abb. 409.2**).

Es war eine großartige Bestätigung für das Bohr'sche Atommodell, dass aus ihm die empirisch gewonnene Balmer-Formel hergeleitet und auf Naturkonstanten zurückgeführt werden konnte.

Da auch andere Quantenzustände neben $n = 2$ als Endzustand infrage kommen, gibt es eine Vielzahl von möglichen Spektrallinien. Die Übergänge sind in **Abb. 416.2** schematisch dargestellt. Sie werden in Serien mit gemeinsamem Endzustand zusammengefasst. Die **Lyman-**, **Balmer-** und **Paschen-Serien** waren schon vor der Aufstellung des Bohr'schen Atommodells bekannt. Die **Brackett-** und **Pfund-Serien** wurden nach der Bohr'schen Theorie vorausberechnet und in den Jahren 1922 und 1924 experimentell nachgewiesen. Sie waren eine weitere glänzende Bestätigung der Bohr'schen Postulate.

Nach dem Bohr'schen Atommodell emittiert ein Wasserstoffatom beim Übergang eines Elektrons vom m-ten auf den n-ten Quantenzustand ein Photon mit der Energie

$$E = hf = \frac{1}{8}\frac{m_e e^4}{\varepsilon_0^2 h^2}\left(\frac{1}{n^2} - \frac{1}{m^2}\right).$$

Die Linien im Spektrum werden zu Serien, gekennzeichnet durch die Quantenzahl des Endzustandes, zusammengefasst.

Die Entwicklung der Atommodelle

Aus den Abständen der Energieniveaus in **Abb. 416.2** ist zu erkennen, dass die Photonen der Lyman-Serie energiereicher sind als die der Balmer-Serie. Die Linien liegen also im ultravioletten Teil des Spektrums. Entsprechend liegen die energieärmeren Serien – Paschen-, Brackett- und Pfund-Serien – im Infrarot.

Wasserstoffähnliche Atome

Ursprünglich wurde auch die 1897 von E. Pickering im Spektrum eines Sterns gefundene Spektralserie dem Wasserstoff zugeordnet. Neben den Wasserstofflinien bei 656 nm, 486 nm und 434 nm zeigte dieses Spektrum weitere Linien bei 541 nm und 456 nm, also zwischen den Linien der Balmer-Serie des Wasserstoffs. Bohr konnte 1913 zeigen, dass die gemessenen Linien dem einfach ionisierten Helium He$^+$ zugeschrieben werden müssen. Der Kern des He$^+$-Atoms besteht aus zwei Protonen und zwei Neutronen und hat die Ladung $Q = 2e$. Das Elektron des He$^+$-Atoms wird von diesem Kern mit der Kraft $F_C = 2e^2/(4\pi\varepsilon_0 r^2)$ angezogen. Allgemein gilt für einen Kern mit Z Protonen $F_C = Ze^2/(4\pi\varepsilon_0 r^2)$. Damit lässt sich mit den Bohr'schen Postulaten die Energie E_n des Quantenzustands n für einen Atomkern mit Z Protonen und einem Elektron berechnen.

Die Energie E_n des Quantenzustands n in einem Atom, dessen Kern Z Protonen besitzt, ist

$$E_n = -\frac{1}{8}\frac{m_e Z^2 e^4}{\varepsilon_0^2 h^2}\frac{1}{n^2} = -13{,}6 \text{ eV} \cdot \frac{Z^2}{n^2}.$$

Das Ergebnis ist plausibel, da gegenüber der Formel für Wasserstoff e^2 hier durch Ze^2 ersetzt ist. Die Frequenzen der Spektrallinien sind

$$f = Z^2 R \left(\frac{1}{n^2} - \frac{1}{m^2}\right).$$

Mit dem Wert $Z = 2$ wird beispielsweise das Spektrum des einfach ionisierten He$^+$-Atoms beschrieben.

Aufgaben

1. Ermitteln Sie die vom H-Atom emittierte Strahlung mit der kleinsten Wellenlänge.
2. In den Spektren des H-Atoms und des He$^+$-Atoms ist eine Linie bei 656 nm zu finden. Bestimmen Sie die jeweiligen Werte der Quantenzahlen n und m.
3. Beim Übergang von $n = 2$ auf $n = 1$ werden Photonen emittiert, deren Energie von der Zahl Z der Protonen im Kern abhängt. Berechnen Sie die Energien für $Z = 1$; 10 und 100. Nennen Sie die zugehörigen Elemente.

Exkurs

Messungen an gebundenen Systemen

Neben dem Proton und dem Elektron sind noch andere, zum Teil kurzlebige Elementarteilchen bekannt, aus denen sich dem Wasserstoffatom ähnliche Atome bilden lassen. Das **Myonium-Atom** besteht aus einem Myon μ$^+$ (→ 14.1) als Kern und einem Elektron. Da die Ladungen von Myon und Proton sich gleichen, sollten die Spektren der Systeme einander zumindest ähnlich sein.

Bislang wurde nicht berücksichtigt, dass bei einem Wasserstoffatom der Kern, das Proton, und das Elektron *um den gemeinsamen Schwerpunkt kreisen*. Bei der Bewegung beider Teilchen hängt der Kreisbahnradius und damit die Energie von der Masse des schweren Teilchens ab. Dieser Zusammenhang lässt sich zur Bestimmung der Masse nutzen. Die Anregung des Myoniums aus dem Zustand $n = 1$ in den Zustand $m = 2$ erfolgt mit der Frequenz $2{,}455529002 \cdot 10^{15}$ Hz. Mit dieser sehr genauen Angabe lässt sich die

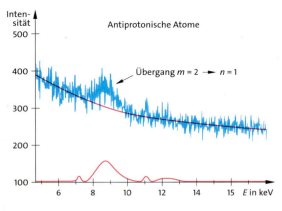

Masse des Myon m_{μ^+} als Vielfaches der Elektronenmasse m_e ermitteln. Sie beträgt $m_{\mu^+} = 206{,}76907\, m_e$, also etwa das 207-Fache der Elektronenmasse.

Das **antiprotonische Atom** besteht aus einem Proton und einem Antiproton. Das Antiproton hat die Masse eines Protons, seine Ladung ist negativ, also $-e$. Das angeregte antiprotonische Atom emittiert beim Übergang von $m = 2$ auf $n = 1$ Photonen mit der Energie 8,7 keV. Das antiprotonische Atom ist ein instabiles, sehr kurzlebiges System, was die Messungen sehr erschwert. In Übereinstimmung mit der Heisenberg'schen Unschärferelation ist mit der kurzen Lebensdauer ein breites Spektrum und damit eine hohe Energieunschärfe verbunden, wie die Grafik zeigt. Nach dem Bohr'schen Atommodell sollten sich Proton und Antiproton allerdings auf Kreisbahnen ungestört umeinander bewegen und eine unbegrenzte Lebensdauer aufweisen.

11.2.6 Vom klassischen zum quantenphysikalischen Atommodell

Das Bohr'sche Atommodell stellte einen bedeutsamen Schritt in der Entwicklung der Atommodelle dar. BOHR erkannte, dass die klassische Physik nicht in der Lage ist, das Verhalten der Atome richtig zu beschreiben. Das Bohr'sche Atommodell fordert einen *strahlungsfreien* Umlauf der Elektronen auf diskreten Bahnen. Es steht damit im Widerspruch zur klassischen Physik, nach der beschleunigte Ladungen Energie an das elektromagnetische Feld abgeben. Nach dem Bohr'schen Modell erfolgt der Energieaustausch mit dem elektromagnetischen Feld nur bei einem Übergang von einer Bohr'schen Bahn auf eine andere. Dieser Widerspruch zur klassischen Physik wird durch das Bohr'sche Atommodell nicht gelöst.

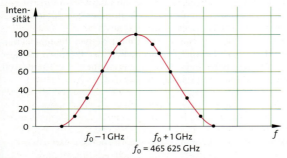

418.1 Ausschnitt aus dem Spektrum der roten Cadmiumlinie. Bei dieser Auflösung wäre das gesamte Spektrum von 0 Hz bis 465 625 GHz insgesamt 4 km lang.

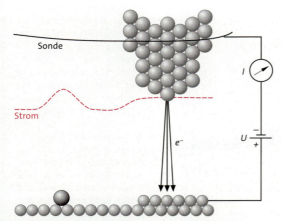

418.2 Das Messprinzip eines Rastertunnelmikroskops: Wird eine Metallspitze nahe genug an eine Metalloberfläche herangebracht, kommt es zu einem Elektronenstrom, abhängig vom Abstand (Tunneleffekt). Zur Abstandsmessung wird die Metallspitze über die Oberfläche des Messkörpers geführt (Scanning) und der Strom als Maß für die Abstände aufgezeichnet.

Leistungen und Grenzen des Bohr'schen Atommodells

- Nach BOHR lassen sich grundsätzlich alle Emissions- und Absorptionsenergien als Energieänderung des Atoms erklären.
- Das Wasserstoffspektrum lässt sich sehr genau theoretisch herleiten. Dabei wird die Konstante C der Balmer-Formel auf Naturkonstanten zurückgeführt und die Ionisierungsenergie wird berechenbar.
- Der Durchmesser des Wasserstoffatoms wird größenordnungsmäßig richtig bestimmt.
- Die Spektren wasserstoffähnlicher Ionen mit nur einem Elektron lassen sich berechnen ebenso wie die charakteristische Röntgenstrahlung nach dem Moseley'schen Gesetz (→ 11.4.1).

Trotz seiner Erfolge wurden im Verlauf der Zeit auch Grenzen des Bohr'schen Modells deutlich.

- Das Verhalten der Atomhülle mit mehr als einem Elektron kann nicht oder bestenfalls nur ansatzweise beschrieben werden.
- Nach BOHR bewegt sich das Elektron auf einer Kreisbahn, also in einer raumfesten Ebene. Damit müsste das Atom die Form einer sehr dünnen Scheibe mit sehr geringem Volumen annehmen. Es müssten beim „Aufeinanderlegen dieser Scheiben" sehr große Dichten erzielbar sein. Experimentell konnte dies nicht bestätigt werden. Wasserstoffatome zeigen Kugelsymmetrie. Diese Vorstellung wurde bereits in der kinetischen Gastheorie erfolgreich angewendet.
- Die exakten Bahnen des Bohr'schen Modells stehen im Widerspruch zur Forderung der später im Jahr 1927 aufgestellten Unschärferelation HEISENBERGS: $\Delta x \, \Delta p \geq \frac{h}{4\pi}$ (→ 10.4.1). Damit können nicht gleichzeitig der Ort und die Geschwindigkeit scharf bestimmt sein, die Unschärfen Δx und Δp bzw. Δv wären sonst beide gleichzeitig null. Nach BOHR sind aber sowohl r_n als auch v_n exakt bekannt.
- Wie Doppelspaltversuche zeigen, können atomare Teilchen nur durch eine Ψ-Funktion beschrieben werden, deren Quadrat $|\Psi|^2$ proportional zur Wahrscheinlichkeit ist, das Teilchen nachzuweisen (→ 10.4.3). Dieses steht im Widerspruch zu den aus der klassischen Mechanik übernommenen Vorstellungen BOHRs.
- Die Bohr'sche Forderung, dass die Spektren aus wirklich diskreten (einzelnen) Linien bestehen, widerspricht den experimentellen Ergebnissen. Sehr genaue Messungen zeigen eine natürliche Linienbreite, wie sie in **Abb. 418.1** für die rote Cadmiumlinie wiedergegeben ist. Die Heisenberg'sche Unschärferelation liefert eine Erklärung, dass die natürliche Linienbreite Δf von der Lebensdauer Δt des angeregten Atoms entsprechend $\Delta f = 1/(4\pi \Delta t)$ abhängt (→ 7.3.9, → 10.4.1).

Die Entwicklung der Atommodelle

- Die Intensitätsverteilung zwischen den einzelnen Spektrallinien (z. B. der Balmer-Serie) und damit die Wahrscheinlichkeiten der möglichen Übergänge von einem Zustand in einen anderen können nicht mit dem Bohr'schen Atommodell erklärt werden.

Nicht-klassische Atomtheorie

Da die klassische Physik auf den atomaren Bereich nicht erfolgreich angewendet werden kann, hat es viele Bemühungen gegeben, auf nicht nachprüfbare Annahmen zu verzichten und sich im Wesentlichen auf das zu beschränken, was beobachtbar ist: Festzustellen sind einzig Photonen, die ein Atom absorbiert bzw. emittiert, die Intensitätsverteilung zwischen den einzelnen Spektrallinien und die Wellenlänge λ der Elektronen (→ 10.3.1).

1925 entwickelte HEISENBERG ein völlig neues Konzept: die **Matrizenmechanik.** Sie verzichtet auf jede Anschaulichkeit und behandelt nur die Energiestufen des Atoms und die Wahrscheinlichkeiten atomarer Zustandsänderungen nach einem abstrakten mathematischen Formalismus. Diese Quantenmechanik ist mathematisch schwierig, kommt aber zu den gleichen Ergebnissen, die der Österreicher Erwin SCHRÖDINGER (1887–1961) mit seiner 1926 formulierten **Wellenmechanik** fand, die anschaulicher und eher verständlich ist und deren Grundzüge im Folgenden behandelt werden.

SCHRÖDINGER benutzte die Vorstellung, die Ausbreitung eines Elektrons sei durch eine De-Broglie-Welle mit einer von Raum und Zeit abhängigen Amplitude zu beschreiben. Einem stationären Zustand des Elektrons mit einer zeitunabhängigen Amplitudenverteilung entspricht danach eine dreidimensionale stehende Welle. Das Quadrat der zeitlich konstanten Amplitude der stehenden Welle liefert für jeden Ort ein Maß für die Antreffwahrscheinlichkeit des Elektrons.

In den Jahren, in denen die Wellenmechanik SCHRÖDINGERS bekannt wurde, erschienen die Möglichkeiten, SCHRÖDINGERS Vorstellungen durch Experimente zu prüfen, sehr begrenzt. Damals wurden SCHRÖDINGERS Vorstellungen als abstrakte Theorie verstanden. Inzwischen ist es möglich, viele seiner Annahmen im Experiment zu bestätigen, wie die Aufnahmen mit einem Rastertunnelmikroskop (**Abb. 418.2**) zeigen. Die **Abb. 419.1** und **419.2** zeigen zwei ausgewählte Beispiele: stehende Elektronenwellen auf einer Kupferoberfläche bzw. die Verteilung der Antreffwahrscheinlichkeit von Elektronen auf der Oberfläche von Platin. Die Abbildungen zeigen, dass die Auflösung des Rastertunnelmikroskops den Nachweis atomarer Strukturen durch die ortsabhängige Elektronenemission der Oberfläche ermöglicht.

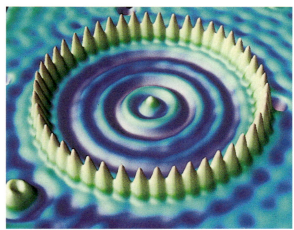

419.1 Stehende Elektronenwellen in einem Ring von etwa 50 Eisenatomen auf einer Kupferoberfläche. Die mit einem Rastertunnelmikroskop erzeugte Aufnahme zeigt anschaulich die Antreffwahrscheinlichkeit eines in einem zweidimensionalen Kasten eingesperrten Teilchens, also ein Phänomen, das bisher nur als abstraktes Modell bekannt war. D. M. EIGLER und seine Mitarbeiter hatten bereits vorher festgestellt, dass die leicht beweglichen Leitungselektronen des Kupfers an zufällig auf der Metalloberfläche verteilten Eisenatomen gestreut werden. Das vorliegende Bild zeigt nun das Ergebnis einer durch dieselben Forscher bewusst vorgenommenen Manipulation im Nanometerbereich. Die auf einer äußerst glatten und sauberen Kupferoberfläche aufgestäubten Eisenatome wurden mit einer Spitze des Tunnelmikroskops wie mit einer Pinzette verschoben und zu einem Kreis angeordnet (Durchmesser ca. 14 nm). Innerhalb dieses „Quantengeheges" interferieren die Wellen der Kupferleitungselektronen so, dass sich stehende Wellen, also Schwankungen in der Antreffwahrscheinlichkeit, bilden. Mit demselben Rastertunnelmikroskop lassen sich diese Schwankungen abtasten und als Bild wiedergeben.

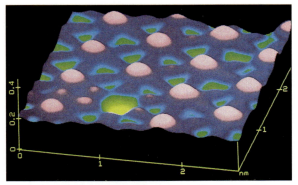

419.2 Die Aufnahme eines Rastertunnelmikroskops zeigt Iodatome (hellrot) auf einer Platinoberfläche. Gemessen wird die Antreffwahrscheinlichkeit von Elektronen, nicht etwa die Farbe des Atoms oder der Oberfläche. Durch die unterschiedlichen Farben wird die Zahl der Elektronen pro Zeit bzw. der Strom veranschaulicht, der von der Oberfläche ausgeht. Aus der gelben Vertiefung wurde gerade ein Iodatom entfernt, dessen Durchmesser sich auf 0,3 nm abschätzen lässt.

11.3 Das Atommodell der Quantenphysik

Mit der von Schrödinger formulierten und nach ihm benannten Schrödinger-Gleichung gelingt die vollständige und widerspruchsfreie Beschreibung der Quantensysteme wie Atome, Moleküle und Festkörper. Da schon die Beschreibung von Systemen mit wenigen Teilchen durch die Schrödinger-Gleichung mathematisch sehr anspruchsvoll ist, werden zunächst einfache Fälle betrachtet.

Dazu wird der Aufenthalt eines Teilchens in einem bestimmten Raumbereich betrachtet, z. B. im Bereich eines lang gestreckten Moleküls, der vereinfacht nicht räumlich, sondern eindimensional angenommen wird. Das zugehörige Modell ist das des *linearen Potentialtopfes*. Mit ihm gelingt es, die Quantelung der ausgetauschten Energiebeträge bei atomaren Systemen zu begründen. Wird zusätzlich der Einfluss elektrischer Felder berücksichtigt, führt die von Schrödinger formulierte Gleichung dazu, Systeme wie z. B. das Wasserstoffatom quantenphysikalisch zu beschreiben und so ein *quantenphysikalisches Atommodell* zu entwickeln.

11.3.1 Der lineare Potentialtopf

Bei dem Modell eines linearen Potentialtopfes wird ein Teilchen, z. B. ein Elektron, in einem lang gestreckten Körper mit einer Länge a (linearer Potentialtopf) eingeschlossen betrachtet (**Abb. 420.1a**). Innerhalb des Topfes sollen keine Kräfte auf das Teilchen wirken. Das bedeutet für die potentielle Energie den konstanten Wert $E_{pot} = 0$. Außerhalb des Topfes hingegen ist E_{pot} unendlich groß. Das Teilchen wird an der Begrenzung, die als Wand wirkt, stark abgestoßen. Es kann in die Wände nicht eindringen. Der Verlauf der potentiellen Energie hat damit die Form des Querschnitts eines Topfes (**Abb. 420.1b**), daher der Name *linearer Potentialtopf*.

Stehende Wellen im linearen Potentialtopf

Die Antreffwahrscheinlichkeit eines Teilchens im linearen Potentialtopf wird durch das Quadrat der Funktion $\Psi(x) = A \sin(2\pi x/\lambda)$, einer Wellenfunktion, beschrieben (→ 10.4.3). Wenn das Teilchen im Bereich a des Potentialtopfes bleibt und sich nicht fortbewegt, muss die Ψ-Funktion eine *stehende Welle* beschreiben, deren Wellenlänge λ die Bedingung

$$\frac{\lambda}{2} n = a \quad \text{mit} \quad n = 1, 2, 3, \dots \quad (1)$$

für stehende Wellen (→ 3.4.5) erfüllt. Die Werte der Wellenfunktion sind im Bereich der Wände null, da das Teilchen dort nicht anzutreffen ist, und steigen innerhalb des Topfes an. Um die Antreffwahrscheinlichkeit entlang der Strecke a in einem gegebenen Zustand zu erhalten, muss $|\Psi(x)|^2$ berechnet werden. In **Abb. 421.1** sind diese Funktionen eingezeichnet. Sie zeigen, dass die Antreffwahrscheinlichkeit für den Zustand mit der größten Wellenlänge λ der stehenden Welle in der Mitte des Bereichs maximal ist. Die Antreffwahrscheinlichkeit ist also nicht, wie vielleicht zu erwarten wäre, gleichmäßig über die Strecke a verteilt.

Energiewerte eines Teilchens im linearen Potentialtopf

Die von der Wellenlänge der stehenden Welle abhängige Energie lässt sich durch den Zusammenhang zum Impuls p bestimmen. Mit der Voraussetzung $E_{pot} = 0$ ist

$$E = E_{kin} = \frac{p^2}{2m}. \quad (2)$$

Nach de Broglie ist

$$\lambda = \frac{h}{p}.$$

Aus Gleichung (1) folgt mit $\lambda = 2a/n$

$$\frac{2a}{n} = \frac{h}{p}.$$

Der Zusammenhang wird nach p aufgelöst und in die Gleichung (2) eingesetzt. Für die Energie E_n des Teilchens ergibt sich

$$E_n = \frac{h^2}{8ma^2} n^2.$$

Diese Energie eines auf einer Strecke a eingeschlossenen Teilchens ist also gequantelt. Sie wächst proportional zum Quadrat der Quantenzahl n an.

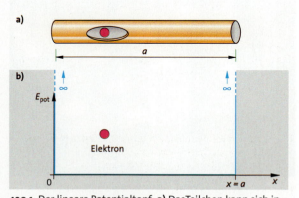

420.1 Der lineare Potentialtopf: **a)** Das Teilchen kann sich in einem lang gestreckten Bereich nahezu kräftefrei bewegen. **b)** Im linearen Potentialtopf werden die Verhältnisse idealisiert. Im Bereich der Länge a soll sich das Teilchen kräftefrei bewegen. Die Grenzen des Bereichs soll es nicht überschreiten können. Die potentielle Energie wird dort als unendlich groß angenommen.

Das Atommodell der Quantenphysik

Der lineare Potentialtopf: Ein auf der Länge a eingeschlossenes Teilchen der Masse m hat die Energiestufen

$$E_n = \frac{h^2}{8\,m\,a^2} n^2 \quad (n = 1, 2, 3, \dots).$$

Die Quantelung der Energie ergibt sich aus der Anwendung der Welleneigenschaften der Teilchen und der Annahme der Existenz stehender Wellen.

Im Modell des linearen Potentialtopfes erfolgen Idealisierungen, die zu einer einfachen mathematischen Beschreibung führen. Die Übertragung der Ergebnisse auf reale Systeme, also beispielsweise auf Atome und Moleküle (→ 11.3.2), ist mit guter Genauigkeit zulässig, wenn die Systeme den getroffenen Voraussetzungen relativ genau entsprechen.

Energie

Die Aufnahme oder Abgabe von Energie im linearen Potentialtopf erfolgt durch eine Zustandsänderung des Teilchens. Bei der Aufnahme von Energie wird ein Teilchen aus einem Zustand mit der Quantenzahl n in einen mit der Quantenzahl m angeregt. Es nimmt dabei die Energie $\Delta E = E_m - E_n$ auf. **Abb. 421.2** zeigt den Vorgang für die Quantenzahlen $n = 2$ und $m = 3$. Bei der Abgabe von Energie läuft der Vorgang in umgekehrter Richtung ab.

Energieänderung: Im linearen Potentialtopf werden die Energiebeträge

$$\Delta E = E_m - E_n = \frac{h^2}{8\,m\,a^2}(m^2 - n^2)$$

ausgetauscht.

Die Energiewerte E_m und E_n sind einer Messung nicht zugänglich. Messbar sind allein die Werte der Energieänderung ΔE.

Als Beispiel für die Energiemessung soll der in **Abb. 421.2** gezeigte Übergang vom Zustand $n = 2$ in den Zustand $m = 3$ für ein Elektron betrachtet werden. Mit den Konstanten und $a = 10^{-9}$ m, der Größenordnung eines Atoms, lässt sich ΔE berechnen:

$$\Delta E = \frac{h^2}{8\,m_e\,a^2}(m^2 - n^2) = \frac{(6{,}63 \cdot 10^{-34})^2}{8 \cdot 9{,}11 \cdot 10^{-31} \cdot 10^{-18}}(3^2 - 2^2)\ \text{J}$$

$$= 3{,}02 \cdot 10^{-19}\ \text{J} = 1{,}88\ \text{eV}$$

Diese Energie kann ein Photon liefern, dessen Wellenlänge λ sich mit $\Delta E = hf = hc/\lambda$ berechnen lässt und die im Bereich des sichtbaren Lichts liegt:

$$\lambda = \frac{h\,c}{\Delta E} = \frac{6{,}63 \cdot 10^{-34} \cdot 3 \cdot 10^8}{3{,}02 \cdot 10^{-19}}\ \text{m} = 659\ \text{nm}$$

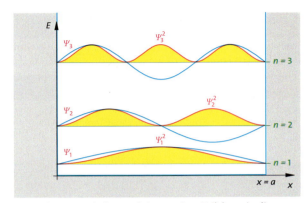

421.1 Die ersten drei Ψ-Funktionen eines Teilchens im linearen Potentialtopf der Länge a in Abhängigkeit von x. Der Grundzustand ist der Zustand mit der niedrigsten Energie ($n = 1$). Die Antreffwahrscheinlichkeit $\Psi^2(x)\,\Delta x$ ist bei $x = \frac{a}{2}$ maximal. Für die angeregten Zustände ($n = 2$, $n = 3$) verteilt sich die Antreffwahrscheinlichkeit zunehmend gleichmäßiger über den Bereich a. Die Energie E des Zustands ist nach oben aufgetragen.

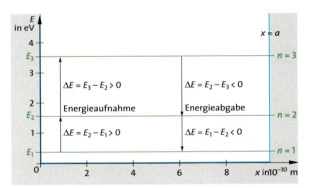

421.2 Die Energiestufen für ein Elektron in einem Potentialtopf mit der Länge $a = 10^{-9}$ m. Bei der Energieaufnahme wird das Elektron in einen Zustand höherer Energie angeregt. Die aufgenommene Energie entspricht der Energiedifferenz von Ausgangszustand und angeregtem Zustand (hier von $n = 2$ auf $m = 3$). Aus dem angeregten Zustand kann die Energie $E_3 - E_2$ oder $E_3 - E_1$ abgegeben werden.

Aufgaben

1. Betrachten Sie das Wasserstoffatom in erster Näherung als einen linearen Potentialtopf mit der Länge $a = 10^{-10}$ m. Bestimmen Sie die Energie im Grundzustand. Bestimmen Sie die Energie für den Kern, wenn $a = 10^{-15}$ m beträgt.
2. Berechnen Sie die Änderung der Energiedifferenzen zweier aufeinanderfolgender Zustände im linearen Potentialtopf mit zunehmendem Wert der Quantenzahl n.
3. Statt Elektronen können auch Protonen oder Neutronen in einem linearen Potentialtopf eingeschlossen sein. Berechnen Sie die ersten drei Energiestufen für Protonen und Neutronen mit $a = 10^{-15}$ m.

Das Atommodell der Quantenphysik

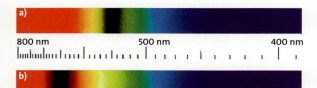

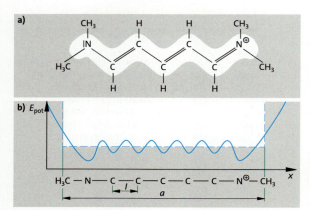

422.1 Absorptionsspektren zweier Cyanin-Farbstoffe. Die Farbstoffe unterscheiden sich in der Länge ihrer Moleküle.

422.2 Farbstoffmolekül des Cyanins. **a)** Der weiße Bereich ist der Antreffbereich der im Molekül frei beweglichen Elektronen, die Valenzelektronen genannt werden. **b)** Der Verlauf der potentiellen Energie für ein Valenzelektron in einem Farbstoffmolekül. Er wird näherungsweise durch ein Kasten-Potential (gestrichelt) ersetzt.

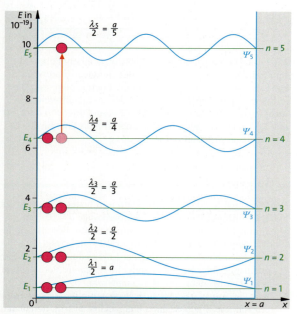

422.3 Energiewerte und Wellenfunktionen von Elektronen, die in der Atomkette eines Farbstoffmoleküls der Länge $a = 1{,}23$ nm anzutreffen sind.

11.3.2 Anwendungen des Potentialtopfmodells

Bereits mit dem einfachen Modell des Potentialtopfes lassen sich Eigenschaften bestimmter Moleküle quantitativ beschreiben. Darüber hinaus gelingt es, qualitative Aussagen zur chemische Bindung zu entwickeln.

Farbstoffmoleküle

Versuch 1: Weißes Licht wird durch eine verdünnte Lösung eines Cyanin-Farbstoffes gesandt und anschließend spektral zerlegt.
Beobachtung: Im Spektrum wird das Licht eines kleinen Wellenlängenbereichs von der Flüssigkeit absorbiert (**Abb. 422.1**). ◀

Die Wellenlänge des absorbierten Lichts lässt sich in manchen Fällen, wenn die Molekülstruktur bekannt ist, vorausberechnen. Als Beispiel soll das Farbstoffmolekül in **Abb. 422.2** dienen: Die Atome liegen in einer Ebene und bilden somit eine Zickzackkette. Die im Bereich der Kette beweglichen Elektronen, Valenzelektronen genannt, können sich innerhalb der in **Abb. 422.2 a)** weißen Fläche annähernd frei bewegen. Vereinfacht dargestellt befinden sich die Valenzelektronen in einem linearen Potentialtopf; dadurch wird der Verlauf der potentiellen Energie in **Abb. 422.2 b)** idealisiert durch eine Rechteckkurve angenommen.
Die zu erwartenden Wellenfunktionen $\Psi(x)$ der möglichen Quantenzustände sind bis $n = 5$ in **Abb. 422.3** zusammen mit den dazugehörigen Energien eingetragen.

Ein Cyanin-Farbstoff stellt den Elektronen beispielsweise eine Länge von $a = 1{,}23$ nm zur Verfügung. In

$$E_n = \frac{h^2}{8\,m_e\,a^2} n^2$$

eingesetzt ergibt sich
für $n = 4$ der Energiewert $E_4 = 6{,}4 \cdot 10^{-19}$ J,
für $n = 5$ der Energiewert $E_5 = 10{,}0 \cdot 10^{-19}$ J (**Abb. 422.3**).
Der Farbstoff absorbiert die Energiedifferenz $\Delta E = E_5 - E_4 = 3{,}6 \cdot 10^{-19}$ J. Die Absorption ist bei $\lambda = h\,c/\Delta E = 554$ nm maximal (**Abb. 422.1a**).

Aufgaben

1. Ein Cyanin-Farbstoff besitzt ein Elektron im Zustand $n = 5$. Bestimmen Sie die Energie für die Anregung in den Zustand $n = 6$. Berechnen Sie die Wellenlänge der Strahlung.
2. Ein Farbstoffmolekül hat eine typische Länge von $a = 1{,}0$ nm. Berechnen Sie die ersten sechs Energiestufen, die zu einer Absorption im sichtbaren Bereich des Spektrums (ca. 1,8 eV bis 3,0 eV) führen.

Die chemische Bindung

Besteht ein Molekül aus zwei gleichen Atomen wie H_2 oder O_2, dann liegt eine so genannte **kovalente Bindung** zwischen beiden Atomen vor, deren Ursache quantenphysikalische Betrachtungen erklären.

Dazu wird jedes der beiden beteiligten Atome mit einem Potentialtopf verglichen, dessen Länge a dem Antreffbereich eines Elektrons in einem Atom entspricht. Bei einem Wasserstoffatom mit einem Proton als Kern und einem Elektron in der Hülle ist für die Länge a der Durchmesser der Atomhülle einzusetzen. Hier wird bereits deutlich, dass es sich um eine grobe Näherung handelt, da nur der Abstand der beiden Atome betrachtet und die räumliche Ausdehnung nicht berücksichtigt wird. Trotzdem beschreibt das Potentialtopfmodell den wesentlichen Mechanismus der Bindung, wenn auch nur qualitativ. **Abb. 423.1** zeigt oben die Potentialtöpfe zweier Wasserstoffatome, deren Energie im Grundzustand näherungsweise

$$E_H = \frac{h^2}{8\,m_e\,a^2}$$

beträgt. Die Länge a ist der Antreffbereich der Elektronen. Mit dem geschätzten Wert $a = 2 \cdot 10^{-10}$ m ist die Energie $E_H = 9{,}4$ eV $= 1{,}5 \cdot 10^{-18}$ J.
Bewegen sich die beiden Einzelatome (**Abb. 423.1**) aufeinander zu, dann überdecken sich die beiden Potentialtöpfe. Der Antreffbereich der Elektronen vergrößert sich, wie sich aus anderen Experimenten schließen lässt, zu einer Größe von etwa $\frac{3}{2}a = 3 \cdot 10^{-10}$ m. Im Grundzustand führt der größere Antreffbereich zu einer größeren Wellenlänge der stehenden Elektronenwelle und damit zu einer geringeren Energie. Die Summe der Energiedifferenzen der beteiligten Elektronen, die beim Vorgang der Bindung abgegeben wird, wird **Bindungsenergie** genannt.
Für das H_2-Molekül soll mit $a = 2 \cdot 10^{-10}$ m als Näherung die Bindungsenergie E_B abgeschätzt werden. Jedes der beiden Elektronen erniedrigt seine Energie von $E_H = h^2/(8\,m_e\,a^2)$ auf $E_{H_2} = h^2/(8\,m_e\,(\frac{3}{2}a)^2)$, also auf etwa die Hälfte des Ausgangswertes. Damit ist

$$E_B = \Delta E = 2\,\frac{h^2}{8\,m_e\,a^2} \cdot \left(1 - \tfrac{4}{9}\right).$$

Mit $a = 2 \cdot 10^{-10}$ m ist $E_B = \Delta E = 10{,}44$ eV. Die beiden Elektronen der Einzelatome verringern ihre Energie bei der Bindung also um je 5,22 eV (**Abb. 423.2**).

Die Messung der Bindungsenergie liefert den im Vergleich kleineren Wert von $E_B = 4{,}72$ eV. Das ist ein Hinweis darauf, dass das Potentialtopfmodell die Bindung nur unvollständig beschreibt. Erst die Berücksichtigung elektrischer Kräfte auf die geladenen Teilchen (→ 11.3.4) liefert die genauen Werte der Bindungsenergie.

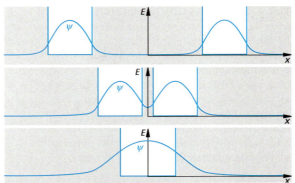

423.1 In voneinander entfernten Potentialtöpfen befinden sich zwei Elektronen im Grundzustand. Nähern sich die Potentialtöpfe und überlappen sich, entsteht ein verlängerter Potentialtopf mit einer verlängerten Wellenlänge der Ψ-Funktion.

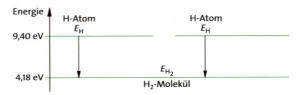

423.2 Der Grundzustand der Energie liegt im H-Atom höher als im H_2-Molekül. Die Energie des Zustands $E_{H_2} \sim 1/(\tfrac{3}{2}a)^2$ beträgt etwa die Hälfte der Ausgangsenergie $E_H \sim 1/a^2$.

Die **Ionenbindung**, z. B. bei Na und Cl zu Na^+Cl^-, lässt sich als Erweiterung der kovalenten Bindung beschreiben. Zusätzlich wird die Übertragung eines Elektrons vom neutralen Na-Atom zum Cl-Atom berücksichtigt, die hier die Energie $E = 1{,}53$ eV erfordert. Die Kombination der Antreffbereiche der Elektronen von Na^+ und Cl^- liefert eine Energie von 5,79 eV. Beide Effekte zusammengenommen führen zu einer Bindungsenergie $E_B = 5{,}79$ eV $- 1{,}53$ eV $= 4{,}26$ eV.

> Bei der **kovalenten Bindung** wie beim Wasserstoffmolekül wird der Antreffbereich der Elektronen vergrößert. Damit verringert sich die Energie der Grundzustände um die Bindungsenergie.
> Bei der **Ionenbindung** wie bei Na^+Cl^- ist die Energie des Ladungstransports zusätzlich berücksichtigt.

Aufgaben

1. H_2^+ ist ein ionisiertes H_2-Molekül. Es besteht aus nur einem Elektron und zwei Protonen. Vergleichen Sie die Bindungsenergie von H_2^+ mit der von H_2. Zeigen Sie, dass es kein stabiles zweifach ionisiertes Molekül H_2^{2+} geben kann.

11.3.3 Die Schrödinger-Gleichung

Im Jahr 1926 formulierte Erwin SCHRÖDINGER die nach ihm benannte Gleichung, eine der klassischen Wellengleichung ähnliche Gleichung, mit der sich die Ausbreitung von Teilchen im Raum beschreiben lässt. Es ist nicht möglich, die Schrödinger-Gleichung herzuleiten – genauso wenig, wie sich die Newton'schen Axiome herleiten lassen. Die Bedeutung der Schrödinger-Gleichung zeigt sich in der vollständigen und zutreffenden Beschreibung quantenphysikalischer Systeme.

> **Zeitunabhängige Schrödinger-Gleichung (SG):**
>
> $$\Psi''(x) + \frac{8\pi^2 m}{h^2}(E - E_{\text{pot}})\Psi(x) = 0$$

Die zeitunabhängige Schrödinger-Gleichung ist ein Spezialfall der zeitabhängigen Schrödinger-Gleichung. Sie beschreibt Systeme, bei denen die Funktionswerte $\Psi(x)$ und die potentielle Energie E_{pot} nur vom Ort und nicht von der Zeit abhängen. Lösungsfunktionen der Schrödinger-Gleichung sind die von der Zeit unabhängigen Funktionen $\Psi(x)$, deren Quadrat die Antreffwahrscheinlichkeit $\Psi^2(x)\,\Delta x$ bestimmt.

Aus einer bekannten Lösungsfunktion lässt sich auf die Schrödinger-Gleichung rückschließen. Die Funktion

$$\Psi(x) = A \sin\left(\frac{2\pi}{\lambda}x\right)$$

im linearen Potentialtopf (→ 11.3.1) ist eine bekannte Lösung. Die erste und zweite Ableitung der Funktion nach x sind

$$\Psi'(x) = A\frac{2\pi}{\lambda}\cos\left(\frac{2\pi}{\lambda}x\right) \quad \text{und}$$

$$\Psi''(x) = -A\frac{4\pi^2}{\lambda^2}\sin\left(\frac{2\pi}{\lambda}x\right) = -\frac{4\pi^2}{\lambda^2}\Psi(x). \quad (1)$$

Die Gleichung beschreibt die stehende De-Broglie-Welle eines Teilchens mit der Wellenlänge λ.

Den Zusammenhang der Wellenlänge λ mit dem Impuls p und der kinetischen Energie $E_{\text{kin}} = p^2/(2m)$ stellt die De-Broglie-Beziehung $p = h/\lambda$ (→ 10.3.1) her:

$$\frac{1}{\lambda^2} = \frac{p^2}{h^2} = \frac{2m}{h^2}E_{\text{kin}}$$

Bei der Bewegung von geladenen Teilchen in elektrischen Feldern ist neben der kinetischen Energie E_{kin} eine potentielle Energie E_{pot} zu berücksichtigen. Die kinetische Energie E_{kin} ist die Differenz der Gesamtenergie E und der potentiellen Energie E_{pot}. Die Schrödinger-Gleichung ergibt sich dann durch Einsetzen von $1/\lambda^2 = (2m/h^2)E_{\text{kin}}$ und $E_{\text{kin}} = E - E_{\text{pot}}$ in Gleichung (1):

$$\Psi''(x) = -\frac{8\pi^2 m}{h^2}(E - E_{\text{pot}})\Psi(x)$$

11.3.4 Numerische Lösungen der Schrödinger-Gleichung

Mit dem Modell des linearen Potentialtopfes (→ 11.3.1) wurde ein Spezialfall der Schrödinger-Gleichung betrachtet, da die potentielle Energie auf der Länge a des Potentialtopfes den Wert $E_{\text{pot}} = 0$ hat.

Die genaue Beschreibung von gebundenen Elektronenzuständen erfordert allerdings, das anziehende elektrische Feld der Atomkerne zu berücksichtigen. Das gilt für die Elektronen eines Atoms wie für die eines Moleküls und die eines Festkörpers. Die Bindung wird in der Schrödinger-Gleichung durch eine negative potentielle Energie, $E_{\text{pot}}(x) < 0$, beschrieben. Interessanterweise nimmt nicht die elektrische Feldstärke, sondern die potentielle Energie E_{pot}, also das Produkt aus elektrischer Ladung und Potentialdifferenz in Abhängigkeit vom Ort, auf den Verlauf des Graphen der Funktion $\Psi(x)$ Einfluss.

Mit dem Ziel, den Verlauf der Funktion $\Psi(x)$ im Wasserstoff-Atom und damit dessen Energiewerte zu bestimmen, werden erst einfache und dann zunehmend kompliziertere Potentialverläufe betrachtet und die zugehörigen Graphen von $\Psi(x)$ bestimmt.

Energiewerte und Krümmung des Graphen der Ψ-Funktion

Der Verlauf einer Funktion $\Psi(x)$ lässt sich bei bekanntem Funktionsterm, beispielsweise $\Psi(x) = \sin(2\pi x/\lambda)$ mit bekanntem Wert für λ, unmittelbar zeichnen. Da der Funktionsterm in den meisten Fällen jedoch unbekannt oder nur sehr aufwändig zu berechnen ist, soll der Verlauf des Graphen iterativ berechnet werden (→ 1.1.6). Ausgehend von einem Satz von Startwerten wird damit schrittweise der Graph konstruiert.

Vor der Anwendung dieses Verfahrens soll der Verlauf der Wellenfunktion $\Psi(x)$ durch einfache Überlegungen qualitativ ermittelt werden. Dazu wird in der Schrödinger-Gleichung die zweite Ableitung $\Psi''(x)$ frei gestellt

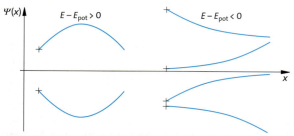

424.1 Elemente des Graphen der Ψ-Funktion in Abhängigkeit der Energie. Für $\Psi(x) > 0$ führen positive Werte von $(E - E_{\text{pot}})$ zu einer Rechtskrümmung, negative zu einer Linkskrümmung des Graphen. Für $\Psi(x) < 0$ gilt die Umkehrung.

Das Atommodell der Quantenphysik

$$\Psi''(x) = -\frac{8\pi^2 m_e}{h^2}(E - E_{pot})\,\Psi(x)$$

und die Konstanten $8\pi^2 m_e/h^2$ zu $C = 1{,}6382 \cdot 10^{38}\,\text{J}^{-1}\,\text{m}^{-2}$ zusammengefasst:

$$\Psi''(x) = -C(E - E_{pot})\,\Psi(x)$$

Die Änderungsrate der Steigung $\Psi''(x)$, die die Krümmung des Graphen von $\Psi(x)$ angibt, wird durch das Produkt aus $-C < 0$, der Energiedifferenz $E - E_{pot}$ und dem Funktionswert $\Psi(x)$ bestimmt. **Abb. 424.1** zeigt Elemente der Graphen für $E - E_{pot} > 0$ und $E - E_{pot} < 0$.

Gebundene Zustände werden durch stehende Wellen beschrieben, die im Potentialtopf der Länge a an den Stellen $x = 0$ und $x = a$ einen Knoten aufweisen.
Der Graph von $\Psi(x)$ muss dazu für $\Psi(x) > 0$ eine Rechtskrümmung beschreiben, die sich bei $\Psi''(x) < 0$ einstellt. Aus dem Graphen wird dies deutlich, wenn $\Psi''(x) < 0$ als Verringerung der Steigung $\Psi'(x)$ im Verlauf von x betrachtet wird. Für die zugehörigen Werte von $E - E_{pot}$ bedeutet dies, dass wegen $\Psi''(x) = -C(E - E_{pot})\,\Psi(x)$ mit $-C < 0$ und $\Psi(x) > 0$ auch $E - E_{pot} > 0$ vorliegen muss.
Unterschiedliche Werte der Energie E mit $E - E_{pot} > 0$ legen das Maß der Krümmung fest. Größere Werte vergrößern bei gleichem Funktionswert $\Psi(x)$ die Krümmung, da $\Psi''(x) \sim (E - E_{pot})$. Sie führen aufgrund der größeren Krümmung zu einer kürzeren Wellenlänge der stehenden Welle.

> Abhängig von der Energie E stellt sich die Krümmung des Graphen von $\Psi(x)$ ein. Nur bestimmte Werte der Energie stellen die Krümmung $\Psi''(x)$ so ein, dass im Potentialtopf der Länge a eine stehende Welle $\Psi(x)$ mit Knoten bei $x = 0$ und $x = a$ entsteht.

Die Schrödinger-Gleichung für den linearen Potentialtopf

Zur Bestimmung des Energiewerts eines stationären Zustands, beispielsweise in einem Potentialtopf der Länge $a = 100\,\text{pm}$, wird im Knoten der stehenden Welle bei $x = 0$ der Funktionswert $\Psi(x) = 0$ und die Steigung $\Psi'(x) = 1$ gewählt. Der Wert der Energie E ist trotz der Vorgabe $E_{pot} = 0$ vorerst unbekannt. Ein beliebiger *positiver* Wert wie $E = 1 \cdot 10^{-18}\,\text{J}$ soll verwendet und getestet werden.
Das Vorgehen bei diesem Test zeigt **Abb. 425.1**. Mit den Vorgaben wird, ausgehend von $\Psi(x) = 0$, der Funktionswert an der Stelle $x = 1 \cdot 10^{-11}\,\text{m}$ berechnet, mit diesem Ergebnis dann der Wert bei $x = 2 \cdot 10^{-11}\,\text{m}$ und in gleicher Schrittweite weiter bis zu $x = 10 \cdot 10^{-11}\,\text{m}$. Die Rechnung lässt sich mit einem Taschenrechner oder schneller mit einem Computerprogramm durchführen. Der so ermittelte Graph verläuft an der Stelle $x = a$ allerdings nicht durch den Punkt $(a, 0)$. Der Test liefert also das Ergebnis, dass der gewählte Energiewert zu klein ist. Das Verfahren wird deshalb mit einem größeren Wert, der zu einer stärkeren Krümmung führt, wiederholt (**Abb. 425.1**). Bei zu großen Energiewerten wird die Krümmung zu stark, der Graph schneidet die Achse bereits vor der Stelle $x = a$. Eine Schachtelung der Energiewerte führt schließlich zu *einem bestimmten* Wert von E mit dem Graphen, der bei $x = a$ den Wert $\Psi(a) = 0$ hat. Dieser Wert ist $E_1 = 6 \cdot 10^{-18}\,\text{J}$, die Energie des Grundzustands im Potentialtopf der Länge $a = 100\,\text{pm}$ mit $E_{pot} = 0$, in Übereinstimmung mit dem Wert $E = h^2/(8\,m_e\,a^2)$.

> Die Schrödinger-Gleichung liefert eine Vorschrift zur Konstruktion von $\Psi(x)$-Graphen mit der Energiedifferenz $(E - E_{pot})$ als Parameter. Der Graph einer stehenden Welle liefert den Energiewert des zugehörigen stationären Zustands.

Iterative Berechnung der Wellenfunktion im Potentialtopf
$\Psi''(x) = -1{,}6382 \cdot 10^{38}\,E\,\Psi(x - \Delta x)$
$\Psi'(x) = \Psi'(x - \Delta x) + \Psi''(x - \Delta x)\,\Delta x$
$\Psi(x) = \Psi(x - \Delta x) + \Psi'(x - \Delta x)\,\Delta x$

Startwerte:
$\Psi''(0) = 0;\ \Psi'(0) = 1;\ \Psi(0) = 0;\ E = 1 \cdot 10^{-18};\ \Delta x = 10^{-11}$

Ergebnisse des 1. Iterationsschrittes:
$\Psi''(\Delta x) = 0;\ \Psi'(\Delta x) = 1;\ \Psi(\Delta x) = 10^{-11}$

Ergebnisse des 2. Iterationsschrittes:
$\Psi''(2\Delta x) = -1{,}64 \cdot 10^9;\ \Psi'(2\Delta x) = 0{,}98;$
$\Psi(2\Delta x) = 1{,}98 \cdot 10^{-11}$

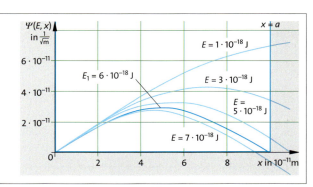

425.1 Mit den Startwerten für die Stelle $x = 0$ gibt die Iterationsvorschrift die Berechnung von $\Psi(x)$ an der Stelle Δx vor. Das Ergebnis ist $\Psi(10^{-11}) = 10^{-11}$. Die Iteration liefert weitere Werte von $\Psi(x)$, mit denen der Graph der Funktion $\Psi(x)$ für die Energie $E = 1 \cdot 10^{-18}\,\text{J}$ gezeichnet wird. Andere Werte von E führen zu weiteren Graphen. Ein Wert von E wie z. B. $E_1 = 6 \cdot 10^{-18}\,\text{J}$, der zu einem Graphen durch den Punkt $(a\,|\,0)$ führt, beschreibt einen stationären Quantenzustand. (Die Iteration wird nur mit den Zahlenwerten ohne Einheiten durchgeführt.)

Das Atommodell der Quantenphysik

Weitere Zustände im linearen Potentialtopf

Mit der Energie $E_1 = 6 \cdot 10^{-18}$ J liefert das iterative Verfahren im Potentialtopf der Länge $a = 100$ pm eine stehende Welle mit der Wellenlänge $\lambda = 200$ pm. Die Suche nach weiteren Energiewerten für stehende Wellen mit entsprechend anderen Wellenlängen kann unsystematisch durch Ausprobieren von Energiewerten erfolgen. Wenn es damit auch gelingt, weitere Energiewerte zu ermitteln, so bleibt die Frage offen, wann *alle* Energiewerte erfasst sind.

Mit dem Ziel, die Energiewerte systematisch zu ermitteln, soll der bekannte Zusammenhang zwischen Energie E und der Krümmung $\Psi''(x)$ genutzt werden.

Ausgehend von der Energie $E_1 = 6 \cdot 10^{-18}$ J stellt sich erst einmal die Frage, ob kleinere Energiewerte möglich sind. Ein geringerer Wert von E verkleinert die Krümmung $\Psi''(x)$, sodass der Graph von $\Psi(x)$ erst für $x > a$ die Achse schneidet. Energiewerte $E < E_1$ bewirken keine stehenden Wellen im Potentialtopf der Länge $a = 100$ pm. Damit ist E_1 die kleinste Energie, die *Energie des Grundzustands*.

Für größere Werte der Energie $E > E_1$ steigt die Krümmung der Funktion $\Psi(x)$ an, der Graph schneidet bei passendem Wert von E die Achse bei $a/2$ (**Abb. 426.1**) und weist an der Stelle a einen Knoten auf. Der so ermittelte Energiewert ist $E_2 = 24 \cdot 10^{-18}$ J, das Vierfache von E_1. Eine weitere Erhöhung des Wertes von E vergrößert die Krümmung weiter, verkürzt dadurch die Wellenlänge und führt schließlich zu $E_3 = 54 \cdot 10^{-18}$ J, dem Neunfachen von E_1.

Aus dieser Regelmäßigkeit lässt sich der folgende Zusammenhang ableiten:

> Die Energiewerte im linearen Potentialtopf der Länge $a = 100$ pm sind
>
> $E_n = 6 \cdot 10^{-18}$ J $\cdot n^2$ mit $n = 1, 2, 3, …$

Die Schrödinger-Gleichung für das Kastenpotential

Die Behandlung des linearen Potentialtopfes mit unendlich hohen Wänden liefert die quantisierte Energie der Elektronenzustände. Dieses einfache Modell sieht jedoch keine Möglichkeit vor, Elektronen in den Potentialtopf einzubringen oder sie daraus zu entfernen. Erst die *endlich* hohen Wände eines **Potentialkastens** eröffnen diese Möglichkeit.

Die potentielle Energie wird außerhalb des Kastens auf $E_{pot} = 0$ und innerhalb, im Bereich $0 < x < a$, auf einen Wert $E_{pot} < 0$ festgelegt. **Abb. 426.2** zeigt den Verlauf für $E_{pot} = -16 \cdot 10^{-18}$ J innerhalb des Kastens.

Als Startwerte der Iteration sind bei $x = a/2$ der Funktionswert $\Psi(a/2) = 1$ und die Steigung $\Psi'(a/2) = 0$ eingestellt. Die Iteration beginnt also in der Mitte des Kastens. Für die Energie E erscheint der Wert $E = -10 \cdot 10^{-18}$ J geeignet, da $E - E_{pot} = -10 \cdot 10^{-18}$ J + $16 \cdot 10^{-18}$ J $= 6 \cdot 10^{-18}$ J dem Wert im linearen Potentialtopf mit unendlich hohen Wänden entspricht. Die Iteration nach der Vorschrift $\Psi''(x) = -C(E - E_{pot})\Psi(x)$ zeigt allerdings, dass $|\Psi(x)|$ wie $\Psi^2(x)$ für $x > a$ große Werte annehmen. Es handelt sich also um einen Zustand, dessen Antreffwahrscheinlichkeit außerhalb des Topfes hoch ist verglichen mit der im Innenraum. Stationäre Zustände zeichnen sich durch eine *maximale Antreffwahrscheinlichkeit im Kastenbereich* und eine *minimale im Außenbereich* aus. Der Wert $E_1 = -12{,}96 \cdot 10^{-18}$ J führt zu einem solchen Zustand (**Abb. 426.2**), dem *Grundzustand*. Die Anregung des Elektrons mit der Energie $E = 12{,}96 \cdot 10^{-18}$ J setzt das Elektron frei. $E_A = 12{,}96 \cdot 10^{-18}$ J ist die Austrittsenergie aus dem Grundzustand des Potentialkastens.

> Im **Kastenpotential** haben stationäre Zustände negative Werte der Energie E. Die Anregung der Elektronen in diesen Zuständen auf die Energie $E \geq 0$ setzt das Elektron frei.

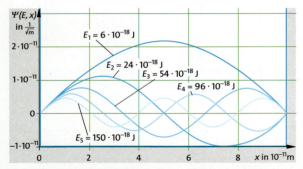

426.1 Graphen der Wellenfunktionen $\Psi(x)$ im linearen Potentialtopf für unterschiedliche Werte der Energie E. Je größer der Wert der Energie, desto stärker gekrümmt verläuft der Graph. Der Graph zu $E_1 = 6 \cdot 10^{-18}$ J weist die geringste mögliche Krümmung für eine stehende Welle auf.

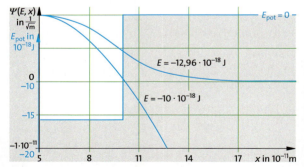

426.2 Graphen zweier Ψ-Funktionen für verschiedene Werte der Gesamtenergie $E = E_{kin} + E_{pot}$ im Kastenpotential. Nur die Funktion mit $E = -12{,}96 \cdot 10^{-18}$ J erfüllt die Bedingung, dass ihre Werte von $x = 5 \cdot 10^{-11}$ m in der Mitte des Potentialtopfes angefangen abfallen und für $x \to \infty$ gegen null streben.

Die Schrödinger-Gleichung für das Wasserstoffatom

Im Wasserstoffatom befindet sich das Elektron im elektrischen Feld des Kerns. Die potentielle Energie des Elektrons im Feld des Protons ist $E_{pot} = -e^2/(4\pi\varepsilon_0 r)$. Damit wird

$$\Psi''(x, y, z) = -\frac{8\pi^2 m_e}{h^2}\left(E + \frac{e^2}{4\pi\varepsilon_0 r}\right)\Psi(x, y, z).$$

Dieses dreidimensionale mathematische Problem vollständig zu lösen, also alle Lösungen zu gewinnen, ist sehr aufwändig. In einem ersten Schritt wird die Abhängigkeit von den Koordinaten (x, y, z) in eine Abhängigkeit vom Radius r und von den Raumwinkeln θ und ϕ transformiert. Die so entstandene umgeformte Schrödinger-Gleichung lässt sich in drei Gleichungen zerlegen, die jeweils nur eine Variable enthalten, also den Radius oder einen der Raumwinkel. Die Gleichung für die vom Radius abhängigen Terme hat die Form

$$\Psi''(r) = -\frac{2}{r}\Psi'(r) - \frac{8\pi^2 m_e}{h^2}\left(E + \frac{e^2}{4\pi\varepsilon_0 r}\right)\Psi(r).$$

oder mit den eingesetzten Zahlenwerten

$$\Psi''(r) = -\frac{2}{r}\Psi'(r)$$
$$- 1{,}6382 \cdot 10^{38}\frac{1}{\text{J m}^2}\left(E + \frac{2{,}30708 \cdot 10^{-28}\,\text{J m}}{r}\right)\Psi(r).$$

Lösungen dieser Gleichung sind Wellenfunktionen $\Psi(r)$, die vom Radius r abhängen. Der Graph von $\Psi(r)$ mit der Energie E als Parameter kann iterativ ermittelt werden. Wieder gilt, dass stationäre Zustände sich durch eine *maximale Antreffwahrscheinlichkeit* $\Psi^2(r)$ *im Bereich um den Atomkern* und eine *minimale im Außenbereich* für $r \to \infty$ auszeichnen. Die Iteration (Abb. 427.1) beginnt bei $r = 10^{-12}$ m, da bei $r = 0$ der Term für das elektrische Potential nicht definiert ist. Bereits bei negativen Werten der Energie $E_1 = -13{,}55$ eV $= -13{,}55 \cdot 1{,}6 \cdot 10^{-19}$ J führt die Iteration zu einer Lösungsfunktion, die sich für große Radien der r-Achse asymptotisch nähert (Abb. 427.1) und damit die Bedingung $\Psi(\infty) = 0$ erfüllt.

Weitere Funktionen mit der Eigenschaft $\Psi(\infty) = 0$ lassen sich mit den Energiewerten $E_1 = -13{,}55$ eV $/4$, $E_2 = -13{,}55$ eV $/9$, $E_3 = -13{,}55$ eV $/16$ ermitteln. Aus dieser Regelmäßigkeit lässt sich der folgende Zusammenhang ableiten:

> Die Energiewerte stationärer Zustände im H-Atom sind
>
> $E_n = -13{,}55\ \text{eV} \cdot \frac{1}{n^2}$.

Aufgaben

1. Berechnen Sie die Ergebnisse des dritten Iterationsschritts in → **Abb. 425.1** für $E = 1 \cdot 10^{-18}$ J.
2. Ermitteln Sie wie in → **Abb. 425.1** den Verlauf der Funktion $\Psi(x)$ mit $\Psi(0) = 0$ und $\Psi(a) = 0$ bei einer Energie $E = 0$. Werten Sie das Ergebnis hinsichtlich seiner physikalischen Bedeutung aus.
3. Ermitteln Sie wie in → **Abb. 425.1** für $E = 6 \cdot 10^{-18}$ J den Verlauf von $\Psi(x)$ für unterschiedliche Startwerte der Steigung $\Psi'(0)$. Beurteilen Sie die physikalische Bedeutung der Werte hinsichtlich der Antreffwahrscheinlichkeit für ein Elektron.
4. Wiederholen Sie die Iteration entsprechend **Abb. 427.1** für größere Energiewerte. Berechnen Sie den nächstgrößeren Energiewert $E_2 > -13{,}55$ eV, für den $\Psi(\infty) = 0$ gilt.
5. Erläutern Sie den Zusammenhang von Energiewert und Krümmung des Graphen in **Abb. 427.1**. Beurteilen Sie, ob es eine Lösungsfunktion mit der Eigenschaft $\Psi(\infty) = 0$ für $E < -13{,}55$ eV geben kann.

Iterative Berechnung der Wellenfunktion im H-Atom
(1) $\Psi(r) = \Psi(r - \Delta r) + \Psi'(r - \Delta r)\Delta r$
(2) $\Psi'(r) = \Psi'(r - \Delta r) + \Psi''(r - \Delta r)\Delta r$
(3) $\Psi''(r) = -2\Psi'(r)/r - 1{,}6382 \cdot 10^{38}(E + 2{,}30708 \cdot 10^{-28}/r)\Psi(r)$

Startwerte mit $E = -15 \cdot 1{,}602 \cdot 10^{-19}$ und $\Delta r = 10^{-12}$:
$r_0 = 10^{-12}$; $\Psi(r_0) = 1$; $\Psi'(r_0) = -10^{10}$; $\Psi''(r_0) = -1{,}7401 \cdot 10^{22}$

Ergebnisse des 1. Iterationsschrittes:
$r = r_0 + \Delta r$; $\Psi(r_0 + \Delta r) = 0{,}99$; $\Psi'(r_0 + \Delta r) = -2{,}7401 \cdot 10^{10}$; $\Psi''(r_0 + \Delta r) = 9{,}0823 \cdot 10^{21}$

Ergebnisse des 2. Iterationsschrittes:
$r = r_0 + 2\Delta r$; $\Psi(r_0 + 2\Delta r) = 0{,}9626$; $\Psi'(r_0 + 2\Delta r) = -1{,}8319 \cdot 10^{10}$; $\Psi''(r_0 + 2\Delta r) = 4{,}6432 \cdot 10^{20}$

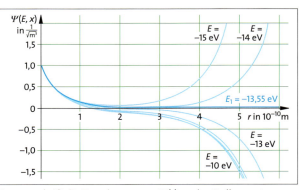

427.1 Mit den Startwerten für die Stelle $r_0 = 10^{-12}$ m gibt die Iterationsvorschrift die Berechnung von $\Psi(r)$ an der Stelle $r_0 + \Delta r$ vor. Die Iteration liefert die Werte von $\Psi(r)$, mit denen der Graph für die Energie $E = -15$ eV gezeichnet wird. Die Iteration wird mit unterschiedlichen Werten von E wiederholt. Zwischen $E = -14$ eV und -13 eV liegt bei etwa $E_1 = -13{,}55$ eV der Wert von E, der zur ersten Lösungsfunktion mit $\Psi(\infty) = 0$ führt. Wie beim linearen Potentialtopf lassen sich weitere Lösungen in einem anderen Energiebereich ermitteln. Offensichtlich ist die Krümmung für $E < -15$ eV so stark, dass $\Psi(\infty) = 0$ nicht zu erwarten ist. Hingegen finden sich Lösungsfunktionen im Bereich um $E_1/4$ und $E_1/9$.

Das Atommodell der Quantenphysik

11.3.5 Analytische Lösung der Schrödinger-Gleichung für den linearen Potentialtopf

Die Schrödinger-Gleichung für den linearen Potentialtopf (→ 11.3.3)

$$\Psi''(x) + \frac{8\pi^2 m}{h^2} E\,\Psi(x) = 0 \qquad (1)$$

soll analytisch gelöst werden. Für die Lösungsfunktionen und die zugehörigen Energiewerte liefert das Verfahren im Gegensatz zu numerischen Lösungsverfahren Terme, die unmittelbar die Abhängigkeit von den auftretenden Variablen zeigen. Welche Wellenfunktionen sind Lösungen dieser Gleichung?

Grundzustand

Die Funktion $\Psi(x) = A \sin\left(\frac{\pi x}{a}\right)$ besitzt Nullstellen für $x = 0$ und $x = a$, also gilt $\Psi(0) = 0$ und $\Psi(a) = 0$. Das Einsetzen der Funktion $\Psi(x) = A \sin\left(\frac{\pi x}{a}\right)$ und ihrer zweiten Ableitung $\Psi''(x) = -A\frac{\pi^2}{a^2}\sin\left(\frac{\pi x}{a}\right)$ in die Schrödinger-Gleichung liefert

$$-A\frac{\pi^2}{a^2}\sin\left(\frac{\pi x}{a}\right) + \frac{8\pi^2 m}{h^2} E A \sin\left(\frac{\pi x}{a}\right) = 0.$$

Die Gleichung ist für beliebige Werte von x erfüllt, wenn

$$-\frac{1}{a^2} + \frac{8m}{h^2} E = 0 \quad \text{ist, was zu}$$

$$E = \frac{h^2}{8\,m\,a^2}$$

führt. Also ist $\Psi(x) = A \sin\left(\frac{\pi x}{a}\right)$ eine Lösung der Schrödinger-Gleichung (1), deren Amplitudenfaktor A vorerst noch nicht festgelegt ist.

Normierung

Die auf den gesamten Bereich des Potentialtopfs bezogene Antreffwahrscheinlichkeit soll den Wert eins haben. Die Amplitude A der Lösungsfunktion ist so zu wählen, dass diese Bedingung erfüllt wird (Normierung).

Die Wahrscheinlichkeit, das Elektron im Bereich Δx anzutreffen, ist durch $\Psi^2(x)\,\Delta x$ gegeben. Für den Bereich des Potentialtopfes von $x = 0$ bis $x = a$ muss für die Summe der Teilwahrscheinlichkeiten gelten:

$$\sum_{x=0}^{x=a} \Psi^2(x)\,\Delta x = 1 \qquad (1)$$

x in 10^{-11} m	$w_1(x)$	x in 10^{-11} m	$w_1(x)$
0,5	0,00489435	5,5	0,195106
1,5	0,0412215	6,5	0,158779
2,5	0,1	7,5	0,1
3,5	0,158779	8,5	0,0412215
4,5	0,195106	9,5	0,00489435

428.1 Werte der Funktion $w_1(x) = (2/a)\sin^2(\pi x/a)\,\Delta x$ für Teilintervalle $\Delta x = 10^{-11}$ m des Potentialtopfes der Länge $a = 10^{-10}$ m. Ein Wert von 0,2 = 20 % für ein Teilintervall sagt, dass bei jeder 5ten Messung ein Elektron in diesem Intervall nachgewiesen wird. Die Summe der Werte ist aufgrund der Normierung eins.

Wird die Summe durch das Integral ersetzt, folgt mit $\Psi(x) = A \sin\left(\frac{\pi x}{a}\right)$

$$A^2 \int_0^a \sin^2\left(\frac{\pi x}{a}\right) dx = 1. \qquad (2)$$

Zur Berechnung des Integrals lässt sich eine Formelsammlung oder ein Programm heranziehen. Das Ergebnis ist der Normierungsfaktor

$$A = \sqrt{\tfrac{2}{a}}.$$

Angeregte Zustände

Gibt es noch weitere Lösungen der Gleichung (1)? Das Einsetzen der Funktionen $\Psi(x) = A \sin\left(\frac{n\pi x}{a}\right)$ führt zu ähnlichen Ergebnissen für $n = 2, 3, 4$ usw. Die zugehörigen Funktionen

$$\Psi_n(x) = \sqrt{\tfrac{2}{a}}\,\sin\left(\frac{n\pi x}{a}\right)$$

sind weitere Lösungen mit den Energiewerten

$$E_n = \frac{h^2}{8\,m\,a^2}\,n^2.$$

Damit lässt sich zusammenfassen:

> **Die Wellenfunktionen**
>
> $$\Psi_n(x) = \sqrt{\tfrac{2}{a}}\,\sin\left(\frac{n\pi x}{a}\right) \quad \text{mit } n = 1, 2, 3, \dots$$
>
> sind Lösungen der Schrödinger-Gleichung für den linearen Potentialtopf mit der Energie
>
> $$E_n = \frac{h^2}{8\,m\,a^2}\,n^2.$$

Diese Lösungen stimmen mit den Ergebnissen für die Energien überein, die mit stehenden Elektronenwellen im linearen Potentialtopf entwickelt wurden (→ 11.3.1).

Bemerkenswert ist, dass jeder Funktion ein eigener Energiewert zugeordnet ist. Es gibt keine zwei unterschiedlichen Ψ-Funktionen mit dem gleichen Energiewert.

Werte der Antreffwahrscheinlichkeit

Die Antreffwahrscheinlichkeit für ein Elektron des Grundzustands ist das Produkt aus dem Quadrat der Wellenfunktion $\Psi_1(x)$ und dem Bereich der Wechselwirkung, wobei wie in Gleichung (1) nur die x-Koordinate betrachtet wird. Die Wahrscheinlichkeit $w_1(x)$ soll im Intervall der Breite Δx um x betrachtet werden. Als Vereinfachung wird dem gesamten Bereich Δx der Wert $w_1(x)$ zugeordnet, was bei kleinem Δx ohne großen Fehler möglich ist:

$$w_1(x) = \Psi_1^2(x)\,\Delta x = \tfrac{2}{a}\sin^2\left(\frac{\pi x}{a}\right)\Delta x \qquad (3)$$

Aus dem Funktionsterm von $w_1(x)$ ergeben sich bei einer Gesamtlänge von $a = 10^{-10}$ m mit $\Delta x = 10^{-11}$ m die Werte in **Tab. 428.1**. Für das erste Intervall von $x = 0$ bis $x = 1 \cdot 10^{-11}$ m liegt die Intervallmitte bei $x = 0{,}5 \cdot 10^{-11}$ m. Der Wert von $w_1(x)$ für dieses erste Intervall ist dann $w_1(x) = (2/10^{-10}\text{ m}) \cdot \sin^2(\pi \cdot 0{,}5 \cdot 10^{-11}/10^{-10}) \cdot 10^{-11} = 0{,}2 \sin^2(0{,}05\,\pi) = 0{,}00489$. Im folgenden Intervall wird der Wert $x = 1{,}5 \cdot 10^{-11}$ m verwendet mit dem Ergebnis $w_1(x) = (2/10^{-10}\text{ m})\sin^2(\pi \cdot 1{,}5 \cdot 10^{-11}/10^{-10}) \cdot 10^{-11}$ m $= 0{,}0412$. Den Verlauf der Funktion $w_1(x)$ zeigt **Abb. 429.1a**.

Das Atommodell der Quantenphysik

Der Wert $w_1(2{,}5\cdot 10^{-11}\,\text{m}) = 0{,}1$ sagt beispielsweise aus, dass sich im Mittel mit jeder zehnten Messung im Intervall von $\Delta x = 10^{-11}$ m um $x = 2{,}5\cdot 10^{-11}$ m ein Elektron nachweisen lässt. Dieser Zusammenhang kann mit einem Computerprogramm veranschaulicht werden, welches Messungen in den Teilintervallen simuliert (→ 10.2.3). **Abb. 429.1b** zeigt das Ergebnis. Bei gleicher mittlerer Anzahl von Messungen in jedem Teilintervall werden entsprechend den Werten von $w_1(x)$ die Ergebnisse, bei denen ein Elektron nachgewiesen wurde, durch kleine Würfel dargestellt.

Neben der Darstellung von $w(x)$ als Liniengrafik (**Abb. 429.1a**) ist die Darstellung derselben Funktion als Dichtegrafik üblich. Die Folge der Grafiken (**Abb. 429.1c**) zeigt, wie sich durch die gesteigerte Ortsauflösung eine nahezu kontinuierliche Dichteverteilung bzw. Schwärzungsverteilung als Maß für die Werte von $w(x)$ ergibt.

Für den angeregten Zustand $n = 2$ wird die Rechnung mit der Lösungsfunktion $\Psi_2(x)$ und der Antreffwahrscheinlichkeit $w_2(x)$ wiederholt. Das Ergebnis zeigt **Abb. 429.2**.

> Die Wellenfunktion $\Psi(x)$ als Lösung der Schrödinger-Gleichung und der zugehörige Wert der Energie beschreiben einen **quantenmechanischen Zustand**.
> Für einen solchen Zustand lassen sich Energie und Antreffwahrscheinlichkeit $w(x)$ angeben.
> $w(x)$ berechnet sich aus dem Quadrat der normierten Wellenfunktion und dem Längenintervall Δx:
>
> $w(x) = \Psi^2(x)\,\Delta x$

Für sehr große Werte von n und damit für hohe Energiewerte haben die zugehörigen Wellenfunktionen die Eigenschaft, in sehr kleinen Intervallen zu schwanken. In größeren Intervallen erscheint die gemittelte Amplitude nahezu konstant. Diese Eigenschaft ist von bewegten klassischen Teilchen vertraut, die sich in jedem Ortsintervall mit der gleichen Wahrscheinlichkeit befinden.

Aufgaben

1. Ein Potentialtopf hat die Länge $a = 10^{-10}$ m.
   a) Bestätigen Sie, dass die Summe der Antreffwahrscheinlichkeiten $w_1(x)$ in Intervallen der Länge $\Delta x = 10^{-11}$ m den Wert eins ergibt.
   b) Berechnen Sie die Antreffwahrscheinlichkeit $w_1(x)$ im Bereich vom $x = 0$ bis $x = 3\cdot 10^{-11}$ m.
2. Bestimmen Sie für einen Potentialtopf der Länge $a = 10^{-10}$ m die Wahrscheinlichkeiten $w_2(x)$ in Intervallen der Länge $\Delta x = 10^{-11}$ m für den angeregten Zustand mit $n = 2$.
*3. Zeigen Sie, dass $\frac{1}{2}(x - \sin x \cos x)$ eine Stammfunktion von $\sin^2 x$ ist. Berechnen sie damit A aus der Gleichung
   $$A^2 \int_0^a \sin^2\!\left(\frac{\pi x}{a}\right) dx = 1.$$
4. Die in **Abb. 429.2** gezeigte Antreffwahrscheinlichkeit für Elektronen im angeregten Zustand wirft die folgende Frage auf: Erläutern Sie, wie Elektronen vom linken Bereich in den rechten und umgekehrt gelangen können, wenn die Antreffwahrscheinlichkeit in der Mitte null ist.

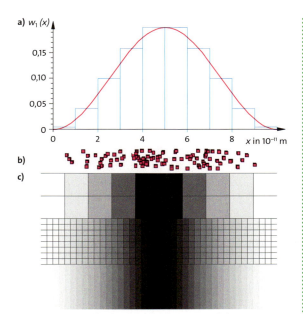

429.1 Die Antreffwahrscheinlichkeit eines Elektrons im Grundzustand des linearen Potentialtopfes als Liniengrafik **(a)**. Darunter die simulierten Ergebnisse vieler Messungen **(b)**, deren relative Häufigkeit im Teilintervall der berechneten Wahrscheinlichkeit entspricht. Häufig wird die Antreffwahrscheinlichkeit als Dichtegrafik dargestellt **(c)**. Hier ist die Schwärzung ein Maß für die Antreffwahrscheinlichkeit. Die Auflösung wird, ausgehend von den Werten der Liniengrafik, zu kleineren Werten von Δx erhöht und das Gitterraster entfernt.

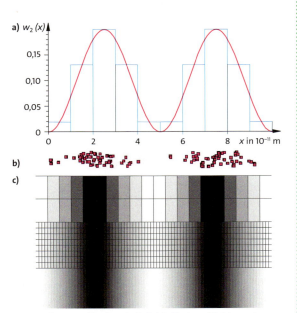

429.2 Die Antreffwahrscheinlichkeit eines Elektrons im angeregten Zustand $n = 2$ des linearen Potentialtopfes **(a)**. Simulierte Ergebnisse für den Zustand $n = 2$ **(b)** und Dichtegrafiken **(c)**.

Das Atommodell der Quantenphysik

11.3.6 Analytische Lösung der Schrödinger-Gleichung für Wasserstoff

Die Schrödinger-Gleichung für das Wasserstoffatom ermöglicht die Zerlegung der Lösungsfunktionen $\Psi(r, \phi, \theta)$ in das Produkt $\Psi_r(r)\,\Psi_\theta(\theta)\,\Psi_\phi(\phi)$. Die Funktionen $\Psi_\theta(\theta)$ und $\Psi_\phi(\phi)$ hängen von den Raumwinkeln ab und werden später betrachtet. Zunächst sollen die vom Radius abhängigen Lösungsfunktionen $\Psi_r(r)$ (→ 11.3.3) bestimmt werden. Es handelt sich um die Lösungsfunktionen der Differentialgleichung

$$\Psi''(r) + \frac{2}{r}\Psi'(r) + \frac{8\pi^2 m_e}{h^2}\left(E + \frac{1}{4\pi\varepsilon_0}\frac{e^2}{r}\right)\Psi(r) = 0. \quad (1)$$

Die Energie im Grundzustand

Die in Gleichung (1) vorliegenden ersten und zweiten Ableitungen von $\Psi(r)$ legen eine Funktion der Form $\Psi_1(r) = e^{-r/a}$ nahe. Die Ableitungsfunktionen sind:

$$\Psi_1'(r) = -\frac{1}{a}e^{-\frac{r}{a}} \quad \text{und} \quad \Psi_1''(r) = \frac{1}{a^2}e^{-\frac{r}{a}}$$

Eingesetzt in Gleichung (1) ergibt sich nach Umformung

$$\frac{1}{r}\left(-\frac{2}{a} + \frac{2\pi m_e e^2}{\varepsilon_0 h^2}\right) + \frac{1}{a^2} + E\frac{8\pi^2 m_e}{h^2} = 0. \quad (2)$$

Der erste Summand ist von r abhängig, die folgenden sind konstant. Da die Lösungsfunktion die Gleichung (2) für beliebige Werte von r erfüllt, muss jeder Summand null ergeben. Für den ersten Summanden folgt damit

$$-\frac{2}{a} + \frac{2\pi m_e e^2}{\varepsilon_0 h^2} = 0. \quad \text{Für } a \text{ ergibt sich}$$

$$a = \frac{h^2 \varepsilon_0}{\pi m_e e^2} = 5{,}29 \cdot 10^{-11}\,\text{m}.$$

Mit diesem Ergebnis lässt sich im r-abhängigen Term von Gleichung (2) die Energie bestimmen:

$$E_1 = -\frac{1}{8}\frac{m_e e^4}{\varepsilon_0^2 h^2} = -2{,}18 \cdot 10^{-18}\,\text{J} = -13{,}6\,\text{eV}$$

Normierung

Die Wahrscheinlichkeit, das Elektron des H-Atoms irgendwo im Raum anzutreffen, ist auf den Wert 1 festgelegt. Die Wahrscheinlichkeit ist durch $\Psi^2(r)\,dV$ gegeben, sodass die Aussage als Formel geschrieben

$$\int_0^\infty \Psi_1^2(r)\,dV = \int_0^\infty A_1^2 e^{-\frac{2r}{a}} 4\pi r^2\,dr = 1$$

ergibt. Die Amplitude A der Lösungsfunktion ist so zu wählen, dass diese Bedingung erfüllt wird. Durch zweifache partielle Integration, beispielsweise mit einem Computer-Algebra-Programm, wird der Wert von A_1 bestimmt:

$$A_1 = \frac{1}{\sqrt{\pi a^3}} \approx 1{,}47 \cdot 10^{15}\,\text{m}^{-\frac{3}{2}}$$

> Der Grundzustand des Wasserstoffatoms wird also durch die folgende Funktion beschrieben:
>
> $$\Psi_1 = \frac{1}{\sqrt{\pi a^3}} e^{-\frac{r}{a}} \approx 1{,}47 \cdot 10^{15} \cdot e^{-\frac{r}{5{,}3 \cdot 10^{-11}\,\text{m}}}\,\text{m}^{-\frac{3}{2}}$$

Antreffwahrscheinlichkeit für das Elektron

Die Antreffwahrscheinlichkeit $w_1(x, y, z)$ eines Elektrons im Grundzustand ist das Produkt aus dem Quadrat der Wellenfunktion $\Psi_1(r)$ und dem Volumen der Wechselwirkung

$$w_1(x, y, z) = \Psi_1^2(r)\,\Delta V = A_1^2 e^{-\frac{2r}{a}}\,\Delta V.$$

Wie für Photonen am Doppelspalt (→ 10.2.3) lässt sich auch hier die Verteilung veranschaulichen, indem simulierte Wechselwirkungen entsprechend der vorgegebenen Wahrscheinlichkeit im Raum verteilt werden. **Abb. 430.1** zeigt das Ergebnis der Simulation für 1000 Wechselwirkungen. Ein Würfel symbolisiert die Wechselwirkung mit einem Elektron innerhalb des Würfelvolumens.

Antreffwahrscheinlichkeit in Abhängigkeit vom Radius

Häufig ist die Antreffwahrscheinlichkeit für ein Volumenelement weniger interessant als die für einen Bereich des Kernabstands. Das Aufsummieren der Zahl der Wechselwirkungen in **Abb. 430.1** für die Bereiche $0 < r < 1 \cdot 10^{-11}$ m, dann für $1 \cdot 10^{-11}$ m $< r < 2 \cdot 10^{-11}$ m usw. liefert zwischen $5 \cdot 10^{-11}$ m und $6 \cdot 10^{-11}$ m ein Maximum. Auch wenn sich die Antreffwahrscheinlichkeit für ein einzelnes Volumenelement mit steigendem Radius verringert, wirkt sich die größere Zahl der Volumenelemente entgegengesetzt aus. Die Wahrscheinlichkeitswerte sollen berechnet werden. Dazu werden für einen Radius r die Volumenelemente betrachtet, die zwischen dem Innenradius $r - \frac{\Delta r}{2}$ und dem äußeren Radius $r + \frac{\Delta r}{2}$ in einer Kugelschale liegen, was sich insbesondere deshalb anbietet, weil alle diese Volumenelemente die gleiche Wahrscheinlichkeit aufweisen. Deren Zahl beträgt für kleine Werte von Δr mit guter Genauigkeit $4\pi r^2 \Delta r$, die Oberfläche der Kugelschale multipliziert mit der Dicke der Schale:

$$w_1(r) = \Psi_1^2(r)\,\Delta V = A_1^2 e^{-\frac{2r}{a}} 4\pi r^2\,\Delta r \quad (3)$$

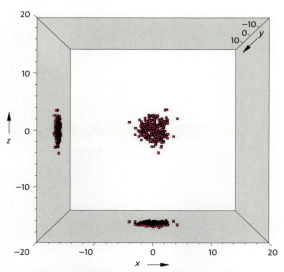

430.1 Simulierte Ergebnisse vieler Messungen und deren Projektion auf zwei Seitenebenen für den Grundzustand des H-Atoms. Die Dichte der Auftreffwahrscheinlichkeit ist $w_1(r) = \Psi_1^2(r) = A_1^2 e^{-2r/a}$. Die Skalierung der Achsen erfolgt in Vielfachen von r_B, dem Bohr'schen Radius.

Mit $\Delta r = 10^{-11}$ m ergeben sich aus Gleichung (3) die Werte von **Tab. 431.1**. Die Wahrscheinlichkeit für die Wechselwirkung mit einem Elektron steigt also mit vergrößertem Radius bis zu einem Maximum bei $a = 5{,}29 \cdot 10^{-11}$ m, dem sogenannten Bohr'schen Radius r_B (→ 11.2.4). Anschließend verringert sich die Wahrscheinlichkeit und geht bei größeren Radien gegen null. **Abb. 431.2** zeigt den Graphen von $w_1(r)$.

Angeregte Zustände

Weitere Lösungen der Gleichung (2) liefern, wie sich zeigen wird, angeregte Zustände des Wasserstoffatoms. Die Funktion

$$\Psi_2(r) = A_2\left(2 - \frac{r}{a}\right)e^{-\frac{r}{2a}} \qquad (4)$$

ist die nächsteinfache Lösung. Das Einsetzen in Gleichung (1) liefert die Energie

$$E_2 = -\frac{1}{32}\frac{m_e e^4}{\varepsilon_0^2 h^2} = \frac{1}{4}E_1 = -3{,}40 \text{ eV}.$$

Die Berechnung des Normierungsfaktors $A_2 = 1/\sqrt{32\pi a^3} = 2{,}59 \cdot 10^{14}$ m$^{-3/2}$ vervollständigt die umfangreiche Berechnung des zweiten Zustands im Wasserstoffatom. **Abb. 431.3** zeigt die simulierte Messung der Antreffwahrscheinlichkeit des Zustands Ψ_2.

Auch

$$\Psi_3(r) = A_3\left(27 - 18\frac{r}{a} + 2\frac{r^2}{a^2}\right)e^{-\frac{r}{3a}}$$

ist eine Lösung der Schrödinger-Gleichung für das Wasserstoffatom.
Schon die Berechnung der ersten und zweiten Ableitung lässt erahnen, dass mit dem Einsetzen der Funktionen und der Berechnung der Konstanten ein erheblicher Rechenaufwand verbunden ist. Die Rechnung liefert letztendlich

$$E_3 = -\frac{1}{72}\frac{m_e e^4}{\varepsilon_0^2 h^2} = \frac{1}{9}E_1 = -1{,}51 \text{ eV}.$$

Weitere Rechnungen zeigen:

> Die Schrödinger-Gleichung für das Wasserstoffatom liefert Zustände mit
> $$E_n = -\frac{1}{8}\frac{m_e e^4}{\varepsilon_0^2 h^2}\frac{1}{n^2} = -13{,}6 \text{ eV} \cdot \frac{1}{n^2}.$$

Die Energiewerte stimmen mit denen des Bohr'schen Atommodells (→ 11.2.4) überein, sodass sich damit die Spektralserien des Wasserstoffatoms (→ 11.2.5) gleichwertig beschreiben lassen. Auch für einen Kern mit Z Protonen stimmen die Ergebnisse überein (→ 11.2.5):

$$E_n = -\frac{1}{8}\frac{m_e Z^2 e^4}{\varepsilon_0^2 h^2}\frac{1}{n^2} = -13{,}6 \text{ eV} \cdot \frac{Z^2}{n^2}$$

r in 10^{-11} m	$w_1(r)$	r in 10^{-11} m	$w_1(r)$
0,5	0,00558633	7,5	0,0891934
1,5	0,0344532	8,5	0,078507
2,5	0,0655825	9,5	0,0672014
3,5	0,0880855	10,5	0,0562562
4,5	0,0997823	11,5	0,0462432
5,5	0,102144	12,5	0,0374397
6,5	0,0977634	13,5	0,0299254

431.1 Die Antreffwahrscheinlichkeit des Elektrons im Wasserstoffatom für $n = 1$ in Kugelschalen der Dicke Δr in Abhängigkeit vom Radius r

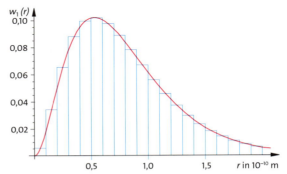

431.2 Die Antreffwahrscheinlichkeit $w_1(r)$ des Elektrons im Wasserstoffatom in Abhängigkeit vom Radius. Während die Wahrscheinlichkeit einer Wechselwirkung für ein bestimmtes Volumen ihr Maximum bei $r = 0$ hat, erreicht die Wahrscheinlichkeit in einer Kugelschale der Dicke Δr ihr Maximum bei $5{,}29 \cdot 10^{-11}$ m, dem Wert des Bohr'schen Radius.

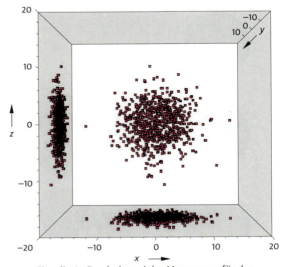

431.3 Simulierte Ergebnisse vieler Messungen für den Zustand $n = 2$ entsprechend der Antreffwahrscheinlichkeit pro Volumen $w_2(r) = \Psi_2^2(r) = A_2^2(2 - r/a)^2 e^{-r/a}$ zum Vergleich mit dem Zustand $n = 1$ in **Abb. 430.1** bei gleichem Maßstab. Der mittlere Kernabstand hat sich annähernd verdoppelt.

Aufgaben

1. Bestimmen Sie die Wahrscheinlichkeit, ein Elektron im Grundzustand im Intervall $0 < r < 5 \cdot 10^{-11}$ m anzutreffen.
2. Ermitteln Sie den Bereich mit 50 % Wahrscheinlichkeit. Vergleichen Sie mit der Wahrscheinlichkeit für $r = 0$.

Das Atommodell der Quantenphysik

11.3.7 Die Winkelabhängigkeit der Antreffwahrscheinlichkeit im H-Atom

Die vollständigen Lösungen der Schrödinger-Gleichung für das Wasserstoffatom setzen sich aus den bereits berechneten Funktionen $\Psi_r(r)$ und den Funktionen der Winkel $\Psi_\theta(\theta)$ und $\Psi_\phi(\phi)$ zusammen. **Abb. 432.1** zeigt die Festlegung der Winkel im Raum. Wenige Zustände weisen eine von den Winkeln unabhängige, kugelsymmetrische Verteilung der Antreffwahrscheinlichkeit auf. Erst winkelabhängige Verteilungen führen zu interessanten Eigenschaften der chemischen Bindung oder der Anordnung von Atomen im Kristall.

Die beiden Funktionen der Winkel für jeden Zustand sind wie die radialen Funktionen Lösungen der Schrödinger-Gleichung, die hier nur im Ergebnis vorgestellt werden. Statt einer Herleitung sollen die Anzahl der Lösungsfunktionen und die Folgerungen aus ihrer Winkelabhängigkeit im Vordergrund stehen.

Orbitale

Die vollständige, winkelabhängige Ψ-Funktion eines Zustands ist das Produkt der drei Funktionen $\Psi_r(r)$, $\Psi_\theta(\theta)$ und $\Psi_\phi(\phi)$. Im einfachsten Fall sind die Funktionen $\Psi_\theta(\theta)$ und $\Psi_\phi(\phi)$ konstant. Unabhängig von den Winkeln ergibt sich für den Zustand $n = 1$ nur die Lösung $\Psi_\theta(\theta) = 1$ und $\Psi_\phi(\phi) = 1$. Der Zustand mit $n = 1$ ist also immer kugelsymmetrisch. Interessanter sind die Zustände mit $n > 1$. Zu den konstanten Lösungen kommen weitere, z. B. die Funktionen $\Psi_{21}(\theta) = \sin\theta$ und $\Psi_{22}(\theta) = \cos\theta$. **Abb. 432.2** zeigt das für die Antreffwahrscheinlichkeit ausschlaggebende Quadrat der Funktionen in der Zeile mit $n = 2$. $\Psi_{21}(\theta) = \sin\theta$ liefert in Richtung der z-Achse wegen $\theta = 0°$ eine Knotenlinie. Für $\Psi_{22}(\theta) = \cos\theta$ ist der Funktionswert in der (x,y)-Ebene null.

Die in **Abb. 432.2** gezeigten räumlichen Verteilungen $(\Psi_r(r)\,\Psi_\theta(\theta))^2$ heißen **Orbitale.** Sie ermöglichen die anschauliche Darstellung der Winkelabhängigkeit eines Zustands. Durch ein Orbital wird die Abhängigkeit der Antreffwahrscheinlichkeit vom Radius nicht berücksichtigt.

| Ein Orbital beschreibt die Antreffwahrscheinlichkeit in Abhängigkeit von den Raumwinkeln ϕ und θ.

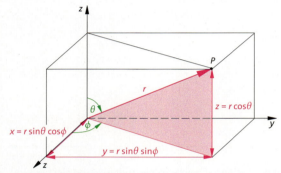

432.1 Mit dem Radius r und den Winkeln θ und ϕ wird die Antreffwahrscheinlichkeit im Raum einfacher beschrieben.

432.2 Orbitale verschiedener Zustände: Das Produkt der winkelabhängigen Funktionen $\Psi(\phi)$ und $\Psi(\theta)$ wird quadriert und der Betrag über die Raumwinkel ϕ und θ aufgetragen (**Abb. 432.1**). Für $n = 1$ und $n = 2$ sind alle Funktionen dargestellt. Die Orbitale für $m = -1$ und $m = 1$ sowie $m = -2$ und $m = 2$ sind jeweils gleich und werden für $l = 2$ zusammengefasst. Die Zahl der Orbitale wächst mit steigendem n von einem (für $n = 1$) über vier (für $n = 2$) auf neun (für $n = 3$).

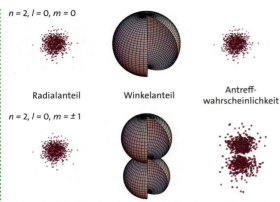

433.1 Die Antreffwahrscheinlichkeit für einen winkelabhängigen Zustand ergibt sich aus dem Produkt der Funktion für den Radius und den beiden Winkelfunktionen. In der oberen Zeile wird die radiale Verteilung für $n=2$ mit der einfachsten, kugelsymmetrischen Winkelverteilung multipliziert. Das Ergebnis in der rechten Spalte ist unverändert. Die zweite Zeile zeigt rechts das Produkt aus der radialen Verteilung und der Winkelverteilung $\Psi_{22}(\theta) = \cos\theta$ (**Abb. 432.1**). Die Antreffwahrscheinlichkeit in der (x,y)-Ebene wird null. Die Verteilung streckt sich aufgrund der Normierung in Richtung z-Achse.

Antreffwahrscheinlichkeit und Energie

Die vom Winkel abhängige Antreffwahrscheinlichkeit ergibt sich aus dem Quadrat der Wellenfunktion und dem Volumenelement:

$$w(r,\phi,\theta) = (\Psi_r(r)\,\Psi_\theta(\theta)\,\Psi_\phi(\phi))^2\,dV$$
$$= \Psi_r^2(r)\,(\Psi_\theta(\theta)\,\Psi_\phi(\phi))^2\,dV$$

Die Zerlegung der Terme zeigt, dass sich die winkelabhängige Antreffwahrscheinlichkeit als Produkt aus der radialen Funktion $\Psi_r^2(r)$, dem Orbital $(\Psi_\theta(\theta)\,\Psi_\phi(\phi))^2$ und dem Volumen ΔV ergibt. **Abb. 433.1** verdeutlicht diesen Zusammenhang. Die radiale Verteilung der Wahrscheinlichkeit wird durch die Winkelabhängigkeit der Orbitale von der Richtung im Raum verändert. Dabei ändert sich die von der radialen Verteilung abhängige Energie nicht.

Die Zerlegung der Funktion $\Psi(r,\phi,\theta)$ in $\Psi_r(r)$, $\Psi_\theta(\theta)$ und $\Psi_\phi(\phi)$ ermöglicht weiterhin, die Zahl der Zustände gleicher Energie zu bestimmen. Für eine vorgegebene radiale Funktion $\Psi_r(r)$ mit der Energie E_n ist dazu die Zahl der unterschiedlichen Orbitalfunktionen $\Psi_\theta(\theta)$ und $\Psi_\phi(\phi)$ zu dieser Energie zu ermitteln.

> Die winkelabhängige Antreffwahrscheinlichkeit ergibt sich aus der radialen und den beiden winkelabhängigen Ψ-Funktionen zu $w(r,\phi,\theta) = (\Psi_r(r)\,\Psi_\theta(\theta)\,\Psi_\phi(\phi))^2\,dV$.
> Die Anzahl der Zustände gleicher Energie ergibt sich aus der Anzahl der Orbitale zu diesem Energiewert.

Werden zusätzlich die beiden möglichen Einstellungen des Elektronenspins (→ 11.3.8) berücksichtigt, folgen nach **Abb. 432.2** für $n=1$ zwei Zustände, für $n=2$ acht und für $n=3$ achtzehn mögliche Quantenzustände.

11.3.8 Quantenzahlen des Atoms

Der Zustand eines Systems aus Atomkern und Elektronenhülle lässt sich durch Bezeichnungen charakterisieren, die in der historischen Entwicklung der Atommodelle anfangs zur Klassifizierung der gemessenen Spektrallinien verwendet wurden. Mit der quantenphysikalischen Beschreibung des Atoms zeigte sich, dass sich gleichwertige Bezeichnungen, die Quantenzahlen, aus den Lösungen der Schrödinger-Gleichung ergeben (→ 11.3.7). Die möglichen Werte der Quantenzahlen lassen sich damit aus einer Theorie ableiten. Jeder Satz unterschiedlicher Quantenzahlen beschreibt einen Zustand des Atoms aus Atomkern und Elektron, legt also die Energie und eine Verteilung der Antreffwahrscheinlichkeit des Elektrons fest.

Die **Hauptquantenzahl** n kennzeichnet die Energie. Sie wird deshalb auch *Energiequantenzahl* genannt. Die Werte sind ganze Zahlen, $n = 1, 2, \ldots$.

Die **Nebenquantenzahl** l charakterisiert die Winkelabhängigkeit der räumlichen Verteilung der Antreffwahrscheinlichkeit. Sie wird auch *Bahndrehimpulsquantenzahl* genannt, weil sie Eigenschaften beschreibt, die denen klassischer Drehimpulse vergleichbar sind. Aus den Lösungen der Schrödinger-Gleichung bzw. ihrer Anzahl lässt sich der Zusammenhang $l = 0, 1, 2, \ldots, (n-1)$ herleiten. Statt $l = 0, 1, 2, \ldots, (n-1)$ werden bisweilen auch die historischen Bezeichnungen s (sharp), p (principal), d (diffuse), f (fundamental) verwendet.

Die **Orientierungsquantenzahl** m unterscheidet winkelabhängige Antreffwahrscheinlichkeiten bezüglich ihrer Orientierung im Raum bei gleichem Wert von l. Für jeden Wert von l existieren $(2l+1)$ ganzzahlige Werte von $m = -l, -(l-1), \ldots, -1, 0, 1, \ldots, (l-1), l$.

Eine vierte Quantenzahl, die **Spinquantenzahl** s mit den Werten $+\frac{1}{2}$ und $-\frac{1}{2}$ beschreibt eine Eigenschaft des Elektrons vergleichbar dem klassischen Eigendrehimpuls. Der Spin wird im Folgenden bei Systemen mit mehreren Elektronen von Bedeutung sein.

> Der quantenphysikalische Zustand und damit die Wellenfunktionen des Wasserstoffatoms werden durch vier Quantenzahlen n, l, m und s eindeutig und vollständig beschrieben.

Aufgaben

1. **a)** Bestimmen Sie die Anzahl der unterschiedlichen Zustände für $n=1$ bis $n=2$ aus **Abb. 432.2** und geben Sie die zugehörigen vier Quantenzahlen an.
   b) Vergleichen Sie die Ergebnisse mit dem Aufbau des Periodensystems der Elemente.

Das Atommodell der Quantenphysik

11.3.9 Das Periodensystem der Elemente

Die ermittelten Zusammenhänge der Elektronenzustände in der Atomhülle sollen dazu dienen, den Aufbau des Periodensystems der Elemente zu verstehen. Dem liegen folgende Prinzipien zugrunde:

1. Die Ordnungszahl, nach der die Elemente im Periodensystem angeordnet sind, ist gleich der Kernladungszahl Z. Das Element Li z. B. steht an dritter Stelle im Periodensystem (**Abb. 434.1**) und hat mit $Z = 3$ also drei Protonen im Atomkern (→ 13.1.3).
2. Bei einem elektrisch neutralen Atom sind die Anzahl der Protonen im Kern und der Elektronen in der Hülle gleich. Die Kernladungszahl Z gibt damit auch die Anzahl der Elektronen in der Atomhülle an. Das neutrale Li hat damit drei Elektronen in der Atomhülle.

Mehrelektronsysteme und das Pauli-Prinzip

Die am Beispiel von Li betrachteten drei Elektronen führen im Vergleich zu dem bislang sorgfältig untersuchten Wasserstoff mit nur einem Elektron zu zwei neuen und weitreichenden Konsequenzen:

• Hier wie bei anderen **Mehrelektronsystemen** ist die Energie eines Elektrons im elektrischen Feld der anderen Elektronen und der Protonen des Kerns sehr schwierig zu berechnen und wird deshalb häufig durch eine *effektive Kernladung* abgeschätzt. Die Ergebnisse derartiger Abschätzungen oder Näherungen sind – abhängig von den verwendeten Vereinfachungen – nur begrenzt genau.

• Eine zweite, vielleicht überraschende Einschränkung besteht für die Besetzung der Elektronenzustände des Atoms. Sie folgt aus einem allgemeineren, von W. Pauli (1900–1958) formulierten Prinzip:

> **Pauli-Prinzip:** In einem Atom befindet sich höchstens ein Elektron in einem durch vier Quantenzahlen bestimmten Zustand.
> Zwei Elektronen können deshalb nicht in allen vier Quantenzahlen n, l, m und s übereinstimmen.

Für die Besetzung der Zustände in Mehrelektronsystemen folgt, dass vorhandene Zustände im Energieschema von unten her, dem Pauli-Prinzip entsprechend, aufgefüllt sind. Bei steigender Anzahl von Elektronen sind weitere Zustände besetzt, die eine bezüglich der Raumrichtung unterschiedliche Antreffwahrscheinlichkeit aufweisen (→ 11.3.7). Die für das Element oder auch für eine Gruppe von Elementen charakteristische Orientierung der Antreffwahrscheinlichkeit im Raum führt zu einem vergleichbaren chemischen Verhalten.

Helium ($Z = 2$)

Auf das Wasserstoffatom folgt im Periodensystem das Heliumatom. Bei der Kernladungszahl $Z = 2$ ergibt sich mit einem zweiten Elektron in der Hülle ein neutrales Atom.
Die von den Elektronen besetzten Zustände im Grundzustand des Heliums sind die mit einer möglichst niedrigen Energie, die in erster Linie von der Hauptquantenzahl n abhängt.
Für die Hauptquantenzahl $n = 1$ sind $l = 0$ und $m = 0$ festgelegt (→ 11.3.8). Unterschiede in der Quantenzahl sind, wie vom Pauli-Prinzip verlangt, durch die Spinquantenzahlen $+\frac{1}{2}$ und $-\frac{1}{2}$ gegeben.
Das Helium besitzt also im Grundzustand zwei Elektronen in Zuständen mit $n = 1$ und $l = 0$. Diese werden als 1 s-Elektronen bezeichnet, wobei sich der Zahlenwert auf den Wert von n und der Buchstabe s auf die historische Bezeichnung des Werts von l bezieht (→ 11.3.8).

Lithium und Beryllium ($Z = 3$ und $Z = 4$)

Die Besetzung der Zustände mit $n = 2$ beginnt beim dritten Element, dem Lithium. Die beiden Zustände mit $n = 1$ sind bereits besetzt. Das dritte Elektron muss nach dem Pauli-Prinzip einen Zustand mit $n = 2$, also mit nächsthöherer Energie, besetzen. Die Atommodelle (→ 11.2.5, → 11.3.6) liefern mit $Q = Ze$ für die Kernladung die Energie $E = -13{,}6 \text{ eV} \cdot Z^2/n^2$ für das atomare System. Für Li ergibt sich mit $Z = 3$ und $n = 1$ der Wert $E_1 = -122{,}5 \text{ eV}$ gegenüber $E_2 = -30{,}6 \text{ eV}$ für $n = 2$.
Die Abschätzung berücksichtigt allerdings die bereits vorhandenen 1 s-Elektronen nicht. Werden die Antreff-

Hauptgruppen

	I	II	III	IV	V	VI	VII	VIII
1	1 **H** 1,008							2 **He** 4,003
2	3 **Li** 6,94	4 **Be** 9,01	5 **B** 10,81	6 **C** 12,01	7 **N** 14,01	8 **O** 16,00	9 **F** 19,00	10 **Ne** 20,18
3	11 **Na** 22,99	12 **Mg** 24,31	13 **Al** 26,98	14 **Si** 28,09	15 **P** 30,97	16 **S** 32,06	17 **Cl** 35,45	18 **Ar** 39,95
4	19 **K** 39,10	20 **Ca** 40,08	31 **Ga** 69,72	32 **Ge** 72,59	33 **As** 74,92	34 **Se** 78,96	35 **Br** 79,90	36 **Kr** 83,80
5	37 **Rb** 85,47	38 **Sr** 87,62	49 **In** 114,82	50 **Sn** 118,69	51 **Sb** 121,75	52 **Te** 127,60	53 **I** 126,90	54 **Xe** 131,30
6	55 **Cs** 132,91	56 **Ba** 137,34	81 **Tl** 204,37	82 **Pb** 207,2	83 **Bi** 208,98	84 **Po** (209)	85 **At** (210)	86 **Rn** (222)

(Perioden)

434.1 Ausschnitt aus dem Periodensystem. Die Zahl oben am Elementsymbol gibt die Ordnungszahl und damit die Kernladungszahl Z an. Es befinden sich also Z Protonen im Kern. Die Atommasse in u unter dem Elementsymbol setzt sich im Wesentlichen aus der Masse der Protonen und Neutronen im Kern zusammen.

Das Atommodell der Quantenphysik

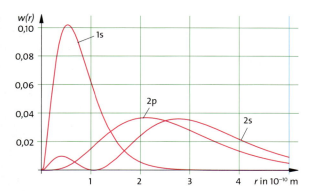

435.1 Die partielle Abschirmung des Kerns durch die 1s-Elektronen ist für die 2s-Elektronen weniger wirksam, da die Antreffwahrscheinlichkeit nahe dem Kern ein weiteres Maximum aufweist.

	Anzahl der Zustände	Z	1s 2	2s 2	2p 6	3s 2
H	Wasserstoff	1	1			
He	Helium	2	2			
Li	Lithium	3	2	1		
Be	Beryllium	4	2	2		
B	Bor	5	2	2	1	
C	Kohlenstoff	6	2	2	2	
N	Stickstoff	7	2	2	3	
O	Sauerstoff	8	2	2	4	
F	Fluor	9	2	2	5	
Ne	Neon	10	2	2	6	

435.2 Die freien Zustände werden von der niedrigsten Energiestufe angefangen aufgefüllt. Bei gleichem Wert von n ist die Abschirmung durch die inneren Elektronen für 2s-Elektronen geringer als für 2p-Elektronen.

wahrscheinlichkeiten der 1s- mit den 2s- und 2p-Elektronen in **Abb. 435.1** verglichen, dann wird deutlich, dass aus Sicht der 2s- und 2p-Elektronen die beiden 1s-Elektronen vor dem positiv geladenen Kern bei $r = 0$ anzutreffen sind. In größerem Abstand vom Kern erfahren die 2s- und 2p-Elektronen das Feld einer einzigen positiven Kernladung. Die beiden 1s-Elektronen haben die anderen beiden Kernladungen abgeschirmt.

Diese Abschirmung ist hier für die 2p-Elektronen vollständiger als für die 2s-Elektronen, deren Antreffwahrscheinlichkeit nahe dem Kern ein weiteres Maximum aufweist. Für die 2s-Zustände ist deshalb ein höherer Wert für die effektive Kernladungszahl Z^* einzusetzen. Eingesetzt in $E = -13{,}6 \text{ eV} \cdot Z^{*2}/n^2$ ergeben sich für die 2s-Elektronen niedrigere Energiewerte als für die 2p-Elektronen. Aus diesem Grund werden bei Li und Be erst die kugelsymmetrischen 2s-Zustände besetzt.

Bor bis Neon ($Z = 5$ bis $Z = 10$)

Bei Bor ($Z = 5$) kann zum ersten Mal ein Elektron einen Zustand mit $l = 1$ einnehmen. Mit dem Element Neon ($Z = 10$) sind dann die Zustände mit $n = 2$ aufgefüllt (**Tab. 435.2**). Nach diesen Regeln ist auch die Elektronenkonfiguration der weiteren Elemente aufgebaut.

Elemente mit $Z > 10$

Im Periodensystem sind Gruppen von Elementen mit verwandtem chemischen Verhalten zusammengefasst, indem diese vertikal übereinander angeordnet werden (→ S. 578). Diese chemisch gefundene Zusammengehörigkeit tritt periodisch auf (daher der Name „Periodensystem") und ist durch eine vergleichbare äußere Elektronenhülle bedingt.

Die Gruppe I der **Alkalimetalle** (**Abb. 434.1**) beginnt mit dem Element Lithium. Wie Lithium besitzen die weiteren Alkalimetalle wie z. B. Natrium, Kalium und Rubidium im energetisch höchsten Zustand jeweils nur ein Elektron, während die darunterliegenden Zustände vollständig besetzt sind. Dadurch ist die Abschirmung des Kerns vergleichsweise gut, für das äußere Elektron ist eine effektive Kernladungszahl $Z^* = 1$ bis 2 einzusetzen. Die Energie des jeweiligen Zustands ist durch den hohen Wert von n vom Betrag klein. Messungen ergeben $E = -5{,}4$ eV für Li und $E = -5{,}1$ eV für Na. Da die potentielle Energie eines freien Elektrons auf 0 eV festgelegt ist, erfordert die Zerlegung der Elemente in das einfach ionisierte Atom und ein Elektron eine Ionisierungsenergie von $E \approx 5$ eV.

Die achte Gruppe enthält die **Edelgase** Helium, Neon, Argon usw. Bei Helium sind die Zustände mit $n = 1$ voll besetzt, bei Neon die mit $n = 2$. Die Abschirmung des Kerns für Elektronen mit dem gleichen Wert von n ist vergleichsweise gering, für diese Elektronen ist eine effektive Kernladungszahl $Z^* > 1$ einzusetzen. Wegen der starken Bindung an den Kern ergeben sich für die Zustände vom Betrag her hohe Energiewerte, die sich in sehr großen Ionisierungsenergien von $E = 24{,}6$ eV bei Helium und $E = 21{,}6$ eV bei Neon zeigen.

Aufgaben

1. Im H-Atom sind die Energien eines 2s-Elektrons und eines 2p-Elektrons gleich. Begründen Sie, warum sich die Energiewerte der 2s- und 2p-Elektronen beim Element Li unterscheiden, obwohl in beiden Fällen die für die Energie bedeutsame Quantenzahl $n = 2$ ist.

*2. Das Periodensystem der Elemente im Anhang (→ S. 578) zeigt für das Element Kalium eine scheinbare Unregelmäßigkeit bei der Besetzung der Zustände. Geben Sie die Unregelmäßigkeiten an. Erörtern Sie die unterschiedliche Abschirmung für s- und p-Elektronen.

Das Atommodell der Quantenphysik

— Exkurs —

Verschränkte Zustände und spukhafte Fernwirkung

Verschränkte Zustände
Ein *verschränkter Zustand* (engl. *entangled state*) beschreibt die Eigenschaften mindestens *zweier* gleicher, nicht unterscheidbarer Quantenobjekte.

Bekannte verschränkte Zustände von Elektronen
Bereits angesprochen, wenn auch nicht als verschränkte Zustände bezeichnet, treten diese Eigenschaften bei den Elektronen eines Atoms auf, die durch das Pauli-Prinzip (→ 11.3.9) miteinander verkoppelt sind. So besetzten beispielsweise die beiden Elektronen der Hülle des Helium-Atoms Zustände mit der Spinquantenzahl $+\frac{1}{2}$ und $-\frac{1}{2}$, wenn sie sich im Grundzustand mit der Hauptquantenzahl $n = 1$ befinden. Die Messung der einen Spinquantenzahl erlaubt hier einen Rückschluss auf die andere. Die beiden Quantenzahlen sind somit nicht voneinander unabhängig, sondern in diesem Sinn *verschränkt*. Die Messung der Spinquantenzahl $s = +\frac{1}{2}$ an dem einen Elektron stellt sicher, dass die Messung am anderen den Wert $s = -\frac{1}{2}$ ergibt.

Hier bleibt die Frage offen, wie das zugehörige Messverfahren aussehen könnte, doch davon abgesehen wird die grundlegende Eigenschaft verschränkter Zustände bereits deutlich: Mehrere gleichartige Quantenobjekte werden, wenn sie zusammen ein kohärentes Quantensystem bilden, durch eine gemeinsame Wellenfunktion beschrieben. Eine Messung an einem Teil des Systems, hier einem Quantenobjekt, präpariert das System derart, dass durch das Messergebnis die Eigenschaften des anderen Quantenobjekts festgelegt sind.

Atomfallen
Die von A. EINSTEIN kritisch angemerkte „spukhafte Fernwirkung" tritt bei verschränkten Zuständen besonders dann zutage, wenn das Gesamtsystem ausgedehnt ist, wenn also die Messung an einem Teilchen die Eigenschaften eines anderen, räumlich weit entfernten, verschränkten Teilchens festlegt. Ein experimenteller Test der „spukhaften Fernwirkung" erfordert somit die räumliche Ausdehnung des Quantensystems. Weiterhin sind die Teile des Systems im Raum festzuhalten, um sie einzeln gezielt einer Messung zugänglich zu machen.

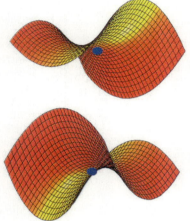
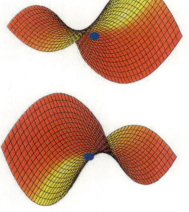
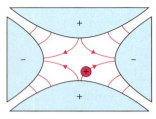
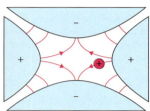

Tatsächlich gelingt das räumliche Fixieren einzelner Ionen mit einer sogenannten Paul-Falle. Ein elektrisches Wechselfeld erzeugt eine Potentialmulde im Zentrum der Falle. Die sich anfangs ungeordnet bewegenden Ionen verlieren durch Laserkühlung ihre Bewegungsenergie und werden schließlich in der Paul-Falle eingefangen.

Mit einer linearen Elektrodenanordnung gelingt es, die Ionen entlang der Speicherfeldachse zu stabilisieren. Die Bildstreifen zeigen einzelne Ionen, die durch Laserlicht angeregt sichtbar werden. Offensichtlich wird eine zeitlich und räumlich stabile Verteilung der Ionen im Raum realisiert. Die Intensität ist von Rot nach Blau farbkodiert.

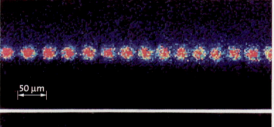
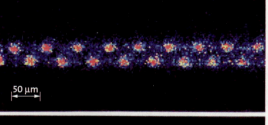
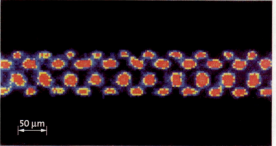

Eine lineare Anordnung der Ionen in einer Paul-Falle erscheint als aussichtsreicher Kandidat für einen Quantencomputer, der die „spukhafte Fernwirkung" verschränkter Zustände zur Realisierung eines Logik-Elements auf der Grundlage der Quantenphysik nutzt.

Das Atommodell der Quantenphysik

Verschränkte Zustände mit Photonen wie mit Elektronen

Mit Photonen lassen sich wie mit Elektronen oder Atomen ebenfalls verschränkte Zustände realisieren. Dabei erhält der Einstein'sche Einwand der „spukhaften Fernwirkung" eine ganz neue Qualität, da die miteinander verschränkten Quantenobjekte mitunter kilometerweit getrennt sind, ohne die Eigenschaften der Verschränkung deshalb aufzuheben.

Herstellung verschränkter Zustände von Photonen

Zur Herstellung von verschränkten Photonenpaaren wird ein Kristall aus Bariumborat (BBO) mit einem blauen Laserstrahl mit einer Wellenlänge von 394 nm beleuchtet, aus dem daraufhin zwei rote Strahlen austreten. Dabei entstehen aus jedem blauen Photon zwei rote Photonen mit einer Wellenlänge von 788 nm. Diese verlassen den Kristall auf Wegen, die auf zwei sich überschneidenden Kegeln liegen. Energie- und Impulserhaltung verlangen, dass die Wege der beiden Photonen einander gegenüberliegen. Zwei Wege (durch Pfeile angedeutet) erfüllen nicht nur die obigen Bedingungen, sondern machen die Photonen auch ununterscheidbar: Ein verschränkter Zustand entsteht.

Die Schwingungs- oder Polarisationsrichtungen der beiden Photonen stehen stets senkrecht aufeinander. In welche Richtung eines dieser Photonen polarisiert ist, bleibt indes völlig unbestimmt. Erst wenn man mit einem Detektor überprüft, welche Polarisationsrichtung eines der Photonen aufweist, ihm sozusagen die Eigenschaft, eine bestimmte Polarisation zu haben, zuweist, ist die dazu senkrechte Richtung der Polarisierung des anderen Photons festgelegt. Dies erfolgt unabhängig davon, wie weit die Photonen zum Zeitpunkt der Messung voneinander entfernt sind.

Stabilität verschränkter Zustände

E. ALTEWISCHER und Kollegen von der Universität Leiden untersuchten im Jahr 2002, wie stabil die Verschränkung der Photonen ist. Dazu stellten sie in jeden Lichtweg ein Hindernis, das die Photonen auf ihrem Weg zu den Lichtdetektoren passieren müssen. Es besteht aus einer hauchdünnen Goldfolie, die zahllose winzige Löcher hat, deren Abstand mit 200 nm kleiner ist als die Wellenlänge $\lambda = 813$ nm des verwendeten roten Lichts. Ein Photon, das auf die Goldfolie trifft, kann nicht direkt durch die Löcher dringen. Stattdessen wird es von der Folie absorbiert, wobei es Elektronen in der Oberfläche zu schallähnlichen Schwingungen anregt. Diese breiten sich in der Folie aus und gelangen schließlich durch die Löcher auf die Folienrückseite. Dort strahlen sie das Photon wieder ab.

Dass bei diesem komplizierten Vorgang die Verschränkung von zwei Photonen erhalten bleiben soll, erscheint äußerst unwahrscheinlich. Doch die Messungen lieferten ein eindeutiges Ergebnis. Diejenigen Photonen, die gleichzeitig auf die beiden Detektoren treffen, sind fast immer senkrecht zueinander polarisiert, auch wenn sie zuvor jeweils eine Goldfolie passiert hatten. Demnach ist die Verschränkung wieder an das ausgesandte Licht übertragen worden. Dieser Vorgang eröffnet nach Ansicht von ALTEWISCHER und seinen Kollegen die Möglichkeit, viele Elektronen auf kontrollierte Weise in einen verschränkten Zustand zu bringen, wie man ihn beispielsweise für einen Quantencomputer benötigt.

Ausdehnung und Nutzung verschränkter Zustände

Der Experimentalphysiker A. ZEILINGER führte im Auftrag der Stadt Wien im Jahr 2004 die weltweit erste quantenkryptografisch verschlüsselte Banküberweisung durch. In einem unterirdischen Tunnel wurden verschränkte Photonen über eine Distanz von 600 m Luftlinie teleportiert. Alice, so der Name des Senders der Teleportation, befindet sich in einem eigens errichteten Labor auf der Donauinsel, Bob, der Empfänger, wartet in einem kleinen Labor im Prater im 2. Wiener Gemeindebezirk. Die Labore sind mit Glasfasern als Datenleitung (Quantenkanal) für die Teleportation verbunden. Banken und Firmen könnten das Verfahren künftig zur Kodierung ihrer Fakturen und bei der Übertragung ständig wachsender Datenmengen einsetzen. Der Bau serienreifer Geräte, integrierbar in bestehende Computersysteme, wird laut ZEILINGER aber noch mindestens fünf Jahre dauern.

Einem ehemaligen Schüler des Wieners ZEILINGER, JIAN-WEI PAN, gelang in China nun ein Weltrekord: Er konnte mit seinem chinesisch-österreichischen Team erstmals fünf Photonen verschränken und sie für Teleportationsexperimente einsetzen. Die Herstellung der fünf verschränkten Photonen erfolgte über zunächst gebildete verschränkte Pärchen, die sich anschließend weiter miteinander verschränken ließen. Das Experiment wurde im Dezember 2004 in der britischen Wissenschaftszeitschrift „Nature" veröffentlicht.

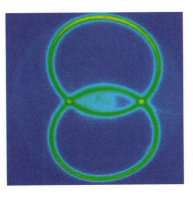

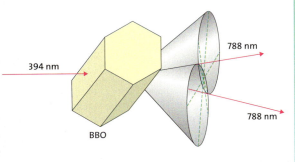

11.4 Leistungen der Atommodelle

Einige Beispiele zeigen, wie das quantenphysikalische Atommodell – bei ausgewählten Aspekten auch das Bohr'sche Atommodell – zur Deutung von Versuchen und zur Erklärung der Ergebnisse benutzt werden kann.

11.4.1 Die charakteristische Röntgenstrahlung und das Moseley'sche Gesetz

H. G. J. Moseley (1887–1915) erkannte 1913, dass jedes Element eine kennzeichnende Röntgenstrahlung besitzt und dass diese mit der Ordnungszahl im periodischen System der Elemente, d. h. mit der Kernladungszahl Z, und nicht mit der Atommasse in enger Beziehung steht. So konnte er noch unbekannte Lücken im Periodensystem nachweisen und die Elemente Rhenium und Hafnium entdecken.

Versuch 1: In einer Röntgenröhre treffen Elektronen, die mit hoher Spannung beschleunigt wurden, auf eine Anode. Die dabei entstehende Röntgenstrahlung wird nach der Drehkristallmethode spektral zerlegt (→ 7.4.3). Mit einem Zählrohr wird die spektrale Intensitätsverteilung gemessen.
Das *Ergebnis* zeigt **Abb. 438.1**. Auffallend ist, dass neben der kontinuierlichen Röntgenstrahlung zwei scharf begrenzte intensive Spektrallinien auftreten. ◂

Deutung: In der Röntgenröhre treffen die beschleunigten Elektronen auf das Anodenmaterial. Ihre Energie reicht aus, um neben anderen Wechselwirkungen die Atome der Anode zu ionisieren, wobei auch Elektronen aus dem Zustand mit $n = 1$ entfernt werden.
Aus einem Zustand mit $m = 2$ (oder einem höheren) kann jetzt ein Elektron unter Aussendung eines Photons in den freien Zustand mit $n = 1$ gelangen (**Abb. 438.2**).
Die Energie des Photons beträgt (→ 11.2.5 und 11.3.6)

$$\Delta E = 13{,}6 \text{ eV} \cdot Z^{*2}\left(\frac{1}{1^2} - \frac{1}{2^2}\right) = 10{,}2 \text{ eV} \cdot Z^{*2}.$$

Für Z^* ist die effektive Kernladungszahl einzusetzen. Sie berücksichtigt die Ladung der Protonen im Kern und die der Elektronen in der Hülle. In guter Näherung kann für die effektive Kernladungszahl $Z^* = Z - 1$ angenommen werden. Denn beim Übergang eines Elektrons in den freien Zustand mit $n = 1$ wird die Kernladung durch das Elektron im besetzten Zustand $n = 1$ abgeschirmt. Die Kernladung Z verringert sich demnach um die Elementarladung. Der Einfluss der anderen Elektronen der Atomhülle ist gering und wird vernachlässigt.

> **Moseley'sches Gesetz:** Die Energie der charakteristischen Röntgenstrahlung eines Elements mit der Kernladungszahl Z beträgt
>
> $$\Delta E = hf = 13{,}6 \text{ eV} \cdot (Z-1)^2 \left(\frac{1}{n^2} - \frac{1}{m^2}\right).$$

Beispiel: Unter der Annahme $m = 2$ und $n = 1$ hat die Strahlung bei einer Kupferanode (Cu hat $Z = 29$) die Wellenlänge $\lambda = c/f = hc/\Delta E = 155$ pm. Dieser Wert stimmt mit den Messungen in **Abb. 438.1** gut überein. Der Röntgenlinie bei kürzeren Wellenlängen ist der Übergang von $m = 3$ auf $n = 1$ zuzuordnen.

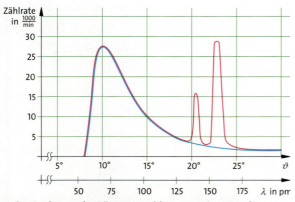

438.1 Spektrum der Röntgenstrahlung von einer Anode aus Kupfer, aufgenommen nach dem Bragg-Verfahren. Als Kristallmaterial wurde Lithiumfluorid mit dem Netzebenenabstand $d = 201$ pm verwendet. Die Intensität ist sowohl als Funktion des Winkels δ wie der Wellenlänge λ aufgetragen. Die blaue Linie gibt zum Vergleich den Verlauf der kontinuierlichen Strahlung bzw. der Bremsstrahlung an.

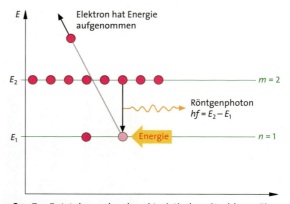

438.2 Zur Entstehung der charakteristischen Strahlung. Ein Elektron hoher Energie regt ein Elektron aus dem Zustand $n = 1$ an. Ein Elektron aus dem Zustand $m = 2$ kann in den freien Zustand mit $n = 1$ wechseln. Dabei wird ein Photon mit der Energie $\Delta E = E_2 - E_1$ abgegeben. Sind Zustände höherer Energie (z. B. $m = 3$ oder $m = 4$) besetzt, kann der Übergang auch von diesen Zuständen aus erfolgen.

11.4.2 Absorption von Röntgenstrahlung

Mit dem Verfahren von MOSELEY gelingt es, die Kernladungszahl von Metallen festzustellen, die sich als Material einer Röntgenanode verwenden lassen. Weitere Elemente, auch Nichtleiter, zeigen charakteristische Absorptionseigenschaften, die ebenfalls mit der Kernladungszahl zusammenhängen.

Versuch 1: Röntgenstrahlung fällt auf die dünne Schicht eines Pulvers, welches zwischen zwei Folienstücken eingebettet ist. Das Spektrum der durchtretenden Strahlung wird mit einer speziellen Methode, der Drehkristallmethode, spektral zerlegt. Der Quotient aus der absorbierten Intensität I_A und der einfallenden Intensität I_E einer bestimmten Wellenlänge bestimmt die Absorption $A = I_A/I_E = 1 - I_T/I_E$. Abb. 439.1 zeigt die über der Wellenlänge aufgetragenen Messwerte der Absorption für die Elemente As, Br und Sr in einer chemischen Verbindung.

Ergebnis: Die Absorption fällt von längeren zu kürzeren Wellenlängen hin bei allen Materialien ab. Das Abfallen der Absorption wird durch einen kurzen, für das Material charakteristischen Anstieg, der **Absorptionskante,** unterbrochen. Die Strahlung der betreffenden Wellenlänge wird damit von dem Stoff bevorzugt absorbiert. ◀

Deutung: Die Röntgenstrahlung wird dann stark absorbiert, wenn die Energie der Röntgenphotonen zur Anregung oder zur Ionisation des Atoms eines bestimmten Elements ausreicht. Die Energie der verwendeten Röntgenphotonen ist so groß, dass bei der verwendeten Strahlung und den gewählten Elementen eine Anregung aus dem Zustand $n = 1$ wahrscheinlich ist. Diese Anregung kann wegen des Pauli-Prinzips (→ 11.3.9) nur in einen nicht besetzten Zustand erfolgen. Bei den verwendeten Elementen sind Zustände ab $n = 4$ nicht besetzt. Für die Anregung ist die Mindestenergie

$$\Delta E = hf = 13{,}6 \text{ eV} \cdot (Z-1)^2 \left(\frac{1}{1^2} - \frac{1}{4^2}\right)$$

erforderlich (**Abb. 439.2**).

Weitere Anregungen erfolgen in die Zustände mit $n = 5$ und $n = 6$. Die für eine Ionisation erforderliche Energie ist nur unwesentlich größer, sodass bei der gegebenen Messgenauigkeit alle Effekte in der gemessenen Absorptionskante zusammenfallen.

> Die für ein schweres Element charakteristischen **Absorptionskanten** treten auf, wenn die Energie der Strahlung der Energiedifferenz zwischen dem Grundzustand und einem unbesetzten Zustand entspricht.

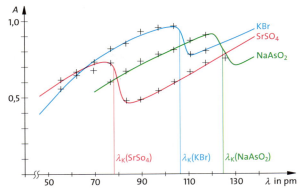

439.1 Absorptionsspektrum von As, Br und Sr, jeweils in einer chemischen Verbindung. Die Intensitäten werden bei jeder Wellenlänge ohne (I_E) und mit Absorber (I_T) gemessen. Die Absorption A ergibt sich als Quotient $A = 1 - I_T/I_E$ der Messwertpaare. Für jedes Material ergibt sich ein typischer Abfall, eine Absorptionskante.

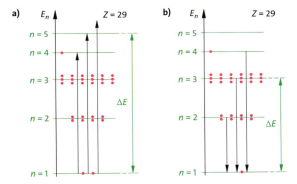

439.2 a) Die Anregung von Atomen schwerer Elemente kann aufgrund des Pauli-Prinzips nur hin zu einem unbesetzten Zustand erfolgen. Da bei Cu, Zn und As erst ab $n = 4$ freie Zustände vorliegen, kann eine Anregung dorthin oder in Zustände mit höheren Werten von n erfolgen. Bei der Energie der verwendeten Röntgenphotonen erfolgen bevorzugt Anregungen aus dem Zustand $n = 1$. **b)** Beim Übergang eines Elektrons in den Zustand $n = 1$ werden Photonen emittiert, deren Energie gleich oder kleiner ist als die Anregungsenergie.

Aufgaben

1. Bestimmen Sie Energie, Frequenz und Wellenlänge der charakteristischen Röntgenstrahlung einer Silberplatte.
2. Eine genaue Untersuchung zeigt, dass die charakteristische Röntgenstrahlung eines Elements mehrere diskrete Spektrallinien enthält. Erklären Sie dieses Phänomen.
*3. Das Element Sr zeigt neben der Absorptionskante bei ca. 80 pm eine weitere bei einer deutlich höheren Wellenlänge λ_2. Erklären Sie das Entstehen dieser weiteren Absorptionskante. Berechnen Sie die zugehörige Wellenlänge λ_2.

Leistungen der Atommodelle

11.4.3 Spektren im sichtbaren Bereich

Die Spektren von Elementen mit höherer Ordnungszahl sind aufgrund der vielen miteinander wechselwirkenden Teilchen sehr kompliziert und nur schwer einem Schema zuzuordnen. In Einzelfällen gelingt es, mit wenigen angemessenen Vereinfachungen auszukommen.

Versuch 1: Das Licht einer Natriumdampflampe wird mit einem Rowland-Gitter spektral zerlegt.
Beobachtung: Die gelbe Natriumlinie wird bei einer hohen Auflösung des Spektrums in zwei eng benachbarte gelbe Linien getrennt.
Ergebnis: Die Energieniveaus der angeregten Natriumatome unterscheiden sich um einen sehr geringen Betrag. ◂

Um das Spektrum eines Atoms zu erklären, müssen die Energiewerte der Grundzustände und der angeregten Zustände bekannt sein. Dabei ist die Situation bei Mehrelektronenatomen wesentlich komplizierter als beim Wasserstoffatom mit nur einem Elektron. Das Atom kann in verschiedene energetisch ähnliche nahezu gleiche Zustände angeregt werden. Die Anregungsenergie der äußeren Elektronen (Valenzelektronen) liegt in der Größenordnung von einigen Elektronvolt. Bei der Rückkehr in den Grundzustand erfolgt die Emission von Photonen entsprechend $\Delta E = hf = hc/\lambda$ im sichtbaren Bereich (ca. 1,8 eV bis 3 eV).

Die Anregungsenergie lässt sich bei den Atomen der ersten Hauptgruppe näherungsweise berechnen, wenn sie wie Ein-Elektronen-Atome behandelt werden. Dabei werden die Ladungen der inneren Elektronen mit der Kernladung zu einer gemeinsamen effektiven Kernladungszahl Z^* zusammengefasst.
Natrium mit der Kernladungszahl $Z = 11$ hat neben den 10 Elektronen in den Zuständen mit $n = 1$ und $n = 2$ ein einzelnes Elektron im Zustand $n = 3$. Nach dem Bohr'schen Atommodell (→ 11.2.4) ist Z^* die Summe aus der Kernladungszahl und der Ladungszahl der inneren Elektronen $Z^* = 11 - 10 = 1$. Ein genauerer Wert lässt sich mit dem quantenphysikalischen Atommodell ermitteln. Dabei wird berücksichtigt, dass die Antreffwahrscheinlichkeit eines Elektrons im Zustand $n = 2$ (→ 11.3.9) oder $n = 3$ in der Nähe des Kerns größer als null ist, ihm somit eine größere effektive Kernladungszahl $Z^* > 1$ zukommt. Mit dem so berechneten Wert $Z^* = 1{,}84$ folgt für die Energie dieses Elektrons

$$E = -13{,}6 \text{ eV} \cdot Z^{*2}/3^2 = -5{,}12 \text{ eV}$$

der in **Abb. 440.1** angegebene Wert. Die Anregung kann durch Licht oder beschleunigte Elektronen mit einer Energie von 5,12 eV erfolgen.

> Die Elemente der ersten Hauptgruppe Li, Na, K, Rb, Cs haben ein ähnliches Spektrum wie Wasserstoff.

Im Vergleich zum Termschema des Wasserstoffs sind die Zustände für den gleichen Wert von n beim Natrium gegeneinander verschoben, ein Charakteristikum für Mehrelektronensysteme. Es kann damit eine Anregung vom 3s- in den 3p-Zustand erfolgen. Wie die Zustände für $n = 3$ sind auch die für $n = 4$ gegeneinander versetzt. Erst dadurch wird deutlich, dass durch Emission und Absorption von Photonen nicht alle möglichen, sondern nur bestimmte, sogenannte **optische Übergänge** auftreten. Sie sind in **Abb. 440.1** eingezeichnet. Es handelt sich um Übergänge, bei denen sich die Quantenzahl l um den Wert 1 ändert. Die Anregung vom 3s-Zustand in den 4s- oder den 4d-Zustand tritt beispielsweise nicht auf.

Drehimpulserhaltung

Das Fehlen bestimmter Übergänge in **Abb. 440.1** wird dann verständlich, wenn berücksichtigt wird, dass die Quantenzahl l ein Maß für den Drehimpuls des Atoms in Einheiten von $h/(2\pi)$ ist. Die gemessenen Änderungen $\Delta l = \pm 1$ für das Atom besagen, dass sich der Drehimpuls des Atoms bei einem Übergang, an dem ein Photon beteiligt ist, um $\pm h/(2\pi)$ ändert. Die Erklärung ist einfach: Da das Photon einen Drehimpuls von $h/(2\pi)$ hat, muss sich der Drehimpuls des Atoms bei der Absorption oder

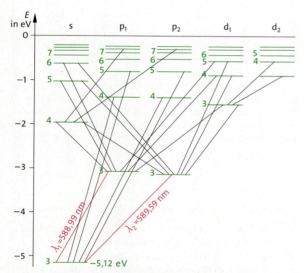

440.1 Der untere Teil des kompletten Energieniveauschemas des Natriumatoms. Die Energiedifferenzen zwischen den 3s- und 3p-Zuständen gehören zu den beiden sehr intensiven gelben Linien mit λ_1 und λ_2 im Natriumspektrum. Es sind nur die optischen Übergänge bei der Emission und Absorption von Photonen eingezeichnet.

Leistungen der Atommodelle

Emission eines Photons um $h/(2\pi)$ ändern. Die Auswahlregel $\Delta l = \pm 1$ folgt aus der Drehimpulserhaltung.

> Bei **optischen Übergängen** ändert sich die Quantenzahl l um den Wert 1, also der Drehimpuls um $h/(2\pi)$. Dies folgt aus der **Drehimpulserhaltung,** da das Photon den Drehimpuls $h/(2\pi)$ hat.

Zur Dynamik der Emission und Absorption

Vor der Emission und Absorption von Licht befindet sich das Atom in einem stationären Zustand ($\rightarrow$ 11.3.7), bei dem die Antreffwahrscheinlichkeit des Elektrons im zeitlichen Verlauf konstant ist, nach der erfolgten Emission oder Absorption ebenfalls. Dabei bleibt die Frage offen, wie der Übergang zwischen diesen beiden stationären Zuständen vorstellbar ist. Ein solcher Übergang ist zwar nicht messbar, jedoch liefert die quantenphysikalische Beschreibung des Atoms die Theorie, mit der die Änderung der Antreffwahrscheinlichkeit im Verlauf der Zeit zu berechnen ist.

In diesem Sinne werden die Aussagen der Theorie in **Abb. 441.1** veranschaulicht. Das Beispiel zeigt den vergleichsweise einfachen Übergang eines H-Atoms vom Zustand $n = 1$ zu $n = 2$. Das Startbild der linken Bildleiste zeigt den radialsymmetrischen Grundzustand $n = 1$ und $l = 0$, das Schlussbild der rechten Bildleiste den Zustand $n = 2$ und $l = 1$. Die Folge der Bilder zeigt, wie sich die Antreffwahrscheinlichkeit im Verlauf des Absorptionsvorgangs ändert. Sie zeigt einen Schwingungsverlauf in senkrechter Richtung, zurückzuführen auf die elektrische Feldstärke des elektromagnetischen Feldes, die bei passender Phasendifferenz die Schwingung anregt und dabei Energie an das Atom überträgt. Weiterhin zeigt die Bildfolge, dass die Übertragung der Energie an das Atom ein zeitlich ausgedehnter Vorgang ist, also nicht sprunghaft erfolgt. Damit wird verständlich, dass an der Emission und Absorption ausgedehnte, kohärente Wellenpakete beteiligt sind. Abhängig von der Phasenbeziehung erfolgt die Energieübertragung zum Atom hin (Absorption) oder vom Atom zum elektromagnetischen Feld (Emission).

Die Bildfolge veranschaulicht die Emission von Licht, wenn sie in umgekehrter Reihenfolge betrachtet wird.

Aufgaben

1. Berechnen Sie mit den Angaben aus **Abb. 440.1** die Energie des $3\,p_1$-Zustands.
*2. Die Spektren der Elemente Li, K, Rb und Cs sind hier nicht gezeigt. Entnehmen Sie eines dieser Spektren aus der Fachliteratur. Vergleichen Sie mit dem Na-Spektrum und schätzen Sie die effektive Kernladungszahl Z^* ab.

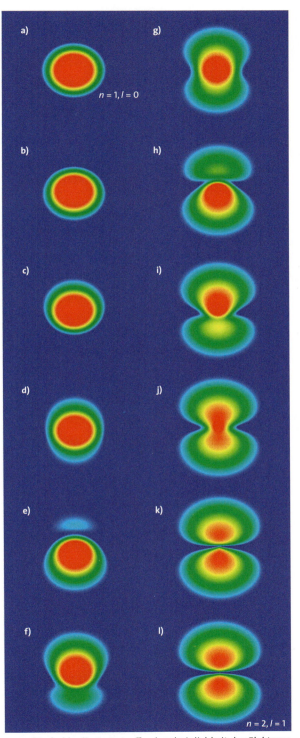

441.1 Die farbkodierte Antreffwahrscheinlichkeit des Elektrons eines H-Atoms bei der Absorption eines Photons im zeitlichen Verlauf **(a bis l)**. Die Wahrscheinlichkeit sinkt von Rot über Gelb und Grün hin zu Blau ab. Das Atom geht vom Zustand $n = 1$, $l = 0$ in den Zustand $n = 2$, $l = 1$, $m = 0$ über.

Leistungen der Atommodelle

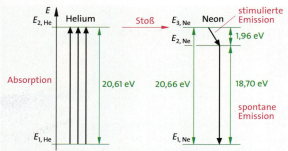

442.1 Die Energieniveaus, die für die Funktion des He-Ne-Lasers entscheidend sind. Durch ein elektrisches Feld beschleunigte Elektronen regen Heliumatome in einen Zustand mit der Energie E_2 an. Bei einem Stoß der angeregten He-Atome mit Neon-Atomen kann die Energie von 20,66 eV auf das Ne-Atom übertragen werden. Wenn sich mehr Ne-Atome im Zustand $E_{3,Ne}$ als im Zustand $E_{2,Ne}$ befinden, liegt eine Besetzungsinversion vor. Durch Photonen der Energie 1,96 eV bzw. der Wellenlänge $\lambda = 633$ nm werden die Neon-Atome zur stimulierten Emission gleicher Photonen angeregt.

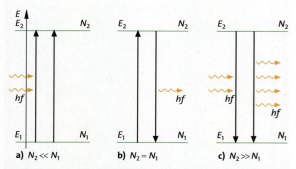

442.2 Absorption und Emission bei N Gasatomen, von denen sich N_1 im Grundzustand und N_2 im angeregten Zustand befinden. **a)** Die Absorption überwiegt, da sich nur wenige Atome im angeregten Zustand der Energie E_2 befinden. **b)** Spontane Emission, da $N_2 \gg N_1$. **c)** Induzierte Emission im elektrischen Feld mit $N_2 \gg N_1$.

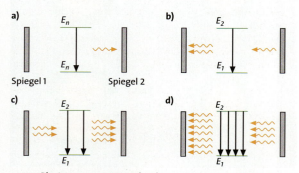

442.3 Photonenerzeugung durch spontane und stimulierte Emission. **a)** Ein erstes Photon entsteht durch spontane Emission. Die Überlagerung der hin- und herlaufenden Wellenzüge zu einer stehenden Welle mit anwachsender Amplitude **b)** bis **d)** vergrößert die Wahrscheinlichkeit der stimulierten Emission.

11.4.4 Der Helium-Neon-Laser

Am Beispiel des Helium-Neon-Lasers wird gezeigt, wie sich die Voraussetzungen für einen Laser-Prozess praktisch realisieren lassen.

Inversion der Besetzung

In einem Glasrohr befindet sich ein Helium-Neon-Gasgemisch. Für den Lasereffekt verantwortlich sind die Neon-Atome, während die Helium-Atome zur Anregung der Neon-Atome verwendet werden. **Abb. 442.1** zeigt die wichtigsten Energieniveaus beider Gase.
Beschleunigte Elektronen regen in einer Gasentladung die in hoher Konzentration vorhandenen He-Atome an. Das mit $E = 20,61$ eV angeregte Helium befindet sich in einem metastabilen Zustand. Da der optische Übergang in den Grundzustand nicht möglich ist, wirkt das angeregte Helium wie ein Energiespeicher. Der 2 s-Helium-Zustand $E_{2,He}$ (**Abb. 442.1 links**) besitzt fast die gleiche Energie wie der Neon-Zustand $E_{3,Ne}$. Die angeregten He-Atome im Zustand $E_{2,He}$ geben ihre Energie durch Stöße an die Neon-Atome ab, die sich dann im Zustand $E_{3,Ne}$ befinden. Eine geringe Energiedifferenz wird durch die kinetische Energie der Teilchen ausgeglichen. Die Energieübertragung vom Helium auf das Neon führt dazu, dass sich mehr angeregte Ne-Atome im energiereicheren Zustand $E_{3,Ne}$ als im Zustand $E_{2,Ne}$ befinden. Es liegt eine **Besetzungsinversion** vor.

Emission und Absorption

Das angeregte Neon-Gas sendet beim Übergang vom Zustand $E_{3,Ne}$ in den Zustand $E_{2,Ne}$ die bekannte rote Laserlinie mit der Wellenlänge $\lambda = 633$ nm aus (**Abb. 442.1 rechts**). Wenn eine Inversion der Besetzung dieser beiden Zustände im Neon-Gas vorliegt, ist die Wahrscheinlichkeit einer Emission von Photonen der Wellenlänge $\lambda = 633$ nm in ein elektrisches Feld größer als die der Absorption aus dem Feld (**Abb. 442.2**). Die Wahrscheinlichkeit der **stimulierten Emission** steigt mit der Feldstärke des elektrischen Feldes.

Laser-Resonator

Im Laser-Resonator wird ein Rückkopplungsprinzip angewendet: Durch *spontane Emission* werden im Resonator Photonen der Wellenlänge $\lambda = 633$ nm erzeugt, deren Ausbreitungsrichtung und Polarisationsebene stochastisch gleichmäßig über den ganzen Raum verteilt sind. Ein Spiegel am Ende des Rohres bewirkt, dass die Photonen, die sich senkrecht auf den Spiegel zu bewegen, größtenteils in das angeregte Helium-Neon-Gasgemisch reflektiert werden (**Abb. 442.3**).

Leistungen der Atommodelle

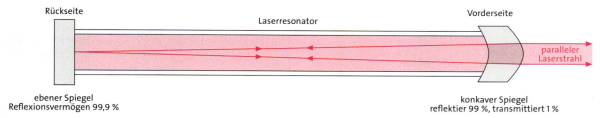

443.1 Schematischer Aufbau des Resonators in einem Helium-Neon-Laser. Auf der einen Seite des Resonators ist ein ebener Spiegel mit 99,9 % Reflexionsvermögen angebracht. Der gegenüberliegende Abschluss ist als teilweise durchlässiger Hohlspiegel ausgeführt, um die parallele Ausrichtung der Spiegelflächen zu vereinfachen. Etwa 1 % der auftreffenden Strahlung wird ausgekoppelt. Der Hauptanteil wird reflektiert, um im Resonator eine stehende Welle hoher Amplitude zu erzeugen. Mit der Amplitude steigt die Wahrscheinlichkeit der stimulierten Emission, sodass nach wenigen Mikrosekunden die angeregten Neon-Atome ihre Energie abgegeben haben und die Besetzungsinversion aufgehoben ist.

Diese Strahlung wird beim Durchgang durch das Rohr durch stimulierte Emission verstärkt und am anderen Ende reflektiert. Zwischen den Spiegeln überlagern sich die hin- und herlaufenden Wellenzüge. Es kommt allerdings nur dann zu einer stehenden Welle mit ansteigender Amplitude, wenn der Abstand l der Spiegel genau ein Vielfaches von $\frac{\lambda}{2}$ ist. Innerhalb der natürlichen Linienbreite der Neon-Spektrallinie liegen Werte von λ, die die Bedingung $\frac{n\lambda}{2} = l$ erfüllen. Diese führen zu stehenden Wellen hoher Amplitude, die mit großer Wahrscheinlichkeit eine stimulierte Emission herbeiführen und die Anzahl gleicher Photonen vergrößern. Die Linienbreite der Laser-Strahlung ist deshalb um ein Vielfaches geringer als die natürliche Linienbreite. Über einen teildurchlässigen Spiegel wird der größte Teil der erzeugten Strahlung in den Laser zurückgekoppelt, nur ein kleiner Teil wird ausgekoppelt (**Abb. 443.1**).

Die Lasertechnik schreitet schnell voran, sodass hier nur einige neuere Entwicklungen erwähnt werden sollen. Neben dem bekannten Rubin-Laser, mit dem 1960 zum ersten Mal Laserlicht erzeugt wurde, gibt es Festkörperlaser für Wellenlängen zwischen 170 nm und 3900 nm. Es wurden auch kontinuierlich arbeitende Laser mit Leistungen bis zu 1 kW entwickelt. Im Impulsbetrieb werden bis zu 1 GW bei Impulsdauern von einigen Nanosekunden erreicht. Halbleiter- oder Dioden-Laser mit Leistungen bis 0,2 W können sehr klein und preiswert hergestellt werden. Diese Laser werden beispielsweise zur Abtastung von CDs, zum Beschreiben von Datenspeichern und zur Signalübertragung in Lichtleitern eingesetzt.

Neben Farbstofflasern gehört der Titan-Saphir-Laser zu den Lasern mit veränderbarer Frequenz, bei dem Laserübergänge zu mehreren, dicht benachbarten Energieniveaus auftreten können. Die Resonanzbedingung wird beispielsweise durch ein optisches Gitter eingestellt, welches abhängig vom Winkel zur Strahlungsrichtung eine bestimmte Wellenlänge auswählt.

Eigenschaften des Laserlichtes

- Laserlicht ist *hochgradig monochromatisch*. Es wurde eine Linienhalbwertsbreite von 1 kHz gemessen, während die natürliche Linienbreite der Neonlinie 800 MHz beträgt.
- Laserlicht *ist hochgradig kohärent*. Entsprechend lang sind die Kohärenzlängen bis zu 300 km (zeitliche Kohärenz (→ 7.3.9)). Im Grundmodus, wenn nur eine stehende Welle und mit nur einer Spektrallinie auftritt, ergeben sich über den ganzen Querschnitt des Laserstrahls gleiche Phasen. Damit folgt: Laserlicht besitzt eine ausgezeichnete räumliche Kohärenz (→ 7.3.9).
- Laserlicht ist *hochgradig gerichtet*, besitzt also eine sehr geringe Divergenz von nur wenigen Bogenminuten. Diese Eigenschaft lässt sich mit thermischen Lichtquellen nur bei sehr verminderter Intensität erreichen.

Aufgaben

1. Prüfen Sie, nach welchen Gesichtspunkten Gase für einen Gas-Laser auszuwählen sind.
2. Ein Puls-Laser sendet Impulse von 10 ns Dauer bei einer Strahlungsleistung von 10 GW aus. Berechnen Sie die Energie eines Pulses. Erläutern Sie, warum ein solcher Impuls gefährlich ist.
3. Quick-Switch-Laser können Impulse von nur 3 ps Dauer bei 0,5 ps Anstiegszeit abgeben. Ermitteln Sie, wie genau sich damit eine Entfernung nach dem Laufzeitprinzip messen lässt.
*4. Ein He-Ne-Laser hat einen Spiegelabstand von 0,5 m. Bestimmen Sie den Frequenzabstand benachbarter Resonanzfrequenzen dieses optischen Resonators im Bereich der Laserlinie (λ = 633 nm). Vergleichen Sie die so abzuschätzende Linienbreite mit der natürlichen Linienbreite der Neonlinie.
*5. Um monochromatische Laserlinien zu erhalten, werden kurze optische Resonatoren von 0,1 m bis 0,2 m Länge bevorzugt. Stellen Sie die Konsequenzen der Länge des Lasers für die im Laser erzeugten stehenden Wellen dar. Vergleichen Sie dazu die Wellenlängen möglicher stehender Wellen im Laserrohr mit der natürlichen Linienbreite der Neonlinie.

11.4.5 Berechnung der Absorptionsspektren von Farbstoffmolekülen

Die Farbe eines Stoffes lässt sich in manchen Fällen, wenn die Molekülstruktur bekannt ist, vorausberechnen. Sogar ein weiterer Schritt ist möglich. Durch chemische Verfahren können die Länge des Moleküls variiert und die Endgruppen ausgetauscht werden. Damit gelingt es, das Absorptionsverhalten in weiten Grenzen einzustellen.

Eigenschaften linearer Farbstoffe

Ein lineares Farbstoffmolekül ist wie in **Abb. 444.1** aufgebaut. Die Atome liegen in einer Ebene im Abstand von $l = 0{,}139$ nm.
Der Antreffbereich der Elektronen erstreckt sich über die Elemente der C-C-Kette bis zu den beiden Endgliedern. Abhängig von der jeweiligen Endgruppe vergrößert sich der Antreffbereich um das Produkt aus Verlängerungsfaktor f und Abstand l zu beiden Seiten der Kette. Typische Werte für f liegen im Bereich von 1,5 bis 2,5.
Die Gesamtlänge des Antreffbereichs der Elektronen, im Modell die Länge a des linearen Potentialtopfes, ist damit

$$a = (z + 2f)\,l \tag{1}$$

mit der Anzahl z der C-Atome und $2f$ für die Endgruppen. Typische Werte von z sind 3, 5, 7 und 9.
Die Absorption mit der niedrigsten Energie erfolgt vom energetisch höchsten vollständig besetzten Zustand zum niedrigsten unbesetzten Zustand. Die Zahl k der freien Elektronen (Valenzelektronen) hängt entsprechend

$$k = z + 3$$

von der Anzahl z der C-Atome ab. Jedes C-Atom liefert ein Valenzelektron, die Endgruppen fügen in der Regel weitere drei hinzu.

Berechnung der Absorptionswellenlänge

Die Absorption durch den Farbstoff erfolgt beim Übergang eines Elektrons aus dem Zustand mit der Quantenzahl n in einen Zustand mit $n + 1$. Der Zustand mit der Quantenzahl n hat die Energie

$$E_n = \frac{h^2}{8\,m_e\,a^2} n^2 \quad (a = \text{Länge des Potentialtopfes}).$$

Die aufgenommene Energie des Farbstoffs ist

$$\Delta E = E_{n+1} - E_n.$$

Der geringste Energiebetrag, den der Farbstoff bei fester Länge a aufnehmen kann, beträgt

$$\Delta E = \frac{h^2}{8\,m_e\,a^2}((n+1)^2 - n^2) \quad \text{oder}$$

$$\Delta E = \frac{h^2}{8\,m_e\,a^2}(2n + 1). \tag{2}$$

Zur Berechnung der aufgenommenen Energie ΔE sind die Länge a und die Quantenzahl n in Abhängigkeit von der Zahl z der C-Atome einzusetzen.
Nach dem Pauli-Prinzip hat das höchste vollständig besetzte Niveau im linearen Potentialtopf den Wert

$$n = \frac{k}{2} = \frac{z+3}{2}.$$

Die Rechnung vereinfacht sich, wenn für die Zahl z der C-Atome die typischen ungeraden Werte 3, 5, 7 usw. zugrunde gelegt werden. Das höchste besetzte Niveau weist dann immer ganzzahlige Werte von n auf.

Mit der durch Gleichung (1) bestimmten Länge a lässt sich aus Gleichung (2) die Energiedifferenz als Funktion der Zahl z der C-Atome ermitteln:

$$\Delta E = \frac{h^2}{8\,m_e\,l^2}\frac{z+4}{(z+2f)^2}$$

Mit $\Delta E = h\,c/\lambda$ folgt für die Wellenlänge λ:

$$\lambda = \frac{8\,m_e\,c\,l^2}{h}\frac{(z+2f)^2}{z+4} \quad \text{oder mit } l = 0{,}139 \text{ nm}$$

$$\lambda = 63{,}7 \text{ nm}\,\frac{(z+2f)^2}{z+4} \tag{3}$$

> Lineare Farbstoffe absorbieren die Wellenlänge
>
> $$\lambda = \frac{8\,m_e\,c\,l^2}{h}\frac{(z+2f)^2}{z+4},$$
>
> wobei z die Zahl der C-Atome und f der für die Endgruppen charakteristische Verlängerungsfaktor ist.

Als Abschätzung wird für f ein gemittelter Wert von $f = 2$ eingesetzt. Die Cyanin-Farbstoffe mit $l = 0{,}139$ nm haben damit die Absorptionswellenlänge $\lambda_{\text{Abs}} \approx 63{,}7$ nm $(z + 4)$ für die typischen ungeraden Werte von z. **Abb. 445.1** zeigt die Spektren in guter Übereinstimmung mit der Rechnung. Die Absorptionswellenlänge verschiebt sich um ca. 127 nm in den Bereich größerer Wellenlängen, wenn sich die Zahl der Kettenglieder z um zwei erhöht.
Farbstoffe mit gleicher Zahl z der C-Atome können sich in den Endgruppen unterscheiden, die durch unterschiedliche Werte des Längenfaktors f charakterisiert sind. Mit zunehmendem Wert von f vergrößert sich die Absorptionswellenlänge.

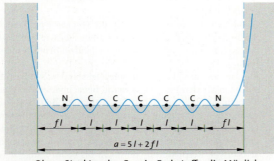

444.1 Oben: Struktur des Cyanin-Farbstoffs; die Möglichkeit der Verlängerung des Farbstoffs durch zusätzliche C=C-Strukturen wird deutlich. Unten: Die Länge a des Farbstoffmoleküls setzt sich aus den fünf Teilstrecken l des C-Atom-Bausteins und den beiden Endstrecken fl zusammen.

Leistungen der Atommodelle

Versuch 1: Für die Farbstoffe (3,3′-Diethylthiacyaniniodid; 3,3′-Diethylthiacarbocyaniniodid; 3,3′-Diethylthiadicarbocyaniniodid, 3,3′-Diethylthiatricarbocyaniniodid) mit $z = 3$, 5, 7 und 9 und $f = 1{,}83$ wird das Absorptionsspektrum gemessen. Dazu fällt das weiße Licht einer Glühlampe durch eine Lösung dieser Farbstoffe und anschließend durch ein Rowland-Gitter, welches das Licht spektral zerlegt. Die Lage der Absorptionsmaxima im Spektrum des weißen Lichts wird ermittelt.

Ergebnis: Es zeigen sich vier Maxima der Absorption für die Wellenlängen 422 nm, 557 nm, 653 nm und 760 nm. ◂

Diese Ergebnisse stimmen recht gut mit den Werten überein, welche die Abschätzung nach Formel (3) liefert.

> Die Länge des Farbstoffmoleküls und die Endgruppen legen die Wellenlänge für die maximale Absorption fest. Die Auswahl spezieller Kettenlängen und Endgruppen ermöglicht die Einstellung der Absorption beispielsweise auf eine Laserlinie.

Das Absorptionsverhalten der Farbstoffe lässt sich nutzen, um in einem eng begrenzten Raumbereich Strahlung geeigneter Wellenlänge zu absorbieren und damit eine lokalisierte Energieaufnahme zu erreichen.

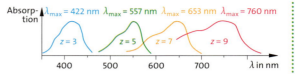

445.1 Absorptionsmaxima von Cyanin-Farbstoffen mit unterschiedlicher Anzahl z der C-Atome und gleichen Endgruppen mit dem Längenfaktor $f = 1{,}83$, von links: $z = 3$, 5, 7, 9

Aufgaben

1. Laserdioden emittieren im Bereich um 800 nm. Die Strahlung soll auf einer beschreibbaren CD mit einem Farbstoff absorbiert werden. Erörtern Sie die Gesichtspunkte bei der Auswahl der Farbstoffe.
2. Ermitteln Sie den Farbstoff, der sich zur Absorption der He-Ne-Laserlinie bei 633 nm eignet.
*3. Cyanin-Farbstoffe sind empfindlich gegenüber UV-Strahlung. Sie verringern ihre Kettenlänge beispielsweise um zwei Elemente. Ermitteln Sie den Verlauf des geänderten Absorptionsspektrums dieses Farbstoffs.

Exkurs

CD-R – die beschreibbare CD

Der Nutzer kann die unterschiedlichen Farbstoffe der CD-Rohlinge an ihrer Farbe unterscheiden. Der ursprünglich für die CD-R entwickelte Cyanin-Farbstoff ist bläulich. Aufgrund der hinterliegenden goldenen Reflexionsschicht erscheinen Cyanin-Discs von unten durch die Polycarbonatschicht betrachtet grünlich. Nun ist Cyanin aber empfindlich gegen UV-Strahlen, sodass kein reines Cyanin verwendet wird, sondern es werden verschiedene Stabilisatoren hinzugefügt.

Der Farbstoff einer CD-R wird beim Schreiben der Informationen verändert. Die CD-R ist zunächst wie eine normale, gepresste CD aufgebaut. Sie besteht aus einer Polycarbonat-Scheibe, einer Reflexionsschicht und einem Schutzlack auf der Labelseite. Während aber bei einer gepressten CD die Informationen als Pits in den Polycarbonat-Träger gepresst werden, ist dort bei einer CD-R nur der sogenannte „Pregroove" zu finden. Diese durchgehende wellenförmige Leerspur wurde mit einer Frequenz von 22,05 kHz aufmoduliert. Sie ist für die Spurführung beim Schreiben nötig; aus der Frequenz gewinnt der Schreiber Informationen über die Umdrehungsgeschwindigkeit. Im Gegensatz zur gepressten Silberscheibe befindet sich bei der CD-R zwischen Polycarbonat-Scheibe und Reflexionsschicht noch der Farbstoff. Beim Schreiben der CD-R wird die relativ transparente Farbschicht punktuell kurzzeitig erhitzt und eine chemische Reaktion erzeugt, die die Lichtdurchlässigkeit des Farbstoffs verändert und eine Art Bläschen erzeugt. Dabei wird auch das Reflexionsmetall an der Stelle leicht angehoben und der Polycarbonatträger „angeschmort". Die so durch den Laser bewirkten Markierungen sind wie die Pits auf einer gepressten CD unterschiedlich lang und haben im Prinzip auch die gleiche Wirkung: Sie absorbieren einfallendes Laserlicht. Die Pits der gemasterten CD verringern die Menge des reflektierten Lasersignals durch Streuung und eine teilweise Auslöschung infolge von Interferenzen. Die Folge ist in beiden Fällen, dass die Fotodioden des Lesekopfes an diesen Stellen einen Abfall des von der Disc zurückkommenden Lichts unter einen bestimmten Pegel registrieren. Höhere Datendichten ermöglichen die Weiterentwicklung der CD zur DVD und vervielfachen die Datenkapazität.

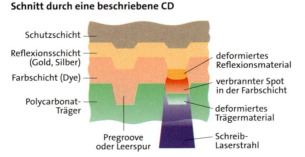

Schnitt durch eine beschriebene CD

Grundwissen Atomphysik

Quantisierte Absorption und Emission

Franck-Hertz-Versuch: Atome absorbieren Energie nur in bestimmten *Quanten* (quantenhafte Absorption). Die Größe dieser Energiequanten ist charakteristisch für das betreffende Atom.

Wasserstoffspektrum: Die Aussendung (Emission) von Licht des Wasserstoffgases in diskreten Linien bedeutet, dass die Wasserstoffatome ihre Energie gequantelt abgeben (quantenhafte Emission).

Resonanzabsorption und -emission: Atome und Moleküle absorbieren genau diejenigen Energiequanten, die sie auch emittieren.

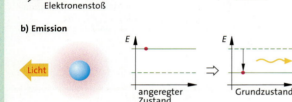

Bohr'sches Atommodell

Die Coulomb-Kraft wirkt als Zentripetalkraft

$$\frac{m_e v_n^2}{r_n} = \frac{e^2}{4\pi\varepsilon_0 r_n^2}.$$

Mit dem 1. Bohr'schen Postulat, der Quantenbedingung für den Drehimpuls,

$$L = r_n m_e v_n = n\frac{h}{2\pi} \quad (n = 1, 2, 3, \ldots)$$

und dem 2. Bohr'schen Postulat, der Frequenzbedingung,

$$hf = E_m - E_n = \Delta E$$

lässt sich das Energieschema des Wasserstoffatoms berechnen:

$$E_n = -\frac{1}{8}\frac{m_e e^4}{\varepsilon_0^2 h^2}\frac{1}{n^2} = -13{,}6 \text{ eV} \cdot \frac{1}{n^2}$$

Die Energiedifferenzen $E_m - E_n$ geben die Energie der absorbierten oder emittierten Photonen an.

Das quantenphysikalische Atommodell

Die Quantentheorie beschreibt den Zustand eines Systems wie beispielsweise des Wasserstoffatoms durch eine Wellenfunktion (Ψ-Funktion). Das Betragsquadrat der Ψ-Funktion gibt die Wahrscheinlichkeit an, das Elektron in einem Einheitsvolumen anzutreffen.

Der lineare Potentialtopf

Stehende Wellen im Bereich a haben die Wellenlängen

$$\frac{\lambda}{2}n = a \quad (n = 1, 2, 3, \ldots).$$

Die Ψ-Funktionen

$$\Psi_n(x) = \sqrt{\frac{2}{a}}\sin\left(\frac{n\pi x}{a}\right)$$

beschreiben stehende Wellen und damit stationäre Zustände mit den Energien

$$E_n = \frac{h^2}{8ma^2}n^2.$$

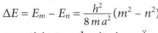

Die Aufnahme oder Abgabe von Energie

$$\Delta E = E_m - E_n = \frac{h^2}{8ma^2}(m^2 - n^2)$$

ist quantisiert und mit einer Änderung des Teilchenzustands verbunden.

Schrödinger-Gleichung

$$\Psi''(x) + \frac{8\pi^2 m}{h^2}(E - E_{\text{pot}})\Psi(x) = 0$$

Mit $E_{\text{pot}} = -e^2/(4\pi\varepsilon_0 r)$ für das Wasserstoffatom ergeben sich mehrere Ψ-Funktionen als Lösungen

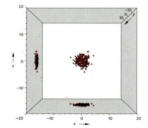

Grundzustand: Wahrscheinlichkeit, ein Elektron in einem Volumenelement im Abstand r vom Kern anzutreffen:

$$w_1(r) = \Psi_1^2(r)\,\Delta V$$
$$= A^2 e^{-2r/a}\,\Delta V$$

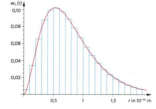

Grundzustand: Wahrscheinlichkeit, ein Elektron in einer Kugelschale mit dem Radius r und der Dicke Δr anzutreffen:

$$w_1(r) = A^2 e^{-2r/a}\,4\pi r^2\,\Delta r$$

Die Elektronenkonfiguration wird häufig durch historisch bedingte Symbole beschrieben:

Wert von n	1	2	3	4	usw.
Bezeichnung	K	L	M	N	usw.
Werte von l	0	1	2	3	usw.
Bezeichnung	s	p	d	f	usw.

Beispiel: Ein Elektron im Zustand mit $n = 2$ und $l = 1$ wird als *2 p-Elektron der L-Schale* bezeichnet.

Grundwissen Atomphysik

Die Ψ-Funktionen des Wasserstoffatoms werden durch vier Quantenzahlen charakterisiert:
- Die *Hauptquantenzahl* n kennzeichnet das Energieniveau; $n = 1, 2, 3 \ldots$
- Die *Nebenquantenzahl* l charakterisiert die Winkelabhängigkeit der räumlichen Verteilung; $l = 0, 1, \ldots, (n-1)$
- Die *Orientierungsquantenzahl* m unterscheidet winkelabhängige Antreffwahrscheinlichkeiten bezüglich ihrer Orientierung im Raum; $m = -l, -l+1, \ldots, l-1, l$
- Die *Spinquantenzahl* s; $s = +\frac{1}{2}, -\frac{1}{2}$.

Beispiel: Für $n = 1$ sind nur $l = 0$ und $m = 0$ möglich. Wegen $s = +\frac{1}{2}$ und $s = -\frac{1}{2}$ gibt es zwei Zustände mit $n = 1$.

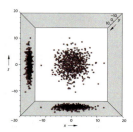

Verteilung der Antreffwahrscheinlichkeit für das 2s-Elektron. Die Quantenzahlen sind $n = 2$, $l = 0$, $m = 0$.
Die Form dieser wie der weiteren Verteilungen wird durch den Wert von s nicht beeinflusst.

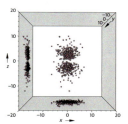

Verteilung der Antreffwahrscheinlichkeit für das 2p-Elektron. Die Quantenzahlen sind $n = 2$, $l = 1$, $m = 1$.

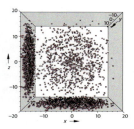

Verteilung der Antreffwahrscheinlichkeit für das 3s-Elektron. Die Quantenzahlen sind $n = 3$, $l = 0$, $m = 0$.

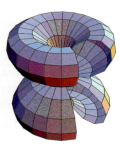

Das Orbital mit $n = 3$, $l = 2$, $m = -1$. Orbitale beschreiben die Winkelabhängigkeit der Ψ-Funktionen.

Das Periodensystem der Elemente

Die Besetzung der Zustände bei Elementen erfolgt mit ansteigender Energie des Zustands.
Bei Atomen mit einem Elektron hängt die Energie außer von der Kernladungszahl Z nur von n ab:

$$E = -13{,}6 \text{ eV} \cdot Z^2 \frac{1}{n^2}$$

Bei Mehrelektronenatomen wird die Energie durch die Hauptquantenzahl n und in geringem Maß durch die Nebenquantenzahl l bestimmt. Statt Z ist dann mit der effektiven Kernladungszahl Z^* zu rechnen.

	Anzahl der Zustände	Z	1s (2)	2s (2)	2p (6)	3s (2)
H	Wasserstoff	1	1			
He	Helium	2	2			
Li	Lithium	3	2	1		
Be	Beryllium	4	2	2		
B	Bor	5	2	2	1	
C	Kohlenstoff	6	2	2	2	
N	Stickstoff	7	2	2	3	
O	Sauerstoff	8	2	2	4	
F	Fluor	9	2	2	5	
Ne	Neon	10	2	2	6	
Na	Natrium	11	2	2	6	1

Absorption und Emission bei Mehrelektronensystemen

Die ausgetauschte Energie beträgt

$$\Delta E = 13{,}6 \text{ eV} \cdot Z^{*2} \left(\frac{1}{m^2} - \frac{1}{n^2}\right)$$

$$\Delta E = hf = \frac{hc}{\lambda}.$$

Am Energieaustausch mit der Strahlung im Bereich des sichtbaren Lichts sind die äußeren Elektronen der Atomhülle beteiligt. Die Absorption und Emission von Röntgenstrahlung erfolgt durch die Elektronen in Zuständen nahe dem Atomkern.

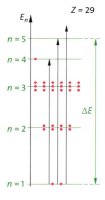

Laser

Stimulierte Emission tritt auf, wenn ein Photon mit passender Energie auf ein Atom in einem angeregten Zustand trifft. Ein durch spontane Emission erzeugtes Photon stimuliert das angeregte Atom zur Emission eines Photons. Für die Funktion eines Lasers ist die Besetzungsinversion entscheidend, bei der sich mehr Atome im angeregten Zustand als im Grundzustand befinden. Durch Rückkopplung erzeugt die stimulierte Emission eine intensive und nahezu parallele kohärente Strahlung.

Wissenstest Atomphysik

1. Der Franck-Hertz-Versuch mit Quecksilberdampf wird dahingehend erweitert, dass der Emissionsstrom der Katode konstant gehalten wird, er ist damit unabhängig von der Beschleunigungsspannung. Weiterhin wird die Intensität des UV-Lichts, welches die Quecksilberatome (Hg) emittieren, registriert.

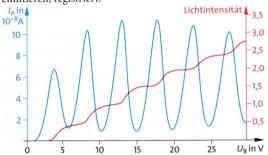

a) Erklären Sie die Änderung des Anodenstroms I_A mit der Beschleunigungsspannung U_B.
b) Ermitteln Sie aus den Graphen die Energie, die ein Elektron an ein Hg-Atom abgibt. Berechnen Sie die Wellenlänge des emittierten Lichts.
c) Deuten Sie den unregelmäßigen Anstieg der Lichtintensität mit der Beschleunigungsspannung U_B.

2. Ein Elektron befindet sich in einem Potentialtopf der Länge a.
a) Erläutern Sie, dass dieses System nur diskrete Energiezustände besitzt.
b) Zeigen Sie, dass die Energiedifferenz ΔE zwischen benachbarten Zuständen durch $\Delta E = h^2(2n+1)/(8m_e a^2)$ gegeben ist.
c) Bei einer Länge von $a = 1$ nm wird die Wellenlänge $\lambda = 366$ nm gemessen. Begründen Sie durch Angabe von n und m, welcher Energiedifferenz $\Delta E = E_n - E_m$ diese Wellenlänge zuzuordnen ist.
d) Photonen im sichtbaren Bereich des optischen Spektrums haben Energiewerte von 1,8 eV bis 3 eV. Bestimmen Sie alle weiteren Wellenlängen, die im sichtbaren Bereich von diesem System mit $a = 1$ nm emittiert oder absorbiert werden können.
e) Im Potentialtopfmodell ist eine minimale Länge a_{min} für die Absorption im sichtbaren Bereich des optischen Spektrums erforderlich. Bestimmen Sie die Länge a_{min} und begründen Sie, dass geringere Werte von a eine Absorption ausschließen.

3. Die Lichtabsorption eines Farbstoffmoleküls mit der Länge $a = 1{,}25$ nm wird mit dem Potentialtopfmodell beschrieben.
a) Berechnen Sie die Energiedifferenz ΔE beim Übergang des Elektrons von Zustand $n = 4$ zum Zustand $n = 5$.
b) Berechnen Sie die Wellenlänge des absorbierten Lichts λ_{Ph} und die Wellenlängen des Elektrons vor und nach der Anregung.
c) Berechnen Sie die Impulse des Photons und des Elektrons vor und nach der Energieübertragung. Bewerten Sie das Ergebnis hinsichtlich der Impulserhaltung.

d) Die stehenden Elektronenwellen für $n = 4$ und $n = 5$ werden als Überlagerung zweier gegenläufig laufender Wellenpakete betrachtet. Die Frequenzen f der Teilwellen sollen sich aus der Geschwindigkeit p/m_e und der Streckenlänge $2a$ zu $f = p/(m_e 2a)$ ergeben. Berechnen Sie die Frequenzen f für die Zustände $n = 4$ und $n = 5$ und vergleichen Sie mit der des absorbierten Lichts.

4. Ein Atom absorbiert Licht einer Wellenlänge von 434 nm und emittiert anschließend ein Photon mit einer Wellenlänge von 4050 nm. Berechnen Sie den Energiezuwachs des Atoms.

5. Ein ruhendes Wasserstoffatom emittiert ein Photon mit der Wellenlänge $\lambda = 486$ nm.
a) Berechnen Sie Energie und Impuls des Photons.
b) Bestimmen Sie die Zustände des H-Atoms vor und nach der Emission des Photons.
c) Berechnen Sie die Geschwindigkeit des H-Atoms nach der Emission des Photons.
d) Der Emissionsvorgang dauert 150 ps. Berechnen Sie die Kraft F auf das H-Atom und die daraus resultierende Beschleunigung a.

6. Der Grundzustand des Wasserstoffatoms hat die Energie $E_1 = -13{,}6$ eV.
a) Bestimmen Sie die kinetische und potentielle Energie nach dem Bohr'schen Atommodell.
b) Bestimmen Sie die kinetische und potentielle Energie nach dem Schrödinger'schen Atommodell.
c) Bestimmen Sie die ersten drei Nachkommastellen von E_1 mit einem analytischen Verfahren und vergleichen Sie mit denen, die ein numerisches Verfahren liefert.

7. Ein Elektron befindet sich in einem Potentialtopf der Länge $a = 1$ nm.
a) Das Elektron befindet sich im Grundzustand mit $n = 1$. Bestimmen Sie die Wahrscheinlichkeit, mit der es im Intervall $0 < x < a/4$ und im Intervall $a/4 < x < a/2$ nachgewiesen wird. Testen Sie anhand der Ergebnisse die Normierungsbedingung.
b) Das Elektron befindet sich im Zustand mit $n = 2$. Bestimmen Sie die Wahrscheinlichkeit, mit der es im Intervall $0 < x < a/4$ und im Intervall $a/4 < x < a/2$ nachgewiesen wird.
c) Bestimmen Sie die Änderungen der Wahrscheinlichkeiten und der Energie des Elektrons bei halbierter Länge a des Potentialtopfes.

8. Die Energie eines Zustands im Potentialtopf der Länge a für $E_{pot} = 0$ ist
$$E_n = \frac{h^2}{8ma^2}n^2.$$
In einem elektrischen Potential mit $E_{pot} \neq 0$ wird in der Schrödingergleichung die Energie E durch $E - E_{pot}$ ersetzt.
a) Zeigen Sie, dass für die Wellenlänge λ_n der n-ten stehenden Welle im Potentialtopf gilt:
$$\lambda_n = \frac{h}{\sqrt{2m_e E_n}}$$

Wissenstest Atomphysik

b) Im Fall von $E_{pot} = 0$ ist $E_{kin} = E$. Für $E_{pot} \neq 0$ ist $E_{kin} = E - E_{pot}$. Bestimmen Sie die Abhängigkeit der Wellenlänge λ, wobei Sie statt E den Term $E - E_{pot}$ einsetzen.
c) Zeigen Sie anhand des Beispiels $E = 1 \cdot 10^{-20}$ J und $E_{pot} = 0{,}2 \cdot 10^{-20}$ J, wie sich die Wellenlänge λ für $E_{pot} > 0$ und $E_{pot} < 0$ verändert.

9. Die Schrödingergleichung hat für das Wasserstoffatom H wie für das ionisierte Heliumatom He$^+$ die Form
$$\Psi''(r) = -\frac{2}{r}\Psi'(r) - \frac{8\pi^2 m}{h^2}(E - E_{pot})\Psi(r).$$
Bei He$^+$ ändert sich gegenüber H der Term für E_{pot}.
a) Berechnen Sie eine analytische Lösung der Schrödingergleichung für He$^+$ und geben Sie den Funktionsterm $\Psi_1(r)$ und die zugehörige Energie E_1 an.
b) Vergleichen Sie die Rechnung und das Ergebnis von Aufgabenteil a) mit den Ergebnissen zum H-Atom.
c) Bestimmen Sie den Verlauf der Funktion $\Psi_1(r)$ und die zugehörige Energie E_1 durch ein numerisches Verfahren. Begründen Sie die Änderungen des Modells gegenüber dem zum H-Atom.
d) Bestimmen Sie 2 weitere Energiewerte für stationäre Zustände E_2 und E_3. Vergleichen Sie mit denen des H-Atoms.
e) Vergleichen Sie aufgrund der Ergebnisse von Aufgabenteil a) bis c) die Größen der beiden Atome, des Wasserstoffatoms H und des Heliumatoms He$^+$.

10. Der Versuch zum lichtelektrischen Effekt wird statt mit sichtbarem Licht mit monochromatischem Röntgenlicht durchgeführt. Hochenergetische Photonen der Energie $E_{Ph} = hf$ treffen auf ein Metall und erzeugen die dargestellte Energieverteilung der Fotoelektronen. Mit der sogenannten Fotoelektronen-Spektroskopie wird die Energieverteilung, also die Zahl der Fotoelektronen in Abhängigkeit von der Energie bestimmt. Die Messergebnisse geben Aufschluss über atomare Eigenschaften und Eigenschaften des Metalls als Festkörper.

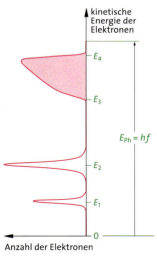

a) Interpretieren Sie die Grafik hinsichtlich der Energie der Elektronen im Metall vor dem Hintergrund der Ergebnisse zum lichtelektrischen Effekt $E_{Ph} = E_{kin} + E_A$.
b) Erklären Sie, wie sich die Werte in der Grafik für Metalle mit unterschiedlicher Austrittsenergie ändern.
c) Werten Sie die Grafik hinsichtlich der Versuchsergebnisse des Fotoeffekts bei hoher Photonenenergie aus. Nehmen Sie dabei Bezug auf die gegebenen Energiewerte E_1 bis E_4.

d) Werten Sie die Ergebnisse in Bezug auf die atomaren Eigenschaften und die Eigenschaften des Metalls als Festkörper aus. Vergleichen Sie die Energiewerte mit denen von Festkörpern anderer Metalle. Bestimmen Sie das Metall, welches für $E_{Ph} = 3000$ eV und $E_{kin} = 702$ eV vorliegt.

11. Aus dem hochauflösend gemessenen Verlauf der Absorption von Röntgenlicht oberhalb der K-Kante lassen sich Aussagen über atomare Abstände treffen.

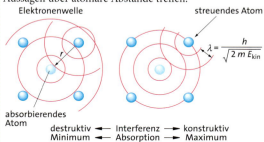

Mit der Energie E_1 werden Elektronen an der K-Kante angeregt. Bei einer Anregung mit $E_1 + \Delta E$ verfügen die Elektronen anschließend über die kinetische Energie $E_{kin} = \Delta E$ und bewegen sich durch das Kristallgitter. Die Streuung an den Gitterbausteinen bewirkt eine rücklaufende Elektronenwelle, die am absorbierenden Atom mit unterschiedlicher, vom Weg abhängiger Phasenlage eintrifft. Ist der Weg $2r = \lambda$, sind die Teilwellen in Phase, es tritt konstruktive Interferenz auf und die Rückabsorption des Elektrons ist wahrscheinlich. Dabei wird die absorbierte Wellenlänge des Lichts wieder emittiert, sodass die Absorption unwirksam wird. Die Absorptionswahrscheinlichkeit für Röntgenlicht verringert sich. Bereits Werte von $\Delta E = 5$ eV bewirken deutliche Änderungen in der Absorption A.

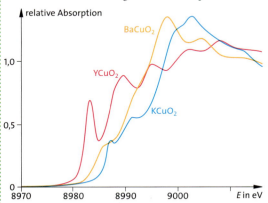

a) Ordnen Sie die Verbindungen mit Y (Yttrium), Ba (Barium) und K (Kalium) nach der Größe des Atomabstands, der den Verlauf der Absorption charakterisiert.
b) Berechnen Sie aus der Abbildung eine mittlere Periode der Absorption von YCuO$_2$ und damit die Wellenlänge λ der stehenden Elektronenwelle. Bestimmen Sie daraus den atomaren Abstand r.
c) Erläutern Sie, wie sich ein vergrößerter atomarer Abstand auf den Verlauf der Absorption auswirkt.

12 FESTKÖRPERPHYSIK UND ELEKTRONIK

Die Festkörperphysik beschreibt die Eigenschaften fester Materie, wobei deren Verwendung als Baustoff oder Werkstoff lange Zeit im Vordergrund stand. Die Ursachen dieser Eigenschaften auf mikroskopischer Ebene waren bis zur Entwicklung der Quantenphysik jedoch nicht einmal ansatzweise bekannt. Die Anwendung der Quantenphysik auf Festkörper, aktuell mit Nanotechnologie bezeichnet, ist eine wesentliche Grundlage des gegenwärtigen technischen Fortschritts. Viele wichtige Eigenschaften von Festkörpern lassen sich aus dem Verhalten ihrer materialabhängig mehr oder weniger frei beweglichen Elektronen erklären. Die elektrischen Eigenschaften des Festkörpers stehen deshalb im Vordergrund. Sie bilden die Grundlagen für das Verständnis elektronischer Bauelemente, deren Anwendungen in der Elektronik und Kommunikationstechnik von größter Bedeutung sind.

12.1 Halbleiter

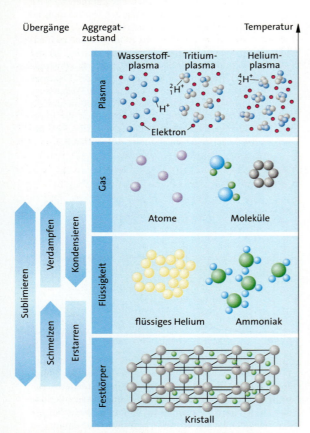

450.1 Die vier Aggregatzustände, rechts symbolhaft einige Beispiele im Teilchenmodell. Die Übergänge erfolgen von unten nach oben mit steigender und von oben nach unten mit abnehmender Temperatur.

Der Aufbau elektronischer Bauelemente auf der Basis von Halbleitermaterialien gibt der Halbleiterphysik als Teilgebiet der Festkörperphysik eine besondere Bedeutung. Die elektrischen Leitungsvorgänge in Halbleitern, die sich deutlich von denen der Leiter und Nichtleiter unterscheiden, bilden die Grundlage für die Funktionsweise elektronischer Bauelemente wie Dioden und Transistoren als Verstärker oder elektronische Schalter.

12.1.1 Ionen und Elektronen im Festkörper

Versuch 1: Eine Blattfeder wird einseitig eingespannt und durch eine äußere Kraft ausgelenkt. Die Energieübertragung bei diesem Vorgang wird qualitativ betrachtet.
Deutung: Auf der einen Seite der Blattfeder werden beim Biegen die Abstände benachbarter Atome vergrößert, auf der anderen Seite entsprechend verringert. Zwischen den Atomen wirken anziehende und abstoßende Kräfte, die im Gleichgewicht einen bestimmten Abstand der Festkörperatome einstellen. Beim Biegen der Blattfeder werden die Atomabstände unter Zufuhr von Energie verändert. Wird die gespannte Blattfeder losgelassen, schwingt sie gedämpft in ihre Ausgangslage zurück. Die vorher zugeführte Energie wird abgegeben. Zwischen den Atomen wirken Kräfte, sodass sich ein bestimmter Atomabstand einstellt (**Abb. 450.1**). ◄

> In **Festkörpern** wirken auf die Atome bindende und abstoßende Kräfte, die einen bestimmten Abstand der Einzelatome bedingen.

Halbleiter

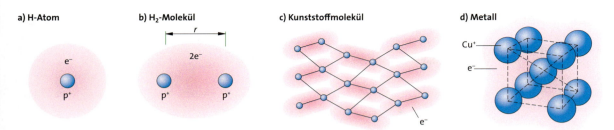

451.1 Der rötlich gefärbte Bereich veranschaulicht die Antreffwahrscheinlichkeit von Elektronen **a)** in einem H-Atom, **b)** in einem H$_2$-Molekül, **c)** in einem Kunststoffmolekül und **d)** in einem Metall. Während die Antreffwahrscheinlichkeit im Atom nur auf einen engen Bereich um den Kern herum beschränkt ist, vergrößert sich der Bereich bei Molekülen auf mehrere atomare Abstände. In einem Kunststoffmolekül sind die Antreffbereiche für Elektronen auf wenige Moleküle ausgedehnt und voneinander getrennt, in einem Metall hingegen auf das gesamte Volumen ausgedehnt. Die Elektronen können sich in dem Metallstück frei bewegen.

Freie Elektronen im Festkörper

Das Verhalten von Elektronen in einem Festkörper lässt sich mit den bekannten Eigenschaften der Elektronen in Atomen und Molekülen (→ 11.3.1, → 11.3.2) plausibel machen.

Die Elektronen eines einzelnen Atoms befinden sich im elektrischen Feld des Kerns (**Abb. 451.1a**). Sie sind in Abhängigkeit der Größenordnung von 10^{-10} m an den Kern gebunden. Das System aus Elektronen und Atomkern kann nur diskrete Zustände mit gequantelten Werten der Energie annehmen. Dies zeigt das Schema der Energieniveaus in **Abb. 451.2 a**.

Wenn zwei Atome eng zusammenrücken, überlagern sich die Bereiche, in denen die Elektronen anzutreffen sind (**Abb. 451.1b**). Bestimmte Elektronen können deshalb nicht mehr einem einzelnen Atom zugeordnet werden. Diese innerhalb des Festkörpers nahezu frei beweglichen Elektronen, kurz **freie Elektronen** genannt, besetzen Energieniveaus, deren Lage weniger vom einzelnen Atom als vom gesamten Festkörper bestimmt wird.

Die Anordnung der Energieniveaus in verschiedenen Festkörpern lässt sich durch das aus Experimenten bekannte elektrische Verhalten von elektrischen Leitern und Nichtleitern erschließen.

Metalle

Die gute elektrische Leitfähigkeit von Metallen zeigt, dass bereits eine geringe elektrische Feldstärke ausreicht, um einen messbaren Strom hervorzurufen. Die freien Elektronen im Metall können offenbar geringe Energiebeträge aus dem elektrischen Feld $\vec{E}$ aufnehmen. Sie werden mit der Kraft $\vec{F} = -e\vec{E}$ (gerichtet gegen die Feldrichtung) beschleunigt, nehmen dabei Energie auf und geben diese Energie durch Stöße mit den Gitterionen wieder ab. Das Schema der Energieniveaus für einen Leiter muss also Zustände in einem sehr geringen Abstand aufweisen, sodass Elektronen aus einem Zustand niedriger Energie in einen freien Zustand geringfügig höherer Energie wechseln können (**Abb. 451.2 b**). Diese dicht beieinanderliegenden Energieniveaus werden **Leitungsband** genannt.

Nichtleiter

In einem Nichtleiter führt ein angelegtes elektrisches Feld zu einem sehr geringen bzw. einem kaum messbaren elektrischen Strom. Um dieses Verhalten im Energieniveauschema zu beschreiben, wird oberhalb der besetzten Zustände ein Bereich frei von Zuständen eingeführt, das **verbotene Band** (**Abb. 451.2 c**). Die Elektronen eines Nichtleiters können in diesem Bild keine Energie aus dem elektrischen Feld aufnehmen, da keine Zustände mit geringfügig höherer Energie verfügbar sind. Sie befinden sich unterhalb des verbotenen Bandes in einem Bereich von Zuständen, der **Valenzband** genannt wird. Die Energieniveaus im Valenzband sind vollständig besetzt.

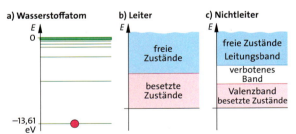

451.2 a) Die Energiestufen eines Elektrons in einem Wasserstoffatom sind diskret. **b)** In einem Leiter liegen die Energiestufen der Elektronenzustände so dicht, dass sie mit einem Energieband, dem Leitungsband, beschrieben werden. **c)** In einem Nichtleiter ist das Band der besetzten Zustände, das Valenzband, durch ein verbotenes Band ohne Energiestufen vom Leitungsband getrennt. Die thermische Energie reicht zur Anregung in das Leitungsband nicht aus.

Halbleiter

12.1.2 Halbleiter und Dotierung

Bei der Bestimmung des spezifischen Widerstandes ρ von Halbleitern, z.B. von chemisch reinem Silicium oder Germanium, stellt sich heraus, dass der elektrische Strom fast so gut wie in einem Metall geleitet wird. Allerdings ist der gemessene spezifische Widerstand je nach Probekörper sehr unterschiedlich. Erst bei Einkristallen mit sehr *wenigen Gitterfehlern* und sehr *hohen Reinheitsgraden* (auf 10^9 Si-Gitteratome ein Gitterfehler oder ein Fremdatom) steigt der spezifische Widerstand auf einen reproduzierbaren hohen Wert (**Abb. 452.1**). Diesem hohen Wert des spezifischen Widerstands entspricht eine sehr geringe Leitfähigkeit. Die **Eigenleitung** eines Halbleiters beschreibt diese geringe Leitfähigkeit des Halbleiterkristalls.

Die Eigenleitung eines Halbleiters lässt sich im Bändermodell durch thermische Anregung von Elektronen aus dem vollbesetzten Valenzband ins Leitungsband beschreiben (**Abb. 453.1**). Die Breite des verbotenen Bandes zwischen Leitungsband und Valenzband ist bei Halbleitern so gering, dass bei Zimmertemperatur bereits einige Elektronen Zustände im Leitungsband besetzen. Diese Elektronen sind nahezu frei beweglich, da sie freie Zustände geringfügig höherer Energie einnehmen und damit Energie thermisch oder elektrisch aufnehmen können. Ein elektrisches Feld führt also zu einer gerichteten Bewegung der Elektronen im Leitungsband und bewirkt einen Leitungsmechanismus im Halbleiter, die sogenannte **n-Leitung**.

Im Valenzband entsteht bei der Anregung eines Elektrons in das Leitungsband ein unbesetzter Zustand, der von anderen Elektronen des Valenzbandes besetzt werden kann. Damit besteht auch für die Elektronen im Valenzband die Möglichkeit, geringe Energiebeträge aufzunehmen. Dabei ist die Wechselwirkung mit dem Festkörpergitter zu berücksichtigen, die im Folgenden (→ 12.2) genauer untersucht wird. Im Ergebnis wird der Leitungsvorgang durch Elektronen im Valenzband schließlich durch ein freies Teilchen, das **Loch** genannt wird, ersetzt. Löcher bewegen sich wie positiv geladene Elektronen, daher die Bezeichnung **p-Leitung**.

Das gleichzeitige Erzeugen von Elektronen im Leitungsband und von Löchern im Valenzband heißt **Paarbildung**. Kehrt ein Elektron aus dem Leitungsband unter Energieabgabe in den mit einem Loch besetzten Zustand des Valenzbandes zurück, erfolgt die **Rekombination**. Paarbildung und Rekombination halten sich im zeitlichen Mittel das Gleichgewicht.

> Die **Eigenleitung** bei Halbleitern kommt dadurch zustande, dass Elektronen durch thermische Anregung aus dem vollbesetzten Valenzband in das noch unbesetzte Leitungsband gelangen, wo sie sich unter Einfluss eines elektrischen Feldes wie freie Elektronen bewegen (n-Leitung). Gleichzeitig entsteht im Valenzband ein Loch mit positiver Ladung, das sich in Gegenrichtung bewegt (p-Leitung).

Dotierung

Für die technische Anwendung sind die reinen Halbleiterkristalle mit ihrer sehr geringen, stark temperaturabhängigen Eigenleitung meist ungeeignet. Benötigt werden Stoffe, deren Leitfähigkeit größer und genau einstellbar ist und von außen durch eine Spannung oder einen Strom gesteuert werden kann. Diese entstehen durch gezieltes Einbauen von Fremdatomen in den Halbleiterkristall, das sogenannte **Dotieren** (dos, lat.: Mitgift).

Die Halbleiterelemente Germanium und Silicium gehören zur Gruppe IV des Periodensystems der Elemente (→ S. 578). Wird im Gitter eines solchen Halbleiterkristalls ein Atom durch ein fünfwertiges Phosphor- oder Arsenatom der Gruppe V ersetzt, so zeigt der dotierte Halbleiter einen Anstieg der n-Leitung, ohne dass sich die p-Leitung verändert (**Abb. 453.2**).

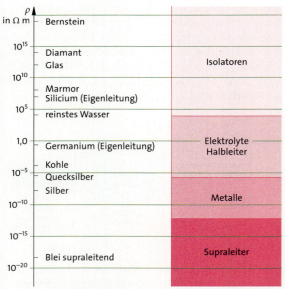

452.1 Der spezifische Widerstand verschiedener Stoffe reicht über 40 Zehnerpotenzen. Die Halbleiterwiderstände sind nahe 0 K gemessen, die anderen bei Zimmertemperatur. Einige Stoffe verlieren ihren Widerstand fast völlig, wenn sie unter eine stoffspezifische Sprungtemperatur abgekühlt werden, sie werden supraleitend (→ 12.2.2).

Halbleiter

Im Bändermodell wird dieser Sachverhalt durch Energiezustände von Elektronen unterhalb des Leitungsbandes dargestellt. Der geringe energetische Abstand zum Leitungsband führt bereits bei Zimmertemperatur zu einer thermischen Anregung der Elektronen in das Leitungsband und damit zu einem Anstieg der n-Leitung. Da bei diesem Vorgang die Besetzung der Zustände im Valenzband erhalten bleibt, ändert sich die p-Leitung nicht. Bei ausreichender Dotierung mit Fremdatomen, sogenannten *Donatoren* (donator, lat.: Geber) überwiegt die n-Leitung die p-Leitung bei Weitem; das Material wird n-leitend oder kurz **n-Leiter** genannt.

Der umgekehrte Fall, die p-Dotierung (p wie positiv) liegt vor, wenn ein dreiwertiges Atom (z. B. Bor, Aluminium oder Indium) der Gruppe III eingebaut wird (**Abb. 453.3**). So dotierte Halbleiter zeigen einen Anstieg der p-Leitung.

Im Bändermodell entspricht diese Dotierung dem Hinzufügen von Energiezuständen kurz oberhalb des Valenzbandes. Diese neu hinzugefügten Energiezustände können bereits durch thermische Anregung durch Elektronen aus dem Valenzband besetzt werden, sodass im Valenzband Löcher entstehen, welche die p-Leitung ermöglichen. Solche Fremdatome, die zur Erzeugung von Löchern im Valenzband führen, werden *Akzeptoren* (acceptor, lat.: Empfänger) genannt. Wenn die Löcherleitung oder p-Leitung durch entsprechend hohe Dotierung gegenüber der Eigenleitung überwiegt, handelt es sich um einen **p-Leiter**.

> Durch Dotieren lässt sich die Leitfähigkeit eines Halbleiters gezielt erhöhen. Die n-Dotierung erhöht die n-Leitung, ohne die p-Leitung zu beeinflussen. Entsprechend erhöht die p-Dotierung die p-Leitung durch die Löcher, ohne auf die n-Leitung durch Elektronen Einfluss zu nehmen.

Dotiert wird durch Erhitzen des Kristalls in einem Gasgemisch, welches die gewünschten Fremdatome enthält. Diese diffundieren dann in die Kristalloberfläche hinein, vergleichbar mit der Diffusion von Gasen (→ 4.2.2). Die Dauer dieses Vorgangs, der Gasdruck und die Temperatur bestimmen den Dotierungsgrad und damit die Leitfähigkeit.

Aufgaben

1. Begründen Sie das Dotieren bei hohen Temperaturen.
2. Erläutern Sie den veränderten Leitungsmechanismus eines dotierten Halbleiters (p-Leiter oder n-Leiter) bei sehr hohen bzw. sehr niedrigen Temperaturen.

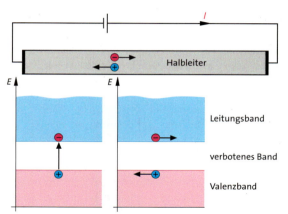

453.1 Der Eigenleitungsmechanismus im reinen Halbleiter: Durch thermische Energie gelangen vereinzelt Elektronen ins Leitungsband und sind dort frei beweglich. Sie hinterlassen im Valenzband Löcher, die sich dort wie positive Ladungen bewegen. Die Beweglichkeit der Löcher im Valenzband ist allerdings kleiner als die der Elektronen im Leitungsband.

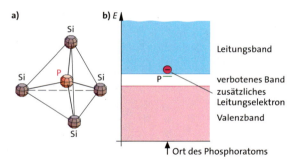

453.2 Im Siliciumgitter ist ein Phosphoratom ortsfest eingebaut worden. Phosphor hat 5 Elektronen in den Zuständen mit der Quantenzahl $n = 3$, im Vergleich zu Silicium eines mehr. Dieses Elektron verfügt bei Zimmertemperatur über ausreichend Energie und besetzt einen Zustand im Leitungsband.

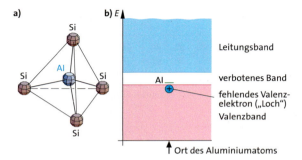

453.3 Im Siliciumgitter ist ein Aluminiumatom ortsfest eingebaut worden. Aluminium hat nur 3 Elektronen in den Zuständen mit der Energiequantenzahl $n = 3$, im Vergleich zu Silicium eines weniger. Der Zustand des fehlenden Elektrons wird durch ein thermisch angeregtes Elektron aus dem Valenzband besetzt, welches ein Loch hinterlässt.

Halbleiter

12.1.3 p-n-Übergang und Dioden

Berühren sich n- und p-Leiter, so tritt an der Grenzschicht ein Gleichrichtereffekt auf, Strom wird nur in der einen Richtung hindurchgelassen.

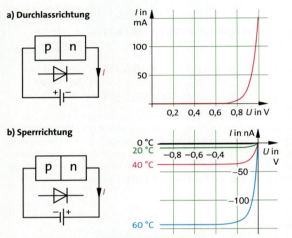

454.1 Die Schaltung und die Kennlinie einer Si-Halbleiterdiode a) in Durchlassrichtung und b) in Sperrrichtung

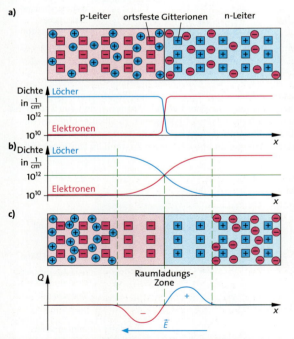

454.2 Stromloser p-n-Übergang: **a)** Ladungsträgerkonzentrationen p und n der p- und n-Leiter vor dem Einsetzen des Diffusionstroms; **b)** Konzentrationsverteilung in der Grenzschicht nach dem Diffusionsvorgang; **c)** Raumladungszone ohne freie Ladungsträger und Ladungsverteilung in der Raumladungszone

Versuch 1: Eine Kombination aus n- und p-leitendem Halbleitermaterial wird nach **Abb. 454.1** in einen Stromkreis geschaltet.
Beobachtung: Die U-I-Kennlinie zeigt, dass von einer bestimmten Spannung an nur dann ein nennenswerter Strom fließt, wenn der n-Leiter mit dem Minuspol und der p-Leiter mit dem Pluspol verbunden sind. ◂

Eine p-n-Kombination wird **Halbleiterdiode** genannt. Eine Diode leitet den elektrischen Strom also nur in einer Richtung und sperrt in Gegenrichtung. Die dafür verantwortlichen Leitungsvorgänge spielen sich im Übergangsgebiet des p- und des n-Leiters ab, das **p-n-Übergang** genannt wird.

Um die physikalischen Vorgänge am p-n-Übergang zu verstehen, werden zunächst zwei getrennte Leiter betrachtet, ein p-Leiter und ein n-Leiter (→ 12.1.2). Jeder der beiden Halbleiter ist elektrisch neutral. Im n-Leiter sind genauso viele freie Elektronen wie ortsfeste positive Ionen, die Donator-Ionen (→ 12.1.2), vorhanden, die jeweils ein Elektron in das Leitungsband abgegeben haben. Im p-Leiter ist die Zahl der ortsfesten negativen Ionen gleich der Zahl der positiv geladenen Löcher. Beim Zusammenfügen von p-Leiter und n-Leiter entsteht aufgrund des Konzentrationsgefälles für Elektronen und Löcher kurzzeitig ein Strom. Durch Diffusion können Löcher in den n-Leiter und Elektronen in den p-Leiter eindringen und bilden den **Diffusionsstrom** (**Abb. 454.2 a**).

Dieser Vorgang ist mit einer Rekombination der Ladungsträger verbunden. Es werden sich daher die Ladungsträgerdichten nach **Abb. 454.2 b** verringern. Auf den ersten Blick ließe sich vermuten, dass es wegen dieser Rekombinationen nach kurzer Zeit in beiden Halbleiterbereichen keine freien Elektronen und Löcher mehr gäbe. Dieses wäre tatsächlich der Fall, wenn es keinen Prozess gäbe, der den Diffusionsstrom verringerte. Unberücksichtigt blieben bisher die in das Gitter fest eingebauten ionisierten Fremdatome. Die Rekombination der beweglichen Ladungsträger im Übergangsgebiet hat zur Folge, dass der Raumbereich nicht mehr elektrisch neutral ist. Im p-n-Grenzgebiet wird also als Folge der Diffusion und der anschließenden Rekombination eine Raumladung und damit ein elektrisches Feld $\vec{E}$ aufgebaut (**Abb. 454.2 c**). Ein Elektron, das in den p-Leiter wandert, wird in diesem elektrischen Feld abgebremst. Es kann somit nicht weiter ungehindert in das p-Material eindringen. Ebenso verhindert das elektrische Feld $\vec{E}$ ein weiteres Eindringen der Löcher in den n-Leiter. An der Grenzschicht der Dicke d ist die **Kontaktspannung** $U_K = E d$ entstanden, die nach der Ursache ihrer Entstehung auch als *Diffusionsspannung* bezeichnet wird.

Elektronen und Löcher, die durch Paarbildung innerhalb der Raumladungszone entstehen, wirken dem Diffusionsstrom entgegen (**Abb. 455.1**). Der zur Diffusion entgegengerichtete Strom ist der **Feldstrom I_F**. Diffusionsstrom I_D und Feldstrom I_F sind entgegengesetzt gleich, wenn an der Diode keine äußere Spannung anliegt.

Wird nun an den p-Leiter der Minuspol und an den n-Leiter der Pluspol einer Spannungsquelle angeschlossen, so wird das elektrische Feld an der Grenzschicht verstärkt und der Diffusionsstrom weiter verringert. Die Grenzschicht verarmt an beweglichen Ladungsträgern, wird breiter und hochohmig. Der p-n-Übergang ist gesperrt (**Abb. 454.1b**). Der geringe Sperrstrom ist auf die thermische Paarbildung innerhalb der Grenzschicht zurückzuführen. Das Gleichgewicht ist zugunsten des Feldstroms gestört. Bei höherer Temperatur nehmen Paarbildung und damit der Sperrstrom zu.

Liegt am p-Leiter der Pluspol und am n-Leiter der Minuspol, so wird das elektrische Feld an der Grenzschicht abgebaut. Die Grenzschicht wird aufgrund der Diffusion mit Ladungsträgern überschwemmt. Ihr Widerstand verringert sich: Der p-n-Übergang ist in Durchlassrichtung geschaltet. Das Gleichgewicht zwischen Feldstrom und Diffusionsstrom ist zugunsten des Diffusionsstroms gestört (**Abb. 454.1a**).

> Bei einem **p-n-Übergang** entsteht durch Diffusion und gleichzeitige Rekombination der Ladungsträger im Grenzgebiet ein hochohmiger Raumbereich, die **Sperrschicht**. Die Breite dieser Sperrschicht kann durch äußere Spannungen gesteuert werden.
>
> In **Durchlassrichtung** (Pluspol am p-Leiter, Minuspol am n-Leiter) können Elektronen und Löcher den p-n-Übergang passieren. Das Schaltsymbol der Diode zeigt die Stromrichtung.
>
> In **Sperrrichtung** (Pluspol am n-Leiter, Minuspol am p-Leiter) fließt nur ein sehr geringer Sperrstrom, dessen Größe von der Temperatur abhängt. Der **Sperrstrom** wird durch die Eigenleitung des Halbleitermaterials bestimmt.

Bereits an diesem einfachen elektronischen Bauelement wird deutlich, welche Bedeutung dem Einbau von Fremdatomen in das Halbleitermaterial zukommt. Ohne die ortsfesten Fremdatome, die aufgrund ihrer Eigenschaften die beiden unterschiedlichen Leitungsmechanismen in den beiden Bereichen desselben Halbleiterkristalls herstellen, würde sich keine Sperrschicht ausbilden. Die Eigenschaft des p-n-Übergangs, den elektrischen Strom nur in Durchlassrichtung zu ermöglichen, ist für die gesamte Halbleiter-Elektronik von grundlegender Bedeutung.

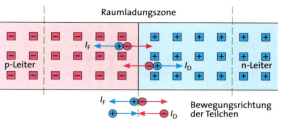

455.1 Schematische Darstellung des Feldstromes I_F in der Grenzschicht eines p-n-Übergangs im Vergleich zum Diffusionsstrom I_D. In der Raumladungszone erzeugte Ladungsträgerpaare bewirken einen Strom nach links entsprechend der Bewegungsrichtung der positiven Ladungsträger. Der Diffusionsstrom von links nach rechts wird durch die Konzentrationsunterschiede der freien Ladungsträger verursacht.

Die Diodenkennlinie

Der Graph, der den Diodenstrom als Funktion der angelegten Spannung zeigt, heißt Diodenkennlinie. Die Kennlinie einer Silicium-Diode in **Abb. 454.1** beschreibt den funktionalen Zusammenhang $I = I_0(e^{U/U_T} - 1)$ mit den Konstanten $U_T = kT/e = 25{,}5$ mV bei Zimmertemperatur $T = 296$ K. Der Zusammenhang lässt sich für im Vergleich zu U_T sehr große Spannungen U vereinfachen:

$$I = I_0 e^{U/U_T} \tag{1}$$

Der Verlauf der Kennlinie ist stark von der Temperatur abhängig, eine charakteristische Eigenschaft von Halbleiterbauelementen. Der Wert von I_0 hängt vom Material und dem speziellen Bauelement ab. Die mit der Spannung U an der Diode sich vergrößernde Steigung $\Delta I/\Delta U$ der Kennlinie weist auf einen fallenden Widerstand $r = \Delta U/\Delta I$ für Spannungsänderungen hin. Aus Gleichung (1) lässt sich der Wert von r, der von I_0 unabhängig ist und deshalb für beliebige Dioden gilt, bestimmen. Dazu wird erst die Ableitung $I'(U) = dI/dU$ berechnet:

$$I'(U) = \frac{dI}{dU} = \frac{1}{U_T} I_0 e^{U/U_T} = \frac{I}{U_T}$$

$$r = \frac{dU}{dI} = \frac{U_T}{I} \tag{2}$$

Bei $I = 1$ A beträgt der Widerstand $r = 25{,}5$ mV/1A = $0{,}0255\ \Omega$. Ein Stromanstieg durch die Diode führt also zu einem sehr geringen Spannungsanstieg.

— Aufgaben

1. Zeichnen Sie die Diodenkennlinie mit $I_0 = 10$ pA für die Temperaturen $T = -50$ °C; 20 °C und 100 °C.
*2. Ermitteln Sie die Spannungsänderung an einer Diode bei festem Strom durch Temperaturerhöhung. Berechnen Sie die Spannungsänderung, die eine Temperaturdifferenz von 1 K bei $T = 293$ K und $U = 0{,}6$ V verursacht.
*3. Beschreiben Sie die elektrischen Eigenschaften einer Diode, die aus einem
    a) undotierten und einem n-dotierten Halbleiter oder
    b) aus einem Metall und einem p-dotierten Halbleiter besteht.

12.1.4 Der bipolare Transistor

Die um eine p-dotierte Zone erweiterte Schichtenfolge einer n-p-Halbleiterdiode wird **pnp-Transistor** genannt, entsprechend bei umgekehrter Dotierungsfolge **npn-Transistor**.

Die Verstärkung oder das Schalten elektrischer Signale (Ströme, Spannungen und Leistungen) mit einem Transistor (von engl. transfer resistor) hat eine herausragende technische Bedeutung erlangt. Das erste funktionierende Exemplar wurde 1948 bei den Bell-Laboratories in den USA von W. Shockley, J. Bardeen und W. Brattain hergestellt. Heute ist die Herstellung so miniaturisiert, dass auf einem Kristall mit der Fläche von 1 mm^2 eine Schaltung mit einigen Millionen Transistoren, Widerständen und Dioden Platz findet.

Die drei Schichten des Transistors haben je einen Anschluss: **Emitter** (diese Schicht entsendet die freien Ladungen – Elektronen bzw. Löcher – in die mittlere Schicht), **Basis** (sie war früher die erste Schicht bei der Herstellung, an diesem Anschluss wird gesteuert) und **Kollektor** (er sammelt die vom Emitter ausgesandten Ladungen). Die Grenzschichten stellen schematisch gesehen zwei hintereinandergeschaltete gegenpolige Dioden dar (**Abb. 456.1**).

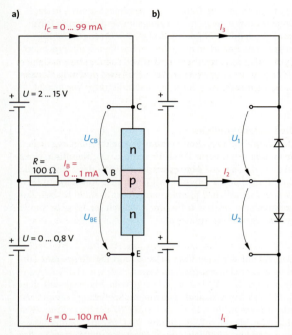

456.1 a) Messung der drei Transistorströme durch den Emitter (E), die Basis (B) und den Kollektor (C) bei angelegter Betriebsspannung. Da die Emitter-Basis-Diode in Durchlassrichtung geschaltet ist, wird der Basisstrom durch einen Widerstand begrenzt. **b)** Vergleichsschaltung mit zwei Dioden

Versuch 1: Ein npn-Transistor wird mit seinen Betriebsspannungen nach (**Abb. 456.1a**) versehen; es werden die drei Ströme I_E, I_B und I_C gemessen. In einer Vergleichsschaltung mit zwei Dioden werden Kontrollmessungen durchgeführt (**Abb. 456.1b**).

Beobachtung: Beim Transistor lässt sich ein Kollektorstrom messen und es gilt $I_B + I_C = I_E$. In der Einzeldiodenschaltung ist der I_C entsprechende Strom I_3 null und $I_1 = I_2$.

Vermutung: Ein Teil der Elektronen, die sich vom Emitter in die Basis bewegen, gelangt durch die in Sperrrichtung betriebene Basis-Kollektor-Sperrschicht zum Kollektor und bewirkt den Strom I_C.

Erklärung: Der Transistor hat eine extrem dünne Basiszone, die relativ zum n-Leiter des Emitters schwach dotiert ist. Da die Emitter-Basis-Diode in Durchlassrichtung betrieben wird, gelangen viele freie Elektronen des Emitters durch die Grenzschicht in die Basis, wo sie wegen der geringen Dichte der Löcher nur selten rekombinieren. Stattdessen diffundieren sie aufgrund des Konzentrationsgefälles durch die schmale Basisschicht in Richtung Kollektor, wo sie im starken Feld der Basis-Kollektor-Sperrschicht beschleunigt werden. Die Beschleunigung aus der Basis in Richtung Kollektor soll nur auf die Elektronen aus dem Emitter wirken, die sich im Bereich der Basisschicht befinden. Die Basiszone darf also nicht zu dünn sein. Die Löcher aus der Basis werden wegen ihrer positiven Ladung in Gegenrichtung beschleunigt, gelangen also nicht zum Kollektor. Die Funktion des Transistors beruht damit auf dem unterschiedlichen Verhalten von negativ geladenen Elektronen und positiv geladenen Löchern in der Basiszone; daher die Bezeichnung **Bipolar-Transistor**.

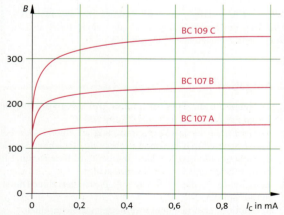

456.2 Typischer Verlauf der Stromverstärkung $B = I_C/I_B$ als Funktion des Kollektorstroms I_C für die Transistortypen BC 107A, BC 107B und BC 109C

Nur ein kleiner Teil der vom Emitter ausgesandten Elektronen gelangt, wie die Messungen zeigen, zum Basisanschluss. Dabei ist der Kollektorstrom I_C sehr groß gegenüber dem Basisstrom I_B. Die **Stromverstärkung** $B = I_C/I_B$ liegt bei Transistoren je nach Typ zwischen 20 und 1000. Da die Elektronen, die zum Kollektor gelangen, immer vom Emitter kommen, muss die Emitter-Basis-Diode in Durchlassrichtung betrieben werden. Es fließt also immer ein Basisstrom. ◄

Versuch 2: Messung der Stromverstärkung B der Transistoren BC 107A, BC 107B und BC 109C nach **Abb. 456.1a**. Mit U_{BE} wird I_B eingestellt. Für verschiedene Basisströme wird jeweils der Kollektorstrom I_C gemessen und die Stromverstärkung B berechnet.
Beobachtung: In einem großen Bereich zeigen I_C und I_B einen annähernd linearen Zusammenhang, das heißt, der Quotient $B = I_C/I_B$ ist für die jeweiligen Transistortypen nahezu konstant (**Abb. 456.2**). ◄

Der Zusammenhang $I_C = B I_B$ kann zum Verstärken von Strömen und Spannungen genutzt werden. Da in einem kleinen Bereich U_{BE} und I_B linear voneinander abhängig sind, können auch Wechselspannungen verstärkt werden, wie folgender Versuch zeigt:

Versuch 3: In der Transistorschaltung nach **Abb. 457.1** soll die Spannungsverstärkung gemessen werden. Mit $R_1 = 330$ kΩ beträgt bei einem Transistor BC 107 die Spannung $U_{CE} = 5{,}77$ V. Die Ströme I_C und I_B betragen 9,23 mA und 43,3 µA. Über den Kondensator C_1 wird eine Wechselspannung mit $\hat{u}_E = 1$ mV an den Eingang angeschlossen. Ein Oszilloskop zeigt die Ausgangsspannung an.
Beobachtung: Am Ausgang der Transistorschaltung wird eine Wechselspannung $\hat{u}_A$ von 320 mV gemessen. Die **Spannungsverstärkung** beträgt $V = 320$. ◄

> Mit einem Transistor lassen sich Signale verstärken oder schalten. Die Schichten, aus denen ein npn- oder ein pnp-Transistor aufgebaut ist, heißen Emitter, Basis und Kollektor. Der Kollektorstrom I_C ist das B-fache des Basisstroms I_B.

Nachteilig für den Einsatz in Gebrauchsschaltungen sind die Parameterstreuungen von Transistoren einer Serienproduktion und die starke Temperaturabhängigkeit, beispielsweise der Stromverstärkung. Das Ziel schaltungstechnischer Maßnahmen besteht deshalb darin, die Schaltungseigenschaften von diesen Einflüssen weitgehend unabhängig zu machen (→ 12.3). Die Verstärkung einer Schaltung wird dazu durch eine Rückkopplung auf einen durch Widerstände eingestellten Verstärkungsfaktor stabilisiert.

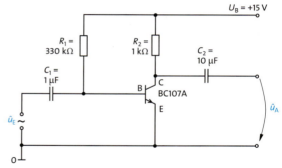

457.1 Transistorverstärker für Wechselspannungen. Der Widerstand R_1 wird so eingestellt, dass sich eine Spannung U_{CE} von ca. $\frac{1}{2} U_B$ einstellt.

Berechnung der Spannungsverstärkung
Die Spannungsverstärkung lässt sich mit guter Genauigkeit durch eine Rechnung abschätzen, die von einer konstanten Stromverstärkung B des Transistors ausgeht.
1. Aus der Eingangsspannung $\hat{u}_E$ wird mit dem Eingangswiderstand der Eingangsstrom $\hat{i}_B$ berechnet, wobei der vergleichsweise große Widerstand R_1 vernachlässigt wird.
2. Mit der Stromverstärkung B wird der Kollektorstrom $\hat{i}_C$ bestimmt.
3. Mit dem Widerstand R_1 wird die Ausgangsspannung $\hat{u}_C$ berechnet, wobei der vergleichsweise große Widerstand R_{CE} des Transistors vernachlässigt wird.

Für die Schaltung in **Abb. 457.1** lassen sich damit die folgenden Werte angeben:
Der Basis-Emitter-Widerstand beträgt (→ 12.1.3) $r_{BE} = U_T/I_B = 25{,}5$ mV/$43{,}3$ µA $= 589$ Ω. Der Eingangsstrom beträgt $\hat{i}_B = \hat{u}_E/r_{BE} = 1{,}7$ µA.
Die Stromverstärkung ist für Gleichstrom wie für Wechselstrom näherungsweise gleich, also $B = 9{,}23$ mA/$43{,}3$ µA $= 213$. Damit beträgt der Kollektorwechselstrom $\hat{i}_C = B \hat{i}_B = 0{,}363$ mA.
$\hat{u}_C = R_2 \hat{i}_C = 363$ mV ist die Wechselspannung am Ausgang. Die Verstärkung beträgt demnach in guter Übereinstimmung mit der Messung

$$V = \frac{\hat{u}_A}{\hat{u}_E} = \frac{363 \text{ mV}}{1 \text{ mV}} = 363.$$

Aufgaben
1. In der Verstärkerschaltung von **Abb. 457.1** werden alle Widerstände um den Faktor 10 vergrößert.
   a) Berechnen Sie den Verstärkungsfaktor.
   b) Berechnen Sie den Eingangs- und Ausgangswiderstand.
   c) Erläutern Sie die Konsequenzen für die Schaltungsauslegung bei der Anpassung an eine hochohmige Signalspannung bzw. an ein niederohmiges Bauelement am Ausgang.
2. In der Verstärkerschaltung von **Abb. 457.1** wird der Transistor durch einen anderen mit der Stromverstärkung $B = 300$ ersetzt. Vergleichen Sie die Verstärkungsfaktoren und die Amplituden der Ausgangswechselspannung.

Halbleiter

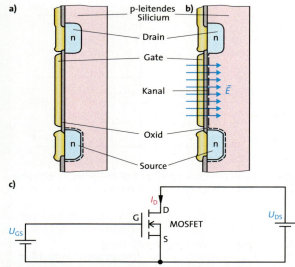

458.1 Der Aufbau eines MOS-Feldeffekttransistors **(a)**. Die metallischen Anschlüsse Source (S), Gate (G) und Drain (D) sind durch die gelbe Metallisierung hervorgehoben. Das elektrische Feld, welches durch U_{GS} hervorgerufen wird, erzeugt einen n-leitenden Kanal zwischen Source und Drain **(b)**. Darunter das Schaltbild des MOS-Feldeffekttransistors **(c)** mit der Steuerspannung U_{GS}, die durch die Breite des Kanals den Strom I_D von Drain nach Source bei angelegter Spannung U_{DS} steuert.

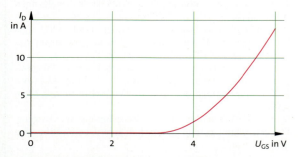

458.2 Messwerte für den Strom I_D in Abhängigkeit von der Spannung U_{GS} nach **Abb. 458.1c**. Die Steigung des Graphen $S = \Delta I_D / \Delta U_{GS}$ wird Steilheit genannt.

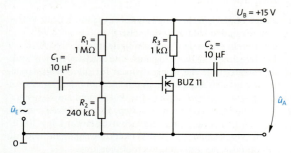

458.3 Der MOSFET als Verstärker für Wechselspannungen.

12.1.5 Der Feldeffekttransistor

Der bipolare (npn- oder pnp-)Transistor hat den Nachteil, dass er über einen Strom durch die Basis-Emitter-Diode gesteuert werden muss. Das Produkt aus Strom und Basis-Emitter-Spannung bestimmt die Steuerleistung, die in Wärmeenergie umgesetzt wird. Bei der fortschreitenden Integration von Millionen Transistoren auf einer Silicium-Kristallscheibe (wafer) stellt das Abführen der Wärmeenergie ein Hauptproblem bei der Entwicklung von hochintegrierten Schaltungen dar. Hinsichtlich der Verlustleistung sind die folgenden, leistungslos steuerbaren Halbleiter den bipolaren Transistoren gegenüber deshalb im Vorteil.

Im **Feldeffekttransistor (FET)**, der vom Jahr 1970 an in hochintegrierten Schaltungen fast ausschließlich verwendet wird, ist das Prinzip der leistungslosen Steuerung verwirklicht worden. Seine Wirkungsweise beruht auf dem Effekt des elektrischen Feldes in einem Kondensator, dessen eine Platte aus einem Halbleiter hergestellt ist. **Abb. 458.1a** zeigt den prinzipiellen Aufbau eines n-Kanal-MOSFET (Metal-Oxide-Semiconductor-Field-Effect-Transistor). Beim FET wird der Widerstand eines halbleitenden Kanals durch einen **Gate**-Anschluss gesteuert. Die an den Kanalenden angebrachten Anschlüsse werden als **Source** (Quelle) und **Drain** (Abfluss) bezeichnet. Die Isolation zwischen dem Gate und dem **Kanal** wird bei einem MOSFET durch eine Oxid-Schicht realisiert.

Funktionsweise des MOSFET

Ein Strom zwischen den n-dotierten Drain- und Source-Kontakten kann nur dann fließen, wenn sie durch eine n-leitende Schicht miteinander verbunden sind. Im Aufbau nach **Abb. 458.1a** besteht der Bereich zwischen Source und Drain aus schwach p-leitendem Material, welches eine Schichtenfolge n–p–n ergibt. Ein Stromfluss wird durch einen der beiden p-n-Übergänge verhindert. Der MOSFET leitet nicht.
Die Steuerung des MOSFET erfolgt durch ein elektrisches Feld $\vec{E}$ senkrecht zum Source-Drain-Bereich, welches durch die Spannung U_{GS} bewirkt wird (blau eingezeichnet in **Abb. 458.1b**). Ein starkes elektrisches Feld in Richtung auf die Oberfläche ändert die Leitungsmechanismen grundlegend: In einem schmalen, der Isolierschicht benachbarten Bereich kommt es zu einem starken Anstieg der n-Ladungsträgerkonzentration in dem vormals p-leitenden Material. Das Material nahe der Oberfläche wird n-leitend. Der n-leitende **Kanal** verbindet Source und Drain. Die Leitfähigkeit des Kanals von Source nach Drain wächst bei steigender Spannung U_{GS} mit der Breite dieses Kanals.

Halbleiter

Im Gegensatz zu bipolaren Transistoren wird bei Feldeffekttransistoren die Leitung nur durch einen einzigen Leitungsmechanismus bewirkt. Darin unterscheiden sich Feldeffekttransistoren von den bipolaren Transistoren (→ 12.1.4), bei denen Elektronen und Löcher für die Funktion erforderlich sind.

Die Kennlinien des MOSFET

Versuch 1: Ein MOSFET wird durch verschiedene Gate-Source-Spannungen U_{GS} angesteuert und der Drainstrom I_D gemessen (**Abb. 458.1c**).
Beobachtung: Die Kennlinie nach **Abb. 458.2** beschreibt die Messwerte von I_D in Abhängigkeit von U_{GS}.
Erklärung: Solange die Gate-Spannung unter $U_{GS} = 3$ V bleibt, ist das Feld zwischen Gate und dem Kanal zu schwach, um eine n-Leitung im Kanal hervorzurufen. Das Schaltzeichen des MOSFET in **Abb. 458.1c** symbolisiert diese Eigenschaft durch die unterbrochene Verbindung zwischen Source und Drain. Es fließt kein Strom I_D bei niedriger Spannung U_{GS}. Steigt die Gate-Spannung U_{GS} über 3 V, erzeugt der Feldeffekt eine zunehmende Zahl von n-Ladungsträgern, die den Drainstrom I_D ermöglichen. ◄

Die Source-Drain-Strecke verhält sich im eingeschalteten Zustand ($U_{GS} > 3$ V) wie ein Widerstand von ca. 0,1 Ω. Im ausgeschalteten Zustand ($U_{GS} < 3$ V) ist der Widerstand größer als 100 kΩ. Durch diese Eigenschaften vereinfacht sich der Einsatz des MOSFET in digitalen Schaltungen mit 5 V-Betriebsspannung (→ 12.4). Andere Umschaltspannungen lassen sich durch die Parameter bei der Herstellung der Isolierung zwischen Gateanschluss und dem Kanal einstellen.

Der MOSFET kann neben seiner Verwendung in digitalen Schaltungen als elektronischer Schalter auch als Verstärker dienen.

Versuch 2: In der Schaltung nach **Abb. 458.3** soll die Wechselspannungsverstärkung gemessen werden. Dazu wird der Widerstand R_2 so gewählt, dass sich eine Spannung U_{DS} von ca. $\frac{1}{2} U_B$ einstellt. Mit $R_2 = 240$ kΩ beträgt bei dem Transistor BUZ 11 die Spannung $U_{DS} = 7$ V. Es fließt ein Strom $I_D = 8$ mA, der Strom durch das Gate I_G ist null. Über den Kondensator C_1 wird eine Wechselspannung mit $\hat{u}_E = 1$ mV an den Eingang angeschlossen. Die Ausgangsspannung zeigt ein Oszilloskop.
Beobachtung: Am Ausgang der Schaltung wird eine Wechselspannung mit einer Amplitude von 216 mV gemessen. Die **Spannungsverstärkung** beträgt 216. Sie liegt damit in einer ähnlichen Größenordnung wie die in Schaltungen mit einem bipolaren Transistor. Die Stromverstärkung wird wegen $I_G = 0$ nicht betrachtet. ◄

Berechnung der Spannungsverstärkung

Der Verlauf der Kennlinie von **Abb. 458.2** wird oberhalb der Schwellenspannung $U_P = 3$ V durch die Funktion

$$I_D = I_{D,2\,U_P}\left(1 - \frac{2\,U_P - U_{GS}}{U_P}\right)^2$$

beschrieben. $I_{D,2\,U_P} = 13{,}5$ A ist der Drain-Strom bei der doppelten Schwellenspannung $2\,U_P = 6$ V. Mit den eingesetzten Werten folgt für die Kennlinien

$$I_D = 13{,}5 \text{ A} \left(1 - \frac{6 \text{ V} - U_{GS}}{3 \text{ V}}\right)^2.$$

Der Zusammenhang ist im Vergleich zum Bipolartransistor weit weniger temperaturabhängig. Schaltungen mit FETs lassen sich deshalb einfacher dimensionieren.

Die Spannungsverstärkung lässt sich mit einer einfachen Rechnung abschätzen, da kein Eingangsstrom I_G zu berücksichtigen ist.
1. Mit dem vorliegenden Drainstrom I_D lässt sich der Quotient $S = \Delta I_D / \Delta U_{GS}$ berechnen:

$$S = \frac{2}{U_P} \sqrt{I_D\, I_{D,2\,U_P}}$$

2. Mit der Steilheit S wird der Drainstrom $\hat{i}_D$ bestimmt.
3. Mit dem Widerstand R_3 wird die Ausgangsspannung $\hat{u}_D$ berechnet.

Mit den Messwerten aus der Schaltung in **Abb. 458.3**, $U_P = 3$ V, $I_D = 8$ mA und $I_{D,6\,V} = 13{,}5$ A hat die Steigung den Wert $S = 0{,}22$ A/V. Bei einer Eingangsspannung von $\hat{u}_E = 1$ mV entsteht ein Drain-Wechselstrom $\hat{i}_D = S\,\hat{u}_E = 0{,}22$ mA. $\hat{u}_D = R_3\,\hat{i}_D = 220$ mV ist die Wechselspannung am Ausgang. Die Verstärkung beträgt demnach

$$V = \frac{\hat{u}_A}{\hat{u}_E} = \frac{220 \text{ mV}}{1 \text{ mV}} = 220$$

in guter Übereinstimmung mit der Messung.

▬ Aufgaben ▬

1. Der Eingangswiderstand der Schaltung in **Abb. 458.3** ergibt sich aus der Parallelschaltung von $R_1 = 1$ MΩ und $R_2 = 240$ kΩ.
   a) Vergleichen Sie den Eingangswiderstand der Schaltung. Vergleichen Sie mit dem des MOSFET.
   b) Untersuchen Sie eine Schaltung, deren Eingangswiderstand bei fester Verstärkung 10-fach vergrößert ist.
2. Berechnen Sie die Leistungsverstärkung der Schaltung von **Abb. 458.3**.
3. Im eingeschalteten Zustand wird bei einem MOSFET die Spannung $U_{DS} = 0{,}1$ V bei einem Strom $I_{DS} = 10$ A gemessen. Berechnen Sie den Widerstand des MOSFET.
4. Vergleichen Sie Vorzüge und Nachteile eines MOSFET mit denen eines bipolaren Transistors.
5. Im Gegensatz zu bipolaren Transistoren lassen sich MOSFETs problemlos parallel schalten. Überprüfen Sie, welche Eigenschaften der Parallelschaltung im Vergleich zu einem einzelnen MOSFET erhalten bleiben, welche Änderungen zu erwarten sind.

12.2 Das quantenphysikalische Modell des Festkörpers

Die Ursachen der Eigenschaften fester Körper auf mikroskopischer Ebene sind erst mit der quantenphysikalischen Beschreibung erkannt worden. Dabei lassen sich auch einige ungelöste Fragen klären, die auf der Basis der klassischen Beschreibung der Versuche in den Kapiteln 10 bis 12.1 offengeblieben sind:
- Beim lichtelektrischen Effekt (→ 10.1.2) nimmt ein Festkörper, in diesem Fall die Fotozelle, vom elektromagnetischen Feld beliebige Energiebeträge auf. Eine quantisierte Energieaufnahme und -abgabe wie bei Gasen (→ 11.1) scheint bei einem Festkörper nicht vorzuliegen.
- Vergleichbare Eigenschaften zeigt ein Festkörper hoher Temperatur, der Strahlung emittiert. Im kontinuierlichen Spektrum finden sich beliebige Energiebeträge (→ 7.4.2).
- Die elektrische Leitung in einem Festkörper durch Elektronen beschreibt die klassische Physik zutreffend (→ 5.3.2). Isolatoren, Halbleiter und Leiter unterscheiden sich in der Dichte der freien Elektronen. Quanteneffekte sind – von der Quantisierung der Ladung abgesehen – nicht offensichtlich.

Das Verhalten von Elektronen und Löchern (→ 12.1.2) erfordert eine quantenphysikalische Beschreibung, da die Dimensionen des Festkörpers oder die seiner Bausteine in der Größenordnung der De-Broglie-Wellenlänge der Elektronen liegen (→ 10.3.1). Das zeigt z.B. die Elektronenbeugung an Grafitkristallen (→ 10.3.2). Die klassische Betrachtungsweise der Leitungsmechanismen liefert hier keine angemessene Beschreibung der Phänomene.

Bei der Einführung in die quantenphysikalische Beschreibung des Festkörpers werden also Methoden aufgegriffen, die zur Entwicklung des Atommodells in der Quantenphysik verwendet wurden (→ 11.3). In einem ersten Schritt werden wenige, in einem nächsten dann sehr viele Elektronen betrachtet. Dabei wird sich zeigen, wie der Zusammenhang zur klassischen Beschreibung der Leitungsvorgänge hergestellt werden kann und wann genau quantenphysikalische Aspekte in den Vordergrund treten.

12.2.1 Energiezustände im Elektronengas

Die elektrischen Eigenschaften eines Festkörpers lassen sich in einer ersten Näherung mit dem Modell des dreidimensionalen Potentialtopfes beschreiben. In diesem Modell können sich Elektronen im gesamten Volumen des Festkörpers frei bewegen. Die Wirkung der positiven Ionen des Kristallgitters wird vorerst vernachlässigt. Diese Annahmen stützen sich auf die Ergebnisse der Experimente zur molekularen Bindung und zu Farbstoffmolekülen (→ 11.3.2), bei denen die Antreffwahrscheinlichkeit für Elektronen über mehrere atomare Bausteine hinweg verteilt ist. In einem Festkörper verteilt sich die Antreffwahrscheinlichkeit der **freien Elektronen** über das gesamte Volumen. Das Verhalten der Elektronen im Festkörper ist vergleichbar mit dem Verhalten eines Gases, daher auch die Bezeichnung **Elektronengas.**
Die quantenphysikalische Beschreibung des Problems wird zeigen, welche Werte die Antreffwahrscheinlichkeit der Elektronen im Festkörper annimmt und welche Energieniveaus auftreten. Das Vorgehen gleicht dem beim linearen Potentialtopf (→ 11.3.1).

Verteilung der Antreffwahrscheinlichkeit

Ein Würfel mit den Kantenlängen $a_x = a_y = a_z = a$ soll als Beispiel für einen Festkörper dienen. Die Elektronen in diesem Würfel verhalten sich nach unseren Annahmen wie stehende De-Broglie-Wellen mit Komponenten in x-, y- und z-Richtung. Von stehenden Wellen ist auszugehen, weil im Festkörper ohne elektrische Felder kein gerichteter Ladungstransport erfolgt. Für stehende Wellen gilt

$$\frac{\lambda}{2} n_x = a, \quad \frac{\lambda}{2} n_y = a, \quad \frac{\lambda}{2} n_z = a,$$

wobei n_x, n_y, n_z voneinander unabhängige natürliche Zahlen (Quantenzahlen) sind. Die Wellenfunktion z.B. in x-Richtung ist wie beim linearen Potentialtopf (→ 11.3.5)

$$\Psi(x) = \hat{\Psi}_x \sin \frac{n_x \pi x}{a}.$$

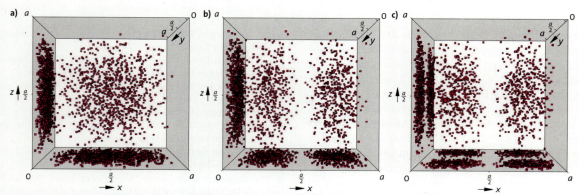

460.1 Verteilungen der Antreffwahrscheinlichkeit in einem dreidimensionalen Potentialtopf: **a)** Für $n_x = n_y = n_z = 1$ ist die Antreffwahrscheinlichkeit im Zentrum des Würfels maximal. **b)** Für $n_x = 2$ und $n_y = n_z = 1$ ist die Antreffwahrscheinlichkeit bei $x = a/2$ null. Maxima der Verteilung sind in der linken und rechten Hälfte zu erkennen. **c)** Für $n_x = n_y = 2$, $n_z = 1$ teilt sich die Antreffwahrscheinlichkeit auf vier Bereiche auf, die untereinander ohne Verbindung sind.

Das quantenphysikalische Modell des Festkörpers

Die räumliche Amplitudenverteilung ergibt sich aus dem Produkt der Verteilungen in x-, y- und z-Richtung:

$$\Psi(x,y,z) = \hat{\Psi} \sin\frac{n_x \pi x}{a} \sin\frac{n_y \pi y}{a} \sin\frac{n_z \pi z}{a}$$

Die Antreffwahrscheinlichkeit für ein Elektron ist proportional zu $|\Psi(x,y,z)|^2$ im Raum verteilt. Um mögliche Verteilungen zu veranschaulichen, registrieren wir in einer Simulation eine große Zahl von Wechselwirkungen im Raum, wie auch beim linearen Potentialtopf (→ 11.3.5). Ihre relative Häufigkeit ist der mit $|\Psi(x,y,z)|^2$ berechneten Wahrscheinlichkeit proportional (**Abb. 460.1**).
Für die Wände des Potentialwürfels mit den Koordinaten 0 und a ist $|\Psi(x,y,z)|^2 = 0$; dort ist kein Elektron anzutreffen. Dies zeigt **Abb. 460.1 a)**. Die Antreffwahrscheinlichkeit nimmt von den Wänden zum Inneren des Potentialwürfels zu. Die zu der Quantenzahlkombination $n_x = n_y = n_z = 1$ gehörende De-Broglie-Welle hat im Zentrum des Potentialwürfels ein Maximum. Dort ist $x = \frac{a}{2}$ und $\sin(n_x \pi x/a) = \sin(\frac{\pi}{2}) = 1$. Für die y- und z-Komponenten gilt Entsprechendes. $|\Psi(x,y,z)|^2$ erreicht im Zentrum des Würfels das Maximum $|\Psi(\frac{a}{2},\frac{a}{2},\frac{a}{2})|^2 = |\hat{\Psi}|^2$ (**Abb. 460.1 a**).
Für die Tripel der Quantenzahlen $n_x = 2$, $n_y = n_z = 1$ sowie $n_x = n_y = 2$ und $n_z = 1$ zeigen **Abb. 460.1 b)** und **c)** die zugehörigen Verteilungen.
Durch die Nullstellen der Ψ- bzw. $|\Psi|^2$-Funktion lässt sich umgekehrt von der Form der Verteilung auf die Werte der Quantenzahlen schließen. In **Abb. 460.1 b)** hat die Verteilung in x-Richtung Nullstellen bei $x = 0$, $x = \frac{a}{2}$ und $x = a$. Die Funktion $\Psi(x) = \hat{\Psi}_x \sin(n_x \pi x/a)$ hat von null ausgehend die nächste Nullstelle bei $n_x \pi x/a = \pi$. Also muss an der Stelle $x = \frac{a}{2}$ gelten: $n_x \pi/2 = \pi$, was zu $n_x = 2$ führt.

Energiestufen

Die Energie E eines Zustands lässt sich, weil die potentielle Energie im Potentialwürfel $E_{pot} = 0$ ist, allein aus der kinetischen Energie $E_{kin} = p^2/2m_e$ mithilfe des Gesamtimpulses p zu $E = p^2/2m_e$ berechnen. Der Impuls p setzt sich aus den Impulskomponenten der drei Raumrichtungen zusammen, die über die De-Broglie-Beziehung $p = h/\lambda$ jeweils von den entsprechenden Wellenlängen abhängen.
Ein erster Rechenschritt führt zu den Komponenten des Impulses. Mit

$$\frac{\lambda}{2}n_x = a, \quad \frac{\lambda}{2}n_y = a, \quad \frac{\lambda}{2}n_z = a, \quad \text{und} \quad p = \frac{h}{\lambda} \text{ folgt:}$$

$$p_x = \frac{h}{2a}n_x, \quad p_y = \frac{h}{2a}n_y, \quad p_z = \frac{h}{2a}n_z$$

Die Impulskomponenten werden in einem zweiten Schritt mit $p^2 = p_x^2 + p_y^2 + p_z^2$ zum Gesamtimpuls p zusammengesetzt. Damit kann die Energie berechnet werden.

> Im dreidimensionalen Potentialtopf hängt die Energie eines Zustandes
> $$E = \frac{p_x^2 + p_y^2 + p_z^2}{2m_e} = \frac{h^2}{8m_e a^2}(n_x^2 + n_y^2 + n_z^2)$$
> von einem Tripel von Quantenzahlen ab.

Um einen Eindruck von der Größenordnung der Energiewerte zu erhalten, soll ein Würfel mit 1 nm Kantenlänge betrachtet werden. Der Vorfaktor $h^2/(8m_e a^2)$ hat für $a = 1$ nm den Wert $6{,}02 \cdot 10^{-20}$ J $= 0{,}376$ eV. Die Energie des Grundzustands mit $n_x = n_y = n_z = 1$ ist $E_{(1,1,1)} = 1{,}81 \cdot 10^{-19}$ J $= 1{,}13$ eV. Der erste angeregte Zustand hat die Energie $E_{(2,1,1)} = 3{,}61 \cdot 10^{-19}$ J $= 2{,}26$ eV, den doppelten Wert des Grundzustands. In **Abb. 461.1** sind für weitere Zustände die Energiewerte eingetragen, jeweils als Vielfache des Wertes von $h^2/(8m_e a^2)$. Die Grafik zeigt, dass unterschiedliche Quantenzustände mitunter die gleiche Energie haben.

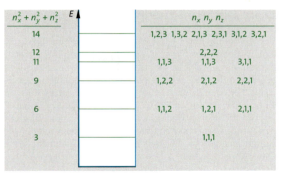

461.1 Energieniveaus in einem dreidimensionalen Potentialtopf als Vielfache von $h^2/(8m_e a^2)$

Energiestufen in mikroskopischen und makroskopischen Körpern

Die Energiestufen in der Nähe des Grundzustands bestimmen die Energiebeträge, die aufgenommen und abgegeben werden könnten, wenn sich wenige Elektronen im Potentialtopf befinden. Dann sind die Zustände, in die ein Elektron angeregt werden kann, zumeist unbesetzt. Ein makroskopischer metallischer Würfel mit 1 cm Kantenlänge enthält hingegen eine sehr große Zahl freier Elektronen. Diese Elektronen füllen die freien Zustände im Energieniveauschema von unten her auf, da nach dem Pauli-Prinzip (→ 11.3.9) nur jeweils zwei Elektronen mit unterschiedlichem Spin einen Zustand besetzen. Um anzugeben, welche Energiebeträge aufgenommen und abgegeben werden können, ist es erforderlich, die Energiedifferenz zwischen einem freien und einem besetzten Zustand *weit entfernt vom Grundzustand* zu ermitteln. Dieser Frage wird im Folgenden nachgegangen.

Aufgaben

1. Die Energieniveaus in **Abb. 461.1** sollen mit drei Elektronen aufgefüllt sein.
   a) Bestimmen Sie die Energie des energiereichsten Elektrons in einem 3D-Potentialtopf mit $a = 1$ nm.
   b) Ermitteln Sie die Möglichkeiten, die für die Verteilung der Antreffwahrscheinlichkeit bestehen. Skizzieren Sie eine ausgewählte Verteilung.

2. In **Abb. 461.1** sind die ersten sechs Energieniveaus eingezeichnet. Geben Sie die Tripel von Quantenzahlen des nächsthöheren Energieniveaus an.

3. Ein 3D-Potentialtopf mit den Kantenlängen 10 nm ist mit einem Elektron besetzt. Ermitteln Sie die niedrigste Anregungsenergie für diesen Zustand.

Das quantenphysikalische Modell des Festkörpers

12.2.2 Die Fermi-Energie

Bei der Temperatur $T = 0\,\text{K}$ sind die Energiezustände in einem Festkörper vom Grundzustand aufwärts besetzt. Obwohl die Anzahl der Elektronen sehr groß ist, gibt es wegen der endlichen Zahl einen höchsten besetzten Energiezustand. Die Energie dieses Zustands wird als **Fermi-Energie** E_F bezeichnet (Enrico FERMI, 1901–1954). Dieser Energiewert ist deshalb so wichtig, weil die Anregung von Elektronen mit E_F in das nächsthöhere freie Energieniveau die geringste Energie ist, die der Festkörper aufnehmen kann. Diese Anregungsenergie bestimmt zum Beispiel das Absorptionsverhalten des Festkörpers.

Die Fermi-Energie lässt sich berechnen, wenn die Zahl N der freien Elektronen im Festkörper mit dem Volumen V bekannt ist. Im Experiment wird dazu die Dichte der freien Elektronen n_e beispielsweise mit dem Hall-Effekt ($\to$ 6.1.4) gemessen. Für Cu ist beispielsweise $n_e = N/V = 8{,}47 \cdot 10^{28}\,\text{m}^{-3}$. Nach dem Pauli-Prinzip besetzen je zwei Elektronen einen Zustand. N Elektronen besetzen also $z = \frac{N}{2}$ Zustände. In einem Würfel mit dem Volumen $V = a^3$ werden daher $n_e/2\,V = n_e/2\,a^3$ Zustände besetzt. Aus der Zahl der besetzten Zustände lässt sich auf den Impuls und die Energie des höchsten besetzten Zustands und damit auf die Fermi-Energie schließen, wie die folgenden Betrachtungen zeigen.

Impulskomponenten und Zahl der Zustände

Die Impulskomponenten in einem Würfel der Kantenlänge a hängen von den Quantenzahlen ($\to$ 12.2.1) ab:

$$p_x = \frac{h}{2a}n_x;\quad p_y = \frac{h}{2a}n_y;\quad p_z = \frac{h}{2a}n_z.$$

Mit $n_x = n_y = n_z = 1$ ist der Zustand mit dem kleinsten Impulsbetrag

$$p = \sqrt{p_x^2 + p_y^2 + p_z^2} = \sqrt{3}\,\frac{h}{2a} \approx 1{,}732\,\frac{h}{2a}.$$

Für die Kombination der Quantenzahlen (2,1,1), also $n_x = 2$ und $n_y = n_z = 1$, sind es mit den Vertauschungen (1,2,1) und (1,1,2) bereits drei weitere Zustände mit dem Impuls

$$p = \sqrt{2^2 + 1^2 + 1^2}\,\frac{h}{2a} = \sqrt{6}\,\frac{h}{2a} \approx 2{,}45\,\frac{h}{2a},$$

also insgesamt vier mit einem Impuls $p \leq 2{,}45\,h/(2a)$.

Das folgende Beispiel wird zeigen, dass es bei ansteigendem oberen Grenzwert des Impulses zunehmend schwieriger wird, die Anzahl der Zustände zu bestimmen. Bereits für einen Impuls $p \leq 5\,h/(2a)$ ergeben sich die durch Probieren ermittelten und in **Abb. 462.1** bzw. **Abb. 462.2** gezeigten 38 Impulspfeile, also 38 Zustände.

Eine Näherung für große Zustandszahlen

Jedem Zustand und damit jedem Pfeil ist ein Punkt mit ganzzahligen Koordinaten, z. B. n_x, n_y, n_z zugeordnet – oder aber: Jeder Pfeil führt zu einem Würfel der Kantenlänge 1, dessen Ecke die Koordinaten $(n_x|n_y|n_z)$ hat (**Abb. 462.1**). Es gibt also genau so viele ganzzahlige Kombinationen n_x, n_y, n_z, wie es Würfel der Kantenlänge 1 gibt, deren Ecken die Bedingung $\sqrt{n_x^2 + n_y^2 + n_z^2} \leq r$ erfüllen. Das aber heißt, dass durch die Anzahl der Würfel mit der Kantenlänge 1, die innerhalb des Volumens einer $\frac{1}{8}$-Kugel gestapelt sind, die Anzahl der Zustände berechnet werden kann. Als Näherung für diese Anzahl wird das Volumen der $\frac{1}{8}$-Kugel genommen.

Dieses Vorgehen soll am Beispiel mit $p \leq 5\,h/(2a)$ veranschaulicht werden, auch wenn die geringe Zahl von nur 38 Zuständen zu einer recht groben Näherung führt. Für $p \leq 5\,h/(2a)$ wird eine Kugel mit dem Radius 5 Einheiten in ein Koordinatengitter mit den Einheiten $h/(2a)$ gezeichnet. Das Volumen der $\frac{1}{8}$-Kugel beträgt

$$V = \frac{1}{8}\frac{4}{3}\pi r^3 = \frac{1}{8}\frac{4}{3}\pi \cdot 5^3 \approx 65{,}4.$$

Die Rechnung ergibt ein Volumen von 65,4 Einheiten. Im Vergleich zu den 38 Zuständen sind es verständlicherweise zu viel, da die gedachten Einheitswürfel der 38 Zustände die $\frac{1}{8}$-Kugel nicht vollständig ausfüllen.

Für einen beliebigen Impuls $|\vec{p}|$ wird die Berechnung der Zahl der Zustände z analog zu dem Beispiel $p \leq 5\,h/(2a)$ durchgeführt.

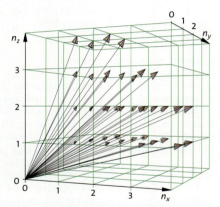

462.1 Impulse mit einer Länge von maximal fünf Einheiten, angefangen bei $(n_x, n_y, n_z) = (1,1,1)$ bis hin zu $(n_x, n_y, n_z) = (3,3,2)$.

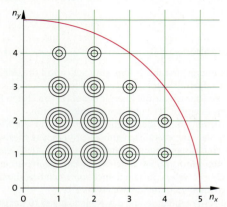

462.2 Projektion der Pfeilspitzen von **Abb. 462.1** auf die Grundfläche. Die Zahl der Kreise gibt die Anzahl der dort endenden Pfeilspitzen an.

Aus $p = \sqrt{p_x^2 + p_y^2 + p_z^2}$ folgt mit (1)

$$p = \sqrt{\left(\frac{h}{2a}\right)^2 (n_x^2 + n_y^2 + n_z^2)} \quad \text{oder} \quad \frac{p\,2a}{h} = \sqrt{n_x^2 + n_y^2 + n_z^2},$$

wobei die linke Seite der Gleichung den Radius der gedachten $\frac{1}{8}$-Kugel angibt. Deren Volumen und damit die genäherte Zahl z der Zustände ist

$$z = \frac{1}{8}\frac{4}{3}\pi r^3 = \frac{1}{8}\frac{4}{3}\pi \left(p\frac{2a}{h}\right)^3.$$

Berechnung der Fermi-Energie E_F

Mit $E = p^2/(2m)$ lässt sich p durch E ersetzen. Die Rechnung liefert die Zahl der Zustände in Abhängigkeit von der Energie

$$z = \frac{4\pi}{3}\frac{a^3}{h^3}(2m_e E)^{3/2}. \qquad (2)$$

Die Anzahl der besetzten Zustände in einem Würfel mit dem Volumen $V = a^3$ ist $z = n_e/2\, a^3$. Die größte Energie eines besetzten Zustands ist die Fermi-Energie E_F:

$$\frac{n_e}{2}a^3 = \frac{4\pi}{3}\frac{a^3}{h^3}(2m_e E_F)^{2/3},$$

nach E_F aufgelöst

$$E_F = \frac{h^2}{8m_e}\left(\frac{3}{\pi}n_e\right)^{2/3}$$

Der Wert der Fermi-Energie ist von der Kantenlänge a des Festkörpers unabhängig. Es handelt sich damit um eine Materialkonstante. Ein Beispiel: Die Fermi-Energie des höchsten besetzten Niveaus beträgt für Kupfer mit den genannten Werten $E_{F,Cu} = 7{,}04$ eV. Die Werte für weitere Stoffe zeigt **Tab. 463.1**.

> Die **Fermi-Energie** E_F eines Metalls gibt die Energie des höchsten besetzten Zustands (für eine Temperatur von 0 K) an. Sie hängt nur von der Dichte der freien Elektronen n_e des Metalls ab:
>
> $$E_F = \frac{h^2}{8m_e}\left(\frac{3}{\pi}n_e\right)^{2/3}$$

Energiedifferenzen nahe der Fermi-Energie

Um die Energiedifferenz für Elektronen nahe der Fermi-Energie zwischen einem besetzten und einem freien Zustand grob abzuschätzen, wird der Abstand der Energieniveaus bei $E \approx E_F$ auf einen mittleren Wert genähert. Dann lässt sich die Energiedifferenz aus dem mittleren Energiezuwachs zwischen einem Zustand und dem energetisch nächsthöheren ermitteln.

Die sogenannte Besetzungsdichte $D(E)$, abhängig von der Energie E, ist definiert als

$$D(E) = 2\frac{\mathrm{d}z(E)}{\mathrm{d}E}.$$

Die Besetzungsdichte $D(E)$ gibt die Zahl der Zustände $\mathrm{d}z$ im Energieintervall $\mathrm{d}E$ an. Der Faktor 2 berücksichtigt, dass N Elektronen $z = N/2$ Zustände besetzen.

Durch Einsetzen von $z(E)$ nach (2) lässt sich $D(E)$ angeben:

$$D(E) = 2\frac{\mathrm{d}}{\mathrm{d}E}\left(\frac{4\pi}{3}\frac{a^3}{h^3}(2m_e E)^{\frac{3}{2}}\right) = 2\frac{4\pi}{3}\frac{a^3}{h^3}(2m_e)^{\frac{3}{2}}\frac{3}{2}\sqrt{E}$$

$$= 8\pi\sqrt{2}\frac{a^3}{h^3}m_e^{\frac{3}{2}}\sqrt{E}$$

Metall	Elektronendichte n_e in m^{-3}	Fermi-Energie in eV
Lithium	$4{,}70\cdot 10^{28}$	4,75
Natrium	$2{,}65\cdot 10^{28}$	3,24
Kalium	$1{,}40\cdot 10^{28}$	2,12
Kupfer	$8{,}47\cdot 10^{28}$	7,04
Silber	$5{,}86\cdot 10^{28}$	5,50
Gold	$5{,}90\cdot 10^{28}$	5,53

463.1 Elektronendichte und Fermi-Energie einiger Metalle

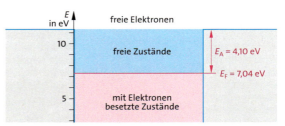

463.2 Die Energieniveaus in Festkörpern liegen so dicht, dass sie als Energieband erscheinen (Beispiel Kupfer). Bei $T = 0$ K sind die Niveaus unterhalb von E_F vollständig besetzt, oberhalb von E_F befinden sich freie Niveaus.

Das Ergebnis zeigt die Abhängigkeit der Besetzungsdichte $D(E)$ von $\sqrt{E}$, die Dichte der Zustände wächst also mit steigender Energie. Für einen Kupferwürfel mit $a = 1$ cm beträgt die Dichte der Zustände bei $E = E_F = 7{,}04$ eV

$$D(E_{F,Cu}) = 1{,}12\cdot 10^{41}\,\mathrm{J}^{-1} = 1{,}81\cdot 10^{22}\,(\mathrm{eV})^{-1}.$$

Die Energie, mit der ein Elektron in die energetisch nächsthöheren, freien Zustände angeregt werden kann, bestimmt das Absorptionsverhalten des Festkörpers.

Dieser berechnete äußerst geringe mittlere Abstand der Energieniveaus von $\Delta E = 5{,}53\cdot 10^{-23}$ eV ermöglicht eine Absorption nahezu beliebiger Energiebeträge. Für die Emission gilt Entsprechendes. Das Ergebnis bestätigt die experimentellen Erfahrungen, dass metallische Festkörper bei der Aufnahme und Abgabe von Energie keine merkliche Quantisierung zeigen (**Abb. 463.2**).

> In der Umgebung der **Fermi-Energie** liegen die Zustände in einem makroskopischen **Metallstück** extrem dicht. Sie werden **Energieband** genannt. Es können nahezu beliebige Energiebeträge aufgenommen und abgegeben werden.

Aufgaben

1. Berechnen Sie mit den Angaben aus **Tab. 463.1** die Werte der Fermi-Energie für Aluminium mit einer Elektronendichte von $n_e = 18{,}1\cdot 10^{28}$ m^{-3}. Vergleichen Sie mit der Fermi-Energie bei einer Temperaturerhöhung, durch die die Zahl der freien Elektronen ansteigt.

2. Berechnen Sie den Abstand zweier Energieniveaus nahe der Fermi-Energie für einen Kupferwürfel mit der Kantenlänge 10 nm.

Exkurs

Supraleitung

Die Supraleitung wurde 1911 von Heike KAMERLINGH ONNES (1853–1926) entdeckt, als er die Leitfähigkeit von Quecksilber in der Nähe des absoluten Temperaturnullpunkts bei 0 K = –273,15 °C untersuchte. Unterhalb einer Temperatur von 4,2 K zeigte sich eine sprunghafte Abnahme des Widerstands bzw. ein Anstieg der Leitfähigkeit auf beliebig große Werte.

Die technische Anwendung der mit der Supraleitung prinzipiell gegebenen Möglichkeit eines verlustfreien Transports von elektrischer Energie wurde allerdings durch die erforderlichen tiefen Temperaturen behindert. Erst die Entdeckung von Hochtemperatur-Supraleitern, deren Supraleitung oberhalb von 30 K einsetzt, 1959 durch G. J. BEDNORZ und 1987 durch K. A. MÜLLER erschließt neue Möglichkeiten des elektrischen Energietransports.

Kleine Widerstandswerte an einem Supraleiter zu messen erfordert eine spezielle Messanordnung. Bei der üblichen Widerstandsmessung wird der Widerstandswert R als Quotient aus Messwerten der Spannung U und des Stroms I bestimmt. Der Wert von R setzt sich aus dem zu messenden Widerstand und dem im Verhältnis kleinen Widerstand der Anschlüsse zusammen. Bei der Messung des sehr kleinen Widerstands eines Supraleiters kehrt sich allerdings das Verhältnis um. Deshalb wird die abgebildete Messanordnung verwendet. Zur Messung sehr kleiner Widerstandswerte wird eine 4-Pol-Messung vorgenommen: Über die Anschlüsse 1 und 4 wird ein konstanter Strom I von ca. 0,5 A eingestellt. An den Kontakten 2 und 3 stellt sich im normalleitenden Zustand entsprechend $U_S = R I$ die Spannung U_S als Maß für den Widerstand R ein. Beim Abkühlen des Supraleiters unter 100 K werden die Spannung U_S und der Widerstand $R = U_S/I$ des Materials null. Der Widerstand der Kontakte bleibt dabei ohne Einfluss auf den Messwert.

In einem solchen Messaufbau wird ein keramischer Supraleiter ($YBa_2Cu_3O_7$) mit flüssigem Stickstoff auf 77 K abgekühlt. Gleichzeitig wird die Spannung U_S am Supraleiter gemessen. Die Spannung U_S am Supraleiter sinkt im Verlauf der Abkühlung langsam ab. Beim Abkühlen des Supraleiters unter die kritische Temperatur T_C gehen Spannung und Widerstand schlagartig auf null zurück. Das unterhalb der kritischen

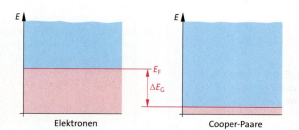

Temperatur T_C deutlich geändertes Verhalten der Leitungselektronen weist auf einen veränderten Leitungsmechanismus hin.

BCS-Theorie der Supraleitung

Nach der **BCS-Theorie** von J. BARDEEN (1908-1991), L. N. COOPER (*1930) und J. R. SCHRIEFFER (*1931) bilden sich bei tiefen Temperaturen Cooper-Paare genannte Paare von Elektronen, die durch einen gemeinsamen Quantenzustand beschrieben werden. Ein Cooper-Paar hat gegenüber dem einzelnen Elektron, welches einen halbzahligen Spin besitzt und dem Pauli-Prinzip (→ 11.3.9) unterliegt, einen ganzzahligen Spin. Für diese Teilchen gilt das Pauli-Prinzip nicht. Sie können deshalb in großer Zahl den gleichen Zustand besetzen wie z. B. die Photonen in einem Laserresonator (→ 11.4.4). Die Elektronen des Festkörpers, die in der Wechselwirkung mit dem Ionengitter Cooper-Paare bilden, gelangen unter Abgabe von Energie in einen gemeinsam besetzten Grundzustand (s. Abb. unten). Die BCS-Theorie sagt für diesen Übergang eine **Supraleiter-Energiedifferenz** proportional zur Sprungtemperatur T_C voraus: $\Delta E_G = 3{,}5\, k\, T_C$ (mit der Boltzmann-Konstanten k bei der Temperatur $T = 0$ K). Der Ladungstransport mit Cooper-Paaren in einem Supraleiter unterscheidet sich von dem durch Elektronen dadurch, dass nur Energiebeträge größer ΔE_G abgegeben werden können, die ein Cooper-Paar in zwei voneinander unabhängige Elektronen zerlegt. Die Möglichkeit, geringere Energiebeträge als ΔE_G aufzunehmen, existiert für Cooper-Paare also nicht. Beim Ladungstransport tritt deshalb keine mit Energieübertragung verbundene Streuung an den Gitterionen auf. Der Ladungstransport erfolgt in einem Supraleiter verlustfrei. Unterhalb der sogenannten Sprungtemperatur ist der Widerstand supraleitender Materialien null.

Element		Sprungtemperatur T_C
Al	Aluminium	1,14 K
Sn	Zinn	3,72 K
Hg	Quecksilber	4,15 K
Pb	Blei	7,19 K

Verbindung	Sprungtemperatur T_C
$YBa_2Cu_3O_7$	92 K
$Tl_2Ba_2CuO_6$	95 K
$Tl_2Ca_2Ba_2Cu_3O_{10}$	125 K
$HgBa_2Ca_2Cu_3O_8$	133 K

Das quantenphysikalische Modell des Festkörpers

Meissner-Ochsenfeld-Effekt

Ideale Leitfähigkeit allein reicht nicht aus, um den durch W. MEISSNER (1882–1974) und R. OCHSENFELD (1901–1993) entdeckten Effekt zu erklären: Beim Abkühlen eines nichtmagnetischen Materials im konstanten (nicht zu starken) Magnetfeld wird die Feldverteilung für $T > T_C$ nicht beeinflusst. Unterhalb der Sprungtemperatur, also für $T < T_C$, wird das Material supraleitend und der Meissner-Ochsenfeld-Effekt tritt auf: Das äußere Magnetfeld wird innerhalb des Supraleiters durch ein entgegengerichtetes Feld kompensiert, welches auf verlustfrei fließende Kreisströme zurückgeführt wird. Die Feldlinien werden dadurch vollständig aus dem Supraleiter herausgedrängt. Der Supraleiter verhält sich damit wie ein idealer Diamagnet. Das inhomogene Feld eines äußeren Permanentmagneten bewirkt im Supraleiter verlustfreie Kreisströme, deren Feld zum Schweben des Magneten führen.

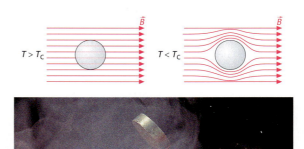

Flussquantisierung

Eine wichtige Stütze erhielt die BCS-Theorie durch die experimentelle Bestätigung der von ihr vorhergesagten halbzahligen Quantisierung des magnetischen Flusses Φ in einem supraleitenden Ring in Einheiten von $\Phi_0 = h/(2e) = 2{,}07 \cdot 10^{-15}$ Tm². Der Nenner $2e$ weist auf den Ladungstransport durch Cooper-Paare hin. Die Abbildung rechts zeigt vier supraleitende Ringe. Im mittleren Ring fließt ein Ringstrom mit einem magnetischen Flussquant Φ_0. Derartige „Flussfäden" entstehen in Supraleitern vom Typ II, die ein stufenweises Eindringen eines äußeren Magnetfeldes in Form einzelner Flussquanten zeigen. Die Abstände ergeben sich dadurch, dass sich die für eine bestimmte Magnetfeldstärke notwendige Anzahl von Flussfäden gleichmäßig über die Fläche verteilt.

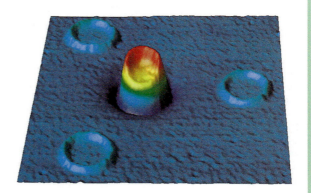

Josephson-Effekt

Cooper-Paare bewegen sich durch eine dünne (ca. 1 nm breite) Isolationsschicht zwischen zwei Supraleitern, wie von B. JOSEPHSON (*1940) im Jahr 1962 vorhergesagt. Im spannungslosen Zustand kann ein konstanter Gleichstrom fließen. Sein Maximalwert I_0 ist abhängig vom Magnetfeld.
Der derzeit empfindlichste Sensor für die magnetische Feldstärke, ein sogenannter SQUID (Superconducting-Quantum-Interference-Device) ist aus einem Paar von Josephson-Kontakten aufgebaut. Damit können bis zu $3 \cdot 10^{-15}$ T nachgewiesen werden.

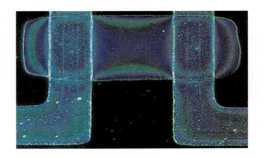

„Harte" Supraleiter

Wichtigen Auftrieb für die Anwendung der Supraleitung z. B. im Magnetbau gab die Entdeckung von Materialien wie z. B. NbTi, V_3Si oder Nb_3Sn, die auch bei Magnetfeldern hoher Feldstärke beträchtliche elektrische Ströme verlustfrei leiten können. Es handelt sich dabei um sogenannte Typ-II-Supraleiter, die zum Teil nicht einmal bei extrem hohen magnetischen Feldstärken normalleitend werden. Der magnetische Fluss Φ dringt in sie in Form einzelner „Flussfäden" mit je einem Flussquant ein. Durch gezielte Erzeugung von Materialinhomogenitäten werden die Flussfäden verankert. Die mit Energieverlusten verbundene Bewegung der Flussfäden, die sich auf Kräfte infolge des Stromtransports im Material zurückführen lässt, wird dadurch vermieden. Mit supraleitenden Magneten aus Nb_3Ge werden zurzeit Feldstärken bis $B = 23{,}2$ T erreicht und in der NMR-Spektroskopie (NMR von engl. nuclear magnetic resonance) verwendet.

Das quantenphysikalische Modell des Festkörpers

12.2.3 Energiebänder im Halbleiter

Nach dem Elektronengas-Modell (→ 12.2.1, 12.2.2) tragen zur elektrischen Leitung im *Festkörper* nur die Elektronen bei, die Zustände in der Nähe der Fermi-Energie E_F besetzen. Diese Elektronen, Fermi-Elektronen genannt, können im *Metall* bereits geringe Energiebeträge aufnehmen und in freie höhere Energieniveaus wechseln. Allerdings zeigen nur Metalle diese Eigenschaft.

Das Absorptionsverhalten von Halbleitern

Das durch ein Energieband beschriebene Energieschema eines Festkörpers lässt sich durch Absorptionsversuche quantitativ untersuchen. Die Photonen aus dem Spektrum des weißen Lichts können entsprechend $E_{Ph} = hf = hc/\lambda$ abhängig von der Wellenlänge λ unterschiedliche Energiebeträge an die Elektronen im Festkörper abgeben. Die Absorption erfolgt jedoch nur dann, wenn für die Elektronen mit der Energie E_F Zustände mit der um $E_{Ph} = \Delta E$ höheren Energie verfügbar sind.

Versuch 1: Das Licht einer Glühlampe wird spektral zerlegt und das Spektrum auf einem Schirm beobachtet. Ein kleiner Cadmiumsulfid-Halbleiterkristall deckt die obere Hälfte des Beleuchtungsspaltes ab.
Beobachtung: Im sichtbaren Teil des Spektrums werden alle Farben von Grün bis Violett absorbiert, während der übrige Teil und der ganze infrarote Bereich ungehindert durchgelassen werden (**Abb. 466.1**).

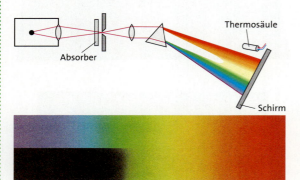

466.1 Im Spektrum des Lichts einer Glühlampe zeigt sich die Absorption eines CdS-Halbleiters in Abhängigkeit von der Wellenlänge: Oben das vollständige Spektrum, unten das Spektrum nach Durchgang durch den Kristall. Die Strahlung wird im Infrarotbereich durch eine Thermosäule nachgewiesen.

Material	Ge	Si	Diamant	B	Se
ΔE in eV	0,65	1,15	6	1,1	2,1
Material	ZnS	CdS	GaAs	PbS	InP
ΔE in eV	3,7	2,3	1,4	0,37	1,25

466.2 Energiedifferenz einiger kristalliner Halbleiter (Elemente und Verbindungen) im Vergleich zu Diamant

Deutung: Die Elektronen im Cadmiumsulfid-Kristall müssen eine Mindestenergie aufnehmen, um ein freies Energieniveau zu erreichen. Offensichtlich ist für Wellenlängen $\lambda > 550$ nm die Energie der Photonen nicht ausreichend, um Elektronen in ein Energieniveau anzuregen. Der Bereich $E_F < E < E_F + \Delta E$ ist somit frei von Energieniveaus. ◂

Dieser von Energieniveaus freie Bereich des Energiebandes wird *verbotenes Band* genannt.

Versuch 2: In der gleichen Anordnung wie in Versuch 1 werden jetzt dünne Halbleiterplättchen aus Germanium und Silicium untersucht. Im Infrarotbereich registriert eine Thermosäule die Lichtintensität.
Beobachtung: Der sichtbare Bereich des Spektrums wird vollständig absorbiert, jedoch wird das Siliciumplättchen im infraroten Teil des Spektrums durchlässig. Der Germaniumkristall zeigt die Lichtdurchlässigkeit erst bei sehr viel langwelligerem, infrarotem Licht.
Deutung: Die minimale Energiedifferenz für Elektronen zwischen dem Ausgangszustand und dem angeregten Zustand ist bei den untersuchten Halbleitern unterschiedlich. Die Breite des verbotenen Bandes ist bei Germanium geringer als bei Silicium. ◂

Gute Isolatoren wie Glas, Bernstein und Diamant sind lichtdurchlässig bis in den UV-Bereich hinein. Hier ist die Breite des verbotenen Bandes und damit die Energiedifferenz ΔE zu angeregten Zuständen größer (**Tab. 466.2**).

> Halbleiter und Nichtleiter nehmen nur Energiebeträge auf, die eine materialabhängige Mindestenergie ΔE überschreiten. Energiebeträge kleiner als ΔE werden nicht aufgenommen, da im Bereich $E_F + \Delta E$, dem sogenannten *verbotenen Band*, bei diesen Stoffen keine Energiezustände vorliegen.

Entstehung des verbotenen Bandes

Das Auftreten eines *verbotenen Bandes* bei Halbleitern deutet auf Besonderheiten hin, zu deren Erklärung das einfache Modell eines dreidimensionalen Potentialtopfs nicht mehr ausreicht. Eine Erweiterung des Modells ist deshalb erforderlich. Sie erfolgt durch die Berücksichtigung der Gitterionen des Halbleiterkristalls, deren elektrisches Potential das Verhalten der Elektronen entscheidend prägt.

Das Absorptionsverhalten von Halbleitern im infraroten Teil des optischen Spektrums zeigt, dass die Fermi-Elektronen geringe Energiebeträge nicht aufnehmen können. Diese Fermi-Elektronen werden, wenn kein äußeres elektrisches Feld anliegt, durch *stehende* Elektronenwellen beschrieben. Deren Antreffwahrscheinlichkeit $|\Psi(x,y,z)|^2 \Delta V$ (→ 10.4.3) ist von der Zeit unabhängig. In x-Richtung aufgetragen zeigt **Abb. 467.1a** eine mögliche Funktion $\Psi_1(x)$ der stehenden Welle zusammen mit dem Betragsquadrat $|\Psi_1(x)|^2$. Die Maxima der Antreffwahrscheinlichkeit $|\Psi_1(x)|^2$ liegen in diesem Fall *bei* den Gitterionen. Die Funktion $\Psi_1(x)$ und der zugehörige Energiewert E_1 lassen sich als Lösung der Schrödinger-Gleichung gewinnen (→ 11.3.3), bei der für die potentielle Energie $E_{pot} = -e^2/(4\pi\varepsilon_0 r)$ (→ 5.2.2) in Abhängigkeit vom Ort das Potential der Gitterionen eingesetzt wird.

Das quantenphysikalische Modell des Festkörpers

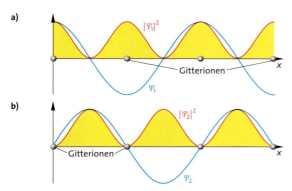

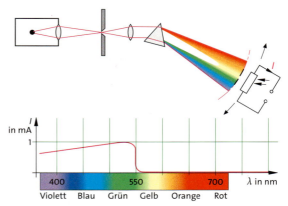

467.1 Die Funktionen $\Psi_1(x)$ **a)** und $\Psi_2(x)$ **b)** zusammen mit den Antreffwahrscheinlichkeiten $|\Psi_1(x)|^2$ und $|\Psi_2(x)|^2$ für Elektronenwellen gleicher Wellenlänge. Der Zustand Ψ_2 hat die höhere Energie, da die Maxima der Antreffwahrscheinlichkeit weiter von den Ionen entfernt sind als bei Ψ_1.

467.3 Weißes Licht wird in seine Spektralfarben zerlegt; diese fallen nacheinander auf einen CdS-Fotowiderstand, dessen Durchlassstrom gemessen wird.

Eine weitere Lösung der Schrödinger-Gleichung ist die Funktion $\Psi_2(x)$ mit den Maxima der Antreffwahrscheinlichkeit $|\Psi_2(x)|^2$ zwischen den Gitterionen (**Abb. 467.1b**) und der Energie E_2, wobei $E_2 > E_1$ ist.
Der Unterschied der Energiewerte ist auf die potentielle Energie der Elektronen zurückzuführen, die sich mit dem Abstand zu den Ionen verringert. Elektronenzustände, deren Maxima der Antreffwahrscheinlichkeit *bei* den Ionen liegen (**Abb. 467.1a**), haben eine geringere Gesamtenergie aus kinetischer und potentieller Energie. Elektronenzustände mit den Maxima *zwischen* den Ionen haben dagegen eine höhere Gesamtenergie (**Abb. 467.1b**). Die Energiedifferenz zwischen den beiden Werten der Gesamtenergie ist die materialabhängige Mindestenergie in der Absorption und bestimmt die Breite des *verbotenen Bandes* (**Abb. 467.2**).

> Die **Wechselwirkung** der Elektronen **mit den Gitterionen des Festkörpers** führt zu einer Energiedifferenz ΔE. Diese Energiedifferenz trennt das Band der Elektronenzustände in das **Valenzband** und das **Leitungsband**.

Leitfähigkeit von Halbleitern
Die Untersuchung der Leitfähigkeit eines Halbleiterkristalls greift die Ergebnisse der Absorptionsversuche auf und bestätigt sie.

Versuch 3: Der Strom durch einen CdS-Fotowiderstand wird in Abhängigkeit von der Intensität und der Farbe des auf ihn fallenden Lichtes gemessen (**Abb. 467.3**).
Beobachtung: Die Stromstärke steigt im Bereich Violett bis Grün leicht an, um mitten im Bereich des grünen Lichtes abrupt auf sehr kleine Werte abzufallen (**Abb. 467.3 unten**).
Deutung: Eine erhöhte Lichtintensität sorgt für ein Anwachsen der Anzahl der Elektronen, die zur elektrischen Leitfähigkeit beitragen, wenn die Photonen eine Mindestenergie ΔE übertragen.
Mit $\lambda_{\text{grün}} = 540$ nm errechnet sich diese Energie zu

$$\Delta E = hf = hc/\lambda \approx 3{,}68 \cdot 10^{-19}\ \text{J} = 2{,}30\ \text{eV}.$$

Diese Energie ist gleich der materialabhängigen Mindestenergie, die auch Absorptionsversuche zeigen. ◄

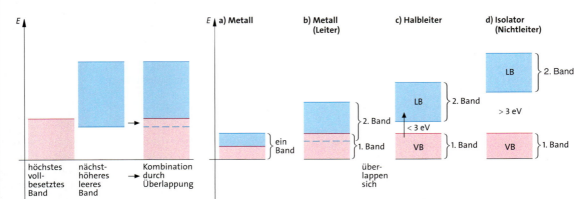

467.2 Energiebänder in Leitern, Halbleitern und Isolatoren in der Übersicht. Links: Entstehung eines teilweise besetzten Bandes durch Überlappung eines vollbesetzten (rot) und eines leeren (blau) Bandes. Rechts: Erklärung der elektrischen Leitfähigkeit im Bändermodell. **a)** Metalle: Leitungsband halb besetzt; **b)** Metalle: Leitungsband durch Überlappung teilweise besetzt; **c)** Halbleiter; **d)** Isolatoren

Das quantenphysikalische Modell des Festkörpers

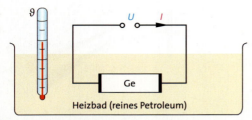

468.1 Messung der Leitfähigkeit von Germanium in Abhängigkeit von der Temperatur

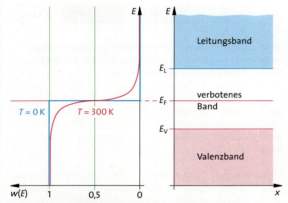

468.2 Bei der Temperatur $T = 0$ K sind in einem Halbleiter die Zustände im Valenzband vollständig besetzt, die im Leitungsband unbesetzt. Bei höheren Temperaturen werden Elektronen aus dem Valenzband in das Leitungsband angeregt. Der Funktionsverlauf $w(E)$ links zeigt die Wahrscheinlichkeit an, mit der ein Zustand der Energie E besetzt ist.

Versuch 4: Die Leitfähigkeit eines Germaniumkristalls wird in dem Versuchsaufbau nach **Abb. 468.1** in Abhängigkeit von der Temperatur gemessen.
Beobachtung: Bei tiefen Temperaturen ist keine Leitfähigkeit festzustellen. Mit wachsender Temperatur steigt die Leitfähigkeit jedoch stark an und erreicht bei hoher Temperatur Werte eines metallischen Leiters.
Deutung: Bei niedrigen Temperaturen erhalten die Elektronen durch thermische Anregung wenig Energie. Je höher die Temperatur und damit die Schwingungsenergie des Kristalls wird, umso mehr Elektronen erhalten die Mindestenergie ΔE zum Übergang vom Valenzband in das Leitungsband. Die Leitfähigkeit nimmt zu. ◂

Die Fermi-Verteilung

Die thermische Anregung im Bändermodell beschreibt die **Fermi-Verteilung (Abb. 468.2)**. Bei der Temperatur $T = 0$ K sind alle Zustände unterhalb der Fermi-Energie vollständig mit Elektronen besetzt. Die darüberliegenden Zustände sind unbesetzt. Dieser Sachverhalt wird durch die Besetzungswahrscheinlichkeit $w(E)$ beschrieben (**Abb. 468.2 links**). Sie hat bei $T = 0$ K für $E < E_F$ den Wert 1 und für $E > E_F$ den Wert 0 (blaue Kurve).
Bei Zimmertemperatur hat sich die Verteilung durch thermische Anregung verändert. Wenige Zustände im Leitungsband sind durch Elektronen aus dem Valenzband besetzt. Die Wahrscheinlichkeit, dass ein Zustand besetzt ist, sinkt an der Oberkante des Valenzbandes auf Werte kleiner eins. Entsprechend steigt die Wahrscheinlichkeit für die Besetzung von Zuständen im Leitungsband. Die Fermi-Energie E_F charakterisiert die Besetzungswahrscheinlichkeit $w(E_F) = \frac{1}{2}$. Den Verlauf zeigt die rote Kurve.

Damit klärt sich die Frage nach der Energieabgabe von Elektronen an ein äußeres elektrisches Feld.

> In den Bereichen des Bändermodells, in denen die Besetzungswahrscheinlichkeit $w(E) < 1$ ist, liegen freie Zustände, auch im Valenzband, vor. Elektronen können Energie mit einem elektrischen Feld austauschen und höhere wie niedrigere Energiezustände einnehmen.

Weiterhin wird deutlich, dass bei einer Temperatur von $T = 300$ K die Leitfähigkeit von Silicium mit einer Energielücke von $\Delta E = E_L - E_V = 1{,}15$ eV (→ **Tab. 466.2**) geringer ist als die von Germanium mit $\Delta E = 0{,}65$ eV. Bei gleicher Fermi-Verteilung reduziert das bei Silicium breitere verbotene Band die Zahl der Leitungselektronen.

Die Ergebnisse der Leitfähigkeitsmessung sollen dazu verwendet werden, die Leitungsmechanismen im Valenzband und im Leitungsband zu charakterisieren. Während die Absorption von Licht mit *stehenden* Elektronenwellen erklärt wird, fordert die Erklärung der Leitfähigkeit eine gerichtete Elektronenbewegung und damit *laufende* Elektronenwellen. Die Beschreibung des Übergangs von stehenden zu laufenden Wellen vereinfacht sich, wenn die stehende Welle in die Überlagerung einer rechts- und einer linkslaufenden Teilwelle zerlegt wird. Ein von außen angelegtes elektrisches Feld gibt Energie an die eine Teilwelle ab und nimmt Energie von der anderen auf.
Im Bändermodell zeigt sich der eine Vorgang als Anregung von Elektronen hin zu höheren Energieniveaus durch Energieaufnahme. Nach Versuch 3 muss den Elektronen im Halbleiter dazu erst die Energie ΔE_1 für die Anregung in das Leitungsband zugeführt werden, ehe sie die Energie ΔE_2 aus dem elektrischen Feld aufnehmen und dann geringfügig höhere, freie Energieniveaus im Leitungsband besetzen können.
Die Energieabgabe an das elektrische Feld erfolgt im Bändermodell dadurch, dass Elektronen freie Zustände niedrigerer Energie vorfinden und besetzen. In einem vollständig gefüllten Valenzband eines Halbleiters ist das jedoch nicht möglich, da diese Zustände besetzt sind.

Aufgaben

1. Nennen Sie die Halbleiter (→ **Tab. 466.2**) mit einer Absorptionskante im sichtbaren Bereich des Spektrums. Ermitteln Sie die Farben der Halbleiter in der Durchsicht.
2. Zur Bestimmung der Eigenleitung von Halbleitern müssen bei tiefen Temperaturen Verunreinigungen durch andere Stoffe besonders berücksichtigt werden. Erläutern Sie, warum dies nicht für hohe Temperaturen gilt.

12.2.4 n- und p-Halbleiter

Eine genaue Betrachtung der Leitungsvorgänge im Halbleiter zeigt, dass nicht nur die Elektronen im Leitungsband zur elektrischen Leitung beitragen. Die von diesen angeregten Elektronen freigemachten Zustände im Valenzband können ebenfalls durch Elektronen des Valenzbandes bei Energieaufnahme oder -abgabe besetzt werden. Der Leitungsmechanismus im Valenzband unterscheidet sich jedoch, wie sich zeigen wird, deutlich von dem des Leitungsbandes.

Bei einem reinen Halbleiter treten immer beide Leitungsmechanismen gleichzeitig auf, da jedes in das Leitungsband angeregte Elektron einen freien Zustand im Valenzband hinterlässt. Die Leitungsmechanismen lassen sich trennen und auch technisch getrennt nutzen, wenn der Halbleiter, z. B. Silicium, mit Stoffen wie Phosphor oder Arsen geringer Konzentration versehen (Dotierung → 12.1.2) wird. Im Bändermodell zeigt sich die Phosphor-Dotierung als Energieniveau E_P nur wenige meV oberhalb des Valenzbands (**Abb. 469.1**). Bei Raumtemperatur sind die Phosphor-Niveaus durch thermische Anregung aus dem Valenzband nahezu vollständig besetzt. Die Zahl der unbesetzten Energiezustände im Valenzband lässt sich durch die Konzentration des Phosphors einstellen. Der Leitungsmechanismus ist auf das Valenzband beschränkt. Die in das Leitungsband angeregten Elektronen sind beim Halbleitermaterial Silicium zu vernachlässigen.

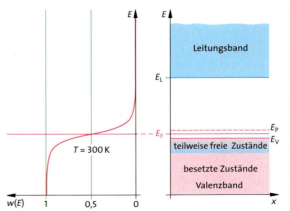

469.1 Die Dotierung eines Halbleiters mit Fremdatomen wie Phosphor erzeugt weitere Energieniveaus E_A kurz oberhalb des Valenzbandes. Bei $T = 300$ K sind diese Energieniveaus durch thermische Anregung aus dem Valenzband nahezu vollständig besetzt, wie die Fermi-Verteilung $w(E)$ anzeigt.

Der anormale Hall-Effekt mit einem p-dotierten Halbleiter

Versuch 1: Der Hall-Effekt (→ 6.1.4) ermöglicht es, das Vorzeichen der elektrischen Ladung der Ladungsträger festzustellen. Mit dem Aufbau von **Abb. 469.2** wird das Vorzeichen der Hall-Spannung eines mit Phosphor dotierten Silicium-Halbleiters untersucht, dessen Leitfähigkeit auf der Existenz freier Zustände im Valenzband beruht. Die Kräfte auf negative Ladungen sind zusammen mit der Spannung zwischen den Anschlüssen P_1 und P_2 bereits eingezeichnet.

Beobachtung: Die Messung zeigt nicht die erwartete Polung zwischen den Anschlüssen P_1 und P_2. Der Anschluss P_1 hat das höhere Potential (+) gegenüber P_2 (–).

Deutung: Offensichtlich führt die Beschreibung des Leitungsvorgangs mit frei bewegten Elektronen im p-dotierten Halbleiter nicht zum Erfolg. Erst unter der vorerst noch unbegründeten Annahme, dass sich Elektronen in Feldrichtung bewegen, also entgegen der in **Abb. Abb. 469.2** eingezeichneten Richtung, kehrt sich die Richtung der Lorentz-Kraft um und die Elektronen werden hin zu P_2 beschleunigt, wie das Versuchsergebnis zeigt. ◄

Es stellt sich die Frage, wie sich die Bewegungsrichtung von Elektronen in einem dotierten Halbleiter in Gegenrichtung zu freien Elektronen erklären lässt.

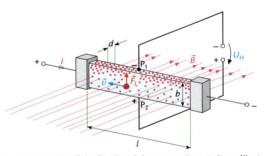

469.2 Der Hall-Effekt für die Elektronen eines Leiters lässt ein negatives Potential an P_1 gegenüber P_2 erwarten. Bei einem p-dotierten Halbleiter zeigt die Messung die entgegengesetzte Polung an. Dieses Ergebnis lässt sich mit beweglichen positiven Ladungen beschreiben.

Wechselwirkung der Elektronen mit dem Kristallgitter

Die Wechselwirkung der Elektronen mit dem Gitter ist, abhängig von ihrer De-Broglie-Wellenlänge und dem Netzebenenabstand d des Gitters, unterschiedlich stark. Für Elektronen an der Oberkante des Valenzbandes mit der Wellenlänge λ_{OV} gewinnt sie entscheidend Einfluss auf die Dynamik der Bewegung. Liegt die Wellenlänge λ_{OV} dieser Elektronen in der Größenordnung der Gitterabstände, werden *laufende* Elektronenwellen durch Bragg-Reflexion reflektiert, und es entsteht aus einfallender und reflektierter eine *stehende* Welle: Die Elektronen bewegen sich dann nicht mehr durch den Kristall. Dies ist bei einem Einfall senkrecht zu den Gitterebenen im Kristall nach der Bragg'schen Gleichung $n\lambda = 2d \sin \delta$ mit $n = 1$ und $\delta = 90°$ für $\lambda = 2d$ oder $\lambda/2 = d$ der Fall. Die Wechselwirkung mit dem Gitter ist für $\lambda/2 = d$ maximal.

> Die Wechselwirkung der Elektronen mit dem Gitter des Festkörpers steigt deutlich an, wenn die halbe Wellenlänge der Elektronen λ sich dem Netzebenenabstand d nähert: $\lambda/2 = d$. Durch Mehrfachreflexion entsteht aus einer laufenden eine stehende Elektronenwelle.

Die Wechselwirkung mit dem Gitter des Festkörpers wird, wie sich zeigen wird, die Grundlage für die Deutung von Versuch 1 liefern.

Das quantenphysikalische Modell des Festkörpers

Elektronen an der Oberkante des Valenzbands

Als Ausgangssituation wird eine stehende Elektronenwelle angenommen, es findet damit kein Ladungstransport statt. Die stehende Elektronenwelle wird wieder in eine rechts- und eine linkslaufende Teilwelle zerlegt (→ 12.2.3), die anschließend mit einem angelegten äußeren elektrischen Feld wechselwirken. Die gegen die Feldrichtung rechtslaufende Teilwelle nimmt Energie aus dem Feld auf. Eines der freien höheren Energieniveaus wird besetzt. Die Wellenlänge λ_{OV} der Elektronen knapp unter der Oberkante des Valenzbandes liegt etwas über dem Wert $\lambda = 2\,d$. Bei der Energieaufnahme aus dem elektrischen Feld erhöht sich ihr Impuls und verringert sich ihre Wellenlänge. Die Elektronen wechselwirken verstärkt mit den Gitterionen (→ 12.2.3), da sich die Wellenlänge dem Wert $\lambda = 2\,d$ zunehmend nähert. Diese Wechselwirkung mit dem Gitter führt dazu, dass Anteile der Elektronenwelle durch Bragg-Reflexion mehrfach reflektiert werden, der Anteil einander gegenläufiger Wellen erhöht sich. Die fortlaufende Welle entwickelt sich zu einer stehenden Welle (**Abb. 470.1b**). Zum elektrischen Strom durch den Halbleiter leistet die stehende Welle entsprechend der fehlenden transportierten Ladung *keinen Beitrag*.

Der Transport von elektrischer Ladung erfolgt nun ausschließlich über die linkslaufende Teilwelle. Wenn deren Wellenlänge deutlich vom kritischen Wert $\lambda = 2\,d$ entfernt ist, bleibt die Wechselwirkung mit dem Gitter gering. Die linkslaufende Teilwelle leistet damit den *wesentlichen Beitrag* zum Ladungstransport.

> Stehende Elektronenwellen an der Oberkante des Valenzbandes tauschen mit dem elektrischen Feld Energie und Impuls aus. Durch zunehmende Bragg-Reflexion mit dem Gitter wird der Ladungstransport auf eine Teilwelle in Feldrichtung eingeschränkt. Im Ergebnis werden so Elektronen in Feldrichtung beschleunigt.

Elektronen und Löcher

Mit dem Ziel einer zusammenfassenden und vereinfachten Beschreibung der Bewegung von Elektronen in Wechselwirkung mit dem Gitter soll diese modellhaft ersetzt werden durch die Bewegung *frei beweglicher* Teilchen, deren Eigenschaften festzulegen sind. Bei den Eigenschaften dieser virtuellen, also nicht tatsächlich vorhandenen, freien Teilchen soll die Wechselwirkung mit dem Gitter bereits berücksichtigt sein. Ihre Eigenschaften sind also so festzulegen, dass ihre Bewegung im elektrischen Feld mit der Bewegung des Elektrons in Wechselwirkung mit dem Gitter übereinstimmt.
Für ein freies Elektron, das sich in einem elektrischen Feld $\vec{E}$ bewegt, gilt:

$$q\vec{E} = \vec{F} = m_e \vec{a} \quad \text{oder} \quad \vec{a} = \frac{q}{m_e}\vec{E} \tag{1}$$

Das freie Elektron wird aufgrund seiner positiven Masse und seiner negativen Ladung entgegen der Feldrichtung beschleunigt. Seine Geschwindigkeit steigt an und damit auch die Stromstärke durch den Leiterquerschnitt. Dieser Zusammenhang beschreibt qualitativ den Ladungstransport in einem Metall und auch den von Elektronen an der Unterkante des Leitungsbandes in einem Halbleiter. Die Dotierung von Silicium mit Aluminium (→ 12.1.2) bewirkt beispielsweise diesen Leitungsmechanismus, bei dem Elektronen vom Aluminium durch thermische Anregung in das Leitungsband gelangen. Dieser Mechanismus wird aufgrund der Ladung $q = -e$ des Elektrons **n-Leitung** genannt. Die Wechselwirkung mit dem Gitter wird, wenn erforderlich, durch eine „effektive Masse" m_e^* berücksichtigt, deren typische Größenordnung die der Elektronenmasse ist.

An der Oberkante des Valenzbandes zeigen Elektronen in Wechselwirkung mit dem Gitter eine Beschleunigung *in Richtung* der elektrischen Feldstärke. Da diese Richtung der Beschleunigung positiv geladene freie Teilchen charakterisiert, wird der Mechanismus **p-Leitung** genannt. Die Beschreibung des Leitungsphänomens an der Oberkante des Valenzbandes vereinfacht sich deutlich, wenn sie statt durch Elektronen in Wechselwirkung mit dem Gitter durch virtuelle freie Teilchen erfolgt. Das freie Teilchen, welches modellhaft diesen Leitungsmechanismus der Elektronen beschreibt, wird **„Loch"** genannt und hat die Ladung $+e$ und die Masse m_L^*. Die effektive Masse m_L^* beschreibt hier materialabhängig das Maß der Wechselwirkung mit dem Gitter.

> **n-Leitung:** Elektronen an der Unterkante des Leitungsbandes werden durch ein elektrisches Feld nahezu wie freie Elektronen beschleunigt.
> **p-Leitung:** Elektronen an der Oberkante des Valenzbandes werden durch ein elektrisches Feld aufgrund der Gitterwechselwirkung in Feldrichtung beschleunigt. Die Beschreibung des Leitungsphänomens lässt sich vereinfachen, indem stattdessen *freie Teilchen*, nämlich **Löcher** der Ladung $+e$ und der Masse m_L^*, betrachtet werden.

Die beiden durch Dotieren einstellbaren Leitungsmechanismen, p-Leitung und n-Leitung, auch Löcherleitung und Elektronenleitung benannt, bilden die Grundlage für die Funktion von Halbleiterbauelementen (→ 12.1, → 12.3). Auf großen, flächigen Silicium-Halbleiterkristallen mit einem Durchmesser von 150 mm bis 300 mm werden zurzeit miniaturisierte Halbleiterbauteile mit Strukturbreiten bis hinab zu 65 nm hergestellt.

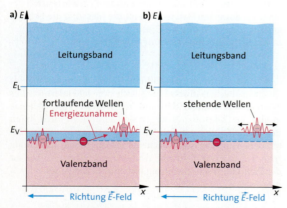

470.1 Eine stehende Elektronenwelle wird in eine links- und eine rechtslaufende Teilwelle zerlegt. **a)** Ein äußeres elektrisches Feld gibt Impuls und Energie an die gegen die Feldrichtung laufende Teilwelle ab. **b)** Mit steigendem Impuls verringert sich die Wellenlänge auf den Wert $\lambda = 2\,d$, der durch Bragg-Reflexion mit dem Gitter eine stehende Welle hervorruft. Der resultierende Ladungstransport bleibt auf die laufende Teilwelle in Feldrichtung beschränkt.

12.2.5 Kontaktspannung

Werden zwei verschiedene Metalle miteinander in Kontakt gebracht, entsteht zwischen ihnen ein Potentialunterschied. **Abb. 471.1a** zeigt die Energiezustände zweier Metalle mit verschiedenen Fermi-Energien E_{F1} und E_{F2} und verschiedenen Austrittsenergien E_{A1} und E_{A2}. Beim Kontakt verringert sich die Gesamtenergie des Systems, wenn sich Elektronen nahe der Grenzfläche aus dem Metall mit der höheren Fermi-Energie in das Metall mit der geringeren Fermi-Energie bewegen. Das geschieht so lange, bis die Fermi-Energien beider Metalle gleich sind (**Abb. 471.1b**). Wenn sich der Gleichgewichtszustand eingestellt hat, ist das Metall mit der ursprünglich kleineren Fermi-Energie negativ geladen und das andere positiv. Damit ist eine Potentialdifferenz zwischen den beiden Metallen entstanden, die sogenannte **Kontaktspannung U_K**. Diese ist gleich der Differenz der Austrittsenergien dividiert durch die Elektronenladung e. Die Kontaktspannung lässt sich allerdings nicht in einem Leiterkreis messen, da bei der Messung weitere Kontaktspannungen zwischen dem Messobjekt und den metallischen Zuleitungen zum Messgerät auftreten. Die Summe der Kontaktspannungen in einem Leiterkreis ergibt schon aus energetischen Gründen null.

Versuch 1: Die Kontaktstelle eines Konstantan- und eines Eisendrahtes wird erwärmt und neben der Temperatur die Spannung an den zwei Kupferzuleitungen gemessen.
Beobachtung: An den Cu-Drähten entsteht eine Spannung von ca. 5 μV je Kelvin Temperaturdifferenz.
Deutung: Die Kontaktspannung der Kupfer-Konstantan- und der Kupfer-Eisen-Kontakte bleibt bei fester Temperatur konstant. Die Kontaktstelle Konstantan-Eisen wird erwärmt. Bei höherer Temperatur werden Elektronen in die Niveaus oberhalb der Fermi-Energie angeregt. Bei Kupfer liegen die Zustände im Leitungsband dichter als bei Konstantan, sodass mehr Elektronen die höher energetischen Zustände besetzen. Die größere Ladungsträgerdichte in Kupfer führt zu einer Bewegung der Ladungsträger aus dem Kupfer in das Konstantan, wodurch die Kontaktspannung verändert wird. Da diese Spannungsänderung auf einen Kontakt begrenzt ist, lässt sie sich als Spannung im Stromkreis messen. ◄

Versuch 2 – Peltier-Modul: Das nach J. C. Peltier benannte Bauteil, welches aus einer Serienschaltung von Halbleiterkontakten besteht (**Abb. 471.2**), wird mit einer Seite in Eiswasser gelegt. Die andere Seite wird durch Wärmezufuhr auf 40 °C erwärmt. Mit der Messung der Temperatur erfolgt die Spannungsmessung an den Anschlüssen.
Beobachtung: Bei steigender Temperatur vergrößert sich die Spannung um 10 mV je 1 K Temperaturdifferenz.
Deutung: Wie in Versuch 1 bewirkt eine Temperaturdifferenz eine Änderung der Kontaktspannung, die *Thermospannung*. Durch die verwendeten Stoffe und die elektrische Serienschaltung der Kontakte stellt sich eine im Vergleich zur Kontaktspannung deutlich höhere Spannung ein. ◄

Versuch 3: Ein Peltier-Modul (**Abb. 471.2**) wird an eine Gleichspannung angeschlossen und die Temperaturen der beiden Deckflächen gemessen.
Beobachtung: Es stellt sich eine Temperaturdifferenz ein.

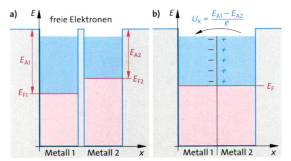

471.1 a) Die Energiezustände zweier verschiedener Metalle mit verschiedenen Fermi-Energien und Austrittsenergien. **b)** Bei der Berührung fließen Elektronen vom Metall mit der höheren Fermi-Energie zu dem mit der niedrigeren Fermi-Energie. Das geschieht so lange, bis die Fermi-Energien der beiden Metalle gleich sind.

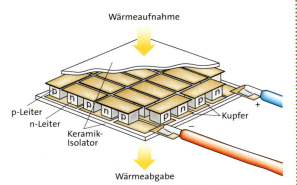

471.2 Ein Peltier-Modul besteht aus Halbleiterkontakten, die an eine Gleichspannungsquelle angeschlossen eine Temperaturdifferenz aufbauen.

Deutung: Die Elektronen in den höheren Energiezuständen diffundieren über die Kontaktstelle in das andere Material, geben dort einen Teil ihrer Energie an das Gitter ab und erhöhen damit die Temperatur. Die im Ausgangsstoff fehlenden Elektronen in den höheren Energiezuständen sind makroskopisch als Temperaturerniedrigung zu deuten. ◄

> Die Temperaturabhängigkeit der Kontaktspannung lässt sich als **thermoelektrischer Effekt** zur Temperaturmessung oder als Generator nutzen. Die Umkehrung, der **Peltier-Effekt**, stellt eine elektrische Wärmepumpe dar.

Aufgaben

1. Berechnen Sie die Kontaktspannung zwischen den Metallen Barium mit E_{A1} = 5,2 eV und Nickel E_{A2} = 2,5 eV.
2. Erläutern Sie den Aufbau des Peltier-Moduls (**Abb. 471.2**) hinsichtlich Parallel- und Serienschaltung in elektrischer und thermischer Sicht. Erläutern Sie die Konsequenzen der gewählten Anordnung für die jeweiligen Widerstände.

12.3 Analoge Signalverarbeitung

In der analogen Signalverarbeitung werden Messwerte verschiedener Art aus einem Intervall durch Spannungswerte dargestellt. Der Spannungswert kann sich innerhalb des Intervalls kontinuierlich ändern. Ist der Spannungswert beispielsweise klein im Vergleich zu Störungen oder wird eine größere Steuerleistung benötigt, kann eine Verstärkung und damit Skalierung des Intervalls vorgenommen werden. Dazu werden **Operationsverstärker** verwendet, die sich nicht grundlegend von anderen Verstärkern unterscheiden, deren Eigenschaften jedoch durch die äußere Beschaltung bestimmt werden. Solche Verstärkerschaltungen wurden früher in Analogrechnern zur Durchführung mathematischer Operationen wie Addition oder Integration eingesetzt, daher der Name. Die Verwendung eines Operationsverstärkers ermöglicht die Schaltungseigenschaften durch Bauelemente festzulegen, die sich durch geringe Toleranzen auszeichnen und deren Eigenschaften von der Temperatur weitgehend unabhängig sind. Zur Messung physikalischer Größen lassen sich damit Sensorsignale verstärken und im Weiteren optimiert digitalisieren.

12.3.1 Der Operationsverstärker

Der Operationsverstärker ist eine Verstärkerschaltung, die die Potentialdifferenz am Eingang der Schaltung mit einer hohen Verstärkung am Ausgang liefert.

Ein einfacher Operationsverstärker
Abb. 472.1 zeigt die Schaltung eines einfachen Operationsverstärkers.

Versuch 1: Mit dem Versuchsaufbau nach **Abb. 472.1** werden Ein- und Ausgangsspannung eines Operationsverstärkers gemessen. Die Eingangsspannung U_E wird von –100 mV auf 100 mV verändert.
Beobachtung: Die Verstärkung V_0 ist in einem engen Bereich um 0 V sehr hoch, ca. 1000-fach. Ein- und Ausgangsspannungen sind in diesem Bereich zueinander annähernd proportional (**Abb. 472.2**).
Erklärung: Steigt am Eingang (+) in **Abb. 472.1** die Spannung über 0 V hinaus, wird die Basis-Emitter-Spannung U_{BE} bei Transistor T_2 größer als bei T_1. Der Transistor T_2 leitet gegenüber T_1 stärker. Damit vergrößert sich der Strom I_{CE} durch T_2, der damit die Teilströme durch R_2 und den Basisstrom von Transistor T_3 vergrößert. Entsprechend der Stromverstärkung des Transistors T_3 steigt dessen Kollektorstrom an und vergrößert die Spannung an R_3.
Werden beide Eingänge (+) und (–) gleichzeitig von –100 mV auf 100 mV verändert, ist die Spannung U_{BE} bei den Transistoren T_1 und T_2 gleich groß. Die Stromaufteilung und der Gesamtstrom durch beide Transistoren ändern sich fast nicht. Die Ausgangsspannung bleibt näherungsweise konstant. ◄

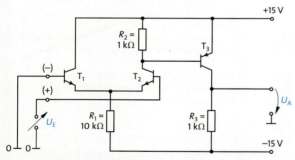

472.1 Vereinfachte Schaltung eines einfachen Operationsverstärkers mit bipolaren Transistoren

> Ein Operationsverstärker, kurz OV, verstärkt die Spannungsdifferenz U_D der Eingänge (+) und (–).

Integrierte Standard-Operationsverstärker
Universell einsetzbare Operationsverstärker benötigen eine höhere Verstärkung V_0, die durch die Hintereinanderschaltung von Verstärkerstufen erzielt wird. Der interne Aufbau wird dadurch zwar komplizierter, die Beschreibung der Schaltungseigenschaften hingegen vereinfacht sich, wie der folgende Versuch zeigt.

Versuch 2: Mit der Schaltung nach **Abb. 473.1** wird deren Verstärkung gemessen. Der verwendete Operationsverstärker Typ 741 ist als Schaltsymbol dargestellt: Das Dreieck weist auf einen Verstärker hin, dessen Verstärkung nahezu unendlich (∞) ist.

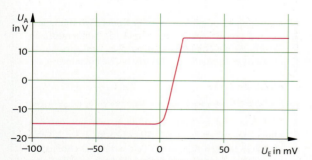

472.2 Die Ausgangsspannung in Abhängigkeit von der Eingangsspannung bei einem einfachen Operationsverstärker: Der Umschaltbereich ist nahezu symmetrisch zu U_E = 0 mV und beträgt bei typischen Operationsverstärkern um 0,1 mV.

Analoge Signalverarbeitung

Beobachtung: Die als Eingangsspannung verwendete Wechselspannung mit einer Amplitude von 5 V bewirkt eine Ausgangsspannung mit der Amplitude 10 V (**Abb. 473.2**). Die Verstärkung beträgt $V = 2$.

Erklärung: Der Operationsverstärker verstärkt die Spannungsdifferenz U_D mit dem Faktor V_0. Es gilt

$$U_A = V_0 U_D = V_0 (U_+ - U_-).$$

In der Schaltung ist $U_+ = U_E$ und $U_- = R_1/(R_1 + R_2)\, U_A$. Daraus folgt

$$U_A = V_0 \left(U_E - \frac{R_1}{R_1 + R_2} U_A \right).$$

Nach U_A aufgelöst folgt

$$U_A = \frac{V_0 U_E}{1 + V_0 \frac{R_1}{R_1 + R_2}}.$$

Die Verstärkung $V = U_A/U_E$ der Schaltung ist dann

$$V = \frac{U_A}{U_E} = \frac{V_0}{1 + V_0 \frac{R_1}{R_1 + R_2}}.$$

Da die Verstärkung V_0 ungefähr 10^6 beträgt, ist $V_0 R_1/(R_1 + R_2) \gg 1$. Der Term $1 + V_0 R_1/(R_1 + R_2)$ wird deshalb durch $V_0 R_1/(R_1 + R_2)$ genähert:

$$V = \frac{U_A}{U_E} = \frac{R_1 + R_2}{R_1}.$$

Mit den Werten für R_1 und R_2 aus **Abb. 473.1** ergibt sich $V = 2$. ◂

> Durch die Beschaltung eines Operationsverstärkers mit Widerständen lässt sich die Verstärkung
>
> $$V = \frac{U_A}{U_E} = \frac{R_1 + R_2}{R_1}$$
>
> sehr genau einstellen.

Neben der Verstärkung von Wechselspannungen wie in Versuch 2 können auch Gleichspannungswerte um den Faktor V verstärkt werden.

Versuch 3: An den Operationsverstärker wird ein Temperatursensor LM35 angeschlossen (**Abb. 473.3**), der eine Spannung von $10\,\text{mV} \cdot \vartheta/°C$ liefert. Im Temperaturbereich von 0 °C bis 50 °C sind es also 0 V bis 500 mV. In diesem Temperaturbereich wird die Ausgangsspannung des Operationsverstärkers gemessen.

Beobachtung: Die Eingangsspannung im Bereich von 0 V bis 500 mV wird um den Faktor 10 auf 0 V bis 5 V verstärkt.

Die Spannungsverstärkung V, die durch das Verhältnis $(R_1 + R_2)/R_1 = 10/1 = 10$ eingestellt ist, skaliert den Bereich der Eingangsspannungswerte von 0 V bis 500 mV auf Ausgangsspannungswerte von 0 V bis 5 V. ◂

Die Skalierung dient dazu, die Messwerte durch möglichst hohe Spannungswerte zu repräsentieren.

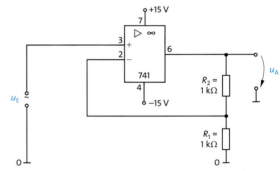

473.1 Messung der Verstärkung eines OV: Der OV befindet sich in einem Gehäuse mit acht Anschlüssen, deren Nummerierung wie bei Gehäusemarkierungen üblich mit 1 beginnt.

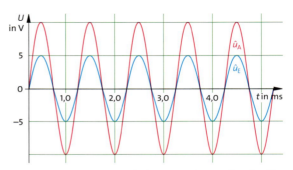

473.2 Die Verstärkung der Schaltung in **Abb. 473.1** beträgt für Wechselspannungen der Frequenz $f = 1\,\text{kHz}$ genau $V = 2$.

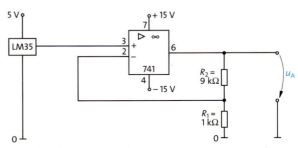

473.3 Das Ausgangssignal eines Temperatursensors wird an den OV angeschlossen und so verstärkt, dass die Ausgangsspannung die Temperatur in mV angibt.

Aufgaben

1. Ermitteln Sie die Beschaltung des OV für die Verstärkung 1; 10; 100.
2. Berechnen Sie die Verstärkung der Schaltung in **Abb. 473.1** für $R_2 = 0$ bzw. $R_1 = 0$.
3. Die maximale Ausgangsspannung des OV in **Abb. 473.3** beträgt +10 V. Bestimmen Sie die maximale Verstärkung für den Temperaturbereich von 0 °C bis 50 °C. Ermitteln Sie die dazu passenden Werte für R_1 und R_2.

12.3.2 AD- und DA-Wandler

Die Umsetzung eines analogen Spannungswerts in einen Digitalwert zur digitalen Messwertverarbeitung oder Speicherung erfordert eine Analog-Digital-Wandlerschaltung, kurz **AD-Wandler**. Die Schaltung für die Rückumsetzung heißt **DA-Wandler**. Da es sich bei einem AD-Wandler um einen modifizierten DA-Wandler handeln kann, soll erst der DA-Wandler betrachtet werden.

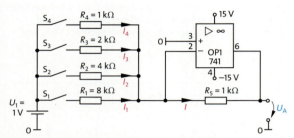

474.1 Mechanische oder elektronische Schalter steuern den Strom durch die Widerstände R_1 bis R_4. Der OV stellt die Ausgangsspannung so ein, dass am Eingang die Spannung U_- mit guter Genauigkeit null wird. Durch die Widerstände R_1 bis R_4 fließt $I_1 = U_1/R_1$ bis $I_4 = 8\,I_1$. Der Summenstrom $I = I_1 + 2\,I_1 + 4\,I_1 + 8\,I_1$ fließt durch R_5. Die Spannung am Ausgang ist $U_A = -I R_5$.

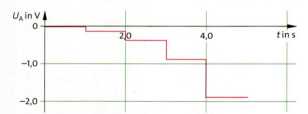

474.2 Die Spannung am Ausgang der Schaltung von **Abb. 474.1**. Nach jeweils 1 s wird ein Schalter, angefangen mit S_1, geschlossen. Der Strom durch R_5 nimmt stufenweise zu, die Ausgangsspannung ab. Mit vier Schaltern lassen sich 16 Spannungswerte einstellen.

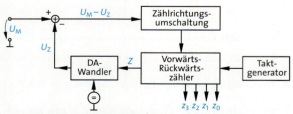

474.3 Blockschaltbild eines AD-Wandlers. Der Zähler erzeugt über den DA-Wandler die Spannung U_Z mit dem Ziel, U_Z an die Messspannung U_M heranzuführen. Dann ist Z der digitale Wert der Messspannung U_M.

DA-Wandler

Eine Information oder eine Zahl soll als Spannungswert ausgegeben werden. Die Übersetzung erfolgt mit einer Gewichtung der digitalen Signale entsprechend den Stellenwerten des Dualsystems: Bit 1 schaltet einen vorgewählten Einheitswert, Bit 2 den doppelten Wert usw.

Versuch 1: Die Schaltung in **Abb. 474.1** zeigt einen einfachen DA-Wandler mit mechanischen Schaltern. Die Schalter S_1 bis S_4 werden nacheinander geschlossen und die Ausgangsspannung des OV gemessen.
Beobachtung: Die Ausgangsspannung hat negative Werte. Die Änderungen betragen 0,125 V; 0,25 V; 0,5 V und 1 V für die Schalter S_1 bis S_4 (**Abb. 474.2**).
Erklärung: Der Operationsverstärker verstärkt die Spannungsdifferenz U_D mit dem Faktor V_0:

$$U_A = V_0 U_D = V_0 (U_+ - U_-)$$

In der Schaltung ist $U_+ = 0$ V. Für eine Ausgangsspannung $U_A < 10$ V ist bei sehr großer Verstärkung V_0 auch U_- näherungsweise 0 V. Damit vereinfacht sich die Schaltungsbeschreibung. Durch die Widerstände R_1 bis R_4 fließt bei geschlossenen Schaltern der Strom $I_1 = U/R_1$ bis $I_4 = U/R_4 = 8\,U/R_1 = 8\,I_1$. Da der Eingangswiderstand des OV sehr groß ist, fließt der Strom $I = I_1 + 2I_1 + 4I_1 + 8I_1$ durch R_5 und erzeugt den Spannungsabfall $U_A = I R_5 = (I_1 + 2 I_1 + 4 I_1 + 8 I_1) R_5$. Die Ausgangsspannung in **Abb. 474.1** ist also in Vielfachen der Einheit „1" = 0,125 V einstellbar. Der Maximalwert beträgt „255" = 1,875 V. ◂

> Ein DA-Wandler wandelt digitale Signale in analoge Spannungswerte um.

AD-Wandler

Das Blockschaltbild **Abb. 474.3** zeigt einen AD-Wandler, der neben einem DA-Wandler auch digitale Bausteine enthält.
Der DA-Wandler wird mit einem digitalen Vorwärts-Rückwärts-Zähler angesteuert, der Zahlen zwischen 0 und 255 ausgibt. Der DA-Wandler erzeugt daraus Spannungswerte U_Z von 0 V bis 1,875 V. Mit einem OV erfolgt der Vergleich der Spannung U_Z mit der Messspannung U_M. Wenn $U_M > U_Z$ ist, wird der Zähler in Vorwärtsrichtung geschaltet, zu höheren Werten hin, anderenfalls in Gegenrichtung. Damit wird sichergestellt, dass U_Z schnell an U_E herangeführt wird. Der Zählerwert Z, der digitale Wert der Spannung U_Z, ist in diesem Fall auch der von U_E.

> Ein AD-Wandler wandelt analoge Spannungswerte in digitale Signale um. Die Zahl der digitalen Bits pro Messwert bestimmt die relative Genauigkeit.

12.3.3 RAM und ROM

In der Datenverarbeitung ist es neben der Verknüpfung von Dualzahlen mit einem Prozessor wichtig, diese speichern zu können.

Statische Speicherzellen

Versuch 1: Eine **statische Speicherzelle** für ein Bit in CMOS-Technik zeigt **Abb. 475.1**. Nach dem Einschalten der Betriebsspannung werden die Spannungen im zeitlichen Verlauf elektronisch aufgezeichnet.
Beobachtung: Der Spannungsverlauf an den beiden Transistoren ist symmetrisch, bis die Schaltspannung von ca. 3 V am Gate erreicht ist (**Abb. 475.2**). Der Transistor T_1 leitet geringfügig eher als T_2, woraufhin sich die Drain-Source-Spannung U_{DS} von T_1 verringert. Durch die Verbindung zum Gate des Transistors T_2 verringert sich damit dessen Gate-Source-Spannung U_{GS}. Der Transistor T_2 sperrt. ◄

Versuch 2: In der Schaltung nach **Abb. 475.1** wird das Gate von T_1 kurzzeitig erst mit H = +5 V, dann mit L = 0 V verbunden und die Spannungen gemessen.
Beobachtung: Die Ansteuerung mit H und L schaltet den Ausgang von T_1 dauerhaft auf L und H. Die Schaltung lässt sich damit zum Speichern eines Bits verwenden. Erst beim Abschalten der Versorgungsspannung geht der Speicherinhalt verloren. ◄

Dynamische Speicherzellen

Die **dynamische Speicherzelle** besteht aus einem Transistor und einem sehr kleinen Kondensator, die sich auf einer sehr kleinen Fläche befinden. Bei vorgegebener Chipoberfläche erreicht die mögliche Anzahl dieser Speicherzellen so ihr Maximum. Ihr Inhalt ist jedoch flüchtig. Der Grund ist die nichtideale Isolation des Kondensators, dessen Spannung den Zustand speichert. Der Zustand einer Zelle wird deshalb etwa alle 50 ms aufgefrischt, indem der Inhalt gelesen und anschließend wieder geschrieben wird.

Versuch 3: Die Schaltung nach **Abb. 475.3** wird eingeschaltet und die Spannungen im zeitlichen Verlauf elektronisch aufgezeichnet.
Beobachtung: Der Spannungsverlauf am Kondensator und am Drain-Anschluss von T_1 ist vergleichbar, bis die Schaltspannung von ca. 3 V am Gate erreicht ist (**Abb. 475.4**). Der Transistor T_1 leitet und seine Drain-Source-Spannung U_{DS} fällt auf 0 V ab. Nach 10 μs wird der Schalter geöffnet. Die Spannungswerte bleiben unverändert, da die Gate-Source-Strecke von T_1 parallel zum Kondensator nicht leitet. ◄

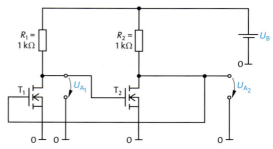

475.1 Speicher-Flipflop in CMOS-Technik

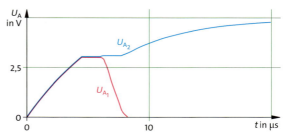

475.2 Spannungsverlauf an den Drain-Anschlüssen der beiden MOSFETs beim Einschaltvorgang. Über die Widerstände wird die Gate-Source-Kapazität aufgeladen, die nach ca. 3 μs die Schaltspannung erreicht. Ein Transistor leitet als erster und sperrt durch die fallende Drain-Spannung den anderen.

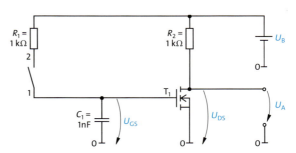

475.3 Ein-Transistor-Speicherzelle eines dynamischen Speichers

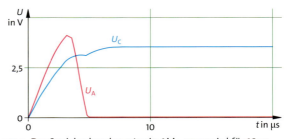

475.4 Der Speicherkondensator in **Abb. 475.3** wird für 10 μs über den Widerstand aufgeladen. Nach ca. 10 μs erreicht der Transistor die Schaltspannung $U_{GS} > 3$ V, wird leitend, sodass U_{DS} auf 0 V abfällt. Dieser Zustand wird beibehalten, wenn der Schalter geöffnet bleibt.

Analoge Signalverarbeitung

Exkurs

Aufbau eines Computers

Informationen werden mit der Digitalelektronik zuverlässig und weitgehend störungsfrei verarbeitet und gespeichert, weil hier ein Spannungswert in einer Schaltung nur 1 bit Information trägt. Die schaltungstechnische Realisierung erfolgt mit integrierten Schaltungen, deren Eigenschaften weitgehend standardisiert sind.

Die Standard-TTL-Familie besteht beispielsweise aus Verstärkerschaltungen mit bipolaren Transistoren, die bei einer Betriebsspannung von 5 V an den Ausgängen den Zustand L (Low) mit einer Spannung $U_A < 0{,}4$ V und den Zustand H (High) mit $U_A > 2{,}4$ V realisieren. Die Eingänge der Schaltungen benötigen $U_E < 0{,}8$ V für den Zustand L und $U_E > 2{,}0$ V für den Zustand H. Der hohe Sicherheitsabstand von 0,4 V für die Zustände L und H sowie die technisch zuverlässig herstellbaren Schaltungseigenschaften stellen den störungsfreien Erhalt und Transport von Information sicher.

Das elektrische Verhalten digitaler Schaltungen bzw. die Informationsverarbeitung mit ihnen kann deshalb weitgehend formal beschrieben werden, ohne dass die technische Realisierung der elektronischen Schaltung dabei bedacht werden muss. Die zuverlässige Abbildung der mathematischen Zusammenhänge in die Eigenschaften hochintegrierter Schaltungen hat die Leistungsfähigkeit der Informationsverarbeitung mit dem Computer explosionsartig gesteigert und sie zu einem wirtschaftlich bedeutenden Faktor werden lassen. In gleicher Weise bedeutsam sind deshalb auch die schnellen Innovationszyklen von Software und Hardware, die hohe Herausforderungen an die global tätigen Hersteller stellen.

Der Aufbau eines Computersystems hat sich seit den ersten industriell gefertigten integrierten Mikroprozessoren nicht grundlegend verändert. Das Datenblatt zeigt den ersten Mikroprozessor mit der Bezeichnung 4004 aus dem Jahr 1971. Als Erfinder des Mikroprozessors gelten Marcian E. Hoff und F. Faggin, Mitarbeiter von INTEL. Der Kern ist der **Mikroprozessor (CPU** von **C**entral **P**rocessing **U**nit), eine komplexe Schaltung zur Durchführung arithmetischer und logischer Operationen (ALU von Arithmetic Logic Unit), mit Zwischenspeichern (Registern) und einer Ansteuerschaltung für externe Speicher. Der Mikroprozessor arbeitet die in der Herstellung festgelegten Elementaroperationen in einer Zeitspanne ab, die durch einen **Taktgenerator** festgelegt werden. Bei dem Taktsignal handelt es sich um eine Rechteckspannung mit Frequenzen von ca. 100 kHz bei dem ersten Mikroprozessor bis zu einigen GHz bei heutigen Prozessoren. Es ist naheliegend, die Leistungsfähigkeit eines Prozessors an der Taktfrequenz zu messen. Ein Vergleich der Angaben ist jedoch nur als grober Anhalt zu verstehen, da verschiedene Prozessoren unterschiedlich komplexe Elementaroperationen pro Takt ausführen.

Nach dem Einschalten des Computers startet der Mikroprozessor mit den Daten, die in vorher festgelegten Orten des Startprogrammspeichers vorliegen. Bei diesem Teil des Speichers handelt es sich um ein **ROM** (**R**ead-**O**nly-**M**emory, Nur-Lese-Speicher), dessen Daten auch nach dem Ausschalten erhalten bleiben. In diesen Daten sind die Elementaroperationen (Instruktionen) kodiert, mit denen der Prozessor nach dem Einschalten startet. Es wird ein Startprogramm durchlaufen, welches im Allgemeinen die Datenausgabe (vielfach den Bildschirm) und die Dateneingabe (vielfach die Tastatur) in einen Anfangszustand versetzt.

Weitere Teile des Programmspeichers und des Datenspeichers sind als **RAM** (**R**andom-**A**ccess-**M**emory, Schreib-Lese-Speicher) vorhanden. Dieser Speicher kann mit Daten von magnetischen Speichermedien (Diskette, Festplatte) oder über ein Netzwerk mit einem Betriebssystem-

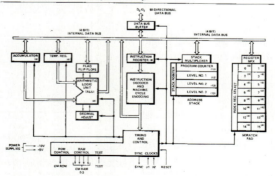

programm und Anwenderprogrammen geladen werden. Abhängig von der beabsichtigten Verwendung des Computers wird das RAM im Vergleich zum ROM mit einer wesentlich höheren Kapazität vorgesehen und ersetzt im Betrieb häufig das ROM. Der Mikroprozessor 4004 kann 5120 bit des RAM ansprechen. Fasst man 8 bit zu 1 Byte zusammen, sind 5120 bit = 640 Byte = 0,64 kB. Im Vergleich zur Speicherausstattung moderner PCs mit 1024 MByte wird der Anstieg der Leistungsfähigkeit bei vergleichbarem Preisniveau deutlich. Moderne 64-Bit-Prozessoren, die viele TB (1 Terrabyte $\approx 10^{12}$ Byte) adressieren können, begrenzen den Speicherausbau nicht.

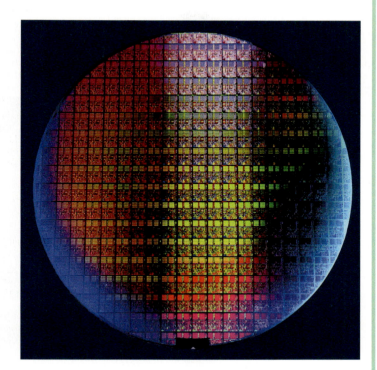

Ihre Herstellung erfolgt auf der Basis von Siliciumscheiben mit ca. 30 cm Durchmesser, auf denen über einhundert Prozessoren gleichzeitig hergestellt werden. Die herstellbare Breite einer Struktur von derzeit 90 nm oder 65 nm bestimmt die Zahl der Prozessoren, die sich in diesem Schritt herstellen lassen.

Da der Prozessor, die Speicherbausteine und die Grafikansteuerung in der Herstellung aufwändig sind und deshalb die maßgeblichen Kosten verursachen, werden alle weiteren Bauelemente für den Computer auf einer Grundplatine, dem „mainboard" zusammengefasst.

Je nach geplanter Anwendung können so unterschiedlich leistungsfähige Prozessoren, ein variabler Ausbau des Hauptspeichers und unterschiedliche Grafikkarten eingebaut werden. Für den Prozessor und den Speicher sind auf dem *mainboard* Sockel vorhanden, die neben den Bauelementen auch die Kühlvorrichtungen halten. Die Kühlung über die vergleichsweise kleinen Oberflächen bei einem Energieumsatz von 100 W bis 300 W stellt eine technische Herausforderung dar. Entwicklungsziele sind deshalb geringerer Energieumsatz bei vergleichbarer Leistungsfähigkeit des Prozessors.

Weitere Steckkontakte am *mainboard* stellen die Verbindungen zu internen Geräten, zum Netzteil, zu den Festplatten und den CD-ROM- und DVD-ROM-Laufwerken her. Die standardisierten Verbindungen ermöglichen zusammen mit vereinbarten Datenprotokollen den Anschluss einer Vielzahl unterschiedlicher Geräte.

Externe Geräte wie die Tastatur und die Maus zur Eingabe, der Monitor und der Drucker zur Ausgabe von Daten werden über die Steckverbindungen am Rand des *mainboards* angeschlossen.

Analoge Signalverarbeitung

— **Exkurs** —

Computerspeicher

Geschwindigkeit, Kapazität und Preis

Auf der Basis der dynamischen Speicherung mit einem Kondensator als Speicherelement gelingt es, eine hohe Dichte von Speicherzellen preiswert herzustellen. Im Jahr 2006 liegt der Preis für einen 1 GByte-Speicherriegel bei etwa 50 €.

Dieser Speichertyp weist zurzeit das günstigste Preis-Leistungs-Verhältnis auf und wird deshalb als Standardarbeitsspeicher in PCs eingesetzt. Die Abbildung zeigt die auf einer Siliciumscheibe (Wafer) hergestellten Speicherchips **(a)**. Die einzelnen Chips werden herausgeschnitten, auf einen Träger geklebt **(b)**, mit den Gehäuseanschlüssen verdrahtet **(c)** und mit einer Plastikschutzschicht vergossen.

Nachteilig am dynamischen Speicher ist die Zugriffszeit von ca. 50 ns. Die Information einer Speicherzelle wird also erst nach dieser Zeit bereitgestellt bzw. gespeichert. Für einen Prozessor mit 2 GHz Taktfrequenz und der Taktzeit von 0,5 ns ist der Zugriff auf diesen Speicher deutlich zu langsam.

Um diesem Problem zu begegnen, sind zwei Strategien gebräuchlich.

Cache-Speicher

Zwischen Prozessor und Speicher werden deshalb schnelle statische Zwischenspeicher (Cache-Speicher) eingefügt, deren Kapazität nur etwa 512 kB bis 2 MB erreicht bei Zugriffszeiten im Bereich von 0,5 ns bis 1 ns. In diesen Speicher werden Daten aus dem Hauptspeicher eingelesen, von denen angenommen wird, dass der Prozessor diese demnächst anfordert. Falls diese Vorhersage zutrifft, kann der Prozessor auf die bereitgestellten Daten mit hoher Geschwindigkeit zugreifen.

Die Auswahl der Daten für den Cache-Speicher wird von einem Controller vorgenommen, der auch sicherstellt,

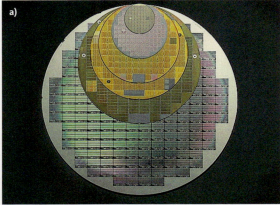

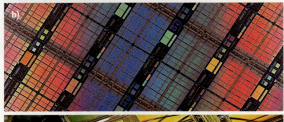

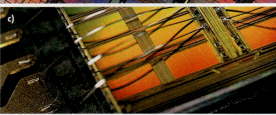

dass die Daten im Cache-Speicher beim Zugriff des Prozessors auch aktuell sind und nicht bereits vom Prozessor im Hauptspeicher überschrieben wurden.

Daten-Gruppen

Der langsame Zugriff auf ein Element des Hauptspeichers kann dadurch ausgeglichen werden, dass nicht einzelne Datenbytes, sondern stets Gruppen von Daten gelesen oder geschrieben werden. Damit gelingt es, die Datenrate um eine Größenordnung zu steigern, allerdings vorausgesetzt, dass diese Daten auch Verwendung finden.

Festwertspeicher (Flash-ROM)

Eine Variante des MOSFET ermöglicht den Aufbau von Festwertspeichern ähnlich dem dynamischen Speicher, deren Inhalt auch nach dem Abschalten der Betriebsspannung erhalten bleibt. Bei diesem MOSFET werden die Gate- und die Source-Elektrode als Kondensatorplatten verwendet, wobei das Gate selbst von nichtleitendem Metalloxid umgeben ist. Das Gate wird mit beschleunigten Elektronen geladen, die aufgrund des Tunneleffekts (→ 13.3.5) die Oxidschicht durchdringen.

Da die einzelne Speicherzelle zusammen mit ihrer Ansteuerung im Vergleich zum dynamischen Speicher größer ausfällt, sind weniger Speicherzellen auf einem Chip verfügbar. Bei gleicher Chipgröße ist die Datenkapazität des Flash-Speichers geringer, daher ist er bei gleicher Kapazität vergleichsweise teuer. Ein Preisvergleich zeigt, dass für Flash-Speicher etwa der doppelte Preis berechnet wird. Flash-Speicher erreichen zurzeit eine Datenkapazität von 8 GByte und konkurrieren so mit anderen Speichermedien wie den Miniaturfestplatten, auch Microdrive genannt, die über eine vergleichbare oder größere Kapazität verfügen.

Grundwissen Festkörperphysik und Elektronik

Halbleiter
p-n-Übergang, Diode
In Durchlassrichtung (Pluspol am p-Leiter, Minuspol am n-Leiter) können Elektronen und Löcher den p-n-Übergang passieren. Das Schaltsymbol der Diode (–▷|–) zeigt die Stromrichtung.

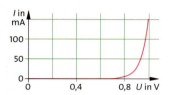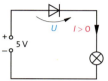

npn-Transistor
Emitter: Wenn die Emitter-Basis-Diode in Durchlassrichtung betrieben wird, gelangen viele Elektronen vom *Emitter* E in die *Basis* B.
Basis: Ein geringer Teil der Elektronen rekombiniert in der Basis B (Basisstrom I_B).
Kollektor: Größtenteils diffundieren die Elektronen aufgrund des Konzentrationsgefälles durch die Basis zum *Kollektor* C (Kollektorstrom I_C).
Stromverstärkung: $B = I_C/I_B = 20$ bis 800
Transistor als Schalter: Die hohe Stromverstärkung ermöglicht die Verwendung als Schalter.

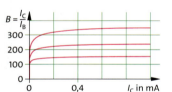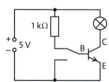

n-MOSFET
Gate: Mit einer positiven Spannung $U_{GS} = 1$ V bis 4 V am *Gate* G wird der Gate-Kanal n-leitend.
Source, Drain: Die Leitfähigkeit des n-leitenden Kanals bei einem n-MOSFET verbessert sich mit steigender Spannung U_{GS}. Die Sperrschichten zu *Source* S und *Drain* D werden gleichzeitig abgebaut.
n-MOSFET als Schalter: Der n-MOSFET (rechts) wird mit $U_{GS} = 5$ V ein- und mit $U_{GS} = 0$ V ausgeschaltet.

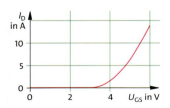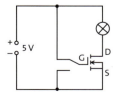

Elemente der Signalverarbeitung
Durch die Beschaltung eines Operationsverstärkers mit Widerständen lässt sich die Verstärkung

$$V = \frac{U_A}{U_E} = \frac{R_1 + R_2}{R_1}$$

für niedrige Frequenzen sehr genau einstellen.

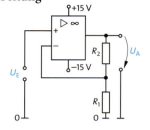

Quantenphysik des Festkörpers
Das elektrische Verhalten eines kristallinen Festkörpers lässt sich mit dem **Modell des dreidimensionalen Potentialtopfs** beschreiben. Die Energie der Zustände ist quantisiert. Der Festkörper kann daher nur bestimmte Energiebeträge aufnehmen und abgeben.

Metalle
Die **Fermi-Energie** E_F eines Metalls gibt die Energie des höchsten besetzten Zustands für die Temperatur 0 K an. In der Umgebung der Fermi-Energie ist der Abstand der Energieniveaus in Metallen so gering, dass von einem **Energieband** gesprochen wird. Metalle absorbieren daher fast beliebige Energiebeträge.

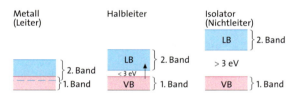

Halbleiter
Halbleiter und Nichtleiter nehmen nur Energiebeträge oberhalb einer Mindestenergie ΔE auf. Bei Halbleitern mit $\Delta E \approx 1$ eV wird bereits bei Zimmertemperatur eine geringe Zahl von Elektronen thermisch über die Lücke ΔE hinweg angeregt.
Das **Leitungsband** ist ein weitgehend unbesetzter Bereich von Energieniveaus mit hoher Energie. Der Leitungsmechanismus der Elektronen des Leitungsbandes heißt **n-Leitung**.
Das **Valenzband** ist der Bereich von Energieniveaus, der vor der Anregung fast vollständig durch Elektronen besetzt ist. Die Elektronen des Valenzbandes verhalten sich wie „*Löcher*" mit positiver Ladung. Dieser Leitungsmechanismus heißt **p-Leitung**.
Die p-Leitung und die n-Leitung lassen sich durch Dotieren so vergrößern, dass ein Leitungsmechanismus überwiegt. Anwendungen dotierter Halbleiter sind Dioden und Transistoren.

13 KERNPHYSIK

Die Kernphysik beschäftigt sich mit dem *Aufbau,* den *Eigenschaften,* den *Reaktionen* und den *physikalischen Untersuchungsmethoden der Atomkerne.* Die von den Kernen ausgehende radioaktive Strahlung wurde 1896 von Henri BECQUEREL entdeckt und von berühmten Physikern wie Marie und Pierre CURIE sowie RUTHERFORD grundlegend untersucht. Die radioaktive Strahlung wird in der Medizin zu Diagnosezwecken und zur Behandlung bösartiger Tumore eingesetzt. Instabile Kerne werden aufgrund ihrer spezifischen Zerfallszeiten zur Altersbestimmung von Mineralien und archäologischen Funden benutzt. 1938 entdeckten Otto HAHN, Fritz STRASSMANN und Lise MEITNER, dass sich Atomkerne spalten lassen und dass dabei Energie freigesetzt wird. Die friedliche Nutzung dieser Energie mithilfe von Kernreaktoren bietet große Chancen, den Energiebedarf ohne CO_2-Emission und die damit verbundene Klimaerwärmung zu decken. Andererseits ist sie aber mit Risiken und Gefahren verbunden, wie dies u. a. der Unfall in Tschernobyl 1986 erschreckend deutlich machte. Die Zündung zweier Kernspaltungsbomben am Ende des 2. Weltkrieges im Jahr 1945 über den japanischen Städten Hiroshima und Nagasaki offenbarte die unvorstellbaren zerstörerischen Gewalten von Kernwaffen und führte der Menschheit die Gefahr der Selbstvernichtung vor Augen.

Die Erforschung der Struktur der Atomkerne liefert Erkenntnisse über den Aufbau unserer Welt im „Kleinsten". Unsere Sonne ist so wie jeder Stern ein natürlicher Kernfusionsreaktor, von dem wir unsere lebensnotwendige Energie beziehen. Daher beschäftigt sich die Kernphysik sowohl mit den kleinsten als auch mit den größten physikalischen Strukturen in unserem Universum.

13.1 Radioaktivität

Henri BECQUEREL (1852–1908) entdeckte 1896 die Radioaktivität bei der Untersuchung von Uransalzen. Er stellte fest, dass von diesen eine Strahlung ausging, die lichtempfindliche fotografische Materialien noch durch schwarzes Papier hindurch veränderte. Nach BECQUERELS Entdeckung untersuchte das Ehepaar Marie (1867–1934) und Pierre CURIE (1859–1906) in systematischer Kleinarbeit alle Elemente auf Radioaktivität und fand sie beim Thorium und besonders stark bei zwei bislang unbekannten Elementen, die sie Polonium und Radium nannten. RUTHERFORD benutzte Anfang des 20. Jahrhunderts zur Untersuchung von Atomen die sogenannte α-Strahlung, indem er sie auf eine dünne Goldfolie richtete und ihre Ablenkung beobachtete (→ 11.2.2). Aus den Ergebnissen folgerte er, dass ein Atom aus einem massiven positiv geladenen Kern und einer Elektronenhülle bestehen müsse. Weitere Untersuchungen zeigten, dass die von BECQUEREL entdeckte Strahlung aus den Atomkernen kommt.

> Mit Radioaktivität wird die Erscheinung bezeichnet, dass instabile Atomkerne Strahlung aussenden und sich dabei in stabilere Kerne umwandeln.

13.1.1 Die ionisierende Wirkung radioaktiver Strahlung

Versuch 1: Ein Elektroskop mit einer aufgesetzten Metallplatte wird positiv geladen. In die Nähe der Metallplatte wird ein radioaktives Präparat gebracht. Der Versuch wird mit negativer Ladung wiederholt. In beiden Fällen verliert das Elektroskop seine Ladung, nachdem das Präparat in die Nähe der aufgesetzten Platte gebracht wurde.

Deutung: Von dem Präparat geht eine Strahlung aus, welche die Luft ionisiert. Die Ionen neutralisieren die positive bzw. negative Ladung auf dem Elektroskop. ◄

Mithilfe der ionisierenden Wirkung lassen sich Nachweisgeräte zur Untersuchung der Strahlung entwickeln. Das **Geiger-Müller-Zählrohr** (→ 13.2.1) besteht aus einem zylindrischen Rohr, in dem axial ein dünner Draht isoliert aufgespannt ist. Das Rohr ist mit einem Edelgas bei vermindertem Druck (z. B. Argon bei 100 hPa) gefüllt (**Abb. 481.1**). Zwischen dem Zylindermantel als Katode und dem Draht als Anode liegt eine Spannung von einigen 100 V.

Versuch 2: Ein nach **Abb. 481.1** geschaltetes Zählrohr mit einem Glimmerfenster wird an einen Verstärker mit Lautsprecher angeschlossen. Dem Zählrohr wird langsam ein radioaktives Präparat genähert. Aus dem Lautsprecher ertönen in unregelmäßiger Folge Knackgeräusche. Bei kleinerem Abstand zwischen Präparat und Zählrohr gehen die getrennt wahrnehmbaren Geräusche in ein Prasseln über, das sich zu einem Rauschen steigern kann.
Deutung: Tritt ionisierende Strahlung in das Zählrohr ein, so werden Ladungsträger erzeugt, die zu einem Entladestrom führen. Es kommt zu einem einzelnen Knackgeräusch im Lautsprecher. Die Unregelmäßigkeit der Knackgeräusche deutet darauf hin, dass die vom Präparat emittierte Strahlung aus einzelnen voneinander unabhängigen Emissionsakten besteht. Bei kleinem Abstand erhöht sich die Zahl der Entladungen aufgrund einer größeren Intensität der Strahlung. ◄

Versuch 3: Das Zählrohr wird an ein elektronisches Zählgerät angeschlossen. Bei unveränderten Bedingungen wird die Anzahl der Impulse in gleich langen Zeitintervallen mehrmals gemessen. Der Quotient aus der Anzahl der Impulse und dem Zeitintervall wird als **Impulsrate n** bezeichnet.
Beobachtung: Die Anzahl der in gleichen Zeiten gemessenen Impulse ist nicht konstant. Die Impulsrate schwankt um einen **Mittelwert $\bar{n}$.**
Deutung: Bei der Emission radioaktiver Strahlung handelt es sich um einen stochastischen, d. h. zufallsabhängigen Vorgang. Dabei treten zufallsbedingte Schwankungen der **Impulsraten** um einen **Mittelwert** auf. Wenn im Folgenden von der Impulsrate die Rede ist, so ist stets dieser Mittelwert gemeint. ◄

Versuch 4: Die Zählapparatur wird mehrere Male in Betrieb gesetzt, ohne dass sich ein radioaktives Präparat in der Nähe befindet. Auch jetzt werden einige Ereignisse in der Messzeit registriert: Dies ergibt z. B. eine Impulsrate von $n = 20 \text{ min}^{-1}$.
Erklärung: Dieser sogenannte **Null-Effekt** wird durch die stets vorhandene Untergrundstrahlung hervorgerufen, welche aus zwei Anteilen, der **Höhenstrahlung** aus dem Weltraum und der **Umgebungsstrahlung** aus dem Erdboden bzw. aus den Baumaterialien vor Ort, besteht. Die Nullrate muss vor jeder Messung bestimmt und bei der Auswertung berücksichtigt werden. ◄

Auch die **Wilson'sche Expansions-Nebelkammer** (**Abb. 481.2**) beruht auf der ionisierenden Wirkung der Strahlung und macht diese in Form von Nebelspuren sichtbar. Sie enthält mit Wasser- und Alkoholdampf gesättigte Luft. Durch plötzliche *adiabatische Expansion* (→ 4.5.1) wird die Temperatur erniedrigt, sodass bei

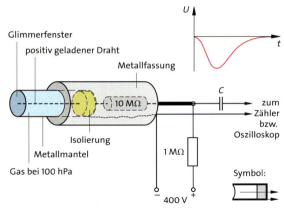

481.1 Aufbau und Schaltung eines Geiger-Müller-Zählrohrs

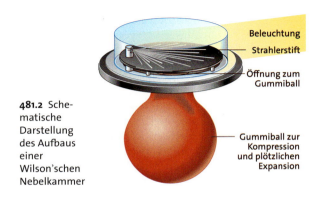

481.2 Schematische Darstellung des Aufbaus einer Wilson'schen Nebelkammer

Anwesenheit von Kondensationskeimen eine Tröpfchenbildung eintritt. Die von der Strahlung gebildeten Ionen sind die Kondensationskeime. Die Spur wird sichtbar.

Die stochastische Schwankung der Zählraten

Zur genaueren Erfassung der Strahlung eines radioaktiven Präparats wird eine große Zahl von Impulsraten gemessen und deren Mittelwert $\bar{n}$ bestimmt. Die Güte der Einzelmessung ist durch den mittleren Fehler Δn charakterisiert, der in der Statistik als *Standardabweichung* bezeichnet wird:

$$\Delta n = \sqrt{\frac{1}{k-1} \sum_{i=1}^{k} (n_i - \bar{n})^2} \quad \text{mit} \quad \bar{n} = \frac{1}{k} \sum_{i=1}^{k} n_i$$

Zwischen der Impulsrate $\bar{n}$ und dem mittleren Fehler Δn besteht der hier nicht hergeleitete Zusammenhang $\Delta n \approx \sqrt{\bar{n}}$, der umso genauer gilt, je größer die Zahl k der Einzelmessungen ist. Der relative Fehler hängt nur von der Impulsrate ab:

$$\frac{\Delta n}{\bar{n}} = \frac{\sqrt{\bar{n}}}{\bar{n}} = \frac{1}{\sqrt{\bar{n}}}$$

Ein kleiner relativer Fehler ergibt sich also bei hoher Impulsrate $\bar{n}$. So ist z. B. bei einer mittleren Impulsrate von $\bar{n} = 100$ der relative Fehler 10 %; bei einer mittleren Impulsrate von $\bar{n} = 10\,000$ dagegen nur noch 1 %.

Radioaktivität

13.1.2 Strahlungsarten

Versuch 1: Mit einem Zählrohr wird die Strahlung eines Radiumpräparats registriert. Zwischen Präparat und Zählrohrfenster werden nacheinander ein Blatt Papier, zwei Blätter Papier und mehrere Aluminiumplatten von jeweils 0,5 mm Dicke gebracht.
Beobachtung: Die Zählrate nimmt beim ersten Blatt Papier deutlich ab; beim zweiten Blatt ändert sie sich kaum. Bei Vergrößerung der Anzahl der Aluminiumplatten nehmen die Zählraten zunächst schnell weiter ab und bleiben ab einer Schichtdicke von 3 mm konstant.
Ergebnis: Ein großer Teil der Strahlung durchdringt ein Blatt Papier nicht. Eine Aluminiumschicht von ca. 3 mm absorbiert einen weiteren erheblichen Anteil der Strahlung. Ein verbleibender Rest durchdringt auch größere Schichtdicken fast ungeschwächt. Nach diesem unterschiedlichen Durchdringungsvermögen wird auf RUTHERFORD zurückgehend die Strahlung grob in drei Arten eingeteilt: α-Strahlung, β-Strahlung und γ-Strahlung. ◄

> Die Strahlung eines Radiumpräparats besteht aus drei verschiedenen Anteilen, die unterschiedlich stark mit Materie wechselwirken und so ein unterschiedliches Durchdringungsvermögen besitzen:
> **α-Strahlung** wird von einer wenige Zentimeter dicken Luftschicht oder einem dünnen Blatt Papier absorbiert.
> **β-Strahlung** hat in Luft eine wesentlich größere Reichweite, sie wird jedoch von einer ca. 3 mm dicken Aluminiumschicht absorbiert.
> **γ-Strahlung** durchdringt auch größere Aluminiumschichten fast ungeschwächt.

In einer Nebelkammer gehen von einem α-Strahler Spuren aus, die nur einige Zentimeter lang sind. Dies verdeutlicht ihre geringe Reichweite in Luft.

RUTHERFORD und ROYDS konnten 1909 experimentell zeigen, dass es sich bei der α-Strahlung um doppelt positiv geladene Heliumkerne handelt. Hierzu betrachteten sie das Emissionsspektrum von eingefangenen α-Teilchen bei einer Gasentladung. Die beobachteten Linien stimmten mit denen des Heliums überein.

> α-Strahlung besteht aus zweifach positiv geladenen Heliumkernen.

Versuch 2: Die Ablenkung der β- und γ-Strahlung eines Radiumpräparats wird mithilfe eines Magnetfeldes in Luft untersucht (**Abb. 482.1**). Zunächst werden ohne Magnetfeld die Impulsraten für verschiedene Winkel φ gemessen, welche die Zählrohrachse und die Metallzylinderachse des Präparates miteinander bilden. Anschließend werden die Messungen bei eingeschaltetem Magnetfeld wiederholt.
Beobachtung: Ohne Magnetfeld ist die Intensität der Strahlung in Richtung der Achse des Metallrohrs am größten. Bei eingeschaltetem Magnetfeld ist das Maximum der Intensität verschoben. Es fällt ferner auf, dass die Intensität der Strahlung für große Winkel unabhängig vom Magnetfeld ist.
Deutung: Wegen der geringen Reichweite von α-Strahlung in Luft gelangt diese nicht mehr ins Zählrohr. Aus der Ablenkungsrichtung sowie der Richtung des Magnetfeldes ergibt sich unter Berücksichtigung der Lorentzkraft, dass die Strahlung Teilchen mit negativer Ladung enthält. Dies sind Elektronen, wie eine experimentelle Bestimmung der spezifischen Ladung zeigt. Die vom Winkel unabhängige Impulsrate ist auf γ-Strahlung zurückzuführen, da diese nicht durch den Metallzylinder abgeschirmt wird. Die Unabhängigkeit der Rate vom Magnetfeld deutet darauf hin, dass die γ-Strahlung nicht aus geladenen Teilchen besteht, sondern dass es sich um elektromagnetische Strahlung handelt. ◄

> β-Strahlung besteht aus Elektronen.

Genauere Untersuchungen der γ-Strahlung durch z. B. Kristallgitterspektroskope (Bragg-Reflexion → 7.4.3) liefern Folgendes:

> γ-Strahlung ist eine sehr kurzwellige elektromagnetische Strahlung mit Wellenlängen im Bereich von 10^{-10} m bis 10^{-15} m. Sie breitet sich folglich mit Lichtgeschwindigkeit aus. Die zugehörigen γ-Quanten besitzen Energien zwischen 10 keV und 10 MeV.

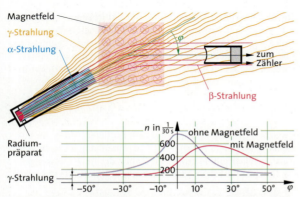

482.1 Ablenkung radioaktiver Strahlung in einem Magnetfeld. Das schwach divergente Bündel von β-Strahlung wird im Magnetfeld abgelenkt. Die γ-Strahlung durchdringt auch die Ummantelung des Präparates und ist daher nicht gebündelt; sie wird vom Magnetfeld nicht beeinflusst.

13.1.3 Kernbausteine

In der uns umgebenden Materie gibt es neben den stabilen auch radioaktive Kerne, die sich durch Emission von Strahlung in stabilere umwandeln. Um den Einzelprozess bei einer solchen Umwandlung zu beschreiben, muss der Aufbau der Atomkerne bekannt sein.

Kernladungszahl

Durch eine quantitative Auswertung von Streuexperimenten analog zum Rutherford'schen Streuversuch ($\rightarrow$ 11.2.2) lassen sich Ladung und Radius ($\rightarrow$ 13.3.2) der Atomkerne bestimmen. Für die Ladung ergibt sich:

> Die Zahl der positiven Elementarladungen im Atomkern, die **Kernladungszahl Z,** ist gleich der Ordnungszahl des Elements im Periodensystem.

Massenzahl, Isotope

Mithilfe von Massenspektrometern ($\rightarrow$ 6.1.5) kann die Masse von Ionen durch ihre Ablenkbarkeit in elektrischen und magnetischen Feldern bestimmt werden. Die Masse der entsprechenden Atome ergibt sich durch Berücksichtigung der Massen der fehlenden oder zusätzlichen Elektronen. Dabei wird festgestellt:

> Die Massen der Atome sind näherungsweise gleich einem ganzzahligen Vielfachen der Protonenmasse. Dieses Vielfache wird **Massenzahl A** genannt. **Isotope** sind **Atome** gleicher Kernladungszahl Z, die sich aber in ihrer Massenzahl unterscheiden.

Nukleonen

Da die Elektronenmasse im Vergleich zur Kernmasse sehr klein ist, könnte der Aufbau des Kerns aus Protonen und Elektronen vermutet werden. Dies ist aber nicht mit der Heisenberg'schen Unschärferelation vereinbar. 1920 vermutete RUTHERFORD die Existenz weiterer Kernbausteine, die er **Neutronen** nannte. Ein Neutron besitzt in etwa die Masse eines Protons, ist aber elektrisch neutral. Es wurde 1932 von CHADWICK nachgewiesen.

> Atomkerne sind aus **Protonen** und **Neutronen,** den sogenannten **Nukleonen,** aufgebaut. Die Nukleonen unterscheiden sich in ihrer Ladung: Protonen besitzen eine positive Elementarladung, Neutronen sind elektrisch neutral.
> Als **Nuklid** wird ein **Atom** einer durch die Anzahl der Protonen und Neutronen festgelegten Kernart bezeichnet.

> Ein Nuklid der Massenzahl A und der Ordnungszahl Z besitzt einen Kern, der aus A Nukleonen, nämlich Z Protonen und $(A - Z) = N$ Neutronen besteht. In der Hülle befinden sich Z Elektronen.
> Nuklide werden durch die Angabe der Massenzahl A und der Ordnungszahl Z am Elementsymbol X gekennzeichnet: $_Z^A X$, wie z. B.
>
> $_1^1 H$, $_2^4 He$, $_6^{12} C$, $_8^{16} O$, $_8^{17} O$ usw.

Da mit dem Elementsymbol die Kernladung Z schon festgelegt ist, wird sie häufig weggelassen und z. B. nur ^{12}C geschrieben. In derselben Art können auch Proton, Neutron, Elektron und α-Teilchen gekennzeichnet werden: $_1^1 p$, $_0^1 n$, $_{-1}^0 e$, $_2^4 \alpha$.

Relative Atommasse

Für quantitative Betrachtungen ist es üblich, Massen in der **atomaren Masseneinheit u** ($\rightarrow$ 4.1.3) anzugeben, die etwa der Masse eines Protons entspricht. Die Masseneinheit u ist definiert als $\frac{1}{12}$ der Masse des Kohlenstoffatoms ^{12}C. Ein Mol ^{12}C besteht aus $6{,}023 \cdot 10^{23}$ Atomen und besitzt die Masse 12 g. Division dieser Masse durch die Anzahl der Atome liefert die Masse eines ^{12}C-Nuklids, die laut Definition durch 12 dividiert werden muss, um die atomare Masseneinheit u zu erhalten:

$$1\,u = \frac{1}{12}\,m\,(^{12}C) = \frac{1}{N_A}\frac{g}{mol} = 1{,}660\,538\,8 \cdot 10^{-27}\,kg$$

Die Masse von Nukliden wird häufig als **relative Atommasse A_r** angegeben:

$$\text{relative Atommasse} = \frac{\text{Atommasse}}{\text{atomare Masseneinheit}}$$

Für das Kohlenstoffnuklid ^{12}C ist die relative Atommasse definitionsgemäß 12, also eine ganze Zahl. Die relativen Atommassen aller anderen Nuklide sind nicht genau ganzzahlig, weichen aber nur sehr wenig von ganzen Zahlen ab ($\rightarrow$ S. 577).

> Proton und Neutron haben in etwa die Masse 1 u.
> Für Protonen gilt: $m_p = 1{,}007\,276\,467$ u.
> Die Neutronenmasse ist größer: $m_n = 1{,}008\,664\,916$ u.

Aufgaben

1. Bestimmen Sie die Anzahl der Neutronen und Protonen für die folgenden Nuklide:
   ^{226}Ra, ^{14}C, ^{208}Bi, ^{220}Rn, ^{208}Po
2. Erläutern Sie Gemeinsamkeiten und Unterschiede der Strahlungsarten.

Radioaktivität

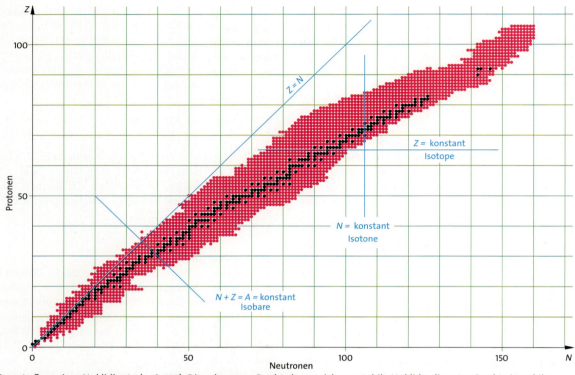

484.1 Aufbau einer Nuklidkarte (→ S. 578). Die schwarzen Punkte kennzeichnen stabile Nuklide, die roten Punkte instabile. Das sogenannte Stabilitätsband endet bei $Z = 83$.

13.1.4 Ordnung der Nuklide

Einen Überblick über die Zusammensetzung der stabilen und instabilen Kerne aus Protonen und Neutronen liefert die **Nuklidkarte** (Abb. 484.1), in der jedes Nuklid durch ein Quadrat in einem N-Z-Koordinatennetz dargestellt wird.

Es sind mehr als 3000 natürliche und künstlich hergestellte Nuklide der bisher 112 bekannten Elemente nachgewiesen worden. 266 schwarz gekennzeichnete Nuklide sind stabil. Die rot markierten Nuklide sind instabil und wandeln sich teilweise über mehrere Prozesse in stabile Nuklide um. Sie sind also radioaktiv.

> **Isotope** sind Nuklide mit gleicher Kernladungszahl Z. Sie gehören daher zum selben chemischen Element und befinden sich in der Nuklidkarte auf einer Parallelen zur N-Achse.
> **Isobare** sind Nuklide mit gleicher Massenzahl A. Die Summe der Protonen- und Neutronenzahl isobarer Nuklide ist konstant. Isobare unterscheiden sich in der Ordnungszahl, gehören also stets zu verschiedenen Elementen. In der Nuklidkarte liegen Isobare auf Senkrechten zur Geraden $Z = N$.

Isobare mit der Massenzahl $A = 40$ sind z. B. ^{40}Ar (Argon), ^{40}K* (Kalium), ^{40}Ca (Calcium). (Radioaktive Nuklide werden auch durch einen Stern * am Elementsymbol gekennzeichnet.)

Die schwarz eingezeichneten stabilen Nuklide liegen auf dem sogenannten **Stabilitätsband,** das anfangs entlang der Winkelhalbierenden verläuft, d. h. die stabilen Nuklide besitzen dort etwa die gleiche Anzahl an Neutronen und Protonen. Für größere Kernladungszahlen besitzen die stabilen Nuklide einen wachsenden Neutronenüberschuss.

Werden stabile und instabile Nuklide betrachtet, so fällt auf, dass zu ungerader Massenzahl A in der Regel nur ein stabiles Nuklid existiert. Zu einer geraden Massenzahl A kann es mehrere stabile Nuklide geben. Weiterhin ist zu erkennen, dass Nukleonen bevorzugt paarweise auftreten (Tab. 485.1), sodass die Stabilität eines Nuklids davon abhängt, ob die Anzahl der Protonen bzw. Neutronen im Kern gerade oder ungerade ist. Es werden daher folgende Arten von Kernen unterschieden:
- *gg-Kerne:* Z gerade und N gerade,
- *gu-Kerne:* Z gerade und N ungerade,
- *ug-Kerne:* Z ungerade und N gerade,
- *uu-Kerne:* Z ungerade und N ungerade.

Die einzigen stabilen uu-Kerne sind die der Nuklide ^{2}H, ^{6}Li, ^{10}B und ^{14}N. Sauerstoff ^{16}O ist mit 62 % und Silicium ^{28}Si mit 21 % an der Gesamtmasse beteiligt, die die ca. 20 km dicke Schicht der Erdkruste unter Einbeziehung der Meeresböden bildet. Zu den häufig vertretenen Elementen gehören auch ^{56}Fe und ^{40}Ca. Diese Nuklide besitzen alle einen gg-Kern. Die Anzahl der stabilen ug- bzw. gu-Kerne ist mit 50 bzw. 53 vergleichsweise gering. Sie besitzen in Bezug auf ihr Auftreten auf der Erde auch nur eine mittlere Häufigkeit.

Die Zusammensetzung eines natürlich vorkommenden Isotopengemisches eines Elements, z. B. Chlor oder Uran, ist i. Allg. unabhängig vom Fundort auf der Erde. Die Elemente in der Mitte des Periodensystems haben die meisten stabilen Isotope. Die höchste Zahl hat Zinn mit 10 Isotopen.

Besonders viele stabile Isotope bzw. **Isotone,** Nuklide mit Kernen gleicher Neutronenzahl (**Abb. 484.1**), besitzen solche Elemente, bei denen die Kernladungszahl Z oder die Neutronenzahl eine der Zahlen 2, 8, 20, 28, 50, 82 oder 126 annimmt. Die angegebenen Zahlen heißen „magische Zahlen", Kerne mit solchen Protonen- oder Neutronenzahlen heißen „magische Kerne". Ein Beispiel für einen sehr stabilen magischen Kern ist ^{208}Pb. Er besitzt 82 Protonen und 126 Neutronen. Dieses Phänomen ähnelt dem der Elemente im Periodensystem. Dort sind die Edelgase mit bestimmten Elektronenzahlen in der Atomhülle chemisch besonders reaktionsarm (stabil), nämlich immer dann, wenn eine Schale abgeschlossen ist. Das Vorkommen dieser magischen Zahlen legt damit nahe, Kernmodelle in Analogie zu den Atommodellen (Potentialtopfmodell, Schalenmodell) zu entwickeln. Die Stabilität des obigen Bleiisotops ist dann durch den Abschluss der Neutronen- und der Protonenschale erklärbar. Weitere sogenannte doppelt magische Kerne sind ^{4}He, ^{16}O, ^{40}Ca und ^{48}Ca.

	Z gerade	Z ungerade
N gerade	159	50
N ungerade	53	4

485.1 Anzahl stabiler Nuklide: Es kommen häufiger Nuklide mit Paaren gleicher Nukleonen vor.

Aufgaben

1. Erläutern Sie die Begriffe Element, Nuklid, Nukleonenzahl, Isotop, Kernladungszahl und Massenzahl.
2. Erklären Sie, wie instabile Nuklide oberhalb bzw. unterhalb des Stabilitätsbandes ihr Verhältnis der Protonen- zu Neutronenanzahl verändern müssen, damit sie näher an das Stabilitätsband herankommen.
3. Begründen Sie, dass der Bereich in der Nuklidkarte, in dem überhaupt Kerne existieren, nach oben durch die sogenannte Protonenabbruchkante begrenzt wird.

Exkurs

Auf der Suche nach neuen Elementen

Viele der schweren Nuklide kommen in der Natur nicht vor. Sie werden künstlich hergestellt und entstehen bei Kernreaktionen durch Beschuss von schweren Kernen mit Neutronen, α-Teilchen oder schweren Ionen. Dabei ist es möglich, Atome mit Kernladungszahlen größer als 92, die sogenannten **Transurane,** zu erzeugen. Es sind bisher Nuklide bis zur Ordnungszahl 116 experimentell erzeugt worden, die alle aufgrund ihrer großen Kernladungszahl und der sich daraus ergebenden elektrischen Abstoßungskräfte instabil sind. Die Stabilität von Nukliden mit Kernladungszahlen größer als 105 nimmt zunächst noch weiter ab. Allerdings geben theoretische Überlegungen den Anlass zu Vermutungen, dass die Stabilität bei noch höheren Kernladungszahlen wieder anwächst.

So wird z.B. bei der GSI (Gesellschaft für Schwerionenforschung) in Darmstadt versucht, solche superschweren Nuklide zu erzeugen, die dann in der Nuklidkarte auf der sogenannten **„Insel der Stabilität"** in einem Meer von instabilen Nukliden liegen.

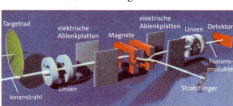

Die Schwierigkeit bei der Erzeugung neuer Elemente durch Verschmelzung zweier Kerne liegt darin, dass einerseits die elektrische Abstoßung (Coulombbarriere) überwunden werden muss, andererseits die Energie nicht zu hoch sein darf, da sonst der entstehende Zwischenkern so hoch angeregt ist, dass er sofort wieder zerplatzt.

Durch Beschuss einer dünnen Folie (Target) mit einem Ionenstrahl kommt es selten zu einer Kernverschmelzung, bei der ein Verbundkern entsteht. Dieser wird durch magnetische und elektrische Felder auf einen Detektor gelenkt. 2003 bzw. 2004 durften die Physiker der GSI die von ihnen 1994 gefundenen Elemente 110 bzw. 111 mit „Darmstadtium" (Ds) bzw. „Roentgenium" (Rg) bezeichnen. Die Elemente 115 und 113 wurden 2004 im russischen Dubna durch Beschuss von ^{243}Am mit ^{48}Ca erzeugt. Nach vier Wochen intensiver Bestrahlung konnten gerade vier Kerne des Elements 115 nachgewiesen werden.

Radioaktivität

13.1.5 Arten der Kernumwandlung

Beim radioaktiven Zerfall wandeln sich instabile Kerne in stabilere um. Hier werden nun mithilfe der Nuklidkarte (**Abb. 487.1**) und anhand von Reaktionsgleichungen die einzelnen Kernprozesse erörtert. Insgesamt sind vier Arten von Kernumwandlungen möglich.

Reaktionsgleichungen

- Beim **α-Zerfall** emittiert ein Atomkern ein α-Teilchen (He-Kern, zwei Protonen und zwei Neutronen) und wird so zu einem anderen Kern.

Beim **α-Zerfall** wird ein Heliumkern ($^4_2$He) emittiert. Die Massenzahl A erniedrigt sich um 4 und die Kernladungszahl Z um 2. Der α-Zerfall wird daher durch die folgende Reaktionsgleichung beschrieben:

$$^A_Z X \rightarrow {}^{A-4}_{Z-2} Y + {}^4_2 He$$

In der Nuklidkarte sind die α-strahlenden Kerne oberhalb des Stabilitätsbandes zu finden, d. h. sie besitzen im Vergleich zu den stabilen Kernen einen Neutronenmangel. Das entstehende Nuklid befindet sich zwei Einheiten links und zwei Einheiten unter dem Ausgangsnuklid und damit näher am Stabilitätsband (**Abb. 487.1**).

- Obwohl sich in einem Atomkern aus energetischen Gründen (Heisenberg'sche Unschärferelation) nicht ständig Elektronen aufhalten können, werden von manchen Kernen Elektronen emittiert. Bei diesem **β⁻-Zerfall** erhöht sich somit die Kernladungszahl um eins; es hat sich ein Neutron in ein Proton umgewandelt. Aus energetischen Gründen (→ 13.3.4) muss aber zusammen mit dem Elektron noch ein weiteres Teilchen, ein sogenanntes Elektron-Antineutrino $\bar{v}_e$ (→ 14.1), emittiert werden.

Beim **β⁻-Zerfall** emittiert der Atomkern ein Elektron ($^{\,0}_{-1}$e) und ein Antineutrino ($\bar{v}_e$). Die Massenzahl A bleibt konstant, und die Kernladungszahl Z erhöht sich um 1. Der β⁻-Zerfall bzw. die Reaktion eines Neutrons zu einem Proton wird durch die folgenden Reaktionsgleichungen beschrieben:

$$^A_Z X \rightarrow {}^{\;\;A}_{Z+1} Y + {}^{\,0}_{-1} e + \bar{v}_e \quad \text{bzw.} \quad {}^1_0 n \rightarrow {}^1_1 p + {}^{\,0}_{-1} e + \bar{v}_e$$

Die instabilen β⁻-aktiven Kerne besitzen bezogen auf die stabilen Kerne einen Neutronenüberschuss. Sie befinden sich unterhalb des Stabilitätsbandes. Das entstehende Nuklid befindet sich eine Einheit links und eine Einheit über dem Ausgangsnuklid.

Eine **Emission von γ-Quanten** bedeutet keine Veränderung der Nukleonen- oder Kernladungszahl. Sie stellt jedoch eine Energieänderung des Kerns dar. Die Reaktion wird beschrieben durch die Gleichung:

$$^A_Z X^* \rightarrow {}^A_Z X + \gamma$$

- Es gibt aber noch weitere Möglichkeiten für Kernumwandlungen. Da sich Elektronen der K-Schale quantenphysikalisch mit einer bestimmten Wahrscheinlichkeit im Kern aufhalten, können sie dort mit einem Proton reagieren. Es entsteht ein Neutron. Ein relativer Neutronenmangel kann somit verringert werden. Dabei wird ein Elektronneutrino v_e (→ 14.2.4) emittiert.

Beim **K-Einfang** (auch **EC** von **E**lectron-**C**apture) reagiert im Atomkern ein Proton durch Elektroneneinfang zu einem Neutron. Es wird dabei ein Neutrino (v_e) emittiert. Die Massenzahl ändert sich nicht; die Kernladungszahl verringert sich um eins:

$$^A_Z X + {}^{\,0}_{-1} e \rightarrow {}^{\;\;A}_{Z-1} Y + v_e \quad \text{bzw.} \quad {}^1_1 p + {}^{\,0}_{-1} e \rightarrow {}^1_0 n + v_e$$

Die Position des entstehenden Nuklids ist eine Einheit rechts und eine Einheit unter dem Ausgangsnuklid zu finden.

- Zusätzlich besteht für die oben genannten Kerne aber auch die Möglichkeit, über die sogenannte **β⁺-Strahlung** den Neutronenmangel zu verkleinern. Dabei wird ein **Positron** ($^{\,0}_{+1}$e) abgestrahlt. Aus einem Proton wird ein Neutron. Das Positron ist das **Antiteilchen** des Elektrons. Es besitzt im Vergleich zum Elektron die gleiche Masse, jedoch keine negative, sondern eine positive Elementarladung (→ 14.1).

Bei einem **β⁺-Zerfall** werden ein Positron ($^{\,0}_{+1}$e) und ein Neutrino (v_e) vom Kern emittiert. Die Massenzahl A bleibt konstant, die Kernladungszahl Z verringert sich um eins:

$$^A_Z X \rightarrow {}^{\;\;A}_{Z-1} Y + {}^{\,0}_{+1} e + v_e \quad \text{bzw.} \quad {}^1_1 p \rightarrow {}^1_0 n + {}^{\,0}_{+1} e + v_e$$

Bei diesem Zerfall liegt das entstehende Nuklid in der Nuklidkarte eine Einheit rechts und eine Einheit unter dem Ausgangsnuklid.

Diese Zerfallsart tritt häufig bei künstlich erzeugten Nukliden (→ 13.4.1) auf, welche durch Beschuss von schweren Elementen mit Neutronen oder Ionen entstehen. Diese sehr instabilen Kerne können außer durch die schon genannten Reaktionen noch durch Neutronenemission oder durch spontane Spaltung, bei der der Kern in mehrere Bruchstücke zerplatzt, zerfallen.

Radioaktivität

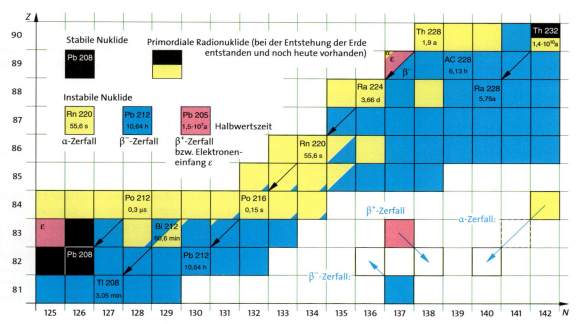

487.1 Ausschnitt aus der Nuklidkarte (→ S. 579), der die Nuklide der Thorium-Reihe enthält. Aus den Farben ist entsprechend der dortigen Legende die Zerfallsart zu entnehmen. Die Massenzahlen aller Nuklide dieser Reihe sind durch 4 teilbar.

487.2 Mutter- und Endnuklide der vier Zerfallsreihen. Die Neptunium-Reihe ist aufgrund der kurzen Halbwertszeit in der Natur ausgestorben.

Reihe	Mutternuklid	Halbwertszeit in a	Endnuklid	Massenformel
Thorium	^{232}Th	$1,39 \cdot 10^{10}$	^{208}Pb	$4n$
Uran-Radium	^{238}U	$4,51 \cdot 10^{9}$	^{206}Pb	$4n+2$
Uran-Actinium	^{235}U	$7,13 \cdot 10^{8}$	^{207}Pb	$4n+3$
Neptunium	^{237}Np	$2,14 \cdot 10^{6}$	^{209}Bi	$4n+1$

Ein instabiles Nuklid zerfällt i. Allg. nicht gleich in ein stabiles Nuklid, sondern in ein ebenfalls instabiles Nuklid usw., sodass eine Reihe sich ineinander umwandelnder Nuklide entsteht, die **Zerfallsreihe**. Am Ende der Zerfallsreihe steht ein stabiles Nuklid. Den Anfang einer Zerfallsreihe bildet stets ein langlebiges Mutternuklid, das seit der Entstehung der Erde vorhanden ist und sehr langsam in Tochternuklide zerfällt. Die Kernladungszahlen bzw. Ordnungszahlen der natürlichen radioaktiven Kerne sind meist größer als 82. Ausnahmen sind z. B. Kohlenstoff ^{14}C, das in der Atmosphäre ständig neu gebildet wird, sowie Kalium ^{40}K und Rubidium ^{87}Rb.

Im Ausschnitt der Nuklidkarte (**Abb. 487.1**) ist zu erkennen, dass Thorium232 unter Emission eines α-Teilchens in Radium228 zerfällt, welches wiederum instabil ist. Es folgen weitere Zerfälle, bis ein stabiles Isotop (Blei208) erreicht ist. Dies ist die sogenannte Thorium-Zerfallsreihe. Da sich in allen denkbaren Zerfallsreihen die Massenzahlen nur beim α-Zerfall um vier Einheiten ändern, kann es insgesamt nur vier verschiedene Zerfallsreihen (**Abb. 487.2**) geben, deren Glieder die Massenzahlen $4n$, $4n+1$, $4n+2$ und $4n+3$ besitzen, wobei n eine natürliche Zahl ist. Die Nuklide der Neptunium-Reihe kommen in der Natur nicht mehr vor, da das Mutternuklid Neptunium (^{237}Np) mit einer Halbwertszeit (→ 13.1.6) von $2,14 \cdot 10^{6}$ a durch seinen Zerfall bereits im Laufe der Erdgeschichte verschwunden ist. Die Nuklide dieser Reihe können jedoch künstlich erzeugt werden. Außer der Thorium-Reihe gibt es in der Natur noch zwei weitere Zerfallsreihen: die Uran-Radium-Reihe mit dem Mutternuklid ^{238}U und die Uran-Actinium-Reihe mit dem Mutternuklid ^{235}U.

Aufgaben

1. Stellen Sie mithilfe der Nuklidkarte (→ S. 579) die Zerfallsreihe mit Reaktionsgleichungen für Americium241 und für Radium226 auf.
2. Bestimmen Sie das Nuklid, das aus Thorium232 nach vier α- und zwei β-Zerfällen entsteht.
3. Erklären Sie unter Verwendung von → **Abb. 484.1**, warum in den Zerfallsreihen β-Zerfälle vorkommen.

Radioaktivität

13.1.6 Das Zerfallsgesetz

In der Nuklidkarte ist für jedes Nuklid neben der Zerfallsart auch die für diesen Zerfall charakteristische Zeit notiert. Sie macht eine Aussage über die Dynamik des Zerfalls, die nun genauer untersucht wird. Werden die Impulsraten des Präparats ^{226}Ra oder des ^{241}Am gemessen, so ergeben sich auch über sehr lange Beobachtungszeiten hinweg außer den bekannten stochastischen Schwankungen keine Veränderung der Werte. Bei vielen anderen Präparaten nimmt die Impulsrate jedoch schon nach kurzer Beobachtungszeit merklich ab. Zur Untersuchung sind besonders solche Präparate geeignet, die von ihrer Muttersubstanz getrennt werden können.

Versuch 1: Ein als Isotopengenerator bezeichnetes kleines Fläschchen enthält radioaktives Caesium und das durch Zerfall des Caesiums entstehende Barium. Mit einer schwachen Salzsäurelösung wird das radioaktive Barium137 herausgelöst und in einem Reagenzglas aufgefangen. Mit einem Zählrohr und angeschlossenem Zähler werden in Zeitabständen von 20 Sekunden die Zählraten bestimmt und unter Berücksichtigung der Nullrate grafisch dargestellt (**Abb. 488.1**). Die Impulsrate der registrierten γ-Strahlung nimmt deutlich ab.

Deutung: Im Isotopengenerator wandelt sich das radioaktive Nuklid Caesium137 unter Emission von β-Strahlung in Barium137 um. Dieses Bariumnuklid befindet sich in einem angeregten Zustand und emittiert γ-Strahlung, die vom Zählrohr registriert wird. Die Abnahme der Impulsrate kommt dadurch zustande, dass in gleichen Zeitintervallen immer weniger γ-Quanten emittiert werden. Die Ursache für die Abnahme der Impulsrate ist also die Abnahme der Anzahl der sich im angeregten Zustand befindenden Bariumkerne.

Auswertung: Die grafische Darstellung der Impulsrate deutet auf eine exponentielle Abhängigkeit von der Zeit hin. Dies bestätigt die logarithmische Darstellung der Impulsrate in Abhängigkeit von der Zeit in **Abb. 488.2**, die eine Gerade zeigt. Die Gleichung der Geraden heißt

$$\ln\{n\} = -\lambda\, t + \ln\{n_0\}.$$

(Geschweifte Klammern bedeuten „Zahlenwert von".) Die Steigung der Geraden ergibt sich zu

$$-\lambda = \frac{\ln\{n_2\} - \ln\{n_1\}}{t_2 - t_1}.$$

Also wird die Abhängigkeit der Impulsrate von der Zeit durch die Gleichung $n(t) = n_0 e^{-\lambda t}$ angegeben, die sich durch Entlogarithmieren der Geradengleichung ergibt. Dabei beschreibt die Konstante λ die Geschwindigkeit, mit der sich die Impulsrate bzw. ihre Ursache, die Anzahl der angeregten Bariumkerne, ändert. Ein großer Wert von λ bedeutet eine schnelle Abnahme der Impulsrate, also einen schnellen Zerfall. λ heißt **Zerfallskonstante**. ◄

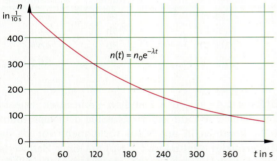

488.1 Die Zeitabhängigkeit der Impulsrate der γ-Strahlung, die von einem Bariumnuklid emittiert wird

Die Untersuchung anderer radioaktiver Nuklide, z.B. des Radon220, das sich durch einen α-Zerfall in Polonium216 umwandelt, oder des β-Zerfalls des Protactinium234, ergibt ebenfalls für die zeitliche Veränderung der Impulsraten das Gesetz $n(t) = n_0 e^{-\lambda t}$.

Ursache für die zeitliche Veränderung der Impulsrate ist die Abnahme der Zahl der sich umwandelnden Kerne. Impulsrate n und Anzahl der instabilen Kerne N sind zueinander proportional. Also gilt für die Zahl der Kerne in Abhängigkeit von der Zeit das Gesetz

$$N = N_0 e^{-\lambda t}.$$

Dieses Gesetz lässt sich auch theoretisch aus der Annahme herleiten, dass die Umwandlungsrate der Kerne $-\Delta N/\Delta t$ proportional zur Zahl der Kerne N ist: $-\Delta N/\Delta t = \lambda N$. In dieser Gleichung hat λ zunächst nur die Bedeutung einer Proportionalitätskonstanten. Da die Zahl der Kerne mit der Zeit abnimmt, ist $\Delta N = N_2 - N_1$ negativ, denn N_2 ist kleiner als N_1.

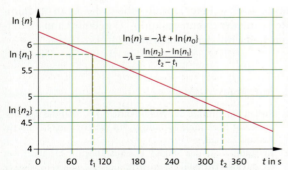

488.2 Die halblogarithmische Darstellung der Impulsrate ergibt eine Gerade, wodurch die exponentielle Zeitabhängigkeit der Impulsrate bestätigt wird

Da sich $N(t)$ ständig mit der Zeit t ändert, gibt $\Delta N/\Delta t$ (Differenzenquotient) nur die durchschnittliche Änderung im Zeitintervall Δt an. Die momentane Änderung der Anzahl der Kerne $N(t)$ ist $\mathrm{d}N/\mathrm{d}t$ (Differentialquotient). Für $\mathrm{d}N/\mathrm{d}t$ ergibt sich die Gleichung $\mathrm{d}N/N = -\lambda\,\mathrm{d}t$. Diese Gleichung kann integriert werden:

$$\int \frac{\mathrm{d}N}{N} = -\lambda \int \mathrm{d}t,$$

sodass sich $\ln N = -\lambda t + k$ bzw. $N = C\mathrm{e}^{-\lambda t + k} = \mathrm{e}^{-\lambda t} \cdot \mathrm{e}^{k}$ ergibt. Für $t = 0$ folgt $\mathrm{e}^{k} = N_0$ und damit $N(t) = N_0\mathrm{e}^{-\lambda t}$.

Gesetz des radioaktiven Zerfalls: Die Zahl $N(t)$ der zur Zeit t noch nicht zerfallenen Kerne eines radioaktiven Stoffes nimmt exponentiell mit der Zeit ab: $N(t) = N_0\mathrm{e}^{-\lambda t}$. Dabei ist N_0 die Anzahl der Kerne zur Zeit $t = 0$ und λ die **Zerfallskonstante.**

Die **Aktivität** A eines radioaktiven Stoffes ist gleich dem Quotienten aus der Anzahl $-\Delta N = -(N_2 - N_1)$ der in der Zeit $\Delta t = t_2 - t_1$ zerfallenen Kerne und der Zeit Δt: $A = -\Delta N/\Delta t$ bzw.

$$A = \lim_{\Delta t \to 0}\left(-\frac{\Delta N(t)}{\Delta t}\right) = -\frac{\mathrm{d}N(t)}{\mathrm{d}t} = -\dot{N}(t)$$

Die Aktivität A gibt die Anzahl der Kernprozesse pro Sekunde an. Ihre SI-Einheit ist: $[A] = 1\,\mathrm{s}^{-1} = 1\,\mathrm{Bq}$ (Becquerel).

Dass die Aktivität A eines Präparates proportional zur Anzahl N der radioaktiven Kerne ist, leuchtet unmittelbar ein. Aus $A = -\mathrm{d}N/\mathrm{d}t$ und $N = N_0\mathrm{e}^{-\lambda t}$ folgt durch Differenzieren $A = \lambda N$.

Damit ergibt sich für ihre zeitliche Abhängigkeit ebenfalls ein Exponentialgesetz: $A(t) = A_0\mathrm{e}^{-\lambda t}$. Die Abnahme der Aktivität eines Strahlers durch seine **Halbwertszeit** t_H charakterisiert und in der Nuklidkarte ($\to$ **Abb. 487.1**) notiert. Sie gibt an, nach welcher Zeit die Aktivität bzw. die Anzahl radioaktiver Kerne auf die Hälfte ihres Anfangswertes gesunken ist. Aus $A_0/2 = A_0\mathrm{e}^{-\lambda t_\mathrm{H}}$ folgt $t_\mathrm{H} = (\ln 2)/\lambda$.

Radioaktiver Zerfall und Wahrscheinlichkeit

Mit den bisherigen Formeln wird das Verhalten einer großen Anzahl radioaktiver Kerne beschrieben. Für einen einzelnen Kern ergibt sich eine Zerfallswahrscheinlichkeit: Wenn im Zeitintervall Δt von N Kernen $-\Delta N = -(N_2 - N_1)$ Kerne zerfallen, so ist die Wahrscheinlichkeit, dass ein Kern in der Zeit Δt zerfällt, $p = -\Delta N/N$. Dieser Quotient lässt sich mit der mittleren Aktivität in der Zeit Δt verknüpfen:

$$A = -\frac{\Delta N}{\Delta t} = \lambda N \quad \text{und} \quad p = -\frac{\Delta N}{N} = \lambda\,\Delta t$$

Über den Zeitpunkt des Zerfalls eines bestimmten Kerns kann also nichts gesagt werden, er ist unbestimmt. Der radioaktive Zerfall ist ein spontaner stochastischer Prozess, der sich durch keine Einwirkungen von außen wie z. B. Druck oder Temperatur beeinflussen lässt. Lediglich die Wahrscheinlichkeit des Zerfalls in einem Zeitintervall Δt lässt sich mit $p = \lambda\,\Delta t$ angeben. In der obigen Wahrscheinlichkeit kommt das „Alter" des Kerns nicht vor: „Atomkerne altern nicht", d. h. die Zerfallswahrscheinlichkeit wächst nicht mit dem „Alter" des Kerns oder der Beobachtungszeit. Aus der Formel $p = \lambda\,\Delta t$ kann geschlossen werden, dass die Zerfallskonstante λ die Wahrscheinlichkeit angibt, dass der Kern im Einheitszeitintervall zerfällt. Atomkerne unterliegen wie Atome den Gesetzen der Quantenphysik. Mit ihrer Hilfe lassen sich Übergangswahrscheinlichkeiten berechnen, sodass $\lambda = p/\Delta t$ auch theoretisch bestimmt werden kann.

Aufgaben

1. Bei der Umwandlung von Protactinium234 in Uran234 unter β-Emission wurden folgende bereits um die Nullrate bereinigte Zählraten gemessen:

t in s	30	60	90	120	150	180	210	240	270
n in $\frac{1}{10\,\mathrm{s}}$	236	173	128	98	71	56	38	30	19

   a) Bestimmen Sie mit einer grafischen Darstellung die Zerfallskonstante λ und die Halbwertszeit.
   b) Berechnen Sie die Zählrate nach 6 min. Bestimmen Sie die Zeit, nach der die Zählrate nur noch $\frac{1}{10}$ bzw. $\frac{1}{100}$ ihres Anfangswertes beträgt.

2. Bestimmen Sie den Bruchteil einer Menge $^{226}\mathrm{Ra}$ mit $t_\mathrm{H} = 1600\,\mathrm{a}$, der nach 10 Jahren noch nicht zerfallen ist.

3. Berechnen Sie die Menge Blei, die seit Bestehen der Erde $(4{,}55 \cdot 10^9\,\mathrm{a})$ aus 1 kg $^{238}\mathrm{U}$ mit $t_\mathrm{H} = 4{,}5 \cdot 10^9\,\mathrm{a}$ entstanden ist.

4. Aus der Messung der Masse und der Aktivität lässt sich die Halbwertszeit der sehr langlebigen Substanz $^{232}\mathrm{Th}$ zu $t_\mathrm{H} = 1{,}39 \cdot 10^{10}\,\mathrm{a}$ bestimmen. Bestimmen Sie die Zahl der in einer Sekunde zerfallenden Kerne bei einer Thoriummasse von 1 g.

5. **a)** Berechnen Sie die Masse eines Americium241-Präparats mit einer Aktivität von 333 kBq.
   b) Bestimmen Sie die Aktivität von 2 µg $^{210}\mathrm{Po}$ ($t_\mathrm{H} = 138$ d).

6. Das radioaktive $^{40}\mathrm{K}$ ist zu 0,0117 % in natürlichem Kalium vorhanden. Eine Probe KCl der Masse 3 g besitzt eine konstante Aktivität von 50 Bq. Berechnen Sie die zugehörige Halbwertszeit und deuten Sie das Ergebnis.

*7. Radon220 entsteht durch α-Zerfall aus Radium224 und zerfällt in Polonium216.
   a) Zeigen Sie an diesem Beispiel, dass in einer Zerfallsreihe mit den Kernen (1), (2) und (3) für die Anzahlen N_1, N_2 und N_3 die Beziehung $\lambda_1 N_1 = \lambda_2 N_2 = \lambda_3 N_3$ gilt.
   b) Bestimmen Sie unter Anwendung der oben angegebenen Formel, welche Radiummenge in einer alten Lagerstätte auf 1 g Uran238 entfällt ($t_{H,\,\mathrm{U238}} = 4{,}5 \cdot 10^9\,\mathrm{a}$, $t_{H,\,\mathrm{Ra226}} = 1600\,\mathrm{a}$).

13.2 Wechselwirkung von Strahlung mit Materie

Geräte zum Nachweis und zur Untersuchung radioaktiver Strahlung beruhen auf der Wechselwirkung von Strahlung mit Materie, wobei makroskopisch messbare Signale entstehen. Dies sind z. B. elektrische Ladungen im Zählrohr oder sichtbare Spuren in einer Nebelkammer. Um aus diesen Signalen Informationen über die Eigenschaften der Strahlung zu erhalten, müssen die Wechselwirkungsprozesse bekannt sein. Zudem sind diese Kenntnisse für den Strahlenschutz und für weitere Anwendungsmöglichkeiten wie etwa die Krebstherapie im medizinischen Bereich von großer Bedeutung. Bei der Wechselwirkung spielt es eine große Rolle, ob es sich um schwere bzw. leichte geladene Teilchen, wie α-Teilchen, schwere Ionen bzw. Elektronen, oder um elektromagnetische Strahlung (Röntgenstrahlung, γ-Quanten) handelt, da die Wechselwirkungsprozesse unterschiedlich sind. Außerdem sind diese Prozesse auch energieabhängig.

13.2.1 Wechselwirkungsprozesse geladener Teilchen

Beim Durchgang geladener Teilchen durch Materie können sich verschiedenartige Prozesse abspielen:

- Es können Stöße mit den Elektronen der Atomhülle stattfinden. Bei solchen unelastischen Stößen kommt es zur Anregung bzw. zur Ionisation der Atome und Moleküle. Dabei erfährt das Teilchen einen Energieverlust, der als **Ionisationsbremsung** bezeichnet wird. Die abgelösten Elektronen können dadurch so viel Energie bekommen, dass sie sich als schnelle geladene Teilchen durch den Absorber bewegen und ihrerseits mit der Materie wechselwirken.
- Die geladenen Teilchen können im elektrischen Feld von Elektronen und Atomkernen abgelenkt werden. Dabei wird ihre Energie mit elektromagnetischer **Bremsstrahlung** abgegeben.
- Es können **elastische und unelastische** Stöße mit den Atomkernen stattfinden, bei denen ein Teil der Energie auf den Kern übertragen wird.
- Wenn die Geschwindigkeit geladener Teilchen die Lichtgeschwindigkeit (c/n) in einem durchsichtigen Stoff mit einem Brechungsindex $n > 1$ übertrifft, wird die Energie der Teilchen in Form von **Lichtquanten** abgegeben. Diese Erscheinung wird als **Čerenkov-Effekt** bezeichnet.

Welchen Anteil diese verschiedenen Prozesse jeweils am Energieverlust eines geladenen Teilchens haben, hängt stark von dessen Masse und Energie ab.

Energieabgabe schwerer geladener Teilchen

Aufgrund der Coulomb-Wechselwirkung übertragen schwere geladene Teilchen (Protonen, α-Teilchen, Ionen) im Vorbeiflug einen Impuls senkrecht zu ihrer Bewegungsrichtung auf die Elektronen des Absorbermaterials. Sie selbst werden dabei kaum aus ihrer Bahn abgelenkt. Rechnungen zeigen, dass die auf einer Strecke Δx abgegebene Energie ΔE proportional zum Quadrat der Teilchenladung und der Elektronendichte des Absorbermaterials ist. Sie ist aber umgekehrt proportional zum Quadrat der Geschwindigkeit, d. h. die Teilchen geben auf der gleichen Strecke mehr Energie ab, wenn sie langsamer sind. Die einzelnen Energieverluste und Ablenkungen addieren sich stochastisch, sodass ein anfangs monoenergetischer Strahl nach Durchlauf einer nicht zu großen Absorberstrecke Teilchen mit verschiedenen Energien besitzt (**Abb. 490.1a**). Zudem werden einige Teilchen aus der ursprünglichen Richtung abgelenkt (**Abb. 490.1b**). Wird der Strahl absorbiert, so werden bis zu einer Grenzdicke alle Teilchen durchgelassen. Danach sinkt die Anzahl der durchgehenden Teilchen rapide ab. Es kann eine mittlere Reichweite R_0 in dem Material definiert werden (**Abb. 490.2**).

> Schwere geladene Teilchen wirken aufgrund ihrer Ladung beim Durchgang durch Materie stark ionisierend und werden wegen ihrer relativ großen Masse kaum aus ihrer Bahn abgelenkt. Die mittlere Reichweite ist von der Ladung und Energie der Teilchen und vom Absorbermaterial abhängig.

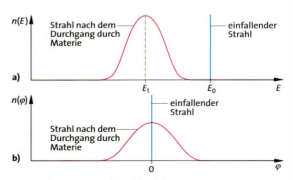

490.1 a) Energieverteilung und **b)** Winkelverteilung eines Strahls schwerer Teilchen nach dem Durchlaufen eines Absorbers

490.2 Die Zahl schwerer Teilchen in einem Absorber in Abhängigkeit vom zurückgelegten Weg. R_0 heißt mittlere Reichweite.

Wechselwirkung von Strahlung mit Materie

Energieabgabe von Elektronen

Für die Absorption von Elektronen (β⁻-Teilchen) ist ebenfalls die Coulomb-Wechselwirkung verantwortlich. Elektronen können ihre Energie durch Ionisationsbremsung an das Absorbermaterial abgeben, und es bestehen die gleichen Abhängigkeiten wie bei schweren Teilchen. Allerdings werden Elektronen aufgrund ihrer wesentlich geringeren Masse beträchtlich abgelenkt.

Für energiereiche Elektronen gibt es den zusätzlichen Mechanismus des Energieverlustes durch Strahlung: Die Elektronen werden im Kernfeld durch die Coulomb-Kraft beschleunigt und geben Energie in Form von γ-Quanten ab (**Abb. 491.1**). Werden Teilchen im Feld eines Atomkerns abgelenkt, so heißt diese Strahlung **Bremsstrahlung** (→ 10.1.5). Die Strahlungsintensität ist proportional zum Quadrat der Kernladung. Da sie aber antiproportional zum Quadrat der Masse des beschleunigten Teilchens ist, spielt der Strahlungsverlust bei schweren Teilchen keine Rolle. Die entstehende Strahlung kann Energien weit über 1 MeV haben und tritt ihrerseits wieder in Wechselwirkung mit der Materie. Da die Elektronen sehr große Ablenkungen erfahren, würde sich selbst für monoenergetische Teilchen keine einheitliche Reichweite ergeben.

Die Ablenkung geladener Teilchen in Teilchenbeschleunigern führt ebenfalls zur Emission von Strahlung, die in diesem Fall **Synchrotronstrahlung** genannt wird. Sie wird sowohl für medizinische Zwecke als auch zur Untersuchung von Kristallstrukturen und Molekülen verwendet.

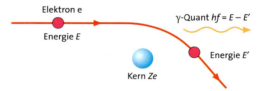

491.1 Elektronen hoher Energie werden im Kernfeld abgelenkt: Es entsteht Bremsstrahlung.

> Elektronen verlieren ihre Energie beim Durchgang durch Materie durch Ionisationsbremsung und durch Emission von Bremsstrahlung. Sie werden stark abgelenkt.

Elektronen und andere geladene Teilchen, deren Geschwindigkeit v in einem Medium größer ist als die Lichtgeschwindigkeit $c_m = c/n$, strahlen Licht im sichtbaren Bereich aus (ČERENKOV-Effekt). Die Wellenfront des Lichtes bildet einen Kegel um die Ausbreitungsrichtung des Teilchens mit dem Öffnungswinkel φ, für den gilt: $\sin \varphi = c/(n\,v)$.

Treffen Positronen der β⁺-Strahlung auf Materie, so reagieren diese mit ihren Antiteilchen, den Elektronen. Die Ruhemassen der beiden Teilchen wird in Energie umgewandelt. Es entsteht elektromagnetische Strahlung, die beispielsweise zu Diagnosezwecken in der Medizin benutzt werden kann (→ 13.5.3).

Exkurs

Das Geiger-Müller-Zählrohr

Die Vorgänge in einem Geiger-Müller-Zählrohr basieren auf dem Ionisationsvermögen radioaktiver Strahlung und hängen wesentlich von der Spannung am Zählrohr ab. Dies zeigt die dargestellte **Zählrohrcharakteristik.** In dieser wird die Abhängigkeit der Stromstärke, die von einem ionisierenden Teilchen erzeugt wird, von der Spannung dargestellt.

Im Bereich I gelangen nicht alle erzeugten Ionen zu den Elektroden. Es kommt zu Rekombinationen. Die Sättigungsstromstärke (Bereich II) wird erreicht, wenn alle erzeugten Ionen abgesaugt werden. Steigt die Spannung weiter (Bereich III), so können die primär erzeugten Elektronen wegen der hohen Feldstärke weitere Ionen erzeugen (Sekundärionisation), deren gesamte Ladung proportional zur Energie der einfallenden Strahlung ist (Proportionalitätsbereich). Im Auslösebereich IV ist die Stromstärke von der Primärionisation unabhängig. Jede Primärionisation erzeugt eine Ladungslawine, sodass die Anzahl der einfallenden Strahlungsteilchen bzw. -quanten bestimmt werden kann (Zählrohrbetrieb). Im Bereich V kommt es zu einer Dauerentladung und Zerstörung des Zählrohres.

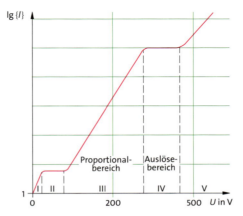

Durch den Zusatz eines Löschgases, z. B. Alkoholdampf, wird erreicht, dass den positiven Ionen die Energie zur Sekundärelektronenbildung an der Katode entzogen wird. Die Gasentladung wird damit nach Detektion eines Teilchens gestoppt. Weiterhin wird ein hochohmiger Widerstand verwendet, an dem bei Einsetzen der Entladung ein Teil der Zählrohrspannung abfällt. Trotzdem entsteht während der Gasentladung eine Zeitspanne, in der weitere einfallende Teilchen nicht mehr registriert werden. Diese wird als **Totzeit** bezeichnet und liegt bei normalen Zählrohren in der Größenordnung von 10^{-4} s. Sie muss speziell bei großen Zählraten berücksichtigt werden.

Die **Ansprechwahrscheinlichkeit** beträgt für die stark ionisierenden α- und β-Teilchen nahezu 100 %. Die Ansprechwahrscheinlichkeit für γ-Strahlung liegt lediglich im Bereich von 1 %.

Wechselwirkung von Strahlung mit Materie

13.2.2 Energieabgabe von γ-Quanten

Für die Wechselwirkung von γ-Quanten mit Materie gibt es im Wesentlichen drei Prozesse, nämlich den **Fotoeffekt,** den **Compton-Effekt** und die **Paarerzeugung.** Dabei spielt es keine Rolle, ob die γ-Quanten als Röntgenstrahlung, als Bremsstrahlung oder bei einem radioaktiven Zerfall entstanden sind.

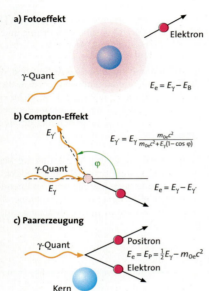

492.1 Die Wechselwirkung der γ-Strahlung mit Materie in einer modellhaften Darstellung:
a) Beim Fotoeffekt überträgt das γ-Quant seine gesamte Energie auf das Elektron.
b) Beim Compton-Effekt hängt der abgegebene Energiebetrag vom Streuwinkel ab.
c) Paarerzeugung tritt erst ein, wenn das Quant mindestens die zweifache Ruhenergie des Elektrons besitzt.

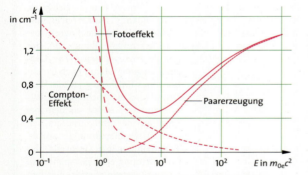

492.2 Der Absorptionskoeffizient k für γ-Strahlung in Blei (durchgezogene Kurve) besteht aus den drei Anteilen Fotoeffekt, Compton-Effekt und Paarerzeugung.

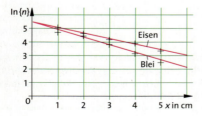

492.3 Der natürliche Logarithmus der Impulsrate in Abhängigkeit von der Absorberdicke.

• Beim **Fotoeffekt** überträgt das Photon seine gesamte Energie auf ein Elektron und löst dieses aus der Hülle (**Abb. 492.1a**). Für die Energie E_e des Fotoelektrons gilt die Beziehung $E_e = E_\gamma - E_B$. Hierbei ist E_γ die Energie des Photons und E_B die Bindungsenergie des Elektrons. Besonderes Merkmal des Fotoeffekts ist das Auftreten charakteristischer Absorptionsmaxima, wenn die Energie des Quants mit der Bindungsenergie des Elektrons in den jeweiligen Quantenzuständen übereinstimmt.

• Beim **Compton-Effekt,** der Streuung des Photons an einem Elektron des Atoms (**Abb. 492.1b**), gibt das Photon einen Teil seiner Energie an das Elektron ab und ändert seine Richtung. Die Größe der Energieabgabe ist vom Streuwinkel abhängig und bei einer Rückstreuung maximal (→ 10.1.6).

• Wenn die Energie des Photons größer ist als die zweifache Ruhenergie des Elektrons ($E = 2\,m_e c^2 = 1{,}02$ MeV), so kann **Paarerzeugung** stattfinden: γ → $e^+ + e^-$ (**Abb. 492.1c**). Diese Reaktion ist jedoch aufgrund des Energie- und Impulserhaltungssatzes nur im Coulomb-Feld eines Atomkerns möglich.

Alle drei Arten der Wechselwirkung können gemeinsam auftreten, sind jedoch energieabhängig, wie **Abb. 492.2** zeigt.

> Die Wechselwirkung von γ-Quanten mit Materie ist insgesamt geringer als die geladener Teilchen. Wenn aber ein Photon wechselwirkt, so verlässt es den Strahl („Alles- oder Nichts"-Wechselwirkung). Dadurch ändert sich die Anzahl der Photonen im Strahl und damit die Strahlintensität.

Versuch 1: Die Transmission monoenergetischer γ-Strahlung eines Cobaltpräparates wird für verschiedene Schichtdicken x der Absorbermaterialien Blei und Eisen mit einem Zählrohr gemessen.
Ergebnis: Wird der natürliche Logarithmus der Impulsrate in Abhängigkeit von der Absorberdicke grafisch aufgetragen, so ergibt sich eine Gerade (**Abb. 492.3**). ◂

> Für die Transmission monoenergetischer γ-Quanten gilt: $n(x) = n_0 e^{-kx}$.
> k heißt **Schwächungskoeffizient.** Er ist von der Energie der γ-Quanten abhängig. Weiterhin ist er in grober Näherung proportional zur Dichte des Absorbermaterials.

Die **Halbwertsdicke** d_H charakterisiert das Absorptionsvermögen eines Materials. Nach Durchstrahlung dieser Dicke hat sich die Intensität halbiert: $d_H = \ln 2 / k$. Für γ-Quanten der Energie 1,5 MeV ergibt sich für Blei eine Halbwertsdicke von 1,2 cm, für Aluminium 5,2 cm und für Wasser 12 cm.

13.2.3 Energiemessung; Dosimetrie

Bei der Wechselwirkung von Strahlung mit Materie wird Energie auf die Materie übertragen. Die Stärke dieser Wechselwirkung lässt sich durch die **Energiedosis D** charakterisieren.

> Der Quotient aus absorbierter Energie und der Masse der absorbierenden Materie heißt **Energiedosis D:**
>
> $$\text{Energiedosis} = \frac{\text{absorbierte Energie}}{\text{Masse}}, \quad D = \frac{E}{m}$$

Die Einheit der Energiedosis ergibt sich aus der Definitionsgleichung zu $[D] = 1\ \text{J/kg} = 1\ \text{Gy}$ (Gray). Die Einheit 1 Gy ist sehr klein. Dies wird durch den Vergleich bei der Erwärmung von Wasser deutlich. Zur Erwärmung von 1 kg Wasser um 1 K ist die Energie 4186,8 J nötig, sodass die Absorption einer Energiedosis von 1 Gy einer Temperaturerhöhung von $2,4 \cdot 10^{-4}$ K entspricht. Früher wurde die noch kleinere Einheit Rad (**r**adiation **a**bsorbed **d**ose) verwendet: 1 Gy = 100 Rad. Da die Temperaturerhöhungen i. Allg. sehr gering sind, wird anstelle der Energiedosis die **Ionendosis D_{ion}** gemessen und in die Energiedosis umgerechnet.

> Die **Ionendosis D_{ion}** ist als Quotient aus der bei der Durchstrahlung eines Körpers erzeugten Ladung eines Vorzeichens und der Masse dieses Körpers definiert:
>
> $$\text{Ionendosis} = \frac{\text{erzeugte Ladung}}{\text{Masse}}, \quad D_{\text{ion}} = \frac{Q}{m}$$

Die Einheit der Ionendosis ergibt sich nach der Definitionsgleichung zu $[D_{\text{ion}}] = 1\ \text{C/kg}$ (frühere Einheit 1 Röntgen $= 2,58 \cdot 10^{-4}$ C/kg). Für Luft z. B. gilt, dass der Ionendosis von 1 C/kg eine Energiedosis von 34,1 Gy entspricht.

Radioaktive Strahlung schädigt biologisches Gewebe (→ S. 496) und kann verschiedene Auswirkungen auf einen lebenden Organismus haben. Die Größe der Schädigung hängt dabei auch von der Zeit ab, d. h. es macht einen großen Unterschied, ob die gleiche Dosis in einem kurzen oder einem langen Zeitraum vom Gewebe aufgenommen wurde. Daher wird häufig auch die **Energiedosisrate** angegeben, worunter die Energiedosis pro Zeit, gemessen in der Einheit W/kg, zu verstehen ist.

Unterschiedliche Strahlungsarten haben aufgrund ihres unterschiedlichen Ionisationsvermögens bei gleicher Energiedosis unterschiedliche Schädigungen des Gewebes zur Folge. So schädigt 1 Gy α-Strahlung das Gewebe viel mehr als 1 Gy Röntgenstrahlung.

Strahlungsart	q-Faktor
Röntgen- und γ-Strahlung	1
β-Strahlung	1
thermische Neutronen	3
α-Strahlung	10
Protonen	10
schwere Rückstoßkerne	20

493.1 Qualitätsfaktoren q für verschiedene Strahlungsarten

> Die sogenannte **Äquivalentdosis H** berücksichtigt die unterschiedliche biologische Wirkung der Strahlungsarten. Dazu wird die Energiedosis mit einem für die Strahlungsart charakteristischen dimensionslosen Qualitätsfaktor q multipliziert:
>
> Äquivalentdosis = $q \cdot$ Energiedosis, $H = q\,D$

Die Einheit der Äquivalentdosis ist 1 Sv (Sievert); es gilt 1 Sv = $q \cdot$ 1 Gy. Früher wurde die Einheit rem (**r**oentgen **e**quivalent **m**an) verwendet: 1 Sv=100 rem. Die q-Faktoren ergeben sich experimentell und liegen zwischen 1 und 20. Sie hängen im Wesentlichen von der Ionisationsdichte der Strahlungsart ab (**Tab. 493.1**).

Um die Gefährlichkeit bestimmter Strahlungsexpositionen bewerten zu können, müssen diese mit der natürlichen Strahlenbelastung (kosmische und terrestrische Strahlung, Aufnahme natürlich vorkommender radioaktiver Substanzen) verglichen werden. Diese jährliche Strahlungsdosis beträgt etwa 2 mSv. Ihr kann sich niemand entziehen. An ihr müssen alle zusätzlichen Belastungen durch Medizin oder Technik gemessen werden. So liegt für starke Raucher die zusätzliche jährliche Äquivalentdosis bei etwa 1 mSv, und eine Thorax-Röntgenaufnahme schlägt mit 0,1 mSv zu Buche.

Aufgaben

1. Erläutern Sie die wesentlichen physikalischen Prozesse bei der Wechselwirkung von Strahlung mit Materie.
2. Ein Körper habe die konstante Gammaaktivität von 5 kBq, wobei pro Zerfall 1,5 MeV frei werden. Bestimmen Sie die tägliche Energiedosis, wenn die Strahlung in einer Masse von 7,5 kg nahezu vollständig absorbiert wird. Berechnen Sie die Energiedosisleistung.
*3. Die Halbwertsdicke für Röntgenstrahlung der Wellenlänge 12 pm ist bei Aluminium 1,44 cm.
   a) Berechnen Sie den Schwächungskoeffizienten.
   b) Bestimmen Sie den Bruchteil der Strahlung, der eine Aluminiumschicht von 2,5 cm Dicke durchdringt.
*4. Erklären Sie, dass das spezifische Ionisationsvermögen von α-Teilchen längs ihrer Bahn zunimmt und kurz vor ihrem Ende ein Maximum erreicht.

Exkurs

Strahlungsdetektoren

Um mehr Information über die Struktur der Atomkerne zu erhalten, werden Geräte benötigt, die auch die Energie der Strahlung bestimmen können. So können dann analog zur Atomphysik spektroskopische Messungen durchgeführt werden.

Halbleiterdetektoren

Die Funktionsweise von Halbleiterdetektoren beruht auf der Ausnutzung der Eigenschaften des Grenzbereiches zwischen zwei unterschiedlich dotierten Bereichen eines Halbleiters (→ 12.1.3). Wird eine Diode in Sperrrichtung geschaltet, so entsteht eine breite ladungsträgerfreie Schicht. Es fließt kein Strom. Werden nun durch ionisierende Strahlung in dieser Sperrschicht Elektronen und Löcher gebildet, so fließen sie im elektrischen Feld zu den Elektroden ab und es kommt zu einem kurzzeitigen Strom, der mit einer nachgeschalteten Elektronik registriert wird (obere Abbildung). Zur Erzeugung eines Elektron-Loch-Paares werden bei Germanium ca. 2,9 eV und bei Silicium ca. 3,75 eV benötigt.

Ein Halbleiterdetektor funktioniert also ähnlich wie eine gasgefüllte Ionisationskammer, bei der die primär erzeugten Ionen und Elektronen den Stromfluss verursachen. Allerdings ist die Dichte der Materie im Halbleiter wesentlich größer, sodass auch Teilchen höherer Energie vollständig abgebremst werden. Die Dicke der für die Registrierung wichtigen, an Ladungsträgern verarmten Sperrschicht liegt bei Silicium allerdings nur bei ca. 0,5 mm und ist bei Germanium noch geringer. Der entscheidende Vorteil der Halbleiterdetektoren gegenüber anderen ist ihre hohe Energieauflösung, die es erlaubt, Linien, die nur einen geringen Energieunterschied ΔE besitzen, getrennt zu registrieren. In der mittleren Abbildung ist ein kompliziertes γ-Spektrum mit einem Germaniumdetektor (obere Kurve) und zum Vergleich mit einem Szintillationszähler (untere Kurve, Funktionsweise unten) zu sehen. Das erheblich bessere Energieauflösungsvermögen des Halbleiterdetektors, welches durch die Sichtbarkeit der vielen Linien deutlich wird, kommt dadurch zustande, dass wegen des geringen Energieverlustes pro erzeugtem Ladungsträgerpaar sehr viele Ladungsträger entstehen und diese auch *alle* zu dem registrierten Spannungsimpuls beitragen. $\Delta E/E$ beträgt bei Halbleiterdetektoren weniger als 1 %.

Halbleiterdetektoren, bei denen die Sperrschicht sehr dicht unter der Oberfläche liegt, sind geeignet, mit einer hohen Energieauflösung α-Teilchen zu untersuchen. Solche Detektoren werden z. B. aus n-dotierten Siliciumscheiben hergestellt, bei denen durch eine geeignete Behandlung eine an der Oberfläche liegende ca. 0,5 mm dicke Sperrschicht erzeugt wird. Auf diese Oberfläche wird als leitender Kontakt eine ca. $3 \cdot 10^{-4}$ mm dünne Goldschicht aufgedampft. Mit solchen **Oberflächensperrschichtdetektoren** lassen sich die Energien von α-Teilchen bis zu 12 MeV registrieren (→ **Abb. 503.1**). Sind mehrere Energien vorhanden, so wird ein Spektrum registriert, bei dem die Intensität der Strahlung einer bestimmten Energie zur Wahrscheinlichkeit proportional ist, mit der diese Strahlung emittiert wird.

Szintillationszähler

Bei der Wechselwirkung radioaktiver Strahlung mit einigen Stoffen treten Lichtblitze (Szintillationen) auf. In der Anfangszeit der Kernphysik bestand ein Szintillationszähler nur aus einem Zinksulfidschirm, auf dem mit einem Mikroskop die auftreffenden α-Teilchen als Lichtblitze beobachtet wurden. Ein solches Spinthariskop wurde von RUTHERFORD bei seinem Streuversuch benutzt. Da das menschliche Auge langsam und unzuverlässig ist, wurden Szintillationsdetektoren erst wieder verwendet, als es möglich wurde, die Lichtblitze mit einem Fotomultiplier (Sekundärelektronenvervielfacher) elektronisch zu verarbeiten. Den grundlegenden Aufbau eines Szintillationszählers zeigt die untere Abbildung. Als Szintillatoren sind zahlreiche feste, flüssige anorganische oder organische Stoffe geeignet. Häufig werden Natriumiodidkristalle verwendet, die mit Thalli-

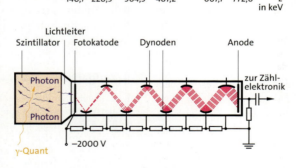

um dotiert sind (NaI (Tl)). Die Thalliumatome dienen dabei als Leuchtzentren. Der Vorteil von Szintillationsdetektoren besteht in der von ihnen erreichbaren Größe: Kristallszintillatoren können Rauminhalte in der Größenordnung einiger Liter haben; die Rauminhalte von Plastik- oder Flüssigkeitsdetektoren sind unbegrenzt. Daher besitzen sie eine hohe Nachweiseffektivität in Bezug auf γ-Strahlung.

Ein γ-Quant kann im Szintillatormaterial seine gesamte Energie oder einen Teil davon auf ein Elektron übertragen. Dieses Elektron verliert seine Energie, indem es im Szintillator entlang seiner Bahn andere Elektronen in energetisch höhere Energiezustände hebt. Diese Anregungen werden durch Emission von Photonen wieder abgebaut. Ein Teil der Photonen gelangt durch einen Lichtleiter auf die Fotokatode des Fotomultipliers und löst dort Elektronen aus. Diese Elektronen werden in einer Kette von Elektroden, den sogenannten Dynoden, beschleunigt, sodass ein Elektron auf jeder Dynode zwei bis fünf weitere Elektronen auslöst. Die Elektronen werden von der Anode aufgefangen und erzeugen an einem Widerstand einen Spannungsimpuls. So werden Gesamtverstärkungen bis zu 10^9 erreicht.

Eine geringe Anzahl Photonen, die im Szintillator entstehen, erzeugt also am Ausgang des Multipliers einen messbaren elektrischen Impuls. Die Höhe dieses Impulses ist proportional zur Energie, die das einfallende γ-Quant im Szintillator an das Elektron abgegeben hat. Die Spannungsimpulse werden durch eine Zählelektronik verarbeitet, die die Anzahl der Impulse einer bestimmten Höhe zählt. So ist es möglich, ein Energiespektrum der γ-Strahlung eines radioaktiven Präparates aufzunehmen.

Die Abbildung rechts zeigt ein Spektrum, das die monoenergetische γ-Strahlung eines Natrium22-Präparats erzeugt. Die nach rechts abgetragene Energie ist der Höhe der registrierten Primärimpulse proportional. Die Anzahl der in einem Zeitintervall registrierten Impulse einer bestimmten Höhe entspricht der Intensität. Es ist ein relativ scharfes Maximum, der sogenannte Fotopeak, zu erkennen, der dadurch zustande kommt, dass das γ-Quant in einem einzigen Prozess, dem Fotoeffekt (→ 13.2.2), seine gesamte Energie an ein Elektron abgibt. Das Elektron erzeugt dann im Kristall die Anregungen und bei deren Abbau die als Lichtblitze registrierten Photonen. Außer dem Fotopeak wird offenbar noch Strahlung geringerer Energie registriert. Hierfür ist der mit den Elektronen im Kristall stattfindende Compton-Effekt (→ 10.1.6) verantwortlich. Das γ-Quant gibt dabei nur einen vom Streuwinkel abhängigen Teil seiner Energie an ein Elektron ab. Dieser Teilbetrag wird registriert und hat seinen höchsten Wert für eine Rückwärtsstreuung des γ-Quants. Es werden also für diesen Prozess Energien bis zu einer Maximalenergie, der sogenannten **Compton-Kante**, registriert.

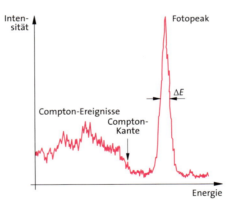

Der Fotopeak des Szintillationsspektrums hat in halber Höhe eine Breite ΔE. Diese Breite kommt durch stochastische Schwankungen beim Prozess der Registrierung der Strahlung zustande: Das γ-Quant erzeugt ein Fotoelektron, das auf seinem Weg durch den Szintillator eine große Anzahl von Lichtquanten hervorruft. Die Zahl der Lichtquanten ist der Energie des γ-Quants proportional. Von diesen Lichtquanten trifft jedoch nur ein Teil auf die Fotokatode; ein anderer Teil wird im Szintillator und im Lichtleiter zwischen Szintillator und Fotokatode absorbiert. Die auf die Fotokatode des Multipliers auftreffenden Lichtquanten lösen aus dieser mit einer Wahrscheinlichkeit von 0,05 bis 0,1 Elektronen aus. Damit ist die Anzahl der primär im Multiplier erzeugten Elektronen um Größenordnungen geringer als die Zahl der im Szintillator erzeugten Lichtquanten, wobei aufgrund der stochastistischen Prozesse Schwankungen auftreten. Diese Schwankungen sind verantwortlich für die Breite ΔE des Fotopeaks und damit für die Energieauflösung $\Delta E/E$, welche bei ca. 10 % liegt. Da es γ-Spektren gibt, deren Energiewerte dicht zusammenliegen, können diese von einem Szintillationszähler nicht mehr getrennt werden.

Orts- und Bahndetektoren

Die Nebelkammer (→ S. 481) ist ein Nachweisgerät, das die Teilchenbahnen optisch sichtbar macht. Ein weiteres ähnlich funktionierendes Gerät ist die Blasenkammer, bei der sich entlang der Bahn an den Ionen Dampfblasen innerhalb einer überhitzten Flüssigkeit bilden. Der Weg des ionisierenden Teilchens wird sichtbar. Geschieht die Detektion innerhalb eines Magnetfeldes, so kann der Impuls aus der durch die Lorentzkraft verursachten Krümmung der Bahn bestimmt werden. Weiterhin sind damit auch Untersuchungen komplizierterer Teilchenreaktionen (→ 14.2) möglich. Um nicht auf das menschliche Auge bzw. auf unzählige Fotografien angewiesen zu sein, wurden auch elektronische Geräte wie die *Funkenkammer* und die *Streamerkammer* zur Spurensicherung entwickelt. In diesen werden die Gasentladungen entlang der Teilchenbahn ausgenutzt.

Moderne *Funkenkammern* bestehen aus kreuzweise angeordneten Paralleldrahtschichten, zwischen die bei Eintreten eines Teilchens kurzzeitig eine Hochspannung angelegt wird. Durch die ionisierende Wirkung des Teilchens bildet sich parallel zur Richtung des elektrischen Feldes eine Gasentladung, ein Funkendurchbruch, aus. Über die Paralleldrahtschichten kann die Funkendurchbruchstelle dann registriert und anschließend elektronisch verarbeitet werden.

Wechselwirkung von Strahlung mit Materie

Exkurs

Biologische Wirkung von Strahlung

Bei der Wechselwirkung radioaktiver Strahlung mit biologischem Gewebe treten Ionisationen und Anregungen von Atomen und Molekülen in den Zellen auf, wodurch diese in ihrer biologischen Funktion zum Teil stark beeinträchtigt werden. So kommt es zur Bildung sogenannter freier Radikale (sehr reaktive Atome oder Moleküle mit einem ungepaarten Elektron), die für eine Fülle chemischer und biologischer Folgereaktionen verantwortlich sind. Diese führen zur Schädigung des lebenden Gewebes. Hierbei können durch den Zusammenschluss von Radikalen zu neuen Verbindungen toxische Substanzen entstehen. Brüche der Stränge der Desoxyribonukleinsäure (DNS, DNA), dem Träger der genetischen Information der Zelle, können direkt oder durch sekundäre Reaktionen auftreten. Die Schäden haben unterschiedliche Auswirkungen. So kommt es zu Erbgutveränderungen, bösartigen Entartungen von Zellen (Krebs), Stoffwechselveränderungen in der Zelle und zum Zelltod. Allerdings besitzt das Gewebe die Fähigkeit, Schäden wie z. B. die Brüche der DNS zu reparieren. Weiterhin kann das Immunsystem geschädigte Zellen erkennen und eliminieren, sodass die Schädigungen insbesondere bei geringen Strahlendosen möglicherweise ohne Wirkung bleiben. Es zeigt sich, dass die Zellschädigungen meist indirekt über chemische Reaktionen entstehen, sodass nicht nur radioaktive Strahlung, sondern auch die Aufnahme krebserregender Stoffe wie z B. Benzol, eine ähnliche Wirkung besitzt.

Es werden **somatische** und **genetische** Schäden unterschieden. Das Soma umfasst den ganzen Körper bis auf die Keimzellen und Keimdrüsen. Somatische Schäden äußern sich am bestrahlten Lebewesen, genetische Schäden in seiner Nachkommenschaft.
Kenntnisse über die biologische Wirkung radioaktiver Strahlung beim Menschen stammen aus Untersuchungen von Personen, die aufgrund unterschiedlichster Ursachen erhöhter Strahlung ausgesetzt waren: Dies sind Wissenschaftler, Arbeiter aus dem Uranbergbau und die Opfer des Kernreaktorunfalls von Tschernobyl. Weiterhin zu nennen sind die Opfer der Kernwaffenabwürfe über Hiroshima und Nagasaki sowie die Menschen, die erhöhter Strahlung bei Kernwaffentests ausgesetzt waren.
Bei all diesen Personen lag die Äquivalentdosis weit über 2 mSv, der natürlichen Ganzjahresdosis. Ist die Ganzkörperdosis in einem kurzen Zeitraum größer als 0,25 Sv, so sind Veränderungen des Blutbildes nachweisbar. Mit deutlichen Symptomen einer vorübergehenden **Strahlenkrankheit** (Kopfschmerzen, Übelkeit, Erbrechen sowie später Durchfall und Haarausfall) ist ab einer Dosis von 1 Sv zu rechnen. Ab einer Dosis von 4 Sv führt die schwere Form der Strahlenkrankheit bereits in 50 % der Fälle zum Tode **(letale Dosis)**. Bei 7 Sv ist die Sterblichkeit nahezu 100 %.
Neben diesen Frühschäden können aber auch Spätschäden wie Krebserkrankungen nach einer Latenzzeit von mehr als 10 Jahren oder Missbildungen bei Neugeborenen auftreten. Im Gegensatz zu den Frühschäden, deren Größe proportional zur Dosis ist, handelt es sich bei den Spätschäden um ein stochastisches Risiko. D. h. die Wahrscheinlichkeit für das Auftreten der Krankheit hängt von der Dosis ab, nicht aber die Intensität des Krankheitsverlaufs. Da nur für große Dosen Erfahrungen vorliegen, kann der Zusammenhang zwischen Krebswahrscheinlichkeit und absorbierter Strahlung in erster Näherung als linear angenommen werden. Unter dieser Annahme ergibt sich pro absorbierter Dosis von 10 mSv ein zusätzliches Krebsrisiko von etwa $5 \cdot 10^{-4}$, das in der Größenordnung der Wahrscheinlichkeit liegt, einen tödlichen Verkehrsunfall zu erleiden. Bei kleinen Dosen im Bereich einiger mSv ist im Einzelfall kein direkter Zusammenhang zwischen Bestrahlung und Erkrankung feststellbar. Bei der Annahme einer quadratischen Abhängigkeit des Krebsrisikos von der Dosis würden sich sogar noch viel kleinere Risikowahrscheinlichkeiten bei niedrigen Strahlungsdosen ergeben, sodass die Strahlenschäden in diesem Bereich möglicherweise ohne Wirkung bleiben. Untersuchungen in Gegenden erhöhter natürlicher Strahlenbelastung (20 mSv/a) stützen diese These.

Einige Zellen sind empfindlicher gegenüber Strahlenschäden als andere, sodass bestimmte Krebsarten wie Leukämie, Schilddrüsenkrebs und Lungenkrebs häufiger ausgebildet werden als andere.

Wechselwirkung von Strahlung mit Materie

KERNPHYSIK

Exkurs

Strahlenschutz

Zurzeit gilt in der Bundesrepublik Deutschland die **Strahlenschutzverordnung (StrlSchV 2001)**, welche am 1. August 2001 in Kraft getreten ist. In ihr sind Grundsätze und Anforderungen zusammengefasst, die Menschen und Umwelt vor der schädlichen Wirkung ionisierender Strahlung schützen sollen. Beispielsweise wird dort der Grenzwert für beruflich strahlenexponierte Personen auf 20 mSv/a festgelegt. Kerntechnische Anlagen sind so zu bauen, dass durch Ableitungen radioaktiver Stoffe mit Luft oder Wasser die Dosis einer Person von 0,3 mSv im Kalenderjahr nicht überschritten wird. Im ungünstigsten Störfall einer kerntechnischen Anlage müssen die Sicherheitsvorkehrungen so beschaffen sein, dass die maximale Dosis von 50 mSv nicht überschritten wird.

Da der Zusammenhang zwischen niedriger absorbierter Strahlendosis und Spätfolgen nicht genau bekannt ist, hilft nur eine Orientierung an der natürlichen jährlichen Strahlenbelastung von 2,4 mSv. Diese resultiert aus der **kosmischen Strahlung** (Höhenstrahlung), der **terrestrischen Strahlung** (Umgebungsstrahlung) sowie aus den aufgenommenen Radionukliden **(Inkorporation)**. Die Belastung durch die Höhenstrahlung wächst mit der Höhe über dem Meeresspiegel, sodass es auch für Flugpersonal in der Strahlenschutzverordnung Grenzwerte gibt.

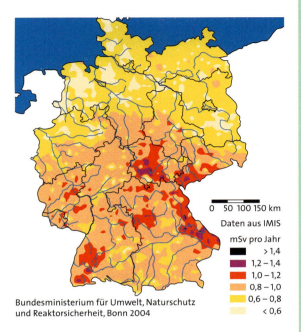

Bundesministerium für Umwelt, Naturschutz und Reaktorsicherheit, Bonn 2004

mittlere Strahlen-belastung durch	Äquivalentdosis pro Jahr in mSV		
	von außen	von innen	gesamt
kosmische Strahlung	0,3	–	0,3
Kalium 40	0,2	0,2	0,4
Folgeprodukte von Uran 238	0,1	1,2	1,3
Folgeprodukte von Thorium 232	0,2	0,2	0,4
insgesamt	0,8	1,6	2,4

Die Strahlenbelastung für den Einzelnen kann sich durch medizinische Maßnahmen wie z. B. einer Untersuchung der Lungenfunktion durch Einatmen von Krypton 81 (Abbildung rechts) oder diverser röntgenologischer Untersuchungen erhöhen. Bei Krebserkrankungen wird häufig versucht, den Tumor durch Bestrahlung zu zerstören. Hierbei ergeben sich mitunter relativ große Dosiswerte.

Flug Frankfurt – New York	0,03 mSv
Belastung durch Kernkraftwerke	< 0,02 mSv/a
Zahnröntgenaufnahme	0,01 mSv
Thorax-Röntgenaufnahme	0,1 mSv
Mammografie	0,5 mSv
Schilddrüsenszintigrafie	0,8 mSv
starker Raucher	1 mSv/a
CT Brustkorb	10 mSv

Vorsichtshalber sollte jegliche nicht notwendige zusätzliche Strahlenbelastung vermieden werden. Die sicherste Schutzmaßnahme ist ein großer Abstand zur Strahlungsquelle, da die Intensität, d. h. die Energie E, die pro Zeit auf eine Fläche trifft, bei einem punktförmigen Strahler antiproportional zum Quadrat des Abstandes ist. Weil die radiologische Belastung mit der Durchführungszeit eines Experimentes wächst, ist diese Zeit möglichst gering zu halten.

Ein weiterer Schutz ist die Abschirmung der Strahlung durch Blei oder Beton. Dabei geht die größte Gefahr von der γ-Strahlung aus, die im Gegensatz zu der stark ionisierend wirkenden und damit leicht zu absorbierenden α- und β-Strahlung auch große Schichtdicken noch durchdringt.

Beim Umgang mit radioaktiven Stoffen muss unbedingt darauf geachtet werden, dass andere Gegenstände nicht mit radioaktivem Material verunreinigt, d. h. kontaminiert werden, um eine Inkorporation radioaktiver Stoffe zu verhindern. Diese ist besonders gefährlich, da sich unterschiedliche Radionuklide an bestimmten Stellen des Körpers (z. B. Iod in der Schilddrüse) anreichern, dort zerfallen und durch ihre Strahlung Schädigungen anrichten.

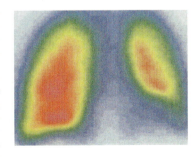

Aufbau und Energie der Kerne

13.3 Aufbau und Energie der Kerne

Radioaktive Strahlung beruht auf Vorgängen in den Atomkernen selbst. Die aus Protonen und Neutronen aufgebauten Kerne können aber nicht nur stabil oder instabil sein, sondern besitzen noch weitere wichtige Eigenschaften, deren Kenntnis für ein tieferes Verständnis der Kernphysik notwendig ist. Im Folgenden werden einige Ergebnisse zusammengestellt, zu denen in der Schule keine Experimente möglich sind.

13.3.1 Masse und Massendefekt

Aus der Tatsache, dass sich Nukleonen zu mehr oder minder stabilen Atomkernen zusammenfügen, kann geschlossen werden, dass zwischen den Nukleonen anziehende Kräfte existieren, welche sogar so groß sein müssen, dass sie die positiv geladenen Protonen zusammenhalten, die sich aufgrund der elektrischen Kraft abstoßen. Anziehende Kräfte zwischen Körpern führen bei Annäherung zu einer Senkung der Gesamtenergie, wie dies z. B. bei einem Elektron, das sich einem Proton nähert und ein Wasserstoffatom bildet, der Fall ist ($\to$ 11.2.4). Die sogenannte Bindungsenergie wird frei. Um Aussagen über diese energetischen Änderungen bei Atomkernen zu machen, werden die Massen der Atombausteine, gemessen in der atomaren Masseneinheit u ($\to$ 13.1.3), betrachtet:

- Masse des Protons: $m_p = 1{,}007\,276\,467$ u
- Masse des Neutrons: $m_n = 1{,}008\,664\,916$ u
- Masse des Elektrons: $m_e = 0{,}000\,548\,580$ u

Werden die Einzelmassen aller Nukleonen eines Kerns addiert, so ergibt sich ein Wert, der größer ist als die Masse des Kerns. Anders ausgedrückt: Die Kernmasse ist kleiner als die Summe der Nukleonenmassen. Die Differenz Δm heißt **Massendefekt.**

> Der **Massendefekt Δm** eines Kerns ergibt sich durch Subtraktion seiner Kernmasse m_K von der Summe der Masse seiner Z Protonen und N Neutronen:
> $\Delta m = Z\,m_p + N\,m_n - m_K$

Näherungsweise lässt sich der Massendefekt eines Heliumkerns (2 Protonen und 2 Neutronen) folgendermaßen berechnen:

Masse des Heliumatoms: $m_A = 4{,}002\,604$ u

Masse des Kerns: $m_K = m_A - 2\,m_e = 4{,}001\,506$ u

Summe der Massen der Nukleonen:
$$2\,m_p + 2\,m_n = 2 \cdot 1{,}007\,276\ \text{u} + 2 \cdot 1{,}008\,665\ \text{u}$$
$$= 4{,}031\,882\ \text{u}$$

Daraus ergibt sich eine Massendifferenz von

$$\Delta m = 2\,m_p + 2\,m_n - m_K = 0{,}030\,376\ \text{u}.$$

Gemäß der Äquivalenz von Masse und Energie $E = m\,c^2$ ($\to$ 9.3.1) entspricht der Massendifferenz Δm ein Energiebetrag $E_B = \Delta m\,c^2$, der beim Zusammenfügen der Nukleonen zu einem Kern frei wird. E_B heißt **Bindungsenergie.** Für Helium ergibt sich daher eine Bindungsenergie von 28,3 MeV.

Die Masse des Kerns m_K kann näherungsweise aus der Differenz der Masse des neutralen Atoms m_A und der Masse m_e der Z Hüllenelektronen berechnet werden: $m_K = m_A - Z\,m_e$. Da die Masse des neutralen Atoms wegen der Bindungsenergie der Hüllenelektronen geringer ist als die Summe aus der Kernmasse und den Elektronenmassen, ist dieser Wert etwas zu klein.

> Die **Bindungsenergie $E_B = \Delta m\,c^2$** eines Kerns ist diejenige Energie, die dem Massendefekt äquivalent ist, der beim Zusammenfügen des Kerns aus einzelnen Nukleonen entsteht. Sie wird bei der Bildung des Kerns aus den Nukleonen frei.
>
> Derselbe Energiebetrag, der zugeführt werden muss, um einen Kern in seine Nukleonen zu zerlegen, wird als **Separationsenergie** bezeichnet.

Aufgrund von Präzisionsmessungen mit Massenspektrografen können die Massendefekte und damit die Bindungsenergien aller Atomkerne bestimmt werden. Es wird häufig **die Bindungsenergie pro Nukleon E_B/A,** der Quotient aus der Bindungsenergie aller Nukleonen und der Massenzahl, angegeben. Oft wird – wie auch in der Atomphysik üblich – der negative Wert in einem Diagramm dargestellt, da das gebundene System eine geringere **Gesamtenergie E** besitzt.

Es ergibt sich **Abb. 499.1,** die zeigt, dass bei den Massenzahlen 4, 8, 12, 16, 20 und 24 relative Minima **der Gesamtenergie E pro Nukleon** liegen. Bei diesen Kernen handelt es sich um gg-Kerne, bei denen die Anzahl der Protonen und die der Neutronen gerade ist. Diese Kerne besitzen eine besonders hohe Stabilität. Für $A > 50$ bleibt die Bindungsenergie pro Nukleon E_B/A nahezu konstant.

> Die Größenordnung der mittleren Bindungsenergie pro Nukleon ist für alle Nuklide mit etwa 8 MeV pro Nukleon nahezu gleich. Die mittlere Bindungsenergie pro Nukleon nimmt mit wachsender Massenzahl A zunächst zu, erreicht für Kerne mit den Massenzahlen zwischen $A = 60$ und $A = 70$ ein Maximum und nimmt dann wieder ab.

Aufbau und Energie der Kerne

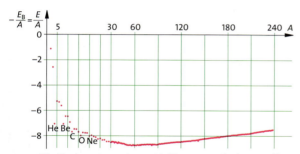

499.1 Die Bindungsenergie pro Nukleon negativ dargestellt, da das gebundene System eine kleinere Gesamtenergie E besitzt. Im linken Teil der Abbildung sind die relativen Minima für die Massenzahlen 4, 8, 12, 16 und 20 für besonders stabile gg-Kerne zu erkennen. Das absolute Minimum liegt im Bereich von Eisen.

Oft ist es einfacher, den Massendefekt Δm und damit die Bindungsenergie mithilfe der Atommassen (m_H: Masse des Wasserstoffatoms, m_A: Masse des Atoms) zu berechnen. Die Massen der Elektronen rechnen sich dabei automatisch heraus:

$$\Delta m = Z\, m_H + N\, m_n - m_A$$

Ein Atomkern wandelt sich nur dann in einen stabileren Kern mittels radioaktiver Zerfallsprozesse um, wenn dies energetisch möglich ist, d. h. wenn der Ausgangskern eine größere Masse besitzt als die Summe der Massen aus Tochterkern und entsprechenden weiteren Zerfallsprodukten. Die der Massendifferenz entsprechende Energie wird dann frei.

Die Energie, die beim α-Zerfall frei wird, kann mithilfe der Atommassen des Ausgangsatoms (m_A), des Tochteratoms (m_T) und des Heliumatoms (m_{He}) berechnet werden: $E_\alpha = (m_A - m_T - m_{He})\,c^2$. Sie kommt zum größten Teil als kinetische Energie des α-Teilchens vor.

Beim β⁻-Zerfall wird unter der Annahme, dass die Neutrinos eine vernachlässigbare Masse besitzen, der folgende Energiebetrag frei: $E_\beta = (m_A - m_T)\,c^2$.
Da das Tochteratom eine um eins größere Ordnungszahl besitzt, enthält es im neutralen Zustand auch ein Elektron mehr als der Ausgangskern. Da mit Atommassen gerechnet wird, wird sowohl die Masse des emittierten Elektrons als auch die Bindungsenergie des zusätzlichen Elektrons berücksichtigt. Die Energie verteilt sich hauptsächlich auf Elektron und Neutrino.

13.3.2 Größe der Atomkerne

Kernradien werden z. B. durch Beschuss der Kerne mit hochenergetischen Elektronen aus Teilchenbeschleunigern bestimmt. Diese wechselwirken mit der Ladung des Atomkerns. Als Resultat ergibt sich die **Ladungsdichte** (Abb. 499.2). Für den Radius des Kerns wird die Strecke angenommen, bei der die Ladungsdichte auf den halben Wert abgefallen ist. Die Bestimmung der **Massendichte** kann mit elektrisch neutralen Neutronen durchgeführt werden und liefert dasselbe Ergebnis für den Radius. Weiterhin ergibt sich experimentell, dass das Kernvolumen V und die Massenzahl A proportional zueinander sind, d. h. alle Kerne besitzen die gleiche Dichte. Aus der Annahme, dass ein kugelförmiger Kern der Massenzahl A mit dem Volumen $V = \frac{4}{3}\pi r^3$ aus A kugelförmigen Kernbausteinen (Nukleonen) mit dem jeweiligen Volumen $V_0 = \frac{4}{3}\pi r_0^3$ besteht, folgt:

> Ein Atomkern mit der Massenzahl A hat einen Radius von $r = r_0 A^{1/3}$ mit $r_0 = (1{,}3 \pm 0{,}1)\cdot 10^{-15}$ m. Die Kerndichte liegt bei ca. 10^{11} kg/cm³.

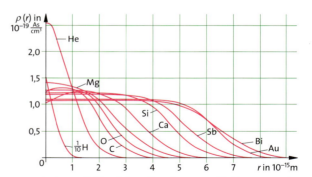

499.2 Ladungsdichte einiger Atomkerne aus Elektronenstreuexperimenten

Aufgaben

1. Berechnen Sie für folgende Nuklide die Bindungsenergie pro Nukleon: ³H, ³He, ¹⁴N, ¹⁶O, ²⁰Ne, ²⁴Mg und ²⁸Si (Atommassen → S. 577). Erklären Sie den Unterschied bei den ersten beiden Nukliden.
2. Bestimmen Sie die Separationsenergie des zweiten Neutrons eines ⁴He-Kerns.

Nuklid	²H	³H	³He	⁴He	⁶Li	⁷Li	⁸Be	⁹Be	¹⁰B	¹¹B	¹²C
E_B in MeV	2,22	8,48	7,72	28,19	31,99	39,24	56,49	58,19	64,75	76,20	92,16
E_B/A in MeV	1,11	2,83	2,57	7,07	5,33	5,60	7,06	6,46	6,47	6,93	7,67

499.3 Beträge der Bindungsenergie der leichtesten Nuklide. Es sind relative Maxima der Bindungsenergie pro Nukleon E_B/A bei den Massenzahlen 4, 8 und 12 zu erkennen.

13.3.3 Das Tröpfchenmodell des Atomkerns

Kerne sind komplexe Systeme aus Protonen und Neutronen, für die ähnlich wie in der Atomphysik auf der Grundlage allgemeiner physikalischer Gesetzmäßigkeiten Modelle gesucht werden, welche mit den experimentellen Befunden übereinstimmen. Hier soll nun ein Modell entwickelt werden, das den Verlauf der Bindungsenergiekurve (→ **Abb. 499.1**) näherungsweise beschreibt.

Aus Streuversuchen mit Teilchen an Atomkernen ergibt sich, dass die zwischen den Nukleonen eines Atomkerns bestehenden anziehenden Kräfte, die sogenannten **Kernkräfte**, nur eine sehr geringe Reichweite besitzen: Rutherford'sche Streuversuche an Goldatomen zeigen, dass für α-Teilchen, die sich den Kernmittelpunkten bis auf einen Abstand von $13 \cdot 10^{-15}$ m nähern, nur die elektrische Abstoßung wirksam ist. Unterhalb dieser Abstände macht sich die zusätzliche anziehende Kernkraft bemerkbar.
Aus Streuversuchen mit Elektronen wird der Radius eines Goldkerns zu etwa $8{,}5 \cdot 10^{-15}$ m und der eines α-Teilchens zu $3 \cdot 10^{-15}$ m bestimmt. Wenn bei der Streuung eines α-Teilchens an einem Goldkern der Abstand der Mittelpunkte der beiden Kerne $13 \cdot 10^{-15}$ m beträgt, so haben ihre Oberflächen einen Abstand von $d = 1{,}5 \cdot 10^{-15}$ m. Erst unterhalb dieses Abstandes lassen sich also die Wirkungen anziehender Kräfte nachweisen.

> Zwischen den Nukleonen bestehen (anziehende) **Kernkräfte,** die die Bindung der Nukleonen bewirken. Ihre Reichweite beträgt $r_K = 1{,}5 \cdot 10^{-15}$ m.
> Ein Vergleich der Werte für den Radius eines Nukleons $r_0 = 1{,}3 \cdot 10^{-15}$ m und für die Reichweite der Kernkräfte $r_K = 1{,}5 \cdot 10^{-15}$ m zeigt: Kernkräfte wirken nur zwischen benachbarten Nukleonen.

Die Wirksamkeit der Kernkräfte sinkt mit wachsendem Abstand sehr viel schneller als die der elektromagnetischen Kräfte oder die der Gravitationskraft, die beide umgekehrt proportional zum Quadrat des Abstands abnehmen und damit unendlich weit reichen. Sind die Abstände der Nukleonen klein genug, so werden dagegen die elektrostatischen Abstoßungskräfte überwunden. Die Wirksamkeit der Kernkräfte ist bei kleinen Abständen also wesentlich größer als die der elektrostatischen Kräfte. Die Kernkräfte basieren daher auf einer neuen Wechselwirkung, die **starke Wechselwirkung** genannt wird (→ 14.2.1).

Die Dichte der Atomkerne ist konstant (→ 13.3.2). Zum anderen ist auch die Bindungsenergie pro Nukleon näherungsweise unabhängig von der Massenzahl. Die nur geringen Unterschiede der Bindungsenergien isobarer Kerne (Kerne mit gleicher Massenzahl, aber mit unterschiedlicher Zahl von Protonen und Neutronen) zeigen, dass die für die Bindungsenergien verantwortlichen Kernkräfte auf Protonen und Neutronen gleich wirken.
Aus diesen Eigenschaften der Atomkerne und der Nukleonen entwickelte C. F. VON WEIZSÄCKER (1912–2007) im Jahr 1935 das **Tröpfchenmodell** des Atomkerns, denn auch *Flüssigkeitströpfchen* besitzen bei verschiedener Größe gleiche Dichte und werden durch Kohäsionskräfte zusammengehalten, die nur zwischen *benachbarten* Atomen bzw. Molekülen wirken. Mit diesem Modell kann eine Näherungsformel für die Bindungsenergie des Atomkerns angegeben werden. Die gesamte **Bindungsenergie** setzt sich danach hauptsächlich aus drei Anteilen zusammen:

• Ein als **Volumenenergie** E_V bezeichneter Anteil ist proportional zum Kernvolumen $E_V \sim V$, woraus mit $V = \frac{4}{3}\pi r^3$ und $r = r_0 A^{1/3}$ folgt

$$E_V \sim \tfrac{4}{3}\pi r_0^3 A, \quad \text{also} \quad E_V = aA.$$

• In einem zweiten, als **Oberflächenenergie** E_O bezeichneten Anteil wird berücksichtigt, dass einige Nukleonen an der Oberfläche des Kerns liegen, also nicht allseitig von anderen Nukleonen umgeben sind. So wie bei einem Tröpfchen die Teilchen an der Oberfläche weniger fest gebunden sind, sollten dies auch die Nukleonen sein. Dieser zur Oberfläche proportionale Energieanteil $E_O \sim 4\pi r^2$ wirkt sich also energetisch mindernd aus. Mit $r = r_0 A^{1/3}$ folgt

$$E_O \sim 4\pi r_0^2 A^{2/3}, \quad \text{also} \quad E_O = b A^{2/3}.$$

• Ein dritter Anteil berücksichtigt die elektrostatischen Abstoßungskräfte zwischen den Protonen als **Coulomb-Energie** E_C. Auch dieser Anteil wirkt sich auf die Bindungsenergie mindernd aus.
Für die Energie einer Kugel, in der die Ladung gleichmäßig verteilt ist, gilt ähnlich wie für zwei punktförmige Ladungen der Größe Q im Abstand r: $E_C \sim Q^2/r$. Mit $r = r_0 A^{1/3}$ und $Q = Ze$ folgt

$$E_C \sim \frac{Z^2 e^2}{A^{1/3}}, \quad \text{also} \quad E_C = c\frac{Z^2}{A^{1/3}}.$$

Damit ergibt sich für die *gesamte Bindungsenergie*

$$E_B = aA - bA^{2/3} - c\frac{Z^2}{A^{1/3}}$$

und für die *Bindungsenergie pro Nukleon*

$$\frac{E_B}{A} = a - bA^{-1/3} - cZ^2 A^{-4/3}.$$

Um allein die Abhängigkeit der Bindungsenergie pro Nukleon von der Massenzahl A zu bekommen, kann die für Atomkerne im Mittel geltende Näherung $Z = 0{,}45 A$ verwendet werden. Damit ergibt sich

$$\frac{E_B}{A} = a - bA^{-1/3} - c' A^{2/3}.$$

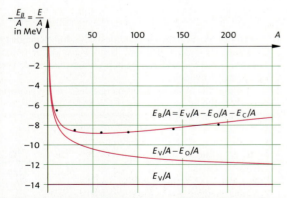

500.1 Darstellung der verschiedenen Beiträge der negativen Bindungsenergie pro Nukleon aus dem Tröpfchenmodell.

Aufbau und Energie der Kerne

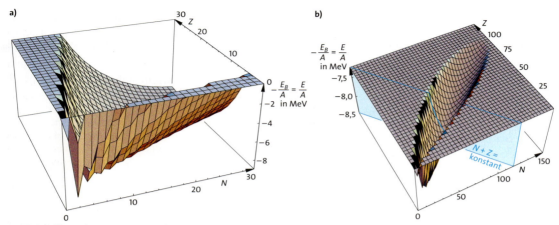

501.1 Darstellung der negativen Bindungsenergie pro Nukleon mithilfe der um zwei Glieder ergänzten Weizsäcker-Formel. Nur für ganzzahlige Werte von N und Z existieren Kerne. Die zu einem Wertepaar ($N|Z$) gehörende Bindungsenergie ist nach unten aufgetragen. **a)** Die Spitzen zeigen besonders hohe Beträge der Bindungsenergie pro Nukleon an. Die zugehörigen Kerne sind besonders stabil. **b)** Auf der Sohle des „Tals" liegen die stabilen Kerne. Die Projektion dieser Sohle in die (N,Z)-Ebene ergibt die Darstellung in → **Abb. 499.1**.

Die Koeffizienten a, b und c' werden durch Anpassung dieser Formel an die bekannten Werte der Bindungsenergie pro Nukleon einiger Kerne bestimmt. So ergibt sich $a = 14$ MeV, $b = 13$ MeV und $c' = 0{,}12$ MeV.

Abb. 500.1 zeigt die grafischen Darstellungen einzelner Anteile, nämlich der Volumenenergie pro Nukleon E_V/A, der Differenz Volumenenergie und Oberflächenenergie pro Nukleon ($E_V/A - E_O/A$) und der gesamten Bindungsenergie $E_B/A = E_V/A - E_O/A - E_C/A$.

Es ist zu erkennen, dass ohne Berücksichtigung der Coulomb-Energie die Zunahme der mittleren Bindungsenergie pro Nukleon für Massenzahlen kleiner als 60 schon näherungsweise richtig wiedergegeben wird. Jedoch fehlt die Abnahme für Kerne mit größeren Massenzahlen. Die Verminderung der Bindungsenergie wird erst durch die Berücksichtigung der Coulomb-Energie E_C/A erreicht, welche die abstoßende elektrische Kraft zwischen den Protonen berücksichtigt. Diese besitzt im Gegensatz zur Kernkraft eine unendliche Reichweite, was dazu führt, dass die Coulomb-Energie mit wachsender Protonenzahl betragsmäßig wächst, während die Volumenenergie konstant bleibt. So wird auch verständlich, warum bei den größeren Kernen die Zahl der Neutronen größer ist als die Zahl der Protonen: Die elektrostatischen Abstoßungskräfte müssen durch Kernkräfte kompensiert werden.

Die aus dem Tröpfchenmodell berechneten Bindungsenergien stimmen mit den aus dem Massendefekt berechneten Werten recht gut überein. Jedoch gibt die Formel nicht die Unterschiede zwischen gg-Kernen und uu-Kernen (→ **Abb. 499.1**) wieder. Sollen auch diese Feinheiten in der Formel berücksichtigt werden, so müssen zwei weitere Terme hinzugefügt werden, die sich nicht mehr aus dem Tröpfchenmodell erklären lassen. Ein Term berücksichtigt den Neutronenüberschuss (**Asymmetrie-Energie**), ein weiterer die Paarbildung von Protonen und Neutronen (**Paarbildungsenergie**).

Abb. 501.1 a) zeigt für kleine Kerne und **Abb. 501.1 b)** für alle Kerne die Darstellung der Bindungsenergie pro Nukleon in Abhängigkeit von den zwei Variablen Z und N. Die Bindungsenergien wurden mit der um die erwähnten zwei Terme ergänzten Weizsäcker-Formel berechnet. Die stabilsten Kerne sind bei den niedrigsten Werten der Energie, also „in der Sohle des Tales", zu finden. Die Projektion der Punkte mit niedrigsten Bindungsenergien in die (N,Z)-Ebene liefert die Darstellung in → **Abb. 499.1**.

In **Abb. 501.1 b)** ist eine Ebene parallel zur Energieachse eingezeichnet, auf der alle Kerne mit $N + Z =$ konstant liegen. Die Schnittkurve der Ebene mit der Fläche der Bindungsenergien ist nahezu eine Parabel. Diese Parabeln sind beim β-Zerfall von Bedeutung (→ 13.3.5).

Werden für alle möglichen Kerne die Bindungsenergien pro Nukleon über einer (N,Z)-Ebene aufgetragen, so ergeben sich drei unterschiedliche, übereinanderliegende Energieoberflächen: Die am tiefsten liegenden Werte der gg-Kerne bilden eine Energieoberfläche; die Flächen der gu- bzw. ug-Kerne und die der uu-Kerne liegen darüber. Bei Kernzerfällen entstehen Kerne geringerer Bindungsenergie, z. B. aus einem uu-Kern durch einen β$^-$-Zerfall ein gg-Kern. Das erklärt energetisch die Existenz stabiler Kerne bestimmter Massenzahlen.

Aufgaben

1. In einem Heliumkern haben die Nukleonen voneinander einen mittleren Abstand von 10^{-14} m.
   a) Bestimmen Sie die abstoßenden elektrischen Kräfte zwischen zwei benachbarten Nukleonen.
   b) Berechnen Sie die Gravitationskräfte zwischen den Teilchen.

*2. Berechnen Sie für die Nuklide ^{6}Li, ^{7}Li, ^{12}C, ^{17}O die Bindungsenergien pro Nukleon nach der Formel
$E_B/A = 14 \text{ MeV} - 13 \text{ MeV} \cdot A^{-1/3} - 0{,}12 \text{ MeV} \cdot A^{2/3}$.

Aufbau und Energie der Kerne

13.3.4 Energiezustände des Kerns

Ähnlich wie die Atomphysik den Bau der Atome aus einem Kern und Elektronen beschreibt, geht es im Folgenden darum, den Aufbau der Kerne aus Protonen und Neutronen genauer zu untersuchen. Ist es in der Atomphysik das ausgesandte Licht einer bestimmten Frequenz und damit einer bestimmten Energie, das zu einer genaueren Beschreibung der inneren Struktur in Form des Bohrschen bzw. quantenmechanischen Atommodells führte, sind es hier die von den Kernen beim radioaktiven Zerfall ausgesandten Teilchen bzw. Quanten, die Informationen über den inneren Aufbau der Kerne liefern. Für diese spektroskopischen Untersuchungen der Strahlung sind Detektoren nötig, die nicht nur den Zerfall eines Kerns anzeigen, sondern auch die Energie des Teilchens bzw. Quants messen können, wie z. B. *Halbleiterdetektoren* oder *Szintillationszähler* (→ S. 494, → S. 495). Wie in der Atomphysik das ausgesandte Licht als eine Art Fingerabdruck des Elementes zur Analyse unbekannter Stoffgemische benutzt werden kann, sind es in der Kernphysik die charakteristischen Eigenschaften wie Strahlungsart, Halbwertszeit und Strahlungsenergie, die eine Identifizierung unbekannter Nuklidgemische möglich machen.

β-Spektroskopie

Bei der β-Spektroskopie wird die Energie der von einem radioaktiven Nuklid ausgehenden β-Teilchen gemessen. Die beste Auflösung wird dabei mit Spektrometern erreicht, welche den Impuls über die Ablenkung der emittierten Elektronen in einem Magnetfeld bestimmen. Treten die Elektronen mit einer Geschwindigkeit v senkrecht zu den Feldlinien in das Magnetfeld ein, so werden sie durch die Lorentzkraft auf eine Kreisbahn mit dem Radius r gezwungen und es gilt: $evB = mv^2/r$. Damit lässt sich der Impuls der Elektronen bestimmen: $p = eBr$. Da es sich in der Regel um hochenergetische Elektronen handelt, muss mit der relativistischen Energie-Impuls-Beziehung ihre Energie bestimmt werden.

Werden die Energien der Elektronen eines β⁻-Zerfalls gemessen, so zeigt sich, dass die Elektronen unterschiedliche Energien besitzen. Die emittierten Elektronen besitzen also ein kontinuierliches Energiespektrum (**Abb. 502.1**), das bis zu einer Maximalenergie reicht. Diese Maximalenergie kann über die Massendifferenz von Mutter- und Tochternuklid berechnet werden: $E_{\beta^-,\max} = (m_A - m_T)c^2$ (→ 13.3.1). Da mit Atommassen gerechnet wird, muss das emittierte Elektron nicht extra berücksichtigt werden.

Die Existenz eines kontinuierlichen Spektrums ist erstaunlich, da Mutter- und Tochterkern einen diskreten Energiewert besitzen. Es sollten also alle Elektronen diesen Differenzbetrag als Energie besitzen. Da dies nicht der Fall ist, muss zur Erhaltung des Energiesatzes die Emission eines weiteren Teilchens gefordert werden. Dies ist das sogenannte Antineutrino $\bar{\nu}_e$ (→ 14.2.4). Die diskrete Energie des Zerfalls wird unterschiedlich auf das Elektron und das Antineutrino verteilt. So entsteht ein kontinuierliches Energiespektrum der Elektronen.

Das Antineutrino wurde zunächst von PAULI 1930 postuliert, um sowohl die Gültigkeit des Energie- als auch des Impuls- bzw. Drehimpulserhaltungssatzes sicherzustellen. Auch beim β⁺-Zerfall wird aus gleichen Gründen ein weiteres Teilchen emittiert, das Neutrino heißt. Der Nachweis von Neutrinos ist außerordentlich schwierig, da sie keine Ladungen tragen und kaum Wechselwirkungen mit anderen Teilchen zeigen.

> Die Elektronen bzw. Positronen der β-Strahlung besitzen ein **kontinuierliches Energiespektrum**, das nuklidabhängig bis zu einer Maximalenergie von 3 MeV reichen kann. Zusätzlich werden Antineutrinos bzw. Neutrinos emittiert, die den Rest der Zerfallsenergie besitzen.

Genaue Untersuchungen von β-Spektren müssen im Vakuum durchgeführt werden, um einen Energieverlust der Elektronen bzw. Positronen bei der Wechselwirkung mit Luft zu vermeiden.
Häufig zeigen sich dem kontinuierlichen Energiespektrum diskrete Linien überlagert, die darauf zurückzuführen sind, dass γ-Quanten angeregter Kerne ihre Energie auf ein Elektron der Hülle übertragen (innere Konversion).

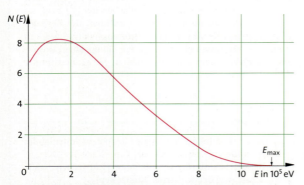

502.1 Kontinuierliches Energiespektrum der Elektronen, die beim β-Zerfall von ²¹⁰Bi emittiert werden. Die Energie wird mithilfe eines β-Spektrometers bestimmt, das die Ablenkung der Elektronen in einem Magnetfeld ausnutzt. Das kontinuierliche Spektrum zeigt, dass zusätzlich zum Elektron noch ein Elektron-Antineutrino emittiert wird.

α- und γ-Spektroskopie

Energien von α-Teilchen liefern wesentliche Hinweise auf die innere Struktur des Kerns. Die Energiemessung nutzt das große Ionisationsvermögen der α-Teilchen aus, sodass nach einer vollständigen Abbremsung die Anzahl der entstandenen Ladungen ein Maß für die Energie der Teilchen ist. Hierzu kann ein gasgefüllter Raum zwischen zwei Elektroden, eine Ionisationskammer, oder ein Geiger-Müller-Zählrohr im Proportionalitätsbereich genutzt werden. Besser geeignet sind aber *Halbleiterdetektoren* (→ S. 494), bei denen die Ionen in einem Festkörper erzeugt werden.

Versuch 1: Das Energiespektrum eines offenen Americium-Präparats wird im Vakuum mit einem Halbleiterdetektor aufgenommen. Es ergeben sich das Spektrum in **Abb. 503.1** und die **Tab. 503.2**.
Deutung: Die Energie der α-Teilchen beträgt ohne Berücksichtigung der Feinstruktur etwa 5,5 MeV. Die Feinstruktur (Unterteilung in mehrere Linien) lässt sich damit erklären, dass bei dem Zerfall des Mutternuklids Tochterkerne, hier Neptuniumkerne, entstehen, die unterschiedlich angeregt sind. Befindet sich der Tochterkern im Grundzustand, so besitzt der emittierte Heliumkern die maximale Energie, also hier 5,545 MeV. In allen anderen Fällen befindet sich der Neptuniumkern in einem angeregten Zustand und die α-Teilchen besitzen eine entsprechend geringere Energie. Es lässt sich ein Zerfallsschema (**Abb. 503.3**) entwickeln. ◂

> Beim α-Zerfall erhält das α-Teilchen die diskrete Energie, die der Energiedifferenz zwischen Mutter- und Tochternuklid entspricht. Unter Berücksichtigung der Atommasse des Heliums kann die Energie berechnet werden: $E_\alpha = (m_M - m_T - m_{He})c^2$. Gibt es verschiedene Anregungszustände des Tochternuklids, so ist eine Feinstruktur im Spektrum zu erkennen. Die auftretenden Energiedifferenzen der α-Linien werden vom Tochterkern als γ-Quanten emittiert (Kernanregung des Tochterkerns).

Wie im obigen Termschema zu sehen ist, geht ein Atomkern von einem angeregten Zustand in einen Zustand niedrigerer Energie über, indem er ein γ-Quant der entsprechenden Energie emittiert. Es tritt also ein diskretes Linienspektrum auf, das charakteristisch für den jeweiligen Kern ist. Zur Aufnahme von γ-Spektren haben sich sogenannte *Szintillationsdetektoren* (→ S. 494) bewährt, da sie für γ-Quanten eine relativ große Nachweiseffektivität (50 % oder mehr) besitzen.

> Die von angeregten Kernen ausgehende γ-Strahlung besitzt diskrete Energien. Es tritt ein für den jeweiligen Kern charakteristisches Linienspektrum auf.

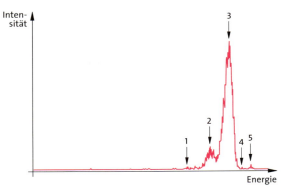

503.1 Die Feinstruktur des α-Spektrums eines Americium-Präparats, aufgenommen mit einem Silicium-Oberflächensperrschichtdetektor.

503.2 Energie und relative Häufigkeit der α-Teilchen beim Zerfall von Am241. Die relative Häufigkeit entspricht der Intensität der Linie.

Nr.	Energie in MeV	relative Häufigkeit
1	5,389	1,33 %
2	5,443	12,8 %
3	5,486	85,2 %
4	5,513	0,21 %
5	5,545	0,35 %

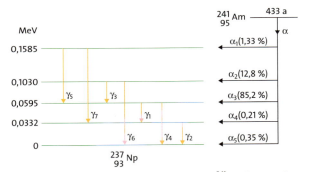

503.3 Aus dem Spektrum der α-Teilchen von ^{241}Am kann auf die Anregungszustände des Neptuniums geschlossen werden.

Aufgaben

1. C14 ist ein β-Strahler. Stellen Sie die Reaktionsgleichung auf und berechnen Sie die maximale Energie der Elektronen aus den Atommassen. Erklären Sie, warum hier ein kontinuierliches Spektrum auftritt.
2. Bestimmen Sie die maximale Energie der α-Teilchen aus dem Zerfall von Pu239. Begründen Sie die Entstehung eines Linienspektrums und planen Sie ein Experiment, mit dem die Linien auf eine andere Art gemessen werden können.
3. Erläutern Sie, dass für die Messung von α-Feinstrukturspektren offene Präparate verwendet werden müssen.

Aufbau und Energie der Kerne

13.3.5 Das Potentialtopfmodell

Beim radioaktiven Zerfall kommen Linienspektren, d. h. diskrete Energien vor, die mit dem Tröpfchenmodell des Atomkerns nicht erklärt werden können. Also müssen Modelle entwickelt werden, bei denen ein Atomkern ähnlich wie ein Atom in der Atomphysik diskrete Energiezustände einnehmen kann.

Aus der Existenz stabiler Kerne wird deutlich, dass eine Kraft, die Kernkraft, zwischen den Nukleonen wirken muss, welche die abstoßende Wirkung zwischen den positiv geladenen Protonen kompensiert. Der Wirkungsbereich der Kernkraft reicht aber nicht über eine Entfernung von 1,5 fm (1 fm = 10^{-15} m) hinaus wie Streuversuche mit Teilchen an Kernen zeigen (→ 13.3.3). Wird der Abstand größer, so sinkt ihr Wert sehr schnell auf null. Wird der Abstand kleiner als 0,5 fm, so ergibt sich sogar eine abstoßende Wirkung (**Abb. 504.1**). Dies erklärt die konstante Dichte der Atomkerne: Kommen Nukleonen hinzu, so wird der Kern größer. Somit ist der Aufenthaltsbereich der Nukleonen auf den Kernbereich beschränkt, sodass sich zur Systembeschreibung als einfachster Zugang das quantenphysikalische Potentialtopfmodell (→ 11.3.1) eignet. Das Verhalten der Nukleonen im Potentialtopf wird durch Wellenfunktionen beschrieben. Die Energieniveaus sind diskret. Da die Nukleonen Fermionen sind, werden die Niveaus unter Berücksichtigung des Pauli-Prinzips vom energieärmsten Zustand beginnend besetzt. Die Energie des höchsten besetzten Zustandes heißt **Fermi-Energie E_F**, die sich analog zur Fermi-Energie des Elektronengases in einem Festköper (→ 12.2.1) aus der Dichte der Nukleonen berechnen lässt. Es ergibt sich ein Wert von ca. 32 MeV. Aus der Separationsenergie von ca. 8 MeV kann die Tiefe des Potentialtopfes zu etwa 40 MeV abgeschätzt werden. Zusätzlich muss für Protonen noch berücksichtigt werden, dass sie sich aufgrund ihrer Ladung gegenseitig abstoßen, sodass ihr Potentialtopf höher liegt als der der Neutronen. Da Protonen außerhalb des Kerns von diesem abgestoßen werden, muss der Potentialtopf für Protonen noch durch einen Potentialwall ergänzt werden (**Abb. 504.1**).

Im Gegensatz zur Festkörperphysik handelt es sich in der Kernphysik beim Kernpotential nicht um ein vorgegebenes äußeres Potential, sondern die Nukleonen erzeugen dies selbst. Durch Hinzufügen eines Nukleons zu einem Kern wird das Volumen größer und der Abstand der Energieniveaus wird geringer. Das zugeführte Nukleon wird sich dann wieder in einem Fermi-Energieniveau befinden, sodass die Separationsenergie wieder ca. 8 MeV beträgt. Damit ist die Topftiefe näherungsweise unabhängig von der Massenzahl A.

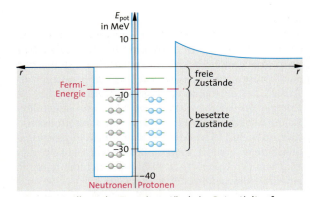

504.1 Darstellung der Energiezustände im Potentialtopfmodell. Für Neutronen und Protonen existieren getrennte Potentialtöpfe. Die Energieniveaus sind in beiden Töpfen bis auf die Höhe des Fermi-Niveaus besetzt.

β⁻- und β⁺-Zerfall

Im stabilen Kernzustand sind die Energieniveaus der Potentialtöpfe für Neutronen und Protonen bis zur Höhe des Fermi-Niveaus besetzt. Ist bei einem Kern im Teil des Potentialtopfes für Neutronen ein Energieniveau besetzt, unterhalb dessen sich noch ein freies Niveau für Protonen befindet, so kann das Neutron das tiefer gelegene Niveau besetzen. Dabei wird aus dem Neutron ein Proton; ein Elektron und ein Antineutrino $\bar{\nu}_e$ werden emittiert. Dies ist die β⁻-Strahlung (→ 13.1.5). Wird nicht sofort der Grundzustand erreicht, so werden γ-Quanten emittiert. Ein Beispiel dafür ist die γ-Strahlung, die bei der Umwandlung von ^{137}Cs in ^{137}Ba entsteht (→ 13.1.6).

Auch freie Neutronen zerfallen, und zwar mit einer Halbwertszeit von 10,25 Minuten. Da die Ruhmasse des Neutrons größer ist als die Summe der Ruhmassen der Zerfallsprodukte, steht auch Masse für die Umwandlung in kinetische Energie zur Verfügung:

$$^1_0 n \rightarrow {}^1_1 p + {}^{0}_{-1}e + \bar{\nu}_e$$

Ist im Teil des Potentialtopfes für die Protonen ein Energieniveau besetzt, unterhalb dessen sich noch ein freies Niveau für Neutronen befindet, so kann sich ein Proton unter Emission eines **Positrons** und eines **Neutrinos** ν_e in ein Neutron umwandeln und das niedrigere Energieniveau besetzen (β⁺-Zerfall):

$$^1_1 p \rightarrow {}^1_0 n + {}^0_1 e + \nu_e$$

Freie Protonen können im Gegensatz zu freien Neutronen nicht zerfallen, da ihre Masse geringer ist als die der Neutronen.

Bei beiden Arten des β-Zerfalls bleibt die Massenzahl $A = N + Z$ der sich umwandelnden Kerne konstant. Die Energiezustände dieser Kerne liegen also in dem Diagramm der Bindungsenergie pro Nukleon in Abhängigkeit von N und Z auf der parabelförmigen Schnittkurve der in → **Abb. 501.1** eingezeichneten Ebene mit der Energiefläche. Bei β-Zerfällen entstehen neue Kerne mit geringerer Energie, die näher am sogenannten **Stabilitätstal** der Energiefläche liegen. Die auf dem linken Parabelast liegenden Kerne wandeln sich in einem β⁺-Zerfall um, die auf dem rechten Ast liegenden in einem β⁻-Zerfall.

Der α-Zerfall

Wenn sich ein Atomkern durch Emission eines α-Teilchens in einen anderen Kern umwandelt, so haben beide Kerne diskrete Energiezustände und das α-Teilchen eine bestimmte kinetische Energie. Erstaunlich ist bei diesen Energiezustandsänderungen jedoch, dass nicht einzelne Nukleonen, sondern α-Teilchen emittiert werden. Ferner hat sich experimentell gezeigt, dass z. B. α-Teilchen mit einer kinetischen Energie von 8,8 MeV nicht in den ^{238}U-Kern eindringen können, obwohl dieser selber nur α-Teilchen von 4,2 MeV emittiert.

Wird ein α-Teilchen vom ^{238}U-Kern emittiert, so entsteht ein ^{234}Th-Kern (Z = 90). Außerhalb dieses Kerns ist das α-Teilchen allein den abstoßenden elektrischen Kräften der Protonen des Kerns ausgesetzt, da es sich außerhalb der Reichweite der Kernkräfte befindet. Es wird im elektrischen Feld beschleunigt, wobei sich potentielle in kinetische Energie umwandelt:

$$E_{pot} = \frac{Q_1 Q_2}{4\pi\varepsilon_0 r} \quad \text{mit} \quad Q_1 = 90\,e \quad \text{und} \quad Q_2 = 2\,e$$

Der Abstand r_K, bei dem die Kernkräfte zu wirken aufhören, ergibt sich aus dem Radius des Thoriumkerns, dem Radius des α-Teilchens und der Reichweite der Kernkräfte zu $r_K = 11{,}6 \cdot 10^{-15}$ m, sodass die potentielle Energie aufgrund der elektrischen Kräfte in diesem Abstand vom Kern E_{pot} = 22 MeV beträgt.

Damit ergibt sich die weitere Frage, wieso ein α-Teilchen, das schon bei r_K den Einflussbereich der Kernkräfte verlassen hat, nur eine Energie von 4,2 MeV besitzt, obwohl es durch die elektrischen Kräfte doch auf eine Energie von 22 MeV beschleunigt worden sein müsste! Erst im Abstand $r_E = 61{,}5 \cdot 10^{-15}$ m beträgt die potentielle Energie eines α-Teilchens 4,2 MeV (**Abb. 505.1**).

Einzelne Nukleonen können den Kern aus dem Grundzustand heraus nicht verlassen, weil sie wenigstens eine Separationsenergie von ca. 8 MeV benötigen, um auf das Nullniveau des Kernpotentials gehoben zu werden. Wird jedoch im Kern aus vier Nukleonen ein α-Teilchen gebildet, so steht die Bindungsenergie des α-Teilchens von ca. 7 MeV pro Nukleon zur Verfügung. Ferner besitzt ein α-Teilchen, dessen Aufenthaltsbereich beschränkt ist, nach der Heisenberg'schen Unschärferelation auch eine kinetische Energie, sodass ein Anheben auf ein Energieniveau oberhalb des Nullniveaus möglich ist (**Abb. 505.1**).

Das α-Teilchen könnte jedoch nicht den hohen Potentialwall von 22 MeV überwinden, denn seine Energie ist kleiner als die potentielle Energie in diesem Bereich. Nach der klassischen Physik könnte das α-Teilchen nur dann aus dem Kern gelangen, wenn seine Gesamtenergie wenigstens so groß wie der größte Wert der po-

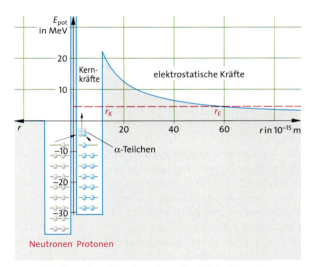

505.1 Die Energieverhältnisse des α-Zerfalls bei Uran238.

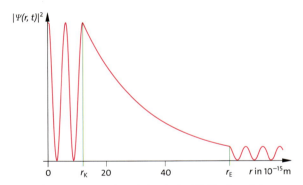

505.2 Wahrscheinlichkeitsdichte $|\Psi(r, t)|^2$ für ein Teilchen, dessen Gesamtenergie im Bereich $r_K < r < r_E$ kleiner als die maximale potentielle Energie ist

tentiellen Energie wäre. Diese Energie müsste das α-Teilchen anschließend als kinetische Energie besitzen, was jedoch nicht der Fall ist.

Dennoch gelangen α-Teilchen aus dem Abstand $r < r_K$ von der einen Seite in den Abstand $r \geqq r_E$ auf der anderen Seite des Potentialwalls, ohne dass ihre Energie die dazwischenliegenden Werte der potentiellen Energie annimmt. Diese als **Tunneleffekt** bezeichnete Erscheinung wurde 1928 von GAMOW durch Anwendung der Quantenmechanik erklärt: Die α-Teilchen besitzen im Kern eine Energie (bei ^{238}U von 4,2 MeV) und können den Potentialwall *durchdringen*, denn ihr Verhalten wird im atomaren Bereich durch die Wellenfunktion Ψ beschrieben (→ 10.4.3). **Abb. 505.2** zeigt das Quadrat der Wellenfunktion $|\Psi|^2$, zu dem die Aufenthaltswahrscheinlichkeit eines α-Teilchens proportional ist, in Abhängigkeit vom Abstand vom Kernmittelpunkt.

Aufbau und Energie der Kerne

Danach ist auch in dem Bereich zwischen r_K und r_E die Aufenthaltswahrscheinlichkeit nicht gleich null, d. h. es existiert eine gewisse Wahrscheinlichkeit, das α-Teilchen in dem Potentialwall und auch außerhalb des Walls zu finden. Statistisch gesehen und klassisch veranschaulicht stoßen in einem ^{238}U-Kern, dessen Halbwertszeit $6{,}5 \cdot 10^9$ a beträgt, α-Teilchen im Mittel 10^{38}-mal gegen den Potentialwall, bevor es eine Durchdringung gibt.

Der Tunneleffekt erklärt auch, dass Kerne mit kleiner Halbwertszeit bzw. mit großer Zerfallskonstante λ α-Teilchen mit hoher Energie emittieren. Nach Gamow hängt die Wahrscheinlichkeit für den Austritt eines α-Teilchens aus dem Kern von der Höhe des Potentialwalls für das Teilchen ($E_{pot} - E_{ges}$) und von der Dicke des Walls ($r_E - r_K$) ab. → **Abb. 505.1** zeigt, dass mit zunehmender Gesamtenergie des α-Teilchens die Höhe und Dicke des Potentialwalls abnehmen, sodass die Wahrscheinlichkeit, den Potentialwall zu durchdringen, steigt. Da die Wellenfunktion innerhalb der Barriere exponentiell abnimmt, ergibt sich durch Logarithmieren der Halbwertszeit ein einfacher Zusammenhang, den die Physiker Geiger und Nuttall 1911 experimentell entdeckten.

> Der α-Zerfall lässt sich mithilfe des Tunneleffektes erklären. Die **Geiger-Nuttall'sche-Regel** liefert einen Zusammenhang zwischen der Halbwertszeit t_H des Strahlers und der Energie E_α des α-Teilchens:
>
> $$\log \{t_H\} = A E_\alpha^{-\frac{1}{2}} + B$$

A und B sind experimentell bestimmbare Konstanten. Die Güte der Regel zeigt die **Abb. 506.1**, in der die Halbwertszeit gegen die Energie aufgetragen wurde.

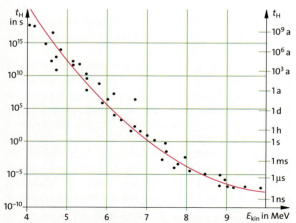

506.1 Geiger-Nuttall'sche-Regel: Logarithmische Darstellung der Halbwertszeit t_H einiger α-Strahler gegen die kinetische Energie E_{kin} der emittierten α-Teilchen.

Dabei wurde die Ordinate logarithmisch eingeteilt. Die rote Kurve ist die beste Anpassung mit der obigen Gleichung.

Bei genauerer Betrachtung der Grafik fällt aber auf, dass sich die Halbwertszeiten einiger Nuklide um einige Größenordnungen unterscheiden, obwohl die kinetische Energie der α-Teilchen fast gleich ist. Beispielsweise ist die Halbwertszeit von Curium etwa 10 000-mal größer als die von Radon bei gleicher Energie der α-Teilchen von ca. 6,3 MeV. Die beiden Nuklide unterscheiden sich in ihrer Kernladungszahl, sodass bei Curium ($Z = 96$) im Vergleich zu Radon ($Z = 86$) der Potentialwall wesentlich höher und die Dicke des Walls bei gleicher Gesamtenergie des α-Teilchens wesentlich größer ist. Damit ist die Tunnelwahrscheinlichkeit deutlich geringer und die Halbwertszeit viel größer. Quantenmechanische Rechnungen zeigen, dass sich diese Abhängigkeit von der Kernladungszahl in den Faktoren A und B der Geiger-Nuttall'schen-Regel berücksichtigen lässt.

Abschließend soll noch die Frage beantwortet werden, warum nur sehr schwere Kerne unter Emission von α-Teilchen zerfallen. Ein α-Zerfall ist nur für solche Kerne möglich, deren Masse größer ist als die Summen der Massen der Zerfallsprodukte. Dies ist für natürliche Kerne mit einer Massenzahl unter 210 nicht der Fall.

Aufgaben

1. Bestimmen Sie die kinetische Energie eines α-Teilchens, das aus einem ^{226}Ra-Nuklid emittiert wird.
2. Das von einem ^{235}U-Nuklid emittierte α-Teilchen hat eine kinetische Energie von 4,58 MeV. Berechnen Sie die Masse des entstehenden ^{231}Th-Nuklids.
*3. Schätzen Sie mithilfe der Unschärferelation die Größenordnung der kinetischen Energie eines Teilchens in einem Atomkern ab.
*4. Die folgende Tabelle enthält Energien von α-Teilchen und die Halbwertszeiten von Elementen, die sich durch α-Zerfall umwandeln.

Element	Energie E_α in MeV	Halbwertszeit
^{216}Rn	8,05	45 µs
^{218}Rn	7,13	35 ms
^{220}Rn	6,29	55,6 s
^{222}Rn	5,49	3,824 d
^{219}Rn	6,55	3,96 s
^{222}Ra	6,56	38 s
^{225}Th	6,5	8,72 min

Alle Nuklide im oberen Teil der Tabelle haben die gleiche Kernladungszahl, dagegen nimmt die Kernladungszahl der drei Nuklide im unteren Teil der Tabelle zu. Deuten Sie die verschiedenen Halbwertszeiten unter Berücksichtigung des Potentialtopfmodells des Atomkerns.

13.4 Nutzung der Kernenergie

Die bisherigen Kenntnisse über Atomkerne stammen zum größten Teil aus der Untersuchung der natürlichen Radioaktivität. Weitere Aufschlüsse über die Eigenschaften und das Verhalten der Atomkerne können durch einen Beschuss stabiler Kerne, der Ziel- bzw. Targetkerne, mit anderen atomaren Teilchen gewonnen werden (→ S. 485). Dies führt zum Teil zu Kernreaktionen, die auch technisch von großem Interesse sind, wie z. B. die Kernspaltung. So können auch neue radioaktive Nuklide gewonnen werden, welche die Anforderungen in medizinischen Bereichen besser erfüllen als die natürlich vorkommenden radioaktiven Substanzen.

13.4.1 Kernreaktionen

1919 entdeckte RUTHERFORD auf Nebelkammeraufnahmen eine Kernreaktion, die er als **Kernumwandlung** identifizierte. Bei diesem Experiment war in einer Nebelkammer Stickstoff dem Beschuss mit α-Teilchen ausgesetzt. In **Abb. 507.1** ist die Gabelung der Bahnspur eines α-Teilchens in eine kurze dicke und eine lange dünnere Spur zu erkennen. RUTHERFORD erkannte, dass die lange Spur zu einem Proton gehörte. Da die Kammer keinen Wasserstoff enthielt, musste das Proton an der Stelle der Gabelung erzeugt worden sein. Die Entstehung des Protons deutete RUTHERFORD durch folgende Kernreaktion: Das α-Teilchen dringt in den Stickstoffkern ein, aus dem entstehenden Gebilde wird ein Proton emittiert und die restlichen Nukleonen bilden einen neuen Kern. Durch Vergleich der Massen- und Kernladungszahlen ergibt sich, dass ein Sauerstoffkern entstanden ist:

$$^{4}_{2}\alpha + ^{14}_{7}N \rightarrow ^{17}_{8}O + ^{1}_{1}p$$

Der Sauerstoffkern erzeugt die kurze Spur. Bei diesem Prozess handelt es sich um die erste entdeckte **künstliche Kernumwandlung.** Auch die von BOTHE und BECKER untersuchte Kernreaktion, die 1932 zur Entdeckung des Neutrons durch CHADWICK führte, fand nach Beschuss mit α-Teilchen statt:

$$^{4}_{2}\alpha + ^{9}_{4}Be \rightarrow ^{12}_{6}C + ^{1}_{0}n$$

Zur Untersuchung von Kernen werden Neutronen, Protonen, Elektronen, Deuteronen und Tritonen (die Kerne der Wasserstoffisotope Deuterium und Tritium) sowie α-Teilchen, energiereiche γ-Quanten und schwere Ionen verwendet. Neutronen bieten gegenüber ladungtragenden Geschossen den Vorteil, dass sie ungehemmt durch die elektrostatische Abstoßung in einen Kern eindringen können. Beim Beschuss von Kernen mit energiereichen γ-Quanten werden diese absorbiert und der Kern in einen höheren Energiezustand gebracht. Dadurch wächst die Wahrscheinlichkeit für einen Zerfall des angeregten Kerns ähnlich wie beim α-Zerfall. Bei der Auslösung von Nukleonen aus dem Kern durch γ-Quanten wird analog zum Auslösen von Elektronen durch Photonen vom **Kernfotoeffekt** gesprochen.

Wirkungsquerschnitt

Bei allen Kernreaktionen tritt nur ein Teil ΔN der insgesamt N Geschosse mit den Atomkernen in Wechselwirkung. Ist n die Anzahl der Atomkerne pro Volumeneinheit in einem

507.1 Nebelkammeraufnahme der ersten von RUTHERFORD entdeckten künstlichen Kernumwandlung beim Beschuss von Stickstoffkernen mit α-Teilchen.

durchstrahlten Volumen der Querschnittsfläche A und der Dicke Δx (**Abb. 507.2**), so ist die Zahl ΔN der in Wechselwirkung tretenden Geschosse proportional zur Gesamtzahl N, umgekehrt proportional zur Querschnittsfläche A des Teilchenstrahls und direkt proportional zur Anzahl nV der Targetteilchen (Kerne) im Volumen: $\Delta N \sim (N/A)\,nV$. Mit $V = A\,\Delta x$ folgt:

$$\frac{\Delta N}{N} = \sigma n\,\Delta x$$

σ heißt **Wirkungsquerschnitt**. Da n die Einheit $1\,\text{m}^{-3}$ hat, trägt der Wirkungsquerschnitt die Einheit einer Fläche: $[\sigma] = 1\,\text{m}^2$.

In der Kernphysik liegen die Radien von Targetkernen in der Größenordnung 10^{-14} m. Daher wird als weitere Einheit des Wirkungsquerschnitts 1 barn = $10^{-28}\,\text{m}^2$ eingeführt.

$\Delta N/N$ gibt die Wahrscheinlichkeit für das Eintreten einer Wechselwirkung an. Eine anschauliche Vorstellung des Wirkungsquerschnitts wird durch Umordnen der Formel gewonnen:

$$\frac{\Delta N}{N} = \frac{\sigma n V}{A}$$

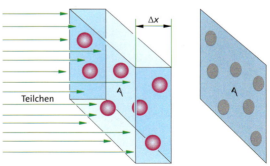

507.2 Deutung des Wirkungsquerschnitts σ als Verhältnis der Zielfläche zur Gesamtfläche. Die im Volumen enthaltenen Wirkungsquerschnitte sind rechts in eine Ebene projiziert.

Nutzung der Kernenergie

Die Wahrscheinlichkeit $\Delta N/N$, dass ein Geschoss mit einem Kern reagiert, ist gleich dem Verhältnis aus der gesamten sich dem Geschoss bietenden Zielfläche $n\,V\,\sigma$ und der durchstrahlten Fläche (→ **Abb. 507.2 rechts**). Dann ist σ die Zielfläche, die ein Kern dem Geschoss bietet.

Der Wirkungsquerschnitt ist nun keinesfalls mit einer realen Querschnittsfläche eines Kerns identisch. Er hängt wesentlich von der Art der Wechselwirkung ab, z. B. ob es sich um elastische oder unelastische Streuung, um Einfang oder Spaltung handelt sowie davon, welcher Art der Reaktionspartner und wie groß die Energie der Geschosse ist. Die Gesamtheit aller möglichen Wechselwirkungen, die alle Reaktionen umfasst, wird durch den **totalen Wirkungsquerschnitt** beschrieben.

> Der Wirkungsquerschnitt σ eines Kerns ist ein Maß für seine effektive Größe bei einer bestimmten Reaktion. σ hat die Dimension einer Fläche. Als Einheit wird auch $1\ \text{barn} = 10^{-28}\ \text{m}^2$ verwendet.

Energiebilanz von Kernreaktionen

Bei Kernreaktionen werden ebenso wie in der Chemie **exotherme** und **endotherme** Reaktionen unterschieden. Bei einer **exothermen** Reaktion entstehen durch Umwandlung von Ruhemasse kinetische Energien und Anregungsenergien der Teilchen; Energie wird frei. Daher ist bei diesen die Summe der Ruhemassen der Teilchen nach der Reaktion kleiner als vorher. Wird z. B. Lithium mit Protonen beschossen, so ergibt sich:

$${}^{7}_{3}\text{Li} + {}^{1}_{1}\text{p} \rightarrow {}^{4}_{2}\text{He} + {}^{4}_{2}\text{He}$$

$$m_{\text{Li}} + m_{\text{H}} = 7{,}016\,004\ \text{u} + 1{,}007\,825\ \text{u} = 8{,}023\,829\ \text{u}$$

$$2\,m_{\text{He}} = 8{,}005\,206\ \text{u}$$

$$\Delta m = 0{,}018\,623\ \text{u}, \quad E = \Delta m\,c^2 = 17{,}348\ \text{MeV}$$

Obwohl das Lithiumatom mit seinen drei Hüllenelektronen nur mit einem Proton beschossen wurde, kann mit der Atommasse des Wasserstoffs gerechnet werden, da auf der rechten Seite zwei Heliumatommassen mit insgesamt vier Hüllenelektronen stehen. Würde die Rechnung mit der Protonenmasse durchgeführt, so müsste auf der rechten Seite eine Elektronenmasse subtrahiert werden.

Obwohl die Kernreaktion exotherm ist, benötigt das Proton eine kinetische Energie von wenigstens 0,4 MeV, um sie auszulösen, da es sich gegen die abstoßenden elektrischen Kräfte bis in den Wirkungsbereich der Kernkräfte nähern muss. Es muss den Potentialwall (→ **Abb. 505.1**) überwinden. So beträgt die gesamte Energie der entstehenden Produkte

$$E = 17{,}348\ \text{MeV} + 0{,}4\ \text{MeV} = 17{,}748\ \text{MeV}.$$

Messungen bestätigen diesen Wert.

Bei einer **endothermen Kernreaktion** erfolgt umgekehrt eine Umwandlung von Energie in Ruhemasse. Das Kerngeschoss muss also für diese Reaktion eine gewisse Mindestenergie besitzen. Für das Proton z. B. in der folgenden Reaktion ergibt sich eine kinetische Energie von $E = 1{,}88$ MeV. Die gesamte kinetische Energie der entstehenden Teilchen beträgt 0,23 MeV.

$${}^{7}_{3}\text{Li} + {}^{1}_{1}\text{p} \rightarrow {}^{7}_{4}\text{Be}^{\star} + {}^{1}_{0}\text{n}$$

Transurane

Durch Beschuss von schweren Elementen mit Neutronen, α-Teilchen oder schweren Ionen ist es möglich, Elemente mit Kernladungszahlen größer als 92, die sogenannten **Transurane** (→ S. 485), zu erzeugen. Die beim Einfang eines Neutrons oder α-Teilchens entstehenden Zwischenkerne wandeln sich z. T. unter β⁻-Zerfall in Kerne mit einer um eins größeren Kernladungszahl um. Im Folgenden sind die Kernreaktionen zur Erzeugung einiger Transurane angegeben:

Neptunium ${}^{237}\text{Np}$

$${}^{235}_{92}\text{U} + {}^{1}_{0}\text{n} \rightarrow {}^{236}_{92}\text{U} + \gamma, \quad {}^{236}_{92}\text{U} + {}^{1}_{0}\text{n} \rightarrow {}^{237}_{92}\text{U} + \gamma$$

$${}^{237}_{92}\text{U} \rightarrow {}^{237}_{93}\text{Np} + \beta^{-} + \bar{\nu}_{e}$$

Plutonium ${}^{239}\text{Pu}$

$${}^{238}_{92}\text{U} + {}^{1}_{0}\text{n} \rightarrow {}^{239}_{92}\text{U} + \gamma, \quad {}^{239}_{92}\text{U} \rightarrow {}^{239}_{93}\text{Np} + \beta^{-} + \bar{\nu}_{e}$$

$${}^{239}_{93}\text{Np} \rightarrow {}^{239}_{94}\text{Pu} + \beta^{-} + \bar{\nu}_{e}$$

Americium ${}^{241}\text{Am}$

$${}^{238}_{92}\text{U} + {}^{4}_{2}\alpha \rightarrow {}^{241}_{94}\text{Pu} + {}^{1}_{0}\text{n}, \quad {}^{241}_{94}\text{Pu} \rightarrow {}^{241}_{95}\text{Am} + \beta^{-} + \bar{\nu}_{e}$$

Die Transurane sind wegen ihrer großen Kernladungszahl und der daraus folgenden großen elektrischen Abstoßungskräfte instabil. Ihre Herstellung ist sehr schwierig und erfordert geeignete Beschleuniger (→ S. 485).

Zerfall von Radionukliden

Neben den Transuranen können auch andere radioaktive Nuklide durch den Beschuss mit geeigneten Teilchen erzeugt werden. Die bei solchen Kernreaktionen künstlich erzeugten Nuklide werden als **Radionuklide** bezeichnet. Sie entstehen meist über z. T. sehr kurzlebige Zwischenkerne (Compoundkerne), die bei ihrer Umwandlung das Radioisotop hinterlassen. Bisher sind mehr als 1800 in der Natur nicht vorkommende Nuklide erzeugt worden, die eine ausreichend große Halbwertszeit besitzen, sodass ihre Trennung und Identifizierung möglich war.

Zur Erzeugung von Radionukliden werden häufig Neutronen benutzt, da diese wegen ihrer fehlenden Ladung leichter in den Einflussbereich der Kernkräfte gelangen. So kann z. B. ${}^{127}\text{I}$ durch Beschuss mit Neutronen gemäß der folgenden Reaktion aktiviert werden: ${}^{127}_{53}\text{I} + \text{n} \rightarrow {}^{128}_{53}\text{I} + \gamma$.

Das entstandene Iodnuklid ist radioaktiv. Es ist ein β⁻-Strahler und wandelt sich in das Xenonisotop ${}^{128}_{54}\text{Xe}$ um. Es gehorcht dabei demselben Zerfallsgesetz, das auch für natürlich radioaktive Nuklide (→ 13.1.6) gilt.

Durch Bestrahlung einer Probe für die Dauer t stellt sich eine Aktivität ein, die gemäß der Gleichung $A = A_{s}\,(1 - e^{-\lambda t})$ bestimmt werden kann. Die Sättigungsaktivität A_{s} hängt von der Dichte der Neutronen im Neutronenstrahl und deren Energie ab. Zudem ist sie von der Anzahl der zu aktivierenden Atomkerne in der Probe abhängig, sodass die Neutronenaktivierungsanalyse ein hochempfindliches Werkzeug zum Nachweis von Kleinstmengen einiger chemischer Elemente ist. Umgekehrt kann auch aus der Aktivität einer Probe auf den Neutronenfluss geschlossen werden. So konnte über 50 Jahre später die Strahlenbelastung von Hiroshima-Opfern anhand aktivierter Kupferdachrinnen bestimmt werden.

Nutzung der Kernenergie

Das Positron

Im Gegensatz zur natürlichen Radioaktivität ist der β⁺-Zerfall eine häufig vorkommende Umwandlungsart bei Radioisotopen (→ 13.1.5). Kerne mit einem Protonenüberschuss wandeln dabei ein Proton in ein Neutron um:

$${}^1_1\text{p} \rightarrow {}^1_0\text{n} + {}^0_1\text{e} + \nu_e$$

Aufgrund der Erhaltungssätze für Energie, Impuls und Drehimpuls wird neben dem Positron ein Elektronneutrino (ν_e) emittiert (→ 13.3.5). Der Zerfall eines freien Protons ist energetisch jedoch unmöglich, da die Masse des Protons kleiner ist als die des Neutrons.

Das Positron wurde 1932 von ANDERSON bei der Durchmusterung von Nebelkammeraufnahmen mit Teilchenspuren entdeckt, die durch Höhenstrahlung erzeugt worden waren. Die Kammer befand sich in einem Magnetfeld, sodass sich die Bahnen von Elektronen und Positronen wegen ihrer entgegengesetzten Ladungen durch die Krümmung unterschieden (**Abb. 509.1**).

Ein relativer Überschuss an Protonen kann aus energetischen Gründen nicht einfach durch die Emission eines Protons verringert werden: Für die Emission eines Protons muss eine Energie von ca. 7 MeV (Separationsenergie eines Nukleons) zur Verfügung stehen. Dagegen wird zur Erzeugung eines Positrons die seiner Ruhemasse äquivalente Energie von 0,511 MeV und der Energiebetrag, welcher der Differenz der Massen von Neutron und Proton entspricht, benötigt. Da sich außerdem bei der Umwandlung eines Protons in ein Neutron die Bindungsenergie wegen der Abnahme der elektrostatischen Ladung vergrößert, wird für den Prozess der Emission eines Positrons insgesamt nur eine Energie von ca. 1 MeV benötigt, also wesentlich weniger als zur Emission eines Protons. Die frei werdende Energie lässt sich mittels der Atommassendifferenz bestimmen:
$E_{\beta^+} = (m_A - m_T - 2\,m_e)\,c^2$

Ein freies Positron kommt i. Allg. nicht vor, da es sich mit seinem Antiteilchen, dem Elektron, vereinigt. Bei diesem auch **Annihilation (Paarvernichtung)** genannten Prozess wird die Ruhemasse des Elektron-Positron-Paares in Strahlung umgewandelt. Wegen des Impulserhaltungssatzes entstehen dabei wenigstens zwei in entgegengesetzter Richtung auseinanderfliegende γ-Quanten. Die Umkehrung des Prozesses, die **Paarerzeugung**, bei der ein γ-Quant in ein Elektron-Positron-Paar umgewandelt wird, ist in Anwesenheit von Materie auch möglich (→ 14.2.4).

Auch durch **Elektroneneinfang (EC)** (→ 13.1.5) kann ein Protonenüberschuss vermindert werden. Da sich Hüllenelektronen mit einer gewissen Wahrscheinlichkeit im Kernbereich aufhalten können (**Abb. 509.2**), kommt es dabei zur folgenden Reaktion:

$${}^1_1\text{p} + {}^{\,0}_{-1}\text{e} \rightarrow {}^1_0\text{n} + \nu_e$$

Die entstandene Lücke in der Hülle wird durch ein Elektron aus einer äußeren Schale aufgefüllt, wobei ein Röntgenquant erzeugt wird.

> Der Zerfall künstlicher Radioisotope erfolgt hauptsächlich durch Emission von Elektronen (**β⁻-Zerfall**) oder Positronen (**β⁺-Zerfall**) oder **Elektroneneinfang (EC)**.

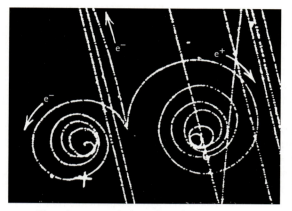

509.1 Blasenkammeraufnahme der gekrümmten Bahnen eines Elektrons und eines Positrons in einem Magnetfeld. Die Spiralbahnen entstehen durch die Energieabgabe.

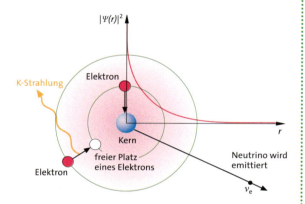

509.2 Schematische Darstellung des Elektroneneinfangs: Ein Elektron aus der K-Schale, dessen Wahrscheinlichkeitsdichte $|\Psi(r)|^2$ auch im Kern noch einen endlichen Wert hat, wird zusammen mit einem Proton des Kerns in ein Neutron und ein Neutrino umgewandelt. Der freie Platz in der K-Schale wird von einem Elektron aus der L-Schale besetzt, wobei diskrete Röntgenstrahlung emittiert wird.

Aufgaben

1. Berechnen Sie die Energiebeträge, die beim Beschuss von Li-Kernen mit Deuteronen unter Vernachlässigung der kinetischen Energie der Geschosse frei werden. Erklären Sie die Unterschiede.
   $${}^6_3\text{Li} + {}^2_1\text{H} \rightarrow {}^7_4\text{Be} + {}^1_0\text{n}, \quad {}^6_3\text{Li} + {}^2_1\text{H} \rightarrow {}^4_2\text{He} + {}^3_2\text{He} + {}^1_0\text{n}$$

*2. Begründen Sie mit der relativistischen Energie-Impuls-Beziehung, dass Paarerzeugung nur in Anwesenheit von Materie stattfinden kann.

3. Bestimmen Sie die Mindestenergie der γ-Quanten für die angegebenen Reaktionen.
   a) ${}^7_3\text{Li} + \gamma \rightarrow {}^6_3\text{Li} + {}^1_0\text{n}$, **b)** ${}^9_4\text{Be} + \gamma \rightarrow 2\,{}^4_2\text{He} + {}^1_0\text{n}$

Nutzung der Kernenergie

13.4.2 Kernspaltung

Die Kernspaltung wurde 1938 von den Chemikern HAHN und STRASSMANN bei Experimenten zur Erzeugung neuer Elemente durch Kernumwandlung entdeckt. An diesen Versuchen war bis zu ihrer Emigration im selben Jahr auch die österreichische Physikerin Lise MEITNER beteiligt, die im dänischen Exil wesentlich zur Deutung der Versuchsergebnisse beitrug.

Sie beschossen Uran mit der hohen Ordnungszahl $Z = 92$ mit Neutronen und hofften auf eine Umwandlung der durch Neutroneneinfang entstehenden Isotope bei anschließendem β^--Zerfall in ein Element mit größerer Ordnungszahl. Die entstehenden Elemente wurden mit chemischen Methoden oder durch Messung ihrer Halbwertszeit identifiziert. Dabei fanden HAHN und STRASSMANN ein radioaktives Nuklid, das ähnliche chemische Eigenschaften wie Barium besaß, sich also in der gleichen Hauptgruppe des Periodensystems befinden sollte wie Barium. Daher hielten sie es für ein damals unbekanntes Radiumisotop mit der Ordnungszahl $Z = 88$, da für beide Forscher eine Kernspaltung unvorstellbar war. Überraschenderweise war es jedoch unmöglich, dieses Nuklid auf chemischem Wege von hinzugefügten Bariumsalzen zu trennen, wofür es nur die eine Erklärung gab, dass es sich bei dem radioaktiven Nuklid tatsächlich um ein Isotop des Bariums handeln musste. Die Entstehung dieses Isotops war nur durch eine Spaltung des mit Neutronen beschossenen Urankerns zu erklären. Diese Deutung wurde durch den Nachweis von Krypton mit der Ordnungszahl 36 als zweitem Kernbruchstück bestätigt.

Die ungeheure Tragweite dieser Entdeckung liegt in der Tatsache, dass bei der Spaltung eines schweren Kerns in zwei Kerne mittlerer Größe zugleich mehrere Neutronen frei werden (**Abb. 510.1**); denn bei schweren Kernen ist der relative Anteil der Neutronen an der Zahl der Nukleonen größer als bei mittleren Kernen. Damit besteht die Möglichkeit einer Wiederholung des Spaltvorgangs durch eine **Kettenreaktion.**

> Bei der durch ein Neutron ausgelösten **Kernspaltung** zerfällt ein Kern i. Allg. in zwei größere Kernbruchstücke, anstatt wie bei sonstigen Kernreaktionen nur einzelne Nukleonen oder α-Teilchen auszusenden. Die bei einer Kernspaltung auftretenden Neutronen können weitere Kernspaltungen verursachen (Kettenreaktion).

Bei der Kernspaltung von ^{235}U bildet sich durch Einfang eines Neutrons ein hochangeregter Zwischenkern ^{236}U, denn es wird Bindungsenergie frei (**Abb. 510.1**). Obwohl die mittlere Bindungsenergie pro Nukleon für einen Kern der Massenzahl 236 ca. 7,5 MeV beträgt, wird bei der Anlagerung eines weiteren Nukleons an den ^{235}U-Kern nur eine Energie von etwa 6,5 MeV frei, da die letzten Nukleonen aufgrund der Wirkung der Coulomb-Kraft weniger fest gebunden sind. Für eine Spaltung des ^{235}U-Kerns ist eine Aktivierungsenergie von 6,1 MeV nötig, sodass jedes eingefangene Neutron durch die frei werdende Bindungsenergie von 6,5 MeV eine Spaltung hervorrufen kann. Spaltneutronen müssen also keine kinetische Energie haben.

Die in **Abb. 510.1** angegebenen Kernbruchstücke Rubidium und Caesium zerfallen unter β^--Emission in die stabilen Nuklide Zirkon94 und Cer140. Zuweilen wird der relative Überschuss der primären Spaltprodukte an Neutronen auch durch Emission von Neutronen abge-

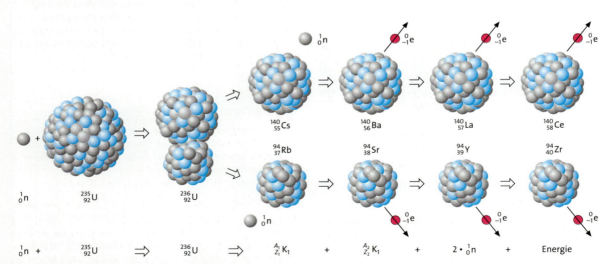

510.1 Eine dem Tröpfchenmodell des Atomkerns entsprechende Darstellung der Spaltung von Uran235 und des Zerfalls der Kerntrümmer unter Emission von β^--Strahlung.

baut. Dadurch entstehen neben den bei der Spaltung auftretenden „momentanen Neutronen" 0,1 s bis 100 s nach der Spaltung weitere Neutronen. Das verspätete Auftreten der Neutronen beruht auf der relativ großen Lebensdauer der Zwischenprodukte gegenüber einem β^--Zerfall. Von den insgesamt bei der Spaltung eines ^{235}U-Kerns im Mittel auftretenden 2,5 Neutronen sind 0,75 % „verspätete Neutronen". Hierauf beruht die Möglichkeit einer Reaktorsteuerung.

Eine genaue Untersuchung des Spaltvorgangs bei natürlichem Uran ergibt, dass nur das Uranisotop ^{235}U durch langsame Neutronen gespalten wird und nicht das Isotop ^{238}U. Bei jeder Spaltung entstehen neben den Kernbruchstücken mittlerer Massenzahl im Mittel 2,5 freie, ungebundene Neutronen. **Abb. 511.1** zeigt die relative Häufigkeit der Spaltprodukte verschiedener Massenzahl in Abhängigkeit von der Massenzahl. Es sind offenbar viele verschiedene Spaltprodukte möglich, jedoch ist die Wahrscheinlichkeit für die Spaltung in zwei Bruchstücke, deren Massenzahlen sich ungefähr wie 2:3 verhalten, am größten.

Die freiwerdende Energie

Bei der Kernspaltung wird nach Zuführung einer geringen Aktivierungsenergie ein erheblicher Energiebetrag frei. → **Abb. 512.1** zeigt, dass die mittlere Bindungsenergie pro Nukleon für Uran etwa 7,5 MeV und für zwei Kernbruchstücke mittlerer Größe etwa 8,4 MeV beträgt. Bei einer Differenz der Bindungsenergie pro Nukleon von 0,9 MeV und 236 Nukleonen wird also bei einer Kernspaltung insgesamt eine Energie von 236·0,9 MeV ≈ 212 MeV frei. Eine Zersplitterung des Kerns in kleinere Bruchstücke würde dagegen keinen Energiegewinn liefern.

> Die Abnahme der mittleren Bindungsenergie pro Nukleon mit wachsender Massenzahl beruht auf der mit der Kernladung zunehmenden elektrostatischen Abstoßung zwischen den Protonen. Der Energiegewinn bei der Spaltung ist also auf eine Abnahme der elektrostatischen Energie zurückzuführen.

Dies bestätigt auch eine Abschätzung der potentiellen Energie zweier gleicher Bruchstücke mit den Radien r im Abstand $2r + a$ (Reichweite der Kernkräfte a):

$$E_{pot} = \frac{1}{4\pi\varepsilon_0} \frac{e^2(\frac{1}{2}Z)^2}{2r+a}$$

Für $Z = 92$ und bei einer Massenzahl der Bruchstücke von $A = 118$ ergibt sich $E_{pot} = 214$ MeV, was etwa dem vorher berechneten Wert entspricht. Der Betrag der frei werdenden Energie ändert sich nicht wesentlich, wenn andere Bruchstücke entstehen.

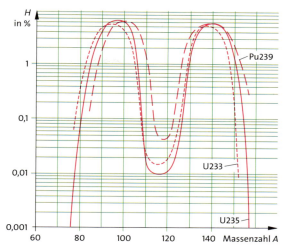

511.1 Relative Häufigkeit H der Spaltprodukte in Abhängigkeit von der Massenzahl bei der Spaltung von Uran235, Uran233 und Plutonium239 durch langsame Neutronen

Auch eine Abschätzung mithilfe des Tröpfchenmodells (→ 13.3.3) liefert einen ähnlichen Energiewert. Da Kernmaterie eine konstante Dichte besitzt, ändert sich bei der Spaltung das Gesamtvolumen nicht und damit sind die Volumenenergien vor und nach der Spaltung gleich. Die bei der Spaltung frei werdende Coulomb-Energie beträgt etwa 320 MeV. Allerdings muss berücksichtigt werden, dass die Bruchstücke eine größere Oberfläche besitzen als der Ausgangskern, sodass etwa 120 MeV von dem obigen Wert subtrahiert werden müssen, sodass sich letztlich ein frei werdender Energiebetrag von 200 MeV ergibt.

Die frei werdende Energie verteilt sich über den gesamten Ablauf der Spaltung als kinetische Energie der Bruchstücke (170 MeV) und der Neutronen (5 MeV), als Energie der γ-Quanten (10 MeV) und β-Teilchen (15 MeV).

Aufgaben

1. Berechnen Sie für die im Text angegebenen Werte die potentielle Energie der Bruchstücke.

2. Eine typische Kernspaltung ist durch die folgende Reaktionsgleichung gegeben: ^{235}U + n → ^{92}Kr + ^{142}Ba + 2 n. Berechnen Sie aus den Atommassen der beteiligten Nuklide die bei dieser Reaktion freigesetzte Energie in MeV. (^{92}Kr: 91,92611 u; ^{142}Ba: 141,91645 u) Vergleichen Sie diese Energie mit typischen Werten bei chemischen Reaktionen.

3. Berechnen Sie die Energie in der Einheit kWh, die bei der Spaltung von 1 g ^{235}U frei wird, und vergleichen Sie diese mit dem durchschnittlichen Verbrauchswert eines Haushalts. Bei einer Spaltung soll eine Energie von 200 MeV freigesetzt werden.

13.4.3 Aktivierungsenergie und Multiplikationsfaktor

Nach dem Verlauf der Kurve der mittleren Bindungsenergie pro Nukleon (**Abb. 512.1**) müsste auch bei anderen schweren Kernen bei einer Spaltung Energie frei werden. Dies wird durch Versuche mit Teilchenbeschleunigern bestätigt, wenn die Energie der stoßenden Teilchen groß genug ist. Zur Spaltung des Thoriumisotops ^{232}Th und des Uranisotops ^{238}U wird z. B. eine **Aktivierungsenergie** von 7,5 MeV bzw. 7 MeV benötigt. Bei beiden Nukliden reicht die bei der Anlagerung eines Neutrons frei werdende Bindungsenergie (5,4 MeV bzw. 5,5 MeV) zur **Aktivierung der Spaltung** nicht aus. Den Differenzbetrag der Energie müssten die Neutronen in Form kinetischer Energie besitzen, um eine Spaltung auszulösen.

Lediglich das zu 0,71 % in natürlichem Uran enthaltene Isotop ^{235}U besitzt mit der Bindungsenergie von 6,5 MeV beim Einfangen eines Neutrons eine größere Energie als die zur Spaltung eines gleichen Isotops erforderliche Aktivierungsenergie von 6,1 MeV. Auch bei dem in der Natur nicht vorkommenden Plutoniumisotop ^{239}Pu ist die Bindungsenergie des eingefangenen Neutrons mit 6,6 MeV größer als die zur Spaltung erforderliche Energie von 5,0 MeV. Ähnliches gilt für das Uranisotop ^{233}U: Bei ihm beträgt die Bindungsenergie des Neutrons 7,0 MeV und die Aktivierungsenergie 6,0 MeV. Beide Isotope können durch Neutroneneinfang erbrütet werden.

> Uran235 ist das einzige natürlich vorkommende Nuklid, bei dem eine Anlagerung eines Neutrons zur Spaltung führt. Bei der Spaltung entstehen weitere Neutronen, die die Möglichkeit einer Kettenreaktion schaffen. Bei der Spaltung eines Urankerns wird im Mittel eine Energie von 200 MeV frei.

Aus der Existenz einer Aktivierungsenergie folgt, dass für die Spaltung eines Kerns ebenso wie für die Emission eines α-Teilchens eine Potentialbarriere besteht. Dies lässt sich mithilfe des Tröpfchenmodells des Atomkerns (→ 13.3.3) verstehen. Im Spaltvorgang verändert der Atomkern von der Kugelform über eine Ei-Form bis zu einer Zweiteilung seine Gestalt (**Abb. 512.2**). Dabei verändert sich sein Volumen nicht, jedoch wachsen die Oberfläche und der mittlere Abstand der positiv geladenen Protonen. Die Oberflächenenergie nimmt zu und die Coulomb-Energie sinkt. Insgesamt wächst die Energie des Kerns, wie es aus **Abb. 512.2** hervorgeht.

Die Kurve in **Abb. 512.2** gibt die potentielle Energie eines Spaltprodukts in Abhängigkeit vom Abstand der Schwerpunkte der Bruchstücke wieder. Im Grundzustand befindet sich der Kern energetisch in einer Potentialmulde. Bei kleinen Anregungsenergien schwingt die Kernform um eine Ruheform, und erst wenn die Anregungsenergie einen bestimmten Betrag überschreitet, kann die Potentialbarriere überwunden werden.

Die Aktivierungsenergie kann außer durch Neutronen ebenso durch Beschuss mit α-Teilchen oder energiereichen γ-Quanten zugeführt werden. Die Potentialmulde erklärt auch die sehr unwahrscheinliche spontane Spaltung eines Kerns aufgrund des Tunneleffekts.

Folgt auf eine Kernspaltungsreaktion mindestens eine gleiche, so wird von einer **Kettenreaktion** gesprochen. **Abb. 513.1** zeigt eine schematische Darstellung der Kettenreaktion, aufgrund derer die Nutzung der Kernspaltung zur Energiegewinnung möglich ist. Bei einer Energiefreisetzung von etwa 200 MeV pro Spaltung sind $3,1 \cdot 10^{13}$ Spaltungen pro Sekunde für eine Leistung von 1 kW notwendig. Ferner muss für eine technische Nutzung mit einer konstanten Leistung die Zahl der aufeinanderfolgenden Reaktionen konstant gehalten werden, d. h. im Mittel muss jede Spaltung genau eine folgende auslösen.

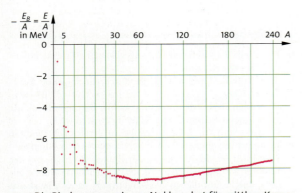

512.1 Die Bindungsenergie pro Nukleon hat für mittlere Kerne die größten Beträge, sodass bei einer Spaltung eines großen Kerns in zwei mittlere Energie frei wird.

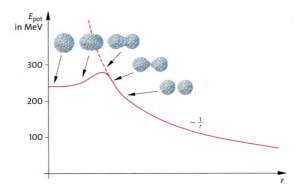

512.2 Potentielle Energie zweier gleicher Kernbruchstücke von ^{235}U in Abhängigkeit vom Schwerpunktabstand r, gemessen in Radien der Bruchstücke.

Nutzung der Kernenergie

Zur Charakterisierung einer Kettenreaktion wird der **Multiplikationsfaktor k** verwendet. Er gibt das Verhältnis der Anzahlen aufeinanderfolgender Reaktionen an und hängt von verschiedenen Einflüssen ab: Im Mittel werden bei einer Spaltung von ^{235}U 2,5 Neutronen frei, von denen wenigstens ein Neutron wieder zu einer Spaltung führen muss, um die Reaktion aufrechtzuerhalten. Wegen des geringen Wechselwirkungsquerschnitts der Neutronen können diese bei zu kleinem Volumen oder ungünstiger Form des spaltbaren Materials in den Außenraum entweichen oder von nicht spaltbaren Kernen wie z. B. ^{238}U eingefangen werden. Sie lösen dann keine Spaltung aus.

Wenn zu einem bestimmten Zeitpunkt n_0 Neutronen vorhanden sind, so ist diese Anzahl nach r Generationen auf $n_r = n_0 k^r$ angewachsen. Die Anzahl der Neutronen lässt sich auch in Abhängigkeit von der Zeit t angeben, wenn die mittlere Lebensdauer einer Neutronengeneration τ beträgt. Mit $t = r\tau$ folgt $n(t) = n_0 k^{t/\tau}$. Für Kernspaltungsanlagen liegt τ zwischen 10^{-4} s und 10^{-8} s, sodass bei einem Wert von $k = 1{,}01$ die Zahl der Kernspaltungen in 1 s von n_0 auf das 10^{43}-Fache ansteigt. Der Multiplikationsfaktor k von Kernreaktoren, die mit konstanter Leistung laufen, darf nur in der Phase des Anfahrens geringfügig größer sein als 1.

Größer als 1 ist der Multiplikationsfaktor bei einer Kernspaltungsbombe, bei der ein extremes Anwachsen der Zahl der Kernspaltungen erforderlich ist. Die kleinste Masse, in der eine Kettenreaktion aufrechterhalten werden kann, wird als **kritische Masse** bezeichnet. Bei reinem Uran235 in Kugelform beträgt die kritische Masse ca. 50 kg. In einer solchen Urankugel von 17 cm Durchmesser wäre eine Kettenreaktion möglich. Durch geeignete Maßnahmen kann die kritische Masse von ^{235}U sogar auf 300 g verringert werden. Uran233 und Plutonium239 sind ebenfalls geeignet, eine Kettenreaktion aufrechtzuerhalten.

Die erste Atombombe wurde von den Amerikanern im Zweiten Weltkrieg in Los Alamos gebaut. An ihrer Entwicklung waren unter der Leitung von Robert OPPENHEIMER (1904–1967) zahlreiche Wissenschaftler wie Enrico FERMI (1901–1954), Hans BETHE (1906–2005) und Richard FEYNMAN (1918–1988) beteiligt. Auch Niels BOHR hielt sich eine Zeit lang in Los Alamos auf. Die Forschungsarbeiten an der Bombe wurden von Physikern wie Eugène WIGNER (1902–1995) und Leo SZILARD (1898–1964) initiiert, die fürchteten, dass das nationalsozialistische Deutschland in dem von ihm angezettelten Krieg auch noch über Atombomben verfügen könnte. Sie veranlassten EINSTEIN, einen entsprechenden Brief an ROOSEVELT, den damaligen Präsidenten der Vereinigten Staaten von Amerika, zu unterzeichnen.

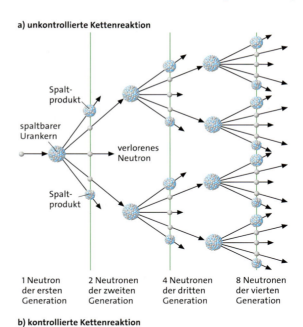

513.1 Schematische Darstellung von Kettenreaktionen:
a) unkontrollierte Kettenreaktion – das Prinzip der Atombombe
b) kontrollierte Kettenreaktion – das Prinzip des Kernreaktors

Das Ergebnis dieser Warnungen war die Entwicklung der ersten Atombomben, von denen eine am 6. August 1945 gegen die japanische Stadt Hiroshima und eine weitere drei Tage später gegen Nagasaki eingesetzt wurde. Dabei wurden diese Städte fast vollständig zerstört und ca. 300 000 Menschen verloren ihr Leben.

Aufgaben

1. Berechnen Sie mithilfe des Massendefektes die Bindungsenergie beim Einfangen eines Neutrons für U238, Pu239 und vergleichen Sie diese mit den Werten im Text.
2. In einem Reaktor beträgt der Multiplikationsfaktor 1,001. Zwischen zwei Spaltungsgenerationen beträgt die Zeit 0,1 ms. Bestimmen Sie die Zeit, die es dauert, bis sich die Anzahl der spaltenden Kerne verdoppelt bzw. verhundertfacht hat. Erläutern Sie, wie es trotzdem möglich ist, einen Reaktor zu kontrollieren.
3. Berechnen Sie unter Anwendung der Formel für die Bindungsenergie (→ 13.3.3) mit den Konstanten $b = 17$ MeV und $c = 0{,}69$ MeV die Differenz der Bindungsenergien zweier Spaltbruchstücke ($A_1 = 140$, $Z_1 = 55$; $A_2 = 95$, $Z_2 = 37$) und erläutern Sie ihre Ursache.

13.4.4 Technische Nutzung der Kernenergie

Die friedliche Nutzung der Kernenergie findet im Wesentlichen in den **Kernkraftwerken** statt, in denen sie z. B. über die Erzeugung von sehr heißem Wasser bei hohem Druck oder Dampf hoher Temperatur in elektrische Energie umgewandelt wird. Hauptsächlich werden Druckwasser- und Siedewasserreaktoren verwendet.

Prinzip aller Kernreaktoren ist die Herstellung einer kontrollierten Kettenreaktion. Dazu muss die Zahl der Kernspaltungen in einem Zeitintervall, d. h. der Wert des Multiplikationsfaktors k ($\rightarrow$ 13.4.3), regelbar sein. Folgende Maßnahmen dienen der Verwirklichung einer gesteuerten Kettenreaktion:

1. Als **Spaltmaterialien** stehen das natürliche ^{235}U und die künstlich erzeugten Nuklide ^{233}U und ^{239}Pu zur Verfügung. Das für den Betrieb von Kernreaktoren geeignete ^{235}U ist im natürlich vorkommenden Uran, das aus den Isotopen ^{235}U und ^{238}U besteht, nur zu 0,72 % enthalten. Siedewasser- und Druckwasserreaktoren benötigen einen Brennstoff mit einer Anreicherung des ^{235}U bis auf 3,5 %. Als Brennstoff wird keramisches UO_2 mit einer Schmelztemperatur von 2800 °C verwendet.

2. Die Entstehung einer Kettenreaktion in einem Gemisch aus ^{235}U und ^{238}U hängt von der Art der Wechselwirkung der Neutronen mit den Kernen ab. Bei den Wechselwirkungen von ^{238}U mit Neutronen handelt es sich im Wesentlichen um eine Absorption, die nicht zur Spaltung führt. Wechselwirkungen von Teilchen miteinander werden durch den Wirkungsquerschnitt charakterisiert ($\rightarrow$ 13.4.1). **Abb. 514.1** zeigt, dass der Wirkungsquerschnitt energieabhängig ist. Für bestimmte Energien kann er besonders hohe Werte annehmen.

Da langsamere Neutronen einen höheren Wirkungsquerschnitt σ_s für die Spaltung von ^{235}U haben, müssen die bei der Spaltung entstehenden Neutronen möglichst schnell auf sogenannte thermische Energien von ca. $\frac{1}{40}$ eV abgebremst werden, damit sie für die Kettenreaktion zur Verfügung stehen. Da der Energieübertrag bei einem elastischen Stoß zwischen Körpern gleicher Masse am größten ist, wird häufig Wasser als sogenannter **Moderator** verwendet. Hier stoßen die Neutronen mit den Protonen der Wasserstoffatome zusammen. Weitere gebräuchliche Moderatoren sind schweres Wasser und Graphit. Der Bremsprozess findet in Stoffen statt, deren Kerne einen sehr kleinen Wirkungsquerschnitt für den Einfang von Neutronen besitzen.

3. Zur Erhöhung des Multiplikationsfaktors k wird der Reaktorkern mit einem **Reflektor** umgeben. Er reflektiert die Neutronen, die das Spaltmaterial verlassen haben, und führt sie z. T. dem Reaktorkern wieder zu.

4. Die Steuerung der Kettenreaktion erfolgt in den Kernreaktoren mithilfe von Materialien, die Neutronen absorbieren. Dabei handelt es sich um die Beimischung von Bor in Form von Borsäure zum Kühlwasser, das die Brennstäbe umspült, und um **Steuerstäbe** aus einer Silber-Indium-Cadmium-Legierung. Die Steuerstäbe sind mit den Brennstäben zu **Brennelementen** zusammengefügt. Ein Brennelement eines Kernreaktors besteht z. B. aus 300 Brennstäben und 24 Steuerstäben, die mehr oder weniger tief in das Brennelement eingefahren werden können.

Eine steuernde Wirkung übt auch die Temperatur im Reaktorkern aus. Steigt infolge einer erhöhten Zahl von Spaltungen die Temperatur, so dehnen sich Brennstoff und Moderator aus, wodurch ihre Dichte sinkt. Dies führt zu einer Abnahme des Multiplikationsfaktors. Hinzu kommt, dass mit steigender Temperatur bzw. kinetischer Energie der Neutronen der Wirkungsquerschnitt für die Spaltung stärker abnimmt als der Einfangquerschnitt. Dadurch werden kleine Leistungserhöhungen selbstständig ausgeglichen, denn die Anzahl der Spaltungen sinkt wieder.

Eine Steuerung von Reaktoren durch Regelstäbe ist nur durch die Existenz der „verspäteten Neutronen" möglich ($\rightarrow$ 13.4.2). Der Reaktor wird so eingestellt, dass ohne die verspäteten Neutronen keine Kettenreaktion in Gang kommt. Beim Betrieb eines Reaktors wird die Zeit, in der seine Leistung um den Faktor e ihres Anfangswertes wächst, stets größer als 100 s gehalten. Daher dauert eine Leistungssteigerung von 1 W auf 1 MW etwa 23 Minuten. Ein Reaktor ist in Bezug auf seine Leistungssteuerung also sehr träge.

5. Ungefähr 80 % der bei der Kernspaltung entstehenden Energie liegt als kinetische Energie der Kernbruchstücke vor. Diese im Reaktorkern und im Moderator anfallende Energie kann durch Wasser, Wasserdampf, flüssiges Natrium oder Helium abgeführt werden.

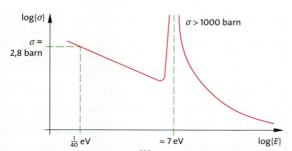

514.1 Einfangsquerschnitt von ^{238}U für langsame Neutronen

Nutzung der Kernenergie

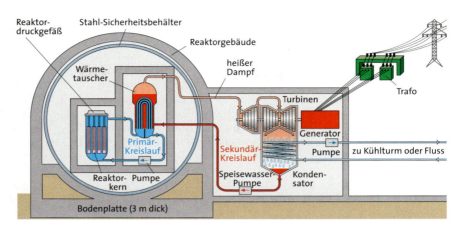

515.1 Prinzipdarstellung eines Druckwasserreaktors. Der Reaktorkern wird von dem unter hohem Druck (16 MPa) stehenden borhaltigen Wasser als Kühlmittel und Moderator durchflossen, das den Druckbehälter mit 320 °C verlässt und in vier Dampferzeugern Dampf von 7 MPa und 270 °C erzeugt. Für die Leistung von 1300 MW werden jährlich etwa 200 t Natururan benötigt.

6. Dem **Strahlenschutz** kommt beim Betrieb von Reaktoren besondere Bedeutung zu. Dabei geht es im Wesentlichen um die Abschirmung der Neutronen- und γ-Strahlung. Ist diese abgeschirmt, so ist es auch die α- und β-Strahlung, deren Wechselwirkung mit Materie wesentlich größer ist. Ein Teil der γ-Strahlung stammt aus dem Reaktorkern, ein weiterer Teil entsteht in der Abschirmung selbst nach dem Einfang von Neutronen. Durch eine Betonwand von 1 m Dicke sinkt die Intensität der γ-Strahlung um den Faktor 10^{-5}. 7 % Wasser im Beton wirken ähnlich auf Neutronen.

Der Druckwasserreaktor

Aufgrund unterschiedlicher Zielsetzungen sind verschiedene Typen von Reaktoren entwickelt worden: **Forschungsreaktoren** liefern Neutronenstrahlung großer Intensität für unterschiedliche Zwecke, wobei die Reaktorleistung möglichst klein gehalten wird. **Leistungsreaktoren** in Kernkraftwerken dienen der Erzeugung elektrischer Energie. Es werden die beiden **Leichtwasserreaktoren**, der **Druckwasserreaktor** (DWR) und der **Siedewasserreaktor** (SWR) unterschieden. In beiden Typen wird die im Reaktorkern entstehende Energie durch leichtes Wasser als Kühlmittel abgeführt – daher der Name Leichtwasserreaktor – und Dampf erzeugt, der eine Turbine mit einem Generator antreibt. In den Leichtwasserreaktoren wird als Spaltmaterial ein Urangemisch, das auf ca. 3,5 % ^{235}U angereichert ist, verwendet. Die meisten Kernreaktoren am Netz sind Druckwasserreaktoren.

Ein typischer Druckwasserreaktor (**Abb. 515.1**) hat eine Wärmeleistung von 3700 MW, was einer elektrischen Leistung von 1300 MW entspricht. Er besitzt zwei voneinander getrennte Kühlkreisläufe. Der Primärkreislauf enthält nur flüssiges Wasser bei einem Druck von ca. 16 MPa – daher der Name Druckwasserreaktor –, wodurch eine Dampfbildung verhindert wird. Das Wasser durchfließt den Reaktorkern und hat bei seinem Austritt eine Temperatur von etwa 320 °C. In einem Wärmetauscher gibt es seine Energie an einen zweiten Kreislauf ab, in dem Dampf von 270 °C bei einem Druck von 7 MPa erzeugt wird. Dieser nicht radioaktive Dampf wird der Turbine zugeführt, die den Generator antreibt. Der Reaktorkern enthält etwa 100 t Uran in ca. 190 Brennelementen von 4 m Länge, die jeweils aus 236 bis 300 Brennstäben von ungefähr 1 cm Durchmesser bestehen. In den Brennstäben aus einer metallischen Zirkoniumlegierung befinden sich die keramischen Brennstofftabletten aus Urandioxid (UO_2). Ungefähr 60 Brennelemente besitzen jeweils 24 miteinander verbundene Regelstäbe aus einer Legierung von Silber, Indium und Cadmium, die einen hohen Einfangquerschnitt für Neutronen haben. Mit diesen Regelstäben wird die Kettenreaktion gesteuert.

Von besonderer Bedeutung für die Sicherheit eines Kernreaktors ist der **Reaktordruckbehälter,** der die Brennelemente, in denen die Kernreaktionen ablaufen und welche die Wärmeenergie an das Wasser abgeben, umschließt. Der etwa 12 m hohe Reaktordruckbehälter mit einem Innendurchmesser von 5 m besteht aus besonderem Stahl mit einer Masse von ca. 500 t. Die Wandstärke beträgt etwa 25 cm.

Aufgaben

1. Stellen Sie die Funktionsweise eines Kernspaltungsreaktors dar und gehen Sie dabei speziell auf die Bedingungen für eine stabile Kettenreaktion ein.
2. Bestimmen Sie die Anzahl der Spaltungen, die in einer Sekunde in einem Reaktor der Wärmeleistung 3,7 GW nötig sind, wenn bei jeder Spaltung eine Energie von 200 MeV frei wird.

13.4.5 Probleme und Risiken bei der Nutzung der Kernenergie

Die wesentliche Gefahrenquelle eines Reaktors ist die hohe Radioaktivität der entstehenden Spaltprodukte, die auch als **radioaktiver Abfall** bezeichnet werden. Durch die Konstruktion separater hermetischer Kreisläufe und mithilfe von Filteranlagen wird ein Entweichen der Radionuklide aus dem Reaktorkern in die Umwelt konstruktionsbedingt verhindert.

Ganz sicher kann ein Kernreaktor nicht wie eine Atombombe explodieren. Dies ist aufgrund des geringen Anteils spaltbaren Materials im Kernbrennstoff unmöglich. Fallen jedoch das Hauptkühlsystem und die üblicherweise angeschlossenen 3 bis 4 Notkühlsysteme gleichzeitig aus, so kann der Fall des sogenannten **Kernschmelzens** auftreten. Hierbei erwärmen sich die Brennelemente so stark, dass sie schmelzen. Am Boden des Reaktordruckgefäßes kann sich das Material wieder sammeln, wo dann eventuell durch die Energie weiterer Spaltungsprozesse der Reaktorbehälter zerstört wird. Radioaktives Material könnte dann in die Umwelt gelangen. Ingenieure, die sich mit Risikoanalysen befassen, rechnen für einen Leichtwasserreaktor durchschnittlich alle 20 000 Jahre mit einer Kernschmelze und alle 100 000 Jahre mit einer Kernschmelze, bei der Radioaktivität freigesetzt wird. Bei ca. 450 Kernreaktoren auf der Erde würde dies im Mittel alle 220 Jahre einen Unfall mit der Freisetzung von Radioaktivität bedeuten, was begreiflicherweise nicht akzeptabel ist. Hieraus lässt sich nur der Schluss ziehen, dass Reaktoren so konstruiert sein müssen, dass ein Störfall, wie groß er auch immer sein mag, keine Folgen für die Außenwelt haben darf.

Während der Kernreaktionen im Reaktor verändert sich die Zusammensetzung der Brennelemente: Der Anteil an ^{235}U nimmt ab und es entstehen neben radioaktiven Spaltprodukten die auch äußerst giftigen Plutoniumisotope. In einem Jahr wird etwa ein Drittel aller Brennelemente gegen neue ausgewechselt. Das sind bei einem Reaktor von 1300 MW elektrischer Leistung ca. 35 Tonnen.

Für einen Brennstoff, der am Anfang zu 3,3 % aus ^{235}U und zu 96,7 % aus ^{238}U bestand, ergibt sich nach der Entnahme aus dem Reaktor und einer einjährigen Zwischenlagerung folgende Zusammensetzung: 0,8 % ^{235}U; 94,6 % ^{238}U; 0,9 % ^{239}Pu bis ^{242}Pu; 0,4 % langlebige Radionuklide wie z. B. ^{85}Kr, ^{129}I, ^{90}Sr, ^{134}Cs und ^{137}Cs; 3,3 % andere inzwischen stabile Nuklide. Die entstandenen Radionuklide besitzen teilweise sehr große Halbwertszeiten (**Abb. 516.1**). Die im Augenblick auf der Welt betriebenen Kernkraftwerke erzeugen jährlich etwa 8000 Tonnen abgebrannter Brennelemente.

Für eine **Wiederaufarbeitung** der Brennelemente sprechen folgende Gründe: Der Anteil des für die Kernspaltung geeigneten ^{235}U ist in den abgebrannten Brennelementen ungefähr genauso hoch wie in Natururan. Es kann also nach einer abermaligen Anreicherung weiter genutzt werden. Dies Argument wiegt umso schwerer, als die Weltvorräte an Uran in ca. 100 Jahren von den existierenden Leichtwasserreaktoren verbraucht sind. Die Brennelemente enthalten ferner das spaltbare Isotop ^{239}Pu, das ebenfalls für Kernreaktoren geeignet ist. Allerdings kann dieses auch zur Herstellung von Kernwaffen verwendet werden. Es ist außerordentlich giftig und ein intensiver α-Strahler. Wiederaufarbeitungsanlagen sind z. B. in La Hague (Frankreich), in Sellafield (England), in Indien und in Japan in Betrieb.

In Deutschland wird das Konzept verfolgt, radioaktive Abfälle in Bergwerken in großer Tiefe zu lagern. Dadurch sollen sie von der Biosphäre lange und sicher ferngehalten werden. Allerdings werden geeignete Lagerplätze noch gesucht, wobei eine Endlagerung hochradioaktiver Abfälle im Jahre 2030 geplant ist. Die Lagerung in Salzstöcken (Gorleben, Bergwerk Asse II) wurde bisher favorisiert, da Salz eine relativ gute Wärmeleitfähigkeit besitzt und es leicht ist, große Hohlräume zur Lagerung der Abfälle anzulegen. Allerdings gibt es Zweifel an der für einen sehr langen Zeitraum benötigten Sicherheit. Deshalb sollen weiter Standorte mit unterschiedlichen Wirtsgesteinen untersucht werden.

Um Transporte des radioaktiven Abfalls zu vermeiden, werden neben den zentralen Zwischenlagern in Ahaus und Gorleben weitere in der Nähe der kerntechnischen Anlagen errichtet.

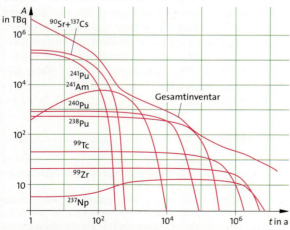

516.1 Aktivität des radioaktiven Abfalls, der bezogen auf 1 GW elektrischer Leistung in einem Jahr entsteht.

13.4.6 Kernfusion

Das Verschmelzen zweier Kerne zu einem neuen Kern wird als **Kernfusion** bezeichnet. In der **Abb. 517.1** ist die mittlere Bindungsenergie pro Nukleon in Abhängigkeit von der Massenzahl negativ dargestellt. Es geht aus ihr hervor, dass beim Verschmelzen von Kernen so lange Energie frei wird, wie die Kurve fallend ist. Daher besteht die Möglichkeit, über Kernfusion leichter Kerne Energie bereitzustellen. Bei der Kernfusion ist das Verhältnis von in Energie umgewandelter Ruhemasse ($\Delta E = \Delta m c^2$) und Gesamtmasse der beteiligten Kerne mit 7 Promille erheblich günstiger als bei der Kernspaltung mit 1 Promille. Am größten ist der Energiegewinn bei der Fusion leichter Kerne.

Zunächst sollen einige Fusionsreaktionen angegeben werden, bei denen Energie frei wird. Die Energie verteilt sich hauptsächlich als kinetische Energie auf die entstehenden Teilchen:

$$^2_1\text{H} + ^2_1\text{H} \rightarrow ^3_1\text{H} + ^1_1\text{p} + 4{,}04 \text{ MeV}$$
$$^2_1\text{H} + ^2_1\text{H} \rightarrow ^3_2\text{He} + ^1_0\text{n} + 3{,}27 \text{ MeV}$$
$$^2_1\text{H} + ^3_1\text{H} \rightarrow ^4_2\text{He} + ^1_0\text{n} + 17{,}58 \text{ MeV}$$
$$^2_1\text{H} + ^3_2\text{He} \rightarrow ^4_2\text{He} + ^1_1\text{p} + 18{,}34 \text{ MeV}$$
$$^3_1\text{H} + ^3_1\text{H} \rightarrow ^4_2\text{He} + 2\,^1_0\text{n} + 11{,}32 \text{ MeV}$$
$$^1_0\text{n} + ^6_3\text{Li} \rightarrow ^4_2\text{He} + ^3_1\text{H} + 4{,}79 \text{ MeV}$$

Zur Realisierung einer Fusion müssen die Kerne einander gegen die abstoßenden elektrischen Kräfte genähert werden, bis der Wirkungsbereich der Kernkräfte erreicht ist. Die potentielle elektrische Energie für zwei Kerne, die den Abstand $(r_1 + r_2)$ haben, beträgt

$$E_{\text{pot}} = \frac{1}{4\pi\varepsilon_0} \frac{Z_1 Z_2 e^2}{(r_1 + r_2)}.$$

Dabei sind Z_1 und Z_2 die Kernladungszahlen und r_1 und r_2 die Kernradien. Für einen Deuterium- und einen Tritiumkern ergibt sich $E_{\text{pot}} = 0{,}26$ MeV, die ein Kern in Form kinetischer Energie als Voraussetzung für eine Fusion besitzen muss.

Die Wahrscheinlichkeit für das Eintreten einer Fusion ist ferner vom Wirkungsquerschnitt abhängig (→ 13.4.1). Aufgrund der geringen Werte für den Wirkungsquerschnitt sind Reaktionen von Protonen mit Wasserstoffisotopen ungeeignet. Am größten sind die Wirkungsquerschnitte für die Deuterium-Tritium-Reaktion und für die beiden etwa gleich wahrscheinlichen Deuterium-Deuterium-Reaktionen. Für eine technische Nutzung der Fusion muss die Anzahl der Fusionen in einer Sekunde so groß sein, dass eine brauchbare Wärmeleistung entsteht.

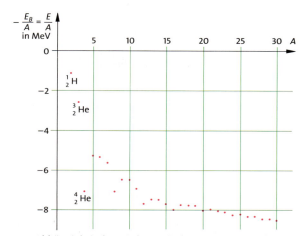

517.1 Abhängigkeit der mittleren Bindungsenergie von der Massenzahl

Die Teilchen, die miteinander reagieren sollen, müssen über längere Zeit gemeinsam eingeschlossen werden und eine ausreichende mittlere kinetische Energie zur Überwindung der elektrischen Abstoßungskräfte besitzen. Unter der Annahme, dass die Teilchen näherungsweise ein Gas bilden, gilt für die mittlere kinetische Energie $E_{\text{kin}} = \frac{3}{2} kT$. Einer Energie von $E = 0{,}26$ MeV entspricht danach eine Temperatur von $2 \cdot 10^9$ K.

Bei solchen Temperaturen sind alle Atome eines Gases vollständig ionisiert. Elektronen und Ionen sind gleichmäßig über den Raum verteilt, sodass sich die Materie nach außen elektrisch neutral verhält. Dieser Zustand der Materie wird als **Plasma** bezeichnet.

Die besondere Berücksichtigung der speziellen Eigenschaften eines Plasmas ergibt, dass ein Überschuss an Energie von einem Deuterium-Deuterium-Reaktor erst bei einer Temperatur $T \approx 10^9$ K und von einem Deuterium-Tritium-Reaktor schon bei $T \approx 3 \cdot 10^8$ K geliefert wird. Daher wird zunächst der Bau eines Deuterium-Tritium-Reaktors angestrebt.

> Bei der Fusion von Kernen mit geringer Massenzahl wird Energie frei. Für eine technische Nutzung muss das Plasma eine Temperatur von ca. 10^9 K besitzen.

Aufgaben

1. Berechnen Sie die frei werdende Energie für die im Text genannten Fusionsreaktionen mithilfe der Atommassen.
2. Bestimmen Sie die Größe des Potentialwalls, den ein Proton überwinden muss, um in den Einflussbereich der Kernkräfte eines anderen Protons zu kommen. Schätzen Sie die Fusionstemperatur des Plasmas ab.

Nutzung der Kernenergie

13.4.7 Technik der Fusion

Da Tritium in der Natur nur in sehr geringen Mengen vorkommt, muss es künstlich durch eine exotherme Kernreaktion von Neutronen mit ^{6}Li (→ letzte Reaktionsgleichung S. 517) erzeugt werden. Die Neutronen werden bei der Deuterium-Tritium-Fusionsreaktion frei, sodass der Fusionsreaktor das notwendige Tritium erbrütet.

Damit liegen die Vorteile der Kernfusion gegenüber der Kernspaltung auf der Hand:
- Der Ausgangsstoff Deuterium ist im Wasser enthalten und steht nahezu unbegrenzt zur Verfügung. Das zur Fusion benötigte radioaktive Tritium wird im Fusionsreaktor selbst erzeugt.
- Bei der Fusion von Tritium und Deuterium entsteht nur das nicht radioaktive Helium.

Allerdings ist die Fusionstechnologie auch kein völlig „sauberes", also radioaktivitätsfreies Verfahren, denn die bei der Fusion entstehenden Neutronen aktivieren das Material des Reaktors und erzeugen radioaktiven Abfall, der am Ende der Lebensdauer eines Fusionsreaktors ebenfalls entsorgt werden muss.

Die Grundbedingungen für einen Fusionsreaktor mit Deuterium und Tritium lassen sich wie folgt charakterisieren. Das Plasma der Reaktionspartner muss
1. auf eine hinreichend hohe Temperatur $T \geqq 10^8$ K aufgeheizt sein,
2. eine ausreichend hohe Teilchendichte $n \geqq 10^{14}$ Teilchen pro cm^3 besitzen und
3. für eine genügend lange Zeit $\tau \approx 2$ Sekunden zusammengehalten werden.

Die hohe Temperatur sorgt dafür, dass die kinetische Energie der Teilchen für eine Fusion ausreicht. Da der Wirkungsquerschnitt einer Fusion im Vergleich zu einer elastischen Streuung um Zehnerpotenzen kleiner ist, muss die Anzahl der Stöße groß genug sein, damit genügend Kerne verschmelzen. Dies wird durch die letzten beiden Bedingungen gewährleistet.

J. D. LAWSON hat 1957 gezeigt, dass bei einem Deuterium-Tritium-Plasma Werte von $n\tau > 10^{14}$ s/cm^3 *(Lawson-Kriterium)* für die notwendigen Teilchendichten und Einschlusszeiten bei einer Minimaltemperatur von $T_0 = 10^8$ K erreicht werden müssen. Die notwendigen Temperaturen bzw. kinetischen Energien der Plasmateilchen können durch Stromdurchgang (Gasentladung), durch den Einschuss von Teilchen hoher kinetischer Energie oder durch Hochfrequenzwellen erreicht werden und die nötige Dichte durch Nachfüllen von Gas oder durch den Einschuss tiefgekühlter Deuterium- oder Tritiumkügelchen.

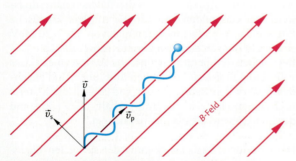

518.1 Schraubenbahn eines geladenen Teilchens in einem Magnetfeld

Das Hauptproblem der gesteuerten Kernfusion besteht darin, das Plasma über eine längere Zeit im aufgeheizten Zustand zusammenzuhalten. Die Plasmateilchen besitzen große kinetische Energien, die sie bei Berührung mit den Gefäßwänden abgeben. Dies führt zum Absinken der Plasmatemperatur und zum Abdampfen von Wandmaterial, sodass sehr schnell ein abgekühltes und verunreinigtes Plasma vorliegt.

Da das Plasma aus geladenen Teilchen besteht, kann es mit Magnetfeldern von den Wänden ferngehalten werden. Ein Teilchen mit einer Geschwindigkeitskomponente senkrecht zur Richtung des Magnetfeldes bewegt sich wegen der Lorentz-Kraft auf einer schraubenförmigen Bahn um die Feldrichtung (**Abb. 518.1**). Wenn nun ein ringförmiges Magnetfeld aus geschlossenen Feldlinien hergestellt wird, so sind die Teilchen an diesen Ring gebunden. **Abb. 518.2** zeigt ein solches ringförmiges (toroidales) Magnetfeld, das von zahlreichen Spulen er-

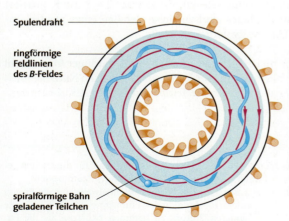

518.2 Schematische Darstellung einer ringförmigen Plasmasäule mit der Schraubenbahn geladener Teilchen

Nutzung der Kernenergie

zeugt wird, die den Ring (Torus) umschließen. Da in einem solchen ringförmigen Magnetfeld die Feldstärke nach außen geringer wird, driften die Teilchen je nach Ladung entweder nach oben oder nach unten und gelangen an die Gefäßwand. Dies lässt sich durch ein Magnetfeld verhindern, das sich schraubenförmig um die Mittellinie des Torus windet. Ein solches Feld entsteht durch die Überlagerung des toroidalen Feldes und des Magnetfeldes, das durch den ringförmigen Plasmastrom selbst erzeugt wird. **Abb. 519.1** zeigt, wie das um den Plasmastrom liegende Feld die Teilchen zusammenhält.

Zur Erzeugung und Heizung des Plasmas dient ein elektrischer Strom durch das Plasma, der über einen Transformator erzeugt wird. Dabei ist das elektrisch leitende Plasma die Sekundärspule. Das Prinzip einer solchen Anordnung, die als **Tokamak** (**Abb. 519.2**) bezeichnet wird, wurde Anfang der 1950er-Jahre in der Sowjetunion entwickelt. Allerdings müssen noch zahlreiche Probleme bis zur Realisierung eines Fusionsreaktors gelöst werden.
In Garching bei München arbeitet das Max-Planck-Institut für Plasmaphysik mit dem Tokamak-Experiment ASDEX Upgrade (**A**xial**s**ymmetrisches **D**ivertor-**ex**periment) an dem Problem der Wechselwirkung des heißen Plasmas mit den Gefäßwänden.

Mit dem von der Europäischen Gemeinschaft in Culham in England durchgeführten Experiment **JET** (**J**oint **E**uropean **T**orus) gelang es, eine Fusionsleistung von 16 MW zu erzeugen, die allerdings nur ca. 65 % der aufgewendeten Heizleistung betrug. **JET** dient weiter zur Vorbereitung des internationalen Tokamak-Experiments **ITER** (**I**nternational **T**hermonuclear **E**xperimental **R**eactor), ein gemeinsam geplantes Unternehmen der USA, Russlands, Japans, Chinas, Südkoreas und Europas, mit dem Fusionsleistungen von 500 MW erreicht werden sollen. 2005 einigten sich die beteiligten Länder, den ITER in Cadarache (Südfrankreich) zu bauen, wo er etwa 2015 den Testbetrieb aufnehmen soll. Geplant ist ein Energiegewinnungsfaktor von ca. 10, d. h. das Zehnfache der zum Betrieb nötigen Energie wird frei. Da zur Erzeugung der Zündbedingungen elektrische Energie benötigt wird, muss dieser Faktor auch in dieser Größenordnung liegen, denn die frei werdende innere Energie kann nur zu etwa 30 % wieder in elektrische Energie umgewandelt werden.

Verglichen mit einem Kernspaltungsreaktor hat ein Fusionsreaktor erheblich günstigere Eigenschaften:
- In einem Fusionsreaktor kann es keinen unkontrollierten starken Leistungsanstieg geben, da jede Änderung der Betriebsbedingungen aufgrund von Instabili-

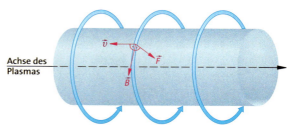

519.1 Auf geladene Teilchen (Elektronen) wirken Kräfte in Richtung auf die Achse des Teilchenstroms.

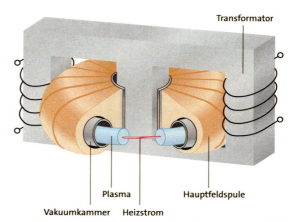

519.2 Tokamak: Mithilfe der stationär betriebenen Hauptfeldspulen wird in dem Torus ein achsenparalleles starkes Magnetfeld erzeugt. Das Plasma würde in diesem Magnetfeld sehr rasch gegen die äußere Wand des Torus driften. Diese Drift wird durch ein zweites Magnetfeld ausgeglichen, das durch den im Plasma selbst fließenden Strom erzeugt wird. Die angestrebten Temperaturen von 10^8 K werden durch Einstrahlung von Hochfrequenzenergie und durch Einschuss energiereicher Wasserstoffteilchen in das Plasma erreicht.

täten des Plasmas den Brennvorgang zum Erlöschen bringt. Es kann also nie die äußere Sicherheitshülle eines Fusionskraftwerkes von innen zerstört werden.
- An radioaktiven Materialien enthält ein Fusionskraftwerk lediglich das radioaktive Tritium und die durch die Neutronen aktivierten Baumaterialien des Reaktors. Von Tritium sind in einem Kraftwerk nur einige Kilogramm vorhanden. Da es in dem Kraftwerk erzeugt wird, sind auch keine die Umwelt gefährdenden Transporte nötig. Bei den radioaktiven Baumaterialien handelt es sich um feste Metalle, sodass auch hier keine Gefahr der radioaktiven Verseuchung der Umwelt besteht. Die Halbwertszeiten der Fusionsabfälle sind ebenfalls um den Faktor 100 kleiner. Die von ihnen produzierte Nachwärme aufgrund des Zerfalls ist um den Faktor 10 bis 100 kleiner. Das biologische Gefährdungspotential der Fusionsabfälle ist im Vergleich zu den Spaltabfällen nach 100 Jahren 4500-mal geringer.

Anwendungen der Kernphysik

13.5 Anwendungen der Kernphysik

Die Kernphysik und ihre Methoden werden in sehr vielen unterschiedlichen Bereichen erfolgreich eingesetzt. Die Anwendungen reichen von der Altersbestimmung und der Analyse der Zusammensetzung verschiedener Materialien bis hin zur Diagnose und Therapie in der Medizin.

13.5.1 Radionuklide als Strahlungsquellen

Die Intensität der von Radionukliden ausgehenden Strahlung wird beim Durchgang durch Materie verringert (→ 13.2). Da diese Abschwächung von dem in der Materie zurückgelegten Weg der Strahlung abhängt, können **Dickenmessungen** in der industriellen Fertigung durchgeführt werden. Dazu werden hauptsächlich Nuklide verwendet, die β-Strahlung oder γ-Strahlung emittieren. Auf der einen Seite des zu messenden Werkstoffes befindet sich die Quelle und auf der anderen Seite der Detektor. Änderungen der gemessenen Intensität bedeuten dann Änderungen der Dicke des Werkstoffes. Mit diesem Verfahren können z. B. Dicken von Aluminium zwischen 4 µm und 400 mm berührungsfrei gemessen werden.

Für die **Füllstandsmessung** befinden sich Quelle und Detektor auf einer vorgegebenen Höhe eines Behälters. Bei der Füllung des Behälters mit einer Flüssigkeit gelangt diese zwischen Quelle und Detektor. Die transmittierte Strahlungsintensität geht aufgrund größerer Absorption zurück. Verzeichnet der Detektor diesen Rückgang, so ist die gewünschte Füllhöhe erreicht und die Befüllung wird gestoppt.

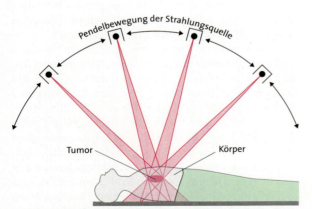

520.1 Schematische Darstellung der Bestrahlung eines Tumors. Damit das umliegende Gewebe möglichst wenig geschädigt wird, findet die Bestrahlung aus unterschiedlichen Richtungen statt.

Zur **Materialprüfung** werden die Prüfstücke zwischen eine γ-Strahlungsquelle und einen Fotofilm gebracht. Befinden sich Hohlstellen im Werkteil oder in Schweißnähten, so werden diese aufgrund einer geringeren Absorption durch eine größere Schwärzung des Films sichtbar.

In wartungsfreien **Radionuklidbatterien** wird die beim Zerfall radioaktiver Nuklide frei werdende Energie in elektrische Energie umgewandelt.

In der **Strahlentherapie** wird die schädigende Wirkung ionisierender Strahlung auf die Zellen lebender Organismen ausgenutzt (→ S. 496). Zellen mit einer hohen Teilungsrate und einer großen Stoffwechselleistung, wie etwa Krebszellen, sind empfindlicher als andere, sodass Tumorgewebe durch eine gezielte Bestrahlung zerstört werden kann. Je nach Tumorform ist eine Energiedosis zwischen 20 Gy und 200 Gy erforderlich, die meist durch mehrere zeitlich getrennte Bestrahlungen erreicht wird. Als Strahlungsquellen werden meist γ- und β-aktive Nuklide verwendet. Um die Dosis auf das gesunde um den Tumor liegende Gewebe möglichst gering zu halten, erfolgt die äußere Bestrahlung aus unterschiedlichen Richtungen. Im Tumorgewebe addiert sich somit die Dosis, während andere Gewebeteile nur einmalig betroffen sind (**Abb. 520.1**). Neuerdings werden auch Beschleuniger verwendet, um Tumorgewebe mit Protonen oder schweren Ionen mit einer definierten Energie zu bestrahlen. Die Energie wird so bestimmt, dass die schweren Ionen bei der Abbremsung im Gewebe den größten Teil kurz vor dem Stillstand im Tumor abgeben (→ 13.2.1).

Es ist auch möglich, umschlossene oder offene radioaktive Präparate unmittelbar im Tumor oder in dessen Nähe zu platzieren. Durch diese innere Bestrahlung werden im Tumor sehr große Dosen erreicht, während das gesunde Gewebe geschont wird. In Form von Nadeln können radioaktive Präparate direkt in die zu bestrahlenden Bereiche eingeführt werden. Da sich in einigen Organen bestimmte Stoffe anreichern, können auch offene Präparate oral oder intravenös verabreicht werden. Die radioaktiven Nuklide sammeln sich dann im Krankheitsherd und führen dort zu einer Bestrahlung des Tumors.

Die **Sterilisation** hitzeempfindlicher medizinischer Geräte kann mithilfe einer γ-aktiven Cobaltquelle durchgeführt werden. Die hohe Dosis tötet dann Mikroorganismen wie Bakterien und Viren ab. Die Verlängerung der Haltbarkeit von Lebensmitteln kann ebenso durch Bestrahlung erreicht werden.

Anwendungen der Kernphysik

13.5.2 Altersbestimmung

Die Altersbestimmung von Mineralien, Fossilien oder anderen archäologischen Funden kann auf der Grundlage des Zerfallsgesetzes (→ 13.1.6), das die Abnahme der Anzahl radioaktiver Nuklide mit der Zeit beschreibt, durchgeführt werden. Aus der Messung der momentanen Konzentration eines bestimmten Nuklids in einer Probe kann mit Kenntnis der Anfangskonzentration sowie der Halbwertszeit die verstrichene Zeit berechnet werden. Je nach Art und Alter der Probe werden unterschiedliche Radionuklide benutzt.

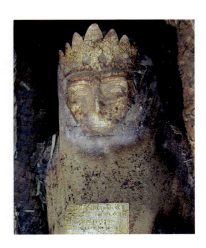

521.1 Kopf der im Jahr 2000 gefundenen Mumie, die laut Inschrift die Tochter des persischen Königs Xerxes sein sollte. Dieser lebte vor etwa 2500 Jahren. Mit der ^{14}C-Methode konnte die Mumie eindeutig als Fälschung identifiziert werden.

Radiokohlenstoffmethode (^{14}C-Methode)

Durch die Höhenstrahlung entsteht in der Atmosphäre mittels der Reaktion schneller Neutronen mit dem Stickstoff der Luft das Kohlenstoffisotop ^{14}C gemäß der folgenden Gleichung: $^{1}_{0}n + {}^{14}_{7}N \rightarrow {}^{14}_{6}C + {}^{1}_{1}p$.

Chemisch verhalten sich ^{14}C-Atome genauso wie ^{12}C-Atome und reagieren beispielsweise zu CO_2, das ständig von lebenden Organismen mit der Atmosphäre ausgetauscht wird. Ist die ^{14}C-Konzentration in der Luft konstant, so wird sich in den lebenden Organismen ein Gleichgewichtswert der Konzentration der Kohlenstoffisotope ^{12}C und ^{14}C einstellen, sodass bei 1 g Kohlenstoff aus lebender Materie im Mittel 12,5 β-Zerfälle des ^{14}C in der Minute vorkommen. Stirbt das Lebewesen, so wird der Stoffwechsel gestoppt und kein radioaktiver Kohlenstoff mehr aufgenommen. Dieser zerfällt aber mit seiner charakteristischen Halbwertszeit von (5730 ± 40) Jahren. Damit ändert sich das Verhältnis von ^{14}C zu ^{12}C zugunsten von ^{12}C und die Aktivität sinkt. Anhand der Messung dieses Verhältnisses kann somit der Todeszeitpunkt des Lebewesens und damit das Alter einer Probe aus organischem Material bestimmt werden (**Abb. 521.1**).

Die Gleichgewichtskonzentration der beiden Kohlenstoffisotope in der Atmosphäre ist zeitlich nicht konstant, muss aber für die Altersbestimmung genauestens bekannt sein. Verschiedene Faktoren wie Schwankungen des Erdmagnetfeldes, die vermehrte Verbrennung fossiler Energieträger oder oberirdische Atomwaffentests haben Einfluss auf den Gleichgewichtswert. Die zeitliche Entwicklung der Gleichgewichtskonzentration wird z. B. mithilfe von Proben aus den Ringen extrem langlebiger Bäume wie etwa der deutschen und irischen Eiche bestimmt, deren Alter durch Abzählen erhalten werden kann. Damit lässt sich eine Eichkurve bekommen, die über mehr als 9600 Jahre zurückreicht. Das Konzentrationsverhältnis der Kohlenstoffisotope kann anhand der Aktivitätsmessung einer bekannten Menge Kohlenstoffs geschehen. Allerdings werden wegen der Statistik des Zerfalls dann große Proben und relativ große Messzeiten benötigt. Neuere Verfahren nutzen die unterschiedlichen Massen der Isotope aus. Die einzelnen Nuklide werden mithilfe der sogenannten Beschleunigermassenspektrometrie getrennt und nachgewiesen, sodass nur Minimalmengen benötigt werden.

Uran-Blei-Methode

Bei der **Uran-Blei-Methode** wird zur Altersbestimmung die Tatsache verwendet, dass sich bei einigen Elementen die Zusammensetzung aus Isotopen aufgrund radioaktiver Prozesse ändert. So entsteht z. B. beim Zerfall von ^{238}U das Nuklid ^{206}Pb. Das Alter uranhaltiger Mineralien wird aus der Zahl N der Uranatome und der Zahl N' der Bleiatome, die durch Zerfall entstanden sind, bestimmt. Die Zahl der ursprünglich vorhandenen Uranatome ist $N_0 = N + N'$. Aus dem Zerfallsgesetz $N = N_0 e^{-\lambda t}$ ergibt sich das Alter zu

$$t = (1/\lambda) \ln[(N + N')/N],$$

unter der Voraussetzung, dass zum Entstehungszeitpunkt des Minerals kein ^{206}Pb vorhanden war.

Aufgaben

1. Erläutern Sie den Einfluss der im Text genannten Phänomene auf das Verhältnis der beiden Kohlenstoffisotope in der Atmosphäre.
2. Die Aktivität lebenden Holzes beträgt aufgrund seines ^{14}C-Gehaltes $A = 0{,}208 \, s^{-1}$ je Gramm Kohlenstoff. Die Halbwertszeit von ^{14}C ist $t_H = 5730$ a. Bestimmen Sie die auf ein Gramm bezogene Aktivität von Holz, das vor 500 Jahren geschlagen wurde. Berechnen Sie das Alter von Holz, das eine Aktivität von 6,5 min^{-1} je Gramm Kohlenstoff aufweist.
3. Die Halbwertszeit von Uran beträgt $4{,}5 \cdot 10^9$ a. Berechnen Sie das Alter eines Minerals, das ein Bleiatom auf zwei Uranatome enthält.

Anwendungen der Kernphysik

13.5.3 Tracermethoden

Mit Radionukliden können Stoffe markiert werden, sodass deren Verhalten in technischen, chemischen oder biologischen Prozessen verfolgt werden kann. Die zur Markierung verwendeten Nuklide werden **Tracer** (trace, engl. Spur) genannt.

Die Zugabe geringer Mengen eines Radionuklids zu einem Gas oder einer Flüssigkeit ermöglicht Dichtigkeitsprüfungen, Strömungszeit- und Vermischungszeitmessungen durch einfache Aktivitätsbestimmungen.

Da sich Isotope eines Elements chemisch gleich verhalten, ist es möglich, in chemischen Verbindungen nichtradioaktive Nuklide durch radioaktive Isotope zu ersetzen. Mithilfe dieser Markierung lassen sich biologische und chemische Reaktionsmechanismen verfolgen. So stellte sich z. B. heraus, dass der bei der Fotosynthese in Pflanzen frei werdende Sauerstoff aus dem Wasser des Bodens stammt und nicht aus dem Kohlenstoffdioxid der Luft.

Ein besonderes Markierungsverfahren stellt die **Aktivierungsanalyse** dar. Hierbei erfolgt die Markierung nicht durch die Zugabe von Radionukliden, sondern durch Bestrahlung mit Photonen, Neutronen oder geladenen Teilchen. Bestimmte Nuklide der Probe werden dann durch eine Kernreaktion (→ 13.4.1) radioaktiv und können so nachgewiesen werden. Häufig wird die **Neutronen-Aktivierungsanalyse** verwendet. Sie ist ein sehr empfindliches Analysewerkzeug, mit dem sich kleinste Spuren bestimmter Stoffe nachweisen lassen.

Auch in der **Medizin** werden bestimmte Organe mithilfe radioaktiv markierter Biomoleküle untersucht. Diese werden in geringen Mengen durch Injektion oder bei der Nahrungsaufnahme dem Körper zugeführt und lagern sich bevorzugt an bestimmten Stellen ab. Iod sammelt sich z. B. in der Schilddrüse an (**Abb. 522.1**). Nach Verabreichung des Radionuklids wird die Strahlung zu unterschiedlichen Zeiten registriert. Damit lassen sich sowohl die Funktion als auch die Lage und Ausdehnung der Organe feststellen. Erkrankte Bereiche, wie z. B. Tumore, werden erkannt und lokalisiert.

522.1 ^{123}I-Szintigramm einer Schilddrüse: links gesund

Die **Positronen-Emissions-Tomografie (PET)** wird zur verbesserten Diagnostik von Krebs und der Alzheimerkrankheit eingesetzt. Viele Tumore nehmen verstärkt Zucker auf, sodass durch eine radioaktive Markierung des durch den Patienten aufgenommenen Zuckers mit anschließender Detektion der vom Körper ausgehenden Strahlung sogar kleine Krebsgeschwülste entdeckt werden können. Bei der PET wird dem Patienten Glucose verabreicht, in die ein Positronenstrahler eingebaut ist. Diese verteilt sich im Körper und sammelt sich in den Tumoren an. Dort werden die Positronen emittiert und innerhalb weniger Millimeter gestoppt. Bei der anschließenden Annihilation (→ S. 509) mit einem Elektron werden zwei 0,511 MeV-Photonen in genau entgegengesetzte Richtungen emittiert. Ein ringförmig um den Patienten angeordnetes ortsauflösendes Detektorsystem, das aus vielen einzelnen Zählern besteht (**Abb. 522.2 a**), weist diese zwei Photonen gleichzeitig nach. Da die Emission wegen der Impulserhaltung in die genau entgegengesetzten Richtungen erfolgte, müssen die Photonen von einem Punkt kommen, der auf einer Geraden zwischen den gleichzeitig angesprochenen Zählern liegt. So können die Emissionsorte der Positronenstrahlung unter Benutzung geeigneter Rechenverfahren in einer Ebene bestimmt werden. Durch eine Verschiebung des Detektors lassen sich Aufnahmen des ganzen Körpers erzeugen, die mittels eines Computers zu einem dreidimensionalen Bild zusammengesetzt werden (**Abb. 522.2 b**). Auf diesem Bild sind dann die Stellen größter Aktivität als mögliche Tumore erkennbar.

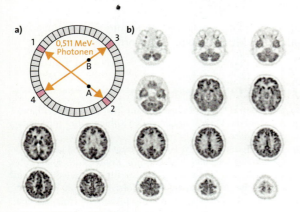

522.2 a) Detektorsystem für PET: Wenn die Zähler 1 und 2 gleichzeitig ansprechen, müssen die Photonen von einem Punkt auf der Geraden zwischen diesen beiden kommen.
b) Schnittbilder des Glucoseverbrauchs im Gehirn

Anwendungen der Kernphysik

Exkurs

Kernspintomografie

Mit der Kernspintomografie lassen sich sehr kontrastreiche dreidimensionale Bilder aus dem Innern des menschlichen Körpers erzeugen. Sie ist ein gängiges Diagnoseverfahren, bei dem sich der Patient innerhalb eines Magnetfeldes befindet. Die Bilder werden durch Auswertung der Signale gewonnen, die nach der Einstrahlung von Radiowellen aus dem Innern des Körpers kommen.

Kernspinresonanz – die Methode

Viele Atomkerne besitzen, ähnlich wie das Elektron, einen **Spin**, welcher mit einem **magnetischen Dipolmoment** verknüpft ist. Anschaulich stellen diese Kerne somit kleine Magnete dar, die mit einem Magnetfeld wie Kompassnadeln wechselwirken. Dabei kommt es aufgrund quantenphysikalischer Prinzipien dazu, dass es nur eine begrenzte Anzahl von Einstellungsmöglichkeiten bezüglich der Feldrichtung gibt: Die Kernspins der Protonen (Wasserstoffkerne) z. B. können sich nur parallel oder antiparallel zur Feldlinienrichtung orientieren. Diese Zustände besitzen unterschiedliche Energien, deren Energiedifferenz ΔE proportional zur Feldstärke B_0 des angelegten Feldes ist. Der Zustand mit der geringeren Energie enthält mehr Kerne als der andere. Daher entsteht eine messbare Magnetisierung.

Durch resonante Einstrahlung, d. h. durch Einstrahlung einer elektromagnetischen Welle mit einer Frequenz f_0, die zu der Energiedifferenz zwischen den Zuständen gemäß der Gleichung $\Delta E = h f_0$ passt, können Übergänge zwischen den Zuständen induziert werden. Hierdurch ändert sich die Magnetisierung, die detektiert wird. Da die Energiedifferenz proportional zur Feldstärke B_0 ist, ist auch die Resonanzfrequenz f_0 proportional zu B_0. Bei den üblichen Feldstärken der Größe einiger Tesla ergeben sich Frequenzen im MHz-Bereich, welche zu Radiowellen gehören.

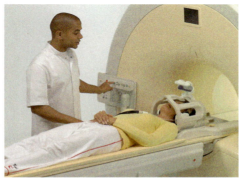

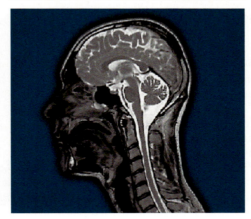

Unterscheidung von Körpergewebe – der Kontrast

Bei jedem Bild eines Körperteils ist entscheidend, dass verschiedene Arten von Gewebe unterschiedlich dargestellt werden, damit der Arzt z. B. Knochen von Muskelgewebe bzw. gesundes von krankem Gewebe unterscheiden kann. Bei der Röntgenaufnahme liefert das unterschiedliche Absorptionsverhalten der verschiedenen Gewebearten den Kontrast.

Die Kernspintomografie hat den großen Vorteil, dass in der Regel mehrere verschiedene physikalische Größen zur Kontrastherstellung verwendet werden können, wie die **Kernspindichte** und die **Relaxationszeit** T_1. Da die Signalhöhe von der **Kernspindichte** abhängt, ergibt die Protonenresonanz aufgrund des unterschiedlichen Wassergehaltes des Gewebes einen Kontrast, sodass z. B. Knochen und Muskelgewebe gut unterschieden werden können. Die Relaxationszeit T_1 gibt an, wie schnell ein durch Einstrahlung von Radiowellen gestörtes System aus Kernspins in seinen ursprünglichen Gleichgewichtszustand zurückkehrt. Da die Relaxationszeit T_1 für verschiedene Gewebearten unterschiedlich ist, kann ihre Messung zur Unterscheidung der Gewebearten benutzt werden.

Dreidimensionale Bilder durch Schichtaufnahmen

Da die Resonanzfrequenz der Spins vom Magnetfeld abhängt, werden mithilfe eines zusätzlichen inhomogenen Magnetfeldes, das z. B. von den Füßen des Patienten bis zum Kopf immer größer wird (obere Abbildung), durch Variation der eingestrahlten Frequenz Schichtbilder erzeugt. Computer setzen diese Schichtbilder dann zu einem dreidimensionalen Bild zusammen.

Technisch sieht das Verfahren so aus, dass der Patient in das homogene Feld einer Spule aus einem supraleitenden Material gebracht wird. Für spezielle Untersuchungszwecke gibt es unterschiedliche Sende- und Empfangsspulen, die angelegt werden. In der mittleren Abbildung ist eine für den Kopfbereich zu erkennen. Computergesteuert werden dann die Radiowellen eingestrahlt, die Signale aufgenommen und das Bild erstellt.

Grundwissen Kernphysik

Aufbau der Atomkerne
Atomkerne sind aufgebaut aus
- **Protonen** der Ruhemasse $m_p = 1{,}007\,276\,467$ u,
- **Neutronen** der Ruhemasse $m_n = 1{,}008\,664\,916$ u,
- **Elektronen** der *Atomhülle* haben die Ruhemasse $m_e = 0{,}000\,548\,580$ u.

Atomare Masseneinheit: 1 u = $1{,}660\,538\,8 \cdot 10^{-27}$ kg

Als **Nuklid** wird ein **Atom** einer durch die Anzahl der Protonen p und Neutronen n festgelegten Kernart bezeichnet. Durch die Angabe der Massenzahl $A = Z + N$ und der Kernladungszahl Z am Elementsymbol sind Nuklide eindeutig bestimmt: $^A_Z X$.
Nuklide mit gleicher Kernladungszahl Z, aber unterschiedlicher Massenzahl A sind **Isotope** desselben Elements.

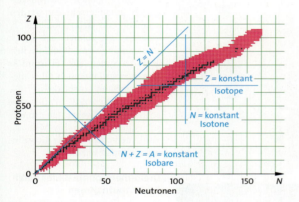

Radioaktivität
Radioaktivität bezeichnet die Eigenschaft bestimmter Nuklide, Strahlung auszusenden. **α-Strahlung** besteht aus zweifach positiv geladenen Heliumkernen, **β⁻-Strahlung** aus Elektronen; **β⁺-Strahlung** aus Positronen (Antiteilchen des Elektrons mit positiver Ladung) und **γ-Strahlung** aus energiereichen Photonen. Seltener kommt die Emission eines **Neutrons** oder die **spontane Spaltung** vor.

Den Einzelprozess beschreiben die folgenden Reaktionsgleichungen. Das entstehende Tochternuklid besitzt eine geringere Energie als das Mutternuklid.

- α-Zerfall: $^A_Z X \rightarrow {}^{A-4}_{Z-2} Y + {}^4_2 \alpha$
- β⁻-Zerfall:
  $^A_Z X \rightarrow {}^A_{Z+1} Y + {}^0_{-1} e + \bar{\nu}_e, \quad {}^1_0 n \rightarrow {}^1_1 p + {}^0_{-1} e + \bar{\nu}_e$
- β⁺-Zerfall:
  $^A_Z X \rightarrow {}^A_{Z-1} Y + {}^0_{+1} e + \nu_e, \quad {}^1_1 p \rightarrow {}^1_0 n + {}^0_{+1} e + \nu_e$
- γ-Zerfall: $^A_Z X^* \rightarrow {}^A_Z X + \gamma$

Das Zerfallsgesetz
Die Anzahl der Kerne einer radioaktiven Substanz nimmt im Laufe der Zeit ab:

$$N(t) = N_0 e^{-\lambda t}$$

Für die **Aktivität** $A = -(dN/dt)$ folgt aus dem Zerfallsgesetz $A(t) = \lambda N_0 e^{-\lambda t} = \lambda N(t)$. Für die **Halbwertszeit** t_H, nach der die Aktivität einer Substanz auf die Hälfte ihres Anfangswertes gesunken ist, gilt: $t_H = \ln 2/\lambda$.
Der Wert der **Zerfallskonstanten** λ gibt die Wahrscheinlichkeit für den Zerfall eines Atomkerns in einer Sekunde an. Für die Zerfallswahrscheinlichkeit p in der Zeit Δt ($\Delta t \ll t_H$) gilt: $p = \lambda \Delta t$.

Wechselwirkung von Strahlung mit Materie
Strahlungsbestandteile, die Ladungen tragen, wechselwirken über die Coulomb-Kraft mit den Elektronen und Atomkernen. Dabei verliert die Strahlung Energie.
- **α-Strahlung** wirkt aufgrund der zweifach positiven Ladung sehr stark ionisierend. Wegen ihrer großen Masse ändern die Heliumkerne kaum ihre Richtung.
- **β⁻-Strahlung** wirkt ebenfalls ionisierend. Doch werden die Elektronen stark abgelenkt. Ferner verlieren β-Teilchen bei einer Ablenkung ihre Energie durch Emission von Bremsstrahlung.
- **γ-Strahlung** verliert ihre Energie durch **Fotoeffekt, Compton-Effekt** und **Paarerzeugung**. Positronen annihilieren mit Elektronen zu zwei γ-Quanten.

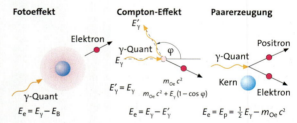

Energiedosis und Äquivalentdosis
Die Wechselwirkung von Strahlung mit Materie wird durch die *Energiedosis D* gemessen:

$$\text{Energiedosis} = \frac{\text{absorbierte Energie}}{\text{Masse}}, \quad D = \frac{E}{m}$$

Die *biologische Wirksamkeit* radioaktiver Strahlung beruht auf der ionisierenden Wirkung der Strahlung. Im biologischen Gewebe ergeben sich dadurch chemische und biologische Folgereaktionen, die **somatische** und **genetische Schädigungen** hervorrufen.
Der *q-Faktor* charakterisiert die unterschiedliche Wirksamkeit der Strahlungsarten auf Gewebe.

Grundwissen Kernphysik

Die *biologische Wirksamkeit* wird durch die *Äquivalentdosis H* gemessen:

Äquivalentdosis = $q \cdot$ Energiedosis, $H = qD$

Die Gefährlichkeit einer Bestrahlung kann durch einen Vergleich mit der jährlichen natürlichen Äquivalentdosis von 2,4 mSv abgeschätzt werden. Wirksamster Schutz vor der schädigenden Wirkung radioaktiver Strahlung sind *großer Abstand* von der Strahlungsquelle und *kurze Bestrahlungsdauer*.

Energie der Atomkerne – Kernmodelle

Massendefekt: Bei Atomkernen, die aus mehreren Nukleonen aufgebaut sind, ist die Masse des Kerns kleiner als die Summe der Massen seiner Nukleonen:

$\Delta m = Z m_p + N m_n - m_K$

Nach $E = m c^2$ entspricht dem *Massendefekt* eine Energie, die als **Bindungsenergie** bei der Fusion der Nukleonen zu einem Kern abgegeben wird. Dieselbe Energie, **Separationsenergie** genannt, muss zur Trennung der Nukleonen aufgewendet werden.

Die *Bindungsenergie pro Nukleon* wächst für Kerne mit Massenzahlen bis 60 zunächst an und sinkt dann wieder. Ursache sind die verschiedenen Reichweiten der Kernkraft und der Coulomb-Kraft.

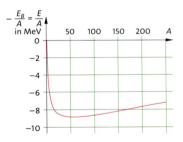

Tröpfchenmodell des Atomkerns

Das *Tröpfchenmodell* erklärt die Abhängigkeit der Bindungsenergie von der Massenzahl: Wie in einem Flüssigkeitströpfchen ist die Dichte der Atomkerne konstant. Die *anziehenden kurzreichweitigen Kernkräfte* sind nur zwischen unmittelbar benachbarten Nukleonen wirksam. Die *abstoßenden langreichweitigen Coulomb-Kräfte* zwischen den positiv geladenen Protonen sind für den Anstieg der Kurve, welche die mittlere Bindungsenergie negativ darstellt, bei Massenzahlen größer als 60 verantwortlich.

Potentialtopfmodell des Atomkerns

α-Strahlung und γ-Strahlung zeigen für die jeweilige Substanz typische diskrete Energiebeträge. β-Strahlung weist jedoch stets eine kontinuierliche Energieverteilung auf, denn mit jedem β-Teilchen wird ein *Antineutrino* emittiert, sodass die abgegebene Energie sich beliebig auf beide Teilchen aufteilen kann.

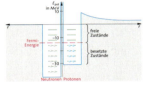

Die Existenz *diskreter Energiezustände* der Atomkerne erklärt das *Potentialtopfmodell*. Die diskreten Energiezustände ergeben sich aus Bedingungen für die Ψ-Funktion. Bei Kernreaktionen ändern sich die Energiezustände um diskrete Werte. Der so genannte *Tunneleffekt* erklärt die Emission von α-*Teilchen* aus einem Kern, denn die Wellenfunktion eines α-Teilchens nimmt auch außerhalb des Potentialwalls Werte größer als null an.

Kernreaktionen

Kernspaltung

Durch Beschuss von Kernen mit Nukleonen oder Kernen werden *künstliche Radioisotope* oder *Transurane* erzeugt oder es werden *Kerne gespalten*. Für eine sich fortsetzende **Kettenreaktion** eignen sich die Isotope ^{235}U, ^{233}U und ^{239}Pu, die sowohl in *Kernreaktoren* als auch in *Kernspaltungsbomben* Verwendung finden. In Kernreaktoren bleibt die Zahl der Kernspaltungen in der Zeiteinheit konstant.

Das Freiwerden von Energie bei der Spaltung eines großen Kerns in zwei kleinere Bruchstücke ergibt sich aus dem Ansteigen der Bindungsenergie pro Nukleon von großen zu mittleren Kernen hin. Die frei werdende Energie liegt als kinetische Energie der Spaltbruchstücke und als Strahlungsenergie vor.

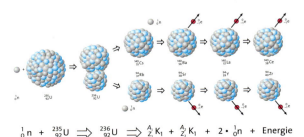

$^{1}_{0}n + ^{235}_{92}U \Rightarrow ^{236}_{92}U \Rightarrow ^{A_1}_{Z_1}K_1 + ^{A_2}_{Z_2}K_1 + 2 \cdot ^{1}_{0}n +$ Energie

Kernfusion

Dass bei der *Fusion* von Kernen mit geringer Massenzahl, z. B. von *Deuterium* und *Tritium*, Energie abgegeben wird, ist ebenfalls aus dem Graphen der Bindungsenergie pro Nukleon ablesbar. Diese Energie beträgt z. B. bei der Fusion von Deuterium und Tritium 17,58 MeV:

$^{2}_{1}H + ^{3}_{1}H \rightarrow ^{4}_{2}He + ^{1}_{0}n + 17{,}58 \text{ MeV}$

Kernfusion ist die Ursache der Energieabgabe der Sonne und der Sterne.

Wissenstest Kernphysik

1. a) Beschreiben Sie den Aufbau und die physikalischen Eigenschaften von Atomkernen.
b) Erläutern Sie anhand des kleinen Ausschnitts der Nuklidkarte die verschiedenen Zerfallsarten und den Begriff der Zerfallsreihe.

c) Bestimmen Sie die Aktivität von 10 μg ^{210}Po. Berechnen Sie die Aktivität der Probe nach Ablauf eines Jahres.
d) Das Nuklid ^{211}Po besitzt eine Halbwertszeit von 0,516 s, das ^{212}Po (211,98885 u) eine von 0,3 μs. Bestimmen Sie die zugehörigen Energien der α-Teilchen und begründen Sie damit die großen Unterschiede in den Halbwertszeiten.

2. Mithilfe der Kernphysik kann elektrische Energie bereitgestellt werden.
a) Erläutern Sie, dass dies sowohl über die Kernspaltung als auch über die Kernfusion geschehen kann.
b) Erklären Sie den Aufbau und die Funktionsweise eines Kernspaltungs- und eines Kernfusionsreaktors. Erörtern Sie jeweils die Vor- und Nachteile.
c) Schätzen Sie die Masse ab, die bei einem Kernkraftwerk der elektrischen Leistung von 1400 MW innerhalb eines Jahres in Energie umgesetzt wird, wenn der Wirkungsgrad etwa 30 % beträgt. Bestimmen Sie auch näherungsweise die Anzahl der Spaltungen sowie die Masse des benötigten U235 unter der Annahme, dass bei jeder Spaltung ca. 200 MeV Bindungsenergie frei werden.

3. a) Begründen Sie, dass das Ionisationsvermögen für β-Teilchen (Elektronen) mit einer Energie von 8 MeV mit ca. 7 Ionenpaaren/mm sehr viel geringer ist als das von α-Teilchen mit gleicher Energie. Schätzen Sie mit dieser Information die Reichweite der β-Teilchen ab.
b) Zur Ausfilterung von β-Teilchen mit einer bestimmten Geschwindigkeit durchlaufen diese ein Wien-Filter aus zwei gekreuzten Feldern. Zur Erzeugung des elektrischen Feldes wird eine Spannung von $U = 2{,}8$ kV an zwei Platten mit einem Abstand von $d = 0{,}9$ mm gelegt. Senkrecht zum elektrischen Feld besteht ein Magnetfeld von $B = 0{,}011$ T. Bestimmen Sie den Radius der Kreisbahn, auf der sich die ausgefilterten β-Teilchen in einem weiteren Magnetfeld mit der Feldstärke $B = 0{,}036$ T bewegen. Bei der Rechnung ist die relativistische Massenveränderlichkeit zu berücksichtigen.

4. In der Tumorbehandlung ist es wichtig, Krebszellen zu zerstören und gesundes Gewebe zu schonen. Analysieren Sie unter diesem Gesichtspunkt die folgende Grafik und erläutern Sie ihre physikalischen Grundlagen in Bezug auf die Wechselwirkung von Strahlung mit Materie.

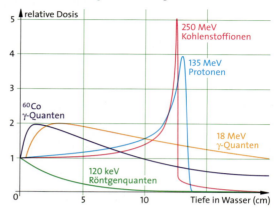

5. Natürliches Silber besteht zu 52 % aus dem Isotop ^{107}Ag und zu 48 % aus ^{109}Ag. Ein Silberzylinder wird in einer Neutronenquelle bestrahlt. Anschließend wird das Abklingen der Aktivität untersucht (Nulleffekt: 24 min^{-1}):

t in s	0	10	20	30	40	50
n	0	240	430	600	730	850
t in s	60	70	80	90	100	110
n	950	1040	1120	1190	1250	1310
t in s	120	150	180	210	240	270
n	1360	1492	1609	1711	1801	1882

n ist dabei die Anzahl der bis zur Zeit t gemessenen Ereignisse.
a) Erstellen Sie aus der Messreihe eine Tabelle für die mittlere Impulsrate in Abhängigkeit von der Zeit und stellen Sie den Logarithmus der Impulsrate in Abhängigkeit von der Zeit grafisch dar.
b) Bestimmen Sie unter Berücksichtigung der Tatsache, dass sich hier die Zerfallsvorgänge zweier Nuklide überlagern und dass das Isotop ^{108}Ag schneller zerfällt als ^{110}Ag, die Halbwertszeiten beider Isotope.
c) Geben Sie die für die Aktivierung und für den Zerfall geltenden Reaktionsgleichungen an.

6. ^{22}Na ist ein Positronenstrahler.
a) Geben Sie die Reaktionsgleichung an.
b) Berechnen Sie die Mindestenergie, die zur Umwandlung eines Protons in ein Neutron und ein Positron zur Verfügung stehen muss.
c) Sollte der Überschuss an Protonen durch Emission eines Protons abgebaut werden, so müsste sich ^{22}Na in ^{21}Ne umwandeln. Bestimmen Sie die Differenz der Bindungsenergien dieser beiden Nuklide ($m_{Na22} = 21{,}9944$ u, $m_{Ne21} = 20{,}99384$ u). Deuten Sie diesen Wert in Bezug auf den Zerfallsprozess ($m_{Ne22} = 21{,}991385$ u).

Wissenstest Kernphysik

7. Die letale Ganzkörperdosis beträgt für einen Menschen 4 Sv. Das bedeutet, dass bei einer solchen Bestrahlung 50 % der Menschen innerhalb von 30 Tagen sterben.
   a) Schätzen Sie die Temperaturerhöhung des menschlichen Körpers durch eine solche Bestrahlung ab.
   b) Erläutern Sie die Wirkung, die ionisierende Strahlung auf Zellen hat.
   c) Ein Körper hat eine konstante Gammaaktivität von 2 GBq. Bei jedem Zerfall wird eine Energie von 1,5 MeV frei. Berechnen Sie die tägliche Energiedosis, wenn die Strahlung vollständig in 10 kg Materie absorbiert wird.
   d) Als Spätfolge radioaktiver Bestrahlung kann es Jahre später zu einer Krebserkrankung kommen. Das Risiko für eine solche Erkrankung ist durch die Untersuchung der Überlebenden von Hiroshima und Nagasaki für große Dosiswerte bekannt. Für kleine Dosen, wie sie z. B. bei diagnostischen Untersuchungsverfahren eingesetzt werden, können nur Modelle entwickelt werden, die eine Beziehung zwischen der Dosis und der Wahrscheinlichkeit, an Krebs zu erkranken, herstellen. Interpretieren Sie die unten dargestellten Dosis-Wirkungs-Modelle.

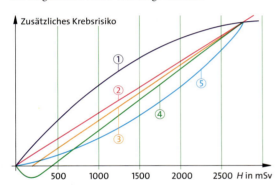

8. Die Uran-Actinium-Zerfallsreihe beginnt bei ^{235}U und endet bei ^{207}Pb.
   a) Bestimmen Sie die Anzahl der α-Zerfälle und die Anzahl der β-Zerfälle.
   b) Berechnen Sie die Energie, die durch alle Zerfallsprozesse von ^{235}U bis zum stabilen ^{207}Pb frei wird.
   c) ^{235}U wird auch in Kernspaltungsreaktoren verwendet. Bestimmen Sie die Energie, die bei einer Spaltung gemäß der folgenden Reaktion frei wird.
   ^{235}U + n → ^{140}Xe + ^{94}Sr + 2 n. Die Spaltprodukte zerfallen über mehrere Schritte relativ schnell in ^{140}Ce (139,905439 u) bzw. ^{94}Zr (93,906315 u). Vergleichen Sie den Wert der Gesamtenergie mit dem aus Teilaufgabe b).
   d) Die Sprengkraft einer Bombe wird in Kilotonnen TNT angegeben. Bei der Explosion von 1 kg TNT werden ca. 4 MJ frei. Die Hiroshima-Bombe hatte eine Sprengkraft von 14 Kilotonnen TNT. Bestimmen Sie die Ruhemasse, die in Energie umgesetzt wurde, und die Anzahl der Spaltungen, wenn bei jeder Spaltung ca. 200 MeV frei werden.
   e) Bei 6,2 % der Spaltungen entsteht ^{137}Cs. Bestimmen Sie die Bodenaktivität von ^{137}Cs in Bq/m² unter der Annahme, dass sich der Fallout auf eine Kreisfläche mit 15 km Radius verteilt und die Halbwertszeit 30 a beträgt.

9. Mit einem Szintillationszähler kann γ-Strahlung analysiert werden. In der unteren Abbildung ist das aufgenommene Spektrum von ^{137}Cs zu sehen.

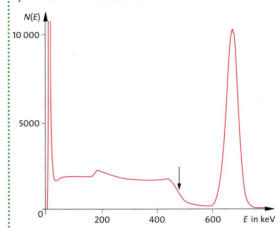

   a) Erläutern Sie die physikalischen Prozesse im Szintillationszähler, die zu einem solchen Spektrum führen, und bestimmen Sie die Energie der von einem ^{137}Cs-Präparat emittierten γ-Quanten.
   b) Die Compton-Streuung führt in dem Spektrum zum Compton-Kontinuum und zur Compton-Kante. Zeigen Sie allgemein, dass sich die Energie E' eines gestreuten γ-Quants mit der folgenden Formel berechnen lässt:

   $$E' = \frac{E}{1 + \frac{E}{E_0}(1 - \cos \nu)}$$

   Hierbei ist E die Energie des Quants vor der Streuung, E_0 ist die Ruheenergie des Elektrons und ν ist der Streuwinkel.
   c) Bestimmen Sie aus der Energie des Fotopeaks die Lage der Compton-Kante.
   d) ^{137}Cs ist ein β$^-$-Strahler. Stellen Sie die Reaktionsgleichung auf und berechnen Sie die maximale kinetische Energie der emittierten Elektronen (^{137}Ba: 136,90582 u). Erläutern Sie, wie es zur Emission eines γ-Quants kommt.
   e) Berechnen Sie die maximale Geschwindigkeit, mit der sich die emittierten Elektronen im Laborsystem bewegen.
   f) In einem Bezugssystem S', das sich relativ zum Laborsystem mit der obigen Geschwindigkeit bewegt, gehen die Uhren verglichen mit dem Laborsystem S langsamer. Berechnen Sie, welche Zeit in S vergangen ist, wenn in S' eine Nanosekunde gemessen wird.

10. In der Sonne und in anderen Sternen wird durch Fusionsprozesse Bindungsenergie frei. Der sogenannte Proton-Proton-Zyklus kann in folgender Reaktionsgleichung zusammengefasst werden: $4\,^1\text{H} \to\,^4\text{He} + 2\,\nu_e + 2\,^{0}_{+1}e + \gamma$.
   a) Berechnen Sie die Energie, die bei einem solchen Zyklus frei wird.
   b) Die sogenannte Solarkonstante gibt den Energiefluss von der Sonne zur Erde an und beträgt etwa 1,4 kW/m². Berechnen Sie die Anzahl der in einer Sekunde stattfindenden Reaktionen sowie die Ruhemasse, die die Sonne seit ihrer Entstehung umgesetzt hat.

14 ELEMENTARTEILCHENPHYSIK

In den vorangegangenen Kapiteln wird gezeigt, dass die uns umgebende Materie im Wesentlichen aus Protonen, Elektronen und Neutronen besteht. Zusammen mit dem Photon, das EINSTEIN schon 1905 bei der Interpretation des Fotoeffekts beschrieb, waren damit im Jahre 1932 vier Teilchen bekannt. Aus ihnen ließ sich die gesamte damals bekannte Materie aufbauen und ihre Wechselwirkung mit elektromagnetischer Strahlung beschreiben. Dieses einfache Bild von den Bausteinen der Materie sollte jedoch durch die Entdeckung weiterer Teilchen bald komplizierter werden. Zunächst in der kosmischen Strahlung, dann im Labor mit neuen, immer größeren Beschleunigern vermehrte sich die Zahl der „Elementarteilchen" rasch. Erst in den letzten Jahrzehnten konnte in diese Vielfalt durch die Entdeckung der Quarks Ordnung und Systematik gebracht werden, nämlich mit dem Standardmodell der Elementarteilchen.

14.1 Vom Elektron zum Teilchenzoo

Das Positron

V. Hess unternahm 1911/12 die ersten bemannten Ballonaufstiege bis über 5000 m Höhe zur Untersuchung der **kosmischen Strahlung** (→ 7.4.1), mit denen er nachwies, dass diese Strahlung tatsächlich aus dem Weltraum kommt. Mit einer großen Nebelkammer, in der ein starkes Magnetfeld herrschte, gelang ANDERSON 1932 die Entdeckung eines bis dahin unbekannten Teilchens in der kosmischen Strahlung, das dieselbe Masse wie das **Elektron**, aber entgegengesetzte Ladung besitzt: das **Positron**. Es entsteht bei der Wechselwirkung sehr energiereicher Teilchen der kosmischen Strahlung mit Materie, und zwar immer paarweise zusammen mit einem Elektron.

Myonen

Neben Elektronen und Positronen fanden ANDERSON und NEDDERMEYER in Nebelkammeraufnahmen der kosmischen Strahlung auch immer wieder positiv und negativ geladene Teilchen mit wesentlich höherem Durchdringungsvermögen als Elektronen (**Abb. 528.1**). 1936 konnten sie zeigen, dass die Masse dieser Teilchen, die heute **Myonen** genannt werden, zwischen der Elektronenmasse und der Protonenmasse liegen musste. Myonen (μ^+ und μ^-) zerfallen in Elektronen oder Positronen und ein **Neutrino.** Das Myon ist von seiner Masse ($m_\mu = 207\ m_e$) und seiner kurzen mittleren Lebensdauer ($2{,}2 \cdot 10^{-6}$ s) abgesehen dem Elektron in seinen Eigenschaften ähnlich, sodass es zusammen mit dem Elektron in die Gruppe der **Leptonen** (leptos, griech.: leicht) eingeordnet wird.

Pionen

Weitere Fortschritte bei der Erforschung der kosmischen Strahlung wurden durch die Entwicklung von sehr empfindlichem Fotomaterial („Kernemulsionen") gemacht. POWELL entdeckte so 1947 das von YUKAWA vorhergesagte **Pion.** Es wird von den starken Kernkräften beeinflusst und ist mit einer Masse von etwa 200 Elektronenmassen das leichteste **Meson** (mesos, griech.: Mitte). Es kommt positiv (π^+), negativ (π^-) und neutral (π^0) vor. Die geladenen Pionen zerfallen nach 10^{-8} s in die entsprechend geladenen Myonen, das neutrale Pion schon nach 10^{-16} s in γ-Quanten.

Kaonen und Lambdateilchen

1946 entdeckten ROCHESTER und BUTLER in Nebelkammern seltsame V-förmige Spuren (**Abb. 529.1**), die auf neutrale Teilchen hindeuteten, die sehr schnell in geladene

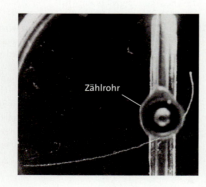

528.1 Ein Myon dringt von links in die Nebelkammer ein, durchschlägt das Zählrohr in der Mitte, durch das die Nebelkammer ausgelöst wurde, und zerfällt kurz darauf.

Pionen zerfielen. Entsprechende Teilchen mit ähnlichem Zerfallsschema fanden sie auch in geladener Form. Untersuchungen dieser „V-Teilchen" zeigten 1950/51, dass es sich dabei um positive, negative und neutrale Teilchen mit etwa einer halben Protonenmasse handelte, die **Kaonen** (K^+, K^- und K^0), sowie um ein weiteres neutrales Teilchen, das **Lambda (Λ^0),** das etwa 20 % schwerer als das Proton und damit das erste „schwere" Teilchen war. Es gehört mit dem Proton und dem Neutron zur Gruppe der **Baryonen** (barys, griech.: schwer).

Antimaterie

Ein weiteres wichtiges Ergebnis dieser Forschungen war das Auffinden der **Antiteilchen.** Für fast jedes der genannten neuen Teilchen konnte bald das dazugehörige Antiteilchen gefunden werden. Es unterscheidet sich von dem entsprechenden geladenen Teilchen durch das entgegengesetzte Vorzeichen der elektrischen Ladung. Dies gilt auch, wie sich im Folgenden zeigen wird, für weitere Ladungsarten. Eine Zusammenfassung der bislang angesprochenen Beispiele zeigt: Neben Elektronen, Protonen und Neutronen, die die uns umgebende Materie aufbauen, gibt es weitere Elementarteilchen: Das *Myon* ist ein schweres Elektron. *Pionen* und *Kaonen* sind *Mesonen*. Das *Lambdateilchen* ist neben Proton und Neutron ein Beispiel für ein *Baryon*. Zu jedem Teilchen existiert ein *Antiteilchen*. Das Antiteilchen des Elektrons ist das *Positron*.

Quarks

Nach 1960 wurde die Teilchenforschung hauptsächlich an den großen Beschleunigern weitergeführt. Dabei wurden systematisch die wichtigsten Eigenschaften der neu entdeckten Teilchen untersucht. Mit hochenergetischen Protonen und Elektronen ließen sie sich bald nach Belieben auch im Labor erzeugen und so Massen, Erzeugungsmechanismen und Zerfallsarten der Teilchen bestimmen. Zunehmend wurde die Forschung dabei von der systematischen Suche nach neuen Baryonen bestimmt, die von den ersten Teilchentheorien (→ 14.2) vorhergesagt worden waren.

1964 zeigten Murray GELL-MANN und, unabhängig von ihm, sein Kollege Georg ZWEIG, dass sich ein Ordnungsschema für Mesonen und Baryonen entwickeln lässt, wenn man sich diese aus wenigen einfachen Subteilchen aufgebaut denkt. Für diese Subteilchen hat sich die Bezeichnung **Quarks** durchgesetzt. Für die damals bekannten Hadronen, also Pionen, Proton und Neutron sowie alle weiteren Baryonen reichte eine Kombination von *up-Quarks*, *down-Quarks* und *strange-Quarks* zur Beschreibung aus. Diese und weitere theoretische Überlegungen durch reale Messungen zu stützen oder zu widerlegen stellt seit dieser Zeit eine der größten Herausforderungen dar.

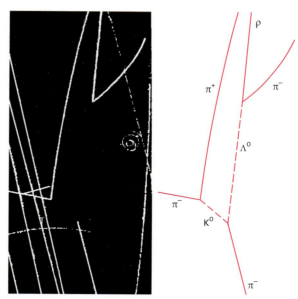

529.1 Blasenkammeraufnahme von Erzeugung und Zerfall zweier neutraler „seltsamer" Teilchen. Ein π^- reagiert mit einem Proton zu einem K^0 und einem Λ^0. Beide hinterlassen selbst keine Spur, verraten sich aber durch den V-förmigen Zerfall in geladene Teilchen $K^0 \rightarrow \pi^+ + \pi^-$ (unten) und $\Lambda^0 \rightarrow p + \pi^-$ (oben rechts).

Die Fragen des Nachweises und nach der Zahl der Quarks führten zu aufwändigen, internationalen Anstrengungen. Das *charm-Quark* wurde 1970 vorhergesagt, 1974 wurde ein Teilchen mit einem charm-Quark zum ersten Mal in einem Experiment künstlich erzeugt. Das erste Teilchen, das ein *bottom-Quark* enthielt, wurde im Jahr 1977 am Fermi National Accelerator Laboratory entdeckt. Erst im Jahr 1995 konnten zwei Arbeitsgruppen am Fermilab (Illinois/USA) unabhängig voneinander den Nachweis von *top-Quarks* bekannt geben, die dort als Quark-Antiquark-Paare bei Proton-Antiproton-Kollisionen entstanden waren. Dort gelang es erst 2004, die Masse des top-Quarks mit guter Genauigkeit zu bestimmen und damit eine bessere Vorhersage der Masse des vom Standardmodell der Elementarteilchen (→ 14.2) vorhergesagten, aber noch unentdeckten *Higgs-Bosons* zu ermöglichen.

Gegenwärtig ist der experimentelle Nachweis von sechs Quarks abgeschlossen und mit dem Standardmodell der Elementarteilchen umfassend und widerspruchsfrei beschrieben. Eine der drängenden offenen Fragen zurzeit ist die nach der Masse der Elementarteilchen, die sich möglicherweise aus der Wechselwirkung mit dem postulierten sogenannten Higgs-Boson ergibt. Doch selbst nach einer umfassenden Klärung des Problems warten mögliche Theorien der Elementarteilchen auf ihre experimentelle Bestätigung.

14.2 Das Standardmodell

Das Standardmodell der Elementarteilchenphysik ist ein experimentell exzellent bestätigtes Modell zur Beschreibung der Elementarteilchen in der elektromagnetischen, starken und schwachen Wechselwirkung. Es liefert eine gesicherte Grundlage, um die vielen unterschiedlichen und neuartigen experimentellen Ergebnisse über Elementarteilchen einzuordnen.

Teilchen und Wechselwirkungen

Das ganze Spektrum der in der Natur beobachteten Kräfte lässt sich mit vier fundamentalen Arten der Wechselwirkung zwischen Elementarteilchen erklären. In abnehmender Stärke angeordnet sind dies
- die starke Wechselwirkung,
- die elektromagnetische Wechselwirkung,
- die schwache Wechselwirkung und
- die Gravitation.

Das Teilchenspektrum des Standardmodells (**Abb. 530.1**) besteht aus sechs **Quarks,** die allen Wechselwirkungen unterliegen, und sechs **Leptonen,** die elektromagnetisch wechselwirken – wenn sie elektrisch geladen sind – oder sonst nur schwach wechselwirken.

14.2.1 Quarks im Standardmodell

Quarks als elementare Bausteine der Materie sind heute akzeptiert. Der Weg zum Quark- und Standardmodell hat allerdings Jahrzehnte in Anspruch genommen.

Eigenschaften der Quarks

Vor der Betrachtung der aus Quarks zusammengesetzten Mesonen und Baryonen sollen erst die fundamentalen Eigenschaften der Quarks selbst aufgeführt werden.

- Der Quarktyp: Es existieren sechs verschiedene Quarks: up-, down-, strange-, charm-, bottom- und top-Quark (u, d, s, c, b, t) und die zugehörigen Antiquarks ($\bar{u}, \bar{d}, \bar{s}, \bar{c}, \bar{b}, \bar{t}$).
- Die elektrische Ladung: Quarks tragen entweder die elektrische Ladung $+\frac{2}{3}e$ (u, c, t) oder $-\frac{1}{3}e$ (d, s, b). Antiquarks tragen dementsprechend entweder die Ladung $-\frac{2}{3}e$ oder $+\frac{1}{3}e$, alle mit $e = 1{,}6 \cdot 10^{-19}$ C.
- Quarks haben den Spin $s = \frac{1}{2}$, sie sind Fermionen und für sie gilt das Pauli-Prinzip (→ 11.3.9).
- Je zwei Quarks gehören zu einer Generation. Die drei Generationen erhalten mit steigender Masse der Teilchen die Bezeichnung 1, 2 und 3 (**Abb. 530.1**).
- Die Massen sind sehr unterschiedlich. Die Masse des schwersten Quarks, des top-Quarks, ist sehr viel größer als die des leichtesten, des up-Quarks.
- Die Wechselwirkungen: Die Quarks unterliegen der starken, der elektromagnetischen und der schwachen Wechselwirkung. Sie sind in **Abb. 530.1** deshalb auf der obersten Ebene, die alle drei Wechselwirkungen umfassen soll, eingezeichnet. Neben der *elektrischen Ladung* wird den Quarks deshalb eine *schwache Ladung* und eine *Ladung der starken Wechselwirkung*, die sogenannte *Farbladung*, zugeordnet. Sie sind die einzigen Teilchen des Standardmodells, die eine Farbladung tragen.

Quarks und starke Wechselwirkung

Das Feld der starken Wechselwirkung wirkt auf Teilchen, die eine Farbladung tragen, also auf die Quarks. Anstelle einer einzigen Ladung wie in der Elektrodynamik, die positives oder negatives Vorzeichen haben kann, treten drei Ladungsarten auf, die symbolisch mit Rot, Grün und Blau (R, G, B) bezeichnet werden. Während die Farbladung der Quarks eine dieser drei Farben annehmen kann, tragen Antiquarks eine der Farben Antirot (Cyan), Antigrün (Magenta) und Antiblau (Gelb), kurz ($\bar{R}, \bar{G}, \bar{B}$).

Die Wechselwirkung der farbgeladenen Quarks mit dem Feld der starken Wechselwirkung – auch **Farbfeld** genannt – erfolgt quantisiert durch Gluonen g, die keine Masse, aber ebenfalls eine Farbladung tragen. Anders als bei den elektrisch ungeladenen Photonen wirken zwischen den farbgeladenen Gluonen des Farbfeldes deshalb ebenfalls Farbkräfte. Der Verlauf der Feldlinien zwischen zwei Farbladungen (**Abb. 531.1**) ist deshalb im Vergleich zum elektrischen Feld zwischen zwei elektrischen Ladungen verändert. Die Wechselwirkung des Feldes mit sich selbst komprimiert das Feld. Die Feldlinien zwischen den Quarks erscheinen im Vergleich zum elektrischen Feld zusammengezogen. Die Berechnung der Feldstärkeverteilung ist deshalb viel kompli-

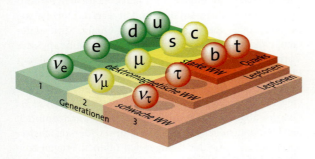

530.1 Die Teilchen des Standardmodells der Elementarteilchen: Auf der unteren Ebene die Neutrinos ν_e, ν_μ und ν_τ, die nur der schwachen Wechselwirkung unterliegen. Die mittlere Ebene zeigt die Leptonen e, μ und τ, die zusätzlich elektrisch wechselwirken. In der oberen Ebene die sechs Quarks u, d, s, c, b und t, die auch noch der starken (Farb-)Wechselwirkung unterliegen.

Das Standardmodell

zierter als im elektromagnetischen Feld und zurzeit nur als Näherung möglich.

Das Trennen zweier farbgeladener Teilchen erfordert Energie, abhängig von Kraft und Abstand. Im elektrischen Feld hat die zur Trennung auf beliebig große Abstände erforderliche Energie wegen der abnehmenden Kraft einen endlichen Wert. Die Energie, die für die Trennung zweier Quarks aufzuwenden ist, wächst hingegen für große Abstände linear an. Wenn der Abstand etwa den Wert $1\,\text{fm} = 10^{-15}\,\text{m}$ erreicht, ist die Energie des Feldes der starken Wechselwirkung ausreichend groß, um ein Quark-Antiquark-Paar zu bilden. Dieser Vorgang ist vergleichbar mit der Paarerzeugung (→ 13.2.2) von Elektron und Positron im elektrischen Feld. Das Trennen zweier Quarks führt somit zur Erzeugung weiterer Quarkpaare, einzelne Quarks sind nicht nachweisbar.

Gebundene Quark-Zustände

Die gebundenen Quarks bilden sogenannte Hadronen. Phänomenologisch lassen sich die Hadronen in Teilchen mit ganzzahligem Spin aus Quark und Antiquark (Mesonen) und Teilchen mit halbzahligem Spin aus drei Quarks (Baryonen) unterteilen.

1. Baryonen: Das Neutron n (udd-Quarkkombination) und das Proton p (uud-Quarkkombination) sind die wichtigsten Vertreter der Baryonen (**Abb. 531.2**). Durch die jeweilige Kombination der Quarks sind die elektrischen Eigenschaften bereits vorbestimmt: Die elektrische Ladung des Protons ist die Summe der Quarkladungen zweier up-Quarks mit $2 \cdot \frac{2}{3}\,e$ und eines down-Quarks mit $-\frac{1}{3}\,e$, also $+e$. Die Quarkladungen des Neutrons kompensieren sich zu null. Die elektrische Ladung der Baryonen ist, wie sich zeigen wird, im Gegensatz zur elektrischen Ladung der Quarks, immer ganzzahlig. Bemerkenswert ist, dass zum Aufbau der heute in der Natur vorkommenden Materie nur Quarks der Typen u und d und das Elektron benötigt werden: Neutron und Proton bilden den Kern der Atome, Elektronen die Hülle.

Die Zusammenstellung in **Tab. 531.3** zeigt eine Auswahl leichter Baryonen und deren Zusammensetzung aus drei Quarks (aus u-, d- und s-Quarks), zusammen mit elektrischer Ladung, Masse, Spin und den häufigsten Zerfallsprodukten. Die Aufstellung ist bei weitem nicht vollständig, es fehlen z. B. Hadronen, welche charm-Quarks, bottom-Quarks und top-Quarks enthalten.

2. Mesonen: → **Tab. 532.2** zeigt ausgewählte Mesonen, also Quark-Antiquark-Verbindungen, mit ihren wichtigsten Eigenschaften.

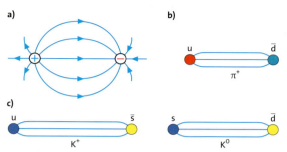

531.1 a) Die Feldlinien der elektrischen Kraft reichen weit in den Raum hinaus. **b)** Zwischen den Quarks wirkt eine gummibandähnliche Kraft. **c)** Beim Versuch, Quarks voneinander zu trennen, bilden sich Quark-Antiquark-Paare.

531.2 Die Baryonen Proton p und Neutron n sind aus drei Quarks zusammengesetzt.

Baryon	Quark-inhalt	el. Ladung in e	Masse in MeV/c²	Spin in ℏ	häufigste Zerfallsprodukte
n	udd	0	939,565	$\frac{1}{2}$	$p\,e\,\overline{\nu}_e$
p	uud	1	938,272	$\frac{1}{2}$	stabil (?)
Λ	uds	0	1115,6	$\frac{1}{2}$	$p\pi^-, n\pi^0$
Σ⁻	dds	−1	1197,4	$\frac{1}{2}$	$n\pi$
Σ⁰	uds	0	1192,6	$\frac{1}{2}$	$\Lambda\gamma$
Σ⁺	uus	1	1189,4	$\frac{1}{2}$	$p\pi^0, n\pi^-$
Ξ⁻	dss	−1	1321,3	$\frac{1}{2}$	$\Lambda\pi^-$
Ξ⁰	uss	0	1314,9	$\frac{1}{2}$	$\Lambda\pi^0$
Δ⁻	ddd	−1	1232	$\frac{3}{2}$	$n\pi^-$
Δ⁰	udd	0	1232	$\frac{3}{2}$	$n\pi^0, p\pi^-$
Δ⁺	uud	1	1232	$\frac{3}{2}$	$n\pi^+, p\pi^0$
Δ⁺⁺	uuu	2	1232	$\frac{3}{2}$	$p\pi^+$
Σ*⁻	dds	−1	1385	$\frac{3}{2}$	$\Lambda\pi^-, \Sigma\pi^-$
Σ*⁰	uds	0	1385	$\frac{3}{2}$	$\Lambda\pi^0, \Sigma\pi^0$
Σ*⁺	uus	1	1385	$\frac{3}{2}$	$\Lambda\pi^+, \Sigma\pi^+$
Ξ*⁻	dss	−1	1533	$\frac{3}{2}$	$\Xi\pi^-$
Ξ*⁰	uss	0	1533	$\frac{3}{2}$	$\Xi\pi^0$
Ω⁻	sss	−1	1672	$\frac{3}{2}$	$\Lambda K^-, \Xi\pi^-$

531.3 Ausgewählte Baryonen und ihre Eigenschaften. Die Bezeichnungen der Baryonen sind historisch bedingt und stammen aus der Zeit, als die Zusammensetzung der Hadronen aus Quarks noch unbekannt war. Aus heutiger Sicht sind p, n, Λ usw. Grundzustände der Baryonen (oben in der Tabelle). Die Δ, Σ usw. (unten in der Tabelle) sind angeregte Zustände, mitunter bei gleicher Quarkkombination wie z. B. Σ und Σ*.

Das Standardmodell

532.1 Mesonen **(a)** und Baryonen **(b)** sind farblose Quarkkombinationen.

Meson	Quarkinhalt	Ladung in e	Masse in MeV/c²	Spin in $\hbar$	häufigste Zerfallsprodukte
π^+	$u\bar{d}$	1	139,57	0	$\mu^+ \nu_\mu$
π^0	$(u\bar{u} - d\bar{d})/\sqrt{2}$	0	134,96	0	$\gamma\gamma$
π^-	$d\bar{u}$	−1	139,57	0	$\mu^- \bar{\nu}_\mu$
K^+	$u\bar{s}$	1	493,7	0	$\mu^+ \nu_\mu$
K^0	$d\bar{s}$	0	493,7	0	$\pi^+ \pi^-$
K^-	$s\bar{u}$	−1	493,7	0	$\mu^- \bar{\nu}_\mu$
ρ^+	$u\bar{d}$	1	770	1	$\pi^+ \pi^0$
ρ^0	$(u\bar{u} - d\bar{d})/\sqrt{2}$	0	770	1	$\pi^+ \pi^-$
ρ^-	$d\bar{u}$	−1	770	1	$\pi^- \pi^0$
K^{*+}	$u\bar{s}$	1	892	1	$K^+ \pi^0$
K^{*0}	$d\bar{s}$	0	900	1	$K^+ \pi^-$
K^{*-}	$s\bar{u}$	−1	892	1	$K^- \pi^0$
J/Ψ	$c\bar{c}$	0	3095	1	ggg
Υ	$b\bar{b}$	0	9460	1	ggg

532.2 Ausgewählte Mesonen und ihre Eigenschaften. Der obere Teil der Tabelle zeigt Grundzustände von Quark-Antiquark-Kombinationen wie $\pi^+ = u\bar{d}$ und $K^+ = u\bar{s}$. Andere Mesonen wie ρ^+ und K^{*+} sind energetisch angeregte Zustände von Quark-Antiquark-Kombinationen.

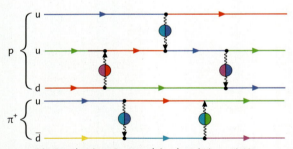

532.3 Die Quarks eines Protons (oben) und eines π^+-Mesons (unten) tragen jeweils unterschiedliche Farben. Sie ändern ihre Farbladung durch die Emission und Absorption von Gluonen.

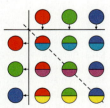

532.4 Gluonen vermitteln die Wechselwirkungen zwischen den drei Farbladungen. Ein Quark mit der Farbe der oberen Reihe verwandelt sich durch Emission des entsprechenden Gluons in ein Quark der linken Spalte. Die Wechselwirkung ohne Farbänderung wird durch zwei Gluonen vermittelt, die Kombinationen der drei diagonalen Gluonen sind.

Quarkkombinationen und deren Farbladung

Die Bezeichnung der Farbladungen der Quarks eines Hadrons wurden so gewählt, dass – wie in der Farbenlehre – durch Addition entsprechender Farben eine nach außen farbneutrale („weiße") Anordnung entstehen kann (**Abb. 532.1**). Die Feldstärke des Farbfeldes ist im Randbereich des Hadrons sehr gering. Dies lässt sich als Kompensation der Felder der sich zu „Weiß" ergänzenden Farbladungen deuten. Im Inneren hingegen wirken auf ein Quark die sich nicht zu „Weiß" kompensierenden Felder anderer Quarks und bewirken die feste Bindung. Beim Zusammensetzen der Quarks zu Baryonen (→ **Tab. 531.3**) und Mesonen (**Tab. 532.2**) zeigt sich, dass die Überlagerung der Farben und Antifarben (Komplementärfarben) bei Baryonen und Mesonen immer „Weiß" ergibt.

Diese Eigenschaft erklärt auch, warum es nur die Quarkkombinationen Meson und Baryon und nicht z. B. eine Kombination aus zwei Quarks und einem Antiquark gibt. Soll nämlich die Quarkkombination nach außen hin „weiß" sein, so gibt es nur die Möglichkeiten Farbe/Antifarbe oder das Zusammenfügen von drei Farben oder drei Antifarben.

Gluonen

Ein Quark wechselt seine Farbe durch Reaktionen mit einem **Gluon g**, dem Wechselwirkungsquant des Farbfeldes. Der Transport von Farbladungen erfolgt mit dem Feld der starken Wechselwirkung.

Die Gluonen tragen selbst zwei Farbladungen, eine Farbe und eine beliebige Antifarbe.

Ein Beispiel (**Abb. 532.3**): Ein Proton p enthält die Quarks u (blau), u (grün) und d (rot).

Das d-Quark emittiert ein Gluon mit der Farbladung (antigrün/rot) (**Abb. 532.3 und 532.4**):

d (rot) → g (antigrün/rot) + d (grün)

Ein solches Gluon wird von dem u-Quark (grün) aufgenommen: u (grün) + g (antigrün/rot) → u (rot)

Das Proton p enthält dann die Quarks
u (blau), u (rot) und d (grün).

Da die Quarks eines Protons in ständiger Wechselwirkung mit dem Farbfeld stehen, kann über die momentane Farbladung der einzelnen Quarks keine Aussage getroffen werden. Sicher hingegen ist: Die Existenz eines Protons aus beispielsweise u (blau), u (blau) und d (rot) ist demnach ausgeschlossen.

> Quarks tragen eine Farbladung (kurz: Farbe), Antiquarks eine Antifarbe. Es gibt drei Farben (R, G, B) und drei Antifarben, kurz ($\bar{R}$, $\bar{G}$, $\bar{B}$). Bei der starken Wechselwirkung tauscht das **Gluon,** das selbst eine Farbe und eine Antifarbe trägt, die Farbe des Quarks aus. Der Quarktyp bleibt dabei erhalten.
> Alle Hadronen sind „weiß".

Das Standardmodell

Exkurs

Collider, Speicherringe und Riesendetektoren

Linearbeschleuniger und Kreisbeschleuniger

Die Forderung der Hochenergiephysiker nach immer größeren Synchrotrons, mit denen geladene Teilchen beschleunigt und dann auf ein ruhendes Target (Zielscheibe) geschossen werden können, stieß in den 1960er Jahren an ihre physikalischen Grenzen. Das hatte zwei Gründe:

1. Je schneller die geladenen Teilchen im Ring umlaufen, desto mehr Energie verlieren sie dabei in Form von elektromagnetischer Strahlung (Synchrotronstrahlung). Es wurde daher zunehmend schwieriger, geladene Teilchen, besonders die leichten Elektronen, zu beschleunigen.

2. Stößt ein bewegtes Teilchen auf ein ruhendes Target, dann geht ein großer Teil der verfügbaren Energie zur Erzeugung neuer Teilchen in Form von Bewegungsenergie der Reaktionsprodukte verloren. Der Schwerpunkt des Systems bewegt sich aufgrund der Impulserhaltung nach dem Stoß weiter.

Das erste Problem kann nur durch eine gerade Beschleunigungsstrecke (*Linearbeschleuniger*) gelöst werden. Daher plant das Deutsche Elektronen-Synchrotron (DESY) im Norden Hamburgs einen Linearbeschleuniger von fast 35 km Länge.

Das zweite Problem wird dadurch gelöst, dass in einem Teilchenbeschleuniger Teilchen *gegeneinander* geschossen werden (Collider). Am effektivsten ist dieser Prozess, wenn Teilchen mit ihren entsprechenden Antiteilchen zusammenstoßen. Sie vernichten sich dabei gegenseitig und ihre gesamte Energie geht in die Bildung neuer Teilchen über. Die erforderlichen Antiteilchen werden zuvor in gesonderten Reaktionen erzeugt und bis zu ihrer Verwendung in Speicherringen akkumuliert. Wenn genügend Antiteilchen gesammelt sind, werden sie zusammen mit den Teilchen in einen gemeinsamen Beschleunigerring gelenkt. Das ist möglich, weil Teilchen und Antiteilchen entgegengesetzte Ladung haben und daher bei entgegengesetztem Umlaufsinn vom gleichen Magnetfeld auf ihrer Bahn gehalten werden können. Beide Teilchensorten werden auf ihre endgültige Energie beschleunigt und dann an bestimmten Stellen des Ringes zur Kollision gebracht.

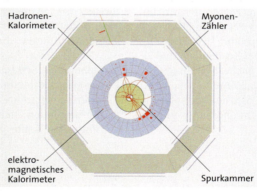

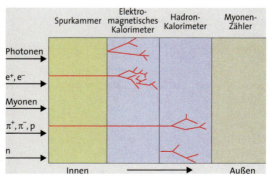

Ein Beschleuniger, viele Detektoren

Abhängig von den Zielen des geplanten Experiments unterscheiden sich die Teilchendetektoren. Bei DESY wird im HERA-Speicherring die Kollision von Elektronen und Protonen in den Detektoren H1 und ZEUS analysiert. H1 ist beispielsweise für die genaue Spurmessung der hochenergetischen Teilchen und Teilchenbündel in der *Spurkammer* ausgelegt. Die Spurvermessung im Magnetfeld, die mittels schneller computergestützter Datenverarbeitung erfolgt, ermöglicht präzise Messungen der Teilchenimpulse.

Andere Detektoren optimieren die Genauigkeit der Energiemessung. Im sogenannten Kalorimeter befinden sich Detektoren zur Messung der kinetischen Energie eines Teilchens. Das Teilchen muss im Kalorimeter vollständig abgebremst werden, um die Anfangsenergie aus der abgegebenen Energie zu bestimmen. Wegen der unterschiedlichen Energieabsorption bei Elektronen und Hadronen werden jeweils optimierte Materialien zum Nachweis dieser Teilchen verwendet, dennoch ist die erforderliche Größe der Detektoren beeindruckend.

Auf dem Weg nach außen bewegen sich die Teilchen erst durch *das elektromagnetische Kalorimeter* (siehe Schema), welches vornehmlich die Energie von Elektronen, Positronen und γ-Quanten (durch Paarbildung) nachweist. Daran schließt sich das *Hadronen-Kalorimeter* an, welches durch starke Wechselwirkung mit den Quarks der Hadronen Energie absorbiert und diese mit mittlerer Genauigkeit misst. Die außen folgenden Myonen-Zähler registrieren Myonen, ohne ihre Energie zu messen. Diese Beschreibung umfasst nur ein für die meisten Detektoren zutreffendes Aufbauschema der zurzeit aktuellen Detektorelemente.

Das Standardmodell

14.2.2 Gebundene Systeme

Nach dem Standardmodell der Elementarteilchen sind alle Mesonen aus zwei und alle Hadronen aus drei der 6 Quarks und 6 Antiquarks aufgebaut. Da es nicht möglich scheint, einzelne Quarks isoliert nachzuweisen, soll hier der Frage nachgegangen werden, welche experimentellen Befunde die Existenz der Quarks nahelegen und wie die Kräfte zwischen den Quarks, durch die starke Wechselwirkung verursacht, der Messung zugänglich gemacht werden können.

Vergleichsweise überschaubar präsentieren sich die Spektren einfacher, gebundener Systeme, wie sie vom Wasserstoffatom (→ 11.2.5, → 11.3.6) bekannt sind. Die gemessenen Spektren der Absorption und Emission von Licht lassen sich unmittelbar den Energiestufen $\Delta E = E_m - E_n = -13{,}6 \text{ eV} \ (1/n^2 - 1/m^2)$ zuordnen. Damit wird gezeigt, dass die in der Quantentheorie benutzte elektrische Potentialverteilung und die bekannten Eigenschaften des Elektrons die Messergebnisse richtig beschreiben.

Das einfachste elektrisch gebundene System ist das Positronium aus einem Elektron und einem Positron. Der Vergleich mit einem Wasserstoffatom, bei dem das Positron den Atomkern ersetzt, zeigt ein dem Wasserstoff vergleichbares Spektrum (**Abb. 534.1a**). Die Energiedifferenz der Zustände 2s und 1s beträgt hier 5,1 eV gegenüber 10,2 eV bei Wasserstoff, bewirkt durch die gleichen Massen von Elektron und Positron. Weiterhin kann das System entsprechend $e^+ + e^- \rightarrow 2\gamma$ reagieren (Paarvernichtung), wie ausgehend vom Zustand 1s eingezeichnet ist. Die gezeigte Aufspaltung der Zustände 1s und 2s (→ 11.3.9) ist auf die unterschiedliche Kopplung von Spin und Bahndrehimpuls zurückzuführen.

Dem Energieniveauschema des Positroniums soll nun das Energieniveauschema des Charmoniums gegenübergestellt werden.

Angeregte Mesonen

Das Energieniveauschema des **Charmonium** genannten Mesons aus den charm-Quarks c und c̄ wird durch Messung der Energie emittierter Photonen ermittelt. Diese Energie entspricht einer Energiedifferenz im Energieniveauschema (**Abb. 534.1b**).

Der Vergleich des Energieniveauschemas des Charmoniums mit dem des Positroniums zeigt eine ähnliche Struktur in einem geänderten Energiebereich. Die Anregungsenergie aus einem 1s-Zustand in einen Zustand 2s verändert die Energie und damit die Masse des Systems derart, dass beide Zustände ursprünglich für zwei unterschiedliche Teilchen η (2980) und ψ (3686) gehalten wurden. Den 5,1 eV beim Positronium stehen hier 3686 GeV − 2980 GeV = 706 GeV gegenüber.

Da die Bindung des Systems aus Quarks im Wesentlichen auf der Farbkraft der starken Wechselwirkung beruht, lässt sich aus den Energiestufen des Charmoniums und anderer angeregter Mesonen auf den Verlauf der Farbkraft bei zunehmendem Abstand schließen. Die gegenüber der elektrischen Anziehung geänderte Abstandsabhängigkeit der Farbkraft führt zur unterschiedlichen Lage der jeweiligen 3s-Niveaus.

Die Zuordnung von Mesonenspektren zu denen des Wasserstoffs oder des Positroniums liefert einen tragenden Hinweis auf die Zusammensetzung von Mesonen aus elementaren Bausteinen, den Quarks. Teilchen wie die Leptonen (→ 14.2.3) lassen sich nicht in dieser Form energetisch anregen, demzufolge scheint hier keine Zusammensetzung aus elementaren Bausteinen vorzuliegen, die Teilchen sind selbst elementar.

> Gebundene Systeme aus elementaren Teilchen lassen sich anhand ihrer Energiespektren erkennen. Sie liefern einen indirekten Nachweis der Eigenschaften der beteiligten Quarks und der abstandsabhängigen bindenden Kräfte.

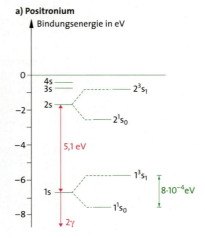
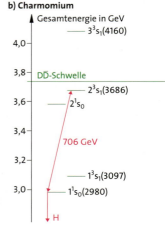

534.1 Die Energieniveau-Schemata von **(a)** Positronium (e⁺e⁻) und **(b)** Charmonium (cc̄), reduziert auf 1s- bis 4s-Zustände, im Vergleich. Die 1s-Zustände sind die Zustände mit der Energiequantenzahl n = 1. Sie spalten jeweils durch die Kopplung von Spin und Bahndrehimpuls in benachbarte Niveaus auf. In beiden Fällen kann das gebundene System aus einem 1s-Zustand in den 2s-Zustand energetisch angeregt werden oder durch die Emission eines Photons die Energiedifferenz abgeben.
Die Emission von Photonen konkurriert beim Charmonium mit der Erzeugung der Mesonen D + D̄ = cū + uc̄. Die für diese zusätzliche Reaktionsmöglichkeit erforderliche Masse des Charmoniums ist als DD̄-Schwelle eingezeichnet.

14.2.3 Die Leptonen

Anders als die sechs Quarks tragen die sechs Leptonen keine Farbladung und bleiben deshalb von der starken Wechselwirkung unbeeinflusst. Wie in der Gesamtübersicht gezeigt (→ **Abb. 531.1**), lassen sich Leptonen wie Quarks in drei Generationen einordnen. Eine weitere Unterteilung trennt die elektrisch geladenen Leptonen (Elektron, Myon und Tauon) von den ungeladenen Leptonen (den drei Neutrinos v_e, v_μ und v_τ). Zu jedem dieser Leptonen existiert ein Antiteilchen.

Sowohl Elektron als auch Myon und Tau tragen eine negative elektrische Elementarladung (e^-, μ^-, τ^-). Deren Antiteilchen (e^+, μ^+, τ^+) weisen eine positive elektrische Ladung auf. Die drei Neutrinos sind elektrisch ungeladen, ein Grund dafür, dass sie nur sehr schwer nachzuweisen sind, da sie allein auf die schwache Wechselwirkung reagieren (**Tab. 535.1**). Die Massenunterschiede zwischen den Leptonen sind beträchtlich. Das Tauon zum Beispiel ist ca. 3500-mal schwerer als das Elektron. Ob Neutrinos eine Masse besitzen, ist eine der wichtigsten Fragen, denen zurzeit nachgegangen wird. Aktuelle Messungen bestimmen die Masse des Elektronneutrinos v_e zu $(0{,}35 \pm 0{,}2)$ eV/c². Eine Masse größer als null stellt aufgrund der sehr großen Anzahl der Neutrinos im Universum einen wesentlichen Teil der Masse des gesamten Universums und damit der Masse der sogenannten „dunklen Materie" dar. Die Größe der Gesamtmasse hat für das dynamische Verhalten des Universums entscheidende Bedeutung.

Die schwache Wechselwirkung

Die starke und die elektromagnetische Wechselwirkung können den Quarktyp nicht ändern. Dennoch werden solche Reaktionen beobachtet. Sie lassen sich als Folge der schwachen Wechselwirkung verstehen. Der β-Zerfall des Neutrons wird mit n → p + e^- + $\bar{v}_e$ (→ **Abb. 537.1a**) beschrieben. Eine genauere Betrachtung erfordert die Zerlegung der Reaktion in Teilschritte, von denen der erste die Wechselwirkung mit dem Feld der schwachen Wechselwirkung beschreibt. Die Schreibweise

$$(u, d, d) \rightarrow (u, d, u) + W^-$$

zeigt neben der Umwandlung eines d- in ein u-Quark ein W^- als Feldquant der schwachen Wechselwirkung. Die zweite Teilreaktion beschreibt die Erzeugung eines Paares von Leptonen aus dem Feldquant W^-:

$$W^- \rightarrow e^- + \bar{v}_e$$

Das Einbeziehen von Feldquanten der schwachen Wechselwirkung in die Reaktionsgleichungen erweist sich als vorteilhaft, da die Eigenschaften der Feldquanten nur bestimmte Reaktionen erlauben, bei denen die

Lepton	Symbol	Ladung in e	Masse in MeV/c²	mittlere Lebensdauer	häufigste Zerfallsprodukte
Elektron-neutrino	v_e	0	0 (?)	∞ (?)	
Elektron	e	−1	0,511	∞	
Myon-neutrino	v_μ	0	0 (?)	∞ (?)	(?)
Myon	μ	−1	105,6	$2{,}197 \cdot 10^{-6}$ s	$e\, v_\mu\, \bar{v}_e$
Tau-neutrino	v_τ	0	0 (?)	∞ (?)	(?)
Tau	τ	−1	1777	$2{,}91 \cdot 10^{-13}$ s	$p^-\, v_\tau$

535.1 Leptonen und ihre Eigenschaften

Erhaltung der Farbladung, der elektrischen Ladung und, wie sich zeigen wird, der schwachen Ladung gilt.

Bei den Teilchenreaktionen der schwachen Wechselwirkung erfolgt die Änderung der elektrischen Ladung um ganzzahlige Werte, da die elektrisch geladenen Quanten des Feldes die elektrische Ladung e (das W^+) und $-e$ (das W^-) haben. Die Feldquanten W^+ und W^- weisen mit $m = 80{,}4$ GeV/c² sehr große Massen auf und werden vom ungeladenen Z^0 mit $m = 91{,}2$ GeV/c² noch übertroffen. Diese Tatsache unterscheidet sie von allen anderen Feldquanten und bewirkt die kurze Reichweite der schwachen Wechselwirkung.

Die unterschiedlichen Eigenschaften der Teilchen in Bezug auf die schwache Wechselwirkung werden durch die sogenannte 3. Komponente T_3 des *schwachen Isospins* charakterisiert. Für diese gilt bei Teilchenreaktionen wie z. B. für die elektrische Ladung ebenfalls ein Erhaltungssatz. Die Leptonen e^-, μ^-, τ^- sowie die Antineutrinos $\bar{v}_e$, $\bar{v}_\mu$ und $\bar{v}_\tau$ haben die 3. Komponente $T_3 = -\frac{1}{2}$, deren Antiteilchen den Wert $T_3 = +\frac{1}{2}$. Da die Feldquanten W^+, W^- und Z^0 die Werte $T_3 = +1, -1, 0$ tragen, erfolgen die Reaktionen mit ihnen unter Erhaltung der elektrischen Ladung und der schwachen Ladung, wobei diese sogar innerhalb einer Teilchengeneration erhalten bleibt.

> Die schwache Wechselwirkung mit sehr kurzer Reichweite hat die elektrisch geladenen Feldquanten W^+ und W^- sowie das ungeladene Z^0.
> Sie wirkt auf alle Teilchen, und sie kann als einzige Wechselwirkung unmittelbar den Quarktyp ändern.

Mit der Entwicklung einer elektroschwachen Theorie, also der Vereinheitlichung der elektromagnetischen und der schwachen Wechselwirkung, gelang es, das Photon γ und die drei schweren Feldquanten der schwachen Wechselwirkung (W^+, W^- und Z^0) in einer Theorie zusammenzufassen.

14.2.4 Reaktionen im Standardmodell

Tab. 536.1 enthält die Informationen zur Beschreibung von Teilchenprozessen. Die linke Seite der Tabelle enthält die drei Generationen der Teilchen, die rechte Seite beschreibt die Reaktionen der Teilchen mit den Feldquanten der schwachen Wechselwirkung.

Streuprozesse

Streuprozesse fassen Teilchenreaktionen zusammen, bei denen ein einlaufendes Teilchen mit einem Feldquant in Wechselwirkung tritt (**Abb. 536.2 a, b**). Die so geänderten Eigenschaften des auslaufenden Teilchens genügen folgenden Regeln: Wenn ein Teilchen zu einem anderen Teilchen *derselben* Generation reagiert, ändert sich seine Ladung, sodass solche Reaktionen wegen der Ladungserhaltung nur durch Emission oder Absorption von geladenen Feldquanten stattfinden können, also von W^+- oder W^--Teilchen der schwachen Wechselwirkung. Die elektrische Ladung ändert sich dann um eine ganze Elementarladung.

Reaktionen mit neutralen Feldquanten wie

$$\mu^- \to e^- + Z^0$$

werden nicht beobachtet.
Nachgewiesen hingegen sind Streuprozesse, bei denen ein Teilchen ein ungeladenes Feldquant emittiert oder absorbiert, z. B.

$$\nu_e + Z^0 \to \nu_e \quad \text{oder} \quad e^- \to e^- + \gamma.$$

Da die Ladung der Leptonen ganzzahlig, die der Quarks aber gebrochen ist, können sich Quarks schon deshalb nicht einzeln in Leptonen umwandeln oder umgekehrt. Auch die Reaktionen in Teilchen einer anderen Generation erfolgen bei Quarks nur über die geladenen Feldquanten der schwachen Wechselwirkung und dann mit sehr geringer Wahrscheinlichkeit.

Paarerzeugung und Paarvernichtung

Die Reaktionen von Teilchen*paaren* mit Feldquanten werden **Paarerzeugung** und **Paarvernichtung** genannt. Die Erhaltung der elektrischen Ladung erfordert für das Teilchenpaar eine ganzzahlige elektrische Ladung. Ungeladene Teilchenpaare können zu ungeladenen Feldquanten (γ, Z^0, g) reagieren, z. B.

$$e^+ + e^- \to \gamma \quad \text{oder} \quad e^+ + e^- \to g.$$

Ist die Summe ihrer elektrischen Ladung genau eins, so reagieren sie zu einem elektrisch geladenen Feldquant $W^\pm$ der schwachen Wechselwirkung:

$$u + \bar{d} \to W^+$$

Abb. 536.2 fasst die vier Elementarreaktionen zusammen und stellt sie als sogenannte Feynman-Diagramme dar.

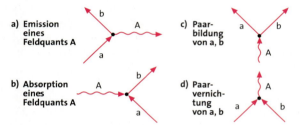

536.2 Feynman-Diagramme der Elementarreaktionen:
a) Ein einlaufendes Teilchen a emittiert am Vertex (engl. für Knoten) ein Feldquant A und läuft als auslaufendes Teilchen b im Feynman-Graphen vom Vertex weg. Ein Beispiel für diesen Grundprozess ist die Emission eines Photons.
b) Ein einlaufendes Teilchen a absorbiert am Vertex ein Feldquant A und läuft als auslaufendes Teilchen b im Feynman-Graphen vom Vertex weg. Ein Beispiel für diesen Grundprozess ist die Absorption eines Photons.
c) Ein einlaufendes Feldquant A bildet am Vertex zwei Teilchen a und b. Zum Beispiel kann ein einlaufendes e^+e^- Paar über ein Z^0 ein Quark-Antiquark-Paar erzeugen.
d) Zwei einlaufende Teilchen a und b treffen am Vertex zusammen und reagieren zu einem Feldquant A.

Ladung	Teilchen 1. Generation	Masse in MeV	Teilchen 2. Generation	Masse in MeV	Teilchen 3. Generation	Masse in MeV	Reaktionen
0 e	ν_e	< 0,35·10⁻⁶	ν_μ	< 190·10⁻³	ν_τ	< 18	
−1 e	e^-	0,511	μ^-	105,6	τ^-	1777	Emission W^-
0 e	$\bar{\nu}_e$	< 0,35·10⁻⁶	$\bar{\nu}_\mu$	< 190·10⁻³	ν_τ	< 18	
+1 e	e^+	0,511	μ^+	105,6	τ^+	1777	
+2/3 e	u	4	c	1300	t	174 000	Absorption W^-
−1/3 e	d	7	s	150	b	4500	
−2/3 e	$\bar{u}$	4	$\bar{c}$	1300	$\bar{t}$	174 000	
+1/3 e	$\bar{d}$	7	$\bar{s}$	150	$\bar{b}$	4500	

536.1 Elementarreaktionen der schwachen Wechselwirkung im Standardmodell. Ein Beispiel: $d \to u + W^-$.

Das Standardmodell

Teilchenreaktionen

Myonenzerfall (Abb. 537.1 b): Als Lepton kann das μ^- nur wieder in ein Lepton zerfallen. Der direkte Zerfall in ein Elektron ist nicht möglich, da das Elektron einer anderen Generation angehört. Es bleibt die Reaktion zu einem Myon-Neutrino ν_μ unter Emission eines W^-. Das W^- zerfällt wie beim β-Zerfall in ein Elektron und ein Antineutrino.

Mesonenzerfall (Abb. 537.1 c): Mesonen bestehen aus einem Quark-Antiquark-Paar und reagieren daher bevorzugt durch Paarvernichtung. So reagieren das $\bar{u}$ und d-Quark des π^- zu einem W^-. Da das W^- durch den Zerfall des π^- ausreichend Energie hat, reagiert es weiter zu den schwereren Leptonen μ^- und $\bar{\nu}_\mu$.

Zerfall eines seltsamen Teilchens (Abb. 537.1 d): Das s-Quark des $\Lambda^0 = $ (uds) kann nicht zu einem anderen Quark derselben Generation reagieren, da das c-Quark wesentlich schwerer ist. Es reagiert daher unter Emission eines W^- zu einem u-Quark. Das u bildet mit dem (ud) ein Proton, während das W^- hier sogar ausreichend Energie besitzt, als Reaktionsprodukt ein Quark-Antiquark-Paar ($\bar{u}$d), also ein π^-, zu erzeugen.

Erzeugung von Pionen: Das Quark eines hochenergetischen Protons kann ein Gluon emittieren, das durch Paarbildung ein Quark-Antiquark-Paar bildet. Es entstehen ein π^+ und ein Neutron (**Abb. 537.2 a**). Die Kombination ($u\bar{u}$) hätte ein π^0 und ein Proton erzeugt.

Erzeugung von s-Quarks (Abb. 537.2 b): Bei einem hochenergetischen Proton-Pion-Stoß reagiert das u des Protons mit dem $\bar{u}$ des Pions zu einem Gluon, das ein schweres $s\bar{s}$-Paar erzeugt. Es entstehen ein Meson (K^0) und ein Baryon (Λ^0).

Kernkräfte: Die Nukleonen, die die Atomkerne aufbauen, sind nach außen farbneutral. Erst bei sehr kleinen Abständen können die in ihnen enthaltenen Quarks über die Farbkraft miteinander wechselwirken. Beim einfachsten Prozess dieser Art wird zwischen zwei Nukleonen ein Quark ausgetauscht. Beim Prozess von **Abb. 537.3 a)** reagiert ein Proton zu einem Neutron und umgekehrt.

Bei größerem Abstand der Quarks lässt sich die Bindung mit der Emission und Absorption eines Pions beschreiben (**Abb. 537.3 b**).

Die Kernkraft ist damit ein Nebeneffekt der starken Farbkraft, die die Nukleonen zusammenhält. Mit dem größeren Kontaktbereich vieler Nukleonen steigt damit auch die Bindungsenergie. Das Tröpfchenmodell des Atomkerns (→ 14.4.3) erfährt so eine tiefere Begründung.

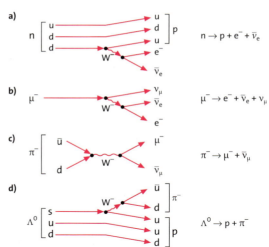

537.1 Teilchenprozesse der schwachen Wechselwirkung: **a)** Der β-Zerfall; **b)** Zerfall des Myons; **c)** Pionen-Zerfall; **d)** Zerfall eines seltsamen Teilchens

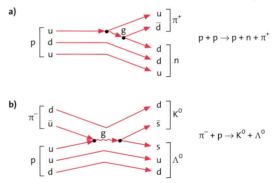

537.2 Teilchenprozesse der starken Wechselwirkung: **a)** Erzeugung von Pionen bei Proton-Proton-Stößen (ein Proton gezeichnet); **b)** Erzeugung von s-Quarks bei Pion-Proton-Stößen

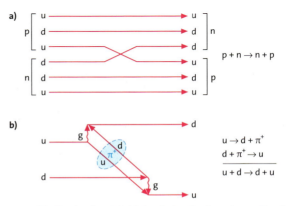

537.3 Die Kernkraft entsteht durch den Austausch von Quarks **(a)** bzw. durch die Wechselwirkung mit dem Farbfeld durch Gluonen und den Austausch farbloser Pionen **(b)**

15 ASTROPHYSIK

Das astronomische Wissen der Griechen (→ 2.1.2) wurde nach dem Ende der antiken Hochkultur von islamischen Gelehrten im Nahen Osten, in Nordafrika und dem maurischen Spanien übernommen. Während sich Europa im Mittelalter unter dem Einfluss der Kirche von der Forschung abwandte, erlebte die Astronomie vom 8. bis 14. Jahrhundert in den arabischen Ländern eine Blütezeit. Zeugnisse dieser Epoche sind die arabischen Namen vieler Sterne wie *Beteigeuze* und *Rigel* (Schulter- bzw. Fußstern des Himmelsjägers Orion) und auch die Begriffe *Zenit* und *Azimut* sind arabischen Ursprungs. Derart bereichert wurde das antike Wissen dem Europa der Renaissance übergeben, wo in Florenz GALILEI mit einem Fernrohr 1610 die Monde des Jupiters entdeckte. Die ersten großen Teleskope baute der Engländer Wilhelm HERSCHEL (1738–1822).

15.1 Die Erforschung des Weltalls

Zu Beginn des 20. Jahrhunderts stützte sich die Vorstellung vom Universum noch weitgehend auf die Erkenntnisse HERSCHELS: Die Untersuchung des von Sternen übersäten Bandes der Milchstraße hatte zu dem Schluss geführt, die Sterne seien in einer linsenförmigen Anordnung gruppiert. Die Sonne sollte sich in der Nähe des Zentrums dieses Sternensystems befinden, das HERSCHEL Galaxie (gala, griech.: Milch) nannte.

1918 zeigte der amerikanische Astronom H. SHAPLEY anhand der Verteilung kugelförmiger Sternhaufen, dass sich die Sonne nicht im Zentrum, sondern am galaktischen Rand befindet. Doch was war außerhalb der Galaxie? Welche Bedeutung hatten insbesondere die Nebel, von denen einige, wie der Orion-Nebel, ohne Zweifel zur Milchstraße gehörten, andere aber eigene Sternsysteme zu sein schienen? 1923 beantwortete Edwin HUBBLE (1889–1953) diese Fragen, indem er das damals größte Spiegelteleskop auf den mit bloßem Auge gerade noch sichtbaren Andromeda-Nebel richtete. Mit dem 2,54 m-Reflektor des Mount-Wilson-Observatoriums fotografierte er eine spiralförmige Insel von Sternen, eine Galaxie ähnlich der unsrigen (**Abb. 538.1**).

Im zwanzigsten Jahrhundert wurden Teleskope mit zunehmend größerem Durchmesser des Primärspiegels gebaut, wie z. B. 1948 das berühmte 5,08 m-Teleskop auf dem Mt. Palomar und 1996 die beiden baugleichen 10 m-Teleskope des Keck-Observatoriums auf dem 4200 m hohen Mauna Kea auf Hawaii.

538.1 Die Andromeda-Galaxie M31 ist die 2,5 Mio. Lichtjahre entfernte Schwestergalaxie unserer Milchstraße, mit der sie zusammen den Kern der *Lokalen Gruppe* bildet. Die gegenseitige Gravitation hält beide Galaxien zusammen. Die Sterne im Vordergrund gehören zur Milchstraße.

538.2 Die berühmte *Deep-Field-Aufnahme* entstand, als im Dezember 1995 das Hubble-Teleskop zehn Tage lang auf eine Stelle gerichtet war, die durch die Atmosphäre gesehen frei von Sternen und Galaxien schien. Doch der Ausschnitt ist übersät mit Galaxien, die Milliarden Lichtjahre entfernt sind.

Erforschung des Weltalls

15.1.1 Optische Astronomie heute

Heute werden nur noch Spiegelteleskope gebaut: Ein möglichst großer Primärspiegel sammelt das einfallende Sternenlicht und lenkt es auf einen in der Mitte des primären Strahlengangs befindlichen kleinen Sekundärspiegel. Dieser reflektiert das Licht durch eine Öffnung im Primärspiegel zu einem reellen Bild hinter dem Spiegel (Cassegrain-Fokus), wo sich die Aufnahmegeräte befinden.

Die Beugung der Lichtwellen an der Eintrittsöffnung eines Teleskops begrenzt dessen Auflösungsvermögen, denn ein punktförmiger Stern wird als *Beugungsscheibchen* abgebildet (→ 7.3.7). Bei den heute üblichen Durchmessern der Primärspiegel von ca. 8 m hat das Scheibchen einen Durchmesser von etwa 2 µm. Wegen der *Unruhe* der Luft wird es aber zu einer 100-mal größeren Scheibe verschmiert. Daher wurde 1990 das von der NASA unter Beteiligung der europäischen Raumfahrtbehörde ESA (European Space Agency) entwickelte *Hubble-Observatorium* in eine 615 km hohe Erdumlaufbahn gebracht. Sein 2,4 m-Spiegel lieferte Bilder von zuvor nicht gekannter Auflösung (**Abb. 538.2**).

Die Entwicklung von erdgebundenen Teleskopen ersetzte den einen großen Primärspiegel durch mehrere Primärspiegel, deren Bildsignale zu einem Bild addiert werden. Außerdem werden die Spiegel nicht mehr auf massiven Glasblöcken aufgebracht, sondern sind in viele dünne, leicht und elastisch gehaltene Spiegelsegmente unterteilt. Ein computergestütztes Lagerungssystem wirkt als *aktive Optik*, indem es Deformationen ausgleicht und so für eine optimale Form der Spiegeloberfläche bei allen Neigungen und Temperaturen des Teleskops sorgt. Im Zusammenspiel mit der *aktiven Optik* arbeitet die *adaptive Optik* (→ S. 313). Beim Gang der Lichtwellen durch die inhomogene, sich ständig ändernde Luftschicht werden die Wellenfronten *verbogen*. Mit der *adaptiven Optik* wird diese Verbiegung ausgeglichen, indem in jedem der Spiegelsegmente die momentane Verkippung der Wellenfront mithilfe des Lichts des Leitsterns, nach dem sich das Teleskop ausrichtet, gemessen wird. Schnelle Prozessrechner werten die Daten aus und eine Elektronik steuert Stellglieder auf der Rückseite der Segmente, die die Oberfläche so verändern, dass verzögerte Bereiche der Wellenfront auf eine Erhebung und vorauseilende auf eine Vertiefung treffen. Auf diese Weise wird die verbogene Wellenfront geglättet, sodass alle Bereiche *in Phase* in der Bildebene ankommen.

Mit dieser Technik sind auch die neuesten Observatorien ausgestattet: das LBT (Large Binocular Telescope) auf dem Mount Graham in Arizona in 3190 m Höhe, an dem die Max-Planck-Gesellschaft zu einem Viertel be-

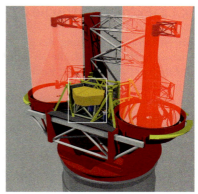

539.1 Schemazeichnung des LBT (Large Binocular Telescope) mit zwei Sammelspiegeln von je 8,4 m Durchmesser.

539.2 VLT (Very Large Telescope) des ESO (European Southern Observatory) auf dem Cerro Paranal (2635 m) in Nordchile.

teiligt ist (**Abb. 539.1**), und das VLT des ESO (European Southern Observatory mit Sitz in Garching) auf dem Cerro Paranal in der Atacama-Wüste in Nordchile (**Abb. 539.2**). Das Licht der beiden Spiegel des LBT soll bis 2007 kohärent, also unter Berücksichtigung von Amplitude und Phase, zu einem *Interferogramm* zusammengefügt werden. Dadurch erreicht das Teleskop die Auflösung eines 23 m-Spiegels und übertrifft die des Hubble-Teleskops um das 10-Fache. Auch das Licht der vier 8,4 m-Spiegel des um die Jahrtausendwende in Betrieb gegangenen VLT soll interferometrisch zum VLTI (Very Large Telescope Interferometer) zusammengeführt werden. 2003 gelang die erste jemals durchgeführte interferometrische Beobachtung im thermischen Infrarot.

Aufgaben

1. Zeichnen Sie den Strahlengang in einem Linsenteleskop (Refraktor) und einem Spiegelteleskop (Reflektor).
2. Berechnen Sie den theoretischen Durchmesser eines Sternscheibchens eines Reflektors, der einen Durchmesser von $d = 5$ m und eine Brennweite von $f = 8,5$ m hat.

Erforschung des Weltalls

15.1.2 Extraterrestrische Observatorien

Im Weltall tritt Strahlung des gesamten elektromagnetischen Spektrums auf, die an der Erdoberfläche aber nur im Sichtbaren und im Radiowellenbereich empfangen werden kann (**Abb. 540.1**). Das Infrarot wird in weiten Bereichen, die höher energetische UV-, Röntgen- und Gammastrahlung werden fast vollständig von der Erdatmosphäre absorbiert. Doch seit den Sechzigerjahren können auch diese Strahlungsarten mit Satelliten außerhalb der Atmosphäre *extraterrestrisch* erforscht werden. Die erforderlichen Messgeräte wurden zu einer solchen Qualität hinsichtlich Abbildung, Empfindlichkeit und Auflösungsvermögen entwickelt, dass die elektromagnetische Strahlung aus dem Weltall bei allen Wellenlängen untersucht werden kann.

Die **Röntgen-Astronomie** blickt auf eine Reihe erfolgreicher, seit den Siebzigerjahren gestarteter Röntgen-Observatorien zurück. 1999 wurden der europäische Röntgensatellit XMM-Newton (X-Ray Multi Mirror Mission) und der amerikanische Röntgensatellit *Chandra* (benannt nach dem indischen Physiker S. CHANDRASEKHAR) gestartet. Beide Observatorien besitzen eine abbildende Röntgenoptik, die auf einer Erfindung des Kielers Hans WOLTER aus dem Jahre 1951 beruht: Röntgenstrahlen werden von keinem Material gebrochen und an Metalloberflächen diffus gestreut. Nur unter nahezu streifendem Einfall kommt es bei Röntgenstrahlen bis 5 keV zu einer Reflexion. Ein Spiegelelement besteht daher aus einer Röhre, die sich konisch in einer genau berechneten parabolischen, im weiteren Verlauf hyperbolischen Form verjüngt, um die in axialer Richtung einfallende Strahlung durch Mehrfachreflexion in einer Brennebene zu vereinen. Das Wolter-Spiegelsystem von XMM-Newton besteht aus 58 goldbeschichteten konzentrischen Schalen, die sich in einer 10 m langen Röhre von 2,5 m Durchmesser befinden (**Abb. 540.2**). Damit wird eine Winkelauflösung von weniger als einer Bogensekunde erreicht. Inzwischen sind bereits mehr als 100 000 Röntgenquellen sowohl innerhalb als auch außerhalb unserer Galaxie erfasst. Röntgenstrahlung geht von hoch beschleunigten und damit sehr heißen Gasen aus. Strahlungsquellen sind galaktische Zentren, Weiße Zwerge und kollabierte Sterne (→ 15.2.8). Auch *Quasare* sind Quellen intensiver Röntgenstrahlung (s. Exkurs).

Bei noch kürzeren Wellenlängen im Bereich der **Gamma-Astronomie** arbeitet das *Compton-Observatorium* CGRO (Compton Gamma Ray Observatory). In einer 450 km hohen Kreisbahn suchen vier Instrumente den Himmel nach Gammastrahlung ab. Darunter ist das in internationaler Zusammenarbeit unter Leitung des MPE in Garching entwickelte *Compton-Teleskop*. Es kann punktförmige und diffuse Quellen im Bereich 1 MeV ≤ hf ≤ 10 MeV abbilden.

Wertvolle Erkenntnisse über das Universum liefert die **Infrarot-Astronomie.** Infrarote Strahlen durchdringen interstellare Staubwolken nahezu ungeschwächt und erlauben Einblicke in Regionen, die sonst nicht zu beobachten wären. So müsste das Zentrum unserer Galaxie eigentlich hell leuchten, wäre es nicht von riesigen Staubwolken erfüllt. Tatsächlich besitzt der *Infrarot-Himmel* in seinem Zentrum einen hell leuchtenden Kern (**Abb. 541.1**).

Die Sternentstehung ist ein weiteres Anwendungsgebiet der Infrarot-Astronomie. Sterne entstehen aus der Kondensation interstellarer Materie (→ 15.2.6). Junge Sterne sind daher von Staubwolken verhüllt, verraten sich aber durch die Infrarotstrahlung der sie umgebenden Materie.

Messungen im Infraroten werden dadurch behindert, dass bei Umgebungstemperaturen von 300 K jeder Gegenstand, so auch die Messapparatur selbst, eine in-

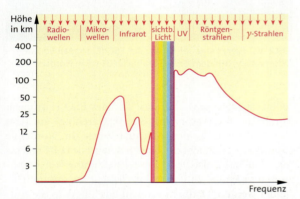

540.1 Abhängig von der Wellenlänge absorbiert die Erdatmosphäre elektromagnetische Strahlung unterschiedlich stark. Dargestellt ist die Höhe, in der merkliche Absorption einsetzt. Nur Radiowellen und sichtbares Licht gelangen nahezu ungehindert zur Erdoberfläche. Oberhalb 300 km können alle Strahlungsarten ohne Abschwächung von Satelliten gemessen werden.

540.2 In der 10 m langen Röhre des 1999 gestarteten Observatoriums XMM-Newton befindet sich die abbildende Röntgenoptik.

tensive Infrarotstrahlung aussendet. Hier hilft das im Weltraum herrschende Vakuum. Indem es einen Wärmeaustausch durch Konvektion verhindert, kann durch Kühlen des gesamten Teleskops dieses Problem gelöst werden. Der 1983 gestartete erste Infrarot-Satellit IRAS (Infrared Astronomical Satellite) war vor dem Start mit 475 kg supraflüssigem Helium (II) gefüllt worden. Durch langsames Verdampfen hielt das Kühlmittel den Teleskoptubus und die Spiegel auf einer Temperatur von 10 K. Nach zehn Monaten war das Kühlmittel verbraucht und das Ende der Mission gekommen. Seit November 1995 befindet sich der europäische Satellit ISO (Infrared Space Observatory) in einer Umlaufbahn. Aufnahmen seiner IR-Kamera zeigen eine noch nie erreichte Schärfe (**Abb 541.1**).

Nach 2007 sind Weltraumteleskope geplant, die im *äußeren Lagrange-Punkt* stationiert sein werden. In diesem 1,5 Mio. km von der Erde entfernten Punkt umkreist ein Satellit die Sonne synchron mit der Erde.

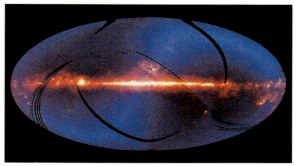

541.1 Von ISO aufgenommene Projektion des Himmels im Infraroten. Die galaktische Ebene verläuft horizontal. Es ist eine Falschfarben-Reproduktion, bei der die drei Wellenlängenbereiche um 12 µm, 60 µm und 100 µm in den Farben Blau, Grün und Rot wiedergegeben sind. Die schwarzen Streifen sind Gebiete, die bei der Durchmusterung nicht erfasst wurden. Das Zentrum der Milchstraße, 30 000 Lichtjahre von uns entfernt, strahlt durch den dichten Staubschleier, der es bei Aufnahmen im sichtbaren Licht verbirgt.

Exkurs

Quasare – Strahlungsmonster im fernen Universum

Quasare, von denen inzwischen über 1000 entdeckt wurden, sind die leuchtkräftigsten Erscheinungen im Kosmos. In unserer kosmischen Nachbarschaft – bis in eine Entfernung von 1 Mrd. Lj – kommt auf eine Million Galaxien nur ein Quasar. Doch bei einer Distanz von 10 Mrd. Lj ist die Häufigkeit tausendmal größer. Damit gehören Quasare auch zu den entferntesten Objekten. Ihr Durchmesser ist dabei in kosmischen Maßstäben betrachtet winzig klein: Licht bräuchte nur einige Tage, um sie zu durchqueren. Aufgrund von Beobachtungen im gesamten elektromagnetischen Strahlungsbereich ist heute bekannt, dass es sich um die Kerne von außerordentlich aktiven Galaxien handelt. Ihre Aktivität führt dazu, dass Quasare heller als 100 Galaxien strahlen, von denen jede, wie beispielsweise die Galaxie M 31 (→ **Abb. 538.1**), etwa 10 Mrd. Sterne besitzt. Weil uns nur ein verschwindend kleiner Bruchteil der ungeheuren Strahlungsleistung erreicht, fallen diese Objekte nicht mit bloßem Auge auf.

Der zuerst entdeckte Quasar ist auf einer mehr als 100 Jahre alten Fotoplatte, die den Himmel im Sternbild Jungfrau wiedergibt, als gewöhnlicher Stern mittlerer Helligkeit registriert und wird im *3. Cambridge Katalog* unter der Nummer 3C273 geführt. Aber erst 1962 wurde seine wahre Natur offenbar, als versucht wurde, mit der 64 m hohen Parabolantenne in Parkes (Neusüd-

wales) eine Quelle starker Radiostrahlung in Übereinstimmung mit bereits bekannten Himmelsobjekten zu bringen. Allein mit der Parabolantenne wäre eine ausreichend genaue Positionsbestimmung nicht möglich gewesen. Glücklicherweise wurde aber die Radioquelle dreimal vom Mond bedeckt, sodass mit den Zeitpunkten des Verschwindens und Wiederauftretens des Radiosignals und der Kenntnis der Mondbahn die Himmelskoordinaten genau angegeben werden konnten. Die Positionen stimmen exakt mit denen jenes unscheinbaren Sterns überein, der fortan *quasistellare Radioquelle* oder kurz *Quasar* genannt wurde. Beim Studium der Spektren dieser Quasare zeigt auch die starke Rotverschiebung (→ 9.2.9), dass es sich um keine gewöhnlichen Himmelsobjekte handeln kann. Schließlich wurde 3C273 auch von Röntgen-Observatorien aufgrund seiner starken Röntgenstrahlung entdeckt, so wie die beiden Quasare auf der Abbildung. Die Aufnahme zeigt einen von Röntgenquellen übersäten Himmelsausschnitt. Zwei besonders intensive Quellen erwiesen sich ebenfalls als Quasare. Der Quasar oben links strahlt nur deswegen so schwach, weil er mehr als 10 Mrd. Lichtjahre entfernt ist.

Ungeklärt ist bis heute die Ursache für die ungeheure Intensität der Quasare. Jüngste Beobachtungen lassen vermuten, dass beim Zusammenstoß von Galaxien *Schwarze Löcher* mit Milliarden Sonnenmassen als Zentren von Quasaren entstehen.

Erforschung des Weltalls

15.1.3 Die Entfernungen der Sterne und der Galaxien

Jede Methode zur astronomischen Entfernungsmessung gilt nur für einen bestimmten Entfernungsbereich. Erst durch Aneinanderreihen verschiedener Methoden kann die *kosmische Entfernungsleiter* von Sprosse zu Sprosse erklommen werden.

Die jährliche Fixsternparallaxe

Gemessen wird die Verschiebung der Position eines *nahen* Sterns vor dem Hintergrund des *weit entfernten* Fixsternhimmels bei der jährlichen Bewegung der Erde um die Sonne (→ 2.1.2). Der Winkel, unter dem die große Halbachse *a* der Erdbahn vom Stern aus gesehen erscheint, heißt **Parallaxe π** des Sterns. Mit der Entfernung *d* des Sterns gilt in guter Näherung $\pi = a/d$, denn die Parallaxe π ist stets kleiner als eine Bogensekunde. Als **astronomische Entfernungseinheit** Parsec (pc) ist die Entfernung definiert, aus der die große Halbachse der Erdbahn $a = 146{,}9$ Mio. km unter der Parallaxe $\pi = 1$ Bogensekunde erscheint. Es folgt mit $1'' = 1°/3600 = \pi/180 \cdot 1/3600$ rad für $d = 1$ Parsec

$$d = \frac{a}{\pi} = \frac{1{,}496 \cdot 10^{11}\ \text{m}}{1''} = 3{,}086 \cdot 10^{16}\ \text{m} = 1\ \text{pc (Parsec).}$$

Die Entfernungseinheit Lichtjahr (1 Lj) ist die Entfernung, die das Licht in einem Jahr zurücklegt:

$$d = c \cdot 1\ a = 9{,}461 \cdot 10^{15}\ \text{m} = 1\ \text{Lj}$$

> **Parsec** (1 pc) und **Lichtjahr** (1 Lj) sind astronomische Entfernungseinheiten. Es gilt:
>
> $1\ \text{pc} = 3{,}086 \cdot 10^{16}\ \text{m} = 3{,}26\ \text{Lj}$

Weil die Messgenauigkeit mit *erdgebundenen* Teleskopen auf 0,01 Bogensekunden begrenzt ist, reicht die Entfernungsskala mit dieser Methode nur bis zur Größenordnung von etwa 100 Lichtjahren. Von großer Bedeutung war daher der 1989 gestartete europäische Astrometrie-Satellit *Hipparcos*, der im Verlaufe seiner vierjährigen Mission die Entfernung und Bewegung von 120 000 Sternen mit einer Präzision von 0,001 Bogensekunden und damit bis zu einer Entfernung von 1000 Lj vermessen konnte.

Cepheiden-Veränderliche

1784 entdeckte der englische Astronom J. GOODRICH, dass der Stern Delta Cephei mit großer Regelmäßigkeit in seiner *Helligkeit* (→ 15.2.2) schwankt. Mit einer Periode von 5,4 Tagen nimmt diese innerhalb von 1,5 Tagen

schnell auf den 2,5-fachen Wert zu, um dann langsam in etwa 4 Tagen auf den alten Wert abzufallen (s. Exkurs). Heute sind weit über 10 000 Veränderliche bekannt, die nach ihrem Prototyp Delta Cephei als *Cepheiden-Veränderliche* (sprich *Kefe-iden*) bezeichnet werden. Die Periodendauer reicht von wenigen Stunden bis zu mehr als 700 Tagen.

Die Bedeutung der Cepheiden erkannte die amerikanische Astronomin H. LEAVITT, als sie 1908 Veränderliche in der Magellan'schen Wolke untersuchte. Da alle Sterne in dieser 180 000 Lj entfernten Begleitgalaxie der Milchstraße praktisch gleich weit entfernt sind, konnte LEAVITT entdecken, dass ein linearer Zusammenhang zwischen der absoluten Helligkeit der Sterne und der Periodendauer ihrer Helligkeitsschwankungen besteht. Ein Cepheiden-Veränderlicher ist umso heller, je länger seine Periode ist. Damit war eine hervorragende Methode zur Entfernungsbestimmung gefunden, denn die Helligkeit nimmt mit dem Quadrat der Entfernung *r* ab, da sich die Energie des Lichts über eine mit r^2 wachsende Kugelfläche verteilt. Unabhängig von der Entfernung kann aus der Periodendauer die *absolute Helligkeit* bestimmt werden und aus dem Vergleich mit der gemessenen *scheinbaren Helligkeit* ergibt sich die Entfernung. Mit den 1923 von E. HUBBLE im Andromedanebel entdeckten Cepheiden-Veränderlichen wurde erstmals eine intergalaktische Entfernung bestimmt.

Eine exakte Kalibrierung der Methode, die zunächst nur relative Entfernungsbestimmungen zulässt, war erst mit dem Astrometrie-Satelliten *Hipparcos* möglich, der 273 Cepheiden parallaktisch vermessen hat. So kann heute die Entfernung zur Andromeda-Galaxie zuverlässig mit 2,5 Mio. Lj angegeben werden.

Zu berücksichtigen ist allerdings, dass interstellarer Staub das Licht der Sterne absorbiert und streut, sodass deren scheinbare Helligkeit korrigiert werden muss. Dabei hilft heute die Lichtmessung mit CCDs (engl., charge-coupled device), das sind lichtempfindliche Silicium-Sensoren, mit denen das Licht nicht nur mit höherem Wirkungsgrad (50 % gegenüber 10 % der früheren Fotoplatten), sondern auch mit nahezu gleicher Empfindlichkeit im gesamten Spektralbereich gemessen werden kann. Interstellarer Staub streut aber das Licht am stärksten im Blauen und am wenigsten im Roten oder Infraroten. Aufgrund der unterschiedlich starken Streuung kann interstellarer Staub erkannt werden.

Indem das Hubble-Teleskop einzelne Sterne in mehr als 100 Mio. Lj entfernten Galaxien abbilden kann, konnte die Cepheiden-Methode zu größeren Entfernungen hin ausgedehnt werden. Mit Cepheiden im Virgo-Haufen gelang die Entfernungsbestimmung der einzelnen Galaxien sehr genau zwischen 50 und 100 Mio. Lj.

Die Tully-Fisher-Relation

Eine sehr erfolgreiche Methode, um weiter in das All hinaus zu gelangen, ist die seit den Siebzigerjahren angewandte Tully-Fisher-Relation. Nahezu alle Galaxien rotieren, was mit der 21 cm-Linie des Wasserstoffs erkannt wird: Protonen haben ebenso wie Elektronen einen Spin (→ 11.3.8). Beim H-Atom haben die Spins von Elektron und Proton zwei Einstellmöglichkeiten, parallel und antiparallel zueinander. Die parallele Einstellung hat eine um $\Delta E \approx 6 \cdot 10^{-6}$ eV höhere Energie, sodass beim Übergang vom parallelen in den antiparallelen Zustand Strahlung der Frequenz $f = \Delta E/h = 1430$ MHz mit der Wellenlänge 21,1 cm emittiert wird. Das Wasserstoffgas in den Spiralarmen der Galaxien sendet diese Strahlung aus, wobei die 21 cm-Linie eine Doppler-Verschiebung erfährt, je nachdem ob sich das Gas aufgrund der Rotation der Galaxie auf den Beobachter zu oder von ihm weg bewegt (→ 9.2.9). Es besteht ein linearer Zusammenhang zwischen der Helligkeit der Galaxie und der Rotationsgeschwindigkeit. Hellere Galaxien sind massereicher und rotieren langsamer als solche mit geringerer Masse. Bei nahen Galaxien wird diese Methode, die bis zu 1 Mrd. Lj weit reicht, mit Cepheiden kalibriert.

Supernovae vom Typ Ia

Entfernungsindikatoren bis zu mehreren Milliarden Lj wurden in den *Supernovae des Typs Ia* gefunden. Sternexplosionen dieses Typs ereignen sich, wenn in einem Doppelsternsystem Materie von einem normalen Stern auf einen Weißen Zwerg strömt. Überschreitet die Masse des Zwergsterns eine bestimmte Stabilitätsgrenze,

543.1 Supernovae vom Typ Ia, wie hier SN1994D links unten, sind wichtige Indikatoren für Entfernungen bis zu mehreren Milliarden Lichtjahren.

kommt es zu einer explosionsartigen Zündung der Fusion von Kohlenstoffkernen, in deren Folge sich der Stern aufbläht und für etwa 60 Tage so hell erstrahlt wie die gesamte Galaxie (**Abb. 543.1**). Aus wahrer und scheinbarer Helligkeit kann die Entfernung bestimmt werden.

> **Fixsternparallaxe, Cepheiden-Veränderliche, Tully-Fisher-Relation** und **Supernovae vom Typ Ia** sind wichtige Entfernungs-Indikatoren.

Aufgaben

1. Procyon hat die Parallaxe $\pi = 0{,}286''$. Bestimmen Sie seine Entfernung in Parsec und in Lichtjahren.
2. δ Cephei ist 291 pc entfernt. Bestimmen Sie den Faktor, um den seine scheinbare Helligkeit größer ist als die eines gleichen Sterns in der 180 000 Lj entfernten Magellan'schen Wolke.

Exkurs

Warum pulsieren die Cepheiden?

Cepheiden-Veränderliche sind rote Überriesen mit der mehrfachen Sonnenmasse. Wegen ihrer großen Masse haben sie ihren Kernbrennstoff schnell verbraucht und nähern sich dem Ende ihres Sternlebens (→ 15.2.8). Ihre regelmäßigen Pulsationen entstehen durch Veränderungen in der Sternatmosphäre, wobei Heliumgas die entscheidende Rolle spielt. Wegen der hohen Temperatur ist das Helium einfach ionisiert, sodass es Strahlung aus dem Innern absorbiert. Durch die Energiezufuhr verliert das Helium auch das zweite Elektron. In dem so entstandenen Plasma aus Elektronen und Heliumkernen findet eine intensive Wechselwirkung mit der Strahlung statt, sodass diese die Atmosphäre weniger gut passieren kann. Die Folge ist ein Aufheizen und Ausdehnen der Atmosphäre – der Stern wird heller, sowohl wegen der höheren Temperatur als auch wegen seiner größeren Oberfläche. Bei der Ausdehnung kühlt sich die Atmosphäre ab, sodass das zweifach ionisierte Helium wieder ein Elektron einfängt. Die Wechselwirkung zwischen Strahlung und Materie nimmt ab. Die Gravitation überwiegt und der Stern kontrahiert auf seine anfängliche Größe. Mit der ursprünglichen Helligkeit kann der Zyklus neu beginnen.

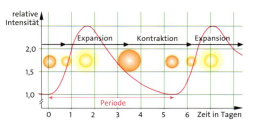

Erforschung des Weltalls

15.1.4 Die Expansion des Universums

Nachdem Galaxien seit 1923 bekannt waren, wurde in den folgenden Jahren eine große Zahl neuer Milchstraßensysteme entdeckt. Bei der spektralen Zerlegung des Lichts zeigte sich, dass deren Spektren zu längeren Wellenlängen, also zum Roten hin verschoben sind. Zu erkennen ist dies an charakteristischen Spektrallinien bestimmter Elemente. E. Hubble erklärte 1929 die Rotverschiebung mit dem Doppler-Effekt und berechnete eine *Fluchtgeschwindigkeit v* aus den Spektren:

Ist λ_0 die im Labor gemessene Wellenlänge einer Spektrallinie und λ_{beob} die im Spektrum der Galaxie beobachtete Wellenlänge, so gilt (→ 9.2.9):

$$\frac{\lambda_{beob}}{\lambda_0} = \sqrt{\frac{1+\frac{v}{c}}{1-\frac{v}{c}}} = \frac{\lambda_0 + (\lambda_{beob} - \lambda_0)}{\lambda_0} = 1 + \frac{\Delta\lambda}{\lambda_0} = 1 + z$$

$\Delta\lambda = \lambda_{beob} - \lambda_0$ ist die Differenz aus beobachteter und im Labor gemessener Wellenlänge. Üblicherweise wird die Doppler-Verschiebung mit dem Quotienten $z = \Delta\lambda/\lambda_0$ angegeben. Beispielsweise gilt für die Galaxie NGC 221 (NGC: New General Catalogue) $z = 0{,}0007$, für eine Galaxie im Gemini-Haufen $z = 0{,}08$ und für den Quasar OQ 172 der Wert $z = 3{,}7$. Wird obige Formel nach v/c aufgelöst, ergibt sich:

$$\frac{v}{c} = \frac{(1+z)^2 - 1}{(1+z)^2 + 1}$$

Mit der Lichtgeschwindigkeit $c = 300\,000$ km/s berechnen sich daraus Fluchtgeschwindigkeiten von $v = 210$ km/s für NGC 221, 23 000 km/s für den Gemini-Haufen und 274 000 km/s für den Quasar.

Hubble hatte die Fluchtgeschwindigkeiten v in Beziehung zu den Entfernungen r der Galaxien gesetzt und erkannt, dass ein proportionaler Zusammenhang besteht zwischen v und r. Demnach scheinen alle Galaxien mit umso größerer Geschwindigkeit von uns weg zu fliegen, je weiter sie von uns entfernt sind.

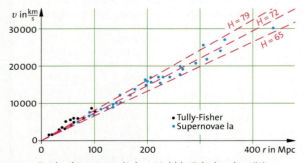

544.1 Beobachtungen mit dem Hubble-Teleskop bestätigen sehr gut die Proportionalität zwischen den Entfernungen r der Galaxien und deren scheinbarer Fluchtgeschwindigkeit v.

1922 hatte der russische Physiker A. Friedmann unter vereinfachenden Annahmen Lösungen der Feldgleichungen der allgemeinen Relativitätstheorie (→ 9.3.3) für das Universum angegeben. Sie beinhalten, dass das Weltall dynamisch ist, also beispielsweise expandiert. Zu jener Zeit schien dies undenkbar, sodass Einstein selbst eine sogenannte *kosmologische Konstante* in seine Gleichungen einfügte, die das Universum als statisch beschrieb. Einstein bezeichnete dies später als seine größte Eselei, hatte sie ihn doch daran gehindert, aus seiner Theorie die Erkenntnis herzuleiten, zu der um 1930 der belgische Abbé G. Lemaître kam. Dieser stellte die Hypothese auf, dass das Universum in einem extrem heißen und dichten **Urknall** entstanden sei und sich seither ausdehne (→ 15.3). Die Rotverschiebung der Galaxienspektren entsteht nicht durch eine Fluchtbewegung der Galaxien, sondern durch die Ausdehnung des Universums. Mit der Expansion wird auch die Wellenlänge größer, d. h. der Effekt summiert sich, während das Licht unterwegs ist. Je weiter entfernt die Lichtquelle ist, umso länger braucht das Licht und umso größer wird die Rotverschiebung. Mit einer derart interpretierten *scheinbaren Fluchtgeschwindigkeit v* und der Entfernung r lautet das **Hubble-Gesetz** $v = Hr$.

Der Wert der **Hubble-Konstante** $H = v/r$ konnte noch 1990 nur ungenau zwischen 50 und 100 (km/s)/Mpc angegeben werden. Neueste Messungen liefern den Wert $H = (72 \pm 8)$ (km/s)/Mpc (**Abb. 544.1**).

> Die Ausdehnung des Universums seit dem Urknall führt zu einer Rotverschiebung der Spektren entfernter Galaxien. Die daraus berechnete *scheinbare Fluchtgeschwindigkeit v* ist proportional zur Entfernung r der Galaxie. Den Zusammenhang gibt das
> **Hubble-Gesetz** $v = Hr$ an, wobei die
> **Hubble-Konstante** $H = (72 \pm 8)$ (km/s)/Mpc ist.

Mit der Hubble-Konstante kann das Alter des Universums bestimmt werden. Wird der Abstand r zweier Galaxien durch ihre Fluchtgeschwindigkeit v dividiert, so ergibt sich für alle Galaxien der gleiche Quotient – nämlich die Zeit T, die seit dem Urknall vergangen ist. Da $T = r/v = 1/H$ ist, folgt:

$$T_{Universum} = \frac{1}{H} = \frac{1 \text{ Mpc}}{72 \text{ km/s}}$$

$$= \frac{3{,}086 \cdot 10^{19} \text{ km}}{72 \text{ km/s}} = 4{,}29 \cdot 10^{17} \text{ s}$$

$$= 13{,}6 \text{ Mrd. Jahre}$$

> Das Alter des Universums folgt aus Messungen mit dem Hubble-Teleskop zu
> $T_{Universum} = (13{,}6 \pm 1)$ Milliarden Jahre.

Die kosmische Hintergrundstrahlung

1965 entdeckten A. PENZIAS und R. WILSON, als sie sich zur Verbesserung des Satellitenempfangs mit Rauschquellen bei Mikrowellenstrahlung befassten, mit einer mehrere Meter großen Hornantenne eine Strahlung von etwa 10 cm Wellenlänge, deren Intensität auf ein Promille genau aus allen Richtungen des Alls kam. G. GAMOW hatte bereits vor der Entdeckung der *kosmischen Hintergrundstrahlung* aufgrund theoretischer Überlegungen vorausgesagt, dass beim sogenannten Urknall Strahlung entstanden sein müsse, die noch heute nachweisbar sein sollte. Dem heutigen Standardmodell zufolge (→ 15.3) war das gesamte Universum einst in einem unvorstellbar kleinen und dichten *Ur-Feuerball* komprimiert, der sich mit dem *Urknall* explosionsartig ausbreitete. Im Verlaufe der weiteren Expansion entwickelte sich das heutige Universum. Für die Hintergrundstrahlung ist wichtig, dass nach einer frühen, sehr heißen Phase, in der Protonen, Elektronen und Strahlung in einem Plasma im thermischen Gleichgewicht standen, das Weltall nach 380 000 Jahren auf 3000 K abgekühlt war. Protonen konnten nun Elektronen einfangen und neutrale Wasserstoffatome bilden. Die intensive Wechselwirkung zwischen Strahlung und geladenen Teilchen war beendet, was als *Entkopplung* von Strahlung und Materie bezeichnet wird. Das Weltall wurde durchsichtig und das Strahlungsfeld dehnte sich fortan, von der Materie nahezu ungestört, mit dem Universum aus. Da die Strahlung nur von der Temperatur bestimmt ist, entspricht sie der Hohlraumstrahlung eines schwarzen Körpers (→ 4.6). Mit der Expansion des Universums verschoben sich alle Wellenlängen zu größeren Werten und eine Abschätzung mit dem Wien'schen Verschiebungsgesetz ergab, dass es sich heute um eine Hohlraumstrahlung von etwa 3 K bei Wellenlängen λ von 0,1 bis 100 mm handeln sollte. Da die Erdatmosphäre selbst Mikrowellenstrahlung bei Wellenlängen kleiner 30 mm absorbiert und emittiert, konnten Messungen nur extraterrestrisch durchgeführt werden. Der 1989 gestartete Satellit COBE (Cosmic Background Explorer) bestätigte mit seinen Messungen im Wellenlängenbereich von 0,5 bis 10 mm das in diesem Bereich erwartete Strahlungsmaximum (**Abb. 545.1**). Aus dem Verlauf der Messkurve kann die Temperatur der Hintergrundstrahlung zu $T = 2{,}735$ K bestimmt werden.

PENZIAS und WILSON hatten eine homogene Strahlung gemessen. Doch bereits COBE entdeckte Unregelmäßigkeiten in der kosmischen Hintergrundstrahlung. Dies war zu erwarten, denn aus einer homogenen Verteilung der Strahlung und demzufolge der Materie konnten keine Galaxien und Sterne entstehen. Ein 2001 gestarteter Satellit namens WMAP (Wilkinson Microwave Anisotropy Probe) lieferte nach zwölfmonatiger Beobachtungszeit ein Bild mit großräumigen Strukturen

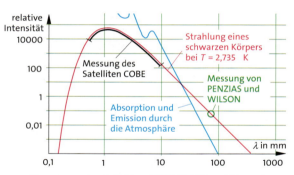

545.1 Messungen des Satelliten COBE (1989) bestätigen den theoretischen Verlauf der kosmischen Hintergrundstrahlung.

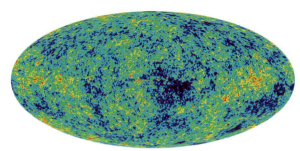

545.2 Die anisotrope Mikrowellenhintergrundstrahlung des Universums, wie sie 380 000 Jahre nach dem Urknall bestand, wurde 2002 von dem Satelliten WMAP aufgezeichnet.

und erstaunlichem Detailreichtum (**Abb. 545.2**). Die Bedeutung solcher Messungen besteht darin, dass an ihnen Modellrechnungen des Universums auf der Grundlage der allgemeinen Relativitätstheorie getestet werden können. Als ein Ergebnis folgt das Alter des Universums – unabhängig von der Hubble-Konstante – zu 13,7 Mrd. Jahre mit einer Genauigkeit von 1 %!

> Die **kosmische Hintergrundstrahlung** stammt aus dem beim Urknall entstandenen *Feuerball*. Seit der Entkopplung von der Materie dehnt sich diese Strahlung mit dem expandierenden Universum aus und hat sich von 3000 K auf 2,7 K abgekühlt.

Aufgaben

1. Berechnen Sie die Entfernung einer Galaxie, deren Spektrum eine Rotverschiebung von $z = 1{,}4$ zeigt ($H = 72 \frac{\text{km}}{\text{s}}/\text{Mpc}$).
2. Berechnen Sie aus der Fluchtgeschwindigkeit $v = 274\,000$ km/s des Quasars OQ 172 dessen Entfernung.
3. Setzen Sie im Hubble-Gesetz die Fluchtgeschwindigkeit $v = c$ und berechnen Sie so den *kosmischen Rand r*. Was soll dieser Begriff ausdrücken?

Die Sterne

546.1 Eine der schönsten und interessantesten Himmelsregionen ist die des Sternbildes Orion, das im Winter abends am südlichen Himmel zu sehen ist. Der rötliche Stern links oben ist Beteigeuze (Alpha Orionis), der bläuliche rechts unten Rigel (Beta Orionis). In der Mitte die drei *Gürtelsterne* Zeta, Epsilon und Delta Orionis. Darunter rötlich leuchtend der berühmte Orionnebel M 42.

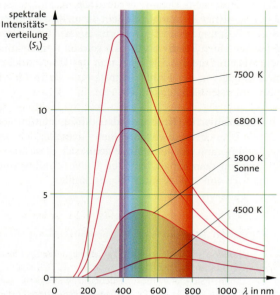

546.2 Die spektrale Intensität S_λ verschiedener Sterne in Abhängigkeit von der Wellenlänge. Mit zunehmender Temperatur T der Sternoberfläche verschiebt sich das Strahlungsmaximum vom Roten zum Blauen. Für die Sonne gilt $T_\odot = 5780$ K.

15.2 Die Sterne

Beim Blick zum Sternenhimmel fallen einige besonders helle Sterne sofort ins Auge. Erscheinen sie so hell, weil sie besonders nahe sind, oder leuchten sie tatsächlich heller als andere Sterne? Vielleicht sind sie wesentlich größer oder auch heißer und senden daher mehr Strahlung aus als die schwachen Sterne? Warum schimmern einige Sterne rötlich, andere gelblich und manche weißbläulich (**Abb. 546.1**)?

15.2.1 Leuchtkraft und Temperatur der Sterne

Ein Stern ist durch seine **Leuchtkraft** L gekennzeichnet. Das ist die Strahlungsleistung des Sterns, also die Stärke des Energiestroms aufgrund der abgegebenen Strahlung. Auf der Erde kann in der Entfernung r vom Stern die als Intensität bezeichnete Energiestromdichte S gemessen werden. S ist eine Energiestromstärke $P = \Delta E/\Delta t$ bezogen auf die Fläche A, auf die die Strahlung senkrecht trifft:

$$S = \frac{P}{A} = \frac{\Delta E/\Delta t}{A}$$

Da an jedem Ort auf einer konzentrischen Kugeloberfläche um den Stern $A_{\text{Kugel}} = 4\pi r^2$ die gleiche Intensität S gemessen wird, kann die Leuchtkraft L aus der Entfernung r und der auf der Erde gemessenen Intensität S berechnet werden:

Aus $\quad S = L/A_{\text{Kugel}} \quad$ folgt $\quad L = 4\pi r^2 S$

Für die Sonne (☉) wird außerhalb der Erdatmosphäre die Intensität $S_\odot = 1{,}37$ kW/m² gemessen. Mit dem Erdbahnradius $r = 149{,}6$ Mio. km ergibt sich daraus die Leuchtkraft der Sonne zu $L_\odot = 3{,}85 \cdot 10^{26}$ W. Entsprechend kann die Leuchtkraft anderer Sterne ermittelt werden, die meist in Einheiten der Sonnenleuchtkraft $L_\odot$ angegeben wird. Ein Vergleich zeigt (→ **Tab. 548.1**):

> Die Leuchtkraft L der Sterne unterscheidet sich um viele Zehnerpotenzen:
>
> $10^{-4} L_\odot < L_{\text{Sterne}} < 10^5 L_\odot$
>
> $L_\odot = 3{,}85 \cdot 10^{26}$ W ist die Leuchtkraft der Sonne.

Rigel ist mit 25 000 $L_\odot$ einer der leuchtkräftigsten Sterne. Daher ist er trotz seiner relativ großen Entfernung von 650 Lj als heller Stern am Winterhimmel zu sehen (**Abb. 546.1**). Barnards Stern ist mit $10^{-3} L_\odot$ nur deswegen noch mit einem Amateurfernrohr auszumachen, weil er mit einer Entfernung von 6 Lj der zweitnächste Stern ist.

Langzeitaufnahmen wie **Abb. 546.1** bestätigen den mit bloßem Auge gewonnenen Eindruck, dass Sterne in unterschiedlichen Farben leuchten. Ein Prisma im Strahlengang eines Fernrohrs zerlegt das Sternenlicht spektral, sodass die Intensität S_λ in Abhängigkeit von der Wellenlänge gemessen werden kann. Es ergeben sich die in **Abb. 546.2** dargestellten Kurven, die den typischen Verlauf der Temperaturstrahlung eines *schwarzen Körpers* wiedergeben (→ 4.6). Nach dem Wien'schen Verschiebungsgesetz

$$\lambda_{max} T = \text{konstant} = 2{,}898 \cdot 10^{-3} \text{ mK}$$

ist die Wellenlänge λ_{max}, bei der das Maximum der Strahlungskurve auftritt, umso kleiner, je höher die Oberflächentemperatur T des Sterns ist. Demnach kann aus der spektralen Strahlungskurve eines Sterns dessen Oberflächentemperatur ermittelt werden. Das weißbläuliche Leuchten eines Sterns lässt folglich auf eine hohe Oberflächentemperatur schließen. Messungen ergeben:

> Die Oberflächentemperaturen T der Sterne liegen zwischen 3000 K und 30 000 K (→ **Tab. 548.1**).

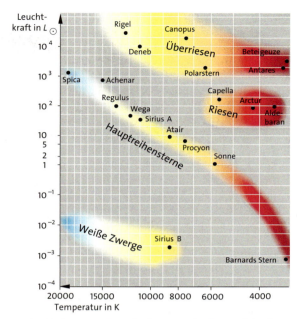

547.1 Im Hertzsprung-Russell-Diagramm ist die Leuchtkraft L der Sterne über deren Oberflächentemperatur T aufgetragen.

Das Hertzsprung-Russell-Diagramm

Ein Diagramm zur Einordnung der Sterne nach bestimmten Sterntypen wurde 1910 von den Astronomen E. HERTZSPRUNG und H. N. RUSSELL aufgestellt (**Abb. 547.1**). Auf der Hochachse ist die Leuchtkraft L der Sterne in logarithmischem Maßstab aufgetragen, um die über neun Zehnerpotenzen reichende Leuchtkraft übersichtlich darzustellen. Auf der Rechtsachse ist die Oberflächentemperatur T der Sterne ebenfalls logarithmisch aufgetragen. Werden alle Sterne in der Nachbarschaft der Sonne eingetragen – beispielsweise innerhalb eines Radius von 35 Lj –, so ordnen sich fast alle Sterne in einem Band an, das von links oben nach rechts unten verläuft. Oben links stehen die bläulich weißen Sterne hoher Leuchtkraft, in der Mitte die sonnenähnlichen gelben Sterne und rechts unten, dort ist das Band besonders dicht besetzt, die roten Zwergsterne. Dieses Band wird als **Hauptreihe** bezeichnet und die Sterne als *Hauptreihensterne*. Sie stellen den größten Anteil der Sterne dar.

In deutlichem Abstand unter der Hauptreihe befinden sich die etwa 100 *Weißen Zwerge* (→ 15.2.4), die in der ausgewählten Sonnenumgebung entdeckt wurden. Einige Sterne befinden sich oberhalb der Hauptreihe. Zu ihnen gehören beispielsweise Arctur im Sternbild Bootes oder der Polarstern. Es sind *Riesensterne*, die am Ende ihres Sternlebens die Hauptreihe verlassen und sich dabei gewaltig aufblähen (→ 15.2.8). Während die Sterne auf der Hauptreihe höchstens den dreifachen Sonnenradius $R_\odot$ besitzen, hat Arctur den Radius 22 $R_\odot$. Werden die besonders hellen Sterne ausgewählt, so ist der Bereich oberhalb der Hauptreihe überrepräsentiert. Es findet sich dort eine große Zahl berühmter Sterne, die ihre große Helligkeit alle ihrem großen Radius verdanken (→ 15.2.4). Sterne, deren Radius größer als der zehnfache Sonnenradius ist ($R_{Stern} > 10\ R_\odot$), heißen **Riesensterne**. Riesensterne, deren Leuchtkraft größer als 1000 $L_\odot$ ist, werden **Überriesen** genannt. Die Grenze zwischen Riesen und Überriesen liegt etwa bei 25 $R_\odot$, wobei die Temperatur noch eine Rolle spielt: Aldebaran ist mit 27 $R_\odot$ und einer Oberflächentemperatur von 3500 K ein roter Riese, während Deneb mit etwa gleichem Radius, aber einer Temperatur von 11 000 K ein Überriese ist. Die Bereiche außerhalb der vier Gebiete in **Abb. 547.1** sind nahezu leer.

Aufgaben

1. Zeichnen Sie ein Hertzsprung-Russell-Diagramm und tragen Sie die folgenden Sterne ein: Aldemarin (α Cephei) 17 $L_\odot$/8500 K; Schedir (α Cassiopeiae) 200 $L_\odot$/4100 K; γ Lyrae 200 $L_\odot$/13 500 K; γ Cygni 2000 $L_\odot$/5600 K; Algenib (α Persei) 5400 $L_\odot$/5800 K; Castor (α Geminorum) 22 $L_\odot$/10 600 K; Pollux (β Geminorum) 24 $L_\odot$/4900 K. Entscheiden Sie, zu welchem Typ die einzelnen Sterne gehören.

2. Aus dem Maximum des spektralen Strahlungsstroms der Sonne kann deren Oberflächentemperatur zu $T_\odot = 5780$ K ermittelt werden. Berechnen Sie daraus λ_{max}.

Die Sterne

15.2.2 Die scheinbare Helligkeit

Der griechische Astronom HIPPARCH (etwa 190–125 v. Chr.) hatte in einem Sternkatalog die Sterne nach ihrer Helligkeit in sechs Größenklassen eingeteilt: Die hellsten Sterne waren von 1. Größe, die gerade noch sichtbaren von 6. Größe. Diese Einteilung wird im Prinzip auch heute beibehalten, indem die *scheinbare Helligkeit* eines Sterns mithilfe des Zehnerlogarithmus (lg) so definiert ist, dass die erhaltenen Werte den Größenklassen des HIPPARCH weitgehend entsprechen.

> Die **scheinbare Helligkeit** m eines Sterns ist mithilfe der Intensität S seiner Strahlung definiert:
>
> $$m = -2,5 \lg \frac{S}{S_{\text{Wega}}}$$
>
> Die Intensitäten S aller Sterne werden auf die Intensität S_{Wega} des Sterns Wega (Alpha Lyrae) bezogen.

Demnach hat Wega die scheinbare Helligkeit $m = 0$, ein heller Stern mit $S = 0,4\, S_{\text{Wega}}$ hat $m = 1,0$, ein schwacher Stern mit $S = 0,004\, S_{\text{Wega}}$ hat $m = 6,0$. Das Auftreten des Logarithmus rührt von dem *psycho-physischen Grundgesetz* her, demzufolge unsere Sinnesorgane Nervenreize in ihrer Stärke nicht linear, sondern logarithmisch wahrnehmen ($\rightarrow$ 3.4.4). Mit dem Faktor $-2,5$ schließt man ungefähr an die Größenklassen von HIPPARCH an. Die Definition der scheinbaren Helligkeit m hat zur Folge, dass Sterne, die heller als Wega sind, *negative* Werte erhalten; z. B. ist die scheinbare Helligkeit von Sirius $m = -1,44$ und die Sonne hat die scheinbare Helligkeit $m = -26,8$.

Die *scheinbare Helligkeit* wird als **Magnitudo** (lat. Größe) bezeichnet. Zur Kennzeichnung kann ein „m" als Exponent geschrieben werden (**Tab. 548.1**).

Um die Helligkeit von Sternen direkt miteinander vergleichen zu können, ist die **absolute Helligkeit** M als scheinbare Helligkeit m des Sterns in der Entfernung $r = 10$ pc, wo er die Intensität $S_{10\,\text{pc}}$ hat, definiert:

$$M = -2,5 \lg \frac{S_{10\,\text{pc}}}{S_{\text{Wega}}}$$

Wird der Bruch mit der Intensität $S(r)$ in der tatsächlichen Entfernung r erweitert, so ergibt sich:

$$M = -2,5 \lg\left(\frac{S(r)}{S_{\text{Wega}}} \frac{S_{10\,\text{pc}}}{S(r)}\right) = -2,5 \left(\lg \frac{S(r)}{S_{\text{Wega}}} + \lg \frac{S_{10\,\text{pc}}}{S(r)}\right)$$

Die Intensitäten verhalten sich umgekehrt wie die Quadrate der Entfernungen: $S_{10\,\text{pc}}/S(r) = (r/10\,\text{pc})^2$. Da

$$-2,5 \lg\left(\frac{r}{10\,\text{pc}}\right)^2 = -2 \cdot 2,5 \lg \frac{r}{10\,\text{pc}} = -5\left(\lg \frac{r}{\text{pc}} - \lg 10\right)$$

ist, berechnet sich die absolute Helligkeit M aus m und r zu

$$M = m - 2,5 \lg\left(\frac{r}{10\,\text{pc}}\right)^2 = m + 5 - 5 \lg \frac{r}{\text{pc}}.$$

Aufgaben

1. Die Venus erreicht ihre maximale scheinbare Helligkeit von $m = -4,4$ etwa 5–6 Wochen vor oder nach der größten Annäherung (untere Konjugation) und ist dann 136 Mio. km von der Erde entfernt. Berechnen Sie die Intensität S und die absolute Helligkeit M der Venus bei dieser Phase.

2. Berechnen Sie die Leuchtkraft von Regulus, dem Hauptstern im Sternbild Löwe (α Leonis), der 85 Lj entfernt ist und eine scheinbare Helligkeit von $m = 1,3$ besitzt.

Stern	lateinischer Name	scheinbare Helligkeit m	Entfernung r in Lj	Leuchtkraft L in $L_\odot$	Temperatur $T_{\text{Oberfläche}}$ in K	Radius R in $R_\odot$
Sirius	α Canis maior	$-1{,}^{m}44$	8,6	21,8	9 500	1,76
Canopus	α Carinae	$-0{,}^{m}62$	313	13 500	7 700	66
Toliman	α Centauri	$-0{,}^{m}01$	4,39	1,52	5 800	1,2
Arctur	α Bootis	$-0{,}^{m}05$	36,7	110	4 600	17
Wega	α Lyrae	$0{,}^{m}00$	25,3	48,7	9 500	2,6
Capella	α Aurigae	$0{,}^{m}08$	42,2	129	3 700	27
Rigel	β Orionis	$0{,}^{m}18$	770	40 000	11 500	50
Procyon	α Canis minoris	$0{,}^{m}40$	11,4	7,04	6 500	2,1
Achernar	α Eridani	$0{,}^{m}45$	144	1070	20 000	2,8
Beteigeuze	α Orionis	$0{,}^{m}45$	430	9 400	3 500	270
Atair	α Aquilae	$0{,}^{m}76$	16,8	10,9	7 000	2
Aldebaran	α Tauri	$0{,}^{m}87$	65,1	149	4 300	22
Spica	α Virginis	$0{,}^{m}98$	262	2180	27 000	2,2
Antares	α Scorpii	$1{,}^{m}06$	600	10 700	3 600	300
Deneb	α Cygni	$1{,}^{m}28$	3200	260 000	9 500	200
Polarstern	α Ursae minoris	$1{,}^{m}97$	431	2 370	6 300	41
Barnards Stern		$9{,}^{m}54$	5,94	0,00042	3 600	0,05

548.1 Zusammenstellung der hellsten Sterne (Quelle: Hipparcos-Katalog). Der lateinische Name leitet sich vom zugehörigen Sternbild ab.

15.2.3 Die Masse der Sterne

Die Massen der Sterne blieben uns wohl für immer verborgen, gäbe es keine Doppelsternsysteme, bei denen zwei Sterne – gehalten durch die gegenseitige Gravitationsanziehung – umeinander laufen und durch ihren Abstand und die gemeinsame Umlaufzeit Auskunft über ihre Massen geben (→ 2.1.4). Die Umlaufzeit liegt häufig zwischen 5 und 50 Tagen, sie kann aber auch Jahre, Jahrzehnte und Jahrhunderte betragen. Wir wollen ein in der Geschichte der Astronomie besonders interessantes Beispiel, das des Sirius, betrachten:

1844 bemerkte der deutsche Astronom Friedrich Wilhelm BESSEL, als er anhand der Daten des Sirius aus dem 19. Jahrhundert dessen Eigenbewegung studierte, dass Sirius keine gerade Bahn einhält, sondern sich auf einer Schlangenlinie bewegt (**Abb. 549.1**). Dies ließ sich nur so erklären, dass der geradlinigen Bewegung die Drehbewegung mit einem bis dahin nicht beobachteten Begleiter überlagert ist. 1862 entdeckte der amerikanische Astronom CLARK diesen Stern und fortan wurde der Hauptstern Sirius A und der Begleiter Sirius B genannt. Die Analyse der Bahndaten ergab die Umlaufzeit $T = 50$ a und $a:b = 1:2{,}3$ als das Verhältnis der Abstände a und b zum gemeinsamen Drehzentrum. Der Abstand der beiden Komponenten beträgt $r = 20$ AE (1 AE = 149,6 Mio. km ist die große Halbachse der Erdumlaufbahn, die als *Astronomische Einheit* AE bezeichnet wird).

Mit den Massen M für Sirius A und m für Sirius B lassen sich mit der für beide Kreisbewegungen gleichen Winkelgeschwindigkeit ω die Zentripetalkräfte $F_{Z(M)} = M a \omega^2$ und $F_{Z(m)} = m b \omega^2$ (→ 1.2.8) angeben. Aus der Gleichheit der beiden Kräfte folgt unmittelbar $M:m = b:a = 2{,}3:1$. Der Hauptstern besitzt im Vergleich zu seinem Begleiter die 2,3-fache Masse.

Werden die zwischen beiden Körpern wirkende Gravitationskraft $F_{Grav} = \gamma m M / r^2$ (mit $r = a + b$) und die Zentripetalkraft $F_{Z(m)} = m b \omega^2$ gleichgesetzt, kann die Masse M berechnet werden. Aus $F_{Grav} = F_{Z(m)}$ folgt

$$\gamma \frac{mM}{r^2} = m b \omega^2 \quad \text{und daraus} \quad M = \frac{\omega^2 b r^2}{\gamma}.$$

Mit $\omega = 2\pi/T$ und $b r/(1 + a/b)$ folgt

$$M = \frac{4\pi^2 r^3}{\gamma T^2 (1 + a/b)}.$$

Mit den bekannten Werten ergibt sich, dass Sirius A etwas mehr als die doppelte Sonnenmasse besitzt:

$$M_A = 4{,}44 \cdot 10^{30} \text{ kg} = 2{,}23 \, M_\odot$$

Für Sirius B folgt $m = 2{,}23 \, M_\odot / 2{,}3 = 0{,}97 \, M_\odot$. Sirius B hat etwa Sonnenmasse, dennoch ist er mit bloßem Auge nicht sichtbar (→ 15.2.4).

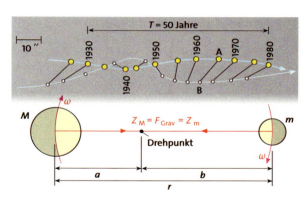

549.1 Die schlangenförmigen Bahnen von Sirius A und B im Verlaufe von 50 Jahren (oben) und das Modell eines Doppelsterns (unten).

Die aus den Bahndaten von Doppelsternsystemen bestimmten Massen der Sterne liegen im Bereich

$0{,}08 \, M_\odot < M_{\text{Sterne}} < 60 \, M_\odot$.

Meist liegt die Masse zwischen $0{,}3 \, M_\odot$ und $3 \, M_\odot$.

Das Problem der dunklen Materie

Aus den Rotationsgeschwindigkeiten der Galaxien und der Dynamik von Galaxienhaufen kann die Masse der Galaxien berechnet werden. Unabhängig davon lässt sich die Masse der Galaxien aus der Anzahl ihrer Sterne und der leuchtenden Gasnebel ermitteln. Dabei zeigt sich eine Massendiskrepanz, die bei Zwerggalaxien ebenso wie bei Galaxien-Superhaufen auftritt: Die Masse der sichtbaren Materie, also der Sterne und leuchtenden Gasnebel, beträgt nur 3 % der aus der Dynamik ermittelten Masse. Abschätzungen ergeben etwa das Vierfache, also zusätzlich 12 % für die Masse der unsichtbaren, nicht leuchtenden Materie. Woher stammen die fehlenden 85 %? Physiker nehmen heute an, dass diese Masse von sogenannter *dunkler Materie* geliefert wird, die außer der Gravitation keinerlei Wechselwirkung mit *normaler Materie* hat (→ 15.3).

Aufgaben

1. α Centauri ist mit 4,3 Lj Entfernung der sonnennächste Stern. Es ist ein Doppelsternsystem mit den scheinbaren Helligkeiten $m = 0{,}3$ und $m = 1{,}7$. Die beiden Komponenten haben einen Abstand von 17,6 Bogensekunden und eine Umlaufzeit von 80,1 Jahren. Die Entfernungen zum gemeinsamen Drehzentrum stehen im Verhältnis 9 : 13.
   a) Berechnen Sie den Abstand der beiden Komponenten in astronomischen Einheiten (AE).
   b) Berechnen Sie die Massen der beiden Sterne.

Die Sterne

15.2.4 Radius und Dichte der Sterne

Die Oberflächentemperatur $T = 6300$ K des Polarsterns (α Ursae minoris) ist nicht sehr verschieden von der der Sonne $T_\odot = 5800$ K. Seine Leuchtkraft ist aber 2000-mal größer als die der Sonne. Da die Leuchtkraft L das Produkt aus der Intensität S und der Sternoberfläche A ist ($\to$ 15.2.1), lässt sich dies nur mit einer größeren Oberfläche A erklären, über die der Stern mehr Energie abstrahlen kann. Mit dem **Stefan-Boltzmann'schen Gesetz** kann der quantitative Zusammenhang hergeleitet werden ($\to$ 4.6): Die Intensität S eines Sterns wächst nach diesem Gesetz mit der vierten Potenz der Oberflächentemperatur T:

$$S = \sigma T^4 \quad \text{mit} \quad \sigma = 5{,}67 \cdot 10^{-8} \, \frac{\text{W}}{\text{m}^2 \text{K}^4}$$

Dieses Gesetz ist in den spektralen Strahlungskurven der $\to$ **Abb. 546.2** enthalten: Wird die spektrale Intensität S_λ über alle Wellenlängen λ summiert, so ergibt sich die gesamte Intensität S als Flächeninhalt unter der spektralen Strahlungskurve (in $\to$ **Abb. 546.2** für die Sonne dargestellt). Dieser Flächeninhalt wächst sehr rasch mit steigender Temperatur T an.

Wird die Intensität S an der Sternoberfläche mit der Kugeloberfläche $4\pi R^2$ des Sterns multipliziert, so ergibt sich dessen Leuchtkraft L zu

$$L = 4\pi R^2 S = 4\pi R^2 \sigma T^4.$$

Werden in diese Gleichung der Sonnenradius $R_\odot$ und die Sonnentemperatur $T_\odot$ eingesetzt, so folgt für die Leuchtkraft der Sonne $L_\odot = 4\pi R_\odot^2 \sigma T_\odot^4$.
Die Division beider Gleichungen ergibt

$$\frac{L}{L_\odot} = \frac{R^2}{R_\odot^2}\frac{T^4}{T_\odot^4} \quad \text{und daraus} \quad \frac{R}{R_\odot} = \sqrt{\frac{L}{L_\odot}}\left(\frac{T_\odot}{T}\right)^2.$$

Der Radius R des Polarsterns berechnet sich damit zu

$$\frac{R}{R_\odot} = \sqrt{2370} \cdot \left(\frac{5800}{6300}\right)^2 = 41.$$

Der Polarstern ist also ein Riesenstern ($\to$ 15.2.1). Der Sonnenradius kann durch Winkelmessung direkt zu $R_\odot = 696\,000$ km bestimmt werden.

> Aus der Leuchtkraft L und der Oberflächentemperatur T eines Sterns ergibt sich dessen Radius R zu
> $$R = R_\odot \sqrt{\frac{L}{L_\odot}}\left(\frac{T_\odot}{T}\right)^2.$$
> Die Radien der meisten Sterne liegen im Bereich
> $$\tfrac{1}{2}R_\odot < R_{\text{Sterne}} < 10\,R_\odot \quad \text{mit} \quad R_\odot = 696\,000 \text{ km}.$$
> Ein Vergleich der Sternradien der Hauptreihensterne mit deren Sternmassen zeigt, dass beide Größen proportional zueinander sind: $R_{\text{Stern}} \sim M_{\text{Stern}}$.

Die Masse des Siriusbegleiters ergibt sich in $\to$ 15.2.3 zu $m_{\text{Sirius B}} = 0{,}97\,M_\odot$. Obwohl der Stern nahezu die Masse der Sonne hat und nur 8,7 Lj entfernt ist, leuchtet er schwach mit der geringen Leuchtkraft von $L_{\text{Sirius B}} = 0{,}0019\,L_\odot$. Dabei ist er kein rot leuchtender Stern von geringer Temperatur, sondern die spektrale Analyse seines weißen Lichts führt auf eine Oberflächentemperatur von $T_{\text{Sirius B}} = 8500$ K. Für den Radius folgt damit

$$\frac{R_{\text{Sirius B}}}{R_\odot} = \sqrt{\frac{L}{L_\odot}}\left(\frac{T_\odot}{T}\right)^2 = \sqrt{0{,}0019}\left(\frac{5800}{8500}\right)^2 = 0{,}02.$$

Der Radius von Sirius B beträgt nur 2 % des Sonnenradius und ist damit gerade doppelt so groß wie der Erdradius. Solche Sterne, von denen innerhalb einer Sonnenumgebung von 30 Lj mehr als 100 entdeckt wurden, heißen **Weiße Zwerge**.

Für die Sonne ergibt sich eine mittlere Dichte von

$$\rho_\odot = \frac{M_\odot}{\frac{4}{3}\pi R_\odot^3} = \frac{2 \cdot 10^{30} \text{ kg}}{\frac{4}{3}\pi (7 \cdot 10^8 \text{ m})^3} = 1{,}4 \, \frac{\text{g}}{\text{cm}^3}.$$

Das ist nur wenig mehr als die Dichte von Wasser. Die Dichte von Sirius B ist wegen des bei gleicher Masse 0,02-mal kleineren Radius um den Faktor $1 : (0{,}02)^3 = 125\,000$ größer und beträgt damit

$$\rho_{\text{Sirius B}} = 175 \text{ kg/cm}^3.$$

Eine Streichholzschachtel gefüllt mit dieser Materie würde auf der Erde eine Tonne wiegen. Dies weist auf einen besonderen Zustand des Sterninneren hin ($\to$ 15.2.8). Rote Überriesen wie Beteigeuze und Antares erweisen sich bei etwa gleicher Sonnenmasse als aufgeblähte Sterne, die aufgrund ihres hundertfachen Sonnenradius ein millionenfach größeres Volumen $V \sim r^3$ besitzen. Daraus ergeben sich äußerst geringe Dichtewerte bis hinab zu $10^{-7}\,\rho_\odot$. Die Dichten der sonnenähnlichen Sterne, das sind die Hauptreihensterne, liegen zwischen $10^{-2}\,\rho_\odot$ und $10\,\rho_\odot$.

> Die **Dichte ρ** der Sterne hat den weiten Bereich
>
> | Rote Überriesen | sonnenähnliche Sterne – Hauptreihensterne – | Weiße Zwerge |
> |---|---|---|
> | $\approx 10^{-6}\,\rho_\odot$ | $10^{-2}\,\rho_\odot$ bis $10\,\rho_\odot$ | $\approx 10^6\,\rho_\odot$ |

Aufgaben

1. α Leonis oder Regulus ist 85 Lj entfernt und der hellste Stern mit $m = 1{,}3$ im Sternbild Löwe. Seine Oberflächentemperatur beträgt 13 400 K. Berechnen Sie Leuchtkraft L und Radius R in Sonneneinheiten.

2. Zeigen Sie, dass die Dichte von Hauptreihensternen mit zunehmender Masse abnimmt; es gilt $R_{\text{Stern}} \sim M_{\text{Stern}}$.

15.2.5 Sternmasse und Sterneigenschaften

Die Kernfusion ist bei den Hauptreihensternen die Energiequelle, die in einem zentralen Kern Temperaturen von mehr als 10 Mio. K aufrecht erhält (→ 15.2.7). Dadurch kann sich ein stabiles Gleichgewicht zwischen dem thermischen Druck des heißen Plasmas im Sterninnern und dem Gravitationsdruck der Sternmasse einstellen. Die Masse M eines Sterns ist daher eine grundlegende Größe, die seine Eigenschaften bestimmt. Hauptreihensterne haben Massen von $0{,}05\,M_\odot < M_{\text{Sterne}} < 100\,M_\odot$ (→ 15.2.3). Bei Massen kleiner als $0{,}05\,M_\odot$ reicht die Gravitation nicht aus, um im Innern die notwendigen hohen Temperaturen für die Kernfusion zu erzeugen. Bei mehr als $100\,M_\odot$ sind die Kernreaktionen so heftig, dass die Sterne instabil werden und explodieren.

In **Abb. 551.1** ist die Leuchtkraft L von Hauptreihensternen aus gut bekannten Doppelsternsystemen über der Masse M aufgetragen, wobei die Größen auf die Werte der Sonne bezogen sind. In der doppeltlogarithmischen Darstellung gruppieren sich die Punkte recht gut längs einer Geraden, für die die Steigung $3{,}5 \pm 0{,}5$ abgelesen werden kann. Der dargestellte Zusammenhang heißt *Masse-Leuchtkraft-Beziehung*.

> Die **Masse-Leuchtkraft-Beziehung** gibt den Zusammenhang zwischen der Leuchtkraft L und der Masse M von Hauptreihensternen an:
>
> $L \sim M^{3{,}5}$
>
> Der empirisch bestimmte Exponent kann nur relativ ungenau zu $3{,}5 \pm 0{,}5$ angegeben werden.

Mit der Masse-Leuchtkraft-Beziehung lässt sich auch die Masse solcher Sterne angeben, die nicht Teil eines Doppelsternsystems sind, deren Leuchtkraft aber bekannt ist. Ist umgekehrt die Masse bekannt, so kann mit der Masse-Leuchtkraft-Beziehung die Leuchtkraft L und daraus mit der gemessenen Intensität S die Entfernung r des Sterns bestimmt werden.

Die Lebensdauer τ_{Stern} eines Sterns geht zu Ende, wenn der Stern seinen Brennstoffvorrat, das sind etwa 12 % seiner Masse, verbraucht hat (→ 15.2.8). Die Lebensdauer ist demnach *proportional* zur Sternmasse M. Dagegen ist τ_{Stern} *antiproportional* zur Energieabstrahlung und damit zur Leuchtkraft L:

> Für die **Lebensdauer** τ_{Stern} eines Sterns gilt:
>
> $\tau_{\text{Stern}} \sim \dfrac{M}{L} \sim \dfrac{M}{M^{3{,}5}} \sim \dfrac{1}{M^{2{,}5}}$ also $\tau_{\text{Stern}} \sim \dfrac{1}{M^{2{,}5}}$

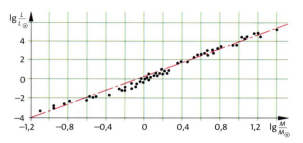

551.1 Die Masse-Leuchtkraft-Beziehung: Werden die Leuchtkraft L und die Masse M von Hauptreihensternen bezogen auf die Werte der Sonne doppeltlogarithmisch aufgetragen, so gruppieren sich die Punkte längs einer Geraden mit der Steigung $3{,}5 \pm 0{,}5$.

Hat die Sonne eine Gesamtlebensdauer von 9 Mrd. Jahren, so hat nach dieser Beziehung ein Stern mit der 10-fachen Sonnenmasse nur eine Lebensdauer von 30 Mio. Jahren. Er *brennt* heftiger und verbraucht seinen Energievorrat wesentlich schneller. Daher ist auch seine Oberflächentemperatur T höher. Eine Beziehung für T lässt sich aus der Gleichung $R = f(L, T)$ (→ 15.2.4) herleiten. Aus

$$\dfrac{R}{R_\odot} = \sqrt{\dfrac{L}{L_\odot}}\left(\dfrac{T_\odot}{T}\right)^2 \quad \text{folgt} \quad T \sim \left(\dfrac{L}{R^2}\right)^{\frac{1}{4}}.$$

Mit der Masse-Leuchtkraft-Beziehung $L \sim M^{3{,}5}$ und der Beziehung $R \sim M$ (→ 15.2.4) folgt daraus:

> Die **Oberflächentemperatur** T eines Hauptreihensterns nimmt mit der Masse M zu:
>
> $T \sim \left(\dfrac{L}{R^2}\right)^{\frac{1}{4}} \sim \left(\dfrac{M^{3{,}5}}{M^2}\right)^{\frac{1}{4}} \sim M^{\frac{3}{8}}$ also $T \sim M^{\frac{3}{8}}$

Für einen Stern der 10-fachen Sonnenmasse folgt mit $T_\odot = 5800$ K aus dieser Beziehung $T_{\text{Stern}} = 14\,000$ K. Damit ist die Anordnung der Sterne auf der Hauptreihe des HR-Diagramms gut zu verstehen (→ **Abb. 547.1**). Links oben befinden sich die massereichen und damit leuchtkräftigen weiß-bläulichen Sterne, rechts unten die massearmen rötlich leuchtenden Sterne. Diese haben eine wesentlich größere Lebensdauer als die massereichen Sterne, weswegen die Hauptreihe rechts unten dichter besetzt ist als links oben.

Aufgaben

1. Geben Sie Leuchtkraft, Temperatur, Radius und Lebensdauer zweier Hauptreihensterne in Einheiten der Sonne an, welche die 0,2- bzw. 20-fache Sonnenmasse besitzen.
2. Leiten Sie den Zusammenhang $L = f(T)$ für Sterne auf der Hauptreihe im HR-Diagramm her.

15.2.6 Interstellare Materie

Schon im 18. Jahrhundert hatte Immanuel KANT die Idee von einem *Urnebel*, aus dem durch Kontraktion unter der eigenen Schwerkraft die Sonne und die Planeten entstanden seien. In den heute entdeckten Wolken aus interstellarer Materie ist diese Vorstellung realisiert: Ist die Gaswolke genügend massereich, so kann sie unter der eigenen Gravitationswirkung kontrahieren und Teile der Wolke kondensieren zu Sternen. Dabei spielt der Drehimpuls des Wolkenfragments eine wesentliche Rolle. Wegen dessen Erhaltung (→ 1.4.2) kann es bei der Kondensation zu einem sich umkreisenden Doppel- oder Mehrfachsternsystem kommen. In weniger als der Hälfte der Fälle bildet sich eine rotierende Scheibe aus Gas und Staub, die einen Teil des Drehimpulses übernimmt, sodass der Rest zu einem Zentralkörper kontrahieren kann. So entstand wohl vor 4,6 Milliarden Jahren unser Sonnensystem, dessen Planeten sich aus der Staubscheibe gebildet haben. Sie umkreisen die Sonne in nahezu einer Ebene im gleichen Drehsinn, in dem die Sonne selbst rotiert. Mit dem Hubble-Weltraumteleskop ist es erstmals gelungen, ein solches System, das vermutlich zur Geburt eines neuen Sonnensystems führen wird, zu fotografieren (**Abb. 552.1**).

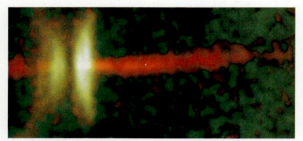

552.1 Die Kontraktion einer Staubwolke zu einem neuen Stern zeigt diese Aufnahme des Hubble-Weltraumteleskops. Es ist das 450 Lj entfernte protostellare Objekt HH-30, dessen zirkumstellare Staubscheibe von der Kante her gesehen wird. Das Licht des sich gerade bildenden Sterns erhellt Ober- und Unterseite der hier senkrecht stehenden Scheibe, hinter der sich der Stern selbst verbirgt. In Richtung der Drehachse schießen zwei entgegengesetzt gerichtete rötlich leuchtende Gasfontänen hervor; dieser *Sternenwind*, der vermutlich mit einem Magnetfeld verbunden ist, war zuvor aufgrund theoretischer Berechnungen erwartet worden.

Der Raum zwischen den Sternen stellt zwar ein hervorragendes Vakuum dar – selbst Wasserstoff, das mit über 90 % häufigste Element, bringt es nur auf ein Atom pro Kubikzentimeter –, in den Spiralarmen des Milchstraßensystems bilden sich aber Wolken *interstellarer Materie* in ganz unterschiedlichen Formen: Leuchtende Gasnebel wechseln ab mit dunklen Wolken, die nur entdeckt wurden, weil sie das Licht der dahinterliegenden Sterne verschlucken. Die Umgebung des Sterns Zeta Orionis ist hierfür ein geeignetes Studienobjekt (**Abb. 552.2**). Links unten hebt sich eine **Dunkelwolke** vor einem rötlich leuchtenden Emissionsnebel ab. Deutlich ist der berühmte Pferdekopf-Nebel als bizarrer Ausläufer der Dunkelwolke zu erkennen. Dunkelwolken bestehen zu einigen Prozent aus mikroskopisch kleinen Staubteilchen – vornehmlich aus Silicat, Carbid und gefrorenem Wasser. Diese Partikel sind es, die die Wolke nahezu undurchsichtig machen, indem sie das Licht dahinterliegender Sterne absorbieren. Einige Sterne stehen so nahe vor der Dunkelwolke, dass ihr Licht von den Staubteilchen gestreut wird und als bläulicher **Reflexionsnebel** erscheint (z. B. NGC 2023 links oberhalb des Pferdekopf-Nebels). Anders verhält es sich bei dem rötlichen **Emissionsnebel** IC 434, der von einem sehr heißen Stern angestrahlt wird und dessen starke UV-Strahlung das Wasserstoffgas ionisiert. Bei der Rekombination kommt es dann zu dem charakteristischen roten Leuchten des Wasserstoffs (**Abb. 552.2** rechts).

Das interessanteste Objekt ist aber der von dichten Dunkelwolken durchzogene Emissionsnebel NGC 2024 – links von Zeta Orionis in **Abb. 552.2**. Allerdings offenbaren erst Infrarot-Aufnahmen den wahren Kern dieses Nebels: Es zeigt sich eine Vielzahl von Sternen, deren infraroter Anteil weniger gestreut wird als der sichtbare

552.2 Die Umgebung des 1140 Lj entfernten Sterns Zeta Orionis (linker Gürtelstern des Orion, der im Bild oben überbelichtet ist) ist geprägt von verschiedenen Gas- und Staubwolken. Staubwolken bestehen vornehmlich aus Silicaten und Carbiden.

und so die Dunkelwolke durchdringen kann. Diese Sterne haben sich erst vor kurzem gebildet und befinden sich am Anfang ihrer Entwicklung, noch vollständig eingehüllt in die Staubmassen, aus denen sie entstanden sind. In der Folge wird die intensive UV-Strahlung der jungen Sterne die umgebende Gas- und Staubhülle allmählich wegtragen (**Abb. 553.1**).

Riesen-Molekülwolken

Der Endzustand einer sich unter dem Strahlungsdruck junger Sterne auflösenden Gas- und Staubwolke kann beobachtet werden. Welchen Anfangszustand aber hat eine solche Wolke? Schon 1917 hat der englische Astronom J. JEANS mit einer Rechnung gezeigt, dass eine interstellare Wolke erst dann unter ihrer eigenen Gravitation kollabiert, wenn ihre Masse mehr als tausend Sonnenmassen beträgt. Doch erst seit 1980 wurden solche Wolken entdeckt, die in den Scheiben der Spiralgalaxien existieren und im Sichtbaren nicht wahrzunehmen sind. Sie werden als *Molekülwolken* bezeichnet, weil sie aus Wasserstoff in *molekularer* Form bestehen. Dies war überraschend, denn zuvor war nur an atomaren Wasserstoff gedacht worden. Molekülwolken neigen eher zur Kontraktion, denn sie sind kälter – $T \approx 10$ K – und dichter als Wolken aus atomarer Materie. Wie aber lassen sich Molekülwolken bei solch tiefen Temperaturen nachweisen, bei denen keine Schwingungszustände des Moleküls angeregt sind, die bei Änderungen elektromagnetische Strahlung aussenden würden? Angeregt sind nur noch Rotationszustände des Wasserstoffmoleküls. Da das Molekül aber eine symmetrische Ladungsverteilung besitzt, wird bei Änderungen der Rotationszustände keine elektromagnetische Strahlung ausgesandt – daher blieben die Wolken lange unentdeckt. Erst die Beimischung von Spuren aus Kohlenstoffmonoxid, das ein elektrisches Dipolmoment besitzt, ermöglicht den Nachweis im Radiofrequenzbereich: Bei Stößen mit den H_2-Molekülen ändert das CO-Molekül seinen Rotationszustand und sendet dabei Radiowellen aus. Die Vermessung der Radiostrahlung ergab, dass sich diese Wolken über mehr als 300 Lj erstrecken, daher die Bezeichnung *Riesen*-Molekülwolken. Bei einer Dichte von etwa 100 Molekülen/cm³ enthalten diese riesenhaften Gaskomplexe bis zu einer Million Sonnenmassen.

Genauere Messungen der Radiostrahlung haben ergeben, dass zunächst Unregelmäßigkeiten in der Massenverteilung vorhanden sind, die zu *dichten Kernen* führen. Ein typisches Verdichtungsgebiet hat einen Durchmesser von weniger als 0,5 Lj, eine Dichte von einigen 10 000 Molekülen/cm³ und eine Temperatur von 10 K. Die thermische Energie der Moleküle ist am Rande eines solchen Gebietes etwa gerade so groß wie deren potentielle Gravitationsenergie. Ist die thermische Energie kleiner, wird die Wolke instabil und kollabiert. Dabei wird sie in Teilwolken aufgespalten, die weiter zusammenfallen und sich erneut aufspalten. Ein Ende dieses Fragmentierungsprozesses ist erreicht, wenn sich die Teilwolke zu einem *Protostern* verdichtet (→ 15.2.7).

553.1 Der 7000 Lj entfernte Emissionsnebel M 16 (Adler-Nebel) umhüllt einen jungen Sternhaufen. Der Nebel ist durchzogen von rüsselförmigen Dunkelwolken, von denen diese Aufnahme des Hubble-Weltraumteleskops eine zeigt. Es sind dichte Staubwolken, die der Auflösung durch die intensive UV-Strahlung der jungen Sterne am längsten widerstanden haben. Die Ausläufer der Rüssel leuchten besonders hell, weil dort die Strahlung das Gas ionisiert. Dabei wird die Materie von der Strahlung allmählich *weggeblasen*, wobei bizarre Wolkenformationen entstehen.

Aufgaben

1. Erklären Sie den Unterschied im Erscheinungsbild und in der Anregung von Reflexions- und Emissionsnebeln.
*2. Geben Sie die Bedingung für die thermische Energie der Teilchen einer Gaswolke an, damit diese unter ihrer Gravitation kollabiert (Jeans'sches Kriterium).
   Anleitung: Eine kugelförmige Gaswolke mit Radius R wird kollabieren, wenn die potentielle Gravitationsenergie $\gamma m M/R$ eines Teilchens am Rande größer ist als seine thermische Energie $3kT/2$. Ersetzen Sie das Volumen V der Gaswolke durch ihre Masse M und ihre Dichte ρ.

Die Sterne

15.2.7 Die Sternentstehung

Die Kondensation eines Sterns kann in der dichten Staubwolke nicht beobachtet werden. Dennoch sind die Vorgänge recht gut verstanden, seit 1969 LARSON begann, in aufwändigen Computerrechnungen den Prozess der Sternentstehung zu simulieren.

Der Protostern

Es zeigt sich, dass die Wolke von innen nach außen im freien Fall kollabiert, indem die Materie zuerst im Zentrum kondensiert. Dort beginnt sich ein Stern zu formieren, dessen Durchmesser zunächst nur eine Lichtsekunde beträgt. Der weitere Ablauf ist geprägt von der Rate, mit der die Gasmassen auf den zentralen Stern einstürzen. Rechnungen zeigen, dass diese *Akkretionsrate* nur von der Temperatur der ursprünglichen Gaswolke abhängt – je höher die Temperatur, desto größer ist der Materiefluss. Davon abhängig dauert es *nur* 100 000 bis 1 Mio. Jahre, bis sich ein Stern von einer Sonnenmasse im Zentrum des Verdichtungsgebiets angesammelt hat. Das dabei entstehende Objekt wird als *Protostern* bezeichnet.

Das einströmende Gas schießt mit so hoher Geschwindigkeit auf den Protostern, dass sich an dessen Oberfläche ein abrupter Übergang zu einer Zone hohen Drucks aufbaut. Dadurch wird das einfallende Gas schlagartig abgebremst und auf nahezu 1 Mio. K aufgeheizt. Durch die Emission von Strahlung kühlt es aber rasch auf 10 000 K ab, sodass sich Schicht für Schicht um den Protostern bilden kann. Dieser Mechanismus erklärt die hohe Leuchtkraft junger Sterne, die bei einem Protostern von einer Sonnenmasse 50-mal größer ist als die Leuchtkraft der Sonne. In dieser Phase wird also die Energie noch nicht von der Kernfusion geliefert, sondern stammt von der kinetischen Energie der Materie, die unter dem Einfluss der Schwerkraft zusammenstürzt. Die zum großen Teil ultraviolette Strahlung des Protosterns kann das umgebende Verdichtungsgebiet noch nicht durchdringen, sondern wird von den Staubteilchen absorbiert und als langwelliges Infrarot emittiert und gelangt erst so an die Oberfläche. Viele der beobachteten Infrarotquellen stammen vermutlich von Protosternen, auch wenn man diese nicht sicher von späteren Entwicklungsstadien unterscheiden kann.

Das Deuterium-Brennen

Hat der Protostern durch den Massenzuwachs ein Zehntel der Sonnenmasse erreicht, beträgt seine Temperatur im Zentrum etwa 1 Mio. K. Die kinetische Energie der Wasserstoffkerne ist damit so groß, dass die Kernfusion einsetzen kann (→ 13.4.6). Einfache Wasserstoffkerne – also Protonen – sind dazu allerdings noch nicht in der Lage, denn sie benötigen eine Temperatur von 10 Mio. K. Für Deuteriumkerne ^{2}H – sie sind zu 0,02 ‰ im Wasserstoffgas enthalten – reicht die Temperatur aus: Trotz geringer Konzentration stellt die Fusion des Deuteriums die Energiequelle des Protosterns dar. Die zunehmende thermische Energie bläht den Stern auf, wobei ein Protostern von einer Sonnenmasse den fünffachen Radius der Sonne annimmt. Dabei sorgt *Konvektion* von Materie für den Transport von thermischer Energie vom heißen Kern, in dem die Fusion stattfindet, nach außen; gleichzeitig bringen die Materiewirbel das auf der Oberfläche neu auftreffende Deuterium als Brennstoffnachschub ins Innere.

Junge Sterne sind stets von einem dichten Emissionsnebel umschlossen (z. B. NGC 2024 → **Abb. 552.2**), also wird keineswegs die gesamte in einem Verdichtungsgebiet enthaltene Materie aufgebraucht. Es muss daher einen Mechanismus geben, der die Akkretion zum Stillstand bringt. Computersimulationen führen auf einen *Sternwind*, der vom Stern weggerichtet ist. Dieser Materiestrom beendet nicht nur den Zustrom aus der umgebenden Gashülle, sondern treibt im weiteren Verlauf das Verdichtungsgebiet auseinander: Beobachtungen von molekularen Gasströmen, die von infrarot strahlenden Dunkelwolken ausgehen, bestätigen diese These. Auch wenn die Ursache des Partikelstroms noch weitgehend ungeklärt ist, zeigen Rechnungen, dass bei einem rotierenden System der Protosternwind kegelförmig in Richtung der Drehachse bläst. Vermutlich sind es die in → **Abb. 552.1** sichtbaren rötlichen Gasfontänen.

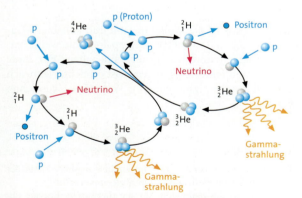

554.1 Im Proton-Proton-Zyklus fusioniert Wasserstoff stufenweise zu Helium: Zunächst stoßen zwei Protonen zusammen und bilden unter Aussendung eines Positrons und eines Neutrinos einen Deuteriumkern ^{2}H. Die Deuteronen verschmelzen bei weiteren Stößen mit energiereichen Protonen zu Heliumkernen ^{3}He. Stoßen zwei ^{3}He-Kerne zusammen, bildet sich als Endprodukt ein Heliumkern ^{4}He, wobei zwei Protonen in den Zyklus zurückgegeben werden.

Der Vor-Hauptreihenstern

Sobald sich das Verdichtungsgebiet auflöst, wird der Stern auch optisch sichtbar; er wird als *Vor-Hauptreihenstern* bezeichnet. Obwohl die Kernfusion wegen der fehlenden Deuteriumzufuhr unterbrochen ist, strahlt der Stern immer noch sehr hell, wie die berühmten T-Tauri-Sterne zeigen. (Die nach ihrem Prototyp T-Tauri im Sternbild Stier benannten Sterne sind Vor-Hauptreihensterne mit einer Masse kleiner als 1,5 Sonnenmassen.)

Energielieferant ist jetzt wieder die Gravitation: Zwar verhindert der Druck im Innern, dass der Stern im freien Fall kollabiert; da aber ständig Energie von der Oberfläche abgestrahlt wird, schrumpft der Stern langsam. Damit erhöht sich der Gravitationsdruck, sodass Dichte und Temperatur zunehmen. Die Temperatur wächst ständig und erreicht schließlich in einem zentralen Kern mit etwa 10 Mio. K jenen Wert, bei dem Protonen in einem Zyklus zu Helium verschmelzen (**Abb. 554.1**):

$$4\,^1H \rightarrow {}^4He + 2\,e^+ + 2\,\nu_e + 2\,\gamma + 26{,}2\ \text{MeV}$$

Die entstehende Wärme steigert den Druck so sehr, dass die Kontraktion zum Stillstand kommt: Seit der Protosternphase sind 30 Millionen Jahre vergangen.

Der Hauptreihenstern

Mit dem Einsetzen des *Wasserstoff-Brennens* hat der Stern einen stabilen Gleichgewichtszustand erreicht: Die Fusion von Wasserstoff zu Helium sorgt dafür, dass die abgestrahlte Energie ständig nachgeliefert wird. So kann der thermische Druck, der dem Gravitationsdruck entgegenwirkt, aufrechterhalten werden. Der Stern ist zum *Hauptreihenstern* geworden, denn er gehört jetzt zur Hauptreihe im Hertzsprung-Russell-Diagramm (→ **Abb. 547.1**). Nun wird verständlich, warum seine Position dort allein von der Masse bestimmt wird: Je größer die Masse, desto größer der Druck und damit die Temperatur. Entsprechend heftiger läuft die Kernfusion ab, mehr Energie wird geliefert, sodass Oberflächentemperatur und Leuchtkraft zunehmen.

Die Entstehung der Elemente

Die Zone des nuklearen Brennens beschränkt sich auf einen zentralen Kern, der bei der Sonne nur 12 % des gesamten Wasserstoffgases beträgt. In diesem Kern befindet sich der gesamte Brennstoffvorrat. Ist er aufgebraucht, verändert sich der Stern dramatisch, indem er zu einem *Roten Riesen* wird (→ 15.2.8).

Abhängig von der Sternmasse finden bei zunehmend höheren Temperaturen im Zentralbereich weitere Fusionsprozesse statt. Das angereicherte Helium wird bei $T \approx 100$ Mio. K selbst zum Kernbrennstoff:

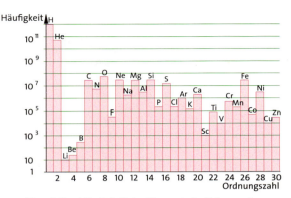

555.1 Die relative Häufigkeit der Elemente in Zehnerpotenzen (Wasserstoff ist willkürlich zu 10^{12} gesetzt; die Darstellung ist beim Zink abgebrochen, weil schwere Elemente sehr selten sind). Beim Urknall wurden nur Wasserstoff und Helium gebildet, die Elemente bis zur Eisengruppe entstehen bei der Fusion in Roten Riesen, schwerere Kerne bei Sternexplosionen.

$$^4He + {}^4He \rightarrow {}^8Be - 92\ \text{keV}$$
$$^8Be + {}^4He \rightarrow {}^{12}C + \gamma + 7{,}4\ \text{MeV}$$

Es entsteht zunächst das instabile Beryllium ^8Be, dessen sehr geringe Dichte dennoch ausreicht, um bei der Fusion mit ^4He Kohlenstoff ^{12}C zu bilden. Bei $T > 10^8$ K finden ^4He-*Einfangprozesse* statt:

$$^{12}C + {}^4He \rightarrow {}^{16}O + \gamma$$
$$^{16}O + {}^4He \rightarrow {}^{20}Ne + \gamma \quad \text{usw.}$$

Wegen der zunehmend größeren Coulomb-Barriere enden diese Prozesse bei ^{40}Ca. Bei $T \approx 1$ Mrd. K kann Kohlenstoff zu Magnesium fusionieren, Sauerstoff verschmilzt zu Silicium oder Schwefel, Silicium zu Eisen. Das Erreichen der *Eisengruppe* bedeutet das Ende des nuklearen Brennens: Die Nukleonen sind dort am stärksten gebunden, sodass eine weitere Fusion keine Energie liefern würde (→ 13.4.6).

> Während H- und He-Kerne kurz nach dem Urknall entstanden (→ 15.3), wurden die *chemischen Elemente* bis zur Eisengruppe erst später bei der Fusion in Roten Riesen gebildet. Mit dem Auswurf von Materie am Ende des Sternlebens (→ 15.2.8) – aber auch schon zuvor durch den *Sternwind* – gelangen diese Elemente in das Weltall und haben dort die in **Abb. 555.1** dargestellte Häufigkeitsverteilung.

Aufgaben

1. Berechnen Sie aus der Solarkonstanten (1,37 kW/m²) den Massenverlust der Sonne in jeder Sekunde.
2. Schreiben Sie den Proton-Proton-Zyklus in einzelnen kernchemischen Reaktionsgleichungen auf.

Die Sterne

15.2.8 Endstadien der Sterne

Ein Stern endet entweder als Weißer Zwerg, als Neutronenstern oder als Schwarzes Loch.

Rote Riesen und Weiße Zwerge

Abhängig von der Masse verbrennen Sterne ihren Wasserstoffvorrat unterschiedlich schnell (→ 15.2.5). Für Sterne von 1 $M_\odot$ ist die Fusion H → He nach 6 Mrd. Jahren beendet, bei Sternen von 5 $M_\odot$ bereits nach 500 Mio. Jahren. Danach kontrahiert der Zentralbereich, in dem sich das produzierte Helium angesammelt hat. Die abnehmende Gravitationsenergie erhöht die thermische Energie und damit die Temperatur im Zentralbereich, sodass die Fusion H → He nun in einer *Schale* um den Kern ablaufen kann. Dabei expandieren die äußeren Schichten und es entsteht ein *Roter Riese*. Der Radius wächst auf das 50-Fache, wobei sich die Oberflächentemperatur auf 4000 K abkühlt. Der Stern verlässt die Hauptreihe und wandert im HR-Diagramm nach *rechts*, wobei seine Leuchtkraft nur geringfügig abnimmt (→ **Abb. 547.1**). Die Ausdehnung dauert bei Sternen mit 1 $M_\odot$ etwa 1 Mrd. Jahre, bei 9 $M_\odot$ nur 300 000 Jahre.

Mit zunehmender Verdichtung wächst im Zentralbereich die Temperatur, sodass bei $T \approx$ 100 Mio. K das *Helium-Brennen* einsetzt. Infolgedessen steigt die Oberflächentemperatur auf etwa 6300 K und die Leuchtkraft nimmt zu. Bei Sternen mit Massen zwischen 0,5 $M_\odot$ und 4 $M_\odot$ sind die thermonuklearen Prozesse damit beendet und ein Kohlenstoff-Sauerstoff-Kern ist entstanden. Dieser Kern hat bereits die hohe Dichte von 10^5 bis 10^6 g/cm³, die sich bei *Weißen Zwergen* gezeigt hat (→ 15.2.4).

Mit dem Ende des nuklearen Brennens wird der Rote Riese instabil. Er stößt nahezu seine gesamte wasserstoffreiche Hülle ab, die sich als *planetarischer Nebel* in den Raum ausbreitet. Zurück bleibt der hoch verdichtete C-O-Kern, der wegen seiner hohen Temperatur intensiv strahlt und daher als *Weißer Zwerg* bezeichnet wird. Sein ultraviolettes Licht regt die sich ausdehnende Hülle zum Leuchten an (**Abb. 556.1**). Da keine Kernreaktionen mehr stattfinden, kühlt der Weiße Zwerg aus und endet als *Schwarzer Zwerg*.

Auch bei größeren Anfangsmassen von 4 $M_\odot$ bis 8 $M_\odot$ läuft die Entwicklung ähnlich. Wichtig ist, dass der Stern frühzeitig genügend Masse verliert – unter Umständen durch wiederholten Abwurf seiner Hülle – sodass die Masse des C-O-Kerns kleiner als die **Chandrasekhar-Grenze** von $M < 1,4\ M_\odot$ ist. Diesen oberen Grenzwert für die Masse eines Weißen Zwergs bestimmte Subrahmanyan CHANDRASEKHAR aus theoretischen Überlegungen, wofür er 1983 den Physik-Nobelpreis erhielt. Tatsächlich liegen alle bisher bestimmten Massen von Weißen Zwergen unter diesem Grenzwert.

Wird der zentrale Kern eines Sterns zu einem Weißen Zwerg komprimiert, so ist mit der Zunahme der Dichte von etwa 1 g/cm³ auf mehr als 100 kg/cm³ eine grundlegende Zustandsänderung verbunden. In einem Hauptreihenstern erzeugt die thermische Energie $E_\text{kin} = \frac{3}{2}kT$ der von allen Elektronen entblößten *Kerne* einen Druck, der dem Gravitationsdruck standhalten kann. Zwar nehmen auch die Elektronen an der thermischen Bewegung teil, wegen ihrer rund 2000-mal kleineren Masse tragen sie jedoch kaum zum Druck bei. Das ändert sich, wenn der Bereich des Sterns, in dem sich die Elektronen bewegen können, wegen der Kontraktion zunehmend kleiner wird. Die Elektronen befinden sich nun in einem *Potentialtopf*, in dem die *Quantisierung* der Energie zu Energiestufen führt, die im Vergleich zur thermischen Energie mit kleiner werdendem Radius ständig anwachsen und deshalb zunehmend die Energieverteilung bestimmen. Gegenüber der Boltzmann-Verteilung wird dieser Zustand als **entartetes Elektronengas** bezeichnet. Für die quantisierten Energiewerte E_n im linearen Potentialtopf gilt (→ 11.3.1):

$$E_n = \frac{h^2}{8 m_e a^2} n^2 \quad \text{mit} \quad n = 1, 2, 3, \ldots$$

Eine *Verkleinerung* der Breite a des Potentialtopfs führt zu einer *Zunahme* der Energiewerte. Für Elektronen wie auch für Protonen und Neutronen, die alle zur Klasse der **Fermionen** gehören, gilt das Pauli-Prinzip, d.h. die Zustände im Potentialtopf können mit jeweils *nur zwei* Teilchen mit entgegengerichteter Spineinstellung be-

556.1 Die von einem ehemaligen Roten Riesen abgestoßene und sich ausbreitende Hülle bildet den Nebel NGC 6543. Im Zentrum leuchtet bläulich weiß der zurückgebliebene Weiße Zwerg und regt mit seinem intensiven UV-Licht die Gashülle zur Emission an. In kleinen Fernrohren sehen solche Nebel wie Planeten aus, weswegen man sie etwas irreführend als planetarische Nebel bezeichnet (Aufnahme des Hubble-Teleskops).

gesetzt werden (→ 11.3.8). Wegen der kleinen Elektronenmasse im Vergleich zur Protonen- und Neutronenmasse $m_e \ll m_{p,n}$ liegen die Energiezustände der Elektronen sehr viel höher als die der Protonen und Neutronen.
Bei der Kompression müssen also die hohen Energiewerte des entarteten Elektronengases aufgebracht werden. Ist bei einer Volumenverkleinerung die Zunahme dieser Energie *größer* als die Abnahme der potentiellen Gravitationsenergie, so kann sich ein Gleichgewichtszustand einstellen. Dies ist bei einem Weißen Zwerg der Fall: Der vom entarteten Elektronengas erzeugte Druck p – es gilt $p = dE/dV$ – hält hier dem Gravitationsdruck das Gleichgewicht.

Neutronensterne

Bei Sternen mit Anfangsmassen $M > 8\,M_\odot$ können bei der Kontraktion Druck und Temperatur im Zentralbereich weiter zunehmen, sodass es zum *Kohlenstoffbrennen* C → Mg und zu höheren Fusionsprozessen kommt: In sich abwechselnden Brenn- und Kontraktionsphasen werden immer höhere, allerdings zunehmend weniger energiereiche Fusionsquellen bis hin zum Eisen erschlossen. Dabei ersetzen Konvektionsströme den im Zentralbereich verbrauchten Brennstoff durch Materie aus höheren Schichten. Es bildet sich ein **Überriese,** dessen extrem dichter Fe-Ni-Kern von Schalen umgeben ist, in denen die leichteren Fusionsprodukte der vorhergehenden Brennphasen angereichert sind.

Am Ende der thermonuklearen Reaktionen verdichtet sich der Kern weiter. Liegt dessen Masse oberhalb der Chandrasekhar-Grenze von $1{,}4\,M_\odot$, ist die Abnahme der Gravitationsenergie bei der Kontraktion größer als die Zunahme der Energiewerte des entarteten Elektronengases. Es gibt daher keinen Gleichgewichtszustand und der Stern kollabiert. Dabei heizt sich der Zentralbereich auf über 1 Mrd. K auf. Die auftretende intensive Strahlung zerlegt das zuvor fusionierte Eisen wieder in Helium und Neutronen. Dadurch wird dem Zentralbereich thermische Energie *entzogen*, die Temperatur sinkt und der Gravitationskollaps wird beschleunigt. Aus dem gleichen Grund zerfallen in der Folge die Heliumkerne in Protonen und Neutronen und der Zentralbereich erfährt einen weiteren Energieentzug.

In dem zunehmend kleiner werdenden Potentialtopf wird schließlich der Prozess des inversen Betazerfalls $p + e^- \rightarrow n + \nu_e$ gestartet (→ 13.1.5). Diese Reaktion wird möglich, weil die Energiedifferenz zwischen den höchsten besetzten Zuständen der Protonen und der Elektronen gegenüber denen der Neutronen so groß wird, dass bei der Vernichtung eines Protons und eines Elektrons diese Energiedifferenz ausreicht, um die höhere Ruheenergie des erzeugten Neutrons $E =$

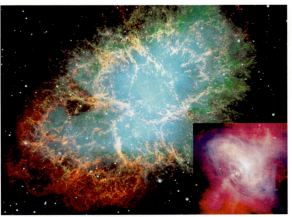

557.1 Der 6000 Lj entfernte Krebsnebel – aufgenommen 1999 mit dem VLT der ESO in Chile (→ 15.1.1). Die Überreste der Supernova aus dem Jahr 1054 dehnen sich heute mit 1000 km/s aus. Erstmals empfing 1968 das Radioteleskop von Arecibo eine Strahlung aus dem Zentrum des Krebsnebels, bei der Radioimpulse mit äußerster Regelmäßigkeit in Zeitabständen von 0,03 309 s eintreffen. Ursache hierfür ist ein sogenannter *Pulsar,* ein rotierender Körper, der aber nicht allzu groß sein darf, denn schon bei einem Radius von 1500 km wäre Lichtgeschwindigkeit erreicht. Dem entspricht allein ein Neutronenstern, der bis zu dieser Entdeckung nur in der Theorie existierte. Die Strahlung wird so erklärt, dass beim Zusammensturz eines Überriesen dessen Magnetfeld auf gewaltige Werte von 10^8 T komprimiert wird. Elektronen, die in diesem Feld kreisen, senden in Richtung der Polachsen elektromagnetische Strahlung aus. Haben Drehachse und magnetische Achse verschiedene Richtungen, strahlen die rotierenden magnetischen Pole wie ein Leuchtturm. In der Röntgenaufnahme (kleines Bild) werden Jets vermutet, die zusammen mit dem Neutronenstern rotieren und die auf der Erde beobachteten Radioimpulse aussenden. Heute sind etwa 1300 Pulsare bekannt.

$(m_n - m_p - m_e)\,c^2 = 0{,}78$ MeV aufzubringen. Ist dieser Prozess einmal eingeleitet, setzt er sich beschleunigt fort und alle Elektronen und Protonen werden in Neutronen umgewandelt. Innerhalb weniger Sekunden kondensiert der Zentralbereich zur Dichte $\rho \approx 10^{14}$ g/cm³, was der Dichte von Atomkernen entspricht.

Dabei muss nun wie zuvor bei den Weißen Zwergen der Potentialtopf der Neutronen gefüllt werden. Auch hier nehmen die Energiewerte mit kleiner werdender Breite a zu und es bildet sich ein **entartetes Neutronengas.** Dieses erzeugt ebenso wie zuvor die Elektronen einen Druck, der letztmals dem Gravitationsdruck das Gleichgewicht halten kann, denn weitere Reaktionen sind mit Neutronen nicht möglich. Dieses Gleichgewicht kann sich aber nur einstellen, wenn eine obere Massengrenze des verdichteten Kerns von $2\,M_\odot$ bis $3\,M_\odot$ nicht überschritten wird. Der verdichtete Kern heißt **Neutronenstern,** dessen Radius zwischen $R = 13$ km (bei $1\,M_\odot$) und $R = 9$ km (bei $3\,M_\odot$) liegt.

Die Sterne

Neutronensterne wurden als **Pulsare** (→ **Abb. 557.1**) und in Doppelsternsystemen nachgewiesen, wo sie auf spektakuläre Weise Gas von ihrem Begleitstern abziehen, das beim Sturz auf den Neutronenstern so stark beschleunigt wird, dass es zur intensiven Röntgenquelle wird. In Doppelsternsystemen kann die Masse von Neutronensternen ermittelt werden; dabei liegen alle Werte unterhalb 3 $M_\odot$. 1996 fotografierte das Hubble-Teleskop erstmals einen Neutronenstern im sichtbaren Licht.

Supernovae

Was geschieht mit der Hülle des Überriesen, wenn der Zentralbereich zu einem Neutronenstern kondensiert? Die nachstürzende Sternmaterie wird an der Oberfläche des Neutronensterns abrupt abgebremst. Es entsteht ein elastischer Rückstoß, der eine starke nach außen gerichtete Stoßwelle erzeugt. In einer gewaltigen Explosion wird die gesamte, den Neutronenstern umgebende Hülle weggesprengt. Der Ausbruch wird als **Supernova** bezeichnet. Die dabei freigesetzte Energie ist mit etwa 10^{46} J größer als der gesamte Kernenergievorrat der Sonne. Für einige Wochen leuchtet die Supernova so hell wie eine Milliarde Sonnen, um dann allmählich abzuklingen. Supernovae sind sehr selten auftretende Ereignisse. Innerhalb unserer Galaxie sind nur sieben bekannt. Chinesische Aufzeichnungen aus dem Jahre 1054 beschreiben eine Supernova im Sternbild Stier (→ **Abb. 557.1**), Tycho BRAHE beobachtete 1572 in der Cassiopeia eine Supernova und J. KEPLER konnte eine Supernova im Jahr 1604 erleben. Extragalaktisch wurden inzwischen über 1000 Supernovae registriert. Im Februar 1987 konnte in der nur 170 000 Lj entfernten Magellan'schen Wolke, einer kleinen Nachbargalaxie der Milchstraße, eine als SN 1987a bezeichnete Supernova beobachtet werden (**Abb. 558.1**).

Für die Häufigkeit chemischer Elemente sind die Supernova-Ausbrüche von größter Bedeutung. Während bei den Weißen Zwergen der C-O-Kern meist erhalten bleibt, werden hier alle zuvor fusionierten Elemente bis hin zur Eisengruppe in den Raum geschleudert. Hinter der nach außen laufenden Stoßwelle können unter den extremen Druck- und Temperaturverhältnissen weitere, sonst nicht mögliche Kernreaktionen ablaufen: Unter dem Bombardement von Neutronen wandeln sich Eisenkerne in Goldkerne um, diese in Bleikerne (→ 13.4.1). Durch weiteren Neutroneneinfang verwandelt sich das Blei schließlich in all die schwereren, meist radioaktiven Elemente bis hin zum Uran. Dessen geringe Häufigkeit von 10^{-11} bezogen auf die Anzahl der Wasserstoffatome verwundert daher wegen der besonderen Produktionsbedingungen nicht. Alle Elemente – sowohl die fusionierten als auch die durch Neutroneneinfang entstandenen – stehen als Teil des interstellaren Gases für neue Sternbildungen zur Verfügung. Weil im Sonnensystem alle Elemente vorkommen, gehört die Sonne nicht zur ersten Sterngeneration.

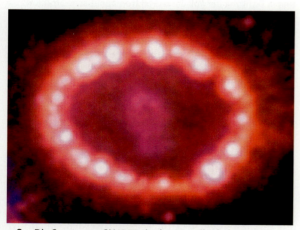

558.1 Die Supernova SN 1987a in der Magellan'schen Wolke, aufgenommen vom Hubble-Teleskop im Jahr 2004. Die Überreste des 1987 explodierten Sterns fliegen mit 3000 km/s in den Raum. Die schimmernden Punkte entlang des Gasrings sind eine Folge der Kollision mit Überschall-Druckwellen, die bei der Explosion entstanden sind. Der Stern wurde 1969 von dem Astronomen N. SANDULEAK katalogisiert und 1986 als Blauer Riese mit 20 Sonnenmassen identifiziert. Schon zwanzig Stunden vor dem Helligkeitsausbruch, der auch nach Wochen noch mit bloßem Auge zu sehen war, registrierten rund um die Erde Detektoren die beim inversen Betazerfall entstandenen Neutrinos, denn diese durchdringen anders als die Strahlung ungehindert den kollabierenden Stern.

Schwarze Löcher

Bei der oberen Massengrenze von 3 $M_\odot$ haben Neutronensterne einen Radius von $R = 9$ km. Was geschieht, wenn die Masse des verbleibenden Neutronensterns diese obere Grenze überschreitet? Dann kollabiert der Stern weiter.

Für einen Körper auf der Oberfläche des Sterns wird es zunehmend schwerer, dem Stern zu entkommen. Er braucht eine immer größere *Entweichgeschwindigkeit*, um die nötige Energie zu besitzen, mit der er sich unendlich weit von dem Himmelskörper entfernen kann. In → 2.3.3 wird die sogenannte *Fluchtgeschwindigkeit* v_F berechnet, die ein Körper der Masse m haben muss, um sich aus dem Anziehungsbereich eines kugelförmigen Himmelskörpers der Masse M mit dem Radius R zu entfernen. Dabei wird die kinetische Energie des Körpers $E_{\text{kin}} = \frac{1}{2} m v^2$ gleich der potentiellen Gravitationsenergie an der Oberfläche der Kugel $E_{\text{pot}} = \gamma m M / R$ gesetzt. Es ergibt sich

$$\tfrac{1}{2} m v_F^2 = \gamma \frac{mM}{R} \quad \text{und daraus} \quad v_F = \sqrt{\frac{2\gamma M}{R}}.$$

Für die Erde berechnet sich daraus die 1. kosmische Geschwindigkeit zu 11,2 km/s. Für den zusammenstürzenden Stern wächst die Entweichgeschwindigkeit v_F ständig an, sodass sich die Frage stellt, wann Lichtgeschwindigkeit, also $v_F = c$, erreicht ist. In obige Gleichung eingesetzt, ergibt sich $c = \sqrt{2\gamma M/R}$ und daraus das Ergebnis, dass bei einem bestimmten Radius, dem sogenannten *Schwarzschild-Radius* R_S, ein Körper Lichtgeschwindigkeit haben müsste, um von dem Stern noch zu entkommen:

$$R_S = \frac{2\gamma M}{c^2}$$

Karl SCHWARZSCHILD (1873–1916) hatte kurz vor seinem Tode unter vereinfachenden Annahmen eine exakte Lösung der Feldgleichungen der allgemeinen Relativitätstheorie gefunden und genau dieses Ergebnis erhalten. Da es sich um einen relativistischen Effekt handelt, kann die gegebene anschauliche Darstellung keine exakte Herleitung sein.

Bei der Masse der Erde ergibt sich der Schwarzschild-Radius zu $R_S = 0{,}89$ cm. Würde die Erde auf diesen oder einen noch kleineren Radius zusammengedrückt, würde sie am Himmel als schwarzes Loch von rund 2 m Durchmesser erscheinen.

Ein kollabierender Stern kann also prinzipiell nur so lange beobachtet werden, wie sein Radius größer als der Schwarzschild-Radius ist. Bei der Beobachtung würde sich zeigen, dass alle Vorgänge auf der Oberfläche des zusammenstürzenden Sterns zunehmend langsamer ablaufen und sich gleichzeitig alle Farben zur roten Seite des Spektrums verschieben: Die Photonen müssen in einem immer stärker werdenden Gravitationsfeld aufsteigen und verlieren dabei zunehmend mehr Energie. Dadurch verringert sich ihre Frequenz, was als Rotverschiebung und Verlangsamung des Zeitablaufs festgestellt wird. Direkt am Schwarzschild-Radius bleiben für den außenstehenden Beobachter die Uhren stehen, d.h. es dauert für ihn unendlich lange, bis der Stern auf diesen Radius schrumpft. Auf dem kollabierenden Stern wird davon nichts bemerkt. Ein Ort an dessen Oberfläche befindet sich in einem frei fallenden Bezugssystem und damit nach dem Äquivalenzprinzip (→ 9.3.3) in einem Inertialsystem. Die Oberfläche durchquert daher ohne Verzögerung die gedachte Kugel mit dem Schwarzschild-Radius.

Die Satelliten *XMM-Newton* und *Sandra* haben in vielen Doppelsternsystemen Komponenten entdeckt, von denen eine intensive Röntgenstrahlung ausgeht. Die Masse dieser Komponenten erwies sich stets größer als der kritische Wert von drei Sonnenmassen: $M > 3\,M_\odot$. Es handelt sich um Schwarze Löcher, die von ihrem Begleitstern Gas absaugen, das beim Sturz auf das Schwarze Loch so stark beschleunigt wird, dass es Röntgenstrahlung aussendet.

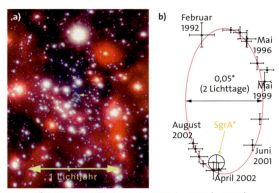

559.1 a) Infrarot-Aufnahme des VLT der ESO (→ 15.1.1) vom Galaktischen Zentrum (rot entspricht 3,8 μm, grün 2,2 μm und blau 1,7 μm); **b)** beobachtete elliptische Bahn des Sterns S2 um das Schwarze Loch Sgr A* mit der Umlaufdauer $T = 15{,}2$ a

Außer durch einen Gravitationskollaps können sich Schwarze Löcher auch in den Zentren von Galaxien bilden. Dies konnte 2002 eine Forschergruppe des Max-Planck-Instituts für extraterrestrische Physik in Garching für unsere Milchstraßen-Galaxie bestätigen. Mit Infrarot-Aufnahmen des zentralen Kerns der Milchstraße (**Abb. 559.1a**) wurde von 1992 bis 2002 die Bewegung eines sehr hellen Sterns S2 um ein als Schwarzes Loch vermutetes Zentrum namens „Sagittarius A-Stern" (Sgr A*) beobachtet (**Abb. 559.1b**). Im April 2002 hatte sich S2 bis auf 17 Lichtstunden Sgr A* genähert. Die Auswertung der Ellipsenbahn mit den Kepler'schen Gesetzen (→ 2.3.1) ergab, dass Sgr A* ein Schwarzes Loch ist, das $3{,}7 \pm 1{,}5$ Mio. Sonnenmassen enthält.

> **Weiße Zwerge** (Chandrasekhar-Grenze für die Restmasse $M_{Rest} < 1{,}4\,M_\odot$), **Neutronensterne** ($1{,}4\,M_\odot < M_{Rest} < 3\,M_\odot$) und **Schwarze Löcher** ($M_{Rest} > 3\,M_\odot$) sind Endstadien kollabierter Sterne. Schwarze Löcher sind kugelförmige Himmelskörper, deren Entweichgeschwindigkeit gleich der Lichtgeschwindigkeit c ist. Sie haben den nur durch ihre Masse bestimmten
>
> **Schwarzschild-Radius** $R_S = \frac{2\gamma M}{c^2}$.

Aufgaben

1. Erklären Sie, warum bei Weißen Zwergen die Elektronen und nicht die Protonen den Entartungsdruck ausüben.
2. Berechnen Sie den Schwarzschild-Radius eines Neutronensterns bei der oberen Grenze von $3\,M_\odot$ und eines Schwarzen Lochs von $10\,M_\odot$.
3. Berechnen Sie den Schwarzschild-Radius und die mittlere Dichte von Sgr A*. Vergleichen Sie mit der mittleren Dichte eines Schwarzen Lochs von $10\,M_\odot$.

15.3 Die Entwicklung des Universums

Mit dem **Urknall** ist das Universum vor 13,7 Mrd. Jahren entstanden und hat sich seither entwickelt (→ 15.1.4). Die heute beobachteten Galaxien haben Entfernungen von einigen Millionen bis zu mehreren Milliarden Lichtjahren. Weit entfernte Galaxien, die in einem frühen Entwicklungszustand des Universums zu sehen sind, unterscheiden sich deutlich von nahe gelegenen Galaxien. Auffällig sind *aktive* Galaxien, zu denen die Quasare und die Radiogalaxien gehören, die mit der millionenfachen Intensität des Milchstraßensystems strahlen. Alle beobachteten aktiven Galaxien sind älter als 9 Mrd. Jahre, wobei Radiogalaxien – aktive Galaxien mit starker Radiostrahlung, die im optischen Bereich bereits Ähnlichkeiten mit Galaxien aufweisen – ein Alter von 9 bis 11 Mrd. Jahren haben. Quasare sind meist 10 bis 13 Mrd. Jahre alt, sind also etwa 1 bis 3 Mrd. Jahre nach dem Urknall entstanden (→ 15.1.2). Mit fortschreitender Zeit werden Quasare und aktive Galaxien seltener und die entfernteste *normale* Galaxie ist 9 Mrd. Jahre alt. Entferntere Galaxien haben in ihren Spiralarmen noch sehr viel Staub, während in nahen Galaxien die Sternentwicklung zum Teil schon so weit fortgeschritten ist, dass der Gas- und Staubvorrat aufgebraucht ist. Dies zeigt, dass das Universum sich verändert und nicht stationär ist.

Die Entwicklung des Universums nach dem Urknall wird mit dem **kosmologischen Standardmodell** beschrieben. Es stützt sich auf astrophysikalische Beobachtungen und Erkenntnisse der Teilchenphysik (→ Kap. 14). Danach expandierte das Universum nach einem Anfangszustand extrem hoher Energiedichte großräumig homogen. Die Ausbreitung erfolgt dabei nicht in einen bereits vorhandenen Raum, denn nach der allgemeinen Relativitätstheorie sind Raum und Materie miteinander verbunden (→ 9.3.3). Der Raum dehnt sich mit der darin befindlichen Materie aus. Drei astrophysikalische Beobachtungen sind es, die die Grundpfeiler des Standardmodells bilden: Neben der Rotverschiebung der Spektren ferner Galaxien und der kosmischen Hintergrundstrahlung (→ 15.1.4) ist es der *primordiale Heliumanteil* im Universum: Über 70 % der Masse des Kosmos besteht aus Wasserstoff bzw. Protonen. Der Rest von knapp 30 % besteht bis auf wenige Prozent aus Helium (→ 15.2.7). Alte Sterne enthalten etwa 25 % Helium, jüngere Sterne bis zu 30 %. Demnach haben Sterne einen hohen Heliumanteil, unabhängig davon, wann sie sich aus interstellarem Staub gebildet haben. Helium kann folglich zum größten Teil nicht durch Fusion in den Sternen entstanden sein, sondern wurde in der Urknallphase gebildet, weswegen es als **primordiales Helium** (primordial, lat. ursprünglich) bezeichnet wird. Das Standardmodell vermag den Heliumanteil und auch den heutigen Deuteriumanteil quantitativ zu erklären, denn wenige Minuten nach dem Urknall waren während einer kurzen Phase die Bedingungen gegeben, dass das Universum als Fusionsreaktor Helium und Deuterium erzeugen konnte. Diese Phase heißt **Nukleosynthese** (Abb. 560.1).

Der Urknall stellt den Beginn der Raumzeit (→ 9.2.9.) dar, d. h. ein *Vorher* gibt es nicht. Die weitere Entwicklung verläuft nach dem Standardmodell wie folgt:

$t \approx 10^{-43}$ s: Erst ab diesem Zeitpunkt bilden sich Raum und Zeit in unserer heutigen Vorstellung und die uns bekannten Naturgesetze erlangen ihre Gültigkeit. Das Universum ist kleiner als ein Proton und seine Temperatur beträgt 10^{32} K. Quarks und Leptonen sind ununterscheidbar. Es bildet sich – aus noch nicht geklärten Gründen – ein geringfügiger Unterschied von Quarks gegenüber Antiquarks: (1 Mrd. + 1) Quarks zu 1 Mrd. Antiquarks. Die geringe Differenz konnte im Folgenden nicht zerstrahlen und bildet die heutige Materie.

$t \approx 10^{-35}$ s: Das Universum erfährt eine rapide *Inflation*, d. h. es dehnt sich sehr schnell um den Faktor 10^{30} aus, wodurch es auf 10^{27} K abkühlt. Es ist erfüllt mit einem Gemisch aus Photonen, Quarks und Leptonen.

$t \approx 10^{-4}$ s: Die weitere, inzwischen wesentlich langsamere Ausdehnung lässt das Universum auf 10^{10} K abkühlen. Es bilden sich Protonen und Neutronen sowie deren Antiteilchen, da die thermische Energie nicht mehr ausreicht, um die neu gebildeten Teilchen aufzubrechen. Materie und Antimaterie stoßen zusammen und annihilieren. Aufgrund der erwähnten Differenz bleibt die heutige Materie übrig. Aus dem gleichen Grund verschwinden schließlich die Positronen und (fast) alle Elektronen.

$t \approx 1$ min: Die Temperatur ist auf 10^7 K gesunken, sodass die Fusion von Protonen und Neutronen zu

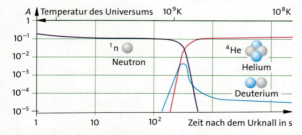

560.1 Während der Nukleosynthese, also 100 s bis 1000 s nach dem Urknall, konnten Neutronen und Protonen zu Deuterium und Helium fusionieren. Aufgetragen sind die Massenanteile A der Teilchen zur Gesamtmasse als Funktion der Zeit bzw. Temperatur.

Die Entwicklung des Universums

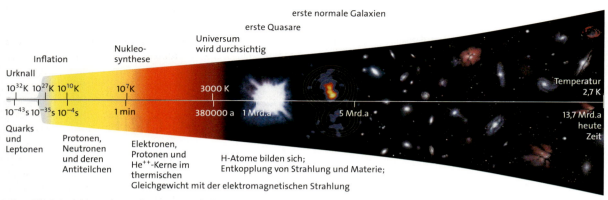

561.1 Die Entwicklung des Universums nach dem kosmologischen Standardmodell. Die Zeit ist unten nach rechts, die Temperatur oben nach links aufgetragen. Die trichterförmige Verbreiterung weist auf die zunehmende Expansionsrate des Universums hin.

Kernen des Deuterium, Helium und in geringeren Mengen Lithium möglich ist, ohne dass energiereiche Strahlung die Kerne sofort wieder auseinanderbricht. Diese Phase der Nukleosynthese dauert nur wenige Minuten, da die Expansion die Temperatur schnell auf Werte sinken lässt, die für eine Fusion nicht mehr ausreicht.

Im Universum gibt es sehr viel elektromagnetische Strahlung, die sich aufgrund der intensiven Wechselwirkung mit den elektrischen Ladungen der Elektronen und der Atomkerne nicht weit ausbreiten kann. Daher ist das Universum praktisch *lichtundurchlässig*.

$t \approx 380\,000$ **Jahre:** Die Temperatur ist auf 3000 K gefallen und das Universum hat ein Tausendstel seiner heutigen Größe erreicht. Die kinetische Energie kT beträgt nur noch einige eV, weniger als die Ionisierungsenergie leichter Atome, sodass sich Elektronen und Kerne zu Atomen vereinen können. Es gibt nur noch wenige freie Elektronen und Protonen und da die Wechselwirkung der Strahlung mit den Atomen gering ist, können sich Photonen über große Entfernungen ausbreiten. Das Universum wird *durchsichtig* und die fortan unbehelligte Strahlung bildet heute die kosmische Hintergrundstrahlung (→ 15.1.4). Die Materie beginnt sich unter dem Einfluss der Gravitation zusammenzuziehen und nach 1 Mrd. Jahren entstehen die ersten Quasare. Nach etwa 5 Mrd. Jahren bilden sich die ersten normalen Galaxien (**Abb. 561.1**).

Dunkle Energie

Das Alter des Universums folgt aus der Hubble-Konstanten H (→ 15.1.4). Vereinfachend wird bei der Rechnung angenommen, dass die Konstante und damit die Expansionsrate in der Vergangenheit den gleichen Wert wie heute hatten. Die Gravitation zwischen den Galaxien sollte aber zu einer allmählichen Verlangsamung der Expansion führen. Dies bedeutet, dass das Universum jünger wäre, da die Expansion früher schneller abgelaufen sein sollte als in den letzten 900 Mio. Jahren (→ **Abb. 544.1**). Rechnungen, die die Verlangsamung berücksichtigen, ergeben ein Alter von 9 Mrd. Jahren. Das kann nicht richtig sein, denn in der Milchstraßen-Galaxie gibt es Sterne, die mindestens 12 Mrd. Jahre alt sind. Die Lösung liegt in einer neu entdeckten Eigenschaft des Universums. Seit 1998 zeigen Messungen an weit entfernten Supernovae vom Typ Ia (→ 15.1.3), dass deren Leuchtkraft schwächer als erwartet ist. Sie sind demnach weiter entfernt als im Modell der abnehmenden Expansion berechnet. Die Expansionsrate des Kosmos nimmt daher nicht ab, sondern im Gegenteil seit etwa 6 Mrd. Jahren zu. Demnach gibt es eine abstoßende, der Gravitation entgegenwirkende Kraft, die seit einigen Mrd. Jahren die Oberhand gewonnen hat. Zur Erklärung wird auf die von EINSTEIN in die Friedmann-Gleichungen eingeführte *kosmologische Konstante* zurückgegriffen (→ 15.1.4). Diese Gleichungen, die die Expansion beschreiben, führen mit der Einstein-Konstante auf ein *statisches* Universum. Nach HUBBLES Entdeckung der Expansion hatte EINSTEIN die Konstante wieder entfernt. Erhält die Konstante aber einen größeren als den von EINSTEIN angegebenen Wert, so führt dies auf ein Universum, das mit zunehmender Ausdehnung und damit kleiner werdenden Gravitationskräften zwischen den Galaxien zunehmend schneller expandiert. Die Konstante repräsentiert eine sogenannte *dunkle Energie*, die 70 % der Energie des Universums ausmacht. *Dunkle Materie*, deren unbekannte und daher als *exotisch* bezeichnete Elementarteilchen mit normaler Materie gravitativ *anziehend* wirken, liefert 85 % der gesamten Materie (→ 15.2.3). Demnach stellt *dunkle Materie* 26 % der Energie des Universums. Für *normale Materie* bleiben nur 4 %. Die Physik offenbart einen Kosmos, der zu 96 % aus exotischen Masse- und Energieformen besteht.

16 PHYSIK UND WISSENSCHAFTSTHEORIE

Wie zuverlässig ist wissenschaftliche Erkenntnis? Wie steht es um die Begründung von Naturgesetzen? Was ist physikalische Wirklichkeit? Welche Konzepte hat die Philosophie über die physikalische Erkenntnismöglichkeit entwickelt?

Am Schluss dieses Buches sollen in aller Kürze und daher natürlich nur sehr unvollständig einige dieser Fragen angesprochen werden, und zwar aus der dafür zuständigen Disziplin, der *Wissenschaftstheorie*, einem Teilgebiet der Philosophie, die ihre Prägung von Philosophen wie von Naturwissenschaftlern erfahren hat.

16.1 Theorie – Hypothese – Gesetz – Modell

Die Physik ist eine *theoriegeleitete experimentelle Wissenschaft*. Experimente werden erst durch Theorien möglich. Experimente können aber auch über Theorien entscheiden. Im Experiment stellt der Physiker eine gezielte Frage an die „Natur" oder an die „Wirklichkeit", was immer auch darunter zu verstehen ist. Ein Experiment ist nicht nur bloße Beobachtung allein, wie sie etwa der Biologe vielfach zum Ausgangspunkt seiner Wissenschaft nimmt. Experimente „vereinfachen" die vorhandene „Natur" in bestimmter Weise und zielen bewusst nur auf einen Ausschnitt der „Wirklichkeit" ab. Insofern haftet ihnen etwas Theoretisches an.

Das entscheidende Kriterium für ein Experiment und für das mit ihm neu gefundene Phänomen ist deren **Reproduzierbarkeit**. Das Experiment mit seinem Ergebnis muss so beschrieben sein, dass es auch an anderer Stelle wiederholbar, *reproduzierbar*, ist; seine Durchführung muss *kontrollierbar* sein.

Die Ergebnisse eines Experiments werden in sogenannten **Protokoll**- oder **Basissätzen** festgehalten. Ein Basissatz drückt entweder ein erhaltenes oder ein zu erwartendes Messergebnis in der Sprache der Physik aus, wie wir es in vielen Beispielen in diesem Buch kennengelernt haben. Dabei gehen bei einem Versuch z. B. nicht etwa die Zeigerausschläge in die Beschreibung des Ergebnisses ein, sondern es werden Messgrößen – z. B. Stromstärke und Zeit – registriert. Insofern drücken die Basissätze keineswegs bloße Wahrnehmungen aus, sondern haben *Theoriegehalt*. Ohne physikalische Begriffsbildung kann weder ein Versuch geplant (Was will man messen?) noch können seine Ergebnisse (Was wurde gemessen?) festgehalten werden. Ebenso liegen der Verwendung der Geräte, mit denen das Experiment durchgeführt wird, schon theoretische Betrachtungen zugrunde – etwa über das Funktionieren eines Strommessgerätes. Es ist aufgrund einer schon vorhandenen Theorie (Elektrizitätslehre) konstruiert und verstehbar.

> Experimente und ihre in Basissätzen formulierten Ergebnisse sind nicht voraussetzungslos zu gewinnen, sondern setzen bereits physikalische Theorienbildung voraus.

Die Formulierung eines Gesetzes, z. B. des Fallgesetzes, aus den Basissätzen (Wertetabellen) geht natürlich nicht ohne *Festsetzungen* und *Entscheidungen* vor sich.

Wenn z. B. beim freien Fall die Messwerte, die im Experiment gewonnen sind, mit der Funktion $s = \frac{1}{2} g t^2$ zusammengefasst werden, wird eine solche Entscheidung getroffen, bei der *Prinzipien, Leitlinien,* ohne Begründung angewendet werden wie z. B. hier das *Prinzip der Einfachheit*. Denn keiner Wertetabelle mit der unvermeidlichen Streuung ihrer Werte ist direkt zu entnehmen, dass die genannte quadratische Funktion genau den Messwerten zugrunde liegt. Ohne solche Leitlinien, ohne solche Entscheidungen und Festsetzungen lassen sich keine Gesetze als Ergebnisse von Messungen formulieren. Dennoch haben wir die Intuition, dass die mathematische Formulierung des Fallgesetzes mit $s = \frac{1}{2} g t^2$ die physikalische „Wirklichkeit" wiedergibt.

> Die Gesetze der Physik sind keine vordergründigen Beschreibungen von Vorgängen. Aus Basissätzen gewonnen sind sie durch allgemeine Festsetzungen und Entscheidungen mitbestimmt, die nicht aus dem Experiment entnommen werden können.

Im Vorgehen der heutigen Wissenschaft wird noch ein Weiteres offenbar, das mit der Vorstellung von einem objektiven, d. h. vom Menschen unabhängigen Erkenntnisprozess schwer zu vereinbaren ist: Die Übernahme einer Entdeckung als gültiges Gesetz setzt voraus, dass die Gruppe der damit in aller Welt beschäftigten Physiker das veröffentlichte Ergebnis als neues Phänomen anerkennt, *akzeptiert*. Erst die allgemeine **Akzeptanz** macht den wissenschaftlichen Fortschritt aus.

562

PHYSIK UND WISSENSCHAFTSTHEORIE

Theorie – Hypothese – Gesetz – Modell

Wie gewiss ist nun ein physikalisches Gesetz? Sofort einsehbar ist, dass keine noch so große Zahl von Experimenten ein Gesetz „beweisen" kann. Dies ist das berühmte *Induktions-problem* (→ 16.2): Gesetze werden als *Allsätze* formuliert, *sie sollen immer und überall gelten.* Gewonnen werden sie aber nur aus einer endlichen Anzahl von Experimenten. Nach den Gesetzen der Logik ist der Schluss von endlich vielen Fällen auf die allgemeine Gesetzmäßigkeit nicht möglich. Naturgesetze bleiben daher hypothetisch. Jederzeit muss mit einer Revision des Wissens gerechnet werden.

Nach dieser heute allgemein vorherrschenden Auffassung kann ein Naturgesetz nicht bewiesen, sondern *nur falsifiziert* (für falsch befunden) werden. Nach POPPER (→ 16.2) ist die Falsifikation die einzig logisch anzuerkennende Möglichkeit, nach der ein gefundenes Gesetz so lange gültig bleibt, wie kein Gegenbeispiel gefunden ist.
Dennoch wird allgemein auf seine Gültigkeit gesetzt. Die Allgemeinheit oder Universalität physikalischer Erfahrung wird über die Einzelerfahrung hinaus dadurch gewonnen, dass die Vorschriften zur Gewinnung dieser Erfahrung immer wieder von neuem befolgt werden können – und nur darin liegt ihre verlässliche Gesetzmäßigkeit.

Gesetze und Theorien, die in vielfältigen Experimenten bestätigt wurden, gelten so lange als richtig, wie sie nicht falsifiziert sind.

Experimente und die daraus gewonnenen Gesetze sind Grundlage für die Neuentwicklung einer physikalischen **Theorie.**

Eine **Theorie** ist eine systematisch geordnete, strukturierte, in sich widerspruchsfreie Zusammenfassung von zumeist gesetzesartigen Aussagen über einen bestimmten Gegenstandsbereich. Das Ideal einer Theorie ist ein System von *axiomatisch formulierten Aussagen,* aus denen sich die Gesetzmäßigkeiten über den betreffenden Gegenstandsbereich deduktiv herleiten lassen.

Beispiele für Theorien sind die Newton'sche Mechanik, zusammengefasst in den Newton'schen Axiomen, oder die Thermodynamik, deren theoretischer Kern die beiden Hauptsätze der Wärmelehre sind, oder die Maxwell'sche Elektrodynamik, das Paradebeispiel einer axiomatisch beschriebenen Theorie; denn aus den Maxwell'schen Gleichungen lassen sich die wesentlichen Gesetze der Elektrodynamik herleiten, die in den Kapiteln 5, 6 und 7 dieses Buches aufgeführt sind.

Die Theorienbildung ist im ersten Stadium *hypothetisch.* Eine Theorie wird als **Hypothese,** als *Vermutung,* eingeführt. Sie wird überprüft und es wird untersucht, ob aus ihr dann einerseits schon bekannte „wahre" Sachverhalte, Tatsachen erklärbar, nämlich als Folgerung dieser Hypothese ableitbar sind. Die Theorie wird umgekehrt aber auch als Hypothese überprüft, indem untersucht wird, wie unabhängig von der Theorie gewonnene Ergebnisse über den gleichen Erfahrungsbereich mit ihren Sätzen vereinbar sind. Darin wird die wechselseitige Beziehung zwischen Theorie und Experiment (oder Basissätzen) deutlich.

Physikalische Erkenntnis entsteht aus dem Wechselspiel zwischen Theorie und Experiment.

In der Physik werden Theorien aus Denkvorstellungen, sogenannten **Modellen** entwickelt, deren Eigenschaften einer genauen mathematischen Analyse zugänglich sind. Die oben angeführten Beispiele der Theorienbildung sind solche Modelle.
Wir haben viele andere Modellbildungen kennengelernt: Je nach dem Sachverhalt, der untersucht werden soll, wird ein mehr oder weniger umfangreiches Modell herangezogen. So wird der freie Fall am einfachsten mit dem Modell des Massenpunktes beschrieben; sobald der Luftwiderstand berücksichtigt werden soll, wird statt des Massenpunktes das Modell des starren Körpers verwendet; das Auftreffen auf eine elastische Fläche würde mit dem Modell des deformierbaren Körpers untersucht werden.
Das Bohr'sche Modell des Wasserstoffatoms ist ein anderes Beispiel, bei dem nicht nur der Gesichtspunkt der Vereinfachung, sondern auch der der Anschaulichkeit von Sachverhalten eine Rolle spielt. Das Bohr'sche Atommodell ist zwar durch die Quantenmechanik überholt; dennoch gestattet es, bestimmte Sachverhalte wie z. B. die Spektrallinien des Wasserstoffatoms richtig herzuleiten.
Modelle werden aus Gründen der *Vereinfachung* (bei Interferenz und Beugung wird im Wellenmodell die Polarisation weglassen) oder zur *didaktischen Veranschaulichung* (Bohr'sches Atommodell als ein auf klassischen Vorstellungen beruhendes Bild für anschaulich nicht zugängliche Phänomene) oder als *Analogiebetrachtung* (Strom von Ladungen im Vergleich zu Wasserströmen) aufgestellt.
Der Physiker Heinrich HERTZ hat den Modellbegriff in der Sprache seiner Zeit (Ende des 19. Jahrhunderts) formuliert: *„Wir machen uns innere Scheinbilder oder Symbole der äußeren Gegenstände, und zwar machen wir sie von solcher Art, dass die denknotwendigen Folgen der Bilder stets wieder Bilder seien von den Folgen der abgebildeten Gegenstände."*

Modelle sind (i. Allg. auf einen Bereich beschränkte) *Vorstellungshilfen,* sie sind *Wirklichkeitskonstruktionen,* die eine Theorie exakt erfüllen. Diese Wirklichkeitskonstruktionen sind aber nicht die Wirklichkeit selbst.

Zusammenfassung
1. Naturwissenschaftliche Erkenntnis beruht auf dem Wechselspiel von Theorie und Experiment.
2. Naturgesetze können nicht im Sinne der Mathematik bewiesen werden.
3. Die Modelle der Naturwissenschaft sind in keiner Weise als Abbildungen der Realität aufzufassen. Ein Modell dient zur Beschränkung der Untersuchung auf jeweils als wesentlich betrachtete Phänomene.
4. Bei der Formulierung neuer Naturgesetze aufgrund neuer experimenteller Ergebnisse und neuer theoretischer Einsichten spielt die Konsensbildung innerhalb der Physikergemeinschaft eine wesentliche Rolle.
5. Unser Vertrauen in die Gesetzmäßigkeiten der Physik beruht auf einer Vielzahl miteinander verknüpfter Fakten und Vorstellungen, die hinter jeder Aussage stehen.

16.2 Philosophische Strömungen der Erkenntnisgewinnung

Nach einer weit verbreiteten, naiven Meinung liefern unsere Sinnesempfindungen ein zutreffendes Bild der „Außenwelt". Erkenntnis ist demnach die Abbildung einer irgendwie gegebenen „Realität".

Der **Wissenschaftliche Realismus,** zu dem sich wohl spontan viele Naturwissenschaftler bekennen dürften, besagt, dass die von richtigen Theorien beschriebenen Gegenstände, Zustände, Vorgänge wirklich existieren. Protonen, Photonen, Kraftfelder, Schwarze Löcher sind ebenso real wie Lebewesen, Maschinen, Vulkane. Die Tatsache, dass die Messung der Lichtgeschwindigkeit aus voneinander unabhängigen Beobachtungen und Versuchen zum gleichen Ergebnis führt oder dass mehrere Versuche aus verschiedenen Gebieten zu demselben Wert der Avogadro'schen Zahl kommen, stützen diese vordergründige Ansicht.

Bei näherer Nachfrage jedoch wird sich heute wohl die Mehrheit der Forschenden zu der folgenden – vereinfacht formulierten – Analyse als wesentlichem Element der naturwissenschaftlichen Forschung verstehen: *„Die Physik gelangt zu einer Beschreibung der Wirklichkeit, indem sie darauf verzichtet, das Wesen der Wirklichkeit zu erforschen."* Die Quantenmechanik bietet – wie wir gesehen haben – dafür hinreichende Anhaltspunkte. Jedoch darf nicht übersehen werden, dass es namhafte Forscherpersönlichkeiten gibt und gab wie EINSTEIN, der sich bis an sein Lebensende nicht mit einer *antirealistischen* Ansicht über die Welt anfreunden konnte.

Die *Wissenschaftstheorie* als Teilgebiet der Philosophie beschäftigt sich in der Auseinandersetzung über diese Fragen mit den Erkenntnisprinzipien und Methoden vornehmlich der exakten Wissenschaften. *Logischer Positivismus, Kritischer Rationalismus* und einige Weiterentwicklungen umreißen Hauptströmungen in der Wissenschaftstheorie des 20. und des beginnenden 21. Jahrhunderts.

Mit **Logischem Positivismus** wird eine sich in der ersten Hälfte des 20. Jahrhunderts entwickelnde Richtung naturwissenschaftlich orientierter Wissenschaftstheorie bezeichnet, als dessen Hauptvertreter der deutsch-amerikanische Philosoph Rudolf CARNAP (1891–1970) gilt. Sie baut auf einer Weiterentwicklung des **Empirismus** auf, jener alten philosophischen Grundüberzeugung, die die generelle und ausschließliche Abhängigkeit allen Wissens von der *Erfahrung* und von nichts anderem als von dieser behauptet. Das Wort *logisch* drückt aus, dass neben der Beschränkung auf die Erfahrung, der *Empirie,* nur die Schlüsse gelten sollen, die sich bei Anwendung der *Logik* auf die Sätze der empirischen Wissenschaft ergeben.

Nichts außer dem Beobachtbaren könne als etwas Reales erkannt werden. Es gäbe weder Elektronen noch sonst irgendwelche theoretischen *Entitäten (Seinsgegenstände)*. Die Positivisten neigen zum Nichtrealismus, und zwar nicht nur deshalb, weil sie die Realität auf das Beobachtbare beschränken, sondern auch deshalb, weil sie metaphysische Überlegungen wie die Annahme einer *Kausalität* oder die Richtigkeit von *Erklärungen* für überflüssig und falsch halten.

Die Positivisten, deren Tradition auf David HUMES „A Treatise of Human Nature" (1793) zurückreicht, vertreten die metaphysikfeindliche These: Nicht prüfbare Sätze, nicht wahrnehmbare Entitäten, Kausalität, tiefe Erklärungen – dies alles gehört zur Metaphysik, d. h. zur philosophischen Lehre von dem hinter der sinnlich erfahrbaren, natürlichen Welt Liegenden. Und das alles, so meinen die Positivisten, muss man hinter sich lassen.

Die positivistischen Grundüberzeugungen sind:

1. *Pro Beobachtung:* Die beste Grundlage für alle unsere nicht mathematischen Kenntnisse liefert das, was wir sehen, fühlen, berühren usw. können.

2. *Pro Verifikation:* Sinnvoll sind diejenigen Sätze, deren Wahrheit oder Falschheit mithilfe eines bestimmten logischen Verfahrens aus der Wahrheit oder Falschheit von Beobachtungen abgeleitet wird.

3. *Kontra Kausalität:* Außer der Beständigkeit, mit welcher Ereignisse der einen Art auf Ereignisse der anderen Art folgen, gibt es in der Natur keine Kausalität.

4. *Kontra Erklärungen:* Erklärungen geben keine tieferen Antworten über die „Natur", die wir sowieso nicht erkennen, sondern tragen nur dazu bei, die Phänomene gedanklich in eine gewisse Ordnung zu bringen.

5. *Kontra theoretische Entitäten:* Es gibt hinter den Beobachtungen keine Seinsgegenstände wie Elektronen, Felder usw.

Der Positivist ist davon überzeugt, zu positiver Erkenntnis, d. h. zu *beweisbarem Wissen* fähig zu sein. Es gibt etwas Gegebenes, die Tatsachen, die in den sogenannten *Protokollsätzen* festgehalten werden können. Die Protokollsätze des Positivisten sind einzelne Aussagen über Sinneseindrücke, gewonnen aus Beobachtungen in Experimenten. Sie werden als *theorieunabhängig* angesehen, weil aus ihnen erst durch logische Verknüpfungen Theorien gefunden werden sollen.

Der Schwierigkeit, die darin liegt, die Allgemeingültigkeit der Naturgesetze nur an einer begrenzten Anzahl von Experimenten überprüfen zu können – der induktive Schluss ist kein logischer Schluss – begegnet der Logische Positivismus durch eine Wahrscheinlichkeitsbetrachtung. Das für den Logischen Positivismus charakteristische Verifikationsprinzip besagt, dass in der Aussage eines Naturgesetzes eine eindeutige Prüfmethode beschrieben sein muss. Nicht verifizierbare Aussagen sind weder wahr noch falsch, sondern sinnlos. Diejenigen Hypothesen also, die prinzipiell keine empirischen Anwendungsfälle haben können, werden als unwissenschaftlich verworfen, abgesehen von den sogenannten analytischen Aussagen der Logik und Mathematik.

Aus der Auseinandersetzung mit dem Logischen Positivismus, vor allem mit seinem Induktionsproblem *„Wie folgen aus einer beschränkten Anzahl von Beobachtungen allgemeine Sätze?",* entwickelte der Philosoph und Wissenschaftstheoretiker Karl Raimund POPPER (1904–1994) eine Gegenposition, die die Philosophie der zweiten Hälfte des 20. Jahrhunderts nachhaltig beeinflusste.

Philosophische Strömungen der Erkenntnisgewinnung

Der **Kritische Rationalismus** nach Popper vertrat als wichtigsten Unterschied zum Logischen Empirismus nach CARNAP die Überzeugung, ein *induktives Vorgehen* in den Naturwissenschaften für unbegründbar zu halten und stattdessen ein *deduktives Vorgehen* im Rahmen eines „*Falsifikationismus*" als adäquate Beschreibung der Naturwissenschaften zu behaupten.

Danach formulierten Naturwissenschaftler allgemeine Hypothesen, die sie einer Bewährungsprobe durch Widerlegungsversuche unterwarfen. Die Abgrenzung der naturwissenschaftlichen Aussagen von den metaphysischen und spekulativen Aussagen liege darin, dass für naturwissenschaftliche Aussagen prinzipiell *Falsifizierbarkeit* bestünde, d. h. wissenschaftliche Aussagen (außer den logisch-mathematischen) sollten an Erfahrungen scheitern können.

Der Erfolg POPPERS ist eindrucksvoll darin zu sehen, dass nicht nur viele Naturwissenschaftler ihr eigenes Selbstverständnis in seiner Wissenschaftstheorie angemessen ausgedrückt finden; die Philosophie des Kritischen Rationalismus hat auch wegweisend gewirkt, das (vermeintliche) Vorbild der erfolgreichen Naturwissenschaften auf Disziplinen wie Psychologie, Sozial- und Wirtschaftswissenschaften und andere zu übertragen.

Dem Kritischen Rationalismus zufolge kann die Wahrheit allgemeiner Aussagen über die Wirklichkeit nur in solchen Sätzen enthalten sein, die sich empirisch überprüfen lassen. Einzelne Aussagen über sinnliche Wahrnehmungen können nur die Falschheit allgemeiner empirischer Aussagen erweisen, sie beweisen nicht, wie es der Logische Positivismus meint, deren Wahrheit. Aus diesen beiden – metaphysisch gefassten – Sätzen des Kritischen Rationalismus ergibt sich POPPERS Abgrenzungskriterium, das *Falsifizierbarkeitskriterium*: Theorien werden nur dann als wissenschaftlich angesehen, wenn sie die Möglichkeit empirischer Überprüfung zulassen.

Der Kritische Rationalismus akzeptiert die Unmöglichkeit eines direkten Zugangs zur gegebenen Realität; insofern berücksichtigt er die Kant'sche Kritik, mit der dieser auf den Anspruch verzichtete, das Wesen der Dinge erkennen zu können. Dennoch gilt der naturwissenschaftliche Fortschritt nach POPPERS Überzeugung als ständige und stetige Verbesserung und Erweiterung eines „Bildes" der Realität.

Die Wissenschaftstheorie der mathematischen Naturwissenschaft hatte sich in den Traditionen des Logischen Empirismus und des Kritischen Rationalismus zu einer Spezialdisziplin entwickelt, die – häufig in einer Darstellung mit einem gewaltigen Formelaufwand – in ihrer letzten Form rein *strukturalistisch* geworden war („strukturalistisch": nur noch die formalen Strukturen von Theorien werden gesucht und diskutiert).

In dieser Situation war dem Buch „*Die Struktur wissenschaftlicher Revolutionen*" des amerikanischen Wissenschaftshistorikers und Wissenschaftstheoretikers Thomas S. KUHN (1922–1996), in dem die **Kuhn'sche Paradigmentheorie** begründet wurde, ein überwältigender Erfolg beschieden: Dem Popper'schen Gedanken einer kumulativen (anhäufenden) Vermehrung naturwissenschaftlichen Wissens durch Er-

höhung des Falsifizierbarkeitsgrades ihrer Theorien wurde eine Auffassung vom *Paradigmenwechsel* gegenübergestellt: KUHN hatte mit Verweis auf viele wissenschaftshistorische Beispiele aus Astronomie, Physik und Chemie ins Bewusstsein gehoben, dass *Wissenschaft von Menschen unter historischen Bedingungen* betrieben wird. Danach vollzieht sich Wissenschaft insgesamt oder die eines Teilgebietes nach einem *Paradigma*, einem Denkmuster, das das wissenschaftliche Weltbild einer Zeit prägt. Unter dessen Vorherrschaft einer solchen Grundüberzeugung entwickelt sich eine bestimmte Wissenschaftsauffassung, die richtig oder falsch sein kann, vor der aber ihr entgegenstehende Ansätze keine Aussicht auf Anerkennung finden, bis die Generation von Forschern mit dieser Überzeugung ausstirbt und sich eine gänzlich andere wissenschaftliche Auffassung durchsetzt.

Die Geschichte der Wissenschaft ist damit eine Folge von **Paradigmenwechseln.**

Ein berühmter *Paradigmenwechsel* ist die Ablösung des ptolemäischen Systems durch die kopernikanische Astronomie. Im ptolemäischen System gab es immer wieder Versuche, die immer stärker auftretenden Unstimmigkeiten zwischen Theorie und Beobachtung durch immer weiter gehende Verfeinerungen zu beheben, bis die kopernikanische Revolution zu einer neuen, einfacheren Theorie führte, in der sich bisher offene Fragen beantworten ließen.

KUHNS großes Verdienst besteht zweifellos darin, die Wissenschaftstheorie der Naturwissenschaften aus einer einseitigen Berücksichtigung rational-logischer Begründung herausgeführt und stattdessen auf die historische und soziologische Bedingtheit, unter der Forschung vonstatten geht, hingewiesen zu haben. Gegen seine Ansicht, die zu einer gewissen Relativierung naturwissenschaftlicher Erkenntnis führte, dass nämlich mit einem Paradigmenwechsel nicht unbedingt wissenschaftlicher Fortschritt verbunden sei, sondern nur aus einer anderen Sicht ein Gegenstandsbereich neu erfasst würde, wird allerdings kritisch einzuwenden sein, dass das technische Fundament der naturwissenschaftlichen Forschung und Beobachtungskunst einen eigenständigen, kumulativen Zuwachs an technischem Handlungswissen durchläuft und damit zu einem stetigen Fortschritt in den Wissenschaften führt.

In den letzten Jahrzehnten mehren sich die Ansätze von Wissenschaftstheoretikern, die stärker auf diese historische und kulturelle Gebundenheit der Wissenschaft hinweisen. Die Naturwissenschaften beziehen ihre Gegenstände und Denkvoraussetzungen eben nicht nur aus rein wissenschaftlichen Bereichen, sondern ebenso aus vor- und außerwissenschaftlichen Erfahrungen.

Die Naturwissenschaft und ihre Resultate, seien sie als technisches Verfügungswissen oder als theoretisches Erklärungs- und Prognosewissen gefasst, sind Teil der Kultur und somit beeinflusst durch ihren jeweiligen historischen Zustand. Daher verlangen die Naturwissenschaften als Kulturleistungen auch wegen ihrer Orientierung auf Zwecke hin nach einer moralischen und politischen Legitimation dessen, was sie in ihren Anwendungen bewirken.

Aufgaben zur Abiturvorbereitung

Die Rotationsbewegung des Saturn und seiner Ringe

Die Abbildung a) zeigt ein Foto des Planeten Saturn mit dem ihn umgebenden Ringsystem. Abb. b) gibt die Lage des Spaltes des Spektralapparats relativ zum Saturn wieder. Abb. c) zeigt das Spektrum des vom Saturn und von den Ringen reflektierten Sonnenlichts mit einer Wellenlängenskala in 10^{-10} m.

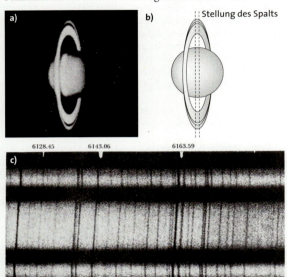

a) Stellen Sie die experimentelle Vorgehensweise zur Erzeugung dieses Spektrums dar.
Erklären Sie die Entstehung der Fraunhofer'schen Linien im Spektrum sowie deren Neigung nach der Reflexion vom Saturn bzw. von seinem Ring. (Die Neigung der Linien nach der Reflexion vom Ring ist entgegengesetzt zu der Neigung der Linien nach der Reflexion vom Saturn.)
b) Berechnen Sie mithilfe der Wellenlängenangaben am Rande des Spektrums in Abb. c) unter Verwendung der gegebenen Formel für den Doppler-Effekt im reflektierten Licht

$$\lambda_E = \lambda_S \left(1 \pm \frac{v}{c}\right) : \left(1 \pm \frac{v}{c}\right)$$

die Geschwindigkeiten des Saturnrandes und der inneren sowie der äußeren Ringteile.
Begründen Sie, dass λ_S die Wellenlänge des von der Saturnmitte reflektierten Lichts ist.
c) Aus der Beobachtung von Strukturen auf der Oberfläche des Saturn ergibt sich eine Rotationszeit von $T = 614$ min.
Berechnen Sie unter Verwendung der Ergebnisse der Teilaufgabe b) und der Abb. a) den Radius des Saturn ($R \approx 60\,000$ km), die inneren und äußeren Ringradien und die Masse des Saturn.
d) Beurteilen Sie das Verfahren zur Bestimmung der Rotationsgeschwindigkeit des Saturn im Hinblick auf seine Genauigkeit.
e) Leiten Sie die in Aufgabenteil b) gegebene Formel aus der Formel für den Dopplereffekt des Lichts

$$\lambda_E = \lambda_S \sqrt{1 \pm \frac{v}{c}} : \sqrt{1 \pm \frac{v}{c}}$$ her.

Eine Kältemaschine

Das nebenstehende V-p-Diagramm zeigt den idealisierten Prozessablauf einer Kältemaschine.

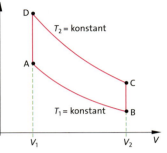

a) Beschreiben Sie die einzelnen Phasen des Prozesses mithilfe der Zustandsvariablen, der Energie und der Entropie.
b) Bestimmen Sie die Energie- und Entropieänderungen in den einzelnen Phasen des Prozesses und zeigen Sie, dass die gesamte Entropieänderung null ist.
c) Leiten Sie einen Term für den Wirkungsgrad her und berechnen Sie den Wirkungsgrad, wenn die Temperaturen 0 °C und 50 °C betragen.
d) Bei einem Kühlschrank laufe der Prozess zwischen der Temperatur 0 °C der Kühlplatten im Innern des Schrankes und der Temperatur 50 °C des schwarzen Wärmetauschers außen am Schrank ab.
Berechnen Sie die Zeit, die der Schrank benötigt, um 50 kg Lebensmittel, die im Wesentlichen aus Wasser mit der spezifischen Wärmekapazität $c_W = 4{,}187$ J/(kg K) bestehen, von 25 °C auf 5 °C abzukühlen, wenn seine elektrische Leistung $P = 150$ W beträgt.
Vergleichen Sie diesen Wert mit der Zeit, die bei derselben Leistung für eine Erwärmung derselben Menge um dieselbe Temperaturdifferenz benötigt würde.

Bestimmung der magnetischen Feldkonstante μ_0 und der Feldstärke des Erdmagnetfeldes

a) Im Innern einer großen Spule von $l = 34$ cm Länge und $n_1 = 530$ Windungen befindet sich eine kleine quadratische Spule von $a = 4{,}5$ cm Kantenlänge mit $n_2 = 150$ Windungen, sodass beide Spulenachsen übereinstimmen. Wird die große Spule von einem 50 Hz-Wechselstrom der Stärke $I = 2$ A durchflossen, so liegt an der kleinen Spule eine Wechselspannung von 0,34 V.
Leiten Sie die Formel

$$U = \mu_0 \frac{n_1}{l} \, n_2 A_2 \cdot 2\pi f I$$

für die induzierte Wechselspannung her und bestimmen Sie die magnetische Feldkonstante μ_0.
b) Eine kreisförmige Spule vom Durchmesser $d = 0{,}40$ m mit $n = 10$ Windungen ist um eine vertikale Achse drehbar. Erfolgt die Drehung mit einer Frequenz von $f = 5$ Hz, so ist auf einem angeschlossenen Oszilloskop eine Wechselspannung zu sehen, die einen Scheitelwert von $\hat{u} = 0{,}76$ mV hat.
Wird dieselbe Spule mit derselben Frequenz um eine horizontale Achse gedreht, die in Nord-Süd-Richtung liegt, so zeigt das Oszilloskop eine Wechselspannung mit einem Scheitelwert von $\hat{u} = 1{,}74$ mV an.
Bestimmen Sie die Horizontal- und die Vertikalkomponente des Erdmagnetfeldes sowie die Inklination am Ort der Messung.

Aufgaben zur Abiturvorbereitung

Stoßanregung von Helium

Zur Untersuchung der Anregung von Heliumatomen werden Elektronen mit einer Spannung $U_B = 50$ V beschleunigt, in einen mit Helium-Gas gefüllten Raum geschossen und anschließend in einem Magnetfeld, das senkrecht zur Geschwindigkeit der Elektronen steht, abgelenkt. Die abgelenkten Elektronen werden mit einer Fotoplatte registriert, wobei deren Schwärzung proportional zur Anzahl der Elektronen ist. Abb. a) zeigt schematisch den Versuchsaufbau und Abb. b) das Messergebnis. Dabei ist die Anzahl der um die Strecke d von der Achse abgelenkten Elektronen durch die Länge des Balkens in Abb. b) dargestellt.

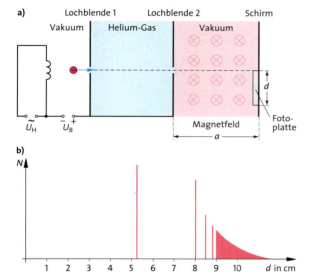

a) Begründen Sie, dass sich die Elektronen im Magnetfeld auf einer Kreisbahn bewegen, und zeigen Sie, dass die Energie der Elektronen gegeben ist durch

$$E = \frac{e^2 B^2}{2m} r^2 \quad \text{mit} \quad r = \frac{d^2 + a^2}{2d},\ a = 15\ \text{cm und}\ B = 0{,}1\ \text{mT}.$$

b) Bestimmen Sie die Energien der in den Abständen 5,3 cm; 8,0 cm; 8,5 cm; 8,8 cm und 9,0 cm registrierten Elektronen und erklären Sie das Zustandekommen des diskreten und des kontinuierlichen Teils des Energiespektrums.

c) Ermitteln Sie auf der Grundlage dieser Versuchsergebnisse ein Energieniveauschema des Helium und berechnen Sie die Wellenlängen des Lichts im sichtbaren Bereich.

Erzeugung und Absorption von Röntgenstrahlung

a) Beschreiben Sie die bei der Erzeugung von Röntgenstrahlung bedeutsamen atomaren Vorgänge.

b) Leiten Sie – ausgehend vom Energieterm für Wasserstoffatome

$$E_n = -\frac{e^4 m_e}{8\varepsilon_0^2 h^2} \frac{1}{n^2},\ n = 1, 2, \ldots$$

über das Teilergebnis

$$E_n = -\frac{e^4 m_e (Z-1)^2}{8\varepsilon_0^2 h^2} \frac{1}{n^2}$$

in begründender Weise das Moseley'sche Gesetz

$$f = \frac{3}{4} R(Z-1)^2$$

für die K_α-Strahlung her.

c) Berechnen Sie unter Verwendung der Formeln von Aufgabenteil b) die Energie der γ-Quanten der K_α-Strahlung und den Wert der Anodenspannung, die zur Auslösung eines Elektrons aus der K-Schale führt.
Erklären Sie die Differenz zwischen dem berechneten Wert der Anodenspannung und der Messung sowie den Intensitätsunterschied der beiden Strahlungsarten (folgende Abbildung).

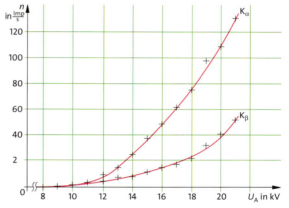

d) Zur Untersuchung der Absorption von Röntgenstrahlung wird die spektrale Verteilung der Intensität I_0 ohne Absorber und der Intensität I_m nach der Absorption durch zwei verschiedene Materialien mithilfe der Bragg-Reflexion an einem Lithiumfluoridkristall mit einem Gitterebenenabstand von $d = 201$ pm gemessen. Die Abhängigkeit der Intensität vom Reflexionswinkel für Strontiumcarbonat (SrCO$_3$) und für Natriumbromid (NaBr) ist in der rechts stehenden Tabelle wiedergegeben.

α	I_0 in 1/s	I_m in 1/s SrCO$_3$	I_m in 1/s NaBr
8°	315	138	38
9°	462	148	30
10°	572	112	12
11°	611	343	4
12°	520	325	3
13°	480	260	101
14°	347	185	59
15°	317	137	28
16°	291	96	19
17°	239	80	22
18°	198	45	—
19°	161	34	—

Stellen Sie die Transmission $T = I_m/I_0$ grafisch dar und berechnen Sie die Wellenlängen der besonders stark absorbierten Strahlungen.
Erklären Sie den Verlauf der Graphen für die Transmission und belegen Sie Ihre Deutung durch Rechnungen.

e) Für die Transmission der K-Strahlung von Kupfer durch Kupfer, Nickel und Cobalt ergeben sich die in der folgenden Tabelle wiedergegebenen Werte.
Interpretieren Sie die Messwerte in Bezug auf die Ordnungszahlen der Absorber.

Absorber	Cu	Ni	Co
Transmission K_α	0,37	0,37	0,03
Transmission K_β	0,42	0,12	0,08

Aufgaben zur Abiturvorbereitung

Die spezifische Ladung des Elektrons

Eine Elektronenstrahlablenkröhre befindet sich innerhalb einer $l = 0{,}34$ m langen Spule mit $n = 530$ Windungen. Der mit der Spannung $U_a = 265$ V beschleunigte unabgelenkte Elektronenstrahl verläuft exakt in der Spulenachse und erzeugt auf dem Schirm einen Leuchtpunkt in der Mitte des Schirms. Bei Anlegen einer kleinen Wechselspannung an die Horizontalablenkplatten wird der Elektronenstrahl zu einer horizontalen Strecke symmetrisch zur Mitte des Schirms auseinandergezogen.

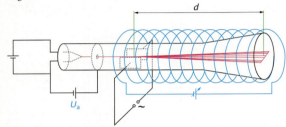

Wird nun die Spannung an der Spule von null an langsam vergrößert, sodass ein Strom durch die Spule fließt, so dreht sich die Strecke entgegen dem Uhrzeigersinn und verringert dabei ihre Länge. Zu einer bestimmten Stromstärke I gehört genau ein Drehwinkel β. Bei einer Stromstärke von $I = 1{,}1$ A hat sich die Strecke um 180° gedreht und ist auf einen Leuchtpunkt in der Schirmmitte geschrumpft. Liegt keine Wechselspannung an den Ablenkplatten, so wird die Lage des Leuchtpunktes auf dem Schirm nicht durch einen Spulenstrom beeinflusst.

a) Erklären Sie die Drehung der Strecke und zeichnen Sie die Projektionen der Elektronenbahnen in die y-z-Ebene und in die x-z-Ebene mit folgendem Koordinatensystem:
x-Achse: Richtung des unabgelenkten Elektronenstrahls;
y-Achse: Richtung von der vorderen zur hinteren Ablenkplatte;
z-Achse: vertikal nach oben.

b) Wenn die Leuchtstrecke nach einer Drehung um 180° wieder zu einem Punkt geschrumpft ist, gilt für die spezifische Ladung der Elektronen die Gleichung

$$\frac{e}{m} = \frac{8\pi^2 U_a}{d^2 B^2},$$

wobei $d = 0{,}16$ m der Abstand von der Mitte der Ablenkplatten zum Schirm ist.
Leiten Sie die gegebene Formel her und berechnen Sie die spezifische Ladung.

c) Zeigen Sie, dass bei der Drehung der Leuchtstrecke deren Geradlinigkeit erhalten bleibt.

Die relativistische Massenzunahme

Um die Formel für die relativistische Massenzunahme zu prüfen, wurde 1963 an der Universität Zürich ein Präzisionsexperiment durchgeführt. Elektronen wurden auf über 90 % der Lichtgeschwindigkeit beschleunigt und zunächst von einem magnetischen und anschließend von einem elektrischen Feld auf Kreisbahnen abgelenkt (siehe Teilaufgabe b). Getestet wurde die Gültigkeit der Formel

$$k = \frac{m/m_0}{\sqrt{1+\left(\frac{p}{m_0 c}\right)^2}}.$$

Für $k = 1$ folgt aus dieser Formel die Gleichung für die relativistische Massenzunahme (siehe Teilaufgabe a).
Aus den Versuchsdaten können die Masse m und der Impuls p bestimmt werden (siehe Teilaufgabe c). Bei Einsetzen in obige Formel sollte sich im Rahmen der Messgenauigkeit für k der Wert 1 ergeben (siehe Teilaufgabe d).
Die folgende Abbildung zeigt den Versuchsaufbau.

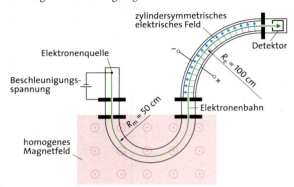

Die von der Hochspannung U beschleunigten Elektronen werden von einem homogenen Magnetfeld der Stärke B auf einem Halbkreis mit Radius $R_m = 0{,}50$ m abgelenkt. Anschließend lenkt ein zylindersymmetrisches elektrisches Feld der Stärke E die Elektronen auf einen Viertelkreis mit Radius $R_e = 1{,}00$ m. Die Radien konnten mit einer Genauigkeit von $0{,}01\% = 1 \cdot 10^{-4}$ im Experiment aufgebaut werden. Entsprechend der Geschwindigkeit v der Elektronen müssen die Feldstärken B und E auf bestimmte Werte eingestellt werden, damit die Elektronen auf Sollkreisbögen fliegend in den Detektor gelangen.

a) Zeigen Sie, dass für $k = 1$ und $p = mv$ aus obiger Formel die Gleichung für die relativistische Massenzunahme folgt.

b) Erklären Sie, warum sich die Elektronen in beiden Feldern auf Kreisbögen bewegen.

c) Zeigen Sie, dass durch die Ablenkung im Magnetfeld der Impuls p und durch Ablenkung im elektrischen Feld der Term p^2/m bestimmt werden können. Geben Sie damit Formeln zur Berechnung von p und m an.

d) Bei einer nur ungenau zu messenden Beschleunigungsspannung von $U \approx 2{,}3$ MV mussten die folgenden Feldstärken eingestellt werden, um einen maximalen Detektorstrom zu erhalten:
$B = 18{,}4566$ mT und $E = 2{,}71955$ MV/m
(Anmerkung: Die Genauigkeit der Feldmessungen, die $3 \cdot 10^{-5}$ betrug, wurde mit der Kernspinresonanz-Methode erreicht, auf die hier nicht eingegangen werden soll.)
Berechnen Sie mit den ermittelten Feldstärken B und E den Wert für k. Rechnen Sie mit der Ruhemasse der Elektronen $m_0 = 9{,}1093897 \cdot 10^{-31}$ kg und mit der Elementarladung $e = 1{,}60217733 \cdot 10^{-19}$ As und stellen Sie fest, ob der berechnete Wert von k im Rahmen der Messgenauigkeit mit 1 übereinstimmt.

e) Berechnen Sie die Energie E und die kinetische Energie E_{kin} eines Elektrons. Geben Sie damit den genauen Wert der Beschleunigungsspannung U an.
Berechnen Sie auch die Geschwindigkeit v der beschleunigten Elektronen.

Aufgaben zur Abiturvorbereitung

Spektren von Wasserstoff (H) und einfach ionisiertem Helium (He⁺)

a) Skizzieren Sie eine Versuchsanordnung, mit der die Spektren von Wasserstoff und Helium gewonnen werden können. Erläutern Sie die Funktion der Bauteile der Versuchsanordnung.

b) Ordnen Sie den Wasserstofflinien die Wellenlängen 656 nm, 486 nm und 434 nm zu. Zeichnen Sie für die ersten fünf Energiewerte $E_n = -13{,}6 \text{ eV} \cdot 1/n^2$ mit $n = 1, \ldots, 5$ das zugehörige Energiestufenschema. Erläutern Sie die Vorgänge im Wasserstoffatom bei der Emission von Licht mit einer der genannten Wellenlängen.

c) Erläutern Sie, wie die Schrödinger-Gleichung für das Wasserstoffatom

$$\Psi''(r) = -\frac{2}{r}\Psi'(r) - k_1 (E - E_{\text{pot}}(r))\, \Psi(r)$$

mit $k_1 = 1{,}6382 \cdot 10^{38} \text{ 1/(J m}^2\text{)}$ und

$$E_{\text{pot}}(r) = -\frac{e^2}{4\pi\varepsilon_0 r} \approx -\frac{2{,}30708 \cdot 10^{-28}}{r} \text{ Jm}$$

in eine Iterationsvorschrift

(1) $\Psi(r) = \Psi(r - \Delta r) + \Psi'(r - \Delta r)\, \Delta r$

(2) $\Psi'(r) = \Psi'(r - \Delta r) + \Psi''(r - \Delta r)\, \Delta r$

(3) $\Psi''(r) = -\frac{2\Psi'(r)}{r} - 1{,}6382 \cdot 10^{38} \left(E + \frac{2{,}30708 \cdot 10^{-28}}{r}\right) \Psi(r)$

mit den Startwerten

$E = -15 \cdot 1{,}602 \cdot 10^{-19}$; $\Delta r = 10^{-12}$; $r_0 = 10^{-12}$;

$\Psi(r_0) = 1$; $\Psi'(r_0) = -10^{10}$; $\Psi''(r_0) = -1{,}7401 \cdot 10^{22}$

umgesetzt wird.

d) Bestimmen Sie mit der vorgegebenen Iterationsvorschrift die Lösungsfunktionen der Schrödinger-Gleichung für das Wasserstoffatom und die jeweils zugehörigen Energiewerte. Kommentieren Sie Ihr Vorgehen.

e) Einfach ionisiertes Helium He⁺ hat einen zweifach positiv geladenen Kern und ein Elektron in der Hülle. Entwickeln Sie aus der Schrödinger-Gleichung für Wasserstoff die für Helium He⁺. Geben Sie die erforderlichen Änderungen der Iterationsvorschrift (siehe Teilaufgabe c) an und begründen Sie diese.

f) Die Grafik zeigt die Ψ-Funktionen der Grundzustände mit $n = 1$ für Wasserstoff H mit der Energie $E = -13{,}6$ eV und für Helium He⁺ mit $E = -54{,}4$ eV. Begründen Sie anhand der Krümmung der Graphen von $\Psi(r)$, welcher Graph welchem Energiewert zuzuordnen ist. Vergleichen Sie die Ausdehnung der beiden Atome.

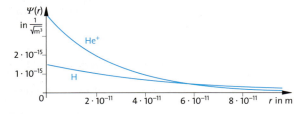

g) Die Energieterme für Wasserstoff H und für Helium He⁺ haben die Form $E_n = -E_0/n^2$ für $n = 1, 2, 3, \ldots$ Vergleichen Sie die Werte von E_0 für beide Atome. Vergleichen Sie die gegebenen Spektren und erklären Sie die Entstehung der gelben Linie.

Der radioaktive Zerfall von Caesium

Mit einem Szintillationszähler wird das γ-Spektrum des Nuklids $^{137}_{55}\text{Cs}$ aufgenommen.

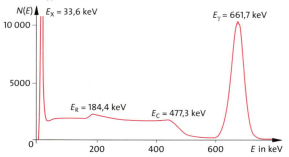

a) Beschreiben Sie die prinzipielle Funktionsweise eines Szintillationszählers und zeigen Sie unter Verwendung der Formel

$$\Delta\lambda = \frac{h}{m_e c}(1 - \cos\varphi),$$

dass die Energiewerte E_C und E_R durch den Compton-Effekt bzw. durch die Rückstreuung eines γ-Quants beim Compton-Effekt entstanden sind.

b) Geben Sie unter Verwendung des Ausschnitts aus der Nuklidkarte den Zerfallsprozess an und stellen Sie den Prozess in einem Zerfallsschema dar, aus dem die Energiedifferenzen und die Prozesse der Energieübergänge zu entnehmen sind. Bestätigen Sie die Energiedifferenz im Zerfallsschema mithilfe des Massendefekts. (Kernmassen: $m_{\text{Cs}137} = 136{,}87690$ u, $m_{\text{Ba}137} = 136{,}87509$ u)

c) Im γ-Spektrum ist eine Linie mit der Energie E_X zu erkennen, die entsteht, wenn die Energie des Kerns auf ein Elektron der K-Schale des Atoms übertragen wird. Erklären Sie die Entstehung dieser γ-Strahlung und zeigen Sie, dass deren Photonenergie durch das Moseley'sche Gesetz

$$\Delta E = 13{,}6 \text{ eV} \cdot (Z-1)^2 \left(\frac{1}{n^2} - \frac{1}{m^2}\right)$$

beschrieben wird.

d) Geben Sie eine Erklärung für die Energiewerte zwischen den Werten E_C und E_γ.

Sachverzeichnis

A

α-Strahlung 482, 496
α-Zerfall 486, 505
Aberration, chromatische 326
Absorption 441 f.
–, quantenhafte 406, 408
– von Röntgenstrahlung 439
Absorptionskante 439
Absorptionsspektrum 332
Adiabatengleichung 177
Aggregatzustand 164
Aktionsprinzip 44
Aktivierungsenergie 512
Aktivität 489
–, optische 323 f.
Altersbestimmung, radiologische 521
Ampère'sches Durchflutungsgesetz 248
Amplitude 109
Amplitudenmodulation 298
Analog-Digital-Wandler 474
Analogtechnik 472
Analysator 127, 320
Andromeda-Nebel 538
Anode 206
Antimaterie 529
Antineutrino 486
Antiproton 370
Antiquark 529
Antiteilchen 486
Antreffwahrscheinlichkeit 420, 424, 426 ff., 460 f., 466 ff.
Äquipotentialfläche 198
Äquivalentdosis 493, 497
Äquivalenz von Energie und Masse 366
Äquivalenzprinzip 371
Äther 350
Atom 156
–, Anregung 401
–, Masse 483
–, wasserstoffähnliches 417
Atomfalle 436
Atomhülle 413
Atomhypothese von Dalton 156
Atomkern 413, 480
Atommasse 483
–, relative 157
Atommodell
–, klassisches 418
–, nichtklassisches 419
–, quantenphysikalisches 418, 420
– von Bohr 414, 418
– von Dalton 411
– von Rutherford 411, 413
– von Thomson 411
Attraktor 343 f., 346
Auflösungsvermögen 311 ff.
Auftrieb, aerodynamischer 58
Ausbreitung von Feldern 266
Ausbreitungsgeschwindigkeit von
– elektromagnetischen Wellen 300
– Licht 300
Ausdehnungskoeffizient, isobarer 153
Auslenkung 108
Auslösebereich 491
Austrittsenergie 214
Avogadro-Konstante 157
Avogadro'sches Gesetz 156

B

β-Strahlung 482, 496
β⁻-Zerfall 486
Bahnelemente 100
Bahngeschwindigkeit 32
Balmer-Formel 409
Band, verbotenes 451, 466
Bandenspektrum 332
Bändermodell des Festkörpers 453, 467
Baryon 529, 531 f.
Basis 456
Basiseinheit 16, 39
Beschleunigung 18
Beugung 138, 539
– am Doppelspalt 302
– am Gitter 304
– am Spalt 306
Beweglichkeit von Elektronen 208
Bewegung 12, 15
–, beschleunigte 19, 24
–, geradlinige 14, 18
–, gleichförmige 14
–, iterative Berechnung 25
–, nichtlineare 28
–, vektorielle Darstellung 34
Bewegungsgesetze 14, 19, 24
– der Drehbewegung 72
–, freier Fall 20
– der harmonischen Schwingung 111

Bezugssystem 12
–, beschleunigtes 54, 56
Bifurkationsdiagramm 344, 346 f.
Bindung
–, chemische 423
–, ionische 423
–, kovalente 423
Bindungsenergie 498, 500, 511
Blasenkammer 42
Blindleistung 279
Bohr'scher Radius 415
Bohr'sches Atommodell 418
–, Postulat 414
Boltzmann'sche Konstante 159
Bragg-Gleichung 335
Bragg-Reflexion 335
Brechungsgesetz 137, 326
Brechungsindex 326
Bremsbeschleunigung 26
Bremsstrahlung 382, 490
Brennelement 514
Brewster'sches Gesetz 321
Brown'sche Bewegung 157

C

CD 445
Celsiustemperatur 152
Cepheiden-Veränderliche 542
Čerenkov-Effekt 490
Čerenkov-Strahlung 128
Chandrasekhar-Grenze 556
Chaos, deterministisches 340 f.
Chladni'sche Klangfigur 143
Collider 533
Compton-Effekt 384, 492
Compton-Kante 495
Compton-Wellenlänge 385
Computer 476
Computerspeicher 478
Corioliskraft 56
Coulomb-Energie 500
Coulomb'sches Gesetz 195

D

Dalton'sche Atomhypothese 156
Dämpfung 116

De-Broglie-Welle 390
Defibrillator 225
Detektor 533
Determinismus 106 f.
Deuterium-Brennen 554
Dielektrikum 220
Dielektrizitätszahl 220
Dieselmotor 176
Differentialgleichung 117
Diffusionsstrom 454
Digital-Analog-Wandler 474
Digitaltechnik 299
Diode 454
–, Kennlinie 455
Dipol 295
Direktionsgröße 111
Dispersion 130, 326
Dissonanz 145
Domäne, ferromagnetische 251
Doppelbrechung 323
Doppelspalt, Intensitätsverteilung 387
Doppelspaltversuch
– mit Licht 302, 386
– mit Elektronen 392
Doppler-Effekt 128
–, optischer 364
Dosimetrie 493
Dotierung 452
Drehbewegung 72 f.
Drehimpuls 75, 77
Drehimpulserhaltung 75, 441
Drehkristallmethode 382
Drehmoment 72, 77
Drehstrom 284
Dreieck-Schaltung 284
Drei-Finger-Regel 232
Dreipunktschaltung 290
Driftgeschwindigkeit 234
Druck 154
Druckwasserreaktor 515
Dualismus 399
Dunkelwolke 552
Durchlassrichtung 455
Durchschnittsbeschleunigung 19
Durchschnittsgeschwindigkeit 17
Dynamik 36
–, relativistische 366

E

Effekt
–, glühelektrischer 214
–, lichtelektrischer 215, 376, 381, 401

–, thermoelektrischer 471
Effektivwert 276
– von Spannung und Strom 278
Eigenlänge 358
Eigenleitung 452
Eigenschwingung 140 f.
Eigenzeit 354
Einheit 13
Einheitensystem SI 13
Einstein-Synchronisation 352
Elektron 207, 216, 451, 482, 498, 528
–, Doppelspaltversuch 392
–, im Festkörper
–, Masse 238
–, Unschärfe 397
–, spezifische Ladung 238
–, Welleneigenschaft 390
Elektroneneinfang 509
Elektronengas 460, 466
Elektronenleitung 206
Elektronenmikroskop 242
Elektronvolt 214
Elementarladung 204 f.
Elementarwelle 135
Elemente 434
–, Entstehung 555
Elongation 108
Emission 441 f.
–, quantenhafte 409
–, stimulierte 442
Emissionsspektrum 332
Emitter 456
Energie 62 f., 262
– des harmonischen Oszillators 113
– des elektrischen Schwingkreises 287
–, elektrische 188, 284
–, dunkle 561
–, Erhaltung 65 f.
–, Federenergie 63
–, innere 164
–, kinetische 62, 369
–, mechanische 60
–, potentielle 63, 94, 200
– der Rotation, kinetische 73
–, Spannenergie 63
–, thermische 164
Energiebänder 451, 453, 463, 467
Energiedichte
–, elektrische 202 f.
–, magnetische 262
Energiedosis 493
Energieentwertung 172
Energieerhaltung 65

Sachverzeichnis

ANHANG

Energieerhaltungs-
prinzip 163
Energieerhaltungssatz
der Mechanik 66
Energie-Masse-
Äquivalenz 366
Energieniveauschema
– des Wasserstoffatoms
415, 416,
– des Natriumatoms
440
Energiespektrum 502
Energiestrom 68
Energieumwandlung 65
Energieunschärfe 396 f.
Energieverbrauch 173
Energiezustand des
Wasserstoffatoms 414
Entfernungseinheit,
astronomische 542
Entkopplung von Strah-
lung und Materie 545
Entropie 169 ff., 174
Epizykeltheorie 84
Erdbeschleunigung
20 f., 91
Erde 83
–, Aufbau 88
–, Dichte 88
–, Masse 88
Ereignis 359
ERP-Paradoxon 405
Expansion
– des Universums 544
–, isobare 155, 165
–, isochore 165, 167
–, isotherme 155, 165,
167
Experiment von Hafele
und Keating 357

F

Fadenstrahlrohr 238
Fall, freier 20
Fallbeschleunigung 20
Faraday-Effekt 324
Faradaykäfig 187
Faraday'schesInduktions-
gesetz 257
Farbfeld 530
Farbladung 532
Farbstoffmolekül 422,
444
Federenergie 63
Federkonstante 111
Federpendel 115
Fehlerrechnung 27
Feigenbaum-Szenario
346
Feigenbaum-Zahl 347
Feld
–, Ausbreitung 266
–, elektrisches 186, 194,
196, 198, 202 f.
–, Gravitations- 90 ff.
–, homogenes 93, 197,
233

–, magnetisches 230
–, radialsymmetrisches
93, 192
Feldeffekttransistor 458
Feldemission 215
Feldemissionsmikroskop
215
Feldkonstante
–, elektrische 193
–, magnetische 246
Feldlinie 92, 196, 230
–, elektrische 196
–, magnetische 231
Feldlinienbild 92
Feldstärke 92
–, elektrische 190
–, magnetische 232 f.,
246
Feldstrom 455
Fermi-Energie 462 f.,
504
Fermionen 556
Fermi-Verteilung 468
Fernsehen 299
Fernsehröhre 235
Fernwirkung 93, 186
Ferromagnetismus 250
Festkörper 450 f.
–, quantenphysikalisches
Modell 460 ff.
Festplattenspeicher 263
Feynmann-Diagramm
536
Fixpunkt 346
Fixsternparallaxe 83,
542
Flächenladungsdichte
193
Flächensatz 96
Fluchtgeschwindigkeit
101
Fluoreszenz 333
Fluss, magnetischer 256
Flussquantisierung 465
Flüssigkristall 325
Forschungsreaktor 515
Fotoblitz 225
Fotoeffekt 215, 492
Fotoelektron 377
Fotomultiplier 215
Fotozelle 378
Foucault'scher Pendel-
versuch 56
Fourier-Analyse 120
Fraktal 348
Franck-Hertz-Versuch
407 f.
Fraunhofer'sche Linie
332
Freiheitsgrad 159
Frequenz 32, 108
Frequenzmodulation
298
Frequenzspektrum 120
Fresnel'sche Zonenplatte
318
Fusion 518

G

γ-Astronomie 540
γ-Quant 486
γ-Strahlung 331, 482,
496
Galaxie 538
Galilei'sches Relativitäts-
gesetz 37
–, Relativitätsprinzip
350
–, Trägheitsprinzip 36,
44
Galilei-Transformation
55
Gamma-Astronomie 540
Gangunterschied 133
Gas
–, ideales 153, 174
–, reales 153
Gasgleichung
–, allgemeine 154
–, universelle 155
Gaskonstante, univer-
selle 155
Gastheorie, kinetische
158, 160
Gasthermometer 153
Geiger-Müller-Zählrohr
480 f., 491
Geiger-Nuttall'sche-
Regel 506
Gesamtenergie eines
Körpers 367, 369
Geschwindigkeit 14
–, Additionstheorem
363
–, kosmische 101
Gesetz 562 f.
– der konstanten und
multiplen Propor-
tionen 156
– des radioaktiven
Zerfalls 489
– von Amontons 155
– von Ampère (Durch-
flutung) 248
– von Avogadro 156
– von Bernoulli 58
– von Boltzmann 182,
180, 550
– von Boyle und
Mariotte 154
– von Brewster 321
– von Faraday 257
– von Gay-Lussac 153,
155
– von Hooke 49
– von Hubble 544
– von Kepler 82, 96 ff.
– von Kirchhoff 180,
218
– von Maxwell 265
– von Newton 44 ff.
– von Planck 181
– von Wien 181
Gestalt 83
Gewichtskraft 46

Gewitter 191
Gezeiten 90
Gitterkonstante 304
Gleichgewicht,
thermisches 152
Gleichzeitigkeit,
relative 352
Gleitreibungskraft 50
Gleitreibungszahl 50
Global Positioning
System 353
Gluon 530, 532
Gravitation 82
Gravitationsfeld 65, 92,
94 ff.
Gravitationsgesetz 86
Gravitationskonstante
86
Gravitationsmanöver
102
Gravitationswelle 373
Grenze, kurzwellige 382
Größe, abgeleitete 14
–, komplementäre 397
–, physikalische 13
Größenwert 27
Grundgesetz der
Rotation 73
Grundgleichung der
Mechanik 45 f.
Gruppengeschwindig-
keit 130
GUD-Prozess 178

H

Hadron 529, 531
Hafele-Keating-
Experiment 357
Haftkraft 50 f.
Haftreibungszahl 50
Halbleiter 452, 466, 469
Halbleiterdetektor 494,
503
Halbleiterdiode 454
Halbwertsdicke 492
Halbwertszeit 116, 489
Hall-Effekt 209, 236
–, anomaler 469
Hall-Konstante 237
Hall-Sonde 236
Hall-Spannung 236
Hangabtriebskraft 51
Hauptquantenzahl 433
Hauptreihe 547
Hauptreihenstern 555
Hauptsatz der Thermo-
dynamik
–, erster 162
–, zweiter 167, 172
Heisenberg'sche
Unschärferelation 396
Heißleiter 208
Heißluftmotor 166
Helium-Neon-Laser 442
Helligkeit, absolute 548
Hertz'scher Dipol 292,
295 ff.

Hertzsprung-Russel-
Diagramm 547
High-Fidelity-Norm 299
Himmelslicht 322
Hintergrundstrahlung,
kosmische 545
Höhenstrahlung 481
Hohmann-Transfer 103
Holografie 318
Hologramm 319
Hook'sches Gesetz 49
Hubble-Konstante 544
Hubble-Observatorium
539
Huygens-Fresnel'sches
Prinzip 135
Huygens'sches Prinzip
135, 306
Hypothese 562 f.
Hysterese 250

I

Impedanz 276 f.
– einer Spule 276
– eines Kondensators
276
– eines ohmschen
Widerstandes 276
Impuls 39 f.
–, Vektor 42
Impuls-Energie 370
Impulserhaltung 40 f.
Impulserhaltungssatz
42, 47
Impulsstrom 45
Impulsstromstärke 45
Impulsunschärfe 397
Induktion
–, elektromagnetische
252, 255, 258
–, magnetische 232
Induktionsgesetz 254,
256
Induktionsspannung
255, 264
Induktivität 261, 277
Inertialsystem 37, 54 f.,
350, 371
Influenz, elektrische 187
Information 175
Informationsspeicher,
magnetischer 263
Infrarot-Astronomie
540
Infrarot-Strahlung 331,
333
Inkorporation 497
Innenwiderstand 211
Integration, numerische
23
Intensität 139, 267
Intensitätsverlauf 308,
310
Interferenz 132
–, akustische 133
–, destruktive 133
–, konstruktive 133

571

Sachverzeichnis

– am Doppelspalt 302
– am Gitter 304
– am Spalt 306
– an der Kreisblende 310
– an dünnen Schichten 314
– von Molekülen 394
– von Neutronen 393
– von Photonen 386, 390
Interferenzfarben 315
Intervall zweier Töne 144
Intervallbeschleunigung 19
Intervallgeschwindigkeit 17
Ionenbindung 423
Ionendosis 493
Ionenleitung 209
Irreversibilität 169
Isobare 484
Isotone 485
Isotope 483 f.
ITER 519

J

JET 519
Josephson-Effekt 465
Joule'sches Gesetz 209

K

Kältemaschine 168
Kaltleiter 208
Kanalbandbreite 299
Kaon 529
Kapazität 202
Kapillarwelle 131
Kastenpotential 426
Kausalität 106 f.
–, schwache 341
–, starke 341
Kausalitätsprinzip 341
K-Einfang 486
Kennlinie, Diode 455
Kepler'sche Gesetze 82, 85, 96
Kernfotoeffekt 507
Kernfusion 517
Kernkraft 500
Kernkraftwerk 514
Kernladungszahl 483
Kernreaktion 507 f.
Kernschmelze 516
Kernspaltung 510
Kernspinntomografie 523
Kernumwandlung
–, künstliche 507
–, natürliche 486
Kerr-Effekt 324
Kettenreaktion 510, 512
Kinematik, relativistische 352, 365
Kirchhoff'sche Maschen-regel 278
Kirchhoff'sche Gesetze 180, 218

Klang 144
Klemmenspannung 210
Knotenregel 218
Kohärenz 133, 316
–, räumliche 316
–, zeitliche 316
Kohärenzlänge 317
Kohärenzzeit 317
Kollektor 456
Komponentenzerlegung 34, 49
Kompensationskraft 48
Kondensator 202, 220, 222
–, Auf- und Entladung 224
Konsonanz 145
Konstante
–, Magnetfeld 246
– von Avogadro 157
– von Boltzmann 159
– von Feigenbaum 347
– von Hall 237
– von Hubble 544
– von Planck 181, 379
– von Rydberg 416
Konstanz der Licht-geschwindigkeit 351
Kontaktspannung 454, 471
Kontinuitätsgleichung 57
Konvektion 164
Kopenhagener Interpretation der Quantentheorie 404
Körper, schwarzer 181
Korpuskulartheorie 329
Kraft 44 f., 47
–, Auftriebskraft, aerodynamische 58
–, hydrostatische 77
–, äußere 48
–, Corioliskraft 56
–, Gleitreibung 50
–, Haftkraft 50
–, innere 48
–, Kompensationskraft 48
–, Normalkraft 50
–, Reibungskraft 50
–, rücktreibende 109, 111
–, Scheinkraft 54
–, Trägheitskraft 54
–, Wechselwirkungskraft 48
–, Zentripetalkraft 52
Kraftmessung
–, dynamische 48
–, statische 48
Kraft-Wärme-Kopplung 179
Kraftwerk 178
Kraftwerksprozess 178
Kreisbewegung
–, gleichförmige 32
–, Kräfte 52

Kreisel 76
Kreisfrequenz 110
Kreisprozess von Stirling 166, 171
Kritischer Rationalismus 565
Krümmung der Raum-Zeit 371
Kundt'sche Staubfigur 142

L

Ladung
–, elektrische 186, 188
–, spezifische, des Elektrons 207, 238
Ladungsdichte 499
Lambda 529
Längenkontraktion 358
Laser 442 f.
Laserdrucker 194
Lautstärkepegel 139
Lawson-Kriterium 518
LCD-Anzeige 325
Lecher-Leitung 296
Leerlaufspannung 210
Leichtwasserreaktor 515
Leistung 68
– im Wechselstromkreis 278
Leistungsfaktor 279
Leiter, elektrische 206 ff
Leitfähigkeit, spezifische 208
– von Metallen 451
Leitungsvorgang, elektrischer 206
Lenz'sche Regel 253
Lepton 528, 530, 535, 560
Leuchtdiode 381
Leuchtkraft 546
Licht, polarisiertes 320
Lichtablenkung 372
Lichtgeschwindigkeit 300, 328, 351
Lichtleiter 327
Lichtmikroskop 242
Lichtquant 380, 490
Lichtquantenhypothese 380
Lichtstrahl 327
Linearbeschleuniger 533
Linienspektrum 332
Linienbreite, natürliche 317
Loch 452
Logischer Positivismus 564
Lokale Gruppe 538
Longitudinalwelle 124, 126
–, stehende 142
Lorentz-Kraft 234 f.
Lorentz-Transformation 362

Luftwiderstandskraft 51, 59
Lumineszenz 331

M

Mach'sche Zahl 128
Magnetfeld 230, 246, 262
– der Erde 231
– einer langen Spule 247
– eines stromdurch-flossenen Leiters 246
Magnitudo 548
Magnus-Effekt 59
Mandelbrot 348
Mandelbrot-Menge 348
Maschenregel 218
Masse 38 f.
–, kritische 513
–, schwere 38, 89
–, träge 38, 89
– des Elektrons 238
– der Erde 88
– des Mondes 88
– der Sonne 88
Masse-Leuchtkraft-Beziehung 551
Massenbestimmung, astronomische 88
Massendefekt 498
Masseneinheit, atomare 157, 483, 498
Massenspektrografie 239
Massenzahl 483
Massenzunahme, rela-tivistische 367 f.
Materie
–, dunkle 549
–, interstellare 552
Matrizenmechanik 419
Maxwell'sche Geschwindigkeits-verteilung 161
–, Gleichung 264 f.
–, Theorie 328
Mechanik, Geschichte 196
Megazentrum 77
Mehrelektronensystem 434
Meissner-Ochsenfeld-Effekt 465
Meson 528 f., 531 f., 534
Messprozess 27
Messverfahren
–, dynamisches 48
–, statisches 49
Metall 451
Methode, naturwissen-schaftliche 106
Michelson-Experiment 351
Mikrowelle 296 f.
Millikan-Versuch 204
Minkowski-Diagramm 360 f.

Modell in der Physik 562 f.
Moderator 514
Molekülmasse, relative 157
Molvolumen 155
Momentangeschwindig-keit 17
Mondrechnung 86
Moseley'sches Gesetz 438
MOSFET 458 f.
Multiplikationsfaktor 513
Musik 144, 146
Myon 356, 528
Myonium-Atom 417

N

Nahwirkung 93, 186
Nebenquantenzahl 433
Nebelkammer 481
Nernst-Spannung 212
Netzwerk, elektrisches 218
Neutrino 528
Neutron 483, 498
Neutronengas, entartetes 557
Neutronenstern 557, 559
Newton'sche Ringe 314
Newton'sches Axiom 44 f., 47
Nichtleiter 451
Nichtlinearität 345
n-Leiter 453
n-Leitung 452
Normal 16
Normalkraft 50
Nukleon 483
Nuklid 483 f.
Nuklidkarte 487
Null-Effekt 481
Nullpunkt, absoluter 153
Nutation 76
Nutzenergie 168

O

Oberflächenenergie 500
Oberflächenwellen 127
Oberschwingung 141
Objektivierbarkeit 107
Observatorien 540
Ohm'sches Gesetz 206, 208
Ölfleckversuch 156
Operationsverstärker 472
Optik
–, adaptive 313, 539
–, aktive 313, 539
Optimierung des Vier-taktmotors 177
Orbital 432
Orientierungsquanten-zahl 433

Sachverzeichnis

Ortsunschärfe 397
Oszillator 108
Oszilloskop 217
Ottomotor 176

P

Paarbildung 452
Paarerzeugung 492, 536
Paarvernichtung 509, 536
Paradigmentheorie 565
Paradigmenwechsel 565
Parallaxe 83, 542
Parallelschaltung von Kondensatoren 223
– von ohm'schen Widerständen 223
– von Wechselstromwiderständen 281
Pauli-Prinzip 434
Peltier-Effekt 471
Pendel, mathematisches 114
Periheldrehung 373
Periodendauer 108
Periodensystem 434
Permeabilität 250, 277
Perpetuum mobile zweiter Art 167
Phase der Schwingung 110
Phasenbahn 343
Phasenbeziehung 274
–, im Schwingkreis 289
Phasendiagramm 275, 280 f., 283, 343
Phasendifferenz 111, 275
Phasengeschwindigkeit 125
Phasenraum 343
Phasensprung 123
Phasenübergang 164
Phasenwinkel 110
Phosphoreszenz 333
Photon 380, 401, 437, 560
–, Unschärfe 398
Photonenverteilung, Simulation 389
Physik, klassische 106 f.
Pion 528
Planck'sche Strahlungsformel 181
Planck'sches Wirkungsquantum 181, 378 f.
Planet 82
Planetenbewegung 84
Plasma 517
p-Leiter 453
p-Leitung 452
p-n-Übergang 454 f.
Poincaré-Diagramm 345
Polarisation 127, 320
– des Himmelslichts 322
Polarisator 320
Polarlicht 244
Positron 486, 528

Potential 95, 198, 200
Potentialdifferenz 95, 198
Potentialtopf, linearer 420 f., 426, 428
Potentialtopfmodell 504
Poynting-Vektor 267
Präzession 76
Primärenergie 173
Prinzip von Huygens 135, 306
Prony'scher Zaum 74
Proton 483, 498
Protostern 554
Prozess
–, adiabatischer 176
–, irreversibler 169, 172
Pulsare 373

Q

Quantenphysik, Kopenhagener Interpretation 404
Quantenzahl 433
Quark 529 f., 532, 560
Quasar 541
Quellenspannung 210

R

Radialbeschleunigung 33
Radioaktivität 480
Radio-Interferometer 313
Radiokohlenstoffmethode (C14-Methode) 521
Radionuklid 508, 520
Rakete 99
Raketengleichung 43, 99
Raketenprinzip 41
RAM 475 f.
Rasterelektronenmikroskop 243
Raum, absoluter 350
Raum-Zeit 365
Raum-Zeit-Diagramm 359
Reaktion
–, endotherme 508
–, exotherme 508
Reaktionsprinzip 47
Reaktor 515
Rechte-Hand-Regel 246
Reflektor 514
Reflexionsgesetz 136, 326
Reibung 50
–, Energieübertragung 64
Reibungskräfte 50
Reihenschaltung von Kondensatoren 223
– von ohm'schen Widerständen 223
– von Wechselstromwiderständen 280

Reizleitung in Nerven 213
Rekombination 452
Relativität der Gleichzeitigkeit 353
Relativitätspostulat 350
Relativitätsprinzip 351
Relativitätstheorie
–, allgemeine 371
–, spezielle 350
Remanenz 250
Resonanz 122
Resonanzabsorption 410
Resonanzfall 122
Resonanzfrequenz 122
Resonanzkatastrophe 123
Richtgröße 111
Riesen-Molekülwolke 533
Ringe, Newton'sche 314
Rollreibungskraft 51
ROM 475 f.
Röntgen-Astronomie 540
Röntgenbeugung 335
Röntgenstrahlung 331, 334, 382
–, charakteristische 438
Rotation 72
Roter Riese 556
Rotverschiebung 364, 544
Rückkopplung 122, 290
Ruheenergie 366, 369
Ruhemasse 366, 368
Rundfunktechnik 299
Rutherford'scher Streuversuch 412
Rutherford'sches Atommodell 411
Rydberg-Konstante 416

S

Satellit 100, 102
Schall 139
Schallstrahlung 139
Scheinkraft 54
Scheinleistung 279
Scheitelspannung 273
Schmelzen 164
Schmelzwärme 164
Schrödinger-Gleichung 424 ff., 430
Schutzleiter 284
Schwarzes Loch 559
Schwarzschild 559
Schwarzschild-Radius 372, 559
Schwebung 119
Schwebungsfrequenz 119
Schwerependel 114
Schwerewelle 131
Schwerpunktsatz 43
Schwingkreis, chaotischer elektrischer 341

Schwingung 108, 118
–, elektrische 288
–, erzwungene 122
–, gedämpfte 109, 119
–, gekoppelte 123
–, harmonische 108 ff., 114
–, mechanische 108 ff.
–, Überlagerung 118
–, ungedämpfte 109
Schwingungsbauch 140
Schwingungsdauer 108, 124
Schwingungsknoten 140
Schwingkreis, elektrischer 286 f.
Schwingungsvektor 320
Schwingungsweite 109
Schwingungszahl 108
Segeln 35, 58
Sekundärelektron 215
Selbstähnlichkeit 347 f.
Selbstinduktion 260
Separationsenergie 498
Siedewasserreaktor 515
Skalar 13, 34
Skineffekt 293
Solarkonstante 182
Sonnensystem 82
Sonografie 129
Spaltmaterial 514
Spannung 198
–, elektrische 198
Spannenergie 63
Spannungsdoppelbrechung 324
Spannungsquelle
–, elektrische 210
–, elektrochemische 211
Spannungsreihe, elektrochemische 212
Spannungswaage 221
Speicherzelle
–, dynamische 475
–, statische 475
Spektrallinie 304, 332
Spektralserie des Wasserstoffatoms 416
Spektrum
–, elektromagnetisches 330
–, kontinuierliches 332
–, sichtbares 305, 440
Sperrrichtung 455
Sperrschicht 455
Spinquantenzahl 433
Spitzeneffekt 215
Sport 31, 69, 77
Stabilitätsband 484
Standardabweichung 27, 481
Standardmodell 530, 534
–, kosmologisches 560
–, Reaktionen 536
Stefan-Boltzmann'sches Gesetz 180, 182, 550

Stern 546, 548, 551
–, Dichte 550
–, Endstadien 556
–, Entstehung 554
–, Helligkeit 548
–, Lebensdauer 551
–, Leuchtkraft 546
–, Masse 549
–, Neutronen- 557
–, Oberflächentemperatur 551
–, Pulsare 558
–, Radius 550
–, Riesenstern 547
–, Roter Riese 556
–, scheinbare Helligkeit 548
–, schwarzes Loch 558
–, Supernova 558
–, Temperatur 546
–, Überriese 547
–, Weißer Zwerg 550, 556
Sternmasse 551
Stern-Schaltung 284
Stimme, menschliche 146
Stirling'scher Kreisprozess 166, 171
Stoffmenge 157
Stoß
–, elastischer 40, 71 f.
–, schiefer elastischer 42
–, unelastischer 40, 70 f.
Stoßfrequenz, mittlere 161
Stoßvorgang 70
Strahlenkrankheit 496
Strahlenschutz 497, 515
Strahlenschutzverordnung 497
Strahlentherapie 520
Strahlung
–, charakteristische 382
–, kosmische 497, 528
–, radioaktive 480
–, Wärme- 164, 333
Strahlungsdetektor 494
Strahlungsgesetz 180
Strahlungsgürtel 244
Strahlungsintensität 180
Streuung 138
–, von Licht 322
Strom, elektrischer 187
Stromlinie 57
Stromresonanz 288
Stromstärke 189
–, elektrische 188
Strömung 57
Strömungseffekt 58
Stromversorgung 273
Sublimieren 164
Supernova 543
Supraleiter 465
„Swing-by"-Manöver 102
Synchrotron 241

573

Sach- und Namenverzeichnis

System
–, abgeschlossenes 66, 70
–, gebundenes 417
–, thermodynamisches 164
Szintillationszähler 494

T

Taylor-Experiment 388
Teilchenbeschleuniger 241
Teleskop 539
Temperatur 159
–, absolute 153
Theorie 562 f.
Thomson'sche Gleichung 286, 288
Thomson'sches Atommodell 411
Tokamak 519
Tomografie 522
Ton 144
Tonleiter 144
Totalreflexion 327
Totzeit 491
Tracermethode 522
Trägheit 38
Trägheitsgesetz 46
– der Rotation 75
Trägheitskraft 54
Trägheitsprinzip 44
Trägheitsmoment 73
Trajektorie 343
Transformator 282
Transformatorgesetz 282 f.
Transistor 456
–, FET 458
–, MOSFET 458
Transurane 485, 508
Transversalwelle 124, 126
Treibhauseffekt 182
Tröpfchenmodell 500

Tully-Fischer-Relation 543
Tunneleffekt 505

U

Übergänge, optische 441
Überlagerung 118
Überriesen 547
Überschallknall 128
Uhreneffekt 372
Ultraschall 129
Ultraviolett-Strahlung 331
Umkehr der Natrium-linie 410
Umlaufzeit 32
Universum
–, Alter 544
–, Entwicklung 560
–, Expansion 544
Unschärfe
–, akustische 121
– bei Elektronen 397
– bei Photonen 399
Unschärfeprinzip 396
Uran-Blei-Methode 521
Urknall 544 f., 560

V

Valenzband 451
Vektor 13, 15, 34
Vektorprodukt 233
Verdampfungswärme 164
Verhulst-Dynamik 346
Verschiebungsgesetz von Wien 181
Vielstrahlinterferenz 304
Viertaktmotor 176
–, Optimierung 177
–, Wirkungsgrad 177
Volumenenergie 500

W

Wahrscheinlichkeit 174, 489
Wahrscheinlichkeits-dichte 388
Wandler
–, analog-digitaler 474
–, digital-analoger 474
Wärmeenergie 162 f.
Wärmekapazität, spezifische 163
Wärmekraftmaschine 176
Wärmeleitung 164
Wärmepumpe 168
Wärmestrahlung 164, 333
Wasserstoffatom
–, Energiezustand 414
–, Spektralserie 416
Wasserstoff-Sauerstoff-Brennstoffzelle 212
Wechselspannung 272
Wechselstrom 331
Wechselstromleistung 278
Wechselstromschaltung 280
Wechselstromtechnik 272
Wechselstromwider-stände 276
Wechselwirkung 530, 535
–, schwache 535
–, starke 500
Wechselwirkungskraft 47 f.
Weglänge, mittlere freie 161
Wehnelt-Zylinder 217
Weißer Zwerg 547, 550, 556, 559
Weiß'scher Bezirk 251

Welle
–, Beugung 138
–, Brechung 136
–, elektrische 330
–, elektromagnetische 267, 286, 292, 295
–, Energietransport 125
–, Erdbebenwelle 127
–, kohärente 317
–, lineare 124
–, longitudinale 124
–, Reflexion 136
–, seismische 127
–, stehende 140, 294
–, Streuung 138
–, transversale 124
–, Wasserwelle 131
–, Wechselwirkung 132
Welleneigenschaft
– großer Moleküle 394
– von Elektronen 390
Wellenfunktion 400, 428
Wellenlänge 124
Wellenmechanik 419
Wellenmodell 302
Wellenpaket 130
Wellentheorie 329
Welle-Teilchen-Dualismus 399
Weltbild
–, geozentrisches 84 f.
–, heliozentrisches 84 f.
Weltlinie 359
Weltzeit 16
Widerstand, elektrischer 208
Wiederaufarbeitung 516
Wien-Filter 238
Wien'sches Verschie-bungsgesetz 181
Wirkungsgrad 168
Wilson'sche Nebel-kammer 481

Winkelbeschleunigung 72, 76
Winkelgeschwindigkeit 32, 76
Wirkleistung 278 f.
Wirkungsgrad 167 f.
– des Viertaktmotors 177
Wirkungsquantum 379
Wirkungsquerschnitt 507 f.
Wissenschaftlicher Realismus 564
Wissenschaftstheorie 562
Wurf
–, schräger 30
–, senkrechter 29
–, waagerechter 28

Z

Zahlenwert 13
Zeigerdarstellung 112
Zeigerdiagramm 306
Zeitdilatation 354 f.
Zeitunschärfe 397
Zentralkraft 53, 96, 195
Zentrifugalkraft 53
Zentripetalgeschwindig-keit 33
Zentripetalkraft 52
Zerfallsgesetz 488
Zerfallskonstante 488
Zerfallsreihe 487
Zustand, verschränkter 436
Zustandsänderung 174
Zweipol, elektrischer 223
Zwillingsparadoxon 355
Zyklotron 240
Zylinderwelle 302

Namenverzeichnis

Amontons 155
Ampère 188
Anderson 509
Ångström 244
Archimedes 106
Aristarch 83
Aristoteles 83, 106
Aston 239
Avogadro 156

Balmer 409
Bardeen 456, 464
Becquerel 480

Bednorz 464
Bernoulli 57
Bethe 513
Binnig 243
Bohr 414, 418, 513
Boltzmann 174, 411
Born 400
Boyle 154
Brahe 85, 558
Brattain 456
Bredow 299
Brewster 321
Broglie, de 390, 420

Brown 157
Bucherer 239

Carnap 564
Celsius 152
Chadwick 507
Chandrasekhar 540
Compton 384
Cooper 464
Coriolis 56
Coulomb 106, 188, 195
Curie 480

Dalton 156, 411
Demokrit 411
Diesel 176
Doppler 128, 364

Edison 214
Einstein 38, 93, 106, 350 f., 366, 371, 373, 436, 513, 561
Eratosthenes 83

Faggin 476
Faraday 93, 186, 252, 273, 329
Feigenbaum 347
Fermi 513
Feynman 513
Fizeau 300, 329
Foucault 300, 329
Fourier 120
Franck 406
Fresnel 135, 329
Friedmann 544

Namenverzeichnis und physikalische Konstanten

ANHANG

Galilei 12, 21, 27, 36, 106, 538
Gamow 505
Gauss 371
Gay-Lussac 153
Gell-Mann 204
Gilbert 186
Goodrich 542

Hahn 480, 510
Hall 236
Halley 88
Heisenberg 397, 419
Helmholtz 163
Herschel 538
Hertz 32, 215, 267, 291 f., 299, 329, 563
Hertzsprung 547
Hipparch 84, 548
Hoff 476
Hubble 364, 538, 542, 544
Hulse 93, 373

Humes 564
Huygens 135, 329

Josephson 465
Joule 163

Kamerlingh Onnes 464
Kepler 85 f., 96, 558
Kirchhoff 218
Knoll 242
Kopernikus 84
Kuhn 565

Land 320
Laplace 107
Laue 335
Lawrence 240
Lawson 518
Leavitt 542
Lecher 293
Lemaitre 544
Lenard 215, 411
Lenz 253
Leukipp 411

Livingstone 240
Lorentz 234, 362

Mach 128
Malus 329
Marconi 299
Mariotte 154
Maxwell 107, 160, 265 ff., 299, 329
Mayer 163
Meissner 290, 299, 465
Meitner 480
Michelson 301, 350
Millikan 204
Moseley 438
Müller 464

Nernst 212
Newton 12, 44 f., 86, 97 f., 106, 329

Ochsenfeld 465
Oersted 230, 246
Ohm 208

Oppenheimer 513
Otto 176

Pauli 434
Penzias 545
Pickering 417
Planck 181, 329, 379
Poincaré 344
Popper 564
Ptolemäus 84

Rauch 393
Riemann 371
Rœmer 300
Rohrer 243
Röntgen 334
Ruska 242
Russel 547
Rutherford 411, 413, 480, 482 f., 507

Schrieffer 464
Schrödinger 400, 419 f., 424

Shockley 456
Snellius 326
Stewart 206
Strassmann 480, 510
Szilard 513

Taylor 93, 373
Tesla 232
Thomson 411
Tolman 206

Verhulst 346

Weber 256
Weizsäcker 500
Wien 238
Wigner 513
Wilson 545

Young 302, 329

Zeilinger 437

Physikalische Konstanten (nach Codata-Datenbank 2006)

Name	Zeichen	Größenwert	Seite
Atomare Masseneinheit	1 u	$(1,660\,538\,782 \pm 0,000\,000\,083) \cdot 10^{-27}$ kg	157
Avogadro-Konstante	N_A	$(6,022\,141\,79 \pm 0,000\,000\,30) \cdot 10^{23}$ mol^{-1}	157
Boltzmann-Konstante	k	$(1,380\,6504 \pm 0,000\,002\,4) \cdot 10^{-23}$ J/K	159
Elektrische Feldkonstante	ε_0	$(8,854\,187\,817\ldots) \cdot 10^{-12}$ As/(Vm) (exakt)	193
Elementarladung	e	$(1,602\,176\,487 \pm 0,000\,000\,040) \cdot 10^{-19}$ C	205
Energieeinheit Elektronvolt	1 eV	$(1,602\,176\,487 \pm 0,000\,000\,040) \cdot 10^{-19}$ J	214
Erdbeschleunigung (Normwert)	g	$9,806\,65$ m/s^2	20
Gravitationskonstante	γ	$(6,674\,28 \pm 0,000\,67) \cdot 10^{-11}$ m^3/(kg s^2)	86
Lichtgeschwindigkeit	c	$299\,792\,458$ m s^{-1} (exakt)	300
Magnetische Feldkonstante	μ_0	$4\,\pi \cdot 10^{-7}$ Vs/(Am) $= (1,256\,637\,061\,4\ldots) \cdot 10^{-6}$ Vs/(Am) (exakt)	246
Masse des Elektrons	m_e	$(9,109\,382\,15 \pm 0,000\,000\,45) \cdot 10^{-31}$ kg $(5,485\,799\,094\,3 \pm 0,000\,000\,0023) \cdot 10^{-4}$ u $(0,510\,998\,910 \pm 0,000\,000\,013)$ MeV/c^2	207
Masse des Neutrons	m_n	$(1,674\,927\,211 \pm 0,000\,000\,084) \cdot 10^{-27}$ kg $(1,008\,664\,915\,97 \pm 0,000\,000\,000\,43)$ u $(939,565\,346 \pm 0,000\,023)$ MeV/c^2	483
Masse des Protons	m_p	$(1,672\,621\,637 \pm 0,000\,000\,083) \cdot 10^{-27}$ kg $(1,007\,276\,466\,77 \pm 0,000\,000\,000\,10)$ u $(938,272\,013 \pm 0,000\,023)$ MeV/c^2	483
Masse des Wasserstoffatoms	m_H	$(1,007\,825\,0321 \pm 0,000\,000\,0004)$ u	157
Massenverhältnis Proton-Elektron	m_p/m_e	$(1836,152\,672\,47 \pm 0,000\,000\,80)$	207
Molvolumen (bei 0° C, 1013,25 hPa)	V_m	$(22,413\,996 \pm 0,000\,039) \cdot 10^{-3}$ m^3/mol	155
Planck´sches Wirkungsquantum	h	$(6,626\,068\,96 \pm 0,000\,000\,33) \cdot 10^{-34}$ J s	379
Rydberg-Konstante	R	$(3,289\,841\,960\,361 \pm 0,000\,000\,000\,022) \cdot 10^{15}$ Hz	416
Spezifische Ladung des Elektrons	e/m_e	$(1,758\,820\,150 \pm 0,000\,000\,044) \cdot 10^{11}$ C/kg	207
Universelle Gaskonstante	R	$(8,314\,472 \pm 0,000\,015) \cdot 10^3$ J/(K kmol)	155

Astronomische Daten und Planetensystem

Astronomische Daten

	Zeichen	Größenwert
Astronomische Längeneinheiten (mittlere Entfernung Erde−Sonne)	1 AE	$1{,}496 \cdot 10^{11}$ m
Lichtjahr (Weg des Lichtes in einem Jahr)	1 Lj	$0{,}946 \cdot 10^{16}$ m
Parallaxensekunde (Entfernung entsprechend der Parallaxe einer Bogensekunde)	1 parsec	1 pc = $3{,}086 \cdot 10^{16}$ m
Siderisches Jahr 365 d 6 h 9 min 10 s (Zeit zwischen zwei Vorübergängen der mittleren Sonne vor demselben Stern)		365,2563 mittlere Sonnentage $3{,}1558 \cdot 10^{7}$ s
Tropisches Jahr 365 d 5 h 48 min 46 s (Zeit zwischen zwei Durchgängen der mittleren Sonne durch den Frühlingspunkt)		365,2422 mittlere Sonnentage $3{,}1557 \cdot 10^{7}$ s
Siderischer Monat 27 d 7 h 43 min 12 s (Zeit zwischen zwei Vorübergängen des Mondes vor demselben Stern)		27,3217 d
Synodischer Monat 29 d 12 h 44 min 3 s (Zeit zwischen zwei Vorübergängen des Mondes vor der Sonne)		29,5306 d

Sonne	Zeichen	Größenwert
mittlerer Radius	$R_\odot$	$6{,}96 \cdot 10^{8}$ m (Sehwinkel 32′)
Masse	$m_\odot$	$1{,}989 \cdot 10^{30}$ kg (= $3{,}33 \cdot 10^{5}\, m_E$)
mittlere Dichte	$\rho_\odot$	$1{,}409 \cdot 10^{3}$ kg/m^3
Schwerebeschleunigung (an der Oberfläche)	$g_\odot$	$2{,}736 \cdot 10^{2}$ m/s^2
Oberflächentemperatur	T	5773 K
Effektive Temperatur der „Oberfläche"	T_{eff}	5777 K
Abstand zum nächsten Fixstern (Proxima Centauri)	e	4,24 Lj
Leuchtkraft (gesamte Strahlungsleistung)	$L_\odot$	$3{,}86 \cdot 10^{26}$ W
Solarkonstante (auf der Erde ankommende Strahlungsleistung)	S	$1{,}372 \cdot 10^{3}$ W/m^2

Erde	Zeichen	Größenwert
Äquatorradius	r_{Ea}	$6{,}37814 \cdot 10^{6}$ m $\Big\}$ Abplattung
Polradius	r_{Ep}	$6{,}35680\,10^{6}$ m $\quad \frac{r_{Ea} - r_{Ep}}{r_{Ea}} = \frac{1}{298}$
mittlerer Erdradius (Radius der Kugel mit Volumen der Erde)	r_E	$6{,}37104 \cdot 10^{6}$ m
mittlere Dichte	ρ_E	$5{,}515 \cdot 10^{3}$ kg/m^3
Dichte der Erdkruste in 30 bis 70 km Tiefe	ρ_E	$2{,}6 \cdot 10^{3}$ kg/m^3 bis $3{,}0 \cdot 10^{3}$ kg/m^3
Masse	m_E	$5{,}9737 \cdot 10^{24}$ kg
mittlere Schwerebeschleunigung	g_E	9,814 m/s^2

Mond	Zeichen	Größenwert
mittlerer Radius	r_M	$1{,}738 \cdot 10^{6}$ m (Sehwinkel 31′)
Masse	m_M	$7{,}349 \cdot 10^{22}$ kg (= $0{,}0123\, m_E$)
mittlere Dichte	ρ_M	$3{,}341 \cdot 10^{3}$ kg/m^3
Schwerbeschleunigung	g_M	1,620 m/s^2 (= $\frac{1}{6} g_E$)
mittlerer Abstand von Erde (Abstand schwankt zwischen $3{,}633 \cdot 10^{8}$ m und $4{,}055 \cdot 10^{8}$ m)	e	$3{,}844 \cdot 10^{8}$ m

Planetensystem

Planet	Zeichen	Masse m des Planeten		mittlere Entfernung e zur Sonne		siderische Umlaufzeit T Zeit eines vollen Umlaufs um die Sonne	Äquatorialer Radius r in km
		absolut in 10^{24} kg	relativ zur Masse m_E der Erde m/m_E	absolut in 10^{9} m	relativ zum Erdbahnradius r_E e/r_E		
Merkur	☿	0,330	0,0553	57,9	0,387	87,969 d	2440
Venus	♀	4,869	0,815	108,2	0,723	224,701 d	6052
Erde	♁	5,9736	1,000	149,6	1,000	365,256 d	6378
Mars	♂	0,6419	0,107	227,9	1,523	686,98 d	3397
Jupiter	♃	1899	317,9	778,3	5,204	11,862 a	71492
Saturn	♄	568,5	95,2	1429,4	9,555	29,457 a	60265
Uranus	♅	86,83	14,5	2871,0	19,19	84,001 a	25559
Neptun	♆	102,43	17,1	4504,3	30,11	164,79 a	24766
Pluto	♇	0,0127	0,0021	5913,5	39,53	247,91 a	1150
zum Vergleich							
Sonne	☉	1989100	332950	−	−	−	695000
Mond	☾	0,0735	0,0123	−	−	−	1738

Spektraltafel

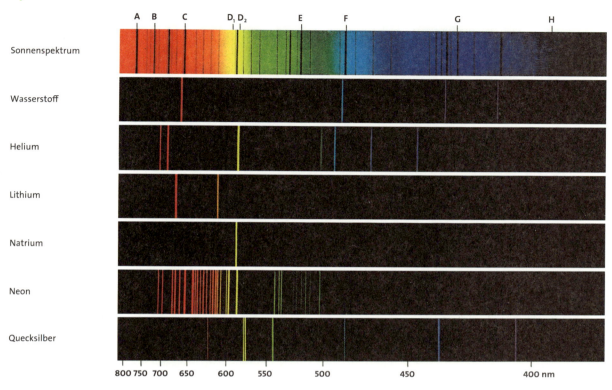

Die Spektraltafel zeigt einige einfach aufgebaute Spektren einiger Elemente. Die Spektren sind mit einem Prisma aufgenommen, sodass sich zum blauen Ende des Spektrums ein gedehnter Maßstab ergibt.

Das Spektrum der Sonne zeigt viele dunkle Linien, die sogenannten *Fraunhofer'schen Linien*, die zum einen durch Absorption des aus der Photosphäre stammenden Sonnenlichts in der Chromosphäre der Sonne, zum anderen durch Absorption des Sonnenlichts in der Erdatmosphäre entstehen. Es ist ein sogenanntes *Absorptionsspektrum*.

Die anderen Spektren sind *Emissionsspektren*. Die unterschiedliche Helligkeit der Linien beruht auf der verschiedenen Häufigkeit der Übergänge zwischen den einzelnen Energieniveaus der Atome, die dies Licht emittieren.

Atommassen einiger Nuklide

Nuklid	Masse in u	Nuklid	Masse in u	Nuklid	Masse in u	Nuklid	Masse in u
H1	1,007 825	O16	15,994 915	I127	126,904 47	Th231	231,036 30
H2	2,014 102	O17	16,999 132	I131	130,906 12	Th232	232,038 05
H3	3,016 049	Ne20	19,992 440	Cs133	132,905 45	Th233	233,041 58
He3	3,016 029	Na22	21,994 437	Cs137	136,907 08	U233	233,039 63
He4	4,002 603	Na23	22,989 770	Pb204	203,973 03	U234	234,040 95
Li6	6,015 122	Mg24	23,985 042	Pb206	205,974 45	U235	235,043 92
Li7	7,016 004	Ni28	27,976 927	Pb207	206,975 88	U238	238,050 78
Be7	7,016 929	K39	38,963 707	Pb208	207,976 64	U239	239,054 29
Be9	9,012 182	K40	39,963 990	Po210	209,982 86	Np237	237,048 17
C12	12	K41	40,961 826	Po211	210,986 64	Np239	239,052 93
C13	13,003 355	Co59	58,933 200	Po216	216,001 91	Pu239	239,052 16
C14	14,003 242	Co60	59,933 822	Rn220	220,011 38	Pu240	240,053 81
N14	14,003 074	Sr88	87,905 614	Rn222	222,017 57	Pu241	241,056 85
N15	15,001 09	Sr90	89,907 738	Ra226	226,025 40	Am241	241,056 82

Periodensystem der Elemente

Die Zahl über dem Elementsymbol gibt die relative Atommasse der auf der Erde vorkommenden Isotopenmischung an, bezogen auf das Kohlenstoff-Isotop ^{12}C (→ 4.1.2 und 13.2.1).

Ein Stern * am Elementsymbol bedeutet, dass alle Isotope dieses Elements radioaktiv sind (→ 13.2.3).

Die Zahl links unten am Element ist die Ordnungszahl.

Unter dem Namen des Elements ist die Elektronenkonfiguration (→ 11.3.9), die dem Grundzustand entspricht, schematisch dargestellt. Jedes Kästchen steht für eine durch die Nebenquantenzahl gekennzeichnete Unterschale. Für den Energiezustand der Elektronen einer solchen Unterschale sind die historisch bedingten Abkürzungen s, p, d und f üblich, die in der viertletzten Zeile der Tafel vermerkt sind; die Zahlen in den Kästchen geben die Anzahl der Elektronen an, die sich im Grundzustand in dem durch die Hauptquantenzahl n und die Nebenquantenzahl l bezeichneten Zustand befinden.

In den kleinen blauen Kästchen sind die Elektronen enthalten, die für das chemische Verhalten des Atoms maßgebend sind (Valenzelektronen).

Lanthanide und Actinide

Im Periodensystem sind die Elemente nach ähnlichen chemischen und physikalischen Eigenschaften in Gruppen zusammengefasst, die Elemente einer Gruppe jeweils in einer Spalte untereinander. Eine Ausnahme bilden die Lanthaniden und Actiniden, die keiner Haupt- oder Nebengruppe zugeordnet sind. Die Tafel lässt erkennen, wie das gleichartige Verhalten der Elemente einer Gruppe durch die Gleichartigkeit der Elektronenkonfiguration, insbesondere durch die gleiche Anzahl der Valenzelektronen, zu erklären ist.

In den Hauptgruppen befinden sich die Valenzelektronen in der äußeren Schale: Die Nummer der Hauptgruppe gibt daher die Zahl der (Valenz-)Elektronen in der äußeren Schale an. In den Nebengruppen befinden sich die Valenzelektronen sowohl in der äußeren als auch in der nächst-äußeren Schale; dort sind es die Elektronen der letzten Unterschale. Bei den Lanthaniden und Actiniden sitzen die Valenzelektronen zusätzlich auch noch in der dritten Schale von außen.

Die Periodennummer bezeichnet in jedem Fall die äußere Schale des Atoms, sie stimmt mit der Hauptquantenzahl in der äußeren Schale überein.

Die drei letzten Zeilen der Tafel zeigen, wie viele Elektronen nach dem Pauliprinzip (→ 11.3.9) in jeder Unterschale möglich sind.

Im p-Zustand ($l = 2$) z. B. können die Elektronen die Orientierungsquantenzahlen $m = -1,\ 0,\ +1$ annehmen und sich außerdem noch in der Spinquantenzahl $s = +\frac{1}{2}$ bzw. $s = -\frac{1}{2}$ unterscheiden; danach sind also 6 Elektronen im p-Zustand möglich.